国家出版基金项目

国内外饲料成分及营养价值史料汇编

Compilation of Chemical Composition and Nutritional Values of Feedstuffs

（第二辑）

能量饲料原料卷
Energy Feeds

李德发　李　平　主编

中国农业大学出版社
·北京·

内 容 简 介

本书搜集了一个世纪以来国内外30种涉及饲料原料营养成分与价值的文献资料，按资料的国别和年代顺序，将其中有关能量饲料原料的各项指标参数进行整理、排列、合并、翻译、注释等，以便于读者查阅、比较和参考。

图书在版编目(CIP)数据

国内外饲料成分及营养价值史料汇编(第二辑)·能量饲料原料卷/李德发，李平主编. —北京：中国农业大学出版社，2020.11

ISBN 978-7-5655-2319-9

Ⅰ.①国… Ⅱ.①李…②李… Ⅲ.①饲料营养成分-史料-汇编 Ⅳ.①S816.11-09

中国版本图书馆 CIP 数据核字(2019)第 292796 号

书　　名 国内外饲料成分及营养价值史料汇编(第二辑)·能量饲料原料卷

作　　者 李德发　李　平　主编

策划编辑 梁爱荣　董夫才　　**责任编辑** 梁爱荣

封面设计 郑　川

出版发行 中国农业大学出版社

社　　址 北京市海淀区圆明园西路2号　　**邮政编码** 100193

电　　话 发行部 010-62733489,1190　　读者服务部 010-62732336

编辑部 010-62732617,2618　　出　版　部 010-62733440

网　　址 http://www.caupress.cn　　**E-mail** cbsszs @ cau.edu.cn

经　　销 新华书店

印　　刷 涿州市星河印刷有限公司

版　　次 2020年11月第1版　　2020年11月第1次印刷

规　　格 889×1 194　　16开本　　37.75印张　　1 090千字

定　　价 280.00元

编校人员

策　　划　张子仪

主　　编　李德发　李　平

执行编委　杜　荣

编　　委　（按姓氏拼音排序）

蔡辉益　管武太　郭　妞　黄承飞　李爱科　李军涛　李振田　刘　岭
刘文峰　刘作华　罗清尧　马　曦　马永喜　朴香淑　乔家运　谯仕彦
尚秀国　石　波　史莹华　苏晓鸥　佟建明　王军军　王　丽　王文杰
熊本海　闫海洁　杨飞云　杨　攀　殷跃帮　尹靖东　于会明　张宏福
张　帅　赵　峰　郑春田　周晓艳　朱晓萍

校对人员　（按姓氏拼音排序）

苟钟勇　郭　明　郭勇庆　郭雨诗　郝翔宇　何东亭　洪常铭　李　波
李　龙　李　苗　李　瑞　李天天　林国钊　林倚涵　刘德稳　刘　雪
卢芳泽　吕知谦　马晓康　孟繁明　潘　龙　邱　凯　沙远静　沙远通
施传信　孙育平　覃嘉静　谭成全　王　斌　王红亮　王其龙　王婷婷
王志林　温贤将　温晓鹿　吴绮雯　席鹏彬　夏　添　闫　辉　旻　玥
杨凤娟　杨雪芬　杨　洋　于凌云　张　赛　张志新　周光茹　周天骄

特别感谢张子仪先生为本书编写提供指导和重要资料！

感谢中国农业科学院北京畜牧兽医研究所提供重要资料！

感谢“饲料营养价值与畜禽饲养标准的研究与应用（FARA）”项目组的全体单位和成员！

感谢广东省农业科学院动物科学研究所的大力支持！

前　言

1810年德国科学家Albrecht Daniel Thaer提出了朴素的以干草当量为评价饲料营养价值的参考系标样(reference system sample,RSS)概念。此后两个多世纪,饲料行业又经历了淀粉价—大麦单位—燕麦单位乃至玉米单位等的兴替。在浩如烟海的史料中由于采样的随意、命名的失范,特别是对饲料样品实体(feeds sample entity,FSE)属性描述的广义简化,导致了长期以来大量史料杂乱零散,无章可循。在本史料收录的原始资料中同名异物者有之,同物异名者有之,张冠李戴者有之,以讹传讹者亦有之,特别是由于测试手段、立论依据的不同,同名同物异质者有之,同物异名异质者亦有之。这便使大量史料失去了可资参比的史料价值。应该承认,当今在饲料营养方面的史料存在严重的混乱现象,大量的宝贵史料成为信息垃圾而被束之高阁,甚至误导后来人,在养殖业中形成为隐性浪费饲料资源的诱因。

毋庸讳言,翻阅我国动物营养与饲料科学史,我们会发现其特点是"先天不足,后天失调"。1989年我国已故动物营养科学奠基人许振英教授在《中国动物营养学报》创刊献词中曾经指出当时的实际情况是"希望和艰难并存,志踌躇而势摇曳,路崎岖而步蹒跚"。经过几代人的前赴后继,目前动物营养与饲料科学已从当年的常规化学成分含量向生物学效价评定乃至不同日粮中不同饲料原料的组合效应方向;从常量成分向微量乃至痕量元素的互作拮抗规律方向,乃至饲养环境、应激与营养、免疫与营养等方面深入发展与拓宽。基于畜禽养殖技术在生产中的广泛应用,到20世纪末期,全国人均占有肉蛋量增长了6～10倍,全国饲料工业产品总产量则增长了180倍。应该承认,在这一历史时期,我国养殖科学技术对肉、蛋、奶的增产贡献是有目共睹的。但是从20世纪末期开始,虽然肉、蛋、奶产量仍在持续增长,但由于人口也在持续增长等诸多因素,全国人均占有肉、蛋、奶量却一直停滞不前,面临着从"高原期"向顶峰进军的挑战。

2009年12月科技部、农业部(现农业农村部)向中国农业大学下达了公益性行业(农业)科研专项"饲料营养价值与畜禽饲养标准研究与应用"(200903006)(以下简称"FARA项目")的任务。FARA项目在经过多次全体工作者会议后确定了在"十二五"执行任务中要坚决防止低水平重复浪费的基本原则。在革新现行饲料营养价值评定及畜禽营养需要量体制方面提出了"三六共识",即第一阶段先厘清家底,加快改变饲料营养与饲料科学供求体制中存在的信源不足、信息更新滞后于生产需求的现状,向以参量实物(paramcter object,PO)与参量常数(parametric constant,PC)为科技支撑的参考系标样(reference system sample,RSS)体系方向,向一点带多点、多点带多面的方向不断更新拓宽。在营养需要量方面要从目前多年一贯制、全国一刀切的静态阶梯式营养需要量表达形式向在各自为政、各行其是、各树其标前提下,以动态数学模型为主要表达形式的方向转变。

历史是面镜子,只有认真"温故"才能达到"知新"的意境。只有用去粗取精、去伪存真的智慧去类比、去鉴别,才有可能从史料中提炼出前事不忘、后事之师的真谛。

有鉴于此,FARA项目成员从2010年至2016年,历时6年,完成了《国内外饲料成分及营养价值史料汇编》(第一辑)共8卷的编纂工作。其主要成果为通过对1908年以来国内外11个国家的档案史料及正式出版的资料,按国别、年代等顺序进行整理,形成了以单个饲料原料为一个单元,各自独成一篇具有统计比较意义的饲料成分及营养价值的史料汇编。其目的是方便读者去探索,去"淘宝",帮助用户打造出有创意的N个N型饲料数据库。

幸运的是,史料第一辑在2016年获得了国家出版基金的资助后,史料第二辑于2018年也获得了国家出版基金项目的资助。在此特别感谢国家出版基金,出版基金的资助有力地推动了项目的各项工作。第二辑共包括能量类饲料和蛋白质类饲料两卷,补齐了第一辑未包含的其余能量和蛋白质饲料原料。第二辑对资料进行了删增,排布方式也进行了改进。

第二辑仍坚持以全、新、稳、准、精为圭臬,以便为同领域的科研教学乃至企业提供更好的素材。工作是枯燥而繁琐的,终结目标任务也是不可能一蹴而就的,这将是一场持久战,但它却是避免低水平重复浪费,避免原地踏步走、裹足不前的一个开端,一个探索。限于种种客观原因特别是编者水平和时间,挂一漏万,疏忽遗漏之处在所难免,恳请广大读者提出宝贵意见,以便再版时更正和改进。

编 者

2020年10月28日

编写说明

由于本书资料来源于不同年代和不同国家(或地区),名词、格式、翻译等,均难以完全统一。编者本着尽量统一、规范、精简、精确和有利于读者理解和阅读的原则,除在书中加入具体的注释外,同时列出如下编写说明:

非特殊说明时,全书数据默认为饲喂基础(as-fed basis)。

“烟酸”和“尼克酸”,统一为“烟酸”。

“泛酸”和“遍多酸”,统一为“泛酸”。

原文为空格或“—”时,保留原文状态。

原文为 Vitamin+字母形式者,表格中仅保留维生素+字母形式,不再保留英文。

原文为“蛋白”“CP”或“crude protein”者,统一为“粗蛋白质”;原文仅有“protein”者,未统一翻译为“粗蛋白质”。

原文为“胱氨酸 Cys”者保留,原文为“cystine”,或注明 Cys 为 cystine,或仅为“Cys”者,翻译为“胱氨酸”;原文为“cysteine”,或注明 Cys 为 cysteine 者,翻译为“半胱氨酸”。因胱氨酸(cystine)为半胱氨酸(cysteine)的氧化产物,其相对分子质量并非完全 2 倍关系(胱氨酸相对分子质量 240.3,半胱氨酸相对分子质量 121.15),因此特别标注。

《德国罗斯托克饲料评价体系》中 NFR 因与普通 NFE 计算方法不同,故与 NFE(无氮浸出物)区分,翻译为“无氮残留物”。

原文为“ash”和“灰分”者,统一为“粗灰分”。

原文为“EE(ether extract)”和“crude fat”,统一翻译为“粗脂肪”。

原文为“AEE(acid ether extract)”和“CFATh”,统一翻译为“酸乙醚浸出物”。

非原文特殊注明外,“SD”和“standard deviation”,统一翻译为“标准差”。

原文为中文时,不再翻译为英文;原文为英文、日英、韩英对照时,根据英文翻译成中文,并采用中英文对照;原文为中文和外文对照时,一般情况尊重原文的译法,有不同译法时会注明;因以上原因,全书不同资料的名称、译法可能不同(即使外文或国际饲料编号相同),请读者见谅和理解。

部分翻译因不确信和水平有限而保留了原文形式(尤其部分日文资料)。

当同一资料页码或各表有相同内容需要注释时,编者在该资料的第一个表,或之后第一次出现的表格注释,并注明“下同”,其后各表不再赘述。

原文为“n”或“N”表示样本数时,统一为“n”。

部分资料原文采用饲喂基础和干物质基础,在整理过程中某些资料仅保留饲喂基础数值,读者可根据干物质含量折算。

每个资料的第一个表格中的饲料原料名称齐全,若该资料此后原料名称完全一致,则之后的表格中只显示中文,不再赘述英文和拉丁文名称。

与《国内外饲料成分及营养价值史料汇编》(第一辑)(2016年)单个原料分列一册相比,第二辑涉及原料更多,因此,为了提高编辑效率、节省篇幅、降低出版成本等,第二辑将多种原料集合为一册,省去了封面、目录、名称对照、表头、备注、参考文献等的重复。也正因为如此,有多处与第一辑不同,如:不再列出每个原料在各个资料中的出处和页码;不在每个资料的表格表头列出特定的原料名称;去除索引部分。

关于饲料分类,第二辑的原则为:①在原资料中标有国际饲料分类编号或中国饲料分类编号时,一般沿用原标号及分类。②由于许多资料没有标注国际饲料编号或中国饲料分类编号,此时,一般情况下,我们根据国际饲料分类法的规定,即以饲料原料的干物质中粗纤维含量<18%为第一条件,同时干物质中粗蛋白质含量<20%的饲料,归为能量饲料;将干物质中粗纤维含量<18%为第一条件,同时干物质中粗蛋白质≥20%的饲料原料,归为蛋白质饲料(蛋白质补充料)。③同一资料中不同原料名称及成分相近,但若严格按照国际饲料分类原则出现归类差异时,则主要根据该资料中大多数样品归类而定,辅以其他资料的经验进行判断。④有些资料既未注明国际饲料编号,又无明确判断数据来源,则根据该资料提供的数据来源线索,找到相应数据进行分析判断;确实无任何直接数据可参考,或者该资料没有干物质(水分)、粗纤维、粗蛋白质指标数据的,根据其他资料归类情况和编者的经验进行判断归类。此问题看似简单,实则相当复杂,且不同年代、不同资料进行饲料分类时可能存在冲突,疏漏之处敬请读者见谅和批评指正。

鉴于《国内外饲料成分及营养价值史料汇编》(第一辑)(2016年)中的部分资料存在翻译和输入编辑工作量巨大、内容重复、参考价值有限等问题,第二辑弃用了之前曾采纳的6个资料,分别为《家畜饲养用诸表(增订本)》《饲养标准和饲料表》《国外家畜饲养与营养资料选编》《农艺化学全书》《日本标准饲料成分表(1987)》和《日本标准饲料成分表(1995)》,需要的读者请自行查阅。与此同时,第二辑增加了4个资料,分别为 *EvaPig Version* 1.4.0.1,2019、*NRC Nutrient Requirements of Beef Cattle*《肉牛营养需要》(英文版,2016;中文版,2019)、*NRC Nutrient Requirements of Dogs and Cats*《犬猫营养需要》(英文版,2006;中文版,2010)和 *Nutrient Requirements of Fish and Shrimp*《鱼类与甲壳类鱼虾营养需要》(英文版,2011;中文版 2016),从而使资料和数据有所更新,并且适用面更广。

另外需要说明的是,本书仍遗留多处缺憾。如:格式难以完全统一,中英文未全部对照,部分外文翻译仍需推敲,资料背景、检测方法未能更深层注解,有些最新资料未能加入,文字、数字错误等等。恳请读者谅解,并多提宝贵意见(电子邮箱:alaliping @ qq.com,微信号:alaliping),以期再版时完善。还应当指出,本书所列资料数据随不同年代、原料实体、学术流派、检测技术等因素而变,现实参考价值大小不一,读者请审慎借鉴。

最后,对帮助本书出版的各位同仁表示诚挚的谢意!

致歉!由于编者的过错,在《国内外饲料成分及营养价值史料汇编》(第一辑)(2016年)"德国罗斯托克饲料评价体系"部分中,将"CF"错误地翻译成了"粗纤维",实际应为"粗脂肪",在此致以深深的歉意!

中英文词汇对照及说明表

缩略语	英文名称或释义	中文名称或释义
a	Immediately degradable fraction (kinetic parameter of nitrogen, starch or dry matter degradation in ruminants)	快速可降解部分(反刍动物氮、淀粉或干物质降解的动力学参数)
AA	Amino acid	氨基酸
AADI	Amino acid digestible in the intestine (ruminants)	氨基酸小肠消化率(反刍动物)
ADAA(AAAA)	Apparent digestible amino acid (Apparent amino acid digestibility)	表观氨基酸利用(消化)率
ADF	Acid detergent fiber	酸性洗涤纤维
ADICP	Acid detergent insoluble crude protein (N×6.25)	酸性洗涤剂不溶粗蛋白质
ADIP	Acid detergent insoluble protein	酸性洗涤剂不溶蛋白质
ADL	Acid detergent lignin	酸性洗涤木质素
AEE	Acid ether extract	酸乙醚浸出物/酸醚提取物
AFZ	French Association for Animal Production	法国动物生产协会
AID	Apparent ileal digestibility	回肠表观消化率
AIDC	Apparently digestible amino acid content	表观可消化氨基酸含量，相当于猪氨基酸回肠表观可消化量
Ala	Alanine	丙氨酸
AME	Apparent metabolizable energy	表观代谢能
AMEn	N-corrected apparent metabolizable energy	氮校正表观代谢能
A-P	Available phosphorus	有效磷
Arg	Arginine	精氨酸
	Ash	灰分/粗灰分

续表

缩略语	英文名称或释义	中文名称或释义
Asp	Aspartic acid	天冬氨酸
ATTD	Apparent total tract digestibility	全肠道表观消化率
b	Potentially degradable fraction (kinetic parameter of nitrogen, starch or dry matter degradation in ruminants)	不溶性物质潜在可降解部分(反刍动物氮、淀粉或干物质降解的动力学参数)
c	Hourly rate of particle degradation (kinetic parameter of nitrogen, starch or dry matter degradation in ruminants)	不溶性物质降解速率(反刍动物氮、淀粉或干物质降解的动力学参数)
Ca	Calcium	钙
	Carotene/Carotin	胡萝卜素
CF	Crude fiber	粗脂肪
	Choline	胆碱
Cl	Chlorine/Chloride	氯
Co	Cobalt	钴
CP	Crude protein	粗蛋白质
Cu	Copper	铜
CW	Cell walls	细胞壁
Cys	Cystine/Cysteine	胱氨酸/半胱氨酸
DCP	Digestible crude protein	可消化粗蛋白质
DDM(dDM)	Digestibility estimate for dry matter	可降解干物质
DE	Digestible energy	消化能
DIP	Degraded intake protein	降解食入蛋白质
DM	Dry matter	干物质
DMI	Dry matter intake	干物质采食量
DST(dSt)	Digestibility estimate for starch	可降解淀粉
eNDF	Effective NDF	有效中性洗涤纤维

续表

缩略语	英文名称或释义	中文名称或释义
EE	Ether extract	粗脂肪/乙醚浸出物
EHGE	Enzymic hydrolysate gross energy	酶水解物总能值
FA	Fatty acids	脂肪酸
	Folic acid	叶酸
Fe	Iron	铁
GB		国家标准
GB/T		推荐性国家标准
GE	Gross energy	总能
Glu	Glutamine	谷氨酸
Gly	Glycine	甘氨酸
His	Histidine	组氨酸
I	Iodine	碘
IFN	International feed number	国际饲料编号
Ile	Isoleucine	异亮氨酸
	in vivo	体内法
INRA	French National Institute for Agricultural Research	法国农业科学研究院
IU	International unit	国际单位
IV	Iodine value	碘价
IVP	Iodine value product	碘价物
K	Potassium	钾
Leu	Leucine	亮氨酸
Lys	Lysine	赖氨酸
M+C	Methionine + Cystine(Cysteine)	蛋氨酸+(半)胱氨酸

续表

缩略语	英文名称或释义	中文名称或释义
MADC	来自法语 Matières azotées digestibles cheval 的缩写,英文为 Horse digestible crude protein	马可消化粗蛋白质
ME	Metabolizable energy	代谢能
MEn	N-corrected metabolizable energy	氮校正代谢能
Met	Methionine	蛋氨酸
Mg	Magnesium	镁
Mn	Manganese	锰
Mo	Molybdenum	钼
MUFA	Monounsaturated fatty acid	单不饱和脂肪酸
N	Nitrogen	氮
N-free	Nitrogen free diet	无氮日粮
Na	Sodium	钠
n/a,N. A.	Data not available	数据不可用
NCWFE	Nitrogen cell wall free extracts (non-structural carbohydrates)	氮细胞壁提取物(非结构性碳水化合物)
NDF	Neutral detergent fiber	中性洗涤纤维
NDICP	Neutral detergent insoluble crude protein (N×6.25)	中性洗涤剂不溶粗蛋白质
NDIP	Neutral detergent insoluble protein	中性洗涤剂不溶蛋白质
NE	Net energy	净能
NEg	Net energy for production of weight gain	增重净能
NEl	Net energy for lactation	产奶净能
NEm	Net energy for maintenance	维持净能
NEp	Net energy for production	生产净能
NFE	Nitrogen free extract	无氮浸出物
	Niacin	尼克酸、烟酸

续表

缩略语	英文名称或释义	中文名称或释义
NND	来自中文“奶牛能量单位”拼音 Nai niu neng liang dan wei 的缩写，对应英文缩写为 DEU(Dairy energy unit)	奶牛能量单位，相当于 1 kg 含乳脂 4%的标准乳所含产奶净能 3.138 MJ(或 0.75 Mcal)
NPN	Nonprotein nitrogen	非蛋白氮
NPP	Non-phytate phosphorus	非植酸磷(视为有效磷的近似值)
	Nutritive ratio	营养比，营养率。等于饲料中可消化蛋白质与其他总可消化营养物之比
NRC	National Research Council	美国国家科学研究委员会
NSId	Standardised ileal digestibility of nitrogen in pigs	猪回肠氮真消化率
NY/T		农业行业标准
OM	Organic matter	有机物质
P	Phosphorus	磷
PAF	Processing adjustment factor	加工校正系数
PDIA	Digestible proteins in the intestine of dietary origin	在小肠消化的过瘤胃蛋白质
PDIE	Digestible proteins in the intestine where energy is the limiting factor for rumen microbial activity	能量成为瘤胃微生物活性的限制因素时的小肠可消化蛋白质
PDIN	Digestible proteins in the intestine where nitrogen is the limiting factor for rumen microbial activity	氮成为瘤胃微生物活性的限制因素时的小肠可消化蛋白质
Phe	Phenylalanine	苯丙氨酸
Phy-P	Phytate phosphorus	植酸磷/植酸态磷
PIF	Porcine intestinal fluids	猪小肠液
PUFA	Polyunsaturated fatty acid	多不饱和脂肪酸
$P_{Phy}d$	Phosphorus digestibility in the pig, when endogenous phytase has not been inactived	为当内源植酸酶没有失活时的猪磷消化率
ppm	parts per million	百万分之一，相当于 1 mg/kg
Pro	Proline	脯氨酸
	Protein nitrogen	蛋白氮/蛋白态氮

续表

缩略语	英文名称或释义	中文名称或释义
RDP	Ruminant digestible protein	瘤胃降解蛋白质
RUP	Rumen undegradable protein	过瘤胃蛋白质/瘤胃非降解蛋白质
S	Sulfur	硫
S-i	Inorganic sulphur	无机硫
S-o	Organic sulphur	有机硫
S. e.	Standard error	标准误差
SFA	Saturated fatty acid	饱和脂肪酸
SD	Standard deviation	标准差
Se	Selenium	硒
Ser	Serine	丝氨酸
Si	Silicon	硅
SID	Standardized ileal digestibility	标准回肠(回肠标准)消化率
SIDC	Standardized digestible amino acid content	内源氮校正猪回肠可消化氨基酸含量
solCP	soluble CP	可溶粗蛋白质
STTD	Standard total tract digestibility	标准全肠道消化率
TD	True digestibility of an amino acid in poultry	家禽氨基酸真消化率
TDAA(TAAA)	True digestible amino acid (True amino acid digestibility)	真氨基酸利用(消化)率
TDC	Digestible amino acid content corresponding to the true digestibility for poultry	家禽真可消化氨基酸含量
TDF	Total dietary fiber	总膳食纤维
TDN	Total digestible nutrients	可消化总养分
TEAA	Total essential amino acids	总必需氨基酸
TFA	Total fatty acids	总脂肪酸
Thr	Threonine	苏氨酸
TId	True intestinal digestibility of non-degraded dietary proteins in ruminants	反刍动物瘤胃非降解蛋白质小肠真消化率

续表

缩略语	英文名称或释义	中文名称或释义
TID	True ileal digestibility	回肠真消化率
TME	True metabolizable energy	真代谢能
TMEn	Nitrogen corrected true metabolizable energy	氮校正真代谢能
Trp	Tryptophan	色氨酸
Tyr	Tyrosine	酪氨酸
UFC	来自法语 Unité fourragère cheval 的缩写，英文为 Horse feed unit/Forage unit for horses	马饲料（饲草）单位
UFL	来自法语 Unité fourragère lait 的缩写，英文为 Forage unit for milk production (net energy value for milk production)	产奶饲草单位（用于产奶的净能值），1 UFL = 1.7 Mcal
UFV	来自法语 Unité fourragère viande 的缩写，英文为 Forage unit for meat production (net energy value for meat production)	产肉饲草单位（用于产肉的净能值）
UIP	Undegraded intake protein	非降解摄入蛋白质
Val	Valine	缬氨酸
Vitamin B_1	Thiamine	硫胺素/维生素 B_1
Vitamin B_2	Riboflavin	核黄素/维生素 B_2
Vitamin B_3	Nicotinamide	尼克酰胺/维生素 B_3
Vitamin H	Biotin	生物素
Zn	Zinc	锌

目　　录

1　国内部分资料

1.1 中国饲料数据库情报网中心(CFIC). 1990—2018. 中国饲料成分及营养价值表第1～29版[1]

1. 样品简述及常规成分

表 1-1-1 样品简述及常规成分

%

年份	中国饲料号 CFN	饲料名称	饲料描述	干物质 DM	粗蛋白质 CP	粗脂肪 EE	粗纤维 CF	无氮浸出物 NFE	粗灰分 Ash	中性洗涤纤维 NDF	酸性洗涤纤维 ADF	淀粉 Starch	钙 Ca	总磷 P	植酸磷 Phy-P	有效磷 A-P
2001—2009	4-02-0889	玉米淀粉 Corn starch	食用	99.0	0.3	0.2		98.5						0.03		0.01
2010—2011	4-02-0889	玉米淀粉 Corn starch	食用	99.0	0.3	0.2	0.0	98.5	0.0	0.0	0.0		0.00	0.03		0.01
2012—2018	4-02-0889	玉米淀粉 Corn starch	食用	99.0	0.3	0.2		98.5				98.0		0.03		0.01
1990	4-04-0067	木薯干 Cassava tuber flake	晒干 GB 合格	87.0	2.4	0.7	2.6	79.4	1.9				0.27	0.09	0.00	
1991	4-04-0067	木薯干 Cassava tuber flake	木薯干片，晒干 GB 合格	87.0	2.5	0.7	2.5		1.9				0.27	0.09	0.00	
1992—1998	4-04-0067	木薯干 Cassava tuber flake	木薯干片，晒干 GB 合格	87.0	2.5	0.7	2.5	79.4	1.9				0.27	0.09	—	—
1999	4-04-0067	木薯干 Cassava tuber flake	木薯干片，晒干 NY/T 合格	87.0	2.5	0.7	2.5	79.4	1.9				0.27	0.09		—
2000—2004	4-04-0067	木薯干 Cassava tuber flake	木薯干片，晒干 NY/T 合格	87.0	2.5	0.7	2.5	79.4	1.9	8.4	6.4		0.27	0.09		—
2005—2009	4-04-0067	木薯干 Cassava tuber flake	木薯干片，晒干 NY/T 合格	87.0	2.5	0.7	2.5	79.4	1.9	8.4	6.4		0.27	0.09		0.07
2010—2011	4-04-0067	木薯干 Cassava tuber flake	木薯干片，晒干 GB 10369—1989 合格	87.0	2.5	0.7	2.5	79.4	1.9	8.4	6.4		0.27	0.09		—
2012—2013	4-04-0067	木薯干 Cassava tuber flake	木薯干片，晒干 GB 10369—1989 合格	87.0	2.5	0.7	2.5	79.4	1.9	8.4	6.4	71.6	0.27	0.09		—
2014—2018	4-04-0067	木薯干 Cassava tuber flake	木薯干片，晒干 GB 10369—1989 合格	87.0	2.5	0.7	2.5	79.4	1.9	8.4	6.4	71.6	0.27	0.09		0.03
1990	4-04-0068	甘薯干 Sweet potato tuber flake	晒干 GB 合格	87.0	4.0	0.8	2.8	76.4	3.0				0.19	0.02	0.00	

续表1-1-1

年份	中国饲料号 CFN	饲料名称	饲料描述	干物质 DM	粗蛋白质 CP	粗脂肪 EE	粗纤维 CF	无氮浸出物 NFE	粗灰分 Ash	中性洗涤纤维 NDF	酸性洗涤纤维 ADF	淀粉 Starch	钙 Ca	总磷 P	植酸磷 Phy-P	有效磷 A-P
1991	4-04-0068	甘薯干 Sweet potato tuber flake	甘薯干片，晒干 GB 合格	87.0	4.0	0.8	2.8		3.0				0.19	0.02	0.00	
1992—1998	4-04-0068	甘薯干 Sweet potato tuber flake	甘薯干片，晒干 GB 合格	87.0	4.0	0.8	2.8	76.4	3.0				0.19	0.02	—	—
1999—2004	4-04-0068	甘薯干 Sweet potato tuber flake	甘薯干片，晒干 NY/T 合格	87.0	4.0	0.8	2.8	76.4	3.0				0.19	0.02		—
2005—2009	4-04-0068	甘薯干 Sweet potato tuber flake	甘薯干片，晒干 NY/T 合格	87.0	4.0	0.8	2.8	76.4	3.0	8.1	4.1		0.19	0.02		0.02
2010	4-04-0068	甘薯干 Sweet potato tuber flake	甘薯干片，晒干 NY/T 合格	87.0	4.0	0.8	2.8	76.4	3.0	8.1	4.1		0.19	0.02		
2011	4-04-0068	甘薯干 Sweet potato tuber flake	甘薯干片，晒干 NY/T 121—1989 合格	87.0	4.0	0.8	2.8	76.4	3.0	8.1	4.1		0.19	0.02		—
2012—2018	4-04-0068	甘薯干 Sweet potato tuber flake	甘薯干片，晒干 NY/T 121—1989 合格	87.0	4.0	0.8	2.8	76.4	3.0	8.1	4.1	64.5	0.19	0.02		—
1990—1991	5-06-0074	甘薯叶粉 Sweet potato leave meal	GB 1 级，70%叶，30%茎秆	87.0	16.7	2.9	12.6		11.5				1.41	0.28	0.00	
1992—1993	4-06-0074	甘薯叶粉 Sweet potato leave meal	GB 1 级，70%叶，30%茎秆	87.0	16.7	2.9	12.6	43.3	11.5				1.41	0.28	—	
1994	4-06-0074	甘薯叶粉 Sweet potato leave meal	GB 1 级，70%叶，30%茎秆	87.0	16.7	2.9	12.6	43.3	11.5				1.41	0.28	—	—
1995—1996	4-06-0074	甘薯叶粉 Sweet potato leave meal	GB 1 级，70%叶＋叶柄，30%茎秆	87.0	16.7	2.9	12.6	43.3	11.5				1.41	0.28	—	—
1997	4-06-0074	甘薯叶粉 Sweet potato leave meal	GB 1 级，70%叶＋叶柄，30%茎秆	87.0	16.7	2.9	12.6	43.3	11.5				1.41	0.28	0.00	0.28
1998—1999	4-06-0074	甘薯叶粉 Sweet potato leave meal	GB 1 级，70%叶＋叶柄，30%茎秆	87.0	16.7	2.9	12.6	43.3	11.5				1.41	0.28		0.28
1993	4-06-0075	乳清粉 Whey, dehydrated	乳清，脱水	94.0	12.0	0.7	0.0	71.6	9.7				0.87	0.79	—	
1994—1997	4-06-0075	乳清粉 Whey, dehydrated	乳清，脱水	94.0	12.0	0.7	0.0	71.6	9.7				0.87	0.79	0.00	—

续表1-1-1

年份	中国饲料号 CFN	饲料名称	饲料描述	干物质 DM	粗蛋白质 CP	粗脂肪 EE	粗纤维 CF	无氮浸出物 NFE	粗灰分 Ash	中性洗涤纤维 NDF	酸性洗涤纤维 ADF	淀粉 Starch	钙 Ca	总磷 P	植酸磷 Phy-P	有效磷 A-P
1998	4-06-0075	乳清粉 Whey, dehydrated	乳清,脱水,含乳糖 72%以上	94.0	12.0	0.7	0.0	71.6	9.7				0.87	0.79		0.79
1998—1999	4-06-0076	牛奶乳糖 Milk lactose	进口,含乳糖 80%以上	96.0	4.0	0.5	0.0	83.5	8.0				0.52	0.62		0.62
2000	4-06-0076	牛奶乳糖 Milk lactose	进口,含乳糖 80%以上	96.0	4.0	0.5	0	83.5	8.0	—	—		0.52	0.62		0.62
2001—2006	4-06-0076	牛奶乳糖 Milk lactose	进口,含乳糖 80%以上	96.0	3.5	0.5	0	82.0	8.0				0.52	0.62		0.62
2007—2011	4-06-0076	牛奶乳糖 Milk lactose	进口,含乳糖 80%以上	96.0	3.5	0.5	0.0	82.0	10.0	0.0	0.0		0.52	0.62		0.62
2012—2018	4-06-0076	牛奶乳糖 Milk lactose	进口,含乳糖 80%以上	96.0	3.5	0.5		82.0	8.0				0.52	0.62		0.62
2001—2009	4-06-0077	乳糖 Lactose	食用	96.0	0.3			95.7								
2010—2011	4-06-0077	乳糖 Lactose	食用	96.0	0.3	0.0	0.0	95.7	0.0	0.0	0.0		0.00	0.00		0.00
2012—2018	4-06-0077	乳糖 Lactose	食用	96.0	0.3			95.7								
2001—2009	4-06-0078	葡萄糖 Glucose	食用	90.0	0.3			89.7								
2010—2011	4-06-0078	葡萄糖 Glucose	食用	90.0	0.3	0.0	0.0	89.7	0.0	0.0	0.0		0.00	0.00		0.00
2012—2018	4-06-0078	葡萄糖 Glucose	食用	90.0	0.3			89.7								
2001—2006	4-06-0079	蔗糖 Sucrose	食用	99.0									0.04	0.01		0.01
2007—2011	4-06-0079	蔗糖 Sucrose	食用	99.0	0.0	0.0	0.0	98.5	0.5	0.0	0.0		0.04	0.01		0.01
2012—2017	4-06-0079	蔗糖 Sucrose	食用	99.0				98.5	0.5				0.04	0.01		0.01
2018	4-06-0079	蔗糖 Sucrose	食用	99.0				98.5	0.5				0.04			
2001—2006	4-07-0007	玉米油 Corn oil		99.0		≥98.0										
2007—2011	4-07-0007	玉米油 Corn oil		99.0	0.0	98.0*	0.0	0.5	0.5	0.0	0.0		0.00	0.00		0.00
2012—2018	4-07-0007	玉米油 Corn oil		99.0		98.0*		0.5	0.5							

续表1-1-1

年份	中国饲料号 CFN	饲料名称	饲料描述	干物质 DM	粗蛋白质 CP	粗脂肪 EE	粗纤维 CF	无氮浸出物 NFE	粗灰分 Ash	中性洗涤纤维 NDF	酸性洗涤纤维 ADF	淀粉 Starch	钙 Ca	总磷 P	植酸磷 Phy-P	有效磷 A-P
1990	4-07-0272	高粱 Sorghum grain	籽粒,成熟,晒干 GB 1 级	86.0	9.0	3.4	1.7	70.3	1.6				0.09	0.28	0.19	
1991	4-07-0272	高粱 Sorghum grain	籽粒,成熟,晒干 GB 1 级	86.0	9.0	3.4	1.4		1.8				0.13	0.36	0.19	
1992—1993	4-07-0272	高粱 Sorghum grain	籽粒,成熟,GB 1 级	86.0	9.0	3.4	1.4	70.4	1.8				0.13	0.36	0.19	
1994—1996	4-07-0272	高粱 Sorghum grain	籽粒,成熟,GB 1 级	86.0	9.0	3.4	1.4	70.4	1.8				0.13	0.36	0.19	0.17
1997	4-07-0272	高粱 Sorghum grain	籽粒,成熟,GB 1 级	86.0	9.0	3.4	1.4	70.4	1.8				0.13	0.36	0.19	0.17
1998	4-07-0272	高粱 Sorghum grain	成熟,GB 1 级	86.0	9.0	3.4	1.4	70.4	1.8				0.13	0.36		0.17
1999	4-07-0272	高粱 Sorghum grain	成熟,NY/T 1 级	86.0	9.0	3.4	1.4	70.4	1.8				0.13	0.36		0.17
2000—2009	4-07-0272	高粱 Sorghum grain	成熟,NY/T 1 级	86.0	9.0	3.4	1.4	70.4	1.8	17.4	8.0		0.13	0.36		0.17
2010—2011	4-07-0272	高粱 Sorghum grain	成熟,NY/T 1 级	86.0	9.0	3.4	1.4	70.4	1.8	17.4	8.0		0.13	0.36		0.12
2012—2014	4-07-0272	高粱 Sorghum grain	成熟,NY/T 1 级	86.0	9.0	3.4	1.4	70.4	1.8	17.4	8.0	68.0	0.13	0.36		0.12
2015—2016	4-07-0272	高粱 Sorghum grain	成熟,NY/T 1 级	86.0	9.0	3.4	1.4	70.4	1.8	17.4	8.0	68.0	0.13	0.36		0.09
2017	4-07-0272	高粱 Sorghum grain	成熟,NY/T 1 级	88.0	8.7	3.4	1.4	70.7	1.8	17.4	8.0	68.0	0.13	0.36		0.09
2018	4-07-0272	高粱 Sorghum grain	成熟,GB 8231—1987	88.0	8.7	3.4	1.4	70.7	1.8	17.4	8.0	68.0	0.13	0.36		0.09
1990	4-07-0274	大麦(裸) Naked barley grain	裸大麦,籽粒,成熟,晒干,优质	87.0	13.0	2.1	2.0	67.7	2.2				0.04	0.39	0.18	

续表1-1-1

年份	中国饲料号 CFN	饲料名称	饲料描述	干物质 DM	粗蛋白质 CP	粗脂肪 EE	粗纤维 CF	无氮浸出物 NFE	粗灰分 Ash	中性洗涤纤维 NDF	酸性洗涤纤维 ADF	淀粉 Starch	钙 Ca	总磷 P	植酸磷 Phy-P	有效磷 A-P
1991	4-07-0274	大麦(裸) Naked barley grain	裸大麦,籽粒,成熟	87.0	13.0	2.1	2.0		2.2				0.04	0.39	0.18	
1992	4-07-0274	大麦(裸)Naked barley grain	籽粒,成熟 GB 2 级	87.0	13.0	2.1	2.0	67.7	2.2				0.04	0.39	0.18	
1993	4-07-0274	大麦(裸)Naked barley grain	裸大麦,籽粒,成熟 GB 2 级	87.0	13.0	2.1	2.0	67.7	2.2				0.04	0.39	0.18	
1994—1997	4-07-0274	大麦(裸)Naked barley grain	裸大麦,籽粒,成熟 GB 2 级	87.0	13.0	2.1	2.0	67.7	2.2				0.04	0.39	0.18	0.21
1998	4-07-0274	大麦(裸)Naked barley grain	裸大麦,成熟 GB 2 级	87.0	13.0	2.1	2.0	67.7	2.2				0.04	0.39		0.21
1999	4-07-0274	大麦(裸)Naked barley grain	裸大麦,成熟 NY/T 2 级	87.0	13.0	2.1	2.0	67.7	2.2				0.04	0.39		0.21
2000	4-07-0274	大麦(裸)Naked barley grain	裸大麦,成熟 NY/T 2 级	87.0	13.0	2.1	2.0	67.7	2.2	10.0	2.2		0.04	0.39		0.14
2001—2009	4-07-0274	大麦(裸)Naked barley grain	裸大麦,成熟 NY/T 2 级	87.0	13.0	2.1	2.0	67.7	2.2	10.0	2.2		0.04	0.39		0.21
2010—2011	4-07-0274	大麦(裸)Naked barley grain	裸大麦,成熟 GB/T 11760—2008 2 级	87.0	13.0	2.1	2.0	67.7	2.2	10.0	2.2		0.04	0.39		0.13
2012—2014	4-07-0274	大麦(裸)Naked barley grain	裸大麦,成熟 GB/T 11760—2008 2 级	87.0	13.0	2.1	2.0	67.7	2.2	10.0	2.2	50.2	0.04	0.39		0.13
2015—2018	4-07-0274	大麦(裸)Naked barley grain	裸大麦,成熟 GB/T 11760—2008 2 级	87.0	13.0	2.1	2.0	67.7	2.2	10.0	2.2	50.2	0.04	0.39		0.12
1990	4-07-0277	大麦(皮) Barley grain	皮大麦,籽粒,成熟,晒干 GB 1 级	87.0	11.0	1.7	4.8	67.1	2.4				0.09	0.33	0.16	
1991	4-07-0277	大麦(皮)Barley grain	皮大麦,籽粒,成熟 GB 1 级	87.0	11.0	1.7	4.8		2.4				0.09	0.33	0.16	
1992	4-07-0277	大麦(皮)Barley grain	籽粒,成熟 GB 1 级,含少量麦麸	87.0	11.0	1.7	4.8	67.1	2.4				0.09	0.33	0.16	

续表1-1-1

年份	中国饲料号 CFN	饲料名称	饲料描述	干物质 DM	粗蛋白质 CP	粗脂肪 EE	粗纤维 CF	无氮浸出物 NFE	粗灰分 Ash	中性洗涤纤维 NDF	酸性洗涤纤维 ADF	淀粉 Starch	钙 Ca	总磷 P	植酸磷 Phy-P	有效磷 A-P
1993	4-07-0277	大麦(皮)Barley grain	皮大麦,籽粒,成熟 GB 1级	87.0	11.0	1.7	4.8	67.1	2.4				0.09	0.33	0.16	
1994-1997	4-07-0277	大麦(皮)Barley grain	皮大麦,籽粒,成熟 GB 1级	87.0	11.0	1.7	4.8	67.1	2.4				0.09	0.33	0.16	0.17
1998	4-07-0277	大麦(皮)Barley grain	皮大麦,成熟 GB 1级	87.0	11.0	1.7	4.8	67.1	2.4				0.09	0.33		0.17
1999	4-07-0277	大麦(皮)Barley grain	皮大麦,成熟 NY/T 1级	87.0	11.0	1.7	4.8	67.1	2.4				0.09	0.33		0.17
2000	4-07-0277	大麦(皮)Barley grain	皮大麦,成熟 NY/T 1级	87.0	11.0	1.7	4.8	67.1	2.4	18.4	6.8		0.09	0.33		0.12
2001—2009	4-07-0277	大麦(皮)Barley grain	皮大麦,成熟 NY/T 1级	87	11	1.7	4.8	67.1	2.4	18.4	6.8		0.09	0.33		0.17
2010—2011	4-07-0277	大麦(皮)Barley grain	皮大麦,成熟 GB 10367—1989,1级	87.0	11.0	1.7	4.8	67.1	2.4	18.4	6.8		0.09	0.33		0.12
2012—2014	4-07-0277	大麦(皮)Barley grain	皮大麦,成熟 GB 10367—1989,1级	87.0	11.0	1.7	4.8	67.1	2.4	18.4	6.8	52.2	0.09	0.33		0.12
2015—2018	4-07-0277	大麦(皮)Barley grain	皮大麦,成熟 GB 10367—1989,1级	87.0	11.0	1.7	4.8	67.1	2.4	18.4	6.8	52.2	0.09	0.33		0.10
1995	4-07-0281	黑麦 Rye	籽粒,进口	88.0	11.0	1.5	2.2	71.5	1.8				0.05	0.30	0.19	0.11
1996	4-07-0281	黑麦 Rye	籽粒,进口	88.0	11.0	1.5	2.2	71.5	1.8				0.05	0.30	0.19	0.11
1997	4-07-0281	黑麦 Rye	籽粒,进口	88.0	11.0	1.5	2.2	71.5	1.8				0.05	0.30	0.19	0.11
1998—1999	4-07-0281	黑麦 Rye	籽粒,进口	88.0	11.0	1.5	2.2	71.5	1.8				0.05	0.30		0.11
2000	4-07-0281	黑麦 Rye	籽粒,进口	88.0	11.0	1.5	2.2	71.5	1.8	12.3	4.6		0.05	0.30		0.10
2001—2010	4-07-0281	黑麦 Rye	籽粒,进口	88.0	11.0	1.5	2.2	71.5	1.8	12.3	4.6		0.05	0.3		0.11
2011	4-07-0281	黑麦 Rye	籽粒,进口	88.0	9.5	1.5	2.2	73.0	1.8	12.3	4.6		0.05	0.30		0.11
2012—2014	4-07-0281	黑麦 Rye	籽粒,进口	88.0	9.5	1.5	2.2	73.0	1.8	12.3	4.6	56.5	0.05	0.30		0.11
2015—2018	4-07-0281	黑麦 Rye	籽粒,进口	88.0	9.5	1.5	2.2	73.0	1.8	12.3	4.6	56.5	0.05	0.30		0.14

续表1-1-1

年份	中国饲料号 CFN	饲料名称	饲料描述	干物质 DM	粗蛋白质 CP	粗脂肪 EE	粗纤维 CF	无氮浸出物 NFE	粗灰分 Ash	中性洗涤纤维 NDF	酸性洗涤纤维 ADF	淀粉 Starch	钙 Ca	总磷 P	植酸磷 Phy-P	有效磷 A-P
1991	4-07-0479	粟(谷子) Millet Grain	合格,带壳,籽粒,成熟	86.5	9.7	2.3	6.8		2.7				0.12	0.30	0.19	
1992	4-07-0479	粟(谷子)Millet grain	籽粒,带壳,成熟,NY/T 2 级	86.5	9.7	2.3	6.8	65.0	2.7				0.12	0.30	0.19	
1993	4-07-0479	粟(谷子)Millet grain	合格,带壳,籽粒,成熟	86.5	9.7	2.3	6.8	65.0	2.7				0.12	0.30	0.19	
1994—1996	4-07-0479	粟(谷子)Millet grain	合格,带壳,籽粒,成熟	86.5	9.7	2.3	6.8	65.0	2.7				0.12	0.30	0.19	0.11
1997	4-07-0479	粟(谷子)Millet grain	合格,带壳,籽粒,成熟	86.5	9.7	2.3	6.8	65.0	2.7				0.12	0.30	0.19	0.11
1998—1999	4-07-0479	粟(谷子)Millet grain	合格,带壳,成熟	86.5	9.7	2.3	6.8	65.0	2.7				0.12	0.30		0.11
2000—2010	4-07-0479	粟(谷子)Millet grain	合格,带壳,成熟	86.5	9.7	2.3	6.8	65	2.7	15.2	13.3		0.12	0.3		0.11
2011	4-07-0479	粟(谷子)Millet grain	合格,带壳,成熟	86.5	9.7	2.3	6.8	65.0	2.7	15.2	13.3		0.12	0.30		0.09
2012—2018	4-07-0479	粟(谷子)Millet grain	合格,带壳,成熟	86.5	9.7	2.3	6.8	65.0	2.7	15.2	13.3	63.2	0.12	0.30		0.09
1991	4-08-0104	次粉 Wheat middling and red dog	制粉后小麦麸胚以外的部分	88.0	14.2	2.4	3.5		2.6				0.05	0.32	—	
1998—1999	4-08-0104	次粉 Wheat middling and red dog	黑面,黄粉,下面 NY/T 1 级	88.0	15.4	2.2	1.5	67.1	1.5				0.08	0.48		0.14
2000	4-08-0104	次粉 Wheat middling and red dog	黑面,黄粉,下面 NY/T 1 级	88.0	15.4	2.2	1.5	67.1	1.5	18.7	4.3		0.08	0.48		0.15

续表1-1-1

年份	中国饲料号 CFN	饲料名称	饲料描述	干物质 DM	粗蛋白质 CP	粗脂肪 EE	粗纤维 CF	无氮浸出物 NFE	粗灰分 Ash	中性洗涤纤维 NDF	酸性洗涤纤维 ADF	淀粉 Starch	钙 Ca	总磷 P	植酸磷 Phy-P	有效磷 A-P
2001—2009	4-08-0104	次粉 Wheat middling and red dog	黑面,黄粉,下面 NY/T 1级	88.0	15.4	2.2	1.5	67.1	1.5	18.7	4.3		0.08	0.48		0.14
2010	4-08-0104	次粉 Wheat middling and red dog	黑面,黄粉,下面 NY/T 1级	88.0	15.4	2.2	1.5	67.1	1.5	18.7	4.3		0.08	0.48		0.15
2011	4-08-0104	次粉 Wheat middling and red dog	黑面,黄粉,下面 NY/T 211—1992 1级	88.0	15.4	2.2	1.5	67.1	1.5	18.7	4.3		0.08	0.48		0.15
2012—2013	4-08-0104	次粉 Wheat middling and red dog	黑面,黄粉,下面 NY/T 211—1992 1级	88.0	15.4	2.2	1.5	67.1	1.5	18.7	4.3	37.8	0.08	0.48		0.15
2014	4-08-0104	次粉 Wheat middling and red dog	黑面,黄粉,下面 NY/T 211—1992 1级	88.0	15.4	2.2	1.5	67.1	1.5	18.7	4.3	37.8	0.08	0.48		0.15
2015—2017	4-08-0104	次粉 Wheat middling and red dog	黑面,黄粉,下面 NY/T 211—1992 1级	88.0	15.4	2.2	1.5	67.1	1.5	18.7	4.3	37.8	0.08	0.48		0.17
2018	4-08-0104	次粉 Wheat middling and red dog	黑面,黄粉,下面 NY/T 211—1992 1级	88.0	15.4	2.2	1.5	67.1	1.5	18.7	4.3	37.8	0.08	0.48		0.17
1992—1993	4-08-0105	次粉 Wheat middling and red dog	黑面,黄粉,下面 NY/T 2级	87.0	13.6	2.1	2.8	66.7	1.8				0.08	0.52	—	
1994	4-08-0105	次粉 Wheat middling and red dog	黑面,黄粉,下面 NY/T 2级	87.0	13.6	2.1	2.8	66.7	1.8				0.08	0.52	—	—

续表1-1-1

年份	中国饲料号 CFN	饲料名称	饲料描述	干物质 DM	粗蛋白质 CP	粗脂肪 EE	粗纤维 CF	无氮浸出物 NFE	粗灰分 Ash	中性洗涤纤维 NDF	酸性洗涤纤维 ADF	淀粉 Starch	钙 Ca	总磷 P	植酸磷 Phy-P	有效磷 A-P
1995	4-08-0105	次粉 Wheat middling and red dog	黑面,黄粉,三等粉 NY/T 2 级	87.0	13.6	2.1	2.8	66.7	1.8				0.08	0.52	—	—
1996—1997	4-08-0105	次粉 Wheat middling and red dog	黑面,黄粉,下面 NY/T 2 级	87.0	13.6	2.1	2.8	66.7	1.8				0.08	0.52	—	—
1998—1999	4-08-0105	次粉 Wheat middling and red dog	黑面,黄粉,下面 NY/T 2 级	87.0	13.6	2.1	2.8	66.7	1.8				0.08	0.48		0.14
2000	4-08-0105	次粉 Wheat middling and red dog	黑面,黄粉,下面 NY/T 2 级	87.0	13.6	2.1	2.8	66.7	1.8	—	—		0.08	0.48		0.15
2001—2002	4-08-0105	次粉 Wheat middling and red dog	黑面,黄粉,下面 NY/T 2 级	87.0	13.6	2.1	2.8	66.7	1.8	—	—		0.08	0.48		0.14
2003—2009	4-08-0105	次粉 Wheat middling and red dog	黑面,黄粉,下面 NY/T 2 级	87.0	13.6	2.1	2.8	66.7	1.8	31.9	10.5		0.08	0.48		0.14
2010	4-08-0105	次粉 Wheat middling and red dog	黑面,黄粉,下面 NY/T 2 级	87.0	13.6	2.1	2.8	66.7	1.8	31.9	10.5		0.08	0.48		0.15
2011	4-08-0105	次粉 Wheat middling and red dog	黑面,黄粉,下面 NY/T 211—1992 2 级	87.0	13.6	2.1	2.8	66.7	1.8	31.9	10.5		0.08	0.48		0.15
2012—2014	4-08-0105	次粉 Wheat middling and red dog	黑面,黄粉,下面 NY/T 211—1992 2 级	87.0	13.6	2.1	2.8	66.7	1.8	31.9	10.5	36.7	0.08	0.48		0.15

续表1-1-1

年份	中国饲料号 CFN	饲料名称	饲料描述	干物质 DM	粗蛋白质 CP	粗脂肪 EE	粗纤维 CF	无氮浸出物 NFE	粗灰分 Ash	中性洗涤纤维 NDF	酸性洗涤纤维 ADF	淀粉 Starch	钙 Ca	总磷 P	植酸磷 Phy-P	有效磷 A-P
2015—2017	4-08-0105	次粉 Wheat middling and red dog	黑面，黄粉，下面 NY/T 211—1992 2级	87.0	13.6	2.1	2.8	66.7	1.8	31.9	10.5	36.7	0.08	0.48		0.17
2018	4-08-0105	次粉 Wheat middling and red dog	黑面，黄粉，下面 NY/T 211—1992 2级	87.0	13.6	2.1	2.8	66.7	1.8	31.9	10.5	36.7	0.08	0.48		0.17
1995	4-10-0026	玉米胚芽饼 Corn germ meal(exp.)	玉米湿磨后的胚芽，机榨	90.0	16.7	9.6	6.3	50.8	6.6				0.04	0.46	—	—
1996—1997	4-10-0026	玉米胚芽饼 Corn germ meal(exp.)	玉米湿磨后的胚芽，机榨	90.0	16.7	9.6	6.3	50.8	6.6				0.04	1.45	—	—
1998—1999	4-10-0026	玉米胚芽饼 Corn germ meal(exp.)	玉米湿磨后的胚芽，机榨	90.0	16.7	9.6	6.3	50.8	6.6				0.04	1.45		—
2000—2004	4-10-0026	玉米胚芽饼 Corn germ meal(exp.)	玉米湿磨后的胚芽，机榨	90.0	16.7	9.6	6.3	50.8	6.6	—	—		0.04	1.45		—
2005—2009	4-10-0026	玉米胚芽饼 Corn germ meal(exp.)	玉米湿磨后的胚芽，机榨	90.0	16.7	9.6	6.3	50.8	6.6	28.5	7.4		0.04	1.45		0.36
2010—2011	4-10-0026	玉米胚芽饼 Corn germ meal(exp.)	玉米湿磨后的胚芽，机榨	90.0	16.7	9.6	6.3	50.8	6.6	28.5	7.4		0.04	0.50		0.15
2012—2018	4-10-0026	玉米胚芽饼 Corn germ meal(exp.)	玉米湿磨后的胚芽，机榨	90.0	16.7	9.6	6.3	50.8	6.6	28.5	7.4	13.5	0.04	0.50		0.15

续表1-1-1

年份	中国饲料号 CFN	饲料名称	饲料描述	干物质 DM	粗蛋白质 CP	粗脂肪 EE	粗纤维 CF	无氮浸出物 NFE	粗灰分 Ash	中性洗涤纤维 NDF	酸性洗涤纤维 ADF	淀粉 Starch	钙 Ca	总磷 P	植酸磷 Phy-P	有效磷 A-P
1999	4-13-0075	乳清粉 Whey, dehydrated	乳清,脱水,低乳糖含量	94.0	12.0	0.7	0.0	71.6	9.7				0.87	0.79		0.79
2000	4-13-0075	乳清粉 Whey, dehydrated	乳清,脱水,低乳糖含量	94.0	12.0	0.7	0	71.6	9.7	—	—		0.87	0.79		0.79
2001	4-13-0075	乳清粉 Whey, dehydrated	乳清,脱水,低乳糖含量	94.0	12.0	0.7		71.6	9.7				0.87	0.79		0.79
2002—2011	4-13-0075	乳清粉 Whey, dehydrated	乳清,脱水,低乳糖含量	94.0	12.0	0.7	0.0	71.6	9.7	0.0	0.0		0.87	0.79		0.79
2012—2014	4-13-0075	乳清粉 Whey, dehydrated	乳清,脱水,低乳糖含量	94.0	12.0	0.7		71.6	9.7				0.87	0.79		0.79
2015—2018	4-13-0075	乳清粉 Whey, dehydrated	乳清,脱水,乳糖含量73%	97.2	11.5	0.8	0.1	76.8	8.0				0.62	0.69		0.52
2001—2002	4-17-0001	牛脂 Beef tallow		99.0		≥98.0		—	—							
2003—2006	4-17-0001	牛脂 Beef tallow		99.0		98.0*		0.5	0.5							
2007—2011	4-17-0001	牛脂 Beef tallow		99.0	0.0	98.0*	0.0	0.5	0.5	0.0	0.0		0.00	0.00		0.00
2012—2018	4-17-0001	牛脂 Beef tallow		99.0		98.0*		0.5	0.5							
2001—2006	4-17-0002	猪油 Lard		99.0		≥98.0		—	—							
2007—2011	4-17-0002	猪油 Lard		99.0	0.0	98.0*	0.0	0.5	0.5	0.0	0.0		0.00	0.00		0.00
2012—2018	4-17-0002	猪油 Lard		99.0		98.0*		0.5	0.5							
2001—2006	4-17-0003	家禽脂肪 Poultry fat		99.0		≥98.0		—	—							
2007—2011	4-17-0003	家禽脂肪 Poultry fat		99.0	0.0	98.0*	0.0	0.5	0.5	0.0	0.0		0.00	0.00		0.00
2012	4-17-0003	家禽脂肪 Poultry fat		99.0		98.0*		0.5	0.5							

续表1-1-1

年份	中国饲料号 CFN	饲料名称	饲料描述	干物质 DM	粗蛋白质 CP	粗脂肪 EE	粗纤维 CF	无氮浸出物 NFE	粗灰分 Ash	中性洗涤纤维 NDF	酸性洗涤纤维 ADF	淀粉 Starch	钙 Ca	总磷 P	植酸磷 Phy-P	有效磷 A-P
2013	4-17-0003	家禽脂肪 Poultry fat		99.0		98.0*		0.5	0.5							99.00（编者注：疑有误）
2014—2018	4-17-0003	家禽脂肪 Poultry fat		99.0		98.0*		0.5	0.5							
2001—2006	4-17-0004	鱼油 Fish oil		99.0		≥98.0		—	—							
2007—2011	4-17-0004	鱼油 Fish oil		99.0	0.0	98.0*	0.0	0.5	0.5	0.0	0.0		0.00	0.00		0.00
2012—2018	4-17-0004	鱼油 Fish oil		99.0		98.0*		0.5	0.5							
2001—2006	4-17-0005	菜籽油 Rapeseed oil		99.0		≥98.0		—	—							
2007—2011	4-17-0005	菜籽油 Rapeseed oil		99.0	0.0	98.0*	0.0	0.5	0.5	0.0	0.0		0.00	0.00		0.00
2012—2018	4-17-0005	菜籽油 Rapeseed oil		99.0		98.0*		0.5	0.5							
2001—2006	4-17-0006	椰子油 Coconut oil		99.0		≥98.0		—	—							
2007—2011	4-17-0006	椰子油 Coconut oil		99.0	0.0	98.0*	0.0	0.5	0.5	0.0	0.0		0.00	0.00		0.00
2012—2018	4-17-0006	椰子油 Coconut oil		99.0		98.0*		0.5	0.5							
2001—2006	4-17-0008	棉籽油 Cottonseed oil		99.0		≥98.0		—	—							
2007—2011	4-17-0008	棉籽油 Cottonseed oil		99.0	0.0	98.0*	0.0	0.5	0.5	0.0	0.0		0.00	0.00		0.00
2012—2018	4-17-0008	棉籽油 Cottonseed oil		99.0		98.0*		0.5	0.5							
2001—2006	4-17-0009	棕榈油 Palm oil		99.0		≥98.0		—	—							

续表1-1-1

年份	中国饲料号 CFN	饲料名称	饲料描述	干物质 DM	粗蛋白质 CP	粗脂肪 EE	粗纤维 CF	无氮浸出物 NFE	粗灰分 Ash	中性洗涤纤维 NDF	酸性洗涤纤维 ADF	淀粉 Starch	钙 Ca	总磷 P	植酸磷 Phy-P	有效磷 A-P
2007—2011	4-17-0009	棕榈油 Palm oil		99.0	0.0	98.0*	0.0	0.5	0.5	0.0	0.0		0.00	0.00		0.00
2012—2018	4-17-0009	棕榈油 Palm oil		99.0		98.0*		0.5	0.5							
2001—2006	4-17-0010	花生油 Peanuts oil		99.0		≥98.0		—	—							
2007—2011	4-17-0010	花生油 Peanuts oil		99.0	0.0	98.0*	0.0	0.5	0.5	0.0	0.0		0.00	0.00		0.00
2012—2018	4-17-0010	花生油 Peanuts oil		99.0		98.0*		0.5	0.5							
2001—2006	4-17-0011	芝麻油 Sesame oil		99.0		≥98.0		—	—							
2007—2011	4-17-0011	芝麻油 Sesame oil		99.0	0.0	98.0*	0.0	0.5	0.5	0.0	0.0		0.00	0.00		0.00
2012—2018	4-17-0011	芝麻油 Sesame oil		99.0		98.0*		0.5	0.5							
2001—2006	4-17-0012	大豆油 Soybean oil	粗制	99.0		≥98.0		—	—							
2007—2011	4-17-0012	大豆油 Soybean oil	粗制	99.0	0.0	98.0*	0.0	0.5	0.5	0.0	0.0		0.00	0.00		0.00
2012—2018	4-17-0012	大豆油 Soybean oil	粗制	99.0		98.0*		0.5	0.5							
2001—2006	4-17-0013	葵花油 Sunflower oil		99.0		≥98.0		—	—							
2007—2011	4-17-0013	葵花油 Sunflower oil		99.0	0.0	98.0*	0.0	0.5	0.5		0.0		0.00	0.00		0.00

续表1-1-1

年份	中国饲料号 CFN	饲料名称	饲料描述	干物质 DM	粗蛋白质 CP	粗脂肪 EE	粗纤维 CF	无氮浸出物 NFE	粗灰分 Ash	中性洗涤纤维 NDF	酸性洗涤纤维 ADF	淀粉 Starch	钙 Ca	总磷 P	植酸磷 Phy-P	有效磷 A-P
2012—2018	4-17-0013	葵花油 Sunflower oil		99.0		98.0*		0.5	0.5							

注:本表中1994年“有效磷”数据来源于“八五”科技攻关项目产生的最新测试结果,输入中国饲料数据库经统计计算而得;1997年“有效磷”的含义是:“可以提供给动物磷源的磷”,谷实、豆类及其副产品中的“有效磷”约相当于其总磷的1/3;“有效磷”在1998—1999年为“非植酸磷”,计算饲料的“有效磷”时,应视饲喂对象的不同,而对“非植酸磷”数据作不同的折扣;2000年将1999版中的“非植酸态磷”更改为“有效磷”,由磷的生物学利用率计算得到,参考《家禽营养需要》(NRC,1994),《猪营养需要》(NRC,1998),*Feedstuffs*(2000),《日本猪营养标准》(1998)以及国内有关饲料磷利用率研究的报道;本表中“有效磷”在2001—2009年为“非植酸磷”,用户可根据自己认为的最佳数学模型及饲喂对象推算饲料的“有效磷”值;本表中将“非植酸磷”调整为“有效磷”,其数据也做修改,便于读者直接使用“有效磷”计算饲料配方。有效磷的计算依据如下:有效磷 $=K\times$(总磷－植酸磷)＋ 植酸磷 $\times A$,式中:K为无机磷的有效率,A为植酸磷的水解百分比,当不加植酸酶时,用于鸡饲料的大多数豆科籽实和小麦的植酸磷水解率超过50%(Van der Kilis和Versteegh,1996)。因此建议A值取50%～75%。此资料所在期刊的期数、页码数等不再备注。原资料自2000年版后有注,此书仅列出2018年版注,为:①“—”表示未测值(下同);②“*”表示典型值;空的数据项代表“0”(下同);③本书的表1-1-1至表1-1-12所示数据,无特别说明者,均表示饲喂状态的含量数据。

编者注:原文中有个别编号问题,如棉籽粕和亚麻仁粕的中国饲料号都为5-10-0119,应为原文失误。

2.有效能值

表1-1-2 有效能值

年份	中国饲料号 CFN	饲料名称	猪消化能		猪代谢能		猪净能		鸡代谢能		肉牛消化能		肉牛维持净能		肉牛增重净能		奶牛产奶净能		羊消化能	
			Mcal/kg	MJ/kg	Mcal/kg	MJ/kg	NE (Mcal/kg)	NE (MJ/kg)	ME (Mcal/kg)	ME (MJ/kg)	DE (Mcal/kg)	DE (MJ/kg)	NEm (Mcal/kg)	NEm (MJ/kg)	NEg (Mcal/kg)	NEg (MJ/kg)	NEl (Mcal/kg)	NEl (MJ/kg)	DE (Mcal/kg)	DE (MJ/kg)
2001—2003	4-02-0889	玉米淀粉	4.00	16.74	3.84	16.07			3.16	13.22	3.57	14.94					1.87	7.82	3.50	14.65
2004—2008	4-02-0889	玉米淀粉	4.00	16.74	3.84	16.07			3.16	13.22			2.73	11.43	2.2	9.12	1.87	7.82	3.50	14.65
2009	4-02-0889	玉米淀粉	4.00	16.74	3.84	16.07	3	12.55	3.16	13.22			2.73	11.43	2.2	9.12	1.87	7.82	3.50	14.65
2010—2011	4-02-0889	玉米淀粉	4.00	16.74	3.84	16.07	3.00	12.55	3.16	13.22			2.73	11.43	2.20	9.12	1.87	7.82	3.50	14.65
2012—2018	4-02-0889	玉米淀粉	4.00	16.74	3.84	16.07	3.28	13.72	3.16	13.22			2.73	11.43	2.20	9.12	1.87	7.82	3.50	14.65
1990	4-04-0067	木薯干 Cassava tuber flake	3.31		3.16				2.96						0.91		1.62		2.99	
1991	4-04-0067	木薯干 Cassava tuber flake	3.13						2.96						1.18		1.65		2.99	
1992—1996	4-04-0067	木薯干 Cassava tuber flake	3.13	13.10					2.96	12.38					1.18	4.94	1.65	6.90	2.99	12.51
1997—1998	4-04-0067	木薯干	3.13	13.10					2.96	12.38	2.78	11.63							2.99	12.51
1999—2000	4-04-0067	木薯干	3.13	13.10					2.96	12.38	2.78	11.63					1.43	5.98	2.99	12.51

续表1-1-2

年份	中国饲料号 CFN	饲料名称	猪消化能		猪代谢能		猪净能		鸡代谢能		肉牛消化能		肉牛维持净能		肉牛增重净能		奶牛产奶净能		羊消化能	
			Mcal /kg	MJ /kg	Mcal /kg	MJ /kg	NE (Mcal /kg)	NE (MJ /kg)	ME (Mcal /kg)	ME (MJ /kg)	DE (Mcal /kg)	DE (MJ /kg)	NEm (Mcal /kg)	NEm (MJ /kg)	NEg (Mcal /kg)	NEg (MJ /kg)	NEl (Mcal /kg)	NEl (MJ /kg)	DE (Mcal /kg)	DE (MJ /kg)
2001—2003	4-04-0067	木薯干	3.13	13.10	2.97	12.43			2.96	12.38	2.78	11.63					1.43	5.98	2.99	12.51
2004—2009	4-04-0067	木薯干	3.13	13.10	2.97	12.43			2.96	12.38			1.67	6.99	1.12	4.70	1.43	5.98	2.99	12.51
2010—2011	4-04-0067	木薯干	3.13	13.10	2.97	12.43	2.47	10.34	2.96	12.38			1.67	6.99	1.12	4.70	1.43	5.98	2.99	12.51
2012—2018	4-04-0067	木薯干	3.13	13.10	2.97	12.43	2.51	10.50	2.96	12.38			1.67	6.99	1.12	4.70	1.43	5.98	2.99	12.51
1990	4-04-0068	甘薯干 Sweet potato tuber flake	2.82		2.68				2.34						1.08		1.84		3.27	
1991	4-04-0068	甘薯干 Sweet potato tuber flake	2.82						2.34						1.10		1.58		3.27	
1992—1996	4-04-0068	甘薯干 Sweet potato tuber flake	2.82	11.80					2.34	9.79					1.10	4.60	1.58	6.61	3.27	13.68
1997—1998	4-04-0068	甘薯干	2.82	11.80					2.34	9.79	3.02	12.64							3.27	13.68
1999—2000	4-04-0068	甘薯干	2.82	11.80					2.34	9.79	3.02	12.64					1.57	6.57	3.27	13.68
2001—2003	4-04-0068	甘薯干	2.82	11.8	2.68	11.21			2.34	9.79	3.02	12.64					1.57	6.57	3.27	13.68
2004—2009	4-04-0068	甘薯干	2.82	11.8	2.68	11.21			2.34	9.79			1.85	7.76	1.33	5.57	1.57	6.57	3.27	13.68
2010—2011	4-04-0068	甘薯干	2.82	11.8	2.68	11.21	2.20	9.20	2.34	9.79			1.85	7.76	1.33	5.57	1.57	6.57	3.27	13.68
2012—2018	4-04-0068	甘薯干	2.82	11.80	2.68	11.21	2.26	9.46	2.34	9.79			1.85	7.76	1.33	5.57	1.57	6.57	3.27	13.68
1992	4-06-0074	甘薯叶粉 Sweet potato leave meal	1.19	4.98					1.01	4.23					0.66	2.76	1.30	5.44	1.96	8.20
1993	4-06-0074	甘薯叶粉	1.19	4.98					1.01	4.23					0.66	2.76	1.30	5.44	1.96	8.20
1994	4-06-0074	甘薯叶粉	1.19	4.98					1.01	6.23					0.66	2.76	1.30	5.44	1.96	8.20
1995—1996	4-06-0074	甘薯叶粉	1.19	4.98					1.01	4.23					0.66	2.76	1.30	5.44	1.96	8.20

续表1-1-2

年份	中国饲料号 CFN	饲料名称	猪消化能		猪代谢能		猪净能		鸡代谢能		肉牛消化能		肉牛维持净能		肉牛增重净能		奶牛产奶净能		羊消化能	
			Mcal/kg	MJ/kg	Mcal/kg	MJ/kg	NE (Mcal/kg)	NE (MJ/kg)	ME (Mcal/kg)	ME (MJ/kg)	DE (Mcal/kg)	DE (MJ/kg)	NEm (Mcal/kg)	NEm (MJ/kg)	NEg (Mcal/kg)	NEg (MJ/kg)	NEl (Mcal/kg)	NEl (MJ/kg)	DE (Mcal/kg)	DE (MJ/kg)
1997—1998	4-06-0074	甘薯叶粉	1.19	4.98					1.01	4.23	2.22	9.29							1.96	8.20
1999	4-06-0074	甘薯叶粉	1.19	4.98					1.01	4.23	2.22	9.29					1.13	4.73	1.96	8.20
1993	4-06-0075	乳清粉	1.65	6.96					1.91	7.99					1.29	7.24	1.80	7.53	3.43	14.36
1994	4-06-0075	乳清粉	3.44	14.39					2.73	11.42					1.29	7.24	1.80	7.53	3.43	14.35
1995	4-06-0075	乳清粉	3.44	14.39					2.73	11.42					1.29	7.24	1.80	7.53	3.43	14.36
1996	4-06-0075	乳清粉	3.44	14.39					2.73	11.42					1.29	4.24	1.80	7.53	3.43	14.36
1997—1998	4-06-0075	乳清粉	3.44	14.39					2.73	11.42	3.29	13.77							3.43	14.36
1998	4-06-0076	牛奶乳糖-80	3.37	14.11					2.69	11.25	3.00	12.57							3.36	14.07
1999—2000	4-06-0076	牛奶乳糖	3.37	14.11					2.69	11.25	3.00	12.55					1.56	6.53	3.36	14.06
2001—2003	4-06-0076	牛奶乳糖	3.37	14.10	3.21	13.43			2.69	11.25	3.64	15.23					1.91	7.99	3.48	14.56
2004—2009	4-06-0076	牛奶乳糖	3.37	14.10	3.21	13.43			2.69	11.25			2.32	9.72	1.85	7.76	1.91	7.99	3.48	14.56
2010—2013	4-06-0076	牛奶乳糖	3.37	14.10	3.21	13.43	2.32	9.37	2.69	11.25			2.32	9.72	1.85	7.76	1.91	7.99	3.48	14.56
2014—2018	4-06-0076	牛奶乳糖	3.37	14.10	3.21	13.43	2.79	11.67	2.69	11.25			2.32	9.72	1.85	7.76	1.91	7.99	3.48	14.56
2001—2003	4-06-0077	乳糖	3.53	14.77	3.39	14.18					3.91	16.37					2.06	8.62		
2004—2007	4-06-0077	乳糖	3.53	14.77	3.39	14.18											2.06	8.62		
2008	4-06-0077	乳糖	3.53	14.77	3.39	14.18											2.06	8.62	3.92	16.41
2009	4-06-0077	乳糖	3.53	14.77	3.39	14.18	2.44	10.24	2.70	11.30			2.31	9.67	1.84	7.70	2.06	8.62	3.92	16.41
2010—2011	4-06-0077	乳糖	3.53	14.77	3.39	14.18	2.44	10.24	2.70	11.30			2.31	9.67	1.84	7.70	2.06	8.62	3.92	16.41
2012—2013	4-06-0077	乳糖	3.53	14.77	3.39	14.18	2.47	10.33	2.70	11.30			2.31	9.67	1.84	7.70	2.06	8.62	3.92	16.41
2014—2018	4-06-0077	乳糖	3.53	14.77	3.39	14.18	2.93	12.26	2.70	11.30			2.31	9.67	1.84	7.70	2.06	8.62	3.92	16.41
2001—2003	4-06-0078	葡萄糖	3.36	14.06	3.22	13.47			3.08	12.89	3.37	14.10					1.76	7.36		
2004—2009	4-06-0078	葡萄糖	3.36	14.06	3.22	13.47			3.08	12.89			2.66	11.13	2.13	8.92	1.76	7.36	3.28	13.73
2010—2011	4-06-0078	葡萄糖	3.36	14.06	3.22	13.47	2.52	10.24	3.08	12.89			2.66	11.13	2.13	8.92	1.76	7.36	3.28	13.73

续表1-1-2

年份	中国饲料号 CFN	饲料名称	猪消化能		猪代谢能		猪净能		鸡代谢能		肉牛消化能		肉牛维持净能		肉牛增重净能		奶牛产奶净能		羊消化能	
			Mcal/kg	MJ/kg	Mcal/kg	MJ/kg	NE (Mcal/kg)	NE (MJ/kg)	ME (Mcal/kg)	ME (MJ/kg)	DE (Mcal/kg)	DE (MJ/kg)	NEm (Mcal/kg)	NEm (MJ/kg)	NEg (Mcal/kg)	NEg (MJ/kg)	NEl (Mcal/kg)	NEl (MJ/kg)	DE (Mcal/kg)	DE (MJ/kg)
2012—2013	4-06-0078	葡萄糖	3.36	14.06	3.22	13.47	2.35	9.83	3.08	12.89			2.66	11.13	2.13	8.92	1.76	7.36	3.28	13.73
2014—2018	4-06-0078	葡萄糖	3.36	14.06	3.22	13.47	2.79	11.67	3.08	12.89			2.66	11.13	2.13	8.92	1.76	7.36	3.28	13.73
2001—2003	4-06-0079	蔗糖	3.80	15.9	3.65	15.27			3.90	16.32	3.92	16.40					2.06	8.62	4.02	16.82
2004—2009	4-06-0079	蔗糖	3.80	15.9	3.65	15.27			3.90	16.32							2.06	8.62		
2010	4-06-0079	蔗糖	3.80	15.9	3.65	15.27	2.85	11.92	3.90	16.32			3.37	14.10	2.69	11.26	2.06	8.62	4.02	16.82
2011	4-06-0079	蔗糖	3.80	15.90	3.65	15.27	2.85	11.92	3.90	16.32			3.37	14.10	2.69	11.26	2.06	8.62	4.02	16.82
2012—2013	4-06-0079	蔗糖	3.80	15.90	3.65	15.27	2.66	11.13	3.90	16.32			3.37	14.10	2.69	11.26	2.06	8.62	4.02	16.82
2014—2018	4-06-0079	蔗糖	3.80	15.90	3.65	15.27	3.15	13.18	3.90	16.32			3.37	14.10	2.69	11.26	2.06	8.62	4.02	16.82
1990	4-07-0272	高粱 Sorghum grain	3.15		2.95				2.94						0.99		1.72		3.12	
1991	4-07-0272	高粱 Sorghum grain	3.15						2.94						1.11		1.58		3.12	
1992—1996	4-07-0272	高粱	3.15	13.18					2.94	12.30					1.11	4.64	1.58	6.61	3.12	13.05
1997—1998	4-07-0272	高粱	3.15	13.18					2.94	12.30	3.07	12.84							3.12	13.05
1999—2000	4-07-0272	高粱	3.15	13.18					2.94	12.30	3.07	12.84					1.59	6.65	3.12	13.05
2001—2003	4-07-0272	高粱	3.15	13.18	2.97	12.43			2.94	12.30	3.07	12.84					1.59	6.65	3.12	13.05
2004—2009	4-07-0272	高粱	3.15	13.18	2.97	12.43			2.94	12.30			1.86	7.80	1.30	5.44	1.59	6.65	3.12	13.05
2010—2011	4-07-0272	高粱	3.15	13.18	2.97	12.43	2.44	10.22	2.94	12.30			1.86	7.80	1.30	5.44	1.59	6.65	3.12	13.05
2012—2013	4-07-0272	高粱	3.15	13.18	2.97	12.43	2.47	10.34	2.94	12.30			1.86	7.80	1.30	5.44	1.59	6.65	3.12	13.05
2014—2018	4-07-0272	高粱	3.15	13.18	2.97	12.43	2.44	10.20	2.94	12.30			1.86	7.80	1.30	5.44	1.59	6.65	3.12	13.05
1990	4-07-0274	大麦(裸)Naked barley grain	3.24		3.01				2.68						1.05		1.79		3.21	
1991	4-07-0274	大麦(裸)Naked barley grain	3.24						2.68						1.22		1.69		3.21	

续表1-1-2

年份	中国饲料号 CFN	饲料名称	猪消化能		猪代谢能		猪净能		鸡代谢能		肉牛消化能		肉牛维持净能		肉牛增重净能		奶牛产奶净能		羊消化能	
			Mcal/kg	MJ/kg	Mcal/kg	MJ/kg	NE (Mcal/kg)	NE (MJ/kg)	ME (Mcal/kg)	ME (MJ/kg)	DE (Mcal/kg)	DE (MJ/kg)	NEm (Mcal/kg)	NEm (MJ/kg)	NEg (Mcal/kg)	NEg (MJ/kg)	NEl (Mcal/kg)	NEl (MJ/kg)	DE (Mcal/kg)	DE (MJ/kg)
1992—1995	4-07-0274	大麦(裸)Naked barley grain	3.24	13.56					2.68	11.21					1.22	5.10	1.69	7.07	3.21	13.43
1996	4-07-0274	大麦(裸)	3.24	13.56					2.68	11.21					1.22	5.10	1.69	7.70	3.21	13.43
1997—1998	4-07-0274	大麦(裸)	3.24	13.56					2.68	11.21	3.23	13.51							3.21	13.43
1999—2000	4-07-0274	大麦(裸)	3.24	13.56					2.68	11.21	3.23	13.51					1.68	7.03	3.21	13.43
2001—2003	4-07-0274	大麦(裸)	3.24	13.56	3.03	12.68			2.68	11.21	3.23	13.51					1.68	7.03	3.21	13.43
2004—2009	4-07-0274	大麦(裸)	3.24	13.56	3.03	12.68			2.68	11.21			1.99	8.31	1.43	5.99	1.68	7.03	3.21	13.43
2010	4-07-0274	大麦(裸)	3.24	13.56	3.03	12.68	2.40	10.03	2.68	11.21			1.99	8.31	1.43	5.99	1.68	7.03	3.21	13.43
2011	4-07-0274	大麦(裸)	3.24	13.56	3.03	12.68	2.40	10.03	2.68	11.21			1.99	8.31	1.43	5.99	1.68	7.03	3.21	13.43
2012—2013	4-07-0274	大麦(裸)	3.24	13.56	3.03	12.68	2.43	10.15	2.68	11.21			1.99	8.31	1.43	5.99	1.68	7.03	3.21	13.43
2014—2018	4-07-0274	大麦(裸)	3.24	13.56	3.03	12.68	2.43	10.17	2.68	11.21			1.99	8.31	1.43	5.99	1.68	7.03	3.21	13.43
1990	4-07-0277	大麦(皮)Barley grain	3.02		2.82				2.70						1.02		1.75		3.16	
1991	4-07-0277	大麦(皮)Barley grain	3.02						2.70						1.20		1.67		3.16	
1992—1996	4-07-0277	大麦(皮)Barley grain	3.02	12.64					2.70	11.30					1.20	5.02	1.67	6.99	3.16	13.22
1997—1998	4-07-0277	大麦(皮)	3.02	12.64					2.70	11.30	3.11	13.01							3.16	13.22
1999—2000	4-07-0277	大麦(皮)	3.02	12.64					2.70	11.30	3.11	13.01					1.62	6.78	3.16	13.22
2001—2003	4-07-0277	大麦(皮)	3.02	12.64	2.83	11.84			2.70	11.30	3.11	13.01					1.62	6.78	3.16	13.22
2004—2009	4-07-0277	大麦(皮)	3.02	12.64	2.83	11.84			2.70	11.30			1.90	7.95	1.35	5.64	1.62	6.78	3.16	13.22
2010—2011	4-07-0277	大麦(皮)	3.02	12.64	2.83	11.84	2.23	9.35	2.70	11.30			1.90	7.95	1.35	5.64	1.62	6.78	3.16	13.22
2012—2013	4-07-0277	大麦(皮)	3.02	12.64	2.83	11.84	2.25	9.42	2.70	11.30			1.90	7.95	1.35	5.64	1.62	6.78	3.16	13.22
2014—2018	4-07-0277	大麦(皮)	3.02	12.64	2.83	11.84	2.27	9.48	2.70	11.30			1.90	7.95	1.35	5.64	1.62	6.78	3.16	13.22

续表1-1-2

年份	中国饲料号 CFN	饲料名称	猪消化能		猪代谢能		猪净能		鸡代谢能		肉牛消化能		肉牛维持净能		肉牛增重净能		奶牛产奶净能		羊消化能	
			Mcal/kg	MJ/kg	Mcal/kg	MJ/kg	NE (Mcal/kg)	NE (MJ/kg)	ME (Mcal/kg)	ME (MJ/kg)	DE (Mcal/kg)	DE (MJ/kg)	NEm (Mcal/kg)	NEm (MJ/kg)	NEg (Mcal/kg)	NEg (MJ/kg)	NEl (Mcal/kg)	NEl (MJ/kg)	DE (Mcal/kg)	DE (MJ/kg)
1995—1996	4-07-0281	黑麦	3.39	14.18					2.69	11.26					1.53	6.40	1.74	7.28	—	—
1997—1998	4-07-0281	黑麦	3.39	14.18					2.69	11.26	3.22	13.47							—	—
1999—2000	4-07-0281	黑麦	3.31	13.85					2.69	11.26	3.22	13.47					1.68	7.03	—	—
2001—2003	4-07-0281	黑麦	3.31	13.85	3.10	12.97			2.69	11.25	3.22	13.47					1.68	7.03	3.39	14.18
2004—2009	4-07-0281	黑麦	3.31	13.85	3.10	12.97			2.69	11.25			1.98	8.27	1.42	5.95	1.68	7.03	3.39	14.18
2010—2011	4-07-0281	黑麦	3.31	13.85	3.10	12.97	2.52	10.53	2.69	11.25			1.98	8.27	1.42	5.95	1.68	7.03	3.39	14.18
2012—2013	4-07-0281	黑麦	3.31	13.85	3.10	12.97	2.51	10.50	2.69	11.25			1.98	8.27	1.42	5.95	1.68	7.03	3.39	14.18
2014—2018	4-07-0281	黑麦	3.31	13.85	3.10	12.97	2.50	10.46	2.69	11.25			1.98	8.27	1.42	5.95	1.68	7.03	3.39	14.18
1991	4-07-0479	粟(谷子)Millet grain	3.09						2.84						1.17		1.65		3.00	
1992—1996	4-07-0479	粟(谷子)Millet grain	3.09	12.93					2.84	11.88					1.17	4.90	1.65	6.90	3.00	12.55
1997—1998	4-07-0479	粟(谷子)	3.09	12.93					2.84	11.88	3.20	13.39							3.00	12.55
1999—2000	4-07-0479	粟(谷子)	3.09	12.93					2.84	11.88	3.20	13.39					1.67	6.99	3.00	12.55
2001—2003	4-07-0479	粟(谷子)	3.09	12.93	2.91	12.18			2.84	11.88	3.20	13.39					1.67	6.99	3.00	12.55
2004—2009	4-07-0479	粟(谷子)	3.09	12.93	2.91	12.18			2.84	11.88			1.97	8.25	1.43	6.00	1.67	6.99	3.00	12.55
2010—2011	4-07-0479	粟(谷子)	3.09	12.93	2.91	12.18	2.29	9.56	2.84	11.88			1.97	8.25	1.43	6.00	1.67	6.99	3.00	12.55
2012—2018	4-07-0479	粟(谷子)	3.09	12.93	2.91	12.18	2.32	9.71	2.84	11.88			1.97	8.25	1.43	6.00	1.67	6.99	3.00	12.55
1991	4-08-0104	次粉	3.53						2.90						1.32		1.79		3.41	
1998	4-08-0104	次粉 Wheat middling and red dog	3.27	13.68					3.05	12.76										
1999—2000	4-08-0104	次粉 Wheat middling and red dog	3.27	13.68					3.05	12.76	—	—					—	—	—	—

续表1-1-2

年份	中国饲料号 CFN	饲料名称	猪消化能		猪代谢能		猪净能		鸡代谢能		肉牛消化能		肉牛维持净能		肉牛增重净能		奶牛产奶净能		羊消化能	
			Mcal /kg	MJ /kg	Mcal /kg	MJ /kg	NE (Mcal /kg)	NE (MJ /kg)	ME (Mcal /kg)	ME (MJ /kg)	DE (Mcal /kg)	DE (MJ /kg)	NEm (Mcal /kg)	NEm (MJ /kg)	NEg (Mcal /kg)	NEg (MJ /kg)	NEl (Mcal /kg)	NEl (MJ /kg)	DE (Mcal /kg)	DE (MJ /kg)
2001	4-08-0104	次粉 Wheat middling and red dog	3.27	13.68	3.04	12.72			3.05	12.76	3.79	15.85					1.99	8.32	3.32	13.89
2002	4-08-0104	次粉 Wheat middling and red dog	3.27	13.68	3.04	12.72			3.05	12.76	—	—					—	—	—	—
2003	4-08-0104	次粉 Wheat middling and red dog	3.27	13.68	3.04	12.72			3.05	12.76	3.79	15.85					1.99	8.32	3.32	13.89
2004—2009	4-08-0104	次粉	3.27	13.68	3.04	12.72			3.05	12.76			2.41	10.10	1.92	8.02	1.99	8.32	3.32	13.89
2010—2011	4-08-0104	次粉	3.27	13.68	3.04	12.72	2.32	9.71	3.05	12.76			2.41	10.10	1.92	8.02	1.99	8.32	3.32	13.89
2012—2013	4-08-0104	次粉	3.27	13.68	3.04	12.72	2.33	9.76	3.05	12.76			2.41	10.10	1.92	8.02	1.99	8.32	3.32	13.89
2014—2018	4-08-0104	次粉	3.27	13.68	3.04	12.72	2.27	9.50	3.05	12.76			2.41	10.10	1.92	8.02	1.99	8.32	3.32	13.89
1992—1993	4-08-0105	次粉 Wheat middling and red dog	3.46	14.48					3.06	12.80					1.24	5.19	1.76	7.63	3.25	13.60
1994	4-08-0105	次粉 Wheat middling and red dog	3.46	14.48					3.06	12.80					1.24	5.19	1.76	7.36	3.25	13.60
1995—1996	4-08-0105	次粉 Wheat middling and red dog	3.21	13.43					2.99	12.51					1.24	5.19	1.76	7.36	3.25	13.60
1997—1998	4-08-0105	次粉 Wheat middling and red dog	3.21	13.43					2.99	12.51	3.72	15.56							3.25	13.60

续表1-1-2

年份	中国饲料号 CFN	饲料名称	猪消化能		猪代谢能		猪净能		鸡代谢能		肉牛消化能		肉牛维持净能		肉牛增重净能		奶牛产奶净能		羊消化能	
			Mcal /kg	MJ /kg	Mcal /kg	MJ /kg	NE (Mcal /kg)	NE (MJ /kg)	ME (Mcal /kg)	ME (MJ /kg)	DE (Mcal /kg)	DE (MJ /kg)	NEm (Mcal /kg)	NEm (MJ /kg)	NEg (Mcal /kg)	NEg (MJ /kg)	NEl (Mcal /kg)	NEl (MJ /kg)	DE (Mcal /kg)	DE (MJ /kg)
1999—2000	4-08-0105	次粉 Wheat middling and red dog	3.21	13.43					2.99	12.51	3.72	15.56					1.95	8.16	3.25	13.60
2001—2003	4-08-0105	次粉 Wheat middling and red dog	3.21	13.43	2.99	12.51			2.99	12.51	3.72	15.56					1.95	8.16	3.25	13.60
2004—2009	4-08-0105	次粉	3.21	13.43	2.99	12.51			2.99	12.51			2.37	9.92	1.88	7.87	1.95	8.16	3.25	13.60
2010—2011	4-08-0105	次粉	3.21	13.43	2.99	12.51	2.28	9.53	2.99	12.51			2.37	9.92	1.88	7.87	1.95	8.16	3.25	13.60
2012—2013	4-08-0105	次粉	3.21	13.43	2.99	12.51	2.24	9.37	2.99	12.51			2.37	9.92	1.88	7.87	1.95	8.16	3.25	13.60
2014—2018	4-08-0105	次粉	3.21	13.43	2.99	12.51	2.23	9.33	2.99	12.51			2.37	9.92	1.88	7.87	1.95	8.16	3.25	13.60
1995—1996	4-10-0026	玉米胚芽饼 Corn germ meal(exp.)	3.51	14.69					1.82	7.61					—	—	—	—	—	—
1997—1998	4-10-0026	玉米胚芽饼 Corn germ meal(exp.)	3.51	14.69					1.82	7.61	3.35	14.02							—	—
1999—2000	4-10-0026	玉米胚芽饼 Corn germ meal(exp.)	3.51	14.69					2.24	9.37	3.35	14.02					1.75	7.32	—	—
2001—2003	4-10-0026	玉米胚芽饼 Corn germ meal(exp.)	3.51	14.69	3.25	13.60			2.24	9.37	3.35	14.02					1.75	7.32	—	—
2004	4-10-0026	玉米胚芽饼	3.51	14.69	3.25	13.60			2.24	9.37			0.61	2.03	1.40	5.86	8.49	7.32	—	—
2007	4-10-0026	玉米胚芽饼	3.51	14.69	3.25	13.60			2.24	9.37			0.61	2.03	1.40	5.86	1.75	7.32	—	—
2008	4-10-0026	玉米胚芽饼	3.51	14.69	3.25	13.60			2.24	9.37			0.61	2.03	1.40	5.86	1.75	7.32	3.29	13.77
2009	4-10-0026	玉米胚芽饼	3.51	14.69	3.25	13.60			2.24	9.37			2.06	8.62	1.40	5.86	1.75	7.32	3.29	13.77

续表1-1-2

年份	中国饲料号CFN	饲料名称	猪消化能		猪代谢能		猪净能		鸡代谢能		肉牛消化能		肉牛维持净能		肉牛增重净能		奶牛产奶净能		羊消化能	
			Mcal/kg	MJ/kg	Mcal/kg	MJ/kg	NE (Mcal/kg)	NE (MJ/kg)	ME (Mcal/kg)	ME (MJ/kg)	DE (Mcal/kg)	DE (MJ/kg)	NEm (Mcal/kg)	NEm (MJ/kg)	NEg (Mcal/kg)	NEg (MJ/kg)	NEl (Mcal/kg)	NEl (MJ/kg)	DE (Mcal/kg)	DE (MJ/kg)
2010—2011	4-10-0026	玉米胚芽饼	3.51	14.69	3.25	13.60	2.56	10.72	2.24	9.37			2.06	8.62	1.40	5.86	1.75	7.32	3.29	13.77
2012—2013	4-10-0026	玉米胚芽饼	3.51	14.69	3.25	13.60	2.46	10.29	2.24	9.37			2.06	8.62	1.40	5.86	1.75	7.32	3.29	13.77
2014—2018	4-10-0026	玉米胚芽饼	3.51	14.69	3.25	13.60	2.21	9.25	2.24	9.37			2.06	8.62	1.40	5.86	1.75	7.32	3.29	13.77
1999—2000	4-13-0075	乳清粉	3.44	14.39					2.73	11.42	3.29	13.77					1.72	7.20	3.43	14.35
2001—2003	4-13-0075	乳清粉	3.44	14.39	3.22	13.47			2.73	11.42	3.29	13.77					1.72	7.20	3.43	14.35
2004—2009	4-13-0075	乳清粉	3.44	14.39	3.22	13.47			2.73	11.42			2.05	8.56	1.53	6.39	1.72	7.20	3.43	14.35
2010—2013	4-13-0075	乳清粉	3.44	14.39	3.22	13.47	2.78	11.66	2.73	11.42			2.05	8.56	1.53	6.39	1.72	7.20	3.43	14.35
2014	4-13-0075	乳清粉	3.44	14.39	3.22	13.47	2.66	11.13	2.73	11.42			2.05	8.56	1.53	6.39	1.72	7.20	3.43	14.35
2015—2018	4-13-0075	乳清粉	3.49	14.60	3.42	14.31	2.70	11.29	2.73	11.42			2.05	8.56	1.53	6.39	1.72	7.20	3.43	14.35
2001—2003	4-17-0001	牛油	8.00	33.47	7.68	32.13			7.78	32.55	9.63	40.29					5.20	21.76		
2004—2009	4-17-0001	牛油	8.00	33.47	7.68	32.13			7.78	32.55							5.20	21.76		
2010—2011	4-17-0001	牛油	8.00	33.47	7.68	32.13	6.75	28.28	7.78	32.55			4.76	19.90	3.52	14.73	4.23	17.70	7.62	31.86
2012—2013	4-17-0001	牛油	8.00	33.47	7.68	32.13	7.19	30.01	7.78	32.55			4.76	19.90	3.52	14.73	4.23	17.70	7.62	31.86
2014	4-17-0001	牛油	8.00	33.47	7.68	32.13	7.19	30.38	7.78	32.55			4.76	19.90	3.52	14.73	4.23	17.70	7.62	31.86
2015—2018	4-17-0001	牛油	8.00	33.47	7.68	32.13	7.19	30.08	7.78	32.55			4.76	19.90	3.52	14.73	4.23	17.70	7.62	31.86
2001—2003	4-17-0002	猪油	8.29	34.69	7.96	33.30			9.11	38.11	9.63	40.29					5.20	21.76		
2004—2009	4-17-0002	猪油	8.29	34.69	7.96	33.30			9.11	38.11							5.20	21.76		
2010—2011	4-17-0002	猪油	8.29	34.69	7.96	33.30	7.00	29.31	9.11	38.11			5.60	23.43	4.15	17.37	4.86	20.34	8.51	35.60
2012—2013	4-17-0002	猪油	8.29	34.69	7.96	33.30	7.39	30.94	9.11	38.11			5.60	23.43	4.15	17.37	4.86	20.34	8.51	35.60
2014—2018	4-17-0002	猪油	8.29	34.69	7.96	33.30	7.39	30.92	9.11	38.11			5.60	23.43	4.15	17.37	4.86	20.34	8.51	35.60
2001—2003	4-17-0003	家禽脂肪	8.52	35.65	8.18	34.23			9.36	39.16	9.63	40.29					5.20	21.76		
2004—2009	4-17-0003	家禽脂肪	8.52	35.65	8.18	34.23			9.36	39.16							5.20	21.76		
2010—2011	4-17-0003	家禽脂肪	8.52	35.65	8.18	34.23	7.20	30.11	9.36	39.16			5.47	22.89	4.10	17.00	4.96	20.76	8.68	36.30

续表1-1-2

年份	中国饲料号CFN	饲料名称	猪消化能		猪代谢能		猪净能		鸡代谢能		肉牛消化能		肉牛维持净能		肉牛增重净能		奶牛产奶净能		羊消化能	
			Mcal/kg	MJ/kg	Mcal/kg	MJ/kg	NE (Mcal/kg)	NE (MJ/kg)	ME (Mcal/kg)	ME (MJ/kg)	DE (Mcal/kg)	DE (MJ/kg)	NEm (Mcal/kg)	NEm (MJ/kg)	NEg (Mcal/kg)	NEg (MJ/kg)	NEl (Mcal/kg)	NEl (MJ/kg)	DE (Mcal/kg)	DE (MJ/kg)
2012—2013	4-17-0003	家禽脂肪	8.52	35.65	8.18	34.23	7.55	31.62	9.36	39.16			5.47	22.89	4.10	17.00	4.96	20.76	8.68	36.30
2014—2018	4-17-0003	家禽脂肪	8.52	35.65	8.18	34.23	7.55	31.59	9.36	39.16			5.47	22.89	4.10	17.00	4.96	20.76	8.68	36.30
2001—2009	4-17-0004	鱼油	8.44	35.31	8.10	33.89			8.45	35.35										
2010—2011	4-17-0004	鱼油	8.44	35.31	8.10	33.89	7.12	29.82	8.45	35.35			9.55	39.92	5.26	21.20	4.64	19.40	8.36	34.95
2012—2018	4-17-0004	鱼油	8.44	35.31	8.10	33.89	7.50	31.38	8.45	35.35			9.55	39.92	5.26	21.20	4.64	19.40	8.36	34.95
2001—2003	4-17-0005	菜籽油	8.76	36.65	8.41	35.19			9.21	38.53	9.56	40.00					5.16	21.59		
2004—2006	4-17-0005	菜籽油	8.76	36.65	8.41	35.19			9.21	38.53							5.56	23.64		
2007—2008	4-17-0005	菜籽油	8.76	36.65	8.41	35.19			9.21	38.53										
2009—2011	4-17-0005	菜籽油	8.76	36.65	8.41	35.19	7.40	30.96	9.21	38.53			10.14	42.30	5.68	23.77	5.01	20.97	8.92	37.33
2012—2018	4-17-0005	菜籽油	8.76	36.65	8.41	35.19	7.72	32.32	9.21	38.53			10.14	42.30	5.68	23.77	5.01	20.97	8.92	37.33
2001—2003	4-17-0006	玉米油	8.75	36.61	8.40	35.15			9.66	40.42	9.56	40.00					5.16	21.59		
2004—2009	4-17-0006	玉米油	8.75	36.61	8.40	35.15			9.66	40.42							5.26	22.01		
2010—2011	4-17-0006	玉米油(原文为椰子油)	8.75	36.61	8.40	35.15	7.39	30.93	9.66	40.42			10.44	43.64	5.75	24.10	5.26	22.01	9.42	39.42
2012—2018	4-17-0006	玉米油	8.75	36.61	8.40	35.15	7.71	32.29	9.66	40.42			10.44	43.64	5.75	24.10	5.26	22.01	9.42	39.42
2001—2003	4-17-0007	椰子油	8.40	35.11	8.06	33.69			8.81	36.83	9.56	40.00					5.16	21.59		
2004—2006	4-17-0007	椰子油	8.40	35.11	8.06	33.69			8.81	36.83							5.16	21.59		
2007—2008	4-17-0007	椰子油	8.40	35.11	8.06	33.69			8.81	36.83							5.65	23.64		
2009—2011	4-17-0007	椰子油(原文为玉米油)	8.40	35.11	8.06	33.69	7.09	29.67	8.81	36.83			9.78	40.92	5.58	23.35	4.79	20.05	8.63	36.11
2012—2018	4-17-0007	椰子油	8.40	35.11	8.06	33.69	7.47	31.27	8.81	36.83			9.78	40.92	5.58	23.35	4.79	20.05	8.63	36.11
2001—2003	4-17-0008	棉籽油	8.60	35.98	8.26	34.43			9.05	37.87	9.56	40.00					5.16	21.59		
2004—2006	4-17-0008	棉籽油	8.60	35.98	8.26	34.43			9.05	37.87							5.16	21.59		
2007—2008	4-17-0008	棉籽油	8.60	35.98	8.26	34.43			9.05	37.87							5.65	23.64		

续表1-1-2

年份	中国饲料号 CFN	饲料名称	猪消化能		猪代谢能		猪净能		鸡代谢能		肉牛消化能		肉牛维持净能		肉牛增重净能		奶牛产奶净能		羊消化能	
			Mcal/kg	MJ/kg	Mcal/kg	MJ/kg	NE (Mcal/kg)	NE (MJ/kg)	ME (Mcal/kg)	ME (MJ/kg)	DE (Mcal/kg)	DE (MJ/kg)	NEm (Mcal/kg)	NEm (MJ/kg)	NEg (Mcal/kg)	NEg (MJ/kg)	NEl (Mcal/kg)	NEl (MJ/kg)	DE (Mcal/kg)	DE (MJ/kg)
2009—2011	4-17-0008	棉籽油	8.60	35.98	8.26	34.43	7.27	30.41	9.05	37.87			10.20	42.68	5.72	23.94	4.92	20.06	8.91	37.25
2012—2018	4-17-0008	棉籽油	8.60	35.98	8.26	34.43	7.61	31.86	9.05	37.87			10.20	42.68	5.72	23.94	4.92	20.06	8.91	37.25
2001—2003	4-17-0009	棕榈油	8.01	33.51	7.69	32.17			5.80	24.27	9.56	40.00					5.16	21.59		
2004—2006	4-17-0009	棕榈油	8.01	33.51	7.69	32.17			5.80	24.27							5.16	21.59		
2007—2008	4-17-0009	棕榈油	8.01	33.51	7.69	32.17			5.80	24.27							5.65	23.64		
2010—2011	4-17-0009	棕榈油	8.01	33.51	7.69	32.17	6.76	28.31	5.80	24.27			6.56	27.45	3.94	16.50	3.16	13.23	5.76	24.10
2012—2018	4-17-0009	棕榈油	8.01	33.51	7.69	32.17	7.20	30.30	5.80	24.27			6.56	27.45	3.94	16.50	3.16	13.23	5.76	24.10
2001—2003	4-17-0010	花生油	8.73	36.53	8.38	35.06			9.36	39.16	9.56	40.00					5.16	21.59		
2004—2006	4-17-0010	花生油	8.73	36.53	8.38	35.06			9.36	39.16							5.16	21.59		
2007—2008	4-17-0010	花生油	8.73	36.53	8.38	35.06			9.36	39.16							5.65	23.64		
2009	4-17-0010	花生油	8.73	36.53	8.38	35.06	7.37	30.85	9.36	39.16			10.50	43.89	5.57	23.31	5.09	21.3	9.17	38.33
2010—2011	4-17-0010	花生油	8.73	36.53	8.38	35.06	7.37	30.86	9.36	39.16			10.50	43.89	5.57	23.31	5.09	21.30	9.17	38.33
2012—2018	4-17-0010	花生油	8.73	36.53	8.38	35.06	7.70	32.24	9.36	39.16			10.50	43.89	5.57	23.31	5.09	21.30	9.17	38.33
2001—2003	4-17-0011	芝麻油	8.75	36.61	8.40	35.15			8.48	35.48	9.56	40.00					5.16	21.59		
2004—2006	4-17-0011	芝麻油	8.75	36.61	8.40	35.15			8.48	35.48							5.16	21.59		
2007—2008	4-17-0011	芝麻油	8.75	36.61	8.40	35.15			8.48	35.48							5.65	23.64		
2009—2011	4-17-0011	芝麻油	8.75	36.61	8.40	35.15	7.39	30.93	8.48	35.48			9.60	40.14	5.20	21.76	4.61	19.29	8.35	34.91
2014—2018	4-17-0011	芝麻油	8.75	36.61	8.40	35.15	7.72	32.30	8.48	35.48			9.60	40.14	5.20	21.76	4.61	19.29	8.35	34.91
2001—2003	4-17-0012	大豆油	8.75	36.61	8.40	35.15			8.37	35.02	9.56	40.00					5.16	21.59		
2004—2006	4-17-0012	大豆油	8.75	36.61	8.40	35.15			8.37	35.02							5.16	21.59		
2007—2008	4-17-0012	大豆油	8.75	36.61	8.40	35.15			8.37	35.02							5.65	23.64		
2009—2011	4-17-0012	大豆油	8.75	36.61	8.40	35.15	7.39	30.93	8.37	35.02			9.38	39.21	5.44	22.76	4.55	19.04	8.29	34.69
2012—2018	4-17-0012	大豆油	8.75	36.61	8.40	35.15	7.72	32.23	8.37	35.02			9.38	39.21	5.44	22.76	4.55	19.04	8.29	34.69

续表1-1-2

年份	中国饲料号 CFN	饲料名称	猪消化能		猪代谢能		猪净能		鸡代谢能		肉牛消化能		肉牛维持净能		肉牛增重净能		奶牛产奶净能		羊消化能	
			Mcal/kg	MJ/kg	Mcal/kg	MJ/kg	NE (Mcal/kg)	NE (MJ/kg)	ME (Mcal/kg)	ME (MJ/kg)	DE (Mcal/kg)	DE (MJ/kg)	NEm (Mcal/kg)	NEm (MJ/kg)	NEg (Mcal/kg)	NEg (MJ/kg)	NEl (Mcal/kg)	NEl (MJ/kg)	DE (Mcal/kg)	DE (MJ/kg)
2001—2003	4-17-0013	葵花油	8.76	36.65	8.41	35.19			9.66	40.42	9.56	40.00					5.16	21.59	9.47	39.63
2004—2006	4-17-0013	葵花油	8.76	36.65	8.41	35.19			9.66	40.42							5.16	21.59	9.47	39.63
2007—2008	4-17-0013	葵花油	8.76	36.65	8.41	35.19			9.66	40.42							5.65	23.64		
2009—2011	4-17-0013	葵花油	8.76	36.65	8.41	35.19	7.40	30.96	9.66	40.42			10.44	43.64	5.43	22.72	5.65	22.01	9.47	39.63
2012—2018	4-17-0013	葵花油	8.76	36.65	8.41	35.19	7.73	32.32	9.66	40.42			10.44	43.64	5.43	22.72	5.26	22.01	9.47	39.63

注:2012 年第 23 版修订说明中指出,猪饲料净能是按公式(NE=0.7×DE+16.1×EE+4.8×Starch−9.1×CP−8.7×ADF)计算得到的[其中 DE 为消化能,EE 为粗脂肪(%),Starch 为淀粉(%),CP 为粗蛋白质(%),ADF 为酸性洗涤纤维(%)]。奶牛的产奶净能为 3 倍维持饲喂水平的数值。油脂 2001—2006 年干物质含量为 100.0%。2007—2018 年为 99.0%。

3. 氨基酸含量

表 1-1-3 氨基酸含量 %

年份	中国饲料号 CFN	饲料名称	干物质 DM	粗蛋白质 CP	精氨酸 Arg	组氨酸 His	异亮氨酸 Ile	亮氨酸 Leu	赖氨酸 Lys	蛋氨酸 Met	胱氨酸 Cys	苯丙氨酸 Phe	酪氨酸 Tyr	苏氨酸 Thr	色氨酸 Trp	缬氨酸 Val
1990—1992	4-04-0067	木薯干 Cassava tuber flake	87.0		0.40	0.05	0.11	0.15	0.13	0.05	0.04	0.10	0.04	0.10	0.03	0.13
1993—2018	4-04-0067	木薯干 Cassava tuber flake	87.0	2.5	0.40	0.05	0.11	0.15	0.13	0.05	0.04	0.10	0.04	0.10	0.03	0.13
1990	4-04-0068	甘薯干 Sweet potato tuber flake	87.0		0.17	0.07	0.17	0.26	0.17	0.05	0.07	0.19	0.13	0.17	0.05	0.27
1991—1992	4-04-0068	甘薯干 Sweet potato tuber flake	87.0		0.16	0.08	0.17	0.26	0.16	0.06	0.08	0.19	0.13	0.18	0.05	0.27
1993—2018	4-04-0068	甘薯干 Sweet potato tuber flake	87.0	4.0	0.16	0.08	0.17	0.26	0.16	0.06	0.08	0.19	0.13	0.18	0.05	0.27

续表1-1-3

年份	中国饲料号 CFN	饲料名称	干物质 DM	粗蛋白质 CP	精氨酸 Arg	组氨酸 His	异亮氨酸 Ile	亮氨酸 Leu	赖氨酸 Lys	蛋氨酸 Met	胱氨酸 Cys	苯丙氨酸 Phe	酪氨酸 Tyr	苏氨酸 Thr	色氨酸 Trp	缬氨酸 Val
1990	4-06-0074	甘薯叶粉	87.9		0.77	0.30	0.54	1.98	0.62	0.17	0.29	0.66	0.30	0.68	0.21	0.76
1991—1992	4-06-0074	甘薯叶粉 Sweet potato leave meal	87.0		0.76	0.30	0.53	0.97	0.61	0.17	0.29	0.65	0.30	0.67	0.21	0.75
1993—1999	4-06-0074	甘薯叶粉	87.0	16.7	0.76	0.30	0.53	0.97	0.61	0.17	0.29	0.65	0.30	0.67	0.21	0.75
1993—1996	4-06-0075	乳清粉 Whey, dehydrated	94.0	12.0	0.40	0.20	0.90	1.20	1.10	0.20	0.30	0.40	—	0.80	0.20	0.70
1997	4-06-0075	乳清粉 Whey, dehydrated	94.0	12.0	0.40	0.20	0.90	1.20	1.10	0.20	0.30	0.40	0.21	0.80	0.20	0.70
1998	4-06-0075	乳清粉 Whey, dehydrated	94.0	12.0	0.40	0.20	0.90	1.20	1.10	0.20	0.30	0.40	—	0.80	0.20	0.70
1999—2006	4-06-0076	牛奶乳糖 Milk lactose	96.0	4.0	0.29	0.10	0.10	0.18	0.16	0.03	0.04	0.10	0.02	0.10	0.10	0.10
2007—2018	4-06-0076	牛奶乳糖 Milk lactose	96.0	3.5	0.25	0.09	0.09	0.16	0.14	0.03	0.04	0.09	0.02	0.09	0.09	0.09
1990	4-07-0272	高粱 Sorghum grain	86.0		0.34	0.18	0.34	1.05	0.19	0.17	0.12	0.45	0.32	0.20	0.08	0.44
1991—2016	4-07-0272	高粱 Sorghum grain	86.0	9.0	0.33	0.18	0.35	1.08	0.18	0.17	0.12	0.45	0.32	0.26	0.08	0.44
2017	4-07-0272	高粱 Sorghum grain	88.0	8.7	0.33	0.20	0.34	1.08	0.21	0.15	0.15	0.41		0.28	0.09	0.42
2018	4-07-0272	高粱 Sorghum grain	88.0	8.7	0.33	0.22	0.34	1.08	0.21	0.15	0.15	0.41		0.28	0.09	0.42
1990	4-07-0274	大麦(裸)Naked barley grain	87.0	13.0	0.64	0.13	0.43	0.89	0.45	0.15	0.17	0.39	0.31	0.04	0.10	0.64

续表1-1-3

年份	中国饲料号 CFN	饲料名称	干物质 DM	粗蛋白质 CP	精氨酸 Arg	组氨酸 His	异亮氨酸 Ile	亮氨酸 Leu	赖氨酸 Lys	蛋氨酸 Met	胱氨酸 Cys	苯丙氨酸 Phe	酪氨酸 Tyr	苏氨酸 Thr	色氨酸 Trp	缬氨酸 Val
1991—2018	4-07-0274	大麦(裸) Naked barley grain	87.0	13.0	0.64	0.16	0.43	0.87	0.44	0.14	0.25	0.68	0.40	0.43	0.16	0.63
1990	4-07-0277	大麦(皮)Barley grain	87.0	11.0	0.64	0.24	0.46	0.92	0.41	0.19	0.18	0.59	0.29	0.41	0.16	0.65
1991—2018	4-07-0277	大麦(皮)Barley grain	87.0	11.0	0.65	0.24	0.52	0.91	0.42	0.18	0.18	0.59	0.35	0.41	0.12	0.64
1995—2009	4-07-0281	黑麦 Rye	88.0	11.0	0.50	0.25	0.40	0.64	0.37	0.16	0.25	0.49	0.26	0.34	0.12	0.52
2010—2018	4-07-0281	黑麦 Rye	88.0	9.5	0.48	0.22	0.30	0.58	0.35	0.15	0.21	0.42	0.26	0.31	0.10	0.43
1991	4-07-0479	粟(谷子)Millet Grain	86.5		0.30	0.20	0.36	1.15	0.15	0.25	0.20	0.49	0.26	0.35	0.17	0.42
1992—2018	4-07-0479	粟(谷子)Millet grain	86.5	9.7	0.30	0.20	0.36	1.15	0.15	0.25	0.20	0.49	0.26	0.35	0.17	0.42
1991	4-08-0104	次粉	88.0	14.2	0.71	0.28	0.43	0.88	0.42	0.15	0.30	0.58	0.42	0.40	0.15	0.57
1998—2018	4-08-0104	次粉 Wheat middling and red dog	88.0	15.4	0.86	0.41	0.55	1.06	0.59	0.23	0.37	0.66	0.46	0.50	0.21	0.72
1992—2018	4-08-0105	次粉 Wheat middling and red dog	87.0	13.6	0.85	0.33	0.48	0.98	0.52	0.16	0.33	0.63	0.45	0.50	0.18	0.68
1995—2018	4-10-0026	玉米胚芽饼 Corn germ meal(exp.)	90.0	16.7	1.16	0.45	0.53	1.25	0.70	0.31	0.47	0.64	0.54	0.64	0.16	0.91
1999—2004	4-13-0075	乳清粉 Whey, dehydrated	94.0	12.0	0.40	0.20	0.90	1.20	1.10	0.20	0.30	0.40	—	0.80	0.20	0.70
2005—2014	4-13-0075	乳清粉 Whey, dehydrated	94.0	12.0	0.40	0.20	0.90	1.20	1.10	0.20	0.30	0.40	0.21	0.80	0.20	0.70

续表1-1-3

年份	中国饲料号 CFN	饲料名称	干物质 DM	粗蛋白质 CP	精氨酸 Arg	组氨酸 His	异亮氨酸 Ile	亮氨酸 Leu	赖氨酸 Lys	蛋氨酸 Met	胱氨酸 Cys	苯丙氨酸 Phe	酪氨酸 Tyr	苏氨酸 Thr	色氨酸 Trp	缬氨酸 Val
2015—2018	4-13-0075	乳清粉 Whey, dehydrated	97.2	11.5	0.26	0.21	0.64	1.11	0.88	0.17	0.26	0.35	0.27	0.71	0.20	0.61

4. 矿物质含量

表 1-1-4 矿物质含量

年份	中国饲料号 CFN	饲料名称	钠 Na(%)	氯 Cl(%)	镁 Mg(%)	钾 K(%)	硫 S(%)	铁 Fe(mg/kg)	铜 Cu(mg/kg)	锰 Mn(mg/kg)	锌 Zn(mg/kg)	硒 Se(mg/kg)
1990—1992	4-04-0067	木薯干 Cassava tuber flake						150	4.2	6.0	14.0	0.04
1993 2000	4-04-0067	木薯干	—	—	—	—	—	150	4.2	6.0	14.0	0.04
2001—2005	4-04-0067	木薯干 Flake	0.03		0.11	0.78		150	4.2	6.0	14.0	0.04
2006—2010	4-04-0067	木薯干 Flake	0.03	0.00	0.11	0.78		150	4.2	6.0	14.0	0.04
2011—2018	4-04-0067	木薯干 Flake	0.03		0.11	0.78		150	4.2	6.0	14.0	0.04
1990	4-04-0068	甘薯干 Sweet potato tuber flake						10	6.9	9.1	8.7	0.02
1991	4-04-0068	甘薯干						107	6.1	10.0	9.0	0.07
1992—1998	4-04-0068	甘薯干	—			—		107	6.1	10.0	9.0	0.07
1999—2000	4-04-0068	甘薯干	—	—	0.08	—	—	107	6.1	10.0	9.0	0.07
2001—2005	4-04-0068	甘薯干	0.16		0.08	0.36		107	6.1	10.0	9.0	0.07
2006—2010	4-04-0068	甘薯干	0.16	0.00	0.08	0.36		107	6.1	10.0	9.0	0.07
2011—2018	4-04-0068	甘薯干	0.16		0.08	0.36		107	6.1	10.0	9.0	0.07
1990	4-06-0074	甘薯叶粉						35	9.9	90.5	27.1	0.20
1991—1992	4-06-0074	甘薯叶粉 Sweet potato leave meal						35	9.8	89.6	26.8	0.20
1993—1999	4-06-0074	甘薯叶粉	—		—	—	—	35	9.8	89.6	26.8	0.20
1993—1998	4-06-0075	乳清粉	2.50			1.20		160	—	4.6	—	0.06

续表1-1-4

年份	中国饲料号 CFN	饲料名称	钠 Na(%)	氯 Cl(%)	镁 Mg(%)	钾 K(%)	硫 S(%)	铁 Fe(mg/kg)	铜 Cu(mg/kg)	锰 Mn(mg/kg)	锌 Zn(mg/kg)	硒 Se(mg/kg)
1998	4-06-0076	牛奶乳糖-80	—			2.40		—	—	—	—	—
1999—2010	4-06-0076	牛奶乳糖 Milk lactose	—	—	0.15	2.40	—	—	—	—	—	—
2011—2018	4-06-0076	牛奶乳糖			0.15	2.40						
1990	4-07-0272	高粱 Sorghum grain						87	7.6	17.1	20.1	0.05
1991—1992	4-07-0272	高粱						87	7.6	17.1	20.1	<0.05
1993—1998	4-07-0272	高粱	0.03			0.34		87	7.6	17.1	20.1	<0.05
1999—2000	4-07-0272	高粱	0.03	0.09	0.15	0.34	0.08	87	7.6	17.1	20.1	<0.05
2001—2018	4-07-0272	高粱	0.03	0.09	0.15	0.34		87	7.6	17.1	20.1	0.05
1990—1992	4-07-0274	大麦(裸)Naked barley grain						100	7.0	18.0	30.0	0.16
1993—1996	4-07-0274	大麦(裸)	—			—		100	7.0	18.0	30.0	0.16
1997—1998	4-07-0274	大麦(裸)	0.04			0.60		100	7.0	18.0	30.0	0.16
1999	4-07-0274	大麦(裸)	0.04	—	0.11	0.36	—	100	7.0	18.0	30.0	0.16
2000	4-07-0274	大麦(裸)	0.04	0	0.11	0.36	—	100	7.0	18.0	30.0	0.16
2001—2018	4-07-0274	大麦(裸)	0.04		0.11	0.60		100	7.0	18.0	30.0	0.16
1990—1992	4-07-0277	大麦(皮)Barley grain						87	5.6	17.5	23.6	0.06
1993—1998	4-07-0277	大麦(皮)	0.02			0.56		87	5.6	17.5	23.6	0.06
1999—2000	4-07-0277	大麦(皮)	0.02	0.15	0.14	0.56	0.15	87	5.6	17.5	23.6	0.06
2001—2018	4-07-0277	大麦(皮)	0.02	0.15	0.14	0.56		87	5.6	17.5	23.6	0.06
1995—1997	4-07-0281	黑麦	0.02			0.42		117	7.0	53.0	35.0	0.40
1998	4-07-0281	黑麦	0.02			0.42		117	7.0	63.0	35.0	0.40
1999—2010	4-07-0281	黑麦	0.02	0.04	0.12	0.42	0.15	117	7.0	53.0	35.0	0.40
2011—2018	4-07-0281	黑麦 Rye	0.02	0.04	0.12	0.42		117	7.0	53.0	35.0	0.40

续表1-1-4

年份	中国饲料号 CFN	饲料名称	钠 Na(%)	氯 Cl(%)	镁 Mg(%)	钾 K(%)	硫 S(%)	铁 Fe(mg/kg)	铜 Cu(mg/kg)	锰 Mn(mg/kg)	锌 Zn(mg/kg)	硒 Se(mg/kg)
1991—1992	4-07-0479	粟(谷子)Millet grain						270	24.5	22.5	15.9	0.08
1993—1998	4-07-0479	粟(谷子)	0.04			0.43		270	24.5	22.5	15.9	0.08
1999—2000	4-07-0479	粟(谷子)	0.04	0.14	0.16	0.43	0.13	270	24.5	22.5	15.9	0.08
2001—2018	4-07-0479	粟(谷子)	0.04	0.14	0.16	0.43		270	24.5	22.5	15.9	0.08
1991	4-08-0104	次粉 Wheat middling and red dog						140	11.6	94.2	73.0	0.07
1998	4-08-0104	次粉	0.60			0.60		140	11.6	94.2	73.0	0.07
1999—2000	4-08-0104	次粉	0.06	0.04	0.41	0.60	0.17	140	11.6	94.2	73.0	0.07
2001—2018	4-08-0104	次粉	0.60	0.04	0.41	0.60		140	11.6	94.2	73.0	0.07
1992	4-08-0105	次粉						140	11.6	94.2	73.0	0.07
1993—1998	4-08-0105	次粉	0.06			0.60		140	11.6	94.2	73.0	0.07
1999—2000	4-08-0105	次粉	0.06	0.04	0.41	0.60	0.17	140	11.6	94.2	73.0	0.07
2001	4-08-0105	次粉	0.60	0.04	0.41	0.60		140	11.6	94.2	73.0	0.07
2002	4-08-0105	次粉	—	—	—	—		—	—	—	—	—
2003—2018	4-08-0105	次粉	0.60	0.04	0.41	0.60		140	11.6	94.2	73.0	0.07
1995—1998	4-10-0026	玉米胚芽饼 Corn germ meal(exp.)	0.01			—		99	12.8	19.0	108.1	—
1999	4-10-0026	玉米胚芽饼	0.01	—	0.10	—	0.30	99	12.8	19.0	108.1	—
2000—2005	4-10-0026	玉米胚芽饼	0.01	—	0.10	0.30		99	12.8	19.0	108.1	—
2006—2018	4-10-0026	玉米胚芽饼	0.01	0.12	0.10	0.30		99	12.8	19.0	108.1	
1999—2000	4-13-0075	乳清粉 Whey, dehydrated	2.11	0.14	0.13	1.81	1.04	160	—	4.6	—	0.06
2001—2009	4-13-0075	乳清粉	2.11	0.14	0.13	1.81		160	43.1	4.6	3	1

续表1-1-4

年份	中国饲料号 CFN	饲料名称	钠 Na(%)	氯 Cl(%)	镁 Mg(%)	钾 K(%)	硫 S(%)	铁 Fe(mg/kg)	铜 Cu(mg/kg)	锰 Mn(mg/kg)	锌 Zn(mg/kg)	硒 Se(mg/kg)
2010—2014	4-13-0075	乳清粉	2.11	0.14	0.13	1.81		160	43.1	4.6	3.0	0.06
2015—2018	4-13-0075	乳清粉	0.94	1.40	0.13	1.96		57	6.6	3.0	9.90	0.12

5. 维生素及亚油酸含量

表 1-1-5　维生素及亚油酸含量

年份	中国饲料号 CFN	饲料名称	胡萝卜素 (mg/kg)	维生素 E (mg/kg)	维生素 B_1 (mg/kg)	维生素 B_2 (mg/kg)	泛酸 (mg/kg)	烟酸 (mg/kg)	生物素 (mg/kg)	叶酸 (mg/kg)	胆碱 (mg/kg)	维生素 B_6 (mg/kg)	维生素 B_{12} (μg/kg)	亚油酸 (%)
2006—2018	4-04-0067	木薯干 Cassava tuber flake			1.7	0.8	1.0	3.0				1.00		0.10
2001—2018	4-07-0272	高粱 Sorghum grain		7.0	3.0	1.3	12.4	41.0	0.26	0.20	668	5.2		1.13
2001—2018	4-07-0274	大麦(裸)Naked barley grain		48.0	4.1	1.4		87.0				19.3		
2001—2018	4-07-0277	大麦(皮)Barley grain	4.1	20.0	4.5	1.8	8.0	55.0	0.15	0.07	990	4.0		0.83
2001—2018	4-07-0281	黑麦 Rye		15.0	3.6	1.5	8.0	16.0	0.06	0.60	440	2.6		0.76
2001—2018	4-07-0479	粟(谷子)Millet grain	1.2	36.3	6.6	1.6	7.4	53.0		15.00	790			0.84
2009—2018	4-08-0104	次粉 Wheat middling and red dog	3.0	20.0	16.5	1.8	15.6	72.0	0.33	0.76	1187	9.0		1.74
2001—2018	4-08-0105	次粉 Wheat middling and red dog	3.0	20.0	16.5	1.8	15.6	72.0	0.33	0.76	1187	9.0		1.74

续表1-1-5

年份	中国饲料号 CFN	饲料名称	胡萝卜素 (mg/kg)	维生素 E (mg/kg)	维生素 B_1 (mg/kg)	维生素 B_2 (mg/kg)	泛酸 (mg/kg)	烟酸 (mg/kg)	生物素 (mg/kg)	叶酸 (mg/kg)	胆碱 (mg/kg)	维生素 B_6 (mg/kg)	维生素 B_{12} (μg/kg)	亚油酸 (%)
2001—2008	4-10-0026	玉米胚芽饼 Corn germ meal(exp.)	2.0	87.0	—	3.7	3.3	42.0	—	—	1936	—	—	1.47
2009—2018	4-10-0026	玉米胚芽饼	2.0	87.0		3.7	3.3	42.0			1936			1.47
2001—2014	4-13-0075	乳清粉 Whey, dehydrated		0.3	3.9	29.9	47.0	10.0	0.34	0.66	1500	4.00	20.0	0.01
2015—2018	4-13-0075	乳清粉		0.3	4.0	4.1	47.0	10.0	0.27	0.85	1820	4.00	23	0.01

6. 猪氨基酸生物学效价

表 1-1-6 猪用饲料氨基酸回肠真或标准消化率* %

年份	中国饲料号 CFN	饲料名称	干物质 DM	粗蛋白质 CP**	精氨酸 Arg	组氨酸 His	异亮氨酸 Ile	亮氨酸 Leu	赖氨酸 Lys	蛋氨酸 Met	胱氨酸 Cys	苯丙氨酸 Phe	酪氨酸 Tyr	苏氨酸 Thr	色氨酸 Trp	缬氨酸 Val
2002—2007	4-04-0068	次粉 Wheat middling and red dog	88.0	15.4	93	92	90	92	87	91	87	93	90	85	90	89
2008—2010	4-04-0068	次粉	88.0	15.4	91	88	85	86	82	87	83	88	88	79	84	83
2011		次粉	88.0		91	84	79	80	78	82	76	84		73	81	81
2012—2014		次粉	88.0	—	91	84	79	80	78	82	76	84	83	73	81	81
2015—2018		次粉	88.0	76	91	84	79	80	78	82	76	84	83	73	81	81
2001—2007	4-07-0272	高粱 Sorghum grain	86.0	9.0	82	78	83	86	74	85	77	85	85	76	79	81
2008—2010	4-07-0272	高粱	86.0	77	93	88	96	94	90	93	92	98		94	98	94
2011		高粱	86.0		93	88	96	94	90	93	92	98		94	98	94
2012—2015		高粱	86.0	77	80	74	78	83	74	79	67	83	75	75	74	77
2016—2018		高粱,0.5%≤单宁含量≤1.0%	87.9	69	70	66	45	96	62	79	62	99	70	76	74	96

续表1-1-6

年份	中国饲料号 CFN	饲料名称	干物质 DM	粗蛋白质 CP**	精氨酸 Arg	组氨酸 His	异亮氨酸 Ile	亮氨酸 Leu	赖氨酸 Lys	蛋氨酸 Met	胱氨酸 Cys	苯丙氨酸 Phe	酪氨酸 Tyr	苏氨酸 Thr	色氨酸 Trp	缬氨酸 Val
2016—2018		高粱,单宁含量≤0.2%	86.0	77	81	74	41	96	67	79	63	95	69	76	74	94
2001—2007	4-07-0274	大麦(裸)Naked barley grain	87.0	13.0	87	85	84	86	78	85	85	86	88	81	73	84
2008—2009	4-07-0274	大麦(裸)Naked barley grain	87.0	13.0	83	81	81	83	75	84	84	84	83	75	79	80
2010	4-07-0274	大麦 Barley grain	87.0	79	84	83	82	82	76	82	80	84		80	77	81
2011		大麦	87.0		84	83	82	82	76	82	80	84		80	77	81
2012—2018		大麦	87.0	79.0	85	81	79	81	75	82	82	81	78	76	82	80
2001—2007	4-07-0277	大麦(皮)	87.0	11.0	86	86	84	86	79	86	86	88	87	81	80	82
2008—2010	4-07-0277	大麦(皮)	87.0	11.0	83	81	94	90	77	90	91	83	83	69	91	93
2001—2007	4-07-0281	黑麦 Rye	88.0	11.0	78	78	79	82	73	83	83	84	79	75		79
2008—2010	4-07-0281	黑麦	88.0	11.0	80	79	77	78	72	81	84	82	77	71	76	75
2011		黑麦	88.0		79	79	78	79	76	81	82	82		75	76	78
2012—2018		黑麦	88.0	83	79	79	78	79	76	81	82	72	76	74	76	77
2011		粟(谷子)Millet grain	86.5		88	90	89	90	83	75	88	91		86		87
2012—2018		粟(谷子)	86.5	88	89	90	89	91	83	75	88	91	86	86	97	87
2001	4-08-0104	次粉 Wheat middling and red dog	88.0	15.4	93	92	90	92	87	91	87	93	90	85	90	89
2001—2007	4-08-0105	次粉	87.0	13.6	89	84	81	84	77	85	80	86	83	78	83	81
2001—2005	4-10-0026	玉米胚芽饼 Corn germ meal(exp.)	90.0	16.7	—	—	—	—	—	—	—	—	—	—	—	—

续表1-1-6

年份	中国饲料号 CFN	饲料名称	干物质 DM	粗蛋白质 CP**	精氨酸 Arg	组氨酸 His	异亮氨酸 Ile	亮氨酸 Leu	赖氨酸 Lys	蛋氨酸 Met	胱氨酸 Cys	苯丙氨酸 Phe	酪氨酸 Tyr	苏氨酸 Thr	色氨酸 Trp	缬氨酸 Val
2001—2005	4-13-0075	乳清粉 Whey, dehydrated	94.0	12.0	48	89	83	87	87	81	85	83	77	79	79	77
2006—2007	4-13-0075	乳清粉	94.0	12.0	93	92	93	94	91	90	72	91	77	91	79	90
2008—2010		乳清粉	94	100	88	91	88	91	89	82	88	90	90	85	87	87
2011		乳清粉	94.0		88	91	88	91	89	82	88	90	90	85	87	87
2012—2015		乳清粉	94.0	100	98	96	96	98	97	98	93	98	97	90	97	96
2016—2018		乳清粉	94.0	100	98	96	96	98	97	98	93	98	97	90	97	37

注：数据参考来源 NRC(1998—2012)、INRA(2004)、Degussa(2005—2010)、印遇龙(2008)、Http://www. ddgs. umn. edu/(2009)、AMINO Dat5. 0(2016)等。* 2001—2007 年为回肠真消化率，2008 年为氮校正回肠消化率，2009—2018 年为标准回肠消化率。** 2001—2010 年为粗蛋白质含量，2012—2018 年为粗蛋白质消化率。

表 1-1-7 猪用饲料氨基酸真或表观消化率(%)

年份	饲料名称	数据生成方法	粗蛋白质含量 CP	赖氨酸 Lys	蛋氨酸 Met	胱氨酸 Cys	苏氨酸 Thr	异亮氨酸 Ile	亮氨酸 Leu	精氨酸 Arg	缬氨酸 Val	组氨酸 His	酪氨酸 Tyr	苯丙氨酸 Phe	色氨酸 Trp
1999—2000	高粱 单宁(－)	TDAA	9.0	83 (80-88)	90 (89-93)	88 (87-88)	86 (83-91)	89 (88-91)	92 (91-93)	86 (80-94)	89 (86-94)	83	91	90	86
1999—2000	高粱 单宁(＋)	TDAA	9.0	71	83	65	76	82	85	68	80	71	84	84	78
1999—2000	黑麦	TDAA	11.0	73	83 (80-90)	83 (81-90)	75 (73-82)	79 (77-85)	82 (80-87)	78	79 (76-86)	78	79 (76-89)	84 (82-89)	—
1999—2000	次粉 粗纤维≤1.5%	ADAA	15.4	83 (81-85)	90 (87-92)	87 (83-90)	82 (78-85)	88 (86-89)	90 (88-91)	92 (90-93)	86 (84-87)	91 (89-93)	85	91 (89-92)	86
1999—2000	次粉 粗纤维≤1.5%	TDAA	15.4	87	91	87	85	90	92	93	89	92	90	93	90
1999—2000	大麦皮或裸大麦	TDAA	12.0	78 (73-83)	85 (83-88)	85 (82-90)	81 (78-88)	84 (84-85)	86 (85-87)	87 (84-96)	84 (81-87)	85 (82-87)	88 (86-96)	86 (83-89)	73 (69-77)
1999—2000	乳清粉	ADAA	12.0	90 (85-94)	92 (88-94)	88 (80-92)	85 (82-87)	89 (85-90)	93 (90-94)	88 (83-91)	88 (86-89)	93 (92-94)	94	90 (83-94)	86 (81-92)

注：氨基酸消化率数据括号外为平均值，括号内为最小值和最大值；ADAA 为未经内源性氨基酸校正的测值，称为氨基酸表观利用(消化)率；TDAA 为将经过内源性氨基酸校正的测值，称为氨基酸真利用(消化)率。

7. 鸡氨基酸生物学效价

表 1-1-8 鸡(chicken)用饲料氨基酸真消化率*

%

	中国饲料号 CFN	饲料名称 Feed Name	干物质 DM	粗蛋白质 CP	精氨酸 Arg	组氨酸 His	异亮氨酸 Ile	亮氨酸 Leu	赖氨酸 Lys	蛋氨酸 Met	胱氨酸 Cys	苯丙氨酸 Phe	酪氨酸 Tyr	苏氨酸 Thr	色氨酸 Trp	缬氨酸 Val
2001—2006	4-07-0272	高粱 sorghum grain	86.0	9.0	85	89	86	88	78	81	78	88	89	80	87	86
2007	4-07-0272	高粱 sorghum grain	86.0	9.0	88	84	90	88	90	89	79	89	89	83	87	87
2008—2010	4-07-0272	高粱 sorghum grain	86.0	9.0	95	90	93	95	87	90	87	97	94	89	—	90
2012—2016		高粱 Sorghum grain	86.0	88	89	88	91	94	85	89	86	95	95	89	85	90
2001—2006	4-07-0277	大麦(皮)barley grain	87.0	11.0	85	87	81	86	78	79	81	87	85	77	81	81
2007	4-07-0277	大麦(皮)barley grain	87.0	11.0	85	86	90	86	88	88	88	83	85	85	69	85
2008—2010	4-07-0277	大麦(皮)barley grain	87.0	11.0	83	84	80	83	78	80	83	84	81	76	79	80
2012—2014		大麦 Barley grain	87.0	—	83	84	80	83	78	80	83	84	81	76	79	80
2015—2016		大麦 Barley grain	87.0	75	83	84	80	83	78	80	83	84	81	76	79	80
2001—2006	4-07-0281	黑麦 rye	88.0	11.0	82	73	76	81	75	77	73	82	77	78	56	81
2007	4 07-0281	黑麦 rye	88.0	11.0	83	90	91	88	85	90	87	86	77	87	86	87
2008—2010	4-07-0281	黑麦 rye	88.0	11.0	84	73	81	85	80	79	84	82		78	81	81
2012—2016		黑麦 Rye	88.0	87	93	89	88	88	84	90	82	89	85	83	89	86
2001—2006	4-08-0104	次粉 wheat middling and red dog	88.0	15.4	81	—	90	86	77	87	74	—	75	69	—	82
2007	4-08-0104	次粉 wheat middling and red dog	88.0	15.4	81	—	90	86	77	87	74	—	75	69	—	82

续表1-1-8

	中国饲料号 CFN	饲料名称 Feed Name	干物质 DM	粗蛋白质 CP	精氨酸 Arg	组氨酸 His	异亮氨酸 Ile	亮氨酸 Leu	赖氨酸 Lys	蛋氨酸 Met	胱氨酸 Cys	苯丙氨酸 Phe	酪氨酸 Tyr	苏氨酸 Thr	色氨酸 Trp	缬氨酸 Val
2008—2010	4-08-0104	次粉 wheat middling and red dog	88.0	15.4	80	80	82	80	80	83	74	78	—	73	79	77
2012—2016		次粉 Wheat middling and red dog	88.0	84	98	81	90	91	83	87	90	94	94	90	90	87
2001—2007	4-10-0026	玉米胚芽饼 corn germ meal(exp.)	90.0	16.7	90	84	86	87	83	86	58	88	84	79	—	86
2008—2010	4-10-0026	玉米胚芽饼 corn germ meal(exp.)	90.0	16.7	91	85	87	88	81	84	64	88	—	79	85	87
2012—2014		谷子 Millet grain	87.0	91	97	96	92	95	91	93	—	95	94	86	93	91
2015—2016		谷子 Millet grain	87.0	91	97	96	92	95	91	93	72	95	94	86	93	91

注：* 2001—2007 年采用不去盲肠的正常鸡测定的鸡饲料氨基酸真消化率。2008—2010 年采用强饲法用正常成年公鸡测定的鸡饲料氨基酸真消化率；部分数据来源 INRA(2004)。** 2001—2010 年为粗蛋白质含量，2012—2016 年为粗蛋白质消化率。

表 1-1-9 家禽(poultry)用饲料氨基酸真或表观利用率参考值

%

年份	饲料名称	数据生成方法	粗蛋白质含量 CP	赖氨酸 Lys	蛋氨酸 Met	胱氨酸 Cys	苏氨酸 Thr	异亮氨酸 Ile	亮氨酸 Leu	精氨酸 Arg	缬氨酸 Val	组氨酸 His	酪氨酸 Tyr	苯丙氨酸 Phe	色氨酸 Trp
1999—2000	次粉 Wheat middling and red dog	TDAA	15.4	77	87	74	69	90	86	81	82	—	75	—	—
1999—2000	大麦(裸) Naked barley grain	TDAA	13.0	78 (68-87)	79 (71-88)	79 (74-85)	75 (67-83)	78 (69-88)	83 (75-90)	84 (77-91)	80 (73-88)	86 (80-92)	80 (73-87)	81 (72-90)	82 (75-89)
1999—2000	大麦(皮) Barley grain	TDAA	11.0	78 (71-86)	79 (73-86)	81 (72-95)	77 (70-82)	81 (71-90)	86 (77-92)	85 (79-91)	81 (75-86)	87 (79-92)	85 (76-94)	87 (79-91)	81 (80-83)
1999	高粱 低单宁	TDAA	9.0	78 (76-81)	81 (65-88)	78 (77-79)	80 (79-81)	86 (85-87)	88 (84-93)	85 (77-89)	86	89	89 (86-92)	88 (86-90)	87

续表1-1-9

年份	饲料名称	数据生成方法	粗蛋白质含量 CP	赖氨酸 Lys	蛋氨酸 Met	胱氨酸 Cys	苏氨酸 Thr	异亮氨酸 Ile	亮氨酸 Leu	精氨酸 Arg	缬氨酸 Val	组氨酸 His	酪氨酸 Tyr	苯丙氨酸 Phe	色氨酸 Trp
2000	高粱 单宁(一)	TDAA	9.0	78 (76-81)	81 (65-88)	78 (77-79)	80 (79-81)	86 (85-87)	88 (84-93)	85 (77-89)	86	89	89 (86-92)	88 (86-90)	87
1999—2000	木薯干 Cassava tuber flake	TDAA	2.5	79	89	81	80	83	82	90	74	83	86	87	—
1999—2000	乳清粉	TDAA	12.0	97	99	84	98	—	—	97	98	—	—	—	—
1999—2000	玉米胚芽饼 Corn germ meal(exp.)	TDAA	16.7	83	86	58	79	86	87	90	86	84	84	88	—

注:氨基酸消化率数据括号外为平均值,括号内为最小值和最大值;TDAA 为将经过内源性氨基酸校正的测值,称为真氨基酸利用(消化)率。

表 1-1-10 肉鸡(broiler)用饲料标准回肠粗蛋白质和氨基酸消化率* %

年份	饲料名称	样本**	粗蛋白质 CP	精氨酸 Arg	组氨酸 His	异亮氨酸 Ile	亮氨酸 Leu	赖氨酸 Lys	蛋氨酸 Met	胱氨酸 Cys	苯丙氨酸 Phe	蛋氨酸+胱氨酸 Met+Cys	苏氨酸 Thr	色氨酸 Trp	缬氨酸 Val
2011	次粉 Wheat middling and red dog			80	80	82	80	80	83	74	78		73	79	77
2017—2018	次粉			81	82	84	82	82	85	78	81		77	79	80
2010	大麦 Barley grain	3	90	85	86	90	86	88	88	88	83	89	85	69	85
2011	大麦 Barley grain			85	86	90	86	88	88	88	83		85	69	85
2017—2018	大麦			80	81	85	83	84	92	88	81		75	69	82
2010	高粱 Sorghum grain	5	96	88	84	90	88	90	89	79	89	84	83	87	87
2011	高粱 Sorghum grain			88	84	90	88	90	89	79	89		83	87	87
2017—2018	高粱			88	84	90	88	90	89	79	89		83	87	87
2011	黑麦 Rye			84	73	81	85	80	79	84	82		78	81	81
2017—2018	黑麦			84	73	81	85	80	79	84	82		78	81	81
2010	黑小麦 Triticale	3	87	83	90	91	88	85	90	87	86	88	87	86	87

续表1-1-10

年份	饲料名称	样本**	粗蛋白质 CP	精氨酸 Arg	组氨酸 His	异亮氨酸 Ile	亮氨酸 Leu	赖氨酸 Lys	蛋氨酸 Met	胱氨酸 Cys	苯丙氨酸 Phe	蛋氨酸+胱氨酸 Met+Cys	苏氨酸 Thr	色氨酸 Trp	缬氨酸 Val
2011	粟(谷子)Millet grain			78	86	88	93	78	88	80	90		80		86
2017—2018	谷子			78	86	88	93	78	88	80	90		80	85	86

注：* 2010 年注解肉鸡使用的晶体氨基酸的标准化回肠可消化率认为是 100%；** 获得消化率试验的样本数。2011 年注解数据来源于 Degussa(2005—2010)等。2017—2018 年注解数据参考 EVONIK Amino Dat 5.0(2016)。

8. 反刍动物饲料尼龙袋法的瘤胃养分降解动力学参数

表 1-1-11 反刍动物饲料尼龙袋法的瘤胃养分降解动力学参数

年份	饲料名称	干物质降解参数				粗蛋白质降解参数				淀粉降解参数			
		a	b	c	DDM	a	b	c	RUP	a	b	c	DST
2006—2012	次粉	46	38	13.0	72	35	57	15.5	76				95
2006—2012	大麦	44	45	13.5	75	29	65	11.0	71	52	48	20.5	89
2006—2012	稻子豆(秣豆)荚饼粉				65				55				
2006—2012	甘薯干				75				70				79
2006—2012	干柑橘渣	34	61	9.5	71	35	59	6.5	66				
2006—2012	甘蔗糖蜜				100				100				
2006—2012	干马铃薯块茎	45	52	5.5	70	57	30	8.0	75	45	55	9.5	79
2006 2012	高粱	36	59	6.5	67	5	73	5.5	39	28	72	5.0	60
2006—2012	黑麦	51	41	15.0	80	27	69	16.0	77				96
2006—2012	黑小麦	46	47	12.0	77	34	56	23.0	79	45	55	58.5	95
2006—2012	木薯	76	23	8.0	89	47	28	4.5	59	73	27	4.0	84
2006—2012	去壳燕麦				80				81				93
2006—2012	全脂葵花籽	60	18	7.5	70	77	13	60.5	89				45
2006—2012	乳清粉				100				100				
2006—2012	甜菜糖蜜				100				100				
2006—2012	小麦面筋饲料				70				76				94

续表1-1-11

年份	饲料名称	干物质降解参数				粗蛋白质降解参数				淀粉降解参数			
		a	b	c	DDM	a	b	c	RUP	a	b	c	DST
2006—2012	压榨玉米胚芽饼粉	6	83	7.5	52				72				67
2006—2012	燕麦	50	26	5.0	62	63	29	10.0	81	67	33	21.5	93
2006—2012	液体马铃薯饲料	6	90	11.0	64	6	80	16.5	64				79
2006—2012	玉米淀粉				82				45				60
2006—2012	玉米麸	6	83	7.5	52	36	59	9.5	72	39	61	5.0	67
2006—2012	玉米糠				40				43				60

注:a为快速可溶且完全在瘤胃降解的部分(%);b为不溶但潜在可以降解的部分(%);c为b部分在瘤胃的降解速率即kd(%h);DDM为可降解干物质,RUP为瘤胃非降解蛋白质,DST为可降解淀粉。2008年及之前,数据主要来源于INRA(2004);2009—2011年数据主要来源于INRA(2004)和刘建新(2009);2012年主要来源于INRA(2004)和NRC奶牛营养需要量(2001)。

编者注:由于原文没有国际饲料编号,饲料原料的分类参考INRA(2004)饲料原料成分表中干物质、粗纤维和粗蛋白质含量进行计算后进行归类。

9. 鸭用饲料能值的参考值

表1-1-12 鸭用饲料能值的参考值(饲喂基础)

年份	饲料名称	干物质 DM	粗蛋白质 CP	表观代谢能 AME		氮校正表观代谢能 AMEn		真代谢能 TME		氮校正真代谢能 TMEn	
		(%)	(%)	Mcal/kg	MJ/kg	Mcal/kg	MJ/kg	Mcal/kg	MJ/kg	Mcal/kg	MJ/kg
2006—2017	大麦 Barley	88.0	11.0	2.62	10.96	2.73	11.42	2.97	12.43	2.86	11.97
2018	大麦 Barley	88.0	11.0	2.62	10.96	2.52	10.52	2.97	12.43	2.86	11.97
2006—2018	大麦粗粉 Barley meal	89.8	10.7	3.73	15.61	3.76	15.73	4.13	17.28	3.90	16.32
2006—2018	高粱 Sorghum	87.0	8.6	3.09	12.93	3.09	12.93	3.42	14.31	3.39	14.18
2006—2017	黑麦 Rye	89.2	10.7	2.63	11.00	2.69	11.25	2.95	12.34	2.85	11.92
2018	黑麦 Rye	89.2	10.7	2.63	11.00	2.52	10.54	2.95	12.34	2.85	11.92
2006—2018	黑小麦 Triticale	90.2	11.6	2.80	11.72	2.76	11.55	3.17	13.26	3.07	12.84
2006—2018	脱壳燕麦 Oats dehulled	87.8	10.9	3.56	14.90	3.48	14.56	3.76	15.73	3.64	15.23
2006—2018	小麦次粉 Wheat red dog	86.1	16.6	2.39	10.00	2.52	10.54	3.12	13.05	2.9	12.13
2006—2018	珍珠黍 Pearl millet	89.9	13.1	3.39	14.18	3.35	14.02	3.61	15.10	3.48	14.56

注:数据来源于Olayiwola Adeola(2006)和侯水生(2006、2011—2018)。

10.饲料中的脂肪酸含量

表 1-1-13 饲料中的脂肪酸含量*

年份	中国饲料号 CFN	饲料名称	干物质 DM(%)	粗蛋白质 CP(%)	粗脂肪 EE(%)	月桂酸 C12:0 %TFA	豆蔻酸 C14:0 %TFA	棕榈酸 C16:0 %TFA	棕榈油酸 C16:1 %TFA	硬脂酸 C18:0 %TFA	油酸 C18:1 %TFA	亚油酸 C18:2 %TFA	亚麻酸 C18:3 %TFA	总脂肪酸 TFA %EE
2011	4-04-0067	木薯干	87.0		0.7	3.9	1.7	31.9	0.7	2.9	35.2	16.7	7.6	79.1
2012—2018	4-04-0067	木薯干	87.0	2.5	0.7	3.9	1.7	31.9	0.7	2.9	35.2	16.7	7.6	79.1
2011	4-04-0068	甘薯干	87.0		0.8			28.0		2.9	5.3	53.6	9.7	69.4
2012—2018	4-04-0068	甘薯干	87.0	4.0	0.8			28.0		2.9	5.3	53.6	9.7	69.4
2011—2018	4-07-0007	玉米油	99.0		98.0			11.1		1.6	26.9	58.9	1.1	88.0
2011	4-07-0272	高粱	86.0		3.4		0.2	13.5	3.2	2.3	33.3	33.8	2.6	89.5
2012—2018	4-07-0272	高粱	86.0	9.0	3.4		0.2	13.5	3.2	2.3	33.3	33.8	2.6	89.5
2011	4-07-0277	大麦(皮)	87.0		1.7		1.2	22.2		1.5	12.0	55.4	5.6	75.3
2012—2018	4-07-0277	大麦(皮)	87.0	11.0	1.7		1.2	22.2		1.5	12.0	55.4	5.6	75.3
2011	4-08-0105	次粉	87.0		2.1		0.1	17.8	0.4	0.8	15.2	56.4	5.9	79.2
2012—2018	4-08-0105	次粉	87.0	13.6	2.1		0.1	17.8	0.4	0.8	15.2	56.4	5.9	79.2
2011	4-13-0075	乳清粉	94.0		0.7	1.2	10.2	32.1	3.3	9.6	24.7	2.5	0.9	92.6
2012—2018	4-13-0075	乳清粉	94.0	12.0	0.7	1.2	10.2	32.1	3.3	9.6	24.7	2.5	0.9	92.6
2011—2018	4-17-0001	牛脂	99.0		98.0	0.1	3.0	24.4	3.8	17.9	41.6	1.1	0.5	88.0
2011—2018	4-17-0002	猪油	99.0		98.0	0.2	1.3	23.8	2.7	13.5	41.2	10.2	1.0	88.0
2011—2018	4-17-0003	家禽脂肪	99.0		98.0	0.1	1.1	21.0	5.0	7.1	41.7	20.6	1.6	88.0
2011—2018	4-17-0005	菜籽油	99.0		98.0	0.1	0.1	4.4	0.3	2.1	57.3	19.0	7.6	88.0
2011—2018	4-17-0006	椰子油	99.0		98.0	46.4	17.7	8.9	0.4	3.0	6.5	1.8	0.1	88.0
2011—2018	4-17-0008	棉籽油	99.0		98.0		0.8	26.0	0.6	3.0	20.2	48.9	0.1	88.0
2011—2018	4-17-0009	棕榈油	99.0		98.0	0.3	0.6	43.0	0.2	4.4	37.1	9.9	0.3	88.0
2011—2018	4-17-0010	花生油	99.0		98.0			13.1	0.4	1.9	27.4	54.7	1.5	88.0
2011—2018	4-17-0012	大豆油	99.0		98.0	0.1	0.1	10.8	0.1	3.9	22.8	53.7	8.2	88.0
2011—2018	4-17-0013	葵花油	99.0		98.0			7.3	0.1	10.6	43.4	35.5	0.8	88.0

注：TFA为total fatty acids，总脂肪酸。*数据参考来源INRA(2004)，CNPCS 6.0(CNPCS = Cornel Net Protein and Carbohydrate System 康奈尔净碳水化合物和蛋白质体系)(2008)，NRC(2012、1998、1994)等。

11. 部分猪、鸡、鸭饲料原料的有效能值(仿生法)

表 1-1-14　部分猪、鸡、鸭饲料原料的有效能值(仿生法)

年份	饲料名称	干物质 DM(%)	粗蛋白质 CP(%)	消化能(仿猪)					代谢能(仿鸡)					代谢能(仿鸭)				
				样本数 n	平均值(Mcal/kg)	平均值(MJ/kg)	标准差 SD(MJ/kg)	变异系数 CV(%)	样本数 n	平均值(Mcal/kg)	平均值(MJ/kg)	标准差 SD(MJ/kg)	变异系数 CV(%)	样本数 n	平均值(Mcal/kg)	平均值(MJ/kg)	标准差 SD(MJ/kg)	变异系数 CV(%)
2014	高粱	86							1		11.47							
2015—2018	高粱 Sorghum	86	9.0						7	3.14	13.12	0.75		8	3.13	13.11	0.6	
2015—2018	大麦 Barley	87	9.7						5	2.77	11.59	0.94		6	2.73	11.41	0.7	
2014	木薯干	87							1		8.22							
2015—2018	木薯干 Cassava chips	87	3.2						3	2.97	12.42	0.14		6	2.95	12.33	0.35	
2015—2018	木薯渣 Cassava meal	88	2.3						4	2.02	8.45	0.31		7	2.04	8.55	0.39	

2014 年原文注:仿生法测定的有效能值以 EHGE 表示,为 Enzymic hydrolysate gross energy,酶水解物总能值。“n”分别为不同饲料原料的饲料样本实体值的个数;表中 2014 年的有效能值系根据 2013—2014 年国家动物营养学国家实验室(SKLAN)冷库现存的猪、鸡、鸭参考系标样的校正标准值,用户需要校正者可与 SKLAN 联系,办理委托校正手续。

2015—2018 年原文注:“n”分别为饲料原料样品的个数。表中消化能(仿猪)、代谢能(仿鸡)、代谢能(仿鸭)系本表 2014 年(25 版)中酶水解物能值(EHGE)的同义语。

1.2　杜伦,等. 1958. 华北区饲料的营养价值[2]

表 1-2-1　饲料的化学成分表　　%

编号	饲料种类及名称	水分	粗蛋白质(N×6.25)	粗脂肪	碳水化合物		粗灰分	钙	磷	来源
					粗纤维	无氮浸出物				
43	红高粱	13.00	8.51	3.55	1.49	71.27	2.18	0.09	0.36	双桥农场,南郊农场,东郊畜牧场,巨山农场,农大农场,保定畜牧场
44	燕麦	9.92	12.01	4.03	9.87	60.63	3.54	0.14	0.37	双桥农场,南郊农场,保定畜牧场,察北牧场,张家口家畜繁殖站
45	春燕麦	11.22	11.45	4.25	7.70	61.69	3.69	0.23	0.46	察北牧场
46	莜麦	9.85	14.79	4.13	1.77	67.42	2.04	0.13	0.56	察北牧场,张家口家畜繁殖站,(张北、尚义、康保、商都、沽源产)
47	大麦	10.89	13.05	1.53	4.78	67.05	2.70	0.14	0.31	张家口家畜繁殖站(张北、尚义、康保、商都、沽源产)
48	春大麦	11.11	10.66	1.38	5.23	68.90	2.72	0.12	0.48	察北牧场
49	小米	11.59	9.15	2.03	0.70	75.06	1.47	0.09	0.34	西山合作社(北京),八一鸭场

续表1-2-1

编号	饲料种类及名称	水分	粗蛋白质(N×6.25)	粗脂肪	碳水化合物		粗灰分	钙	磷	来源
					粗纤维	无氮浸出物				
50	小米(次等)	12.55	8.75	1.40	0.75	75.20	1.57	0.07	0.48	八一鸭场(北京)
51	黍	10.72	11.51	2.44	8.85	62.23	4.25	0.08	0.34	张家口家畜繁殖站(张北、尚义、康保、商都、沽源产)
52	橡籽(去壳)	9.82	3.51	3.40	1.84	79.39	2.04	0.29	0.17	饲料公司(甘肃、湖北产)
53	稗籽	10.07	10.20	4.95	12.75	57.73	4.30	0.17	0.33	南郊农场
61	高粱糠	12.45	10.87	9.48	3.20	60.44	3.56	0.10	0.84	八一鸭场,东郊畜牧场
62	黄玉米渣	10.12	9.76	3.11	1.49	73.37	2.15	0.08	0.48	保定畜牧场
63	小米面	13.83	9.24	2.89	0.83	71.66	1.55	0.04	0.28	东郊畜牧场(北京)
64	玉米皮	12.14	10.14	4.87	13.77	57.02	2.06	0.09	0.17	饲料公司,西山合作社
68	土面	12.78	8.15	0.74	0.64	74.30	3.39	0.23	0.29	北京八一鸭场
69	玉米面(含黑豆3%~4%)	12.40	11.29	3.56	2.02	67.89	2.83	0.13	0.32	北京八一鸭场
74	糠薯混合饼(3∶10)	32.12	7.33	4.21	4.51	46.04	5.79	0.15	0.71	饲料公司
84	发酵饲料(玉米25,高粱25,燕麦50,麦麸50,外加酵母)	47.13	7.15	3.43	6.89	31.83	3.57	0.09	0.36	南郊农场
86	甜菜渣	84.80	1.34	0.07	2.75	8.10	2.94	0.11	0.02	南郊农场,双桥农场
87	麦渣	10.27	16.40	3.97	8.87	55.94	4.55	0.24	0.60	东郊和平合作社(北京)

表1-2-2 饲料的营养价值表

编号	饲料种类及名称	1kg饲料含有				1个饲料单位含有			
		饲料单位	可消化粗蛋白质(g)	钙(g)	磷(g)	饲料量(kg)	可消化粗蛋白质(g)	钙(g)	磷(g)
43	红高粱	1.2	41.7	0.9	3.6	0.9	35.4	0.8	3.1
44	燕麦	1.0	91.3	1.4	3.7	1.0	91.3	1.4	3.7
45	春燕麦	1.0	87.0	2.3	4.6	1.0	87.0	2.3	4.6
46	莜麦	1.1	112.4	1.3	5.6	0.9	103.4	1.2	5.2

续表1-2-2

编号	饲料种类及名称	1kg 饲料含有				1 个饲料单位含有			
		饲料单位	可消化粗蛋白质(g)	钙(g)	磷(g)	饲料量(kg)	可消化粗蛋白质(g)	钙(g)	磷(g)
47	大麦	1.2	100.5	1.4	3.1	0.8	83.4	1.2	2.6
48	春大麦	1.2	82.1	1.2	4.8	0.8	68.1	1.0	4.0
49	小米	1.2	44.8	0.9	3.4	0.8	37.6	0.8	2.9
50	小米(次等)	1.1	42.9	0.7	4.8	0.9	38.6	0.6	4.3
51	黍	1.1	56.4	0.8	3.4	0.9	52.5	0.7	3.2
52	橡籽(去壳)	1.3	29.1	2.9	1.7	0.8	22.7	2.3	1.3
53	稗籽	0.8	82.6	1.7	3.3	1.3	103.3	2.1	4.1
61	高粱糠	0.8	15.2	1.0	8.4	1.2	18.4	1.2	10.2
62	黄玉米渣	1.4	70.3	0.8	4.8	0.7	51.3	0.6	3.5
63	小米面	1.2	45.3	0.4	2.8	0.9	39.0	0.3	2.4
64	玉米皮	0.8	76.1	0.9	1.7	1.3	96.6	1.1	2.2
68	土面	0.7	75.0	2.3	2.9	1.5	114.0	3.5	4.4
69	玉米面(含黑豆 3%～4%)	1.3	81.3	1.3	3.2	0.8	61.8	1.0	2.4
74	糠薯混合饼(3∶10)	0.8	61.6	1.5	7.1	1.3	81.3	2.0	9.4
84	发酵饲料(玉米 25,高粱 25,燕麦 50,麦麸 50,外加酵母)	0.6	54.3	0.9	3.6	1.7	93.4	1.5	6.2
86	甜菜渣	0.2	8.0	1.1	0.2	6.3	50.0	6.9	1.3
87	麦渣	0.9	126.3	2.4	6.0	1.2	146.5	2.8	7.0

1.3 中国农业科学院畜牧研究所. 1959. 国产饲料营养成分含量表(第一册)[3]

表 1-3-1 饲料样品简述、常规成分及钙、磷含量 %

饲料种类	饲料名称	水分	粗蛋白质	粗脂肪	粗纤维	无氮浸出物	粗灰分	钙	磷	胡萝卜素(mg/kg)	样品来源	采集部位	采集日期	分析单位
六、野生植物籽实类	草籽	15.9	9.7	3.4	6.3	47.3	17.4				吉林			东北所

续表1-3-1

饲料种类	饲料名称	水分	粗蛋白质	粗脂肪	粗纤维	无氮浸出物	粗灰分	钙	磷	胡萝卜素(mg/kg)	样品来源	采集部位	采集日期	分析单位
六、野生植物籽实类	红籽	78.9	1.9	1.1	3.8	13.4	0.9	0.21	0.39		内江		1958.6	四川农学院
六、野生植物籽实类	橡籽	10.7	11.5	2.4	8.9	62.2	4.3	0.08	0.34		张家口			北京农大
六、野生植物籽实类	橡籽	1.9	10.0	1.5	10.3	74.0	2.3				浙江			浙江所
六、野生植物籽实类	碱蓬籽	11.6	15.3	17.7	4.8	14.4	36.2	2.21	0.22		皋兰		1958.3	西北畜医所
六、野生植物籽实类	珠芽蓼籽	5.7	9.6	6.9	1.7	73.8	2.3	0.21	0.29		临潭		1958.3	西北畜医所
六、野生植物籽实类	碱葱籽	4.1	12.8	5.8	15.0	35.2	27.1	0.63	0.19		内蒙古		1958.3	内蒙古畜医学院
七、谷实类	小米	10.6	9.8	2.7	6.7	65.6	4.6				宁夏			华北所
七、谷实类	小米	12.6	8.8	1.4	0.8	74.8	1.6	0.07	0.48		北京			北京农大
七、谷实类	小米	13.8	9.2	2.9	0.8	71.7	1.6	0.04	0.28		北京			北京农大
七、谷实类	小米	22.0	6.9	2.8	0.9	66.4	1.0	0.02	0.20		山东德州			华东后勤
七、谷实类	小米	11.4	8.9	2.1	1.2	74.4	2.0	0.09	0.47		岷县			北京农大
七、谷实类	高粱	9.8	8.8	4.2	1.4	73.9	1.9	0.03	0.32		德州			华东后勤
七、谷实类	高粱	12.2	9.4	4.4	1.8	70.6	1.6	0.02	0.31		胶县			华东后勤
七、谷实类	高粱	12.5	8.2	3.9	2.4	71.4	1.6	0.06	0.41		兰州			西北畜医学院
七、谷实类	高粱	14.1	9.2	4.5	1.9	67.8	2.5	0.03	0.40		武汉			华中农学院
七、谷实类	高粱	11.9	7.6	4.2	9.9	64.2	2.2				宁夏			华北所
七、谷实类	高粱	12.1	11.4	3.8	2.2	68.5	2.0				克山			华北所
七、谷实类	高粱	13.5	10.3	4.6	1.5	68.2	1.9				察北牧场			华北所
七、谷实类	高粱	13.0	8.5	3.6	1.5	71.2	2.2	0.09	0.36		北京			北京农大
七、谷实类	高粱	13.1	9.6	5.1	4.2	65.8	2.2	0.07	0.11		太谷			山西农学院
七、谷实类	高粱	12.1	7.9	3.4	8.0	66.6	2.0	0.06	0.31		甘肃敦煌			军马所
七、谷实类	高粱	12.8	9.3	4.1	1.1	70.9	1.8		0.28		集宁			军马所
七、谷实类	高粱	11.3	7.4	4.2	5.0	70.3	1.8	0.18	0.32		辽宁海城			军马所
七、谷实类	高粱	13.0	8.6	4.3	1.2	70.4	2.5		0.35		唐山			军马所
七、谷实类	高粱	13.8	6.6	3.1	6.2	66.2	4.1	0.08	0.24		湖北应山			军马所

续表1-3-1

饲料种类	饲料名称	水分	粗蛋白质	粗脂肪	粗纤维	无氮浸出物	粗灰分	钙	磷	胡萝卜素(mg/kg)	样品来源	采集部位	采集日期	分析单位
七、谷实类	高粱	12.7	6.2	2.8	5.1	68.3	4.9	0.05	0.55		河南正阳			军马所
七、谷实类	高粱	13.0	7.8	3.8	1.0	72.5	1.9	0.19	0.24		山东即墨			军马所
七、谷实类	高粱	13.8	6.6	4.0	1.6	71.5	2.5	0.12	0.29		乌鲁木齐			军马所
七、谷实类	多穗高粱	9.0	8.8	2.5	1.9	75.6	2.2	0.01	0.17		广州			华南农学院
七、谷实类	大麦	9.9	11.5	2.0	4.4	69.4	2.8	0.11	0.32		宁波			华东后勤
七、谷实类	大麦	12.7	10.2	1.7	5.5	67.0	2.9	0.04	0.35		杭州			华东后勤
七、谷实类	大麦	11.6	10.8	2.1	4.6	67.6	3.3	0.05	0.46		德州			华东后勤
七、谷实类	大麦	11.3	9.8	2.4	5.8	67.8	2.9	0.06	0.42		福州			华东后勤
七、谷实类	大麦	11.4	11.4	2.4	5.0	66.9	2.9	0.04	0.32		芜湖			华东后勤
七、谷实类	大麦	11.3	7.2	1.9	3.8	73.6	2.2	0.12	0.36		永昌			西北畜医学院
七、谷实类	大麦	11.5	12.6	2.1	2.9	67.8	3.1				甘肃山丹			军马所
七、谷实类	大麦	14.3	10.4	1.8	4.8	66.5	2.2	0.04	0.42		武汉			华中农学院
七、谷实类	大麦	10.9	13.1	1.5	4.8	67.0	2.7	0.14	0.31		察北			北京农大
七、谷实类	大麦	12.1	13.9	2.3	6.8	59.5	5.4				克山			华北所
七、谷实类	大麦	10.4	9.6	1.9	4.4	70.7	3.0				宁夏			华北所
七、谷实类	大麦	8.8	13.5	1.6	5.8	66.8	3.5	0.32	0.54		内蒙古			内蒙古畜医学院
七、谷实类	大麦	12.1	8.4	2.2	5.4	68.7	3.2	0.36	0.35		河南信阳			军马所
七、谷实类	大麦	13.6	8.6	2.0	4.3	68.6	2.9	0.21	0.33		江苏新沂			军马所
七、谷实类	荞麦	15.1	10.9	2.8	9.2	59.6	2.4				朝鲜			华北所
七、谷实类	荞麦	14.1	11.3	2.6	14.4	54.8	2.8				吉林			东北所
七、谷实类	荞麦	12.2	14.6	1.6	5.9	62.5	3.2	0.14	0.35		银川贺兰			甘肃农大
七、谷实类	荞麦	9.6	9.8	2.3	12.9	61.6	3.8	0.28	0.34		内蒙古			内蒙古畜医学院

续表1-3-1

饲料种类	饲料名称	水分	粗蛋白质	粗脂肪	粗纤维	无氮浸出物	粗灰分	钙	磷	胡萝卜素(mg/kg)	样品来源	采集部位	采集日期	分析单位
七、谷实类	路仁麦(编者注:未查到相关资料,疑为笔误。)	13.7	10.0	1.4	2.3	70.0	2.6	0.23	0.50		内蒙古			内蒙古畜医学院
七、谷实类	燕麦	13.1	15.6	6.1	3.2	60.0	2.0	0.15	0.21		太谷			山西农学院
七、谷实类	燕麦	12.4	11.6	4.1	12.2	57.0	2.7				察北			华北所
七、谷实类	燕麦	9.8	11.0	4.5	16.2	53.6	4.9				宁夏			华北所
七、谷实类	燕麦	9.7	14.6	4.2	10.6	56.7	4.2				吉林公主岭			东北所
七、谷实类	燕麦	10.4	14.3	4.4	9.5	58.2	3.2				克山			东北所
七、谷实类	燕麦	8.1	12.3	6.0	7.8	61.5	4.3	0.95	1.71		甘肃山丹	白燕麦		军马所
七、谷实类	燕麦	7.8	13.1	4.6	7.1	63.9	3.5	0.89	2.13		甘肃山丹	黑燕麦		军马所
七、谷实类	燕麦	9.9	12.0	4.0	9.9	60.7	3.5	0.14	0.37		北京			北京农大
七、谷实类	燕麦	10.8	10.9	4.8	9.4	55.8	8.3	0.35	0.18		吉林			长春农学院
七、谷实类	燕麦	10.9	12.9	3.9	14.8	53.9	3.6	0.31	0.15		银川贺兰			甘肃农大
七、谷实类	燕麦	13.6	8.9	4.1	7.2	62.5	3.7	0.17	0.27		乌鲁木齐			军马所
七、谷实类	谷子	11.0	10.0	1.2	7.2	62.1	8.5	0.02	0.31		银川贺兰			甘肃农大
七、谷实类	谷子	17.4	8.3	0.5	6.6	63.7	3.5	0.14	0.26		内蒙古集宁			军马所
七、谷实类	黍	14.0	11.8	4.0	9.5	57.4	3.3				吉林			东北所
七、谷实类	黍	10.7	11.5	2.4	8.9	62.2	4.3	0.08	0.34		张家口			北京农大
七、谷实类	稗	10.1	10.2	5.0	12.8	57.6	4.3	0.17	0.33		北京			北京农大
七、谷实类	莜麦	14.3	13.9	5.8	1.7	62.2	2.1	0.14	0.36		内蒙古集宁			军马所
七、谷实类	莜麦	10.8	13.4	9.0	1.2	63.8	1.8	0.23	0.34		内蒙古五川			军马所
七、谷实类	莜麦	9.9	14.8	4.1	1.8	67.4	2.0	0.13	0.56		察北牧场			北京农大
七、谷实类	洋麦	10.8	8.7	1.7	2.3	74.6	1.9	0.06	0.28		兰州			甘肃农大
七、谷实类	青稞	7.3	10.2	2.3	4.4	72.3	3.5	0.06	0.36		敦煌			军马所
七、谷实类	青稞	12.6	10.7	2.4	2.2	69.7	2.4	0.24	0.32		青海西宁		1958	畜牧所

续表1-3-1

饲料种类	饲料名称	水分	粗蛋白质	粗脂肪	粗纤维	无氮浸出物	粗灰分	钙	磷	胡萝卜素(mg/kg)	样品来源	采集部位	采集日期	分析单位
七、谷实类	青稞	13.0	9.9	2.5	2.8	69.5	2.3	0.16	0.42		青海西宁		1958	畜牧所
七、谷实类	青稞	12.4	13.3	2.0	3.4	66.1	2.8	0.11	0.41		银川贺兰		1958	甘肃农大
七、谷实类	糜米	11.7	9.3	3.3	8.1	61.1	6.5	0.03	0.25		沙拉齐			军马所
八、豆类	蚕豆	12.2	16.8	1.5	7.2	59.4	2.9	0.17	0.35		昆明			军马所
八、豆类	豌豆	11.6	12.0	1.0	5.7	66.8	2.9	0.14	0.03		昆明			军马所
八、豆类	小豆	12.3	16.5	0.8	3.8	63.5	3.1	0.87	0.43		昆明			军马所
八、豆类	小豆	12.7	15.2	0.7	5.0	62.6	3.8	0.28	0.33		河南信阳		1958	军马所
八、豆类	爬豆	13.1	13.8	0.7	4.7	64.0	3.7	0.55	0.28		江苏新沂		1958	军马所
八、豆类	木豆	9.5	11.4	0.6	8.0	65.7	4.8				云南		1958	畜牧所
九、油粕类	乌兰饼	16.0	7.1	9.4	12.0	50.3	5.2	0.45	0.03		广东项城		1958	华南农学院
十、糠麸类	玉米皮	12.1	10.1	4.9	13.8	57.0	2.1	0.09	0.17		北京			北京农大
十、糠麸类	玉米皮	12.5	9.9	3.6	9.5	61.5	3.0				察北			华北所
十、糠麸类	玉米皮	10.7	8.9	4.2	1.7	72.6	1.9				克山			华北所
十、糠麸类	玉米皮	10.1	9.8	3.1	1.5	73.3	2.2	0.08	0.48		保定			北京农大
十、糠麸类	高粱糠	12.5	10.9	9.5	3.2	60.3	3.6	0.10	0.84		北京			北京农大
十、糠麸类	高粱糠	13.5	10.2	13.4	5.2	50.0	7.7				吉林			东北所
十、糠麸类	高粱糠	10.0	10.3	9.2	10.0	54.5	6.0	0.37	0.68		吉林			长春农学院
十、糠麸类	高粱糠	10.0	9.3	9.2	6.1	59.4	6.0	0.37	0.68		吉林			长春农学院
十、糠麸类	高粱糠	11.4	9.4	3.0	11.4	55.2	9.6	0.25	0.11					华东所
十、糠麸类	豆叶	10.4	14.4	3.7	15.0	42.3	14.2	2.89	微		安岳		1958	四川农学院
十、糠麸类	甘薯叶	12.3	14.2	2.6	13.3	45.0	12.6	1.62	0.44		安岳			四川农学院
十、糠麸类	糜衣	9.5	9.3	3.1	15.0	45.3	17.8	0.94	0.23		皋兰		1958	甘肃农大
十、糠麸类	胡麻稳	9.6	6.7	2.2	14.0	52.7	14.8	1.32	0.09		银川贺兰		1958	甘肃农大
十、糠麸类	荞麦稳	9.4	10.8	2.1	8.7	53.6	15.4	2.02	0.22		银川贺兰		1958	甘肃农大
十二、渣糟类	马铃薯渣	13.5	3.9	1.0	8.7	71.4	1.5				吉林			东北所
十二、渣糟类	甘薯渣	16.1	1.7	4.9	14.3	46.3	16.7	0.67	0.38		江西			江西所
十二、渣糟类	甘薯渣	6.8	2.1	1.6	6.7	79.7	3.1	0.26	0.02		广东陆丰县		1958	华南农学院

续表1-3-1

饲料种类	饲料名称	水分	粗蛋白质	粗脂肪	粗纤维	无氮浸出物	粗灰分	钙	磷	胡萝卜素(mg/kg)	样品来源	采集部位	采集日期	分析单位
十二、渣糟类	甘薯渣	4.2(初水分 76.1)	7.4	5.4	12.6	65.9	4.5	0.44	0.01		广州		1958	华南农学院
十二、渣糟类	大麦渣	10.3	16.4	4.0	8.9	55.8	4.6	0.60	0.24		北京			北京农大
十二、渣糟类	粉渣	89.5	1.3	0.1	1.4	7.5	0.2	0.05	0.01		荣昌	甘薯	1958	四川农学院
十二、渣糟类	粉渣	88.1	1.7	0.1	0.8	9.0	0.3	0.15	0.09		江西			江西所
十二、渣糟类	粉渣	6.8	16.8	4.6	5.8	59.4	6.6	0.89	0.11		芦山	玉米		四川农学院
十二、渣糟类	醋渣	76.5	1.9	1.9	4.2	14.8	0.7	微	0.08		兰州			西北畜医所
十二、渣糟类	酒渣	9.8	13.2	10.1	13.9	40.2	12.8				武昌	糖饼	1958	湖北畜医所
十二、渣糟类	酒渣	5.3	18.0	4.7	3.9	40.2	27.9	0.09	0.06		广州	干块状	1958	华南农学院
十五、其他	蚕粪	10.8	13.0	2.1	10.1	53.7	10.3				杭县			浙江所
十五、其他	蚕粪	79.1	3.3	0.9	2.7	11.1	2.9				四川			四川所
十五、其他	蚕粪	13.7	16.0	6.2	13.1	34.2	16.8				湖北随县			湖北畜医所
十五、其他	蚕粪	7.0(初水分 65.8)	15.0	5.0	11.8	46.4	14.8	0.19	0.98		广州		1958	华南农学院
十五、其他	牛粪	17.2	4.9	1.2	13.2	40.3	23.2				广东新会		1958	粮研所

1.4 中国农业科学院畜牧研究所，中国动物营养研究会. 1985. 中国饲料成分及营养价值表[4]

1. 样品简述、常规成分及能值

(1)饲料样品简述、常规成分、总能及猪有效能值

表 1-4-1 饲料样品简述、常规成分、总能、猪消化能、猪代谢能和鸡代谢能

样品归类	中国饲料编号	饲料名称	样品说明	干物质(%)	粗蛋白质(%)	粗脂肪(%)	粗纤维(%)	无氮浸出物(%)	粗灰分(%)	钙(%)	磷(%)	总能(Mcal/kg)	猪消化能(Mcal/kg)	猪代谢能(Mcal/kg)	鸡代谢能(Mcal/kg)
树叶类	4-02-006	紫穗槐叶	辽宁北票，棉槐	88.0	15.0	2.9	11.4	49.3	9.4			3.68	2.33	2.16	0.79
树叶类	4-02-031	梨叶	广西阳朔，水梨结果期	88.0	14.2	4.9	11.3	51.8	5.8			3.92	2.34	2.17	

续表1-4-1

样品归类	中国饲料编号	饲料名称	样品说明	干物质(%)	粗蛋白质(%)	粗脂肪(%)	粗纤维(%)	无氮浸出物(%)	粗灰分(%)	钙(%)	磷(%)	总能(Mcal/kg)	猪消化能(Mcal/kg)	猪代谢能(Mcal/kg)	鸡代谢能(Mcal/kg)
树叶类	4-02-032	梨叶	广西阳朔,水梨连嫩枝	88.0	11.5	2.2	12.3	55.7	6.3			3.72	2.16	2.02	
树叶类	4-02-034	梨叶	甘肃,倒挂梨,7月	88.0	10.0	3.8	12.0	54.6	7.6	1.50	0.09	3.72	2.06	1.93	
树叶类	4-02-034	梨叶	甘肃,倒挂梨,7月风干	88.0	10.0	3.8	12.0	54.6	7.6	1.50	0.09	3.72			
树叶类	4-02-036	梨叶	青海西宁,水梨落叶前期	88.0	13.0	3.9	10.9	51.6	8.6	1.41	0.10	3.73	2.28	2.12	
树叶类	4-02-036	梨叶	青海西宁,水梨,落叶前风干	88.0	13.0	3.9	10.9	51.6	8.6	1.41	0.10	3.73			
树叶类	4-02-037	柳叶	北京	88.0	9.4	5.0	11.7	52.5	9.4	1.64	0.06	3.70	2.02	1.89	
树叶类	4-02-038	柳叶	东北	88.0	10.6	3.5	20.2	44.6	9.1			3.65	1.34	1.25	
树叶类	4-02-039	柳叶	辽宁北票	88.0	16.1	2.3	10.0	48.4	11.1			3.59	2.46	2.27	
树叶类	4-02-040	柳叶	河南开封	88.0	8.8	2.3	14.7	49.0	13.2			3.40	1.75	1.65	
树叶类	4-02-041	柳叶	吉林永吉	88.0	14.4	5.0	14.4	46.9	7.3			3.86	2.08	1.93	
树叶类	4-02-042	柳叶	青海西宁,风干	88.0	13.8	3.8	14.7	48.4	7.3		0.29	3.79	2.04	1.90	
树叶类	4-02-044	泡桐叶	江西莲塘	88.0	16.7	2.2	9.5	52.6	7.0	1.34	0.06	3.77	2.61	2.40	
树叶类	4-02-052	桑叶	江西兴国	88.0	12.9	6.7	10.9	35.8	21.7	13.5	0.65	3.33	2.02	1.88	
树叶类	4-02-059	柿子叶	北京,鲜摘风干	88.0	10.9	5.6	12.3	48.4	10.9			3.70	2.02	1.89	0.79
树叶类	4-02-060	桃叶	北京,鲜摘风干	88.0	12.3	5.0	11.1	47.2	11.7		0.03	3.68	2.16	2.01	0.79
树叶类	4-02-062	杏叶	北京,鲜摘风干	88.0	8.9	4.6	7.3	58.3	8.9			3.70	2.24	2.11	
树叶类	4-02-063	杏叶	北京,鲜摘风干	88.0	15.0	6.7	11.4	43.4	11.4	1.38	0.15	3.79	2.23	2.06	0.81
树叶类	4-02-065	榆树叶	新疆	88.0	13.8	5.0	13.2	43.7	12.3			3.64(羊3.65)	2.06	1.92	
树叶类	4-02-067	榆树叶	河北沧州,中秋收	88.0	13.6	5.1	10.5	48.0	10.7	2.14	0.02	3.71	2.28	2.12	0.79
树叶类	4-02-071	榆树叶	甘肃兰州	88.0	15.5	7.8	7.3	45.4	12.0			3.83	2.48	2.29	

续表1-4-1

样品归类	中国饲料编号	饲料名称	样品说明	干物质（%）	粗蛋白质（%）	粗脂肪（%）	粗纤维（%）	无氮浸出物（%）	粗灰分（%）	钙（%）	磷（%）	总能（Mcal/kg）	猪消化能（Mcal/kg）	猪代谢能（Mcal/kg）	鸡代谢能（Mcal/kg）
树叶类	4-02-072	榆树叶	青海西宁，风干	88.0	15.3	2.6	9.7	49.6	10.9	2.24	0.19（编者注：猪处为0.26）	3.61	2.45	2.26	
树叶类	4-02-077	枣树叶	北京小枣	88.0	9.4	6.7	12.0	50.2	9.7		0.06	3.78	1.97	1.85	0.81
树叶类	4-02-079	榛子叶	吉林永吉	88.0	12.9	5.3	12.9	50.5	6.5	1.14	0.15	3.89	2.14	1.99	0.83
树叶类	4-02-080	榛子叶	甘肃，风干	88.0	12.6	6.2	7.3	56.3	5.6	1.17	0.18	3.97			0.85
树叶类	4-02-081	扫条叶粉	吉林图们	88.3	14.8	4.9	7.3	56.5	4.8			3.98	2.65	2.45	0.85
树叶类	4-02-802	杨树叶	新疆乌鲁木齐，风干	95.7	12.2	2.4	14.2	56.9	10.0	2.87	1.12	3.91			
干草类（包括牧草）	4-05-065	沙打旺草粉	辽宁建平，叶，优质	93.7	14.7	2.0	11.0	45.4	20.6			3.39			0.95
干草类（包括牧草）	4-05-091	聚合草粉	辽宁沈阳，夏收	92.7	15.0	2.5	10.2	46.6	18.4	1.21	0.39	3.47			1.30
干草类（包括牧草）	4-05-53	苜蓿叶	新疆，始花期	92.5	17.5	2.4	13.8	39.3	19.5	2.60	0.30	3.45	2.64	2.44	
块根、块茎、瓜果类	4-04-008	甘薯	北京	24.6	1.1	0.2	0.8	21.7	0.8	0.06	0.07	1.03	0.91	0.87	0.77
块根、块茎、瓜果类	4-04-009	甘薯	山西	31.8	1.6	0.4	1.9	26.7	1.2			1.33	1.12	1.07	
块根、块茎、瓜果类	4-04-010	甘薯	上海，山芋	25.0	0.8	0.6	0.7	22.1	0.8	0.19	0.03	1.06	0.92	0.88	0.80
块根、块茎、瓜果类	4-04-011	甘薯	江苏淮阴	25.0	0.9	0.3	0.9	21.8	1.1	0.10	0.03	1.03	0.91	0.87	
块根、块茎、瓜果类	4-04-012	甘薯	浙江	25.0	1.1	0.2	0.7	22.2	0.8			1.04	0.93	0.89	
块根、块茎、瓜果类	4-04-016	甘薯	广西，无悠饥种，秋种	26.5	1.3	0.3	0.8	23.5	0.6			1.12	0.99	0.94	0.84
块根、块茎、瓜果类	4-04-017	甘薯	广西，无悠饥种，夏种	29.4	1.2	0.3	0.8	26.5	0.6			1.24	1.11	1.06	
块根、块茎、瓜果类	4-04-018	甘薯	贵州贵阳	23.0	1.1	0.2	0.7	20.0	1.0	0.14	0.06	0.95	0.84	0.80	
块根、块茎、瓜果类	4-04-032	甘薯干	山东泰安，5245	86.9	3.8	1.3	1.9	76.9	3.0	0.10	0.01	3.65	3.31	3.15	
块根、块茎、瓜果类	4-04-033	甘薯干	山东阳谷，3235	93.4	3.7	1.2	2.4	81.0	5.1			3.83	3.49	3.32	
块根、块茎、瓜果类	4-04-039	甘薯干	山东无棣，S-245	88.3	2.2	0.9	2.7	79.9	2.6			3.68	3.42	3.27	
块根、块茎、瓜果类	4-04-060	葛根		27.0	1.3	0.1	6.1	18.3	1.2	0.57	0.23	1.11	0.55	0.52	
块根、块茎、瓜果类	4-04-061	胡萝卜	北京，黄色	10.0	0.9	0.3	0.9	7.1	0.8	0.32	0.32	0.42	0.37	0.35	0.32

续表1-4-1

样品归类	中国饲料编号	饲料名称	样品说明	干物质(%)	粗蛋白质(%)	粗脂肪(%)	粗纤维(%)	无氮浸出物(%)	粗灰分(%)	钙(%)	磷(%)	总能(Mcal/kg)	猪消化能(Mcal/kg)	猪代谢能(Mcal/kg)	鸡代谢能(Mcal/kg)
块根、块茎、瓜果类	4-04-065	胡萝卜	辽宁本溪	12.0	0.9	0.3	1.0	8.6	1.2			0.48	0.43	0.41	
块根、块茎、瓜果类	4-04-066	胡萝卜	上海	12.0	1.1	0.9	1.7	7.4	0.9	0.28	0.02	0.53	0.45	0.44	
块根、块茎、瓜果类	4-04-068	胡萝卜	安徽	18.5	3.0	0.8	1.0	12.5	1.2	0.46		0.81	0.70	0.67	
块根、块茎、瓜果类	4-04-069	胡萝卜	吉林怀德,红色	12.0	0.9	0.2	1.1	9.0	0.8	0.04	0.02	0.49	0.44	0.43	
块根、块茎、瓜果类	4-04-070	胡萝卜	江西	12.8	1.4	0.3	1.0	9.3	0.8	0.07	0.04	0.54	0.48	0.46	
块根、块茎、瓜果类	4-04-071	胡萝卜	甘肃	14.9	1.3	0.4	0.9	11.3	1.0	0.05	0.05	0.62	0.56	0.53	
块根、块茎、瓜果类	4-04-072	胡萝卜	宁夏银川,黄萝卜	24.9	3.2	0.5	3.3	14.9	3.0	0.13	0.14	0.99	0.87	0.83	
块根、块茎、瓜果类	4-04-073	胡萝卜	青海西宁,红色	8.2	0.8	0.3	1.1	5.0	1.0	0.08	0.04	0.33	0.29	0.28	
块根、块茎、瓜果类	4-04-074	胡萝卜	青海西宁,黄色	8.8	0.5	0.1	1.4	6.1	0.7	0.11	0.07	0.35	0.32	0.30	
块根、块茎、瓜果类	4-04-075	胡萝卜	新疆	12.8	1.6	0.3	1.1	9.0	0.8			0.54	0.48	0.46	
块根、块茎、瓜果类	4-04-076	胡萝卜	四川峨眉	10.5	0.7	0.2	1.0	7.8	0.8		0.04	0.43	0.38	0.37	
块根、块茎、瓜果类	4-04-077	胡萝卜	贵州	10.8	1.0	0.2	0.8	8.1	0.7			0.45	0.40	0.38	
块根、块茎、瓜果类	4-04-092	萝卜	北京,白萝卜	8.2	0.6	微	0.8	6.0	0.8	0.05	0.03				
块根、块茎、瓜果类	4-04-094	萝卜	浙江,长大萝卜	7.0	0.9	0.1	0.7	4.6	0.7						
块根、块茎、瓜果类	4-04-101	萝卜	四川成都,满身红	7.0	1.3	0.4	0.9	3.4	1.0	0.07	0.04				
块根、块茎、瓜果类	4-04-104	马铃薯	北京,山药	17.0	1.5	微	0.9	14.0	0.6	0.01	0.04	0.71	0.59	0.56	
块根、块茎、瓜果类	4-04-105	马铃薯	河北张家口,山药蛋	19.7	1.1	0.1	0.4	17.3	0.8	0.02	0.01	0.82	0.71	0.68	
块根、块茎、瓜果类	4-04-106	马铃薯	北京,白皮	20.1	2.3	0.1	0.3	16.6	0.8	0.01	0.06	0.85	0.67	0.71	
块根、块茎、瓜果类	4-04-107	马铃薯	黑龙江哈尔滨	20.7	1.5	0.3	0.6	17.3	1.0	0.02	0.04	0.87	0.72	0.69	
块根、块茎、瓜果类	4-04-109	马铃薯	黑龙江	22.0	1.9	0.1	0.6	18.5	0.9	0.01	0.04	0.92	0.77	0.74	
块根、块茎、瓜果类	4-04-110	马铃薯	宁夏固原	18.8	1.3	0.1	0.5	16.0	0.9			0.78	0.66	0.63	0.59
块根、块茎、瓜果类	4-04-111	马铃薯	甘肃兰州	31.5	2.6	0.1	0.9	26.7	1.2	0.02	0.02	1.32	1.11	0.06	
块根、块茎、瓜果类	4-04-113	马铃薯	青海西宁,深眼窝种	23.7	1.5	微	1.4	19.8	1.0	0.01	0.02	0.98(羊0.94)	0.82	0.78	

续表1-4-1

样品归类	中国饲料编号	饲料名称	样品说明	干物质(%)	粗蛋白质(%)	粗脂肪(%)	粗纤维(%)	无氮浸出物(%)	粗灰分(%)	钙(%)	磷(%)	总能(Mcal/kg)	猪消化能(Mcal/kg)	猪代谢能(Mcal/kg)	鸡代谢能(Mcal/kg)
块根、块茎、瓜果类	4-04-114	马铃薯	贵州威宁，米粒种	15.2	1.1	0.1	0.3	13.2	0.5	0.02	0.06	0.64	0.55	0.52	
块根、块茎、瓜果类	4-04-115	马铃薯	四川南江，洋芋干	84.8	5.1	0.2	1.9	75.3	2.3			3.55	3.10	2.94	
块根、块茎、瓜果类	4-04-122	木薯	广东广州	87.2	3.8	0.2	2.8	78.4	2.0	0.16	0.08	3.65			2.78
块根、块茎、瓜果类	4-04-124	木薯皮	广东，二层皮，含氰酸毒素	88.0	6.0	2.7	8.5	64.5	6.3	0.50	0.04	3.66	2.59	2.45	
块根、块茎、瓜果类	4-04-125	南瓜	吉林	10.9	1.5	0.6	0.9	7.2	0.7			0.48	0.40	0.38	
块根、块茎、瓜果类	4-04-129	南瓜	浙江	15.5	1.4	0.2	0.6	12.5	0.8			0.65	0.57	0.55	
块根、块茎、瓜果类	4-04-130	南瓜	江西	19.8	1.9	1.0	1.4	14.0	1.5			0.85	0.72	0.69	
块根、块茎、瓜果类	4-04-132	南瓜	广东广州	8.8	1.2	0.6	1.1	5.3	0.6	0.04	0.01	0.39	0.32	0.31	
块根、块茎、瓜果类	4-04-133	南瓜	广西，成熟去籽	7.6	0.5	0.2	0.8	5.6	0.5			0.32	0.27	0.26	
块根、块茎、瓜果类	4-04-134	南瓜	青海，饲用南瓜	10.0	0.8	0.2	1.7	6.6	0.7	0.01	0.03	0.41	0.35	0.34	
块根、块茎、瓜果类	4-04-136	南瓜	四川成都，柿饼瓜，青皮	6.4	0.7	0.2	0.8	4.2	0.5	0.02	0.02	0.27	0.21	0.20	
块根、块茎、瓜果类	4-04-142	甜菜	山西，糖用	14.9	2.2	0.3	1.9	8.2	2.3			0.58	0.46	0.44	
块根、块茎、瓜果类	4-04-143	甜菜	山西，饲用	13.8	2.2	0.3	1.7	7.5	2.1			0.54	0.43	0.41	
块根、块茎、瓜果类	4-04-145	甜菜	黑龙江大庆	7.9	1.2	0.2	0.9	4.8	0.8	0.02	微	0.33	0.26	0.25	
块根、块茎、瓜果类	4-04-146	甜菜	黑龙江哈尔滨	16.0	3.1	0.5	2.2	7.1	3.1			0.61	0.46	0.44	
块根、块茎、瓜果类	4-04-148	甜菜	吉林怀德，匈牙利品种	15.0	2.2	0,1	1.3	9.5	1.9	0.04	0.04	0.59	0.49	0.47	
块根、块茎、瓜果类	4-04-150	甜菜	上海	12.8	2.2	0.7	1.3	7.5	1.1	0.11	0.05	0.56	0.43	0.41	
块根、块茎、瓜果类	4-04-156	甜菜	青海西宁	15.0	1.1	0.2	2.7	9.2	1.8	0.04	0.05	0.58			
块根、块茎、瓜果类	4-04-157	甜菜	贵州威宁，糖用	13.5	0.9	0.6	0.7	11.0	0.3	0.03	0.04	0.60	0.50	0.48	
块根、块茎、瓜果类	4 04-161	芜菁甘蓝	云南，洋萝卜，新西兰4号	10.0	1.0	0.1	1.5	6.6	0.8	0.05	微				
块根、块茎、瓜果类	4-04-167	西瓜皮	广东广州	5.0	0.6	0,1	1.1	2.6	0.6	0.02	0.01				
块根、块茎、瓜果类	4-04-168	西瓜皮	甘肃兰州	6.6	0.6	0.2	1.3	3.5	1.0	0.02	0.02				

续表1-4-1

样品归类	中国饲料编号	饲料名称	样品说明	干物质(%)	粗蛋白质(%)	粗脂肪(%)	粗纤维(%)	无氮浸出物(%)	粗灰分(%)	钙(%)	磷(%)	总能(Mcal/kg)	猪消化能(Mcal/kg)	猪代谢能(Mcal/kg)	鸡代谢能(Mcal/kg)
块根、块茎、瓜果类	4-04-200	甘薯	七省市,八样品平均值,鲜	25.0	1.0	0.3	0.9	22.0	0.8	0.13	0.05	1.05	0.92	0.88	0.79
块根、块茎、瓜果类	4-04-201	甘薯干	山东,胜利百号,七样品平均值	89.0	3.2	1.7	2.4	78.8	2.9	0.12	0.11	3.75	3.41	3.25	
块根、块茎、瓜果类	4-04-202	甘薯干	山东乳山,696号二样品平均值	89.0	4.1	2.0	2.2	77.2	3.5	0.16	0.04	3.76	3.36	3.19	
块根、块茎、瓜果类	4-04-203	甘薯干	山东二县,徐薯18号二样品平均值	89.0	4.9	1.4	2.3	76.8	3.6	0.08	0.04	3.73	3.33	3.17	
块根、块茎、瓜果类	4-04-204	甘薯干	山东二县,济薯1号二样品平均值	89.0	2.7	2.5	2.7	77.1	4.0	0.25	0.03	3.74	3.36	3.21	
块根、块茎、瓜果类	4-04-205	甘薯干	山东三县,烟薯3号三样品平均值	89.0	5.2	0.6	2.1	79.8	1.3	微	0.04	3.79	3.43	3.26	
块根、块茎、瓜果类	4-04-206	甘薯干	山东,十二县,三十一样品平均值	89.0	3.8	1.3	2.2	79.2	2.5	0.15	0.11	3.76	3.41	3.25	2.82
块根、块茎、瓜果类	4-04-207	甘薯干	八省市,四十样品平均值	90.0	3.9	1.3	2.3	79.9	2.6	0.15	0.12	3.80	3.45	3.28	
块根、块茎、瓜果类	4-04-208	胡萝卜	十二省市十三样品平均值	12.0	1.1	0.3	1.2	8.4	1.0	0.15	0.09	0.49	0.44	0.42	0.37
块根、块茎、瓜果类	4-04-210	萝卜	十一省市,十一样品平均值	7.0	0.9	0.1	0.7	4.5	0.8	0.05	0.03				
块根、块茎、瓜果类	4-04-211	马铃薯	十省市,十样品平均值	22.0	1.6	0.1	0.7	18.7	0.9	0.02	0.03	0.92	0.78	0.74	0.69
块根、块茎、瓜果类	4-04-212	南瓜	九省市,九样品平均值	10.0	1.0	0.3	1.2	6.8	0.7	0.04	0.02	0.42	0.36	0.34	0.32
块根、块茎、瓜果类	4-04-213	甜菜	八省市,九样品平均值	15.0	2.0	0.4	1.7	9.1	1.8	0.06	0.04	0.61	0.49	0.46	0.46
块根、块茎、瓜果类	4-04-215	芜菁甘蓝	三省市,五样品平均值	10.0	1.0	0.2	1.3	6.7	0.8	0.06	0.02	0.41			0.31
块根、块茎、瓜果类	4-04-600	甘薯	十省市,十一样品平均值	24.7	1.0	0.3	0.9	21.7	0.8	0.13	0.05				
块根、块茎、瓜果类	4-04-603	胡萝卜	河北张家口	9.3	0.8	0.2	0.8	6.8	0.7	0.05	0.03				

续表1-4-1

样品归类	中国饲料编号	饲料名称	样品说明	干物质(%)	粗蛋白质(%)	粗脂肪(%)	粗纤维(%)	无氮浸出物(%)	粗灰分(%)	钙(%)	磷(%)	总能(Mcal/kg)	猪消化能(Mcal/kg)	猪代谢能(Mcal/kg)	鸡代谢能(Mcal/kg)
块根、块茎、瓜果类	4-04-604	胡萝卜	黑龙江,红色胡萝卜	13.7	1.4	0.2	1.4	9.7	1.0	0.06	0.05				
块根、块茎、瓜果类	4-04-605	胡萝卜	黑龙江,黄色胡萝卜	13.4	1.3	0.3	1.7	9.2	0.9	0.07					
块根、块茎、瓜果类	4-04-606	胡萝卜	上海,二样品平均值	11.6	0.9	0.6	1.4	7.8	0.9	0.16	0.04				
块根、块茎、瓜果类	4-04-608	木薯粉	广西	94.0	3.1	0.7	2.3	86.6	1.3						
块根、块茎、瓜果类	4-04-609	南瓜	黑龙江,饲用南瓜,二样品平均值	10.0	1.6	0.2	1.0	6.1	0.6						
块根、块茎、瓜果类	4-04-610	甜菜	黑龙江,二样品平均值	9.9	1.4	0.3	1.5	5.9	0.8	0.03					
块根、块茎、瓜果类	4-04-612	芜菁甘蓝	湖南,灰萝卜	11.5	1.6	0.3	1.0	8.1	0.5	0.06	0.05				
块根、块茎、瓜果类	4-04-800	胡萝卜	内蒙古	13.4	1.3	0.5	0.8	9.7	1.1	0.53	0.06	0.56			
块根、块茎、瓜果类	4-04-801	马铃薯	内蒙古	23.5	2.3	0.1	0.9	18.9	1.3	0.33	0.07	0.97			
块根、块茎、瓜果类	4-04-802	南瓜	内蒙古	10.9	1.5	0.6	0.9	7.2	0.7			0.48			
块根、块茎、瓜果类	4-04-802(编者注:编号有冲突)	甜菜	内蒙古	11.8	1.6	0.1	1.4	7.0	1.7	0.05	0.05	0.45			
块根、块茎、瓜果类		甘薯粉	1983年鸡饲料标准议定值	89.0	3.8	1.3	2.2	79.2	2.5	0.15	0.11				2.82
块根、块茎、瓜果类		木薯粉	1983年鸡饲料标准议定值	87.2	3.8	0.2	2.8	78.4	2.0	0.16	0.08				2.78
块根、块茎、瓜果类		甘薯	1983年猪饲养标准议定值	24.6	1.1		0.8			0.06	0.07	1.03	0.92	0.88	
块根、块茎、瓜果类		甘薯干	1983年猪饲养标准议定值	90.0	3.1		3.0			0.34	0.11	3.80	3.45	3.28	
块根、块茎、瓜果类		胡萝卜	1983年猪饲养标准议定值	10.0	0.9		0.9			0.03	0.01	0.42	0.37	0.35	
块根、块茎、瓜果类		马铃薯	1983年猪饲养标准议定值	20.7	1.5		0.6			0.02	0.04	0.87	0.72	0.69	

续表1-4-1

样品归类	中国饲料编号	饲料名称	样品说明	干物质(%)	粗蛋白质(%)	粗脂肪(%)	粗纤维(%)	无氮浸出物(%)	粗灰分(%)	钙(%)	磷(%)	总能(Mcal/kg)	猪消化能(Mcal/kg)	猪代谢能(Mcal/kg)	鸡代谢能(Mcal/kg)
块根、块茎、瓜果类		木薯干	1983年猪饲养标准议定值	87.2	3.7		2.2			0.07	0.05	4.00	3.50	3.33	
块根、块茎、瓜果类		南瓜	1983年猪饲养标准议定值	10.0	1.7		0.9			0.02	0.01	0.43	0.36	0.34	
块根、块茎、瓜果类		甜菜	1983年猪饲养标准议定值	15.0	2.0		1.7			0.04	0.02	0.61	0.49	0.46	
块根、块茎、瓜果类		芜菁甘蓝	1983年猪饲养标准议定值	11.5	1.6		1.0			0.06	0.05	0.41	0.37	0.36	
块根、块茎、瓜果类	4-05-811	二叉委陵菜	内蒙古,花期	86.2	21.9	3.0	15.0	37.2	9.1	1.37	0.52	3.72			
块根、块茎、瓜果类	4-06-600	甘薯	十省市,十一样品平均值	24.7	1.0	0.3	0.9	21.7	0.8	0.13	0.05				
块根、块茎、瓜果类	4-06-603	胡萝卜	河北省张家口	9.3	0.8	0.2	0.8	6.8	0.7	0.05	0.03				
农副产品类(包括稿秆、荚壳、藤蔓、秸秧)	4-06-059	向日葵盘粉	辽宁北票	90.0	7.1	2.5	15.1	45.3	20.0			3.18	1.44	1.37	
谷实类	4-07-002	大麦	北京,米大麦	88.5	12.4	1.2	2.6	69.9	2.4			3.86	3.38	3.15	2.77
谷实类	4-07-003	大麦	河北保定,芒大麦	89.1	11.5	2.6	3.8	68.7	2.5			3.94	3.28	3.06	2.82
谷实类	4-07-004	大麦	河北栾城,春播裸大麦	88.7	11.2	2.4	1.5	71.6	2.0			3.93	3.45	3.33	2.66
谷实类	4-07-005	大麦	山西,二样品平均值	87.1	9.2	1.8	4.7	67.4	4.0			3.72	3.01	2.83	2.52
谷实类	4-07-007	大麦	黑龙江,二样品平均值	88.0	10.4	2.3	5.5	65.8	4.0	0.02	0.48	3.8	3.02	2.82	
谷实类	4-07-008	大麦	吉林,早熟3号	87.8	15.1	1.7	4.5	63.6	2.9	0.05	0.41	3.88			2.75
谷实类	4-07-009	大麦	辽宁盘山,本地	93.5	13.3	0.9	6.4	68.3	4.6			3.98			2.83
谷实类	4-07-010	大麦	上海,二样品平均值	86.7	13.4	1.3	7.6	59.9	4.5			3.72	2.87	2.67	2.52
谷实类	4-07-011	大麦	江苏(编者注:原书第88页为江西),三样品平均值	88.5	11.8	3.7	5.5	64.2	3.3	0.06	0.28	3.95	3.10	2.89	2.68

续表1-4-1

样品归类	中国饲料编号	饲料名称	样品说明	干物质(%)	粗蛋白质(%)	粗脂肪(%)	粗纤维(%)	无氮浸出物(%)	粗灰分(%)	钙(%)	磷(%)	总能(Mcal/kg)	猪消化能(Mcal/kg)	猪代谢能(Mcal/kg)	鸡代谢能(Mcal/kg)
谷实类	4-07-013	大麦	浙江，二样品平均值	90.5	14.3	2.4	3.0	68.4	2.4	0.10	0.37	4.04	3.47	3.22	2.74
谷实类	4-07-014	大麦	福建，二样品平均值	87.1	8.9	2.8	3.6	68.8	3.0			3.81	3.12	2.93	2.58
谷实类	4-07-015	大麦	河南，五样品平均值	88.5	9.8	2.6	5.1	68.0	3.0			3.87	3.09	2.90	2.62
谷实类	4-07-016	大麦	湖北，五样品平均值	88.9	9.6	1.7	4.6	69.8	3.2	0.07	0.28	3.83	3.13	2.94	2.60
谷实类	4-07-017	大麦	宁夏，二样品平均值	90.5	13.0	1.3	4.4	68.9	2.9	0.06	0.30	3.94	3.31	3.09	2.67
谷实类	4-07-018	大麦	甘肃，三样品平均值	89.2	10.0	2.2	5.0	69.6	2.4	0.05	0.35	3.91	3.16	2.96	2.65
谷实类	4-07-019	大麦	新疆	87.7	11.5	1.9	3.6	68.2	2.5		0.45	3.85			2.65
谷实类	4-07-020	大麦	四川宣汉，米大麦	87.7	14.2	0.6	2.6	68.4	1.9	0.09	0.32	3.85	3.34	3.10	2.76
谷实类	4-07-021	大麦	云南，八样品平均值	89.7	9.3	1.9	5.0	69.8	3.7	0.16	0.38	3.85	3.10	2.91	2.76
谷实类	4-07-022	大麦	二十省市，四十九样品平均值	88.8	10.8	2.0	4.7	68.1	3.2	0.12	0.29	3.86	3.15	2.95	2.66
谷实类	4-07-075	高粱	北京，杂交多穗	88.4	8.0	1.4	2.4	75.1	1.5	0.05	0.34	3.84	3.31	3.12	3.01
谷实类	4-07-077	高粱	河北沧州，杂交冀5号	95.3	7.6	4.0	1.5	80.7	1.5			4.26	3.61	3.41	3.34
谷实类	4-07-078	高粱	河北栾城，杂交多穗	90.2	7.5	4.6	1.3	75.2	1.6			4.07	3.43	3.23	3.19
谷实类	4-07-080	高粱	山西太谷	86.9	9.6	5.1	4.2	65.8	2.2	0.07		3.97			3.12
谷实类	4-07-081	高粱	黑龙江	87.3	8.0	3.3	1.5	72.7	1.8	0.02	0.38	3.88			3.05
谷实类	4-07-082	高粱	内蒙古	87.2	9.3	4.1	1.1	70.9	1.8			3.94			
谷实类	4-07-082(编者注：编号有冲突)	高粱	吉林	87.5	9.1	3.3	1.8	71.3	2.0	0.05	0.23	3.90			3.06
谷实类	4-07-083	高粱	吉林农安，小粒高粱	86.0	6.9	2.8	2.0	69.3	5.0	0.12	0.20	3.65	3.06	2.89	2.87
谷实类	4-07-084	高粱	辽宁法库，9-2	89.7	10.9	5.2	1.5	69.9	2.2			4.11	3.45	3.23	
谷实类	4-07-085	高粱	辽宁建昌，晋杂5号	94.0	10.6	3.9	1.6	76.6	1.3			4.26	3.65	3.42	
谷实类	4-07-091	高粱	辽宁，十样品平均值	93.0	9.8	3.6	1.4	76.4	1.8			4.16	3.58	3.36	3.27

续表1-4-1

样品归类	中国饲料编号	饲料名称	样品说明	干物质(%)	粗蛋白质(%)	粗脂肪(%)	粗纤维(%)	无氮浸出物(%)	粗灰分(%)	钙(%)	磷(%)	总能(Mcal/kg)	猪消化能(Mcal/kg)	猪代谢能(Mcal/kg)	鸡代谢能(Mcal/kg)
谷实类	4-07-092	高粱	安徽	87.0	8.2	3.4	4.9	67.0	3.7	0.15	0.44	3.81			2.99
谷实类	4-07-093	高粱	浙江金华	87.5	8.7	3.5	4.5	67.6	3.2	0.14	0.23	3.85			3.02
谷实类	4-07-095	高粱	河南,六样品平均值	87.1	9.1	2.9	2.6	70.2	2.3	0.15	0.24	3.85	3.23	3.04	3.02
谷实类	4-07-097	高粱	宁夏银川,杂交	87.6	6.5	1.9	1.9	75.4	1.9	0.03	0.22	3.80	3.26	3.08	
谷实类	4-07-098	高粱	宁夏青铜峡,忻高 52 号	92.4	9.2	3.7	1.7	75.5	2.3	0.06	0.16	4.11	3.50	3.29	3.23
谷实类	4-07-099	高粱	甘肃兰州	87.5	8.2	3.9	2.4	71.4	1.6	0.06	0.41	3.93			3.09
谷实类	4-07-100	高粱	新疆乌鲁木齐,白高粱,二样品平均值	89.0	9.6	3.0	1.6	73.0	1.8	0.08	0.35	3.96	3.41	3.20	3.11
谷实类	4-07-101	高粱	新疆乌鲁木齐,红高粱,二样品平均值	89.4	8.5	2.4	2.6	73.7	2.2	0.02	0.20	3.91	3.31	3.12	3.07
谷实类	4-07-102	高粱	四川平昌,杂交高粱	88.7	6.7	4.5	1.5	74.2	1.8	0.04	0.28	3.98	3.49	3.30	3.23
谷实类	4-07-103	高粱	贵州,蔗高粱	85.2	6.3	1.9	2.3	73.4	1.3	0.03	0.31	3.72	3.16	2.98	2.92
谷实类	4-07-104	高粱	十七省市,三十八样品平均值	89.3	8.7	3.3	2.2	72.9	2.2	0.09	0.28	3.96	3.34	3.14	3.11
谷实类	4-07-105	合禾	甘肃永昌,大麦、青稞、豌豆混播籽实	91.5	18.0	1.7	7.3	60.9	3.6	0.17	0.24	4.05	3.24	2.98	
谷实类	4-07-106	合禾	甘肃武威,大麦、青稞、豌豆混播籽实	90.3	11.4	1.2	5.3	69.3	3.1	0.14	0.26	3.90	3.19	2.98	
谷实类	4-07-107	黄米	宁夏青铜峡	88.9	10.9	2.5	1.3	72.8	1.4	0.03	0.06	3.97	3.49	3.26	
谷实类	4-07-108	黄糯谷	云南马关,二样品平均值	90.2	6.9	1.8	9.8	67.8	3.9	0.12	0.25	3.82	2.69	2.54	2.56
谷实类	4-07-110	糜子	甘肃兰州	91.9	12.8	2.3	13.2	57.8	5.8	0.14	0.15	3.93	2.58	2.40	
谷实类	4-07-111	糜子	宁夏,三样品平均值	90.4	11.0	2.9	8.0	65.1	3.4	0.05	0.56	3.97	2.96	2.77	2.66
谷实类	4-07-112	面粉	浙江上虞,4 号面粉	88.1	14.0	2.9	2.0	67.7	1.5	0.08	0.31	4.00	3.48	3.23	3.37
谷实类	4-07-113	面粉	湖北,三等面粉	83.2	13.4	0.6	6.2	58.7	4.5			3.54	2.85	2.64	2.98

续表1-4-1

样品归类	中国饲料编号	饲料名称	样品说明	干物质(%)	粗蛋白质(%)	粗脂肪(%)	粗纤维(%)	无氮浸出物(%)	粗灰分(%)	钙(%)	磷(%)	总能(Mcal/kg)	猪消化能(Mcal/kg)	猪代谢能(Mcal/kg)	鸡代谢能(Mcal/kg)
谷实类	4-07-114	面粉	湖南长沙，三等面	90.3	13.5	3.3	1.8	69.5	2.2		0.42	4.07	3.53	3.29	3.34
谷实类	4-07-115	面粉	宁夏连湖，黑面	90.6	14.9	2.4	2.2	68.6	2.5	0.06	0.45	4.05	3.54	3.29	3.41
谷实类	4-07-116	荞麦	河北保定，花麦、三角麦	88.0	9.9	3.3	8.3	63.1	3.4			3.87	2.81	2.64	2.62
谷实类	4-07-117	荞麦	湖南桃源，甜荞	89.5	9.4	2.2	8.3	66.4(编者注：奶牛和肉牛处为66.9)	2.7			3.90	2.89	2.72	2.64
谷实类	4-07-118	荞麦	宁夏固原，苦荞麦	89.8	8.3	2.2	14.6	62.8	1.9	0.10	0.21	3.93	2.44	2.30	2.61
谷实类	4-07-119	荞麦	四川南江，苦荞麦	88.9	10.1	2.3	14.0	60.3	2.2	0.08	0.26	3.91	2.27	2.13	
谷实类	4-07-120	荞麦	贵州威宁，苦荞，带壳	86.2	7.3	2.0	15.2	60.1	1.6	0.02	0.30	3.77	2.25	2.12	2.50
谷实类	4-07-121	荞麦	贵州威宁，甜荞麦(编者注：原书第90页为甜稞)	85.2	8.7	1.8	10.2	62.6	1.9	0.09	0.42	3.72	2.61	2.45	2.46
谷实类	4-07-122	荞麦	云南，二样品平均值	86.4	12.4	2.2	13.7	55.6	2.5	0.08	0.28	3.82	2.46	2.29	
谷实类	4-07-123	荞麦	十一省市，十四样品平均值	87.1	9.9	2.3	11.5	60.7	2.7	0.09	0.30	3.81	2.58	2.42	2.53
谷实类	4-07-125	青稞	甘肃，紫色稞粒大麦，元麦	90.6	12.5	2.8	3.4	70.4	1.5		0.23	4.08	3.43	3.20	2.91
谷实类	4-07-126	青稞	甘肃山丹，白色	88.4	12.6	2.5	3.2	68.4	1.7		0.18	3.96	3.36	3.13	2.82
谷实类	4-07-127	青稞	青海西宁	87.0	9.9	2.5	2.8	69.5	2.3		0.42	3.84	3.24	3.03	2.74
谷实类	4-07-128	青稞	宁夏银川	87.6	13.3	2.0	3.4	66.1	2.8		0.41	3.87	3.29	3.06	2.76
谷实类	4-07-129	青稞	新疆	89.6	13.0	1.8	1.3	71.5	2.0			3.97(羊39.6)	3.55	3.30	2.83
谷实类	4-07-130	黍	辽宁建平	92.9	10.0	2.9	5.2	68.2	4.6			4.01	3.18	2.99	2.47
谷实类	4-07-131	黍	河北邢台，黍子、黄米	88.8	12.7	4.4	4.6	62.3	4.8	0.04	0.37	3.95	3.13	2.91	2.43
谷实类	4-07-132	粟	吉林，公谷6号(谷子)	92.0	8.3	3.0	7.7	68.5	4.5	0.09	0.19	3.96	2.92	2.75	2.44

续表1-4-1

样品归类	中国饲料编号	饲料名称	样品说明	干物质(%)	粗蛋白质(%)	粗脂肪(%)	粗纤维(%)	无氮浸出物(%)	粗灰分(%)	钙(%)	磷(%)	总能(Mcal/kg)	猪消化能(Mcal/kg)	猪代谢能(Mcal/kg)	鸡代谢能(Mcal/kg)
谷实类	4-07-133	粟	辽宁锦县(现凌海市),友谊谷子	94.8	8.4	2.9	9.5	68.8	5.2			4.04	2.87	2.70	
谷实类	4-07-134	粟	辽宁建平,大红苗谷子	95.3	8.6	2.4	6.2	69.2	8.9			3.88	2.98	2.81	
谷实类	4-07-135	粟	辽宁建昌,齐头白	94.5	11.8	2.8	8.6	67.8	3.5			4.14	3.09	2.89	
谷实类	4-07-139	粟	辽宁,六样品平均值	94.0	9.8	2.9	7.7	68.9	4.7			4.05	3.03	2.84	2.49
谷实类	4-07-140	粟	河南洛阳,谷子	87.5	9.5	3.3	1.6	71.8	1.3	0.03	0.22	3.93			2.42
谷实类	4-07-141	粟	宁夏固原,谷子	92.6	10.7	1.8	9.3	66.1	4.7	0.08	0.36	3.95			2.43
谷实类	4-07-142	粟	六省,谷子十三样品平均值	91.9	9.7	2.6	7.4	67.1	5.1	0.06	0.26	3.93	2.95	2.77	2.42
谷实类	4-07-166	小米	河北保定,黄粟	89.0	9.5	2.2	0.4	75.9	1.0			3.95	3.54	3.32	3.44
谷实类	4-07-168	小米	吉林德惠	85.4	9.2	1.7	0.5	72.2	1.8	0.04	0.24	3.74	3.36	3.15	3.25
谷实类	4-07-169	小米	安徽	84.8	8.4	2.6	1.0	71.6	1.2	0.06	0.46	3.77	3.30	3.10	3.28
谷实类	4-07-170	小米	河南偃师	87.8	10.3	1.7	0.9	73.9	1.0	0.03		3.89	3.48	3.25	3.38
谷实类	4-07-172	小米	四川岷山	88.6	8.9	2.1	1.2	74.4	2.0	0.09	0.47	3.88	3.41	3.20	
谷实类	4-07-173	小米	八省,九样品平均值	86.8	8.9	2.7	1.3	72.5	1.4	0.05	0.32	3.86	3.35	3.15	3.36
谷实类	4-07-175	燕麦	河北张家口,甜燕麦	92.9	13.8	4.7	13.1	57.2	4.1	0.15	0.40	4.18	2.71	2.52	2.77
谷实类	4-07-176	燕麦	河北张家口,玉麦,当地种	93.5	11.7	6.9	10.1	61.0	3.8	0.15	0.43	4.30	2.90	2.71	2.85
谷实类	4-07-177	燕麦	山西	89.4	12.5	4.6	9.8	58.5	4.0			4.01			2.66
谷实类	4-07-180	燕麦	宁夏固原,大燕麦	88.3	10.6	3.5	11.3	59.1	3.8	0.06	0.13	3.89	2.60	2.44	2.56
谷实类	4-07-181	燕麦	宁夏固原	92.4	12.4	4.4	11.8	59.9	3.9	0.10	0.45	4.13			2.74
谷实类	4-07-182	燕麦	甘肃山丹,黑色	92.1	13.1	4.6	7.1	63.8	3.5			4.16			
谷实类	4-07-183	燕麦	甘肃山丹,白色	91.9	12.3	6.0	7.8	61.5	4.3			4.18			
谷实类	4-07-184	燕麦	青海西宁,黑柱子	89.0	10.3	3.9	10.1	59.8	4.9	0.23	0.28	3.89	2.66	2.49	2.58
谷实类	4-07-185	燕麦	青海西宁,白燕麦	89.6	9.8	4.2	11.5	60.5	3.6	0.22	0.30	3.98	2.62	2.46	2.64

续表1-4-1

样品归类	中国饲料编号	饲料名称	样品说明	干物质（%）	粗蛋白质（%）	粗脂肪（%）	粗纤维（%）	无氮浸出物（%）	粗灰分（%）	钙（%）	磷（%）	总能（Mcal/kg）	猪消化能（Mcal/kg）	猪代谢能（Mcal/kg）	鸡代谢能（Mcal/kg）
谷实类	4-07-186	燕麦	新疆，二样品平均值	88.4	8.8	4.1	8.2	63.5	3.8	0.15	0.39	3.90	2.79	2.62	2.59
谷实类	4-07-187	燕麦	云南，三样品平均值	91.3	12.2	8.4	3.7	63.1	3.9	0.17	0.31	4.29	3.30	3.08	2.84
谷实类	4-07-187（编者注：编号有冲突）	莜麦	河北张家口，油麦 7215号	95.7	13.2	8.5	1.4	70.6	2.0	0.14	0.03	4.58			3.27
谷实类	4-07-188	燕麦	十一省市，十七样品平均值	90.3	11.6	5.2	8.9	60.7	3.9	0.15	0.33	4.07	2.87	2.68	2.70
谷实类	4-07-189	莜麦	河北张家口，油麦 7215号	95.7	13.2	8.5	1.4	70.6	2.0	0.14	0.03	4.58	3.74	3.49	
谷实类	4-07-190	莜麦	贵州威宁，726-2	88.9	12.8	6.2	1.1	66.7	2.1	0.16	0.65	4.16	3.50	3.26	2.97
谷实类	4-07-191	莜麦	六省，六样品平均值	90.7	12.9	7.0	1.6	67.0	2.2	0.16	0.34	4.27	3.53	3.29	3.05
谷实类	4-07-605	高粱	北京，红高粱	87.0	8.5	3.6	1.5	71.3	2.1	0.09	0.36				
谷实类	4-07-606	高粱	广东广州，多穗高粱	85.2	8.2	2.3	1.8	70.8	2.1	0.01	0.16				
谷实类	4-07-607	荞麦	上海	89.6	10.0	2.6	10.0	65.6	1.4		0.14				
谷实类	4-07-610	小米	北京，小米粉	86.2	9.2	2.9	0.8	71.7	1.6	0.04	0.28				
谷实类	4-07-800	大麦	内蒙古	88.0	9.7	1.3	4.6	69.6	2.8			3.79			
谷实类	4-07-801	大麦	新疆	91.1	12.6	2.4	4.1	69.4	2.6		0.30	4.03			
谷实类	4-07-803	高粱	新疆呼图壁，红高粱	89.5	7.4	3.2	0.9	75.5	2.5	0.02	0.20	3.93			
谷实类	4-07-804	高粱	新疆呼图壁，白高粱	89.3	8.0	1.8	1.9	75.6	2.0	0.01	0.30	3.88			
谷实类	4-07-805	路仁麦	内蒙古	86.3	10.0	1.4	2.3	70.0	2.6	0.23	0.47	3.74			
谷实类	4-07-806	荞麦	内蒙古	90.4	9.8	2.3	12.9	61.6	3.8	0.34	0.23	3.90			
谷实类		大麦	1983 年猪饲养标准议定值	88.0	10.5		6.5			0.08	0.30	3.85	2.91	2.73	
谷实类		大麦	1983 年鸡饲养标准议定值	88.8	10.8	2.0	4.7	68.1	3.2	0.12	0.29				2.66

续表1-4-1

样品归类	中国饲料编号	饲料名称	样品说明	干物质(%)	粗蛋白质(%)	粗脂肪(%)	粗纤维(%)	无氮浸出物(%)	粗灰分(%)	钙(%)	磷(%)	总能(Mcal/kg)	猪消化能(Mcal/kg)	猪代谢能(Mcal/kg)	鸡代谢能(Mcal/kg)
谷实类		高粱	1983 年猪饲养标准议定值	87.0	8.5		1.5			0.09	0.36	3.87	3.37	3.18	
谷实类		裸大麦	1983 年猪饲养标准议定值	87.4	10.7		2.2			0.07	0.32	3.86	3.31	3.11	
谷实类		荞麦	1983 年猪饲养标准议定值	87.9	12.5		12.3			0.13	0.29	3.79	2.65	2.48	
谷实类		小米	1983 年猪饲养标准议定值	87.7	12.0		7.6			0.04	0.27	3.97	3.07	2.87	
谷实类		小米	1983 年鸡饲养标准议定值	86.8	8.9	2.7	1.3	72.5	1.4	0.05	0.32				3.36
谷实类		燕麦	1983 年猪饲养标准议定值	89.6	9.9		9.7			0.15	0.23	4.07	2.87	2.70	
谷实类		燕麦	1983 年鸡饲养标准议定值	90.3	11.6	5.2	8.9	60.7	3.9	0.15	0.33				2.70
谷实类		高粱	1983 年鸡饲养标准议定值	89.3	8.7	3.3	2.2	72.0	2.2	0.09	0.28				3.11
谷实类		裸大麦(元麦、青稞)	1983 年鸡饲养标准议定值	88.0	12.0	1.8	2.5	69.4	2.1	0.08	0.31				2.77
谷实类		粟(谷子)	1983 年鸡饲养标准议定值	91.9	9.7	2.6	7.4	67.1	5.1	0.06	0.26				2.42
糠麸类	4-08-001	大麦麸	甘肃玉门	91.2	14.5	1.9	8.2	63.6	3.0	0.04	0.40	4.02	3.09	2.87	2.02
糠麸类	4-08-002	大麦麸	北京	87.0	15.4	3.2	5.7	58.7	4.0	0.33	0.48	3.88			1.95
糠麸类	4-08-007	黑麦麸	甘肃山丹,细麸	91.9	13.7	3.1	8.0	63.4	3.7	0.04	0.48	4.07	3.07	2.86	1.92
糠麸类	4-08-009	黄粉	广东,精面粉副产品	88.3	15.3	3.8	2.1	64.7	2.4	0.09	1.09	4.03	3.47	3.22	2.89
糠麸类	4-08-011	高粱糠	吉林梨树	89.2	10.5	9.1	4.7	60.2	4.7	0.19	0.60	4.18	3.06	2.86	2.10
糠麸类	4-08-012	高粱糠	辽宁,晋杂 4 号	87.5	4.8	8.8	7.2	62.6	4.1			4.03	2.68	2.55	
糠麸类	4-08-013	高粱糠	辽宁建昌,晋杂 5 号	90.0	6.8	4.4	9.0	63.3	6.5			3.84	2.62	2.48	

续表1-4-1

样品归类	中国饲料编号	饲料名称	样品说明	干物质（%）	粗蛋白质（%）	粗脂肪（%）	粗纤维（%）	无氮浸出物（%）	粗灰分（%）	钙（%）	磷（%）	总能（Mcal/kg）	猪消化能（Mcal/kg）	猪代谢能（Mcal/kg）	鸡代谢能（Mcal/kg）
糠麸类	4-08-014	高粱糠	辽宁绥中，晋杂	90.0	9.0	7.9	4.0	63.3	5.8			4.08	3.06	2.88	2.05
糠麸类	4-08-015	高粱糠	辽宁七样品平均值	90.0	9.3	8.9	3.9	63.1	4.8			4.18	3.11	2.93	2.05
糠麸类	4-08-015	高粱	辽宁，七样品平均值	90.0	9.3	8.9	3.9	63.1	4.8			4.18			2.10
糠麸类	4-08-016	高粱糠	二省，八样品平均值	91.1	9.6	9.1	4.0	63.5	4.9	0.07[d]	0.81[d]	4.24	3.15	2.96	2.13
糠麸类	4-08-031	青稞麸	甘肃山丹，白色	90.6	12.7	4.2	12.7	58.4	2.6	0.20	0.41	4.10	2.69	2.51	1.58
糠麸类	4-08-070	玉米皮	北京	87.9	10.1	4.9	9.1	61.9	3.5	0.28	0.35				
糠麸类	4-08-086	玉米胚芽	吉林	88.8	10.1	13.7	4.4	58.2	2.4	0.47	0.47	4.49	3.58	3.36	
糠麸类	4-08-087	玉米胚乳	四川成都，出胚乳率94%	87.7	8.9	4.1	2.3	71.1	1.3	0.02	0.26	3.98	3.37	3.17	3.32
糠麸类	4-08-088	玉米皮	北京	87.9	10.1	4.9	13.8	57.0	2.1						
糠麸类	4-08-089	玉米皮	内蒙古，玉米糠	87.5	9.9	3.6	9.5	61.5	3.0	0.08	0.48	3.88			1.40
糠麸类	4-08-090	玉米皮	吉林	88.4	7.5	6.3	6.4	65.5	2.7	0.47	0.21	4.04			2.01
糠麸类	4-08-091	玉米皮	辽宁	90.9	10.0	2.7	10.8	61.3	6.1			3.85			1.35
糠麸类	4-08-092	玉米皮	河南	89.5	7.8	2.6	9.8	67.4	1.9			3.94			1.50
糠麸类	4-08-094	玉米皮	六省市，六样品平均值	88.2	9.7	4.0	9.1	61.9	3.5	0.28	0.35	3.91	2.75	2.58	1.57
糠麸类	4-08-095	玉米黄灰	四川，玉米扬场下脚	88.0	6.9	2.6	8.4	37.6	32.5	1.80	0.27	2.57	2.19	2.06	1.55
糠麸类	4-08-601	黄面粉	湖南，三等面粉	87.8	11.1	1.3	0.8	73.4	1.2	0.12	0.13				
糠麸类	4-08-602	黄面粉	北京，进口小麦，次粉	87.5	16.8	4.9	6.2	55.4	4.2		0.12				
糠麸类	4-08-603	黄面粉	北京，土面粉	87.2	9.5	0.7	1.3	74.3	1.4	0.08	0.44				
糠麸类	4-08-802	高粱糠	内蒙古	87.5	10.9	9.5	3.2	60.3	3.6	0.10	0.84	4.18			
糠麸类	4-08-806	玉米糠	内蒙古	87.5	9.9	3.6	9.5	61.5	3.0	0.08	0.48	3.88			
糠麸类	4-08-807	玉米皮	内蒙古	86.1	5.8	0.5	12.0	66.5	1.3			3.67			
糠麸类	4-08-808	玉米皮	新疆	88.7	9.8	6.2	10.1	60.2	2.4	0.05	0.39	4.09			

续表1-4-1

样品归类	中国饲料编号	饲料名称	样品说明	干物质（%）	粗蛋白质（%）	粗脂肪（%）	粗纤维（%）	无氮浸出物（%）	粗灰分（%）	钙（%）	磷（%）	总能（Mcal/kg）	猪消化能（Mcal/kg）	猪代谢能（Mcal/kg）	鸡代谢能（Mcal/kg）
糠麸类		大麦麸	1983年猪饲养标准议定值	87.0	15.4		5.1			0.33	0.48	3.88	2.96	2.75	
糠麸类		大麦糠	1983年猪饲养标准议定值	88.2	12.8		11.2			0.33	0.48	3.92	2.44	2.28	
糠麸类		高粱糠	1983年猪饲养标准议定值	88.4	10.3		6.9			0.30	0.44	4.00	2.89	2.71	
糠麸类		玉米糠	1983年猪饲养标准议定值	87.5	9.9		9.5			0.08	0.48	3.88	2.61	2.45	
豆类	4-09-071	鸡子豆	广东	93.4	17.4	2.0	4.6	65.7	3.7	0.18		4.13	3.77	3.49	2.82
豆类	4-09-098	爬豆	江苏新沂	86.9	13.8	0.7	3.7	65.0	3.7		0.28	3.74	3.45	3.22	2.55
饼粕类	4-10-107	乌榄饼	广东增城，橄榄油饼	84.0	7.1	9.4	12.0	50.3	5.2	0.45	0.03	3.90	2.97	2.81	1.99
饼粕类	4-10-124	椰子饼	广东	90.3	16.6	15.1	14.4	36.8	7.4	0.04	0.19	4.52	3.15	2.92	1.96
饼粕类	4-10-126	玉米胚芽饼	北京	93.0	17.5	5.6	14.9	53.3	1.7	0.05	0.49	4.39	3.67	3.39	2.33
饼粕类	4-10-127	玉米胚芽饼	河南	90.4	15.7	10.5	3.8	55.0	5.4	0.02	1.04	4.35	3.53	3.28	2.31
饼粕类	4-10-128	玉米胚芽饼	辽宁大连，玉米脐饼	92.8	18.3	8.8	4.4	55.0	6.1	0.04	1.28	4.37	3.57	3.28	2.67
饼粕类	4-10-129	玉米胚芽饼	四川广元，机榨，出饼80%	91.8	16.8	4.4	5.5	58.3	6.8	0.04	1.48	4.04	3.23	2.98	2.14
饼粕类	4-10-149	棕榈籽粕	上海	93.7	7.0	2.9	11.0	65.6	7.2			3.89	2.59	2.45	
饼粕类	4-10-150	棕榈籽粕	浙江建德	84.3	6.4	2.0	11.5	62.8	1.6	0.08	0.15	3.67	2.43	2.29	
饼粕类	4-10-218	棕榈籽粕	上海	93.7	7.0	2.9	11.0	65.6	7.2			3.89			1.29
饼粕类	4-10-219	棕榈籽粕	浙江建德	84.3	6.4	2.0	11.5	62.8	1.6	0.08	0.15	3.67			1.22
饼粕类	4-10-801	玉米胚芽饼	新疆	91.9	14.6	6.1	5.6	60.3	5.3	0.05	1.17	4.17			
饼粕类		玉米胚芽饼（机榨）	1983年鸡饲养标准议定值	90.0	16.8	8.7	5.7	54.4	4.4	0.03	0.85				2.28
饼粕类		玉米胚芽饼	1983年猪饲养标准议定值	91.8	16.8		5.5			0.04	1.48	3.99	3.22	2.98	

续表1-4-1

样品归类	中国饲料编号	饲料名称	样品说明	干物质（%）	粗蛋白质（%）	粗脂肪（%）	粗纤维（%）	无氮浸出物（%）	粗灰分（%）	钙（%）	磷（%）	总能（Mcal/kg）	猪消化能（Mcal/kg）	猪代谢能（Mcal/kg）	鸡代谢能（Mcal/kg）
糟渣类	4-11-004	醋渣	宁夏银川，高粱1份，麸皮3份	25.0	4.9	1.9	4.4	13.2	0.6	0.08	0.05	1.20			
糟渣类	4-11-007	醋渣	四川重庆，麸皮4份，碎米3份	26.4	2.7	1.4	4.1	17.9	0.3	0.04	0.02	1.21	0.68	0.64	
糟渣类	4-11-008	醋渣	四川成都，麸皮	25.8	3.0	2.3	4.6	15.3	0.6	0.07	0.05	1.22	0.61	0.57	0.27
糟渣类	4-11-011	醋渣	新疆乌鲁木齐	31.1	3.1	2.9	4.7	19.6	0.8	0.08	0.06	1.47	0.86	0.81	0.32
糟渣类	4-11-032	粉渣	福建南安，甘薯粉渣	15.0	0.3	0.3	0.8	13.3	0.3						
糟渣类	4-11-033	粉渣	福建南安，甘薯粉渣	15.0	0.3	0.3	0.8	13.3	0.3						
糟渣类	4-11-037	粉渣	广东广州，甘薯粉渣，三样品平均值	15.0	0.9	0.6	1.7	11.2	0.6	0.06	微	0.65	0.44	0.41	
糟渣类	4-11-038	粉渣	广西，木薯外皮及其碎淀粉下脚	15.0	0.5	0.3	2.2	9.5	2.5			0.55	0.31	0.29	
糟渣类	4-11-042	粉渣	甘肃山丹，白豌豆粉渣	18.6	2.5	0.2	2.9	12.6	0.4	0.04	0.03	0.81	0.54	0.50	
糟渣类	4-11-046	粉渣	河北石家庄，玉米粉渣	15.0	1.6	0.9	1.4	10.9	0.2	0.01	0.05	0.69	0.49	0.46	
糟渣类	4-11-047	粉渣	湖北，玉米粉渣	15.0	1.0	0.9	1.0	10.6	1.5			0.63	0.45	0.43	
糟渣类	4-11-051	粉渣	江西赣州，荸荠粉渣	15.0	0.7	0.2	2.4	10.0	1.7	0.05	0.07	0.58	0.33	0.32	
糟渣类	4-11-052	粉渣	江西，甘薯粉渣	15.0	0.3	0.9	2.6	8.2	3.0	0.12	0.01	0.56	0.25	0.24	
糟渣类	4-11-054	粉渣	青海西宁，豌豆细粉渣	15.8	3.1	0.3	2.0	10.1	0.3	0.06	0.02	0.71			
糟渣类	4-11-057	粉渣	四川，玉米粉渣，二样品平均值	16.0	1.7	0.5	1.9	11.6	0.3	0.03	0.01	0.71	0.48	0.45	
糟渣类	4-11-058	粉渣	玉米粉渣，六省，七样品平均值	15.0	1.8	0.7	1.4	10.7	0.4	0.02	0.02	0.68	0.49	0.46	0.32
糟渣类	4-11-061	粉渣	山西，马铃薯粉渣	5.0	1.0	1.0	1.2	11.3	0.5	0.03	0.03	0.68	0.48	0.45	
糟渣类	4-11-065	粉渣	云南会泽，马铃薯粉渣	15.0	1.2	0.1	1.4	11.3	1.0	0.09	0.06	0.61	0.45	0.43	
糟渣类	4-11-068	粉渣	浙江杭州，玉米粉渣	15.0	1.8	0.6	1.7	10.8	0.1	0.02	0.01	0.68	0.48	0.45	
糟渣类	4-11-069	粉渣	马铃薯粉渣，三省，三样品平均值	15.0	1.0	0.4	1.3	11.7	0.6	0.06	0.04	0.64	0.47	0.44	

续表1-4-1

样品归类	中国饲料编号	饲料名称	样品说明	干物质（%）	粗蛋白质（%）	粗脂肪（%）	粗纤维（%）	无氮浸出物（%）	粗灰分（%）	钙（%）	磷（%）	总能（Mcal/kg）	猪消化能（Mcal/kg）	猪代谢能（Mcal/kg）	鸡代谢能（Mcal/kg）
糟渣类	4-11-073	粉浆	上海，玉米粉浆	2.0	0.3	0.3	0.1	1.2	0.1		0.01	0.10	0.07	0.07	
糟渣类	4-11-080	酱油渣	宁夏银川，豆饼 3 份，麸皮 2 份	24.3	7.1	4.5	3.3	7.9	1.5	0.11	0.03	1.30			
糟渣类	4-11-081	酱油渣	青海西宁，蚕豆	31.5	6.2	1.5	5.0	11.3	7.5	0.10	0.10	1.18	0.65	0.60	
糟渣类	4-11-092	酒糟	贵州，玉米酒糟	21.0	4.0	2.2	2.3	11.7	0.8			1.02	0.69	0.63	
糟渣类	4-11-096	酒糟	河南淮阳，甘薯干酒糟	35.0	5.7	1.7	5.9	13.0	8.7	1.14	0.10	1.28	0.65	0.61	
糟渣类	4-11-106	酒糟	辽宁本溪，玉米果穗酒糟	35.0	4.4	2.4	5.5	18.4	4.3			1.48	0.83	0.78	
糟渣类	4-11-110	酒糟	上海，糠饼酒糟	28.3	0.8	3.2	4.2	17.4	2.7			1.25	0.65	0.62	
糟渣类	4-11-113	酒糟	四川乐山，玉米加 15%谷壳	35.0	6.4	3.4	5.0	18.0	2.2	0.09	0.07	1.65	1.01	0.93	
糟渣类	4-11-114	酒糟	山西，橡实子酒糟	47.2	3.9	1.3	6.1	35.2	0.7			2.08	1.40	1.32	
糟渣类	4-11-117	酒糟	新疆乌鲁木齐	35.8	4.4	1.5	4.1	21.7	4.1	1.18	0.21	3.68	0.98	0.92	
糟渣类	4-11-123	姜渣粉	浙江宁海	88.2	9.0	3.0	5.5	63.1	7.6	0.13	0.21	3.68	2.83	2.65	
糟渣类	4-11-142	甜菜渣	山西，二样品平均值	12.0	1.1	0.1	2.0	8.3	0.5			0.50	0.31	0.29	
糟渣类	4-11-144	甜菜渣	五省市，六样品平均值	12.0	1.2	0.1	2.4	7.5	0.8	0.06	0.01	0.49			0.16
糟渣类	4-11-148	饴糖渣	四川重庆，玉米	16.4	1.4	1.4	1.7	11.8	0.1	0.02	0.01	0.78	0.52	0.49	
糟渣类	4-11-200	粉渣	甘薯粉渣，二省市，五样品平均值	15.0	0.6	0.6	1.7	11.1	1.0	0.07	0.01	0.63	0.41	0.39	
糟渣类	4-11-603	粉渣	上海，玉米淀粉渣	8.9	1.0	0.3	1.4	6.1	0.1	0.03	0.05				
糟渣类	4-11-604	木薯渣	广州，风干样	91.0	3.0	2.1	5.6	78.7	1.6	0.32	0.02				
糟渣类	4-11-608	粉渣	上海，玉米淀粉渣	8.9	1.0	0.3	1.4	6.1	0.1	0.03	0.05				
糟渣类	4-11-612	糖蜜	甘蔗糖蜜	73.2	9.6	0.1	0.1	49.8	13.6						
糟渣类	4-11-802	豆腐渣	新疆	24.0	4.4	0.6	3.5	14.9	0.6	0.08	0.04	1.08			
糟渣类	4-11-803	粉渣	内蒙古，马铃薯粉渣，风干	81.5	2.3	0.6	8.0	66.6	4.0			3.32			

续表1-4-1

样品归类	中国饲料编号	饲料名称	样品说明	干物质（%）	粗蛋白质（%）	粗脂肪（%）	粗纤维（%）	无氮浸出物（%）	粗灰分（%）	钙（%）	磷（%）	总能（Mcal/kg）	猪消化能（Mcal/kg）	猪代谢能（Mcal/kg）	鸡代谢能（Mcal/kg）
糟渣类	4-21-060（编者注：编号可能应为4-11-060）	粉渣	四川达县，马铃薯粉渣	6.4	0.3	微	0.6	5.4	0.1	0.02	0.01	0.27	0.20	0.19	
糟渣类		醋糟	1983年猪饲养标准议定值	35.2	8.5		3.0			0.73	0.28	1.67	1.13	1.07	
糟渣类		粉渣（豆类）	1983年猪饲养标准议定值	14.2	2.1		2.8			0.06	0.03	0.61	0.29	0.28	
糟渣类		粉渣（薯类）	1983年猪饲养标准议定值	11.8	2.0		1.8			0.08	0.04	0.55	0.30	0.29	
糟渣类		甜菜渣	1983年猪饲养标准议定值	15.2	1.3		2.8			0.11	0.02	0.54	0.34	0.33	
草籽树实类	4-12-001	稗草籽	浙江上虞	91.0	7.6	2.0	7.6	50.6	23.2	0.92	0.23	3.07	2.07	1.95	
草籽树实类	4-12-005	沙枣	北京，牛奶头大沙枣	83.7	5.3	2.3	12.5	62.1	1.5			3.65	2.30	2.18	
草籽树实类	4-12-008	橡子	浙江，带壳	51.1	5.2	0.8	5.4	38.5	1.2			2.22	1.02	1.52	
草籽树实类	4-12-009	橡实	贵州，去壳青杠子粉	92.1	3.3	3.6	4.9	78.2	2.1			4.02	3.10	2.95	
草籽树实类	4-12-010	橡胶果	广东海南，脱壳挑选	98.3	18.8	51.9	3.0	21.7	2.9			6.99	3.62	3.33	
草籽树实类	4-12-06	橡子	北京，带壳	89.3	11.5	2.4	8.9	62.2	4.3			3.87	2.83	2.64	
草籽树实类	4-12-106	沙枣	北京，大白沙枣	82.1	7.7	2.5	12.0	58.1	1.8			3.62	2.33	2.19	
草籽树实类	4-12-107	沙枣	北京，牛奶头沙枣	83.9	7.9	2.2	13.2	58.7	1.9			3.68	2.31	2.17	
草籽树实类	4-12-108	沙枣	北京，尖弹头沙枣	81.6	7.6	1.5	12.6	58.4	1.5			3.56	2.28	2.15	
草籽树实类	4-12-108（编者注：编号有冲突）	橡实	浙江，去壳	88.2	4.6	14.0	2.1	64.7	2.8			4.38	3.11	2.96	
草籽树实类	4-12-109	沙枣	北京，大棕黄沙枣	81.9	7.0	3.3	13.1	56.7	1.8			3.64	2.22	2.09	

续表1-4-1

样品归类	中国饲料编号	饲料名称	样品说明	干物质(%)	粗蛋白质(%)	粗脂肪(%)	粗纤维(%)	无氮浸出物(%)	粗灰分(%)	钙(%)	磷(%)	总能(Mcal/kg)	猪消化能(Mcal/kg)	猪代谢能(Mcal/kg)	鸡代谢能(Mcal/kg)
草籽树实类	4-12-110	沙枣	北京,黄皮大羊粪蛋沙枣	84.5	7.0	3.5	12.5	59.7	1.8			3.76	2.36	2.23	
草籽树实类	4-12-111	沙枣	北京,红皮大沙枣	79.4	6.5	1.7	11.6	58.2	1.4			3.46	2.25	2.12	
草籽树实类	4-12-112	橡实	山西,去壳橡实,三样品平均值	66.6	4.1	2.0	3.8	54.7	2.0			2.88	2.25	2.13	
其他类	4-15-002	蚕沙	安徽,蚕粪	87.9	14.1	2.5	12.9	49.5	8.9			3.66			
其他类	4-15-003	蚕沙	浙江临安,桑蚕粪	90.2	13.4	3.9	10.5	49.7	12.7			3.66			
其他类	4-15-004	蚕沙	湖北随县	86.3	16.0	6.2	13.1	34.2	16.8			3.48			
其他类	4-15-005	蚕沙	广东广州	34.2	5.5	1.8	4.3	17.2	5.4	0.07	0.37	1.39			
其他类	4-15-007	蚕沙	广西	86.9	15.4	6.9	11.2	29.5	23.9			3.24			
其他类	4-15-008	蚕沙	四川达县	88.9	14.1	2.1	12.6	43.4	16.7		0.18	3.35			
其他类	4-15-012	海带根粉	浙江舟山	87.0	11.5	0.8	8.5	29.3	36.9	1.62	0.37	2.32			
其他类		动物油	1983年鸡饲养标准议定值	99.5		99.4									7.70
其他类		植物油	1983年鸡饲养标准议定值	99.5		99.4									8.80

注:本资料中字母标记含义为:d.系借用资料,已按干物质含量;注解系编者所加。下同。

(2)饲料样品奶牛、肉牛、羊的有效能值和可消化粗蛋白质

表1-4-2 饲料样品奶牛、肉牛、羊的有效能值和可消化粗蛋白质

样品归类	中国饲料编号	饲料名称	样品说明	干物质(%)	奶牛产奶净能(Mcal/kg)	奶牛能量单位(NND/kg)	奶牛可消化粗蛋白质(g/kg)	肉牛代谢能(Mcal/kg)	肉牛维持净能(Mcal/kg)	肉牛增重净能(Mcal/kg)	肉牛可消化粗蛋白质(g/kg)	羊消化能(Mcal/kg)	羊代谢能(Mcal/kg)	羊可消化粗蛋白质(g/kg)
树叶类	4-02-034	梨叶	甘肃,倒挂梨,7月风干	88.0								2.07	1.70	63

续表1-4-2

样品归类	中国饲料编号	饲料名称	样品说明	干物质(%)	奶牛产奶净能(Mcal/kg)	奶牛能量单位(NND/kg)	奶牛可消化粗蛋白质(g/kg)	肉牛代谢能(Mcal/kg)	肉牛维持净能(Mcal/kg)	肉牛增重净能(Mcal/kg)	肉牛可消化粗蛋白质(g/kg)	羊消化能(Mcal/kg)	羊代谢能(Mcal/kg)	羊可消化粗蛋白质(g/kg)
树叶类	4-02-036	梨叶	青海西宁,水梨,落叶前风干	88.0								2.08	1.71	82
树叶类	4-02-037	柳叶	北京	88.0										
树叶类	4-02-042	柳叶	青海西宁,风干	88.0								1.92	1.58	54
树叶类	4-02-072	榆树叶	青海西宁,风干	88.0								2.05	1.68	96
树叶类	4-02-080	榛子叶	甘肃,风干	88.0								2.19	1.80	79
树叶类	4-02-802	杨树叶	新疆乌鲁木齐,风干	95.7								2.20	1.80	77
块根、块茎、瓜果类	4-04-072	胡萝卜	宁夏银川,黄萝卜	24.9								0.88	0.72	23
块根、块茎、瓜果类	4-04-073	胡萝卜	青海西宁,红色	8.2								0.29	0.24	6
块根、块茎、瓜果类	4-04-074	胡萝卜	青海西宁,黄色	8.8								0.32	0.26	4
块根、块茎、瓜果类	4-04-075	胡萝卜	新疆	12.8								0.49	0.40	12
块根、块茎、瓜果类	4-04-092	萝卜	北京,白萝卜	8.2	0.17	0.23	4	0.24	0.16	0.11	4			
块根、块茎、瓜果类	4-04-094	萝卜	浙江,长大萝卜	7.0	0.15	0.19	6	0.21	0.13	0.09	6			
块根、块茎、瓜果类	4-04-101	萝卜	四川成都,满身红	7.0	0.14	0.18	9	0.20	0.12	0.08	9			
块根、块茎、瓜果类	4-04-110	马铃薯	宁夏固原	18.8								0.68	0.55	8
块根、块茎、瓜果类	4-04-111	马铃薯	甘肃兰州	31.5								1.14	0.94	16
块根、块茎、瓜果类	4-04-113	马铃薯	青海西宁,深眼窝种	23.7								0.80	0.65	9
块根、块茎、瓜果类	4-04-134	南瓜	青海,饲用南瓜	10.0								0.34	0.28	6
块根、块茎、瓜果类	4-04-136	南瓜	四川成都,柿饼瓜,青皮	6.4	0.13	0.18	5	0.19	0.12	0.08	5			
块根、块茎、瓜果类	4-04-156	甜菜	青海西宁	15.0								0.52	0.43	8
块根、块茎、瓜果类	4-04-157	甜菜	贵州威宁,糖用	13.5	0.26	0.25	0	0.37	0.23	0.15	0			
块根、块茎、瓜果类	4-04-161	芜菁甘蓝	云南,洋萝卜,新西兰4号	10.0	0.22	0.29	7							
块根、块茎、瓜果类	4-04-167	西瓜皮	广东广州	5.0				0.13	0.08	0.05	4			

续表1-4-2

样品归类	中国饲料编号	饲料名称	样品说明	干物质(%)	奶牛产奶净能(Mcal/kg)	奶牛能量单位(NND/kg)	奶牛可消化粗蛋白质(g/kg)	肉牛代谢能(Mcal/kg)	肉牛维持净能(Mcal/kg)	肉牛增重净能(Mcal/kg)	肉牛可消化粗蛋白质(g/kg)	羊消化能(Mcal/kg)	羊代谢能(Mcal/kg)	羊可消化粗蛋白质(g/kg)
块根、块茎、瓜果类	4-04-168	西瓜皮	甘肃兰州	6.6				0.17	0.11	0.07	4			
块根、块茎、瓜果类	4-04-200	甘薯	七省市,八样品平均值,鲜	25.0								0.88	0.72	6
块根、块茎、瓜果类	4-04-207	甘薯干	八省市,四十样品平均值	90.0	1.96	2.61	5	2.73	1.80	1.20	5			
块根、块茎、瓜果类	4-04-208	胡萝卜	十二省市十三样品平均值	12.0				0.37	0.25	0.16	8			
块根、块茎、瓜果类	4-04-210	萝卜	十一省市,十一样品平均值	7.0	0.14	0.19	6	0.20	0.13	0.09	6			
块根、块茎、瓜果类	4-04-211	马铃薯	十省市,十样品平均值	22.0	0.46	0.61	9	0.65	0.42	0.28	9			
块根、块茎、瓜果类	4-04-212	南瓜	九省市,九样品平均值	10.0	0.21	0.28	7	0.30	0.19	0.13	7			
块根、块茎、瓜果类	4-04-213	甜菜	八省市,九样品平均值	15.0	0.21	0.28	0	0.33	0.20	0.10	0			
块根、块茎、瓜果类	4-04-215	芜菁甘蓝	三省市,五样品平均值	10.0	0.22	0.30	7	0.31	0.21	0.14	7			
块根、块茎、瓜果类	4-04-600	甘薯	十省市,十一样品平均值	24.7				0.74	0.48	0.32	6			
块根、块茎、瓜果类	4-04-603	胡萝卜	河北张家口	9.3				0.29	0.19	0.13	6			
块根、块茎、瓜果类	4-04-604	胡萝卜	黑龙江,红色胡萝卜	13.7	0.31	0.41	10	0.43	0.28	0.19	10			
块根、块茎、瓜果类	4-04-605	胡萝卜	黑龙江,黄色胡萝卜	13.4	0.30	0.41	9	0.42	0.28	0.19	9			
块根、块茎、瓜果类	4-04-606	胡萝卜	上海,二样品平均值	11.6	0.27	0.36	7	0.37	0.25	0.17	7			
块根、块茎、瓜果类	4-04-608	木薯粉	广西	94.0	2.08	2.77	0	2.89	1.92	1.27	0			
块根、块茎、瓜果类	4-04-609	南瓜	黑龙江,饲用南瓜,二样品平均值	10.0	0.21	0.28	11	0.29	0.19	0.13	11			
块根、块茎、瓜果类	4-04-610	甜菜	黑龙江,二样品平均值	9.9	0.14	0.18	0	0.22	0.13	0.07	0			
块根、块茎、瓜果类	4-04-612	芜菁甘蓝	湖南,灰萝卜	11.5				0.38	0.26	0.17	12			
块根、块茎、瓜果类	4-04-800	胡萝卜	内蒙古	13.4								0.51	0.41	9
块根、块茎、瓜果类	4-04-801	马铃薯	内蒙古	23.5								0.83	0.68	14
块根、块茎、瓜果类	4-04-802	南瓜	内蒙古	10.9								0.41	0.34	12

续表1-4-2

样品归类	中国饲料编号	饲料名称	样品说明	干物质(%)	奶牛产奶净能(Mcal/kg)	奶牛能量单位(NND/kg)	奶牛可消化粗蛋白质(g/kg)	肉牛代谢能(Mcal/kg)	肉牛维持净能(Mcal/kg)	肉牛增重净能(Mcal/kg)	肉牛可消化粗蛋白质(g/kg)	羊消化能(Mcal/kg)	羊代谢能(Mcal/kg)	羊可消化粗蛋白质(g/kg)
块根、块茎、瓜果类	4-04-802(编者注：编号有冲突)	甜菜	内蒙古	11.8								0.41	0.33	12
块根、块茎、瓜果类	4-05-811	二叉委陵菜	内蒙古，花期	86.2								2.16	1.78	125
块根、块茎、瓜果类	4-06-600	甘薯	十省市，十一样品平均值	24.7	0.53	0.70	6							
块根、块茎、瓜果类	4-06-603	胡萝卜	河北省张家口	9.3	0.21	0.28	6							
谷实类	4-07-022	大麦	二十省市，四十九样品平均值	88.8								3.33	2.73	85
谷实类	4-07-075	高粱	北京，杂交多穗	88.4	1.79	2.39	46	2.54	1.63	1.09	46			
谷实类	4-07-081	高粱	黑龙江	87.3	1.84	2.45	46	2.58	1.68	1.12	46	3.28	2.69	54
谷实类	4-07-082	高粱	内蒙古	87.2								3.32	2.72	62
谷实类	4-07-083	高粱	吉林农安，小粒高粱	86.0	1.70	2.27	39	2.43	1.55	1.03	39			
谷实类	4-07-091	高粱	辽宁，十样品平均值	93.0	1.95	2.60	56	2.75	1.79	1.19	56	3.51	2.88	66
谷实类	4-07-103	高粱	贵州，蔗高粱	85.2	1.76	2.35	36	2.49	1.60	1.07	36			
谷实类	4-07-104	高粱	十七省市，三十八样品平均值	89.3	1.85	2.47	50	2.61	1.69	1.13	50	3.32	2.73	58
谷实类	4-07-110	糜子	甘肃兰州	91.9								2.72	2.23	92
谷实类	4-07-111	糜子	宁夏，三样品平均值	90.4								2.82	2.31	79
谷实类	4-07-117	荞麦	湖南桃源，甜荞	89.5	1.80	2.40	69	2.56	1.64	1.09	69			
谷实类	4-07-120	荞麦	贵州威宁，苦荞，带壳	86.2	1.32	1.76	53	2.03	1.22	0.72	53			
谷实类	4-07-122	荞麦	云南，二样品平均值	86.4										
谷实类	4-07-123	荞麦	十一省市，十四样品平均值	87.1	1.65	2.20	72	2.39	1.50	0.99	72	2.66	2.18	71
谷实类	4-07-126	青稞	甘肃山丹，白色	88.4								3.43	2.81	100

续表1-4-2

样品归类	中国饲料编号	饲料名称	样品说明	干物质(%)	奶牛产奶净能(Mcal/kg)	奶牛能量单位(NND/kg)	奶牛可消化粗蛋白质(g/kg)	肉牛代谢能(Mcal/kg)	肉牛维持净能(Mcal/kg)	肉牛增重净能(Mcal/kg)	肉牛可消化粗蛋白质(g/kg)	羊消化能(Mcal/kg)	羊代谢能(Mcal/kg)	羊可消化粗蛋白质(g/kg)
谷实类	4-07-127	青稞	青海西宁	87.0								3.34	2.74	78
谷实类	4-07-128	青稞	宁夏银川	87.6								3.34	2.74	105
谷实类	4-07-129	青稞	新疆	89.6								3.47	2.85	103
谷实类	4-07-141	粟	宁夏固原,谷子	92.6								2.78	2.28	77
谷实类	4-07-142	粟	六省,谷子十三样品平均值	91.9								2.79	2.29	70
谷实类	4-07-173	小米	八省,九样品平均值	86.8	2.02	2.69	64	2.77	1.88	1.23	64			
谷实类	4-07-176	燕麦	河北张家口,玉麦,当地种	93.5	1.88	2.50	88	2.67	1.71	1.14	88			
谷实类	4-07-180	燕麦	宁夏固原,大燕麦	88.3								2.93	2.40	89
谷实类	4-07-181	燕麦	宁夏固原	92.4										
谷实类	4-07-182	燕麦	甘肃山丹,黑色	92.1								3.26	2.67	110
谷实类	4-07-183	燕麦	甘肃山丹,白色	91.9								3.27	2.68	103
谷实类	4-07-186	燕麦	新疆,二样品平均值	88.4								3.01	2.47	74
谷实类	4-07-188	燕麦	十一省市,十七样品平均值	90.3	1.83	2.45	90	2.61	1.68	1.12	90	3.15	2.59	97
谷实类	4-07-605	高粱	北京,红高粱	87.0	1.83	2.43	48	2.57	1.66	1.11	48			
谷实类	4-07-606	高粱	广东广州,多穗高粱	85.2	1.74	2.32	47	2.47	1.59	1.06	47			
谷实类	4-07-607	荞麦	上海	89.6	1.80	2.40	73	2.56	1.64	1.09	73			
谷实类	4-07-610	小米	北京,小米粉	86.2	2.01	2.68	66	2.75	1.87	1.23	66			
谷实类	4-07-800	大麦	内蒙古	88.0								3.28	2.69	77
谷实类	4-07-801	大麦	新疆	91.1								3.48	2.85	100
谷实类	4-07-803	高粱	新疆呼图壁,红高粱	89.5								3.35	2.74	50
谷实类	4-07-804	高粱	新疆呼图壁,白高粱	89.3								3.29	2.69	54
谷实类	4-07-805	路仁麦	内蒙古	86.3								3.26	2.67	79
谷实类	4-07-806	荞麦	内蒙古	90.4								2.71	2.22	71

续表1-4-2

样品归类	中国饲料编号	饲料名称	样品说明	干物质(%)	奶牛产奶净能(Mcal/kg)	奶牛能量单位(NND/kg)	奶牛可消化粗蛋白质(g/kg)	肉牛代谢能(Mcal/kg)	肉牛维持净能(Mcal/kg)	肉牛增重净能(Mcal/kg)	肉牛可消化粗蛋白质(g/kg)	羊消化能(Mcal/kg)	羊代谢能(Mcal/kg)	羊可消化粗蛋白质(g/kg)
糠麸类	4-08-001	大麦麸	甘肃玉门	91.2								2.77	2.27	109
糠麸类	4-08-002	大麦麸	北京	87.0	1.76	2.34	108.0	2.50	1.60	1.06	108			
糠麸类	4-08-007	黑麦麸	甘肃山丹，细麸	91.9	1.62	2.16	104	2.39	1.47	0.95	104	2.93	2.41	104
糠麸类	4-08-016	高粱糠	二省，八样品平均值	91.1	1.97	2.63	55.0	2.75	1.81	1.20	55			
糠麸类	4-08-031	青稞麸	甘肃山丹，白色	90.6								2.84	2.33	100
糠麸类	4-08-070	玉米皮	北京	87.9				2.29	1.41	0.91	55			
糠麸类	4-08-088	玉米皮	北京	87.9	1.26	1.69	53							
糠麸类	4-08-094	玉米皮	六省市，六样品平均值	88.2	1.55	2.07	55	2.29	1.41	0.91	55			
糠麸类	4-08-601	黄面粉	湖南，三等面粉	87.8	2.08	2.77	87	2.84	1.94	1.27	87			
糠麸类	4-08-602	黄面粉	北京，进口小麦，次粉	87.5	1.92	2.57	131	2.68	1.77	1.18	131			
糠麸类	4-08-603	黄面粉	北京，土面粉	87.2	2.04	2.72	74	2.80	1.90	1.25	74			
糠麸类	4-08-802	高粱糠	内蒙古	87.5								3.22	2.64	62
糠麸类	4-08-806	玉米糠	内蒙古	87.5								2.72	2.23	56
糠麸类	4-08-807	玉米皮	内蒙古	86.1								2.58	2.12	33
糠麸类	4-08-808	玉米皮	新疆	88.7								2.89	2.37	56
饼粕类	4-10-124	椰子饼	广东	90.3	2.21	2.94	118	3.00	2.09	1.35	118			
饼粕类	4-10-126	玉米胚芽饼	北京	93.0	1.72	2.29	110	2.50	1.56	1.02	110			
饼粕类	4-10-801	玉米胚芽饼	新疆	91.9								3.24	2.65	105
糟渣类	4-11-004	醋渣	宁夏银川，高粱 1 份，麸皮 3 份	25.0								0.78	0.64	33
糟渣类	4-11-032	粉渣	福建南安，甘薯粉渣	15.0				0.45	0.30	0.20	0			
糟渣类	4-11-033	粉渣	福建南安，甘薯粉渣	15.0	0.33	0.43	0							
糟渣类	4-11-046	粉渣	河北石家庄，玉米粉渣	15.0	0.36	0.47	14	0.49	0.33	0.22	14			

续表1-4-2

样品归类	中国饲料编号	饲料名称	样品说明	干物质(%)	奶牛产奶净能(Mcal/kg)	奶牛能量单位(NND/kg)	奶牛可消化粗蛋白质(g/kg)	肉牛代谢能(Mcal/kg)	肉牛维持净能(Mcal/kg)	肉牛增重净能(Mcal/kg)	肉牛可消化粗蛋白质(g/kg)	羊消化能(Mcal/kg)	羊代谢能(Mcal/kg)	羊可消化粗蛋白质(g/kg)
糟渣类	4-11-054	粉渣	青海西宁,豌豆细粉渣	15.8								0.54	0.44	21
糟渣类	4-11-058	粉渣	玉米粉渣,六省,七样品平均值	15.0	0.34	0.46	15	0.47	0.32	0.21	15			
糟渣类	4-11-069	粉渣	马铃薯粉渣,三省,三样品平均值	15.0	0.25	0.33	0	0.38	0.23	0.14	0			
糟渣类	4-11-073	粉浆	上海,玉米粉浆	2.0	0.05	0.07	3	0.07	0.05	0.03	3			
糟渣类	4-11-080	酱油渣	宁夏银川,豆饼3份,麸皮2份	24.3								0.97	0.80	48
糟渣类	4-11-081	酱油渣	青海西宁,蚕豆	31.5								0.85	0.70	42
糟渣类	4-11-092	酒糟	贵州,玉米酒糟	21.0	0.35	0.47	24	0.53	0.32	0.20	24			
糟渣类	4-11-096	酒糟	河南淮阳,甘薯干酒糟	35.0	0.37	0.49	34	0.65	0.38	0.11	34			
糟渣类	4-11-113	酒糟	四川乐山,玉米加15%谷壳	35.0	0.55	0.74	38	0.84	0.51	0.31	38			
糟渣类	4-11-148	饴糖渣	四川重庆,玉米	16.4	0.29	0.39	10	0.43	0.28	0.17	10			
糟渣类	4-11-603	粉渣	上海,玉米淀粉渣	8.9	0.18	0.24	7							
糟渣类	4-11-604	木薯渣	广州,风干样	91.0	1.97	2.63	0	2.76	1.81	1.21	0			
糟渣类	4-11-608	粉渣	上海,玉米淀粉渣	8.9				0.25	0.16	0.11	7			
糟渣类	4-11-612	糖蜜	甘蔗糖蜜	73.2	1.24	1.67	28	1.86	1.20	0.72	29			
糟渣类	4-11-802	豆腐渣	新疆	24.0								0.92	0.75	37
糟渣类	4-11-803	粉渣	内蒙古,马铃薯粉渣,风干	81.5								2.65	2.17	0

2.氨基酸含量

表1-4-3 氨基酸含量

%

饲料类别	编号	饲料名称	样品说明	干物质	粗蛋白质	苏氨酸	甘氨酸	胱氨酸	缬氨酸	蛋氨酸	异亮氨酸	亮氨酸	酪氨酸	苯丙氨酸	赖氨酸	组氨酸	精氨酸	色氨酸	资料出处
树叶类	4-02-085	槐叶粉	北京	87.9	14.4	0.74	0.80	0.07	0.89	0.24	0.72	1.33	0.69	0.81	0.87	0.30	0.91		80

续表1-4-3

饲料类别	编号	饲料名称	样品说明	干物质	粗蛋白质	苏氨酸	甘氨酸	胱氨酸	缬氨酸	蛋氨酸	异亮氨酸	亮氨酸	酪氨酸	苯丙氨酸	赖氨酸	组氨酸	精氨酸	色氨酸	资料出处
树叶类	4-02-086	槐叶粉	北京	88.3	14.3	0.68	0.74	0.05	0.84	0.22	0.68	1.23	0.62	0.75	0.80	0.29	0.82		80
树叶类	4-02-023	槐叶粉	浙江杭州	88.1	18.4	0.78	0.86	0.12	0.89	0.15	0.72	1.38	0.61	0.87	0.84	0.33	0.88		90
树叶类	4-02-041	柳树叶	吉林永吉	86.5	14.2	0.35			1.06		0.79	0.67	0.94	0.92	0.67	0.26	0.80		87
树叶类	4-02-045	泡桐树叶	河南禹县，青干	89.7	13.2	0.53	0.70	0.68	0.84	0.17	0.68	1.15	0.47	0.74	0.49	0.25	0.23		94
树叶类	4-02-082	扫条叶粉	吉林永吉	84.9	17.5	0.73	2.04	0.15	1.10	0.25	0.79	1.41	0.65	0.85	0.97	0.41	1.00		87
树叶类	4-02-063	杏粉	吉林永吉	89.7	15.3	0.46	1.55	0.11	0.65	0.23	0.36	0.73	0.30	0.69	0.11	0.25	0.36		87
树叶类	4-02-084	榆树叶	吉林永吉	85.9	16.6	0.76	2.11		1.09	0.24	0.65	1.25	0.56	0.76	0.89	0.34	0.39		87
树叶类	4-02-079	榛树叶	吉林永吉	84.3	12.5	0.60	1.81	0.09	0.95	0.21	0.75	1.31	0.53	0.84	0.68	0.30	0.69	0.61	87
树叶类	4-02-014	紫穗槐叶	宁夏，初花期	91.0	21.0	0.92	1.00	0.08	1.02	0.15	0.70	1.46	0.58	0.98	1.23	0.37	1.07	0.37	102
块根、块茎、瓜果类	4-04-025	甘薯干	山东，胜利百号七样品平均值	88.0	3.2	0.11	0.11	0.04	0.13	0.03	0.04	0.16	0.09	0.13	0.11	0.03	0.11		110
块根、块茎、瓜果类	4-04-029	甘薯干	山东乳山，696 号二样品平均值	88.0	4.1	0.17	0.15	0.05	0.18	0.02	0.11	0.21	0.12	0.18	0.13	0.05	0.15		110
块根、块茎、瓜果类	4-04-031	甘薯干	山东，徐薯 18 号二样品平均值	88.0	4.8	0.23	0.18	0.04	0.23	0.03	0.17	0.28	0.17	0.23	0.19	0.07	0.14		110
块根、块茎、瓜果类	4-04-032	甘薯干	山东泰安，5245 号	86.9	3.8	0.14	0.15	0.05	0.15	0.08	0.10	0.19	0.11	0.15	0.12	0.05	0.16		110
块根、块茎、瓜果类	4-04-033	甘薯干	山东阳谷，3235 号	93.4	3.7	0.15	0.12	0.03	0.14	0.02	0.10	0.19	0.11	0.15	0.13	0.05	0.13		110
块根、块茎、瓜果类	4-04-035	甘薯干	山东乐陵，济薯 1 号二样品平均值	88.0	2.6	0.12	0.12	0.06	0.09	0.04	0.09	0.15	0.07	0.13	0.06	0.02	0.11		110
块根、块茎、瓜果类	4-04-038	甘薯干	山东，烟薯 3 号三样品平均值	88.0	5.1	0.20	0.16	0.03	0.18	0.02	0.15	0.24	0.14	0.20	0.16	0.05	0.16		110
块根、块茎、瓜果类	4-04-050	甘薯干	山东，三十二样品平均值	88.0	3.8	0.16	0.14	0.04	0.17	0.02	0.12	0.20	0.12	0.17	0.14	0.05	0.14		110
块根、块茎、瓜果类	4-04-055	甘薯干	河南南阳，红薯干	88.3	2.6	0.11	0.13		0.24		0.16	0.20	0.18	0.23	0.15				94
块根、块茎、瓜果类	4-04-056	甘薯干	浙江安吉，番薯干粉	90.2	4.3	0.15	0.15	0.05	0.21	0.11	0.15	0.22	0.66	0.17	0.13	0.05	0.13		90
块根、块茎、瓜果类	4-04-058	甘薯干	湖南桃源，红薯干	91.0	3.4	0.15	0.17	0.09	0.25	0.09	0.13	0.18	0.13	0.23	0.13	0.04	0.13		81
块根、块茎、瓜果类	4-04-059	甘薯干	四川蓬溪，胜利百号	89.1	4.4	0.09	0.09	0.14	0.17	0.06	0.11	0.12	0.11	0.11	0.11	0.04	0.14	0.03	81

续表1-4-3

饲料类别	编号	饲料名称	样品说明	干物质	粗蛋白质	苏氨酸	甘氨酸	胱氨酸	缬氨酸	蛋氨酸	异亮氨酸	亮氨酸	酪氨酸	苯丙氨酸	赖氨酸	组氨酸	精氨酸	色氨酸	资料出处
块根、块茎、瓜果类		胡萝卜	鲜	10.0	1.0	0.03		0.01	0.04	0.01	0.04	0.05		0.03	0.04	0.02	0.04	0.01	75
块根、块茎、瓜果类		胡萝卜	鲜	12.2	0.8	0.02		0.01	0.04	0.01	0.02	0.04		0.02	0.02			0.01	75
块根、块茎、瓜果类	4-04-084	菊芋	湖南,洋姜	91.8	8.5	0.16	0.16	0.16	0.24	0.04	0.16	0.19	0.17	0.14	0.24	0.10	1.54	0.04	81
块根、块茎、瓜果类		菊芋	鲜	鲜^{f}	2.4	0.80				0.09	0.09			0.13	0.09	0.06	0.12	0.24	122
块根、块茎、瓜果类	4-04-110	马铃薯	宁夏固原	18.8	1.3	0.03	0.02	微	0.05	0.01	0.03	0.05	0.05	0.02	0.04	0.01		0.01	102
块根、块茎、瓜果类	4-04-115	马铃薯	四川南江,风干	84.8	5.1	0.25	0.23	0.16	0.36	0.09	0.23	0.38	0.25	0.24	0.38	0.09	0.31	0.06	81
块根、块茎、瓜果类		马铃薯	鲜	18.7	1.9	0.07	0.11	0.02	0.10	0.03	0.08	0.11		0.08	0.10	0.03	0.09	0.03	129
块根、块茎、瓜果类		马铃薯	鲜	25.2	2.2	0.07		0.03	0.11	0.03	0.07	0.11		0.08	0.09			0.03	17
块根、块茎、瓜果类		马铃薯	干	90.0	7.8	0.25		0.11	0.39	0.11	0.25	0.39		0.29	0.32			0.11	17
块根、块茎、瓜果类		马铃薯	熟	鲜^{f}	1.8	0.07	0.07	0.03	0.03	0.03	0.20			0.07	0.08	0.04	0.09	0.03	122
块根、块茎、瓜果类		马铃薯	风干	88.0	9.5	0.28	0.31		0.43	0.09	0.29	0.48		0.30	0.39	0.12	0.29	0.07	128
块根、块茎、瓜果类		木薯粉		87.0	2.5	0.07			0.11	0.03	0.07	0.12		0.07	0.09	0.04	0.26	0.02	128
块根、块茎、瓜果类		南瓜	鲜	6.2	0.6	0.01		微	0.02	0.01	0.01	0.02		0.01	0.02			0.01	17
块根、块茎、瓜果类		南瓜	生长期,饲用种	风干^{f}	1.2	0.02		0.02	0.03	0.01	0.05			0.03	0.04	0.02	0.05	0.03	122
块根、块茎、瓜果类		南瓜	平均值	风干^{f}	1.2	0.03			0.04	0.01	0.13			0.03	0.04	0.02	0.04	0.01	122
块根、块茎、瓜果类		球茎甘蓝	鲜,苤蓝	7.3	1.4	0.03		0.01	0.06	0.01	0.03	0.04		0.02	0.03			0.01	17
块根、块茎、瓜果类		沙枣		风干^{f}	[illegible]	0.00			0.19	0.03	0.09	0.15		0.12	0.14			0.05	17
块根、块茎、瓜果类		甜菜	半糖用	风干^{f}	2.9	0.07		0.03	0.09	0.02	0.18			0.06	0.08	0.04	0.11	0.01	122
块根、块茎、瓜果类		甜菜	饲用平均值	风干^{f}	1.3	0.04			0.05	0.02	0.08			0.03	0.05	0.03	0.04		122
块根、块茎、瓜果类		甜菜	饲用	13.5	1.2	0.03		0.01	0.04	0.01	0.04	0.04		0.02	0.05	0.02	0.03	0.01	75
块根、块茎、瓜果类		甜菜	糖用	鲜^{f}	1.7	0.04		0.02	0.04	0.01	0.08			0.03	0.04	0.05	0.07	0.03	122
块根、块茎、瓜果类		芜菁		鲜^{f}	1.0			0.04	0.04	0.11	0.06	0.05		0.03	0.04	0.02	0.03		122
块根、块茎、瓜果类		西葫芦	饲用	鲜^{f}	0.5	0.02	0.02	0.01	0.03	0.01	0.16			0.02	0.02	0.01	0.03	0.08	122
块根、块茎、瓜果类		芋头	鲜	23.3	2.2	0.08		0.07	0.13	0.03	0.07	0.17		0.11	0.09			0.04	17
干草类(包括牧草)	4-05-015	聚合草粉	浙江杭州	87.2	21.2	0.79	0.97		1.15	0.41	0.87	1.50	1.15	0.92	1.04	0.36	0.85		90

续表1-4-3

饲料类别	编号	饲料名称	样品说明	干物质	粗蛋白质	苏氨酸	甘氨酸	胱氨酸	缬氨酸	蛋氨酸	异亮氨酸	亮氨酸	酪氨酸	苯丙氨酸	赖氨酸	组氨酸	精氨酸	色氨酸	资料出处
干草类(包括牧草)	4-05-022	苜蓿	吉林蛟河	88.8	11.8				1.00		0.38	0.56	0.24	0.21	0.05	0.30	0.27	0.06	87
谷实类	4-07-393	大麦	北京	风干[f]	13.1	0.43	0.52	0.34	0.64	0.11	0.43	0.85	0.42	0.68	0.45	0.28	0.68		80
谷实类	4-07-022	大麦	浙江上虞	91.2	10.9	0.34	0.41	0.18	0.54	0.19	0.39	0.73	0.22	0.50	0.37	0.23	0.48		90
谷实类	4-07-025	大麦	河南三样品平均值	88.0	10.1	0.28	1.24		0.57		0.41	0.68	0.35	0.58	0.37	0.20	0.47		94
谷实类	4-07-028	大麦	湖北五县市六样品平均值	88.0	10.0	0.36	0.41		0.40	0.13	0.37	0.70	0.34	0.50	0.37	0.18	0.51	0.10	81
谷实类	4-07-033	大麦	宁夏固原	91.0	13.0	0.34	0.26	0.12	0.47	0.08	0.32	0.67	0.20	0.50	0.58	0.89	0.55	0.17	102
谷实类	4-07-034	大麦	宁夏青铜峡	90.2	13.2	0.40	0.38		0.55	0.14	0.31	0.62	0.19	0.49	0.31		0.52	0.13	102
谷实类	4-07-039	大麦	四川宣汉，米大麦	87.7	14.2	0.48	0.55		0.72	0.13	0.49	0.99	0.52	0.85	0.47	0.29	0.72	0.20	81
谷实类	4-07-394	高粱	北京	风干[f]	8.1	0.26	0.30	0.16	0.41	0.13	0.28	0.78	0.29	0.36	0.25	0.36	0.36		80
谷实类	4-07-113	高粱	吉林，护 22 号	87.5	9.1	0.27	0.29		0.91	0.05	0.43	0.66	0.38	0.72	0.23	0.19	0.31	0.08	87
谷实类	4-07-126	高粱	浙江金华	87.5	8.7	0.25	0.26	0.12	0.36	0.11	0.28	0.89	0.24	0.36	0.20	0.16	0.30		90
谷实类	4-07-129	高粱	河南南阳	86.6	8.9	0.27	0.34		0.55		0.38	1.16	0.31	0.49	0.21	0.18	0.34		94
谷实类	4-07-132	高粱	河南淮阳	87.2	9.6	0.27	0.34	0.12	0.56	0.05	0.43	1.37	0.40	0.65	0.22	0.21	0.44		94
谷实类	4-07-153	高粱	河南开封	88.5	8.9	0.21	0.25		0.43		0.32	1.05	0.32	0.44	0.17	0.17	0.29		94
谷实类	4-07-135	高粱	宁夏银川，杂交种	87.5	6.5	0.23	0.30		0.33	0.05	0.24	0.79	0.12	0.31	0.12	0.12	0.20	0.05	102
谷实类	4-07-136	高粱	宁真青铜峡，忻高 52 号	92.4	9.2	0.29	0.25	0.12	0.48	0.08	0.41	1.31	0.32	0.41	0.38	0.34	0.59	0.08	102
谷实类	4-07-142	高粱	四川平昌，杂交高粱	88.7	6.7	0.24	0.26	0.27	0.36	0.06	0.25	0.82	0.32	0.37	0.2	0.14	0.32	0.08	81
谷实类	4-07-372	高粱	湖南溆浦，糯高粱	87.7	8.1	0.18	0.25	0.20	0.38	0.06	0.17	0.84	0.28	0.36	0.19	0.18	0.32	0.03	81
谷实类	4-07-145	高粱面	宁夏	89.6	7.0	0.28	0.26		0.47	0.15	0.15	0.88	0.16	0.35	0.16	0.26	0.30	0.07	102
谷实类		黑麦		88.2	11.6	0.38		0.27	0.55	0.13	0.37	0.70		0.50	0.37	0.23	0.53	0.15	75
谷实类		黑麦		87.0	10.0	0.34	0.46		0.51	0.18	0.38	0.60		0.44	0.40	0.23	0.55	0.11	128
谷实类		黑麦	杂质<5%	87.0	12.2	0.35	0.51		0.46	0.14	0.43	0.75		0.57	0.41	0.27	0.56		132
谷实类		黑麦		88.2	11.3	0.35		0.14	0.62	0.18	0.53	0.71		0.62	0.47	0.26	0.56	0.12	132
谷实类	4-07-152	稷子	吉林洮安，籽实	87.6	14.8	0.35	2.51	0.12	0.63	0.34	0.42	1.34	0.45	0.77	0.20	0.28	0.30		87

续表1-4-3

饲料类别	编号	饲料名称	样品说明	干物质	粗蛋白质	苏氨酸	甘氨酸	胱氨酸	缬氨酸	蛋氨酸	异亮氨酸	亮氨酸	酪氨酸	苯丙氨酸	赖氨酸	组氨酸	精氨酸	色氨酸	资料出处
谷实类	4-07-154	糜子	宁夏固原,籽实	93.8	12.4	0.37	0.25	0.10	0.49	0.18	0.43	1.36	0.34	0.53	0.27	0.37	0.39	0.14	102
谷实类	4-07-055	糜子	宁夏青铜峡,籽实	89.0	10.5	0.38	0.25	0.08	0.56	0.14	0.43	1.42	0.34	0.57	0.48	0.82	0.40	0.09	102
谷实类	4-07-156	糜子	宁夏固原,籽实	87.9	10.1	0.24	0.15	0.06	0.41	0.14	0.27	0.98	0.17	0.42	0.35	0.40	0.24	0.07	102
谷实类	4-07-157	面粉	浙江上虞,4号面粉	88.1	14.0	0.41	0.62	0.26	0.68	0.30	0.53	0.95	0.26	0.62	0.50	0.33	0.73		90
谷实类	4-07-158	面粉	湖北潭山,三等粉	83.2	13.4	0.45	0.71		0.57	0.16	0.45	0.87	0.39	0.52	0.51	0.22	0.87		81
谷实类	4-07-159	面粉	湖南长沙,三等粉	90.3	13.5	0.35	0.54	0.11	0.49		0.40	0.77	0.35	0.52	0.35	0.23	0.62		81
谷实类	4-07-160	面粉	宁夏,黑面	91.4	15.0	0.29	0.43	0.09	0.68	0.22	0.36	0.74	0.09	0.40	0.23	0.24	0.61	0.13	102
谷实类	4-07-165	荞麦	浙江浦江	87.3	10.4	0.34	0.53	0.16	0.44	0.17	0.35	0.62	0.19	0.43	0.54	0.23	0.81		90
谷实类	4-07-166	荞麦	湖南桃源,甜荞	86.3	9.1	0.36	0.58	0.29	0.51		0.30	0.65	0.25	0.36	0.58	0.21	0.77		81
谷实类	4-07-373	荞麦	湖南桃源,苦荞	85.9	9.1	0.38	0.69	0.31	0.54	0.16	0.35	0.61	0.28	0.44	0.50	0.21	0.75		81
谷实类	4-07-167	荞麦	宁夏固原,苦荞	89.2	8.2	0.19	0.33		0.34		0.24	0.33	0.17	0.19	0.32	0.10		0.11	102
谷实类	4-07-168	荞麦	宁夏固原	89.8	8.0	0.37	0.56	0.22	0.51	0.13	0.36	0.64	0.26	0.40	0.61	0.47	0.91	0.24	102
谷实类	4-07-170	荞麦	四川南江,苦荞	88.9	10.1	0.44	0.67	0.47	0.58	0.18	0.43	0.71	0.34	0.53	0.68	0.28	1.07	0.18	81
谷实类		莜麦面		92.4	17.1	0.65		0.54	0.97	0.33	0.58	1.36		0.87	0.68	0.39	1.12	0.21	17
谷实类		青稞	裸大麦	87.4	9.4	0.38		0.20	0.46	0.14	0.31	0.80		0.51	0.43			0.10	17
谷实类		黍		风干[f]	10.8	0.40			0.47	0.20				0.58	0.27	0.27	0.31	0.12	18
谷实类		黍		风干[f]	13.2	0.41	0.33	0.13	0.50	0.33				0.61	0.40	0.44	0.70	0.10	122
谷实类		黍粉		风干[f]	12.4		0.69	0.25	0.65	0.28				0.83	0.49	0.43	0.67	0.14	122
谷实类	4-07-186	粟	吉林,公谷6号	91.8	8.3	0.27	0.26	0.40	0.49	0.24	0.36	1.11	0.13	0.56	0.20	0.07	0.23	0.50	87
谷实类	4-07-187	粟	吉林长春,谷子	88.4	7.4	0.29	1.55			0.22	0.30	0.29		0.42	0.18	0.16	0.26	0.31	87
谷实类	4-07-195	粟	宁夏固原,谷子	92.1	10.7	0.39	0.31	0.18	0.52	0.19	0.41	1.27	0.28	0.43	0.48	0.49	0.38	0.17	102
谷实类		小黑麦	22号	风干[f]		0.57	0.76	0.30	0.99	0.21	0.58	1.24		0.98	0.64	0.64	1.03		31
谷实类	4-07-231	小米	吉林德惠	85.4	9.2	0.35	2.07		0.55	0.29	0.42	1.33	0.36	0.56	0.17	0.21	0.35		87
谷实类	4-07-233	小米	河南偃师	87.8	10.3	0.34	0.23		0.56	0.23	0.47	1.43	0.41	0.62	0.14	0.18	0.28		94
谷实类	4-07-245	燕麦	宁夏固原,大燕麦	88.2	10.6	0.28	0.41	0.12	0.46		0.28	0.61	0.13	0.41	0.58	0.49	0.55	0.12	102

续表1-4-3

饲料类别	编号	饲料名称	样品说明	干物质	粗蛋白质	苏氨酸	甘氨酸	胱氨酸	缬氨酸	蛋氨酸	异亮氨酸	亮氨酸	酪氨酸	苯丙氨酸	赖氨酸	组氨酸	精氨酸	色氨酸	资料出处
谷实类	4-07-246	燕麦	宁夏固原	92.4	12.4	0.47	0.61	0.17	0.63	0.09	0.43	0.88	0.36	0.58	0.74	0.88	0.87	0.14	102
谷实类		燕麦	碎粒	91.0	16.0	0.50	0.60	0.20	0.65	0.20	0.50	1.00		0.65	0.30	0.25	0.90	0.18	130
谷实类		燕麦	去壳	87.0	14.0	0.45	0.66		0.37	0.23	0.50	0.98		0.68	0.55	0.28	0.85	0.20	128
谷实类		燕麦	裸子	87.0	16.0	0.49	0.77		0.88	0.25	0.65	1.17		0.85	0.62	0.33	1.08	0.23	128
谷实类		野燕麦		89.2	12.2	0.33	0.54		0.50	0.11	0.40	0.73		0.49	0.41	0.24	0.83		132
谷实类		野荞麦		90.6	10.1	0.18	0.45		0.36	0.09	0.36	0.54		0.36	0.36	0.18	0.63		132
谷实类	4-07-257	莜麦	宁夏固原	90.5	11.7	0.53	0.65	0.40	0.77	0.17	0.55	1.08	0.49	0.76	0.86	0.64	1.04	0.24	102
糠麸类	4-08-003	高粱糠	吉林梨树	89.2	10.5	0.35	2.02	0.11	0.60	0.28	0.42	0.75	0.50	0.15	0.38	0.29	1.36		87
糠麸类		黑麦麸		风干[f]	16.1	0.63	0.71	0.26	0.76	0.18	1.67			0.47	0.69	0.29	0.66	0.06	122
糠麸类		黍糠		风干[f]	11.2	0.20	0.22	0.10	0.45	0.09	1.18			0.43	0.34	0.26	0.57	0.03	122
糠麸类	4-08-178	小麦黄糠	吉林四平	90.7	6.5	0.25	1.43	0.02	0.37	0.13	0.23	0.46	0.22	0.29	0.25	0.16	0.36		87
糠麸类	4-08-176	小米糠	吉林长春	89.6	15.3	0.59	2.33		0.73	0.34	0.49	0.76	0.45	0.64	0.58	0.37	0.84		87
糠麸类		燕麦麸		风干[f]	6.0	0.20			0.20	0.10	0.20	0.30		0.20	0.20	0.10	0.20	0.10	122
糠麸类	4-08-179	玉米糠	吉林农安	88.9	14.9	0.64		0.12	0.93	0.30	0.63	0.81		0.83	0.77	0.43	1.00		87
糠麸类	4-08-164	玉米脐	吉林四平	88.8	10.1	0.15	2.12		0.69	0.25	0.47	1.35	0.46	0.57		0.34	0.45		87
糠麸类	4-08-165	玉米胚芽粉	吉林长春	90.8	14.9	0.80	1.42		0.10	0.53		0.34		0.32	0.59	0.27	0.27		87
糠麸类	4-08-166	玉米胚乳	四川成都,出胚乳率94%	87.7	8.9	0.31	0.32	0.44	0.38	0.10	0.27	1.07	0.37	0.38	0.24	0.23	0.38	0.06	81
糠麸类	4-08-170	玉米皮	古林农安	88.4	7.5	0.33	0.87		0.52	0.14	0.35	0.18	0.64	0.48	0.29	0.17	0.40	0.71	87
糠麸类	4-08-175	玉米黄灰	四川成都,风洗玉米所得种皮及杂质	88.0	6.9	0.24	0.30	0.26	0.28	0.12	0.17	0.41	0.20	0.19	0.21	0.13	0.27	0.05	81
糠麸类	4-10-214	玉米脐饼	吉林双阳	89.7	11.8	0.12	0.62	0.34	0.03	6.09	0.26	0.07	0.40	0.02	0.09	0.09	0.14		87
糠麸类	4-10-215	玉米脐饼	吉林梨树	91 1	11.3	0.46	1.84		0.76	0.24	0.47	0.66		0.52	0.41	0.21	0.52		87
糠麸类	4 30 172	玉米胚芬饼	四川广元,95 型机榨	91.8	16.3	0.62	0.84	0.60	0.83	0.23	0.49	1.20	0.52	0.57	0.69	0.45	1.12	0.16	81
糠麸类		棕榈饼		89.0	12.9	0.44		0.19	0.70	0.26	0.53	0.88		0.52	0.44	0.22	1.72	0.10	75

续表1-4-3

饲料类别	编号	饲料名称	样品说明	干物质	粗蛋白质	苏氨酸	甘氨酸	胱氨酸	缬氨酸	蛋氨酸	异亮氨酸	亮氨酸	酪氨酸	苯丙氨酸	赖氨酸	组氨酸	精氨酸	色氨酸	资料出处
糟渣类	4-11-150	醋糟	吉林长春	81.6	6.2	0.26	0.35		0.48	0.20	0.32	0.30	0.29	0.53	0.26	0.13	0.17		87
糟渣类	4-11-004	醋渣	宁夏银川,高粱、麸皮比1∶3	92.6	18.2	0.50	0.68	0.07	0.67	0.18	0.40	0.97	0.33	0.48	0.30	0.31	0.51	0.15	102
糟渣类	4-11-007	醋渣	四川重庆,麸皮碎米比4∶3带水	26.4	2.7	0.08	0.15	0.01	0.13	0.05	0.08	0.14	0.07	0.10	0.08	0.05	0.12	0.02	81
糟渣类	4-11-008	醋糟	四川成都,麦麸,带水	25.8	3.0	0.09	0.17	0.12	0.13	0.04	0.09	0.15	0.07	0.09	0.08	0.05	0.11	0.03	81
糟渣类	4-11-068	粉渣	浙江杭州,玉米	87.7	10.6	0.33	0.32	0.12	0.41	0.14	0.28	1.08	0.22	0.39	0.27	0.29	0.29		90
糟渣类	4-11-047	粉渣	湖北潭山,玉米	88.5	5.9	0.38	0.39		0.42	0.17	0.32	0.92	0.34	0.36	0.28	0.15	0.33		81
糟渣类	4-11-056	粉渣	四川新都,玉米带水	16.0	1.3	0.04	0.04	0.05	0.06	0.02	0.04	0.14	0.05	0.06	0.03	0.03	0.04	0.01	81
糟渣类	4-11-057	粉渣	四川乐山,玉米黄浆渣	73.2	9.7	0.33	0.28	0.34	0.45	0.18	0.34	1.40	0.42	0.53	0.19	0.24	0.32	0.04	81
糟渣类	4-11-151	粉池	湖南长沙,带水,蚕豆	10.2	2.0	0.06	0.08	0.02	0.06	0.04	0.05	0.09	0.08	0.06	0.08	0.03	0.08		81
糟渣类	4-11-060	粉渣	四川达县,洋芋	6.4	0.3	0.01	0.01	0.01	0.02		0.01	0.02	0.01	0.01	0.02	0.01	0.02		81
糟渣类		柑橘渣	风干	91.4	6.0			0.11		0.08					0.20		0.28	0.06	123
糟渣类	4-11-153	酒糟	吉林,葡萄酒糟	88.5	11.1	1.22	2.89	0.12	2.65	0.47	2.16	4.14	1.43	3.97		0.92	2.19	0.12	87
糟渣类	4-11-095	酒糟	湖北	84.5	16.8	0.66	0.77		0.86	0.29	0.77	1.36	0.55	0.93	0.56	0.26	0.81		81
糟渣类	4-11-113	酒糟	四川乐山,玉米加15%的谷壳	74.6	13.7	0.46	0.48	0.63	0.69	6.20	0.52	1.49	0.48	0.59	0.34	0.31	0.48	0.10	81
糟渣类	4-11-123	姜渣粉	浙江宁海	88.2	9.0	0.33	0.39	0.06	0.39	0.12	0.35	0.61	0.22	0.42	0.11	0.09	0.18		90
糟渣类		马铃薯渣	干	88.0	5.0	0.13	0.15		0.21	0.04	0.14	0.23		0.15	0.18	0.05	0.14	0.03	128
糟渣类		苹果渣		90.0	8.0	0.27	0.38		0.40	0.12	0.35	0.55		0.33	0.29	0.16	0.40		128
糟渣类		秋葵渣	生	15.9	4.9	0.23	0.20		0.25	0.05	0.23	0.36		0.27	0.31	0.12	0.32	0.07	75
糟渣类		甜菜渣		风干[f]	8.3	0.26	0.19	0.09	0.33	0.03	0.47			0.24	0.53	0.18	0.53	0.14	122
糟渣类		甜菜渣	风干	90.8	8.0	0.40		0.01		0.01	0.30	0.60		0.30	0.60	0.20	0.30	0.10	123
糟渣类	4-11-148	饴糖渣	四川重庆,玉米	16.4	1.4	0.06	0.06	0.05	0.08	0.02	0.04	0.16	0.06	0.06	0.04	0.04	0.06	0.36	81
糟渣类	4-11-157	玉米纤维渣	吉林长春	86.2	7.4	0.33	0.33		0.56	0.24	0.34	0.55	0.22	0.70	0.20	0.25	0.18		87
草籽、树实类	4-12-001	稗草籽	浙江上虞	91.03	7.64	0.27	0.28	0.09	0.42	0.16	0.31	0.66	0.14	0.41	0.23	0.15	0.35		90

续表1-4-3

饲料类别	编号	饲料名称	样品说明	干物质	粗蛋白质	苏氨酸	甘氨酸	胱氨酸	缬氨酸	蛋氨酸	异亮氨酸	亮氨酸	酪氨酸	苯丙氨酸	赖氨酸	组氨酸	精氨酸	色氨酸	资料出处
草籽、树实类		荆条籽		89.3	7.6	0.47	0.22	0.31	0.37	0.18	0.07	0.17		0.02	0.14	0.15	0.45		29
草籽、树实类		猕猴桃子		100	16.0	0.53	0.75		0.83	0.43	0.67	1.09		0.56	0.46	0.32	1.65		132
动物性饲料		乳清	脱水	95.0	13.0	0.77	0.25		0.72	0.20	0.75	1.19		0.38	1.05	0.22	0.29	0.14	128
动物性饲料		乳清	低乳糖，脱水	94.0	17.0	0.86	1.04	0.57	0.94	0.57	1.07	1.70		0.72	1.47	0.33	0.59	0.36	75
动物性饲料		乳清	脱水	94.0	12.0	0.80		0.30	0.70	0.20	0.90	1.20			1.10	0.20	0.40	0.20	75
动物性饲料		乳清	脱水	92.7	13.5	0.84		0.27	0.70	0.27	0.81	1.19		0.39	0.85	0.18	0.24	0.16	75
其他类	4-15-003	蚕沙	浙江临安，桑蚕	90.2	13.4	0.40	0.65	0.12	0.55	0.21	0.46	0.80	0.24	0.52	0.40	0.21	0.41		90
其他类	4-15-008	蚕沙	四川达县	88.9	14.1	0.46	0.67	0.44	0.52	0.19	0.41	0.72	0.30	0.52	0.39	0.20	0.44	0.18	81
其他类		大麦芽	脱水	91.0	13.7	0.40				0.20	0.60	0.70		0.60	0.50	0.30	0.40	0.20	123
其他类		酵母培养基		93.0	14.0	0.60	0.70	0.25	0.81	0.43	0.71			0.67	0.65	0.45	0.85	0.13	130

f.原资料中未注明干物质含量。注解系编者所加，下同。

3.微量元素含量

表 1-4-4 微量元素含量

饲料类别	饲料名称	样品说明	干物质(%)	铁(mg/kg)	铜(mg/kg)	锰(mg/kg)	锌(mg/kg)	硒(mg/kg)	资料出处
树叶类	槐叶粉	山东			21.0	42.0	25.0	0.08	109
树叶类	槐树叶	宁夏，紫穗槐	89.7	290	15.0	75.0	21.0		109
树叶类	槐树叶	河北遵化	风干					0.04	115
树叶类	槐树叶	辽宁金县	风干					0.05	115
树叶类	槐叶粉	吉林			5.0	125	25.0	0.07	80
树叶类	槐叶粉	浙江	88.1	1150		35.4	40.0		90
树叶类	扫条叶	吉林	87.6	410	9.1	179.0	18.2		87
树叶类	扫条叶	吉林	84.9	131	10.7	86.9	34.9		87
树叶类	油条叶	吉林	84.7		13.9	129.4	34.1		87
树叶类	杏树叶	吉林	89.7	317	9.9	64.1	34.0		87

续表1-4-4

饲料类别	饲料名称	样品说明	干物质(%)	铁(mg/kg)	铜(mg/kg)	锰(mg/kg)	锌(mg/kg)	硒(mg/kg)	资料出处
树叶类	榆树叶	河北遵化	风干					0.17	115
树叶类	榛树叶	吉林	84.3	180	14.6		43.0		87
树叶类	柞树叶	吉林	88.0	135	9.2		27.7		87
块根、块茎、瓜果类	甘薯干	河南,晒干			6.0	9.9	6.5	<0.02	17
块根、块茎、瓜果类	甘薯干	河南	88.9	140	4.0	4.5	5.0	<0.02	109
块根、块茎、瓜果类	甘薯干	晒干		100	4.1	12.0	7.0		109
块根、块茎、瓜果类	甘薯干	山东,风干,粉碎	风干	100	5.0	6.5	15.0	<0.02①	109
块根、块茎、瓜果类	甘薯干	浙江泰顺、龙泉建德	风干					<0.01	115
块根、块茎、瓜果类	甘薯干	浙江金华、平阳	风干					<0.02	115
块根、块茎、瓜果类	甘薯	鲜	27.9	100	4.1	12.0			75
块根、块茎、瓜果类	胡萝卜	宁夏	24.9		4.9	12.3	5.2	0.07	109
块根、块茎、瓜果类	胡萝卜		11.0	100	7.1	40.0	33.0		75
块根、块茎、瓜果类	胡萝卜	河南	鲜		6.4	12.3	17.0		17
块根、块茎、瓜果类	萝卜	河南,白	鲜		9.6	12.6	32.1		17
块根、块茎、瓜果类	萝卜	河南,紫	鲜		6.1	12.2	29.7		17
块根、块茎、瓜果类	萝卜		鲜	9	10.0	13.0	32.0		80
块根、块茎、瓜果类	马铃薯	宁夏	18.8	52	2.3	3.9	2.1	0.04	109
块根、块茎、瓜果类	马铃薯	北京	鲜		7.4	5.0	14.1		17
块根、块茎、瓜果类	马铃薯	黑龙江	鲜		5.8	5.5	16.0		17
块根、块茎、瓜果类	马铃薯		18.7		5.9	9.0	16.0		75
块根、块茎、瓜果类	马铃薯		23.1	20	4.1	9.6			132
块根、块茎、瓜果类	木薯	福建古田、上杭	风干					<0.02	115
块根、块茎、瓜果类	木薯	广西玉林、桂平	风干					<0.02	115
块根、块茎、瓜果类	蔓青	河南	鲜		3.4	9.5	21.9		17
块根、块茎、瓜果类	蔓青	宁夏	15.3	118	2.2	4.1	5.9	0.03	109

续表1-4-4

饲料类别	饲料名称	样品说明	干物质(%)	铁(mg/kg)	铜(mg/kg)	锰(mg/kg)	锌(mg/kg)	硒(mg/kg)	资料出处
块根、块茎、瓜果类	南瓜	河南	鲜	9	7.2	8.8	18	0.04	17
块根、块茎、瓜果类	茄子	河南	鲜		12.8	17.8	28.8		17
块根、块茎、瓜果类	甜菜	宁夏,饲用,西德种	4.1	25	1.2	2.1	2.9	0.01	109
块根、块茎、瓜果类	甜菜	宁夏,饲用,内蒙古种	5.3	46	0.2	4.2	4.1	0.02	109
块根、块茎、瓜果类	甜菜	宁夏,糖用	10.0	39	1.9	3.3	4.3	0.03	109
块根、块茎、瓜果类	甜菜	饲用	13.5		12.2	104.0	54.0		75
块根、块茎、瓜果类	芜菁	饲用	8.7		7.8	24.0	29.0		75
块根、块茎、瓜果类	芜菁		9.7	10	2.1	4.1			132
块根、块茎、瓜果类	西葫芦	宁夏,茭瓜	3.8	8	0.8	0.7	1.3	0.02	109
干草类(包括牧草)	聚合草	宁夏	86.4		55.0	83.0	53.0	0.04②	109
谷实类	大麦	河南,草大麦	89.2	190	9.1	16.0	120.0		109
谷实类	大麦	宁夏	91.0	160	21.0	13.0	26.0	0.13	109
谷实类	大麦	宁夏	89.5	380	89.0	20.0	61.0	0.18	109
谷实类	大麦	北京	88.6	1500	8.0	31.0	26.0		109
谷实类	大麦	浙江	91.2		5.4	18.0	1.1		90
谷实类	大麦	吉林	87.8	180	6.4	18.0	41.8		87
谷实类	大麦		89.0	50	7.6	16.3	15.3	0.35	113
谷实类	大麦		87.5	100	7.2	17.0	36.0	0.16	75
谷实类	大麦		88.0		5.6	13.5	35.1	0.37	31
谷实类	大麦	浙江金华、平阳	风干					<0.03	115
谷实类	大麦	浙江开化	风干					0.07	115
谷实类	高粱	浙江	87.5			10.2	0.4		90
谷实类	高粱	北京,杂交1号	风十		5.1	9.4	13.0		109
谷实类	高粱	北京	89.7		5.8	35.0	14.0		109
谷实类	高粱	吉林	87.5		3.3	21.0	25.0	<0.04	87

续表1-4-4

饲料类别	饲料名称	样品说明	干物质(%)	铁(mg/kg)	铜(mg/kg)	锰(mg/kg)	锌(mg/kg)	硒(mg/kg)	资料出处
谷实类	高粱	河南	风干		3.9	6.0	24.0	<0.07	109
谷实类	高粱	辽宁	91.9		10.0	20.0	30.0	<0.05	88
谷实类	高粱	辽宁	94.4	80	6.0	20.0	30.0	<0.05	88
谷实类	高粱								
谷实类	高粱	辽宁	94.0	100	8.0	20.0	30.0	<0.05	88
谷实类	高粱		88.8	52	14.1	12.9	13.7		123
谷实类	高粱		87.1	100	5.2	16.0	22.0		75
谷实类	高粱	山东胶东	风干					<0.05	115
谷实类	高粱	宁夏	88.1			20.0	23.0	<0.05	109
谷实类	高粱面	河南			2.3	14.7	20.8	<0.07	17
谷实类	黑麦		88.6	100	7.8	66.9	30.5		123
谷实类	黑麦		88.0	100	6.4	60.0	30.0		75
谷实类	黑麦		88.2	70	7.6	73.4	30.3		132
谷实类	黑麦		87.0	30	5.3	21.9	32.3		132
谷实类	黄米	宁夏	88.9			9.4		0.10	109
谷实类	稷子		87.6			11.5	46.8		87
谷实类	糜子	宁夏	88.5			15.0	57.0	<0.03	109
谷实类	糜子	宁夏	89.0	130		11.0	35.0	<0.03	109
谷实类	面粉	浙江,4 号面粉	88.1		3.0	24.6	7.3		90
谷实类	面粉	宁夏,黑面粉	90.6	110	9.6	54.0	39.0	0.15	109
谷实类	面粉	北京,次面粉	89.3	130			9.1		109
谷实类	荞麦	浙江	87.3	270		16.0			90
谷实类	荞麦	宁夏,苦荞	89.9	180	8.0	14.0	25.0		109
谷实类	荞麦	宁夏	89.9			24.0	15.0	<0.07	109
谷实类	荞麦		88.0		9.5	33.7	8.7		123

续表1-4-4

饲料类别	饲料名称	样品说明	干物质(%)	铁(mg/kg)	铜(mg/kg)	锰(mg/kg)	锌(mg/kg)	硒(mg/kg)	资料出处
谷实类	荞麦	野	90.6		3.7	18.9	20.4		132
谷实类	青稞	西藏日喀则	风干					0.02	115
谷实类	青稞	青海贵德、都兰	风干					<0.02	115
谷实类	粟	黑龙江	风干					<0.02	115
谷实类	粟	吉林(谷子)	91.8						87
谷实类	粟	宁夏	92.0			24.0	18.0	0.19	109
谷实类	粟	吉林	88.4	449		22.5		<0.04③	87
谷实类	粟米	浙江	86.7			15.6			90
谷实类	粟	谷子	88.8	100		30.0	15.0		75
谷实类	小米		88.9	47	5.5	9.5	25.7		123
谷实类	燕麦	宁夏，大燕麦	88.3	200		50.0	28.0		109
谷实类	燕麦	宁夏	92.4		2.0	33.0	15.0	0.04④	109
谷实类	燕麦		90.0	70	5.9	33.2			123
谷实类	燕麦		87.4	100	4.2	56.0	22.0		75
谷实类	燕麦		88.9	70	8.3	43.2			132
谷实类	燕麦	碾压	90.7	50	5.8	31.4			132
谷实类	燕麦	瘪	91.2		5.3	43.1			132
谷实类	燕麦	碎，去壳	92.2	35	6.4	28.6			123
谷实类	莜麦	宁夏	90.5	100	7.9	44.0	25.0		109
糠麸类	大豆皮	吉林	93.4		38.3	28.2	64.3		87
糠麸类	高粱糠	吉林	89.2	404	9.5	43.3	71.2		87
糠麸类	高粱糠	辽宁	90.6	400	8.0	60.0	60.0	<0.01⑤	88
糠麸类	粟糠	辽宁，谷糠	91.9		6.0	50.0	30.0	0.03	88
糠麸类	小麦黄灰	吉林	91.2		19.7	137.4	82.6		87
糠麸类	小麦黄糠	吉林	90.7	578	20.8	81.3	42.5		87

续表1-4-4

饲料类别	饲料名称	样品说明	干物质(%)	铁(mg/kg)	铜(mg/kg)	锰(mg/kg)	锌(mg/kg)	硒(mg/kg)	资料出处
糠麸类	小麦灰	制粉下脚	86.3	60	12.4	134.5	105.9		132
糠麸类	小麦下脚		89.0	100	12.1	115.0	105.5	0.05	123
糠麸类	小米糠	吉林,谷糠	89.6		19.5	67.4	147.6		87
糠麸类	统糠	吉林,稻糠	89.7	187	17.3	26.1	49.3		87
糠麸类	玉米糠	吉林	88.9		12.9	37.3	46.0		87
糠麸类	玉米皮	吉林	88.4		20.0	40.0	30.0		87
糠麸类	玉米脐	吉林	88.8	90	9.8	18.0	58.0		
饼粕类	玉米胚芽饼	长春	90.8		2.3	38.1	175.0		87
饼粕类	玉米胚芽饼	湿磨	90.0	330	4.4	3.7	100.0		123
糟渣类	醋渣	宁夏,风干	90.8	1100	20.0	54.0	155.0	0.52	109
糟渣类	醋渣	吉林,风干	81.6	516	29.3	10.8	14.6		87
糟渣类	粉渣	浙江,蚕豆,风干	89.7		3.8	28.2			90
糟渣类	粉渣	浙江,玉米,风干	96.4	160	8.0				90
糟渣类	粉渣	吉林,风干	89.6	551	7.5	28.8	23.8		87
糟渣类	粉渣								
糟渣类	粉渣	宁夏,3 份 豌 豆,2 份高粱	10.3	86		3.7	11.5	0.02	109
糟渣类	甜菜渣	宁夏,风干	89.1	130	12.0	33.0	25.0		109
糟渣类	甜菜渣	风干	89.0	300	12.5	35.0	0.7		123
其他类	蚕沙	浙江,桑蚕	90.2	150	10.3	22.6			90
其他类	大麦芽	脱水	91.0	60	5.5	18.5			123
其他类	海带根粉	浙江	87.0		16.2	56.2			90
其他类	玉米胚芽	浙江	95.9	610	5.9	10.6	220.0		90

注:1. 本表主要参考中国农业科学院畜牧研究所、北京市营养源研究所、吉林省农业科学院畜牧研究所、宁夏回族自治区农林科学院畜牧兽医研究所等单位提供的资料编制,已知这类成分含量受饲料类别、土壤条件、水肥条件以及自然条件影响甚大,往往同名饲料中的某项元素含量相差几倍乃至几百倍。为此,用户在参考本表时应严格注意饲料的产地及描述,切不可采用平均值,以免引起中毒或给量不足而引起缺乏症的发生。

2. 标码含义.①胶东产。②银川产。③九台、镇丰产。④怀德、双阳、农安产。⑤北镇、本溪产。

4.维生素含量

表 1-4-5 维生素含量

饲料类别	饲料名称	样品说明	干物质(%)	胡萝卜素(mg/kg)	维生素 B_1(mg/kg)	维生素 B_2(mg/kg)	烟酸(mg/kg)	泛酸(mg/kg)	胆碱(mg/kg)	叶酸(mg/kg)	维生素E(mg/kg)	资料出处
块根、块茎、瓜果类	甘薯		32.9	11.4	10.4	0.3	4.4					17
块根、块茎、瓜果类	甘薯		27.0	3.0		0.2	2.6					17
块根、块茎、瓜果类	胡萝卜	黑龙江	13.4	46.6								101
块根、块茎、瓜果类	胡萝卜		10.4	32.2	0.2	0.4	2.6					17
块根、块茎、瓜果类	胡萝卜		14.0	13.9		0.2	7.0					17
块根、块茎、瓜果类	胡萝卜		10.7	10.7	0.3	0.3	3.2					17
块根、块茎、瓜果类	胡萝卜		9.0	34.4	0.4	0.4	2.8					17
块根、块茎、瓜果类	胡萝卜		10.5	26.5		0.6	5.4					17
块根、块茎、瓜果类	菊芋	白皮菊芋	20.2	0	1.3	0.6	6.0					17
块根、块茎、瓜果类	萝卜	白	8.3	0.2	0.2	0.3	4.0					17
块根、块茎、瓜果类	萝卜	白	8.0	0.4	0.9	0.6	3.8					17
块根、块茎、瓜果类	萝卜	白	5.0	0.1	0.7	0.2	2.0					17
块根、块茎、瓜果类	萝卜	红萝卜	8.9	0.1	0.2	0.2	6.6					17
块根、块茎、瓜果类	萝卜	小红萝卜	5.5	0.6	0.2	0.2	2.6					17
块根、块茎、瓜果类	萝卜	青	9.0	3.0	0.2	0.3	2.8					17
块根、块茎、瓜果类	萝卜	青水萝卜	11.0	2.0		0.3	4.8					17
块根、块茎、瓜果类	萝卜	心里美	7.9	0.1	0.1	0.2	2.4					17
块根、块茎、瓜果类	马铃薯		20.1	0.1	0.9	0.3	3.6					17
块根、块茎、瓜果类	马铃薯		18.0	微	0.3	1.0	6.6					17
块根、块茎、瓜果类	马铃薯		22.0	微	0.3	0.4	10.0					17
块根、块茎、瓜果类	马铃薯		24.5	0.1		0.3	11.0					17
块根、块茎、瓜果类	南瓜	倭瓜	8.1	4.0	0.3	0.2	5.0					17
块根、块茎、瓜果类	南瓜		2.2	19.4	0.4	0.5						17

续表1-4-5

饲料类别	饲料名称	样品说明	干物质(%)	胡萝卜素(mg/kg)	维生素 B_1(mg/kg)	维生素 B_2(mg/kg)	烟酸(mg/kg)	泛酸(mg/kg)	胆碱(mg/kg)	叶酸(mg/kg)	维生素E(mg/kg)	资料出处
块根、块茎、瓜果类	南瓜		9.0	9.6	0.5	0.5	2.8					17
块根、块茎、瓜果类	南瓜		12.0	24.3		0.4	3.6					17
块根、块茎、瓜果类	南瓜		7.0	3.7	0.2	0.1	1.8					17
块根、块茎、瓜果类	南瓜	青	6.9	1.0	0.1	0.2	5.4					
块根、块茎、瓜果类	南瓜	老	7.0	4.0	0.1	0.2	7.2					17
块根、块茎、瓜果类	南瓜		10.0	6.2								101
块根、块茎、瓜果类	西葫芦		4.5	0.1	0.1	0.1	2.2					17
块根、块茎、瓜果类	芜菁甘蓝	湖南,灰萝卜	11.5	0.1								101
谷实类	大麦		87.4				64.5	7.3	1157	0.6	6.9	75
谷实类	大麦		88.0		4.2	0.9	63.0	9.2	1000			31
谷实类	大麦		89.0		5.0	2.0	57.2	6.4	1027	0.4	36.0	123
谷实类	大麦		88.0		4.0	1.3	44.0	7.3	930	0.3	36.0	123
谷实类	高粱		88.8		3.9	1.2	42.7	11.0	678	0.2	12.2	125
谷实类	高粱米	三级红高粱米	88.6		3.6	0.9	15.0					17
谷实类	高粱米	三级白高粱米	89.5		2.9	1.0	15.0					17
谷实类	高粱面	红高粱	83.7		2.7	0.9	28.0					17
谷实类	谷子		90.0		6.6	1.6	52.6	7.4	789			130
谷实类	黑麦		88.6		4.4	1.5	15.6	9.2		0.6	15.0	123
谷实类	黑麦		88.2		4.1	1.8	14.7	8.0	434	0.6		132
谷实类	黑麦		87.0		0.7	1.3	30.6	9.2				132
谷实类	黑麦		87.0		0.6	1.5	32.5	10.3				132
谷实类	黄米		89.1	1.6	3.1	1.0	36.0					17
谷实类	糯米	标二	89.2		2.1	0.7	26.0					17
谷实类	糯米	标一	85.1		1.7	0.2	17.0					17
谷实类	糯米	标三	85.1		2.0	0.6	35.0					17

续表1-4-5

饲料类别	饲料名称	样品说明	干物质(%)	胡萝卜素(mg/kg)	维生素 B_1(mg/kg)	维生素 B_2(mg/kg)	烟酸(mg/kg)	泛酸(mg/kg)	胆碱(mg/kg)	叶酸(mg/kg)	维生素E(mg/kg)	资料出处
谷实类	糯米	紫糯米	87.2		2.1	1.5	23.0					17
谷实类	荞麦		88.0		3.3	10.6	18.0	11.0	440			130
谷实类	荞麦	野荞麦	90.6		0.3	1.2	35.0	12.6				132
谷实类	荞麦面		88.4		2.8	2.2	41.0					17
谷实类	荞麦面		90.0		3.5	1.1	32.0					17
谷实类	青稞	白	87.4		4.2	0.9	63.0					17
谷实类	青稞	花	91.8		3.8	1.1	56.0					17
谷实类	青稞	黑	90.4		4.7	1.2	36.0					17
谷实类	青稞	紫	86.6		5.2	0.9	68.0					17
谷实类	碎燕麦	去壳	91.0		6.8	1.3	18.0	11.0	1232	0.3	15.0	130
谷实类	黍子		90.0		2.3	3.8	23.3	11.0	439			132
谷实类	小米		90.0		7.3	3.8	23.3	11.0	439			31
谷实类	小米	伏地小米	88.9	1.9	5.7	1.2	16.0					17
谷实类	小米		89.0	1.2	6.6	0.9	16.0					17
谷实类	小米	花小米	89.2		5.3	1.1	9.0					17
谷实类	小米		90.0	1.0		1.0	14.0					17
谷实类	燕麦		90.0		6.4	1.6	18.0	14.9	1070	0.4	20.0	123
谷实类	燕麦		90.0			1.3	14.3	10.0	900		20.0	123
谷实类	燕麦		88.5		1.2	1.9	15.0	26.4				132
谷实类	燕麦	瘪	91.2		7.0	1.8	28.2	23.1				132
谷实类	燕麦片	去壳	92.2		6.8	1.3	18.0	11.0	1232	0.3	15.0	123
谷实类	莜麦面		92.4		2.9	1.7	3.0					17
糠麸类	小麦下脚	制粉前过粗筛	87.1		19.6	4.4	105.5	22.7	1905	1.6		132
糠麸类	小麦下脚	制粉前过细筛	87.4		23.1	2.3	44.3	13.2	1560	0.8		132
糠麸类	小麦下脚		89.0	5.2	19.9	2.0	100.0	17.6	930	1.4	29.9	130

续表1-4-5

饲料类别	饲料名称	样品说明	干物质(%)	胡萝卜素(mg/kg)	维生素 B_1(mg/kg)	维生素 B_2(mg/kg)	烟酸(mg/kg)	泛酸(mg/kg)	胆碱(mg/kg)	叶酸(mg/kg)	维生素E(mg/kg)	资料出处
糠麸类	小麦灰	制粉下脚	86.3		21.8	4.8	122.7	25.9	1995	2.0		332
饼粕类	玉米胚芽粕	湿磨	90.0		6.0	3.7	41.8	6.7	2000	0.2	80.8	123
饼粕类	玉米胚芽粕	干磨	90.8			3.7	42.0	3.3	1936		87.0	123
糟渣类	柑橘渣		67.7			6.4	27.8	13.1			4.4	123
糟渣类	甘蔗糖蜜		73.5		0.9	2.3	45.0	39.0	660		4.4	123
糟渣类	番茄渣		93.0		11.8	6.2						123
糟渣类	啤酒糟		90.2				47.2	9.3	1725	0.2		
糟渣类	甜菜渣		90.6	0.2	0.4	0.7	16.2	1.5	824			
糟渣类	甜菜渣		90.8	0.2	0.2	1.1	19.8	0.8	800			
糟渣类	甜菜渣		87.7	0.2			17.9	1.6	911			
糟渣类	甜菜糖蜜		78.5			2.4	48.0	4.6				123
糟渣类	玉米酒糟水	干燥	93.7	0.7	6.9	17.0	115.9	21.0	4842	1.1		132
糟渣类	玉米淀粉渣		90.0	36.0	0.3	2.2	56.0	2.9	450	0.2	25.5	130
糟渣类	玉米淀粉渣		90.0	15.0	0.2	1.5	54.5	9.6	330	0.2	19.9	130
草籽树实类	草木樨籽		88.0		4.2	2.0	11.0					17
草籽树实类	达乌里胡枝子	籽实	90.0		0.8	0.3	3.0					17
草籽树实类	苜蓿籽	紫花苜蓿	89.0		0.4	0.3	0.7					17

5.钙、磷及植酸磷含量

表 1-4-6 钙、磷及植酸磷含量 %

饲料类别	饲料名称	样品说明	干物质	钙	磷	植酸磷
谷实类	大麦	湖北,二样品平均值	风干	0.07	0.28	0.16
谷实类	大麦	四川,二样品平均值	风干	0.09	0.35	0.17
谷实类	大麦	浙江,八样品平均值	风干	0.08	0.30	0.15

续表1-4-6

饲料类别	饲料名称	样品说明	干物质	钙	磷	植酸磷
谷实类	大麦	江苏,六样品平均值	风干	0.08	0.30	0.13
谷实类	大麦	青海	风干	—	0.37	0.24
谷实类	高粱	四川,二样品平均值	86.6	0.04	0.31	0.27
谷实类	高粱	山西,四样品平均值	88.5	0.05	0.25	0.19
谷实类	高粱	新疆	90.8	0.17	0.31	0.14
谷实类	稷	山西,三样品平均值	89.1	0.04	0.26	0.16
谷实类	荞麦	四川,四样品平均值	风干	0.08	0.32	0.12
谷实类	荞麦	西藏,二样品平均值	90.9	0.12	0.27	0.18
谷实类	荞麦	浙江	风干	0.09	0.25	0.12
谷实类	青稞	西藏,十六样品平均值	90.8	0.12	0.31	0.18
谷实类	青稞	四川,三样品平均值	风干	0.08	0.35	0.19
谷实类	青稞	青海,五样品平均值	风干		0.34	0.13
谷实类	青稞	新疆	风干	0.06	0.32	0.26
谷实类	粟	黑龙江	风干	0.05	0.22	0.14
谷实类	粟	黑龙江,二样品平均值	88.9	0.07	0.27	0.19
谷实类	粟	广东	风干	0.04	0.33	0.11
谷实类	粟	四川	风干	0.05	0.25	0.13
谷实类	小黑麦	北京	风干	0.07	0.45	0.29
谷实类	燕麦	四川	风干	0.09	0.33	0.23
谷实类	元麦	江苏,七样品平均值	风干	0.09	0.34	0.13
糠麸类	稻壳粉	湖北	风干	0,10	0.20	0.13
糠麸类	青稞麸	青海	风干		0.65	0.46
糠麸类	直出糠	广东,十样品平均值	风干	0.14	0.52	0.25
油料籽实	黑菜籽	青海	风干	—	1.06	0.73
油料籽实	棉籽	江苏	86.5	0.33	0.51	0.33

续表1-4-6

饲料类别	饲料名称	样品说明	干物质	钙	磷	植酸磷
油料籽实	油菜籽	青海,奥罗种	风干	—	0.96	0.71
油料籽实	油菜籽	四川	89.3	0.62	0.89	0.63
油料籽实	油菜籽	四川	89.3	0.74	0.97	0.66
油料籽实	油菜籽	西藏	95.3	0.54	0.76	0.42
油料籽实	油菜籽	西藏	96.3	0.34	0.75	0.61
油料籽实	油菜籽	西藏	94.8	0.59	0.73	0.67

6.猪消化率

表 1-4-7 猪消化率

饲料类别	饲料名称	样品特征	消化率(%)				资料出处
			粗蛋白质	粗脂肪	粗纤维	无氮浸出物	
块根、块茎、瓜果类	甘薯	干,粗蛋白质:4.6%,粗纤维:2.7%	15	75	68	98	75
块根、块茎、瓜果类	甘薯	干,粗蛋白质:3.2%,粗纤维:2.5%	24	33	65	98	75
块根、块茎、瓜果类	甘薯	鲜,粗纤维:0.8%	24	0	65	98	75
块根、块茎、瓜果类	胡萝卜	鲜,粗纤维:1.1%	71	68	85	94	131,75
块根、块茎、瓜果类	萝卜	鲜,粗纤维:0.6%	54	32	91	96	75
块根、块茎、瓜果类	蔓菁	鲊,粗纤维:0.9%	55		79	98	132
块根、块茎、瓜果类	蔓菁	糖用,鲜,粗纤维:1.5%	20		80	96	132
块根、块茎、瓜果类	木薯	干粉,风干,粗纤维:2.5%	68	23	76	99	131,11
块根、块茎、瓜果类	马铃薯	干或粉,风干,粗纤维:2.3%	58	负值	64	96	131
块根、块茎、瓜果类	马铃薯	片,风干,粗纤维:1.9%	72	负值	67	98	128
块根、块茎、瓜果类	马铃薯	鲜,粗蛋白质:1.9%,粗纤维:0.4%	33	0	0	95	75
块根、块茎、瓜果类	南瓜	鲜,粗纤维:0.9%	72	57	68	93	75
块根、块茎、瓜果类	甜菜	饲用,鲜,粗纤维:0.9%	59	28	62	95	75
块根、块茎、瓜果类	芜菁甘蓝	鲜,粗纤维:1.2%	84	0	41	93	131,128

续表1-4-7

饲料类别	饲料名称	样品特征	消化率(%)				资料出处
			粗蛋白质	粗脂肪	粗纤维	无氮浸出物	
块根、块茎、瓜果类	芜菁	鲜,粗纤维:1.3%	34	0	78	94	131
块根、块茎、瓜果类	西葫芦	鲜,粗纤维:1.2%	72	57	68	93	131,128
块根、块茎、瓜果类	饲用芜菁	鲜,粗蛋白质:1.3%,粗纤维:0.9%	28	32	41	93	75
谷实类	大麦	粗纤维:4%~6%	78	44	14	90	131
谷实类	大麦	样品级,粗纤维:4.2%	77	54	18	91	131
谷实类	大麦	煮熟,粗纤维:6.7%	67	42	29	87	131
谷实类	稷子	粗纤维:10.4%	75	91	29	84	75
谷实类	高粱	粗纤维:2.0%	74	75	59	95	75
谷实类	黑麦	饲用黑麦,粗纤维:4.8%	72	57	44	84	131
谷实类	黑麦	次品,粗纤维:3.7%	72	75	26	84	131
谷实类	黑麦胚芽粉	粗纤维:3.1%	87	67	95	98	131,128
谷实类	荞麦	苦荞麦,粗纤维:10.1%	72	24	60	85	128
谷实类	荞麦	粗纤维:12.7%	72	24	2	27	131
谷实类	小米(粟)	粗纤维:7.6%	75	74	36	83	75
谷实类	燕麦	粗纤维:9.8%	76	81	26	82	75
谷实类	燕麦	高脂肪,粗纤维:12.4%	78	86	22	78	131,128
糠麸类	荞麦麸	粗蛋白质:15.2%,粗纤维:11.3%	81	89	27	96	119
糠麸类	小麦麸	出粉率60%,特种麸,粗蛋白质:14.1%,粗纤维:4.4%	74	83	12	83	75
饼粕类	玉米胚芽饼	浸提,粗蛋白质:22.3%,粗纤维:8.6%	86	67	41	88	75
糟渣类	粉渣	马铃薯,粗蛋白质:2.8%,粗纤维:2.2%	27	0	85	98	131
糟渣类	粉渣	马铃薯,粗蛋白质:0.4%,粗纤维:2.0%	27	0	63	80	75
糟渣类	粉渣	甘薯,粗蛋白质:0.2%,粗纤维:1.6%	27	0	63	80	75
糟渣类	橘子渣	温州蜜橘,粗蛋白质:5.6%,粗纤维:9.3%	44	71	52	80	75
糟渣类	啤酒糟	粗蛋白质:6.1%,粗纤维:3.3%	69	60	15	34	75

续表1-4-7

饲料类别	饲料名称	样品特征	消化率(%)				资料出处
			粗蛋白质	粗脂肪	粗纤维	无氮浸出物	
动物性饲料	乳清	干物质:92.7%,粗蛋白质:13.5%	90	81	0	95	75
其他类	木糖酵母	半干,粗蛋白质:6.8%	72			98	131

7.鸡能量代谢率

表 1-4-8　鸡能量代谢率

饲料类别	饲料名称	样品特征	能量代谢率(%)	资料出处
块根、块茎、瓜果类	甘薯	粗蛋白质:3%,粗脂肪:1%,粗纤维:2%	75.0	75
块根、块茎、瓜果类	木薯	粗蛋白质:3%,粗脂肪:1%,粗纤维:4%	76.3	75
谷实类	稗子	粗蛋白质:12%,粗纤维:8%	61.6	75
谷实类	大麦	粗蛋白质:9%,无灰酸性洗涤纤维:5.7%	71.0	80
谷实类	大麦	粗蛋白质:11%,粗脂肪:2%,粗纤维:4%	68.8	75
谷实类	大麦	去皮,粗蛋白质:11%,粗脂肪:2%,粗纤维:2%	71.7	75
谷实类	大麦	尺八,总能:4.40Mcal/kg	64.7	80
谷实类	大麦	早熟 12 号,总能:4.44Mcal/kg	65.6	80
谷实类	大麦	矮早三,总能:4.39Mcal/kg	70.4	80
谷实类	大麦	2-14,总能:4.39Mcal/kg	64.8	80
谷实类	大麦	米大麦,粗蛋白质:15%,粗纤维:3%	72.2	80
谷实类	高粱	粗蛋白质:9%,粗纤维:2%	79.9	80
谷实类	高粱	粗蛋白质:9%,粗纤维:2%	83.2	75
谷实类	高粱	粗蛋白质:8%,无灰酸性洗涤纤维:3.6%	72.4	80
谷实类	裸大麦	粗蛋白质:11%,粗脂肪:2%,粗纤维:2%	71.3	75
谷实类	粟	粗蛋白质:12%,粗纤维:8%	70.3	75
谷实类	小米	粗蛋白质:12%,粗脂肪:4%,粗纤维:8%	70.3	75
谷实类	小米	粗蛋白质:10%,粗纤维:2.3%	90.0	80

续表1-4-8

饲料类别	饲料名称	样品特征	能量代谢率(%)	资料出处
谷实类	燕麦	粗蛋白质:8%,粗脂肪:7%,粗纤维:10%	66.5	75
谷实类	元麦	春农,总能:4.46Mcal/kg	69.9	80
谷实类	元麦	72-13,总能:4.47Mcal/kg	70.2	80
糠麸类	大豆皮	粗蛋白质:16%,粗脂肪:5%	26.1	75
糠麸类	大麦麸	精,粗蛋白质:15%,粗脂肪:5 粗纤维:2%	62.4	75
糠麸类	大麦麸	粗,粗蛋白质:7%,粗脂肪:3%,粗纤维:20%	38.1	75
糠麸类	裸大麦麸	混合,粗蛋白质:16%,粗脂肪:6%,粗纤维:4%	50.3	75
糠麸类	裸大麦麸	细糠,粗蛋白质:18%,粗脂肪:4%,粗纤维:2%	62.7	75
糠麸类	玉米糠	粗蛋白质:10%,粗脂肪:7%,粗纤维:4%	60.2	75
糠麸类	粟糠	粗蛋白质:8%,无灰酸性洗涤纤维:25.1%	39.6	80
糠麸类	筛漏	Screening pellet 颗粒,粗蛋白质:12%,粗脂肪:8%,粗纤维:14%	51.6	75
饼粕类	玉米胚芽饼	粗蛋白质:16%,粗纤维:11%	42.2	80
饼粕类	玉米胚芽饼	玉米脐饼,粗蛋白质:20%,粗脂肪:9%,粗纤维:5%	61.1	80
糟渣类	淀粉渣	甘薯粗蛋白质:2%,粗脂肪:1%,粗纤维:15%	55.5	75
糟渣类	橘子渣	粗蛋白质:6%,粗脂肪:2%,粗纤维:10%	32.2	75
糟渣类	糖蜜	甘蔗,鲜,干物质:73%,粗蛋白质:3%,粗脂肪:1%,粗纤维:微	78.2	75
糟渣类	糖蜜	甘蔗,鲜,干物质:73%,粗蛋白质:10%,粗脂肪:微,粗纤维:微	70.5	75
动物性饲料	干乳清	粗蛋白质:12%,粗脂肪:<1%	72.4	75
其他类	白糖	总能:3.92Mcal/kg	98.0	75
其他类	大豆油	粗蛋白质:微,粗脂肪:>99%	94.2	75
其他类	淀粉	粗蛋白质:<1%,粗脂肪:<1%	98.0	75
其他类	淀粉	玉米,粗蛋白质:微,粗脂肪:微,粗纤维:微	98.0	75
其他类	淀粉	马铃薯,粗蛋白质:微,粗脂肪:微	98.0	75
其他类	动物油	粗蛋白质:微,粗脂肪:96%	87.4	75
其他类	糊精	粗蛋白质:微,粗脂肪:微,粗纤维:微	98.0	75

续表1-4-8

饲料类别	饲料名称	样品特征	能量代谢率(%)	资料出处
其他类	葡萄糖	干物质:91.0%,总能:3.37Mcal/kg	98.0	75

8. 牛消化率

表 1-4-9 牛消化率

饲料类别	饲料名称	样品特征	消化率(%)				资料出处
			粗蛋白质	粗脂肪	粗纤维	无氮浸出物	
块根、块茎、瓜果类	甘薯	干,粗纤维:2.2%	14	74	37	90	75
块根、块茎、瓜果类	甘薯	鲜,粗蛋白质:1.6%,粗纤维:0.8%	55	0	0	92	75
块根、块茎、瓜果类	胡萝卜	鲜,粗蛋白质:1.0%,粗纤维:0.9%	50	77	84	95	75
块根、块茎、瓜果类	菊芋	鲜,粗蛋白质:1.7%,粗纤维:0.6%	67	0	29	94	75
块根、块茎、瓜果类	萝卜	鲜,粗蛋白质:1.0%,粗纤维:0.6%	71	64	94	95	75
块根、块茎、瓜果类	马铃薯	鲜,粗蛋白质:2.6%,粗纤维:0.5%	55	1	负	91	131
块根、块茎、瓜果类	甜菜	饲用,鲜,粗蛋白质:1.1%,粗纤维:1.2%	负	20	29	93	131
块根、块茎、瓜果类	甜菜	饲用,鲜,粗蛋白质:1.3%,粗纤维:0.8%	66	负	64	94	131
块根、块茎、瓜果类	甜菜	糖用,干,粗蛋白质:4.5%,粗纤维:4.2%	负	负	14	92	131
块根、块茎、瓜果类	芜菁	鲜,粗蛋白质:1.3%,粗纤维:0.9%	71	64	94	95	75
块根、块茎、瓜果类	芜菁甘蓝	鲜,粗蛋白质:1.1%,粗纤维:1.0%	75	70	89	96	75
块根、块茎、瓜果类	西葫芦	鲜,粗蛋白质:1.1%,粗纤维:0.8%	70	90	68	89	131
谷实类	大麦	粗纤维:4.2%	72	82	32	89	75
谷实类	高粱	谷粒,粗纤维:2.4%	57	80	40	83	131
谷实类	黑麦	次品,粗纤维:4.6%	84	84	59	90	131
谷实类	稷子	粗纤维:10.4%	75	91	29	84	75
谷实类	粟	粗纤维:7.6%	72	72	41	90	75
谷实类	燕麦	粗纤维:9.8%	78	87	42	81	75

续表1-4-9

饲料类别	饲料名称	样品特征	消化率(%)				资料出处
			粗蛋白质	粗脂肪	粗纤维	无氮浸出物	
谷实类	燕麦	谷实，粗纤维：10.5%	75	82	30	81	131
糠麸类	大麦麸	混合大麦糠，粗蛋白质：12.8%，粗纤维：11.2%	65	82	40	65	75
糠麸类	玉米糠	粗蛋白质：5.6%，粗纤维：26.8%	52	67	26	68	131
糟渣类	粉渣	甘薯淀粉渣，湿，粗蛋白质：0.2%，粗纤维：1.6%	0	55	30	90	75
糟渣类	粉渣	马铃薯淀粉渣，湿，粗蛋白质：0.4%，粗纤维：2.0%	15	10	29	85	75
糟渣类	橘子渣	风干，粗蛋白质：5.6%，粗纤维：9.3%	53	65	77	95	75
糟渣类	苹果渣	风干，粗蛋白质：4.1%，粗纤维：12.6%	负	37	55	87	131
糟渣类	菠萝渣	风干，粗蛋白质：3.7%，粗纤维：19.4%	15	53	79	79	131
糟渣类	甜菜渣	干，粗蛋白质：7.9%，粗纤维：17.2%	45	负	69	89	131
糟渣类	玉米胚芽渣	风干，粗蛋白质：22.3%，粗纤维：8.6%	75	60	80	83	75
动物性饲料	动物性油脂	风干，粗蛋白质：0	0	98			75
动物性饲料	乳清	干，粗蛋白质：13.5%	89	99		96	75
其他类	蚕沙	风干，粗蛋白质：11.8%，粗纤维：11.7%	32	4	67	58	75

9. 羊消化率

表 1-4-10 羊消化率

饲料类别	饲料名称	样品特征	消化率(%)				资料出处
			粗蛋白质	粗脂肪	粗纤维	无氮浸出物	
块根、块茎、瓜果类	胡萝卜	鲜，粗纤维：1.0%	76	73	108	97	131
块根、块茎、瓜果类	木薯	鲜，粗纤维：1.6%	负	51	53	90	131
块根、块茎、瓜果类	马铃薯	鲜，粗纤维：0.5%	63	55	负	93	131
块根、块茎、瓜果类	马铃薯	煮熟，湿，粗纤维：0.7%	43	负	负	92	131
块根、块茎、瓜果类	南瓜	鲜，粗蛋白质：1.4%，粗纤维：1.2%	77	92	61	89	128
块根、块茎、瓜果类	甜菜	饲用，鲜，粗纤维：0.8%	73	50	76	99	131

续表1-4-10

饲料类别	饲料名称	样品特征	消化率(%)				资料出处
			粗蛋白质	粗脂肪	粗纤维	无氮浸出物	
块根、块茎、瓜果类	甜菜	红色,饲用,鲜,粗纤维:0.8%	72	74	49	81	133
块根、块茎、瓜果类	芜菁	鲜,粗纤维:0.1%	64	54	91	94	131
块根、块茎、瓜果类	芜菁甘蓝	鲜,粗纤维:1.2%	75	79	89	96	131
块根、块茎、瓜果类	西葫芦	整个,鲜,粗纤维:1.9%	77	92	61	89	131
谷实类	大麦	粗纤维:4.2%	80	67	27	90	131
谷实类	高粱	粗纤维:1.8%	74	80	39	92	128
谷实类	黑麦	次品,粗纤维:3.7%	75	75	27	85	131
谷实类	荞麦	粗纤维:11.7%	72	82	45	73	131
谷实类	黍	粗纤维:6.5%	65	84	14	88	128
谷实类	燕麦	白饱满,粗纤维:9.8%	84	90	25	81	131
糠麸类	大麦麸	粗蛋白质:7.5%,粗纤维:22.3%	56	71	52	53	131
糠麸类	玉米糠	粗蛋白质:8.4%,粗纤维:9.3%	57	78	63	73	131
糟渣类	菠萝渣	风干,粗蛋白质:3.8%,粗纤维:13.9%	21	负	70	80	131
糟渣类	柑橘渣	风干,粗蛋白质:7.7%,粗纤维:7.8%	79	49	84	95	131
糟渣类	粉渣	黑麦,风干,粗蛋白质:13.0%,粗纤维:3.8%	72	86	11	85	131
糟渣类	粉渣	马铃薯,风干,粗蛋白质:22.7%,粗纤维:6.3%	63	负	45	88	131
糟渣类	粉渣	玉米,风干,粗蛋白质:29.7%,粗纤维:5.3%	84	56	70	84	131
糟渣类	柠檬渣	干,粗蛋白质:6.4%,粗纤维:15.0%	46	28	60	92	131
糟渣类	苹果渣	湿,粗蛋白质:1.0%,粗纤维:3.1%	负	45	64	84	131
糟渣类	葡萄渣	湿,粗蛋白质:5.1%,粗纤维:6.5%	16	49	26	37	131
糟渣类	甜菜渣	湿,粗蛋白质:1.4%,粗纤维:2.9%	64	负	68	83	131
糟渣类	糖蜜	风干,粗蛋白质:2.8%	负			94	131
糟渣类	糖蜜	风干,粗蛋白质:11.1%	5			90	131
动物性饲料及其他类	淀粉	风干,无氮出物:88.6%				91	131

1.5 中国农业科学院畜牧研究所.1989.科研档案(75-5-5-1、75-5-5-5)[5]

1.饲料样品简述、常规成分、中性洗涤纤维、酸性洗涤纤维及特殊成分

表 1-5-1 饲料样品简述、常规成分、中性洗涤纤维、酸性洗涤纤维及特殊成分

样品编号	饲料名称	饲料样品实体简述	干物质 DM(%)	粗蛋白质 CP(%)	粗脂肪 EE(%)	粗纤维 CF(%)	无氮浸出物 NFE(%)	粗灰分 Ash(%)	中性洗涤纤维 NDF(%)	酸性洗涤纤维 ADF(%)	游离棉酚 (%)	异硫氰酸酯 (mg/kg)	噁唑烷硫酮 (mg/kg)
1	高粱	辽宁沈阳,八叶齐,褐,春播晚熟,GB 3 级	89.57	6.94	3.89	1.61	75.56	1.57	—	—			
2	高粱	辽宁沈阳,沈杂 5 号,白,春播晚熟,GB 2 级	89.97	8.01	3.50	1.49	75.66	1.31	—	—			
3	高粱	山西榆次,3A×E35,白,春播晚熟,GB 1 级	89.64	9.57	3.55	1.42	73.69	1.46	—	—			
4	高粱	山西省,晋杂 4 号,褐,春播晚熟,GB 3 级	89.87	7.39	3.97	2.74	74.19	1.58	—	—			
5	高粱	河北唐山,623A×白平,白,春播晚熟,GB 2 级	90.10	8.30	3.76	1.38	75.01	1.65	—	—			
6	高粱	河北唐山,232A×7850,白,春播晚熟,GB 2 级	90.45	7.94	3.59	1.50	75.97	1.45	—	—			
7	高粱	辽宁铁岭,铁杂 7 号,白,春播早熟,GB 3 级	89.97	6.81	2.97	1.68	77.11	1.40	—	—			
8	高粱	辽宁铁岭,T×622A,白,春播早熟,GB 2 级	89.98	7.95	3.11	1.28	75.59	2.05	—	—			
9	高粱	吉林吉林,九粱 5 号,褐,春播早熟,GB 1 级	90.01	10.32	4.67	1.17	78.11	1.69	—	—			
10	高粱	黑龙江齐齐哈尔,黑杂 34,褐,春播早熟,GB 3 级	90.00	8.22	3.77	1.65	74.20	2.16	—	—			
11	高粱	黑龙江集贤,红兴隆高粱,褐,春播早熟,GB 2 级	90.04	9.04	4.13	1.27	73.85	1.75	—	—			
12	高粱	黑龙江齐齐哈尔,79 繁 84,褐,春播早熟,GB 1 级	90.56	10.33	4.04	0.97	73.28	1.94	—	—			
13	高粱	黑龙江齐齐哈尔,红 283×7384,褐,春播早熟,GB 2 级	90.51	9.00	4.00	0.91	74.84	1.76	—	—			
14	高粱	辽宁沈阳,辽杂 1 号,黄,春播晚熟,GB 3 级	90.45	7.11	3.18	0.99	77.75	1.42	—	—			
15	高粱	辽宁沈阳,辽杂 2 号,黄,春播晚熟,GB 2 级	90.23	7.82	3.05	1.28	76.47	1.61	—	—			
16	高粱	辽宁沈阳,622A×晋 5,黄,春播晚熟,GB 3 级	90.45	7.04	2.97	1.00	77.92	1.52	—	—			
17	高粱	四川合川,红高粱,褐,春夏兼播区,GB 等外	86.41	5.63	4.02	1.17	74.03	1.56	—	—			
18	高粱	内蒙古哲盟,内杂 5 号,褐,春播早熟,GB 2 级	90.79	7.87	3.15	1.27	77.07	1.43	—	—			
19	高粱	内蒙古哲盟,哲 3A×52,褐,春播早熟,GB 2 级	90.48	7.67	4.30	1.87	75.00	1.64	—	—			
20	高粱	吉林公主岭,吉杂 11,褐,春播早熟,GB 1 级	89.25	9.46	3.87	1.32	72.83	1.77	—	—			
21	高粱	吉林公主岭,吉杂 52,褐,春播早熟,GB 1 级	89.11	9.66	2.63	1.77	73.14	1.91	—	—			
22	高粱	吉林公主岭,吉杂 25,褐,春播早熟,GB 1 级	90.58	9.86	3.95	1.65	73.25	1.87	—	—			
23	高粱	吉林公主岭,吉杂 54,褐,春播早熟,GB 1 级	90.36	9.74	3.71	1.76	73.49	1.66	—	—			
24	高粱	山东济南,鲁杂 3 号,黄,春夏兼播,GB 1 级	90.56	9.14	3.29	0.98	75.18	1.66	—	—			
25	高粱	山东济南,鲁杂 211,褐,春夏兼播,GB 2 级	90.95	8.93	5.00	1.84	73.68	1.50	—	—			
26	高粱	辽宁沈阳,小歪脖,褐,春播晚熟,GB 1 级	91.55	10.55	3.33	1.29	74.34	2.05	—	—			

续表1-5-1

样品编号	饲料名称	饲料样品实体简述	干物质DM(%)	粗蛋白质CP(%)	粗脂肪EE(%)	粗纤维CF(%)	无氮浸出物NFE(%)	粗灰分Ash(%)	中性洗涤纤维NDF(%)	酸性洗涤纤维ADF(%)	游离棉酚(%)	异硫氰酸酯(mg/kg)	噁唑烷硫酮(mg/kg)
27	高粱	辽宁沈阳,黄壳黄粕,褐,春播晚熟,GB 1 级	89.79	10.06	4.42	1.09	72.37	1.85	—	—			
28	高粱	辽宁沈阳,黏高粱,褐,春夏兼播区,GB 1 级	91.23	10.60	4.35	1.11	73.13	1.84	—	—			
29	高粱	辽宁沈阳,打黄毛,褐,春夏兼播区,GB 3 级	91.45	11.55	4.30	2.42	71.23	1.95	—	—			
30	高粱	辽宁沈阳,皮禾柳,黄,春夏兼播区,GB 3 级	91.29	12.51	3.88	2.40	69.61	2.89	—	—			
31	高粱	山东乳山,香高粱,黄,春夏兼播区,GB 1 级	91.07	10.24	3.26	0.85	75.13	1.59	—	—			
32	高粱	河南淅川,黑子高粱,褐,春夏兼播区,GB 等外	91.37	11.05	3.15	4.59	69.42	3.16	—	—			
33	高粱	河南栾川,黑壳高粱,褐,春夏兼播区,GB 1 级	92.53	11.82	4.13	0.92	73.65	2.01	—	—			
34	高粱	贵州赫章,红高粱,褐,春夏兼播区,GB 3 级	90.61	11.48	3.71	1.63	71.47	2.32	—	—			
35	高粱	甘肃甘谷,扫帚高粱,褐,春播晚熟,GB 3 级	89.83	12.05	4.95	1.48	68.83	2.52	—	—			
36	高粱	安徽怀远,甜秫高粱,褐,春夏兼播区,GB 等外	90.11	10.46	3.53	3.68	69.54	2.90	—	—			
37	高粱	新疆吐鲁番,甜高粱,褐,春播早熟,GB 3 级	91.09	10.84	4.85	1.44	71.79	2.17	—	—			
38	高粱	安徽怀远,黑壳甜高粱,褐,春夏兼播区,GB 等外	90.39	10.08	4.09	3.53	69.74	2.95	—	—			
39	高粱	辽宁沈阳,57-1/怀来变,黄,春播晚熟,GB 1 级	90.82	10.65	4.42	1.82	71.98	1.95	—	—			
40	高粱	吉林公主岭,护 22,褐,春播早熟,GB 1 级	89.47	9.30	4.32	1.65	72.50	1.70	—	—			
41	高粱	吉林公主岭,护 4 号,褐,春播早熟,GB 1 级	89.56	9.84	4.62	1.10	72.30	1.70	—	—			
42	高粱	吉林公主岭,护 2B,褐,春播早熟,GB 1 级	90.24	9.94	5.09	1.24	71.88	2.09	—	—			
43	高粱	吉林公主岭,矬 1B,褐,春播早熟,GB 1 级	89.48	9.80	3.49	1.23	73.29	1.67	—	—			
44	高粱	吉林公主岭,吉恢 13 号,褐,春播早熟,GB 1 级	89.56	12.21	2.94	1.50	70.96	1.95	—	—			
45	高粱	吉林公主岭,吉杂 55,褐,春播早熟,GB 1 级	91.27	9.44	3.84	0.98	75.55	1.46	—	—			
46	高粱	吉林公主岭,吉杂 56,褐,春播早熟,GB 1 级	90.34	10.69	3.20	1.20	73.40	1.76	—	—			
47	高粱	吉林公主岭,吉杂 57,褐,春播早熟,GB 2 级	91.19	9.12	3.78	0.73	75.89	1.67	—	—			
48	高粱	吉林公主岭,吉杂 58,褐,春播早熟,GB 1 级	89.49	9.59	2.28	0.97	74.98	1.67	—	—			
49	高粱	吉林公主岭,吉杂 60,褐,春播早熟,GB 2 级	90.77	9.10	2.63	0.84	76.58	1.62	—	—			
50	高粱	吉林公主岭,吉杂 61,褐,春播早熟,GB 2 级	90.53	8.83	3.54	1.20	75.46	1.50	—	—			
51	高粱	吉林公主岭,吉杂 62,褐,春播早熟,GB 2 级	90.48	9.28	3.56	0.73	75.18	1.73	—	—			
52	高粱	吉林公主岭,吉杂 63,褐,春播早熟,GB 2 级	91.37	8.93	3.66	0.93	76.25	1.60	—	—			
53	高粱	吉林公主岭,吉恢 8231,褐,春播早熟,GB 1 级	90.65	11.53	3.77	1.00	72.44	1.91	—	—			
54	高粱	吉林公主岭,吉恢 7384,褐,春播早熟,GB 1 级	90.04	10.69	3.39	1.18	72.82	1.96	—	—			
55	高粱	吉林公主岭,吉恢 7313,褐,春播早熟,GB 1 级	90.55	10.52	3.57	1.14	73.24	2.08	—	—			
56	高粱	吉林公主岭,吉恢 7321,褐,春播早熟,GB 1 级	91.08	9.83	3.37	1.24	74.67	1.97	—	—			

续表1-5-1

样品编号	饲料名称	饲料样品实体简述	干物质DM(%)	粗蛋白质CP(%)	粗脂肪EE(%)	粗纤维CF(%)	无氮浸出物NFE(%)	粗灰分Ash(%)	中性洗涤纤维NDF(%)	酸性洗涤纤维ADF(%)	游离棉酚(%)	异硫氰酸酯(mg/kg)	噁唑烷硫酮(mg/kg)
57	高粱	吉林公主岭,吉恢 6115,褐,春播早熟,GB 2 级	91.32	7.45	3.55	0.66	77.63	2.03	—	—			
58	高粱	吉林公主岭,吉恢 3618,褐,春播早熟,GB 2 级	91.42	8.50	2.41	1.39	77.13	1.99	—	—			
59	高粱	吉林公主岭,吉杂 64,褐,春播早熟,GB 2 级	91.20	7.83	3.39	1.14	77.16	1.67	—	—			
60	高粱	吉林公主岭,吉恢 9720,褐,春播早熟,GB 2 级	90.59	14.30	2.38	1.45	70.75	2.11	—	—			
61	高粱	吉林公主岭,吉恢 1128,褐,春播早熟,GB 1 级	90.95	9.99	3.16	1.08	75.08	1.64	—	—			
62	高粱	吉林公主岭,吉杂 11,褐,春播早熟,GB 3 级	90.87	9.98	2.90	1.10	75.65	2.30	—	—			
63	高粱	吉林公主岭,吉杂 26,褐,春播早熟,GB 1 级	91.33	10.49	3.69	0.81	74.51	1.83	—	—			
64	高粱	吉林公主岭,吉杂 52,褐,春播早熟,GB 2 级	90.25	8.83	2.63	1.13	75.96	1.70	—	—			
65	高粱	吉林公主岭,吉杂 54,褐,春播早熟,GB 1 级	90.42	9.55	2.92	1.31	74.01	1.80	—	—			
66	高粱	吉林公主岭,甜 2 号,褐,春播早熟,GB 2 级	90.44	9.28	3.72	0.96	74.77	1.71	—	—			
67	高粱	吉林公主岭,吉 708,褐,春播早熟,GB 1 级	91.03	9.56	2.52	1.41	75.55	1.98	—	—			
68	高粱	吉林公主岭,3618,褐,春播早熟,GB 1 级	91.82	11.71	4.68	0.86	72.77	1.80	—	—			
69	高粱	吉林公主岭,吉杂 27,褐,春播早熟,GB 3 级	89.97	9.74	3.25	1.09	73.69	2.20	—	—			
70	高粱	吉林公主岭,甜 3 号,褐,春播早熟,GB 1 级	91.57	10.27	3.89	0.87	74.57	1.97	—	—			
71	高粱	吉林公主岭,甜 3 号,褐,春播早熟,GB 3 级	90.89	10.37	3.17	2.49	72.19	2.67	—	—			
72	高粱	吉林公主岭,吉 709,褐,春播早熟,GB 1 级	91.87	12.25	4.79	0.97	71.92	1.94	—	—			
73	高粱	吉林公主岭,2731A,黄,春播早熟,GB 3 级	90.85	11.45	3.06	0.91	73.09	2.34	—	—			
74	高粱	吉林公主岭,1105 号,黄,春播早熟,GB 1 级	90.47	10.26	1.93	0.85	75.78	1.65	—	—			
75	高粱	吉林公主岭,吉杂 22,褐,春播早熟,GB 1 级	90.72	10.75	3.61	0.71	73.99	1.69	—	—			
76	高粱	吉林公主岭,吉 707,褐,春播早熟,GB 1 级	92.51	11.35	3.73	0.74	74.71	1.98	—	—			
77	高粱	吉林公主岭,引 33-1,白,春播早熟,GB 1 级	90.56	10.17	2.81	1.28	74.37	1.93	—	—			
78	高粱	吉林公主岭,白杂 5 号,褐,春播早熟,GB 1 级	91.12	9.97	2.98	1.02	75.56	1.59	—	—			
79	高粱	吉林公主岭,长梁 12 号,褐,春播早熟,GB 1 级	91.15	10.84	3.89	0.79	73.74	1.89	—	—			
80	高粱	吉林公主岭,吉农 304,褐,春播早熟,GB 1 级	87.63	9.46	2.21	0.77	75.65	1.54	—	—			
81	高粱	吉林公主岭,7621,褐,春播早熟,GB 1 级	90.40	10.39	3.20	0.91	74.08	1.73	—	—			
82	高粱	吉林公主岭,吉杂 851,褐,春播早熟,GB 1 级	90.79	10.03	2.32	1.06	75.58	1.80	—	—			
83	高粱	吉林公主岭,吉杂 59,褐,春播早熟,GB 1 级	90.41	10.61	3.34	0.98	73.84	1.64	—	—			
84	高粱	吉林公主岭,吉杂 513,褐,春播早熟,GB 1 级	90.62	11.33	3.12	0.77	73.60	1.80	—	—			
85	高粱	吉林公主岭,SR 8602,褐,春播早熟,GB 1 级	90.25	9.93	3.01	0.96	74.73	1.62	—	—			
86	高粱	山西省,三尺三,褐,春播晚熟,GB 2 级	90.53	8.45	4.06	1.08	75.58	1.36	—	—			

续表1-5-1

样品编号	饲料名称	饲料样品实体简述	干物质DM(%)	粗蛋白质CP(%)	粗脂肪EE(%)	粗纤维CF(%)	无氮浸出物NFE(%)	粗灰分Ash(%)	中性洗涤纤维NDF(%)	酸性洗涤纤维ADF(%)	游离棉酚(%)	异硫氰酸酯(mg/kg)	噁唑烷硫酮(mg/kg)
87	高粱	山西省,晋粮 5 号,褐,春播晚熟,GB 2 级	90.92	9.03	3.63	1.20	75.24	1.82	—	—			
88	高粱	山西省,晋粮 4 号,褐,春播晚熟,GB 2 级	90.73	8.38	3.54	1.10	76.39	1.32	—	—			
89	高粱	北京市,褐,春播晚熟,GB 2 级	87.00	8.50	3.60	1.50	71.20	2.20	—	—			
90	高粱	河北沧州,褐,春播晚熟,GB 3 级	95.30	9.60	4.00	1.50	80.70	1.50	—	—			
91	高粱	河北栾城,春播晚熟,GB 1 级	90.20	7.50	4.00	1.30	75.60	1.60	—	—			
92	高粱	山西太谷,春播晚熟,GB 等外	86.90	9.60	5.10	4.20	65.80	2.20	—	—			
93	高粱	吉林农安,蛇眼散穗,褐,春播早熟,GB 等外	86.00	6.90	2.80	2.00	69.30	5.00	—	—			
94	高粱	辽宁建昌,晋杂 5 号,褐,春播晚熟,GB 1 级	94.00	10.60	3.90	1.60	76.60	1.30	—	—			
95	高粱	浙江金华,红高粱,褐,南方高粱区,GB 等外	87.50	8.70	3.50	4.50	67.60	3.20	—	—			
96	高粱	江西樟树,褐,南方高粱区,GB 3 级	85.70	6.90	3.00	1.70	72.00	1.50	—	—			
97	高粱	湖北武汉,褐,南方高粱区,GB 3 级	85.90	9.20	4.50	1.90	67.80	2.50	—	—			
98	高粱	宁夏银川,褐,春播早熟,GB 3 级	87.60	6.50	1.90	1.90	75.40	1.90	—	—			
99	高粱	宁夏青铜峡,析高 52 号,褐,春播早熟,GB 3 级	92.40	9.20	3.77	1.70	75.50	2.30	—	—			
100	高粱	甘肃兰州,褐,春播早熟,GB 3 级	87.50	8.20	3.90	2.40	71.40	1.60	—	—			
101	高粱	新疆乌鲁木齐,白高粱,白,春播早熟,GB 1 级	89.00	9.60	3.00	1.60	73.00	1.80	—	—			
102	高粱	新疆乌鲁木齐,红高粱,褐,春播早熟,GB 3 级	89.40	8.50	2.40	2.60	73.70	2.20	—	—			
103	高粱	四川平昌,杂交高粱,褐,春夏兼部区,GB 3 级	88.70	6.70	4.50	1.50	74.20	1.80	—	—			
104	高粱	贵州省,蔗高粱,褐,南方高粱区,GB 3 级	85.20	6.30	1.90	2.30	73.40	2.03	—	—			
1	皮大麦	内蒙古,蒙克尔,千粒重 34.6 克,GB 2 级	90.3	11.3	1.3	5.3	69.9	2.5					
2	皮大麦	内蒙古,207,千粒重 42.6 克,GB 1 级	89.4	13.4	1.8	4.9	67.4	1.9	—	—			
3	皮大麦	内蒙古,78-18,千粒重 36.9 克,GB 1 级	89.4	12.8	1.6	4.8	68.3	1.9	—	—			
4	皮大麦	内蒙古,加拿大大麦,千粒重 38.3 克,GB 1 级	89.5	13.5	1.4	4.8	67.6	2.2	—	—			
5	皮大麦	黑龙江红兴隆,康奎斯特,千粒重 38.7 克,GB 1 级	88.1	11.8	1.6	4.9	67.1	2.7	—	—			
6	皮大麦	黑龙江红兴隆,博兰扎,千粒重 39.0 克,GB 1 级	87.7	11.3	1.5	4.5	67.7	2.7	—	—			
7	皮大麦	吉林长春,蒙克尔,千粒重 30.9 克,GB 1 级	89.4	12.0	1.6	5.1	68.3	2.4	—	—			
8	皮大麦	甘肃武威,白大麦,千粒重 35.1 克,GB 2 级	88.0	10.9	1.6	5.1	67.9	2.5	—	—			
9	皮大麦	甘肃武威,红大麦,千粒重 31.2 克,GB 2 级	87.0	10.4	1.5	5.1	67.6	2.4	—	—			
10	皮大麦	陕西咸阳,西引 2 号,千粒重 39.9 克,GB 1 级	87.1	12.8	1.3	4.6	66.3	2.1	—	—			
11	皮大麦	四川简阳,大麦,千粒重 28.5 克,GB 3 级	89.7	9.6	1.3	5.9	70.2	2.7	—	—			
12	皮大麦	贵州贵阳,大麦,千粒重 39.9 克,GB 3 级	89.0	10.7	1.9	5.9	68.3	2.2	—	—			

续表1-5-1

样品编号	饲料名称	饲料样品实体简述	干物质DM(%)	粗蛋白质CP(%)	粗脂肪EE(%)	粗纤维CF(%)	无氮浸出物NFE(%)	粗灰分Ash(%)	中性洗涤纤维NDF(%)	酸性洗涤纤维ADF(%)	游离棉酚(%)	异硫氰酸酯(mg/kg)	噁唑烷硫酮(mg/kg)
13	皮大麦	河南郑州,康奎斯特,千粒重34.0克,GB 1级	89.3	11.3	1.3	4.9	69.2	2.6	—	—			
14	皮大麦	湖北武昌,早熟3号,千粒重36.8克,GB等外	90.0	9.1	1.6	5.0	71.4	2.9	—	—			
15	皮大麦	湖北武昌,早熟3号,千粒重32.6克,GB 3级	87.4	9.2	1.6	4.9	69.1	2.6	—	—			
16	皮大麦	湖北三湖,早熟3号,千粒重34.2克,GB 1级	87.5	11.2	2.0	4.7	67.7	1.9	—	—			
17	皮大麦	湖北武昌,6121,千粒重36.1克,GB等外	87.2	8.9	1.6	4.6	69.7	2.4	—	—			
18	皮大麦	湖南长沙,早熟3号,千粒重33.1克,GB 3级	90.5	10.8	1.5	5.4	70.7	2.6	—	—			
19	皮大麦	浙江杭州,早熟3号,千粒重36.2克,GB 3级	86.8	9.1	1.8	4.9	68.8	2.2	—	—			
20	皮大麦	江苏扬州,矮早三,千粒重28.6克,GB 2级	87.9	11.7	1.3	5.2	66.5	3.2	—	—			
21	皮大麦	江苏扬州,684,千粒重32.1克,GB 1级	87.5	13.6	1.8	4.4	64.8	2.9	—	—			
22	皮大麦	江苏徐州,早熟3号,千粒重31.5克,GB等外	87.1	7.3	1.8	5.3	70.2	2.5	—	—			
23	皮大麦	江苏淮阴,早熟3号,千粒重41.5克,GB 3级	86.4	9.2	1.6	4.8	68.1	2.7	—	—			
24	皮大麦	江苏淮阴,六棱1号,千粒重28.9克,GB 1级	86.3	11.3	1.8	4.9	66.2	2.1	—	—			
25	皮大麦	江苏淮阴,六棱2号,千粒重25.1克,GB 3级	86.5	10.8	1.2	5.9	66.1	2.5	—	—			
26	皮大麦	江苏连云港,盐送46号,千粒重22.9克,GB 2级	87.3	12.2	2.4	5.3	65.1	2.3	—	—			
27	皮大麦	江苏连云港,尺八,千粒重29.0克,GB 2级	87.2	10.1	1.7	5.4	67.7	2.3	—	—			
28	皮大麦	江苏盐城,尺八,千粒重28.7克,GB 2级	87.5	10.5	1.7	4.8	68.2	2.3	—	—			
29	皮大麦	江苏盐城,六棱大麦,千粒重33.2克,GB 3级	87.3	9.2	1.5	5.2	68.8	2.6	—	—			
30	皮大麦	江苏射阳,尺八,千粒重32.2克,GB 1级	87.4	11.8	2.4	4.8	66.1	2.3	—	—			
31	皮大麦	江苏南通,早熟3号,千粒重36.9克,GB 1级	88.0	12.3	1.3	5.0	66.9	2.5	—	—			
32	皮大麦	江苏海门,早熟3号,千粒重36.4克,GB 2级	85.9	10.4	2.8	4.3	66.1	2.3	—	—			
33	皮大麦	江苏海门,7631,千粒重32.7克,GB 2级	85.6	10.0	1.8	3.4	68.1	2.3	—	—			
34	皮大麦	江苏如东,大麦,千粒重32.7克,GB 2级	88.0	10.4	1.8	4.8	68.3	2.7	—	—			
35	皮大麦	江苏泰兴,早熟3号,千粒重39.5克,GB 1级	86.2	11.0	1.4	4.3	67.3	2.2	—	—			
36	皮大麦	江苏苏州,矮早三,千粒重36.3克,GB 3级	86.6	9.5	1.5	4.5	69.0	2.1	—	—			
37	皮大麦	江苏苏州,泸麦4号,千粒重35.3克,GB 2级	86.6	10.8	1.6	5.2	66.7	2.3	—	—			
38	皮大麦	江苏苏州,二棱大麦,千粒重33.3克,GB 2级	87.1	10.6	1.4	4.9	67.6	2.6	—	—			
39	皮大麦	江苏宜兴,矮早三,千粒重32.0克,GB 3级	94.9	10.7	1.2	5.5	74.8	2.7	—	—			
40	皮大麦	江苏宜兴,矮早三,千粒重30.0克,GB 3级	95.6	10.5	1.2	5.5	76.1	2.3	—	—			
41	皮大麦	江苏溧水,二棱大麦,千粒重33.7克,GB 2级	86.3	10.5	1.7	4.7	66.7	2.7	—	—			
42	皮大麦	江苏句容,矮早三,千粒重28.6克,GB 1级	88.1	11.8	1.6	5.0	66.8	2.9	—	—			

续表1-5-1

样品编号	饲料名称	饲料样品实体简述	干物质DM(%)	粗蛋白质CP(%)	粗脂肪EE(%)	粗纤维CF(%)	无氮浸出物NFE(%)	粗灰分Ash(%)	中性洗涤纤维NDF(%)	酸性洗涤纤维ADF(%)	游离棉酚(%)	异硫氰酸酯(mg/kg)	噁唑烷硫酮(mg/kg)
43	皮大麦	浙江嘉兴,早熟3号,千粒重38.0克,GB 1级	87.4	11.4	2.5	3.8	67.6	2.1	—	—			
44	皮大麦	四川成都,早熟3号,千粒重44.0克,GB 2级	87.2	10.0	2.4	4.3	68.3	2.2	—	—			
45	皮大麦	陕西咸阳,矮早三,千粒重40.0克,GB 1级	88.0	12.4	2.3	4.6	66.3	2.4	—	—			
46	皮大麦	辽宁大连,舟麦1号,千粒重45.0克,GB 1级	87.4	12.4	2.2	4.2	66.2	2.4	—	—			
47	皮大麦	四川潼南,潼麦1号,千粒重35.0克,GB 1级	88.0	11.7	2.1	4.9	66.9	2.4	—	—			
48	皮大麦	山西太原,蒙克尔,千粒重33.2克,GB 2级	88.9	10.8	2.1	4.8	68.6	2.6	—	—			
49	皮大麦	河北保定,矮早三,千粒重40.9克,GB 1级	88.3	14.5	2.2	4.1	64.9	2.6	—	—			
50	皮大麦	宁夏银川,大麦,千粒重35.8克,GB 2级	88.3	10.4	1.8	4.5	68.8	2.8	—	—			
51	皮大麦	安徽合肥,80-45,千粒重40.8克,GB等外	87.5	12.5	2.2	4.6	65.5	2.7	—	—			
52	皮大麦	山东泰安,早熟3号,千粒重50.0克,GB 1级	90.1	15.2	2.0	4.2	66.1	2.6	—	—			
53	皮大麦	江西九江,早熟3号,千粒重37.2克,GB 2级	91.6	11.2	2.0	4.3	71.0	3.1	—	—			
54	皮大麦	云南宣威,红芸,千粒重32.8克,GB等外	86.4	8.9	2.0	4.3	68.5	2.6	—	—			
1	裸大麦	西藏山南,山青6号,黄,多棱,GB 2级	90.4	11.9	1.9	1.5	73.0	2.0	—	—			
2	裸大麦	西藏山南,山青7号,黄,多棱,GB 3级	90.1	10.7	1.9	1.5	74.2	1.8	—	—			
3	裸大麦	西藏拉萨,藏青2号,黄,多棱,GB 2级	90.0	11.8	1.9	2.0	72.2	2.1	—	—			
4	裸大麦	西藏拉萨,藏青320号,橙黄,多棱,GB 3级	90.6	11.1	1.9	1.6	74.1	2.0	—	—			
5	裸大麦	西藏拉萨,藏青336号,橙黄,多棱,GB 2级	90.7	12.3	2.0	1.8	72.5	2.1	—	—			
6	裸大麦	西藏拉萨,果洛,黄,多棱,GB 3级	90.4	10.4	1.8	1.7	74.6	1.8	—	—			
7	裸大麦	西藏日喀则,喜马拉6号,褐色,多棱,GB 3级	90.6	10.9	2.2	1.5	74.3	1.7	—	—			
8	裸大麦	西藏拉萨,吉昌青稞,蓝,多棱,GB 3级	91.4	19.0	2.2	2.6	64.1	3.5	—	—			
9	裸大麦	西藏拉萨,黑青稞,黑,多棱,GB 3级	90.8	16.7	2.0	2.9	66.5	2.7	—	—			
10	裸大麦	青海海北州,门源亮蓝,蓝,多棱,GB 3级	89.4	10.9	2.4	2.1	71.5	2.5	—	—			
11	裸大麦	青海海北州,门农1号,黄,多棱,GB 3级	89.7	10.5	2.4	1.9	73.0	2.0	—	—			
12	裸大麦	青海海北州,北青2号,浅蓝,多棱,GB 3级	90.2	9.4	2.4	1.8	74.6	2.2	—	—			
13	裸大麦	青海海北州,北青3号,黄,多棱,GB 3级	90.1	9.9	2.1	1.9	74.4	2.0	—	—			
14	裸大麦	青海海北州,北青1号,浅蓝,多棱,GB 3级	89.5	10.7	2.2	1.8	73.0	1.9	—	—			
15	裸大麦	青海西宁市,福8-4,黄,多棱,GB 3级	89.0	10.5	2.0	1.9	72.8	1.8	—	—			
16	裸大麦	青海西宁市,昆仑1号,黄,多棱,GB 2级	89.0	11.3	2.2	2.1	71.4	1.9	—	—			
17	裸大麦	青海西宁市,昆仑10号,黄,多棱,GB 3级	89.1	11.0	2.3	1.7	72.3	1.8	—	—			
18	裸大麦	青海西宁市,紫青稞号,黄,多棱,GB等外	91.3	18.4	1.8	3.2	61.3	6.5	—	—			

续表1-5-1

样品编号	饲料名称	饲料样品实体简述	干物质 DM(%)	粗蛋白质 CP(%)	粗脂肪 EE(%)	粗纤维 CF(%)	无氮浸出物 NFE(%)	粗灰分 Ash(%)	中性洗涤纤维 NDF(%)	酸性洗涤纤维 ADF(%)	游离棉酚 (%)	异硫氰酸酯 (mg/kg)	噁唑烷硫酮 (mg/kg)
19	裸大麦	青海西宁市,绥定青稞,黄,多棱,GB 2 级	91.1	16.0	2.3	2.1	68.4	2.3	—	—			
20	裸大麦	内蒙古呼和浩特,内引 1 号,黄,多棱,GB 2 级	87.7	16.6	2.2	2.3	64.2	2.4	—	—			
21	裸大麦	内蒙古呼和浩特,内引 2 号,黄,多棱,GB 2 级	88.2	14.1	2.6	1.5	67.9	2.1	—	—			
22	裸大麦	内蒙古呼和浩特,浙麦 114,黄,2 棱,GB 2 级	90.5	12.8	2.5	1.6	71.9	1.8	—	—			
23	裸大麦	新疆石河子,281,黄,多棱,GB 1 级	91.4	18.2	2.3	1.6	67.8	1.5	—	—			
24	裸大麦	新疆乌鲁木齐,福九,黄,多棱,GB 3 级	91.3	21.3	2.0	2.0	62.4	3.5	—	—			
25	裸大麦	甘肃甘南州,肚里黄,黄,多棱,GB 2 级	88.6	11.8	2.1	2.0	70.4	2.4	—	—			
26	裸大麦	宁夏银川,241,黄,多棱,GB 2 级	91.5	15.4	2.4	1.7	69.8	2.2	—	—			
27	裸大麦	陕西咸阳,327,黄,多棱,GB 2 级	91.0	17.0	1.6	2.5	67.6	2.3	—	—			
28	裸大麦	四川马尔康,3130,黄,多棱,GB 2 级	89.0	11.7	2.3	2.3	71.4	2.0	—	—			
29	裸大麦	四川马尔康,早丰 1 号,白,多棱,GB 2 级	88.8	14.7	2.3	2.2	67.6	2.1	—	—			
30	裸大麦	四川重庆,84-123,黄,多棱,GB 2 级	89.1	13.1	2.4	1.5	70.0	2.1	—	—			
31	裸大麦	江苏扬州,海麦 1 号,黄,多棱,GB 2 级	90.7	14.2	2.3	2.3	70.0	2.0	—	—			
32	裸大麦	江苏如东,如东 2 号,黄,2 棱,GB 2 级	88.2	11.9	2.8	1.7	70.1	1.7	—	—			
33	裸大麦	江苏如东,如东 4 号,浅黄,3 棱,GB 2 级	88.8	11.7	2.5	1.7	71.2	1.8	—	—			
34	裸大麦	江苏泰兴,B-7,黄,4 棱,GB 2 级	88.7	12.4	2.1	1.7	70.5	2.0	—	—			
35	裸大麦	江苏张家港,71-83,黄,多棱,GB 2 级	89.9	14.3	2.3	2.3	69.3	1.8	—	—			
36	裸大麦	江苏江阳,浙麦 114,黄,2 棱,GB 1 级	88.2	13.4	2.5	1.2	70.1	2.0	—	—			
37	裸大麦	江苏扬州,7183,黄,多棱,GB 2 级	89.3	14.5	2.5	1.8	68.4	2.1	—	—			
38	裸大麦	江苏扬州,8023,黄,多棱,GB 2 级	89.3	15.8	2.6	1.6	67.0	2.4	—	—			
39	裸大麦	浙江杭州,黄青稞,黄,多棱,GB 2 级	90.8	16.0	2.4	2.2	68.4	1.8	—	—			
40	裸大麦	湖南怀化,湘 88,黄,多棱,GB 等外	88.6	12.7	1.8	5.4	63.3	5.7	—	—			
1	谷子	黑龙江哈尔滨,龙谷 23 号,黄,GB 合格	89.3	9.0	2.0	7.0	68.8	2.5	—	—			
2	谷子	黑龙江富拉尔基,嫩选 10 号,黄,GB 合格	91.0	10.4	2.4	6.3	69.3	2.6	—	—			
3	谷子	黑龙江富拉尔基,嫩选 11 号,黄,GB 合格	91.2	9.6	2.2	6.5	69.5	3.5	—	—			
4	谷子	黑龙江富拉尔基,嫩选 12 号,黄,GB 合格	90.5	9.4	2.3	5.7	69.9	3.3	—	—			
5	谷子	黑龙江富拉尔基,嫩选 13 号,黄,GB 合格	90.6	10.6	2.6	6.7	68.3	2.5	—	—			
6	谷子	黑龙江富拉尔基,嫩选 14 号,黄,GB 合格	90.9	8.5	2.1	6.2	71.6	2.5	—	—			
7	谷子	吉林公主岭,公谷 6 号,白黄,GB 等外	89.9	8.3	2.2	6.8	69.7	3.0	—	—			
8	谷子	吉林公主岭,公谷 31 号,白黄,GB 等外	90.2	8.3	2.4	6.9	69.4	3.2	—	—			

续表1-5-1

样品编号	饲料名称	饲料样品实体简述	干物质 DM(%)	粗蛋白质 CP(%)	粗脂肪 EE(%)	粗纤维 CF(%)	无氮浸出物 NFE(%)	粗灰分 Ash(%)	中性洗涤纤维 NDF(%)	酸性洗涤纤维 ADF(%)	游离棉酚 (%)	异硫氰酸酯 (mg/kg)	噁唑烷硫酮 (mg/kg)
9	谷子	吉林公主岭,四谷1号,白黄,GB合格	90.1	9.7	2.7	6.2	68.6	3.0	—	—			
10	谷子	吉林公主岭,79126号,白黄,GB合格	90.4	9.6	2.7	6.6	68.5	3.1	—	—			
11	谷子	吉林公主岭,79127号,白黄,GB合格	89.9	9.1	2.1	7.6	68.3	2.9	—	—			
12	谷子	吉林公主岭,60天还仓,白黄,GB合格	90.7	8.4	2.6	7.7	68.8	3.2	—	—			
13	谷子	吉林公主岭,双黑谷,黑,GB合格	90.2	9.6	2.7	7.6	67.3	3.0	—	—			
14	谷子	吉林公主岭,小果谷139,黄,GB合格	90.5	9.9	2.9	6.6	68.2	2.8	—	—			
15	谷子	吉林长春,7505G,白黄,GB合格	90.2	10.4	2.5	7.7	67.1	3.0	—	—			
16	谷子	吉林长春,7505R,白黄,GB合格	90.4	10.5	2.9	7.0	67.6	3.0	—	—			
17	谷子	吉林长春,7507,白黄,GB合格	90.5	8.9	2.6	7.2	69.3	2.5	—	—			
18	谷子	吉林永吉,野谷子350,白黄,GB等外	90.0	8.1	2.3	7.6	69.3	2.6	—	—			
19	谷子	吉林永吉,水里站352,白黄,GB合格	90.3	11.0	2.6	8.3	65.7	2.8	—	—			
20	谷子	吉林永吉,小果谷452,黄,GB合格	90.1	10.7	3.0	7.8	65.9	2.8	—	—			
21	谷子	吉林永吉,狼毛青367,黄,GB合格	89.9	9.4	2.1	7.7	67.7	3.0	—	—			
22	谷子	吉林永吉,盖地红337,白黄,GB合格	89.7	10.6	2.7	7.8	65.7	2.9	—	—			
23	谷子	吉林永吉,明山谷,黄,GB合格	89.8	10.6	2.2	6.9	67.2	3.1	—	—			
24	谷子	吉林图们,图们胡租,黄,GB合格	90.1	10.5	2.9	6.7	66.8	3.1	—	—			
25	谷子	吉林延吉,白牌胡租,白,GB合格	90.1	10.6	3.1	7.9	65.7	2.9	—	—			
26	谷子	吉林延吉,得洋租537,黄,GB合格	90.3	10.8	3.3	7.6	65.6	2.9	—	—			
27	谷子	吉林东风,大粒黄15,浓黄,GB合格	89.8	12.5	2.2	6.9	64.1	3.5	—	—			
28	谷子	吉林东风,毛毛谷,白黄,GB合格	90.5	10.7	3.0	8.3	64.8	3.6	—	—			
29	谷子	吉林双阳,糟皮谷45,黄,GB合格	91.2	10.8	2.1	8.1	67.6	2.6	—	—			
30	谷子	吉林德惠,刀把齐62,黄,GB合格	90.7	11.6	3.6	8.2	64.4	3.0	—	—			
31	谷子	吉林农安,黄粘谷306,黄,GB合格	91.0	10.9	3.0	7.8	65.5	2.8	—	—			
32	谷子	吉林靖宇,大粒黄337,黄,GB合格	89.7	11.3	2.3	8.2	64.2	3.7	—	—			
33	谷子	吉林白城,刀把齐227,黄,GB合格	90.0	9.1	2.7	8.2	67.0	3.0	—	—			
34	谷子	辽宁铁岭,铁谷1号,黄,GB合格	90.5	10.8	2.3	6.1	67.9	3.0	—	—			
35	谷子	辽宁铁岭,铁谷5号,黄,GB合格	88.9	10.8	2.1	7.0	66.2	2.8	—	—			
36	谷子	辽宁锦州,锦谷9号,黄粳,GB合格	88.7	9.7	2.8	6.0	67.1	3.1	—	—			
37	谷子	河北保定,冀谷10号早熟,黄,GB合格	89.6	9.2	2.2	6.6	68.9	2.6		—			
38	谷子	河北保定,混选系早熟,黄,GB合格	90.5	10.0	2.1	7.1	69.0	2.3	—	—			

续表1-5-1

样品编号	饲料名称	饲料样品实体简述	干物质 DM(%)	粗蛋白质 CP(%)	粗脂肪 EE(%)	粗纤维 CF(%)	无氮浸出物 NFE(%)	粗灰分 Ash(%)	中性洗涤纤维 NDF(%)	酸性洗涤纤维 ADF(%)	游离棉酚 (%)	异硫氰酸酯 (mg/kg)	噁唑烷硫酮 (mg/kg)
39	谷子	河北衡水,予谷1号早熟,黄,GB合格	90.5	9.9	2.2	7.8	67.9	2.8	—	—			
40	谷子	河北昌黎,五谷218,黄,GB合格	89.8	9.2	1.6	7.8	68.5	2.7	—	—			
41	谷子	河南新乡,新农761,黄,GB合格	89.3	9.2	2.1	7.1	68.5	2.4	—	—			
42	谷子	河南新乡,新农86-8黄,GB合格	90.1	10.4	2.1	7.5	67.2	2.9	—	—			
43	谷子	山东济南,鲁谷5号,黄,GB合格	90.2	9.4	1.5	5.9	70.9	2.5	—	—			
44	谷子	山东济南,鲁谷7号,浅黄,GB合格	90.3	8.6	2.0	5.4	71.9	2.5	—	—			
45	谷子	甘肃兰州,陇谷3号,黄,GB合格	90.4	11.7	1.9	6.5	68.0	2.4	—	—			
46	谷子	甘肃兰州,陇系187,黄,GB合格	90.8	11.4	2.2	5.6	69.0	2.6	—	—			
47	谷子	内蒙古呼和浩特,延A×绳,黄,GB合格	91.8	10.4	1.5	6.9	70.3	2.7	—	—			
48	谷子	内蒙古呼和浩特,81-5,黄,GB合格	91.8	9.9	1.6	6.8	70.8	2.6	—	—			
49	谷子	内蒙古呼和浩特,长粒白黏谷,黄白,GB合格	92.0	14.2	1.2	6.8	67.5	2.4	—	—			
50	谷子	内蒙古赤峰,83-405,黄,GB合格	89.9	9.8	3.0	7.5	66.9	2.7	—	—			
1	甘薯干	江苏徐州,徐薯18,烘干率27%,GB合格	92.4	4.0	0.9	3.1	81.7	2.7	—	—			
2	甘薯干	江苏徐州,51-16,烘干率24%,GB合格	93.1	3.9	0.6	3.2	81.9	3.5	—	—			
3	甘薯干	江苏徐州,丰收白,烘干率23%,GB合格	90.9	4.6	1.0	3.6	77.9	3.9	—	—			
4	甘薯干	江苏徐州,胜利百号,烘干率29%,GB合格	93.8	4.5	0.9	2.8	82.3	3.3	—	—			
5	甘薯干	江苏徐州,52-45,烘干率27%,GB合格	90.9	4.5	0.7	2.4	80.6	2.6	—	—			
6	甘薯干	江苏徐州,群力2号,烘干率29%,GB合格	93.5	4.7	0.9	2.9	82.2	2.8	—	—			
7	甘薯干	江苏徐州,栗子香,烘干率32%,GB合格	92.6	4.8	0.3	2.8	82.4	2.4	—	—			
8	甘薯干	江苏徐州,徐29-34,烘干率27%,GB合格	91.2	5.1	0.9	3.0	79.4	3.0	—	—			
9	甘薯干	江苏徐州,北京553,烘干率21%,GB合格	94.9	3.9	1.1	3.0	84.3	2.7	—	—			
10	甘薯干	江苏徐州,淮薯3号,烘干率33%,GB合格	92.8	5.2	0.8	2.6	81.5	2.8	—	—			
11	甘薯干	江苏徐州,烟薯3号,烘干率35%,GB合格	89.3	5.1	0.8	3.1	77.0	3.3	—	—			
12	甘薯干	江苏徐州,浙花半,烘干率34%,GB合格	93.3	3.9	0.4	3.5	81.3	4.2	—	—			
13	甘薯干	江苏徐州,丰80-7-105,烘干率24%,GB合格	92.1	5.2	0.5	3.7	79.0	3.8	—	—			
14	甘薯干	江苏徐州,新大紫,烘干率26%,GB合格	92.5	4.0	0.4	3.3	81.0	3.8	—	—			
15	甘薯干	江苏徐州,北京284,烘干率24%,GB合格	95.2	5.4	0.8	3.5	83.5	4.0	—	—			
16	甘薯干	江苏徐州,五魁好,烘干率24%,GB合格	93.9	6.6	0.8	3.9	78.7	3.9	—	—			
17	甘薯干	江苏徐州,台农27,烘干率27%,GB合格	92.5	3.9	1.3	3.8	79.5	4.0	—	—			
18	甘薯干	江苏徐州,南瑞苕,烘干率30%,GB合格	94.3	4.7	0.6	3.4	81.9	3.7	—	—			

续表1-5-1

样品编号	饲料名称	饲料样品实体简述	干物质 DM(%)	粗蛋白质 CP(%)	粗脂肪 EE(%)	粗纤维 CF(%)	无氮浸出物 NFE(%)	粗灰分 Ash(%)	中性洗涤纤维 NDF(%)	酸性洗涤纤维 ADF(%)	游离棉酚(%)	异硫氰酸酯(mg/kg)	噁唑烷硫酮(mg/kg)
19	甘薯干	江苏徐州,金千贯,烘干率 30%,GB 合格	93.9	3.9	0.7	2.9	83.2	3.2	—	—			
20	甘薯干	江苏徐州,宁薯 1 号,烘干率 33%,GB 合格	92.6	4.3	0.6	3.3	81.3	3.2	—	—			
21	甘薯干	江苏徐州,烟薯 1 号,烘干率 30%,GB 合格	92.8	3.7	0.3	3.5	81.6	3.7	—	—			
22	甘薯干	江苏徐州,蓬尾,烘干率 20%,GB 等外	92.1	4.2	1.0	5.5	76.7	4.7	—	—			
23	甘薯干	江苏徐州,禹北白,烘干率 24%,GB 合格	92.6	3.5	0.8	4.1	80.3	4.0	—	—			
24	甘薯干	江苏徐州,郑红 4 号,烘干率 26%,GB 合格	92.5	3.8	0.6	3.4	82.0	2.7	—	—			
25	甘薯干	江苏徐州,农大红,烘干率 24%,GB 合格	92.1	7.2	0.8	4.2	75.5	4.4	—	—			
26	甘薯干	江苏徐州,辽 1224,烘干率 33%,GB 合格	92.3	4.3	0.7	3.0	81.6	2.7	—	—			
27	甘薯干	江苏徐州,遗字 138,烘干率 30%,GB 合格	92.6	4.8	0.5	3.3	80.2	3.7	—	—			
28	甘薯干	江苏徐州,皖 82-76-9,烘干率 26%,GB 合格	91.3	4.4	1.0	3.1	79.3	3.6	—	—			
29	甘薯干	江苏徐州,济薯 7 号,烘干率 26%,GB 合格	95.6	4.4	0.7	3.2	84.1	3.2	—	—			
30	甘薯干	江苏徐州,丰薯 1 号,烘干率 25%,GB 合格	92.9	3.5	0.7	3.7	81.8	3.3	—	—			
31	甘薯干	江苏徐州,白阳红,烘干率 24%,GB 合格	92.0	3.9	0.6	3.7	80.0	3.7	—	—			
32	甘薯干	江苏徐州,84-6-37,烘干率 25%,GB 合格	94.4	3.9	0.5	3.1	83.4	3.5	—	—			
33	甘薯干	江苏徐州,南京 79-42,烘干率 22%,GB 合格	92.6	3.6	0.8	3.3	81.1	3.4	—	—			
34	甘薯干	江苏徐州,北京蜜瓜,烘干率 24%,GB 合格	91.8	4.0	0.4	3.1	81.4	2.9	—	—			
35	甘薯干	江苏徐州,徐 82-24-79,烘干率 24.7%,GB 合格	94.8	3.2	0.7	3.5	84.2	3.2	—	—			
36	甘薯干	江苏徐州,徐 236,烘干率 21.5%,GB 等外	92.6	3.0	0.8	4.3	80.5	4.1	—	—			
37	甘薯干	江苏徐州,84-27-61,烘干率 30.6%,GB 合格	91.0	3.4	0.6	2.9	81.1	3.1	—	—			
38	甘薯干	江苏徐州,84-3-58,烘干率 26.2%,GB 合格	94.4	3.9	0.8	4.0	81.5	4.1	—	—			
39	甘薯干	江苏徐州,川 53-5,烘干率 28.0%,GB 合格	94.1	4.2	0.8	2.6	83.9	3.0	—	—			
40	甘薯干	江苏徐州,一窝红,烘干率 26.5%,GB 合格	93.0	3.8	0.8	2.8	82.6	3.1	—	—			
41	甘薯干	南京,宁薯 180,GB 合格	90.1	3.3	0.6	2.3	81.3	2.6	—	—			
42	甘薯干	广州,广薯 79-128,烘干率 25%,GB 合格	92.0	2.9	0.7	2.8	83.1	2.5	—	—			
43	甘薯干	南京,宁薯 1 号,烘干率 33%,GB 合格	90.9	2.8	0.4	2.8	82.5	2.4	—	—			
44	甘薯干	郑州,郑 83-538-4,烘干率 28%,GB 合格	90.7	3.9	0.4	2.9	80.6	2.9	—	—			
45	甘薯干	南京,淮薯 3 号,烘干率 33%,GB 合格	89.7	2.5	0.6	2.8	81.6	2.2	—	—			
46	甘薯干	湖南道县,道薯 18,GB 合格	90.5	6.1	1.2	4.2	77.2	1.9	—	—			
47	甘薯干	沈阳,辽 44,GB 合格	92.2	2.3	0.8	3.3	83.8	2.0	—	—			
48	甘薯干	济南,鲁薯 1 号,烘干率 28%,GB 合格	91.2	7.2	0.3	2.6	77.9	3.2	—	—			

续表1-5-1

样品编号	饲料名称	饲料样品实体简述	干物质 DM(%)	粗蛋白质 CP(%)	粗脂肪 EE(%)	粗纤维 CF(%)	无氮浸出物 NFE(%)	粗灰分 Ash(%)	中性洗涤纤维 NDF(%)	酸性洗涤纤维 ADF(%)	游离棉酚(%)	异硫氰酸酯(mg/kg)	噁唑烷硫酮(mg/kg)
49	甘薯干	合肥,皖 80-197,烘干率 34%,GB 合格	91.0	2.0	0.3	2.4	83.9	2.4	—	—			
50	甘薯干	四川南亮,84-26-36,GB 合格	90.2	3.8	1.4	2.4	80.7	2.0	—	—			
51	甘薯干	江苏徐州,徐薯 18,烘干率 27%,GB 合格	87.3	4.7	0.2	2.3	77.6	2.5	—	—			
52	甘薯干	石家庄,冀 80-12-17,GB 合格	91.3	5.8	0.5	3.3	78.6	3.1	—	—			
53	甘薯干	江苏徐州,禹北白,烘干率 25-26%,GB 合格	87.7	5.6	0.7	3.5	74.2	3.7	—	—			
54	甘薯干	北京,农大 5-30,烘干率 30%,GB 合格	90.6	5.4	0.2	2.3	80.3	2.5	—	—			
55	甘薯干	福州,福薯 87,GB 合格	89.8	3.9	0.3	2.8	79.6	3.1	—	—			
56	甘薯干	杭州,浙 73 半 2,烘干率 29%,GB 合格	92.6	3.3	0.4	3.3	82.6	3.1	—	—			
57	甘薯干	成都,川薯大白皮,GB 合格	95.8	6.0	0.8	3.1	83.3	2.6	—	—			
58	甘薯干	长沙,湘薯 6 号,晒干率 33%,GB 合格	92.1	2.7	0.6	3.2	83.7	2.0	—	—			
59	甘薯干	山东烟台,烟 79-301,烘干率 26%,GB 合格	90.3	2.5	0	2.3	83.7	1.8	—	—			
60	甘薯干	福建龙岩,岩齿红,烘干率 31%,GB 合格	91.0	7.1	0.3	3.2	77.2	3.2	—	—			
61	甘薯干	江苏徐州,丰薯 1 号,烘干率 25%,GB 合格	88.4	4.9	1.0	3.4	75.6	3.4	—	—			
62	甘薯干	江苏徐州,遗字 138,烘干率 30%,GB 合格	87.8	5.1	0.9	3.1	75.4	3.2	—	—			
1	甘薯茎叶粉	江苏徐州,徐薯 18,茎叶比 0.8,GB 等外	88.7	16.4	3.0	12.6	38.1	18.5	—	—			
2	甘薯茎叶粉	江苏徐州,51-16,茎叶比 0.8,GB 等外	88.1	16.6	3.2	13.5	38.3	16.5	—	—			
3	甘薯茎叶粉	江苏徐州,丰收白,茎叶比 0.8,GB 等外	89.8	15.8	3.6	13.7	42.0	14.7	—	—			
4	甘薯茎叶粉	江苏徐州,胜利百号,茎叶比 0.8,GB 等外	91.5	18.3	3.0	14.3	39.6	16.1	—	—			
5	甘薯茎叶粉	江苏徐州,52-45,茎叶比 0.9,GB 等外	90.5	22.9	3.7	13.0	34.8	16.1	—	—			
6	甘薯茎叶粉	江苏徐州,群力 2 号,茎叶比 1.2,GB 等外	90.2	19.7	2.9	14.5	38.9	14.2	—	—			
7	甘薯茎叶粉	江苏徐州,栗子香,茎叶比 1.3,GB 等外	90.2	17.4	3.1	16.0	40.0	13.7	—	—			
8	甘薯茎叶粉	江苏徐州,徐 29-34,茎叶比 1.1,GB 等外	90.9	18.1	3.2	14.9	40.1	14.7	—	—			
9	甘薯茎叶粉	江苏徐州,北京 553,茎叶比 1.0,GB 等外	91.0	23.3	3.2	13.5	37.3	13.8	—	—			
10	甘薯茎叶粉	江苏徐州,淮薯 3 号,茎叶比 0.7,GB 2	90.7	17.6	2.9	15.9	42.1	12.3	—	—			
11	甘薯茎叶粉	江苏徐州,烟薯 3 号,茎叶比 0.7,GB 2	90.3	20.6	3.6	15.4	38.5	12.1	—	—			
12	甘薯茎叶粉	江苏徐州,浙花半,茎叶比 0.6,GB 2	89.8	18.5	3.1	14.0	43.8	10.4	—	—			
13	甘薯茎叶粉	江苏徐州,丰 80 7 105,茎叶比 0.9,GB 2	88.4	16.7	2.9	14.4	41.3	13.1	—	—			
14	甘薯茎叶粉	江苏徐州,新大紫,茎叶比 0.4,GB 1	88.6	19.4	2.8	12.8	40.4	13.2	—	—			
15	甘薯茎叶粉	江苏徐州,北京 284 茎叶比 1.2,GB 等外	88.9	18.0	3.3	15.3	38.4	13.9	—	—			
16	甘薯茎叶粉	江苏徐州,五魁好,茎叶比 0.9,GB 等外	91.5	21.0	3.0	13.7	39.2	14.6	—	—			

续表1-5-1

样品编号	饲料名称	饲料样品实体简述	干物质DM(%)	粗蛋白质CP(%)	粗脂肪EE(%)	粗纤维CF(%)	无氮浸出物NFE(%)	粗灰分Ash(%)	中性洗涤纤维NDF(%)	酸性洗涤纤维ADF(%)	游离棉酚(%)	异硫氰酸酯(mg/kg)	噁唑烷硫酮(mg/kg)
17	甘薯茎叶粉	江苏徐州,台农27,茎叶比0.5,GB 1	87.7	15.2	3.1	11.2	48.0	10.2	—	—			
18	甘薯茎叶粉	江苏徐州,南瑞苕,茎叶比1.4,GB 2	89.5	14.8	3.1	11.4	50.1	10.2	—	—			
19	甘薯茎叶粉	江苏徐州,金千贯,茎叶比1.1,GB 2	89.7	14.3	2.7	14.6	46.7	11.5	—	—			
20	甘薯茎叶粉	江苏徐州,宁薯1号,茎叶比1.0,GB 2	89.5	15.3	2.9	15.8	44.0	11.6	—	—			
21	甘薯茎叶粉	江苏徐州,烟薯1号,茎叶比1.0,GB 1	89.9	17.0	1.4	12.6	46.8	12.2	—	—			
22	甘薯茎叶粉	江苏徐州,蓬尾,茎叶比0.9,GB 1	89.8	16.8	1.9	12.5	47.8	10.7	—	—			
23	甘薯茎叶粉	江苏徐州,禹北白,茎叶比0.8,GB 1	88.2	16.7	2.7	12.2	45.6	11.1	—	—			
24	甘薯茎叶粉	江苏徐州,郑红4号,茎叶比0.9,GB 1	89.1	20.4	2.3	11.6	43.3	11.5	—	—			
25	甘薯茎叶粉	江苏徐州,农大红,茎叶比0.6,GB 1	88.9	22.2	2.4	12.8	39.1	12.5	—	—			
26	甘薯茎叶粉	江苏徐州,辽1224,茎叶比1.0,GB 2	89.3	16.1	2.7	14.0	46.4	10.0	—	—			
27	甘薯茎叶粉	江苏徐州,遗字138,茎叶比1.0,GB 1	89.4	17.7	2.3	11.6	47.2	10.6	—	—			
28	甘薯茎叶粉	江苏徐州,皖82-76-9,茎叶比1.1,GB 1	88.9	20.5	2.7	12.9	41.4	11.5	—	—			
29	甘薯茎叶粉	江苏徐州,济薯7号,茎叶比0.6,GB 1	90.4	18.2	3.0	13.3	44.1	12.0	—	—			
30	甘薯茎叶粉	江苏徐州,丰薯1号,茎叶比1.3,GB 2	89.8	14.5	2.8	12.4	49.1	11.0	—	—			
31	甘薯茎叶粉	江苏徐州,向阳红,茎叶比0.9,GB 1	88.7	20.7	2.7	12.1	42.7	10.6	—	—			
32	甘薯茎叶粉	江苏徐州,84-6-37,茎叶比0.7,GB 1	89.4	16.1	2.5	12.2	47.1	11.6	—	—			
33	甘薯茎叶粉	江苏徐州,南京79-42,茎叶比0.8,GB 1	89.8	15.5	3.0	11.6	47.9	12.0	—	—			
34	甘薯茎叶粉	江苏徐州,北京蜜瓜,茎叶比1.3,GB 1	89.7	16.2	2.8	10.3	50.4	10.0	—	—			
35	甘薯茎叶粉	江苏徐州,徐82-24-79,茎叶比1.1,GB 1	88.0	15.1	3.1	11.7	48.6	9.5	—	—			
36	甘薯茎叶粉	江苏徐州,徐薯236,茎叶比0.9,GB 1	90.4	15.0	2.1	12.3	50.4	10.5	—	—			
37	甘薯茎叶粉	江苏徐州,84-27-61,茎叶比0.9,GB 2	88.9	14.9	2.9	14.1	47.8	9.2	—	—			
38	甘薯茎叶粉	江苏徐州,84-3-58,茎叶比0.9,GB 2	88.0	14.5	2.9	12.2	48.7	9.7	—	—			
39	甘薯茎叶粉	江苏徐州,川53-5,茎叶比1.3,GB 2	89.4	17.4	2.5	14.0	44.3	11.2	—	—			
40	甘薯茎叶粉	江苏徐州,一窝红,茎叶比1.0,GB 1	89.4	15.9	2.5	12.2	48.3	10.5	—	—			
41	甘薯茎叶粉	江苏徐州,徐薯18,茎叶比0.8,GB 1	89.1	18.9	2.8	11.9	42.3	11.3	—	—			
42	甘薯茎叶粉	江苏徐州,禹北白,茎叶比0.8,GB 1	91.2	16.9	2.5	11.1	48.1	12.5	—	—			
43	甘薯茎叶粉	江苏徐州,丰薯1号,茎叶比1.3,GB 1	90.0	16.3	3.1	13.0	43.8	11.3	—	—			
44	甘薯茎叶粉	江苏徐州,遗字138,茎叶比1.0,GB 1	91.4	17.8	2.2	11.4	46.1	11.8	—	—			
45	甘薯茎叶粉	江苏南京,宁薯180,GB 2	92.3	13.9	4.0	14.0	47.2	13.2		—			
46	甘薯茎叶粉	江苏南京,宁薯1号,GB 1	91.8	14.4	4.0	12.0	54.6	6.8	—	—			

续表1-5-1

样品编号	饲料名称	饲料样品实体简述	干物质DM(%)	粗蛋白质CP(%)	粗脂肪EE(%)	粗纤维CF(%)	无氮浸出物NFE(%)	粗灰分Ash(%)	中性洗涤纤维NDF(%)	酸性洗涤纤维ADF(%)	游离棉酚(%)	异硫氰酸酯(mg/kg)	噁唑烷硫酮(mg/kg)
47	甘薯茎叶粉	江苏南京,淮薯3号,GB 1	91.2	13.0	3.7	13.2	49.7	9.4	—	—			
48	甘薯茎叶粉	辽宁沈阳,辽44,茎叶比0.8,GB 2	90.8	13.9	2.2	15.0	48.3	11.4	—	—			
49	甘薯茎叶粉	北京,农大5-30,茎叶比1.6,GB 1	92.4	16.6	2.8	12.1	51.3	9.7	—	—			
50	甘薯茎叶粉	河北石家庄,冀80-12-17,GB 1	89.5	20.8	2.9	11.9	41.5	12.5	—	—			
51	甘薯茎叶粉	山东烟台,烟79-301,GB 1	90.9	17.0	3.8	12.0	50.2	7.9	—	—			
52	甘薯茎叶粉	山东济南,鲁薯1号,GB 1	91.6	22.7	2.8	12.4	42.4	11.3	—	—			
53	甘薯茎叶粉	河南郑州,郑83-538-4,GB 1	91.5	15.8	2.6	13.4	47.9	11.8	—	—			
54	甘薯茎叶粉	安徽合肥,皖80-197,GB 2	90.4	14.0	3.2	13.0	47.8	12.5	—	—			
55	甘薯茎叶粉	浙江杭州,浙73半2,GB 1	91.9	17.0	3.0	12.8	49.5	9.6	—	—			
56	甘薯茎叶粉	四川成都,川薯大白皮,GB 1	90.0	20.3	2.0	12.9	40.3	14.4	—	—			
57	甘薯茎叶粉	四川南充,84-26-36,GB 2	92.0	17.3	3.0	14.5	43.7	13.6	—	—			
58	甘薯茎叶粉	湖南长沙,湘薯6号,GB 2	93.6	15.8	4.0	14.8	47.8	11.1	—	—			
59	甘薯茎叶粉	湖南道县,道薯38,GB 1	90.9	16.9	3.9	12.6	47.4	10.2	—	—			
60	甘薯茎叶粉	福建福州,福薯87,GB 1	92.2	17.5	3.7	11.5	43.3	13.3	—	—			
61	甘薯茎叶粉	福建龙岩,岩齿红,茎叶比0.5,GB 1	92.2	19.5	3.5	12.8	44.9	11.5	—	—			
62	甘薯茎叶粉	广东广州,广薯79-128,GB 1	92.1	16.2	3.8	11.8	49.3	11.1	—	—			
1	木薯干	广东湛江,南湾木薯,红土坡地,全株块根,GB合格	89.6	2.8	0.8	3.1	80.0	2.9	—	—			
2	木薯干	广州,南湾木薯,黄土坡地,全株块根,GB合格	88.4	3.1	0.6	2.0	81.2	1.5	—	—			
3	木薯干	广东封开,南湾木薯,黄土旱地,全株块根,GB合格	87.4	2.4	1.0	3.2	79.3	1.5	—	—			
4	木薯干	广东封开,南湾木薯,黏沙山坡,全株块根,GB合格	89.8	2.0	1.0	1.7	83.7	1.4	—	—			
5	木薯干	广东郁南,南湾木薯,黑沙土坡,全株块根,GB合格	89.0	2.0	0.9	2.1	82.2	1.8	—	—			
6	木薯干	广东郁南,南湾木薯,粉沙旱地,全株块根,GB合格	87.1	2.7	0.8	2.4	79.7	1.5	—	—			
7	木薯干	广东定安,南湾木薯,沙土山坡,全株块根,GB合格	91.1	2.3	1.8	3.1	82.2	2.3	—	—			
8	木薯干	广东定安,南湾木薯,沙土旱地,全株块根,GB合格	90.6	1.9	1.2	3.3	81.1	3.0	—	—			
9	木薯干	广东湛江,南湾木薯,红土旱地,全株块根,GB合格	88.4	4.1	1.0	3.3	77.7	2.3	—	—			
10	木薯干	广东阳春,南湾木薯,黄土旱地,全株块根,GB合格	89.8	2.5	0.6	2.3	82.3	2.1	—	—			
11	木薯干	广东琼中,南湾木薯,灰土山坡,全株块根,GB合格	90.1	1.8	0.7	2.2	83.6	1.8	—	—			
12	木薯干	广东文昌,南湾木薯,红土山坡,全株块根,GB合格	90.5	3.6	0.9	3.0	80.4	2.7	—	—			
13	木薯干	广西藤县,南湾木薯,红土旱地,全株块根,GB合格	87.1	2.0	0.6	1.8	81.4	1.3	—	—			
14	木薯干	广西苍梧,南湾木薯,红土旱地,全株块根,GB合格	86.0	3.2	0.7	1.5	78.5	2.1	—	—			

续表1-5-1

样品编号	饲料名称	饲料样品实体简述	干物质DM(%)	粗蛋白质CP(%)	粗脂肪EE(%)	粗纤维CF(%)	无氮浸出物NFE(%)	粗灰分Ash(%)	中性洗涤纤维NDF(%)	酸性洗涤纤维ADF(%)	游离棉酚(%)	异硫氰酸酯(mg/kg)	噁唑烷硫酮(mg/kg)
15	木薯干	广西容县,南湾木薯,红土坡地,全株块根,GB合格	87.2	3.2	0.7	2.6	79.0	1.7	—	—			
16	木薯干	广西容县,南湾木薯,红土旱地,全株块根,GB合格	86.9	2.7	0.7	1.8	80.4	1.3	—	—			
17	木薯干	广西岑溪,南湾木薯,沙土旱地,全株块根,GB合格	86.9	2.2	0.7	1.4	81.6	1.0	—	—			
18	木薯干	广东龙山,面包木薯,黄沙土坡,全株块根,GB等外	91.3	3.5	1.0	4.9	79.5	2.4	—	—			
19	木薯干	广州,面包木薯,灰土旱地,全株块根,GB合格	88.5	3.3	0.9	3.6	78.0	2.6	—	—			
20	木薯干	广东定安,面包木薯,细沙旱地,全株块根,GB合格	89.9	1.4	0.6	2.7	82.5	2.4					
21	木薯干	广东定安,面包木薯,粗沙旱地,全株块根,GB合格	90.7	1.9	0.5	2.9	82.8	2.4					
22	木薯干	广东阳江,面包木薯,沙土旱地,全株块根,GB合格	89.1	2.2	0.5	2.3	82.6	1.6					
23	木薯干	广东阳春,面包木薯,黄泥山坡,全株块根,GB合格	90.3	2.6	0.6	2.4	83.2	1.4	—	—			
24	木薯干	广东恩平,面包木薯,沙土旱地,全株块根,GB合格	89.3	1.5	0.6	2.2	83.2	1.8	—	—			
25	木薯干	广东湛江,面包木薯,沙土旱地,全株块根,GB合格	87.9	2.8	0.4	2.4	80.9	1.3	—	—			
26	木薯干	广东文昌,面包木薯,红土山坡,全株块根,GB合格	90.4	2.5	0.7	2.4	82.6	2.3	—	—			
27	木薯干	广州,红尾薯,沙质林地,全株块根,GB合格	89.5	1.7	0.9	2.6	82.7	1.5	—	—			
28	木薯干	广东从化,红尾薯,灰坡土旱地,全株块根,GB合格	89.3	2.3	0.9	2.6	81.3	2.2	—	—			
29	木薯干	广东增城,红尾薯,灰坡土坡地,全株块根,GB合格	90.4	1.8	0.7	2.9	82.4	2.6	—	—			
30	木薯干	广东东莞,红尾薯,沙坡山地,全株块根,GB合格	89.0	2.2	0.6	2.3	82.4	1.5	—	—			
31	木薯干	广东郁南,红尾薯,黏沙旱地,全株块根,GB合格	89.8	2.5	0.3	3.0	81.9	2.0					
32	木薯干	广东封开,红尾薯,黄黏土山坡,全株块根,GB合格	91.0	2.0	0.8	3.0	82.8	2.3	—	—			
33	木薯干	广东五华,红尾薯,黄泥沙水田,全株块根,GB合格	87.0	2.7	0.2	2.7	79.2	2.1	—	—			
34	木薯干	广东兴宁,红尾薯,黄坡旱地,全株块根,GB合格	84.1	1.9	0.4	3.6	78.2	3.1	—	—			
35	木薯干	广西苍梧,南湾木薯,红佷旱地,全株块根,GB合格	88.2	3.2	0.9	2.1	80.7	1.3	—	—			
36	木薯干	广西岑溪,南湾木薯,沙佷旱地,全株块根,GB合格	87.9	3.7	1.0	2.1	79.8	1.2	—	—			
37	木薯干	广西藤县,南湾木薯,红佷旱地,全株块根,GB合格	88.4	2.9	0.7	2.6	80.5	1.6	—	—			
38	木薯干	广州,黄心木薯,灰佷土山坡,全株块根,GB合格	88.5	3.0	0.5	2.6	80.6	1.7	—	—			
39	木薯干	广西藤县,黄心木薯,红佷旱地,薯干堆采样,GB合格	87.7	3.3	0.8	3.2	78.8	1.8	—	—			
40	木薯干	广西藤县,黄心木薯,红佷旱地,全株块根,GB合格	87.8	3.0	0.5	3.4	78.8	2.1	—	—			

2.氨基酸含量

表 1-5-2 氨基酸含量

%

样品编号	饲料名称	干物质 DM	粗蛋白质 CP	赖氨酸 Lys	蛋氨酸 Met	胱氨酸 Cys	色氨酸 Trp	苏氨酸 Thr	精氨酸 Arg	组氨酸 His	异亮氨酸 Ile	亮氨酸 Leu	缬氨酸 Val	酪氨酸 Tyr	苯丙氨酸 Phe	丝氨酸 Ser	谷氨酸 Glu	甘氨酸 Gly	丙氨酸 Ala	脯氨酸 Pro	天冬氨酸 Asp
1	高粱	89.57	6.94	0.21	0.22	—	—	0.24	0.33	0.17	0.33	0.89	0.44	—	0.39	—	—	—	—	—	—
2	高粱	89.97	8.01	0.19	0.18	—	—	0.26	0.32	0.18	0.35	1.05	0.45	—	0.45	—	—	—	—	—	—
3	高粱	89.64	9.57	0.21	0.20	—	—	0.30	0.38	0.22	0.44	1.39	0.56	—	0.58	—	—	—	—	—	—
4	高粱	89.87	7.39	0.20	0.20	—	—	0.27	0.35	0.19	0.37	1.09	0.47	—	0.47	—	—	—	—	—	—
5	高粱	90.10	8.30	0.23	0.23	—	—	0.31	0.38	0.20	0.37	1.13	0.48	—	0.50	—	—	—	—	—	—
6	高粱	90.45	7.94	0.21	0.22	—	—	0.30	0.36	0.21	0.40	1.16	0.51	—	0.50	—	—	—	—	—	—
7	高粱	89.97	6.81	0.20	0.21	—	—	0.27	0.32	0.18	0.34	1.00	0.45	—	0.44	—	—	—	—	—	—
8	高粱	89.98	7.95	0.22	0.22	—	—	0.29	0.37	0.19	0.37	1.10	0.48	—	0.48	—	—	—	—	—	—
9	高粱	90.01	10.32	0.26	0.25	—	—	0.36	0.46	0.24	0.46	1.44	0.57	—	0.61	—	—	—	—	—	—
10	高粱	90.00	8.22	0.22	0.22	—	—	0.30	0.35	0.18	0.39	1.18	0.49	—	0.51	—	—	—	—	—	—
11	高粱	90.04	9.04	0.24	0.25	—	—	0.32	0.40	0.22	0.40	1.20	0.51	—	0.53	—	—	—	—	—	—
12	高粱	90.56	10.33	0.16	0.18	—	—	0.21	0.28	0.13	0.29	0.82	0.35	—	0.37	—	—	—	—	—	—
13	高粱	90.51	9.00	0.24	0.25	—	—	0.32	0.38	0.19	0.42	1.22	0.51	—	0.54	—	—	—	—	—	—
14	高粱	90.45	7.11	0.21	0.22	—	—	0.28	0.34	0.19	0.34	1.02	0.46	—	0.45	—	—	—	—	—	—
15	高粱	90.23	7.82	0.19	0.19	—	—	0.27	0.33	0.19	0.34	1.02	0.44	—	0.45	—	—	—	—	—	—
16	高粱	90.45	7.04	0.20	0.21	—	—	0.25	0.33	0.18	0.33	0.94	0.43	—	0.41	—	—	—	—	—	—
17	高粱	86.41	5.63	—	—	—	—	—	—	—	—	—	—	—	—	—	—	—	—	—	—
18	高粱	90.79	7.87	0.19	0.19	—	—	0.28	0.35	0.20	0.38	1.18	0.48	—	0.51	—	—	—	—	—	—
19	高粱	90.48	7.67	0.22	0.20	—	—	0.29	0.38	0.20	0.39	1.16	0.49	—	0.50	—	—	—	—	—	—
20	高粱	89.25	9.46	0.25	0.23	—	—	0.33	0.45	0.25	0.45	1.39	0.58	—	0.59	—	—	—	—	—	—
21	高粱	89.11	9.66	0.25	0.22	—	—	0.34	0.44	0.25	0.48	1.44	0.60	—	0.61	—	—	—	—	—	—
22	高粱	90.58	9.86	0.27	0.22	—	—	0.33	0.45	0.23	0.43	1.30	0.57	—	0.56	—	—	—	—	—	—
23	高粱	90.36	9.74	0.24	0.22	—	—	0.34	0.41	0.25	0.46	1.42	0.60	—	0.59	—	—	—	—	—	—
24	高粱	90.56	9.14	0.22	0.19	—	—	0.31	0.39	0.21	0.46	1.45	0.57	—	0.60	—	—	—	—	—	—
25	高粱	90.95	8.93	0.22	0.18	—	—	0.30	0.38	0.20	0.44	1.32	0.53	—	0.57	—	—	—	—	—	—
26	高粱	91.55	10.55	0.16	0.17	—	—	0.24	0.28	0.15	0.31	0.95	0.37	—	0.32	—	—	—	—		—
27	高粱	89.79	10.06	0.17	0.17	—	—	0.23	0.29	0.16	0.29	0.91	0.37		0.32	—	—	—	—	—	—
28	高粱	91.23	10.06	0.17	0.15	—	—	0.25	0.30	0.17	0.34	1.07	0.41	—	0.36	—	—	—	—	—	—

续表1-5-2

样品编号	饲料名称	干物质 DM	粗蛋白质 CP	赖氨酸 Lys	蛋氨酸 Met	胱氨酸 Cys	色氨酸 Trp	苏氨酸 Thr	精氨酸 Arg	组氨酸 His	异亮氨酸 Ile	亮氨酸 Leu	缬氨酸 Val	酪氨酸 Tyr	苯丙氨酸 Phe	丝氨酸 Ser	谷氨酸 Glu	甘氨酸 Gly	丙氨酸 Ala	脯氨酸 Pro	天冬氨酸 Asp
29	高粱	91.45	11.55	0.17	0.17	—	—	0.26	0.33	0.18	0.35	1.15	0.44	—	0.39	—	—	—	—	—	—
30	高粱	91.29	12.51	0.18	0.18	—	—	0.27	0.33	0.18	0.38	1.22	0.46	—	0.40	—	—	—	—	—	—
31	高粱	91.07	10.24	0.18	0.15	—	—	0.24	0.31	0.17	0.32	0.98	0.40	—	0.33	—	—	—	—	—	—
32	高粱	91.37	11.05	0.17	0.15	—	—	0.25	0.32	0.17	0.36	1.11	0.44	—	0.37	—	—	—	—	—	—
33	高粱	92.53	11.82	0.19	0.17	—	—	0.25	0.36	0.18	0.37	1.12	0.45	—	0.37	—	—	—	—	—	—
34	高粱	90.61	11.48	0.15	0.15	—	—	0.24	0.29	0.17	0.38	1.21	0.45	—	0.39	—	—	—	—	—	—
35	高粱	89.83	12.05	0.16	0.18	—	—	0.28	0.32	0.17	0.33	1.12	0.41	—	0.47	—	—	—	—	—	—
36	高粱	90.11	10.46	0.15	0.14	—	—	0.22	0.27	0.15	0.30	0.96	0.39	—	0.39	—	—	—	—	—	—
37	高粱	91.09	10.84	0.16	0.14	—	—	0.24	0.30	0.16	0.31	1.00	0.41	—	0.40	—	—	—	—	—	—
38	高粱	90.39	10.08	0.15	0.13	—	—	0.22	0.27	0.15	0.28	0.89	0.36	—	0.36	—	—	—	—	—	—
39	高粱	90.82	10.65	0.16	0.14	—	—	0.25	0.31	0.16	0.33	1.04	0.41	—	0.43	—	—	—	—	—	—
40	高粱	89.47	9.30	0.17	0.16	—	—	0.24	0.29	0.16	0.30	0.93	0.38	—	0.40	—	—	—	—	—	—
41	高粱	89.56	9.84	0.15	0.15	—	—	0.23	0.28	0.15	0.29	0.93	0.37	—	0.38	—	—	—	—	—	—
42	高粱	90.24	9.94	0.17	0.16	—	—	0.24	0.32	0.16	0.29	0.96	0.38	—	0.39	—	—	—	—	—	—
43	高粱	89.48	9.80	0.15	0.18	—	—	0.22	0.27	0.15	0.28	0.90	0.35	—	0.37	—	—	—	—	—	—
44	高粱	89.56	12.21	0.18	0.18	—	—	0.29	0.33	0.20	0.38	1.25	0.47	—	0.48	—	—	—	—	—	—
45	高粱	91.27	9.44	—	0.14	—	—	0.22	—	—	0.28	0.95	0.36	—	0.38	—	—	—	—	—	—
46	高粱	90.34	10.69	0.15	0.15	—	—	0.22	0.31	0.16	0.32	1.07	0.39	—	0.39	—	—	—	—	—	—
47	高粱	91.19	9.12	0.15	0.15	—	—	0.19	0.28	0.13	0.26	0.82	0.34	—	0.38	—	—	—	—	—	—
48	高粱	89.49	9.59	0.13	0.12	—	—	0.20	0.23	0.13	0.23	0.76	0.30	—	0.34	—	—	—	—	—	—
49	高粱	90.77	9.10	0.16	0.14	—	—	0.24	0.20	0.16	0.30	0.98	0.38	—	0.43	—	—	—	—	—	—
50	高粱	90.53	8.83	0.15	0.15	—	—	0.22	0.28	0.15	0.34	1.02	0.41	—	0.44	—	—	—	—	—	—
51	高粱	90.48	9.28	0.16	0.13	—	—	0.21	0.28	0.15	0.26	0.92	0.36	—	0.42	—	—	—	—	—	—
52	高粱	91.37	8.93	0.17	0.15	—	—	0.25	0.31	0.17	0.33	0.98	0.41	—	0.44	—	—	—	—	—	—
53	高粱	90.65	11.53	0.18	0.16	—	—	0.25	0.35	0.18	0.34	1.07	0.42	—	0.45	—	—	—	—	—	—
54	高粱	90.04	10.69	0.19	0.16	—	—	0.26	0.33	0.17	0.33	1.06	0.42	—	0.48	—	—	—	—	—	—
55	高粱	90.55	10.52	0.20	0.16	—	—	0.26	0.34	0.18	0.34	1.11	0.43	—	0.49	—	—	—	—	—	—
56	高粱	91.08	9.83	0.17	0.15	—	—	0.25	0.33	0.15	0.30	0.96	0.38	—	0.43	—	—	—	—	—	—
57	高粱	91.32	7.45	0.15	0.14	—	—	0.21	0.27	0.13	0.24	0.78	0.31	—	0.36	—	—	—	—	—	—
58	高粱	91.42	8.50	0.16	0.12	—	—	0.19	0.31	0.14	0.26	0.82	0.34	—	0.36	—	—	—	—	—	—

续表1-5-2

样品编号	饲料名称	干物质	粗蛋白质	赖氨酸	蛋氨酸	胱氨酸	色氨酸	苏氨酸	精氨酸	组氨酸	异亮氨酸	亮氨酸	缬氨酸	酪氨酸	苯丙氨酸	丝氨酸	谷氨酸	甘氨酸	丙氨酸	脯氨酸	天冬氨酸
		DM	CP	Lys	Met	Cys	Trp	Thr	Arg	His	Ile	Leu	Val	Tyr	Phe	Ser	Glu	Gly	Ala	Pro	Asp
59	高粱	91.20	7.83	0.16	0.12	—	—	0.20	0.28	0.15	0.28	0.87	0.34	—	0.40	—	—	—	—	—	—
60	高粱	90.59	14.30	0.18	0.17	—	—	0.29	0.42	0.22	0.45	1.48	0.52	—	0.64	—	—	—	—	—	—
61	高粱	90.95	9.99	0.16	0.14	—	—	0.22	0.28	0.16	0.31	1.01	0.40	—	0.44	—	—	—	—	—	—
62	高粱	90.87	9.98	0.16	0.14	—	—	0.23	0.27	0.16	0.31	1.03	0.40	—	0.45	—	—	—	—	—	—
63	高粱	91.33	10.49	0.17	0.15	—	—	0.25	0.33	0.17	0.29	0.98	0.38	—	0.46	—	—	—	—	—	—
64	高粱	90.25	8.83	0.13	0.12	—	—	0.21	0.27	0.14	0.24	0.81	0.32	—	0.36	—	—	—	—	—	—
65	高粱	90.42	9.55	0.14	0.13	—	—	0.20	0.26	0.15	0.26	0.87	0.34	—	0.37	—	—	—	—	—	—
66	高粱	90.44	9.28	0.15	0.17	—	—	0.22	0.31	0.14	0.25	0.77	0.34	—	0.35	—	—	—	—	—	—
67	高粱	91.03	9.56	0.24	0.20	—	—	0.29	0.39	0.20	0.41	1.18	0.51	—	0.50	—	—	—	—	—	—
68	高粱	91.82	11.71	0.25	0.22	—	—	0.35	0.45	0.24	0.48	1.51	0.59	—	0.62	—	—	—	—	—	—
69	高粱	89.97	9.74	0.23	0.21	—	—	0.32	0.39	0.20	0.41	1.30	0.49	—	0.55	—	—	—	—	—	—
70	高粱	91.57	10.27	0.22	0.20	—	—	0.31	0.40	0.22	0.42	1.31	0.51	—	0.54	—	—	—	—	—	—
71	高粱	90.89	10.37	0.24	0.21	—	—	0.35	0.39	0.21	0.42	1.32	0.52	—	0.54	—	—	—	—	—	—
72	高粱	91.87	12.25	0.26	0.26	—	—	0.39	0.50	0.27	0.52	1.69	0.63	—	0.73	—	—	—	—	—	—
73	高粱	90.85	11.45	0.30	0.25	—	—	0.35	0.49	0.23	0.47	1.41	0.58	—	0.62	—	—	—	—	—	—
74	高粱	90.47	10.26	0.23	0.22	—	—	0.33	0.39	0.23	0.46	1.41	0.54	—	0.59	—	—	—	—	—	—
75	高粱	90.72	10.75	0.21	0.22	—	—	0.31	0.39	0.21	0.45	1.40	0.54	—	0.58	—	—	—	—	—	—
76	高粱	92.51	11.35	0.23	0.21	—	—	0.35	0.43	0.24	0.48	1.52	0.59	—	0.63	—	—	—	—	—	—
77	高粱	90.56	10.17	0.25	0.19	—	—	0.31	0.38	0.20	0.43	1.28	0.54	—	0.53	—	—	—	—	—	—
78	高粱	91.12	9.97	0.21	0.18	—	—	0.30	0.37	0.20	0.41	1.28	0.51	—	0.53	—	—	—	—	—	—
79	高粱	91.15	10.84	0.28	0.25	—	—	0.38	0.49	0.25	0.47	1.48	0.57	—	0.63	—	—	—	—	—	—
80	高粱	87.63	9.46	0.22	0.18	—	—	0.31	0.33	0.20	0.41	1.27	0.51	—	0.54	—	—	—	—	—	—
81	高粱	90.40	10.39	0.23	0.22	—	—	0.33	0.41	0.21	0.43	1.35	0.54	—	0.56	—	—	—	—	—	
82	高粱	90.79	10.03	0.21	0.21	—	—	0.33	0.39	0.21	0.46	1.51	0.55	—	0.61	—	—	—	—	—	—
83	高粱	90.41	10.61	0.22	0.20	—	—	0.34	0.41	0.22	0.44	1.40	0.53	—	0.58	—	—	—	—	—	—
84	高粱	90.62	11.33	0.23	0.22	—	—	0.35	0.44	0.23	0.47	1.51	0.57	—	0.63	—	—	—	—	—	—
85	高粱	90.25	9.93	0.22	0.19	—	—	0.32	0.39	0.21	0.45	1.41	0.56	—	0.58	—	—	—	—	—	—
86	高粱	90.53	8.45	0.20	0.20	—	—	0.28	0.36	0.19	0.34	1.09	0.45	—	0.46	—	—	—	—	—	—
87	高粱	90.92	9.03	0.20	0.20	—	—	0.28	0.36	0.20	0.37	1.14	0.46	—	0.48	—	—	—	—	—	
88	高粱	90.73	8.38	0.19	0.19	—	—	0.27	0.34	0.20	0.36	1.13	0.46	—	0.46	—	—	—	—	—	—

续表1-5-2

样品编号	饲料名称	干物质 DM	粗蛋白质 CP	赖氨酸 Lys	蛋氨酸 Met	胱氨酸 Cys	色氨酸 Trp	苏氨酸 Thr	精氨酸 Arg	组氨酸 His	异亮氨酸 Ile	亮氨酸 Leu	缬氨酸 Val	酪氨酸 Tyr	苯丙氨酸 Phe	丝氨酸 Ser	谷氨酸 Glu	甘氨酸 Gly	丙氨酸 Ala	脯氨酸 Pro	天冬氨酸 Asp
1	皮大麦	90.3	11.3	0.55	0.25	—	—	0.51	0.79	0.28	0.58	1.08	0.81	—	0.66	—	—	—	—	—	—
2	皮大麦	89.4	13.4	0.49	0.24	—	—	0.42	0.75	0.29	0.58	1.14	0.83	—	0.88	—	—	—	—	—	—
3	皮大麦	89.4	12.8	0.51	0.25	—	—	0.51	0.80	0.29	0.59	1.19	0.82	—	0.73	—	—	—	—	—	—
4	皮大麦	89.5	13.5	0.53	0.26	—	—	0.53	0.85	0.31	0.65	1.27	0.86	—	0.86	—	—	—	—	—	—
5	皮大麦	88.1	11.8	0.44	0.23	—	—	0.47	0.71	0.28	0.54	1.00	0.77	—	0.59	—	—	—	—	—	—
6	皮大麦	87.7	11.3	0.46	0.18	—	—	0.35	0.53	0.22	0.38	0.78	0.63	—	0.54	—	—	—	—	—	—
7	皮大麦	89.4	12.0	0.43	0.10	—	—	0.42	0.66	0.26	0.45	0.89	0.65	—	0.67	—	—	—	—	—	—
8	皮大麦	88.0	10.9	0.53	0.25	—	—	0.50	0.78	0.30	0.54	1.00	0.67	—	0.77	—	—	—	—	—	—
9	皮大麦	87.0	10.4	0.37	0.15	—	—	0.38	0.55	0.23	0.37	0.82	0.53	—	0.57	—	—	—	—	—	—
10	皮大麦	87.1	12.8	0.59	0.05	—	—	0.58	0.89	0.31	0.62	1.23	0.86	—	0.78	—	—	—	—	—	—
11	皮大麦	89.7	9.6	0.43	0.22	—	—	0.49	0.64	0.24	0.53	1.00	0.72	—	0.64	—	—	—	—	—	—
12	皮大麦	89.0	10.7	0.43	0.25	—	—	0.48	0.71	0.27	0.69	1.12	0.81	—	0.71	—	—	—	—	—	—
13	皮大麦	89.3	11.3	0.53	0.26	—	—	0.52	0.81	0.29	0.58	1.13	0.82	—	0.72	—	—	—	—	—	—
14	皮大麦	90.0	9.1	0.35	0.21	—	—	0.39	0.56	0.21	0.48	0.88	0.67	—	0.51	—	—	—	—	—	—
15	皮大麦	87.4	9.2	0.39	0.20	—	—	0.39	0.63	0.22	0.48	0.88	0.69	—	0.52	—	—	—	—	—	—
16	皮大麦	87.5	11.2	0.38	0.19	—	—	0.36	0.61	0.22	0.40	0.73	0.67	—	0.53	—	—	—	—	—	—
17	皮大麦	87.2	8.9	0.35	0.18	—	—	0.35	0.20	0.20	0.43	0.79	0.60	—	0.46	—	—	—	—	—	—
18	皮大麦	90.5	10.8	0.36	0.15	—	—	0.35	0.60	0.22	0.30	0.71	0.60	—	0.51	—	—	—	—	—	—
19	皮大麦	86.3	9.1	0.40	0.12	—	—	0.35	0.58	0.19	0.32	0.66	0.49	—	0.44	—	—	—	—	—	—
20	皮大麦	87.9	11.7	0.65	0.29	—	—	0.60	0.91	0.33	0.68	1.25	0.93	—	0.75	—	—	—	—	—	—
21	皮大麦	87.5	13.6	0.47	0.26	—	—	0.50	0.76	0.28	0.59	1.12	0.81	—	0.72	—	—	—	—	—	—
22	皮大麦	87.1	7.3	0.47	0.22	—	—	0.35	0.63	0.24	0.42	1.04	0.68	—	0.54	—	—	—	—	—	—
23	皮大麦	86.4	9.2	0.39	0.17	—	—	0.28	0.53	0.19	0.34	0.83	0.59	—	0.45	—	—	—	—	—	—
24	皮大麦	86.3	11.3	0.38	0.15	—	—	0.37	0.62	0.23	0.43	0.78	0.63	—	0.60	—	—	—	—	—	—
25	皮大麦	86.5	10.8	0.49	0.24	—	—	0.42	0.69	0.25	0.49	1.24	0.76	—	0.70	—	—	—	—	—	—
26	皮大麦	87.3	12.2	0.37	0.14	—	—	0.37	0.60	0.23	0.41	0.76	0.60	—	0.64	—	—	—	—	—	—
27	皮大麦	87.2	10.1	0.43	0.20	—	—	0.42	0.63	0.23	0.49	0.93	0.67	—	0.58	—	—	—	—	—	—
28	皮大麦	87.5	10.5	0.41	0.12	—	—	0.42	0.62	0.23	0.47	0.88	0.67	—	0.54	—	—	—	—	—	—
29	皮大麦	87.3	9.2	0.45	0.18	—	—	0.43	0.70	0.27	0.51	0.92	0.73	—	0.72	—	—	—	—	—	—
30	皮大麦	87.4	11.8	0.46	0.24	—	—	0.50	0.72	0.27	0.60	1.15	0.79	—	0.80	—	—	—	—	—	—

续表1-5-2

样品编号	饲料名称	干物质 DM	粗蛋白质 CP	赖氨酸 Lys	蛋氨酸 Met	胱氨酸 Cys	色氨酸 Trp	苏氨酸 Thr	精氨酸 Arg	组氨酸 His	异亮氨酸 Ile	亮氨酸 Leu	缬氨酸 Val	酪氨酸 Tyr	苯丙氨酸 Phe	丝氨酸 Ser	谷氨酸 Glu	甘氨酸 Gly	丙氨酸 Ala	脯氨酸 Pro	天冬氨酸 Asp
31	皮大麦	88.0	12.3	0.38	0.22	—	—	0.44	0.68	0.25	0.54	1.00	0.73	—	0.64	—	—	—	—	—	—
32	皮大麦	85.9	10.4	0.41	0.23	—	—	0.46	0.64	0.25	0.54	1.00	0.75	—	0.60	—	—	—	—	—	—
33	皮大麦	85.6	10.0	0.36	0.20	—	—	0.40	0.56	0.21	0.47	0.86	0.63	—	0.54	—	—	—	—	—	—
34	皮大麦	88.0	10.4	0.43	0.24	—	—	0.46	0.67	0.25	0.55	1.02	0.74	—	0.64	—	—	—	—	—	—
35	皮大麦	86.2	11.0	0.41	0.18	—	—	0.39	0.68	0.26	0.50	0.90	0.74	—	0.65	—	—	—	—	—	—
36	皮大麦	86.6	9.5	0.43	0.21	—	—	0.41	0.68	0.24	0.50	0.92	0.70	—	0.56	—	—	—	—	—	—
37	皮大麦	86.6	10.8	0.47	0.25	—	—	0.42	0.75	0.28	0.54	1.28	0.02	—	0.69	—	—	—	—	—	—
38	皮大麦	87.1	10.6	0.34	0.20	—	—	0.39	0.54	0.20	0.46	0.86	0.63	—	0.51	—	—	—	—	—	—
39	皮大麦	94.9	10.7	0.49	0.26	—	—	0.54	0.84	0.30	0.65	1.20	0.89	—	0.72	—	—	—	—	—	—
40	皮大麦	95.6	10.5	0.45	0.11	—	—	0.45	1.42	0.26	0.49	0.90	0.72	—	0.62	—	—	—	—	—	—
41	皮大麦	86.3	10.5	0.33	0.14	—	—	0.33	0.51	0.20	0.34	0.75	0.49	—	0.50	—	—	—	—	—	—
42	皮大麦	88.1	11.8	0.40	0.22	—	—	0.44	0.64	0.24	0.53	0.95	0.71	—	0.58	—	—	—	—	—	—
43	皮大麦	87.4	11.4	0.38	0.16	—	—	0.37	0.57	0.23	0.39	0.83	0.57	—	0.55	—	—	—	—	—	—
44	皮大麦	87.2	10.0	0.36	0.16	—	—	0.35	0.51	0.21	0.35	0.77	0.52	—	0.50	—	—	—	—	—	—
45	皮大麦	88.0	12.4	0.37	0.14	—	—	0.36	0.56	0.22	0.34	0.77	0.52	—	0.52	—	—	—	—	—	—
46	皮大麦	87.4	12.4	0.38	0.13	—	—	0.37	0.56	0.23	0.37	0.82	0.15	—	0.56	—	—	—	—	—	—
47	皮大麦	88.0	11.7	0.32	0.12	—	—	0.32	0.46	0.18	0.36	0.68	0.45	—	0.45	—	—	—	—	—	—
48	皮大麦	88.9	10.8	0.35	0.13	—	—	0.32	0.51	0.20	0.30	0.67	0.47	—	0.44	—	—	—	—	—	—
49	皮大麦	88.3	14.5	0.40	0.15	—	—	0.40	0.60	0.24	0.40	0.88	0.58	—	0.60	—	—	—	—	—	—
50	皮大麦	88.3	10.4	0.35	0.12	—	—	0.33	0.50	0.20	0.32	0.72	0.48	—	0.47	—	—	—	—	—	—
51	皮大麦	87.5	12.5	0.37	0.14	—	—	0.35	0.56	0.23	0.39	0.83	0.55	—	0.54	—	—	—	—	—	—
52	皮大麦	90.1	15.2	0.44	0.17	—	—	0.43	0.65	0.26	0.46	0.97	0.66	—	0.65	—	—	—	—	—	—
53	皮大麦	91.6	11.2	0.35	0.13	—	—	0.34	0.52	0.20	0.34	0.74	0.51	—	0.47	—	—	—	—	—	—
54	皮大麦	86.4	8.9	0.32	0.13	—	—	0.32	0.48	0.19	0.31	0.69	0.47	—	0.44	—	—	—	—	—	—
1	裸大麦	90.4	11.9	0.40	0.10	0.23	—	0.38	0.61	0.24	0.38	0.76	0.58	—	0.58	—	—	—	—	—	—
2	裸大麦	90.1	10.7	0.38	0.12	0.20	—	0.36	0.54	0.19	0.35	0.70	0.55	—	0.57	—	—	—	—	—	—
3	裸大麦	90.0	11.8	0.40	0.21	0.23	—	0.38	0.59	0.21	0.39	0.77	0.57	—	0.64	—	—	—	—	—	—
4	裸大麦	90.6	11.1	0.39	0.08	0.22	—	0.38	0.56	0.19	0.37	0.75	0.57	—	0.60	—	—	—	—	—	—
5	裸大麦	90.7	12.3	0.42	0.12	0.24	—	0.40	0.61	0.20	0.41	0.82	0.61	—	0.65	—	—	—	—	—	—
6	裸大麦	90.4	10.4	0.35	0.11	0.22	—	0.35	0.51	0.17	0.35	0.69	0.55	—	0.53	—	—	—	—	—	—

续表1-5-2

样品编号	饲料名称	干物质	粗蛋白质	赖氨酸	蛋氨酸	胱氨酸	色氨酸	苏氨酸	精氨酸	组氨酸	异亮氨酸	亮氨酸	缬氨酸	酪氨酸	苯丙氨酸	丝氨酸	谷氨酸	甘氨酸	丙氨酸	脯氨酸	天冬氨酸
		DM	CP	Lys	Met	Cys	Trp	Thr	Arg	His	Ile	Leu	Val	Tyr	Phe	Ser	Glu	Gly	Ala	Pro	Asp
7	裸大麦	90.6	10.9	0.38	0.20	0.24	—	0.38	0.56	0.18	0.36	0.74	0.55	—	0.55	—	—	—	—	—	—
8	裸大麦	91.4	19.0	0.60	0.16	0.37	—	0.60	0.90	0.37	0.60	1.26	0.88	—	1.00	—	—	—	—	—	—
9	裸大麦	90.8	16.7	0.54	0.11	0.32	—	0.50	0.77	0.30	0.54	1.05	0.75	—	0.84	—	—	—	—	—	—
10	裸大麦	89.4	10.9	0.43	0.20	0.23	—	0.38	0.57	0.18	0.38	0.76	0.56	—	0.57	—	—	—	—	—	—
11	裸大麦	89.7	10.5	0.37	0.11	0.20	—	0.35	0.51	0.16	0.35	0.70	0.55	—	0.54	—	—	—	—	—	—
12	裸大麦	90.2	9.4	0.38	0.19	0.18	—	0.33	0.51	0.14	0.32	0.65	0.51	—	0.49	—	—	—	—	—	—
13	裸大麦	90.1	9.9	0.36	0.17	0.19	—	0.33	0.48	0.14	0.33	0.67	0.50	—	0.53	—	—	—	—	—	—
14	裸大麦	89.5	10.7	0.40	0.09	0.23	—	0.38	0.55	0.15	0.36	0.74	0.58	—	0.57	—	—	—	—	—	—
15	裸大麦	89.0	10.5	0.39	0.10	0.21	—	0.37	0.54	0.14	0.34	0.72	0.57	—	0.55	—	—	—	—	—	—
16	裸大麦	89.0	11.3	0.43	0.08	0.22	—	0.41	0.59	0.16	0.39	0.80	0.62	—	0.60	—	—	—	—	—	—
17	裸大麦	89.1	11.0	0.41	0.19	0.24	—	0.41	0.58	0.15	0.37	0.77	0.57	—	0.57	—	—	—	—	—	—
18	裸大麦	91.3	18.4	0.61	0.16	0.29	—	0.60	0.84	—	0.61	1.24	0.84	—	0.98	—	—	—	—	—	—
19	裸大麦	91.1	16.0	0.48	0.14	0.27	—	0.47	0.73	—	0.49	1.02	0.69	—	0.81	—	—	—	—	—	—
20	裸大麦	87.7	16.6	0.55	0.19	0.27	—	0.54	0.78	0.19	0.55	1.12	0.78	—	0.89	—	—	—	—	—	—
21	裸大麦	88.2	14.1	0.51	0.15	0.23	—	0.47	0.72	0.16	0.46	0.95	0.69	—	0.76	—	—	—	—	—	—
22	裸大麦	90.5	12.8	0.45	0.21	0.29	—	0.46	0.66	0.15	0.44	0.92	0.64	—	0.66	—	—	—	—	—	—
23	裸大麦	91.4	18.2	0.57	0.13	0.37	—	0.57	0.83	0.33	0.58	1.21	0.82	—	0.96	—	—	—	—	—	—
24	裸大麦	91.3	21.3	0.61	0.10	0.34	—	0.56	0.95	0.07	0.68	1.40	0.95	—	1.15	—	—	—	—	—	—
25	裸大麦	88.6	11.8	0.45	0.09	0.23	—	0.41	0.61	0.17	0.38	0.78	0.61	—	0.60	—	—	—	—	—	—
26	裸大麦	91.5	15.4	0.54	0.11	0.28	—	0.53	0.74	—	0.50	1.09	0.72	—	0.81	—	—	—	—	—	—
27	裸大麦	91.0	17.0	0.54	0.10	0.29	—	0.48	0.76	—	0.57	1.12	0.76	—	0.01	—	—	—	—	—	—
28	裸大麦	89.0	11.1	0.39	0.08	0.22	—	0.37	0.55	0.15	0.35	0.70	0.57	—	0.52	—	—	—	—	—	—
29	裸大麦	88.8	14.7	0.51	0.18	0.25	—	0.50	0.71	0.20	0.50	1.00	0.71	—	0.80	—	—	—	—	—	—
30	裸大麦	89.1	13.1	0.47	0.19	0.28	—	0.47	0.69	0.16	0.47	0.96	0.69	—	0.68	—	—	—	—	—	—
31	裸大麦	90.7	14.2	0.46	0.22	0.29	—	0.48	0.67	0.16	0.44	0.97	0.66	—	0.73	—	—	—	—	—	—
32	裸大麦	88.2	11.9	0.42	0.07	0.26	—	0.43	0.60	0.13	0.41	0.86	0.64	—	0.62	—	—	—	—	—	—
33	裸大麦	88.8	11.7	0.42	0.09	0.23	—	0.41	0.08	0.12	0.38	0.81	0.59	—	0.60	—	—	—	—	—	—
34	裸大麦	88.7	12.4	0.45	0.19	0.27	—	0.45	0.66	0.14	0.42	0.87	0.64	—	0.61	—	—	—	—	—	—
35	裸大麦	89.9	14.3	0.48	0.15	0.27	—	0.48	0.68	0.14	0.47	0.98	0.67	—	0.74	—	—	—	—	—	—
36	裸大麦	88.2	13.4	0.45	0.20	0.29	—	0.45	0.66	0.14	0.45	0.95	0.67	—	0.69	—	—	—	—	—	—

续表1-5-2

样品编号	饲料名称	干物质	粗蛋白质	赖氨酸	蛋氨酸	胱氨酸	色氨酸	苏氨酸	精氨酸	组氨酸	异亮氨酸	亮氨酸	缬氨酸	酪氨酸	苯丙氨酸	丝氨酸	谷氨酸	甘氨酸	丙氨酸	脯氨酸	天冬氨酸
		DM	CP	Lys	Met	Cys	Trp	Thr	Arg	His	Ile	Leu	Val	Tyr	Phe	Ser	Glu	Gly	Ala	Pro	Asp
37	裸大麦	89.3	14.5	0.49	0.16	0.33	—	0.47	0.69	0.27	0.50	0.98	0.67	—	0.77	—	—	—	—	—	—
38	裸大麦	89.3	15.8	0.52	0.14	0.32	—	0.52	0.71	0.30	0.53	1.08	0.75	—	0.84	—	—	—	—	—	—
39	裸大麦	90.8	16.4	0.57	0.07	0.26	—	0.53	0.77	—	0.48	1.00	0.71	—	0.84	—	—	—	—	—	—
40	裸大麦	88.6	12.7	0.41	0.20	0.23	—	0.41	0.60	0.12	0.39	0.81	0.57	—	0.58	—	—	—	—	—	—
7	谷子	89.9	8.3	0.19	0.31	—	—	0.30	0.30	0.17	0.33	0.83	0.38	—	0.45	—	—	—	—	—	—
34	谷子	90.5	10.8	0.14	0.25	—	—	0.36	0.28	0.21	0.38	1.28	0.43	—	0.51	—	—	—	—	—	—
35	谷子	88.9	10.8	0.14	0.25	—	—	0.36	0.26	0.21	0.38	1.15	0.43	—	0.49	—	—	—	—	—	—
36	谷子	88.7	9.7	0.18	0.24	—	—	0.36	0.30	0.20	0.36	1.01	0.43	—	0.46	—	—	—	—	—	—
38	谷子	90.5	10.0	0.18	0.25	—	—	0.36	0.31	0.20	0.36	1.14	0.45	—	0.48	—	—	—	—	—	—
43	谷子	90.2	9.4	0.19	0.27	—	—	0.38	0.35	0.21	0.36	1.09	0.44	—	0.49	—	—	—	—	—	—
44	谷子	90.3	8.6	0.15	0.26	—	—	0.32	0.29	0.18	0.33	0.95	0.41	—	0.45	—	—	—	—	—	—
45	谷子	90.4	11.7	0.17	0.30	—	—	0.51	0.38	0.27	0.50	1.89	0.57	—	0.69	—	—	—	—	—	—
47	谷子	91.8	10.4	0.18	0.25	—	—	0.40	0.34	0.23	0.39	1.26	0.45	—	0.51	—	—	—	—	—	—
49	谷子	92.0	14.2	0.15	0.30	—	—	0.42	0.31	0.23	0.44	1.45	0.49	—	0.59	—	—	—	—	—	—
1	甘薯干	92.4	4.0	0.20	0.05	0.09	—	0.23	0.14	0.07	0.17	0.23	0.21	—	0.23	—	—	—	—	—	—
2	甘薯干	93.1	3.9	0.16	0.03	0.11	—	0.15	0.15	0.04	0.16	0.24	0.26	—	0.13	—	—	—	—	—	—
3	甘薯干	90.9	4.6	0.16	0.10	0.11	—	0.18	0.18	0.07	0.19	0.29	0.26	—	0.16	—	—	—	—	—	—
4	甘薯干	93.8	4.5	0.18	0	0.06	—	0.18	0.17	0.06	0.20	0.30	0.31	—	0.17	—	—	—	—	—	—
5	甘薯干	90.9	4.5	0.20	0.02	0.09	—	0.19	0.18	0.07	0.18	0.27	0.30	—	0.18	—	—	—	—	—	—
6	甘薯干	93.5	4.7	0.17	0.09	0.16	—	0.26	0.12	0.05	0.15	0.25	0.29	—	0.23	—	—	—	—	—	—
7	甘薯干	92.6	4.8	0.22	0.08	0.11	—	0.21	0.20	0.08	0.20	0.31	0.29	—	0.20	—	—	—	—	—	—
8	甘薯干	91.2	5.1	0.05	0.07	0.10	—	0.23	0.24	0.07	0.21	0.30	0.31	—	0.28	—	—	—	—	—	—
9	甘薯干	94.9	3.9	0.16	0	0.07	—	0.16	0.17	0.06	0.15	0.25	0.27	—	0.14	—	—	—	—	—	—
10	甘薯干	92.8	5.2	0.26	0.06	0.12	—	0.28	0.23	0.08	0.27	0.39	0.42	—	0.28	—	—	—	—	—	—
11	甘薯干	89.3	5.1	0.20	0	0.08	—	0.29	0.21	0.08	0.16	0.36	0.31	—	0.27	—	—	—	—	—	—
12	甘薯干	93.3	3.9	0.21	0.09	0.03	—	0.17	0.18	0.06	0.20	0.29	0.27	—	0.16	—	—	—	—	—	—
13	甘薯干	92.1	5.2	0.19	0.05	0.09	—	0.20	0.16	0.07	0.22	0.28	0.31	—	0.22	—	—	—	—	—	—
14	甘薯干	92.5	4.0	0.06	0.05	0	—	0.13	0.09	0.49	0.12	0.21	0.23	—	0.19	—	—	—	—	—	—
15	甘薯干	95.2	5.4	0.17	0	0.08	—	0.26	0.21	0.09	0.18	0.36	0.33	—	0.28	—	—	—	—	—	—
16	甘薯干	93.9	6.6	0.28	0.09	0.10	—	0.33	0.29	0.11	0.26	0.45	0.42	—	0.34	—	—	—	—	—	—

续表1-5-2

样品编号	饲料名称	干物质 DM	粗蛋白质 CP	赖氨酸 Lys	蛋氨酸 Met	胱氨酸 Cys	色氨酸 Trp	苏氨酸 Thr	精氨酸 Arg	组氨酸 His	异亮氨酸 Ile	亮氨酸 Leu	缬氨酸 Val	酪氨酸 Tyr	苯丙氨酸 Phe	丝氨酸 Ser	谷氨酸 Glu	甘氨酸 Gly	丙氨酸 Ala	脯氨酸 Pro	天冬氨酸 Asp
17	甘薯干	92.5	3.9	0.14	0.07	0.07	—	0.14	0.17	0.06	0.10	0.23	0.21	—	0.19	—	—	—	—	—	—
18	甘薯干	94.3	4.7	0.18	0.03	0.08	—	0.18	0.26	0.06	0.15	0.27	0.25	—	0.23	—	—	—	—	—	—
19	甘薯干	93.9	3.9	0.16	0.05	0.07	—	0.13	0.16	0	0.17	0.25	0.28	—	0.23	—	—	—	—	—	—
20	甘薯干	92.6	4.3	0.17	0.10	0.07	—	0.16	0.14	0.09	0.16	0.26	0.27	—	0.24	—	—	—	—	—	—
21	甘薯干	92.8	3.7	0.16	0.04	0.08	—	0.14	0.14	0.05	0.15	0.23	0.34	—	0.22	—	—	—	—	—	—
22	甘薯干	92.1	4.2	0.18	0.13	0.08	—	0.18	0.19	0.11	0.18	0.32	0.30	—	0.23	—	—	—	—	—	—
23	甘薯干	92.6	3.5	0.14	0.04	0.05	—	0.13	0.17	0.03	0.13	0.23	0.20	—	0.21	—	—	—	—	—	—
24	甘薯干	92.5	3.8	0.18	0.04	0.06	—	0.16	0.11	0.07	0.15	0.23	0.28	—	0.14	—	—	—	—	—	—
25	甘薯干	92.1	7.2	0.28	0.03	0.12	—	0.32	0.29	0.16	0.32	0.49	0.42	—	0.36	—	—	—	—	—	—
26	甘薯干	92.3	4.3	0.21	0.02	0.06	—	0.21	0.20	0.07	0.22	0.33	0.29	—	0.23	—	—	—	—	—	—
27	甘薯干	92.6	4.8	0.23	0.04	0.06	—	0.23	0.08	0.08	0.22	0.35	0.34	—	0.10	—	—	—	—	—	—
28	甘薯干	91.3	4.4	0.22	0.05	0.08	—	0.19	0.19	0.07	0.22	0.32	0.30	—	0.20	—	—	—	—	—	—
29	甘薯干	95.6	4.4	0.14	0.08	0.08	—	0.22	0.18	0.07	0.23	0.36	0.32	—	0.24	—	—	—	—	—	—
30	甘薯干	92.9	3.5	0.15	0.03	0.05	—	0.13	0.18	0.07	0.17	0.25	0.34	—	0.20	—	—	—	—	—	—
31	甘薯干	92.0	3.9	0.17	0.06	0.07	—	0.17	0.20	0.10	0.17	0.25	0.28	—	0.17	—	—	—	—	—	—
32	甘薯干	94.4	3.9	0.19	0.06	0.08	—	0.18	0.17	0.06	0.16	0.26	0.26	—	0.06	—	—	—	—	—	—
33	甘薯干	92.6	3.6	0.17	0.07	0.07	—	0.18	0.19	0.07	0.13	0.22	0.25	—	0.19	—	—	—	—	—	—
34	甘薯干	91.8	4.0	0.16	0.12	0.07	—	0.15	0.22	0.07	0.17	0.28	0.28	—	0.19	—	—	—	—	—	—
35	甘薯干	94.8	3.2	0.14	0.03	0.07	—	0.15	0.16	0.05	0.11	0.21	0.21	—	0.15	—	—	—	—	—	—
36	甘薯干	92.6	3.0	0.15	0.09	0.05	—	0.16	0.17	0.06	0.12	0.21	0.26	—	0.20	—	—	—	—	—	—
37	甘薯干	91.0	3.4	0.12	0.06	0.10	—	0.12	0.23	0.05	0.16	0.22	0.31	—	0.20	—	—	—	—	—	—
38	甘薯干	94.4	3.9	0.17	0.03	0.07	—	0.13	0.04	0.06	0.15	0.24	0.25	—	0.11	—	—	—	—	—	—
39	甘薯干	94.4	4.2	0.12	0.14	0.08	—	0.14	0.12	0.05	0.15	0.22	0.25	—	0.19	—	—	—	—	—	—
40	甘薯干	93.0	3.8	0.14	0.06	0.07	—	0.14	0.10	0.07	0.14	0.24	0.22	—	0.19	—	—	—	—	—	—
1	甘薯叶粉	90.3	20.5	0.62	0.07	0.24	—	0.69	0.75	0.31	0.64	1.05	0.99	—	0.71	—	—	—	—	—	—
2	甘薯叶粉	87.2	20.2	0.66	0.22	0.24	—	—	0.77	0.32	0.65	1.13	0.81	—	0.69	—	—	—	—	—	—
3	甘薯叶粉	90.9	21.3	0.62	0.18	0.31	—	0.78	0.85	0.36	0.65	1.16	0.84	—	0.76	—	—	—	—	—	—
4	甘薯叶粉	91.7	22.6	0.69	0.20	0.26	—	0.74	0.89	0.36	0.70	1.18	0.82	—	0.72	—	—	—	—	—	—
5	甘薯叶粉	91.0	25.7	0.74	0.17	0.30	—	0.76	0.90	0.36	0.66	1.12	0.81	—	0.74	—	—	—	—	—	—
6	甘薯叶粉	89.8	25.0	0.84	0.15	0.33	—	0.86	1.13	0.43	0.74	1.38	1.02	—	0.89	—	—	—	—	—	—

续表1-5-2

样品编号	饲料名称	干物质	粗蛋白质	赖氨酸	蛋氨酸	胱氨酸	色氨酸	苏氨酸	精氨酸	组氨酸	异亮氨酸	亮氨酸	缬氨酸	酪氨酸	苯丙氨酸	丝氨酸	谷氨酸	甘氨酸	丙氨酸	脯氨酸	天冬氨酸
		DM	CP	Lys	Met	Cys	Trp	Thr	Arg	His	Ile	Leu	Val	Tyr	Phe	Ser	Glu	Gly	Ala	Pro	Asp
7	甘薯叶粉	90.9	23.3	0.75	0.15	0.32	—	0.86	1.00	0.38	0.71	1.22	0.89	—	0.78	—	—	—	—	—	—
8	甘薯叶粉	91.6	23.0	0.76	0.16	0.32	—	0.82	0.92	0.36	0.69	1.23	0.92	—	0.77	—	—	—	—	—	—
9	甘薯叶粉	91.2	27.8	0.80	0.18	0.18	—	0.85	1.00	0.42	0.72	1.26	0.91	—	0.82	—	—	—	—	—	—
10	甘薯叶粉	90.8	26.0	0.84	0.23	0.29	—	0.95	1.05	0.41	0.78	1.37	1.07	—	0.99	—	—	—	—	—	—
13	甘薯叶粉	89.4	24.8	0.74	0.25	0.29	—	0.78	0.99	0.39	0.73	1.26	0.92	—	0.87	—	—	—	—	—	—
14	甘薯叶粉	89.5	26.2	0.84	0.20	0.32	—	0.91	1.03	0.45	0.70	1.27	1.02	—	0.99	—	—	—	—	—	—
15	甘薯叶粉	89.8	24.7	0.80	0.18	0.34	—	0.85	0.98	0.42	0.73	1.28	0.98	—	0.91	—	—	—	—	—	—
16	甘薯叶粉	91.5	26.2	0.79	0.23	0.31	—	0.83	1.01	0.44	0.67	1.25	0.91	—	0.84	—	—	—	—	—	—
17	甘薯叶粉	95.7	21.5	0.61	0.06	0.32	—	0.65	0.79	0.36	0.61	0.97	0.80	—	0.77	—	—	—	—	—	—
18	甘薯叶粉	90.2	20.1	0.80	0.20	0.43	—	0.82	0.93	0.40	0.75	1.29	0.99	—	0.80	—	—	—	—	—	—
19	甘薯叶粉	91.3	18.8	0.76	0.19	0.30	—	0.77	0.76	0.36	0.62	1.16	0.88	—	0.74	—	—	—	—	—	—
20	甘薯叶粉	89.3	20.9	0.92	0.26	0.37	—	0.94	0.97	0.46	0.81	1.43	1.09	—	0.90	—	—	—	—	—	—
21	甘薯叶粉	90.9	21.4	0.84	0.22	0.43	—	0.86	0.97	0.39	0.67	1.25	1.00	—	0.83	—	—	—	—	—	—
22	甘薯叶粉	89.9	20.3	0.75	0.24	0.39	—	0.82	0.88	0.41	0.75	1.24	1.00	—	0.80	—	—	—	—	—	—
23	甘薯叶粉	89.1	20.7	0.78	0.11	0.33	—	0.76	0.77	0.39	0.69	1.23	0.99	—	0.80	—	—	—	—	—	—
24	甘薯叶粉	89.6	23.5	0.84	0.26	0.41	—	0.86	1.03	0.44	0.80	1.37	1.06	—	0.87	—	—	—	—	—	—
25	甘薯叶粉	88.7	25.6	0.82	0.24	0.38	—	0.82	1.05	0.47	0.76	1.30	1.14	—	0.86	—	—	—	—	—	—
26	甘薯叶粉	90.2	21.5	0.86	0.24	0.41	—	0.83	0.95	0.41	0.78	1.40	1.00	—	0.90		—	—	—	—	—
27	甘薯叶粉	89.7	21.7	0.82	0.24	0.44	—	0.82	0.91	0.39	0.70	1.32	0.93	—	0.83	—	—	—	—	—	—
28	甘薯叶粉	89.7	25.1	0.92	0.27	0.47	—	0.97	1.06	0.46	0.74	1.42	1.03	—	0.92	—	—	—	—	—	—
29	甘薯叶粉	90.4	23.3	0.89	0.21	0.46	—	0.85	0.93	0.43	0.70	1.34	1.05	—	0.85	—	—	—	—	—	—
30	甘薯叶粉	90.3	19.8	0.80	0.21	0.42	—	0.80	0.75	0.39	0.62	1.19	0.91	—	0.81	—	—	—	—	—	—
31	甘薯叶粉	88.0	24.0	0.93	0.27	0.41	—	0.96	1.06	0.49	0.81	1.47	1.14	—	0.86	—	—	—	—	—	—
32	甘薯叶粉	90.2	20.4	0.80	0.23	0.35	—	0.85	0.95	0.38	0.73	1.29	0.92	—	0.84	—	—	—	—	—	—
33	甘薯叶粉	90.4	20.5	0.88	0.28	0.41	—	0.91	1.02	0.43	0.78	1.40	1.10	—	0.89		—	—	—	—	—
34	甘薯叶粉	89.4	21.3	0.84	0.27	0.38	—	0.94	0.94	0.40	0.72	1.34	0.98	—	0.88	—	—	—	—	—	—

续表1-5-2

样品编号	饲料名称	干物质 DM	粗蛋白质 CP	赖氨酸 Lys	蛋氨酸 Met	胱氨酸 Cys	色氨酸 Trp	苏氨酸 Thr	精氨酸 Arg	组氨酸 His	异亮氨酸 Ile	亮氨酸 Leu	缬氨酸 Val	酪氨酸 Tyr	苯丙氨酸 Phe	丝氨酸 Ser	谷氨酸 Glu	甘氨酸 Gly	丙氨酸 Ala	脯氨酸 Pro	天冬氨酸 Asp
35	甘薯叶粉	88.7	18.7	0.78	0.22	0.32	—	0.77	0.88	0.37	0.67	1.31	0.90	—	0.81	—	—	—	—	—	—
37	甘薯叶粉	88.4	18.8	0.74	0.25	0.37	—	0.77	0.78	0.34	0.68	1.19	0.86	—	0.73	—	—	—	—	—	—
38	甘薯叶粉	87.5	20.2	0.79	0.23	0.35	—	0.81	0.78	0.34	0.68	1.19	0.72	—	0.79	—	—	—	—	—	—
39	甘薯叶粉	88.3	22.3	0.85	0.26	0.41	—	0.86	0.97	0.41	0.74	1.31	0.97	—	0.93	—	—	—	—	—	—
40	甘薯叶粉	91.1	20.3	0.81	0.28	0.40	—	0.85	0.89	0.39	0.70	1.20	0.91	—	0.83	—	—	—	—	—	—

3. 矿物质含量

表 1-5-3　矿物质含量(含氯元素)

样品编号	饲料名称	干物质 DM(%)	钙 Ca(%)	磷 P(%)	钾 K(%)	钠 Na(%)	镁 Mg(%)	铁 Fe (mg/kg)	铜 Cu (mg/kg)	锰 Mn (mg/kg)	锌 Zn (mg/kg)	硒 Se (mg/kg)	钴 Co (mg/kg)	钼 Mo (mg/kg)	植酸磷 Phy-P(%)	盐分
1	高粱	89.6	0.22	0.30	—	—	—	—	—	—	—	—	—	—		
2	高粱	90.0	0.18	0.27	—	—	—	—	—	—	—	—	—	—		
3	高粱	89.6	0.15	0.35	—	—	—	—	—	—	—	—	—	—		
4	高粱	89.9	0.21	0.27	—	—	—	—	—	—	—	—	—	—		
5	高粱	90.1	0.16	0.35	—	—	—	—	—	—	—	—	—	—		
6	高粱	90.5	0.22	0.32	—	—	—	—	—	—	—	—	—	—		
7	高粱	90.0	0.21	0.27	—	—	—	—	—	—	—	—	—	—		
8	高粱	90.0	0.11	0.34					—	—	—	—	—	—		
9	高粱	90.0	0.12	0.37	—	—	—	—	—	—	—	—	—	—		
10	高粱	90.0	0.26	0.33	—	—	—	—	—	—	—	—	—	—		
11	高粱	90.0	0.17	0.39	—	—	—	—	—	—	—	—	—	—		
12	高粱	90.6	0.20	0.41	—	—	—	—	—	—	—	—	—	—		
13	高粱	90.5	0.20	0.34	—	—	—	—	—	—	—	—	—	—		
14	高粱	90.5	0.44	0.31	—	—	—	—	—	—	—	—	—	—		
15	高粱	90.2	0.24	0.33	—	—	—	—	—	—	—	—	—	—		
16	高粱	90.5	0.11	0.30	—	—	—	—	—	—	—	—	—	—		

续表1-5-3

样品编号	饲料名称	干物质 DM(%)	钙 Ca(%)	磷 P(%)	钾 K(%)	钠 Na(%)	镁 Mg(%)	铁 Fe (mg/kg)	铜 Cu (mg/kg)	锰 Mn (mg/kg)	锌 Zn (mg/kg)	硒 Se (mg/kg)	钴 Co (mg/kg)	钼 Mo (mg/kg)	植酸磷 Phy-P(%)	盐分
18	高粱	90.8	0.29	0.29	—	—	—	—	—	—	—	—	—	—		
19	高粱	90.5	0.33	0.38	—	—	—	—	—	—	—	—	—	—		
20	高粱	89.3	0.34	0.42	—	—	—	—	—	—	—	—	—	—		
21	高粱	89.1	0.34	0.45	—	—	—	—	—	—	—	—	—	—		
22	高粱	90.6	0.32	0.42	—	—	—	—	—	—	—	—	—	—		
23	高粱	90.4	0.26	0.40	—	—	—	—	—	—	—	—	—	—		
24	高粱	90.6	0.04	0.38	—	—	—	—	—	—	—	—	—	—		
25	高粱	91.0	0.21	0.39	—	—	—	—	—	—	—	—	—	—		
26	高粱	89.6	0.05	0.41	—	—	—	—	—	—	—	—	—	—		
27	高粱	89.8	0.12	0.41	—	—	—	—	—	—	—	—	—	—		
28	高粱	90.2	0.19	0.45	—	—	—	—	—	—	—	—	—	—		
29	高粱	91.5	0.14	0.48	—	—	—	—	—	—	—	—	—	—		
30	高粱	91.3	0.07	0.47	—	—	—	—	—	—	—	—	—	—		
31	高粱	91.1	0.10	0.40	—	—	—	—	—	—	—	—	—	—		
32	高粱	91.4	0.04	0.39	—	—	—	—	—	—	—	—	—	—		
33	高粱	92.5	0.08	0.43	—	—	—	—	—	—	—	—	—	—		
34	高粱	90.6	0.08	0.42	—	—	—	—	—	—	—	—	—	—		
35	高粱	89.8	0.08	0.49	—	—	—	—	—	—	—	—	—	—		
36	高粱	90.1	0.09	0.37	—	—	—	—	—	—	—	—	—	—		
38	高粱	90.4	0.06	0.38	—	—	—	—	—	—	—	—	—	—		
39	高粱	90.8	0.07	0.43	—	—	—	—	—	—	—	—	—	—		
40	高粱	89.5	0.08	0.38	—	—	—	—	—	—	—	—	—	—		
41	高粱	89.6	0.04	0.40	—	—	—	—	—	—	—	—	—	—		
42	高粱	90.2	0.05	0.39	—	—	—	—	—	—	—	—	—	—		
43	高粱	89.5	0.05	0.38	—	—	—	—	—	—	—	—	—	—		
44	高粱	89.6	0.08	0.48	—	—	—	—	—	—	—	—	—	—		
45	高粱	91.3	0.06	0.36	—	—	—	—	—	—	—	—	—	—		

续表1-5-3

样品编号	饲料名称	干物质 DM(%)	钙 Ca(%)	磷 P(%)	钾 K(%)	钠 Na(%)	镁 Mg(%)	铁 Fe (mg/kg)	铜 Cu (mg/kg)	锰 Mn (mg/kg)	锌 Zn (mg/kg)	硒 Se (mg/kg)	钴 Co (mg/kg)	钼 Mo (mg/kg)	植酸磷 Phy-P(%)	盐分
46	高粱	90.0	0.08	0.43	—	—	—	—	—	—	—	—	—	—		
47	高粱	91.2	0.05	0.40	—	—	—	—	—	—	—	—	—	—		
48	高粱	89.5	0.06	0.40	—	—	—	—	—	—	—	—	—	—		
49	高粱	90.8	0.10	0.40	—	—	—	—	—	—	—	—	—	—		
50	高粱	90.5	0.03	0.37	—	—	—	—	—	—	—	—	—	—		
51	高粱	90.5	0.11	0.42	—	—	—	—	—	—	—	—	—	—		
52	高粱	91.4	0.07	0.40	—	—	—	—	—	—	—	—	—	—		
53	高粱	90.7	0.06	0.47	—	—	—	—	—	—	—	—	—	—		
54	高粱	90.0	0.05	0.45	—	—	—	—	—	—	—	—	—	—		
55	高粱	90.6	0.07	0.46	—	—	—	—	—	—	—	—	—	—		
56	高粱	91.1	0.05	0.45	—	—	—	—	—	—	—	—	—	—		
57	高粱	91.3	0.07	0.40	—	—	—	—	—	—	—	—	—	—		
58	高粱	91.4	0.06	0.39	—	—	—	—	—	—	—	—	—	—		
59	高粱	91.2	0.10	0.36	—	—	—	—	—	—	—	—	—	—		
60	高粱	90.6	0.09	0.57	—	—	—	—	—	—	—	—	—	—		
61	高粱	91.0	0.03	0.42	—	—	—	—	—	—	—	—	—	—		
62	高粱	90.9	0.12	0.43	—	—	—	—	—	—	—	—	—	—		
63	高粱	91.3	0.07	0.44	—	—	—	—	—	—	—	—	—	—		
64	高粱	90.3	0.13	0.41	—	—	—	—	—	—	—	—	—	—		
65	高粱	90.4	0.04	0.39	—	—	—	—	—	—	—	—	—	—		
66	高粱	90.4	0.09	0.40	—	—	—	—	—	—	—	—	—	—		
67	高粱	91.0	0.23	0.32	—	—	—	—	—	—	—	—	—	—		
68	高粱	91.8	0.28	0.38	—	—	—	—	—	—	—	—	—	—		
69	高粱	90.0	0.09	0.32	—	—	—	—	—	—	—	—	—	—		
70	高粱	91.6	0.09	0.39	—	—	—	—	—	—	—	—	—	—		
71	高粱	90.9	0.09	0.35	—	—	—	—	—	—	—	—	—	—		
72	高粱	91.9	0.09	0.36	—	—	—	—	—	—	—	—	—	—		

续表1-5-3

样品编号	饲料名称	干物质 DM(%)	钙 Ca(%)	磷 P(%)	钾 K(%)	钠 Na(%)	镁 Mg(%)	铁 Fe (mg/kg)	铜 Cu (mg/kg)	锰 Mn (mg/kg)	锌 Zn (mg/kg)	硒 Se (mg/kg)	钴 Co (mg/kg)	钼 Mo (mg/kg)	植酸磷 Phy-P(%)	盐分
73	高粱	90.9	0.10	0.42	—	—	—	—	—	—	—	—	—	—		
74	高粱	90.5	0.09	0.33	—	—	—	—	—	—	—	—	—	—		
75	高粱	90.7	0.25	0.33	—	—	—	—	—	—	—	—	—	—		
76	高粱	92.5	0.12	0.38	—	—	—	—	—	—	—	—	—	—		
77	高粱	90.6	0.13	0.32	—	—	—	—	—	—	—	—	—	—		
78	高粱	91.1	0.24	0.34	—	—	—	—	—	—	—	—	—	—		
79	高粱	91.2	0.18	0.39	—	—	—	—	—	—	—	—	—	—		
80	高粱	87.6	0.18	0.31	—	—	—	—	—	—	—	—	—	—		
81	高粱	90.4	0.14	0.38	—	—	—	—	—	—	—	—	—	—		
82	高粱	90.8	0.10	0.35	—	—	—	—	—	—	—	—	—	—		
83	高粱	90.4	0.12	0.36	—	—	—	—	—	—	—	—	—	—		
84	高粱	90.6	0.14	0.36	—	—	—	—	—	—	—	—	—	—		
85	高粱	90.3	0.17	0.33	—	—	—	—	—	—	—	—	—	—		
86	高粱	90.5	0.17	0.22	—	—	—	—	—	—	—	—	—	—		
87	高粱	90.5	0.16	0.18	—	—	—	—	—	—	—	—	—	—		
88	高粱	90.7	0.13	0.22	—	—	—	—	—	—	—	—	—	—		
93	高粱	91.1	0.06	0.46	—	—	—	—	—	—	—	—	—	—		
1	皮大麦	90.3	0.07	0.34	—	—	—	—	—	—	—	—	—	—		
2	皮大麦	89.4	0.08	0.22	—	—	—	—	—	—	—	—	—	—		
3	皮大麦	89.4	0.12	0.20	—	—	—	—	—	—	—	—	—	—		
4	皮大麦	89.5	0.09	0.27	—	—	—	77	4.7	16.5	15.5	0.01	—	1.14		
5	皮大麦	88.1	0.08	0.44	—	—	—	—	—	—	—	—	—	—		
6	皮大麦	87.7	0.11	0.43	—	—	—	—	—	—	—	—	—	—		
7	皮大麦	89.4	0.10	0.33	—	—	—	—	—	—	—	—	—	—		
8	皮大麦	88.0	0.07	0.26	—	—	—	—	—	—	—	—	—	—		
9	皮大麦	87.0	0.08	0.21	—	—	—	—	—	—	—	—	—	—		
10	皮大麦	87.1	0.12	0.30	—	—	—	—	—	—	—	—	—	—		

续表1-5-3

样品编号	饲料名称	干物质 DM(%)	钙 Ca(%)	磷 P(%)	钾 K(%)	钠 Na(%)	镁 Mg(%)	铁 Fe (mg/kg)	铜 Cu (mg/kg)	锰 Mn (mg/kg)	锌 Zn (mg/kg)	硒 Se (mg/kg)	钴 Co (mg/kg)	钼 Mo (mg/kg)	植酸磷 Phy-P(%)	盐分
11	皮大麦	89.7	0.06	0.27	—	—	—	—	—	—	—	—	—	—		
12	皮大麦	89.0	0.09	0.31	—	—	—	—	—	—	—	—	—	—		
13	皮大麦	89.3	0.11	0.37	—	—	—	—	—	—	—	—	—	—		
14	皮大麦	90.0	0.10	0.39	—	—	—	—	—	—	—	—	—	—		
15	皮大麦	87.4	0.07	0.34	—	—	—	—	—	—	—	—	—	—		
16	皮大麦	87.5	0.08	0.31	—	—	—	—	—	—	—	—	—	—		
17	皮大麦	87.2	0.08	0.38	—	—	—	—	—	—	—	—	—	—		
18	皮大麦	90.5	0.07	0.29	—	—	—	—	—	—	—	—	—	—		
19	皮大麦	86.8	0.09	0.34	—	—	—	—	—	—	—	—	—	—		
20	皮大麦	87.9	0.11	0.40	—	—	—	—	—	—	—	—	—	—		
21	皮大麦	87.5	0.09	0.47	—	—	—	—	—	—	—	—	—	—		
22	皮大麦	87.1	0.13	0.19	—	—	—	—	—	—	—	—	—	—		
23	皮大麦	86.4	0.11	0.29	—	—	—	—	—	—	—	—	—	—		
24	皮大麦	86.3	0.10	0.19	—	—	—	—	—	—	—	—	—	—		
25	皮大麦	86.5	0.10	0.27	—	—	—	—	—	—	—	—	—	—		
26	皮大麦	87.3	0.09	0.33	—	—	—	—	—	—	—	—	—	—		
27	皮大麦	87.2	0.08	0.33	0.43	0.03	0.14	74	5.7	20.3	26.5	0.06	—	1.14		
28	皮大麦	87.5	0.09	0.29	0.48	0.03	0.15	95	5.7	20.2	26.6	0.06	—	1.74		
29	皮大麦	87.3	0.09	0.30	—	—	—	—	—	—	—	—	—	—		
30	皮大麦	87.4	0.07	0.30	—	—	—	—	—	—	—	—	—	—		
31	皮大麦	88.0	0.10	0.32	—	—	—	—	—	—	—	—	—	—		
32	皮大麦	85.9	0.07	0.28	—	—	—	—	—	—	—	—	—	—		
33	皮大麦	85.6	0.09	0.31	—	—	—	—	—	—	—	—	—	—		
34	皮大麦	88.0	0.05	0.31	—	—	—	—	—	—	—	—	—	—		
35	皮大麦	86.2	0.10	0.25	—	—	—	—	—	—	—	—	—	—		
36	皮大麦	86.6	0.10	0.30	—	—	—	—	—	—	—	—	—	—		
37	皮大麦	86.6	0.09	0.30	—	—	—	—	—	—	—	—	—	—		

续表1-5-3

样品编号	饲料名称	干物质 DM(%)	钙 Ca(%)	磷 P(%)	钾 K(%)	钠 Na(%)	镁 Mg(%)	铁 Fe (mg/kg)	铜 Cu (mg/kg)	锰 Mn (mg/kg)	锌 Zn (mg/kg)	硒 Se (mg/kg)	钴 Co (mg/kg)	钼 Mo (mg/kg)	植酸磷 Phy-P(%)	盐分
38	皮大麦	87.1	0.09	0.33	—	—	—	—	—	—	—	—	—	—		
39	皮大麦	94.9	0.12	0.29	—	—	—	—	—	—	—	—	—	—		
40	皮大麦	95.6	0.12	0.30	—	—	—	—	—	—	—	—	—	—		
41	皮大麦	86.3	0.09	0.32	—	—	—	—	—	—	—	—	—	—		
42	皮大麦	88.1	0.10	0.32	—	—	—	—	—	—	—	—	—	—		
43	皮大麦	87.4	0.06	0.37	—	—	—	—	—	—	—	—	—	—		
44	皮大麦	87.2	0.07	0.34	—	—	—	—	—	—	—	—	—	—		
45	皮大麦	88.0	0.05	0.41	—	—	—	—	—	—	—	—	—	—		
46	皮大麦	87.4	0.05	0.47	—	—	—	—	—	—	—	—	—	—		
47	皮大麦	88.0	0.06	0.28	—	—	—	—	—	—	—	—	—	—		
48	皮大麦	88.9	0.10	0.38	—	—	—	—	—	—	—	—	—	—		
49	皮大麦	88.3	0.09	0.44	—	—	—	—	—	—	—	—	—	—		
50	皮大麦	88.3	0.09	0.41	—	—	—	—	—	—	—	—	—	—		
51	皮大麦	87.5	0.08	0.45	—	—	—	—	—	—	—	—	—	—		
52	皮大麦	90.1	0.06	0.53	—	—	—	—	—	—	—	—	—	—		
53	皮大麦	91.6	0.06	0.45	—	—	—	—	—	—	—	—	—	—		
54	皮大麦	86.4	0.08	0.28	—	—	—	—	—	—	—	—	—	—		
1	谷子	89.3	0.09	—	—	—	—	—	—	—	—	—	—	—		
2	谷子	91.0	0.47	0.30	—	—	—	—	—	—	—	—	—	—		
3	谷子	91.2	0.12	0.34	—	—	—	—	—	—	—	—	—	—		
4	谷子	90.5	0.05	0.33	—	—	—	—	—	—	—	—	—	—		
5	谷子	90.6	0.50	0.34	—	—	—	—	—	—	—	—	—	—		
6	谷子	90.9	0.42	0.31	—	—	—	—	—	—	—	—	—	—		
7	谷子	89.9	0.09	—	—	—	—	—	—	—	—	—	—	—		
8	谷子	90.2	0.12	—	—	—	—	—	—	—	—	—	—	—		
9	谷子	90.1	0.13	—	—	—	—	—	—	—	—	—	—			
10	谷子	90.4	0.11	—	—	—	—	—	—	—	—	—	—	—		

续表1-5-3

样品编号	饲料名称	干物质 DM(%)	钙 Ca(%)	磷 P(%)	钾 K(%)	钠 Na(%)	镁 Mg(%)	铁 Fe (mg/kg)	铜 Cu (mg/kg)	锰 Mn (mg/kg)	锌 Zn (mg/kg)	硒 Se (mg/kg)	钴 Co (mg/kg)	钼 Mo (mg/kg)	植酸磷 Phy-P(%)	盐分
11	谷子	89.9	0.10	—	—	—	—	—	—	—	—	—	—	—		
12	谷子	90.7	0.10	—	—	—	—	—	—	—	—	—	—	—		
13	谷子	90.2	0.08	—	—	—	—	—	—	—	—	—	—	—		
14	谷子	90.5	0.08	—	—	—	—	—	—	—	—	—	—	—		
15	谷子	90.2	—	—	—	—	—	—	—	—	—	—	—	—		
16	谷子	90.4	0.12	—	—	—	—	—	—	—	—	—	—	—		
17	谷子	90.5	0.12	—	—	—	—	—	—	—	—	—	—	—		
18	谷子	90.0	0.09	—	—	—	—	—	—	—	—	—	—	—		
19	谷子	90.3	0.13	—	—	—	—	—	—	—	—	—	—	—		
20	谷子	90.1	0.08	—	—	—	—	—	—	—	—	—	—	—		
21	谷子	89.9	0.10	—	—	—	—	—	—	—	—	—	—	—		
22	谷子	89.7	0.15	—	—	—	—	—	—	—	—	—	—	—		
23	谷子	89.8	0.10	—	—	—	—	—	—	—	—	—	—	—		
24	谷子	90.1	0.13	—	—	—	—	—	—	—	—	—	—	—		
25	谷子	90.1	0.11	—	—	—	—	—	—	—	—	—	—	—		
26	谷子	90.3	0.14	—	—	—	—	—	—	—	—	—	—	—		
27	谷子	89.8	0.16	—	—	—	—	—	—	—	—	—	—	—		
28	谷子	90.5	0.14	—	—	—	—	—	—	—	—	—	—	—		
29	谷子	91.2	0.10	—	—	—	—		—	—	—	—	—	—		
30	谷子	90.7	0.10	—	—	—	—	—	—	—	—	—	—	—		
31	谷子	91.0	0.12	—	—	—	—	—	—	—	—	—	—	—		
32	谷子	89.7	0.12	—	—	—	—	—	—	—	—	—	—	—		
33	谷子	90.0	—	—	—	—	—	—	—	—	—	—	—	—		
34	谷子	90.5	—	—	—	—	—	—	—	—	—	—	—	—		
35	谷子	88.9	0.08	0.32	—	—	—	—	—	—	—	—	—	—		
36	谷子	88.7	0.16	0.31	—	—	—	—	—	—	—	—	—	—		
37	谷子	89.6	0.06	0.26	—	—	—	—	—	—	—	—	—	—		

续表1-5-3

样品编号	饲料名称	干物质 DM(%)	钙 Ca(%)	磷 P(%)	钾 K(%)	钠 Na(%)	镁 Mg(%)	铁 Fe (mg/kg)	铜 Cu (mg/kg)	锰 Mn (mg/kg)	锌 Zn (mg/kg)	硒 Se (mg/kg)	钴 Co (mg/kg)	钼 Mo (mg/kg)	植酸磷 Phy-P(%)	盐分
38	谷子	90.5	0.08	0.28	—	—	—	—	—	—	—	—	—	—		
39	谷子	90.5	0.07	0.28	—	—	—	—	—	—	—	—	—	—		
40	谷子	89.8	0.05	—	—	—	—	—	—	—	—	—	—	—		
41	谷子	89.3	0.07	0.28	—	—	—	—	—	—	—	—	—	—		
42	谷子	90.1	0.12	0.29	—	—	—	—	—	—	—	—	—	—		
43	谷子	90.2	0.12	0.26	—	—	—	—	—	—	—	—	—	—		
44	谷子	90.3	0.09	0.27	—	—	—	—	—	—	—	—	—	—		
45	谷子	90.4	0.03	0.28	—	—	—	—	—	—	—	—	—	—		
46	谷子	90.8	0.09	0.31	—	—	—	—	—	—	—	—	—	—		
47	谷子	91.8	0.08	0.31	—	—	—	—	—	—	—	—	—	—		
48	谷子	91.8	0.09	0.30	—	—	—	—	—	—	—	—	—	—		
49	谷子	92.0	0.07	0.34	—	—	—	—	—	—	—	—	—	—		
50	谷子	89.9	0.06	0.27	—	—	—	—	—	—	—	—	—	—		
1	甘薯干	92.4	0.16	0.20	0.44	0.40	0.08	92	8.7	7.9	7.2	0.02	—	0.52		
2	甘薯干	93.1	0.25	0.23	0.66	0.44	0.12	125	10.1	12.9	11.6	0.02	—	0.54		
3	甘薯干	90.9	0.16	0.26	0.82	0.45	0.11	159	12.8	8.5	13.5	0.03	—	0.68		
4	甘薯干	93.8	0.20	0.27	0.78	0.37	0.11	206	10.9	10.0	14.3	0.03	—	0.70		
5	甘薯干	90.9	0.14	0.23	0.65	0.35	0.09	131	8.4	5.1	10.1	0.02	—	0.66		
6	甘薯干	93.5	0.16	0.26	0.91	0.20	0.11	132	11.3	11.7	12.0	0.02		0.65		
7	甘薯干	92.6	0.15	0.20	0.55	0.20	0.10	132	7.8	10.6	9.0	0.02	—	0.58		
8	甘薯干	91.2	0.13	0.26	0.79	0.27	0.11	150	8.9	15.2	11.9	0.02	—	0.73		
9	甘薯干	94.9	0.14	0.26	0.58	0.39	0.07	122	8.9	7.9	10.0	0.02	—	0.60		
10	甘薯干	92.8	0.17	0.25	0.57	0.35	0.08	148	13.1	9.5	14.1	0.02	—	0.84		
11	甘薯干	89.3	0.23	0.23	0.71	0.35	0.11	245	10.6	8.7	13.4	0.02	—	0.79		
12	甘薯干	93.2	0.34	0.26	0.45	0.55	0.10	233	10.3	17.2	12.6	0.02	—	0.84		
13	甘薯干	92.1	0.22	0.24	0.66	0.56	0.10	207	10.3	9.6	10.8	0.02		0.66		
14	甘薯干	92.5	0.22	0.27	0.84	0.43	0.13	222	22.3	9.8	15.1	0.02	—	0.85		

续表1-5-3

样品编号	饲料名称	干物质DM(%)	钙Ca(%)	磷P(%)	钾K(%)	钠Na(%)	镁Mg(%)	铁 Fe(mg/kg)	铜 Cu(mg/kg)	锰 Mn(mg/kg)	锌 Zn(mg/kg)	硒 Se(mg/kg)	钴 Co(mg/kg)	钼 Mo(mg/kg)	植酸磷Phy-P(%)	盐分
15	甘薯干	95.2	0.19	0.25	1.02	0.42	0.11	208	9.7	13.7	15.2	0.02	—	0.81		
16	甘薯干	93.9	0.21	0.31	1.13	0.38	0.10	233	13.0	16.8	17.2	0.02	—	0.89		
17	甘薯干	92.5	0.35	0.25	0.99	0.27	0.17	241	11.5	10.2	14.4	0.02	—	0.91		
18	甘薯干	94.3	0.26	0.29	0.98	0.38	0.12	190	9.3	13.1	11.0	0.02	—	0.91		
19	甘薯干	93.9	0.19	0.25	0.64	0.39	0.10	140	8.5	9.8	11.7	0.02	—	1.04		
20	甘薯干	92.6	0.19	0.23	0.53	0.52	0.10	164	8.0	10.3	7.3	0.02	—	0.66		
21	甘薯干	92.8	0.21	0.24	0.77	0.49	0.12	172	8.9	7.1	10.1	0.02	—	0.66		
22	甘薯干	92.1	0.34	0.27	0.90	0.56	0.14	233	14.8	16.5	20.2	0.02	—	0.93		
23	甘薯干	92.6	0.30	0.27	0.55	0.61	0.10	201	11.2	14.8	10.7	0.02	—	0.84		
24	甘薯干	92.5	0.16	0.19	0.65	0.34	0.05	124	8.6	7.7	10.5	0.02	—	0.47		
25	甘薯干	92.1	0.36	0.29	1.02	0.40	0.12	179	14.7	7.0	15.6	0.02	—	0.74		
26	甘薯干	92.3	0.15	0.20	0.62	0.33	0.07	134	7.4	7.2	9.9	0.02	—	0.63		
27	甘薯干	92.6	0.23	0.27	0.71	0.46	0.11	160	10.1	15.2	13.8	0.02	—	0.84		
28	甘薯干	91.3	0.27	0.25	0.66	0.04	0.10	171	7.8	7.8	9.8	0.02	—	0.73		
29	甘薯干	95.6	0.12	0.22	0.08	0.38	0.08	154	8.0	7.1	14.0	0.02	—	0.69		
30	甘薯干	92.9	0.18	0.20	0.52	0.48	0.09	176	10.1	15.5	10.6	0.02	—	0.68		
31	甘薯干	92.0	0.18	0.24	0.95	0.39	0.11	283	9.4	14.2	11.9	0.02	—	0.87		
32	甘薯干	94.4	0.25	0.25	0.59	0.55	0.10	269	17.0	10.9	10.9	0.02	—	0.91		
33	甘薯干	92.2	0.19	0.31	0.65	0.58	0.08	140	8.1	13.6	10.0	0.02	—	0.64		
34	甘薯干	91.9	0.15	0.19	0.49	0.46	0.06	203	9.1	13.0	9.7	0.02	—	0.67		
35	甘薯干	94.8	0.14	0.20	0.44	0.42	0.07	115	8.6	7.4	7.8	0.02	—	0.59		
36	甘薯干	92.6	0.23	0.26	0.78	0.51	0.12	249	10.6	12.5	13.4	0.02	—	0.94		
37	甘薯干	91.0	0.20	0.22	0.47	0.59	0.09	172	8.3	10.6	8.2	0.02	—	0.85		
38	甘薯干	94.4	0.26	0.27	0.79	0.52	0.14	139	10.1	9.3	12.4	0.02	—	0.88		
39	甘薯干	94.4	0.12	0.24	0.68	0.42	0.07	148	7.3	7.2	9.7	0.02	—	0.74		
40	甘薯干	93.1	0.16	0.23	0.80	0.34	0.09	165	7.6	5.4	10.1	0.02	—	0.91		
41	甘薯干	87.3	0.07	0.12	0.61	0.57	0.06	67	4.4	3.8	6.3	0.02	—	0.06		

续表1-5-3

样品编号	饲料名称	干物质 DM(%)	钙 Ca(%)	磷 P(%)	钾 K(%)	钠 Na(%)	镁 Mg(%)	铁 Fe (mg/kg)	铜 Cu (mg/kg)	锰 Mn (mg/kg)	锌 Zn (mg/kg)	硒 Se (mg/kg)	钴 Co (mg/kg)	钼 Mo (mg/kg)	植酸磷 Phy-P(%)	盐分
42	甘薯干	87.7	0.18	0.14	0.74	0.73	0.11	158	5.7	8.3	8.6	0.03	—	0.74		
43	甘薯干	88.4	0.12	0.19	0.65	0.66	0.11	107	5.7	8.5	9.8	0.01	—	0.67		
44	甘薯干	87.8	0.14	0.17	0.63	0.61	0.11	71	5.4	6.1	7.0	0.01	—	0.70		
45	甘薯干	90.1	0.11	0.20	1.19	0.11	0.08	64	5.9	7.2	6.7	0.02	—	0.36		
46	甘薯干	90.9	0.11	0.23	1.01	0.13	0.07	73	4.8	6.5	7.5	0.01	—	0.41		
47	甘薯干	89.7	0.08	0.21	0.83	0.21	0.06	54	4.1	3.1	7.2	0.01	—	0.37		
48	甘薯干	92.2	0.11	0.18	0.85	0.10	0.06	70	2.8	5.3	6.2	0.01	—	0.70		
49	甘薯干	90.6	0.17	0.17	0.69	0.28	0.07	65	6.3	19.8	7.4	0.02	—	0.54		
50	甘薯干	91.3	0.21	0.21	0.67	0.57	0.10	91	7.4	15.5	9.0	0.03	—	0.63		
51	甘薯干	90.3	0.09	0.15	0.57	0.29	0.05	56	4.7	5.2	8.6	0.01	—	0.39		
52	甘薯干	91.2	0.13	0.16	0.88	0.51	0.06	76	5.4	9.5	9.6	0.08	—	0.67		
53	甘薯干	90.7	0.16	0.17	0.61	0.37	0.10	293	5.0	13.6	6.9	0.05	—	0.69		
54	甘薯干	91.0	0.13	0.15	0.89	0.22	0.05	100	5.2	6.4	7.1	0.02	—	0.50		
55	甘薯干	92.6	0.10	0.23	1.20	0.28	0.07	113	6.0	6.9	8.4	0.02	—	0.59		
56	甘薯干	95.8	0.14	0.23	0.79	0.31	0.08	93	6.9	17.1	16.0	0.02	—	0.47		
57	甘薯干	90.2	0.19	0.14	0.59	0.18	0.05	75	5.5	8.6	6.2	0.01	—	0.41		
58	甘薯干	92.1	0.12	0.17	0.68	0.16	0.05	72	4.1	6.9	5.4	0.02	—	0.42		
59	甘薯干	90.5	0.20	0.17	0.46	0.12	0.06	176	6.3	13.0	9.6	0.02	—	0.61		
60	甘薯干	89.8	0.13	0.19	1.26	0.27	0.06	176	5.7	9.1	10.5	0.01	—	0.49		
61	甘薯干	91.0	0.18	0.21	1.52	0.07	0.07	90	9.6	16.5	14.9	0.05	—	0.52		
62	甘薯干	92.0	0.08	0.15	1.17	0.15	0.04	59	4.1	2.9	4.9	0.02	—	0.30		
41	甘薯叶粉	90.7	1.57	0.29	1.17	0.58	0.98	928	13.3	88.0	31.4	0.14	—	2.40		
42	甘薯叶粉	91.4	1.91	0.32	1.26	0.42	0.93	1151	11.5	77.0	30.3	0.14	—	2.60		
43	甘薯叶粉	91.1	1.64	0.35	1.36	0.06	0.94	979	11.1	73.5	27.3	0.13	—	2.50		
44	甘薯叶粉	92.3	1.46	0.27	1.28	0.78	0.69	1010	12.4	73.3	27.8	0.15	—	2.14		
45	甘薯叶粉	92.1	1.31	0.44	1.32	0.88	0.44	507	15.8	79.5	23.5	0.14	—	1.66		
46	甘薯叶粉	91.8	1.29	0.41	1.47	—	0.41	460	13.5	57.2	24.5	0.13	—	1.48		

续表1-5-3

样品编号	饲料名称	干物质 DM(%)	钙 Ca(%)	磷 P(%)	钾 K(%)	钠 Na(%)	镁 Mg(%)	铁 Fe (mg/kg)	铜 Cu (mg/kg)	锰 Mn (mg/kg)	锌 Zn (mg/kg)	硒 Se (mg/kg)	钴 Co (mg/kg)	钼 Mo (mg/kg)	植酸磷 Phy-P(%)	盐分
47	甘薯叶粉	91.9	0.91	0.37	1.19	0.09	0.38	482	14.2	54.0	26.8	0.15	—	1.27		
48	甘薯叶粉	90.7	1.54	0.33	1.32	0.03	0.41	1769	13.5	95.2	42.2	0.13	—	4.99		
49	甘薯叶粉	92.8	1.66	0.32	1.40	0.05	0.52	454	9.5	161.5	22.5	0.09	—	1.95		
50	甘薯叶粉	91.8	1.53	0.34	1.14	0.38	0.74	1282	13.4	170.7	27.6	0.32	—	1.99		
51	甘薯叶粉	91.7	1.08	0.28	1.04	0.25	0.50	469	11.9	83.5	21.5	0.27	—	1.29		
52	甘薯叶粉	92.5	1.31	0.31	1.34	0.46	0.42	573	11.5	196.1	26.0	0.59	—	1.67		
53	甘薯叶粉	91.7	1.74	0.31	1.95	0.10	0.62	641	9.3	123.8	23.2	0.20	—	4.45		
54	甘薯叶粉	91.3	1.62	0.31	1.84	0.07	0.32	498	10.5	49.8	30.7	0.28	—	1.53		
55	甘薯叶粉	92.6	0.91	0.43	1.29	0.08	0.33	686	11.5	80.3	31.9	0.28	—	1.51		
56	甘薯叶粉	89.5	1.33	0.52	1.40	0.04	0.36	2305	16.6	173.6	55.8	0.18	—	3.14		
57	甘薯叶粉	91.6	1.15	0.45	1.48	0.06	0.29	696	14.2	123.7	30.6	0.16	—	1.67		
58	甘薯叶粉	93.6	0.80	0.37	1.39	0.02	0.22	573	10.6	78.8	40.1	0.04	—	1.26		
59	甘薯叶粉	91.3	2.53	0.32	1.12	0.16	0.86	716	11.8	138.8	22.2	0.17	—	2.56		
60	甘薯叶粉	92.8	1.31	0.29	1.35	1.06	0.65	533	10.7	93.7	22.2	0.08	—	1.62		
61	甘薯叶粉	92.1	1.14	0.37	1.44	0.02	0.47	588	15.8	270.8	30.1	0.26	—	1.45		
62	甘薯叶粉	92.3	1.12	0.30	1.15	0.18	0.26	514	8.8	79.6	24.6	0.14	—	1.22		
1	木薯干	89.6	0.85	0.09	—	—	—	896	78.9	310.0	586.7	—	—	—		
2	木薯干	88.4	0.20	0.10	—	—	—	—	—		—	—	—	—		
3	木薯干	87.4	0.20	0.10	—	—	—	—	—	—	—	—	—	—		
4	木薯干	89.8	0.24	0.08	—	—	—	—	—	—	—	—	—	—		
5	木薯干	89.0	0.23	0.09	—	—	—	95	4.5	45.7	49.0	—	—	—		
6	木薯干	87.1	0.27	0.10	—	—	—	—	—	—	—	—	—	—		
7	木薯干	91.1	0.17	0.06	—	—	—	363	5.9	54.4	64.8	—	—	—		
8	木薯干	90.6	0.20	0.08	—	—	—	—	—	—	—	—	—	—		
9	木薯干	88.4	0.44	0.10	—	—	—	—	—	—	—	—	—	—		
10	木薯干	89.8	0.51	0.09	—		—	221	23.0	128.2	131.4	—	—	—		
11	木薯干	90.1	0.23	0.07	—	—	—	—	—	—	—	—	—	—		

续表1-5-3

样品编号	饲料名称	干物质 DM(%)	钙 Ca(%)	磷 P(%)	钾 K(%)	钠 Na(%)	镁 Mg(%)	铁 Fe (mg/kg)	铜 Cu (mg/kg)	锰 Mn (mg/kg)	锌 Zn (mg/kg)	硒 Se (mg/kg)	钴 Co (mg/kg)	钼 Mo (mg/kg)	植酸磷 Phy-P(%)	盐分
12	木薯干	90.5	0.24	0.07	—	—	—	—	—	—	—	—	—	—		
17	木薯干	87.1	0.19	0.06	—	—	—	156	12.0	43.1	121.7	—	—	—		
18	木薯干	86.0	0.19	0.11	—	—	—	—	—	—	—	—	—	—		
19	木薯干	87.2	0.20	0.09	—	—	—	—	—	—	—	—	—	—		
20	木薯干	86.9	0.18	0.10	—	—	—	—	—	—	—	—	—	—		
21	木薯干	86.9	0.14	0.06	—	—	—	—	—	—	—	—	—	—		
22	木薯干	91.3	0.33	0.09	—	—	—	—	—	—	—	—	—	—		
23	木薯干	88.5	0.24	0.15	—	—	—	198	3.1	16.5	41.4	—	—	—		
24	木薯干	89.9	0.20	0.08	—	—	—	—	—	—	—	—	—	—		
25	木薯干	90.7	0.21	0.08	—	—	—	—	—	—	—	—	—	—		
26	木薯干	89.1	0.10	0.10	—	—	—	141	14.3	25.9	40.9	—	—	—		
27	木薯干	90.3	0.23	0.08	—	—	—	215	20.6	43.5	56.1	—	—	—		
28	木薯干	89.3	0.21	0.11	—	—	—	—	—	—	—	—	—	—		
29	木薯干	87.9	0.21	0.07	—	—	—	141	10.5	59.3	70.1	—	—	—		
30	木薯干	90.4	0.16	0.07	—	—	—	962	8.9	36.4	72.3	—	—	—		
34	木薯干	89.5	0.28	0.06	—	—	—	—	—	—	—	—	—	—		
35	木薯干	89.3	0.25	0.10	—	—	—	125	4.0	27.0	47.5	—	—	—		
36	木薯干	90.4	0.41	0.10	—	—	—	—	—	—	—	—	—	—		
37	木薯干	89.0	0.29	0.09	—	—	—	107	10.7	64.2	69.5	—	—	—		
38	木薯干	89.8	0.26	0.11	—	—		—	—	—	—	—	—	—		
39	木薯干	91.0	0.34	0.10	—	—	—	115	6.0	31.0	63.9	—	—	—		
40	木薯干	87.0	0.37	0.08	—	—	—	—	—	—	—	—	—	—		
41	木薯干	84.1	0.59	0.09	—	—	—	—	—	—	—	—	—	—		
52	木薯干	88.2	0.28	0.05	—	—	—	—	—	—	—	—	—	—		
53	木薯干	87.9	0.22	0.05		—	—	—	—	—	—	—	—	—		
54	木薯干	88.4	0.26	0.08	—	—	—	296	26.4	72.0	340.3	—	—	—		
55	木薯干	88.5	0.18	0.11	—	—	—	—	—	—	—	—	—	—		

续表1-5-3

样品编号	饲料名称	干物质 DM(%)	钙 Ca(%)	磷 P(%)	钾 K(%)	钠 Na(%)	镁 Mg(%)	铁 Fe (mg/kg)	铜 Cu (mg/kg)	锰 Mn (mg/kg)	锌 Zn (mg/kg)	硒 Se (mg/kg)	钴 Co (mg/kg)	钼 Mo (mg/kg)	植酸磷 Phy-P(%)	盐分
57	木薯干	87.7	0.28	0.12	—	—	—	—	—	—	—	—	—	—		
58	木薯干	87.8	0.47	0.07	—	—	—	—	—	—	—	—	—	—		

4.鸡饲料总能、代谢能(*in vivo* 法)

表 1-5-4 鸡饲料总能、代谢能(*in vivo* 法)

样品编号	饲料名称	饲料样品实体简述	干物质 DM(%)	总能 GE(Mcal/kg)	代谢能鸡 AMEch(Mcal/kg)
1	高粱	辽宁沈阳,八叶齐,褐,春播晚熟,GB 3 级	89.57	—	3.13
2	高粱	辽宁沈阳,沈杂 5 号,白,春播晚熟,GB 2 级	89.97	—	3.55
3	高粱	辽宁铁岭,铁杂 7 号,白,春播晚熟,GB 3 级	89.97	—	3.38
4	高粱	辽宁铁岭,T×622A,白,春播晚熟,GB 2 级	89.98	—	3.43
5	高粱	黑龙江齐齐哈尔,黑杂 34,褐,春播晚熟,GB 3 级	90.00	—	—
6	高粱	黑龙江集贤,红兴隆高粱,褐,春播晚熟,GB 2 级	90.04	—	3.23
7	高粱	黑龙江齐齐哈尔,红 283×7384,褐,春播晚熟,GB 2 级	90.51	—	—
8	高粱	辽宁沈阳,辽杂 1 号,黄,春播晚熟,GB 3 级	90.45	—	3.50
9	高粱	辽宁沈阳,辽杂 2 号,黄,春播晚熟,GB 2 级	90.23	—	3.49
10	高粱	四川合川,红高粱,褐,春夏兼播区,GB 等外	86.41	—	—
11	高粱	内蒙古哲蒙,内杂 5 号,褐,春播早熟,GB 2 级	90.79	—	3.11
12	高粱	吉林公主岭,吉杂 11,褐,春播早熟,GB 1 级	89.25	—	—
13	高粱	吉林公主岭,吉杂 52,褐,春播早熟,GB 1 级	89.11	—	3.20
14	高粱	吉林公主岭,吉杂 25,褐,春播早熟,GB 1 级	90.58	—	3.19
15	高粱	山东济南,鲁杂 3 号,黄,春夏兼播,GB 1 级	90.56	—	3.53
16	高粱	山东济南,鲁杂 211,褐,春夏兼播,GB 2 级	90.95	—	3.66
17	高粱	辽宁沈阳,小歪脖,褐,春播晚熟,GB 1 级	91.55	—	3.23
18	高粱	辽宁沈阳,黄壳黄粕,褐,春播晚熟,GB 1 级	89.79	—	3.07
19	高粱	辽宁沈阳,黏高粱,褐,春夏兼播区,GB 1 级	91.23	—	3.06
20	高粱	辽宁沈阳,打黄毛,褐,春夏兼播区,GB 3 级	91.45	—	3.02
21	高粱	辽宁沈阳,皮禾柳,黄,春夏兼播区,GB 3 级	91.29	—	3.23

续表1-5-4

样品编号	饲料名称	饲料样品实体简述	干物质 DM(%)	总能 GE(Mcal/kg)	代谢能鸡 AMEch(Mcal/kg)
22	高粱	山东乳山,香高粱,黄,春夏兼播区,GB 1 级	91.07	—	2.93
23	高粱	河南淅川,黑子高粱,褐,春夏兼播区,GB 等外	91.37	—	2.66
24	高粱	河南栾川,黑壳高粱,褐,春夏兼播区,GB 1 级	92.53	—	3.08
25	高粱	贵州赫章,红高粱,褐,春夏兼播区,GB 3 级	90.61	—	2.00
26	高粱	甘肃甘谷,扫帚高粱,褐,春播晚熟,GB 3 级	89.83	—	3.28
27	高粱	安徽怀远,甜秫高粱,褐,春夏兼播区,GB 等外	90.11	—	2.44
28	高粱	新疆吐鲁番,甜高粱,褐,春播早熟,GB 3 级	91.09	—	2.96
29	高粱	安徽怀远,黑壳甜高粱,褐,春夏兼播区,GB 等外	90.39	—	2.38
30	高粱	辽宁沈阳,57-1/怀来变,黄,春播晚熟,GB 1 级	90.82	—	3.25
31	高粱	吉林公主岭,护 22,褐,春播早熟,GB 1 级	89.47	—	3.18
32	高粱	吉林公主岭,护 4 号,褐,春播早熟,GB 1 级	89.56	—	3.05
33	高粱	吉林公主岭,护 2B,褐,春播早熟,GB 1 级	90.24	—	2.96
34	高粱	吉林公主岭,矬 1B,褐,春播早熟,GB 1 级	89.48	—	2.97
35	高粱	吉林公主岭,吉恢 13 号,褐,春播早熟,GB 1 级	89.56	—	2.98
36	高粱	吉林公主岭,吉杂 55,褐,春播早熟,GB 1 级	91.27	—	2.92
37	高粱	吉林公主岭,吉杂 56,褐,春播早熟,GB 1 级	90.34	—	2.97
38	高粱	吉林公主岭,吉杂 57,褐,春播早熟,GB 2 级	91.19	—	3.06
39	高粱	吉林公主岭,吉杂 58,褐,春播早熟,GB 1 级	89.49	—	3.03
40	高粱	吉林公主岭,吉杂 60,褐,春播早熟,GB 2 级	90.77	—	2.75
41	高粱	吉林公主岭,吉杂 61,褐,春播早熟,GB 2 级	90.53	—	2.75
42	高粱	吉林公主岭,吉杂 62,褐,春播早熟,GB 2 级	90.48	—	3.13
43	高粱	吉林公主岭,吉杂 63,褐,春播早熟,GB 2 级	91.37	—	2.78
44	高粱	吉林公主岭,吉恢 8231,褐,春播早熟,GB 1 级	90.65	—	3.17
45	高粱	吉林公主岭,吉恢 7384,褐,春播早熟,GB 1 级	90.04	—	3.02
46	高粱	吉林公主岭,吉恢 7313,褐,春播早熟,GB 1 级	90.55	—	3.30
47	高粱	吉林公主岭,吉恢 7321,褐,春播早熟,GB 1 级	91.08	—	3.30
48	高粱	吉林公主岭,吉恢 6115,褐,春播早熟,GB 2 级	91.32	—	3.15
49	高粱	吉林公主岭,吉恢 3618,褐,春播早熟,GB 2 级	91.42	—	2.87

续表1-5-4

样品编号	饲料名称	饲料样品实体简述	干物质 DM(%)	总能 GE(Mcal/kg)	代谢能鸡 AMEch(Mcal/kg)
50	高粱	吉林公主岭,吉杂 64,褐,春播早熟,GB 2 级	91.20	—	2.75
51	高粱	吉林公主岭,吉恢 9720,褐,春播早熟,GB 2 级	90.59	—	3.20
52	高粱	吉林公主岭,吉恢 1128,褐,春播早熟,GB 1 级	90.95	—	3.04
53	高粱	吉林公主岭,吉杂 11,褐,春播早熟,GB 3 级	90.87	—	2.91
54	高粱	吉林公主岭,吉杂 26,褐,春播早熟,GB 1 级	91.33	—	2.95
55	高粱	吉林公主岭,吉杂 52,褐,春播早熟,GB 2 级	90.25	—	3.18
56	高粱	吉林公主岭,吉杂 54,褐,春播早熟,GB 1 级	90.42	—	2.92
57	高粱	吉林公主岭,甜 2 号,褐,春播早熟,GB 2 级	90.44	—	3.07
58	高粱	吉林公主岭,吉 708,褐,春播早熟,GB 1 级	91.03	—	3.01
59	高粱	吉林公主岭,3618,褐,春播早熟,GB 1 级	91.82	—	3.22
60	高粱	吉林公主岭,吉杂 27,褐,春播早熟,GB 3 级	89.97	—	2.93
61	高粱	吉林公主岭,甜 3 号,褐,春播早熟,GB 1 级	91.57	—	3.13
62	高粱	吉林公主岭,甜 3 号,褐,春播早熟,GB 3 级	90.89	—	2.67
63	高粱	吉林公主岭,吉 709,褐,春播早熟,GB 1 级	91.87	—	3.09
64	高粱	吉林公主岭,2731A,黄,春播早熟,GB 3 级	90.85	—	2.86
65	高粱	吉林公主岭,1105 号,黄,春播早熟,GB 1 级	90.47	—	3.43
66	高粱	吉林公主岭,吉杂 22,褐,春播早熟,GB 1 级	90.72	—	3.23
67	高粱	吉林公主岭,吉 707,褐,春播早熟,GB 1 级	92.51	—	3.17
68	高粱	吉林公主岭,引 33-1,白,春播早熟,GB 1 级	90.56	—	3.43
69	高粱	吉林公主岭,白杂 5 号,褐,春播早熟,GB 1 级	91.12	—	3.02
70	高粱	吉林公主岭,长梁 12 号,褐,春播早熟,GB 1 级	91.15	—	3.10
71	高粱	吉林公主岭,吉农 304,褐,春播早熟,GB 1 级	87.63	—	3.03
72	高粱	吉林公主岭,7621,褐,春播早熟,GB 1 级	90.40	—	2.80
73	高粱	吉林公主岭,吉杂 851,褐,春播早熟,GB 1 级	90.79	—	3.09
74	高粱	吉林公主岭,吉杂 59,褐,春播早熟,GB 1 级	90.41	—	3.11
75	高粱	吉林公主岭,吉杂 513,褐,春播早熟,GB 1 级	90.62	—	3.11
76	高粱	吉林公主岭,SR 8602,褐,春播早熟,GB 1 级	90.25	—	3.05
77	高粱	山西,三尺三,褐,春播晚熟,GB 2 级	90.53	—	3.06

续表1-5-4

样品编号	饲料名称	饲料样品实体简述	干物质 DM(%)	总能 GE(Mcal/kg)	代谢能鸡 AMEch(Mcal/kg)
78	高粱	山西,晋粮5号,褐,春播晚熟,GB 2级	90.92	—	3.13
79	高粱	山西,晋粮4号,褐,春播晚熟,GB 2级	90.73	—	3.12
80	高粱	北京,褐,春播晚熟,GB 2级	87.00	—	3.30
81	高粱	河北沧州,褐,春播晚熟,GB 3级	95.30	—	3.61
82	高粱	河北栾城,春播晚熟,GB 1级	90.20	—	3.23
83	高粱	山西太谷,春播晚熟,GB等外	86.90	—	2.92
84	高粱	吉林农安,蛇眼散穗,褐,春播早熟,GB等外	86.00	—	2.89
85	高粱	辽宁建昌,晋杂5号,褐,春播晚熟,GB 1级	94.00	—	3.42
86	高粱	浙江金华,红高粱,褐,南方高粱区,GB等外	87.50	—	2.87
87	高粱	江西樟树,褐,南方高粱区,GB 3级	85.70	—	3.04
88	高粱	湖北武汉,褐,南方高粱区,GB 3级	85.90	—	3.03
89	高粱	宁夏银川,褐,春播早熟,GB 3级	87.60	—	3.08
90	高粱	宁夏青铜峡,析高52号,褐,春播早熟,GB 3级	92.40	—	3.29
91	高粱	甘肃兰州,褐,春播早熟,GB 3级	87.50	—	3.07
92	高粱	新疆乌鲁木齐,白高粱,白,春播早熟,GB 1级	89.00	—	3.20
93	高粱	新疆乌鲁木齐,红高粱,褐,春播早熟,GB 3级	89.40	—	3.12
94	高粱	四川平昌,杂交高粱,褐,春夏兼部区,GB 3级	88.70	—	3.30
95	高粱	贵州省,蔗高粱,褐,南方高粱区,GB 3级	85.20	—	2.98
1	皮大麦	内蒙古,蒙克尔,千粒重34.6克,GB 2级	90.3	—	2.85
2	皮大麦	内蒙古,207,千粒重42.6克,GB 1级	89.4	—	3.07
3	皮大麦	内蒙古,78-18,千粒重36.9克,GB 1级	89.4	—	3.16
4	皮大麦	内蒙古,加拿大大麦,千粒重38.3克,GB 1级	89.5	—	2.78
5	皮大麦	黑龙江红兴隆,康奎斯特,千粒重38.7克,GB 1级	88.1	—	2.83
6	皮大麦	黑龙江红兴隆,博兰扎,千粒重39.0克,GB 1级	87.7	—	2.88
7	皮大麦	吉林长春,蒙克尔,千粒重30.9克,GB 1级	89.4	—	2.96
8	皮大麦	甘肃武威,白大麦,千粒重35.1克,GB 2级	88.0	—	2.62
9	皮大麦	甘肃武威,红大麦,千粒重31.2克,GB 2级	87.0	—	2.67
10	皮大麦	陕西咸阳,西引2号,千粒重39.9克,GB 1级	87.1	—	2.43

续表1-5-4

样品编号	饲料名称	饲料样品实体简述	干物质 DM(%)	总能 GE(Mcal/kg)	代谢能鸡 AMEch(Mcal/kg)
11	皮大麦	四川简阳,大麦,千粒重 28.5 克,GB 3 级	89.7	—	2.76
12	皮大麦	贵州贵阳,大麦,千粒重 39.9 克,GB 3 级	89.0	—	2.64
13	皮大麦	河南郑州,康奎斯特,千粒重 34.0 克,GB 1 级	89.3	—	3.00
14	皮大麦	湖北武昌,早熟 3 号,千粒重 36.8 克,GB 等外	90.0	—	2.82
15	皮大麦	湖北武昌,早熟 3 号,千粒重 32.6 克,GB 3 级	87.4	—	2.65
16	皮大麦	湖北三湖,早熟 3 号,千粒重 34.2 克,GB 1 级	87.5	—	2.77
17	皮大麦	湖北武昌,6121,千粒重 36.1 克,GB 等外	87.2	—	2.62
18	皮大麦	湖南长沙,早熟 3 号,千粒重 33.1 克,GB 3 级	90.5	—	3.03
19	皮大麦	浙江杭州,早熟 3 号,千粒重 36.2 克,GB 3 级	86.8	—	2.45
20	皮大麦	江苏扬州,矮早三,千粒重 28.6 克,GB 2 级	87.9	—	2.54
21	皮大麦	江苏扬州,684,千粒重 32.1 克,GB 1 级	87.5	—	2.67
22	皮大麦	江苏徐州,早熟 3 号,千粒重 31.5 克,GB 等外	87.1	—	2.40
23	皮大麦	江苏淮阴,早熟 3 号,千粒重 41.5 克,GB 3 级	86.4	—	2.61
24	皮大麦	江苏淮阴,六棱 1 号,千粒重 28.9 克,GB 1 级	86.3	—	2.49
25	皮大麦	江苏淮阴,六棱 2 号,千粒重 25.1 克,GB 3 级	86.5	—	2.33
26	皮大麦	江苏连云港,盐送 46 号,千粒重 22.9 克,GB 2 级	87.3	—	2.52
27	皮大麦	江苏连云港,尺八,千粒重 29.0 克,GB 2 级	87.2	—	2.67
28	皮大麦	江苏盐城,尺八,千粒重 28.7 克,GB 2 级	87.5	—	2.53
29	皮大麦	江苏盐城,六棱大麦,千粒重 33.2 克,GB 3 级	87.3	—	2.62
30	皮大麦	江苏射阳,尺八,千粒重 32.2 克,GB 1 级	87.4	—	2.67
31	皮大麦	江苏南通,早熟 3 号,千粒重 36.9 克,GB 1 级	88.0	—	2.87
32	皮大麦	江苏海门,早熟 3 号,千粒重 36.4 克,GB 2 级	85.9	—	2.69
33	皮大麦	江苏海门,7631,千粒重 32.7 克,GB 2 级	85.6	—	2.61
34	皮大麦	江苏如东,大麦,千粒重 32.7 克,GB 2 级	88.0	—	2.51
35	皮大麦	江苏泰兴,早熟 3 号,千粒重 39.5 克,GB 1 级	86.2	—	2.72
36	皮大麦	江苏苏州,矮早三,千粒重 36.3 克,GB 3 级	86.6	—	2.62
37	皮大麦	江苏苏州,泸麦 4 号,千粒重 35.3 克,GB 2 级	86.6	—	2.61
38	皮大麦	江苏苏州,二棱大麦,千粒重 33.3 克,GB 2 级	87.1	—	2.59

续表1-5-4

样品编号	饲料名称	饲料样品实体简述	干物质 DM(%)	总能 GE(Mcal/kg)	代谢能鸡 AMEch(Mcal/kg)
39	皮大麦	江苏宜兴,矮早三,千粒重 32.0 克,GB 3 级	94.9	—	2.80
40	皮大麦	江苏宜兴,矮早三,千粒重 30.0 克,GB 3 级	95.6	—	2.84
41	皮大麦	江苏溧水,二棱大麦,千粒重 33.7 克,GB 2 级	86.3	—	2.52
42	皮大麦	江苏句容,矮早三,千粒重 28.6 克,GB 1 级	88.1	—	2.52
43	皮大麦	浙江嘉兴,早熟 3 号,千粒重 38.0 克,GB 1 级	87.4	—	3.00
44	皮大麦	四川成都,早熟 3 号,千粒重 44.0 克,GB 2 级	87.2	—	3.07
45	皮大麦	陕西咸阳,矮早三,千粒重 40.0 克,GB 1 级	88.0	—	2.94
46	皮大麦	辽宁大连,舟麦 1 号,千粒重 45.0 克,GB 1 级	87.4	—	2.86
47	皮大麦	四川潼南,潼麦 1 号,千粒重 35.0 克,GB 1 级	88.0	—	2.91
48	皮大麦	山西太原,蒙克尔,千粒重 33.2 克,GB 2 级	88.9	—	2.88
49	皮大麦	河北保定,矮早三,千粒重 40.9 克,GB 1 级	88.3	—	3.08
50	皮大麦	宁夏银川,大麦,千粒重 35.8 克,GB 2 级	88.3	—	2.90
51	皮大麦	安徽合肥,80-45,千粒重 40.8 克,GB 等外	87.5	—	2.93
52	皮大麦	山东泰安,早熟 3 号,千粒重 50.0 克,GB 1 级	90.1	—	3.14
53	皮大麦	江西九江,早熟 3 号,千粒重 37.2 克,GB 2 级	91.6	—	2.83
54	皮大麦	云南宣威,红芸,千粒重 32.8 克,GB 等外	86.4		2.94
1	裸大麦	西藏山南,山青 6 号,黄,多棱,GB 2 级	90.4	—	2.88
2	裸大麦	西藏山南,山青 7 号,黄,多棱,GB 3 级	90.1	—	2.91
3	裸大麦	西藏拉萨,藏青 2 号,黄,多棱,GB 2 级	90.0	—	2.83
4	裸大麦	西藏拉萨,藏青 320 号,橙黄,多棱,GB 3 级	90.6	—	2.93
5	裸大麦	西藏拉萨,藏青 336 号,橙黄,多棱,GB 2 级	90.7	—	2.82
6	裸大麦	西藏拉萨,果洛,黄,多棱,GB 3 级	90.4	—	2.97
7	裸大麦	西藏日喀则,喜马拉 6 号,褐色,多棱,GB 3 级	90.6	—	2.97
8	裸大麦	西藏拉萨,吉昌青稞,蓝,多棱,GB 3 级	91.4	—	2.99
9	裸大麦	西藏拉萨,黑青稞,黑,多棱,GB 3 级	90.8	—	3.01
10	裸大麦	青海海北州,门源亮蓝,蓝,多棱,GB 3 级	89.4	—	2.85
11	裸大麦	青海海北州,门农 1 号,黄,多棱,GB 3 级	89.7	—	2.88
12	裸大麦	青海海北州,北青 2 号,浅蓝,多棱,GB 3 级	90.2	—	2.80

续表1-5-4

样品编号	饲料名称	饲料样品实体简述	干物质 DM(%)	总能 GE(Mcal/kg)	代谢能鸡 AMEch(Mcal/kg)
13	裸大麦	青海海北州,北青 3 号,黄,多棱,GB 3 级	90.1	—	2.82
14	裸大麦	青海海北州,北青 1 号,浅蓝,多棱,GB 3 级	89.5	—	2.89
15	裸大麦	青海西宁市,福 8-4,黄,多棱,GB 3 级	89.0	—	2.76
16	裸大麦	青海西宁市,昆仑 1 号,黄,多棱,GB 2 级	89.0	—	2.94
17	裸大麦	青海西宁市,昆仑 10 号,黄,多棱,GB 3 级	89.1	—	2.95
18	裸大麦	青海西宁市,紫青稞号,紫,多棱,GB 等外	91.3	—	2.90
19	裸大麦	内蒙古呼和浩特,内引 1 号,黄,多棱,GB 2 级	87.7	—	2.80
20	裸大麦	内蒙古呼和浩特,内引 2 号,黄,多棱,GB 2 级	88.2	—	2.86
21	裸大麦	内蒙古呼和浩特,浙麦 114,黄,2 棱,GB 2 级	90.5	—	3.07
22	裸大麦	新疆石河子,281,黄,多棱,GB 1 级	91.4	—	2.96
23	裸大麦	甘肃甘南州,肚里黄,黄,多棱,GB 2 级	88.6	—	2.85
24	裸大麦	宁夏银川,241,黄,多棱,GB 2 级	91.5	—	2.99
25	裸大麦	陕西咸阳,327,黄,多棱,GB 2 级	91.0	—	3.06
26	裸大麦	四川马尔康,3130,黄,多棱,GB 2 级	89.0	—	2.71
27	裸大麦	四川马尔康,早丰 1 号,白,多棱,GB 2 级	88.8	—	2.90
28	裸大麦	四川重庆,84-123,黄,多棱,GB 2 级	89.1	—	3.03
29	裸大麦	江苏扬州,海麦 1 号,黄,多棱,GB 2 级	90.7	—	3.04
30	裸大麦	江苏如东,如东 2 号,黄,2 棱,GB 2 级	88.2	—	3.02
31	裸大麦	江苏如东,如东 4 号,浅黄,2 棱,GB 2 级	88.8		3.09
32	裸大麦	江苏泰兴,B-7,黄,2 棱,GB 2 级	88.7	—	3.09
33	裸大麦	江苏张家港,71-83,黄,多棱,GB 2 级	89.9	—	3.10
34	裸大麦	江苏江阳,浙麦 114,黄,2 棱,GB 1 级	88.2	—	3.03
35	裸大麦	江苏扬州,7183,黄,多棱,GB 2 级	89.3	—	3.09
36	裸大麦	江苏扬州,8023,黄,多棱,GB 2 级	89.3	—	3.06
37	裸大麦	湖南怀化,湘 88,黄,多棱,GB 等外	88.6	—	2.65
1	谷子	黑龙江哈尔滨,龙谷 23 号,黄,GB 合格	89.3	4.09	3.00
2	谷子	黑龙江富拉尔基,嫩选 10 号,黄,GB 合格	91.0	4.06	—
3	谷子	黑龙江富拉尔基,嫩选 11 号,黄,GB 合格	91.2	4.01	—

续表1-5-4

样品编号	饲料名称	饲料样品实体简述	干物质 DM(%)	总能 GE(Mcal/kg)	代谢能鸡 AMEch(Mcal/kg)
4	谷子	黑龙江富拉尔基,嫩选 12 号,黄,GB 合格	90.5	3.95	—
5	谷子	黑龙江富拉尔基,嫩选 13 号,黄,GB 合格	90.6	4.03	—
6	谷子	黑龙江富拉尔基,嫩选 14 号,黄,GB 合格	90.9	4.02	—
7	谷子	吉林公主岭,公谷 6 号,白黄,GB 等外	89.9	4.01	2.91
8	谷子	吉林公主岭,公谷 31 号,白黄,GB 等外	90.2	4.11	3.11
9	谷子	吉林公主岭,四谷 1 号,白黄,GB 合格	90.1	4.08	2.91
10	谷子	吉林公主岭,79126 号,白黄,GB 合格	90.4	4.15	3.08
11	谷子	吉林公主岭,79127 号,白黄,GB 合格	89.9	4.09	3.15
12	谷子	吉林公主岭,60 天还仓,白黄,GB 合格	90.7	4.11	3.21
13	谷子	吉林公主岭,双黑谷,黑,GB 合格	90.2	4.16	3.57
14	谷子	吉林公主岭,小果谷 139,黄,GB 合格	90.5	4.11	3.18
15	谷子	吉林长春,7505G,白黄,GB 合格	90.2	4.14	2.90
16	谷子	吉林长春,7505R,白黄,GB 合格	90.4	4.23	3.29
17	谷子	吉林长春,7507,白黄,GB 合格	90.5	4.12	3.09
18	谷子	吉林永吉,野谷子 350,白黄,GB 等外	90.0	4.10	3.06
19	谷子	吉林永吉,水里站 352,白黄,GB 合格	90.3	4.21	3.25
20	谷子	吉林永吉,小果谷 452,黄,GB 合格	90.1	4.19	3.16
21	谷子	吉林永吉,狼毛青 367,黄,GB 合格	89.9	4.05	3.15
22	谷子	吉林永吉,盖地红 337,白黄,GB 合格	89.7	4.11	3.13
23	谷子	吉林永吉,明山谷,黄,GB 合格	89.8	4.12	3.03
24	谷子	吉林图们,图们胡租,黄,GB 合格	90.1	4.11	2.69
25	谷子	吉林延吉,白牌胡租,白,GB 合格	90.1	4.16	2.89
26	谷子	吉林延吉,得洋租 537,黄,GB 合格	90.3	4.21	2.96
27	谷子	吉林东风,大粒黄 15,浓黄,GB 合格	89.8	4.18	2.96
28	谷子	吉林东风,毛毛谷,白黄,GB 合格	90.5	4.11	2.93
29	谷子	吉林双阳,糟皮谷 45,黄,GB 合格	91.2	4.15	2.92
30	谷子	吉林德惠,刀把齐 62,黄,GB 合格	90.7	4.23	2.96
31	谷子	吉林农安,黄粘谷 306,黄,GB 合格	91.0	4.10	2.94

续表1-5-4

样品编号	饲料名称	饲料样品实体简述	干物质 DM(%)	总能 GE(Mcal/kg)	代谢能鸡 AMEch(Mcal/kg)
32	谷子	吉林靖宇,大粒黄 337,黄,GB 合格	89.7	4.06	3.00
33	谷子	吉林白城,刀把齐 227,黄,GB 合格	90.0	4.13	3.01
34	谷子	辽宁铁岭,铁谷一号,黄,GB 合格	90.5	4.10	2.97
35	谷子	辽宁铁岭,铁谷五号,黄,GB 合格	88.9	4.04	3.21
36	谷子	辽宁锦州,锦谷九号,黄粳,GB 合格	88.7	3.97	3.06
37	谷子	河北保定,冀谷 10 号早熟,黄,GB 合格	89.6	4.04	3.23
38	谷子	河北保定,混选系早熟,黄,GB 合格	90.5	4.07	3.04
39	谷子	河北衡水,予谷一号早熟,黄,GB 合格	90.5	4.07	3.04
40	谷子	河北昌黎,五谷 218,黄,GB 合格	89.8	4.01	2.88
41	谷子	河南新乡,新农 761,黄,GB 合格	89.3	4.15	3.44
42	谷子	河南新乡,新农 86-8,黄,GB 合格	90.1	3.99	2.79
43	谷子	山东济南,鲁谷五号,黄,GB 合格	90.2	3.99	3.32
44	谷子	山东济南,鲁谷七号,浅黄,GB 合格	90.3	3.95	3.12
45	谷子	甘肃兰州,陇谷三号,黄,GB 合格	90.4	4.03	3.22
46	谷子	甘肃兰州,陇系 187,黄,GB 合格	90.8	4.03	3.15
47	谷子	内蒙古呼和浩特,延 A×绳,黄,GB 合格	91.8	4.05	3.32
48	谷子	内蒙古呼和浩特,81-5,黄,GB 合格	91.8	4.06	3.58
49	谷子	内蒙古呼和浩特,长粒白黏谷,黄白,GB 合格	92.0	4.08	3.20
50	谷子	内蒙古赤峰,83-405,黄,GB 合格	89.9	3.94	3.26
1	甘薯干	江苏徐州,徐薯 18,烘干率 27%,GB 合格	92.4	—	2.66
2	甘薯干	江苏徐州,51-16,烘干率 24%,GB 合格	93.1	—	2.59
3	甘薯干	江苏徐州,丰收白,烘干率 23%,GB 合格	90.9	—	2.47
4	甘薯干	江苏徐州,胜利百号,烘干率 29%,GB 合格	93.8	—	2.73
5	甘薯干	江苏徐州,52-45,烘干率 27%,GB 合格	90.9	—	2.91
6	甘薯干	江苏徐州,群力 2 号,烘干率 29%,GB 合格	93.5	—	2.78
7	甘薯干	江苏徐州,栗子香,烘干率 32%,GB 合格	92.6	—	2.79
8	甘薯干	江苏徐州,徐 29-34,烘干率 27%,GB 合格	91.2	—	2.66
9	甘薯干	江苏徐州,北京 553,烘干率 21%,GB 合格	94.9	—	2.79

续表1-5-4

样品编号	饲料名称	饲料样品实体简述	干物质 DM(%)	总能 GE(Mcal/kg)	代谢能鸡 AMEch(Mcal/kg)
10	甘薯干	江苏徐州,淮薯 3 号,烘干率 33%,GB 合格	92.8	—	2.37
11	甘薯干	江苏徐州,烟薯 3 号,烘干率 35%,GB 合格	89.3	—	2.43
12	甘薯干	江苏徐州,浙花半,烘干率 34%,GB 合格	93.3	—	2.58
13	甘薯干	江苏徐州,丰 80-7-105,烘干率 24%,GB 合格	92.1	—	2.40
14	甘薯干	江苏徐州,新大紫,烘干率 26%,GB 合格	92.5	—	2.65
15	甘薯干	江苏徐州,北京 284,烘干率 24%,GB 合格	95.2	—	2.65
16	甘薯干	江苏徐州,五魁好,烘干率 24%,GB 合格	93.9	—	2.34
17	甘薯干	江苏徐州,台农 27,烘干率 27%,GB 合格	92.5	—	2.25
18	甘薯干	江苏徐州,南瑞苕,烘干率 30%,GB 合格	94.3	—	2.55
19	甘薯干	江苏徐州,金千贯,烘干率 30%,GB 合格	93.9	—	2.84
20	甘薯干	江苏徐州,宁薯 1 号,烘干率 33%,GB 合格	92.6	—	2.48
21	甘薯干	江苏徐州,烟薯 1 号,烘干率 30%,GB 合格	92.8	—	2.66
22	甘薯干	江苏徐州,蓬尾,烘干率 20%,GB 等外	92.1	—	1.84
23	甘薯干	江苏徐州,禹北白,烘干率 24%,GB 合格	92.6	—	2.43
24	甘薯干	江苏徐州,郑红 4 号,烘干率 26%,GB 合格	92.5	—	2.48
25	甘薯干	江苏徐州,农大红,烘干率 24%,GB 合格	92.1	—	2.12
26	甘薯干	江苏徐州,辽 1224,烘干率 33%,GB 合格	92.3	—	2.74
27	甘薯干	江苏徐州,遗字 138,烘干率 30%,GB 合格	92.6	—	2.62
28	甘薯干	江苏徐州,皖 82-76-9,烘干率 26%,GB 合格	91.3	—	2.70
29	甘薯干	江苏徐州,济薯 7 号,烘干率 26%,GB 合格	95.6	—	2.78
30	甘薯干	江苏徐州,丰薯 1 号,烘干率 25%,GB 合格	92.9	—	2.63
31	甘薯干	江苏徐州,白阳红,烘干率 24%,GB 合格	92.0	—	2.22
32	甘薯干	江苏徐州,84-6-37,烘干率 25%,GB 合格	94.4	—	2.65
33	甘薯干	江苏徐州,南京 79-42,烘干率 22%,GB 合格	92.6	—	2.57
34	甘薯干	江苏徐州,北京蜜瓜,烘干率 24%,GB 合格	91.8	—	2.62
35	甘薯干	江苏徐州,徐 82-24-79,烘干率 24.7%,GB 合格	94.8	—	2.65
36	甘薯干	江苏徐州,徐 236,烘干率 21.5%,GB 等外	92.6	—	2.61
37	甘薯干	江苏徐州,84-27-61,烘干率 30.6%,GB 合格	91.0	—	2.73

续表1-5-4

样品编号	饲料名称	饲料样品实体简述	干物质 DM(%)	总能 GE(Mcal/kg)	代谢能鸡 AMEch(Mcal/kg)
38	甘薯干	江苏徐州,84-3-58,烘干率 26.2%,GB 合格	94.4	—	2.38
39	甘薯干	江苏徐州,川 53-5,烘干率 28.0%,GB 合格	94.4	—	2.54
40	甘薯干	江苏徐州,一窝红,烘干率 26.5%,GB 合格	93.0	—	2.70
1	木薯干	广东湛江,南湾木薯,红土坡地,全株块根,GB 合格	89.6	—	2.93
2	木薯干	广州,南湾木薯,黄土坡地,全株块根,GB 合格	88.4	—	3.25
3	木薯干	广东封开,南湾木薯,黄土旱地,全株块根,GB 合格	87.4	—	3.02
4	木薯干	广东郁南,南湾木薯,黑沙土坡,全株块根,GB 合格	89.0	—	3.07
5	木薯干	广东定安,南湾木薯,沙土山坡,全株块根,GB 合格	91.1	—	3.02
6	木薯干	广东阳春,南湾木薯,黄土旱地,全株块根,GB 合格	89.8	—	3.15
7	木薯干	广东琼中,南湾木薯,灰土山坡,全株块根,GB 合格	90.1	—	3.14
8	木薯干	广东文昌,南湾木薯,红土山坡,全株块根,GB 合格	90.5	—	3.06
9	木薯干	广西藤县,南湾木薯,红土旱地,全株块根,GB 合格	87.1	—	3.00
10	木薯干	广西苍梧,南湾木薯,红土旱地,全株块根,GB 合格	86.0	—	2.90
11	木薯干	广西容县,南湾木薯,红土旱地,全株块根,GB 合格	86.9	—	2.94
12	木薯干	广西岑溪,南湾木薯,沙土旱地,全株块根,GB 合格	86.9	—	3.02
13	木薯干	广东龙山,面包木薯,黄沙土坡,全株块根,GB 等外	91.3	—	3.02
14	木薯干	广州,面包木薯,灰土旱地,全株块根,GB 合格	88.5	—	3.02
15	木薯干	广东定安,面包木薯,细沙旱地,全株块根,GB 合格	89.9	—	2.95
16	木薯干	广东定安,面包木薯,粗沙旱地,全株块根,GB 合格	90.7	—	3.00
17	木薯干	广东阳春,面包木薯,黄泥山坡,全株块根,GB 合格	90.3	—	3.05
18	木薯干	广东恩平,面包木薯,沙土旱地,全株块根,GB 合格	89.3	—	3.01
19	木薯干	广东湛江,面包木薯,沙土旱地,全株块根,GB 合格	87.9	—	2.95
20	木薯干	广东文昌,面包木薯,红土山坡,全株块根,GB 合格	90.4	—	2.92
21	木薯干	广州,红尾薯,沙质林地,全株块根,GB 合格	89.5	—	3.05
22	木薯干	广东增城,红尾薯,灰坡土坡地,全株块根,GB 合格	90.4	—	3.09
23	木薯干	广东东莞,红尾薯,沙坡山地,全株块根,GB 合格	89.0	—	3.04
24	木薯干	广东郁南,红尾薯,黏沙旱地,全株块根,GB 合格	89.8	—	3.02
25	木薯干	广东五华,红尾薯,黄泥沙水田,全株块根,GB 合格	87.0	—	3.09

续表1-5-4

样品编号	饲料名称	饲料样品实体简述	干物质 DM(%)	总能 GE(Mcal/kg)	代谢能鸡 AMEch(Mcal/kg)
26	木薯干	广西苍梧,南湾木薯,红俍旱地,全株块根,GB 合格	88.2	—	3.02
27	木薯干	广西岑溪,南湾木薯,沙俍旱地,全株块根,GB 合格	87.9	—	2.99
28	木薯干	广西藤县,南湾木薯,红俍旱地,全株块根,GB 合格	88.4	—	2.99
29	木薯干	广州,黄心木薯,灰俍土山坡,全株块根,GB 合格	88.5	—	3.13
30	木薯干	广西藤县,黄心木薯,红俍旱地,薯干堆采样,GB 合格	87.7	—	2.98

5.猪饲料总能、酶水解总能(*in vitro* 法)

表 1-5-5 猪饲料总能、酶水解总能(*in vitro* 法)[*]

样品编号	饲料名称	饲料样品实体简述	干物质 DM(%)	总能 GE(Mcal/kg)	猪酶水解总能值 EHGESW(Mcal/kg)
1	高粱	辽宁沈阳,八叶齐,褐,春播晚熟,GB 3 级	89.57	—	3.37
2	高粱	辽宁沈阳,沈杂 5 号,白,春播晚熟,GB 2 级	89.97	—	3.78
3	高粱	山西榆次,3A×E35,白,春播晚熟,GB 1 级	89.64	—	3.75
4	高粱	河北唐山,623A×白平,白,春播晚熟,GB 2 级	90.10	—	3.74
5	高粱	河北唐山,232A×7850,白,春播晚熟,GB 2 级	90.45	—	3.75
6	高粱	辽宁铁岭,铁杂 7 号,白,春播早熟,GB 3 级	89.97	—	3.70
7	高粱	吉林吉林,九粱 5 号,褐,春播早熟,GB 1 级	90.01	—	—
8	高粱	黑龙江齐齐哈尔,黑杂 34,褐,春播早熟,GB 3 级	90.00	—	3.21
9	高粱	黑龙江集贤,红兴隆高粱,褐,春播早熟,GB 2 级	90.04	—	3.37
10	高粱	黑龙江齐齐哈尔,79 繁 84,褐,春播早熟,GB 1 级	90.56	—	3.34
11	高粱	黑龙江齐齐哈尔,红 283×7384,褐,春播早熟,GB 2 级	90.51	—	3.29
12	高粱	辽宁沈阳,辽杂 1 号,黄,春播晚熟,GB 3 级	90.45	—	3.78
13	高粱	辽宁沈阳,辽杂 2 号,黄,春播晚熟,GB 2 级	90.23	—	3.65
14	高粱	四川合川,红高粱,褐,春夏兼播区,GB 等外	86.41	—	3.10
15	高粱	内蒙古哲蒙,内杂 5 号,褐,春播早熟,GB 2 级	90.79	—	3.30
16	高粱	内蒙古哲蒙,哲 3A×52,褐,春播早熟,GB 2 级	90.48	—	3.42
17	高粱	吉林公主岭,吉杂 11,褐,春播早熟,GB 1 级	89.25	—	3.34
18	高粱	吉林公主岭,吉杂 52,褐,春播早熟,GB 1 级	89.11	—	3.30
19	高粱	吉林公主岭,吉杂 25,褐,春播早熟,GB 1 级	90.58	—	3.29

续表1-5-5

样品编号	饲料名称	饲料样品实体简述	干物质 DM(%)	总能 GE(Mcal/kg)	猪酶水解总能值 EHGESW(Mcal/kg)
20	高粱	吉林公主岭,吉杂 54,褐,春播早熟,GB 1 级	90.36	—	3.29
21	高粱	山东济南,鲁杂 211,褐,春夏兼播,GB 2 级	90.95	—	—
22	高粱	辽宁沈阳,小歪脖,褐,春播晚熟,GB 1 级	91.55	—	3.31
23	高粱	辽宁沈阳,黄壳黄粕,褐,春播晚熟,GB 1 级	89.79	—	3.24
24	高粱	辽宁沈阳,黏高粱,褐,春夏兼播区,GB 1 级	91.23	—	3.09
25	高粱	辽宁沈阳,打黄毛,褐,春夏兼播区,GB 3 级	91.45	—	3.09
26	高粱	辽宁沈阳,皮禾柳,黄,春夏兼播区,GB 3 级	91.29	—	3.33
27	高粱	山东乳山,香高粱,黄,春夏兼播区,GB 1 级	91.07	—	3.19
28	高粱	河南淅川,黑子高粱,褐,春夏兼播区,GB 等外	91.37	—	2.77
29	高粱	河南栾川,黑壳高粱,褐,春夏兼播区,GB 1 级	92.53	—	3.31
30	高粱	贵州赫章,红高粱,褐,春夏兼播区,GB 3 级	90.61	—	2.96
31	高粱	甘肃甘谷,扫帚高粱,褐,春播晚熟,GB 3 级	89.83	—	3.24
32	高粱	安徽怀远,甜秫高粱,褐,春夏兼播区,GB 等外	90.11	—	2.54
33	高粱	新疆吐鲁番,甜高粱,褐,春播早熟,GB 3 级	91.09	—	3.10
34	高粱	安徽怀远,黑壳甜高粱,褐,春夏兼播区,GB 等外	90.39	—	2.52
35	高粱	辽宁沈阳,57-1/怀来变,黄,春播晚熟,GB 1 级	90.82	—	3.51
36	高粱	吉林公主岭,护 22,褐,春播早熟,GB 1 级	89.47	—	3.22
37	高粱	吉林公主岭,护 4 号,褐,春播早熟,GB 1 级	89.56	—	3.15
38	高粱	吉林公主岭,护 2B,褐,春播早熟,GB 1 级	90.24	—	3.08
39	高粱	吉林公主岭,矬 1B,褐,春播早熟,GB 1 级	89.48	—	3.26
40	高粱	吉林公主岭,吉恢 13 号,褐,春播早熟,GB 1 级	89.56	—	3.39
41	高粱	吉林公主岭,吉杂 55,褐,春播早熟,GB 1 级	91.27	—	3.10
42	高粱	吉林公主岭,吉杂 56,褐,春播早熟,GB 1 级	90.34	—	3.30
43	高粱	吉林公主岭,吉杂 57,褐,春播早熟,GB 2 级	91.19	—	3.23
44	高粱	吉林公主岭,吉杂 58,褐,春播早熟,GB 1 级	89.49	—	3.18
45	高粱	吉林公主岭,吉杂 60,褐,春播早熟,GB 2 级	90.77	—	3.27
46	高粱	吉林公主岭,吉杂 61,褐,春播早熟,GB 2 级	90.53	—	3.66
47	高粱	吉林公主岭,吉杂 62,褐,春播早熟,GB 2 级	90.48	—	3.18
48	高粱	吉林公主岭,吉杂 63,褐,春播早熟,GB 2 级	91.37	—	3.35

续表1-5-5

样品编号	饲料名称	饲料样品实体简述	干物质 DM(%)	总能 GE(Mcal/kg)	猪酶水解总能值 EHGESW(Mcal/kg)
49	高粱	吉林公主岭,吉恢 8231,褐,春播早熟,GB 1 级	90.65	—	3.50
50	高粱	吉林公主岭,吉恢 7384,褐,春播早熟,GB 1 级	90.04	—	3.48
51	高粱	吉林公主岭,吉恢 7313,褐,春播早熟,GB 1 级	90.55	—	3.45
52	高粱	吉林公主岭,吉恢 7321,褐,春播早熟,GB 1 级	91.08	—	3.60
53	高粱	吉林公主岭,吉恢 6115,褐,春播早熟,GB 2 级	91.32	—	3.42
54	高粱	吉林公主岭,吉恢 3618,褐,春播早熟,GB 2 级	91.42	—	3.27
55	高粱	吉林公主岭,吉杂 64,褐,春播早熟,GB 2 级	91.20	—	3.11
56	高粱	吉林公主岭,吉恢 9720,褐,春播早熟,GB 2 级	90.59	—	3.61
57	高粱	吉林公主岭,吉恢 1128,褐,春播早熟,GB 1 级	90.95	—	3.50
58	高粱	吉林公主岭,吉杂 11,褐,春播早熟,GB 3 级	90.87	—	3.40
59	高粱	吉林公主岭,吉杂 26,褐,春播早熟,GB 1 级	91.33	—	3.32
60	高粱	吉林公主岭,吉杂 52,褐,春播早熟,GB 2 级	90.25	—	3.34
61	高粱	吉林公主岭,吉杂 54,褐,春播早熟,GB 1 级	90.42	—	3.29
62	高粱	吉林公主岭,甜 2 号,褐,春播早熟,GB 2 级	90.44	—	3.40
63	高粱	北京,褐,春播晚熟,GB 2 级	87.00	—	3.30
64	高粱	河北沧州,褐,春播晚熟,GB 3 级	95.30	—	3.61
65	高粱	河北栾城,春播晚熟,GB 1 级	90.20	—	3.43
66	高粱	山西太谷,春播晚熟,GB 等外	86.90	—	3.11
67	高粱	吉林农安,蛇眼散穗,褐,春播早熟,GB 等外	86.00	—	3.06
68	高粱	辽宁建昌,晋杂 5 号,褐,春播晚熟,GB 1 级	94.00	—	3.65
69	高粱	浙江金华,红高粱,褐,南方高粱区,GB 等外	87.50	—	3.05
70	高粱	江西樟树,褐,南方高粱区,GB 3 级	85.70	—	3.22
71	高粱	湖北武汉,褐,南方高粱区,GB 3 级	85.90	—	3.23
72	高粱	宁夏银川,褐,春播早熟,GB 3 级	87.60	—	3.20
73	高粱	宁夏青铜峡,析高 52 号,褐,春播早熟,GB 3 级	92.40	—	3.50
74	高粱	甘肃兰州,褐,春播早熟,GB 3 级	87.50	—	3.26
75	高粱	新疆乌鲁木齐,白高粱,白,春播早熟,GB 1 级	89.00	—	3.41
76	高粱	新疆乌鲁木齐,红高粱,褐,春播早熟,GB 3 级	89.40	—	3.31
77	高粱	四川平昌,杂交高粱,褐,春夏兼部区,GB 3 级	88.70	—	3.49

续表1-5-5

样品编号	饲料名称	饲料样品实体简述	干物质 DM(%)	总能 GE(Mcal/kg)	猪酶水解总能值 EHGESW(Mcal/kg)
78	高粱	贵州,蔗高粱,褐,南方高粱区,GB 3 级	85.20	—	3.16
1	皮大麦	内蒙古,蒙克尔,千粒重 34.6 克,GB 2 级	90.3	—	3.07
2	皮大麦	内蒙古,207,千粒重 42.6 克,GB 1 级	89.4	—	3.30
3	皮大麦	内蒙古,78-18,千粒重 36.9 克,GB 1 级	89.4	—	3.22
4	皮大麦	内蒙古,加拿大大麦,千粒重 38.3 克,GB 1 级	89.5	—	3.05
5	皮大麦	黑龙江红兴隆,康奎斯特,千粒重 38.7 克,GB 1 级	88.1	—	3.29
6	皮大麦	黑龙江红兴隆,博兰扎,千粒重 39.0 克,GB 1 级	87.7	—	3.23
7	皮大麦	吉林长春,蒙克尔,千粒重 30.9 克,GB 1 级	89.4	—	2.99
8	皮大麦	甘肃武威,白大麦,千粒重 35.1 克,GB 2 级	88.0	—	3.01
9	皮大麦	甘肃武威,红大麦,千粒重 31.2 克,GB 2 级	87.0	—	2.89
10	皮大麦	陕西咸阳,西引 2 号,千粒重 39.9 克,GB 1 级	87.1	—	3.07
11	皮大麦	四川简阳,大麦,千粒重 28.5 克,GB 3 级	89.7	—	3.01
12	皮大麦	贵州贵阳,大麦,千粒重 39.9 克,GB 3 级	89.0	—	3.07
13	皮大麦	河南郑州,康奎斯特,千粒重 34.0 克,GB 1 级	89.3	—	3.07
14	皮大麦	湖北武昌,早熟 3 号,千粒重 36.8 克,GB 等外	90.0	—	3.20
15	皮大麦	湖北武昌,早熟 3 号,千粒重 32.6 克,GB 3 级	87.4	—	3.12
16	皮大麦	湖北三湖,早熟 3 号,千粒重 34.2 克,GB 1 级	87.5	—	3.21
17	皮大麦	湖北武昌,6121,千粒重 36.1 克,GB 等外	87.2	—	3.09
18	皮大麦	湖南长沙,早熟 3 号,千粒重 33.1 克,GB 3 级	90.5	—	3.10
19	皮大麦	浙江杭州,早熟 3 号,千粒重 36.[illegible] 克,GB [illegible] 级	[illegible]	—	3.05
20	皮大麦	江苏扬州,矮早三,千粒重 28.6 克,GB 2 级	87.9	—	2.96
21	皮大麦	江苏扬州,684,千粒重 32.1 克,GB 1 级	87.5	—	3.17
22	皮大麦	江苏徐州,早熟 3 号,千粒重 31.5 克,GB 等外	87.1	—	3.00
23	皮大麦	江苏淮阴,早熟 3 号,千粒重 41.5 克,GB 3 级	86.4	—	3.07
24	皮大麦	江苏淮阴,六棱 1 号,千粒重 28.9 克,GB 1 级	86.3	—	3.10
25	皮大麦	江苏淮阴,六棱 2 号,千粒重 25.1 克,GB 3 级	86.5	—	3.02
26	皮大麦	江苏连云港,盐送 46 号,千粒重 22.9 克,GB 2 级	87.3	—	2.98
27	皮大麦	江苏连云港,尺八,千粒重 20.0 克,GB 2 级	87.2	—	3.03
28	皮大麦	江苏盐城,尺八,千粒重 28.7 克,GB 2 级	87.5	—	3.05

续表1-5-5

样品编号	饲料名称	饲料样品实体简述	干物质 DM(%)	总能 GE(Mcal/kg)	猪酶水解总能值 EHGESW(Mcal/kg)
29	皮大麦	江苏盐城,六棱大麦,千粒重 33.2 克,GB 3 级	87.3	—	2.90
30	皮大麦	江苏射阳,尺八,千粒重 32.2 克,GB 1 级	87.4	—	3.10
31	皮大麦	江苏南通,早熟 3 号,千粒重 36.9 克,GB 1 级	88.0	—	3.18
32	皮大麦	江苏海门,早熟 3 号,千粒重 36.4 克,GB 2 级	85.9	—	3.22
33	皮大麦	江苏海门,7631,千粒重 32.7 克,GB 2 级	85.6	—	3.18
34	皮大麦	江苏如东,大麦,千粒重 32.7 克,GB 2 级	88.0	—	3.15
35	皮大麦	江苏泰兴,早熟 3 号,千粒重 39.5 克,GB 1 级	86.2	—	2.97
36	皮大麦	江苏苏州,矮早三,千粒重 36.3 克,GB 3 级	86.6	—	3.01
37	皮大麦	江苏苏州,泸麦 4 号,千粒重 35.3 克,GB 2 级	86.6	—	3.01
38	皮大麦	江苏苏州,二棱大麦,千粒重 33.3 克,GB 2 级	87.1	—	3.13
39	皮大麦	江苏宜兴,矮早三,千粒重 32.0 克,GB 3 级	94.9	—	2.99
40	皮大麦	江苏宜兴,矮早三,千粒重 30.0 克,GB 3 级	95.6	—	2.89
41	皮大麦	江苏溧水,二棱大麦,千粒重 33.7 克,GB 2 级	86.3	—	3.14
42	皮大麦	江苏句容,矮早三,千粒重 28.6 克,GB 1 级	88.1	—	3.11
43	皮大麦	浙江加兴(编者注:应该为嘉兴),早熟 3 号,千粒重 38.0 克,GB 1 级	87.4	—	3.10
44	皮大麦	四川成都,早熟 3 号,千粒重 44.0 克,GB 2 级	87.2	—	3.07
45	皮大麦	陕西咸阳,矮早三,千粒重 40.0 克,GB 1 级	88.0	—	3.09
46	皮大麦	辽宁大连,舟麦 1 号,千粒重 45.0 克,GB 1 级	87.4	—	3.01
47	皮大麦	四川潼南,潼麦 1 号,千粒重 35.0 克,GB 1 级	88.0	—	3.00
48	皮大麦	山西太原,蒙克尔,千粒重 33.2 克,GB 2 级	88.9	—	2.91
49	皮大麦	宁夏银川,大麦,千粒重 35.8 克,GB 2 级	88.3	—	2.98
50	皮大麦	安徽合肥,80-45,千粒重 40.8 克,GB 等外	87.5	—	3.01
51	皮大麦	山东泰安,早熟 3 号,千粒重 50.0 克,GB 1 级	90.1	—	3.14
52	皮大麦	江西九江,早熟 3 号,千粒重 37.2 克,GB 2 级	91.6	—	3.11
53	皮大麦	云南宣威,红芸,千粒重 32.8 克,GB 等外	86.4		3.00
1	裸大麦	西藏山南,山青 6 号,黄,多棱,GB 2 级	90.4	—	3.43
2	裸大麦	西藏山南,山青 7 号,黄,多棱,GB 3 级	90.1	—	3.47

续表1-5-5

样品编号	饲料名称	饲料样品实体简述	干物质 DM(%)	总能 GE(Mcal/kg)	猪酶水解总能值 EHGESW(Mcal/kg)
3	裸大麦	西藏拉萨,藏青 2 号,黄,多棱,GB 2 级	90.0	—	3.37
4	裸大麦	西藏拉萨,藏青 320 号,橙黄,多棱,GB 3 级	90.6	—	3.45
5	裸大麦	西藏拉萨,藏青 336 号,橙黄,多棱,GB 2 级	90.7	—	3.46
6	裸大麦	西藏拉萨,果洛,黄,多棱,GB 3 级	90.4	—	3.52
7	裸大麦	西藏日喀则,喜马拉 6 号,褐色,多棱,GB 3 级	90.6	—	3.54
8	裸大麦	西藏拉萨,吉昌青稞,蓝,多棱,GB 3 级	91.4	—	3.48
9	裸大麦	西藏拉萨,黑青稞,黑,多棱,GB 3 级	90.8	—	3.42
10	裸大麦	青海海北州,门源亮蓝,蓝,多棱,GB 3 级	89.4	—	3.36
11	裸大麦	青海海北州,门农 1 号,黄,多棱,GB 3 级	89.7	—	3.50
12	裸大麦	青海海北州,北青 2 号,浅蓝,多棱,GB 3 级	90.2	—	3.47
13	裸大麦	青海海北州,北青 3 号,黄,多棱,GB 3 级	90.1	—	3.52
14	裸大麦	青海海北州,北青 1 号,浅蓝,多棱,GB 3 级	89.5	—	3.47
15	裸大麦	青海西宁市,福 8-4,黄,多棱,GB 3 级	89.0	—	3.40
16	裸大麦	青海西宁市,昆仑 1 号,黄,多棱,GB 2 级	89.0	—	3.32
17	裸大麦	青海西宁市,昆仑 10 号,黄,多棱,GB 3 级	89.1	—	3.42
18	裸大麦	青海西宁市,紫青稞号,紫,多棱,GB 等外	91.3	—	3.32
19	裸大麦	青海西宁市,绥定青稞,黄,多棱,GB 2 级	91.1	—	3.44
20	裸大麦	内蒙古呼和浩特,内引 1 号,黄,多棱,GB 2 级	87.7	—	3.39
21	裸大麦	内蒙古呼和浩特,内引 2 号,黄,多棱,GB 2 级	88.2	—	3.38
22	裸大麦	内蒙古呼和浩特,浙麦 114,黄,2 棱,GB 2 级	90.5	—	3.58
23	裸大麦	新疆石河子,281,黄,多棱,GB 1 级	91.4	—	3.76
24	裸大麦	新疆乌鲁木齐,福九,黄,多棱,GB 3 级	91.3	—	3.51
25	裸大麦	甘肃甘南州,肚里黄,黄,多棱,GB 2 级	88.6	—	3.33
26	裸大麦	宁夏银川,241,黄,多棱,GB 2 级	91.5	—	3.60
27	裸大麦	陕西咸阳,327,黄,多棱,GB 2 级	91.0	—	3.58
28	裸大麦	四川马尔康,3130,黄,多棱,GB 2 级	89.0	—	3.35
29	裸大麦	四川马尔康,早丰 1 号,白,多棱,GB 2 级	88.8	—	3.37
30	裸大麦	四川重庆,84-123,黄,多棱,GB 2 级	89.1	—	3.55

续表1-5-5

样品编号	饲料名称	饲料样品实体简述	干物质 DM(%)	总能 GE(Mcal/kg)	猪酶水解总能值 EHGESW(Mcal/kg)
31	裸大麦	江苏扬州,海麦 1 号,黄,多棱,GB 2 级	90.7	—	3.56
32	裸大麦	江苏如东,如东 2 号,黄,2 棱,GB 2 级	88.2	—	3.55
33	裸大麦	江苏如东,如东 4 号,浅黄,2 棱,GB 2 级	88.8	—	3.58
34	裸大麦	江苏泰兴,B-7,黄,2 棱,GB 2 级	88.7	—	3.56
35	裸大麦	江苏张家港,71-83,黄,多棱,GB 2 级	89.9	—	3.43
36	裸大麦	江苏江阳,浙麦 114,黄,2 棱,GB 1 级	88.2	—	3.59
37	裸大麦	江苏扬州,7183,黄,多棱,GB 2 级	89.3	—	3.46
38	裸大麦	江苏扬州,8023,黄,多棱,GB 2 级	89.3	—	3.51
39	裸大麦	浙江杭州,黄青稞,黄,多棱,GB 2 级	90.8	—	3.45
40	裸大麦	湖南怀化,湘 88,黄,多棱,GB 等外	88.6	—	2.94
1	甘薯干	江苏徐州,徐薯 18,烘干率 27%,GB 合格	92.4	—	3.00
2	甘薯干	江苏徐州,51-16,烘干率 24%,GB 合格	93.1	—	3.14
3	甘薯干	江苏徐州,丰收白,烘干率 23%,GB 合格	90.9	—	3.24
4	甘薯干	江苏徐州,胜利百号,烘干率 29%,GB 合格	93.8	—	3.08
5	甘薯干	江苏徐州,52-45,烘干率 27%,GB 合格	90.9	—	2.97
6	甘薯干	江苏徐州,群力 2 号,烘干率 29%,GB 合格	93.5	—	3.25
7	甘薯干	江苏徐州,栗子香,烘干率 32%,GB 合格	92.6	—	3.15
8	甘薯干	江苏徐州,徐 29-34,烘干率 27%,GB 合格	91.2	—	3.10
9	甘薯干	江苏徐州,北京 553,烘干率 21%,GB 合格	94.9	—	3.33
10	甘薯干	江苏徐州,淮薯 3 号,烘干率 33%,GB 合格	92.8	—	3.11
11	甘薯干	江苏徐州,烟薯 3 号,烘干率 35%,GB 合格	89.3	—	3.10
12	甘薯干	江苏徐州,浙花半,烘干率 34%,GB 合格	93.3	—	2.87
13	甘薯干	江苏徐州,丰 80-7-105,烘干率 24%,GB 合格	92.1	—	2.88
14	甘薯干	江苏徐州,新大紫,烘干率 26%,GB 合格	92.5	—	3.02
15	甘薯干	江苏徐州,北京 284,烘干率 24%,GB 合格	95.2	—	3.22
16	甘薯干	江苏徐州,五魁好,烘干率 21%,GB 合格	93.9	—	3.22
17	甘薯干	江苏徐州,台农 27,烘干率 27%,GB 合格	92.5	—	3.04
18	甘薯干	江苏徐州,南瑞苕,烘干率 30%,GB 合格	94.3	—	3.21

续表1-5-5

样品编号	饲料名称	饲料样品实体简述	干物质 DM(%)	总能 GE(Mcal/kg)	猪酶水解总能值 EHGESW(Mcal/kg)
19	甘薯干	江苏徐州,金千贯,烘干率 30%,GB 合格	93.9	—	3.30
20	甘薯干	江苏徐州,宁薯 1 号,烘干率 33%,GB 合格	92.6	—	2.99
21	甘薯干	江苏徐州,烟薯 1 号,烘干率 30%,GB 合格	92.8	—	3.19
22	甘薯干	江苏徐州,蓬尾,烘干率 20%,GB 等外	92.1	—	2.98
23	甘薯干	江苏徐州,禹北白,烘干率 24%,GB 合格	92.6	—	3.07
24	甘薯干	江苏徐州,郑红 4 号,烘干率 26%,GB 合格	92.5	—	3.13
25	甘薯干	江苏徐州,农大红,烘干率 24%,GB 合格	92.1	—	2.96
26	甘薯干	江苏徐州,辽 1224,烘干率 33%,GB 合格	92.3	—	3.21
27	甘薯干	江苏徐州,遗字 138,烘干率 30%,GB 合格	92.6	—	3.09
28	甘薯干	江苏徐州,皖 82-76-9,烘干率 26%,GB 合格	91.3	—	3.12
29	甘薯干	江苏徐州,济薯 7 号,烘干率 26%,GB 合格	95.6	—	3.21
30	甘薯干	江苏徐州,丰薯 1 号,烘干率 25%,GB 合格	92.9	—	3.20
31	甘薯干	江苏徐州,白阳红,烘干率 24%,GB 合格	92.0	—	3.04
32	甘薯干	江苏徐州,84-6-37,烘干率 25%,GB 合格	94.4	—	3.20
33	甘薯干	江苏徐州,南京 79-42,烘干率 22%,GB 合格	92.6	—	3.05
34	甘薯干	江苏徐州,北京蜜瓜,烘干率 24%,GB 合格	91.8	—	3.14
35	甘薯干	江苏徐州,徐 82-24-79,烘干率 24.7%,GB 合格	94.8	—	3.17
36	甘薯干	江苏徐州,徐 236,烘干率 21.5%,GB 等外	92.6	—	3.05
37	甘薯干	江苏徐州,84-27-61,烘干率 30.6%,GB 合格	91.0		2.82
38	甘薯干	江苏徐州,84-3-58,烘干率 26.2%,GB 合格	94.4	—	2.82
39	甘薯干	江苏徐州,川 53-5,烘干率 28.0%,GB 合格	94.4	—	3.12
40	甘薯干	江苏徐州,一窝红,烘干率 26.5%,GB 合格	93.0	—	2.80
41	甘薯干	南京,宁薯 180,GB 合格	90.1	—	2.77
42	甘薯干	广州,广薯 79-128,烘干率 25%,GB 合格	92.0	—	3.31
43	甘薯干	南京,宁薯 1 号,烘干率 33%,GB 合格	90.9	—	3.15
44	甘薯干	郑州,郑 83-538-4,烘干率 28%,GB 合格	90.7	—	3.02
45	甘薯干	南京,淮薯 3 号,烘干率 33%,GB 合格	89.7	—	2.48
46	甘薯干	湖南道县,道薯 18,GB 合格	90.5	—	2.85

续表1-5-5

样品编号	饲料名称	饲料样品实体简述	干物质 DM(%)	总能 GE(Mcal/kg)	猪酶水解总能值 EHGESW(Mcal/kg)
47	甘薯干	沈阳,辽 44,GB 合格	92.2	—	3.49
48	甘薯干	济南,鲁薯 1 号,烘干率 28%,GB 合格	91.2	—	3.46
49	甘薯干	合肥,皖 80-197,烘干率 34%,GB 合格	91.0	—	3.04
50	甘薯干	四川南亮,84-26-36,GB 合格	90.2	—	3.00
51	甘薯干	江苏徐州,徐薯 18,烘干率 27%,GB 合格	87.3	—	2.41
52	甘薯干	石家庄,冀 80-12-17,GB 合格	91.3	—	3.32
53	甘薯干	江苏徐州,禹北白,烘干率 25%~26%,GB 合格	87.7	—	3.22
54	甘薯干	北京,农大 5-30,烘干率 30%,GB 合格	90.6	—	2.80
55	甘薯干	福州,福薯 87,GB 合格	89.8	—	3.31
56	甘薯干	杭州,浙 73 半 2,烘干率 29%,GB 合格	92.6	—	3.07
57	甘薯干	成都,川薯大白皮,GB 合格	95.8	—	3.23
58	甘薯干	长沙,湘薯 6 号,晒干率 33%,GB 合格	92.1	—	3.04
59	甘薯干	山东烟台,烟 79-301,烘干率 26%,GB 合格	90.3	—	2.74
60	甘薯干	福建龙岩,岩齿红,烘干率 31%,GB 合格	91.0	—	3.00
61	甘薯干	江苏徐州,丰薯 1 号,烘干率 25%,GB 合格	88.4	—	3.12
62	甘薯干	江苏徐州,遗字 138,烘干率 30%,GB 合格	87.8	—	2.89
1	木薯干	广东湛江,南湾木薯,红土坡地,全株块根,GB 合格	89.6	—	3.13
2	木薯干	广州,南湾木薯,黄土坡地,全株块根,GB 合格	88.4	—	3.27
3	木薯干	广东封开,南湾木薯,黄土旱地,全株块根,GB 合格	87.4	—	3.18
4	木薯干	广东封开,南湾木薯,黏沙山坡,全株块根,GB 合格	89.8	—	3.22
5	木薯干	广东郁南,南湾木薯,黑沙土坡,全株块根,GB 合格	89.0	—	3.26
6	木薯干	广东郁南,南湾木薯,粉沙旱地,全株块根,GB 合格	87.1	—	3.18
7	木薯干	广东定安,南湾木薯,沙土山坡,全株块根,GB 合格	91.1	—	3.18
8	木薯干	广东定安,南湾木薯,沙土旱地,全株块根,GB 合格	90.6	—	3.09
9	木薯干	广东湛江,南湾木薯,红土旱地,全株块根,GB 合格	88.4	—	3.17
10	木薯干	广东阳春,南湾木薯,黄土旱地,全株块根,GB 合格	89.8	—	3.27
11	木薯干	广东琼中,南湾木薯,灰土山坡,全株块根,GB 合格	90.1	—	3.22
12	木薯干	广东文昌,南湾木薯,红土山坡,全株块根,GB 合格	90.5	—	3.25

续表1-5-5

样品编号	饲料名称	饲料样品实体简述	干物质 DM(%)	总能 GE(Mcal/kg)	猪酶水解总能值 EHGESW(Mcal/kg)
17	木薯干	广西藤县,南湾木薯,红土旱地,全株块根,GB 合格	87.1	—	3.22
18	木薯干	广西苍梧,南湾木薯,红土旱地,全株块根,GB 合格	86.0	—	3.21
19	木薯干	广西容县,南湾木薯,红土坡地,全株块根,GB 合格	87.2	—	3.21
20	木薯干	广西容县,南湾木薯,红土旱地,全株块根,GB 合格	86.9	—	3.24
21	木薯干	广西岑溪,南湾木薯,沙土旱地,全株块根,GB 合格	86.9	—	3.23
22	木薯干	广东龙山,面包木薯,黄沙土坡,全株块根,GB 等外	91.3	—	3.19
23	木薯干	广州,面包木薯,灰土旱地,全株块根,GB 合格	88.5	—	3.10
24	木薯干	广东定安,面包木薯,细沙旱地,全株块根,GB 合格	89.9	—	3.10
25	木薯干	广东定安,面包木薯,粗沙旱地,全株块根,GB 合格	90.7	—	3.14
26	木薯干	广东阳江,面包木薯,沙土旱地,全株块根,GB 合格	89.1	—	3.29
27	木薯干	广东阳春,面包木薯,黄泥山坡,全株块根,GB 合格	90.3	—	3.33
28	木薯干	广东恩平,面包木薯,沙土旱地,全株块根,GB 合格	89.3	—	3.27
29	木薯干	广东湛江,面包木薯,沙土旱地,全株块根,GB 合格	87.9	—	3.24
30	木薯干	广东文昌,面包木薯,红土山坡,全株块根,GB 合格	90.4	—	3.20
34	木薯干	广州,红尾薯,沙质林地,全株块根,GB 合格	89.5	—	3.28
35	木薯干	广东从化,红尾薯,灰坡土旱地,全株块根,GB 合格	89.3	—	3.30
36	木薯干	广东增城,红尾薯,灰坡土坡地,全株块根,GB 合格	90.4	—	3.24
37	木薯干	广东东莞,红尾薯,沙坡山地,全株块根,GB 合格	89.0	—	3.18
38	木薯干	广东郁南,红尾薯,黏沙旱地,全株块根,GB 合格	89.8	—	3.13
39	木薯干	广东封开,红尾薯,黄黏土山坡,全株块根,GB 合格	91.0	—	3.28
40	木薯干	广东五华,红尾薯,黄泥沙水田,全株块根,GB 合格	87.0	—	3.10
41	木薯干	广东兴宁,红尾薯,黄坡旱地,全株块根,GB 合格	84.1	—	2.88
52	木薯干	广西苍梧,南湾木薯,红俍旱地,全株块根,GB 合格	88.2	—	3.15
53	木薯干	广西岑溪,南湾木薯,沙俍旱地,全株块根,GB 合格	87.9	—	3.25
54	木薯干	广西藤县,南湾木薯,红俍旱地,全株块根,GB 合格	88.4	—	3.17
55	木薯干	广州,黄心木薯,灰俍土山坡,全株块根,GB 合格	88.5	—	3.14
57	木薯干	广西藤县,黄心木薯,红俍旱地,薯干堆采样,GB 合格	87.7	—	3.04
58	木薯干	广西藤县,黄心木薯,红俍旱地,全株块根,GB 合格	87.8	—	2.96

注:* PIF 法是分别用胃蛋白酶和猪小肠液冻干粉进行水解为特点的两步法。

1.6 郑长义.1983.饲料图鉴与品质管制[6]

1.养鸡饲料成分表及氨基酸含量

表 1-6-1 养鸡饲料成分表

饲料名称	干物质(%)	能量(kcal/kg)		粗蛋白质(%)	粗脂肪(%)	粗纤维(%)	钙(%)	磷(%)	钾(%)	氯(%)	铁(%)	镁(%)	锰(mg/kg)	钠(%)	硫(%)	铜(mg/kg)	硒(mg/kg)	锌(mg/kg)
		代谢	生产															
大麦	89	2640	1790	11.6	1.8	5.1	0.03	0.36	0.48	0.15	0.005	0.14	—	0.04	0.15	10.2	0.10	17
大麦,美国太平洋岸产	89	2620	1720	9.0	2.0	6.4	0.05	0.32	0.53	0.15	0.011	0.12	16.3	0.02	0.15	7.7	0.102	15
荞麦	88	2660	1800	10.8	2.5	10.5	0.09	0.32	0.40	0.04	—	0.09	33.8	0.05	—	9.5	—	9
整穗玉米	85	2770	1980	7.8	3.0	8.7	0.04	0.21	0.45	0.04	0.007	0.13	7.7	0.01	0.18	6.7	0.073	9
玉米粉渣	90	2970	1890	10.0	6.9	6.0	0.04	0.50	0.46	0.05	0.007	0.16	14.5	0.10	0.03	13.3	0.10	3.0
甜菜糖蜜	79	1990	1560	6.1	—	—	0.13	0.06	4.83	1.30	0.007	0.23	4.7	0.93	0.48	17.7	—	14
甘蔗糖蜜,干燥	91	1960	1540	7.8	0.5	3.3	1.10	0.12	2.60	—	0.095	0.33	42.0	0.16	0.35	0.6	—	30
燕麦	89	2550	1810	11.4	4.2	10.8	0.06	0.27	0.45	0.11	0.007	0.16	43.2	0.08	0.21	8.3	0.30	17
燕麦,美国西岸产	91	2610	1760	9.0	—	11.0	0.08	0.30	0.37	0.12	—	—	38.0	—	—	—	0.07	—
高粱	89	3370	2400	8.9	2.8	2.3	0.03	0.28	0.32	0.09	0.004	0.13	13.6	0.04	0.16	19.0	—	14
乳清粉	93	1900	1540	12.0	0.8	0.2	0.97	0.76	1.05	0.07	0.013	0.13	6.1	0.48	1.04	46.0	0.08	3
乳清粉,低乳糖	91	2090	1580	15.5	1.0	0.3	1.95	0.98	3.0	2.10	—	0.25	—	1.50	—	—	0.10	—

饲料名称	生物素(mg/kg)	胆碱(mg/kg)	叶酸(mg/kg)	烟酸(mg/kg)	泛酸(mg/kg)	吡哆醇(维生素 B_6)(mg/kg)	维生素 B_2(mg/kg)	维生素 B_1(mg/kg)	维生素 B_{12}(mg/kg)	维生素 E(mg/kg)
大麦	0.15	990	0.7	55	8	3.0	1.8	1.9	—	20
大麦,美国太平洋岸产	0.15	1034	0.5	48	7	—	1.6	4.0	—	20
荞麦	—	440	—	19	12	—	5.5	4.0	—	—
整穗玉米	0.05	393	0.3	17	4	5.0	0.9	—	—	19
玉米粉渣	0.13	971	0.3	46	8	11.0	2.2	7.9	—	—
甜菜糖蜜	—	829	—	42	4.0	—	2.1	—	—	5.1
甘蔗糖蜜,干燥	—	891	0.1	43	4	—	2.4	—	—	5.4
燕麦	0.11	946	0.3	12	—	1.0	1.1	6.0	—	20.0
燕麦,美国西岸产	0.11	959	0.3	14	13	1.3	1.1	—	—	20.0
高粱	0.18	450	0.2	41	12	3.2	1.1	4.0	—	12.0
乳清粉	0.34	1369	0.8	10	44	4.0	27.1	4.1	0.023	0.2
乳清粉,低乳糖	0.64	4392	1.4	18.6	69	3.96	45.8	5.7	0.023	—

表 1-6-2 养鸡饲料的氨基酸含量

%

饲料名称	干物质	粗蛋白质	精氨酸	甘氨酸	丝氨酸	组氨酸	异亮氨酸	亮氨酸	赖氨酸	蛋氨酸	胱氨酸	苯丙氨酸	酪氨酸	苏氨酸	色氨酸	缬氨酸
大麦	89	11.6	0.59	0.40	0.42	0.29	0.49	0.80	0.40	0.17	0.19	0.64	0.33	0.42	0.14	0.62
大麦,美国太平洋岸产	89	9.0	0.48	0.36	0.32	0.21	0.40	0.60	0.29	0.13	0.18	0.48	—	0.30	0.12	0.46
荞麦	88	10.8	1.02	—	—	0.26	0.37	0.56	0.61	0.20	0.20	0.44	—	0.46	0.19	0.54
整穗玉米	85	7.8	0.38	0.27	—	0.18	0.35	0.98	0.18	0.14	0.14	0.44	—	0.35	0.07	0.35
玉米粉渣	90	10.0	0.47	0.40	—	0.20	0.40	0.84	0.40	0.13	0.13	0.35	0.49	0.40	0.10	0.49
燕麦	89	11.4	0.79	0.50	0.40	0.24	0.52	0.89	0.50	0.18	0.22	0.59	0.53	0.43	0.16	0.68
燕麦,美国西岸产	91	9.0	0.60	0.40	0.30	0.10	0.40	0.30	0.40	0.13	0.17	0.44	0.20	0.20	0.12	0.51
高粱	89	8.9	0.38	0.31	0.53	0.27	0.53	1.42	0.22	0.12	0.15	0.44	0.35	0.27	0.10	0.53
乳清粉	93	12.0	0.34	0.30	0.32	0.18	0.82	1.19	0.97	0.19	0.30	0.33	0.25	0.89	0.19	0.68
乳清粉,低乳糖	91	15.5	0.67	1.04	0.76	0.10	0.90	1.15	1.47	0.57	0.57	0.50	0.20	0.50	0.18	0.30

2. 养猪饲料成分表

表 1-6-3 养猪饲料成分表

%

饲料名称	干物质	粗蛋白质	粗脂肪	粗纤维	无氮浸出物	粗灰分	钙	磷	总可消化养分
乳清粉	89.7	12.3	3.0	0.4	65.7	8.3	0.85	0.81	78.0
大麦	86.8	10.7	3.7	6.3	61.8	4.3	0.07	0.30	75.5
大麦片	87.7	11.3	2.0	1.1	71.9	1.4	0.04	0.21	—
高粱	88.1	9.8	2.7	2.1	72.1	1.4	0.02	0.27	71.9
甘薯签	83.3	2.5	2.1	3.0	72.5	3.2	0.15	0.02	70.2
树薯(木薯)签	85.1	3.2	1.8	2.1	76.0	2.0	0.30	0.07	72.6
树薯(木薯)粕	85.6	1.5	1.5	10.5	69.8	2.3	0.90	0.02	69.4
糖蜜	74.3	1.6	1.4	0	63.0	8.3	0.50	0.04	54.8
红糖	94.7	1.4	0.4	0.1	91.0	1.8	0.20	0.07	91.0
牛脂	99.4	0	97.9	0	1.3	0.2	0	0	—

3.养牛饲料成分表

表 1-6-4 养牛饲料成分表

%

饲料名称	干物质	粗蛋白质	粗纤维	总可消化养分	钙	磷
树薯(木薯)渣	85.62	4.16	10.57	70.00	0.90	0.07
高粱(红)	88.47	8.09	1.50	74.00	0.03	0.26
高粱(白)	88.26	8.17	1.41	—	0.38	0.20
甘薯签	85.05	3.54	2.94	74.00	0.31	0.50
芜菁(青皮)	90.00(新鲜状态下干物质含量 9.92)	14.80	10.99	84.00	0.61	0.20
糖蜜	74.30	1.60	—	68.00	1.00	0.05

2　国外部分资料

2.1 德国资料

2.1.1 Oskar Johann Kellner(凯尔纳).1908.农畜饲养学.刘运筹,等译(1935)[7]

1.各种饲料之成分消化率及淀粉当量

表 2-1-1 各种饲料之成分消化率及淀粉当量

饲料分类(大类)	饲料分类(小类)	原料名称及描述	常规成分(%)						可消化养分(%)				价值(全值等于100)	可消化的部分(%)	每百磅之淀粉等量(磅)/百基中的淀粉价(当量)
			水	粗蛋白质	粗脂肪	无氮浸出物	粗纤维	粗灰分	粗蛋白质	粗脂肪	无氮浸出物	粗纤维			
青刍(注:刍为喂牲畜的草,下同)	豆科及苜蓿类	杂种苜蓿初放花者	8.2	3.7	0.7	6.3	5.5	1.6	2.4	0.5	4.5	2.9	82	1.3	7.9
青刍	叶与杂草	粗栽甘蓝	84.7	2.5	0.7	8.1	2.4	1.6	1.8	0.4	6.5	1.7	94	1.2	9.4
青刍	叶与杂草	萝卜叶	88.4	2.2	0.5	5.3	1.5	2.1	1.5	0.2	4.2	0.8	93	0.4	5.3
青刍	叶与杂草	胡萝卜叶	81.8	3.4	0.9	7.1	2.5	4.3	2.2	0.5	4.7	1.4	91	1.5	7.8
青刍	叶与杂草	菊芋	67.7	3.4	1.1	17.4	5.4	5.0	2.0	0.5	13.1	2.2	91	1.7	16.2
青刍	叶与杂草	糖蔓菁叶	83.8	2.3	0.4	7.4	1.6	4.8	1.7	0.2	5.9	1.1	84	1.4	7.2
青刍	叶与杂草	椎叶	55.0	7.9	3.9	24.7	6.9	1.6	4.8	2.5	16.3	3.7	91	3.9	26.0
干草	原草及禾本科草	原草非常之佳者	16.0	13.5	3.0	40.4	19.3	7.7	9.2	1.5	30.1	12.7	78	6.5	40.4
干草	苜蓿类及豆科植物	红苜蓿干草非常之佳品	16.5	15.3	3.2	35.8	13.2	7.0	10.7	2.1	26.8	11.0	74	7.0	35.6
干草	叶及杂草等	树叶七月终	16.0	10.6	3.0	49.3	14.2	7.0	6.2	2.4	32.5	5.3	82	3.7	37.7
干草	叶及杂草等	葡萄叶秋季	12.0	11.4	5.7	52.9	8.0	10.0	6.7	4.5	34.4	3.0	90	4.1	42.3
干草	叶及杂草等	菊芋叶	12.5	12.7	2.2	48.1	14.2	10.3	7.6	1.1	33.6	4.1	82	6.1	37.3
干草	叶及杂草等	楸叶	12.0	15.9	2.9	49.9	8.6	10.7	11.6	0.7	40.7	4.9	91	8.5	50.0
干草	叶及杂草等	糖蔓菁叶干燥者	14.0	9.1	0.8	34.8	11.1	30.2	3.8	0.2	28.4	7.5	81	1.8	27.0
干草	叶及杂草等	可可壳粉	10.0	14.3	6.2	46.3	15.8	7.4	0.6	5.2	22.3	3.3	88	—	33.6
根及块茎[1]		马铃薯中品	75.0	2.1	0.1	21.0	0.7	1.1	1.1	—	18.9	—	100	0.1	19.0
根及块茎		马铃薯多水者	83.0	1.6	0.1	13.9	0.6	0.8	0.9	—	12.5	—	100	0.2	12.7
根及块茎		马铃薯干燥者	74.0	2.1	0.1	21.9	0.8	1.1	1.1	—	19.7	—	100	0.1	19.8
根及块茎		马铃薯极干者	68.4	2.5	0.2	27.3	0.9	1.1	1.3	—	24.6	—	100	0.2	24.8
根及块茎		马铃薯冰冻者	61.6	1.6	0.1	34.8	0.8	1.1	0.9	—	31.3	—	100	0.2	31.5

续表2-1-1

饲料分类(大类)	饲料分类(小类)	原料名称及描述	常规成分(%)					可消化养分(%)					价值(全值等于100)	可消化的部分(%)	每百磅之淀粉等量(磅)/百基中的淀粉价(当量)
			水	粗蛋白质	粗脂肪	无氮浸出物	粗纤维	粗灰分	粗蛋白质	粗脂肪	无氮浸出物	粗纤维			
根及块茎		马铃薯酸味者	73.5	2.2	0.5	21.7	0.7	1.4	1.1	0.1	18.4	—	95	0.1	17.7
根及块茎		马铃薯冰冻并蒸煮者	66.5	1.5	0.1	30.1	0.8	1.0	0.8	—	27.1	—	100	—	27.1
根及块茎		马铃薯冰冻并酸味者	68.5	1.7	0.5	27.0	0.9	1.0	0.9	0.1	23.0	—	95	—	22.0
根及块茎		马铃薯干者	12.0	7.4	0.4	74.0	2.3	3.9	1.5	—	68.1	—	100	0.7	68.8
根及块茎		苤蓝	88.0	2.3	0.1	7.2	1.4	1.0	1.2	—	6.5	0.6	90	0.4	6.7
根及块茎		瑞士蔓菁	87.8	1.5	0.2	8.2	1.3	0.9	1.2	—	7.6	7.9	85	0.3	7.5
根及块茎		瑞士蔓菁酸味者	85.6	1.8	0.2	9.1	2.2	1.1	1.2	0.1	8.1	1.0	80	0.2	8.1
根及块茎		胡萝卜	87.0	1.2	0.2	9.3	1.3	1.0	0.8	0.1	8.9	0.7	87	0.4	8.7
根及块茎		白萝卜	83.2	1.1	0.3	13.0	1.4	1.0	0.9	0.1	12.5	0.8	86	0.5	11.6
根及块茎		蔓菁大	89.5	1.3	0.1	6.7	1.0	1.4	0.9	—	6.4	0.3	74	0.1	5.0
根及块茎		蔓菁小	86.5	1.1	0.1	10.6	0.8	0.9	0.8	—	10.1	0.3	70	0.1	7.4
根及块茎		蔓菁中	88.0	1.2	0.1	8.7	0.9	1.1	0.8	—	8.3	0.3	72	0.1	6.3
根及块茎		红萝卜	91.5	0.9	0.1	6.0	0.8	0.7	0.6	—	5.5	0.3	77	0.2	4.6
根及块茎		菊芋	79.6	1.5	0.2	16.9	0.7	1.1	1.0	—	15.8	0.2	92	0.4	16.4
根及块茎		糖蔓菁	75.0	1.3	0.1	21.4	1.5	0.7	0.9	—	20.3	0.5	75	0.3	15.8
谷粒及籽实	谷粒	鞑靼蜀黍	11.1	9.6	3.8	1.2	1.9	2.4	7.7	3.0	60.5	1.0	100	6.7	74.2
谷粒及籽实	谷粒	蜀黍	11.5	9.0	3.8	70.1	3.6	2.0	7.2	3.0	56.2	1.8	98	6.7	69.7
谷粒及籽实	谷粒	大麦中粒	14.3	9.4	2.1	67.8	3.9	2.5	6.6	1.9	62.4	1.3	99	6.1	72.0
谷粒及籽实	谷粒	大麦大粒	14.3	8.7	1.8	70.2	2.7	2.3	6.3	1.6	66.7	1.2	99	5.9	75.8
谷粒及籽实	谷粒	大麦细粒	14.3	10.2	.2.5	63.7	6.5	2.8	7.1	2.2	56.7	1.3	97	6.5	66.4
谷粒及籽实	谷粒	大麦饲用	14.3	12.0	2.4	63.7	5.6	2.6	8.8	2.1	56.7	1.1	98	8.0	67.9
谷粒及籽实	谷粒	燕麦中粒	13.3	10.3	4.8	58.2	10.3	3.1	8.0	4.0	44.8	2.6	95	7.2	59.7
谷粒及籽实	谷粒	燕麦大粒	13.3	8.2	4.2	63.2	8.1	3.0	6.2	3.5	50.6	2.1	96	5.6	63.1
谷粒及籽实	谷粒	燕麦扁粒	13.3	12.7	5.6	49.9	15.0	3.5	10.2	4.6	37.0	3.7	93	9.2	54.8
谷粒及籽实	谷粒	小米	12.3	10.6	3.9	61.1	8.1	3.8	8.0	3.1	45.8	2.7	95	7.4	59.7

续表2-1-1

饲料分类(大类)	饲料分类(小类)	原料名称及描述	常规成分(%)					可消化养分(%)					价值(全值等于100)	可消化的部分(%)	每百磅之淀粉等量(磅)/百基中的淀粉价(当量)
			水	粗蛋白质	粗脂肪	无氮浸出物	粗纤维	粗灰分	粗蛋白质	粗脂肪	无氮浸出物	粗纤维			
谷粒及籽实	谷粒	高粱	15.2	9.3	3.3	68.0	2.5	1.7	4.6	2.5	57.8	1.7	99	4.1	67.9
谷粒及籽实	谷粒	米舂白者	12.6	6.7	0.4	78.0	1.5	0.8	5.8	0.2	75.8	0.7	100	5.5	82.0
谷粒及籽实	谷粒	黑麦中品	13.4	11.5	1.7	69.5	1.9	2.0	9.6	1.1	63.9	1.0	95	8.7	71.3
谷粒及籽实	谷粒	黑麦大粒	13.4	9.2	1.5	72.6	1.6	1.7	7.7	0.9	66.9	0.8	97	7.0	73.7
谷粒及籽实	谷粒	黑麦扁粒	13.4	14.5	2.3	62.6	3.7	2.3	12.7	1.5	56.1	1.9	92	11.3	65.8
谷粒及籽实	谷粒	小麦中粒	13.4	12.1	1.9	69.0	1.9	1.7	10.2	1.2	63.5	0.9	95	9.0	71.3
谷粒及籽实	谷粒	小麦大粒	13.4	10.8	1.7	70.9	1.6	1.6	8.6	1.0	65.5	0.8	97	7.7	73.1
谷粒及籽实	谷粒	小麦扁粒	13.4	14.2	2.2	63.0	3.7	3.5	12.5	1.4	56.7	1.9	92	10.9	65.8
谷粒及籽实	多油籽实	大麻子	8.9	18.2	32.6	21.1	15.0	4.2	13.7	29.3	16.8	9.0	96	12.8	104.1
谷粒及籽实	多油籽实	棕榈子	8.4	8.4	48.8	26.8	5.8	1.8	8.0	46.5	22.5	3.5	99	7.8	143.7
谷粒及籽实	他种果实	荞麦	14.1	11.3	2.6	54.8	14.4	2.8	8.5	1.9	42.3	3.5	93	7.5	52.7
谷粒及籽实	他种果实	橡实新鲜者	50.0	3.3	2.4	36.3	6.8	1.2	2.7	1.9	32.6	4.1	95	2.2	40.4
谷粒及籽实	他种果实	橡实干者	15.0	5.7	4.1	61.6	11.6	2.0	4.6	3.3	55.5	7.0	95	3.8	69.0
谷粒及籽实	他种果实	洋槐豆	15.0	5.8	1.3	69.0	6.4	2.5	4.0	0.7	65.5	3.7	97	3.2	71.7
谷粒及籽实	他种果实	栎实新鲜者	49.2	4.3	1.3	40.9	2.5	1.6	2.6	1.2	30.3	0.8	99	1.5	34.1
谷粒及籽实	他种果实	栎实干者	18.8	6.9	2.4	53.7	4.0	2.6	4.1	2.0	48.4	1.2	99	2.4	54.6
商品饲料	磨粉厂的副产品	荞麦麸细者	12.0	15.2	4.5	50.0	11.3	7.0	11.4	3.4	39.0	3.7	94	9.9	55.2
商品饲料	磨粉厂的副产品	荞麦粉细者	14.7	8.0	1.9	72.6	0.8	1.4	6.8	1.4	61.7	0.4	100	5.9	70.3
商品饲料	磨粉厂的副产品	大麦糠	10.5	14.8	3.6	57.6	8.5	5.0	12.5	3.1	49.5	1.7	96	11.4	66.0
商品饲料	磨粉厂的副产品	大麦饲粉	13.2	12.6	2.9	65.4	3.0	2.9	9.7	2.3	60.2	0.7	99	9.2	73.6
商品饲料	磨粉厂的副产品	燕麦饲粉粗者	10.0	11.7	4.7	52.4	15.0	6.2	8.8	3.8	38.3	73.5	93	7.6	55.9
商品饲料	磨粉厂的副产品	燕麦饲粉细者	10.0	16.2	6.6	54.5	7.5	5.2	12.6	5.4	42.0	3.7	97	11.0	64.2
商品饲料	磨粉厂的副产品	小米糠无壳者	9.4	16.5	15.3	43.5	8.5	6.8	13.2	14.5	34.8	2.3	97	11.2	80.1
商品饲料	磨粉厂的副产品	玉蜀黍糠	12.5	9.9	3.6	61.5	9.5	3.0	6.5	3.1	53.0	3.2	95	5.7	64.7
商品饲料	磨粉厂的副产品	米饲粉	12.6	12.0	12.0	45.2	8.0	10.2	6.8	10.2	36.2	2.0	100	6.0	68.4
商品饲料	磨粉厂的副产品	黑麦饲粉	12.6	14.5	2.8	63.5	3.6	3.0	11.0	2.0	61.6	2.4	100	9.9	77.5
商品饲料	磨粉厂的副产品	黑麦糠	12.5	16.7	3.1	58.0	5.2	4.5	12.5	2.4	42.9	1.7	79	10.8	46.9
商品饲料	磨粉厂的副产品	小麦饲粉	12.6	14.3	3.2	62.9	4.3	2.7	12.3	2.9	52.2	4.3	100	11.0	73.0

续表2-1-1

饲料分类(大类)	饲料分类(小类)	原料名称及描述	常规成分(%)					可消化养分(%)					价值(全值等于100)	可消化的部分(%)	每百磅之淀粉等量(磅)/百基中的淀粉价(当量)
			水	粗蛋白质	粗脂肪	无氮浸出物	粗纤维	粗灰分	粗蛋白质	粗脂肪	无氮浸出物	粗纤维			
商品饲料	淀粉制造业中之副产品	马铃薯渣新鲜者	86.0	0.6	—	11.5	1.5	0.4	—	—	8.8	0.2	95	—	8.6
商品饲料	淀粉制造业中之副产品	马铃薯渣干燥者	14.0	3.4	0.1	68.2	8.8	5.5	—	—	52.5	1.1	95	—	50.9
商品饲料	淀粉制造业中之副产品	玉蜀黍之苞新鲜者	75.2	3.6	1.6	16.6	2.8	0.2	2.9	1.4	15.1	1.4	92	2.2	19.5
商品饲料	淀粉制造业中之副产品	玉蜀黍之苞干燥者	12.8	14.0	5.7	6.3	4.3	1.9	14.8	2.5	56.9	1.0	90	10.2	65.0
商品饲料	淀粉制造业中之副产品	小麦外壳	74.5	4.0	1.8	15.2	3.8	0.7	3.0	1.4	12.6	1.9	77	2.4	15.0
商品饲料	淀粉制造业中之副产品	小麦壳新鲜者	84.6	2.0	0.9	10.5	1.6	0.4	1.6	0.5	9.0	0.8	90	1.2	10.7
商品饲料	淀粉制造业中之副产品	小麦壳干燥者	12.9	8.7	1.7	74.6	0.8	1.3	6.7	0.9	65.7	0.5	88	5.6	64.4
商品饲料	制糖业中之副产品	糖蜜普通者(注:糖蜜中之粗蛋白质大多属于非蛋白质)	21.9	(10.5)	—	60.4	—	7.2	5.4	—	54.9	—	87	—	48.0
商品饲料	制糖业中之副产品	糖蜜干蔓菁切片	10.0	8.7	0.3	60.8	13.8	6.4	4.6	—	52.0	8.2	81	2.7	50.5
商品饲料	制糖业中之副产品	糖片干燥者	8.6	7.1	0.4	67.9	11.8	4.2	4.3	—	63.8	9.0	77	3.5	58.9
商品饲料	酿造及蒸馏菜中之副产品	大麦芽新鲜者	48.0	6.5	1.2	38.1	4.8	1.4	5.2	1.1	33.1	2.4	96	3.9	39.9
商品饲料	酿造及蒸馏菜中之副产品	大麦芽干燥者	7.5	9.5	2.5	69.1	9.0	2.4	7.6	1.9	60.1	4.5	96	5.7	71.0
动物质饲料		酪汁甘味者	92.7	1.0	0.8	4.9	—	0.6	0.9	0.8	4.9	—	100	0.9	6.4
动物质饲料		酪汁酸味者	93.1	1.0	0.2	4.9	—	0.8	0.9	0.2	4.9	—	100	0.9	5.0

注:[1] 含糖甚富之根类,饲养值较低,此可于“价值”及“每百磅之淀粉等量”两栏中见之,故其含糖量不必再折为平常之无氮浸出物,下同。

2. 养分的消化率

表 2-1-2 反刍动物饲料养分消化率

%

饲料分类(大类)	饲料分类(小类)	原料名称及描述	试验种数	试验次数	有机质	粗蛋白质	粗脂肪	无氮浸出物	粗纤维
青刍及干草	青刍及酸刍	糖蔓菁叶	2	4	77	74	55	80	70
青刍及干草	干草	楸叶	1	1	70	73	23	82	57
青刍及干草	干草	糖蔓菁叶干燥者	2	4	72(68-77)	41(37-48)	30(7-49)	82(78-87)	67(61-72)
蒿秆秕糠等		可可壳	1	2	36	5	84	48	21
根及块茎		马铃薯	7	30	83(72-96)	51(23-88)	—	90(82-99)	—
根及块茎		马铃薯干燥者	1	2	82	20	—	92	—
根及块茎		蔓菁	5	22	87(80-96)	70(44-89)	—	95(91-100)	37(0-43)
根及块茎		糖蔓菁	3	30	92(81-100)	72(34-100)	—	97(90-100)	34(0-100)
根及块茎		红萝卜	2	10	87(78-96)	73(57-90)	—	92(88-97)	51(0-100)
根及块茎		瑞士蔓菁	1	2	97	62	93	99	100(原文可能有误)
谷粒		燕麦	13	45	70(56-82)	76(67-94)	80(63-100)	76(65-94)	28(2-47)
谷粒		大麦	2	4	86(81-91)	70(63-77)	89(78-100)	92(87-96)	—
谷粒		黑麦	1	2	89	84	64	92	—
谷粒		荞麦	1	2	71	75	100	76	24
谷粒		鞑靼蜀黍	1	2	86	65	70	91	51
谷粒		栎实	1	1	—	60	85	93	—
谷粒		橡实	1	2	88	83	88	91	62
谷粒		洋愧豆	1	2	94	68	53	95	—
工业副产品		黑麦麸	8	12	70(62-76)	75(76-80)	77(66-84)	74(推测应为 69-79,原文为 96-79)	33(0-100)
工业副产品		黑麦麸	2	4	93(92-93)	76(75-77)	71(42-100)	97	—
工业副产品		大麦麸	1	2	77	85	87	86	20
工业副产品		大麦粉	1	2	90	72	38	99	—
工业副产品		米粉	5	14	69(55-78)	57(48-65)	85(82-87)	80(67-92)	15(0-51)
工业副产品		麸质饲料	5	11	87(79-92)	86(83-89)	84(79-94)	89(91-96)	78(43-100)
工业副产品		麸质粉	4	8	90(88-93)	88(84-92)	94(88-98)	90(84-97)	22

续表2-1-2

饲料分类(大类)	饲料分类(小类)	原料名称及描述	试验种数	试验次数	有机质	粗蛋白质	粗脂肪	无氮浸出物	粗纤维
工业副产品		玉蜀黍麸质饲料	1	2	79	84	76	83	37
工业副产品		大麦芽屑	6	12	72(64-84)	80(73-82)	71(35-100)	73(58-95)	55(33-95)
工业副产品		马铃薯渣	1	1	62	—	—	77	12
工业副产品		糖蔓菁切片	1	3	88	60	—	94	76
工业副产品		糖蜜	3	4	83(77-92)	52(46-58)	—	91(87-97)	—

表 2-1-3 马饲料养分消化率 %

原料名称及描述	试验种数	试验次数	有机质	粗蛋白质	粗脂肪	无氮浸出物	粗纤维
原草极佳品	3	4	58	63	22	65	48
马铃薯	1	1	93	88	—	99	9
红萝卜	1	1	87	99	—	94	—
燕麦	16	34	69(61-80)	80(68-94)	71(50-88)	75(70-84)	29(1-56)
大麦	1	1	87	80	42	87	(100)
高粱	1	2	64	42	61	74	(29)

表 2-1-4 猪饲料养分消化率 %

原料名称及描述	试验种数	试验次数	有机质	粗蛋白质	粗脂肪	无氮浸出物	粗纤维
苜蓿放花前	1	2	54	49	24	71	24
苜蓿放花中	1	2	40	33	12	57	16
马铃薯	7	13	94(91-96)	76(57-88)	—	98(97-99)	55(28-83)
马铃薯干切片	1	2	90	54		94	80
马铃薯干屑末	1	2	91	46	—	95	78
马铃薯干片	1	2	95	75	—	96	72
蔓菁蒸热者	1	2	90	58	—	96	88
蔓菁生者	1	2	90	55	—	98	79
糖蔓菁蒸热者	1	2	95	52		99	100
糖蔓菁生者	1	2	88	26	—	96	80

续表2-1-4

原料名称及描述	试验种数	试验次数	有机质	粗蛋白质	粗脂肪	无氮浸出物	粗纤维
大麦	8	15	81	75	49	89	12
高粱	3	9	76(70-80)	60(32-62)	72(32-89)	73(原文为 80-87,80 应有误)	20(15-48)
米粉	1	2	66	58	76	78	—
黑麦麸	1	2	67	66	58	74	9
大麦麸	1	1	80	83	74	94	24
荞麦麸	1	1	79	81	89	96	27

2.1.2 M. Beyer, et al. 2003. 德国罗斯托克饲料评价体系. 赵广永, 译(2008)[8]*

1. 牛饲料表格

表 2-1-5 牛饲料表格

编码	饲料原料		饲料价值					粗略营养成分								消化率					
	饲料名称	饲料描述	DM	在 DM 中			在 OM 中		在 DM 中												
				NERc	dCP	PEQ	NERc	dCP	CP	CF	ST	SU	NFR	Ash	P	Ca	E	OM	CP	CF	ST SU	NFR
			%	MJ/kg	%	g/MJ	MJ/kg	%	%	%	%	%	%	%	%	%	%	%	%	%	%	%
6000	**精饲料**																					
6100	**高能量精饲料,谷物**																					
6132	春大麦,籽实饱满		87.0	8.08	10.0	12	7.03	8.7	13.5	2.5	59.0	2.8	19.7	2.5	0.4	0.09	83	86	74	79	97	59
6133	冬大麦,籽实饱满		87.0	7.85	9.0	11	6.83	7.8	12.5	2.5	57.9	2.0	22.1	3.0	0.4	0.08	80	83	72	79	97	53
6134	冬大麦,籽实饱满	高蛋白	87.0	7.84	10.8	14	6.82	9.4	15.0	3.0	58.0	2.0	19.0	3.0	0.4	0.10	79	83	72	79	97	48
6135	冬大麦,籽实一般		88.0	6.99	7.5	11	6.15	6.6	11.5	2.5	53.0	2.0	26.0	5.0	0.4	0.07	72	75	65	74	97	34
6147	燕麦,籽实饱满		87.0	6.97	9.6	14	6.06	8.4	13.0	5.0	43.8	1.8	32.9	3.5	0.4	0.12	70	73	74	80	97	39
6148	燕麦,籽实一般		88.0	5.84	7.2	12	5.14	6.4	10.5	4.5	38.0	1.5	40.0	5.5	0.4	0.10	63	66	69	80	97	33
6178	黍		87.0	8.45	8.1	10	7.35	7.0	11.7	3.7	72.0	1.1	9.6	1.9	0.3	0.07	81	85	69	78	97	19
6173	稷		88.0	7.57	10.1	13	6.66	8.9	14.0	4.3	57.2	1.2	19.1	4.2	0.3	0.05	76	79	72	75	97	32

*注:1. 由于本资料没有粗纤维指标,无法用国际饲料分类编号规则进行归类,因此,编者将原书中原料进行归类。

2. 该资料第 6 章表格列出了产奶净能(NEL)、育肥牛和猪的可代谢能(ME)以及蛋鸡和肉仔鸡在相应的净能沉积(NER)、能量饲料单位(EFU)和氮校正的表观可代谢能(AMF_N)的换算参数。根据这些指标,可了解不同的参数之间的关系。本书未纳入这些资料,读者可自行查阅原资料。

3. 由于编者的过错,在《国内外饲料成分及营养价值史料汇编》(2016 年)中,将本资料中"CF"错误地翻译成了"粗纤维",实际应为"粗脂肪",在此致以深深的歉意!

续表 2-1-5

编码	饲料原料		饲料价值						粗略营养成分								消化率					
	饲料名称	饲料描述	DM	在 DM 中			在 OM 中		在 DM 中													
				NERc	dCP	PEQ	NERc	dCP	CP	CF	ST	SU	NFR	Ash	P	Ca	E	OM	CP	CF	ST SU	NFR
			%	MJ/kg	%	g/MJ	MJ/kg	%	%	%	%	%	%	%	%	%	%	%	%	%	%	%
6162	玉米-玉米芯-混合饲料青贮(CCM-玉米)		63.0	8.20	6.8	8	5.16	4.3	10.5	4.5	64.0	1.1	17.9	2.0	0.3	0.11	79	83	65	80	97	43
6164	无皮干玉米穗粗粉		87.0	7.88	5.7	7	6.86	5.0	9.5	3.5	59.0	0.8	25.2	2.0	0.2	0.15	77	81	60	80	97	52
6165	无皮青贮玉米穗粗粉		60.0	7.96	6.2	8	4.78	3.7	9.5	4.0	59.0	1.1	24.4	2.0	0.2	0.15	78	81	65	85	97	48
6166	带皮青贮玉米穗粗粉		52.5	7.77	5.7	7	4.08	3.0	9.5	4.0	42.0	0.8	41.2	2.5	0.3	0.20	72	76	60	85	97	74
6169	带皮干玉米穗粗粉		87.0	7.15	5.0	7	6.22	4.3	9.0	3.5	42.0	1.1	42.4	2.0	0.3	0.20	72	76	55	80	97	58
6121	黑小麦籽实		87.0	8.28	9.6	12	7.21	8.4	13.4	1.5	67.0	4.0	12.0	2.1	0.4	0.09	83	87	72	65	97	51
6123	黑麦,籽实饱满		87.0	8.02	7.5	9	6.98	6.5	11.5	1.7	60.3	5.0	19.4	2.1	0.4	0.09	82	85	65	61	97	61
6125	黑麦,籽实一般		88.0	7.28	9.5	13	6.40	8.3	13.5	1.5	55.0	6.0	20.5	3.5	0.4	0.09	75	79	70	60	97	32
6800	**高能精饲料,木本植物的种子和果实**																					
6831	带壳干毛榉		88.0	7.60	12.2	16	6.69	10.7	16.2	31.0	8.0	1.0	40.0	3.8	0.3	0.54	62	63	75	85	97	33
6821	干橡子	未去壳	88.0	7.72	4.6	6	6.80	4.1	7.1	4.3	45.0	0.0	40.6	3.0	0.1	0.14	78	83	65	70	97	72
6822	干橡子	去壳	88.0	8.84	6.3	7	7.78	5.6	7.9	5.4	64.6	0.0	19.1	3.0	0.1	0.14	86	90	80	87	97	71
6811	干栗	未去壳	88.0	7.93	4.8	6	6.98	4.2	8.1	5.4	45.0	0.0	38.6	2.9	0.2	0.25	79	83	59	83	97	72
6812	干栗	去壳	88.0	8.87	5.3	6	7.80	4.7	8.9	7.0	65.0	0.0	16.4	2.7	0.2	0.25	83	88	60	85	97	69
6300	**高能精饲料,块根和肉质水果类**																					
	马铃薯																					
6341	生马铃薯	12%淀粉	17.5	7.20	5.2	7	1.26	0.9	10.0	0.4	64.7	9.9	8.0	7.0	0.3	0.06	78	81	52	25	87	49
6342		14%淀粉	19.5	7.35	4.8	6	1.43	0.9	9.5	0.4	68.0	7.0	8.4	6.7	0.2	0.05	79	82	50	25	87	65
6343		16%淀粉	21.5	7.41	4.4	6	1.59	0.9	9.0	0.4	70.3	4.6	9.2	6.5	0.2	0.05	79	82	49	25	87	69
6344		18%淀粉	23.5	7.46	4.1	5	1.75	1.0	8.5	0.3	71.5	5.7	7.8	6.2	0.2	0.05	79	82	48	25	87	65
6345		20%淀粉	25.5	7.51	3.7	5	1.92	0.9	8.0	0.3	73.0	5.0	7.7	6.0	0.2	0.05	79	82	46	25	87	66
6347		24%淀粉	29.5	7.58	3.1	4	2.24	0.9	7.0	0.2	74.0	5.0	8.1	5.7	0.2	0.04	79	83	44	25	87	67
6361	蒸汽处理马铃薯	12%淀粉	18.5	7.32	5.3	7	1.35	1.0	10.5	0.5	65.0	8.0	8.0	8.0	0.3	0.07	78	82	50	15	90	56
6362		14%淀粉	20.5	7.36	4.9	7	1.51	1.0	10.0	0.5	65.7	7.7	8.4	7.7	0.2	0.06	78	82	49	15	90	59
6363		16%淀粉	22.5	7.43	4.6	6	1.67	1.0	9.5	0.5	68.2	6.3	8.0	7.5	0.2	0.06	78	82	48	15	90	58
6364		18%淀粉	24.5	7.50	4.2	6	1.84	1.0	9.0	0.4	70.0	7.0	6.4	7.2	0.2	0.06	79	83	47	15	90	49
6365		20%淀粉	26.5	7.56	3.9	5	2.00	1.0	8.5	0.4	71.3	7.2	5.6	7.0	0.2	0.05	79	83	46	15	90	44
6367		24%淀粉	30.5	7.64	3.4	4	2.33	1.0	7.5	0.3	72.5	7.0	6.0	6.7	0.2	0.05	80	84	45	15	90	48

续表2-1-5

编码	饲料原料		饲料价值						粗略营养成分								消化率					
	饲料名称	饲料描述	DM	在DM中			在OM中		在DM中													
				NERc	dCP	PEQ	NERc	dCP	CP	CF	ST	SU	NFR	Ash	P	Ca	E	OM	CP	CF	ST SU	NFR
			%	MJ/kg	%	g/MJ	MJ/kg	%	%	%	%	%	%	%	%	%	%	%	%	%	%	%
	马铃薯青贮																					
6373	生马铃薯青贮	16%淀粉	35.0	7.26	4.7	6	2.54	1.6	9.5	0.5	68.3	0.5	14.7	6.5	0.2	0.05	76	79	49	25	97	14
6376	蒸汽处理马铃薯青贮,100%淀粉被提取	14%淀粉	21.0	7.37	4.6	6	1.55	1.0	10.5	0.5	66.4	4.2	10.7	7.7	0.2	0.06	78	82	44	15	97	21
6377		16%淀粉	23.0	7.39	4.3	6	1.70	1.0	10.0	0.5	66.0	4.0	12.0	7.5	0.2	0.06	78	82	43	15	97	28
6378		18%淀粉	25.0	7.48	4.1	5	1.87	1.0	9.5	0.4	68.0	4.0	10.9	7.2	0.2	0.06	78	82	43	15	97	21
	干马铃薯																					
6391	马铃薯片		90.0	7.90	4.1	5	7.11	3.6	9.0	0.3	70.5	5.0	10.7	4.5	0.2	0.06	81	85	45	25	97	32
6392	优质马铃薯条		90.0	7.66	4.1	5	6.90	3.6	9.0	0.3	69.3	2.0	13.9	5.5	0.2	0.06	79	83	45	25	97	36
6393	过干马铃薯条		96.0	6.89	0.8	1	6.61	0.8	8.0	0.2	65.0	2.0	18.3	6.5	0.2	0.05	70	74	10	15	97	20
	马铃薯渣																					
6368	马铃薯渣,马铃薯皮,蒸汽处理		23.0	7.02	2.6	4	1.61	0.6	8.0	0.3	50.0	2.0	32.2	7.5	0.3	0.10	77	81	32	0	97	67
6400	**高能精饲料,块根和肉质水果类**																					
	甜菜																					
6421	新鲜糖萝卜		14.5	6.50	4.4	7	0.94	0.6	8.0	0.7	0.0	57.5	24.8	9.0	0.3	0.29	82	87	55	25	97	75
6422	新鲜饲用甜菜		11.0	6.30	6.5	10	0.69	0.7	10.0	0.7	0.0	56.3	22.0	11.0	0.2	0.31	82	86	65	25	97	70
6412	新鲜饲用糖甜菜		17.5	6.61	3.6	5	1.16	0.6	6.5	0.5	0.0	60.0	24.5	8.5	0.2	0.25	84	88	55	25	97	75
6492	干饲用糖甜菜		92.0	6.79	3.3	5	6.25	3.0	6.5	0.5	0.0	61.0	25.5	6.5	0.2	0.25	84	88	50	25	97	77
6431	新鲜芜菁甘蓝		11.0	6.70	7.7	11	0.74	0.8	11.0	2.0	0.0	36.5	41.5	9.0	0.4	0.52	84	88	70	60	97	87
6441	新鲜胡萝卜		12.0	6.49	6.0	9	0.78	0.7	9.0	1.5	0.0	49.0	29.0	11.5	0.5	0.49	84	88	67	50	97	82
6432	无叶芜菁		8.5	6.00	10.0	17	0.51	0.8	13.5	1.2	0.0	37.5	35.3	12.5	0.5	0.48	80	83	74	60	97	73
6433	带叶芜菁		9.5	5.25	14.6	28	0.50	1.4	19.5	2.0	0.0	25.0	35.0	18.5	0.4	0.48	75	78	75	60	97	68
6411	新鲜糖甜菜		23.5	6.85	3.1	5	1.61	0.7	5.7	0.4	0.5	65.6	19.8	8.0	0.1	0.26	86	90	55	25	97	79
6491	干燥糖甜菜		92.0	6.96	2.9	4	6.41	2.6	5.7	0.4	0.0	67.5	20.4	6.0	0.1	0.26	86	90	50	25	97	78
6414	新鲜糖甜菜根		25.0	6.54	2.8	4	1.63	0.7	5.5	0.3	0.0	65.0	17.2	12.0	0.2	0.30	86	90	50	25	97	77
6485	青贮糖甜菜		22.0	5.99	4.4	7	1.32	1.0	11.0	2.5	0.0	40.0	36.5	10.0	0.1	0.26	76	80	40	25	97	78
6795	木薯粉		87.0	8.10	1.3	2	7.05	1.1	2.5	0.5	76.2	3.4	12.4	5.0	0.1	0.14	82	86	50	50	97	22
6454	苹果和梨		16.8	7.15	1.1	2	1.20	0.2	1.9	2.0	3.5	41.5	48.7	2.4	0.0	0.06	83	88	60	0	97	85
6500	**高能量精饲料,制糖业产物**																					

续表2-1-5

编码	饲料原料		饲料价值						粗略营养成分								消化率					
	饲料名称	饲料描述	DM	在 DM 中			在 OM 中		在 DM 中													
				NERc	dCP	PEQ	NERc	dCP	CP	CF	ST	SU	NFR	Ash	P	Ca	E	OM	CP	CF	ST SU	NFR
			%	MJ/kg	%	g/MJ	MJ/kg	%	%	%	%	%	%	%	%	%	%	%	%	%	%	%
6511	挤压糖甜菜渣，新鲜		17.5	6.12	6.5	11	1.07	1.1	10.0	0.5	0.0	2.0	82.0	5.5	0.1	0.90	76	80	65	0	97	82
6519	挤压青贮糖甜菜渣（挤压后的青贮）		17.0	5.68	6.0	11	0.97	1.0	10.0	0.5	0.0	1.4	81.1	7.0	0.1	0.90	71	75	60	0	97	77
6518	压榨甜菜渣，青贮（用湿渣青贮）		13.0	5.29	5.5	10	0.69	0.7	10.0	0.5	0.0	0.8	79.2	9.5	0.1	0.90	69	73	55	0	97	76
6561	压榨甜菜渣，干燥（干渣）		90.0	6.22	5.7	9	5.60	5.1	9.5	0.5	3.0	6.1	75.4	5.5	0.1	0.88	76	80	60	0	97	81
6564	蜜糖化糖用甜菜渣，干燥		90.0	6.47	6.3	10	5.82	5.7	10.5	0.5	0.0	20.5	61.0	7.5	0.1	0.54	81	86	60	0	97	87
6514	部分萃取的糖用甜菜渣，干燥		90.0	6.74	5.1	8	6.06	4.6	8.5	0.5	0.0	15.0	71.0	5.0	0.1	0.39	82	87	60	0	97	89
	糖，见高能精饲料，纯营养素																					
6571	优质糖用甜菜丝，干燥		92.0	7.05	2.8	4	6.48	2.5	5.5	0.4	0.0	69.5	19.6	5.0	0.1	0.26	86	90	50	25	97	77
6573	糖用甜菜丝，干燥，过干		96.0	6.33	0.5	1	6.08	0.5	5.0	0.3	0.0	65.0	22.2	7.5	0.1	0.26	79	83	10	0	97	58
6525	蔗糖蜜		74.0	6.48	1.5	2	4.80	1.1	5.0	0.0	0.0	64.0	21.5	9.5	0.1	1.18	83	87	30	0	97	69
6521	甜菜蜜		77.0	6.37	2.5	4	4.91	1.9	5.0	0.0	0.0	63.0	21.0	11.0	0.0	0.30	83	85	50	0	97	65
6600	**高能精饲料，面粉加工产物**																					
6676	菜豆皮		88.0	5.94	7.8	13	5.23	6.9	12.0	1.0	25.0	3.0	55.4	3.6	0.4	0.19	68	71	65	75	97	59
6675	豌豆皮		88.0	6.33	13.1	21	5.57	11.6	18.0	2.0	26.0	3.5	46.5	4.0	0.4	0.19	71	74	73	70	97	60
6636	大麦，部分脱壳		88.0	8.35	8.6	10	7.35	7.6	11.6	2.5	65.5	2.3	15.9	2.2	0.4	0.08	84	87	74	79	97	57
6633	饲用大麦粉		88.0	7.25	9.1	13	6.38	8.0	13.0	3.5	36.2	5.5	37.8	4.0	0.3	0.10	77	80	70	91	97	63
6635	大麦麸		88.0	6.35	9.1	14	5.59	8.0	13.0	3.5	34.0	7.0	37.5	5.0	0.5	0.16	69	72	70	80	97	44
6639	带壳大麦麸		88.0	4.69	6.0	13	4.13	5.3	10.0	3.0	10.5	11.0	57.5	8.0	0.3	0.29	60	62	60	78	97	48
6641	燕麦仁和燕麦片（未去壳）		88.0	8.61	12.4	14	7.58	10.9	15.5	4.5	62.5	1.8	13.2	2.5	0.4	0.09	86	89	80	81	97	67
6643	饲用燕麦粉		88.0	7.99	10.8	14	7.03	9.5	14.0	5.2	54.5	1.7	22.1	2.5	0.3	0.10	79	82	77	87	97	46

续表2-1-5

编码	饲料原料		饲料价值						粗略营养成分								消化率					
	饲料名称	饲料描述	DM	在DM中			在OM中		在DM中													
				NERc	dCP	PEQ	NERc	dCP	CP	CF	ST	SU	NFR	Ash	P	Ca	E	OM	CP	CF	ST SU	NFR
			%	MJ/kg	%	g/MJ	MJ/kg	%	%	%	%	%	%	%	%	%	%	%	%	%	%	%
6645	燕麦麸		88.0	6.06	8.5	14	5.33	7.5	12.3	5.5	25.0	1.0	51.3	4.9	0.5	0.17	66	68	69	90	97	51
6649	带壳燕麦麸		88.0	4.61	5.9	13	4.06	5.2	9.5	3.5	15.5	1.0	65.0	5.5	0.4	0.22	57	59	62	83	97	48
6663	饲用玉米粉,去皮		88.0	8.35	8.1	10	7.34	7.1	11.5	6.0	55.0	4.5	20.5	2.5	0.2	0.04	81	85	70	85	97	59
6665	玉米麸		88.0	7.55	7.9	10	6.65	6.9	12.5	6.0	51.0	2.5	25.0	3.0	0.3	0.04	73	78	63	69	97	47
6666	玉米胚(面粉加工业)		95.0	9.33	12.6	13	8.86	12.0	17.0	23.0	34.0	5.5	14.5	6.0	0.7	0.07	75	80	74	84	97	66
6667	挤压玉米胚饼(面粉加工业)		90.0	7.73	9.4	12	6.96	8.4	14.0	6.5	44.5	5.0	26.0	4.0	0.6	0.09	77	81	67	80	97	59
6668	浸提玉米胚饼(面粉加工业)		90.0	7.26	9.0	12	6.54	8.1	13.5	2.0	45.4	5.1	29.0	5.0	0.6	0.09	78	81	67	80	97	60
6669	西非高粱麸		88.0	6.84	10.7	16	6.02	9.4	14.2	6.4	45.0	2.0	29.2	3.2	0.3	0.04	69	71	75	75	97	27
6623	饲用黑麦粉		88.0	7.44	11.1	15	6.54	9.8	15.0	3.0	36.8	6.0	36.2	3.0	0.6	0.09	80	83	74	65	97	73
6624	黑麦麸	78%出粉率	88.0	6.07	12.2	20	5.34	10.7	16.5	4.0	15.0	10.0	48.0	6.5	1.3	0.11	70	72	74	72	97	59
6629	带壳黑麦麸		88.0	4.71	10.2	22	4.14	8.9	14.5	3.0	10.0	5.0	60.0	7.5	1.4	0.15	61	63	70	45	97	54
6619	带壳小麦糠		88.0	4.87	10.9	22	4.28	9.5	15.5	4.0	10.0	7.1	56.9	6.5	1.4	0.15	61	63	70	65	97	51
6700	**高能精饲料,淀粉业、发酵业和水果加工业副产物**																					
6748	玉米淀粉渣	低蛋白	90.0	7.12	10.0	14	6.41	9.0	14.5	4.0	25.0	2.0	50.0	4.5	0.9	0.25	81	82	69	70	97	79
6744	小麦黏蛋白		90.0	7.37	12.4	17	6.64	11.2	15.5	8.5	25.0	6.0	42.0	3.0	0.4	0.26	75	80	80	65	97	71
6745	玉米胚(淀粉业)		88.0	10.98	10.6	10	9.67	9.4	14.0	49.0	14.4	5.5	12.1	5.0	0.8	0.25	78	81	76	78	97	73
6746	挤压玉米胚饼(淀粉业)		90.0	7.37	16.7	23	6.63	15.0	22.0	7.5	24.6	12.7	29.2	4.0	0.8	0.25	77	81	76	80	97	64
6747	浸提玉米胚饼(淀粉业)		90.0	6.90	18.0	26	6.21	16.2	24.0	2.5	28.0	5.5	35.0	5.0	0.8	0.25	78	81	75	80	97	70
	渣(淀粉下脚料)																					
6731	马铃薯渣,新鲜		14.0	6.36	0.8	1	0.89	0.1	5.0	0.5	38.7	1.9	50.4	3.5	0.1	0.29	68	73	15	25	97	60
6781	马铃薯渣,干燥		90.0	6.06	0.8	1	5.46	0.7	5.5	0.5	38.7	1.9	49.9	3.5	0.1	0.29	65	70	15	25	97	55
	淀粉类,见高能精饲料,纯营养素																					
	果渣																					

续表2-1-5

编码	饲料原料		饲料价值						粗略营养成分								消化率					
	饲料名称	饲料描述	DM	在 DM 中			在 OM 中		在 DM 中													
				NERc	dCP	PEQ	NERc	dCP	CP	CF	ST	SU	NFR	Ash	P	Ca	E	OM	CP	CF	ST SU	NFR
			%	MJ/kg	%	g/MJ	MJ/kg	%	%	%	%	%	%	%	%	%	%	%	%	%	%	%
6450	苹果渣和梨渣，新鲜		25.0	4.40	1.0	2	1.10	0.3	5.0	3.5	5.8	10.8	72.4	2.5	0.1	0.24	55	60	20	40	97	55
6451	葡萄渣，新鲜		30.0	0.72	1.7	23	0.22	0.5	11.3	8.0	5.0	10.0	56.0	9.7	0.1	0.25	25	26	15	54	97	5
6452	柑橘渣，新鲜		30.0	6.84	3.7	5	2.05	1.1	7.0	3.0	4.6	26.2	50.7	8.5	0.1	0.25	82	87	53	70	97	86
6900	**高能精饲料，纯营养素**																					
	油脂																					
6911	牛羊脂肪		99.0	16.92	0.0	0	16.75	0.0	0.4	99.5	0.0	0.0	0.0	0.1	0.0	0.01	84	84	0	85	97	0
6912	猪油		99.9	17.96	0.0	0	17.95	0.0	0.1	99.8	0.0	0.0	0.0	0.1	0.0	0.01	90	90	0	90	97	0
6922	向日葵油		99.9	17.96	0.0	0	17.95	0.0	0.1	99.8	0.0	0.0	0.0	0.1	0.0	0.01	90	90	0	90	97	0
	淀粉																					
6931	马铃薯淀粉，经粉碎		85.0	9.70	0.0	0	8.25	0.0	0.5	0.0	99.1	0.0	0.0	0.4	0.0	0.03	93	96	0	0	97	0
6933	玉米淀粉		85.0	9.71	0.0	0	8.26	0.0	0.5	0.0	98.9	0.5	0.0	0.1	0.0	0.01	93	96	0	0	97	0
6934	小麦淀粉		85.0	9.77	0.0	0	8.30	0.0	0.1	0.1	99.7	0.0	0.0	0.1	0.0	0.01	94	97	0	0	97	0
	糖																					
6941	乳糖		93.0	7.93	0.0	0	7.37	0.0	0.0	0.0	0.0	99.5	0.0	0.5	0.0	0.02	93	96	95	0	97	0
6942	蔗糖		96.0	8.13	0.0	0	7.81	0.0	0.0	0.0	0.0	100.0	0.0	0.0	0.0	0.00	98	98	0	0	97	0
6943	甜菜糖		96.0	7.65	0.0	0	7.34	0.0	2.0	0.0	0.0	95.0	0.0	3.0	0.0	0.20	91	97	0	0	97	0
7000	**高蛋白精饲料，植物来源**																					
7200	**高蛋白精饲料，油加工业产物**																					
7485	浸提棕榈仁饼		90.0	5.96	13.5	23	5.37	12.1	19.0	2.5	0.8	3.0	70.2	4.5	0.8	0.28	72	75	71	75	97	75
8000	**高蛋白精饲料，动物来源，包括酵母**																					
8100	**高蛋白精饲料，牛奶和牛奶加工产物**																					
8125	甜乳清，新鲜		7.0	7.37	11.9	16	0.52	0.8	13.2	2.0	0.0	76.0	0.0	8.8	0.7	0.86	93	96	90	99	97	0
8126	酸乳清，新鲜		7.0	7.11	15.0	21	0.50	1.1	16.7	2.0	0.0	69.8	0.0	11.5	0.9	0.90	93	96	90	98	97	0
8175	甜乳清，干燥		93.0	7.13	11.6	16	6.63	10.8	13.0	1.0	0.0	76.5	0.0	9.5	0.7	0.98	92	95	89	99	97	0

注：DM＝干物质；OM＝原料；NERc－牛饲料能量价值；dCP＝可消化粗蛋白质；PEQ＝蛋白质－能量－商[可消化粗蛋白质(g)/沉积净能(MJ)]；CP＝粗蛋白质；CF＝粗脂肪；ST＝淀粉；SU＝糖；NFR＝无氮残留物，计算公式为 NFR＝DM－(CP＋CF＋ST＋SU＋Ash)；Ash＝粗灰分；P＝磷；Ca＝钙；E＝能量(能量消化率＝可消化能/总能×100%)。另外，在罗斯托克饲料评价体系中，饲料能量价值的科学计量单位是 1 kJ 沉积净能(NER)，其定义为：在标准状况下，一定数量饲料或营养成分，如果具有在动物体内沉积 1 kJ 体能的潜力，则其饲料能量价值为 1 kJ NER，下同。

2. 猪饲料表格

表 2-1-6 猪饲料表格

编码	饲料原料		饲料价值							粗略营养成分								消化率					
	饲料名称	饲料描述	DM	在 DM 中		可消化氨基酸		在 OM 中		CP	CF	ST	SU	NFR	Ash	氨基酸		E	OM	CP	CF	ST SU	NFR
				NERp	dCP	dLys	dMet+dCys	NERp	dCP							Lys	Met+Cys						
			%	MJ/kg	%	%	%	MJ/kg	%	%	%	%	%	%	%	%	%	%	%	%	%	%	%
6000	**精饲料**																						
6100	**高能精饲料,谷物**																						
6132	春大麦,籽实饱满		87.0	10.57	11.2	0.40	0.46	0.92	1.0	13.5	2.5	59.0	2.8	19.7	2.5	0.48	0.55	83	86	83	65	98	52
6133	冬大麦,籽实饱满		87.0	10.27	10.0	0.36	0.41	0.89	0.9	12.5	2.5	57.9	2.0	22.1	3.0	0.45	0.51	81	84	80	60	98	50
6134	冬大麦,籽实饱满	高蛋白	87.0	10.35	12.6	0.44	0.50	0.90	1.1	15.0	3.0	58.0	2.0	19.0	3.0	0.52	0.59	81	84	84	65	98	43
6135	冬大麦,籽实一般		88.0	8.68	8.4	0.30	0.34	0.76	0.7	11.5	2.5	53.0	2.0	26.0	5.0	0.41	0.47	70	73	73	55	98	20
6147	燕麦,籽实饱满		87.0	8.90	10.4	0.38	0.42	0.77	0.9	13.0	5.0	43.8	1.8	32.9	3.5	0.48	0.52	69	71	80	80	98	30
6148	燕麦,籽实一般		88.0	7.29	7.4	0.27	0.29	0.64	0.6	10.5	4.5	38.0	1.5	40.0	5.5	0.39	0.42	59	60	70	75	98	18
6178	黍子		87.0	11.30	8.8	0.20	0.33	0.98	0.8	11.7	3.7	72.0	1.1	9.6	1.9	0.26	0.44	86	90	75	60	98	56
6173	稷子		87.0	9.41	10.8	0.26	0.35	0.82	0.9	14.0	4.3	57.2	1.2	19.1	4.2	0.34	0.45	73	75	77	72	98	6
6162	玉米-玉米芯-混合料(CCM-玉米),青贮		63.0	10.45	8.0	0.23	0.36	0.66	0.5	10.5	4.5	64.0	0.8	18.2	2.0	0.30	0.47	80	82	76	65	98	33
6164	玉米穗粗粉,脱皮,干燥		87.0	10.08	6.7	0.15	0.25	0.88	0.6	9.5	3.5	59.0	1.1	24.9	2.0	0.22	0.36	77	80	70	65	98	44
6165	玉米穗粗粉,脱皮,青贮		60.0	10.05	7.1	0.17	0.27	0.60	0.4	9.5	4.0	59.0	1.1	24.4	2.0	0.22	0.36	76	79	75	70	98	37
6169	玉米穗粗粉,带皮,干燥		87.0	8.88	5.4	0.13	0.20	0.77	0.5	9.0	3.5	42.0	1.1	42.4	2.0	0.21	0.34	70	73	60	60	98	53
6166	玉米穗粗粉,带皮,青贮		52.5	8.79	6.2	0.14	0.23	0.46	0.3	9.5	4.0	42.0	0.8	41.2	2.5	0.22	0.36	69	72	65	70	98	47
6121	黑小麦籽实		87.0	11.07	11.0	0.33	0.43	0.96	1.0	13.4	1.5	67.0	4.0	12.0	2.1	0.40	0.53	87	90	82	78	98	52
6123	黑麦,籽实饱满		87.0	10.84	8.7	0.31	0.36	0.94	0.8	11.5	1.7	60.3	5.0	19.4	2.1	0.41	0.48	85	88	76	50	98	68
6125	黑麦,籽实一般		88.0	9.56	10.3	0.34	0.39	0.84	0.9	13.5	1.5	55.0	6.0	20.5	3.5	0.45	0.51	77	80	76	45	98	30
6800	**高能精饲料,木本植物中的种子和果实**																						
6822	橡子,干燥,脱壳		88.0	10.65	4.0	0.21	0.11	0.94	0.3	7.9	5.4	64.6	0.0	19.1	3.0	0.41	0.21	79	85	50	52	98	63
6300	**高能精饲料,块茎类**																						

续表2-1-6

编码	饲料原料		饲料价值							粗略营养成分								消化率					
	饲料名称	饲料描述	DM	在 DM 中		可消化氨基酸		在 OM 中		CP	CF	ST	SU	NFR	Ash	氨基酸		E	OM	CP	CF	ST SU	NFR
				NERp	dCP	dLys	dMet +dCys	NERp	dCP							Lys	Met +Cys						
			%	MJ/kg	%	%	%	MJ/kg	%	%	%	%	%	%	%	%	%	%	%	%	%	%	%
	马铃薯																						
6341	马铃薯,原料[1)]	12%淀粉	17.5	8.11	1.7	0.09	0.04	0.14	0.0	10.0	0.4	64.7	9.9	8.0	7.0	0.53	0.25	76	82	17	0	98	19
6342		14%淀粉	19.5	8.29	1.6	0.09	0.04	0.16	0.0	9.5	0.4	68.0	7.0	8.4	6.7	0.50	0.23	77	83	17	0	98	32
6343		16%淀粉	21.5	8.37	1.5	0.08	0.04	0.18	0.0	9.0	0.4	70.3	4.6	9.2	6.5	0.48	0.23	78	84	17	0	98	38
6344		18%淀粉	23.5	8.46	1.4	0.08	0.04	0.20	0.0	8.5	0.3	71.5	5.7	7.8	6.2	0.45	0.21	79	85	17	0	98	26
6345		20%淀粉	25.5	8.62	1.4	0.07	0.03	0.22	0.0	8.0	0.3	73.0	5.0	7.7	6.0	0.42	0.20	80	86	17	0	98	36
6361	马铃薯,蒸汽处理,100%淀粉被提取	12%淀粉	18.5	10.58	7.8	0.41	0.20	0.20	0.1	10.5	0.5	65.0	8.0	8.0	8.0	0.56	0.27	89	93	74	0	98	76
6362		14%淀粉	20.5	10.73	7.3	0.39	0.18	0.22	0.1	10.0	0.5	65.7	7.7	8.4	7.7	0.53	0.25	90	94	73	0	98	87
6363		16%淀粉	22.5	10.78	6.8	0.36	0.17	0.24	0.2	9.5	0.5	68.2	6.3	8.0	7.5	0.50	0.23	90	94	72	0	98	86
6364		18%淀粉	24.5	10.84	6.3	0.34	0.16	0.27	0.2	9.0	0.4	70.0	7.0	6.4	7.2	0.48	0.23	90	94	70	0	98	83
6365		20%淀粉	26.5	10.93	6.1	0.32	0.15	0.29	0.2	8.5	0.4	71.3	7.2	5.6	7.0	0.45	0.21	91	95	72	0	98	84
6366	马铃薯,清蒸处理,75%淀粉被提取[2)]	16%淀粉	22.5	10.23	6.7	0.35	0.16	0.23	0.1	9.5	0.4	68.0	6.5	8.1	7.5	0.50	0.23	89	92	70	0	98	74
	马铃薯青贮																						
6373	马铃薯原料青贮[3)]	16%淀粉	35.0	8.71	1.4	0.06	0.02	0.30	0.0	7.0	0.5	71.0	0.5	13.5	7.5	0.30	0.12	80	85	20	0	98	53
6376	马铃薯,蒸汽处理后青贮,100%的淀粉被提取	14%淀粉	23.0	10.61	7.0	0.31	0.13	0.24	0.2	10.0	0.5	66.4	4.2	11.4	7.5	0.44	0.18	90	92	70	0	98	80
6377	75%的淀粉被提取[2)]马铃薯,混合青贮	16%淀粉	23.5	10.15	6.5	0.29	0.12	0.24	0.2	10.0	0.5	66.0	4.0	12.0	7.5	0.44	0.18	87	90	65	0	98	75
6381	马铃薯,原料,与菜籽饼 9∶1[5)]		29.5	8.74	7.4	0.41	0.30	0.26	0.2	12.5	0.5	63.0	4.0	13.0	7.0	0.69	0.50	79	83	59	6	98	39
6382	马铃薯,蒸汽处理,与菜籽饼 9∶1		29.5	10.35	9.4	0.52	0.37	0.31	0.3	13.0	0.5	63.0	4.0	12.0	7.5	0.72	0.52	86	90	72	6	98	71

续表2-1-6

编码	饲料原料		饲料价值							粗略营养成分								消化率					
	饲料名称	饲料描述	DM	在DM中		可消化氨基酸		在OM中		CP	CF	ST	SU	NFR	Ash	氨基酸		E	OM	CP	CF	ST SU	NFR
				NERp	dCP	dLys	dMet+dCys	NERp	dCP							Lys	Met+Cys						
			%	MJ/kg	%	%	%	MJ/kg	%	%	%	%	%	%	%	%	%	%	%	%	%	%	%
6383	马铃薯,蒸汽处理,与甜菜叶1∶1		22.5	9.52	4.8	0.26	0.12	0.21	0.1	10.5	1.5	33.0	30.0	16.0	9.0	0.56	0.27	81	86	46	18	98	73
6384	马铃薯,蒸汽处理,与甜菜叶(不清洁)3∶1		22.0	9.20	6.6	0.32	0.18	0.20	0.1	10.5	1.0	50.0	5.0	20.5	13.0	0.51	0.28	81	86	63	9	98	67
6385	马铃薯,蒸汽处理,与甜羽扇豆青绿料(开花期)3∶1		21.0	9.29	0.0	0.44	0.20	0.20	0.2	12.0	1.0	50.0	2.5	26.0	8.5	0.66	0.31	78	83	66	11	98	62
6386	马铃薯,蒸汽处理,与红三叶或苜蓿青绿料(早花期)3∶1		22.0	9.25	0.0	0.37	0.19	0.20	0.2	11.5	1.0	50.0	2.5	26.5	8.5	0.60	0.30	78	82	62	11	98	62
	马铃薯,干燥																						
6391	马铃薯片		90.0	11.16	5.9	0.27	0.15	1.00	0.5	9.0	0.3	70.5	5.0	10.7	4.5	0.42	0.23	90	94	65	0	98	92
6392	优质马铃薯条		90.0	10.65	4.5	0.21	0.12	0.96	0.4	9.0	0.3	69.3	2.0	13.9	5.5	0.42	0.23	84	90	50	0	98	78
6393	过干马铃薯条		96.0	9.36	2.8	0.11	0.06	0.90	0.3	8.0	0.2	65.0	2.0	18.3	6.5	0.30	0.17	76	80	35	0	98	35
	马铃薯残渣																						
6368	马铃薯残渣,马铃薯皮,蒸汽处理		23.0	8.40	1.6	0.08	0.04	0.20	0.0	8.0	0.3	50.0	2.0	32.2	7.5	0.42	0.20	71	76	20	0	98	54
6369	厨房泔水,蒸汽处理		28.5	9.74	11.1	0.38	0.38	0.28	0.3	14.8	6.6	30.0	1.7	40.9	6.0	0.50	0.50	78	80	75	75	98	68
6359	菊芋		21.5	9.89	5.1	0.19	0.00	0.21	0.1	11.0	0.5	54.5	4.5	22.5	7.0	0.42	0.00	81	86	46	0	98	75
6400	**高能精饲料,块根和肉质果实**																						
	饲用甜菜																						
6421	糖甜菜,新鲜		14.5	9.09	5.0	0.21	0.12	0.13	0.1	8.0	0.7	0.0	57.5	24.8	9.0	0.34	0.19	82	86	62	0	98	67
6422	甜菜,新鲜		11.0	8.71	6.4	0.27	0.15	0.10	0.1	10.0	0.7	0.0	56.3	22.0	11.0	0.42	0.23	80	84	64	0	98	61
6412	甜菜,新鲜		17.5	9.29	3.3	0.18	0.08	0.16	0.1	6.5	0.5	0.0	60.0	24.5	8.5	0.35	0.16	83	87	51	0	98	71
6492	甜菜,干燥		92.0	9.29	2.8	0.08	0.05	0.85	0.3	6.5	0.5	0.0	61.0	25.5	6.5	0.18	0.12	81	85	43	0	98	67

续表2-1-6

编码	饲料原料		饲料价值							粗略营养成分								消化率					
				在 DM 中		可消化氨基酸		在 OM 中								氨基酸							
	饲料名称	饲料描述	DM	NERp	dCP	dLys	dMet+dCys	NERp	dCP	CP	CF	ST	SU	NFR	Ash	Lys	Met+Cys	E	OM	CP	CF	ST SU	NFR
			%	MJ/kg	%	%	%	MJ/kg	%	%	%	%	%	%	%	%	%	%	%	%	%	%	%
6431	芜菁，新鲜		11.0	8.93	6.6	0.23	0.11	0.10	0.1	11.0	2.0	0.0	36.5	41.5	9.0	0.38	0.19	79	84	60	20	98	80
6441	胡萝卜，新鲜		12.0	9.11	5.9	0.23	0.12	0.11	0.1	9.0	1.5	0.0	49.0	29.0	11.5	0.36	0.19	83	87	65	30	98	80
6432	芜菁，无叶，新鲜		8.5	8.39	8.4	0.43	0.17	0.07	0.1	13.5	1.2	0.0	37.5	35.3	12.5	0.69	0.27	78	83	62	0	98	78
	甜菜																						
6411	甜菜，新鲜		23.5	9.60	2.9	0.16	0.07	0.23	0.1	5.7	0.4	0.5	65.6	19.8	8.0	0.31	0.14	85	89	51	0	98	74
6485	甜菜，青贮		22.0	8.17	2.8	0.15	0.07	0.18	0.1	11.0	2.5	0.0	40.0	36.5	10.0	0.59	0.27	73	79	25	35	98	77
6491	甜菜，干燥		92.0	9.41	2.5	0.06	0.05	0.87	0.2	5.7	0.4	0.0	67.5	20.4	6.0	0.15	0.12	82	86	43	0	98	60
6795	木薯粉		87.0	10.88	1.3	0.05	0.03	0.95	0.1	2.5	0.5	76.2	3.4	12.4	5.0	0.10	0.06	87	91	50	25	98	56
	水果																						
6453	甜橙		12.5	9.86	4.2	0.21	0.13	0.12	0.1	7.0	1.9	0.5	60.0	27.6	3.0	0.35	0.22	82	87	60	0	98	76
6454	苹果		16.8	9.49	1.0	0.06	0.03	0.16	0.0	1.9	2.0	3.5	41.5	48.7	2.4	0.12	0.05	78	83	50	0	98	74
6455	梨		16.1	9.63	0.7	0.02	0.01	0.16	0.0	1.3	0.0	0.5	50.0	45.6	2.6	0.04	0.02	80	84	50	0	98	70
6456	香蕉		33.2	10.32	0.9	0.04	0.04	0.34	0.0	4.5	1.8	8.5	70.5	11.8	2.9	0.18	0.21	85	90	20	40	98	67
6459	南瓜，(西葫芦)		9.9	8.55	7.8	0.34	0.15	0.08	0.1	13.0	4.4	0.5	50.0	24.9	7.2	0.56	0.25	73	76	60	70	98	40
6457	番茄		6.1	5.84	9.4	0.26	0.11	0.04	0.1	15.7	5.1	0.5	40.0	29.6	9.1	0.44	0.18	52	57	60	0	98	8
6458	西瓜		8.9	7.68	7.7	0.33	0.14	0.07	0.1	12.4	6.7	0.5	50.0	23.7	6.7	0.54	0.22	65	73	62	0	98	46
6500	高能精饲料，制糖业产物																						
6511	挤压甜菜渣，新鲜[6]		17.5	7.52	3.8	0.21	0.10	0.13	0.1	10.0	0.5	0.0	2.0	82.0	5.5	0.54	0.25	74	79	38	0	98	84
6519	青贮甜菜渣(挤压后青贮)[6]		17.0	6.68	3.0	0.15	0.08	0.11	0.1	10.0	0.5	0.0	1.4	81.1	7.0	0.50	0.25	70	75	30	0	98	81
6518	青贮甜菜渣(湿渣青贮)[6]		13.0	5.84	2.5	0.12	0.06	0.08	0.0	10.0	0.5	0.0	0.8	79.2	9.5	0.49	0.22	66	71	25	0	98	77
6561	挤压甜菜渣，干燥[6]		90.0	7.60	3.6	0.10	0.08	0.68	0.3	9.5	0.5	3.0	6.1	75.4	5.5	0.26	0.20	74	79	38	0	98	83
6564	糖蜜化甜菜渣，干燥[7]		90.0	7.92	4.4	0.12	0.08	0.71	0.4	10.5	0.5	0.0	20.5	61.0	7.5	0.28	0.20	77	82	42	0	98	85

续表2-1-6

编码	饲料原料		饲料价值							粗略营养成分								消化率					
	饲料名称	饲料描述	DM	在DM中		可消化氨基酸		在OM中		CP	CF	ST	SU	NFR	Ash	氨基酸		E	OM	CP	CF	ST SU	NFR
				NERp	dCP	dLys	dMet+dCys	NERp	dCP							Lys	Met+Cys						
			%	MJ/kg	%	%	%	MJ/kg	%	%	%	%	%	%	%	%	%	%	%	%	%	%	%
6514	提取糖的甜菜渣,干燥[7)]		90.0	8.06	3.5	0.09	0.07	0.73	0.3	8.5	0.5	0.0	15.0	71.0	5.0	0.23	0.16	77	82	41	0	98	83
	糖,见高能精饲料,纯营养素																						
6571	优质甜菜条,干燥		92.0	9.63	2.5	0.07	0.05	0.89	0.2	5.5	0.4	0.0	69.5	19.6	5.0	0.15	0.12	83	87	45	0	98	62
6573	甜菜条,过干		96.0	8.55	0.0	0.00	0.00	0.82	0.0	5.0	0.3	0.0	65.0	22.2	7.5	0.07	0.08	76	80	0	0	98	46
6525	甘蔗糖蜜		74.0	9.75	3.3	0.01	0.03	0.72	0.2	5.0	0.0	0.0	64.0	21.5	9.5	0.02	0.04	89	92	65	0	98	82
6521	甜菜糖蜜		77.0	9.70	1.5	0.01	0.02	0.75	0.1	5.0	0.0	0.0	63.0	21.0	11.0	0.04	0.08	90	93	30	0	98	94
6600	**高能精饲料,面粉加工产物**																						
6650	面包产品的下脚料		88.0	11.98	12.2	0.43	0.29	1.05	1.1	13.5	2.0	66.0	8.0	9.0	1.5	0.48	0.32	94	95	90	90	98	95
6636	大麦,部分去皮		88.0	10.84	9.4	0.36	0.40	0.95	0.8	11.6	2.5	65.5	2.3	15.9	2.2	0.44	0.49	84	87	81	60	98	52
6633	饲用大麦粉		88.0	9.61	10.4	0.41	0.35	0.85	0.9	13.0	3.5	38.0	5.5	36.0	4.0	0.51	0.44	77	79	80	83	98	56
6635	大麦麸		88.0	8.21	10.4	0.38	0.35	0.72	0.9	13.0	3.5	34.0	7.0	37.5	5.0	0.48	0.44	68	69	80	82	98	33
6639	带壳大麦麸		88.0	4.42	5.8	0.16	0.12	0.39	0.5	10.0	3.0	10.5	11.0	57.5	8.0	0.27	0.20	42	43	58	60	98	19
6641	燕麦籽实和燕麦片(脱壳)		88.0	11.39	14.0	0.51	0.74	1.00	1.2	15.5	4.5	62.5	1.8	13.2	2.5	0.57	0.82	89	91	90	80	98	57
6643	饲用燕麦粉		88.0	10.61	11.5	0.45	0.34	0.93	1.0	14.0	5.2	54.5	1.7	22.1	2.5	0.55	0.41	80	83	82	80	98	47
6645	燕麦麸		88.0	7.66	9.2	0.38	0.32	0.67	0.8	12.3	5.5	25.0	1.0	51.3	4.9	0.50	0.42	64	65	75	80	98	45
6649	带壳燕麦麸		88.0	4.06	5.2	0.15	0.11	0.36	0.5	9.5	3.5	15.5	1.0	65.0	5.5	0.27	0.20	39	40	55	60	98	22
6669	西非高粱麸		88.0	8.42	10.7	0.26	0.39	0.74	0.9	14.2	6.4	45.0	2.0	29.2	3.2	0.34	0.52	65	65	75	75	98	4
6664	脱胚玉米		88.0	11.51	8.4	0.24	0.43	1.01	0.7	11.0	2.5	72.7	2.4	10.4	1.0	0.31	0.56	88	91	76	68	98	65
6663	饲用脱胚玉米粉		88.0	10.84	8.7	0.26	0.26	0.95	0.8	11.5	6.0	55.0	4.5	20.5	2.5	0.34	0.34	81	85	76	70	98	57
6665	玉米麸		88.0	9.15	9.4	0.26	0.26	0.81	0.8	12.5	6.0	51.0	2.5	25.0	3.0	0.35	0.35	69	71	75	75	98	11
6666	玉米胚(面粉加工业)		95.0	11.96	13.3	0.59	0.61	1.14	1.3	17.0	23.0	34.0	5.5	14.5	6.0	0.76	0.78	79	81	78	80	98	39
6623	饲用黑麦粉		88.0	10.03	11.4	0.50	0.46	0.88	1.0	15.0	3.0	36.8	6.0	36.2	3.0	0.66	0.60	80	83	76	50	98	72

续表2-1-6

编码	饲料原料		饲料价值							粗略营养成分								消化率					
	饲料名称	饲料描述	DM	在 DM 中		可消化氨基酸		在 OM 中		CP	CF	ST	SU	NFR	Ash	氨基酸		E	OM	CP	CF	ST SU	NFR
				NERp	dCP	dLys	dMet +dCys	NERp	dCP							Lys	Met +Cys						
			%	MJ/kg	%	%	%	MJ/kg	%	%	%	%	%	%	%	%	%	%	%	%	%	%	%
6624	黑麦麸	78%出粉率	88.0	7.61	12.2	0.54	0.49	0.67	1.1	16.5	4.0	15.0	10.0	48.0	6.5	0.73	0.66	67	70	74	46	98	57
6629	带壳黑麦麸		88.0	5.40	9.9	0.37	0.27	0.48	0.9	14.5	3.0	10.0	5.0	60.0	7.5	0.54	0.39	54	55	68	55	98	41
6700	**高能精饲料,淀粉业,发酵业及水果加工业产物**																						
6748	玉米淀粉渣	低蛋白	90.0	7.94	9.4	0.26	0.30	0.71	0.8	14.5	4.0	25.0	2.0	50.0	4.5	0.40	0.46	68	70	65	60	98	57
6744	小麦淀粉渣		90.0	8.19	10.9	0.20	0.43	0.74	1.0	15.5	8.5	25.0	6.0	42.0	3.0	0.29	0.61	66	68	70	50	98	49
	渣																						
6731	马铃薯渣,新鲜		14.0	9.89	0.5	0.00	0.00	0.14	0.0	5.0	0.5	38.7	1.9	50.4	3.5	0.00	0.00	79	84	10	0	98	80
6781	马铃薯渣,干燥		90.0	9.56	0.6	0.00	0.00	0.86	0.0	5.5	0.5	38.7	1.9	49.9	3.5	0.00	0.00	77	82	10	0	98	77
6783	玉米渣,干燥		90.0	8.67	11.9	0.00	0.00	0.78	1.1	13.5	6.5	35.0	2.0	40.0	3.0	0.00	0.00	69	73	88	35	98	52
	果渣																						
6450	苹果渣,新鲜		25.0	3.90	0.0	0.00	0.00	0.10	0.0	5.5	5.0	5.8	10.8	69.9	3.0	0.00	0.00	43	43	0	10	98	38
6451	梨渣,新鲜		25.0	3.41	0.0	0.00	0.00	0.09	0.0	4.5	2.5	5.8	10.8	74.4	2.0	0.00	0.00	38	40	0	10	98	31
6900	**高能精饲料,纯营养素**																						
	油脂																						
6921	花生油		100.0	26.46	0.0	0.00	0.00	2.65	0.0	0.0	100.0	0.0	0.0	0.0	0.0	0.00	0.00	97	98	0	98	98	0
6911	牛羊脂肪		99.0	24.45	0.0	0.00	0.00	2.42	0.0	0.4	99.5	0.0	0.0	0.0	0.1	0.00	0.00	90	90	0	91	98	0
6912	猪油		99.9	25.60	0.0	0.00	0.00	2.56	0.0	0.1	99.8	0.0	0.0	0.0	0.1	0.00	0.00	94	95	0	95	98	0
6925	羊毛脂		76.0	25.60	0.0	0.00	0.00	1.95	0.0	0.1	99.8	0.0	0.0	0.0	0.1	0.00	0.00	94	95	0	95	98	0
	淀粉																						
6931	土豆淀粉,粉碎		85.0	12.45	0.0	0.00	0.00	1.06	0.0	0.5	0.0	99.1	0.0	0.0	0.4	0.00	0.00	97	98	0	0	98	0
6932	土豆淀粉,未粉碎		85.0	10.37	0.0	0.00	0.00	0.88	0.0	1.0	0.0	98.6	0.0	0.0	0.4	0.00	0.00	90	92	0	0	98	0
6933	玉米淀粉		85.0	12.47	0.0	0.00	0.00	1.06	0.0	0.5	0.0	98.9	0.5	0.0	0.1	0.00	0.00	95	98	0	0	98	0
	糖																						
6942	甘蔗糖		96.0	11.49	0.0	0.00	0.00	1.10	0.0	0.0	0.0	0.0	100.0	0.0	0.0	0.00	0.00	99	99	0	0	98	0
6943	饲用甜菜糖		96.0	10.85	0.0	0.00	0.00	1.04	0.0	2.0	0.0	0.0	95.0	0.0	3.0	0.00	0.00	95	96	0	0	98	0
7200	**高蛋白精饲料,油加工产物**																						
7485	压榨棕榈仁饼		90.0	6.84	12.4	0.42	0.44	0.62	1.1	19.0	2.5	0.8	3.0	70.2	4.5	0.65	0.68	65	68	65	47	98	68

续表2-1-6

编码	饲料原料		饲料价值							粗略营养成分								消化率					
	饲料名称	饲料描述	DM	在DM中		可消化氨基酸		在OM中		CP	CF	ST	SU	NFR	Ash	氨基酸		E	OM	CP	CF	ST SU	NFR
				NERp	dCP	dLys	dMet+dCys	NERp	dCP							Lys	Met+Cys						
			%	MJ/kg	%	%	%	MJ/kg	%	%	%	%	%	%	%	%	%	%	%	%	%	%	%
8000	**高蛋白精饲料,动物来源,包括酵母氨基酸**																						
8100	高蛋白精饲料,牛奶和牛奶加工产物																						
8125	甜乳清,新鲜		7.0	10.77	11.9	0.86	0.47	0.08	0.1	13.2	2.0	0.0	76.0	0.0	8.8	0.96	0.52	93	96	90	91	98	0
8175	甜乳清,干燥		93.0	10.24	11.3	0.45	0.44	0.95	1.1	13.0	1.0	0.0	76.5	0.0	9.5	0.52	0.50	92	94	87	85	98	0
8126	酸乳清,新鲜		7.0	10.46	15.0	1.08	0.59	0.07	0.1	16.7	2.0	0.0	69.8	0.0	11.5	1.20	0.66	90	95	90	90	98	0

注:NERp=猪饲料能量价值;dLys=可消化赖氨酸;dMet=可消化蛋氨酸;dCys=可消化胱氨酸;Met=蛋氨酸;Cys=胱氨酸,其余同上表表注。1),2),3),4),5),6),7)分别表示从马铃薯淀粉或糖甜菜渣的饲料能量价值中减去:1) 15 %,2) 4 %,3) 12 %,4) 3 %,5) 10 %,6) 10 %,7)5 %。

3. 禽饲料表格

表 2-1-7 禽饲料表格

编码	饲料原料		饲料价值							粗略营养成分								消化率					
	饲料名称	饲料描述	DM	在DM中		可消化氨基酸		在OM中		CP	CF	ST	SU	NFR	Ash	氨基酸		E	OM	CP	CF	ST SU	NFR
				NERf	dCP	dLys	dMet+dCys	NERf	dCP							Lys	Met+Cys						
			%	MJ/kg	%	%	%	MJ/kg	%	%	%	%	%	%	%	%	%	%	%	%	%	%	%
6000	**精饲料**																						
6100	**高能精饲料,谷物**																						
6132	春大麦,籽实饱满		87.0	10.09	10.5	0.37	0.43	8.78	9.2	13.5	2.5	59.0	2.8	19.7	2.5	0.48	0.55	76	78	78	60	97	22
6133	冬大麦,籽实饱满		87.0	9.71	9.4	0.34	0.38	8.45	8.2	12.5	2.5	57.9	2.0	22.1	3.0	0.45	0.51	75	76	75	55	97	20
6134	冬大麦,籽实饱满	高蛋白	87.0	9.80	11.9	0.41	0.47	8.53	10.3	15.0	3.0	58.0	2.0	19.0	3.0	0.52	0.59	75	76	79	55	97	11
6135	冬大麦,籽实一般		88.0	8.45	8.3	0.30	0.34	7.44	7.3	11.5	2.5	53.0	2.0	26.0	5.0	0.41	0.47	66	67	72	35	97	5
6147	燕麦,籽实饱满		87.0	8.60	9.9	0.36	0.40	7.48	8.6	13.0	5.0	43.8	1.8	32.9	3.5	0.48	0.52	66	65	76	79	97	12
6148	燕麦,籽实一般		88.0	7.38	7.4	0.27	0.29	6.50	6.5	10.5	4.5	38.0	1.5	40.0	5.5	0.39	0.42	57	57	70	70	97	12
6178	小米,高粱		87.0	11.50	9.1	0.20	0.34	10.01	7.9	11.7	3.7	72.0	1.1	9.6	1.9	0.26	0.44	91	87	78	59	97	32
6173	小米,稷		87.0	10.07	10.9	0.27	0.35	8.76	9.5	14.0	4.3	57.2	0.9	19.4	4.2	0.34	0.45	77	77	78	79	97	15
6121	黑小麦颗粒		87.0	10.71	10.3	0.31	0.41	9.32	9.0	13.4	1.5	67.0	4.0	12.0	2.1	0.40	0.53	82	83	77	55	97	8
6123	黑麦,籽实饱满		87.0	10.29	8.1	0.29	0.34	8.96	7.0	11.5	1.7	60.3	5.0	19.4	2.1	0.41	0.48	80	80	70	50	97	33
6125	黑麦,籽实一般		88.0	8.59	9.7	0.32	0.37	7.56	8.6	13.5	1.5	55.0	6.0	20.5	3.5	0.45	0.51	67	68	72	40	89	2

续表2-1-7

编码	饲料原料		饲料价值							粗略营养成分								消化率					
	饲料名称	饲料描述	DM	在DM中		可消化氨基酸		在OM中		CP	CF	ST	SU	NFR	Ash	氨基酸		E	OM	CP	CF	ST SU	NFR
				NERf	dCP	dLys	dMet +dCys	NERf	dCP							Lys	Met +Cys						
			%	MJ/kg	%	%	%	MJ/kg	%	%	%	%	%	%	%	%	%	%	%	%	%	%	%
6300	**高能精饲料,块茎**																						
6363	马铃薯,蒸汽处理	16%淀粉	22.5	10.69	6.7	0.35	0.16	2.40	1.5	9.5	0.5	68.2	6.3	8.0	7.5	0.50	0.23	87	88	70	0	97	34
6377	马铃薯,蒸汽处理,青贮	16%淀粉	23.0	10.44	6.8	0.30	0.12	2.40	1.6	10.0	0.5	66.0	4.0	12.0	7.5	0.44	0.18	86	87	68	0	97	46
6391	马铃薯片		90.0	10.79	6.3	0.29	0.16	9.71	5.7	9.0	0.3	70.5	5.0	10.7	4.5	0.42	0.23	86	86	70	0	97	25
6392	优质马铃薯条		90.0	8.83	4.8	0.22	0.12	7.95	4.3	9.0	0.3	69.3	2.0	13.9	5.5	0.42	0.23	70	71	53	0	85	9
6400	**高能精饲料,块根**																						
6411	鲜甜菜		23.5	8.81	1.1	0.06	0.03	2.07	0.3	5.7	0.4	0.5	65.6	19.8	8.0	0.31	0.14	77	79	20	25	97	37
6491	优质干甜菜		92.0	8.18	0.6	0.02	0.01	7.53	0.5	5.7	0.4	0.0	67.5	20.4	6.0	0.15	0.12	70	71	10	20	97	2
6600	**高能精饲料,粉碎加工产物**																						
6636	大麦,部分去壳		88.0	10.43	8.7	0.33	0.37	9.17	7.7	11.6	2.5	65.5	2.3	15.9	2.2	0.44	0.49	79	80	75	55	97	14
6633	饲用大麦粉		88.0	8.73	9.0	0.35	0.30	7.68	7.9	13.0	3.5	38.0	5.5	36.0	4.0	0.51	0.44	70	70	69	71	97	37
6635	大麦麸		88.0	7.21	8.7	0.32	0.29	6.34	7.7	13.0	3.5	34.0	7.0	37.5	5.0	0.48	0.44	56	56	67	70	97	7
6641	燕麦仁和燕麦片(带壳)		88.0	11.28	12.4	0.46	0.66	9.92	10.9	15.5	4.5	62.5	1.8	13.2	2.5	0.57	0.82	85	86	80	71	97	44
6663	无芽饲用玉米粉		88.0	10.45	9.0	0.27	0.27	9.20	7.9	11.5	6.0	55.0	4.5	20.5	2.5	0.34	0.34	78	77	78	81	97	15
6665	玉米麸		88.0	7.92	8.3	0.23	0.23	6.97	7.3	12.5	6.0	51.0	2.5	25.0	3.0	0.35	0.35	59	57	66	78	75	8
6623	饲用黑麦粉		88.0	9.14	11.3	0.50	0.45	8.04	9.9	15.0	3.0	34.0	5.5	39.5	3.0	0.66	0.60	74	75	75	65	97	54
6624	黑麦麸	78%出粉率	88.0	6.25	10.4	0.46	0.42	5.50	9.1	16.5	4.0	15.0	10.0	48.0	6.5	0.73	0.66	53	53	63	50	97	27
6700	**高能精饲料,淀粉产物和发酵业产物**																						
6748	黏蛋白饲料,玉米黏蛋白饲料,低蛋白		90.0	6.49	8.4	0.20	0.20	5.84	7.6	14.5	4.0	25.0	2.0	50.0	4.5	0.35	0.35	52	52	58	60	97	26
6900	**高能精饲料,纯营养成分**																						
6922	向日葵油		99.9	27.21	0.0	0.00	0.00	27.18	0	0.1	99.8	0.0	0.0	0.0	0.1	0.00	0.00	94	94	0	94	97	0
6931	马铃薯淀粉	粉碎	85.0	12.84	0.0	0.00	0.00	10.92	0	0.5	0.1	99.1	0.0	0.0	0.4	0.00	0.00	94	95	0	0	96	0

续表2-1-7

编码	饲料原料		饲料价值							粗略营养成分								消化率					
	饲料名称	饲料描述	DM	在DM中 NERf	在DM中 dCP	可消化氨基酸 dLys	可消化氨基酸 dMet+dCys	在OM中 NERf	在OM中 dCP	CP	CF	ST	SU	NFR	Ash	氨基酸 Lys	氨基酸 Met+Cys	E	OM	CP	CF	ST SU	NFR
			%	MJ/kg	%	%	%	MJ/kg	%	%	%	%	%	%	%	%	%	%	%	%	%	%	%
6943	甜菜糖		96.0	11.28	0.0	0.00	0.00	10.83	0	2.0	0.0	0.0	95.0	0.0	3.0	0.00	0.00	94	95	0	0	97	0
7200	**高蛋白精饲料,油脂业产物**																						
7485	棕榈仁饼		90.0	2.61	13.1	0.45	0.47	2.35	11.8	19.0	2.5	0.8	3.0	70.2	4.5	0.65	0.68	26	25	69	0	97	10
8000	**高蛋白精饲料,动物来源包括酵母和氨基酸**																						
8100	**高蛋白精饲料,乳及乳加工产物**																						
8125	甜乳清,新鲜		7.0	11.05	11.9	0.86	0.47	0.77	0.8	13.2	2.0	0.0	76.0	0.0	8.8	0.96	0.52	94	93	90	90	97	0
8175	甜乳清,干燥		93.0	9.81	11.1	0.44	0.43	9.12	10.3	13.0	1.0	0.0	76.5	0.0	9.5	0.52	0.50	85	84	85	72	97	0

注:NERf=禽饲料能量价值,其余同前表表注。

2.2 法国资料

2.2.1 Daniel Sauvant,et al.2002.饲料成分与营养价值表.谯仕彦,等译(2005)[9]

1. 主要成分含量

表 2-2-1 主要成分含量(%)

原文序号	饲料名称	拉丁文	样品描述	干物质 DM 均值	干物质 DM 标准差	粗蛋白质 CP 均值	粗蛋白质 CP 标准差	粗纤维 CF 均值	粗纤维 CF 标准差
1	大麦(Barley)	*Hordeum* spp.	包括2-棱和6-棱两个品种(*n*=2739),供反刍动物利用经烘烤的大麦:见第263页	86.7	1.2	10.1	0.9	4.6	0.7
3	燕麦(Oats)	*Avena statival* L.	(*n*=1132)。供反刍动物使用的烘烤和制片燕麦	88.1	1.7	9.8	1.3	12.2	1.9
4	去壳燕麦(Oat groats)		去掉外壳的燕麦籽实(*n*=51)。同义词:dehulled oats,shelled oats	85.6	1.0	10.6	1.3	4.0	1.0
6	黑麦(Rye)	*Secale cereala* L.	(*n*=284)	87.3	1.5	9.0	1.3	1.9	0.3
7	高粱(Sorghum)	*Sorghum bicolor*(L.)Moench	仅为关于低单宁品种对单胃动物的营养价值(*n*=790)	86.5	1.6	9.4	1.1	2.4	0.5
8	黑小麦(Triticale)	*Triticum*×*Secale*	(*n*=873)	87.3	1.3	9.6	0.9	2.3	0.3

续表2-2-1

原文序号	饲料名称	拉丁文	样品描述	干物质 DM		粗蛋白质 CP		粗纤维 CF	
				均值	标准差	均值	标准差	均值	标准差
12	细小麦麸(Wheat middings)		软质小麦磨粉副产物,主要有外皮碎片和一小部分麦粒组成,次粉中麦粒胚乳与埋伏中的胚乳相比被脱去的程度要小一些(n=1338)	88.1	1.0	15.5	1.1	7.0	1.3
13	次粉(Wheat shorts)		软质小麦磨粉副产物,主要由带有更多外皮碎片(与饲用小麦粉比)的胚乳粒组成(n=436)	87.9	1.1	14.9	1.4	4.9	1.2
14	饲用小麦粉(Wheat feed flour)		软质小麦磨粉副产物,主要由带有小麦外皮细小碎片的胚乳粒组成(n=391)	88.2	1.5	12.7	1.6	1.5	0.8
16	硬质细小麦麸(Wheat middings,durum)		硬质小麦加工副产物,主要有外皮碎片和一些麦粒组成,此麦粒和麦麸相比只脱去了较少的胚乳(n=528)	86.9	1.0	15.4	0.9	7.1	1.0
19	小麦面筋饲料,含淀粉 25%(Wheat gluten feed,starch 25%)		用湿法加工小麦时得到的干副产物,含有 25%的淀粉(饲喂状态)(n=910)	90.6	1.0	14.7	1.1	5.6	0.7
20	小麦面筋饲料,含淀粉 28%(Wheat gluten feed,stich 28%)		用湿法加工小麦时得到的干副产物,含有 28%的淀粉(饲喂状态)(n=933)	87.9	0.8	14.5	0.7	6.1	0.4
24	玉米糠(Maize bran)		玉米磨粉(细粉或粗粉)时的加工副产物,主要由外皮和一些玉米胚碎片组成,同时包含一些胚乳颗粒(n=348)	87.8	1.6	10.8	2.2	12.8	3.6
25	饲用玉米粉(Maize feed flour)		玉米磨粉(细粉或粗粉)时的加工副产物,主要由胚乳粒组成,同时包含一些胚芽和外皮的碎片(n=158)	87.3	1.3	9.0	1.2	5.8	1.6
26	压榨玉米胚芽饼粉(Maize germ meal,expeller)		生产玉米油的加工副产物,主要由机械提取后的胚芽组成,其中仍有胚乳和外皮碎片残留(n=22)	91.5	3.4	15.1	3.1	6.2	1.8
28	玉米麸(Hominy feed)		玉米粗粉生产中的加工副产物,主要由脱油后的胚芽组成,其中仍有胚乳和外皮(n=419)	89.4	1.1	13.4	1.1	5.5	1.1
45	全脂葵花籽(Sunflower seed,full fat)	*Helianthus annuus* L.	整粒葵花籽(n=182)	93.0	2.2	16.0	1.5	15.5	2.0

续表2-2-1

原文序号	饲料名称	拉丁文	样品描述	干物质 DM		粗蛋白质 CP		粗纤维 CF	
				均值	标准差	均值	标准差	均值	标准差
63	木薯,含淀粉 67%(Cassava, starch 67%)	*Manihot esculenta* Crantz	干木薯根,含 61%~72%淀粉(饲喂状态,*n*=755)	88.0	1.1	2.7	0.5	4.4	1.0
64	木薯,含淀粉 72%(Cassava, starch 72%)	*Manihot esculenta* Crantz	干木薯根,含 70%~74%淀粉(饲喂状态,*n*=2363)	87.3	1.1	2.5	0.6	2.9	0.7
65	玉米淀粉(Maize strach)		玉米淀粉(*n*=10)	88.1	1.4	0.8	0.5	0.2	0.1
66	干马铃薯块茎(Potato tuber, dried)	*Solanum tuberosum* L.	完整的干马铃薯块茎,通常为马铃薯不同加工方式的副产物(*n*=49)	89.3	1.9	8.8	1.3	2.3	0.3
67	甘薯干(Sweet potato,dried)	*lpomea batatas*(L.)Lam.	干甘薯块茎(*n*=83)	87.8	1.5	4.2	0.7	2.6	0.4
74	稻子豆(秣豆)荚饼粉(Carob pod meal)	*Ceratonia siliqua* L	干的粉碎稻子豆荚,由稻子豆(秣豆)籽中提取甘露半乳聚糖的副产物(*n*=67)	84.5	3.8	4.4	0.6	7.3	1.2
75	干柑橘渣(Citrus pulp,dried)		柑橘经压榨生产果汁或在制作罐头生产中的干副产物,主要为果渣,但也可能含有果皮和果核(*n*=1413)	89.3	1.3	6.3	0.6	12.1	0.9
79	液体马铃薯饲料(Liquid potato feed)		马铃薯生产过程中的液体副产物,包括皮和废弃的马铃薯碎片(*n*=15)	17.6	4.2	2.2	0.8	0.8	0.4
80	甜菜糖蜜(Molasses,beet)	*Beata vularis* L.	甜菜糖结晶时的糖浆副产物(*n*=325)	75.7	2.7	11.0	2.0	0.0	
81	甘蔗糖蜜(Molasses,sugarcane)	*Saccharum officinarum* L.	甘蔗糖结晶时的糖浆副产物(*n*=1287)	73.7	1.5	4.0	1.1	0.0	
83	干马铃薯渣(Potato pulp, dried)		马铃薯加工过程的干副产物,主要是生产于淀粉生产中(*n*=52)	87.4	1.9	4.6	1.1	15.9	1.9
96	酸乳清粉(Whey powder,acid)		干乳清粉来自新鲜奶酪生产中,乳清是由凝乳中分离出的液体(*n*=114)	98.0	1.7	9.7	1.6		
97	甜乳清粉(Whey powder,sweet)		干乳清粉来自压缩奶酪生产中,乳清是由凝乳中分离出的液体(*n*=42)	96.4	2.1	12.6	2.3		

续表 2-2-1

原文序号	饲料名称	粗脂肪 EE		粗脂肪(水解)		灰分 Ash		不溶性灰分		中性洗涤纤维 NDF		酸性洗涤纤维 ADF		酸性洗涤木质素 ADL	
		均值	标准差	均值	标准差	均值	标准差	均值	标准差	均值	标准差	均值	标准差	均值	标准差
1	大麦	1.8	0.2			2.2	0.2	0.5	0.1	18.7	3.2	5.5	0.9	1.0	0.3
3	燕麦	4.8	0.9			2.7	0.4	0.8	0.4	32.8	5.0	14.9	2.2	2.5	0.9
4	去壳燕麦	2.5	1.9			2.1	0.2			11.6		4.6		1.7	
6	黑麦	1.2	0.3			0.3				14.1	5.2	3.1	0.6	0.9	0.2
7	高粱	2.9	0.4			1.4	0.2	0.1	0.1	9.4	1.8	3.8	1.3	1.1	0.8
8	黑小麦	1.4	0.3			1.9	0.2	0.0		12.7	1.8	3.2	0.5	1.0	0.3
12	细小麦麸	3.6	0.6			4.3	0.6	0.2	0.1	31.3	5.6	9.2	1.8	2.6	0.7
13	次粉	3.5	0.8			3.4	0.6			22.9	5.7	6.5	1.4	1.9	0.4
14	饲用小麦粉	2.4	0.7			1.4	0.6			9.8	3.1	2.2	0.6	0.4	0.1
16	硬质细小麦麸	4.3	0.5			4.0	0.4			31.6		9.3		2.7	
19	小麦面筋饲料,含淀粉 25%	4.0	0.6			7.4	0.9			28.3		8.2		2.7	
20	小麦面筋饲料,含淀粉 28%	2.8	0.3			4.1	0.4	0.3		28.5	2.6	8.4	0.8	2.7	0.5
24	玉米糠	3.6	1.3			6.0	2.1	1.2	1.2	52.2	6.9	14.6	4.1	2.3	0.9
25	饲用玉米粉	5.4	1.3			2.3	1.3	0.1		25.6	6.4	6.9	2.6	1.1	1.3
26	压榨玉米胚芽饼粉	13.6	2.8			5.4	2.0			29.0	11.8	7.5		2.0	
28	玉米麸	6.1	0.6			4.7	1.2			26.7		6.7		1.3	
45	全脂葵花籽	44.6	2.9			3.4	0.3	0.0	0.0	28.8	4.0	18.7	2.2	5.7	1.0
63	木薯,含淀粉 67%	0.7	0.3			5.5	0.9	2.7	1.0	8.8	1.5	6.1	1.1	2.1	0.7
64	木薯,含淀粉 72%	0.5	0.3			2.3	0.6	0.3	0.6	6.3	2.1	4.1	1.6	1.2	0.6
65	玉米淀粉	0.4	0.3			0.2	0.2			0.0					
66	干马铃薯块茎	0.3	0.3			5.0	1.0	0.8	1.1	7.9	3.8	3.4	0.5	0.8	0.4
67	甘薯干	0.8	0.5			2.8	1.3	0.2	0.2	8.0	2.3	4.2		0.8	
74	稻子豆(秣豆)荚饼粉	0.4	0.2			3.0	0.8	0.0		27.1	2.6	23.3	5.2	13.0	3.7
75	干柑橘渣	2.2	0.7			6.3	0.6	0.3	0.1	19.3	2.4	13.8	1.7	2.5	2.6
79	液体马铃薯饲料			0.2	0.3	1.2	0.7	0.4		2.0	1.4	1.1		0.3	
80	甜菜糖蜜			0.2		9.8	1.8	0.0							
81	甘蔗糖蜜			1.1	0.5	10.3	2.1	0.1							
83	干马铃薯渣			0.4	0.3	3.2	1.6	0.1		25.9	3.4	18.0	2.8	5.0	2.8
96	酸乳清粉			2.1	0.8	11.8	1.0								
97	甜乳清粉			2.1	0.9	8.7	2.1								

续表 2-2-1

原文序号	饲料名称	水不溶性细胞壁(%)		淀粉(%)		总糖(%)		乳糖(%)		总能 GE(MJ/kg)	
		均值	标准差	均值	标准差	均值	标准差	均值	标准差	均值	标准差
1	大麦	14.9	1.4	52.2	2.3	2.1	0.7			15.9	0.3
3	燕麦	32.7	4.3	36.2	4.3	1.1	0.4			17.2	0.4
4	去壳燕麦	15.3		52.6	1.6	1.2				16.1	
6	黑麦	11.7		53.8	2.5	3.2	1.1			15.7	0.3
7	高粱	8.5	0.8	64.1	2.6	1.1	0.4			16.3	0.4
8	黑小麦	10.6	1.4	59.9	2.3	2.7	0.6			15.7	0.3
12	细小麦麸	30.7		27.7	5.2	6.2	2.2			16.7	0.3
13	次粉	22.9		37.8	7.0	5.5				16.7	
14	饲用小麦粉	10.5		59.7	6.0	4.0	0.9			16.7	0.9
16	硬质细小麦麸	31.0		29.7	3.8	5.9				16.7	
19	小麦面筋饲料,含淀粉 25%	26.8		24.8	3.2	2.7	0.8			16.8	
20	小麦面筋饲料,含淀粉 28%	27.1	1.2	27.9	2.0	5.5				16.7	
24	玉米糠	54.1		29.9	9.9	2.2	0.7			16.6	0.5
25	饲用玉米粉	28.3		45.6	5.5	2.5	0.9			16.9	
26	压榨玉米胚芽饼粉	30.2		29.5	7.1	0.7				19.0	1.0
28	玉米麸	28.0		36.1	3.1	2.7				17.0	
45	全脂葵花籽	30.0		0.0		2.4	0.1			26.7	
63	木薯,含淀粉 67%	9.4	1.5	67.0	2.7	2.0	0.6			14.5	0.3
64	木薯,含淀粉 72%	11.1		71.6	2.4	2.4	1.4			14.9	0.3
65	玉米淀粉			83.7	4.8	0.0				15.4	0.3
66	干马铃薯块茎			65.5	3.5	1.9	0.8			15.2	
67	甘薯丁			64.5	2.0	6.7	1.9			15.2	0.8
74	稻子豆(秣豆)荚饼粉	33.1		0.6	0.5	39.8	4.6			14.7	
75	干柑橘渣	33.1		2.9	2.1	20.3	3.7			15.7	0.4
79	液体马铃薯饲料			8.3	2.2	0.4				3.0	
80	甜菜糖蜜			0.0		46.6	3.9			11.7	0.6
81	甘蔗糖蜜			0.0		47.1	2.8			11.0	0.5
83	干马铃薯渣			37.8	6.9	1.8				15.4	
96	酸乳清粉							63.0	2.9	15.1	
97	甜乳清粉							72.9		15.6	

注:本资料原书有较详细的名称解释、检测方法和计算公式等,内容较多,恕未能全部列出和加入"中英文词汇对照及说明表"中。该资料除第一次出现外,之后饲料名称仅保留中文,不再赘述拉丁文和英文名称。

2. 矿物质含量

表 2-2-2 矿物质含量

原文序号	饲料名称	钙(g/kg)		磷(g/kg)		植酸磷(%)		镁(g/kg)		钾(g/kg)		钠(g/kg)		氯(g/kg)		硫(mg/kg)	
		均值	标准差	均值	标准差	均值	标准差	均值	标准差	均值	标准差	均值	标准差	均值	标准差	均值	标准差
1	大麦	0.7	0.4	3.4	0.3	55		1.1	0.2	4.8	0.7	0.1	0.1	1.1	0.3	1.3	
3	燕麦	1.1	0.4	3.2	0.4	55		1.0	0.1	4.6	0.8	0.1	0.1	1.0		1.8	
4	去壳燕麦	0.9		2.9		55		0.9		3.6		0.1		0.7		1.3	
6	黑麦	1.0	0.8	3.0	0.3	65		1.1		4.5		0.03		0.6		1.3	
7	高粱	0.3	0.2	2.8	0.4	70		1.2	0.2	3.6	0.4	0.2	0.1	0.6	0.2	0.9	
8	黑小麦	0.7	0.4	3.5	0.4	65		1.0	0.3	4.9	0.8	0.1	0.1	0.9	0.3	1.3	
12	细小麦麸	1.3	0.4	8.7	1.4	80		3.5		10.9	0.9	0.1	0.1	1.0	0.2	1.6	
13	次粉	1.2	0.3	7.1		80		2.3		9.1		0.1		0.8		2.0	
14	饲用小麦粉	0.9	0.4	3.6		80		1.6		5.3		0.2		0.6		1.5	
16	硬质细小麦麸	1.2		8.1						10.3		0.2		0.7			
19	小麦面筋饲料,含淀粉 25%	1.2	0.3	7.4	0.9	65		2.9	2.5	9.2	3.7	16.4		8.4	2.7	3.0	
20	小麦面筋饲料,含淀粉 28%	1.6	0.8	7.5	0.8	65		2.3		11.3		0.9	0.7	1.9			
24	玉米糠	4.7	2.4	2.9	0.6	75		1.4		8.8		0.3		2.1		1.1	
25	饲用玉米粉	1.3	1.3	4.6	1.5	75		1.3		4.6		0.2		0.8	0.3	1.0	
26	压榨玉米胚芽饼粉	0.4		8.4		75		2.9		1.4				1.2		2.2	
28	玉米麸	1.4		7.7	2.1	70		2.6		6.9		0.6		1.0		1.0	
45	全脂葵花籽	2.8	1.2	5.4	0.9	85		2.8	0.3	9.1	0.9	0.1	0.1	0.9	0.2	2.2	
63	木薯,含淀粉 67%	2.3	0.7	0.9	0.3	25		1.1		7.8	0.7	0.3	0.4	0.2	0.1	2.7	
64	木薯,含淀粉 72%	1.5	0.8	0.8	0.3	25		1.4		5.7		0.4		0.2	0.1	0.7	
65	玉米淀粉	0.2															
66	干马铃薯块茎	1.1	0.4	2.1	0.4	25		0.8		19.5		0.4		1.8		0.9	
67	甘薯干	1.2	1.7	1.1	0.4	25		0.8		3.6		1.6		1.3		0.7	
74	稻子豆(秣豆)荚饼粉	4.3	2.0	0.9	0.8	80		0.5	0.2	8.9		0.2	0.1	1.4			
75	干柑橘渣	15.2	2.5	0.9	0.2	40		1.2	0.4	8.3	1.7	1.4	1.5	0.3	0.1	1.1	0.9
79	液体马铃薯饲料	0.3		0.4		15		0.3		6.2		0.1		0.4		0.0	
80	甜菜糖蜜	1.0	1.0	0.2	0.2	10		0.5	0.8	39.2	9.3	6.8	5.4	4.5	3.2	4.2	
81	甘蔗糖蜜	7.4	1.5	0.6	0.3	10		3.3	0.9	37.4	10.9	2.4	4.1	15.9	6.0	5.3	2.2
83	干马铃薯渣	5.4	3.3	1.3	0.9	10		1.4		7.5		1.3		1.8		1.0	
96	酸乳清粉	16.9	2.3	10.1				1.5		21.0		7.0	1.0	21.2	7.5	4.7	
97	甜乳清粉	8.2	1.5	6.9	0.7			1.4		20.2		6.4		17.6		4.7	

续表 2-2-2

原文序号	饲料名称	阴阳离子差(mEq/kg)		电解质平衡(mEq/kg)		锰(mg/kg)		锌(g/kg)		铜(mg/kg)		铁(mg/kg)		硒(mg/kg)		钴(mg/kg)		钼(mg/kg)		碘(mg/kg)	
		均值	标准差	均值	标准差	均值	标准差	均值	标准差	均值	标准差	均值	标准差	均值	标准差	均值	标准差	均值	标准差	均值	标准差
1	大麦	19		98		16	4	30	8	9	5	158	136	0.11		0.13		0.44		0.09	
3	燕麦	−19		94		40	13	23	4	3	1.0	106	54	0.19		0.09		0.83		0.10	
4	去壳燕麦	−6		78		32		26		3				0.09		0.01		0.19			
6	黑麦	22		101		46		22		5		57		0.07		0.03		0.55		0.08	
7	高粱	32		86		9	6	19	7	4	2	58	58	0.43		0.23		1.0		0.02	
8	黑小麦			105		20	15	20	9	6		58						0.44		0.09	
12	细小麦麸	152		255		100		91	20	12	2	94		0.62				2		0.09	
13	次粉	88		215		97		81		14		116		0.71		0.10		0.07		0.11	
14	饲用小麦粉	35		127		50		40		6		14									
16	硬质细小麦麸			250																	
19	小麦面筋饲料，含淀粉 25%	523		708		83		62		7											
20	小麦面筋饲料，含淀粉 28%			275		81		61		7											
24	玉米糠	113		179		19				2		26		0.15							
25	饲用玉米粉	42		105																0.09	
26	压榨玉米胚芽饼粉					12				13		218									
28	玉米麸	110		174		21		45		7		140		0.10				1.1			
45	全脂葵花籽	88		211		33		51		21		134		0.58				1.7			
63	木薯，含淀粉 67%	38		208		26		15		4		15		0.07		0.04		0.05			
64	木薯，含淀粉 72%	−6		161		16		19		4		17		0.06							
65	玉米淀粉																				
66	干马铃薯块茎	408		466		19		25		4		58		0.04		0.03		1.2		0.13	
67	甘薯干	81		126		11		17		5		27		0.02						0.07	
74	稻子豆(秣豆)荚饼粉			197		10		7		3		34									
75	干柑橘渣	195		264		7	3	12	13	3	2	71	28			0.14		0.19		0.09	
79	液体马铃薯饲料	146		148		5		7		2											
80	甜菜糖蜜	909		1174		29		17		13		117				0.55		0.26		1.1	
81	甘蔗糖蜜	283		615		59	21	13	15	29		188				0.90		1.3			
83	干马铃薯渣	135		198		43		40		7		692									
96	酸乳清粉	−52		245		3		64		1.6		9		0.20		0.10		5			
97	甜乳清粉	10		302		3		20		2		10		0.30		0.10		5			

3. 脂肪酸含量

表 2-2-3 脂肪酸含量

原文序号	饲料名称	总和 C6+C8+C10		月桂酸 C12:0		豆蔻酸 C14:0		棕榈酸 C16:0		棕榈油酸 C16:1		硬脂酸 C18:0		油酸 C18:1	
		均值	标准差	占脂肪酸(%)	g/kg	占脂肪酸(%)	g/kg	占脂肪酸(%)	g/kg	占脂肪酸(%)	g/kg	占脂肪酸(%)	g/kg	占脂肪酸(%)	g/kg
1	大麦					1.2	0.2	22.2	3.0			1.5	0.2	12.0	1.6
3	燕麦					0.2	0.1	16.6	7.1	0.2	0.1	1.2	0.5	37.1	15.9
4	去壳燕麦					0.2	0.0	16.6	3.7	0.2	0.0	1.2	0.3	37.1	8.4
6	黑麦					0.3	0.0	16.6	1.5	1.7	0.2	1.0	0.1	18.7	1.7
7	高粱					0.2	0.1	13.5	3.5	3.2	0.8	2.3	0.6	33.3	8.7
8	黑小麦					1.2	0.1	11.3	1.1			0.8	1.0	7.4	0.7
12	细小麦麸					0.1	0.0	17.8	5.1	0.4	0.1	0.8	0.2	15.2	4.3
13	次粉					0.1	0.0	17.8	5.0	0.4	0.1	0.8	0.2	15.2	4.2
14	饲用小麦粉					0.1	0.0	17.8	3.4	0.4	0.1	0.8	0.2	15.2	2.9
19	小麦面筋饲料,含淀粉 25%					0.1	0.0	17.8	4.6	0.4	0.1	0.8	0.2	15.2	3.9
20	小麦面筋饲料,含淀粉 28%					0.1	0.0	17.8	3.3	0.4	0.1	0.8	0.1	15.2	2.8
24	玉米糠					0.1	0.0	11.1	3.4	0.4	0.1	1.8	0.6	26.9	8.3
25	饲用玉米粉					0.1	0.0	11.1	5.1	0.4	0.2	1.8	0.8	26.9	12.3
26	压榨玉米胚芽饼粉					0.1	0.1	11.1	12.1	0.4	0.4	1.8	2.0	26.9	29.3
45	全脂葵花籽					0.2	0.8	6.3	26.7	0.4	1.7	4.3	18.2	20.3	86.0
63	木薯,含淀粉 67%	0.6	0.0	3.9	0.2	1.7	0.1	31.9	1.7	0.7	0.0	2.9	0.2	35.2	1.8
64	木薯,含淀粉 72%	0.6	0.0	3.9	0.2	1.7	0.1	31.9	1.4	0.7	0.0	2.9	0.1	35.2	1.5
65	玉米淀粉					0.1	0.0	11.1	0.4	0.4	0.0	1.8	0.1	26.9	1.0
66	干马铃薯块茎					0.4	0.0	17.2	0.4	0.5	0.0	3.9	0.1	1.6	0.0
67	甘薯干							28.0	1.7			2.9	0.2	5.3	0.3
75	干柑橘渣			0.8	0.1	0.7	0.1	25.9	3.4			4.8	0.6	25.9	3.4
79	液体马铃薯饲料					0.4	0.0	17.2	0.2	0.5	0.0	3.9	0.1	1.6	0.0
81	甘蔗糖蜜					1.1	0.1	26.8	3.0			3.2	0.4	13.0	1.6
83	干马铃薯渣					0.4	0.0	17.2	0.4	0.5	0.0	3.9	0.1	1.6	0.0
96	酸乳清粉	9.0	1.8	1.2	0.2	9.0	1.8	29.3	5.9	5.1	1.0	11.7	2.4	22.3	4.5
97	甜乳清粉	9.5	1.9	1.2	0.2	10.2	2.0	32.1	6.4	3.3	0.6	9.6	1.9	24.7	4.9

续表 2-2-3

原文序号	饲料名称	亚油酸 C18:2		亚麻酸 C18:3		花生酸 C20:0		花生酸 C20:1		花生酸 C20:4		花生四烯酸 C20:4		山嵛酸 C22:0		芥酸 C22:1		鰶鱼酸 C22:5		二十二碳六烯酸 C22:6		木蜡酸 C24:0		脂肪酸/粗脂肪(%)
		占脂肪酸(%)	g/kg	占脂肪酸(%)	g/kg	占脂肪酸(%)	g/kg	占脂肪酸(%)	g/kg	占脂肪酸(%)	g/kg	占脂肪酸(%)	g/kg	占脂肪酸(%)	g/kg	占脂肪酸(%)	g/kg	占脂肪酸(%)	g/kg	占脂肪酸(%)	g/kg	占脂肪酸(%)	g/kg	
1	大麦	55.4	7.5	5.6	0.8																			75
3	燕麦	37.5	16.1	1.5	0.6																			90
4	去壳燕麦	37.5	8.5	1.5	0.3																			90
6	黑麦	52.3	4.8	6.1	0.6																			75
7	高粱	33.8	8.9	2.6	0.7																			90
8	黑小麦	41.9	4.2	3.6	0.4																			75
12	细小麦麸	56.4	16.1	5.9	1.7			1.3																80
13	次粉	56.4	15.7	5.9	1.6			1.3																80
14	饲用小麦粉	56.4	10.7	5.9	1.1			1.3																80
16	硬质细小麦麸																							80
19	小麦面筋饲料，含淀粉 25%	56.4	14.6	5.9	1.5			1.3																65
20	小麦面筋饲料，含淀粉 28%	56.4	10.4	5.9	1.1			1.3																65
24	玉米糠	56.5	17.3	1.0	0.3																			85
25	饲用玉米粉	56.5	25.8	1.0	0.5																			85
26	压榨玉米胚芽饼粉	56.5	61.6	1.0	0.1																			80
28	玉米麸																							80
45	全脂葵花籽	64.9	274.9	0.3	1.3																			95
63	木薯，含淀粉 67%	16.4	0.9	7.6	0.4																			80
64	木薯，含淀粉 72%	16.4	0.7	7.6	0.3																			80
65	玉米淀粉	56.5	2.0	1.0	0.0																			85
66	干马铃薯块茎	29.2	0.8	20.7	0.5	1.0	0.0							0.6	0.0									80
67	甘薯干	53.6	3.2	9.7	0.6																			70
75	干柑橘渣	35.9	4.7	6.4	0.8																			60
79	液体马铃薯饲料	29.2	0.4	20.7	0.3	1.0	0.0							0.6	0.0									60
81	甘蔗糖蜜	43.4	49																					100
83	干马铃薯渣	29.2	0.7	20.7	0.5	1.0	0.0							0.6	0.0									60
96	酸乳清粉	3.5	0.7	0.6	0.1																			95
97	甜乳清粉	2.5	0.5	0.9	0.2																			95

4.维生素含量

表 2-2-4 维生素含量(平均值)

原文序号	饲料名称	维生素 A (1000IU/kg)	维生素 D (1000IU/kg)	维生素 E (mg/kg)	维生素 K (mg/kg)	维生素 B_1 (mg/kg)	维生素 B_2 (mg/kg)	维生素 B_6 (mg/kg)	维生素 B_{12} (ug/kg)	烟酸 (mg/kg)	泛酸 (mg/kg)	叶酸 (mg/kg)	生物素 (mg/kg)	胆碱 (mg/kg)	维生素 C (mg/kg)
1	大麦	2.22		16		4	1.5	4	0	53	7	0.35	0.14	1008	
3	燕麦	2.03		12	0.51	6	1.6	5	0	17	8	0.33	0.2	981	
4	去壳燕麦			13		5	2			1.0			0.81	570	
6	黑麦			15		4	1.7	2	0	19	12	1.0	0.06	415	
7	高粱	0.11		10		4	1.3	5	0	37	12	0.19	0.23	627	
8	黑小麦			1.6		3	1.6			18	6	0.15		448	
12	细小麦麸			25		16	2	8	0	102	18	1.1	0.24	1174	
13	次粉			54		18	3	7	0	107		1.4	0.24	1168	
14	饲用小麦粉					23	2	5		42		0.80	0.11	1537	
28	玉米麸	5		6		8	2	11	0	47	8	0.21	0.13	1147	
45	全脂葵花籽					19	1.4	6		41					
63	木薯,含淀粉 67%					1.7	0.83	1.0	0	3	1.0				
64	木薯,含淀粉 72%					1.6	0.82	1.0	0	3	1.0				
65	玉米淀粉														
66	干马铃薯块茎					1.0	0.60	3	0	10	2	0.80	0.10	828	
80	甜菜糖蜜			4							3				
81	甘蔗糖蜜			5		0.71	2	3		28	29	0.08	0.53	552	
83	干马铃薯渣														
96	酸乳清粉	0.53		0.49		4	27	5	23	10	85	0.64	0.38	1950	15

5.其他指标

表 2-2-5 其他指标(平均值)

原文序号	饲料名称	实际应用黏度(mL/g)	叶黄素(mg/kg)	植酸酶活性(UI/kg)
1	大麦	4.2		540
3	燕麦	4.2		40
4	去壳燕麦			36
6	黑麦	21.0		5350
7	高粱	0.3		30

续表2-2-5

原文序号	饲料名称	实际应用黏度(mL/g)	叶黄素(mg/kg)	植酸酶活性(UI/kg)
8	黑小麦	2.5		770
12	细小麦麸	2.0		2590
13	次粉	2.0		3380
14	饲用小麦粉	2.0		3080
19	小麦面筋饲料,含淀粉 25%			10
20	小麦面筋饲料,含淀粉 28%			10

6.猪有效能值及营养物质消化率

表 2-2-6 猪有效能值及营养物质消化率

原文序号	饲料名称	消化能(MJ/kg)		代谢能(MJ/kg)		净能(MJ/kg)		能量消化率(%)		有机物消化率(%)		氮消化率(%)		NSId(%)	粗脂肪消化率(%)	磷消化率(%)	$P_{Phy}d$(%)
		生长猪	母猪	生长猪	母猪	生长猪	母猪	生长猪	母猪	生长猪	母猪	生长猪	母猪				
1	大麦	12.8	13.2	12.4	12.7	9.5	9.7	81	83	84	85	75	80	80	28	32	41
3	燕麦	11.0	11.7	10.6	11.1	8.0	8.3	64	68	68	72	75	85	76	55	32	
4	去壳燕麦	13.4	13.7	1.30	13.2	10.0	10.1	84	85	86	88	80	84	79	49	32	
6	黑麦	13.1	13.5	12.8	13.0	9.9	10.0	84	86	87	89	71	76	77	10	30	50
7	高粱	14.2	14.5	13.9	14.1	11.0	11.1	87	89	90	91	75	79	79	55	25	
8	黑小麦	13.6	13.8	13.2	13.4	10.3	10.5	86	88	89	90	84	88	87	18	30	48
12	细小麦麸	11.1	11.9	10.6	11.2	7.7	8.1	66	71	70	74	71	78	76	47	25	50
13	次粉	12.6	13.2	12.1	12.6	9.0	9.3	76	79	78	82	76	82	82	51	25	50
14	饲用小麦粉	15.0	15.2	14.6	14.7	11.2	11.3	90	91	92	94	86	88	93	48	25	
16	硬质细小麦麸	11.0	11.8	10.5	11.1	7.7	8.2	66	70	69	73	70	77		53		
19	小麦面筋饲料,含淀粉 25%	12.2	12.8	11.6	12.0	8.2	8.6	72	76	76	79	75	81	68	52	28	
20	小麦面筋饲料,含淀粉 28%	11.7	12.4	11.2	11.7	8.0	8.4	70	74	73	77	73	80	68	40	28	
24	玉米糠	7.5	10.3	7.2	9.8	5.4	7.1	4.5	6.3	50	67	42	80		36	20	
25	饲用玉米粉	12.3	13.2	11.9	13.2	9.3	10.1	73	81	76	84	67	90		61	20	
26	压榨玉米胚芽饼粉	14.3	14.8	13.7	14.1	10.5	10.9	75	78	78	81	71	76		73	20	
28	玉米麸	12.6	13.9	12.1	13.3	9.1	10.0	74	82	77	85	68	82	72	63	21	
45	全脂葵花籽	18.9	19.8	18.4	19.0	15.4	15.7	71	74	69	74	80	87		85		

续表2-2-6

原文序号	饲料名称	消化能(MJ/kg)		代谢能(MJ/kg)		净能(MJ/kg)		能量消化率(%)		有机物消化率(%)		氮消化率(%)		NSId(%)	粗脂肪消化率(%)	磷消化率(%)	$P_{Phy}d$(%)
		生长猪	母猪	生长猪	母猪	生长猪	母猪	生长猪	母猪	生长猪	母猪	生长猪	母猪				
63	木薯,含淀粉67%	12.6	12.8	12.3	12.6	10.0	10.1	87	88	89	91	30	44	0	10		
64	木薯,含淀粉72%	13.8	14.0	13.6	13.7	11.0	11.0	93	94	93	94	30	40	0	10		
65	玉米淀粉	15.1	15.1	14.9	14.9	12.2	12.2	98	98	98	98	0	0		0		
66	干马铃薯块茎	13.9	14.1	13.6	13.7	10.7	10.8	91	92	93	94	60	63		0		
67	甘薯干	13.8	14.0	13.5	13.6	10.7	10.8	90	92	92	93	60	67		0		
74	稻子豆(秣豆)荚饼粉	7.6	8.3	7.3	8.0	5.1	5.5	51	56	56	60	70	93		0		
75	干柑橘渣	11.6	12.9	11.0	12.0	7.2	8.0	74	82	77	85	57	87		36		
79	液体马铃薯饲料	2.6	2.7	2.6	2.6	1.8	1.9	89	92	90	92	74	78		0		
80	甜菜糖蜜	9.9	10.2	9.6	9.9	6.6	6.8	85	88	85	87	50	54		0		
81	甘蔗糖蜜	9.4	9.7	9.2	9.5	6.4	6.7	85	88	85	87	40	50		0		
83	干马铃薯渣	11.0	11.9	10.6	11.3	7.7	8.2	72	77	74	79	57	84		0		
96	酸乳清粉	14.4	14.4	13.9	13.9	11.4	11.3	95	95	99	99	95	95	81	85	90	
97	甜乳清粉	14.8	14.8	14.4	14.3	12.0	11.8	95	95	99	99	95	95	81	85	90	

注:NSId为猪回肠氮真消化率;磷消化率为无内源植酸酶(自然缺乏或经处理后失活)时磷的消化率;$P_{Phy}d$为当内源植酸酶没有失活时的猪磷消化率。

7.反刍动物有效能值、营养物质消化率及瘤胃降解率

表2-2-7(1) 反刍动物有效能值、营养物质消化率及瘤胃降解率

原文序号	饲料名称	UFL(/kg)	UFV(/kg)	PDIA(g/kg)	PDIN(g/kg)	PDIE(g/kg)	代谢能(kcal/kg)	能量消化率(%)	有机物消化率(%)	氮消化率(%)	肠内不可降解蛋白质真可消化率(%)	TId(%)	脂肪酸消化率(%)	可吸收磷(g/kg)	被吸收磷(g/kg)
1	大麦	0.95	0.93	30	69	87	10.7	81	83	66		91	66	2.6	
3	燕麦	0.77	0.71	16	61	61	9.2	95	67	55		79	75	2.4	
4	去壳燕麦	0.97	0.96	19	67	77	11.0	82	84	68		85	71	2.1	
6	黑麦	1.03	1.03	20	59	85	11.4	86	89	69		88	59	2.3	
7	高粱	1.05	1.06	50	67	87	11.7	86	88	69		78	72	2.1	
8	黑小麦	1.01	1.02	20	63	84	11.3	85	88	69		90	61	2.6	

续表2-2-7(1)

原文序号	饲料名称	UFL (/kg)	UFV (/kg)	PDIA (g/kg)	PDIN (g/kg)	PDIE (g/kg)	代谢能 (kcal/kg)	能量消化率(%)	有机物消化率(%)	氮消化率 (%)	肠内不可降解蛋白质真可消化率(%)	TId(%)	脂肪酸消化率(%)	可吸收磷 (g/kg)	被吸收磷 (g/kg)
12	细小麦麸	0.90	0.87	36	101	87	10.4	76	78	70		87	73	6.5	
13	次粉	0.98	0.96	35	98	90	11.1	81	83	71		87	73	5.3	
14	饲用小麦粉	1.10	1.11	31	84	95	12.2	88	90	73		90	69	2.7	
16	硬质细小麦麸	0.90	0.87	35	100	85	10.4	76	78	70		85	74		
19	小麦面筋饲料，含淀粉 25%	0.95	0.93	33	96	87	10.9	79	81	71		85	72	5.0	
20	小麦面筋饲料，含淀粉 28%	0.94	0.91	33	94	86	10.7	78	80	70		85	69	5.1	
24	玉米糠	0.78	0.73	55	78	91	9.3	68	70	62		80	73	2.2	
25	饲用玉米粉	1.06	1.06	48	67	83	11.8	84	86	67		85	75	3.5	
26	压榨玉米胚芽饼粉	1.18	1.18	41	101	83	13.2	85	85	73		88	77	5.7	
28	玉米麸	1.06	1.06	37	90	84	11.9	85	87	72		88	75	5.2	
45	全脂葵花籽	1.44	1.39	16	97	33	16.6	77	72	69		80	79	4.0	
63	木薯，含淀粉 67%	0.91	0.90	11	19	63	10.1	82	87	36		85	44	0.5	
64	木薯，含淀粉 72%	0.99	1.00	10	18	65	10.9	86	90	37		85	37	0.4	
65	玉米淀粉	1.26	1.33	5	6	69	13.3	100	100	0		95			
66	干马铃薯块茎	0.96	0.96	21	58	74	10.8	84	88	67		85	7		
67	甘薯干	0.97	0.97	12	28	66	10.8	84	88	51	85		48		
74	稻子豆(秣豆)荚饼粉	0.70	0.65	14	27	65	8.3	67	70	38		65			
75	干柑橘渣	0.98	0.98	22	45	86	11.0	84	88	68		92	65	0.8	
79	液体马铃薯饲料	0.18	0.17	8	15	20	2.0	81	85	69		85	52		
80	甜菜糖蜜	0.75	0.75	0	63	54	8.3	86	89	72		100		0.1	
81	甘蔗糖蜜	0.63	0.62	0	23	46	7.2	77	80	42		100		65	
83	干马铃薯渣	0.65	0.58	13	30	52	7.8	61	64	25		75		0.76	
96	酸乳清粉	1.06	1.09	0	56	73	11.6	91	94	72		95	69	8.4	
97	甜乳清粉	1.09	1.11	0	73	75	11.9	91	94	74		95	69	5.7	

表 2-2-7(2) 反刍动物有效能值、营养物质消化率及瘤胃降解率

原文序号	饲料名称	瘤胃降解											
		氮				淀粉				干物质			
		有效降解率	a(%)	b(%)	c(%/h)	有效降解率	a(%)	b(%)	c(%/h)	有效降解率	a(%)	b(%)	c(%/h)
1	大麦	71	29	65	11.0	89	52	48	20.5	75	44	45	13.5
3	燕麦	81	63	29	10.0	93	67	33	21.5	62	50	26	5.0
4	去壳燕麦	81				93				80			
6	黑麦	77	27	69	16.0	96				80	51	41	15.0
7	高粱	39	5	73	5.5	60	28	72	5.0	67	36	59	6.5
8	黑小麦	79	34	56	23.0	95	45	55	58.5	77	46	47	12.0
12	细小麦麸	76				95				64	44	38	6.5
13	次粉	76	35	57	15.5	95				72	46	38	13.0
14	饲用小麦粉	76				95				80			
16	硬质细小麦麸	76				95				65			
19	小麦面筋饲料,含淀粉 25%	76				94				70			
20	小麦面筋饲料,含淀粉 28%	76				94				70			
24	玉米糠	43				60				40			
25	饲用玉米粉	43				60				55			
26	压榨玉米胚芽饼粉	72				67				52	6	83	7.5
28	玉米麸	72	36	59	9.5	67	39	61	5.0	52	6	83	7.5
45	全脂葵花籽	89	77	13	60.5					70	60	18	7.5
63	木薯,含淀粉 67%	59				84				89	76	23	8.0
64	木薯,含淀粉 72%	59	47	28	4.5	84	73	27	4.0	89	76	23	8.0
65	玉米淀粉	45				60				82			
66	干马铃薯块茎	75	57	30	8.0	79	45	55	9.5	70	45	52	5.5
67	甘薯干	70				79				75			
74	稻子豆(秣豆)荚饼粉	55								65			
75	干柑橘渣	66	35	59	6.5					71	34	61	9.5
79	液体马铃薯饲料	64	6	80	16.5	79				64	6	90	11.0
80	甜菜糖蜜	100								100			
81	甘蔗糖蜜	100								100			
83	干马铃薯渣	65				79				65			
96	酸乳清粉	100								100			
97	甜乳清粉	100								100			

注:UFL 为产奶饲草单位;UFV 为产肉饲草单位;PDIA 为在小肠消化的过瘤胃蛋白质;PDIN 为氮成为瘤胃微生物活性的限制因素时的小肠可消化蛋白质;PDIE 为能量成为瘤胃微生物活性的限制因素时的小肠可消化蛋白质;TId 为反刍动物瘤胃非降解蛋白质小肠真消化率;a 为快速可降解部分(反刍动物氮、淀粉或干物质降解的动力学参数);b 为不溶性物质潜在可降解部分(反刍动物氮、淀粉或干物质降解的动力学参数);c 为不溶性物质降解速率(反刍动物氮、淀粉或干物质降解的动力学参数)。

8. 家禽、马、兔、鱼有效能值及营养物质消化率

表 2-2-8 家禽、马、兔、鱼有效能值及营养物质消化率

原文序号	饲料名称	家禽				马		兔				鱼							
		AMEn(MJ/kg)		有效磷(%)		马饲草单位 UFC (/kg)	马可消化粗蛋白质 MADC (g/kg)	消化能 DE (MJ/kg)	氮校正代谢能 MEn (MJ/kg)	能量消化率(%)	氮消化率(%)	消化能 DE (MJ/kg)	挤压饲料消化能 (MJ/kg)	能量消化率(%)	挤压饲料的能量消化率(%)	氮消化率(%)	有效磷(%)	挤压饲料的氮消化率(%)	挤压饲料的磷消化率(%)
		成年公鸡	肉鸡	成年公鸡	肉鸡														
1	大麦	11.5	10.9		59	0.99	82	12.7	12.3	80	67								
3	燕麦	9.8	9.3		24	0.87	79	10.9	10.5	63	73								
4	去壳燕麦	11.6		21		0.98	86												
6	黑麦	11.5	9.8		47	1.05	63												
7	高粱	13.8	13.5	23		10.7	76												
8	黑小麦	12.4	11.9		66	1.06	78	12.8	12.4	81	75	9.5		60		80			
12	细小麦麸	8.6	8.2			0.85	123	11.4	10.8	68	77	7.5	45			89	48		
13	次粉	10.0	9.6			0.99	122	12.3	11.7	74	79								
14	饲用小麦粉	12.3	11.9			1.09	104	13.9	13.3	83	84								
16	硬质细小麦麸					0.85	127												
19	小麦面筋饲料,含淀粉 25%	9.2	9.0			0.85	115												
20	小麦面筋饲料,含淀粉 28%	9.1	8.9			0.86	113	12.1	11.6	72	76								
24	玉米糠					0.76	87												
25	饲用玉米粉	11.1	10.9			0.94	54												
26	压榨玉米胚芽饼粉	11.2	10.8			0.87	113												
28	玉米麸	10.1	9.8			0.91	93												
45	全脂葵花籽	18.3 (粒状)	17.2 (粒状)	19.0	18.0	1.21	126												
63	木薯,含淀粉 67%	12.6	12.6	25		1.08	18	12.8	12.6	88	50								
64	木薯,含淀粉 72%	13.4	13.4	25		1.12	17	13.2	13.1	89	50								
65	玉米淀粉	14.8				1.31	7	15.1	15.0	98	100								

续表2-2-8

原文序号	饲料名称	家禽				马		兔				鱼							
		AMEn(MJ/kg)		有效磷(%)		马饲草单位UFC(/kg)	马可消化粗蛋白质MADC(g/kg)	消化能DE(MJ/kg)	氮校正代谢能MEn(MJ/kg)	能量消化率(%)	氮消化率(%)	消化能DE(MJ/kg)	挤压饲料消化能(MJ/kg)	能量消化率(%)	挤压饲料的能量消化率(%)	氮消化率(%)	有效磷(%)	挤压饲料的氮消化率(%)	挤压饲料的磷消化率(%)
		成年公鸡	肉鸡	成年公鸡	肉鸡														
74	稻子豆(秣豆)荚饼粉					0.64	13	8.5	8.4	58	20								
75	干柑橘渣							11.2	11.0	72	60								
80	甜菜糖蜜	9.0				0.89	93	10.8	10.3	92	70								
81	甘蔗糖蜜	9.6				0.88	24	9.1	9.8	90	60								
83	干马铃薯渣					0.95	8	10.6	10.3	39	74								
96	酸乳清粉											13.1		86		88			

注:AMEn 为氮校正表观代谢能。UFC 为马饲草单位;MADC 为马可消化粗蛋白质。

9.氨基酸含量和消化率

表 2-2-9 氨基酸含量 %

原文序号	饲料名称	赖氨酸	苏氨酸	蛋氨酸	胱氨酸	蛋氨酸+胱氨酸	色氨酸	异亮氨酸	缬氨酸	亮氨酸	苯丙氨酸	酪氨酸	苯丙氨酸+酪氨酸	组氨酸	精氨酸	丙氨酸	天冬氨酸	谷氨酸	甘氨酸	丝氨酸	脯氨酸
1	大麦	3.8	3.5	1.7	2.3	4.1	1.3	3.6	5.2	6.9	4.9	2.8	7.8	2.2	4.8	4.1	6.0	23.1	4.0	4.2	10.9
3	燕麦	4.1	3.4	1.8	3.2	5.0	1.2	3.7	5.2	7.2	4.9	3.5	8.4	2.1	6.6	4.7	8.5	16.8	5.0	4.8	6.0
4	去壳燕麦	4.4	3.7	1.9	3.4	5.2	1.3	4.0	5.6	7.8	5.4	3.8	9.2	2.3	7.3	5.0	9.2	18.7	5.3	5.2	6.6
6	黑麦	3.5	3.1	1.4	2.0	3.5	0.9	3.1	4.3	5.4	4.0	2.3	6.3	1.9	4.5	3.9	6.9	20.8	4.0	4.0	9.1
7	高粱	2.2	3.1	1.5	1.8	3.3	1.0	4.0	5.1	12.8	5.0	3.8	8.9	2.1	3.8	8.7	1.8	19.7	2.9	4.3	8.0
8	黑小麦	3.9	3.3	1.7	2.6	4.3	1.2	3.7	4.7	6.2	4.1	3.0	7.1	2.3	5.2	4.2	6.5	22.6	4.3	4.4	8.2
12	细小麦麸	6.2	4.9	2.4	3.1	5.5	2.0	5.0	7.0	9.5	6.1	4.1	10.2	4.0	9.7	6.7	10.1	31.1	7.4	9.5	10.3
13	次粉	5.9	4.7	2.3	3.0	5.3	1.9	4.8	6.7	9.2	5.9	3.6	9.5	3.8	9.2	6.3	9.5	30.0	7.1	6.5	9.9
14	饲用小麦粉	4.6	3.8	1.9	2.6	4.5	1.5	4.0	5.7	8.2	5.1	1.8	6.9	3.3	6.8	5.0	7.1	32.8	5.9	5.6	8.5
16	硬质细小麦麸	6.2	4.9	2.4	3.1	5.5	2.0	5.0	7.0	9.4	6.1	4.2	10.3	4.0	9.8	6.7	10.1	31.0	7.4	9.4	10.3
19	小麦面筋饲料,含淀粉 25%	5.0	5.0	2.3	3.1	5.4	1.9	4.9	7.4	9.4	5.8	3.9	9.8	4.2	9.0	7.1	9.8	29.9	7.4	7.0	9.3
20	小麦面筋饲料,含淀粉 28%	4.9	4.9	2.2	3.1	5.3	1.9	4.8	7.2	9.2	5.7	3.9	5.3	4.1	8.9	7.0	9.6	29.4	7.3	6.9	9.2

续表2-2-9

原文序号	饲料名称	赖氨酸	苏氨酸	蛋氨酸	胱氨酸	蛋氨酸+胱氨酸	色氨酸	异亮氨酸	缬氨酸	亮氨酸	苯丙氨酸	酪氨酸	苯丙氨酸+酪氨酸	组氨酸	精氨酸	丙氨酸	天冬氨酸	谷氨酸	甘氨酸	丝氨酸	脯氨酸
24	玉米糠	4.1	3.7	1.8	2.3	4.2	0.6	2.9	4.9	10.1	2.6	2.4	5.0	3.4	6.5	7.6	6.3	13.1	4.9	4.2	8.8
25	饲用玉米粉	3.7	3.4	1.6	2.0	3.6	0.5	3.0	4.4	8.8	3.7	2.6	6.3	2.6	4.6	6.2	6.5	13.9	4.0	4.0	7.1
26	压榨玉米胚芽饼粉	5.0	5.3	2.6	3.1	5.7	0.9	4.8	7.0	13.0	5.5	3.8	9.4	4.4	7.7	10.0	9.1	22.1	6.4	6.4	12.6
28	玉米麸	4.6	4.8	2.3	2.8	5.1	0.8	4.2	6.3	11.8	5.0	3.5	8.5	3.8	6.8	8.9	8.4	19.7	5.7	5.7	11.0
45	全脂葵花籽	6.3	6.0	3.8	2.9	6.6	2.0	6.5	7.4	9.5	6.8	4.5	11.3	4.0	12.7	7.6	13.1	25.5	9.4	7.2	6.9
63	木薯,含淀粉67%	1.1	0.8	0.5	0.5	0.9	0.2	0.8	1.6	1.5	1.0	0.7	1.7	1.2	1.2	1.3	1.9	3.3	0.9	0.9	1.3
64	木薯,含淀粉72%	1.0	0.8	0.4	0.5	0.9	0.2	0.8	1.5	1.3	0.9	0.6	1.5	1.1	1.1	1.2	1.7	3.1	0.8	0.8	1.2
66	干马铃薯块茎	3.9	3.1	1.2	1.2	2.4	1.7	2.7	4.2	4.3	3.1	3.3	6.4	1.4	3.0	3.0	14.3	13.6	2.6	3.0	2.5
67	甘薯干	1.9	1.8	0.7	0.7	1.4	0.6	1.9	2.8	2.5	2.3	1.8	4.1	0.8	1.8	2.3	7.2	4.1	1.9	2.2	1.8
74	稻子豆(秣豆)荚饼粉	1.5	1.4	0.9	0.5	1.4	0.8	1.5	3.1	2.6	1.5	1.2	2.7	1.0	1.2	2.1	3.6	2.8	1.2	1.8	6.1
75	干柑橘渣	2.6	2.0	0.7	0.9	1.6	0.5	2.0	2.8	3.3	2.6	1.9	4.5	1.5	2.9	2.7	6.6	5.1	2.6	2.4	5.8
79	液体马铃薯饲料	1.2	0.9	0.4	0.3	0.7	0.2	0.8	1.2	1.4	0.9	0.9	1.8	0.4	0.9	0.8	3.4	3.2	0.8	0.9	0.7
80	甜菜糖蜜	1.6	0.7	0.2	0.7	0.9	0.8	2.8	1.9	2.9	0.5	2.9	3.4	0.6	0.8	1.9	5.9	52.5	1.9	2.2	1.0
81	甘蔗糖蜜	0.1	0.6	0.2	0.4	0.5	0.1	0.3	1.2	0.5	0.2	0.5	0.8	0.1	0.2	2.5	9.0	4.2	0.7	0.8	0.5
83	干马铃薯渣	0.6	0.7	0.2	0.6	0.9	0.2	0.2	1.3	0.0	0.4	1.0	1.4	0.4	0.8	1.0	9.1	9.2	0.5	0.8	0.2
96	酸乳清粉	7.2	5.4	1.5	1.7	3.2	1.2	5.2	4.8	7.7	2.7	1.4	4.1	1.9	2.1	3.8	8.4	14.6	1.8	4.1	3.5
97	甜乳清粉	9.4	7.2	2.0	2.2	4.2	1.6	6.9	6.5	10.5	3.6	2.1	5.7	2.4	2.8	5.1	11.1	19.6	2.3	5.7	4.5

注:原文有 g/kg 和%CP 两种表示方式。

表 2-2-10 猪表观回肠氨基酸消化率(AID)

%

原文序号	饲料名称	赖氨酸	苏氨酸	蛋氨酸	胱氨酸	蛋氨酸+胱氨酸	色氨酸	异亮氨酸	缬氨酸	亮氨酸	苯丙氨酸	酪氨酸	苯丙氨酸+酪氨酸	组氨酸	精氨酸	丙氨酸	天冬氨酸	谷氨酸	甘氨酸	丝氨酸	脯氨酸
1	大麦	68	67	79	79	79	72	75	74	78	79	77	78	76	78	63	68	86	66	75	79
3	燕麦	67	61	80	71	75	72	74	72	77	80	74	78	79	84	63	71	84	61	69	63
4	去壳燕麦	75	76	83	83	83	78	80	78	80	81	81	81	80	84	73	80	86	75	82	
6	黑麦	65	62	76	79	78	68	70	68	72	77	68	74	74	75	61	70	86	61	71	84
7	高粱	63	67	81	71	76	71	78	75	84	81	80	81	73	75	77	75	83	53	75	44
8	黑小麦	77	75	87	87	87	81	82	80	84	86	84	85	86	87	74	79	93	76	83	87
12	细小麦麸	70	65	78	72	75	75	74	72	76	79	77	78	80	85	66	70	86	66	74	0
13	次粉	76	72	83	78	81	79	80	78	82	84	82	83	85	88	73	76	90	73	80	85

续表2-2-10

原文序号	饲料名称	赖氨酸	苏氨酸	蛋氨酸	胱氨酸	蛋氨酸+胱氨酸	色氨酸	异亮氨酸	缬氨酸	亮氨酸	苯丙氨酸	酪氨酸	苯丙氨酸+酪氨酸	组氨酸	精氨酸	丙氨酸	天冬氨酸	谷氨酸	甘氨酸	丝氨酸	脯氨酸
14	饲用小麦粉	87	83	82	88	90	85	89	87	91	92	90	91	93	93	83	85	96	85	90	94
19	小麦面筋饲料，含淀粉 25%	52	62	70	68	69	61	67	63	70	74	73	74	70	77	58	63	81	57	69	
20	小麦面筋饲料，含淀粉 28%	52	62	70	68	69	61	67	63	70	74	73	74	70	77	58	63	81	57		
28	玉米麸	60	60	85	64	75	52	72	70	81	81	84	82	71	83	77	67	78	55	72	
96	酸乳清粉	86	81	88	83	85	83	84	82	87	81	79	81	83	78	77	85	87	57	74	79
97	甜乳清粉	86	81	88	83	85	83	84	82	87	81	79	80	83	78	77	85	87	57	74	79

注：原文有猪表观回肠氨基酸消化率（AID，%）及猪表观回肠可消化氨基酸含量（AIDC，g/kg）两种表示方式。

表 2-2-11 猪标准回肠氨基酸消化率(SID) %

原文序号	饲料名称	赖氨酸	苏氨酸	蛋氨酸	胱氨酸	蛋氨酸+胱氨酸	色氨酸	异亮氨酸	缬氨酸	亮氨酸	苯丙氨酸	酪氨酸	苯丙氨酸+酪氨酸	组氨酸	精氨酸	丙氨酸	天冬氨酸	谷氨酸	甘氨酸	丝氨酸	脯氨酸
1	大麦	75	75	84	84	84	79	81	80	83	84	83	83	81	83	71	76	88	76	81	84
3	燕麦	73	69	84	75	78	78	79	77	81	84	80	82	83	88	69	76	86	70	74	72
4	去壳燕麦	79	80	85	85	85	82	83	81	83	83	85	84	83	86	77	83	87	80	85	0
6	黑麦	72	71	81	84	83	76	77	75	78	82	77	80	79	80	69	77	89	72	78	90
7	高粱	74	76	85	77	81	79	83	81	86	85	85	85	78	82	81	82	86	66	81	50
8	黑小麦	83	82	90	91	91	88	87	86	88	90	90	90	89	91	80	85	95	85	88	94
12	细小麦麸	75	72	82	78	79	80	80	78	81	84	84	84	84	88	72	76	89	73	80	0
13	次粉	82	79	87	83	85	84	85	83	86	88	88	88	88	91	78	82	93	80	85	89
14	饲用小麦粉	92	90	95	92	93	91	94	92	95	96	95	95	96	96	88	90	98	92	94	97
19	小麦面筋饲料，含淀粉 25%	57	67	72	72	72	66	70	66	73	78	78	78	73	80	62	67	83	63	72	
20	小麦面筋饲料，含淀粉 28%	57	67	72	72	72	66	70	66	73	78	78	78	73	80	62	67	83	63	72	
28	玉米麸	65	65	86	67	77	60	75	73	83	84	88	85	74	86	79	72	80	62	76	
96	酸乳清粉	89	85	92	88	90	87	88	87	91	90	90	90	91	88	84	89	91	75	81	87
97	甜乳清粉	89	85	92	88	90	87	88	87	91	90	90	90	91	88	84	89	91	75	81	87

注：原文有猪标准回肠氨基酸消化率（AID，%）及猪标准回肠可消化氨基酸含量（AIDC，g/kg）两种表示方式。

表 2-2-12 家禽真氨基酸消化率(TD,%)

原文序号	饲料名称	赖氨酸	苏氨酸	蛋氨酸	胱氨酸	蛋氨酸+胱氨酸	色氨酸	异亮氨酸	缬氨酸	亮氨酸	苯丙氨酸	酪氨酸	苯丙氨酸+酪氨酸	组氨酸	精氨酸	丙氨酸	天冬氨酸	谷氨酸	甘氨酸	丝氨酸	脯氨酸
1	大麦	78	76	80	83	82		80	80	83	84	81	83	84	83	73	75	89	88	78	87
3	燕麦	86	80	88	84	85		87	85	87	90	86	88	91	91	83	86	93		82	90
7	高粱	87	89	90	87	88		93	90	95	97	94	96	90	95	95	90	96		93	96
8	黑小麦	85	89	89	82	85		91	85	94	95	90	93	91	86					88	
12	细小麦麸	81	79	80	72	75		82	82	85	86			84	87						

注:原文有家禽真氨基酸消化率(TD,%)及真可消化氨基酸含量(TDC,g/kg)两种表示方式。

表 2-2-13 反刍动物小肠可消化氨基酸含量(AADI)

%PDIE

原文序号	饲料名称	赖氨酸	苏氨酸	蛋氨酸	胱氨酸	蛋氨酸+胱氨酸	色氨酸	异亮氨酸	缬氨酸	亮氨酸	苯丙氨酸	酪氨酸	苯丙氨酸+酪氨酸	组氨酸	精氨酸	丙氨酸	天冬氨酸	谷氨酸	甘氨酸	丝氨酸	脯氨酸
1	大麦	6.8	5.0	1.9				5.2	5.8	8.1	5.1			2.0	4.7						
3	燕麦	7.0	5.1	2.0				5.3	5.8	8.2	5.2			2.0	4.9						
4	去壳燕麦	7.1	5.1	2.0				5.3	5.8	8.2	5.2			2.0	4.9						
6	黑麦	7.1	5.1	2.0				5.3	5.8	8.0	5.0			2.0	4.7						
7	高粱	5.4	4.7	1.8				5.1	5.7	11.0	5.3			2.1	4.5						
8	黑小麦	7.1	5.1	2.0				5.3	5.8	8.0	5.0			2.0	4.7						
12	细小麦麸	6.7	4.9	1.9				5.1	5.6	8.0	4.8			2.2	5.0						
13	次粉	6.8	5.0	1.9				5.1	5.7	8.0	4.9			2.2	5.0						
14	饲用小麦粉	6.8	5.0	1.9				5.2	5.7	8.1	4.9			2.1	4.8						
16	硬质细小麦麸	6.7	4.9	1.9				5.1	5.6	7.9	4.8			2.2	5.0						
19	小麦面筋饲料,含淀粉 25%	6.6	5.0	1.9				5.1	5.8	8.0	4.9			2.2	5.0						
20	小麦面筋饲料,含淀粉 28%	6.6	5.0	1.9				5.1	5.8	8.0	4.9			2.2	5.0						
24	玉米糠	6.3	4.9	1.9				4.7	5.7	10.0	3.8			2.7	5.3						
25	饲用玉米粉	6.3	5.0	1.9				4.9	5.7	9.6	4.8			2.4	4.8						
26	压榨玉米胚芽饼粉	6.3	5.0	1.9				5.0	5.8	9.2	4.7			2.4	4.9						
28	玉米麸	6.5	5.1	2.0				5.1	5.8	9.1	4.8			2.3	4.9						
45	全脂葵花籽	6.5	5.0	2.2				5.3	5.7	7.9	5.0			2.2	5.5						
63	木薯,含淀粉 67%	7.4	5.3	2.1				5.4	6.1	8.1	5.1			2.3	4.7						
64	木薯,含淀粉 72%	7.4	5.3	2.1				5.4	6.1	8.1	5.1			2.3	4.7						

续表2-2-13

原文序号	饲料名称	赖氨酸	苏氨酸	蛋氨酸	胱氨酸	蛋氨酸+胱氨酸	色氨酸	异亮氨酸	缬氨酸	亮氨酸	苯丙氨酸	酪氨酸	苯丙氨酸+酪氨酸	组氨酸	精氨酸	丙氨酸	天冬氨酸	谷氨酸	甘氨酸	丝氨酸	脯氨酸
66	干马铃薯块茎	7.2	5.2	1.9				5.3	5.9	7.8	4.9			1.9	4.6						
67	甘薯干	7.3	5.3	2.0				5.5	6.0	8.0	5.2			1.9	4.6						
74	稻子豆(秣豆)荚饼粉	7.2	5.2	2.1				5.4	6.4	8.2	4.9			2.0	4.5						
75	干柑橘渣	7.3	5.2	1.9				5.3	5.9	8.0	5.2			2.1	4.8						
79	液体马铃薯饲料	7.2	5.2	1.9				5.3	5.9	8.0	5.0			2.0	4.6						
80	甜菜糖蜜	7.7	5.4	2.1				5.6	5.9	8.1	5.1			1.9	4.6						
81	甘蔗糖蜜	7.7	5.4	2.1				5.6	5.9	8.1	5.1			1.9	4.6						
83	干马铃薯渣	6.7	5.0	1.8				4.9	5.7	6.7	4.2			1.9	4.4						
96	酸乳清粉	7.7	5.4	2.1				5.6	5.9	8.1	5.1			1.9	4.6						
97	甜乳清粉	7.7	5.4	2.1				5.6	5.9	8.1	5.1			1.9	4.6						

注:AADI=Amino acid digestible in the intestine(in % PDIE),氨基酸小肠消化率;PDIE 为能量成为瘤胃微生物活性的限制因素时的小肠可消化蛋白质。

2.2.2 AFZ, et al. 2000. AmiPig, Ileal Standardized Digestibility of Amino Acids in Feedstuffs for Pigs(猪饲料标准回肠氨基酸消化率)[10]

1. 概略养分

表 2-2-14 概略养分含量 %

饲料分类及名称	样本数 Obs.	干物质 DM	粗蛋白质 CP	粗纤维 CF	粗脂肪 EE	粗灰分 Ash
谷物 Cereals						
大麦 Barley	13	88.7	10.9	4.6	2.1	2.2
燕麦 Oats	10	89.2	10.5	11.6	4.7	2.5
燕麦,去皮(裸燕麦)Oats, decorticated	1	90.6	14.7	2.5	8.1	2.3
黑麦 Rye	8	87	8.4	1.9	1.4	1.6
高粱 Sorghum	13	86.4	9.7	2	3	1.4
黑小麦 Triticale	12	87.3	10.3	2.3	1.4	1.8
谷物副产品 Cereal by-product						
玉米麸 Maize hominy feed	1	89.1	15.3	6.1	2.9	4.3
饲用小麦粉 Wheat feed flour	4	87.5	13.7	1.4	2.6	1.5
小麦面筋饲料(小麦蛋白饲料)Wheat gluten feed	3	90.9	14.0	6.0	3.2	4.7

续表2-2-14

饲料分类及名称	样本数 Obs.	干物质 DM	粗蛋白质 CP	粗纤维 CF	粗脂肪 EE	粗灰分 Ash
小麦次粉(小麦细麸)Wheat middlings	15	87.6	15.7	5.0	4.0	3.1
动物产品 Animal products						
酸乳清粉 Whey,acid,dehydrated	2	93.7	10.5	0.1	0.2	14.3
杂项 Miscellaneous						
干甜菜渣 Beet pulp,dehydrated	1	94.0	11.1	13.3	1.0	7.3

2. 氨基酸含量

表 2-2-15　氨基酸含量　　%

饲料名称	粗蛋白质 CP	赖氨酸 Lys	苏氨酸 Thr	蛋氨酸 Met	胱氨酸 Cys	蛋氨酸+胱氨酸 Met+Cys	色氨酸 Trp	异亮氨酸 Ile	缬氨酸 Val	亮氨酸 Leu	苯丙氨酸 Phe	酪氨酸 Tyr	苯丙氨酸+酪氨酸 Phe+Tyr	组氨酸 His	精氨酸 Arg	丙氨酸 Ala	天冬氨酸 Asp	谷氨酸 Glu	甘氨酸 Gly	丝氨酸 Ser	脯氨酸 Pro
谷物																					
大麦	10.9	0.40	0.37	0.18	0.23	0.41	0.13	0.39	0.54	0.73	0.53	0.29	0.82	0.25	0.54	0.43	0.63	2.52	0.43	0.46	1.06
燕麦	10.5	0.43	0.35	0.18	0.29	0.47	0.13	0.38	0.51	0.74	0.50	0.28	0.78	0.24	0.66	0.49	0.80	2.08	0.50	0.49	0.55
燕麦,去皮(裸燕麦)	14.7	0.59	0.55	0.31	0.43	0.74	0.22	0.60	0.77	1.06	0.77	0.41	1.18	0.32	0.99	0.75	1.22	3.13	0.77	0.80	—
黑麦	8.4	0.34	0.29	0.14	0.19	0.34	0.10	0.29	0.40	0.52	0.37	0.19	0.56	0.20	0.48	0.39	0.65	2.03	0.38	0.37	0.77
高粱	9.7	0.21	0.31	0.17	0.17	0.34	0.10	0.38	0.48	1.25	0.48	0.34	0.83	0.21	0.36	0.87	0.65	2.05	0.31	0.43	0.80
黑小麦	10.3	0.37	0.32	0.18	0.24	0.42	0.12	0.34	0.45	0.64	0.43	0.23	0.66	0.23	0.54	0.44	0.65	2.58	0.43	0.46	0.61
谷物副产品																					
玉米麸	15.3	0.43	0.50	0.27	0.27	0.54	0.10	0.47	0.63	1.31	0.55	0.36	0.91	0.37	0.55	0.96	0.85	2.22	0.59	0.65	—
饲用小麦粉	13.7	0.43	0.40	0.23	0.28	0.51	0.15	0.46	0.59	0.88	0.59	0.30	0.89	0.33	0.69	0.51	0.71	3.69	0.56	0.60	1.23
小麦面筋饲料(小麦蛋白饲料)	14.0	0.45	0.46	0.23	0.28	0.51	0.17	0.44	0.65	0.83	0.52	0.26	0.78	0.34	0.76	0.65	0.93	2.65	0.67	0.62	—
小麦次粉(小麦细麸)	15.7	0.65	0.52	0.27	0.31	0.59	0.20	0.50	0.73	0.99	0.63	0.41	1.04	0.39	1.06	0.71	1.04	3.29	0.76	0.69	1.03
动物产品																					
酸乳清粉	10.5	0.68	0.51	0.10	0.14	0.24	0.10	0.44	0.39	0.59	0.21	0.11	0.32	0.28	0.11	0.35	0.75	1.45	0.16	0.39	—
杂项																					
干甜菜渣	11.1	0.34	0.31	0.13	0.08	0.21	0.08	0.33	0.42	0.44	0.25	0.30	0.55	0.22	0.24	0.36	0.63	2.01	0.36	0.37	—

3.标准回肠氨基酸消化率

表 2-2-16 标准回肠氨基酸消化率

%

饲料名称	粗蛋白质 CP	赖氨酸 Lys	苏氨酸 Thr	蛋氨酸 Met	胱氨酸 Cys	蛋氨酸+胱氨酸 Met+Cys	色氨酸 Trp	异亮氨酸 Ile	缬氨酸 Val	亮氨酸 Leu	苯丙氨酸 Phe	酪氨酸 Tyr	苯丙氨酸+酪氨酸 Phe+Tyr	组氨酸 His	精氨酸 Arg	丙氨酸 Ala	天冬氨酸 Asp	谷氨酸 Glu	甘氨酸 Gly	丝氨酸 Ser	脯氨酸 Pro
谷物																					
大麦	80	75	75	84	84	84	79	81	80	83	84	83	83	81	83	71	76	88	76	81	84
燕麦	76	73	69	84	75	78	78	79	77	81	84	80	82	83	88	69	76	86	70	74	72
燕麦，去皮（裸燕麦）	79	79	80	85	85	85	82	83	81	83	83	85	84	83	86	77	83	87	80	85	—
黑麦	77	72	71	81	84	83	76	77	75	78	82	77	80	79	80	69	77	89	72	78	90
高粱	79	74	76	85	77	81	79	83	81	86	85	85	85	78	82	81	82	86	66	81	50
黑小麦	87	83	82	90	91	91	88	87	86	88	90	90	90	89	91	80	85	95	85	88	94
谷物副产品																					
玉米麸	72	65	65	86	67	77	60	75	73	83	84	88	85	74	86	79	72	80	62	76	—
饲用小麦粉	93	90	90	94	94	94	92	93	91	95	96	95	95	96	96	86	89	97	93	95	97
小麦面筋饲料（小麦蛋白饲料）	68	57	67	72	72	72	66	70	66	73	78	78	78	73	80	62	67	83	63	72	—
小麦次粉（小麦细麸）	84	84	80	88	83	86	86	86	84	87	89	88	89	89	91	80	83	93	80	86	89
动物产品																					
酸乳清粉	70	83	70	74	66	71	79	80	69	77	82	78	80	80	51	56	74	81	54	61	—
杂项																					
干甜菜渣	53	50	31	61	22	43	41	59	42	59	52	53	52	61	58	48	59	84	25	38	—

4.可消化氨基酸含量

表 2-2-17 可消化氨基酸含量

%

饲料名称	粗蛋白质 CP	赖氨酸 Lys	苏氨酸 Thr	蛋氨酸 Met	胱氨酸 Cys	蛋氨酸+胱氨酸 Met+Cys	色氨酸 Trp	异亮氨酸 Ile	缬氨酸 Val	亮氨酸 Leu	苯丙氨酸 Phe	酪氨酸 Tyr	苯丙氨酸+酪氨酸 Phe+Tyr	组氨酸 His	精氨酸 Arg	丙氨酸 Ala	天冬氨酸 Asp	谷氨酸 Glu	甘氨酸 Gly	丝氨酸 Ser	脯氨酸 Pro
谷物																					
大麦	8.71	0.30	0.28	0.15	0.19	0.35	0.11	0.31	0.43	0.61	0.45	0.24	0.69	0.20	0.45	0.31	0.48	2.23	0.33	0.37	0.90
燕麦	7.81	0.31	0.24	0.15	0.21	0.37	0.10	0.30	0.39	0.60	0.41	0.23	0.64	0.20	0.58	0.34	0.61	1.80	0.34	0.36	0.39

续表2-2-17

饲料名称	粗蛋白质 CP	赖氨酸 Lys	苏氨酸 Thr	蛋氨酸 Met	胱氨酸 Cys	蛋氨酸+胱氨酸 Met+Cys	色氨酸 Trp	异亮氨酸 Ile	缬氨酸 Val	亮氨酸 Leu	苯丙氨酸 Phe	酪氨酸 Tyr	苯丙氨酸+酪氨酸 Phe+Tyr	组氨酸 His	精氨酸 Arg	丙氨酸 Ala	天冬氨酸 Asp	谷氨酸 Glu	甘氨酸 Gly	丝氨酸 Ser	脯氨酸 Pro
燕麦,去皮(裸燕麦)	12.26	0.46	0.44	0.26	0.36	0.63	0.18	0.49	0.62	0.88	0.64	0.35	0.99	0.26	0.78	0.58	1.01	2.73	0.62	0.68	—
黑麦	6.52	0.25	0.20	0.12	0.16	0.28	0.07	0.22	0.30	0.41	0.31	0.14	0.45	0.15	0.38	0.27	0.50	1.80	0.27	0.29	0.69
高粱	7.66	0.16	0.24	0.15	0.13	0.28	0.08	0.31	0.39	1.08	0.41	0.29	0.70	0.17	0.29	0.70	0.53	1.77	0.20	0.35	0.41
黑小麦	9.08	0.30	0.26	0.17	0.22	0.38	0.10	0.29	0.39	0.57	0.39	0.21	0.60	0.21	0.49	0.35	0.55	2.43	0.37	0.41	0.57
谷物副产品																					
玉米麸	10.61	0.28	0.32	0.23	0.18	0.42	0.06	0.35	0.46	1.08	0.46	0.32	0.78	0.27	0.47	0.76	0.61	1.78	0.36	0.49	—
饲用小麦粉	12.99	0.39	0.36	0.22	0.26	0.48	0.14	0.43	0.54	0.83	0.57	0.28	0.85	0.32	0.66	0.44	0.64	3.60	0.52	0.57	1.20
小麦面筋饲料(小麦蛋白饲料)	9.59	0.26	0.31	0.17	0.20	0.37	0.11	0.31	0.43	0.61	0.40	0.20	0.60	0.25	0.61	0.40	0.62	2.19	0.42	0.45	—
小麦次粉(小麦细麸)	13.23	0.54	0.42	0.24	0.26	0.50	0.17	0.43	0.62	0.86	0.56	0.36	0.92	0.35	0.97	0.57	0.86	3.07	0.61	0.59	0.92
动物产品																					
酸乳清粉	7.44	0.57	0.37	0.08	0.11	0.18	0.13	0.36	0.28	0.48	0.17	0.09	0.26	0.24	0.05	0.22	0.58	1.19	0.12	0.25	—
杂项																					
干甜菜渣	5.93	0.17	0.09	0.08	0.02	0.09	0.03	0.20	0.18	0.26	0.13	0.16	0.29	0.13	0.14	0.17	0.37	1.68	0.09	0.14	—

2.2.3 EvaPig Version 1.4.0.1.2019[11]

1. 常规成分含量

表 2-2-18 常规成分含量 %

中文名称	英文名称	分类(原为:分级)	数据来源(原为:原产地)	干物质	粗灰分	粗蛋白质	粗脂肪	粗纤维	中性洗涤纤维	酸性洗涤纤维	酸性洗涤木质素	淀粉	糖	Ca	P	磷的消化率,颗粒的	磷的消化率,粉碎的
大麦	Barley	谷实类及其副产品	参考表格(© INRA-AFZ)	86.70	2.25	10.08	1.82	4.55	18.73	5.46	0.95	52.19	2.17	0.073	0.344	32.0	41.0
玉米粥	Hominy feed	谷实类及其副产品	参考表格(© INRA-AFZ)	89.40	4.65	13.36	6.08	5.52	26.64	6.71	1.25	36.03	2.68	0.140	0.770	21.0	21.0
玉米	Maize	谷实类及其副产品	参考表格(© INRA-AFZ)	86.40	1.21	8.15	3.72	2.15	10.37	2.59	0.52	64.11	1.64	0.044	0.259	28.0	28.0

续表2-2-18

中文名称	英文名称	分类（原为：分级）	数据来源（原为：原产地）	干物质	粗灰分	粗蛋白质	粗脂肪	粗纤维	中性洗涤纤维	酸性洗涤纤维	酸性洗涤木质素	淀粉	糖	Ca	P	磷的消化率，颗粒的	磷的消化率，粉碎的
玉米麸	Maize bran	谷实类及其副产品	参考表格（© INRA-AFZ）	87.80	5.97	10.84	3.60	12.81	52.24	14.57	2.28	29.85	2.19	0.473	0.294	20.0	20.0
饲用玉米面粉	Maize feed flour	谷实类及其副产品	参考表格（© INRA-AFZ）	87.30	2.36	8.97	5.41	5.78	25.58	6.90	1.05	45.57	2.53	0.125	0.465	20.0	20.0
燕麦	Oats	谷实类及其副产品	参考表格（© INRA-AFZ）	88.10	2.64	9.77	4.76	12.19	32.77	14.89	2.47	36.21	1.15	0.107	0.320	32.0	32.0
裸燕麦	Oats, decorticated	谷实类及其副产品	参考表格（© INRA-AFZ）	85.60	2.14	10.62	2.48	3.99	11.64	4.62	1.71	52.64	1.20	0.088	0.286	32.0	32.0
脱脂米糠	Rice bran, defatted	谷实类及其副产品	参考表格（© INRA-AFZ）	90.20	11.55	14.44	3.07	9.32	24.08	11.28	3.97	30.22	2.35	0.216	1.773	12.0	12.0
含脂米糠	Rice bran, fat	谷实类及其副产品	参考表格（© INRA-AFZ）	90.10	8.11	13.79	16.40	7.76	20.54	8.92	3.24	27.39	2.88	0.078	1.610	12.0	12.0
碎米	Rice, broken	谷实类及其副产品	参考表格（© INRA-AFZ）	87.40	0.87	7.70	1.22	1.06	5.16	1.31	0.52	77.09	0.44	0.047	0.214	20.0	20.0
米，褐色的	Rice, brown	谷实类及其副产品	参考表格（© INRA-AFZ）	87.40	1.05	8.01	1.14	0.45	0.87	0.61	0.00	75.86	1.31	0.010	0.197	12.0	12.0
黑麦	Rye	谷实类及其副产品	参考表格（© INRA-AFZ）	87.30	1.83	9.01	1.22	1.92	14.06	3.14	0.87	53.78	3.14	0.104	0.301	30.0	50.0
高粱	Sorghum	谷实类及其副产品	参考表格（© INRA-AFZ）	86.50	1.47	9.40	2.94	2.36	9.34	3.72	1.04	64.10	1.04	0.030	0.277	25.0	25.0
黑小麦	Triticale	谷实类及其副产品	参考表格（© INRA-AFZ）	87.30	1.92	9.62	1.31	2.33	12.75	3.23	1.05	59.89	2.71	0.073	0.346	30.0	48.0
小麦麸	Wheat bran	谷实类及其副产品	参考表格（© INRA-AFZ）	87.10	5.05	14.77	3.48	9.17	39.63	11.85	3.40	19.77	6.62	0.138	0.994	25.0	50.0
小麦麸，来源硬质小麦	Wheat bran, durum	谷实类及其副产品	参考表格（© INRA-AFZ）	86.60	4.85	14.64	4.42	10.10	43.21	13.08	3.72	19.92	6.58	0.136	0.966	20.0	20.0

续表2-2-18

中文名称	英文名称	分类(原为:分级)	数据来源(原为:原产地)	干物质	粗灰分	粗蛋白质	粗脂肪	粗纤维	中性洗涤纤维	酸性洗涤纤维	酸性洗涤木质素	淀粉	糖	Ca	P	磷的消化率,颗粒的	磷的消化率,粉碎的
饲用小麦面粉	Wheat feed flour	谷实类及其副产品	参考表格(© INRA-AFZ)	88.20	1.41	12.74	2.38	1.54	9.79	2.21	0.44	59.62	3.97	0.089	0.364	25.0	25.0
小麦蛋白饲料,淀粉25%	Wheat gluten feed, starch 25%	谷实类及其副产品	参考表格(© INRA-AFZ)	90.60	7.43	14.72	3.99	5.59	28.27	8.15	2.72	24.82	2.72	0.120	0.739	28.0	28.0
小麦蛋白饲料,淀粉28%	Wheat gluten feed, starch 28%	谷实类及其副产品	参考表格(© INRA-AFZ)	87.90	4.13	14.46	2.81	6.07	28.48	8.35	2.72	27.86	5.45	0.158	0.752	28.0	28.0
次粉	Wheat middlings	谷实类及其副产品	参考表格(© INRA-AFZ)	88.10	4.32	15.46	3.52	7.04	31.36	9.16	2.64	27.66	6.17	0.130	0.869	25.0	50.0
次粉,来源硬质小麦	Wheat middlings, durum	谷实类及其副产品	参考表格(© INRA-AFZ)	86.90	4.00	15.44	4.26	7.13	31.63	9.30	2.69	29.72	5.91	0.124	0.813	20.0	20.0
次小麦粉	Wheat shorts	谷实类及其副产品	参考表格(© INRA-AFZ)	87.90	3.34	14.92	3.52	4.90	22.94	6.50	1.93	37.80	5.45	0.116	0.709	25.0	50.0
硬质小麦	Wheat, durum	谷实类及其副产品	参考表格(© INRA-AFZ)	87.60	1.93	14.47	1.84	2.72	14.37	3.77	1.14	55.45	2.72	0.078	0.342	20.0	20.0
软质小麦	Wheat, soft	谷实类及其副产品	参考表格(© INRA-AFZ)	86.80	1.56	10.54	1.48	2.23	12.41	3.12	0.95	60.59	2.34	0.069	0.317	30.0	45.0
加蜜脱水甜菜渣	Beet pulp, dehydrated, molasses added	其他植物类产品	参考表格(© INRA-AFZ)	88.30	6.36	8.78	0.62	17.09	40.09	20.40	0.97	0.00	8.92	1.271	0.086	20.0	20.0
木薯,淀粉67%	Cassava, starch 67%	其他植物类产品	参考表格(© INRA-AFZ)	88.00	5.46	2.73	0.62	4.38	8.54	6.07	2.11	67.06	1.94	0.230	0.093	10.0	10.0
木薯,淀粉72%	Cassava, starch 72%	其他植物类产品	参考表格(© INRA-AFZ)	87.30	2.27	2.52	0.52	2.92	6.29	4.10	1.22	71.59	2.36	0.146	0.083	10.0	10.0
柑橘渣	Citrus pulp	其他植物类产品	参考表格(© INRA-AFZ)	89.30	6.25	6.33	2.23	12.07	19.29	13.75	2.50	2.95	20.27	1.515	0.093	20.0	20.0
液体土豆饲料	Liquid potato feed	其他植物类产品	参考表格(© INRA-AFZ)	17.60	1.25	2.23	0.23	0.82	2.04	1.06	0.28	8.27	0.37	0.033	0.040	20.0	20.0

续表2-2-18

中文名称	英文名称	分类（原为：分级）	数据来源（原为：原产地）	干物质	粗灰分	粗蛋白质	粗脂肪	粗纤维	中性洗涤纤维	酸性洗涤纤维	酸性洗涤木质素	淀粉	糖	Ca	P	磷的消化率，颗粒的	磷的消化率，粉碎的
甜菜糖蜜	Molasses, beet	其他植物类产品	参考表格（© INRA-AFZ）	75.70	9.77	10.97	0.15	0.00	0.00	0.00	0.00	0.00	46.63	0.102	0.020	20.0	20.0
甘蔗糖蜜	Molasses, sugarcane	其他植物类产品	参考表格（© INRA-AFZ）	73.70	10.32	4.04	1.11	0.00	0.00	0.00	0.00	0.00	47.17	0.744	0.057	20.0	20.0
豌豆渣，淀粉厂副产品	Pea pulp, starch industry by-product	其他植物类产品	参考表格（© EvaPig 2009）	27.25	0.55	2.23	0.05	1.93	4.85	1.44	0.00	14.17	0.08	0.041	0.055	20.0	20.0
豌豆可溶物，淀粉厂副产品	Pea soluble, starch industry by-product	其他植物类产品	参考表格（© EvaPig 2009）	33.34	4.63	12.40	0.03	0.00	0.00	0.00	0.00	1.83	12.34	0.067	0.300	20.0	20.0
脱水土豆渣	Potato pulp, dehydrated	其他植物类产品	参考表格（© INRA-AFZ）	87.40	3.15	4.62	0.35	15.92	25.96	18.00	5.07	37.76	1.84	0.541	0.128	20.0	20.0
马铃薯块茎，脱水	Potato tuber, dehydrated	其他植物类产品	参考表格（© INRA-AFZ）	89.30	5.00	8.84	0.36	2.34	7.86	3.39	0.89	65.46	1.88	0.106	0.210	20.0	20.0
玉米淀粉	Starch, maize	其他植物类产品	参考表格（© INRA-AFZ）	88.10	0.26	0.78	0.44	0.17	0.00	0.00	0.00	83.70	0.00	0.018	0.000		
甘薯，脱水	Sweet potato, dehydrated	其他植物类产品	参考表格（© INRA-AFZ）	87.80	2.81	4.19	0.88	2.58	8.08	4.21	0.79	64.53	6.67	0.119	0.109	20.0	20.0
鱼油	Fish oil	脂肪和油	参考表格（© INRA-AFZ）	100.00	0.00	0.00	100.00	0.00	0.00	0.00	0.00	0.00	0.00	0.000	0.000		
猪油	Lard	脂肪和油	参考表格（© INRA-AFZ）	100.00	0.00	0.00	100.00	0.00	0.00	0.00	0.00	0.00	0.00	0.000	0.000		
家禽脂肪	Poultry fat	脂肪和油	参考表格（© INRA-AFZ）	100.00	0.00	0.00	100.00	0.00	0.00	0.00	0.00	0.00	0.00	0.000	0.000		
牛脂	Tallow	脂肪和油	参考表格（© INRA-AFZ）	100.00	0.00	0.00	100.00	0.00	0.00	0.00	0.00	0.00	0.00	0.000	0.000		

续表2-2-18

中文名称	英文名称	分类（原为:分级）	数据来源（原为:原产地）	干物质	粗灰分	粗蛋白质	粗脂肪	粗纤维	中性洗涤纤维	酸性洗涤纤维	酸性洗涤木质素	淀粉	糖	Ca	P	磷的消化率，颗粒的	磷的消化率，粉碎的
植物油	Vegetable oil	脂肪和油	参考表格（© INRA-AFZ）	100.00	0.00	0.00	100.00	0.00	0.00	0.00	0.00	0.00	0.00	0.000	0.000		
酸乳清粉	Whey, acid, skimmed, dehydrated	动物类产品	参考表格（© INRA-AFZ）	98.00	11.76	9.73	2.16	0.00	0.00	0.00	0.00	0.00	63.01	1.687	1.006	90.0	90.0
甜乳清粉	Whey, sweet, dehydrated, skimmed	动物类产品	参考表格（© INRA-AFZ）	96.40	8.68	12.62	2.12	0.00	0.00	0.00	0.00	0.00	72.88	0.821	0.690	90.0	90.0

2. 能量

表 2-2-19　能量

中文名称	总能	能量调节	能量消化率，生长猪	消化能，生长猪	代谢能/消化能，生长猪	代谢能，生长猪	净能/代谢能，生长猪	净能，生长猪	能量消化率，成年猪	消化能，成年猪	代谢能/消化能，成年猪	代谢能，成年猪	净能/代谢能，成年猪	净能，成年猪	消化能，成年猪/消化能，生长猪	代谢能，成年猪/代谢能，生长猪	净能，成年猪/净能，生长猪
	MJ/kg	%	%	MJ/kg	%	MJ/kg	%	MJ/kg	%	MJ/kg	%	MJ/kg	%	MJ/kg	%	%	%
大麦	15.92	0.00	80.60	12.84	96.80	12.43	76.70	9.53	82.80	13.18	96.10	12.67	76.80	9.73	102.70	102.00	102.10
玉米粥	16.98	0.00	74.20	12.60	96.10	12.11	75.40	9.14	82.10	13.95	94.90	13.24	75.10	9.95	110.70	109.30	108.90
玉米	16.13	0.00	87.90	14.19	97.60	13.84	80.10	11.09	91.40	14.75	97.10	14.32	79.60	11.41	104.00	103.50	102.80
玉米麸	16.55	0.00	45.10	7.47	96.00	7.17	75.80	5.44	62.50	10.35	94.50	9.78	72.30	7.07	138.40	136.30	130.00
饲用玉米面粉	16.92	0.00	72.60	12.29	97.00	11.93	77.90	9.29	81.10	13.72	96.00	13.18	76.90	10.14	111.70	110.50	109.10
燕麦	17.16	0.00	64.10	11.00	96.20	10.58	74.90	7.93	68.10	11.69	95.20	11.13	74.50	8.29	106.30	105.10	104.60
裸燕麦	16.06	0.00	83.70	13.44	96.80	13.01	76.40	9.95	85.50	13.72	96.10	13.19	76.80	10.13	102.10	101.40	101.80
脱脂米糠	15.93	0.00	58.00	9.24	95.50	8.82	73.50	6.48	64.60	10.29	94.50	9.72	72.50	7.05	111.40	110.20	108.80
含脂米糠	19.35	0.00	64.50	12.48	96.80	12.08	80.60	9.74	69.30	13.41	96.10	12.88	79.20	10.20	107.40	106.60	104.80

续表2-2-19

中文名称	总能	能量调节	能量消化率，生长猪	消化能，生长猪	代谢能/消化能，生长猪	代谢能，生长猪	净能/代谢能，生长猪	净能，生长猪	能量消化率，成年猪	消化能，成年猪	代谢能/消化能，成年猪	代谢能，成年猪	净能/代谢能，成年猪	净能，成年猪	消化能，成年猪/消化能，生长猪	代谢能，成年猪/代谢能，生长猪	净能，成年猪/净能，生长猪
	MJ/kg	%	%	MJ/kg	%	MJ/kg	%	MJ/kg	%	MJ/kg	%	MJ/kg	%	MJ/kg	%	%	%
碎米	15.76	0.00	93.80	14.79	97.70	14.45	81.70	11.80	94.20	14.85	97.60	14.49	81.20	11.77	100.40	100.20	99.70
米，褐色的	15.72	0.00	97.50	15.33	97.80	14.99	80.00	11.99	97.90	15.38	97.60	15.02	80.00	12.01	100.30	100.20	100.20
黑麦	15.68	0.00	83.90	13.15	97.00	12.76	77.30	9.86	86.00	13.50	96.20	12.98	77.50	10.07	102.60	101.80	102.10
高粱	16.29	0.00	87.30	14.22	97.50	13.87	78.90	10.94	88.90	14.48	97.10	14.07	78.90	11.09	101.80	101.40	101.40
黑小麦	15.75	0.00	86.30	13.59	97.00	13.19	78.40	10.34	87.80	13.82	96.60	13.35	78.30	10.46	101.70	101.20	101.10
小麦麸	16.44	0.00	56.80	9.33	94.80	8.84	70.80	6.26	62.60	10.30	93.60	9.64	70.60	6.80	110.40	109.00	108.70
小麦麸，来源硬质小麦	16.61	0.00	52.40	8.71	94.90	8.26	72.50	5.99	58.80	9.78	93.80	9.17	71.50	6.55	112.30	111.00	109.40
饲用小麦面粉	16.66	0.00	90.10	15.02	96.90	14.55	77.00	11.20	91.30	15.22	96.50	14.68	77.20	11.33	101.30	100.90	101.20
小麦蛋白饲料，淀粉25%	16.83	0.00	72.50	12.19	95.10	11.60	70.30	8.15	76.10	12.80	93.70	11.99	71.60	8.59	105.00	103.40	105.40
小麦蛋白饲料，淀粉28%	16.72	0.00	70.20	11.73	95.40	11.19	70.90	7.93	74.20	12.40	94.20	11.68	71.70	8.37	105.70	104.40	105.60
次粉	16.74	0.00	66.40	11.11	95.30	10.59	72.20	7.65	70.90	11.87	94.30	11.20	72.30	8.09	106.80	105.70	105.80
次粉，来源硬质小麦	16.75	0.00	65.60	10.98	95.50	10.49	73.60	7.72	70.20	11.75	94.70	11.13	73.30	8.15	107.00	106.10	105.60
次小麦粉	16.74	0.00	75.50	12.65	95.90	12.13	74.00	8.98	78.80	13.20	95.10	12.55	74.20	9.31	104.30	103.40	103.70
硬质小麦	16.22	0.00	85.40	13.86	96.50	13.37	76.80	10.27	87.40	14.17	96.00	13.60	76.70	10.43	102.20	101.80	101.60
软质小麦	15.80	0.00	87.60	13.84	97.00	13.42	78.30	10.50	89.20	14.09	96.50	13.60	78.20	10.63	101.80	101.40	101.20
加蜜脱水甜菜渣	15.06	0.00	73.00	11.00	94.40	10.38	60.50	6.27	82.00	12.35	91.40	11.28	63.40	7.15	112.30	108.70	114.10
木薯，淀粉67%	14.50	0.00	86.60	12.55	98.30	12.34	81.50	10.05	88.50	12.82	97.80	12.54	80.80	10.14	102.20	101.70	100.90

续表2-2-19

中文名称	总能	能量调节	能量消化率，生长猪	消化能，生长猪	代谢能/消化能，生长猪	代谢能，生长猪	净能/代谢能，生长猪	净能，生长猪	能量消化率，成年猪	消化能，成年猪	代谢能/消化能，成年猪	代谢能，成年猪	净能/代谢能，成年猪	净能，成年猪	消化能，成年猪/消化能，生长猪	代谢能，成年猪/代谢能，生长猪	净能，成年猪/净能，生长猪
	MJ/kg	%	%	MJ/kg	%	MJ/kg	%	MJ/kg	%	MJ/kg	%	MJ/kg	%	MJ/kg	%	%	%
木薯，淀粉 72%	14.88	0.00	92.90	13.81	98.40	13.60	80.50	10.95	94.10	13.99	98.00	13.71	80.40	11.03	101.30	100.80	100.80
柑橘渣	15.66	0.00	74.00	11.58	95.60	11.07	64.60	7.15	82.40	12.90	93.20	12.02	66.90	8.04	111.30	108.60	112.40
液体马铃薯饲料	2.96	0.00	89.00	2.63	96.00	2.53	73.20	1.85	91.10	2.70	94.70	2.55	74.30	1.90	102.40	101.00	102.50
甜菜糖蜜	11.67	0.00	85.00	9.92	97.20	9.64	68.50	6.60	87.50	10.22	97.00	9.91	68.60	6.79	103.00	102.80	102.90
甘蔗糖蜜	11.02	0.00	85.00	9.37	98.10	9.18	69.90	6.42	87.60	9.65	97.80	9.44	70.30	6.64	103.00	102.80	103.50
豌豆渣，淀粉厂副产品	4.85	0.00	89.90	4.36	96.50	4.21	72.30	3.04	92.60	4.49	95.00	4.27	72.80	3.11	103.00	101.40	102.10
豌豆可溶物，淀粉厂副产品	5.98	0.00	92.60	5.54	93.60	5.19	63.70	3.30	94.40	5.65	93.30	5.27	63.80	3.36	101.90	101.60	101.70
脱水马铃薯渣	15.40	0.00	72.00	11.08	96.60	10.71	72.10	7.72	77.60	11.95	95.00	11.35	72.20	8.20	107.80	106.00	106.20
马铃薯块茎，脱水	15.24	0.00	91.20	13.90	97.60	13.56	78.50	10.65	92.40	14.09	97.10	13.68	78.50	10.74	101.40	100.90	100.80
玉米淀粉	15.43	0.00	98.00	15.12	98.80	14.93	81.70	12.20	98.00	15.12	98.50	14.89	81.90	12.20	100.00	99.70	100.00
甘薯，脱水	15.23	0.00	90.40	13.77	98.10	13.51	79.30	10.71	91.80	13.97	97.70	13.65	79.30	10.82	101.50	101.00	101.00
鱼油	39.25	0.00	85.00	33.36	99.40	33.17	89.80	29.77	85.00	33.36	99.40	33.14	89.80	29.77	100.00	99.90	100.00
猪油	39.25	0.00	85.00	33.36	99.40	33.17	89.80	29.77	85.00	33.36	99.40	33.14	89.80	29.77	100.00	99.90	100.00
家禽脂肪	39.25	0.00	85.00	33.36	99.40	33.17	89.80	29.77	85.00	33.36	99.40	33.14	89.80	29.77	100.00	99.90	100.00
牛脂	39.25	0.00	85.00	33.36	99.40	33.17	89.80	29.77	85.00	33.36	99.40	33.14	89.80	29.77	100.00	99.90	100.00
植物油	39.25	0.00	85.00	33.36	99.40	33.17	89.80	29.77	85.00	33.36	99.40	33.14	89.80	29.77	100.00	99.90	100.00
酸乳清粉	15.11	0.00	95.00	14.36	97.10	13.94	81.70	11.38	95.00	14.36	96.90	13.92	80.90	11.26	100.00	99.80	98.90
甜乳清粉	15.60	0.00	95.00	14.82	96.80	14.34	83.40	11.97	95.00	14.82	96.60	14.32	82.30	11.78	100.00	99.80	98.40

3. 氨基酸含量及氮消化率

表 2-2-20　氨基酸含量及氮消化率　　%

中文名称	氮消化率，生长猪	氮消化率，成年猪	赖氨酸	苏氨酸	蛋氨酸	胱氨酸	蛋氨酸+胱氨酸	色氨酸	异亮氨酸	缬氨酸	亮氨酸	苯丙氨酸	酪氨酸	苯丙氨酸+酪氨酸	组氨酸	精氨酸	丙氨酸	天冬氨酸	谷氨酸	甘氨酸	丝氨酸	脯氨酸
大麦	75.0	79.9	0.38	0.35	0.17	0.23	0.41	0.12	0.36	0.52	0.68	0.49	0.29	0.78	0.23	0.49	0.42	0.60	2.31	0.41	0.42	1.09
玉米粥	67.7	82.1	0.46	0.47	0.23	0.28	0.51	0.08	0.42	0.63	1.18	0.50	0.35	0.85	0.38	0.69	0.89	0.83	1.97	0.57	0.57	1.10
玉米	80.9	90.8	0.24	0.30	0.17	0.20	0.37	0.05	0.30	0.41	1.02	0.40	0.35	0.74	0.23	0.38	0.61	0.53	1.54	0.31	0.41	0.75
玉米麸	41.8	79.7	0.40	0.37	0.18	0.24	0.42	0.06	0.29	0.49	1.00	0.25	0.25	0.50	0.34	0.64	0.76	0.63	1.31	0.49	0.42	0.88
饲用玉米面粉	67.1	90.0	0.37	0.34	0.17	0.20	0.36	0.04	0.30	0.45	0.88	0.37	0.26	0.63	0.25	0.45	0.62	0.65	1.39	0.39	0.40	0.72
燕麦	75.0	85.1	0.41	0.34	0.18	0.33	0.50	0.12	0.37	0.52	0.72	0.48	0.35	0.84	0.20	0.66	0.47	0.85	1.68	0.49	0.48	0.61
裸燕麦	80.0	83.8	0.45	0.38	0.19	0.33	0.52	0.14	0.40	0.56	0.78	0.54	0.38	0.92	0.23	0.73	0.50	0.92	1.87	0.53	0.51	0.66
脱脂米糠	56.5	66.9	0.65	0.54	0.32	0.31	0.62	0.19	0.52	0.77	1.02	0.66	0.26	0.92	0.37	1.15	0.85	1.25	2.00	0.70	0.67	0.65
含脂米糠	56.5	66.1	0.61	0.51	0.30	0.30	0.59	0.17	0.50	0.74	0.98	0.64	0.22	0.85	0.35	1.11	0.81	1.20	1.94	0.67	0.64	0.62
碎米	88.9	89.9	0.28	0.26	0.18	0.18	0.37	0.09	0.31	0.45	0.60	0.39	0.35	0.74	0.17	0.63	0.41	0.66	1.28	0.34	0.38	0.32
米，褐色的	89.8	90.7	0.30	0.28	0.19	0.19	0.38	0.10	0.32	0.47	0.63	0.40	0.37	0.78	0.18	0.66	0.43	0.69	1.34	0.36	0.39	0.34
黑麦	70.9	76.3	0.35	0.31	0.14	0.20	0.35	0.09	0.31	0.44	0.54	0.40	0.23	0.63	0.19	0.45	0.39	0.69	2.08	0.40	0.40	0.91
高粱	75.0	78.9	0.22	0.31	0.16	0.17	0.33	0.10	0.40	0.51	1.28	0.50	0.38	0.89	0.21	0.38	0.87	0.18	1.97	0.29	0.43	0.80
黑小麦	84.1	87.6	0.39	0.32	0.17	0.25	0.43	0.12	0.37	0.47	0.61	0.41	0.30	0.71	0.23	0.52	0.42	0.65	2.26	0.43	0.44	0.83
小麦麸	64.7	74.1	0.58	0.46	0.23	0.31	0.54	0.19	0.47	0.66	0.91	0.58	0.36	0.94	0.38	0.91	0.63	0.94	2.98	0.71	0.64	0.98
小麦麸，来源硬质小麦	62.0	72.4	0.57	0.46	0.23	0.31	0.54	0.18	0.47	0.66	0.90	0.58	0.36	0.94	0.38	0.90	0.62	0.93	2.95	0.69	0.63	0.97
饲用小麦面粉	85.6	87.8	0.46	0.38	0.19	0.26	0.45	0.15	0.40	0.56	0.82	0.51	0.19	0.69	0.33	0.68	0.49	0.71	3.27	0.59	0.56	0.85
小麦蛋白饲料，淀粉 25%	75.0	81.0	0.51	0.51	0.23	0.32	0.54	0.19	0.49	0.73	0.94	0.58	0.39	0.98	0.42	0.91	0.71	0.98	2.99	0.74	0.71	0.93
小麦蛋白饲料，淀粉 28%	73.3	79.9	0.49	0.49	0.22	0.31	0.53	0.18	0.48	0.72	0.92	0.57	0.39	0.96	0.41	0.89	0.69	0.97	2.94	0.73	0.69	0.91
次粉	70.7	77.7	0.62	0.49	0.24	0.31	0.55	0.20	0.49	0.70	0.94	0.61	0.41	1.01	0.40	0.98	0.67	1.00	3.12	0.74	0.94	1.03

续表2-2-20

中文名称	氮消化率，生长猪	氮消化率，成年猪	赖氨酸	苏氨酸	蛋氨酸	胱氨酸	蛋氨酸+胱氨酸	色氨酸	异亮氨酸	缬氨酸	亮氨酸	苯丙氨酸	酪氨酸	苯丙氨酸+酪氨酸	组氨酸	精氨酸	丙氨酸	天冬氨酸	谷氨酸	甘氨酸	丝氨酸	脯氨酸
次粉，来源硬质小麦	70.2	77.3	0.62	0.50	0.23	0.31	0.55	0.20	0.50	0.70	0.94	0.61	0.42	1.03	0.40	0.98	0.67	1.02	3.11	0.74	0.94	1.03
次小麦粉	76.4	81.7	0.59	0.47	0.23	0.30	0.53	0.19	0.47	0.67	0.92	0.59	0.36	0.96	0.39	0.91	0.63	0.95	3.01	0.71	0.65	0.99
硬质小麦	82.3	85.4	0.38	0.43	0.23	0.34	0.56	0.16	0.53	0.62	0.98	0.71	0.46	1.17	0.32	0.70	0.50	0.72	4.48	0.57	0.73	1.52
软质小麦	83.6	87.0	0.30	0.32	0.17	0.26	0.43	0.13	0.38	0.47	0.71	0.49	0.33	0.82	0.24	0.53	0.39	0.55	2.99	0.43	0.52	1.04
加蜜脱水甜菜渣	51.7	73.7	0.72	0.42	0.16	0.11	0.27	0.09	0.38	0.58	0.62	0.40	0.51	0.91	0.31	0.44	0.46	0.70	0.88	0.40	0.49	0.41
木薯，淀粉67%	30.0	44.3	0.11	0.08	0.04	0.05	0.10	0.02	0.08	0.16	0.15	0.10	0.07	0.17	0.11	0.11	0.12	0.19	0.33	0.09	0.09	0.13
木薯，淀粉72%	30.0	40.1	0.10	0.08	0.04	0.04	0.09	0.02	0.08	0.15	0.13	0.09	0.06	0.15	0.10	0.10	0.12	0.17	0.31	0.09	0.09	0.11
柑橘渣	57.1	86.7	0.26	0.20	0.07	0.09	0.16	0.04	0.20	0.28	0.33	0.26	0.19	0.46	0.14	0.29	0.27	0.65	0.52	0.26	0.24	0.58
液体马铃薯饲料	73.6	77.7	0.12	0.09	0.04	0.03	0.07	0.02	0.08	0.12	0.14	0.09	0.09	0.18	0.04	0.09	0.08	0.34	0.32	0.08	0.09	0.07
甜菜糖蜜	50.0	53.9	0.16	0.07	0.02	0.07	0.09	0.08	0.28	0.19	0.29	0.05	0.29	0.34	0.06	0.08	0.19	0.59	5.25	0.19	0.23	0.10
甘蔗糖蜜	40.0	50.1	0.01	0.06	0.01	0.04	0.05	0.01	0.04	0.13	0.05	0.02	0.05	0.07	0.01	0.02	0.24	0.90	0.42	0.07	0.08	0.05
豌豆渣，淀粉厂副产品	75.9	84.3	0.13	0.07	0.02	0.03	0.05	0.02	0.10	0.11	0.14	0.09	0.06	0.14	0.05	0.13	0.12	0.18	0.24	0.11	0.08	0.07
豌豆可溶物，淀粉厂副产品	92.0	93.2	0.93	0.52	0.06	0.19	0.25	0.08	0.43	0.60	0.55	0.39	0.40	0.79	0.35	0.78	0.66	1.44	2.09	0.68	0.45	0.35
脱水马铃薯渣	57.2	83.9	0.06	0.06	0.03	0.06	0.09	0.02	0.03	0.13	0.00	0.03	0.10	0.14	0.04	0.08	0.10	0.92	0.93	0.05	0.08	0.03
马铃薯块茎，脱水	60.0	63.1	0.39	0.30	0.12	0.12	0.24	0.07	0.27	0.42	0.43	0.31	0.33	0.63	0.14	0.30	0.30	1.43	1.36	0.26	0.30	0.25
玉米淀粉	0.0	0.0	0.00	0.00	0.00	0.00	0.00	0.00	0.00	0.00	0.00	0.00	0.00	0.00	0.00	0.00	0.00	0.00	0.00	0.00	0.00	0.00
甘薯，脱水	60.0	67.0	0.19	0.18	0.07	0.07	0.14	0.06	0.19	0.28	0.25	0.23	0.18	0.41	0.08	0.18	0.23	0.72	0.41	0.18	0.22	0.18
酸乳清粉	95.0	95.0	0.73	0.54	0.15	0.17	0.31	0.12	0.52	0.48	0.77	0.26	0.14	0.41	0.19	0.21	0.38	0.84	1.46	0.18	0.41	0.35
甜乳清粉	95.0	95.0	0.94	0.72	0.20	0.22	0.41	0.16	0.68	0.65	1.05	0.37	0.21	0.57	0.24	0.29	0.51	1.11	1.96	0.23	0.57	0.45

4. 可消化氨基酸

表 2-2-21 可消化氨基酸

中文名称	可消化赖氨酸	可消化苏氨酸	可消化蛋氨酸	可消化胱氨酸	可消化蛋氨酸+胱氨酸	可消化色氨酸	可消化异亮氨酸	可消化缬氨酸	可消化亮氨酸	可消化苯丙氨酸	可消化酪氨酸	可消化苯丙氨酸+酪氨酸	可消化组氨酸	可消化精氨酸	可消化丙氨酸	可消化天冬氨酸	可消化谷氨酸	可消化甘氨酸	可消化丝氨酸	可消化脯氨酸	可消化赖氨酸/净能，生长猪	可消化赖氨酸/净能，成年猪
	%	%	%	%	%	%	%	%	%	%	%	%	%	%	%	%	%	%	%	%	g/MJ	g/MJ
大麦	0.29	0.26	0.15	0.20	0.34	0.10	0.29	0.42	0.57	0.42	0.24	0.65	0.18	0.40	0.30	0.45	2.04	0.31	0.34	0.92	0.30	0.29
玉米粥	0.30	0.31	0.20	0.19	0.39	0.05	0.32	0.46	0.98	0.42	0.31	0.72	0.28	0.59	0.70	0.60	1.57	0.35	0.43	0.87	0.32	0.30
玉米	0.19	0.25	0.16	0.18	0.33	0.04	0.27	0.35	0.95	0.36	0.31	0.68	0.21	0.35	0.55	0.46	1.43	0.26	0.37	0.67	0.17	0.17
玉米麸	0.31	0.28	0.16	0.17	0.33	0.05	0.23	0.38	0.83	0.21	0.21	0.42	0.29	0.57	0.59	0.50	1.13	0.35	0.34	0.69	0.57	0.44
饲用玉米面粉	0.28	0.26	0.14	0.15	0.28	0.03	0.24	0.35	0.73	0.31	0.22	0.53	0.21	0.40	0.48	0.52	1.20	0.28	0.32	0.56	0.30	0.28
燕麦	0.30	0.24	0.15	0.24	0.39	0.10	0.29	0.40	0.59	0.41	0.28	0.69	0.17	0.58	0.32	0.64	1.45	0.35	0.35	0.44	0.38	0.36
裸燕麦	0.35	0.30	0.16	0.28	0.44	0.11	0.33	0.46	0.65	0.45	0.32	0.77	0.19	0.63	0.38	0.77	1.62	0.42	0.44	0.52	0.35	0.35
脱脂米糠	0.50	0.41	0.27	0.22	0.49	0.15	0.42	0.60	0.85	0.55	0.22	0.78	0.31	1.02	0.66	0.99	1.72	0.51	0.54	0.51	0.77	0.71
含脂米糠	0.45	0.34	0.22	0.19	0.42	0.12	0.34	0.50	0.68	0.44	0.16	0.60	0.29	0.94	0.57	0.85	1.55	0.45	0.45	0.39	0.46	0.44
碎米	0.22	0.20	0.16	0.13	0.29	0.07	0.25	0.35	0.50	0.33	0.30	0.63	0.15	0.56	0.32	0.53	1.11	0.24	0.30	0.25	0.18	0.18
米，褐色的	0.23	0.21	0.16	0.14	0.30	0.07	0.26	0.37	0.52	0.34	0.31	0.66	0.15	0.59	0.33	0.55	1.15	0.26	0.32	0.27	0.19	0.19
黑麦	0.25	0.22	0.11	0.17	0.29	0.07	0.24	0.33	0.42	0.33	0.17	0.50	0.15	0.36	0.27	0.53	1.85	0.29	0.31	0.82	0.25	0.25
高粱	0.16	0.24	0.13	0.13	0.27	0.08	0.33	0.41	1.10	0.43	0.32	0.76	0.16	0.31	0.71	0.15	1.70	0.19	0.35	0.40	0.15	0.14
黑小麦	0.33	0.26	0.16	0.23	0.39	0.11	0.32	0.41	0.54	0.37	0.27	0.64	0.20	0.48	0.34	0.55	2.15	0.36	0.38	0.78	0.32	0.31
小麦麸	0.40	0.30	0.17	0.23	0.40	0.15	0.35	0.48	0.69	0.46	0.29	0.74	0.30	0.76	0.41	0.67	2.56	0.46	0.48	0.80	0.63	0.58
小麦麸，来源硬质小麦	0.39	0.30	0.17	0.22	0.40	0.14	0.35	0.47	0.68	0.46	0.28	0.74	0.30	0.76	0.41	0.66	2.54	0.45	0.47	0.79	0.65	0.59
饲用小麦面粉	0.42	0.34	0.18	0.24	0.42	0.14	0.37	0.52	0.78	0.49	0.18	0.65	0.31	0.65	0.43	0.64	3.21	0.54	0.53	0.82	0.38	0.37
小麦蛋白饲料，淀粉25%	0.29	0.34	0.16	0.23	0.39	0.13	0.34	0.48	0.69	0.45	0.30	0.76	0.30	0.72	0.44	0.66	2.48	0.47	0.51	0.73	0.35	0.34
小麦蛋白饲料，淀粉28%	0.28	0.33	0.16	0.22	0.38	0.12	0.34	0.48	0.67	0.45	0.30	0.75	0.30	0.71	0.43	0.65	2.44	0.46	0.50	0.72	0.35	0.34

续表2-2-21

中文名称	可消化赖氨酸	可消化苏氨酸	可消化蛋氨酸	可消化胱氨酸	可消化蛋氨酸+胱氨酸	可消化色氨酸	可消化异亮氨酸	可消化缬氨酸	可消化亮氨酸	可消化苯丙氨酸	可消化酪氨酸	可消化苯丙氨酸+酪氨酸	可消化组氨酸	可消化精氨酸	可消化丙氨酸	可消化天冬氨酸	可消化谷氨酸	可消化甘氨酸	可消化丝氨酸	可消化脯氨酸	可消化赖氨酸/净能,生长猪	可消化赖氨酸/净能,成年猪
	%	%	%	%	%	%	%	%	%	%	%	%	%	%	%	%	%	%	%	%	g/MJ	g/MJ
次粉	0.46	0.36	0.20	0.24	0.43	0.16	0.39	0.54	0.76	0.51	0.34	0.85	0.33	0.86	0.48	0.76	2.78	0.54	0.75	0.88	0.60	0.57
次粉,来源硬质小麦	0.46	0.36	0.19	0.24	0.43	0.16	0.40	0.54	0.76	0.51	0.35	0.86	0.34	0.86	0.48	0.77	2.77	0.54	0.75	0.87	0.60	0.57
次小麦粉	0.48	0.37	0.20	0.25	0.45	0.16	0.40	0.55	0.79	0.52	0.32	0.84	0.34	0.83	0.49	0.78	2.80	0.57	0.55	0.88	0.54	0.52
硬质小麦	0.31	0.36	0.20	0.31	0.50	0.14	0.47	0.53	0.88	0.65	0.42	1.06	0.29	0.62	0.40	0.60	4.25	0.49	0.65	1.45	0.30	0.29
软质小麦	0.25	0.27	0.15	0.24	0.39	0.11	0.34	0.40	0.64	0.45	0.30	0.75	0.22	0.47	0.31	0.45	2.84	0.37	0.46	0.99	0.23	0.23
加蜜脱水甜菜渣	0.36	0.13	0.10	0.03	0.12	0.04	0.22	0.24	0.36	0.21	0.27	0.47	0.19	0.26	0.22	0.41	0.74	0.10	0.19	0.32	0.58	0.51
木薯,淀粉67%	0.08	0.06	0.04	0.04	0.08	0.01	0.06	0.12	0.12	0.08	0.06	0.14	0.10	0.10	0.10	0.15	0.29	0.06	0.07	0.10	0.08	0.08
木薯,淀粉72%	0.07	0.06	0.04	0.03	0.07	0.01	0.06	0.12	0.11	0.07	0.05	0.13	0.09	0.09	0.09	0.14	0.27	0.06	0.07	0.09	0.07	0.07
柑橘渣	0.20	0.15	0.06	0.07	0.13	0.03	0.16	0.22	0.28	0.22	0.16	0.39	0.12	0.26	0.21	0.52	0.45	0.19	0.19	0.46	0.28	0.25
液体马铃薯饲料	0.09	0.07	0.03	0.02	0.05	0.02	0.07	0.09	0.11	0.08	0.08	0.16	0.03	0.08	0.07	0.27	0.27	0.05	0.07	0.06	0.48	0.47
甜菜糖蜜	0.12	0.05	0.02	0.05	0.07	0.06	0.23	0.15	0.24	0.04	0.25	0.29	0.05	0.07	0.15	0.47	4.52	0.14	0.18	0.08	0.19	0.18
甘蔗糖蜜	0.01	0.04	0.01	0.03	0.04	0.01	0.03	0.10	0.04	0.02	0.04	0.06	0.01	0.02	0.19	0.71	0.36	0.05	0.07	0.04	0.02	0.02
豌豆渣,淀粉厂副产品	0.11	0.04	0.01	0.02	0.03	0.01	0.08	0.08	0.11	0.07	0.05	0.11	0.04	0.11	0.08	0.14	0.18	0.08	0.06	0.05	0.35	0.34
豌豆可溶物,淀粉厂副产品	0.84	0.46	0.05	0.15	0.20	0.06	0.38	0.43	0.48	0.35	0.37	0.72	0.31	0.73	0.58	1.19	1.89	0.59	0.39	0.31	2.56	2.51
脱水马铃薯渣	0.05	0.05	0.02	0.04	0.07	0.01	0.02	0.10	0.00	0.03	0.09	0.12	0.04	0.07	0.07	0.73	0.80	0.04	0.06	0.02	0.06	0.06
马铃薯块茎,脱水	0.30	0.23	0.10	0.09	0.19	0.06	0.22	0.33	0.36	0.26	0.28	0.54	0.12	0.27	0.23	1.13	1.17	0.19	0.25	0.20	0.28	0.28
玉米淀粉	0.00	0.00	0.00	0.00	0.00	0.00	0.00	0.00	0.00	0.00	0.00	0.00	0.00	0.00	0.00	0.00	0.00	0.00	0.00	0.00	0.00	0.00
甘薯,脱水	0.15	0.14	0.06	0.05	0.11	0.05	0.16	0.22	0.21	0.19	0.16	0.35	0.07	0.16	0.18	0.57	0.36	0.13	0.18	0.15	0.14	0.14
酸乳清粉	0.65	0.46	0.14	0.15	0.28	0.10	0.46	0.42	0.70	0.24	0.12	0.37	0.17	0.18	0.32	0.75	1.33	0.13	0.33	0.31	0.57	0.57
甜乳清粉	0.83	0.61	0.19	0.20	0.37	0.14	0.60	0.56	0.96	0.33	0.19	0.51	0.22	0.25	0.43	0.99	1.78	0.17	0.46	0.39	0.70	0.71

2.3 荷兰资料

2.3.1 CVB Table Pigs. Chemical Composition, Nutritional Values of Feedstuffs and Feeding Standards(饲料化学成分和猪营养价值与饲养标准)(2007)[12]

1. Weende 参数(概略养分含量)

表 2-3-1 Weende 参数(概略养分含量,g/kg)

饲料名称、描述及编号	平均值和标准差	干物质 DM	粗灰分 Ash	粗蛋白质 CP	粗脂肪 CFAT	酸乙醚浸出物/酸水解脂肪 CFATh	粗纤维 CFIBRE	无氮浸出物 NFE	无氮浸出物(按酸乙醚浸出物计算) NFEh	Ewers 法测定淀粉 STAew	淀粉转葡糖苷酶法测定淀粉 STAam	总淀粉(STAam 与葡萄糖低聚糖之和) STAtot	还原糖 SUG	中性洗涤纤维 NDF	酸性洗涤纤维 ADF	酸性洗涤木质素 ADL	非淀粉多糖 NSP
大麦 Barley 1005.000/0/0	平均值	869	21	104	17	26	46	681	672	509	496	—	25	155	57	13	207
	标准差[1]	11	2	10	2	5	7			20	37	—	8	32	14	—	
大麦饲料 Barley feed, high grade 1005.112/0/0	平均值	875	53	138	47	—	106	531	—	251	199	—	49	265	128	—	390
	标准差	—	8	28	—	—	13			—	—	—	—	—	—	—	
大麦加工副产品 Barley mill byproduct 1005.105/0/0	平均值	887	60	119	39	—	138	531	—	220	217	—	23	330	166	—	430
	标准差	7	16	13	7	—	12			—	—	—	—	—	—	—	
碎饼干 Biscuits, ground CFAT< 120 g/kg 9011.001/0/0	平均值	939	19	84	—	111	5	—	720	439	439	—	268	—	—	—	29
	标准差	5	—	6	—	—	—			80	—	—	—	—	—	—	
碎饼干 Biscuits, ground CFAT> 120 g/kg 9011.002/0/0	平均值	919	18	80	—	162	7	—	652	460	460	—	74	—	—	—	128
	标准差	17	2	8	—	28	3			38	—	—	—	—	—	—	
面包渣 Bread meal 1010.612/0/0	平均值	900	29	122	37	—	11	701	—	529	529	—	69	47	14	3	117
	标准差	26	2	8	9	—	3			20	—	—	18	—	—	—	
加那利籽 Canary seed 1009.000/0/0	平均值	874	55	150	56	—	68	545	—	422	407	—	13	—	—	—	194
	标准差	—	—	—	—	—	—			—	—	—	—	—	—	—	
稻子豆 Carob 7008.000/0/0	平均值	891	30	42	8	—	67	744		32	—	—	419	250	—	—	409
	标准差	—	—	—		—	—			—	—	—	—	38	—	—	
干柑橘渣 Citrus pulp, dehydrated 6022.305/0/0	平均值	908	61	63	20	—	121	643	—	76	10	—	205	189	134	11	555
	标准差	11	5	3	4	—	5			32	3	—	27	26	9	—	

续表2-3-1

饲料名称、描述及编号	平均值和标准差	干物质 DM	粗灰分 Ash	粗蛋白质 CP	粗脂肪 CFAT	酸乙醚浸出物/酸水解脂肪 CFATh	粗纤维 CFIBRE	无氮浸出物 NFE	无氮浸出物(按酸乙醚浸出物计算) NFEh	Ewers法测定淀粉 STAew	淀粉转葡糖苷酶法测定淀粉 STAam	总淀粉(STAam与葡萄糖低聚糖之和) STAtot	还原糖 SUG	中性洗涤纤维 NDF	酸性洗涤纤维 ADF	酸性洗涤木质素 ADL	非淀粉多糖 NSP
动物油脂 Fat,from animals 8006.000/0/0	平均值	994	1	—	993	993	—	—	—0	—	—	—	—	—	—	—	—
	标准差	3	—	—	—	—	—			—	—	—	—	—	—	—	
植物油 Fats/oils,vegetable 3000.422/0/0	平均值	995	—	—	995	995	—	—	—	—	—	—	—	—	—	—	—
	标准差	—	—	—	—	—	—		—	—	—	—	—	—	—	—	
植物油(大豆油、玉米油、葵花籽油)Fats/oils,vegetable (Soybean,maize,safflower) 3000.421/0/0	平均值	995	—	—	995	995	—	—	—	—	—	—	—	—	—	—	—
	标准差	—	—	—	—	—	—			—	—	—	—	—	—	—	
玉米麸皮/玉米糠 Maize bran 1002.108/0/0	平均值	873	14	94	34	42	99	632	624	311	280	—	17	433	120	11	434
	标准差	—	—	—	—	—	—			—	—	—	—	—	—	—	
饲用玉米面粉 Maize feed flour 1002.103/0/0	平均值	881	6	72	12	17	8	783	778	742	729	—	10	37	11	1	52
	标准差	—	—	—	—	—	—			31	—	—	—	—	—	—	
饲用玉米细粉 Maize feed meal 1002.105/0/0	平均值	872	22	94	61	69	51	644	636	456	436	—	28	226	63	6	232
	标准差	13	8	6	20	—	16			79	—	—	15	—	—	—	
溶剂浸提后饲用玉米细粉 Maize feed meal,solvent extracted 1002.416/0/0	平均值	868	17	89	28	—	34	700	—	521	502	—	26	161	44	4	207
	标准差	10	12	11	12	—	20			152	—	—	33	—	—	—	
玉米胚芽饼 Maize germ meal feed expeller 1002.419/0/0	平均值	897	44	134	56	—	59	604	—	360	336	—	51	274	76	6	278
	标准差	15	6	12	6	—	8			24	34	—	8	—	—	—	
浸提玉米胚芽粕饲料 Maize germ meal feed solvent extracted 1002.420/0/0	平均值	875	39	138	24	—	63	611	—	349	326	—	10	291	81	8	338
	标准差	12	9	11	10	—	7			25	—	—	—	—	—	—	
玉米淀粉 Maize starch 1002.201/0/0	平均值	876	1	6	5	—	2	862	—	—	836	—	—	9	3	—	28
	标准差	—	1		—	—	—			—	21	—	—	—	—	—	

续表2-3-1

饲料名称、描述及编号	平均值和标准差	干物质 DM	粗灰分 Ash	粗蛋白质 CP	粗脂肪 CFAT	酸乙醚浸出物/酸水解脂肪 CFATh	粗纤维 CFIBRE	无氮浸出物 NFE	无氮浸出物(按酸乙醚浸出物计算) NFEh	Ewers 法测定淀粉 STAew	淀粉转葡糖苷酶法测定淀粉 STAam	总淀粉(STAam 与葡萄糖低聚糖之和) STAtot	还原糖 SUG	中性洗涤纤维 NDF	酸性洗涤纤维 ADF	酸性洗涤木质素 ADL	非淀粉多糖 NSP
大麦芽根(编者注:大麦酿造过程中的副产物,由大麦根和胚芽组成)Malt culms CP<200 g/kg 1005.310/1/0	平均值	920	67	170	20	—	149	514	—	109	104	—	100	426	—	—	463
	标准差	—	—	—	3	—	—			23	48	—	—	—	—	—	
粟,谷子,黍,小米(编者注:英文有多种译法,实际对应中文原料有所差异)Millet 1006.000/0/0	平均值	881	32	111	40	—	99	599	—	518	497	—	8	145	93	—	193
	标准差	—	—	—	—	—	—			—	—	—	—	—	—	—	
粟(珍珠)Millet(pearl millet)1013.000/0/0	平均值	912	25	122	45	—	20	700	—	632	607	—	14	—	—	—	100
	标准差	17	5	17	4	—	5			21	—	—	—	—	—	—	
燕麦籽实 Oats grain 1004.000/0/0	平均值	889	26	104	49	55	105	605	599	—	400	—	13	231	108	—	297
	标准差	20	3	24	8	—	—			—	36	—	—	67	—	—	
去壳燕麦 Oats grain, peeled 1004.116/0/0	平均值	884	19	131	66	—	16	652	—	573	564	—	14	53	16	9	90
	标准差	21	2	20	14	—	6			—	—	—	—	—	—	—	
高品质燕麦饲料 Oats mill feed, high grade 1004.105/0/0	平均值	886	24	91	44	—	118	609	—	—	269	—	10	263	133	—	448
	标准差	—	—	—	—	—	—			—	—	—	—	—	—	—	
棕榈仁 Palm kernels 3001.000/0/0	平均值	938	20	92	480	—	98	248	—	—	2	—	15	322	—	—	330
	标准差	10	2	8	15	—	22			—	—	—	—	—	—	—	
棕榈仁饼 Palm kernel expeller CFIBRE<180 g/kg 3001.401/1/0	平均值	961	44	158	97	—	176	486	—	—	3	—	21	582	352	83	639
	标准差	15	5	5	14	—	11			—	2	—	4	35	15	17	
马铃薯干 Potato, dehydrated 4001.611/0/0	平均值	897	42	93	4	—	25	733	—	625	616	—	31	80	—	—	112
	标准差	—	—	—	—	—	—			—	—	—	—	—	—	—	
马铃薯片 Potato crisps 4001.664/0/0	平均值	969	35	62	—	320	12	—	540	467	452	—	9	—	—	—	91
	标准差	9	5	4	—	54	3			31	—	—	8	—	—	—	

续表2-3-1

饲料名称、描述及编号	平均值和标准差	干物质 DM	粗灰分 Ash	粗蛋白质 CP	粗脂肪 CFAT	酸乙醚浸出物/酸水解脂肪 CFATh	粗纤维 CFIBRE	无氮浸出物 NFE	无氮浸出物(按酸乙醚浸出物计算) NFEh	Ewers 法测定淀粉 STAew	淀粉转葡糖苷酶法测定淀粉 STAam	总淀粉(STAam 与葡萄糖低聚糖之和) STAtot	还原糖 SUG	中性洗涤纤维 NDF	酸性洗涤纤维 ADF	酸性洗涤木质素 ADL	非淀粉多糖 NSP
干马铃薯渣 Potato pulp, dehydrated CP>95 g/kg 4001.202/2/0	平均值	881	69	93	3	—	141	575	—	324	246	—	12	230	—	—	458
	标准差	7	5	4	1	—	12			48	—	—	—	—	—	—	
热处理马铃薯淀粉 Potato starch, heat treated, dehydrated 4001.232/0/0	平均值	875	45	39	—	—	3	788	—	778	745	—	35	—	—	—	12
	标准差	—	—	—	—	—	—			—	—	—	—	—	—	—	
甘薯干 Potatoes, sweet, dehydrated 4007.611/0/0	平均值	878	38	40	6	—	27	767	—	621	596	—	68	50	37	10	133
	标准差	11	15	4	1	—	4			31	—	—	12	—	—	—	
稻米饲料 Rice feed meal, ASH<90 g/kg 1003.122/1/0	平均值	897	70	135	141	147	53	498	492	329	307	—	41	183	78	—	204
	标准差	8	15	11	26	—	13			81	—	—	17	46	—	—	
稻米饲料 Rice feed meal, ASH>90 g/kg 1003.122/2/0	平均值	908	117	133	162	164	55	441	439	279	255	—	38	163	73	—	204
	标准差	6	19	6	18	—	8			48	—	—	20	74	—	—	
黑麦 Rye 1007.000/0/0	平均值	872	16	98	13	—	21	724	—	540	522	—	64	101	28	10	162
	标准差	20	1	7	3	—	3			17	—	—	13	—	—	—	
黑麦次粉 Rye middlings 1007.107/0/0	平均值	872	50	141	32	—	60	589	—	140	135	—	10	278	86	—	504
	标准差	—	—							75	—	—	—	—	—	—	
高粱 Sorghum 1008.000/0/0	平均值	882	15	94	29	35	22	722	716	631	618	—	8	75	52	—	118
	标准差	22	2	16	3	—	4			23	31	—	5	11	—	—	
糖 Sugar 4004.211/0/0	平均值	1000	—	—	—	—	—	1000	1000	—	—	—	—	—	—	—	
	标准差	—	—	—	1053	—	—	—	0	—	—	—	—	—	—	—	—
甜菜糖蜜 Sugar beet, molasses 4004.210/0/0	平均值	723	60	100	2	—	—	561	—	—	—	—	430	—	—	—	144
	标准差	24	9	11	—	—	—			—	—	—	84	—	—	—	
干甜菜渣 Sugar beet pulp, dehydrated, SUG 150～200 4004.209/3/0	平均值	912	78	101	7	—	137	589	—	—	5	—	186	295	158	9	541
	标准差	12	8	8	2	—	8			—	6	—	11	—	—	—	

续表2-3-1

饲料名称、描述及编号	平均值和标准差	干物质 DM	粗灰分 Ash	粗蛋白质 CP	粗脂肪 CFAT	酸乙醚浸出物/酸水解脂肪 CFATh	粗纤维 CFIBRE	无氮浸出物 NFE	无氮浸出物(按酸乙醚浸出物计算) NFEh	Ewers 法测定淀粉 STAew	淀粉转葡糖苷酶法测定淀粉 STAam	总淀粉(STAam 与葡萄糖低聚糖之和) STAtot	还原糖 SUG	中性洗涤纤维 NDF	酸性洗涤纤维 ADF	酸性洗涤木质素 ADL	非淀粉多糖 NSP
干甜菜渣 Sugar beet pulp, dehydrated, SUG >200 g/kg 4004.209/4/0	平均值	915	77	105	7	—	128	598	—	—	5	—	223	276	146	8	505
	标准差	12	8	9	1	—	7			—	—	—	16	—	—	—	
甘蔗糖蜜 Sugarcane molasses SUG<475 g/kg 7002.210/1/0	平均值	734	106	44	1	1	1	582	582	—	—	—	444	—	—	—	152
	标准差	25	24	12	—	—	—			—	—	—	26	—	—	—	
甘蔗糖蜜 Sugarcane molasses SUG>475 g/kg 7002.210/2/0	平均值	730	96	42	—	—	—	592	592	—	—	—	490	—	—	—	117
	标准差	29	26	8	—	—	—			—	—	—	13	—	—	—	
木薯淀粉 Tapioca STARCH 575～625g/kg 4008.611/1/0	平均值	883	60	23	5	9	62	733	729	621	595	—	9	122	88	23	191
	标准差	7	9	2	2	—	11			10	—	—	5	—	—	—	
木薯淀粉 Tapioca STARCH 625～675g/kg 4008.611/2/0	平均值	881	57	23	5	8	53	743	740	647	620	—	8	78	76	19	168
	标准差	7	7	2	1	—	7			12	—	—	5	17	—	—	
木薯淀粉 Tapioca STARCH 675～725g/kg 4008.611/3/0	平均值	874	51	23	4	7	47	749	746	681	653	—	7	92	66	17	136
	标准差	8	5	3	1	—	10			7	—	—	3	—	—	—	
木薯淀粉 Tapioca starch 4008.201/0/0	平均值	880	1	11	2	2	2	864	864	855	851	—	—	4	2	—	15
	标准差	—	—	—	—	—	—			—	—	—	—	—	—	—	
黑小麦 Triticale 1012.000/0/0	平均值	877	17	112	15	21	22	711	705	586	565		40	98	27	9	130
	标准差	27	1	15	4	—	3			21	18	—	14	—	—	—	
饲用小麦面粉 Wheat feed flour, CFIBRE<35 g/kg 1010.103/1/0	平均值	865	22	152	32	30	19	640	642	469	468	—	46	94	21	3	147
	标准差	17	5	14	5	—	10			52	70	—	12	—	—	—	
饲用小麦面粉 Wheat feed flour, CFIBRE 35～55 g/kg 1010.103/2/0	平均值	869	29	152	37	41	44	607	603	370	348	—	65	206	61	13	241
	标准差	7	3	8	4	—	5			45	—	—	20	—	—	—	
饲用小麦细粉 Wheat feed meal 1010.105/0/0	平均值	868	45	154	34	41	70	565	558	251	229	—	66	307	92	21	343
	标准差	11	6	8	5	—	8			39	—	—	13	—	—	—	

续表2-3-1

饲料名称、描述及编号	平均值和标准差	干物质 DM	粗灰分 Ash	粗蛋白质 CP	粗脂肪 CFAT	酸乙醚浸出物/酸水解脂肪 CFATh	粗纤维 CFIBRE	无氮浸出物 NFE	无氮浸出物(按酸乙醚浸出物计算) NFEh	Ewers 法测定淀粉 STAew	淀粉转葡糖苷酶法测定淀粉 STAam	总淀粉(STAam 与葡萄糖低聚糖之和) STAtot	还原糖 SUG	中性洗涤纤维 NDF	酸性洗涤纤维 ADF	酸性洗涤木质素 ADL	非淀粉多糖 NSP
小麦面筋饲料 Wheat gluten feed, dehydrated 1010.205/0/0	平均值	906	52	147	—	41	61	—	605	211	205	—	121	289	85	18	344
	标准差	14	10	7	—	8	8			42	—	—	20	—	—	—	
小麦次粉 Wheat middlings 1010.107/0/0	平均值	865	50	153	34	41	86	542	535	201	179	—	60	369	111	26	391
	标准差	10	4	7	4	—	6			27	—	—	7	—	—	—	
乳清粉 Whey powder 8009.000/0/0	平均值	980	80	130	—	9	—	—	761	—	—	—	700	—	—	—	96
	标准差	6	3	6	—	—	—			—	—	—	—	—	—	—	
	标准差	8	8	13	—	24	—			—	—	—	—	—	—	—	

注:[1] 原文为 Sdc=(Corrected)standard deviation,(校正)标准差,具体计算方法原文未列出,下同。NFEh=1000−(moisture 水分+Ash 粗灰分+CP 粗蛋白质+CFATh 酸乙醚浸出物+CFIBRE 粗纤维);Ewers 法为旋光测定(polarimetric determination)法,具体方法原文未列出。本资料原书有较详细的名称解释和检测方法,内容较多,恕未能列出;另外,此资料中保留的有些英文缩写与其他资料有所差异,但"中英文词汇对照及说明表"中不再加入。此资料后表饲料名称英文、描述及编号不再赘述。

2. 矿物质

表 2-3-2　矿物质含量

g/kg

饲料名称、描述及编号	平均值和标准差	钙 Ca	磷 P	镁 Mg	钾 K	钠 Na	氯 Cl	无机硫 S-a	有机硫 S-o
大麦	平均值	0.6	3.5	1.1	4.9	0.1	1.0	0.1	1.0
	标准差	0.2	0.3	0.1	0.6	—	0.3	0.1	
大麦饲料	平均值	2.0	7.0	3.2	8.7	0.6	0.9	0.1	1.3
	标准差	—	—	—	—	—	—	—	
大麦加工副产品	平均值	2.6	4.1	1.7	7.7	0.2	1.4	0.2	1.1
	标准差	—	—	—	—	—	—	—	
碎饼干 CFAT<120 g/kg	平均值	1.0	1.5	0.4	2.6	3.7	5.8	0.1	0.7
	标准差	1.0	0.1	0.2	0.4	1.1	3.9	—	
碎饼干 CFAT>120 g/kg	平均值	0.7	1.4	0.4	2.3	4.3	6.8	0.1	0.7
	标准差	0.3	0.3	0.1	0.3	0.9	—	—	

续表2-3-2

饲料名称、描述及编号	平均值和标准差	钙 Ca	磷 P	镁 Mg	钾 K	钠 Na	氯 Cl	无机硫 S-a	有机硫 S-o
面包渣	平均值	1.0	2.1	0.5	2.6	6.9	12.0	0.2	1.1
	标准差	—	—	—	—	0.5	0.7	—	
加那利籽	平均值	0.4	4.5	1.5	3.6	—	—	—	—
	标准差	—	—	—	—	—	—	—	
稻子豆	平均值	4.0	0.5	0.6	8.3	0.1	1.8	—	—
	标准差	—	—	—	—	—	—	—	
干柑橘渣	平均值	14.7	1.0	1.2	9.5	0.5	0.4	0.4	0.4
	标准差	2.1	0.2	0.3	0.9	0.3	0.4	—	
动物油脂	平均值	—	—	—	0.2	0.4	—	—	—
	标准差	—	—	—	—	—	—	—	
玉米麸皮/玉米糠	平均值	0.3	4.7	—	—	—	—	—	1.0
	标准差	—	—	—	—	—	—	—	
饲用玉米面粉	平均值	0.2	0.7	—	1.2	0.1	1.0	0.3	0.7
	标准差	—	—	—	—	—	—	—	
饲用玉米细粉	平均值	1.4	4.8	2.1	4.9	0.2	1.0	0.2	1.0
	标准差	1.4	1.8	0.9	1.4	0.2	—	—	
浸提后饲用玉米细粉	平均值	0.5	3.9	2.4	6.3	0.2	1.0	0.3	0.9
	标准差	0.5	2.1	0.2	—	—	—	—	
压榨玉米胚芽粕	平均值	0.1	8.3	3.4	9.0	0.2	0.6	0.2	1.4
	标准差	0.8	2.2	1.2	3.0	0.4	0.3	—	
浸提玉米胚芽粕饲料	平均值	0.8	5.7	2.3	7.0	0.3	1.1	0.2	1.4
	标准差	0.6	1.4	0.6	2.5	0.2	—	—	
玉米淀粉	平均值	—	0.4	—	—	—	—	—	—
	标准差	—	—	—	—	—	—	—	
大麦芽根(编者注:大麦酿造过程中的副产物,由大麦根和胚芽组成)CP<200 g/kg	平均值	1.9	5.1	1.4	11.9	0.3	3.4	—	1.1
	标准差	0.2	1.1	—	2.1	—	—	—	

续表2-3-2

饲料名称、描述及编号	平均值和标准差	钙 Ca	磷 P	镁 Mg	钾 K	钠 Na	氯 Cl	无机硫 S-a	有机硫 S-o
粟,谷子,黍,小米(编者注:英文有多种译法,实际对应中文原料有所差异)	平均值	0.1	2.8	1.3	3.0	—	1.2	—	1.2
	标准差	—	—	—	—	—	—	—	
粟(珍珠)	平均值	0.2	3.3	1.4	3.5	—	1.2	0.1	1.3
	标准差	—	—	—	—	—	—	—	
燕麦籽实	平均值	0.7	3.3	1.1	4.7	0.1	0.8	0.1	1.2
	标准差	0.2	0.4	0.2	0.6	—	—	—	
去壳燕麦	平均值	0.6	4.3	1.2	4.0	0.1	0.3	0.1	1.5
	标准差	0.2	0.4	0.2	0.3	—	—	—	
高品质燕麦饲料	平均值	0.7	3.6	—	—	—	—	—	1.1
	标准差	—	—	—	—	—	—	—	
棕榈仁	平均值	1.2	3.1	2.6	—	—	—	—	0.7
	标准差	—	—	—	—	—	—	—	
压榨棕榈仁 CFIBRE<180 g/kg	平均值	2.9	6.0	2.7	7.0	0.1	2.0	1.2	1.3
	标准差	0.4	0.4	0.2	0.4	0.1	—	1.3	
马铃薯干	平均值	0.5	2.4	—	12.1	1.3	—	—	0.7
	标准差	—	—	—	—	—	—	—	
马铃薯片	平均值	0.4	1.4	0.6	11.8	3.9	7.1	—	0.4
	标准差	0.1	0.2	0.1	1.4	2.5	5.2	—	
干马铃薯渣 CP>95 g/kg	平均值	2.6	1.3	0.8	17.3	0.8	1.8	1.3	0.7
	标准差	1.2	0.9	0.4	8.2	0.7	—	—	
热处理马铃薯淀粉	平均值	0.2	1.6	0.1	0.4	17.4	11.6	—	—
	标准差	—	—	—	—	—	—	—	
甘薯干	平均值	1.7	1.3	—	5.9	2.6	1.7	1.2	0.3
	标准差	0.5	0.3	—	0.9	—	—	—	
稻米饲料 ASH<90 g/kg	平均值	4.6	13.6	6.7	9.9	0.1	0.4	0.3	1.4
	标准差	7.2	3.5	1.7	1.9	—	0.3	—	

续表2-3-2

饲料名称、描述及编号	平均值和标准差	钙 Ca	磷 P	镁 Mg	钾 K	钠 Na	氯 Cl	无机硫 S-a	有机硫 S-o
稻米饲料 ASH>90 g/kg	平均值	22.2	14.7	7.0	10.3	0.1	0.3	0.3	1.4
	标准差	6.7	2.6	1.9	1.8	—	—	—	
黑麦	平均值	0.4	3.2	1.0	4.4	—	0.8	0.1	1.0
	标准差	—	0.2	0.1	0.5	—	0.6	—	
黑麦次粉	平均值	0.8	4.4	—	6.3	—	—	—	1.4
	标准差	—	—	—	—	—	—	—	
高粱	平均值	0.3	2.9	1.3	3.6	—	1.5	—	0.8
	标准差	0.2	0.3	0.3	0.2	0.1	2.2	—	
糖	平均值	—	—	—	—	—	—	—	—
	标准差	—	—	—	—	—	—	—	
甜菜糖蜜	平均值	4.9	0.3	0.2	36.6	6.1	18.0	—	0.1
	标准差	—	—	—	—	—	—	—	
干甜菜渣 SUG 150～200 g/kg	平均值	8.2	0.6	2.4	16.3	2.1	0.8	1.6	0.6
	标准差	2.5	0.3	1.4	2.5	0.5	0.9	—	
干甜菜渣 SUG >200 g/kg	平均值	7.8	0.7	1.4	16.7	2.3	0.8	1.4	0.5
	标准差	2.0	0.2	0.3	3.0	0.8	0.9	1.5	
甘蔗糖蜜 SUG<475 g/kg	平均值	6.9	0.5	2.9	41.1	1.7	17.6	8.4	0.1
	标准差	1.2	0.1	0.6	10.7	1.1	7.1	—	
甘蔗糖蜜 SUG>475 g/kg	平均值	6.5	0.6	2.6	34.6	1.7	17.6	8.3	0.1
	标准差	6.2	0.4	0.4	10.1	1.1	7.1	—	
木薯淀粉 575～625 g/kg	平均值	2.6	1.0	0.9	5.9	0.1	0.5	0.2	0.1
	标准差	0.5	0.4	0.1	0.7	0.1	0.3	—	
木薯淀粉 625～675 g/kg	平均值	2.6	0.7	0.9	5.8	0.1	0.6	0.2	0.1
	标准差	0.5	0.1	0.1	0.6	0.1	—		
木薯淀粉 675～725 g/kg	平均值	2.6	1.0	0.9	5.9	0.1	0.5	0.2	0.1
	标准差	0.5	0.4	0.2	0.7	—	—	—	

续表2-3-2

饲料名称、描述及编号	平均值和标准差	钙 Ca	磷 P	镁 Mg	钾 K	钠 Na	氯 Cl	无机硫 S-a	有机硫 S-o
木薯淀粉	平均值	0.2	0.3	—	—	0.1	—	—	—
	标准差	—	—	—	—	—	—	—	
黑小麦	平均值	0.3	3.3	1.1	4.7	0.1	0.6	0.1	1.1
	标准差	—	—	—	—	—	—	—	
饲用小麦面粉 CFIBRE<35 g/kg	平均值	0.5	4.0	1.7	7.2	0.1	0.8	0.1	1.4
	标准差	0.3	1.2	1.1	4.1	0.1	0.2	—	
饲用小麦面粉 CFIBRE 35～55 g/kg	平均值	0.9	6.9	1.7	7.2	0.1	0.8	0.1	1.4
	标准差	0.3	1.3	1.1	4.1	0.1	0.2	—	
饲用小麦细粉	平均值	1.0	8.7	3.0	12.4	0.5	0.8	0.1	1.4
	标准差	0.2	1.3	0.3	2.2	0.4	—	—	
小麦面筋饲料	平均值	1.2	8.4	2.8	11.2	2.9	2.0	1.2	1.3
	标准差	0.3	1.4	0.2	1.5	1.3	0.7	—	
小麦次粉	平均值	1.0	10.6	3.7	13.3	0.2	0.6	0.2	1.4
	标准差	0.2	1.1	0.5	1.6	0.2	0.3	—	
乳清粉	平均值	5.5	6.3	8.9	26.4	7.0	22.9	0.7	1.1
	标准差	0.8	0.5	17.6	11.2	0.7	13.7	—	
	标准差	10.5	2.8	0.4	1.8	3.8	1.3	—	

注：S-i 处原文为 S-a，然而书中没有 S-a 的注释，只有 S-i(Inorganic sulphur，无机硫)的注释，故推测此处应为 S-i，翻译为无机硫。

3. 微量元素、肌醇绑定磷、电解质平衡、阴阳离子差和二糖校正因子

表 2-3-3 微量元素、肌醇绑定磷、电解质平衡、阴阳离子差和二糖校正因子含量

饲料名称、描述及编号	平均值和标准差	铁 Fe (mg/kg)	锰 Mn (mg/kg)	锌 Zn (mg/kg)	铜 Cu (mg/kg)	钼 Mo (mg/kg)	碘 I* (mg/kg)	钴 Co (mg/kg)	肌醇绑定磷 IP (g/kg)	电解质平衡 EB (meq/kg)	阴阳离子差 CAD (meq/kg)	二糖校正因子 CF_DI
大麦	平均值	78	16	23	4	0.2	0.2	0.2	2.3	102	34	0.96
	标准差	41	2	4	1	—	—	—				

续表2-3-3

饲料名称、描述及编号	平均值和标准差	铁 Fe (mg/kg)	锰 Mn (mg/kg)	锌 Zn (mg/kg)	铜 Cu (mg/kg)	钼 Mo (mg/kg)	碘 I* (mg/kg)	钴 Co (mg/kg)	肌醇绑定磷 IP (g/kg)	电解质平衡 EB (meq/kg)	阴阳离子差 CAD (meq/kg)	二糖校正因子 CF_DI
大麦饲料	平均值	285	46	67	9	—	—	—	4.6	223	136	0.98
	标准差	—	—	—	—	—	—	—				
大麦加工副产品	平均值	860	57	35	6	—	—	—	2.7	166	84	0.96
	标准差	—	—	—	—	—	—	—				
碎饼干 CFAT<120 g/kg	平均值	41	6	8	2	—	—	—	0.4	64	11	0.96
	标准差	—	1	2	1	—	—	—				
碎饼干 CFAT>120 g/kg	平均值	41	6	11	3	—	—	—	0.4	54	4	0.96
	标准差	—	1	—	—	—	—	—				
面包渣	平均值	55	—	16	1	—	—	—	0.6	28	−51	0.96
	标准差	—	—	—	—	—	—	—				
加那利籽	平均值	95	49	31	5	—	—	—	2.9	—	—	0.96
	标准差	—	—	—	—	—	—	—				
稻子豆	平均值	31	8	6	3	—	—	—	0.0	166	—	0.96
	标准差	—	—	—	—	—	—	—				
干柑橘渣	平均值	122	10	9	5	—	—	—	0.0	254	207	0.97
	标准差	51	6	2	1	—	—	—				
动物油脂	平均值	—	—	9	2	—	—	—	—	—	—	0.96
	标准差	—	—	10	2	—	—	—				
植物油	平均值	—	—	—	—	—	—	—	—	—	—	0.96
	标准差	—	—	—	—	—	—	—				
植物油(大豆油、玉米油、葵花籽油)	平均值	—	—	—	—	—	—	—	—	—	—	0.96
	标准差	—	—	—	—	—	—	—				
玉米麸皮/玉米糠	平均值	—	—	—	—	—	—	—	3.5	—	—	0.96
	标准差	—	—	—	—	—	—	—				
饲用玉米面粉	平均值	39	7	4	2	—	—	—	0.2	7	−58	0.96
	标准差	—	—	—	—	—	—	—				

续表2-3-3

饲料名称、描述及编号	平均值和标准差	铁 Fe (mg/kg)	锰 Mn (mg/kg)	锌 Zn (mg/kg)	铜 Cu (mg/kg)	钼 Mo (mg/kg)	碘 I* (mg/kg)	钴 Co (mg/kg)	肌醇绑定磷 IP (g/kg)	电解质平衡 EB (meq/kg)	阴阳离子差 CAD (meq/kg)	二糖校正因子 CF_DI
饲用玉米细粉	平均值	—	—	—	—	—	—	—	3.6	106	33	0.96
	标准差	—	—	—	—	—	—	—				
浸提后饲用玉米细粉	平均值	—	18	46	3	—	—	—	2.9	142	65	0.96
	标准差	—	—	—	—	—	—	—				
压榨玉米胚芽粕	平均值	422	14	62	6	—	—	—	6.2	222	123	0.96
	标准差	—	5	12	4	—	—	—				
浸提玉米胚芽粕饲料	平均值	244	18	62	5	—	—	—	4.3	161	59	0.96
	标准差	191	6	13	2	—	—	—				
玉米淀粉	平均值	—	—	—	—	—	—	—	0.0	—	—	0.97
	标准差	—	—	—	—	—	—	—				
大麦芽根(编者注:大麦酿造过程中的副产物,由大麦根和胚芽组成)CP<200 g/kg	平均值	125	32	39	13	—	—	0.1	1.3	222	—	0.96
	标准差	—	—	37	4	—	—	—				
粟,谷子,黍,小米(编者注:英文有多种译法,实际对应中文原料有所差异)	平均值	104	11	25	6	—	—	—	2.0	43	—	0.96
	标准差	—	—	—	—	—	—	—				
粟(珍珠)	平均值	—	—	—	—	—	—	—	2.3	56	−31	0.96
	标准差	—	—	—	—	—	—	—				
燕麦籽实	平均值	92	43	25	4	0.7	0.2	0.2	2.1	102	20	0.99
	标准差	—	—	6	1	—	—	—				
去壳燕麦	平均值	48	42	28	3	0.2	—	0.0	2.8	98	−3	0.98
	标准差	—	19	6	0	—	—	—				
高品质燕麦饲料	平均值	—	—	—	—	—	—	—	2.3	—	—	0.98
	标准差	—	—	—	—	—	—	—				
棕榈仁	平均值	—	129	20	13	—	—		1.9	—	—	0.96
	标准差	—	—	—	—	—	—	—				

续表2-3-3

饲料名称、描述及编号	平均值和标准差	铁 Fe (mg/kg)	锰 Mn (mg/kg)	锌 Zn (mg/kg)	铜 Cu (mg/kg)	钼 Mo (mg/kg)	碘 I* (mg/kg)	钴 Co (mg/kg)	肌醇绑定磷 IP (g/kg)	电解质平衡 EB (meq/kg)	阴阳离子差 CAD (meq/kg)	二糖校正因子 CF_DI
压榨棕榈仁 CFIBRE<180 g/kg	平均值	770	294	44	24	0.5	0.1	0.1	3.6	127	−25	0.96
	标准差	486	57	3	2	—	—	—				
马铃薯干	平均值	—	—	—	—	—	—	—	0.4	—	—	0.96
	标准差	—	—	—	—	—	—	—				
马铃薯片	平均值	—	—	—	—	—	—	—	0.2	272	—	0.96
	标准差	—	—	—	—	—	—	—				
干马铃薯渣 CP>95 g/kg	平均值	697	37	35	6	—	—	—	0.2	427	302	0.97
	标准差	—	—	26	—	—	—	—				
热处理马铃薯淀粉	平均值	22	—	2	1	—	—	—	0.2	440	—	0.97
	标准差	—	—	—	—	—	—					
甘薯干	平均值	—	—	6	6	—	—	—	0.2	216	123	0.96
	标准差	—	—	—	—	—	—	—				
稻米饲料 ASH<90 g/kg	平均值	131	142	56	7	—	—	—	12.2	245	139	0.97
	标准差	—	50	16	2	—	—	—				
稻米饲料 ASH>90 g/kg	平均值	132	142	73	8	—	—	—	13.2	260	155	0.97
	标准差	—	50	38	2	—	—	—				
黑麦	平均值	52	35	29	3	1.1	0.1	—	2.2	90	22	0.96
	标准差	40	14	7	2	—	—	—				
黑麦次粉	平均值	—	—	—	—	—	—	—	3.1	—	—	0.96
	标准差	—	—	—	—	—	—	—				
高粱	平均值	66	15	19	3	—	—	—	2.0	50	—	0.96
	标准差	—	—	2	2	—	—	—				
糖	平均值	—	—	—	—	—	—	—	—	—	—	0.95
	标准差	—	—	—	—	—	—	—				
甜菜糖蜜	平均值	160	24	9	9	0.2	0.7	0.6	0.0	695	—	0.97
	标准差	—	—	2	6	—	—	—				

续表2-3-3

饲料名称、描述及编号	平均值和标准差	铁 Fe (mg/kg)	锰 Mn (mg/kg)	锌 Zn (mg/kg)	铜 Cu (mg/kg)	钼 Mo (mg/kg)	碘 I* (mg/kg)	钴 Co (mg/kg)	肌醇绑定磷 IP (g/kg)	电解质平衡 EB (meq/kg)	阴阳离子差 CAD (meq/kg)	二糖校正因子 CF_DI
干甜菜渣 SUG 150～200 g/kg	平均值	1029	66	30	4	—	—	—	0.1	486	352	0.97
	标准差	551	17	4	2	—	—	—				
干甜菜渣 SUG ＞200 g/kg	平均值	375	61	25	5	—	—	—	0.1	505	386	0.97
	标准差	178	13	8	2	—	—	—				
甘蔗糖蜜 SUG＜475 g/kg	平均值	166	24	9	6	—	—	—	0.0	630	99	0.97
	标准差	51	23	2	3	—	—	—				
甘蔗糖蜜 SUG＞475 g/kg	平均值	157	18	9	6	—	—	—	0.1	463	—61	0.97
	标准差	52	15	2	3	—	—	—				
木薯淀粉 575～625 g/kg	平均值	870	54	10	4	—	—	—	0.2	141	120	0.99
	标准差	—	—	—	1	—	—	—				
木薯淀粉 625～675 g/kg	平均值	884	33	8	2	—	—	—	0.1	136	115	0.99
	标准差	216	6	1	1	—	—	—				
木薯淀粉 675～725 g/kg	平均值	635	26	8	3	—	—	—	0.2	141	120	0.99
	标准差	180	9	1	1	—	—	—				
木薯淀粉	平均值	—	—	—	—	—	—	—	0.0	—	—	0.97
	标准差	—	—	—	—	—	—	—				
黑小麦	平均值	53	29	34	5	0.4	—	—	2.1	108	33	0.96
	标准差	—	—	—	—	—	—	—				
饲用小麦面粉 CFIBRE＜35 g/kg	平均值	81	65	54	6	—	—	0.1	3.4	166	74	0.96
	标准差	70	—	43	4	—	—	—				
饲用小麦面粉 CFIBRE 35～55 g/kg	平均值	81	65	54	6	—	—	0.1	5.9	166	74	0.96
	标准差	70	—	43	4	—	—	—				
饲用小麦细粉	平均值	138	97	74	11	—	—	—	7.4	317	224	0.96
	标准差	34	37	25	2	—	—	—				
小麦面筋饲料	平均值	152	79	47	7	—			5.5	356	201	0.97
	标准差	—	—	—	—	—	—	—				

续表2-3-3

饲料名称、描述及编号	平均值和标准差	铁 Fe (mg/kg)	锰 Mn (mg/kg)	锌 Zn (mg/kg)	铜 Cu (mg/kg)	钼 Mo (mg/kg)	碘 I* (mg/kg)	钴 Co (mg/kg)	肌醇绑定磷 IP (g/kg)	电解质平衡 EB (meq/kg)	阴阳离子差 CAD (meq/kg)	二糖校正因子 CF_DI
小麦次粉	平均值	158	115	85	10	0.7	—	0.1	9.0	332	234	0.97
	标准差	37	24	12	1	—	—	—				
乳清粉	平均值	10	1	13	1	—	—	—	—	335	224	0.95
	标准差	5	—	16	0	—	—	—				

注：* 原文英文字母显示为 J，注释中为 iodine，故翻译为“碘”。EB(in meq per kg)＝43.5 Na＋25.6 K－28.2 Cl；CAD(in meq per kg)＝43.5 Na＋25.6 K－28.2 Cl－62.4(S-i＋S-o)；EB 和 CAD 都是反映血液 pH 调节的重要参数。“meq”为毫克当量，表示某物质和 1mg 氢的化学活性或化合力相当的量，故 meq/kg 为毫克当量每千克。

4. 可消化营养成分

表 2-3-4 可消化营养成分含量 g/kg

饲料名称、描述及编号	可消化粗蛋白质 DCP	可消化粗脂肪 DCFAT	可消化非淀粉多糖 DNSP	可消化粗纤维 DCFIBRE	可消化无氮浸出物 DNFE	可消化有机物 DOM	酶解可消化淀粉 STAam-e	发酵可降解淀粉 STAam-f	酶解可消化糖 SUGe	发酵可降解糖 SUGf
大麦	76	9	99	7	613	705	496	—	19	6
大麦饲料	101	34	136	16	367	518	199	—	37	12
大麦加工副产品	77	28	120	21	338	464	217	—	17	6
碎饼干 CFAT＜120 g/kg	64	95	15	1	710	870	439	—	268	—
碎饼干 CFAT＞120 g/kg	61	141	68	2	597	800	460	—	74	—
面包渣	99	29	62	3	655	785	529	—	69	—
加那利籽	118	44	43	3	460	624	407	—	8	5
稻子豆	－1	3	160	14	549	565	—	—	377	42
干柑橘渣	22	8	431	84	556	670	10	—	184	20
动物油脂	—	889	—	—	—	889	—	—	—	—
植物油	—	940	—	—	—	940	—	—	—	—
植物油（大豆油、玉米油、葵花籽油）	—	940	—	—	—	940	—	—	—	—
玉米麸皮/玉米糠	53	24	202	56	443	576	280	—	16	2
饲用玉米面粉	55	5	37	8	768	837	729	—	9	1

续表2-3-4

饲料名称、描述及编号	可消化粗蛋白质 DCP	可消化粗脂肪 DCFAT	可消化非淀粉多糖 DNSP	可消化粗纤维 DCFIBRE	可消化无氮浸出物 DNFE	可消化有机物 DOM	酶解可消化淀粉 STAam-e	发酵可降解淀粉 STAam-f	酶解可消化糖 SUGe	发酵可降解糖 SUGf
饲用玉米细粉	65	46	135	22	577	709	436	—	25	3
浸提后饲用玉米细粉	65	19	125	20	632	735	502	—	23	3
压榨玉米胚芽粕	100	41	165	30	520	692	336	—	46	5
浸提玉米胚芽粕饲料	103	15	198	32	501	652	326	—	9	1
玉米淀粉	—	—	—	2	834	836	836	—	—	—
大麦芽根(编者注:大麦酿造过程中的副产物,由大麦根和胚芽组成)CP＜200 g/kg	117	14	141	32	308	472	1.4	—	75	25
粟,谷子,黍,小米(编者注:英文有多种译法,实际对应中文原料有所差异)	94	34	68	8	565	701	497	—	6	2
粟(珍珠)	104	38	47	2	665	810	607	—	10	4
燕麦籽实	79	36	74	10	478	602	400	—	12	1
去壳燕麦	103	49	50	6	622	780	564	—	13	1
高品质燕麦饲料	68	31	106	12	373	484	269	—	10	1
棕榈仁	49	355	209	31	194	629	2	—	11	4
压榨棕榈仁 CFIBRE＜180 g/kg	95	75	491	96	418	683	3		10	5
马铃薯干	42	−1	66	22	690	753	308	308	2	29
马铃薯片	39	283	79	8	532	862	452	—	0	9
干马铃薯渣 CP＞95 g/kg	−5	−2	388	123	522	638	123	123	1	11
热处理马铃薯淀粉	—	—	17	—	795	795	745	—	9	26
甘薯干	27	1	107	22	746	796	596	—	51	17
稻米饲料 ASH＜90 g/kg	100	122	95	11	430	664	307	—	41	—
稻米饲料 ASH＞90 g/kg	98	141	93	12	373	624	255	—	38	—
黑麦	76	7	75	7	652	742	522	—	32	32
黑麦次粉	91	24	187	18	314	446	135	—	5	5

续表2-3-4

饲料名称、描述及编号	可消化粗蛋白质 DCP	可消化粗脂肪 DCFAT	可消化非淀粉多糖 DNSP	可消化粗纤维 DCFIBRE	可消化无氮浸出物 DNFE	可消化有机物 DOM	酶解可消化淀粉 STAam-e	发酵可降解淀粉 STAam-f	酶解可消化糖 SUGe	发酵可降解糖 SUGf
高粱	71	21	88	13	701	806	618	—	8	0
糖	—	—	—	—	1000	1000	—	—	1053	—
甜菜糖蜜	39	—	76	—	493	533	—	—	387	43
干甜菜渣 SUG 150～200 g/kg	47	2	459	108	537	693	5	—	177	9
干甜菜渣 SUG ＞200 g/kg	49	2	429	101	549	701	5	—	212	11
甘蔗糖蜜 SUG＜475 g/kg	13	—	81	—	511	524	—	—	400	44
甘蔗糖蜜 SUG＞475 g/kg	12	—	62	—	537	549	—	—	441	49
木薯淀粉 575～625 g/kg	1	0	106	25	685	711	595	—	7	2
木薯淀粉 625～675 g/kg	3	0	95	21	702	726	620	—	6	2
木薯淀粉 675～725 g/kg	4	−1	71	19	712	734	653	—	5	2
木薯淀粉	—	—	—	—	851	851	851	—	—	—
黑小麦	94	8	67	6	664	772	565	—	30	10
饲用小麦面粉 CFIBRE＜35 g/kg	132	19	86	4	594	750	468	—	32	14
饲用小麦面粉 CFIBRE 35～55 g/kg	123	23	121	10	522	678	348	—	45	20
饲用小麦细粉	115	21	151	13	430	579	229	—	46	20
小麦面筋饲料	109	22	205	12	516	658	205	—	97	24
小麦次粉	108	21	158	14	382	525	179	—	42	18
乳清粉	104	3	73	—	738	845	—	—	700	—

5. 营养价

表 2-3-5 营养价

饲料名称、描述及编号	猪脂肪沉积净能 NEv (MJ/kg)	猪脂肪沉积净能 NEv (kcal/kg)	猪能值 EW (/kg)	可消化磷 DP (g/kg)
大麦	9.20	2200	1.05	1.0
大麦饲料	6.93	1657	0.79	1.7

续表2-3-5

饲料名称、描述及编号	猪脂肪沉积净能 NEv (MJ/kg)	猪脂肪沉积净能 NEv (kcal/kg)	猪能值 EW (/kg)	可消化磷 DP (g/kg)
大麦加工副产品	6.22	1488	0.71	1.0
碎饼干 CFAT<120 g/kg	13.60	3251	1.55	0.4
碎饼干 CFAT>120 g/kg	13.62	3255	1.55	0.4
面包渣	10.81	2583	1.23	0.6
加那利籽	8.99	2148	1.02	1.3
稻子豆	6.69	1600	0.76	0.2
干柑橘渣	7.27	1738	0.83	0.5
动物油脂	32.08	7668	3.65	—
植物油	33.94	8113	3.86	—
植物油(大豆油、玉米油、葵花籽油)	33.94	8113	3.86	—
玉米麸皮/玉米糠	7.41	1772	0.84	0.9
饲用玉米面粉	11.26	2691	1.28	0.1
饲用玉米细粉	9.96	2381	1.13	1.0
浸提后饲用玉米细粉	9.76	2334	1.11	0.8
压榨玉米胚芽粕	9.39	2243	1.07	1.7
浸提玉米胚芽粕饲料	8.16	1950	0.93	1.1
玉米淀粉	11.45	2737	1.30	0.1
大麦芽根(编者注:大麦酿造过程中的副产物,由大麦根和胚芽组成)CP<200 g/kg	5.72	1367	0.65	1.5
粟,谷子,黍,小米(编者注:英文有多种译法,实际对应中文原料有所差异)	9.79	2340	1.11	0.6
粟(珍珠)	11.43	2731	1.30	0.7
燕麦籽实	8.49	2030	0.97	0.9
去壳燕麦	11.27	2694	1.28	1.2
高品质燕麦饲料	6.70	1600	0.76	1.0
棕榈仁	15.54	3715	1.77	0.9
压榨棕榈仁 CFIBRE<180 g/kg	8.71	2082	0.99	1.8
马铃薯干	8.53	2038	0.97	1.2

续表2-3-5

饲料名称、描述及编号	猪脂肪沉积净能 NEv (MJ/kg)	猪脂肪沉积净能 NEv (kcal/kg)	猪能值 EW (/kg)	可消化磷 DP (g/kg)
马铃薯片	17.68	4226	2.01	0.7
干马铃薯渣 CP>95 g/kg	658	1573	0.75	0.6
热处理马铃薯淀粉	10.71	2561	1.22	0.8
甘薯干	10.30	2463	1.17	0.1
稻米饲料 ASH<90 g/kg	11.13	2659	1.26	1.9
稻米饲料 ASH>90 g/kg	11.02	2633	1.25	2.1
黑麦	9.65	2306	1.10	0.8
黑麦次粉	5.61	1341	0.64	0.9
高粱	10.93	2612	1.24	0.5
糖	13.05	3120	1.48	—
甜菜糖蜜	6.36	1519	0.72	0.2
干甜菜渣 SUG 150～200 g/kg	9.12	2179	1.04	0.3
干甜菜渣 SUG >200 g/kg	9.18	2194	1.04	0.4
甘蔗糖蜜 SUG<475 g/kg	6.28	1501	0.71	0.2
甘蔗糖蜜 SUG>475 g/kg	6.65	1589	0.76	0.3
木薯淀粉 575～625 g/kg	9.28	2219	1.06	0.1
木薯淀粉 625～675 g/kg	9.53	2279	1.08	0.1
木薯淀粉 675～725 g/kg	9.72	2323	1.10	0.1
木薯淀粉	11.66	2786	1.32	0.0
黑小麦	10.13	2422	1.15	0.9
饲用小麦面粉 CFIBRE<35 g/kg	9.89	2364	1.12	0.8
饲用小麦面粉 CFIBRE 35～55 g/kg	8.84	2113	1.00	1.4
饲用小麦细粉	7.34	1754	0.83	1.7
小麦面筋饲料	8.17	1954	0.93	2.2
小麦次粉		1574	0.75	2.1
乳清粉	10.62	2539	1.21	5.2

注：猪能值 EW(Energy value pigs)＝NEv(in MJ)/8.8 MJ。除油脂外，其余有酸乙醚浸出物(CFATh)数值时，营养价均由酸乙醚浸出物计算得到；有粗脂肪(CFAT)数值时(包括油脂)，营养价均由粗脂肪计算得到。

6. 脂肪酸

表 2-3-6 脂肪酸含量

饲料名称、描述及编号	脂肪酸 FA	< C10	C12:0	C14:0	C16:0	C16:1	C18:0	C18:1	C18:2	C18:3	> C20	总脂肪酸 Total FA	脂肪酸占粗脂肪比例% FA in CFAT-fraction
大麦	占脂肪酸(%)	—	—	0.4	23.0	0.4	1.0	13.0	56.0	6.0	—	—	70.0
	g/kg	—	—	0.0	2.7	0.0	0.1	1.5	6.7	0.7	—	—	
大麦饲料	占脂肪酸(%)	—	—	0.4	23.0	0.4	1.0	13.0	56.0	6.0	—	—	70.0
	g/kg	—	—	0.1	7.6	0.1	0.3	4.3	18.4	2.0	—	—	
大麦加工副产品	占脂肪酸(%)	—	—	0.4	23.0	0.4	1.0	13.0	56.0	6.0	—	—	70.0
	g/kg	—	—	0.1	6.3	0.1	0.3	3.5	15.3	1.6	—	—	
干柑橘渣	占脂肪酸(%)	—	0.8	0.8	27.0	—	5.0	25.0	36.0	6.0	—	—	55.0
	g/kg	—	0.1	0.1	3.0	—	0.5	2.8	4.0	0.7	—	—	
动物油脂	占脂肪酸(%)	0.3	0.3	2.0	24.0	3.0	14.0	41.0	10.0	1.0	1.0	—	90.0
	g/kg	2.7	2.7	17.9	214.5	26.8	125.1	366.4	89.4	8.9	8.9	—	
植物油	占脂肪酸(%)	—	—	—	11.5	—	3.0	—	—	—	—	—	—
	g/kg	—	—	—	—	—	—	—	—	—	—	—	
植物油(大豆油、玉米油、葵花籽油)	占脂肪酸(%)	—	—	—	11.5	—	3.0	—	—	—	—	—	—
	g/kg	—	—	—	—	—	—	—	—	—	—	—	
玉米麸皮/玉米糠	占脂肪酸(%)	—	0.2	0.2	12.0	0.2	2.0	28.0	55.0	1.0	1.0	—	80.0
	g/kg	—	0.1	0.1	3.3	0.1	0.5	7.6	15.0	0.3	0.3	—	
饲用玉米细粉	占脂肪酸(%)	—	0.2	0.2	12.0	0.2	2.0	28.0	55.0	1.0	1.0	—	80.0
	g/kg	—	0.1	0.1	5.9	0.1	1.0	13.7	26.8	0.5	0.5	—	
浸提后饲用玉米细粉	占脂肪酸(%)	—	0.2	0.2	12.0	0.2	2.0	28.0	55.0	1.0	1.0	—	75.0
	g/kg	—	0.0	0.0	2.5	0.0	0.4	5.9	11.6	0.2	0.2	—	
压榨玉米胚芽粕	占脂肪酸(%)	—	0.2	0.2	12.0	0.2	2.0	28.0	55.0	1.0	1.0	—	75.0
	g/kg	—	0.1	0.1	5.0	0.1	0.8	11.8	23.1	0.4	0.4	—	
浸提玉米胚芽粕饲料	占脂肪酸(%)	—	0.2	0.2	12.0	0.2	2.0	28.0	55.0	1.0	1.0	—	65.0
	g/kg	—	0.0	0.0	1.9	0.0	0.3	4.4	8.6	0.2	0.2	—	

续表2-3-6

饲料名称、描述及编号	脂肪酸 FA	< C10	C12:0	C14:0	C16:0	C16:1	C18:0	C18:1	C18:2	C18:3	> C20	总脂肪酸 Total FA	脂肪酸占粗脂肪比例% FA in CFAT-fraction
玉米淀粉	占脂肪酸(%)	—	—	—	—	—	—	—	—	—	—	—	—
	g/kg	—	—	—	—	—	—	—	—	—	—	—	
粟,谷子,黍,小米(编者注:英文有多种译法,实际对应中文原料有所差异)	占脂肪酸(%)	—	—	—	12.0	0.4	5.0	18.0	58.0	3.0	1.0	—	90.0
	g/kg	—	—	—	4.3	0.1	1.8	6.5	20.9	1.1	0.4	—	
粟(珍珠)	占脂肪酸(%)	—	—	—	12.0	0.4	5.0	18.0	58.0	3.0	1.0	—	90.0
	g/kg	—	—	—	4.9	0.2	2.0	7.3	23.5	1.2	0.4	—	
燕麦籽实	占脂肪酸(%)	—	—	0.3	19.0	0.4	1.0	35.0	39.0	2.0	0.4	—	90.0
	g/kg	—	—	0.1	8.4	0.2	0.4	15.4	17.2	0.9	0.2	—	
去壳燕麦	占脂肪酸(%)	—	—	0.4	19.0	0.4	1.0	35.0	39.0	2.0	0.4	—	90.0
	g/kg	—	—	0.2	11.3	0.2	0.6	20.8	23.2	1.2	0.2	—	
高品质燕麦饲料	占脂肪酸(%)	—	—	0.4	19.0	0.4	1.0	35.0	39.0	2.0	0.4	—	80.0
	g/kg	—	—	0.1	6.7	0.1	0.4	12.3	13.7	0.7	0.1	—	
棕榈仁	占脂肪酸(%)	7.0	47.0	15.0	9.0	—	3.0	16.0	2.0	0.5	—	—	95.0
	g/kg	31.9	214.3	68.4	41.0	—	13.7	73.0	9.1	2.3	—	—	
压榨棕榈仁CFIBRE<180 g/kg	占脂肪酸(%)	7.0	47.0	15.0	9.0	—	3.0	16.0	2.0	0.4	—	—	75.0
	g/kg	5.1	34.2	10.9	6.6	—	2.2	11.6	1.5	0.3	—	—	
稻米饲料 ASH<90 g/kg	占脂肪酸(%)	—	—	0.4	17.0	0.4	2.0	40.0	37.0	1.0	2.0	—	80.0
	g/kg	—	—	0.5	19.2	0.5	2.3	45.1	41.7	1.1	2.3	—	
稻米饲料 ASH>90 g/kg	占脂肪酸(%)	—	—	0.4	17.0	0.4	2.0	40.0	37.0	1.0	2.0	—	80.0
	g/kg	—	—	0.5	22.0	0.5	2.6	51.8	48.0	1.3	2.6	—	
黑麦	占脂肪酸(%)	—	—	0.4	18.0	0.4	1.0	15.0	55.0	7.0	—	—	70.0
	g/kg	—	—	0.0	1.6	0.0	0.1	1.4	5.0	0.6	—	—	
黑麦次粉	占脂肪酸(%)	—	—	0.4	18.0	0.4	1.0	15.0	55.0	7.0	—	—	70.0
	g/kg	—	—	0.1	4.0	0.1	0.2	3.4	12.3	1.6	—	—	
高粱	占脂肪酸(%)	—	—	0.4	17.0	1.0	1.0	31.0	45.0	3.0	1.0	—	90.0
	g/kg	—	—	0.1	4.4	0.3	0.3	8.1	11.7	0.8	0.3	—	

续表2-3-6

饲料名称、描述及编号	脂肪酸 FA	< C10	C12:0	C14:0	C16:0	C16:1	C18:0	C18:1	C18:2	C18:3	> C20	总脂肪酸 Total FA	脂肪酸占粗脂肪比例% FA in CFAT-fraction
饲用小麦面粉 CFIBRE< 35 g/kg	占脂肪酸(%)	—	—	0.1	19.0	1.0	1.0	15.0	57.0	5.0	1.0	—	70.0
	g/kg	—	—	0.0	4.3	0.2	0.2	3.4	12.8	1.1	0.2	—	
饲用小麦面粉 CFIBRE 35～55 g/kg	占脂肪酸(%)	—	—	0.1	19.0	1.0	1.0	15.0	57.0	5.0	1.0	—	70.0
	g/kg	—	—	0.0	4.9	0.3	0.3	3.9	14.8	1.3	0.3	—	
饲用小麦细粉	占脂肪酸(%)	—	—	0.1	19.0	1.0	1.0	15.0	57.0	5.0	1.0	—	70.0
	g/kg	—	—	0.0	4.5	0.2	0.2	3.6	13.6	1.2	0.2	—	
小麦次粉	占脂肪酸(%)	—	—	0.2	19.0	1.0	1.0	15.0	57.0	5.0	1.0	—	70.0
	g/kg	—	—	0.0	4.5	0.2	0.2	3.6	13.6	1.2	0.2	—	

注:FA=Fatty acid,脂肪酸。

7. 氨基酸

表 2-3-7 氨基酸含量及回肠消化率

饲料名称、描述及编号	氨基酸		赖氨酸 Lys	蛋氨酸 Met	胱氨酸 Cys	苏氨酸 Thr	色氨酸 Trp	异亮氨酸 Ile	精氨酸 Arg	苯丙氨酸 Phe	组氨酸 His	亮氨酸 Leu	酪氨酸 Tyr	缬氨酸 Val	丙氨酸 Ala	天冬氨酸 Asp	谷氨酸 Glu	甘氨酸 Gly	脯氨酸 Pro	丝氨酸 Ser	总氨基酸 Total AA
大麦	含量	占粗蛋白质比例平均值(g/16g N)	3.6	1.7	2.2	3.4	1.2	3.5	4.9	5.0	2.2	6.9	3.1	4.9	4.1	6.0	23.5	4.0	10.8	4.2	95.2
		标准差	0.3	0.1	0.2	0.2	0.1	0.2	0.3	0.3	0.2	0.3	0.2	0.3	0.3	0.5	1.7	0.2	0.9	0.2	
		饲料中 g/kg	3.7	1.8	2.3	3.5	1.2	3.6	5.1	5.2	2.3	7.2	3.2	5.1	4.3	6.2	24.4	4.2	11.2	4.4	99.0
	回肠氨基酸消化率 Ileal digestible AA(以下英文略)	标准 Stand.(g/kg)(以下英文略)	2.8	1.5	1.8	2.8	1.0	3.0	4.3	4.4	1.9	5.9	2.7	4.1	3.1	4.7	21.8	3.2	10.3	3.7	82.8
		表观 Apparent(g/kg)(以下英文略)	2.5	1.4	1.7	2.3	0.8	2.7	3.9	4.1	1.7	5.5	2.4	3.6	2.7	4.0	20.7	2.4	9.3	3.1	74.9

续表2-3-7

饲料名称、描述及编号	氨基酸		赖氨酸 Lys	蛋氨酸 Met	胱氨酸 Cys	苏氨酸 Thr	色氨酸 Trp	异亮氨酸 Ile	精氨酸 Arg	苯丙氨酸 Phe	组氨酸 His	亮氨酸 Leu	酪氨酸 Tyr	缬氨酸 Val	丙氨酸 Ala	天冬氨酸 Asp	谷氨酸 Glu	甘氨酸 Gly	脯氨酸 Pro	丝氨酸 Ser	总氨基酸 Total AA
大麦饲料	含量	占粗蛋白质比例平均值 (g/16g N)	4.3	1.9	2.0	3.6	1.1	3.5	5.8	4.3	1.9	6.6	3.1	5.0	4.8	6.9	18.1	4.6	7.2	4.4	89.1
		标准差	0.3	0.2	0.1	0.3	—	0.2	0.4	0.1	0.1	0.1	—	0.3	0.2	0.4	1.1	0.2	0.7	0.2	
		饲料中 g/kg	5.9	2.6	2.8	5.0	1.5	4.8	8.0	5.9	2.6	9.1	4.3	6.9	6.6	9.5	25.0	6.3	9.9	6.1	123.0
	回肠氨基酸消化率	标准(g/kg)	4.0	1.8	1.9	3.4	1.0	3.3	5.4	4.0	1.8	6.2	2.9	4.7	4.5	6.4	16.9	4.3	6.7	4.1	83.3
		表观(g/kg)	3.7	1.7	1.7	2.8	0.9	3.0	5.1	3.7	1.6	5.8	2.6	4.2	4.1	5.8	15.9	3.5	5.8	3.5	75.4
大麦加工副产品	含量	占粗蛋白质比例平均值 (g/16g N)	4.3	1.9	2.0	3.6	1.1	3.5	5.8	4.3	1.9	6.6	3.1	5.0	4.8	6.9	18.1	4.6	7.2	4.4	89.1
		标准差	0.3	0.2	0.1	0.3	—	0.2	0.4	0.1	0.1	0.1	—	0.3	0.2	0.4	1.1	0.2	0.7	0.2	
		饲料中 g/kg	5.1	2.3	2.4	4.3	1.3	4.2	6.9	5.1	2.3	7.9	3.7	5.9	5.7	8.2	21.5	5.5	8.6	5.2	106.0
	回肠氨基酸消化率	标准(g/kg)	3.3	1.5	1.5	2.8	0.9	2.7	4.5	3.3	1.5	5.1	2.4	3.9	3.7	5.3	13.9	3.5	5.5	3.4	68.6
		表观(g/kg)	3.0	1.4	1.4	2.2	0.7	2.4	4.1	3.0	1.3	4.7	2.1	3.4	3.3	4.6	12.9	2.7	4.6	2.8	60.5
碎饼干 CFAT<120 g/kg	含量	占粗蛋白质比例平均值 (g/16g N)	2.5	1.5	2.1	3.3	1.0	3.6	4.1	4.6	2.4	6.6	2.8	4.5	3.7	5.8	27.7	3.9	9.7	4.7	94.5
		标准差	0.3	0.2	0.1	0.4	—	0.1	0.6	0.5	0.2	0.1	—	0.4	0.3	0.5	1.3	0.3	0.2	0.3	
		饲料中 g/kg	2.1	1.3	1.8	2.8	0.8	3.0	3.4	3.9	2.0	5.5	2.4	3.8	3.1	4.9	23.3	3.3	8.1	3.9	79.4
	回肠氨基酸消化率	标准(g/kg)	1.9	1.2	1.6	2.5	0.8	2.8	3.2	3.5	1.9	5.2	2.2	3.5	2.9	4.4	22.0	3.0	7.5	3.7	73.8
		表观(g/kg)	1.6	1.1	1.4	2.0	0.6	2.5	2.9	3.2	1.7	4.8	2.0	3.0	2.4	3.7	20.9	2.2	6.4	3.1	65.3
碎饼干 CFAT>120 g/kg	含量	占粗蛋白质比例平均值 (g/16g N)	2.5	1.5	2.1	3.3	1.0	3.6	4.1	4.6	2.4	6.6	2.8	4.5	3.7	5.8	27.7	3.9	9.7	4.7	94.5
		标准差	0.3	0.2	0.1	0.4	—	0.1	0.6	0.5	0.2	0.1	—	0.4	0.3	0.5	1.3	0.3	0.2	0.3	
		饲料中 g/kg	2.0	1.2	1.7	2.6	0.8	2.9	3.3	3.7	1.9	5.3	2.2	3.6	3.0	4.6	22.2	3.1	7.8	3.8	75.6
	回肠氨基酸消化率	标准(g/kg)	1.8	1.1	1.5	2.4	0.7	2.7	3.1	3.3	1.8	4.9	2.1	3.3	2.7	4.2	21.0	2.9	7.1	3.5	70.3
		表观(g/kg)	1.5	1.0	1.3	1.9	0.6	2.4	2.7	3.0	1.6	4.5	1.9	2.9	2.3	3.5	19.9	2.1	6.1	2.9	61.9

续表2-3-7

饲料名称、描述及编号	氨基酸		赖氨酸 Lys	蛋氨酸 Met	胱氨酸 Cys	苏氨酸 Thr	色氨酸 Trp	异亮氨酸 Ile	精氨酸 Arg	苯丙氨酸 Phe	组氨酸 His	亮氨酸 Leu	酪氨酸 Tyr	缬氨酸 Val	丙氨酸 Ala	天冬氨酸 Asp	谷氨酸 Glu	甘氨酸 Gly	脯氨酸 Pro	丝氨酸 Ser	总氨基酸 Total AA
面包渣	含量	占粗蛋白质比例平均值 (g/16g N)	2.5	1.5	2.1	3.3	1.0	3.6	4.1	4.6	2.4	6.6	2.8	4.5	3.7	5.8	27.7	3.9	9.7	4.7	49.5
		标准差	0.3	0.2	0.1	0.4	—	0.1	0.6	0.5	0.2	0.1	—	0.4	0.3	0.5	1.3	0.3	0.2	0.3	
		饲料中 g/kg	3.0	1.8	2.6	4.0	1.2	4.4	5.0	5.6	2.9	8.1	3.4	5.5	4.5	7.1	33.8	4.8	11.8	5.7	115.3
	回肠氨基酸消化率	标准(g/kg)	2.8	1.7	2.3	3.7	1.1	4.1	4.7	5.0	2.7	7.6	3.2	5.1	4.2	6.5	32.0	4.4	10.9	5.4	107.3
		表观(g/kg)	2.4	1.6	2.1	3.2	1.0	3.8	4.3	4.7	2.6	7.1	3.0	4.6	3.7	5.8	31.0	3.6	9.9	4.8	99.2
干柑橘渣	含量	占粗蛋白质比例平均值 (g/16g N)	2.6	1.0	1.3	2.9	0.8	2.8	3.6	3.6	1.8	5.1	2.2	3.8	4.0	9.6	8.3	4.0	8.7	3.7	69.8
		标准差	0.2	0.1	0.2	0.2	0.1	0.2	0.6	0.4	0.4	0.3	0.2	0.4	0.2	0.6	0.9	0.2	1.5	0.2	
		饲料中 g/kg	1.6	0.6	0.8	1.8	0.5	1.8	2.3	2.3	1.1	3.2	1.4	2.4	2.5	6.0	5.2	2.5	5.5	2.3	44.0
	回肠氨基酸消化率	标准(g/kg)	0.6	0.2	0.3	0.7	0.2	0.7	0.9	0.8	0.4	1.2	0.5	0.9	0.9	2.3	1.9	0.9	2.0	0.9	16.4
		表观(g/kg)	0.3	0.1	0.1	0.1	0.1	0.3	0.5	0.6	0.3	0.8	0.3	0.4	0.5	1.6	0.8	0.1	1.0	0.3	8.1
玉米麸皮/玉米糠	含量	占粗蛋白质比例平均值 (g/16g N)	3.2	2.1	2.2	3.7	0.7	3.5	5.0	4.7	2.9	11.1	3.6	5.1	7.3	7.0	17.6	4.2	8.4	4.8	97.1
		标准差	0.6	0.3	0.2	0.3	0.2	0.3	0.9	0.6	0.2	2.0	0.4	0.4	0.8	0.6	2.5	0.6	1.2	0.4	
		饲料中 g/kg	3.0	2.0	2.1	3.5	0.7	3.3	4.7	4.4	2.7	10.5	3.4	4.8	6.9	6.6	16.6	4.0	7.9	4.5	91.5
	回肠氨基酸消化率	标准(g/kg)	2.1	1.7	1.5	2.4	0.5	2.6	4.2	3.6	2.2	8.7	2.8	3.8	5.5	4.8	13.2	2.8	6.1	3.6	72.1
		表观(g/kg)	1.8	1.6	1.3	1.9	0.4	2.3	3.8	3.3	2.0	8.3	2.6	3.3	5.1	4.1	12.2	2.0	5.1	3.1	64.2
饲用玉米面粉	含量	占粗蛋白质比例平均值 (g/16g N)	3.2	2.1	2.2	3.7	0.7	3.5	5.0	4.7	2.9	11.1	3.6	5.1	7.3	7.0	17.6	4.2	8.4	4.8	97.1
		标准差	0.6	0.3	0.2	0.3	0.2	0.3	0.9	0.6	0.2	2.0	0.4	0.4	0.8	0.6	2.5	0.6	1.2	0.4	
		饲料中 g/kg	2.3	1.5	1.6	2.7	0.5	2.5	3.6	3.4	2.1	8.0	2.6	3.7	5.3	5.0	12.7	3.0	6.0	3.5	69.9
	回肠氨基酸消化率	标准(g/kg)	1.8	1.4	1.3	2.1	0.4	2.2	3.1	2.9	1.8	7.5	2.4	3.2	4.8	4.2	11.7	2.4	4.5	3.1	60.8
		表观(g/kg)	1.5	1.3	1.1	1.6	0.3	1.9	2.7	2.6	1.7	7.0	2.1	2.7	4.3	3.5	10.6	1.7	3.5	2.5	52.8

续表2-3-7

饲料名称、描述及编号	氨基酸		赖氨酸 Lys	蛋氨酸 Met	胱氨酸 Cys	苏氨酸 Thr	色氨酸 Trp	异亮氨酸 Ile	精氨酸 Arg	苯丙氨酸 Phe	组氨酸 His	亮氨酸 Leu	酪氨酸 Tyr	缬氨酸 Val	丙氨酸 Ala	天冬氨酸 Asp	谷氨酸 Glu	甘氨酸 Gly	脯氨酸 Pro	丝氨酸 Ser	总氨基酸 Total AA
饲用玉米细粉	含量	占粗蛋白质比例平均值 (g/16g N)	3.2	2.1	2.2	3.7	0.7	3.5	5.0	4.7	2.9	11.1	3.6	5.1	7.3	7.0	17.6	4.2	8.4	4.8	97.1
		标准差	0.6	0.3	0.2	0.3	0.2	0.3	0.9	0.6	0.2	2.0	0.4	0.4	0.8	0.6	2.5	0.6	1.2	0.4	
		饲料中 g/kg	3.0	2.0	2.1	3.5	0.7	3.3	4.7	4.4	2.7	10.4	3.4	4.8	6.9	6.6	16.5	3.9	7.9	4.5	91.3
	回肠氨基酸消化率	标准(g/kg)	2.3	1.8	1.7	2.7	0.5	2.5	3.6	3.4	2.1	8.0	2.6	3.7	5.3	5.0	12.6	3.0	6.0	3.4	70.1
		表观(g/kg)	2.0	1.7	1.5	2.1	0.4	2.2	3.3	3.1	1.9	7.6	2.3	3.2	4.8	4.3	11.6	2.2	5.1	2.9	62.2
浸提后饲用玉米细粉	含量	占粗蛋白质比例平均值 (g/16g N)	3.2	2.1	2.2	3.7	0.7	3.5	5.0	4.7	2.9	11.1	3.6	5.1	7.3	7.0	17.6	4.2	8.4	4.8	97.1
		标准差	0.6	0.3	0.2	0.3	0.2	0.3	0.9	0.6	0.2	2.0	0.4	0.4	0.8	0.6	2.5	0.6	1.2	0.4	
		饲料中 g/kg	2.8	1.9	2.0	3.3	0.6	3.1	4.4	4.2	2.6	9.9	3.2	4.5	6.5	6.2	15.7	3.7	7.5	4.3	86.4
	回肠氨基酸消化率	标准(g/kg)	2.2	1.7	1.6	2.5	0.5	2.4	3.4	3.2	2.0	7.5	2.4	3.4	4.9	4.7	11.8	2.8	5.6	3.2	65.7
		表观(g/kg)	1.8	1.6	1.4	2.0	0.3	2.0	3.0	2.9	1.8	7.1	2.2	3.0	4.5	4.0	10.8	2.0	4.7	2.7	57.9
压榨玉米胚芽粕	含量	占粗蛋白质比例平均值 (g/16g N)	3.2	2.1	2.2	3.7	0.7	3.5	5.0	4.7	2.9	11.1	3.6	5.1	7.3	7.0	17.6	4.2	8.4	4.8	97.1
		标准差	0.6	0.3	0.2	0.3	0.2	0.3	0.9	0.6	0.2	2.0	0.4	0.4	0.8	0.6	2.5	0.6	1.2	0.4	
		饲料中 g/kg	4.3	2.8	2.9	5.0	0.9	4.7	6.7	6.3	3.9	14.9	4.8	6.8	9.8	9.4	23.6	5.6	11.3	6.4	130.1
	回肠氨基酸消化率	标准(g/kg)	2.6	2.3	1.9	3.2	0.5	3.4	5.5	5.0	2.7	11.4	4.1	4.8	6.6	6.3	15.9	3.8	7.6	4.3	92.2
		表观(g/kg)	2.3	2.2	1.7	2.6	0.4	3.1	5.1	4.7	2.5	11.0	3.8	4.4	6.2	5.6	14.9	3.0	6.6	3.8	84.1
浸提玉米胚芽粕饲料	含量	占粗蛋白质比例平均值 (g/16g N)	3.2	2.1	2.2	3.7	0.7	3.5	5.0	4.7	2.9	11.1	3.6	5.1	7.3	7.0	17.6	4.2	8.4	4.8	97.1
		标准差	0.6	0.3	0.2	0.3	0.2	0.3	0.9	0.6	0.2	2.0	0.4	0.4	0.8	0.6	2.5	0.6	1.2	0.4	
		饲料中 g/kg	4.4	2.9	3.0	5.1	1.0	4.8	6.9	6.5	4.0	15.3	5.0	7.0	10.1	9.7	24.3	5.8	11.6	6.6	134.0
	回肠氨基酸消化率	标准(g/kg)	2.7	2.4	1.9	3.3	0.6	3.5	5.6	5.2	2.8	11.8	4.2	5.0	6.8	6.5	16.4	3.9	7.8	4.5	95.0
		表观(g/kg)	2.4	2.3	1.8	2.7	0.4	3.2	5.3	4.9	2.6	11.4	4.0	4.5	6.4	5.9	15.4	3.1	6.9	3.9	87.0

续表2-3-7

饲料名称、描述及编号	氨基酸		赖氨酸 Lys	蛋氨酸 Met	胱氨酸 Cys	苏氨酸 Thr	色氨酸 Trp	异亮氨酸 Ile	精氨酸 Arg	苯丙氨酸 Phe	组氨酸 His	亮氨酸 Leu	酪氨酸 Tyr	缬氨酸 Val	丙氨酸 Ala	天冬氨酸 Asp	谷氨酸 Glu	甘氨酸 Gly	脯氨酸 Pro	丝氨酸 Ser	总氨基酸 Total AA
大麦芽根(编者注:大麦酿造过程中的副产物,由大麦根和胚芽组成)CP<200 g/kg	含量	占粗蛋白质比例平均值 (g/16g N)	4.2	1.5	1.2	3.2	1.0	3.0	4.4	3.3	1.7	5.6	2.2	4.4	4.7	9.9	11.3	4.0	5.7	3.3	74.6
		标准差	0.2	0.2	0.2	0.2	—	0.2	0.2	0.5	0.1	0.4	0.2	0.4	0.3	0.9	0.8	0.2	1.1	0.3	
		饲料中 g/kg	7.1	2.6	2.0	5.4	1.7	5.1	7.5	5.6	2.9	9.5	3.7	7.5	8.0	16.8	19.2	6.8	9.7	5.6	126.8
	回肠氨基酸消化率	标准(g/kg)	5.2	2.0	1.6	4.2	1.3	4.0	6.0	4.5	2.3	7.5	3.0	5.8	5.6	12.2	16.4	5.1	8.6	4.6	99.9
		表观(g/kg)	4.8	1.9	1.4	3.6	1.1	3.7	5.7	4.2	2.1	7.1	2.7	5.3	5.1	11.5	15.4	4.3	7.6	4.0	91.6
粟,谷子,黍,小米(编者注:英文有多种译法,实际对应中文原料有所差异)	含量	占粗蛋白质比例平均值 (g/16g N)	1.8	2.7	1.8	3.0	1.2	3.7	3.7	5.3	2.1	11.5	3.7	5.0	10.1	6.4	21.1	2.5	6.6	5.9	98.1
		标准差	—	—	—	—	—	—	—	—	—	—	—	—	—	—	—	—	—	—	
		饲料中 g/kg	2.0	3.0	2.0	3.3	1.3	4.1	4.1	5.9	2.3	12.8	4.1	5.6	11.2	7.1	23.4	2.8	7.3	6.5	108.9
	回肠氨基酸消化率	标准(g/kg)	1.6	2.2	1.8	2.8	1.3	3.7	3.6	5.3	2.1	11.5	3.5	4.8	10.0	6.1	21.7	2.3	6.9	5.9	97.2
		表观(g/kg)	1.3	2.1	1.6	2.3	1.2	3.3	3.2	5.1	1.9	11.1	3.2	4.4	9.6	5.4	20.7	1.5	6.0	5.3	89.2
粟(珍珠)	含量	占粗蛋白质比例平均值 (g/16g N)	1.8	2.7	1.8	3.0	1.2	3.7	3.7	5.3	2.1	11.5	3.7	5.0	10.1	6.4	21.1	2.5	6.6	5.9	98.1
		标准差	—	—	—	—	—	—	—	—	—	—	—	—	—	—	—	—	—	—	
		饲料中 g/kg	2.2	3.3	2.2	3.7	1.5	4.5	4.5	6.5	2.6	14.0	4.5	6.1	12.3	7.8	25.7	3.1	8.1	7.2	119.7
	回肠氨基酸消化率	标准(g/kg)	1.8	2.4	1.9	3.1	1.4	4.0	3.9	5.9	2.3	12.6	3.8	5.3	11.0	6.6	23.8	2.5	7.6	6.5	106.5
		表观(g/kg)	1.4	2.3	1.7	2.6	1.3	3.7	3.6	5.6	2.1	12.2	3.6	4.8	10.5	5.9	22.8	1.7	6.6	5.9	98.2
燕麦籽实	含量	占粗蛋白质比例平均值 (g/16g N)	4.1	1.7	3.0	3.5	1.2	3.7	6.5	4.8	2.2	7.3	3.3	5.2	4.8	8.2	19.2	4.9	5.3	4.8	93.7
		标准差	0.3	0.1	0.3	0.2	0.1	0.2	0.5	0.4	0.2	0.3	0.3	0.3	0.3	0.5	1.5	0.4	0.5	0.3	
		饲料中 g/kg	4.3	1.8	3.1	3.6	1.2	3.8	6.8	5.0	2.3	7.6	3.4	5.4	5.0	8.5	20.0	5.1	5.5	5.0	97.4
	回肠氨基酸消化率	标准(g/kg)	3.4	1.5	2.3	2.7	1.0	3.2	6.1	4.3	2.0	6.4	2.9	4.4	3.8	6.4	16.7	3.9	4.7	4.0	79.7
		表观(g/kg)	3.1	1.4	2.2	2.2	0.8	2.8	5.7	4.0	1.8	6.0	2.6	3.9	3.3	5.8	15.6	3.1	3.7	3.4	71.6

续表2-3-7

饲料名称、描述及编号	氨基酸		赖氨酸 Lys	蛋氨酸 Met	胱氨酸 Cys	苏氨酸 Thr	色氨酸 Trp	异亮氨酸 Ile	精氨酸 Arg	苯丙氨酸 Phe	组氨酸 His	亮氨酸 Leu	酪氨酸 Tyr	缬氨酸 Val	丙氨酸 Ala	天冬氨酸 Asp	谷氨酸 Glu	甘氨酸 Gly	脯氨酸 Pro	丝氨酸 Ser	总氨基酸 Total AA
去壳燕麦	含量	占粗蛋白质比例平均值 (g/16g N)	4.1	1.7	3.0	3.5	1.2	3.7	6.5	4.8	2.2	7.3	3.3	5.2	4.8	8.2	19.2	4.9	5.3	4.8	93.7
		标准差	0.3	0.1	0.3	0.2	0.1	0.2	0.5	0.4	02	0.3	0.3	0.3	0.3	0.5	1.5	0.4	0.5	0.3	
		饲料中 g/kg	5.4	2.2	3.9	4.6	1.6	4.8	8.5	6.3	2.9	9.6	4.3	6.8	6.3	10.7	25.2	6.4	6.9	6.3	122.7
	回肠氨基酸消化率	标准(g/kg)	4.6	2.0	3.2	3.7	1.3	4.3	8.2	5.8	2.7	8.6	3.9	6.0	5.1	8.8	22.5	5.3	6.4	5.4	107.8
		表观(g/kg)	4.3	1.9	3.0	3.2	1.2	3.9	7.8	5.5	2.5	8.2	3.7	5.5	4.7	8.1	21.5	4.5	5.4	4.9	99.8
高品质燕麦饲料	含量	占粗蛋白质比例平均值 (g/16g N)	4.1	1.7	3.0	3.5	1.2	3.7	6.5	4.8	2.2	7.3	3.3	5.2	4.8	8.2	19.2	4.9	5.3	4.8	93.7
		标准差	0.3	0.1	0.3	0.2	0.1	0.2	0.5	0.4	0.2	0.3	0.3	0.3	0.3	0.5	1.5	0.4	0.5	0.3	
		饲料中 g/kg	3.7	1.5	2.7	3.2	1.1	3.4	5.9	4.4	2.0	6.6	3.0	4.7	4.4	7.5	17.5	4.5	4.8	4.4	85.3
	回肠氨基酸消化率	标准(g/kg)	2.2	0.9	1.6	1.9	0.7	2.0	3.5	2.6	1.2	4.0	1.8	2.8	2.6	4.4	10.4	2.7	2.9	2.6	50.8
		表观(g/kg)	1.9	0.8	1.5	1.4	0.5	1.7	3.2	2.3	1.0	3.6	1.5	2.4	2.2	3.8	9.4	1.9	1.9	2.0	42.8
棕榈仁	含量	占粗蛋白质比例平均值 (g/16g N)	3.0	1.9	1.5	3.1	0.8	3.3	12.0	4.1	1.7	6.3	2.6	4.8	4.0	8.3	17.9	4.6	3.4	4.2	87.5
		标准差	0.4	0.1	0.2	0.1	0.1	0.1	1.1	0.2	0.1	0.2	0.2	0.2	0.1	0.3	0.7	0.2	0.3	0.2	
		饲料中 g/kg	2.8	1.7	1.4	2.9	0.7	3.0	11.0	3.8	1.6	5.8	2.4	4.4	3.7	7.6	16.5	4.2	3.1	3.9	80.5
	回肠氨基酸消化率	标准(g/kg)	1.8	1.3	0.9	2.0	0.4	2.0	7.2	2.4	1.0	3.7	1.5	2.9	2.4	4.9	10.6	2.7	2.0	2.5	52.2
		表观(g/kg)	1.4	1.2	0.7	1.4	0.3	1.6	6.8	2.1	0.8	3.3	1.3	2.4	1.9	4.2	9.5	1.9	1.0	1.9	43.7
压榨棕榈仁 CFIBRE<180 g/kg	含量	占粗蛋白质比例平均值 (g/16g N)	3.0	1.9	1.5	3.1	0.8	3.3	12.0	4.1	1.7	6.3	2.6	4.8	4.0	8.3	17.9	4.6	3.4	4.2	87.5
		标准差	—	—	—	—	—	—	—	—	—	—	—	—	—	—	—	—	—	—	
		饲料中 g/kg	4.7	3.0	2.4	4.9	1.3	5.2	18.9	6.5	2.7	9.9	4.1	7.6	6.3	13.1	28.2	7.2	5.4	6.6	137.9
	回肠氨基酸消化率	标准(g/kg)	3.1	2.2	1.6	3.4	0.7	3.4	12.4	4.2	1.7	6.5	2.7	4.9	4.1	8.5	18.4	4.7	3.5	4.3	90.3
		表观(g/kg)	2.7	2.1	1.4	2.9	0.6	3.0	12.0	3.9	1.6	6.0	2.4	4.4	3.6	7.8	17.2	3.9	2.4	3.7	81.5

续表2-3-7

饲料名称、描述及编号	氨基酸		赖氨酸 Lys	蛋氨酸 Met	胱氨酸 Cys	苏氨酸 Thr	色氨酸 Trp	异亮氨酸 Ile	精氨酸 Arg	苯丙氨酸 Phe	组氨酸 His	亮氨酸 Leu	酪氨酸 Tyr	缬氨酸 Val	丙氨酸 Ala	天冬氨酸 Asp	谷氨酸 Glu	甘氨酸 Gly	脯氨酸 Pro	丝氨酸 Ser	总氨基酸 Total AA
马铃薯干	含量	占粗蛋白质比例平均值 (g/16g N)	5.2	1.7	1.5	4.0	1.5	4.7	5.2	4.3	1.7	6.9	3.9	5.0	3.9	19.1	13.2	3.5	4.2	4.2	93.7
		标准差	—	—	—	—	—	—	—	—	—	—	—	—	—	—	—	—	—	—	
		饲料中 g/kg	4.8	1.6	1.4	3.7	1.4	4.4	4.8	4.0	1.6	6.4	3.6	4.6	3.6	17.8	12.3	3.3	3.9	3.9	87.1
	回肠氨基酸消化率	标准(g/kg)	3.1	1.1	0.8	2.4	0.7	2.6	2.9	2.4	0.9	3.8	2.2	2.8	2.2	10.6	7.3	1.9	2.3	2.3	52.3
		表观(g/kg)	2.8	1.0	0.6	1.8	0.6	2.3	2.5	2.1	0.8	3.4	1.9	2.3	1.7	9.9	6.2	1.1	1.3	1.7	44.1
马铃薯片	含量	占粗蛋白质比例平均值 (g/16g N)	5.4	1.4	1.3	3.9	0.9	3.7	3.1	3.9	1.7	6.1	3.3	5.2	6.0	19.1	11.6	3.6	3.4	3.7	87.3
		标准差	—	—	—	—	—	—	—	—	—	—	—	—	—	—	—	—	—	—	
		饲料中 g/kg	3.3	0.9	0.8	2.4	0.6	2.3	1.9	2.4	1.1	3.8	2.0	3.2	3.7	11.8	7.2	2.2	2.1	2.3	54.1
	回肠氨基酸消化率	标准(g/kg)	1.7	0.4	0.4	1.2	0.3	1.1	1.0	1.2	0.5	1.9	1.0	1.6	1.9	5.9	3.5	1.1	1.0	1.1	26.7
		表观(g/kg)	1.3	0.3	0.2	0.6	0.1	0.8	0.6	0.9	0.3	1.4	0.7	1.1	1.4	5.1	2.4	0.2	−0.1	0.5	17.9
干马铃薯渣 CP>05 g/kg	含量	占粗蛋白质比例平均值 (g/16g N)	6.2	1.3	1.8	3.7	1.5	3.5	4.2	3.7	2.1	6.1	3.8	5.3	3.2	9.6	8.7	3.7	4.0	3.8	76.2
		标准差	—	—	—	—	—	—	—	—	—	—	—	—	—	—	—	—	—	—	
		饲料中 g/kg	5.8	1.2	1.7	3.4	1.4	3.3	3.9	3.4	2.0	5.7	3.5	4.9	3.3	8.9	8.1	3.4	3.7	3.5	70.9
	回肠氨基酸消化率	标准(g/kg)	2.9	0.6	0.8	1.7	0.7	1.6	1.9	1.7	1.0	2.8	1.8	2.5	1.5	4.4	4.0	1.7	1.8	1.7	35.1
		表观(g/kg)	2.5	0.5	0.7	1.2	0.6	1.3	1.6	1.4	0.8	2.4	1.5	2.0	1.0	3.7	2.9	0.9	0.9	1.2	27.1
甘薯干	含量	占粗蛋白质比例平均值 (g/16g N)	4.0	1.6	1.4	3.2	1.1	3.1	4.1	4.0	1.6	5.5	2.7	3.9	4.2	11.4	13.0	3.7	4.0	3.4	75.9
		标准差	—	—	—	—	—	—	—	—	—	—	—	—	—	—	—	—	—	—	
		饲料中 g/kg	1.6	0.6	0.6	1.3	0.4	1.2	1.6	1.6	0.6	2.2	1.1	1.6	1.7	4.6	5.2	1.5	1.6	1.4	30.4
	回肠氨基酸消化率	标准(g/kg)	0.9	0.4	0.3	0.7	0.2	0.7	0.9	0.9	0.3	1.2	0.6	0.8	0.9	2.5	2.8	0.8	0.8	0.7	16.4
		表观(g/kg)	0.5	0.3	0.1	0.2	0.1	0.3	0.6	0.6	0.2	0.8	0.3	0.4	0.5	1.8	1.7	0.0	−0.1	0.2	8.4

续表2-3-7

饲料名称、描述及编号	氨基酸		赖氨酸 Lys	蛋氨酸 Met	胱氨酸 Cys	苏氨酸 Thr	色氨酸 Trp	异亮氨酸 Ile	精氨酸 Arg	苯丙氨酸 Phe	组氨酸 His	亮氨酸 Leu	酪氨酸 Tyr	缬氨酸 Val	丙氨酸 Ala	天冬氨酸 Asp	谷氨酸 Glu	甘氨酸 Gly	脯氨酸 Pro	丝氨酸 Ser	总氨基酸 Total AA
稻米饲料 ASH＜90 g/kg	含量	占粗蛋白质比例平均值 (g/16g N)	4.2	2.1	2.2	3.7	1.1	3.7	7.8	4.7	2.7	7.3	3.4	5.5	5.9	9.0	14.6	5.1	4.5	4.7	92.2
		标准差	0.6	0.3	0.2	0.3	0.2	0.3	0.6	0.4	0.3	0.5	0.5	0.4	0.4	0.5	1.7	0.5	0.3	0.4	
		饲料中 g/kg	5.7	2.8	3.0	5.0	1.5	5.0	10.5	6.3	3.6	9.9	4.6	7.4	8.0	12.1	19.7	6.9	6.1	6.3	124.5
	回肠氨基酸消化率	标准(g/kg)	3.5	2.0	1.5	3.0	1.1	3.4	8.1	3.9	2.4	6.5	3.2	4.9	5.2	7.6	13.9	4.0	4.0	4.3	82.5
		表观(g/kg)	3.2	1.9	1.4	2.5	1.0	3.1	7.7	3.6	2.2	6.1	2.9	4.4	4.8	6.9	12.9	3.2	3.0	3.7	74.4
稻米饲料 ASH＞90 g/kg	含量	占粗蛋白质比例平均值 (g/16g N)	4.2	2.1	2.2	3.7	1.1	3.7	7.8	4.7	2.7	7.3	3.4	5.5	5.9	9.0	14.6	5.1	4.5	4.7	92.2
		标准差	0.6	0.3	0.2	0.3	0.2	0.3	0.6	0.4	0.3	0.5	0.5	0.4	0.4	0.5	1.7	0.5	0.3	0.4	
		饲料中 g/kg	5.6	2.8	2.9	4.9	1.5	4.9	10.4	6.3	3.6	9.7	4.5	7.3	7.8	12.0	19.4	6.8	6.0	6.3	122.6
	回肠氨基酸消化率	标准(g/kg)	3.5	2.0	1.5	3.0	1.1	3.3	8.0	3.9	2.4	6.4	3.1	4.8	5.2	7.5	13.7	3.9	3.9	4.2	81.3
		表观(g/kg)	3.1	1.9	1.3	2.4	1.0	3.0	7.6	3.6	2.2	6.0	2.8	4.3	4.7	6.8	12.6	3.1	2.9	3.6	73.1
黑麦	含量	占粗蛋白质比例平均值 (g/16g N)	3.8	1.7	2.4	3.3	1.0	3.4	5.1	4.6	2.4	6.2	2.6	4.7	4.3	7.2	22.7	4.4	9.4	4.3	93.5
		标准差	0.2	0.1	0.2	0.1	0.1	0.2	0.3	0.3	0.2	0.2	0.2	0.3	0.2	0.5	1.5	0.2	0.8	0.2	
		饲料中 g/kg	3.7	1.7	2.4	3.2	1.0	3.3	5.0	4.5	2.4	6.1	2.5	4.6	4.2	7.1	22.2	4.3	9.2	4.2	91.6
	回肠氨基酸消化率	标准(g/kg)	2.8	1.4	1.9	2.4	0.7	2.6	3.9	3.7	1.9	4.8	1.9	3.6	2.9	5.5	20.2	3.4	9.0	3.5	76.1
		表观(g/kg)	2.5	1.3	1.7	1.9	0.6	2.3	3.6	3.4	1.7	4.4	1.7	3.1	2.5	4.8	19.2	2.6	8.0	3.0	68.2
黑麦次粉	含量	占粗蛋白质比例平均值 (g/16g N)	3.8	1.7	2.4	3.3	1.0	3.4	5.1	4.6	2.4	6.2	2.6	4.7	4.3	7.2	22.7	4.4	9.4	4.3	93.5
		标准差	0.2	0.1	0.2	0.1	0.1	0.2	0.3	0.3	0.2	0.2	0.2	0.3	0.2	0.5	1.5	0.2	0.8	0.2	
		饲料中 g/kg	5.4	2.4	3.4	4.7	1.4	4.8	7.2	6.5	3.4	8.7	3.7	6.6	6.1	10.2	32.0	6.2	13.3	6.1	131.8
	回肠氨基酸消化率	标准(g/kg)	3.7	1.7	2.3	2.8	1.0	3.2	5.7	4.8	2.4	5.0	2.5	4.6	3.8	7.5	27.1	4.1	11.9	4.5	99.6
		表观(g/kg)	3.4	1.7	2.1	2.3	0.9	2.8	5.3	4.6	2.3	5.5	2.2	4.2	3.4	6.8	26.1	3.3	10.9	4.0	91.7

续表2-3-7

饲料名称、描述及编号	氨基酸		赖氨酸 Lys	蛋氨酸 Met	胱氨酸 Cys	苏氨酸 Thr	色氨酸 Trp	异亮氨酸 Ile	精氨酸 Arg	苯丙氨酸 Phe	组氨酸 His	亮氨酸 Leu	酪氨酸 Tyr	缬氨酸 Val	丙氨酸 Ala	天冬氨酸 Asp	谷氨酸 Glu	甘氨酸 Gly	脯氨酸 Pro	丝氨酸 Ser	总氨基酸 Total AA
高粱	含量	占粗蛋白质比例平均值 (g/16g N)	2.4	1.8	1.9	3.3	1.1	4.0	4.0	5.3	2.4	13.0	3.9	5.0	8.9	7.1	20.0	3.4	8.1	4.6	100.2
		标准差	0.3	0.1	0.1	0.1	0.1	0.2	0.3	0.3	0.2	0.6	0.3	0.3	0.4	0.3	1.1	0.3	0.5	0.2	
		饲料中 g/kg	2.3	1.7	1.8	3.1	1.0	3.8	3.8	5.0	2.3	12.2	3.7	4.7	8.4	6.7	18.8	3.2	7.6	4.3	94.2
	回肠氨基酸消化率	标准(g/kg)	1.8	1.5	1.5	2.7	0.9	3.3	3.2	4.4	1.9	10.9	3.3	4.1	7.1	5.6	17.4	2.6	7.0	3.9	83.3
		表观(g/kg)	1.5	1.4	1.4	2.2	0.8	3.0	2.9	4.2	1.7	10.5	3.0	3.6	6.7	4.9	16.4	1.8	6.1	3.4	75.3
甜菜糖蜜	含量	占粗蛋白质比例平均值 (g/16g N)	0.5	0.3	0.3	0.7	0.2	1.7	0.3	0.5	0.2	1.7	1.6	1.1	2.2	5.6	36.0	1.8	0.9	1.7	57.3
		标准差	0.2	0.1	0.1	0.1	—	0.4	0.1	—	—	0.4	—	0.2	0.4	1.2	5.9	0.4	—	0.3	
		饲料中 g/kg	0.5	0.3	0.3	0.7	0.2	1.7	0.3	0.5	0.2	1.7	1.6	1.1	2.2	5.6	36.0	1.8	0.9	1.7	57.3
	回肠氨基酸消化率	标准(g/kg)	0.5	0.3	0.3	0.7	0.2	1.6	0.3	0.5	0.2	1.6	1.5	1.0	2.1	5.3	34.1	1.7	0.8	1.6	54.2
		表观(g/kg)	0.2	0.2	0.1	0.2	0.1	1.3	−0.0	0.2	0.1	1.3	1.3	0.7	1.7	4.7	33.3	1.0	0.0	1.1	47.6
干甜菜渣 SUG 150~200 g/kg	含量	占粗蛋白质比例平均值 (g/16g N)	4.1	1.3	1.0	3.8	0.7	3.0	3.4	3.0	2.4	4.8	3.8	4.7	4.4	11.3	10.0	3.5	3.4	3.9	72.5
		标准差	—	—	—	—	—	—	—	—	—	—	—	—	—	—	—	—	—	—	
		饲料中 g/kg	4.1	1.3	1.0	3.8	0.7	3.0	3.4	3.0	2.4	4.8	3.8	4.7	4.4	11.4	10.1	3.5	3.4	3.9	73.2
	回肠氨基酸消化率	标准(g/kg)	2.3	0.8	0.5	1.1	0.4	1.6	1.8	1.4	1.3	2.5	2.0	2.0	2.1	2.9	5.9	1.6	1.5	1.3	32.8
		表观(g/kg)	1.9	0.7	0.3	0.5	0.2	1.2	1.5	1.1	1.1	2.1	1.7	1.5	1.6	2.2	4.8	0.8	0.5	0.7	24.5
干甜菜渣 SUG>200 g/kg	含量	占粗蛋白质比例平均值 (g/16g N)	3.6	1.1	0.9	3.5	0.6	2.7	2.9	2.7	2.1	4.3	3.4	4.4	4.2	12.1	10.2	3.2	3.0	3.6	68.5
		标准差	—	—	—	—	—	—	—	—	—	—	—	—	—	—	—	—	—	—	
		饲料中 g/kg	3.8	1.2	0.9	3.7	0.6	2.8	3.0	2.8	2.2	4.5	3.6	4.6	4.4	12.7	10.7	3.4	3.2	3.8	71.9
	回肠氨基酸消化率	标准(g/kg)	2.1	0.7	0.4	1.0	0.3	1.5	1.6	1.3	1.1	2.3	1.9	1.9	2.1	3.3	6.2	1.5	1.4	1.3	31.9
		表观(g/kg)	1.7	0.6	0.2	0.5	0.2	1.1	1.3	1.0	1.0	1.9	1.6	1.4	1.6	2.5	5.2	0.7	0.4	0.7	23.6

续表2-3-7

饲料名称、描述及编号	氨基酸		赖氨酸 Lys	蛋氨酸 Met	胱氨酸 Cys	苏氨酸 Thr	色氨酸 Trp	异亮氨酸 Ile	精氨酸 Arg	苯丙氨酸 Phe	组氨酸 His	亮氨酸 Leu	酪氨酸 Tyr	缬氨酸 Val	丙氨酸 Ala	天冬氨酸 Asp	谷氨酸 Glu	甘氨酸 Gly	脯氨酸 Pro	丝氨酸 Ser	总氨基酸 Total AA
甘蔗糖蜜 SUG＜475 g/kg	含量	占粗蛋白质比例平均值 (g/16g N)	0.4	0.4	0.6	1.0	0.2	0.9	0.2	0.5	0.2	1.1	0.4	1.9	3.4	17.8	7.6	1.4	1.0	1.2	40.2
		标准差	—	—	—	—	—	—	—	—	—	—	—	—	—	—	—	—	—	—	
		饲料中 g/kg	0.2	0.2	0.3	0.4	0.1	0.4	0.1	0.2	0.1	0.5	0.2	0.8	1.5	7.8	3.3	0.6	0.4	0.5	17.7
	回肠氨基酸消化率	标准(g/kg)	0.2	0.2	0.3	0.4	0.1	0.4	0.1	0.2	0.1	0.4	0.2	0.8	1.4	7.4	3.1	0.6	0.4	0.5	16.5
		表观(g/kg)	−0.1	0.1	0.1	−0.0	−0.0	0.1	−0.2	−0.0	−0.1	0.1	−0.1	0.4	1.1	6.8	2.2	−0.1	−0.4	0.0	9.9
甘蔗糖蜜 SUG＞475 g/kg	含量	占粗蛋白质比例平均值 (g/16g N)	0.4	0.4	0.6	1.0	0.2	0.9	0.2	0.5	0.2	1.1	0.4	1.9	3.4	17.8	7.6	1.4	1.0	1.2	40.2
		标准差	—	—	—	—	—	—	—	—	—	—	—	—	—	—	—	—	—	—	
		饲料中 g/kg	0.2	0.2	0.3	0.4	0.1	0.4	0.1	0.2	0.1	0.5	0.2	0.8	1.4	7.5	3.2	0.6	0.4	0.5	16.9
	回肠氨基酸消化率	标准(g/kg)	0.2	0.2	0.2	0.4	0.1	0.4	0.1	0.2	0.1	0.4	0.2	0.8	1.3	7.1	3.0	0.5	0.4	0.5	15.8
		表观(g/kg)	−0.1	0.1	0.1	−0.0	−0.0	0.1	−0.2	−0.0	−0.1	0.1	−0.1	0.4	1.0	6.5	2.1	−0.1	−0.4	−0.0	9.1
木薯淀粉 575～625 g/kg	含量	占粗蛋白质比例平均值 (g/16g N)	3.7	1.3	1.2	3.3	1.1	3.1	4.9	3.4	2.4	5.4	2.1	4.1	5.2	7.6	13.9	3.7	3.9	3.6	73.9
		标准差	0.4	0.2	0.3	0.3	0.2	0.3	0.9	0.7	0.7	0.6	0.4	0.3	0.7	0.7	1.9	0.6	0.7	0.4	
		饲料中 g/kg	0.9	0.3	0.3	0.8	0.3	0.7	1.1	0.8	0.6	1.2	0.5	0.9	1.2	1.7	3.2	0.9	0.9	0.8	17.0
	回肠氨基酸消化率	标准(g/kg)	0.5	0.2	0.2	0.4	0.1	0.4	0.6	0.4	0.3	0.7	0.3	0.5	0.6	0.9	1.7	0.5	0.5	0.4	9.0
		表观(g/kg)	0.1	0.1	−0.0	−0.1	0.0	0.1	0.3	0.1	0.1	0.3	0.0	0.0	0.2	0.2	0.6	−0.3	−0.5	−0.1	1.0
木薯淀粉 625～675 g/kg	含量	占粗蛋白质比例平均值 (g/16g N)	3.7	1.3	1.2	3.3	1.1	3.1	4.9	3.4	2.4	5.4	2.1	4.1	5.2	7.6	13.9	3.7	3.9	3.6	73.9
		标准差	0.4	0.2	0.3	0.3	0.2	0.3	0.9	0.7	0.7	0.6	0.4	0.3	0.7	0.7	1.9	0.6	0.7	0.4	
		饲料中 g/kg	0.9	0.3	0.3	0.8	0.3	0.7	1.1	0.8	0.6	1.2	0.5	0.9	1.2	1.7	3.2	0.9	0.9	0.8	17.0
	回肠氨基酸消化率	标准(g/kg)	0.5	0.2	0.2	0.4	0.1	0.4	0.6	0.4	0.3	0.7	0.3	0.5	0.6	0.9	1.7	0.5	0.5	0.4	9.0
		表观(g/kg)	0.1	0.1	−0.0	−0.1	0.0	0.1	0.3	0.1	0.1	0.3	0.0	0.0	0.2	0.2	0.6	−0.3	−0.5	−0.1	1.0

续表2-3-7

饲料名称、描述及编号	氨基酸		赖氨酸 Lys	蛋氨酸 Met	胱氨酸 Cys	苏氨酸 Thr	色氨酸 Trp	异亮氨酸 Ile	精氨酸 Arg	苯丙氨酸 Phe	组氨酸 His	亮氨酸 Leu	酪氨酸 Tyr	缬氨酸 Val	丙氨酸 Ala	天冬氨酸 Asp	谷氨酸 Glu	甘氨酸 Gly	脯氨酸 Pro	丝氨酸 Ser	总氨基酸 Total AA
木薯淀粉 675～725 g/kg	含量	占粗蛋白质比例平均值 (g/16g N)	3.7	1.3	1.2	3.3	1.1	3.1	4.9	3.4	2.4	5.4	2.1	4.1	5.2	7.6	13.9	3.7	3.9	3.6	73.9
		标准差	0.4	0.2	0.3	0.3	0.2	0.3	0.9	0.7	0.7	0.6	0.4	0.3	0.7	0.7	1.9	0.6	0.7	0.4	
		饲料中 g/kg	0.9	0.3	0.3	0.8	0.3	0.7	1.1	0.8	0.6	1.2	0.5	0.9	1.2	1.7	3.2	0.9	0.9	0.8	17.0
	回肠氨基酸消化率	标准(g/kg)	0.5	0.2	0.2	0.4	0.1	0.4	0.6	0.4	0.3	0.7	0.3	0.5	0.6	0.9	1.7	0.5	0.5	0.4	9.0
		表观(g/kg)	0.1	0.1	−0.0	−0.1	0.0	0.1	0.3	0.1	0.1	0.3	0.0	0.0	0.2	0.2	0.6	−0.3	−0.5	−0.1	1.1
黑小麦	含量	占粗蛋白质比例平均值 (g/16g N)	3.3	1.7	2.3	3.1	1.1	3.4	5.0	4.5	2.3	6.5	2.8	4.6	4.0	6.1	25.3	4.2	9.4	4.5	94.1
		标准差	0.3	0.1	0.1	0.2	0.1	0.1	0.3	0.3	0.1	0.1	0.2	0.3	0.2	0.4	1.8	0.2	0.7	0.2	
		饲料中 g/kg	3.7	1.9	2.6	3.5	1.2	3.8	5.6	5.0	2.6	7.3	3.1	5.2	4.5	6.8	28.3	4.7	10.5	5.0	105.4
	回肠氨基酸消化率	标准(g/kg)	3.1	1.7	2.3	2.7	1.0	3.4	4.9	4.4	2.2	6.4	2.7	4.5	3.7	5.7	26.3	3.8	9.8	4.4	93.0
		表观(g/kg)	2.7	1.6	2.1	2.2	0.9	3.0	4.5	4.1	2.1	5.9	2.4	4.1	3.3	5.0	25.3	3.0	8.8	3.9	85.0
饲用小麦面粉 CFIBRE <35 g/kg	含量	占粗蛋白质比例平均值 (g/16g N)	4.0	1.6	2.1	3.3	1.4	3.2	6.7	4.0	2.7	6.2	2.9	4.7	4.7	7.1	19.4	5.1	6.5	4.4	90.0
		标准差	0.3	0.1	0.1	0.2	0.1	0.2	0.5	0.3	0.2	0.3	0.3	0.3	0.4	0.5	2.2	0.4	0.8	0.3	
		饲料中 g/kg	6.1	2.4	3.2	5.0	2.1	4.9	10.2	6.1	4.1	9.4	4.4	7.1	7.1	10.8	29.5	7.8	9.9	6.7	136.8
	回肠氨基酸消化率	标准(g/kg)	5.4	2.2	2.8	4.4	1.9	4.5	9.5	5.5	3.8	8.7	4.1	6.5	6.3	9.6	28.2	7.0	9.3	6.3	126.0
		表观(g/kg)	5.1	2.1	2.7	3.9	1.8	4.2	9.1	5.2	3.6	8.2	3.9	6.0	5.9	8.9	27.2	6.2	8.3	5.7	118.1
饲用小麦面粉 CFIBRE 35～55 g/kg	含量	占粗蛋白质比例平均值 (g/16g N)	4.0	1.6	2.1	3.3	1.4	3.2	6.7	4.0	2.7	6.2	2.9	4.7	4.7	7.1	19.4	5.1	6.5	4.4	90.0
		标准差	0.3	0.1	0.1	0.2	0.1	0.2	0.5	0.3	0.2	0.3	0.3	0.3	0.4	0.5	2.2	0.4	0.8	0.3	
		饲料中 g/kg	6.1	2.4	3.2	5.0	2.1	4.9	10.2	6.1	4.1	9.4	4.4	7.1	7.1	10.8	29.5	7.8	9.9	6.7	136.8
	回肠氨基酸消化率	标准(g/kg)	5.1	2.1	2.7	4.1	1.8	4.2	9.3	5.2	3.6	8.2	3.9	6.1	5.8	9.0	27.3	6.5	9.1	5.9	120.0
		表观(g/kg)	4.8	2.0	2.5	3.6	1.7	3.9	8.9	4.9	3.5	7.8	3.6	5.7	5.4	8.4	26.3	5.7	8.1	5.4	112.1

续表2-3-7

饲料名称、描述及编号	氨基酸		赖氨酸 Lys	蛋氨酸 Met	胱氨酸 Cys	苏氨酸 Thr	色氨酸 Trp	异亮氨酸 Ile	精氨酸 Arg	苯丙氨酸 Phe	组氨酸 His	亮氨酸 Leu	酪氨酸 Tyr	缬氨酸 Val	丙氨酸 Ala	天冬氨酸 Asp	谷氨酸 Glu	甘氨酸 Gly	脯氨酸 Pro	丝氨酸 Ser	总氨基酸 Total AA
饲用小麦细粉	含量	占粗蛋白质比例平均值 (g/16g N)	4.0	1.6	2.1	3.3	1.4	3.2	6.7	4.0	2.7	6.2	2.9	4.7	4.7	7.1	19.4	5.1	6.5	4.4	90.0
		标准差	0.3	0.1	0.1	0.2	0.1	0.2	0.5	0.3	0.2	0.3	0.3	0.3	0.4	0.5	2.2	0.4	0.8	0.3	
		饲料中 g/kg	6.2	2.5	3.2	5.1	2.2	4.9	10.3	6.2	4.2	9.5	4.5	7.2	7.2	10.9	29.9	7.9	10.0	6.8	138.6
	回肠氨基酸消化率	标准(g/kg)	4.7	2.0	2.5	3.7	1.7	3.9	9.2	4.7	3.5	7.6	3.6	5.6	5.3	8.4	26.5	6.0	8.9	5.5	113.5
		表观(g/kg)	4.4	1.9	2.3	3.2	1.6	3.6	8.8	4.4	3.3	7.2	3.4	5.2	4.9	7.7	25.5	5.2	7.9	5.0	105.6
小麦面筋饲料	含量	占粗蛋白质比例平均值 (g/16g N)	3.1	1.5	2.1	3.3	1.3	3.1	5.9	3.9	2.6	6.3	3.0	4.9	4.7	6.8	19.8	4.9	6.6	4.5	88.3
		标准差	0.3	0.1	0.1	0.2	0.1	0.2	0.5	0.2	0.2	0.2	0.2	0.4	0.1	0.2	1.1	0.2	0.5	0.2	
		饲料中 g/kg	4.6	2.2	3.1	4.9	1.9	4.6	8.7	5.7	3.8	9.3	4.4	7.2	6.9	10.0	29.1	7.2	9.7	6.6	129.8
	回肠氨基酸消化率	标准(g/kg)	3.7	1.8	2.4	3.7	1.6	3.6	6.8	4.5	3.0	7.3	3.5	5.7	5.4	7.8	22.8	5.6	7.6	5.2	101.8
		表观(g/kg)	3.3	1.7	2.2	3.2	1.5	3.2	6.5	4.2	2.8	6.8	3.2	5.2	5.0	7.1	21.7	4.8	6.6	4.6	93.6
小麦次粉	含量	占粗蛋白质比例平均值 (g/16g N)	4.0	1.6	2.1	3.3	1.4	3.2	6.7	4.0	2.7	6.2	2.9	4.7	4.7	7.1	19.4	5.1	6.5	4.4	90.0
		标准差	0.3	0.1	0.1	0.2	0.1	0.2	0.5	0.3	0.2	0.3	0.3	0.3	0.4	0.5	2.2	0.4	0.8	0.3	
		饲料中 g/kg	6.1	2.4	3.2	5.0	2.1	4.9	10.3	6.1	4.1	9.5	4.4	7.2	7.2	10.9	29.7	7.8	9.9	6.7	137.7
	回肠氨基酸消化率	标准(g/kg)	4.8	2.0	2.5	3.7	1.7	3.9	9.3	5.1	3.5	7.6	3.7	5.8	5.5	8.6	26.8	5.8	8.8	5.6	114.7
		表观(g/kg)	4.5	1.9	2.3	3.2	1.6	3.5	9.0	4.9	3.3	7.1	3.4	5.3	5.1	7.9	25.8	5.1	7.9	5.0	106.8
乳清粉	含量	占粗蛋白质比例平均值 (g/16g N)	7.5	1.5	1.9	5.4	1.4	5.1	2.4	3.3	1.8	8.9	2.4	4.9	4.3	9.1	15.5	2.0	5.5	4.4	87.3
		标准差	0.5	0.2	0.2	0.8	0.1	0.4	0.3	0.4	0.2	0.4	0.3	0.3	0.2	0.5	0.6	0.2	0.5	0.3	
		饲料中 g/kg	9.7	2.0	2.5	7.0	1.8	6.6	3.1	4.3	2.3	11.6	3.1	6.4	5.6	11.8	20.2	2.6	7.2	5.7	113.5
	回肠氨基酸消化率	标准(g/kg)	9.0	1.8	2.3	6.3	1.6	6.0	2.8	3.8	2.1	10.4	2.8	5.7	5.0	10.6	18.1	2.3	6.4	5.1	102.2
		表观(g/kg)	8.6	1.7	2.1	5.8	1.5	5.6	2.4	3.5	1.9	9.9	2.5	5.2	4.5	9.9	16.9	1.4	5.3	4.5	93.3
		表观(g/kg)	—	—	—	—	—	—	—	—	—	—	—	—	—	—	—	—	—	—	—

2.4　苏联资料

2.4.1　М.Ф. 托迈,等.1953. 饲料消化性. 马承融,等译(1960)[13]

1. 牛对饲料原料的消化率

表 2-4-1　牛对饲料原料的消化率

饲料名称	饲料来源	饲料特点	进行试验时间(年)	动物特点	饲料成分(在原来含水情况下的%)								消化率(%)							
					干物质	有机物	粗蛋白质	真蛋白质	脂肪	纤维素[1]	无氮浸出物[2]	粗灰分[3]	干物质	有机物	粗蛋白质	真蛋白质	脂肪	纤维素[1]	无氮抽出物[2]	粗灰分[3]
(一)成年的动物																				
半糖用甜菜	斯达维罗宝里边区	整株饲喂	1946	红色草原杂种母牛	13.0	11.9	2.1	1.9	0.2	1.2	8.4	1.1	76.8	58.3	89.5	91.0	29.0	35.5	57.8	—
小米粗粉	西哈萨克斯坦省	在饲料中含有破碎的颖片、皮壳，黍的碎粒和碎屑	1932	阉牛	86.4	79.2	15.4	13.0	13.1	12.6	38.1	7.2	—	55.7	64.9	61.6	69.3	—	75.8	11.1
灰色面粉	西哈萨克斯坦省	混有少量杂质和沙粒(2%)	1932	阉牛	85.4	79.3	15.9	12.9	4.1	14.9	44.4	6.1	—	48.0	65.1	56.3	56.3	19.7	50.9	10.6

注：[1]原文为"纤维素"，编者推测应为"粗纤维"；[2]原文为"无氮抽出物"；[3]原文为"灰分"，下同。

2. 绵羊对饲料原料的消化率

表 2-4-2　绵羊对饲料原料的消化率

饲料名称	饲料来源	饲料特点	进行试验时间(年)	动物特点	饲料成分(在原来含水情况下的%)								消化率(%)							
					干物质	有机物	粗蛋白质	真蛋白质	脂肪	纤维素	无氮浸出物	粗灰分	干物质	有机物	粗蛋白质	真蛋白质	脂肪	纤维素	无氮抽出物	粗灰分
幼年的向日葵菌伞	卡拉冈达省	—	1932—1938	公绵羊	66.0	58.0	4.8	3.0	2.6	10.6	40.0	8.0	70.0	71.0	52.0	—	65.8	72.3	72.5	63.2

续表2-4-2

饲料名称	饲料来源	饲料特点	进行试验时间（年）	动物特点	饲料成分（在原来含水情况下的%）								消化率（%）							
					干物质	有机物	粗蛋白质	真蛋白质	脂肪	纤维素	无氮浸出物	粗灰分	干物质	有机物	粗蛋白质	真蛋白质	脂肪	纤维素	无氮抽出物	粗灰分
ляминария сахарина 80% 和 ляминария дигитата 12%	—	藻类是从树干及假根上剥下，在加热到40℃的水中浸泡1 h，然后在凉水中洗净，用40～60℃的温度烘干，并在切蒿机上切断	1933	去势绵羊	69.6	54.9	9.0	8.4	0.7	7.6	37.6	14.7	57.9	60.5	49.4	45.9	78.6	65.3	61.8	48.5
ляминария сахарина	—	藻类是从假根及树干上剥下，在切蒿机上截断，没有事先进行洗净	1933	去势绵羊	66.8	45.6	7.9	6.4	0.8	9.3	27.6	21.2	67.8	70.4	59.4	54.3	90.4	37.2	84.2	62.2
ляминария сахарина	—	藻类是从假根及树干上剥下，在切蒿机上截断，并经过5 min冷水洗涤	1933	去势绵羊	19.2	14.4	2.6	2.3	0.3	2.4	9.1	4.8	59.2	63.3	54.7	50.6	89.5	30.8	73.5	46.6
ляминария сахарина 50% 和 ляминария дигитата 50%	巴伦次海（基尔金岛沿岸）	在粉末状态饲喂	1933	去势绵羊	80.5	62.0	11.7	9.8	1.1	8.7	40.5	18.5	27.8	21.5	33.3	20.9	57.1	—	23.4	49.0
叉明棵干草	斯达维罗宝里边区	在现蕾期用刈草机收获，在田埂干燥，经10～12 d切碎	1937—1938	第一代杂种公绵羊	85.0	65.5	16.6	11.8	1.4	14.4	33.1	19.5	—	—	73.0	59.0	57.1	38.7	69.9	—
Сено гамантуса	乌兹别克苏维埃社会主义共和国	在11月收获，冬季饲料	1940	去势绵羊	65.4	52.2	4.7	3.7	3.0	9.1	35.4	13.2	—	33.4	39.6	34.2	77.9	—	38.1	—
东油菜	莫斯科省	—	1935	去势绵羊	13.0	11.9	1.4	1.1	0.3	1.2	9.0	1.1	—	84.0	66.4	58.6	—	21.0	95.2	—
东油菜	斯摩棱斯克省	进行切碎	1931	去势绵羊	10.5	9.9	1.1	0.9	0.2	1.5	7.1	0.6	—	—	72.3	42.3	—	69.1	92.6	—
马铃薯	斯摩棱斯克省	—	1935	去势绵羊	24.7	23.5	2.6	1.8	0.1	0.6	20.2	1.2	—	90.0	68.4	68.3	—	—	—	—
食用的胡萝卜	斯摩棱斯克省	—	1935	去势绵羊	13.1	11.5	1.2	1.0	0.4	1.6	8.3	1.6	—	83.6	64.6	59.9	—	35.5	96.3	—

续表2-4-2

饲料名称	饲料来源	饲料特点	进行试验时间(年)	动物特点	饲料成分(在原来含水情况下的%)								消化率(%)							
					干物质	有机物	粗蛋白质	真蛋白质	脂肪	纤维素	无氮浸出物	粗灰分	干物质	有机物	粗蛋白质	真蛋白质	脂肪	纤维素	无氮抽出物	粗灰分
饲用甜菜,红色的	南哈萨克斯坦省	—	1939	去势绵羊	14.4	13.4	0.4	0.4	0.1	0.8	12.1	1.0	76.2	79.1	71.5	58.2	74.0	48.6	81.1	—
饲用芜菁	莫斯科省	—	—	去势绵羊	7.8	6.9	0.7	0.7	0.2	1.0	5.0	0.9	—	91.7	78.6	81.1	—	82.0	94.1	—
无种子的饲用西瓜	斯达维罗宝里边区	—	1937—1938	当地种与美利奴杂交公羊及美利奴纯种公羊	6.4	5.8	0.6	—	0.1	1.1	4.0	0.6	—	—	70.1	66.7	64.9	46.2	80.9	—
饲用西瓜	罗斯托夫省	—	1927	公羊	6.3	5.9	0.7	0.4	0.2	1.1	3.9	0.4	75.1	76.0	64.2	—	83.5	47.0	86.0	—
饲用甘蓝	沃洛果达省	16/XI 收获	1937	公羊	13.4	12.1	2.3	1.8	0.5	1.5	7.8	1.3	81.7	83.7	88.0	90.1	74.1	50.4	89.6	58.5
饲用甘蓝	列宁格勒省	—	—	去势绵羊	15.8	13.4	1.7	0.9	0.4	2.6	8.7	2.4	—	81.6	77.4	58.6	66.6	63.8	88.3	—
饲用甘蓝(平均数)	乌尔扬诺夫省	—	—	当地种的去势绵羊	14.6	12.8	2.6	1.6	0.5	2.3	7.4	1.8	—	—	88.2	82.0	68.0	55.2	90.7	27.0
饲用南瓜(平均数)	乌尔扬诺夫省	—	—	去势绵羊	9.8	9.3	1.1	0.8	0.4	1.0	6.8	0.5	—	—	78.0	66.7	50.0	65.0	90.0	—
饲用南瓜	罗斯托夫省	Мамут No1 品种	1915	沃洛新种去势绵羊	8.3	7.5	0.6	—	0.3	1.4	5.2	0.8	72.6	62.3	56.5	—	70.4	51.0	75.0	—
金色狗尾草的种子	卡拉冈达省	1934 年收获	1934—1935	去势绵羊	85.0	75.5	15.4	14.6	2.3	5.0	52.8	9.5	62.6	65.7	70.9	—	57.2	—	72.6	37.8
燕麦	—	—	—	去势绵羊	87.2	83.6	12.0	11.0	4.6	10.1	56.9	3.6	73.6	76.8	72.8	—	90.2	52.1	81.2	—
燕麦	契卡洛夫省	整的籽粒,胜利号品种,生长期—完熟期,在 1940 年 3 月收获	1940	杂种去势绵羊	86.1	81.4	12.6	10.7	3.3	11.2	54.3	4.7	67.9	—	73.8	63.6	54.7	58.3	64.8	—
燕麦	契卡洛夫省	破碎的籽粒,胜利号品种,生长期—完熟期	1940	去势绵羊	88.4	83.6	13.0	10.8	3.2	11.5	55.9	4.8	63.0	—	72.2	70.4	62.9	53.7	67.7	—

续表2-4-2

饲料名称	饲料来源	饲料特点	进行试验时间（年）	动物特点	饲料成分（在原来含水情况下的%）								消化率（%）							
					干物质	有机物	粗蛋白质	真蛋白质	脂肪	纤维素	无氮浸出物	粗灰分	干物质	有机物	粗蛋白质	真蛋白质	脂肪	纤维素	无氮抽出物	粗灰分
稗子	—	1932年收获	1932—1933	去势绵羊	85.0	66.4	12.0	11.9	3.7	2.8	47.9	18.6	55.8	50.2	51.6	—	76.8	—	58.4	68.9
高粱	罗斯托夫省	黄粒种高粱	—	去势绵羊	87.3	85.2	11.0	10.6	3.2	2.0	69.0	2.1	85.6	87.9	60.7	—	61.9	79.5	93.9	—
大麦	莫斯科省	好的品质	1934	去势绵羊	82.6	79.9	10.1	9.9	2.0	4.0	63.8	2.7	83.3	85.8	77.5	83.0	72.3	—	98.3	—
大麦	莫斯科省	好的品质	1934	去势绵羊	84.5	81.7	10.4	10.1	2.0	4.1	65.2	2.8	78.1	77.5	—	—	81.8	22.0	74.1	—
粗磨大麦	南哈萨克斯坦省	抗旱播种	1939	去势绵羊	90.2	86.9	7.1	7.1	2.1	4.3	73.4	3.3	88.9	84.1	8.28	81.1	79.2	38.0	89.4	—
白色的“Паллидум”629/9品种大麦	基罗伐巴达地区	当地栽培的大麦品种	1936	美利奴与布什黑去势绵羊	84.6	82.6	13.0	11.2	1.7	4.3	63.6	2.0	85.5	85.7	78.3	85.0	33.3	56.7	89.9	—
小米粉	西哈萨克斯坦省	带有皮壳	1930	艾吉尔巴也夫亚品种的肥尾种去势绵羊	80.2	76.9	11.7	7.5	3.3	9.0	52.9	3.3	—	59.9	66.0	—	71.8	57.8	57.6	—
小麦粉（饲用）	列宁格勒省	从硬粒小麦	1928	俄罗斯短尾种公绵羊	87.1	83.5	17.1	15.9	4.5	2.5	59.4	3.6	74.5	78.4	75.1	73.2	81.3	—	83.7	—
粗磨燕麦	基辅省	—	—	去势绵羊	83.6	79.0	12.3	11.2	3.7	13.6	49.4	4.6	—	—	80.0	79.0	71.0	25.0	74.0	—
粗磨燕麦	哈萨克苏维埃社会主义共和国	—	—	去势绵羊	90.0	86.8	10.6	10.2	4.8	9.6	61.8	3.2	—	—	67.0	65.4	81.4	—	82.3	8.8
粗磨高粱	罗斯托夫省	黄粒种的高粱	1927	公绵羊和去势绵羊	84.8	82.9	11.2	10.3	3.2	2.3	66.2	1.9	85.6	87.9	60.7	—	61.9	79.5	93.9	—

续表2-4-2

饲料名称	饲料来源	饲料特点	进行试验时间(年)	动物特点	饲料成分(在原来含水情况下的%)								消化率(%)							
					干物质	有机物	粗蛋白质	真蛋白质	脂肪	纤维素	无氮浸出物	粗灰分	干物质	有机物	粗蛋白质	真蛋白质	脂肪	纤维素	无氮抽出物	粗灰分
粗磨大麦	斯达维罗宝里边区	—	1933—1939	去势绵羊	86.4	83.9	10.8	—	1.7	4.2	67.2	2.5	85.3	—	82.7	—	91.6	39.5	93.6	—
黑麦细麸	基辅省(沿岸)	—	—	去势绵羊	89.7	85.0	14.2	12.5	2.9	6.4	61.5	4.7	—	—	63.0	68.0	74.0	29.0	65.0	—
小麦头子	乌兹别克苏维埃社会主义共和国(托兹开特面粉厂)	—	—	去势绵羊	80.9	78.6	14.1	13.4	2.3	3.3	58.	2.3	—	83.0	85.0	85.0	83.0	98.0	80.0	—
玉米油粕	罗斯托夫省	—	—	公绵羊	89.1	84.2	16.6	15.7	3.3	7.9	56.4	4.9	81.0	84.8	74.2	—	77.0	71.2	89.2	—
饲用糖浆		—	1930	—	77.5	70.3	9.1	—	—	—	61.3	7.1	94.5	93.6	4.6	—	—	—	92.9	—
木质糖		是按“别尔吉乌斯”法制成的,其外形呈团,黄色到褐色,完全没有甜味	1932	公绵羊	85.5	80.8	4.6	—	1.6	0.8	73.8	4.7	73.8	76.4	—	—	91.3	—	86.8	28.7

3. 猪对饲料原料的消化率

表 2-4-3 猪对饲料原料的消化率

饲料名称	饲料来源	饲料特点	进行试验时间(年)	动物特点	饲料成分(在原来含水情况下的%)								消化率(%)							
					干物质	有机物	粗蛋白质	真蛋白质	脂肪	纤维素	无氮浸出物	粗灰分	干物质	有机物	粗蛋白质	真蛋白质	脂肪	纤维素	无氮抽出物	粗灰分
冬油菜块根	别洛露西亚苏维埃社会主义共和国(威特比斯省)	块根平均大小在500～1000 g	1934—1935	小公猪	9.8	8.9	1.3	0.9	0.4	0.2	7.0	0.9	80.0	82.2	69.5	55.8	52.5	—	88.7	47.6
大麦	基辅省	磨碎,加水使湿	1907	大白猪	87.7	84.9	10.8	—	1.8	6.1	66.1	2.8	—	78.1	62.0	—	8.5	17.0	86.6	16.9

续表2-4-3

饲料名称	饲料来源	饲料特点	进行试验时间（年）	动物特点	饲料成分（在原来含水情况下的%）								消化率（%）							
					干物质	有机物	粗蛋白质	真蛋白质	脂肪	纤维素	无氮浸出物	粗灰分	干物质	有机物	粗蛋白质	真蛋白质	脂肪	纤维素	无氮抽出物	粗灰分
从干的整粒大麦中清出的碎麦	格鲁吉亚苏维埃社会主义共和国	—	—	去势小公猪	81.7	78.9	10.0	8.0	2.4	4.9	60.7	2.8	76.2	—	74.3	70.1	39.4	15.3	88.6	—
大麦碎粒	乌克兰苏维埃社会主义共和国	—	1936	去势小公猪	—	—	—	—	—	—	—	—	79.8	81.5	84.2	84.8	57.4	9.5	89.2	22.7
荞麦粉	列宁格勒省	—	1926	大白种去势公猪	84.4	80.9	10.8	0.1	1.8	7.7	60.6	3.5	75.2	80.5	66.8	67.8	94.1	28.9	89.8	—
大麦粉	列宁格勒省	—	1925	大白种去势公猪	86.2	83.4	11.5	10.9	2.7	5.2	64.0	2.8	80.7	83.4	81.7	84.1	72.3	23.3	88.9	—
油粕粉末	列宁格勒省	—	1926	大白种小公猪	84.0	74.3	16.2	15.1	5.4	7.0	45.7	9.7	54.8	59.4	71.4	71.4	59.9	19.3	58.9	—
海藻类	牟尔曼斯克	饲喂时用切藁机切碎成1.5～2.0 cm，用水浸泡6 h	1933—1934	大白种去势小公猪	54.8	46.5	5.2	5.1	1.5	5.4	34.4	8.3	—	—	—	—	6.6	9.0	28.6	30.0
海藻类	克尔金岛	洗净，干燥，磨成粉	1933	4～5个月的小公猪	82.9	66.5	11.4	8.8	1.2	9.2	44.7	16.4	43.6	43.3	4.4	—	—	28.3	54.1	44.7
燕麦	列宁格勒省	—	1936—1939	4个月大的大白种杂种去势小公猪	84.3	81.2	10.4	9.0	4.0	10.8	56.0	3.1	66.3	67.9	73.7	69.6	90.0	15.3	75.4	24.2
大麦	列宁格勒省	—	1913	去势小公猪	83.4	80.5	10.7	10.3	2.1	5.6	62.1	2.9	73.5	—	67.5	68.1	14.1	8.1	84.6	—
野豌豆	列宁格勒省	—	—	4个月大的大白种杂种去势小公猪	82.4	79.3	26.1	22.7	1.2	4.8	47.2	3.1	80.0	81.8	78.6	75.4	41.6	7.3	92.3	32.5

续表2-4-3

饲料名称	饲料来源	饲料特点	进行试验时间(年)	动物特点	饲料成分(在原来含水情况下的%)								消化率(%)							
					干物质	有机物	粗蛋白质	真蛋白质	脂肪	纤维素	无氮浸出物	粗灰分	干物质	有机物	粗蛋白质	真蛋白质	脂肪	纤维素	无氮抽出物	粗灰分
小米粉(食用)	列宁格勒省	磨粉后获得,粉中含有一部分胚和胚乳	1935	4～6个月的大白种杂种去势公猪	86.7	79.4	11.4	10.1	11.3	9.2	47.5	7.3	73.9	79.0	86.7	85.5	—	—	87.1	17.8
玉米麸	阿尔明尼亚苏维埃社会主义共和国	85%是带有小粒籽核的外壳,15%是整玉米粒	1943—1945	6～7个月的大白种杂种公猪	82.1	79.0	9.1	—	3.6	8.7	57.6	3.1	—	—	84.3	—	84.0	70.0	88.1	—
制粉厂废弃物(黑麦籽的)	列宁格勒磨粉厂	成分是:整粒的及碎的黑麦58%,杂草种子25.7%,皮壳9.9%,砂6%,萹蓄0.4%	1935	4～6个月的大白种杂种公猪	84.1	72.5	12.6	11.7	3.7	6.2	50.0	11.6	73.9	77.5	79.0	77.4	91.6	18.4	83.4	40.2
大型粮仓的废弃物(黑麦籽粒)	列宁格勒磨粉厂	成分是:整粒黑麦29.2%,碎黑麦42.48%,杂草种子17.48%,皮壳8.9%,砂1.63%,麦角0.58%	1935	6.5～7个月的母猪	84.8	81.4	12.7	11.5	3.6	4.9	60.2	3.4	73.1	76.0	58.0	54.3	40.6	17.9	86.2	—

4.马对饲料原料的消化率

表 2-4-4 马对饲料原料的消化率

饲料名称	饲料来源	饲料特点	进行试验时间(年)	动物特点	饲料成分(在原来含水情况下的%)								消化率(%)							
					干物质	有机物	粗蛋白质	真蛋白质	脂肪	纤维素	无氮浸出物	粗灰分	干物质	有机物	粗蛋白质	真蛋白质	脂肪	纤维素	无氮浸出物	粗灰分
燕麦	列宁格勒省	—	1926—1927	役用去势马	79.6	76.6	8.5	7.9	4.7	10.4	53.0	3.0	68.1	69.6	85.4	84.4	59.5	9.1	79.8	27.6

续表2-4-4

饲料名称	饲料来源	饲料特点	进行试验时间(年)	动物特点	饲料成分(在原来含水情况下的%)								消化率(%)							
					干物质	有机物	粗蛋白质	真蛋白质	脂肪	纤维素	无氮浸出物	粗灰分	干物质	有机物	粗蛋白质	真蛋白质	脂肪	纤维素	无氮浸出物	粗灰分
燕麦	列宁格勒省	—	1927—1928	役用去势马	89.3	85.5	15.5	14.3	4.3	10.4	55.3	3.8	64.4	67.4	74.3	72.6	99.6	23.0	71.2	8.6
燕麦	列宁格勒省	—	1924	重型杂用马	82.7	79.4	11.2	9.4	4.6	8.6	55.0	3.3	—	—	80.1	79.9	83.9	66.1	93.5	64.8
燕麦	西伯利亚	品质中等	1929	普通的母马	89.6	86.4	13.9	12.7	3.8	7.9	60.8	3.2	—	69.5	68.1	67.6	77.3	14.8	79.7	—
燕麦	罗斯托夫省	—	—	—	87.2	83.6	12.0	11.0	4.6	10.1	56.9	3.6	62.4	69.5	68.1	—	77.3	14.9	79.7	—
大麦	列宁格勒省	基本饲料的干草和燕麦	1926—1927	役用去势马	78.5	76.0	7.7	7.5	1.9	3.3	63.1	2.5	70.5	71.9	28.4	26.6	12.8	—	80.3	35.3
大麦	列宁格勒省	基本饲料是单纯的干草	1926—1927	役用去势马	78.6	76.1	7.7	7.5	1.9	3.3	63.2	2.5	82.0	83.6	54.3	53.7	52.8	40.7	90.4	30.0
大麦	罗斯托夫省	—	—	—	87.7	84.9	13.0	11.9	2.5	5.8	63.6	2.8	—	61.6	52.3	—	91.6	14.7	67.6	—
大麦	斯达维罗宝里省	大麦品质不高,籽粒呈黯淡色,带黑点	—	去势马和母马	89.5	86.1	13.1	12.2	2.7	7.0	63.3	3.4	—	61.6	52.3	50.3	91.6	14.7	67.6	—
玉米粉	列宁格勒省	—	1927—1928	役用去势马	83.7	82.4	9.1	8.4	3.2	1.8	68.3	1.3	93.8	94.5	60.7	59.5	60.2	—	—	46.5
大麦粉	列宁格勒省	基本饲料的干草和燕麦	1926—1927	役用去势马	79.8	76.6	8.1	7.8	1.9	3.9	62.7	3.2	73.3	75.4	45.8	44.0	18.3	83.9	84.4	10.4
大麦粉	列宁格勒省	基本饲料单纯是干草	1926—1927	役用去势马	79.8	76.6	8.1	7.8	1.9	3.9	62.7	3.2	83.2	86.3	67.5	66.5	53.5	27.9	93.4	6.7
黑麦粉	列宁格勒省	基本饲料的干草和燕麦	1926—1927	役用去势马	84.4	82.5	12.8	10.4	2.1	2.6	65.0	1.9	80.4	82.4	72.6	66.2	13.5	54.7	87.6	—
黑麦粉	列宁格勒省	基本饲料单纯是十草	1926—1927	役用去势马	84.4	82.5	12.8	10.4	2.1	2.6	65.0	1.9	80.1	82.1	72.1	65.8	12.7	57.6	88.0	—

5. 鹿对饲料原料的消化率

表 2-4-5 鹿对饲料原料的消化率

饲料名称	饲料来源	饲料特点	进行试验时间(年)	动物特点	饲料成分(在原来含水情况下的%)								消化率(%)							
					干物质	有机物	粗蛋白质	真蛋白质	脂肪	纤维素	无氮浸出物	粗灰分	干物质	有机物	粗蛋白质	真蛋白质	脂肪	纤维素	无氮浸出物	粗灰分
由干柳树叶制的干草	亚玛洛-涅涅次州	在七月底八月上半月从灌木上收集的叶	1934	役用去势公畜	80.4	76.2	13.3	12.7	8.7	13.2	41.0	4.2	69.9	65.2	49.1	48.5	66.5	56.5	73.0	40.4

6. 家兔对饲料原料的消化率

表 2-4-6 家兔对饲料原料的消化率

饲料名称	饲料来源	饲料特点	进行试验时间(年)	动物特点	饲料成分(在原来含水情况下的%)								消化率(%)							
					干物质	有机物	粗蛋白质	真蛋白质	脂肪	纤维素	无氮浸出物	粗灰分	干物质	有机物	粗蛋白质	真蛋白质	脂肪	纤维素	无氮浸出物	粗灰分
胡萝卜茎叶	莫斯科省	绿色饲料,切短到5~8 cm后饲喂	1935—1939	辛西尔种公兔	14.4	12.7	2.3	2.2	0.5	2.0	7.9	1.7	59.5	61.7	29.8	42.8	—	—	84.8	37.4
食用甘蓝茎叶	莫斯科省	按两次试验的平均数	1935—1939	辛西尔种公兔	—	—	—	—	—	—	—	—	92.2	93.2	88.6	86.8	68.2	86.0	97.1	84.2
食用甘蓝茎叶	莫斯科省	甘蓝叶柄,品质优良,切短到1~2 cm	1935—1939	辛西尔种公兔	14.6	13.5	2.3	1.9	0.6	1.9	8.7	1.1	92.3	93.2	88.5	86.8	68.2	86.0	97.1	84.2
马铃薯块茎	莫斯科省	品质优良	1935—1939	银色的安哥拉种公兔	20.7	20.0	1.7	1.0	0.3	0.5	17.5	0.7	58.6	59.7	—	—	—	—	73.9	28.8
菊芋块茎	莫斯科省	—	1930—1931	—	—	—	—	—	—	—	—	—	91.0	91.8	45.2	73.0	—	79.2	90.8	73.8
燕麦粒	莫斯科省	—	1936—1937	辛西尔种公兔	90.2	86.8	13.5	11.7	5.3	8.7	59.3	3.3	65.4	67.5	57.8	59.5	79.0	36.2	75.6	—
燕麦粒	莫斯科省	—	1936—1937	辛西尔种公兔	90.2	86.8	13.5	11.7	5.3	8.7	59.3	3.3	51.7	54.9	54.0	53.7	67.3	—	67.5	

续表2-4-6

饲料名称	饲料来源	饲料特点	进行试验时间(年)	动物特点	饲料成分(在原来含水情况下的%)								消化率(%)							
					干物质	有机物	粗蛋白质	真蛋白质	脂肪	纤维素	无氮浸出物	粗灰分	干物质	有机物	粗蛋白质	真蛋白质	脂肪	纤维素	无氮浸出物	粗灰分
燕麦粒	莫斯科省	—	1936—1937	辛西尔种公兔	90.2	86.8	13.5	11.7	5.3	8.7	59.3	3.3	53.8	57.1	51.3	56.5	63.7	—	72.6	—
燕麦粒	莫斯科省	—	1930—1931	俄罗斯白种公兔	88.4	84.4	8.7	—	4.5	11.6	59.6	4.0	61.7	—	61.6	—	74.8	18.2	73.5	4.1
燕麦粒	莫斯科省	—	—	—	84.2	81.1	10.0	9.5	3.2	10.0	57.9	3.2	—	70.3	74.9	75.8	92.6	9.0	77.8	36.3
燕麦粒	莫斯科省	—	—	—	84.2	81.1	10.0	9.5	3.2	10.0	57.9	3.2	—	70.5	68.7	68.1	93.5	12.4	79.1	36.8
燕麦粒	莫斯科省	—	—	—	84.2	81.1	10.0	9.5	3.2	10.0	57.9	3.2	—	72.1	82.2	81.7	93.5	16.0	80.0	38.5
燕麦粒	莫斯科省	—	1933	辛西尔种公兔	83.0	80.2	9.6	9.0	3.6	11.3	55.6	2.8	81.5	81.2	87.7	87.5	98.3	70.5	87.5	66.2
燕麦粒	莫斯科省	—	1933	辛西尔种公兔	88.7	85.0	10.2	10.0	3.3	9.1	61.4	3.7	76.5	79.0	52.0	93.5	63.3	82.2	82.1	17.2
燕麦粒	莫斯科省	—	1933	辛西尔种公兔	81.2	78.2	10.2	9.3	2.7	9.7	55.5	3.1	65.7	67.5	72.4	69.3	91.7	10.2	76.7	15.8
燕麦粒	莫斯科省	品质优良，略微提高水分	1933	辛西尔种公兔	81.6	78.9	11.1	10.3	3.8	9.4	54.5	2.7	70.1	71.3	75.5	75.1	93.5	12.2	79.5	37.6
芫荽剩余物	莫斯科省	—	1935—1939	辛西尔种公兔	72.8	72.5	11.0	8.1	3.1	21.1	26.3	11.0	63.0	—	13.0	—	36.0	—	89.0	81.0
大麦	莫斯科省	—	—	—	—	—	—	—	—	—	—	—	62.2	66.7	90.9	84.7	66.5	47.9	63.3	40.3
大麦	罗斯托夫省	—	1928	毛用兔和安哥拉杂交种	88.7	85.8	14.5	14.4	3.3	6.6	61.4	3.0	68.9	76.7	92.2	87.7	78.8	38.8	78.3	63.4
人麦	罗斯托夫省	—	1928	银色毛用兔	88.7	85.8	14.5	14.4	3.3	6.6	61.4	3.0	55.4	56.8	89.7	81.6	54.3	57.0	48.3	17.2
大麦	罗斯托夫省	—		—	87.7	84.9	13.0	11.9	2.5	5.8	63.6	2.8	80.5	81.6	80.8	—	83.3	38.5	86.3	—
黑麦麸	莫斯科省	—	1930—1931	俄罗斯白种公兔	87.7	82.5	14.1	—	9.3	11.7	47.3	5.2	56.7	—	73.8	—	83.8	34.6	57.3	11.5

7. 犬对饲料原料的消化率

表 2-4-7　犬对饲料原料的消化率

饲料名称	饲料来源	饲料特点	进行试验时间(年)	动物特点	饲料成分(在原来含水情况下的%)								消化率(%)							
					干物质	有机物	粗蛋白质	真蛋白质	脂肪	纤维素	无氮浸出物	粗灰分	干物质	有机物	粗蛋白质	真蛋白质	脂肪	纤维素	无氮浸出物	粗灰分
马铃薯	莫斯科省	—	1936	德意志牧羊犬	18.5	17.7	1.4	1.2	0.1	0.6	15.6	0.8	84.5	85.2	79.0	—	—	—	93.5	80.6
马铃薯	莫斯科省	—	1934	北极犬	20.5	19.5	1.8	—	0.1	0.8	16.8	1.0	85.8	86.5	79.8	—	—	17.4	88.5	—
干的甘蓝	莫斯科省	—	1934	德意志牧羊公犬	35.3	32.7	5.3	—	0.4	3.4	23.6	2.6	67.5	71.7	63.1	—	—	—	90.2	—
燕麦粉	莫斯科省	在厚的汤的状态	1934	德意志牧羊犬	89.2	85.8	14.2	—	7.6	5.9	58.1	3.4	75.6	75.5	71.0	—	71.4	12.1	82.4	—
黍米	—	—	1934	德意志牧羊公犬	88.3	87.2	13.1	—	2.2	3.4	68.5	1.1	91.1	94.0	79.4	—	65.7	42.9	99.4	75.8
灰面包	莫斯科省	—	1938—1939	德意志牧羊公犬	51.3	48.9	6.2	—	0.7	1.0	41.0	2.4	68.9	69.2	47.9	—	42.5	—	73.8	38.7
黑面包	莫斯科省	—	1938—1939	德意志牧羊公犬	51.1	48.9	7.3	—	1.0	1.0	39.0	1.6	68.7	69.9	41.0	—	—	—	78.7	57.7

8. 黑貂对饲料原料的消化率

表 2-4-8　黑貂对饲料原料的消化率

饲料名称	饲料来源	饲料特点	进行试验时间(年)	动物特点	饲料成分(在原来含水情况下的%)								消化率(%)							
					干物质	有机物	粗蛋白质	真蛋白质	脂肪	纤维素	无氮浸出物	粗灰分	干物质	有机物	粗蛋白质	真蛋白质	脂肪	纤维素	无氮浸出物	粗灰分
干面包	莫斯科省	在切碎的状态	1944	中等肥度的公畜	67.1	92.8	7.0		2.3	—	83.5	4.3	72.6	73.8	18.8	—	90.9	—	78.2	71.5

2.4.2 A.П.克拉什尼科夫,等.1985.苏联家畜饲养标准和日粮.颜礼复,译(1990)[14]

1.家禽饲料中的营养物质含量

表 2-4-9 家禽饲料中的营养物质含量

饲料名称	含水量	代谢能(100g 饲料中)		粗蛋白质	粗脂肪	粗纤维	钙	磷	钠
	%	MJ	kcal	%	%	%	%	%	%
燕麦	12.5	1.077	257	10.5	4.5	10.3	0.12	0.35	0.03
燕麦(无壳)	12.0	1.236	295	12.0	4.7	4.7	0.11	0.25	0.03
小麦副产品	13.0	1.236	295	11.6	1.3	2.3	0.15	0.23	0.03
大麦	13.0	1.119	267	11.1	2.2	5.5	0.06	0.34	0.04
大麦(无壳)	12.0	1.278	305	12.2	2.9	2.2	0.07	0.35	0.03
黍	13.0	1.173	280	11.0	3.6	9.0	0.07	0.30	0.03
黑麦	13.0	1.182	282	11.7	2.0	2.4	0.07	0.30	0.03
高粱(苏联)	12.0	1.257	300	10.3	2.8	3.3	0.11	0.25	0.03
高粱(进口)	12.0	1.257	300	8.5	2.8	3.0	0.08	0.26	0.03
二粒小麦	14.0	1.161	277	13.6	2.1	8.6	0.09	0.23	0.03
珍珠粉(珍珠粉树之淀粉)	9.0	1.198	286	2.8	0.7	4.2	0.06	0.27	0.04
大麦粉	12.0	0.993	245	14.0	3.0	5.6	0.11	0.37	0.04
燕麦粉	11.5	1.027	237	11.6	4.2	10.2	0.16	0.38	0.04
粟粉	12.0	1.006	240	12.1	5.1	11.3	0.14	0.40	0.03
黑麦粉	12.0	1.089	260	13.1	3.9	3.2	0.07	0.41	0.03
荞麦粉	12.0	0.964	230	11.4	2.9	9.0	0.16	0.23	0.04
黑麦麸	13.5	0.863	206	15.0	3.4	7.0	0.11	0.7	0.04
全乳	82.0	0.222	53	3.3	3.2	—	0.12	0.09	0.05
干乳清	5.0	0.909	217	13.0	0.8	—	0.90	0.70	0.23
马铃薯	77.0	0.280	67	2.0	0.1	0.7	0.01	0.05	0.05
干马铃薯	11.6	1.010	241	10.5	0.2	1.2	0.04	0.14	0.15
甜菜	86.0	0.151	36	1.6	0.2	1.6	0.04	0.07	0.06
干甜菜	12.4	0.951	227	6.3	0.6	5.6	0.11	1.13	0.20

续表2-4-9

饲料名称	含水量	代谢能(100g 饲料中)		粗蛋白质	粗脂肪	粗纤维	钙	磷	钠
	%	MJ	kcal	%	%	%	%	%	%
胡萝卜	88.0	0.151	36	1.1	0.2	0.9	0.06	0.05	0.05
黄南瓜	90.0	0.105	25	0.9	—	—	0.02	0.03	0.02
鲜嫩三叶草	75.0	0.138	33	3.6	—	4.2	0.30	0.08	0.02
饲用甘蓝	86.0	0.122	29	2.2	—	2.1	0.17	0.04	0.02
植物油		3.574	853	—	100.0	—	—	—	—
饲用动物性脂肪	0.5	3.649	871	—	98.0	—	—	—	—
未脱脂的骨粉	5.0	0.636	152	18.1	13.2	—	19.00	9.37	1.94
脱脂骨粉	5.0	0.138	33	7.2	1.5	—	21.20	12.40	2.10

2. 家禽饲料中氨基酸含量

表 2-4-10 家禽饲料中氨基酸含量

%

饲料名称	粗蛋白质	赖氨酸	蛋氨酸	胱氨酸	色氨酸	精氨酸	组氨酸	亮氨酸	异亮氨酸	苯丙氨酸	酪氨酸	苏氨酸	缬氨酸	甘氨酸
燕麦	10.5	0.39	0.14	0.20	0.15	0.63	0.25	0.73	0.48	0.52	0.57	0.33	0.56	0.56
燕麦(无壳)	12.0	0.41	0.20	0.20	0.16	0.72	0.30	0.83	0.54	0.59	0.65	0.38	0.64	0.64
小麦副产品	11.6	0.33	0.26	0.10	0.17	0.55	0.23	0.75	0.42	0.50	0.35	0.30	0.4	0.43
大麦	11.1	0.40	0.18	0.21	0.13	0.52	0.23	0.74	0.46	0.53	0.32	0.37	0.56	0.43
大麦(无壳)	12.2	0.45	0.20	0.20	0.17	0.57	0.25	0.80	0.50	0.58	0.35	0.40	0.62	0.47
黍	11.0	0.24	0.19	0.12	0.15	0.35	0.24	1.08	0.44	0.54	0.39	0.33	0.54	0.30
黑麦	11.7	0.40	0.18	0.17	0.11	0.47	0.24	0.72	0.51	0.56	0.30	0.38	0.59	0.40
高粱(苏联)	10.3	0.25	0.16	0.15	0.11	0.37	0.23	1.30	0.43	0.51	0.32	0.33	0.53	0.32
高粱(进口)	8.5	0.20	0.13	0.12	0.10	—	—	—	—	—	—	—	—	—
木薯粉	2.8	0.13	0.03	0.02	0.05	0.12	0.03	0.12	0.07	0.07	—	0.07	0.09	0.08
大麦粉	14.0	0.44	0.15	0.18	0.15	0.80	0.42	1.56		0.55	—	0.36	0.65	0.40
燕麦粉	11.6	0.36	0.15	0.15	0.14	0.67	0.35	1.30		0.46	—	0.30	0.53	0.32
粟粉	12.1	0.38	0.15	0.20	0.15	—	—	—	—	—	—	—	—	—
黑麦粉	13.1	0.44	0.21	0.25	0.13	—	—	—	—	—	—	—	—	—
荞麦粉	11.4	0.64	0.23	0.20	0.17	—	—	—	—	—	—	—	—	—

续表2-4-10

饲料名称	粗蛋白质	赖氨酸	蛋氨酸	胱氨酸	色氨酸	精氨酸	组氨酸	亮氨酸	异亮氨酸	苯丙氨酸	酪氨酸	苏氨酸	缬氨酸	甘氨酸
黑麦麸	15.0	0.70	0.18	0.26	0.10	0.61	0.27	1.56		0.44	—	0.59	0.59	0.066
全乳	3.3	0.24	0.08	0.03	0.06	0.11	0.12	0.34	0.23	0.10	0.13	0.14	0.19	0.08
干乳清	13.0	0.92	0.22	0.28	0.14	0.31	0.20	1.10	0.80	0.44	0.30	0.63	0.72	—
马铃薯	2.0	0.08	0.03	0.03	0.03	0.09	0.04	0.13	0.07	0.07	0.07	0.07	0.03	0.07
干马铃薯	10.5	0.42	0.16	0.16	0.16	0.34	0.13	0.54	0.32	0.37	0.32	0.33	0.43	0.37
甜菜	1.6	0.04	0.01	—	0.01	0.05	0.03	0.01	0.05	0.05	0.05	0.08	0.06	0.04
干甜菜	6.3	0.19	0.05	0.08	0.05	0.21	0.13	0.30	0.18	0.18	0.20	0.20	0.28	0.23
胡萝卜	1.1	0.04	0.02	0.02	0.03	0.03	0.02	0.08	0.05	0.09	0.05	0.30	0.05	0.04
黄南瓜	0.9	0.05	0.01	—	0.01	0.03	0.01	0.05	0.03	0.03	0.05	0.30	0.04	—
鲜嫩三叶草	3.6	0.17	0.06	0.05	0.07	0.23	0.08	0.29	0.17	0.13	0.07	0.19	0.17	0.14
饲用甘蓝	2.2	0.10	0.04	0.02	0.03	0.05	0.08	0.18		0.03	0.05	0.03	0.05	0.04
未脱脂的骨粉	18.1	0.70	0.25	0.14	0.10									
脱脂骨粉	7.2	0.33	0.06	0.08	0.06									

3.家禽饲料中维生素含量

表 2-4-11 家禽饲料中维生素含量

饲料名称	胡萝卜素 (mg/kg)	维生素 E (mg/kg)	维生素 B_1 (mg/kg)	维生素 B_2 (mg/kg)	维生素 B_3 (mg/kg)	维生素 B_4 (mg/kg)	维生素 PP (mg/kg)	维生素 B_6 (mg/kg)	叶酸(维生素 Bc) (mg/kg)	维生素 B_{12} (μg/kg)
燕麦	—	50	7	1	12	925	16	—	—	
黍	3	—	1	—	9	440	23	—	—	—
黑麦	—	20	4	1	10	450	17	—	—	—
高粱	—	25	4	1	10	500	3	—	—	—
大麦	—	45	4	1	8	1100	52	3.2	0.01	—
三叶草粉	100—150	70	1	12	24	660	24	—	—	—
红胡萝卜	50—100	—	1	1	2	15	50	—	—	—
糖用甜菜	—	—	—	1	1	300	2	—		—
马铃薯	—	—	1	—	33	20	11	—	—	—

注:为了计算制剂和鱼肝油中维生素 A 和维生素 D 的含量,在每一个单独的场合下,应该根据质量证明书或商标上所指明的浓度进行计算。

4. 家禽饲料中微量元素含量

表 2-4-12 家禽饲料中微量元素含量

mg/kg

饲料名称	铁	锌	锰	铜	钴	碘
燕麦	101	34	60	4	26	0.18
黍	59	41	20	1.5	40	—
高粱	13	—	—	—	—	—
黑麦	67	27	12	0.6	20	0.10
大麦	103	35	21	4	26	0.35
燕麦米	43	40	65	8.5	765	0.010
大麦粉	100	2	23	1.7	41	—
燕麦粉	209	4	40	3.5	16	—
黑麦麸	97	77	72	9	10	—
燕麦麸	42	27	68	6	70	0.12
糖用干甜菜	112	42	87	12.2	120	—
干甜菜渣	1377	25	92	9.7	30	—
麦芽	130	79	41	13	70	—
全乳	9	56	0.7	1.7	10	0.58
生马铃薯	31	16	7	6	50	0.16
熟马铃薯	36	13	6	6	53	0.16
胡萝卜	46	35	40	6	100	0.25
饲用甜菜	83	31	27	7	127	—
半糖用甜菜	126	35	38	6	72	—
糖用甜菜	300	36	60	5	70	—

5. 家禽饲料中主要脂肪酸含量

表 2-4-13 禽饲料中主要脂肪酸含量

占风干物质%

饲料名称	软脂酸	硬脂酸	油酸	亚油酸	亚麻酸
饲用脂肪	24.9	15.0	42.0	9.2	0.6
猪油(饲用)	22.2	13.3	44.5	11.3	0.5

续表2-4-13

饲料名称	软脂酸	硬脂酸	油酸	亚油酸	亚麻酸
牛油	27.4	22.6	32.9	2.2	0.5
骨油	24.5	16.1	42.9	4.5	0.5
鱼肝油	11.7	2.5	10.0	6.7	2.3
羊油	29.7	31.3	23.0	5.0	0.5
禽油	21.4	5.9	39.5	23.5	1.1
向日葵油	7.7	4.5	28.4	58.8	0.2
棉籽油	19.2	2.8	19.4	56.9	0.6
花生油	11.0	4.1	39.6	37.9	—
玉米油	12.0	2.7	28.9	55.3	0.9
大豆油	11.5	4.3	27.3	49.7	6.9
向日葵磷脂	10.4	4.3	16.7	68.0	0.8
棉籽磷脂	22.0	5.2	18.8	50.6	—
花生磷脂	16.2	3.0	47.1	22.7	—
亚麻磷脂	11.3	10.6	33.6	20.6	17.4
大豆磷脂	15.0	3.8	18.7	47.5	5.0
大麦	0.49	0.03	0.14	0.24	0.08
燕麦	0.95	0.06	1.63	1.49	0.09
高粱	0.53	0.03	0.84	1.07	0.05
干乳清	0.288	0.078	0.218	0.050	0.011

6.兔和水獭饲料成分及营养价值表

表 2-4-14 兔和水獭饲料成分及营养价值表 每 100 g 标准湿度饲料中的含量

饲料名称	饲料单位(g)	代谢能		干物质(%)	粗蛋白质		粗脂肪(g)	粗纤维(g)	钙(g)	磷(g)	胡萝卜素(mg)	铁(mg)	铜(mg)	锌(mg)	锰(mg)
		kcal	MJ		粗蛋白质(g)	可消化粗蛋白质(g)									
大麦籽粒	112	280	1.17	87.0	10.6	8.0	2.4	5.5	0.12	0.38	—	5.0	0.42	3.5	1.35
燕麦籽粒	100	250	1.05	84.7	11.6	8.7	4.6	9.8	0.11	0.36	—	4.1	0.49	2.25	5.65

续表2-4-14

饲料名称	饲料单位(g)	代谢能		干物质(%)	粗蛋白质		粗脂肪(g)	粗纤维(g)	钙(g)	磷(g)	胡萝卜素(mg)	铁(mg)	铜(mg)	锌(mg)	锰(mg)
		kcal	MJ		粗蛋白质(g)	可消化粗蛋白质(g)									
马铃薯(平均)	30	75	0.31	22.0	1.5	1.0	0.1	0.8	0.02	0.09	—	1.3	0.09	0.11	0.20
块根块茎类(平均)	16	40	0.17	13.0	1.4	1.1	0.1	0.9	0.03	0.06	—	1.0	0.13	0.22	0.50
饲用甜菜	12	30	0.13	13.0	1.5	1.0	0.1	1.0	0.09	0.04	—	0.8	0.19	0.33	1.11
饲用胡萝卜	14	35	0.15	12.3	1.2	0.8	0.2	1.1	0.06	0.05	8.5	1.0	0.11	0.22	0.21
饲用兰瓜(南瓜)	12	30	0.13	7.0	1.1	0.9	0.3	1.2	0.05	0.04	2—6	—	—	—	—
饲用西瓜	10	25	0.11	10.0	0.8	0.6	0.5	1.6	0.04	0.03	2—3	—	—	—	—
脱落的水果	8	20	0.08	13.0	0.9	0.6	0.2	1.5	0.06	0.03	0—1	—	—	—	—

注:原文未给出标准湿度的解释。

7. 家畜(牛、猪、羊)饲料成分和营养价值表

表 2-4-15 家畜(牛、猪、羊)饲料成分和营养价值表(每 1 kg 中含量)

原料名称	饲料单位	代谢能(牛)	代谢能(猪)	代谢能(绵羊)	干物质	粗蛋白质	可消化粗蛋白质	粗脂肪	粗纤维	无氮浸出物	无氮浸出物中淀粉	无氮浸出物中糖	赖氨酸	蛋氨酸+胱氨酸
		MJ	MJ	MJ	g	g	g	g	g	g	g	g	g	g
玉米穗,乳熟-蜡熟期,种植的禾本科牧草	0.36	3.65	—	3.87	308	28	17	10	43	219	—	58	1.2	0.8
玉米穗,蜡熟期,种植的禾本科牧草	0.58	5.64	—	5.98	465	46	29	19	45	344	—	60	1.8	1.0
冰草,种植的禾本科牧草	0.26	3.33	—	3.53	407	55	31	12	19	191	—	20	1.1	2.3
菊芋,青绿饲料,豆科牧草	0.20	2.33	—	2.41	193	35	23	4	9	135	—	50	1.3	1.3
饲用甘蓝,青绿饲料,豆科牧草	0.14	1.52	—	1.6	144	23	17	4	23	78	—	62	1.2	0.8
冬油菜茎叶,豆科牧草	0.12	1.32	—	1.4	153	29	20	5	25	62	—	15	1.3	1.1
胡萝卜叶,豆科牧草	0.17	1.75	—	1.85	209	33	21	6	30	107	2	15	1.5	1.1
甘蓝叶,豆科牧草	0.13	1.39	—	1.46	142	24	17	6	19	74	—	44	1.2	0.7
糖用甜菜叶,豆科牧草	0.16	1.67		1.75	175	26	19	7	27	85	5	15	0.9	0.7
饲用芜菁叶,豆科牧草	0.11	1.26	—	1.33	149	26	18	5	25	60	—	19	1.3	1.1

续表 2-4-15

原料名称	常量元素							微量元素						维生素										
	钙	磷	镁	钾	钠	氯	硫	铁	铜	锌	锰	钴	碘	胡萝卜素	维生素 A	维生素 D	维生素 E	维生素 B_1	维生素 B_2	烟酸	生物素	泛酸	维生素 B_6	维生素 B_{12}
	g	g	g	g	g	g	g	mg	mg	mg	mg	mg	mg	mg	IU	IU	mg	mg	mg	mg	mg	mg	mg	mg
玉米穗，乳熟-蜡熟期，种植的禾本科牧草	0.9	0.5	0.4	5.0	0.3	0.7	0.5	40	0.4	1.5	16.0	0.09	0.03	22	—	5	17	1.0	2.5	10	50	10	—	—
玉米穗，蜡熟期，种植的禾本科牧草	1.1	0.7	0.4	6.2	0.3	0.8	0.5	65	0.5	0.9	17.3	0.1	0.03	21	—	5	20	1.0	2.5	10	50	10	—	—
冰草，种植的禾本科牧草	1.3	0.6	0.3	6.1	1.6	1.3	0.3	21	2.0	7.2	245	0.3	0.06	38	—	5	50	1.5	1.5	10	100	6	—	—
菊芋，青绿饲料，豆科牧草	2.6	0.5	1.1	2.6	0.1	0.1	0.2	23	1.7	5.2	14.4	0.03	0.03	35	—	4	30	1	3	4	27	5	—	—
饲用甘蓝，青绿饲料，豆科牧草	1.6	0.4	0.3	3.9	0.5	1.4	0.9	42	0.2	2.7	5.2	0.02	0.01	30	—	3	40	0.7	0.5	0.1	23	2.9	—	—
冬油菜茎叶，豆科牧草	2.6	0.5	0.3	2.8	0.7	2.1	1.1	150	0.9	53	20.1	0.06	0.30	45	—	5	42	0.8	0.4	1.5	10	1	—	—
胡萝卜叶，豆科牧草	4.8	0.6	0.7	2.4	0.8	2.1	0.5	540	0.8	9.3	32.0	0.05	0.11	60	—	5	49	1	1	2	14	1.2	—	—
甘蓝叶，豆科牧草	3.9	0.4	0.4	2.9	0.4	1.2	0.5	25	0.6	2.4	18.0	0.06	0.02	45	—	5	38	1	0.7	0.2	20	3	—	—
糖用甜菜叶，豆科牧草	2.9	2.0	0.8	3.5	1.7	2.0	0.5	50	1.9	4.6	23.5	0.08	0.60	30	—	5	45	0.5	0.5	1	15	2	—	—
饲用芜菁叶，豆科牧草	3.2	0.4	0.3	3.6	0.5	2.7	1.0	160	0.4	1.8	10.5	0.05	0.20	25	—	5	50	0.8	0.4	1.5	10	1	—	—

2.5　美国资料

2.5.1　Burch Hart Schneider. 1947. Feeds of the World—Their Digestibility and Composition(世界饲料成分及消化率)[15]*

1. 牛用饲料成分和消化率

表 2-5-1　牛用饲料成分和消化率

饲料样品描述	可消化养分及常规成分(饲喂基础)									消化率(%)					
	干物质 DM (%)	可消化粗蛋白质 DCP (%)	总可消化养分 TDN (%)	营养比 Nutritive ratio (1∶　)	粗灰分 Ash (%)	粗蛋白质 CP (%)	粗纤维 CF (%)	无氮浸出物 NFE (%)	粗脂肪 EE (%)	有机物 Organic matter	粗蛋白质 CP	粗纤维 CF	无氮浸出物 NFE	粗脂肪 EE	实验次数
茴香籽油饼 Anise seed oil cake	90.8	9.0	67.5	6.5	14.5	16.6	9.7	33.1	16.9	59	54	3	68	94	4
苹果渣,干 Apple pomace, dried	88.5	−1.3	66.3		1.9	4.1	12.6	64.4	5.5	74	−33	55	87	37	3
苹果渣,干 Apple pomace, dried	86.7	−1.0	56.4		3.3	3.7	14.7	60.6	4.4	65	−29	52	77	32	10
大麦籽实 Barley, grain	85.8	8.8	70.7	7.1	2.4	11.7	4.9	65.3	1.5	83	75	10	91	60	10
大麦籽实 Barley, grain	84.8	8.0	67.1	7.4	2.4	11.4	4.9	64.6	1.4	81	70	6	88	63	23
大麦籽实,水分<13.5% Barley, grain, under 13.5% moisture	86.9	9.0	73.5	7.1	2.4	11.9	4.4	66.5	1.7	86	76	22	92	63	3
大麦籽实,水分<13.5% Barley, grain, under 13.5% moisture	86.8	8.6	70.0	7.1	2.4	12.0	4.4	66.4	1.6	81	72	−22	89	88	4
大麦籽实,水分 13.5%～16% Barley, grain, 13.5%～16% moisture	85.4	8.7	69.1	6.9	2.5	11.6	5.1	64.8	1.4	82	75	4	90	59	7
大麦籽实,水分 13.5%～17% Barley, grain, 13.5%～16% moisture	85.0	8.7	67.1	6.7	2.6	12.1	5.2	63.9	1.2	81	72	12	88	55	15
大麦籽实,样品级,水分超过 16% Barley, grain, sample grade, over 16% moisture	82.2	5.3	65.3	11.5	2.2	8.7	4.3	65.5	1.7	79	60	8	87	69	4
大麦籽实,粗蛋白质<10% Barley, grain, under 10% protein	82.2	5.2	65.3	11.6	2.2	8.6	4.3	65.6	1.7	79	60	8	87	69	4
大麦籽实,粗蛋白质 10% Barley, grain, 10% protein	85.4	8.7	67.5	6.8	2.6	12.0	5.0	64.5	1.3	81	72	5	88	62	19

* 注:此资料某些指标(如粗纤维消化率、可消化粗蛋白质、营养比)可能存在不合理数据,请慎用。

续表 2-5-1

饲料样品描述	可消化养分及常规成分(饲喂基础)									消化率(%)					
	干物质 DM (%)	可消化粗蛋白质 DCP (%)	总可消化养分 TDN (%)	营养比 Nutritive ratio (1∶)	粗灰分 Ash (%)	粗蛋白质 CP (%)	粗纤维 CF (%)	无氮浸出物 NFE (%)	粗脂肪 EE (%)	有机物 Organic matter	粗蛋白质 CP	粗纤维 CF	无氮浸出物 NFE	粗脂肪 EE	实验次数
大麦籽实粉末 Barley,dust	90.5	8.2	47.4	4.7	5.7	13.8	11.0	58.2	1.8	54	60	35	56	67	6
糖用甜菜根 Beet,sugar,roots	23.4	−0.4	18.6		1.0	1.1	1.2	20.0	0.1	83	−35	29	93	20	5
糖用甜菜根,干 Beet,sugar,roots,dried	93.6	−1.8	71.6		3.8	4.5	4.2	80.9	0.2	81	−39	14	92	−393	3
甜菜渣,干 Beet,pulp,dried	86.2	3.5	62.1	16.4	4.0	7.9	17.2	56.5	0.6	77	45	69	86	−139	5
甜菜渣,添加糖蜜,干 Beet,pulp,molasses added,dried	97.3	5.8	70.2	11.0	6.3	8.8	1.4	79.6	1.2	77	66	86	79	9	2
带刺仙人掌,干 Cactus,prickly pear,dry	91.9	2.9	54.1	17.4	16.5	4.3	12.5	57.1	1.5	71	68	48	76	55	1
带刺仙人掌,青饲 Cactus,prickly pear,fed green	12.7	0.4	7.3	18.6	2.7	0.7	1.8	7.3	0.2	71	55	46	78	70	5
带刺仙人掌,青饲 Cactus,prickly pear,fed green	35.6	0.1	21.1	163.3	6.7	1.1	4.3	23.0	0.5	69	12	37	80	77	2
胡萝卜,根 Carrots,roots	13.2	0.6	11.0	18.2	1.2	1.1	1.3	9.4	0.2	90	50	84	95	105	2
发酵带皮全穗玉米,蜡熟期 Corn ear silage,ears and husks,dough stage	42.8	1.8	32.1	16.8	0.9	3.3	5.0	31.9	1.7	72	54	34	80	80	8
玉米油粉,低蛋白质 Corn oil meal ,very low protein	94.4	9.9	76.5	6.7	4.6	15.7	6.4	59.8	7.9	74	63	21	80	98	8
茴香籽粕 Fennel seed oil meal	89.2	6.1	68.7	10.3	9.9	16.0	13.9	34.5	14.9	65	38	45	72	94	4
玉米麸(玉米糁、玉米粗粉副产物)Hominy feed	88.0	6.7	85.2	11.7	2.5	10.0	4.5	63.3	7.7	89	67	79	92	96	2
羽衣甘蓝,干 Kale,marrow,dry	85.4	9.9	47.6	3.8	16.4	14.5	16.0	36.5	2.0	68	68	53	77	25	1
羽衣甘蓝,青饲 Kale,fed green	11.3	1.9	7.4	2.8	1.9	2.4	1.5	5.0	0.5	74	81	59	76	66	4
茎干细长的羽衣甘蓝,青饲 Kale,marrow,fed green	14.6	1.4	10.2	6.5	2.1	1.8	2.1	8.1	0.5	78	75	48	88	66	4

续表2-5-1

饲料样品描述	可消化养分及常规成分(饲喂基础)									消化率(%)					
	干物质 DM (%)	可消化粗蛋白质 DCP (%)	总可消化养分 TDN (%)	营养比 Nutritive ratio (1：)	粗灰分 Ash (%)	粗蛋白质 CP (%)	粗纤维 CF (%)	无氮浸出物 NFE (%)	粗脂肪 EE (%)	有机物 Organic matter	粗蛋白质 CP	粗纤维 CF	无氮浸出物 NFE	粗脂肪 EE	实验次数
饲料甜菜,根 Mangels,roots	10.6	1.0	8.2	7.0	1.1	1.4	0.9	7.1	0.1	88	74	54	95	−11	8
饲料甜菜,根 Mangels,roots	10.4	0.8	8.1	8.6	1.1	1.3	0.8	7.2	0.0	87	66	64	94	−10	39
高蛋白糖蜜 Molasses,very high protein	77.1	17.1	65.1	2.8	7.2	15.3		54.6		109	112		88		1
甘蔗糖蜜 Molasses,cane	75.4	2.3	72.4	30.2	4.6	4.1		66.7		102	57		105		2
燕麦籽实 Oat grain	87.3	8.9	65.5	6.4	3.4	11.9	10.5	58.0	3.5	74	75	30	81	82	14
燕麦籽实 Oat grain	85.5	8.4	59.6	6.1	3.0	11.4	10.5	57.3	3.3	68	74	13	76	84	25
燕麦籽实,水分＜14.5% Oat grain,under 14.5% moisture	86.1	8.7	59.5	5.8	3.2	11.6	10.9	57.4	3.0	68	75	14	76	84	17
燕麦籽实,样品级,水分16% Oat grain, sample grade, over 16% moisture	83.3	7.6	60.8	7.0	2.2	10.5	8.8	57.1	4.7	69	72	6	77	84	4
燕麦籽实,粗蛋白质＜11% Oat grain,under 11% protein	84.8	7.5	59.0	6.8	2.6	10.5	10.5	57.6	3.6	68	72	10	76	83	9
燕麦籽实,粗蛋白质11% Oat grain,11% protein	86.0	9.1	60.0	5.6	3.3	12.1	10.5	56.9	3.2	68	75	14	76	86	12
燕麦,低等级 Oat mill or low grade	88.1	8.5	54.1	5.4	3.9	11.7	13.7	53.5	5.3	62	72	17	60	94	2
燕麦细麸 Oat shorts	88.0	9.4	54.8	4.8	3.4	14.3	7.2	58.5	4.6	60	66	29	61	74	2
马铃薯块茎 Potato tubers	22.6	1.4	18.0	11.3	1.2	2.6	0.5	18.3	0.0	85	55	−23	91	0.8	9
马铃薯块茎,煮熟 Potato cooked	26.2	−0.4	17.1	—	1.5	2.0	0.8	21.8	0.1	70	−20	0	80	0	3
马铃薯青贮,蒸过 Potato silage, steamed	23.9	−0.2	16.5	—	1.2	1.8	0.6	20.3	0.0	74	−10	0	83	0	2
马铃薯片或马铃薯粉 Potato flakes or flour	87.9	3.3	71.8	20.4	4.4	8.6	2.2	72.4	0.3	86	39	−8	94	96	16

续表2-5-1

饲料样品描述	可消化养分及常规成分(饲喂基础)									消化率(%)					
	干物质 DM (%)	可消化粗蛋白质 DCP (%)	总可消化养分 TDN (%)	营养比 Nutritive ratio (1∶)	粗灰分 Ash (%)	粗蛋白质 CP (%)	粗纤维 CF (%)	无氮浸出物 NFE (%)	粗脂肪 EE (%)	有机物 Organic matter	粗蛋白质 CP	粗纤维 CF	无氮浸出物 NFE	粗脂肪 EE	实验次数
南瓜,整 Pumpkins,entire	6.1	0.8	5.3	5.7	0.6	1.1	0.8	2.9	0.7	82	70	68	89	90	2
黑麦酒糟 Rye distillers' dried grains	93.7	6.9	50.1	6.3	1.6	16.0	14.4	49.4	12.3	48	43	4	47	70	2
黑麦饲料 Rye feed	85.1	11.8	61.1	4.2	5.7	15.1	4.8	56.9	2.6	74	78	−23	82	64	6
谷物筛渣 Screenings,grain	90.8	9.4	61.0	5.5	8.0	14.5	13.5	47.2	7.6	66	65	18	81	64	2
高粱碎渣,南非高粱 Sorghum head chops,kafir	78.4	0.9	22.5	25.8	2.4	8.4	6.9	58.3	2.4	28	10	27	31	31	4
高粱籽实,帚高粱,破碎 Sorghum grain,broomcorn,cracked	84.9	4.4	61.6	12.9	2.7	10.5	5.3	62.8	3.6	71	42	46	79	63	4
高粱籽实,南非种,磨碎 Sorghum grain,kafir,ground	86.8	5.7	62.4	10.0	1.6	9.8	2.2	70.7	2.5	72	58	−97	79	52	7
高粱籽实,南非种,全 Sorghum grain,kafir,whole	87.3	4.5	35.3	6.7	1.1	11.2	1.6	70.5	2.9	45	41	140	40	5	6
高粱籽实,西非种 Sorghum grain,milo	88.7	5.7	71.0	11.4	1.6	10.0	2.4	72.3	2.4	78	57	40	83	80	11
玉米淀粉 Starch,corn	89.9	0.4	86.0	257.6	0.2	0.4	0.1	89.2		93	0	0	96	0	4
糖,饲用 Sugar,feeding	95.8	−1.4	85.0		4.3	2.4		89.1		90	−59		97		2
糖,树木来源 Sugar,wood	71.4		53.1		3.9	0.2		67.3		77			79		2
黎豆 Velvet bean seed	89.4	13.1	76.9	4.8	4.2	17.3	14.4	48.9	4.6	85	76	79	91	76	3
小麦混合饲料,冬小麦 Wheat mixed feed,winter	90.7	12.4	67.2	4.4	6.1	16.1	13.3	50.0	5.2	73	77	50	76	87	2

注:Nutritive ratio 翻译为营养比,等于饲料中可消化蛋白质与其他总可消化营养物之比。另:原文有干物质基础可消化养分及常规成分数据,此处略去,读者可自行换算。下同。

2. 绵羊和山羊用饲料成分及消化率

表 2-5-2 绵羊和山羊用饲料成分及消化率

饲料样品描述	可消化养分及常规成分(饲喂基础)									消化率(%)					
	干物质 DM (%)	可消化粗蛋白质 DCP (%)	总可消化养分 TDN (%)	营养比 Nutritive ratio (1∶)	粗灰分 Ash (%)	粗蛋白质 CP (%)	粗纤维 CF (%)	无氮浸出物 NFE (%)	粗脂肪 EE (%)	有机物 Organic matter	粗蛋白质 CP	粗纤维 CF	无氮浸出物 NFE	粗脂肪 EE	实验次数
金合欢豆荚,成熟,干 Acacia pods,mature,dry	91.5	6.1	59.7	8.7	5.1	11.8	13.9	58.4	2.3	66	52	21	79	88	2
橡子,美洲栎和星毛栎,整粒 Acorns,live and post oak,whole	92.3	−2.6	−15.4		2.3	4.9	12.0	66.0	7.1	56	−53	−2	51	−289	2
苹果渣,湿 Apple pomace,wet	19.2	−0.3	14.0		0.6	1.0	3.1	13.4	1.1	71	−30	64	84	45	6
芦笋浆果,干 Asparagus berries,dried	88.3	8.5	74.3	7.8	5.9	13.0	13.3	47.2	8.9	78	65	47	89	88	2
香蕉粉 Banana meal	86.3	−0.4	64.3		2.6	3.5	1.0	78.7	0.5	76	−12	−324	85	106	2
香蕉皮粉 Banana peel meal	88.0	2.3	56.2	23.4	9.2	6.8	7.6	57.3	7.1	67	34	22	80	40	2
大麦籽实 Barley grain	91.2	7.4	63.2	7.6	12.0	10.2	6.7	61.2	1.1	79	72	42	84	66	4
大麦籽实,全部试验 Barley grain,all expts	88.9	9.9	76.8	6.8	2.5	12.5	4.4	67.5	2.0	87	79	45	91	80	44
大麦籽实,大密度,过筛 Barley grain,heavy,screened	86.9	9.0	73.3	7.2	2.4	11.2	4.2	67.4	1.7	86	80	27	90	67	6
大麦籽实,小密度 Barley grain,light weight	87.9	10.1	77.2	6.6	3.1	11.9	5.4	65.6	1.9	88	85	58	92	82	8
大麦籽实,小粒 Barley small grains	88.3	8.5	78.5	8.3	2.5	10.9	3.5	69.2	2.2	88	77	63	92	85	2
大麦籽实,粗纤维<4% Barley grain,under 4% fiber	88.1	9.4	78.2	7.3	2.4	11.6	3.4	68.6	2.0	88	81	38	93	80	14
大麦籽实,粗纤维 4%~6% Barley grain,4%~6% fiber	89.6	10.4	76.7	6.4	2.4	13.2	4.6	67.6	1.9	87	79	50	92	45	22

续表2-5-2

饲料样品描述	可消化养分及常规成分(饲喂基础)									消化率(%)					
	干物质 DM (%)	可消化粗蛋白质 DCP (%)	总可消化养分 TDN (%)	营养比 Nutritive ratio (1∶)	粗灰分 Ash (%)	粗蛋白质 CP (%)	粗纤维 CF (%)	无氮浸出物 NFE (%)	粗脂肪 EE (%)	有机物 Organic matter	粗蛋白质 CP	粗纤维 CF	无氮浸出物 NFE	粗脂肪 EE	实验次数
大麦籽实,粗纤维>6% Barley grain,over 6% fiber	87.3	9.7	66.6	8.9	4.0	12.6	8.0	60.2	2.4	78	77	37	82	83	3
大麦籽实,水分<13.5% Barley grain,under 13.5% moisture	89.3	10.2	78.1	6.7	2.4	12.7	4.3	67.8	2.1	88	80	44	92	80	35
大麦籽实,水分13.5%~16% Barley grain,13.5%~16% moisture	86.3	10.2	66.9	5.6	3.6	13.0	7.5	60.5	1.7	80	78	39	84	78	2
大麦籽实,样品级,水分>16% Barley grain,sample grade,over 16% moisture	83.4	6.7	72.5	9.9	2.8	9.5	4.4	65.0	1.7	87	70	62	92	87	2
大麦籽实,粗蛋白质<11% Barley grain,under 11% protein	87.2	8.0	77.3	8.6	2.4	10.2	3.7	69.0	1.9	89	79	48	93	80	12
大麦籽实,粗蛋白质11% Barley grain,11% protein	88.9	10.7	75.6	6.1	2.8	13.1	5.4	65.6	2.0	85	82	41	90	82	14
大麦籽实,粗蛋白质14% Barley grain,14% protein	90.4	11.0	78.7	6.2	2.3	14.3	4.1	67.7	2.0	87	77	46	92	78	13
大麦饲料 Barley feed	87.0	12.1	59.2	3.9	5.0	15.0	13.6	49.4	4.0	67	81	18	74	90	4
大麦面粉 Barley flour	86.0	8.8	75.2	7.6	1.1	12.5	1.0	70.1	1.3	87	70	−244	97	36	2
大麦细麸 Barley middlings	88.8	12.3	72.0	4.8	4.2	15.1	8.4	55.7	5.4	77	82	39	80	97	1
大麦筛下物 Barley screenings	88.3	8.7	76.8	7.8	2.5	10.9	2.8	70.3	1.8	87	80	−23	93	83	4
糖用甜菜冠和顶部,脱水 Beet crowns and tops,sugar,dehydrated	82.6	7.0	49.1	6.0	13.4	11.0	14.5	42.6	1.1	70	64	49	82	0	1
糖用甜菜冠和顶部,脱水 Beet crowns and tops,sugar,dehydrated	82.6	5.6	49.5	7.8	18.4	9.7	9.7	43.9	0.9	77	58	75	83	5	16
糖用甜菜根和顶部,脱水 Beet roots and tops sugar,dehydrated	86.9	5.4	63.3	10.7	9.3	8.3	15.0	53.8	0.5	83	65	85	88	−189	2

续表2-5-2

饲料样品描述	可消化养分及常规成分(饲喂基础)									消化率(%)					
	干物质 DM (%)	可消化粗蛋白质 DCP (%)	总可消化养分 TDN (%)	营养比 Nutritive ratio (1∶)	粗灰分 Ash (%)	粗蛋白质 CP (%)	粗纤维 CF (%)	无氮浸出物 NFE (%)	粗脂肪 EE (%)	有机物 Organic matter	粗蛋白质 CP	粗纤维 CF	无氮浸出物 NFE	粗脂肪 EE	实验次数
糖用甜菜顶部,干 Beet tops, sugar, dry	89.8	8.0	59.2	6.4	18.2	11.1	8.5	50.8	1.2	83	72	73	87	29	5
糖用甜菜顶部,干 Beet tops, sugar, dry	89.8	6.8	50.9	6.4	22.4	10.7	11.8	43.6	1.3	75	64	72	80	26	16
糖用甜菜主根,干 Beet taproots, sugar, dried	89.1	2.9	56.1	18.2	16.5	6.5	10.1	55.4	0.6	78	45	72	86	−118	2
糖用甜菜顶部,脱水 Beet tops, sugar, dehydrated	86.3	6.4	54.8	7.5	16.1	10.4	9.2	49.7	0.9	78	62	73	83	23	14
糖用甜菜顶部,清洗、去皮,干 Beet tops, sugar, washed, chopped, and dried	90.8	6.8	55.6	7.2	15.2	11.0	10.3	53.3	1.0	72	62	59	79	25	6
糖用甜菜,根 Beet sugar, roots	11.3	0.6	9.8	15.3	1.0	0.8	0.8	8.6	0.1	94	73	76	99	50	1
糖用甜菜,根 Beet sugar, roots	16.2	1.4	15.0	9.6	1.1	1.6	0.9	12.5	0.1	99	91	101	100	50	2
糖用甜菜冠部,鲜饲 Beet crowns, sugar, fed green	15.9	2.0	9.5	3.5	3.2	2.7	1.7	8.0	0.3	74	79	61	76	38	1
糖用甜菜冠和顶部,鲜饲 Beet crowns and tops, sugar fed green	14.0	1.7	11.0	5.3	2.0	2.1	1.5	7.9	0.5	88	84	80	91	69	1
糖用甜菜冠和顶部,鲜饲 Beet crowns and tops, sugar, fed green	17.3	2.1	10.8	4.2	4.0	2.8	1.9	8.2	0.4	80	75	79	83	46	6
糖用甜菜顶部,现蕾期,鲜饲 Beet tops, sugar, prebloom, fed green	13.4	1.3	7.9	5.0	3.0	1.7	1.3	7.2	0.2	75	79	82	73	54	2
甜菜渣和顶部青贮 Beet pulp and top silage	15.9	1.6	11.6	6.2	2.1	2.4	2.1	8.7	0.6	81	68	82	85	65	2
甜菜渣青贮,加马铃薯片 Beet pulp silage, potato flakes added	17.9	1.3	14.7	10.4	0.9	1.8	3.0	12.1	0.1	85	71	78	90	140	1

续表2-5-2

饲料样品描述	可消化养分及常规成分(饲喂基础)									消化率(%)					
	干物质 DM (%)	可消化粗蛋白质 DCP (%)	总可消化养分 TDN (%)	营养比 Nutritive ratio (1∶)	粗灰分 Ash (%)	粗蛋白质 CP (%)	粗纤维 CF (%)	无氮浸出物 NFE (%)	粗脂肪 EE (%)	有机物 Organic matter	粗蛋白质 CP	粗纤维 CF	无氮浸出物 NFE	粗脂肪 EE	实验次数
糖用甜菜根青贮 Beet silage, sugar, roots	9.3	0.4	5.7	11.8	0.6	1.1	1.7	5.5	0.4	63	39	62	71	32	3
糖用甜菜顶部青贮 Beet top silage, sugar	14.1	1.2	8.4	6.2	3.2	1.7	1.8	6.8	0.6	74	67	75	77	48	4
糖用甜菜顶部青贮,全部试验 Beet top silage, sugar, all expts	16.6	1.2	9.2	6.7	5.1	1.7	1.6	7.9	0.3	78	68	84	81	42	30
糖用甜菜顶部青贮,青贮前清洗过 Beet top silage, sugar, washed before ensiling	12.6	1.0	8.0	7.0	2.6	1.4	1.4	6.9	0.3	79	70	75	83	43	9
糖用甜菜顶部青贮,现蕾期,加A. I. V 发酵液 Beet top silage, sugar, prebloom, A. I. V	20.5	1.5	9.7	5.6	7.5	2.4	2.3	8.0	0.3	74	62	85	75	35	1
糖用甜菜顶部青贮,加 PCl5 Beet top silage, sugar, PCl5 added	16.3	1.7	11.1	5.5	3.0	2.2	1.6	9.3	0.2	83	77	79	87	13	5
糖用甜菜甜菜顶部青贮,加马铃薯片 Beet top silage, sugar, potato flakes added	20.4	1.2	10.2	7.8	7.6	1.9	1.8	8.9	0.2	79	60	75	85	29	1
糖用甜菜,根,干(山羊) Beets, sugar, roots, dried(Goats)	92.8	1.4	73.5	52.2	3.2	4.2	4.7	80.2	0.5	81	33	−31	91	−65	2
甜菜渣,加糖蜜,干 Beet pulp, molasses added, dried	90.4	6.3	70.9	10.2	6.0	9.6	14.4	59.9	0.5	85	66	78	91	−128	7
甜菜渣,Stephen 法,干(山羊) Beet pulp, Stephen′s process, dried(Goats)	89.8	2.6	62.9	23.5	4.6	7.5	12.9	63.6	1.2	72	34	63	79	72	1

续表2-5-2

饲料样品描述	可消化养分及常规成分(饲喂基础)									消化率(%)					
	干物质 DM (%)	可消化粗蛋白质 DCP (%)	总可消化养分 TDN (%)	营养比 Nutritive ratio (1 :)	粗灰分 Ash (%)	粗蛋白质 CP (%)	粗纤维 CF (%)	无氮浸出物 NFE (%)	粗脂肪 EE (%)	有机物 Organic matter	粗蛋白质 CP	粗纤维 CF	无氮浸出物 NFE	粗脂肪 EE	实验次数
甜菜顶部卷叶锦葵混合青贮 Beet top curly leaf mallow mixed silage	16.0	2.3	9.0	3.0	3.9	2.9	2.2	6.4	0.6	71	77	44	77	62	4
刀片海带,干 Blade kelp,dry	83.7	6.0	39.9	5.6	16.8	11.4	8.6	45.8	1.1	71	53	0	74	0	1
蚕豆荚粉 Broadbean pod meal	92.5	4.9	57.0	10.6	6.8	15.4	16.5	52.8	1.0	66	32	58	78	55	2
荞麦籽实 Buckwheat seed	93.0	8.8	65.3	6.4	2.4	12.3	11.7	64.2	2.4	70	72	45	73	80	4
卷心菜,去外叶,青饲 Cabbage outside leaves removed,fed green	9.7	1.5	8.9	4.9	0.8	1.7	1.0	6.1	0.1	99	86	112	102	43	2
卷心菜,叶,青饲 Cabbage leaves, fed green	19.0	1.6	14.0	7.6	2.3	2.4	2.2	11.6	0.5	82	69	81	87	44	3
带刺仙人掌,青饲 Cactus, prickly pear,fed green	21.1	0.6	12.6	19.7	3.0	1.2	2.9	13.1	0.9	64	50	13	76	74	1
美人蕉块茎 Canna tubers	30.7	0.5	25.2	50.9	2.3	1.1	1.0	26.1	0.2	88	44	89	90	63	1
稻子豆荚 Carob pods	78.3	0.8	54.0	65.4	3.9	4.7	7.2	62.0	0.5	72	17	52	79	66	6
稻子豆 Carob seed	85.2	6.7	68.6	9.2	3.3	12.8	8.9	58.6	1.6	84	52	77	90	68	8
胡萝卜,根 Carrots,roots	12.2	0.9	10.6	10.9	1.2	1.2	1.0	8.7	0.1	95	76	108	97	73	16
木薯根 Cassava roots	32.1		25.8		1.5	1.3	1.6	27.4	0.3	85	−2	53	90	51	6
木薯籽粕 Cassava seed oil meal	87.2	−1.1	75.6		1.9	1.4	2.2	81.2	0.5	88	−79	32	92	110	2
栗,提取淀粉后,带壳 Chestnut residue from starch extraction, with shells	89.0	−1.2	45.1		1.4	5.8	15.4	62.6	3.7	48	−20	14	62	63	2
菊苣根,干 Chicory roots,dried	88.2	3.4	78.8	22.5	3.8	4.6	4.1	75.2	0.5	96	73	85	95	51	4
玉米饲料,成熟,青饲 Corn fodder, mature,fed green	49.0	1.9	35.3	17.4	1.4	3.6	8.3	34.1	1.6	71	53	52	77	78	4
玉米麸 Corn bran	88.2	4.8	66.1	12.8	2.2	8.4	9.3	62.9	5.4	77	57	63	73	78	17

续表2-5-2

饲料样品描述	可消化养分及常规成分(饲喂基础)									消化率(%)					
	干物质 DM (%)	可消化粗蛋白质 DCP (%)	总可消化养分 TDN (%)	营养比 Nutritive ratio (1：)	粗灰分 Ash (%)	粗蛋白质 CP (%)	粗纤维 CF (%)	无氮浸出物 NFE (%)	粗脂肪 EE (%)	有机物 Organic matter	粗蛋白质 CP	粗纤维 CF	无氮浸出物 NFE	粗脂肪 EE	实验次数
玉米胚芽粕，浸提 Corn germ meal, solvent process	90.6	10.5	76.7	6.3	4.3	14.0	10.3	61.6	0.4	86	75	100	90	50	1
玉米蛋白饲料，低灰分，高脂肪 Corn gluten feed, low ash, high fat	89.9	14.3	86.7	5.0	0.8	17.3	7.5	58.6	5.7	87	83	78	90	80	2
带芯玉米粉(山羊)Corn and cob meal (Goats)	87.6	5.1	73.0	13.2	1.1	7.9	8.2	67.2	3.2	80	65	48	86	85	1
带芯玉米粉 Corn and cob meal	80.7	4.3	63.5	13.9	1.4	7.7	8.4	59.6	3.6	75	55	52	81	81	9
带芯玉米粉(山羊)Corn and cob meal (Goats)	87.6	3.6	73.2	19.2	1.2	7.9	8.0	67.2	3.3	81	46	44	39	84	2
切碎玉米穗，未成熟，青饲 Corn ear chops, immature, fed green	27.5	2.6	23.8	8.2	0.8	3.4	4.2	18.1	1.0	86	76	88	87	78	1
切碎玉米穗，乳熟期，青饲 Corn ear chops, milk stage, fed green	19.4	1.3	15.5	10.6	0.5	2.2	2.4	13.5	0.8	78	60	76	81	77	1
蒲公英饲料，普通，初花期，干 Dandelion fodder, common, early bloom, dry	88.6	10.6	59.0	4.6	12.0	14.7	15.0	42.7	4.2	74	72	78	76	45	1
二粒小麦籽实 Emmer, grain	90.6	9.2	72.7	6.8	3.4	11.6	9.2	64.2	2.2	81	80	29	88	87	12
亚麻籽筛下物，绝大部分为亚麻菟丝子 Flaxseed screenings, mostly flax dodder	88.9	7.3	56.0	6.7	5.6	13.0	14.0	47.9	8.4	58	56	13	70	71	21
玉米麸(玉米糁、玉米粗粉副产物)Hominy feed	88.6	6.7	81.2	11.0	2.8	10.5	4.7	62.1	8.5	84	64	40	89	91	8
七叶树坚果，去壳 Horse chestnuts, shells removed	90.4	1.8	56.2	30.9	2.2	7.1	2.5	72.1	6.5	59	25	−305	76	50	1

续表2-5-2

饲料样品描述	可消化养分及常规成分(饲喂基础)									消化率(%)					
	干物质 DM (%)	可消化粗蛋白质 DCP (%)	总可消化养分 TDN (%)	营养比 Nutritive ratio (1∶)	粗灰分 Ash (%)	粗蛋白质 CP (%)	粗纤维 CF (%)	无氮浸出物 NFE (%)	粗脂肪 EE (%)	有机物 Organic matter	粗蛋白质 CP	粗纤维 CF	无氮浸出物 NFE	粗脂肪 EE	实验次数
象牙棕榈粕 Ivory nut meal	89.0	0.7	77.5	106.6	1.2	4.8	7.0	75.1	0.9	71	15	82	94	22	10
羽衣甘蓝，茎，青饲 Kale，marrow，fed green	12.8	1.8	9.2	4.2	1.9	2.1	2.2	6.2	0.4	82	82	69	88	58	28
羽衣甘蓝，茎，青饲 Kale，marrow，fed green	15.0	1.5	11.2	6.5	1.7	2.0	2.4	8.5	0.4	82	74	70	89	62	9
羽衣甘蓝，叶，茎，青饲 Kale，leaves，marrow，fed green	17.9	2.7	14.1	4.2	2.1	3.3	1.6	10.3	0.6	87	83	90	90	47	1
羽衣甘蓝，茎，青贮 Kale，silage，marrow	13.3	2.0	10.1	4.1	2.0	2.4	2.3	6.0	0.6	85	84	78	89	72	1
乳酸 Lactic acid	89.4		76.7		0.1			89.3		48			86		1
叶粉，干 Leaves，ash，dry	85.0	7.9	61.9	6.8	5.7	12.4	12.7	49.5	4.7	76	64	61	89	20	3
叶，干(编者注：可能为一种灌木叶，未查到 asbestosbush 直接出处)Leaves，asbestosbush，dry	85.3	2.0	27.4	12.2	22.0	7.2	13.8	40.3	2.0	41	29	23	51	35	2
西克莫无花果叶，青饲 Leaves，sycomore fig，fed green	29.5	0.7	12.1	16.0	4.5	4.0	4.2	16.2	0.6	46	18	32	57	59	1
柠檬渣，干 Lemon pulp，dried	92.9	3.0	72.6	23.7	5.1	6.4	15.0	65.2	1.2	82	46	60	92	28	4
亚麻籽壳，加糖蜜，干 Linseed capsule chaff，molasses added，dry	81.1	6.1	49.0	7.1	9.4	9.5	14.9	45.1	2.2	66	64	28	78	72	4
麦芽，低蛋白质 Malt sprouts，low protein	86.4	15.2	65.1	3.3	8.5	19.8	16.3	39.8	2.0	83	77	83	83	73	9
饲料甜菜，根 Mangels，roots	11.0	0.6	9.4	15.8	1.1	0.8	0.8	8.3	0	94	73	76	99	50	1
饲料甜菜，根 Mangels，roots	13.5	0.7	10.9	14.4	1.1	1.1	0.9	10.3	0.1	90	64	81	94	−84	23

续表2-5-2

饲料样品描述	可消化养分及常规成分(饲喂基础)									消化率(%)					
	干物质 DM (%)	可消化粗蛋白质 DCP (%)	总可消化养分 TDN (%)	营养比 Nutritive ratio (1∶)	粗灰分 Ash (%)	粗蛋白质 CP (%)	粗纤维 CF (%)	无氮浸出物 NFE (%)	粗脂肪 EE (%)	有机物 Organic matter	粗蛋白质 CP	粗纤维 CF	无氮浸出物 NFE	粗脂肪 EE	实验次数
饲料甜菜,冠和顶部,青饲 Mangels,crowns and tops,fed green	12.6	1.8	8.2	3.7	2.4	2.1	1.4	6.2	0.5	78	82	77	79	47	2
饲料甜菜,青贮,根 Mangels,silage,roots	10.2	0.3	5.2	14.0	2.9	0.8	0.9	5.5	0.1	70	45	39	79	40	1
饲料甜菜,冠和顶部,青贮 Mangels,crown and top silage	12.8	1.2	7.2	5.1	2.8	1.8	1.9	5.7	0.6	68	66	77	68	49	6
饲料甜菜,顶部,青贮 Mangels,top silage	12.0	1.4	7.5	4.4	2.5	1.8	1.5	5.9	0.3	78	76	71	83	28	1
饲料甜菜,顶部,半干青贮 Mangels,top silage,wilted	13.6	1.5	7.6	4.1	2.8	2.2	2.1	5.8	0.7	67	69	72	67	45	2
大麦、麦芽、小麦麸和面粉食品加工副产品 Mellon's food by-product from barley,malt,wheat bran and flour	93.0	5.7	52.5	8.3	4.1	12.6	16.9	55.5	3.9	55	45	44	58	83	2
粟(谷子)籽实 Millet grain	89.0	6.2	56.6	8.0	1.7	12.5	2.8	68.0	4.0	61	50	38	65	56	2
糖蜜 Molasses	72.1	−0.1	59.3		6.3	2.8		63.0		89	−3		94		6
高蛋白糖蜜 Molasses,very high protein	72.6	5.7	55.0	8.7	6.6	11.1		54.9		78	51		90		3
甘蔗糖蜜 Molasses,cane	73.7	−1.0	52.4		5.9	3.5		64.3		78	−29		83		22
燕麦籽实 Oat grain	94.0	9.3	75.3	7.1	3.4	11.9	10.8	57.2	5.5	77	78	37	83	82	7
燕麦籽实,全部试验 Oat grain,all expts	87.7	8.9	66.1	6.4	3.3	11.4	10.6	59.6	5.2	73	78	32	78	80	69

续表2-5-2

饲料样品描述	可消化养分及常规成分(饲喂基础)									消化率(%)					
	干物质 DM (%)	可消化粗蛋白质 DCP (%)	总可消化养分 TDN (%)	营养比 Nutritive ratio (1∶)	粗灰分 Ash (%)	粗蛋白质 CP (%)	粗纤维 CF (%)	无氮浸出物 NFE (%)	粗脂肪 EE (%)	有机物 Organic matter	粗蛋白质 CP	粗纤维 CF	无氮浸出物 NFE	粗脂肪 EE	实验次数
燕麦籽实,大密度 Oat grain, heavy	89.0	11.1	72.3	5.5	2.7	12.6	8.9	57.4	5.2	79	88	24	81	92	2
燕麦籽实,小密度 Oat grain, light	89.4	9.8	65.3	5.7	3.2	11.8	12.9	61.3	4.1	70	83	53	70	92	2
燕麦籽实,白色 Oat grain,white	89.3	8.0	69.1	7.6	2.9	10.3	9.6	59.6	5.2	73	78	22	79	90	10
燕麦籽实,白色,大密度 Oat grain,white,heavy	88.8	10.2	70.5	5.9	2.5	12.2	9.8		4.7	75	84	25	81	90	1
燕麦籽实,白色,小密度 Oat, grain,white,light	89.4	8.4	60.6	6.2	3.1	10.9	15.7	56.5	3.2	67	77	51	67	89	1
燕麦籽实,黄色 Oat grain,yellow	87.1	10.3	69.7	5.8	3.0	11.9	8.9	58.2	5.1	76	86	36	78	94	6
燕麦籽实,黄色,大密度 Oat grain,yellow,heavy	89.2	11.9	73.8	5.2	2.9	13.0	8.1	59.7	5.5	78	91	23	81	94	1
燕麦籽实,黄色,小密度 Oat grain,yellow,light	89.4	11.2	69.8	5.2	3.2	12.7	10.0	58.5	5.0	74	88	54	73	94	1
燕麦籽实,粗脂肪<5% Oat grain,under 5% fat	88.3	9.4	64.5	5.9	3.4	11.8	10.4	57.9	4.8	73	79	16	78	78	41
燕麦籽实,粗脂肪5% Oat grain, 5% fat	87.0	8.4	65.9	6.9	3.1	11.0	11.0	56.2	5.7	72	76	29	78	82	28
燕麦籽实,粗纤维<9% Oat grain,under 9% fiber	89.1	8.7	68.5	6.8	3.1	11.2	8.9	60.9	4.9	73	78	26	78	90	11
燕麦籽实,粗纤维 9%~12% Oat grain,9%~12% fiber	87.5	9.3	66.4	6.2	3.3	11.7	10.6	56.7	5.2	74	79	32	79	77	51
燕麦籽实,粗纤维>12% Oat grain,over 12% fiber	86.8	6.6	58.9	7.9	3.1	9.7	13.8	54.9	5.3	64	68	38	68	82	6
燕麦籽实,水分<14.5% Oat grain,under 14.5% moisture	88.6	9.1	66.4	6.3	1.6	11.9	10.8	59.1	5.2	73	77	18	78	78	56

续表2-5-2

饲料样品描述	可消化养分及常规成分(饲喂基础)									消化率(%)					
	干物质 DM (%)	可消化粗蛋白质 DCP (%)	总可消化养分 TDN (%)	营养比 Nutritive ratio (1：)	粗灰分 Ash (%)	粗蛋白质 CP (%)	粗纤维 CF (%)	无氮浸出物 NFE (%)	粗脂肪 EE (%)	有机物 Organic matter	粗蛋白质 CP	粗纤维 CF	无氮浸出物 NFE	粗脂肪 EE	实验次数
燕麦籽实,水分 14.5%～16% Oat grain,tough 14.5%～16% moisture	84.1	8.0	63.6	7.0	4.2	10.1	10.6	54.0	5.2	72	79	40	76	88	7
燕麦籽实,样品级,水分＞16% Oat grain, sample grade over 16% moisture	82.1	9.3	64.0	5.9	3.6	11.2	10.7	51.3	5.3	74	83	38	78	89	4
燕麦籽实,粗蛋白质＜10% Oat grain,under 10% ptotein	86.3	6.4	65.0	9.2	2.9	8.5	11.4	57.8	5.7	70	75	28	75	94	6
燕麦籽实,粗蛋白质 10% Oat grain,10% ptotein	87.8	7.7	65.4	7.5	3.2	10.7	10.9	57.6	5.4	71	72	27	78	80	18
燕麦籽实,粗蛋白质 11% Oat grain,11% ptotein	87.9	9.7	65.2	5.7	3.4	12.1	10.5	57.0	4.9	74	80	18	79	78	45
燕麦,低等级 Oat mill or low grade	91.5	8.0	72.7	8.2	3.8	11.2	16.9	55.0	4.6	77	71	60	82	92	1
燕麦,压片 Oat rolled	91.0	14.4	92.7	5.5	1.8	15.9	1.9	65.5	5.9	96	90	80	98	96	2
燕麦细麸 Oat middlings	91.1	12.9	88.7	5.9	2.4	16.1	2.4	63.3	6.9	91	80	49	95	93	2
燕麦筛下物 Oat screenings	89.4	11.4	73.3	5.5	2.7	12.9	8.0	60.1	5.7	77	88	18	81	92	2
燕麦次粉 Oat shorts	92.7	10.3	60.7	4.9	5.2	13.3	13.3	54.8	6.1	65	77	27	63	90	2
油 Oil	99.9		98.8		0.1				99.8	63				99	2
淘汰柑橘 Orange culls	12.8	0.6	11.5	17.0	0.6	1.0	1.2	9.9	0.1	94	64	82	99	44	1
柑橘渣,干 Orange pulp,dried	87.5	6.1	78.1	11.8	3.3	7.7	7.8	67.0	1.7	92	79	84	95	49	5
柑橘渣,青贮 Orange pulp silage	15.9	0.6	13.0	20.9	0.8	1.2	2.6	11.0	0.3	84	50	72	92	65	1
柑橘渣,青贮 Orange pulp silage	16.0	0.7	13.7	19.5	0.8	1.2	2.7	11.0	0.3	89	56	81	95	65	2
棕榈仁粕,浸提 Palm kernel oil meal,solvent process	89.1	13.1	68.7	4.2	3.8	17.3	14.1	53.5	0.4	80	76	60	88		3
棕榈仁粕,粗脂肪 6%～10% Palm kernel oil meal,6%～10% fat	88.1	13.4	72.9	4.4	3.7	17.4	15.0	44.1	7.9	76	77	38	86	89	8

续表2-5-2

饲料样品描述	可消化养分及常规成分(饲喂基础)									消化率(%)					
	干物质 DM (%)	可消化粗蛋白质 DCP (%)	总可消化养分 TDN (%)	营养比 Nutritive ratio (1∶)	粗灰分 Ash (%)	粗蛋白质 CP (%)	粗纤维 CF (%)	无氮浸出物 NFE (%)	粗脂肪 EE (%)	有机物 Organic matter	粗蛋白质 CP	粗纤维 CF	无氮浸出物 NFE	粗脂肪 EE	实验次数
棕榈仁粕,粗脂肪16%~25% Palm kernel meal,16%~25% fat	90.2	14.3	59.8	3.2	4.1	17.3	14.0	34.8	20.0	85	83	73	89	94	3
棕榈仁粕,加糖蜜 Palm kernel oil meal,molasses added	79.0	8.1	60.4	6.5	8.5	12.0	5.2	53.0	0.3	87	67	58	91	167	1
花生皮 Peanut skins	94.6	4.4	67.8	14.3	3.3	17.8	8.0	37.8	27.7	39	25		16	92	2
泥炭加糖蜜 Peat molasses added	69.2	2.8	42.7	14.2	7.3	6.9	6.9	48.1		68	41	−22	86		5
泥炭,NaOH处理,加糖蜜 Peat treated with NaOH,molasses added	72.1	2.2	40.2	17.2	8.7	6.1	8.4	48.9		62	36	−2	78		8
菠萝渣,干 Pineapple pulp,dried	83.6	0.8	59.9	75.2	3.4	3.8	13.9	61.8	0.7	74	21	70	80	−7	4
糖蜜、烘烤小麦和小麦麸加工副产品 Postum by-product from molasses, roasted wheat, and wheat bran	90.8	3.5	42.4	10.9	2.5	17.8	16.4	51.3	2.8	45	20	13	62	78	2
马铃薯块茎 Potato tubers	24.6	1.4	20.7	13.8	0.9	2.2	0.5	20.9	0.1	87	63	−53	93	55	8
蒸熟马铃薯 Potato cooked	24.6	1.1	10.0	14.9	0.9	2.6	0.7	20.3	0.1	81	43	−257	92	−43	1
马铃薯皮(山羊)Potato peelings (Goats)	24.8	1.1	18.4	16.0	2.3	2.7	1.5	18.2	0.1	81	40	14	93	39	2
马铃薯青贮 Potato silage	23.2	1.0	19.3	17.8	1.3	1.7	0.7	19.4	0.1	88	60	36	93	12	1
马铃薯青贮 Potato silage	23.2	0.8	18.8	21.9	1.3	1.7	0.7	19.4	0.1	84	48	−6	92	116	2
马铃薯青贮,蒸过 Potato silage, steamed	28.5	1.3	23.3	16.7	2.9	2.5	1.0	22.1	0	90	53	62	96	81	2
马铃薯片或粉 Potato flakes or flour	85.9	2.5	63.7	24.6	3.5	7.3	2.0	72.8	0.3	85	34	−72	86	−10	31

续表2-5-2

饲料样品描述	可消化养分及常规成分(饲喂基础)									消化率(%)					
	干物质 DM (%)	可消化粗蛋白质 DCP (%)	总可消化养分 TDN (%)	营养比 Nutritive ratio (1:)	粗灰分 Ash (%)	粗蛋白质 CP (%)	粗纤维 CF (%)	无氮浸出物 NFE (%)	粗脂肪 EE (%)	有机物 Organic matter	粗蛋白质 CP	粗纤维 CF	无氮浸出物 NFE	粗脂肪 EE	实验次数
马铃薯渣,生的,压制过,干 Potato pulp,raw,pressed,dried	85.2	−0.8	69.2		2.3	3.4	5.0	47.3	0.2	84	−23	5	93	156	4
马铃薯废渣和淀粉,干 Potato spent residue and starch,dried	82.4	1.8	66.4	35.0	3.9	6.8	1.9	69.6	0.2	86	27	−130	96	47	2
糜子(黍,稷)籽实 Proso,grain	90.7	6.8	73.5	9.8	2.4	10.4	8.3	65.3	4.3	78	65	14	88	84	12
李脯,干,碎 Prunes,dried,ground	85.3	0.6	56.7	88.8	4.0	4.9	10.2	64.2	2.0	67	13	0	82	77	3
南瓜,整 Pumpkins,entire	12.6	1.5	11.4	6.5	1.0	2.0	1.9	6.2	1.5	83	77	61	89	92	7
南瓜,去种子 Pumpkins,seeds removed	5.4	0.7	5.4	6.8	0.5	0.7	0.9	3.2	0.1	106	93	116	106	93	2
油菜,青饲 Rape,fed green	17.4	2.5	13.9	4.6	2.0	3.0	2.3	9.4	0.7	88	82	87	93	50	13
油菜,远未成熟,青饲 Rape,very immature,fed green	18.5	2.5	15.0	5.1	2.1	3.0	2.4	10.3	0.7	89	81	89	94	49	11
岩藻,干 Rockweed,dry	87.7	4.7	30.5	5.5	20.1	14.2	7.4	43.7	2.3	38	33	−42	55	97	3
瘤胃内容物加糖蜜,干 Rumen molasses added,dried	80.2	8.7	42.3	3.9	9.8	14.5	12.8	40.2	2.9	56	60	14	66	82	2
芜菁甘蓝顶部,干 Rutabaga tops,dried	87.7	11.8	56.6	3.8	20.8	14.8	10.7	39.6	1.8	83	79	83	86	47	8
芜菁甘蓝冠和顶部,脱水 Rutabaga crowns and tops,dehydrated	87.3	7.6	46.4	5.1	34.4	9.8	8.6	32.6	1.9	85	78	96	85	65	2
芜菁甘蓝根 Rutabaga roots	12.1	0.8	10.8	12.0	0.8	1.1	1.2	8.7	0.3	93	75	89	96	79	6
芜菁甘蓝冠和顶部,青饲 Rutabaga crowns and tops,fed green	12.2	2.0	9.4	3.7	1.8	2.3	1.6	5.8	0.7	85	85	72	90	69	1
芜菁甘蓝冠和顶部,青饲 Rutabaga crowns and tops,fed green	9.6	1.5	6.4	3.3	2.4	1.7	1.4	3.8	0.3	85	86	98	81	66	2

续表2-5-2

饲料样品描述	可消化养分及常规成分(饲喂基础)									消化率(%)					
	干物质 DM (%)	可消化粗蛋白质 DCP (%)	总可消化养分 TDN (%)	营养比 Nutritive ratio (1∶)	粗灰分 Ash (%)	粗蛋白质 CP (%)	粗纤维 CF (%)	无氮浸出物 NFE (%)	粗脂肪 EE (%)	有机物 Organic matter	粗蛋白质 CP	粗纤维 CF	无氮浸出物 NFE	粗脂肪 EE	实验次数
芜菁甘蓝冠和顶部青贮 Rutabaga crown and top silage	11.1	1.6	8.3	4.0	1.7	2.0	1.9	4.8	0.7	82	81	81	85	69	1
芜菁甘蓝冠和顶部青贮 Rutabaga crown and top silage	22.8	1.8	10.7	5.1	11.2	2.1	1.8	7.2	0.5	88	83	107	87	71	2
芜菁甘蓝顶部青贮 Rutabaga top silage	14.7	1.9	8.8	3.6	4.5	2.4	1.8	5.5	0.5	82	79	85	85	68	2
黑麦籽实 Rye grain	84.8	8.3	72.4	7.7	1.4	10.5	1.5	70.1	1.3	86	79	−27	90	53	5
黑麦麸 Rye bran	90.7	10.4	55.6	4.3	5.0	15.5	7.8	58.5	3.9	62	67	23	64	68	7
黑麦细麸 Rye middlings	88.4	9.8	71.2	6.3	3.4	13.1	3.7	65.3	2.9	82	75	27	85	75	10
高粱籽实,全部试验 Sorghum grain, all expts	88.4	7.5	75.4	9.0	2.0	11.2	2.7	69.5	3.0	84	67	33	89	76	31
高粱籽实,帚高粱,低纤维 Sorghum grain, broomcorn, low fiber	85.4	5.0	62.3	11.7	2.4	10.2	3.2	65.3	4.3	71	48	28	75	78	18
高粱籽实,帚高粱,高纤维 Sorghum grain, broomcorn, high fiber	91.0	5.1	53.6	9.6	5.6	11.7	11.5	59.5	2.7	59	43	35	66	86	1
高粱籽实,矮红种 Sorghum grain, darso	88.5	7.3	74.3	9.2	1.7	11.3	3.0	69.1	3.4	82	64	10	88	78	4
高粱籽实,都拉种 Sorghum grain, durra	87.9	5.6	71.2	11.6	4.0	10.1	2.6	67.5	3.7	81	56	60	85	79	7
高粱籽实,中非种 Sorghum grain, feterita	89.8	9.8	78.1	7.0	1.6	12.8	1.6	70.8	3.0	84	76	−66	91	74	6
高粱籽实,南非种 Sorghum grain, kafir	88.0	9.0	79.4	7.8	1.6	11.1	2.5	70.3	2.5	89	81	55	92	76	2

续表2-5-2

饲料样品描述	可消化养分及常规成分(饲喂基础)									消化率(%)					
	干物质 DM (%)	可消化粗蛋白质 DCP (%)	总可消化养分 TDN (%)	营养比 Nutritive ratio (1：)	粗灰分 Ash (%)	粗蛋白质 CP (%)	粗纤维 CF (%)	无氮浸出物 NFE (%)	粗脂肪 EE (%)	有机物 Organic matter	粗蛋白质 CP	粗纤维 CF	无氮浸出物 NFE	粗脂肪 EE	实验次数
高粱籽实，西非种 Sorghum grain，milo	89.2	8.7	84.2	8.6	1.7	11.2	2.2	71.3	2.8	92	78	66	96	88	8
高粱籽实，甜高粱 Sorghum grain，sorgho or sweet	89.9	6.0	77.9	11.9	1.5	9.9	3.2	72.4	2.9	85	61	100	89	66	2
高粱碎渣，南非种 Sorghum head chops，kafir	90.4	6.1	68.7	10.4	3.1	9.6	8.0	67.3	2.4	76	63	61	80	74	2
高粱碎渣，西非种 Sorghum head chops，milo	90.6	7.1	77.9	10.1	3.3	9.2	7.1	68.6	2.4	86	76	52	91	87	4
泥炭藓，加糖蜜，干 Sphagnum moss，molasses added，dry	82.3	4.0	42.0	9.8	7.5	9.3	7.4	57.6	0.5	56	42	−46	72	−7	5
淀粉 Starch	88.7		80.6		0.1			88.6		85			91		1
糖，树木来源 Sugar，wood	92.6	−3.3	64.3		4.1	0.8		87.7		69	−394		77	37	7
亚硫酸盐法制糖糖浆废液(编者注：根据原文推测)，干 Sulfite waste liquors，dried	93.7	−5.7	−1.6		10.1	2.4	14.4	66.1	0.7	0	−233	−110	30	152	5
芜菁顶部，干 Turnip tops，dried	87.7	9.9	51.9	4.2	21.4	13.2	10.2	41.5	1.4	78	75	72	81	34	2
芜菁根 Turnip roots	10.5	0.8	8.6	9.9	0.9	1.2	1.0	7.3	0.1	92	64	91	94	54	5
芜菁根，英国长形 Turnip roots，English flat	9.8	1.0	8.9	8.0	0.9	1.1	1.0	6.4	0.4	96	90	103	96	88	2
芜菁，青饲 Turnip tops，fed green	13.4	0.8	9.5	10.7	2.1	2.1	1.7	7.2	0.3	96	38	96	93	64	4
芜菁顶部青贮 Turnip top silage	18.2	1.9	12.8	5.6	4.4	2.7	3.1	7.4	0.6	88	72	98	88	100	4
带荚黎豆 Velvet bean seeds and pods	88.2	12.6	74.4	4.9	4.9	16.8	12.8	49.5	4.2	83	75	74	89	86	6

续表2-5-2

饲料样品描述	可消化养分及常规成分(饲喂基础)									消化率(%)					
	干物质 DM (%)	可消化粗蛋白质 DCP (%)	总可消化养分 TDN (%)	营养比 Nutritive ratio (1∶)	粗灰分 Ash (%)	粗蛋白质 CP (%)	粗纤维 CF (%)	无氮浸出物 NFE (%)	粗脂肪 EE (%)	有机物 Organic matter	粗蛋白质 CP	粗纤维 CF	无氮浸出物 NFE	粗脂肪 EE	实验次数
向日葵饲料,菊芋,干 Sunflower fodder,Jerusalem-artichoke,dry	92.9	3.3	55.3	15.9	10.3	8.0	16.5	56.7	1.4	67	41	37	78	53	6
小麦标准细麸 Wheat standard middlings	85.2	11.6	62.4	4.4	6.0	14.9	8.9	50.7	4.7	72	78	38	75	89	2
小麦混合饲料 Wheat mixed feed	86.5	12.4	66.0	4.3	4.8	14.9	7.4	55.2	4.2	76	83	34	78	86	4
小麦筛下物 Wheat screenings	88.8	11.8	65.2	4.5	6.5	16.4	7.9	54.4	3.6	74	72	6	84	88	10
小麦白色下脚料 Wheat white shorts	89.6	14.7	88.2	5.0	1.3	16.3	1.3	68.2	2.5	96	90	70	99	89	4
白毛黄花草(编者注:未查到明确名称),多绒毛,干 Wyethia fodder,wooly,dry	93.2	11.4	54.1	3.8	10.2	16.2	15.9	47.0	3.9	62	70	54	61	63	2

3.猪用饲料成分及消化率

表 2-5-3 猪用饲料成分及消化率

饲料样品描述	可消化养分及常规成分(饲喂基础)									消化率(%)					
	干物质 DM (%)	可消化粗蛋白质 DCP (%)	总可消化养分 TDN (%)	营养比 Nutritive ratio (1∶)	粗灰分 Ash (%)	粗蛋白质 CP (%)	粗纤维 CF (%)	无氮浸出物 NFE (%)	粗脂肪 EE (%)	有机物 Organic matter	粗蛋白质 CP	粗纤维 CF	无氮浸出物 NFE	粗脂肪 EE	实验次数
大麦籽实,全部试验 Barley,grain,all expts	86.4	8.3	69.9	7.5	2.6	10.7	4.6	66.6	1.9	82	77	11	89	44	139
大麦籽实,全部试验 Barley,grain,all expts	88.0	7.7	70.7	8.3	2.5	10.7	4.8	67.9	2.1	81	71	3	89	51	26
大麦籽实,粗纤维<4% Barley,grain,under 4% fiber	88.0	8.4	71.8	7.6	2.6	11.2	3.6	68.7	1.9	83	75	9	89	46	43

续表2-5-3

饲料样品描述	可消化养分及常规成分（饲喂基础）									消化率（%）					
	干物质 DM （%）	可消化粗蛋白质 DCP （%）	总可消化养分 TDN （%）	营养比 Nutritive ratio （1：　）	粗灰分 Ash （%）	粗蛋白质 CP （%）	粗纤维 CF （%）	无氮浸出物 NFE （%）	粗脂肪 EE （%）	有机物 Organic matter	粗蛋白质 CP	粗纤维 CF	无氮浸出物 NFE	粗脂肪 EE	实验次数
大麦籽实，粗纤维＜4% Barley, grain, under 4% fiber	84.1	7.9	69.6	7.8	2.4	10.6	3.6	64.8	2.7	83	75	－21	90	67	4
大麦籽实，粗纤维 4%～6% Barley, grain, 4%～6% fiber	86.1	8.2	70.4	7.6	2.6	10.5	4.8	66.5	1.7	83	78	14	90	44	68
大麦籽实，粗纤维 4%～6% Barley, grain, 4%～6% fiber	89.0	7.5	70.6	8.4	2.7	10.7	4.9	68.7	2.0	80	70	7	88	49	16
大麦籽实，粗纤维＞6% Barley, grain, over 6% fiber	87.5	8.8	67.1	6.6	2.8	11.9	6.9	63.5	2.4	78	74	19	86	45	10
大麦籽实，粗纤维＞6% Barley, grain, over 6% fiber	87.6	8.4	73.4	7.7	1.5	11.2	6.0	67.4	1.5	85	75	20	93	33	2
大麦籽实，水分＜13.5% Barley, grain, under 13.5% moisture	88.8	8.8	70.4	7.0	2.9	11.9	5.1	66.9	2.0	80	74	14	88	44	36
大麦籽实，水分＜13.5% Barley, grain, under 13.5% moisture	88.7	7.2	70.2	8.7	2.6	10.5	5.0	68.6	2.0	81	69	7	88	50	16
大麦籽实，水分 13.5%～14.5% Barley, grain, 13.5%～14.5% moisture	86.0	8.6	69.7	7.1	2.3	11.0	4.5	66.6	1.6	83	78	12	89	38	45
大麦籽实，水分 13.5%～16% Barley, grain, 13.5%～16% moisture	84.6	8.5	68.5	7.1	2.4	11.0	4.2	64.6	2.4	82	77	－9	89	55	6
大麦籽实，水分 14.5%～16%Barley, grain, 14.5%～16% moisture	84.8	8.1	70.6	7.7	2.5	10.1	4.3	65.8	2.1	84	80	4	90	64	14
大麦籽实，样品级，水分＞16% Barley, grain, sample grade, over 16% moisture	83.2	8.0	69.5	7.7	2.5	10.3	4.2	64.4	1.8	84	77	18	91	54	11

续表2-5-3

饲料样品描述	可消化养分及常规成分(饲喂基础)									消化率(%)					
	干物质 DM (%)	可消化粗蛋白质 DCP (%)	总可消化养分 TDN (%)	营养比 Nutritive ratio (1∶)	粗灰分 Ash (%)	粗蛋白质 CP (%)	粗纤维 CF (%)	无氮浸出物 NFE (%)	粗脂肪 EE (%)	有机物 Organic matter	粗蛋白质 CP	粗纤维 CF	无氮浸出物 NFE	粗脂肪 EE	实验次数
大麦籽实,粗蛋白质<10% Barley, grain, under 10% protein	85.7	6.9	70.8	9.2	2.6	9.0	4.3	68.0	1.8	84	77	15	90	50	31
大麦籽实,粗蛋白质 10% Barley, grain, 10% protein	86.0	8.4	70.7	7.3	2.8	10.6	4.2	66.4	2.0	84	80	6	90	49	26
大麦籽实,粗蛋白质<11% Barley, grain, under 11% protein	87.1	7.7	71.0	8.3	2.8	9.7	4.8	67.8	2.0	83	80	12	90	36	7
大麦籽实,粗蛋白质 11% Barley, grain, 11% protein	86.3	9.1	69.6	6.6	2.4	11.7	4.9	65.5	1.8	82	78	15	89	38	46
大麦籽实,粗蛋白质 11% Barley, grain, 11% protein	88.4	7.5	70.0	8.3	2.4	11.2	4.8	67.9	2.1	80	67	−1	88	58	15
大麦籽实,粗蛋白质 14% Barley, grain, 14% protein	90.2	11.2	69.5	5.2	2.9	14.7	4.6	65.7	2.3	75	76	72	78	74	10
大麦籽实,高蛋白质 Barley, grain, high protein, N fertilized	83.3	9.3	70.2	6.5	2.7	12.3	4.0	62.5	1.8	86	76	42	91	56	4
大麦籽实,熟化 Barley, grain, cooked	85.3	6.4	66.5	9.4	2.2	9.6	6.7	66.0	0.8	78	67	20	87	12	1
大麦籽实,去壳 Barley, grain, hull-less or bald	84.6	8.8	71.5	7.1	2.0	12.2	1.9	66.6	1.9	86	72	35	91	35	2
大麦籽实,去壳,高蛋白 Barley, grain, hull-less or bald, N fertilized	84.9	12.1	71.6	4.9	2.4	16.3	2.1	61.9	2.2	85	74	31	91	50	2
大麦籽实,去壳 Barley, grain, hull-less or bald	87.1	11.8	81.4	5.9	1.9	12.9	1.3	68.9	2.1	95	91	21	98	41	4
大麦籽实,冬 Barley, grain, winter	87.5	7.5	70.9	8.4	2.5	9.3	5.0	68.9	1.8	84	81	25	90	1	3
大麦饲料 Barley, feed	88.4	9.8	65.0	5.6	7.5	12.5	8.3	56.8	3.3	76	79	21	84	77	5

续表2-5-3

饲料样品描述	可消化养分及常规成分(饲喂基础)									消化率(%)					
	干物质 DM (%)	可消化粗蛋白质 DCP (%)	总可消化养分 TDN (%)	营养比 Nutritive ratio (1：)	粗灰分 Ash (%)	粗蛋白质 CP (%)	粗纤维 CF (%)	无氮浸出物 NFE (%)	粗脂肪 EE (%)	有机物 Organic matter	粗蛋白质 CP	粗纤维 CF	无氮浸出物 NFE	粗脂肪 EE	实验次数
菜豆与马铃薯蒸熟青贮 Bean steamed potato mixed silage	22.8	1.6	18.9	10.7	1.2	2.3	1.8	17.2	0.3	88	70	54	95	2	1
糖用甜菜冠和顶部，脱水 Beet crowns and tops, sugar, dehydrated	82.6	5.5	44.3	7.0	15.8	12.0	15.5	38.3	1.0	67	46	45	83	0	1
糖用甜菜顶部，干 Beet tops, sugar, dry	89.2	7.0	45.8	5.5	16.4	13.7	17.8	39.9	1.4	63	51	39	82	−26	2
糖用甜菜顶部，干 Beet tops, sugar, dry	88.3	4.9	51.0	9.4	13.6	10.9	14.7	48.0	1.1	67	45	51	81	−12	3
糖用甜菜顶部，脱水 Beet tops, sugar, dehydrated	86.5	4.2	50.0	11.0	12.0	9.9	10.1	53.3	1.2	65	42	53	76	0	7
糖用甜菜，根 Beet sugar, roots	27.3	0.5	24.4	48.6	0.9	1.4	1.3	23.6	0.1	93	36	88	97	−46	5
糖用甜菜，根，青贮 Beet silage, sugar, roots	25.7		21.0		1.0	1.4	1.6	21.6	0.1	85	0	58	93	0	1
糖用甜菜，根，干 Beet sugar, roots, dried	93.6	2.6	83.8	30.7	4.3	4.1	4.4	80.6	0.2	96	64	66	97	9	5
甜菜渣，干 Beet pulp, dried	86.6	3.6	64.6	17.1	5.0	8.7	16.5	56.0	0.4	82	41	83	89	−234	6
甜菜渣，加糖蜜，干 Beet pulp, molasses added, dried	89.4	2.1	67.8	30.3	4.7	8.7	15.5	59.5	1.0	80	25	84	89	−18	2
甜菜渣，蒸熟 Beet pulp, steamed	90.2	6.0	75.2	11.4	5.0	9.6	14.2	61.0	0.4	88	63	91	92	26	3
刀片海带，干 Blade kelp, dry	86.9	1.4	43.6	30.4	15.6	7.7	6.6	56.6	0.4	61	18	41	69	53	5
荞麦籽实 Buckwheat, seed	88.5	7.7	68.1	7.8	1.9	10.7	12.7	60.0	3.2	78	72	60	85	24	2
荞麦饲料，低蛋白质，低纤维 Buckwheat, feed, low protein, low fiber	87.5	9.4	70.6	6.6	2.2	11.6	11.8	59.9	2.0	79	81	28	90	89	1

续表2-5-3

饲料样品描述	可消化养分及常规成分(饲喂基础)									消化率(%)					
	干物质 DM (%)	可消化粗蛋白质 DCP (%)	总可消化养分 TDN (%)	营养比 Nutritive ratio (1∶)	粗灰分 Ash (%)	粗蛋白质 CP (%)	粗纤维 CF (%)	无氮浸出物 NFE (%)	粗脂肪 EE (%)	有机物 Organic matter	粗蛋白质 CP	粗纤维 CF	无氮浸出物 NFE	粗脂肪 EE	实验次数
胡萝卜,根 Carrots,roots	11.9	1.0	9.7	8.4	1.2	1.5	1.1	8.0	0.1	91	71	85	94	68	2
红三叶草、马铃薯混合青贮 Clover,red,potato mixed silage	19.2	1.5	13.6	7.8	1.7	2.6	1.8	12.8	0.3	78	60	44	88	0	1
带芯玉米粉 Corn and cob meal	86.7	6.2	70.1	10.5	1.8	8.5	6.9	65.6	3.9	79	72	28	86	65	2
切碎玉米穗,乳熟期,青饲 Corn ear chops,milk stage,fed green	27.5	2.1	20.8	8.9	0.7	3.1	3.4	19.2	1.1	74	67	46	82	55	1
干酒糟 Distillers' dried soluble	88.7	9.7	64.8	5.7	8.6	16.0	6.2	57.7	0.2	83	60	68	93	−690	2
卷心菜,夏季 Garbage,urban,summer	32.2	2.9	28.5	8.8	3.2	4.7	1.8	18.7	3.8	85	61	57	96	77	2
亚麻籽蒴果壳,糖蜜 Linseed capsule chaff,molasses added,dry	80.1	4.2	42.2	9.0	9.5	9.6	14.8	43.2	3.0	58	44	20	74	46	2
饲料甜菜,根 Mangels,roots	11.5	1.2	9.5	6.9	0.9	1.5	0.8	8.2	0.1	91	78	82	96	−86	2
饲料甜菜,根 Mangels,roots	30.4	1.8	23.0	11.8	2.7	3.2	2.2	22.2	0.1	85	55	46	92	−49	8
饲料甜菜,根,青贮 Mangels,silage,roots	10.4	1.0	8.4	7.7	1.0	1.3	0.7	7.3	0.1	90	75	77	96	−68	2
脱脂强化牛奶 Milk,skimmed,reinforced	15.3	2.7	14.6	4.3	0.7	2.9		11.4	0.3	98	95		99	87	13
燕麦籽实,全部试验 Oat grain,all expts	89.9	11.2	65.4	4.8	2.7	13.4	8.1	61.6	4.1	71	84	−17	78	82	10
燕麦籽实,全部试验 Oat grain,all expts	91.3	8.6	61.7	6.2	3.7	11.0	13.1	59.0	4.5	67	78	14	74	76	8
燕麦籽实,低脂肪 Oat grain,low fat	89.1	11.6	64.6	4.6	2.7	13.6	7.0	62.3	3.5	71	85	−27	78	81	8

续表2-5-3

饲料样品描述	可消化养分及常规成分(饲喂基础)									消化率(%)					
	干物质 DM (%)	可消化粗蛋白质 DCP (%)	总可消化养分 TDN (%)	营养比 Nutritive ratio (1∶)	粗灰分 Ash (%)	粗蛋白质 CP (%)	粗纤维 CF (%)	无氮浸出物 NFE (%)	粗脂肪 EE (%)	有机物 Organic matter	粗蛋白质 CP	粗纤维 CF	无氮浸出物 NFE	粗脂肪 EE	实验次数
燕麦籽实,高脂肪 Oat grain, high fat	93.1	9.7	71.2	6.4	3.2	12.4	12.4	58.1	7.0	71	78	22	78	86	2
燕麦籽实,粗纤维>12% Oat grain, under 12% fiber	89.6	9.0	62.4	6.0	3.3	11.5	11.1	58.9	4.8	67	78	14	74	76	7
燕麦籽实,粗蛋白质 8%~10% Oat grain, 8%~10% protein	88.0	6.8	52.2	6.7	3.3	9.9	11.2	58.8	4.8	57	69	−4	66	64	2
燕麦籽实,粗蛋白质 11% Oat grain, 11% protein	90.2	9.9	66.4	5.7	3.3	12.1	11.1	58.8	4.9	71	82	21	77	81	5
燕麦次粉 Oat shorts	91.0	9.5	56.9	5.0	5.1	13.1	13.1	53.7	6.0	58	72	1	66	88	2
珍珠粟籽实 Pearl millet, grain	89.2	7.7	56.6	6.4	1.7	12.6	2.8	68.1	4.0	61	61	35	62	64	2
花生油 Peanut oil	99.9		220.1		0.1				99.8	99				98	6
马铃薯块茎 Potato tubers	23.8	1.0	20.5	19.8	1.2	1.9	0.6	20.0	0.1	91	51	79	95	0	1
马铃薯块茎 Potato tubers	23.2	0.3	19.3	63.6	1.2	2.0	0.7	19.2	0.1	88	15	79	96	0	2
马铃薯,蒸熟 Potato cooked	22.5	1.6	19.6	11.5	1.2	2.2	0.7	18.3	0.1	93	70	59	97	−85	7
马铃薯,蒸熟 Potato cooked	23.7	1.2	20.8	16.7	1.6	1.9	0.8	19.3	0.1	95	61	81	98	0	5
马铃薯皮 Potato peelings	24.8	1.8	21.5	10.8	1.5	2.5	0.8	19.9	0.1	92	74	67	96		2
马铃薯青贮 Potato silage	28.3	1.1	25.0	20.9	1.6	1.5	0.8	24.3	0.1	88	75	43	97	0	1
马铃薯青贮,蒸过 Potato silage, steamed	21.8	1.0	19.2	18.2	1.1	1.6	0.7	18.3	0.1	94	62	73	97	0	12
马铃薯青贮,蒸过 Potato silage, steamed	23.4	1.1	20.9	17.5	1.3	1.8	0.7	19.6	0	95	62	85	98	0	3
马铃薯,蒸过,与芜菁甘蓝混合青贮 Potato steamed, rutabaga mixed silage	18.4	0.5	14.9	29.6	1.6	1.4	0.8	14.6	0	89	34	75	95	0	1

续表2-5-3

饲料样品描述	可消化养分及常规成分(饲喂基础)									消化率(%)					
	干物质 DM (%)	可消化粗蛋白质 DCP (%)	总可消化养分 TDN (%)	营养比 Nutritive ratio (1∶)	粗灰分 Ash (%)	粗蛋白质 CP (%)	粗纤维 CF (%)	无氮浸出物 NFE (%)	粗脂肪 EE (%)	有机物 Organic matter	粗蛋白质 CP	粗纤维 CF	无氮浸出物 NFE	粗脂肪 EE	实验次数
马铃薯,蒸过,与糖用甜菜混合青贮 Potato steamed, sugar beet silage	23.1	0.6	19.5	29.0	1.6	1.8	1.4	18.2	0.1	91	37	81	97	0	1
马铃薯片 Potato flakes	87.1	4.7	81.1	16.2	4.0	5.5	1.0	76.5	0.1	98	86	69	99	−11	1
马铃薯片或粉 Potato flakes or flour	85.5	4.1	75.2	17.5	3.4	7.0	2.3	72.5	0.3	92	58	64	96	−7	23
马铃薯渣,生,压制过,干 Potato pulp, raw, pressed, dried	86.2	0.8	81.9	105.8	1.6	2.8	2.2	79.4	0.2	94	27	85	98	0	2
发芽马铃薯渣,生,压制过,干 Potato pulp, raw, pressed, dried from sprouted potatoes	85.7		77.1	0	1.5	3.8	3.2	77.0	0.2	90	0	73	97	0	2
南瓜,整 Pumpkins, entire	6.1	0.8	4.9	5.1	0.6	1.1	0.8	2.9	0.7	81	72	68	93	57	1
岩藻,干 Rockweed, dry	88.7	0	37.7		15.4	5.2	9.4	54.5	4.2	31	0	0	55	83	1
芜菁甘蓝根 Rutabagas, roots	14.1	0.6	11.7	17.2	0.8	0.8	1.0	11.4	0.1	82	84	41	93	0	1
黑麦籽实 Rye, grain	84.4	6.7	75.2	10.3	1.6	8.2	1.8	71.6	1.2	91	81	30	94	24	6
黑麦麸 Rye bran	91.4	10.9	61.1	4.6	6.4	15.5	9.5	56.6	3.4	68	70	25	74	78	2
黑麦饲料 Rye feed	85.2	10.2	64.8	5.4	5.3	14.1	4.8	58.2	2.8	79	72	44	84	57	2
黑麦饲用面粉,低等级 Rye feed flour low-grade	84.7	10.3	79.4	6.7	1.4	12.3	0.1	68.8	2.1	93	84	−344	96	71	2
黑麦粗面粉(饲料粉)Rye flour middlings	84.9	9.3	67.3	6.3	3.1	12.8	3.7	62.6	2.7	79	72	26	84	75	2
西谷椰子木髓粕,平滑的 Sagopalm pith meal, smooth	86.9	−4.5	61.7		3.4	1.7	4.3	77.2	0.3	73	−276	−11	86	46	2

续表2-5-3

饲料样品描述	可消化养分及常规成分(饲喂基础)									消化率(%)					
	干物质 DM (%)	可消化粗蛋白质 DCP (%)	总可消化养分 TDN (%)	营养比 Nutritive ratio (1∶)	粗灰分 Ash (%)	粗蛋白质 CP (%)	粗纤维 CF (%)	无氮浸出物 NFE (%)	粗脂肪 EE (%)	有机物 Organic matter	粗蛋白质 CP	粗纤维 CF	无氮浸出物 NFE	粗脂肪 EE	实验次数
高粱籽实,帚高粱,磨碎 Sorghum grain,broomcorn,ground	84.8	5.8	64.4	10.2	2.5	10.7	4.7	63.6	3.3	76	54	23	84	55	8
高粱籽实,帚高粱,磨碎 Sorghum grain,broomcorn,ground	85.3	5.1	68.2	12.2	2.6	10.3	2.8	64.7	4.9	73	50	48	80	90	1
高粱籽实,南非种 Sorghum grain,kafir	86.7	7.5	80.1	9.8	1.7	9.6	2.3	70.8	2.3	91	77	67	96	62	2
高粱籽实,西非种 Sorghum grain,milo	90.0	8.5	77.9	8.2	1.8	11.9	2.1	71.3	2.9	86	71	66	90	60	4
马铃薯淀粉 Starch,potato	82.5	0	81.3	0	0.2	0.9		81.4		97	−9		100		2
蔗糖 Sugar,cane	99.8		98.7		0.1			99.7		98			99		1
糖,树木来源 Sugar,wood	93.1	−2.9	61.6		6.4	0.6		86.1		67	−521		75		3
糖与酵母混合物 Sugar yeast mixture	47.6	4.9	43.8	7.9	1.1	6.8		39.7		92	72		98		2
木薯粉 Tapioca flour	88.3	1.6	83.8	52.6	2.1	2.3	2.5	81.0	0.4	97	68	76	99	23	2
芜菁根 Turnips,roots	10.4	0.3	8.3	28.6	0.8	0.8	1.3	7.5	0	86	34	78	94	0	7
鲸鱼骨粉 Whale bone meal	97.1	16.6	37.0	1.2	64.7	18.8		3.5	10.1	68	88			90	1
小麦筛下物 Wheat screenings	86.5	10.2	62.8	5.2	1.8	12.7	5.8	64.1	2.1	73	80	2	80	27	1
小麦标准细麸 Wheat standard middlings	88.6	14.0	64.0	3.6	4.1	17.7	7.4	54.3	5.1	71	79	20	74	73	16
小麦标准细麸 Wheat standard middlings	87.9	14.2	67.2	3.8	4.3	17.2	6.9	54.9	4.6	78	82	28	82	60	12

4. 马用饲料成分及消化率

表 2-5-4　马用饲料成分及消化率

饲料样品描述	可消化养分及常规成分(饲喂基础)									消化率(%)					
	干物质 Total dry matter (%)	可消化粗蛋白质 DCP (%)	总可消化养分 TDN (%)	营养比 Nutritive ratio (1∶　)	粗灰分 Ash (%)	粗蛋白质 CP (%)	粗纤维 CF (%)	无氮浸出物 NFE (%)	粗脂肪 EE (%)	有机物 Organic matter	粗蛋白质 CP	粗纤维 CF	无氮浸出物 NFE	粗脂肪 EE	实验次数
大麦籽实 Barley, grain	85.0	8.0	70.7	7.9	2.3	10.5	4.6	65.7	1.9	84	76	53	89	42	4
大麦籽实 Barley, grain	94.2	10.7	76.1	6.1	3.2	12.2	5.3	71.3	2.2	82	88	39	87	25	3
大麦细麸 Barley, middlings	89.8	9.4	55.9	4.9	4.3	13.9	10.0	58.2	3.4	57	68	22	70	47	4
糖用甜菜,根 Beets, sugar, roots	26.1	0.9	21.8	23.8	0.8	1.3	1.7	22.2	0.1	88	70	53	90	−1	2
糖用甜菜,根,干 Beets, sugar, roots, dried	94.3	2.3	79.3	34.2	2.8	3.6	5.0	82.6	0.3	73	63	32	91	42	2
甜菜渣,干 Beets, pulp, dried	97.0	7.2	77.2	9.7	7.5	10.5	15.1	62.0	1.0	85	69	79	91	34	1
荞麦籽实 Buckwheat, seed	79.4	6.2	56.2	8.1	2.2	9.5	6.5	59.0	2.2	69	65	6	80	50	2
胡萝卜,根 Carrots, roots	10.7	1.3	8.9	5.9	1.4	1.5	0.9	6.7	0.2	94	89	90	97	56	1
胡萝卜,根 Carrots, roots	16.4	1.0	14.4	12.7	1.0	1.2	1.7	12.3	0.2	96	88	67	98	47	3
玉米麸 Corn bran	87.0	3.4	64.9	18.1	1.0	6.5	10.6	67.8	1.1	74	52	140	67	49	2
燕麦籽实,全部试验 Oat grain, all expts	85.4	8.2	59.1	6.2	3.2	10.3	9.0	58.6	4.3	75	79	44	79	80	25
燕麦籽实 Oat grain	87.1	8.9	59.2	5.7	3.4	11.5	11.1	55.6	5.5	66	77	10	74	66	37
燕麦籽实,俄国 Oat grain, Russian	86.0	7.8	64.8	7.3	3.2	10.1	8.9	59.8	4.0	73	77	22	80	80	4
燕麦籽实,瑞典 Oat grain, Swedish	83.2	6.7	64.6	8.7	3.2	8.3	8.1	57.8	5.	74	75	38	78	84	3
燕麦籽实,粗脂肪<5% Oat grain, under 5% fat	85.6	8.6	64.6	6.6	3.3	10.8	9.5	58.2	3.8	74	79	44	78	77	17
燕麦籽实,粗脂肪<5% Oats, grain, under 5% fat	86.2	9.0	58.7	5.5	3.2	11.9	9.7	56.7	4.7	66	76	0	75	67	11
燕麦籽实,粗脂肪5% Oat grain, 5% fat	84.4	7.3	68.0	8.4	3.1	9.3	7.7	58.6	5.7	76	78	42	79	87	7

续表2-5-4

饲料样品描述	可消化养分及常规成分(饲喂基础)									消化率(%)					
	干物质 Total dry matter (%)	可消化粗蛋白质 DCP (%)	总可消化养分 TDN (%)	营养比 Nutritive ratio (1∶)	粗灰分 Ash (%)	粗蛋白质 CP (%)	粗纤维 CF (%)	无氮浸出物 NFE (%)	粗脂肪 EE (%)	有机物 Organic matter	粗蛋白质 CP	粗纤维 CF	无氮浸出物 NFE	粗脂肪 EE	实验次数
燕麦籽实,粗脂肪5% Oat grain, 5% fat	87.4	8.7	59.8	5.9	3.5	11.3	11.7	55.4	5.8	65	77	15	74	66	26
燕麦籽实,粗纤维<9% Oat grain, under 9% fiber	85.3	7.8	68.3	7.8	3.2	9.8	7.8	59.6	4.9	77	79	39	81	83	12
燕麦籽实,粗纤维<9% Oat grain, under 9% fiber	78.7	9.1	52.1	4.7	2.4	11.4	6.8	53.8	4.4	63	80	−102	80	69	1
燕麦籽实,粗纤维9% Oat grain, over 9% fiber	85.5	8.6	64.0	6.5	3.3	10.9	10.2	57.3	3.8	72	79	48	77	76	12
燕麦籽实,粗纤维9%~12% Oat grain, 9%~12% fiber	87.4	9.1	61.0	5.7	3.5	11.7	10.3	56.4	5.5	68	78	11	75	68	29
燕麦籽实,粗纤维>12% Oat grain, over 12% fiber	86.9	7.1	53.4	6.5	3.3	10.3	15.3	52.4	5.6	58	69	26	67	57	7
燕麦籽实,水分<14.5% Oat grain, under 14.5% moisture	86.4	8.6	65.9	6.7	3.4	10.9	8.9	59.4	3.8	75	79	42	79	78	11
燕麦籽实,水分<14.5% Oat grain, under 14.5% moisture	87.6	8.8	59.0	5.8	3.5	11.6	11.3	55.7	5.5	66	76	14	74	67	32
燕麦籽实,水分14.5%~16% Oat grain, tough, 14.5%~16% moisture	85.1	8.3	66.4	7.1	3.1	10.3	9.1	57.9	4.7	76	80	49	78	81	9
燕麦籽实,水分14.5%~16% Oat grain, tough, 14.5%~16% moisture	85.0	9.0	58.1	5.5	3.3	10.7	10.7	55.1	5.2	66	84	10	74	63	4
燕麦籽实,样品级,水分>16% Oat grain, sample grade, over 16% moisture	83.4	6.7	63.1	8.5	3.3	8.8	9.0	57.3	5.0	72	75	36	77	82	4

续表2-5-4

饲料样品描述	可消化养分及常规成分(饲喂基础)									消化率(%)					
	干物质 Total dry matter (%)	可消化粗蛋白质 DCP (%)	总可消化养分 TDN (%)	营养比 Nutritive ratio (1：)	粗灰分 Ash (%)	粗蛋白质 CP (%)	粗纤维 CF (%)	无氮浸出物 NFE (%)	粗脂肪 EE (%)	有机物 Organic matter	粗蛋白质 CP	粗纤维 CF	无氮浸出物 NFE	粗脂肪 EE	实验次数
燕麦籽实，样品级，水分＞16% Oat grain, sample grade, over 16% moisture	78.7	9.1	52.1	4.7	2.4	11.4	6.8	53.7	4.4	63	80	−102	80	69	1
燕麦籽实，粗蛋白质 8% Oat grain,8% protein	84.8	7.4	67.8	8.2	3.1	9.3	8.6	58.8	5.0	76	79	45	80	85	11
燕麦籽实，粗蛋白质 10% Oat grain,10% protein	86.0	8.8	64.7	6.3	3.4	11.2	9.3	58.3	3.8	73	79	42	78	75	13
燕麦籽实，粗蛋白质 10% Oat grain,10% protein	86.4	8.0	55.9	6.0	3.3	10.7	11.3	55.5	5.6	62	75	8	71	60	10
燕麦籽实，粗蛋白质 11% Oat grain,11% protein	87.0	9.0	59.9	5.6	3.6	11.7	10.4	56.0	5.3	67	77	8	75	68	22
燕麦籽实，粗蛋白质 13% Oat grain,13% protein	89.6	11.9	68.3	4.7	3.5	14.3	10.1	55.6	6.1	72	83	27	78	75	3
马铃薯块茎 Potato tubers	24.8	1.4	22.9	15.7	1.0	2.2	0.8	20.7	0.1	97	63	75	101	42	3
马铃薯渣，生，压制过，干 Potato pulp,raw,pressed,dried	87.0	0.5	67.5		5.7	3.6	18.6	58.7	0.4	82	−15	68	92	141	6
芜菁甘蓝根 Rutabagas,roots	11.7	0.9	6.7	6.7	1.0	1.1	1.4	8.0	0.2	65	83	−75	86	−12	2
高粱籽实，帚高粱 Sorghum grain,broomcorn	86.2	4.3	56.5	12.0	2.8	10.3	5.4	63.3	4.4	64	42	−11	74	61	2
饲用糖 Sugar,feeding	86.1	1.9	76.4	38.2	2.9	2.8	1.3	88.9	0.2	68	70	32	83	50	2
向日葵饲料，菊芋 Sunflower tubers, Jerusalem-artichoke	18.1	2.0	15.7	6.9	1.5	2.5	0.9	13.0	0.2	93	81	90	97	55	1
带荚黎豆 Velvet bean seeds and pods	88.0	12.6	70.0	4.6	5.1	16.8	12.8	49.1	4.2	79	75	63	85	81	1

2.5.2 Feedstuffs Ingredient Analysis Table(饲料原料分析表).1980—2016(无 1985、1986、1988、1996)[16]

1. 营养成分及营养价值

表 2-5-5 营养成分及营养价值

年份	原料名称	国际饲料编号 IFN	干物质 DM (%)	粗蛋白质 CP (%)	粗脂肪 Crude fat(%)	粗纤维 CF (%)	钙 Ca (%)	总磷 Total P(%)	有效磷 Available P(%)	粗灰分 Ash (%)	瘤胃降解蛋白质 RDP (%)	反刍动物总可消化养分 Ruminant TDN(%)	家禽生产能 Poultry PE (kcal/kg)	家禽代谢能 Poultry ME (kcal/kg)		家禽真代谢能 True Poultry ME (kcal/kg)	猪代谢能 Swine ME (kcal/lb)	猪代谢能 Swine ME (kcal/kg)	猪总可消化养分 Swine TDN (%)
1980	动物脂肪 Fat, animal	4-00-09	99.5	0.0	99.4	—	—	—		—	—	—	6380		7700			7900	195*
1981—1989	动物脂肪 Fat, animal	4-00-409	99.5	0.0	99.4	-	—	—		—	—	200	6380		7700			7900	195
1990—1993	动物脂肪 Fat, animal	4-00-409	99.5	0.0	99.4	—	—	—		—	—	200	6380		7700	n/a		7900	195
1994—1998	动物脂肪 Fat, animal	4-00-409	99.5	0.0	99.4	—	—	—		—	—	200		3600	7920		3615	7950	195
1999—2016	动物脂肪 Fat, animal		99	0.0	98.0	—	—	—	—	—	—	200		3600	7920		3615	7950	
2012	禽类脂肪 Fat, poultry		99	0.0	98.0	—	—	—	—	—	—	—		3800	8377		3820	8422	
2013—2016	禽类脂肪 Fat, poultry		99	0.0	98.0	—	—	—	—	—	—	—		3800	8377		3820	8422	
1999—2016	脂肪,黄油脂 Fat, yellow grease		99	0.0	98.0	—	—	—	—	—	—	—		3750	8250		3750	8250	
1980—1989	干面包渣 Bakery product, dried	4-00-466	91.0	10.0	13.0	0.7	0.1	0.35		4.0	6.0	82	2930		3920			3555	79
1990	干面包渣 Bakery product, dried	4-00-466	91.0	10.0	13.0	0.7	0.1	0.35		4.0	6.0	82	2930		3920	3960*		3555	79

续表2-5-5

年份	原料名称	国际饲料编号 IFN	干物质 DM (%)	粗蛋白质 CP (%)	粗脂肪 Crude fat(%)	粗纤维 CF (%)	钙 Ca (%)	总磷 Total P(%)	有效磷 Available P(%)	粗灰分 Ash (%)	瘤胃降解蛋白质 RDP (%)	反刍动物总可消化养分 Ruminant TDN(%)	家禽生产能 Poultry PE (kcal/kg)	家禽代谢能 Poultry ME (kcal/kg)		家禽真代谢能 True Poultry ME (kcal/kg)	猪代谢能 Swine ME (kcal/lb)	猪代谢能 Swine ME (kcal/kg)	猪总可消化养分 Swine TDN (%)
1991—1993	干面包渣 Bakery product, dried	4-00-466	91.0	10.0	13.0	0.7	0.1	0.35		4.0	6.0	82	2930		3920	3960		3555	79
1994	干面包渣 Bakery product, dried	4-00-466	91.0	10.0	12.0	3.0	0.1	0.35		8.0	6.0	82		1650	3630		1635	3600	79
1995—1998	干面包渣 Bakery product, dried	4-00-466	91	10.0	12.0	3.0	0.1	0.35		8.0	6.0	82		1650	3630		1635	3600	79
1999—2000	面包粉/面包渣 Bakery meal		91	10.0	12.0	3.0	0.1	0.25	0.18	8.0	6.0	82		1650	3630		1635	3600	
2001—2002	面包粉/面包渣 Bakery meal		91	10.0	11.5	3.0	0.1	0.25	0.18	8.0	6.0	82		1640	3610		1635	3600	
2003—2006	面包粉/面包渣 Bakery meal		91	10.0	11.5	3.0	0.10	0.25	0.18	8.0	6.0	82		1640	3610		1635	3600	
2007—2011	面包粉/面包渣 Bakery meal		91	10.0	11.5	3.0	0.10	0.25	0.18	4.0	6.0	82		1600	3527		1635	3600	
2012—2016	面包粉/面包渣 Bakery meal		91	10.0	10.0	3.0	0.10	0.25	0.18	4.0	6.0	82		1550	3417		1585	3494	
1994	面包渣，低灰分/纤维 Bakery products, low ash/fiber	4-00-466	91.0	10.0	12.0	1.5	0.1	0.35		4.0	6.0	82		1800	3960		1800	3960	79
1995—1998	面包渣，低灰分/纤维 Bakery products, low ash/fiber	4-00-466	91	10.0	12.0	1.5	0.1	0.35		4.0	6.0	82		1800	3960		1800	3960	79

续表2-5-5

年份	原料名称	国际饲料编号 IFN	干物质 DM (%)	粗蛋白质 CP (%)	粗脂肪 Crude fat(%)	粗纤维 CF (%)	钙 Ca (%)	总磷 Total P(%)	有效磷 Available P(%)	粗灰分 Ash (%)	瘤胃降解蛋白质 RDP (%)	反刍动物总可消化养分 Ruminant TDN(%)	家禽生产能 Poultry PE (kcal/kg)	家禽代谢能 Poultry ME (kcal/kg)		家禽真代谢能 True Poultry ME (kcal/kg)	猪代谢能 Swine ME (kcal/lb)	猪代谢能 Swine ME (kcal/kg)	猪总可消化养分 Swine TDN (%)
1999—2000	面包渣,低灰分/纤维 Bakery meal, low ash/fiber		91	10.0	12.0	1.5	0.1	0.25	0.18	4.0	6.0	82		1800	3960		1800	3960	
2001—2002	面包渣,低灰分/纤维 Bakery meal, low ash/fiber		91	10.0	11.5	1.5	0.1	0.25	0.18	4.0	6.0	82		1760	3870		1800	3960	
2003—2006	面包渣,低灰分/纤维 Bakery meal, low ash/fiber		91	10.0	11.5	1.5	0.10	0.25	0.18	4.0	6.0	82		1760	3870		1800	3960	
2007—2016	面包渣,低灰分/纤维 Bakery meal, low ash/fiber		91	10.0	11.5	1.5	0.10	0.25	0.18	2.0	6.0	82		1750	3858		1800	3960	
1980—1989	干面包渣 Bakery product, dried	4-00-466	91.0	10.0	13.0	0.7	0.1	0.35		4.0	82	6.0	2930		3920			3555	79
1990	干面包渣 Bakery product, dried	4-00-466	91.0	10.0	13.0	0.7	0.1	0.35		4.0	6.0	82	2930		3920	3960*		3555	79
1991—1993	干面包渣 Bakery product, dried	4-00-466	91.0	10.0	13.0	0.7	0.1	0.35		4.0	6.0	82	2930		3920	3960		3555	79
1994	干面包渣 Bakery product, dried	4-00-466	91.0	10.0	12.0	3.0	0.1	0.35		8.0	6.0	82		1650	3630		1635	3600	79
1995—1998	干面包渣 Bakery product, dried	4-00-466	91	10.0	12.0	3.0	0.1	0.35		8.0	6.0	82		1650	3630		1635	3600	79

续表2-5-5

年份	原料名称	国际饲料编号 IFN	干物质 DM (%)	粗蛋白质 CP (%)	粗脂肪 Crude fat(%)	粗纤维 CF (%)	钙 Ca (%)	总磷 Total P(%)	有效磷 Available P(%)	粗灰分 Ash (%)	瘤胃降解蛋白质 RDP (%)	反刍动物总可消化养分 Ruminant TDN(%)	家禽生产能 Poultry PE (kcal/kg)	家禽代谢能 Poultry ME (kcal/kg)		家禽真代谢能 True Poultry ME (kcal/kg)	猪代谢能 Swine ME (kcal/lb)	猪代谢能 Swine ME (kcal/kg)	猪总可消化养分 Swine TDN (%)
1994	面包渣,低灰分/纤维 Bakery products, low ash/fiber	4-00-466	91.0	10.0	12.0	1.5	0.1	0.35		4.0	6.0	82		1800	3960		1800	3960	79
1995—1998	面包渣,低灰分/纤维 Bakery products, low ash/fiber	4-00-466	91	10.0	12.0	1.5	0.1	0.35		4.0	6.0	82		1800	3960		1800	3960	79
1980	大麦 Barley, grain	4-00-549	89.0	11.5	1.9	5.0	0.08	0.42		2.5	8.6	74	1760		2620			2870	70
1981—1989	大麦 Barley, grain	4-00-549	89.0	11.5	1.9	5.0	0.08	0.42		2.5	8.6	74	1760		2620			2870	70
1990	大麦 Barley, grain	4-00-549	89.0	11.5	1.9	5.0	0.08	0.42		2.5	8.6	74	1760		2620	3025*		2870	70
1991—1993	大麦 Barley, grain	4-00-549	89.0	11.5	1.9	5.0	0.08	0.42		2.5	8.6	74	1760		2620	3025		2870	70
1994	大麦 Barley, grain	4-00-549	89.0	11.5	1.9	5.0	0.08	0.42		2.5	8.6	74		1250	2750		1305	2870	70
1995—1998	大麦 Barley, grain	4-00-549	89	11.5	1.9	5.0	0.08	0.42		2.5	8.6	74		1250	2750		1305	2870	70
1999—2016	大麦 Barley, grain		89	11.5	1.9	5.0	0.08	0.42	0.15	2.5	8.6	74		1250	2750		1305	2870	
1981—1989	脱水大麦芽 Barley, malt, dehy	4-00-578	91.0	13.7	1.9	3.3	0.06	0.46		2.2	9.0	72	n/a		n/a			3279	80

续表2-5-5

年份	原料名称	国际饲料编号 IFN	干物质 DM (%)	粗蛋白质 CP (%)	粗脂肪 Crude fat(%)	粗纤维 CF (%)	钙 Ca (%)	总磷 Total P(%)	有效磷 Available P(%)	粗灰分 Ash (%)	瘤胃降解蛋白质 RDP (%)	反刍动物总可消化养分 Ruminant TDN(%)	家禽生产能 Poultry PE (kcal/kg)	家禽代谢能 Poultry ME (kcal/kg)		家禽真代谢能 True Poultry ME (kcal/kg)	猪代谢能 Swine ME (kcal/lb)	猪代谢能 Swine ME (kcal/kg)	猪总可消化养分 Swine TDN (%)
1990—1993	脱水大麦芽 Barley, malt, dehy	4-00-578	91.0	13.7	1.9	3.3	0.06	0.46		2.2	9.0	72	n/a		n/a	n/a		3279	80
1994	脱水大麦芽 Barley, malt, dehy	4-00-578	91.0	13.7	1.9	3.3	0.06	0.46		2.2	9.0	72		n/a	n/a		1490	3280	80
1995—1998	脱水大麦芽 Barley, malt, dehy	4-00-578	91	13.7	1.9	3.3	0.06	0.46		2.2	9.0	72		n/a	n/a		1490	3280	80
1999—2016	脱水大麦芽 Barley, malt, dehy		91	13.7	1.9	3.3	0.06	0.46	—	2.2	9.0	72		n/a	n/a		1490	3280	
1980—1989	甜菜糖蜜 Molasses, beet	4-00-668	78.5	7.6	0	0	0.1	0.02		10.5	4.2	61	1560		1950			n/a	n/a
1990—1993	甜菜糖蜜 Molasses, beet	4-00-668	78.5	7.6	0	0	0.1	0.02		10.5	4.2	61	1560		1950	n/a		n/a	n/a
1994—1998	甜菜糖蜜 Molasses, beet	4-00-668	78.5	7.6	0.0	0.0	0.1	0.02		10.5	4.2	61		900	1980		1055	2320	n/a
1999—2016	甜菜糖蜜 Molasses, beet		79	7.6	0.0	0.0	0.1	0.02	—	10.5	4.2	61		900	1980		1055	2320	
1980—1989	干甜菜渣 Beet pulp, dried	4-00-669	90.8	8.0	0.5	21.0	0.6	0.1		3.8	4.3	68	440		660			2345	65
1990	干甜菜渣 Beet pulp, dried	4-00-669	90.8	8.0	0.5	21.0	0.6	0.1		3.8	4.3	68	440		660	2100 *		2345	65
1991—1993	干甜菜渣 Beet pulp, dried	4-00-669	90.8	8.0	0.5	21.0	0.6	0.1		3.8	4.3	68	440		660	2100		2345	65

续表2-5-5

年份	原料名称	国际饲料编号 IFN	干物质 DM (%)	粗蛋白质 CP (%)	粗脂肪 Crude fat(%)	粗纤维 CF (%)	钙 Ca (%)	总磷 Total P(%)	有效磷 Available P(%)	粗灰分 Ash (%)	瘤胃降解蛋白质 RDP (%)	反刍动物总可消化养分 Ruminant TDN(%)	家禽生产能 Poultry PE (kcal/kg)	家禽代谢能 Poultry ME (kcal/kg)		家禽真代谢能 True Poultry ME (kcal/kg)	猪代谢能 Swine ME (kcal/lb)	猪代谢能 Swine ME (kcal/kg)	猪总可消化养分 Swine TDN (%)
1994	干甜菜渣 Beet pulp, dried	4-00-669	90.8	8.0	0.5	21.0	0.6	0.1		3.8	4.3	68		300	660		1065	2345	65
1995—1998	干甜菜渣 Beet pulp, dried	4-00-669	91	8.0	0.5	21.0	0.6	0.1		3.8	4.3	68		300	660		1065	2345	65
1999—2002	干甜菜渣 Beet pulp, dried		91	8.0	0.5	21.0	0.6	0.1	—	3.8	4.3	68		300	660		1065	2345	
2003—2016	干甜菜渣 Beet pulp, dried		91	8.0	0.5	21.0	0.60	0.10	—	3.8	4.3	68		300	660		1065	2345	
1980—1989	荞麦 Buckwheat, grain	4-00-994	88.0	11.0	2.5	11.0	0.1	0.3		2.1	7.6	69	1804		2640			2829	69
1990	荞麦 Buckwheat, grain	4-00-994	88.0	11.0	2.5	11.0	0.1	0.3		2.1	7.6	69	1804		2640	2705*		2829	69
1991—1993	荞麦 Buckwheat, grain	4-00-994	88.0	11.0	2.5	11.0	0.1	0.3		2.1	7.6	69	1804		2640	2705		2829	69
1994	荞麦 Buckwheat, grain	4-00-994	88.0	11.0	2.5	11.0	0.1	0.3		2.1	7.6	69		1200	2640		1285	2830	69
1995—1998	荞麦 Buckwheat, grain	4-00-994	88	11.0	2.5	11.0	0.1	0.3		2.1	7.6	69		1200	2640		1285	2830	69
1999—2002	荞麦 Buckwheat, grain		88	11.0	2.5	11.0	0.1	0.3	0.10	2.1	7.6	69		1200	2640		1285	2830	
2003—2016	荞麦 Buckwheat, grain		88	11.0	2.5	11.0	0.1	0.30	0.10	2.1	7.6	69		1200	2640		1285	2830	
1980—1989	乳清粉 Whey, dried	4-01-182	94.0	12.0	0.7	0.0	0.87	0.79		9.7	11.2	79	1540		1914			3190	78
1990—1993	乳清粉 Whey, dried	4-01-182	94.0	12.0	0.7	0.0	0.87	0.79		9.7	11.2	79	1540		1914	n/a		3190	78

续表2-5-5

年份	原料名称	国际饲料编号 IFN	干物质 DM (%)	粗蛋白质 CP (%)	粗脂肪 Crude fat(%)	粗纤维 CF (%)	钙 Ca (%)	总磷 Total P(%)	有效磷 Available P(%)	粗灰分 Ash (%)	瘤胃降解蛋白质 RDP (%)	反刍动物总可消化养分 Ruminant TDN(%)	家禽生产能 Poultry PE (kcal/kg)	家禽代谢能 Poultry ME (kcal/kg)		家禽真代谢能 True Poultry ME (kcal/kg)	猪代谢能 Swine ME (kcal/lb)	猪代谢能 Swine ME (kcal/kg)	猪总可消化养分 Swine TDN (%)
1994—1998	乳清粉 Whey, dried	4-01-182	94.0	12.0	0.7	0.0	0.87	0.79		9.7	11.2	79		865	1900		1450	3190	78
1999—2016	乳清粉 Whey, dried		94	12.0	0.7	0.0	0.87	0.79	0.79	9.7	11.2	79		865	1900		1450	3190	
1980—1989	低乳糖乳清粉 Whey, low lactose, dried	4-01-186	94.0	17.0	1.0	0.0	1.5	1.2		19.0	16.0	75	1540		2112			2750	75
1990—1993	低乳糖乳清粉 Whey, low lactose, dried	4-01-186	94.0	17.0	1.0	0.0	1.5	1.2		19.0	16.0	75	1540		2112	n/a		2750	75
1994—1998	低乳糖乳清粉 Whey, low lactose, dried	4-01-186	94.0	17.0	1.0	0.0	1.5	1.2		19.0	16.0	75		955	2100		1250	2750	75
1999—2002	低乳糖乳清粉 Whey, low lactose, dried		94	17.0	1.0	0.0	1.5	1.2	1.2	19.0	16.0	75		955	2100		1250	2750	
2000—2004	低乳糖乳清粉 Whey, low lactose, dried		94	17.0	1.0	0.0	1.5	1.2	1.2	19.0	16.0	75		955	2100		1250	2750	
2005—2016	低乳糖乳清粉 Whey, low lactose, dried		94	17.0	1.0	0.0	1.50	1.20	1.20	19.0	16.0	75		955	2100		1250	2750	
1980—1989	干柑橘渣 Citrus pulp, dried	4-01-237	91.4	6.0	3.7	12.2	1.4	0.1		4.6	3.0	74	924		1320			1876	45
1990—1993	干柑橘渣 Citrus pulp, dried	4-01-237	91.4	6.0	3.7	12.2	1.4	0.1		4.6	3.0	74	924		1320	n/a		1876	45

续表2-5-5

年份	原料名称	国际饲料编号 IFN	干物质 DM(%)	粗蛋白质 CP(%)	粗脂肪 Crude fat(%)	粗纤维 CF(%)	钙 Ca(%)	总磷 Total P(%)	有效磷 Available P(%)	粗灰分 Ash(%)	瘤胃降解蛋白质 RDP(%)	反刍动物总可消化养分 Ruminant TDN(%)	家禽生产能 Poultry PE(kcal/kg)	家禽代谢能 Poultry ME(kcal/kg)		家禽真代谢能 True Poultry ME(kcal/kg)	猪代谢能 Swine ME(kcal/lb)	猪代谢能 Swine ME(kcal/kg)	猪总可消化养分 Swine TDN(%)
1994—1998	干柑橘渣 Citrus pulp, dried	4-01-237	91.4	6.0	3.7	12.2	1.4	0.1		4.6	3.0	74		600	1320		850	1875	45
1999—2002	干柑橘渣 Citrus pulp, dried		91	6.0	3.7	12.2	1.4	0.1	—	4.6	3.0	74		600	1320		850	1875	
2003—2016	干柑橘渣 Citrus pulp, dried		91	6.0	3.7	12.2	1.40	0.10	—	4.6	3.0	74		600	1320		850	1875	
1980—1989	柑橘糖蜜 Molasses, citrus	4-01-241	67.7	5.7	0.2	—	1.2	0.12		5.4	2.5	52	n/a		n/a			2264	54.4
1990—1993	柑橘糖蜜 Molasses, citrus	4-01-241	67.7	5.7	0.2	—	1.2	0.12		5.4	2.5	52	n/a		n/a	n/a		2264	54
1994—1998	柑橘糖蜜 Molasses, citrus	4-01-241	67.7	5.7	0.2	—	1.2	0.12		5.4	2.5	52		n/a	n/a		1030	2264	54
1999—2004	柑橘糖蜜 Molasses, citrus		68	5.7	0.2	—	1.2	0.12	—	5.4	2.5	52		n/a	n/a		1030	2264	
2005—2016	柑橘糖蜜 Molasses, citrus		68	5.7	0.2	—	1.20	0.12	—	5.4	2.5	52		n/a	n/a		1030	2264	
1980—1989	压榨玉米麸 Hominy feed, corn expeller	4-02-887	89.0	11.5	6.5	5.0	0.05	0.5		3.0	8.0	86	1870		2866			3365	82
1990—1993	压榨玉米麸 Hominy feed, corn expeller	4-02-887	89.0	11.5	6.5	5.0	0.05	0.5		3.0	8.0	86	1870		2866	n/a		3365	82
1994	压榨玉米麸 Hominy feed, corn expeller	4-02-887	89.0	11.5	6.5	5.0	0.05	0.5		3.0	8.0	86		1390	3060		1530	3365	82

续表2-5-5

年份	原料名称	国际饲料编号 IFN	干物质 DM (%)	粗蛋白质 CP (%)	粗脂肪 Crude fat(%)	粗纤维 CF (%)	钙 Ca (%)	总磷 Total P(%)	有效磷 Available P(%)	粗灰分 Ash (%)	瘤胃降解蛋白质 RDP (%)	反刍动物总可消化养分 Ruminant TDN(%)	家禽生产能 Poultry PE (kcal/kg)	家禽代谢能 Poultry ME (kcal/kg)		家禽真代谢能 True Poultry ME (kcal/kg)	猪代谢能 Swine ME (kcal/lb)	猪代谢能 Swine ME (kcal/kg)	猪总可消化养分 Swine TDN (%)
1995—1998	压榨玉米麸 Hominy feed, corn expeller	4-02-887	89	11.5	6.5	5.0	0.05	0.5		3.0	8.0	86		1390	3060		1530	3365	82
1980—1989	玉米发酵提取浓缩物 Corn, fermented extracts cond.	4-02-890	53.0	23.0	0.0	0.0	0.14	1.8		10.0	18.2	40	n/a		1540			n/a	n/a
1990	玉米发酵提取浓缩物 Corn, fermented extracts cond.	4-02-890	53.0	23.0	0.0	0.0	0.14	1.8		10.0	18.2	40	n/a		1540	1200*		n/a	n/a
1991—1993	玉米发酵提取浓缩物 Corn, fermented extracts cond.	4-02-890	53.0	23.0	0.0	0.0	0.14	1.8		10.0	18.2	40	n/a		1540	1200		n/a	n/a
1994	玉米发酵提取浓缩物 Corn, fermented extracts cond.	4-02-890	53.0	23.0	0.0	0.0	0.14	1.8		10.0	18.2	40		700	1540		n/a	n/a	n/a
1995—1998	玉米发酵提取浓缩物 Corn, fermented extracts cond.	4-02-890	53	23.0	0.0	0.0	0.14	1.8		10.0	18.2	40		700	1540		n/a	n/a	n/a
1999—2002	玉米发酵提取浓缩物 Corn, fermented extracts cond.		53	23.0	0.0	0.0	0.14	1.8	—	10.0	18.2	40		700	1540		n/a	n/a	

续表2-5-5

年份	原料名称	国际饲料编号 IFN	干物质 DM (%)	粗蛋白质 CP (%)	粗脂肪 Crude fat(%)	粗纤维 CF (%)	钙 Ca (%)	总磷 Total P(%)	有效磷 Available P(%)	粗灰分 Ash (%)	瘤胃降解蛋白质 RDP (%)	反刍动物总可消化养分 Ruminant TDN(%)	家禽生产能 Poultry PE (kcal/kg)	家禽代谢能 Poultry ME (kcal/kg)		家禽真代谢能 True Poultry ME (kcal/kg)	猪代谢能 Swine ME (kcal/lb)	猪代谢能 Swine ME (kcal/kg)	猪总可消化养分 Swine TDN (%)
1980—1989	粟(谷子) Millet, grain	4-03-098	90.0	11.5	3.6	6.5	0.05	0.3		3.2	7.0	69	n/a		2984			2881	70
1990—1993	粟(谷子) Millet, grain	4-03-098	90.0	11.5	3.6	6.5	0.05	0.3		3.2	7.0	69	n/a		2984	n/a		2881	70
1994	粟(谷子) Millet, grain	4-03-098	90.0	11.5	3.6	6.5	0.05	0.3		3.2	7.0	69		1470	3240		1310	2880	70
1995—1998	粟(谷子) Millet, grain	4-03-098	90	11.5	3.6	6.5	0.05	0.3		3.2	7.0	69		1470	3240		1310	2880	70
1999—2004	粟(谷子) Millet, grain		90	11.5	3.6	6.5	0.05	0.3	0.10	3.2	7.0	69		1470	3240		1310	2880	
2005—2016	珍珠粟 Millet, Pearl grain		90	12.0	4.2	1.8	0.05	0.30	0.10	2.5	7.0	69		1470	3240		1310	2880	
1980—1989	燕麦 Oats, grain	4-03-309	90.0	11.0	4.0	10.5	0.1	0.35		4.0	8.8	68	1760		2550			2668	65
1990	燕麦 Oats, grain	4-03-309	90.0	11.0	4.0	10.5	0.1	0.35		4.0	8.8	68	1760		2550	3235*		2668	65
1991—1993	燕麦 Oats, grain	4-03-309	90.0	11.0	4.0	10.5	0.1	0.35		4.0	8.8	68	1760		2550	3235		2668	65
1994	燕麦 Oats, grain	4-03-309	90.0	11.0	4.0	10.5	0.1	0.35		4.0	8.8	68		1160	2550		1215	2670	65
1995—1998	燕麦 Oats, grain	4-03-309	90	11.0	4.0	10.5	0.1	0.35		4.0	8.8	68		1160	2550		1215	2670	65
1999—2004	燕麦 Oats, grain		90	11.0	4.0	10.5	0.1	0.35	0.14	4.0	8.8	68		1160	2550		1215	2670	

续表2-5-5

年份	原料名称	国际饲料编号 IFN	干物质 DM (%)	粗蛋白质 CP (%)	粗脂肪 Crude fat(%)	粗纤维 CF (%)	钙 Ca (%)	总磷 Total P(%)	有效磷 Available P(%)	粗灰分 Ash (%)	瘤胃降解蛋白质 RDP (%)	反刍动物总可消化养分 Ruminant TDN(%)	家禽生产能 Poultry PE (kcal/kg)	家禽代谢能 Poultry ME (kcal/kg)		家禽真代谢能 True Poultry ME (kcal/kg)	猪代谢能 Swine ME (kcal/lb)	猪代谢能 Swine ME (kcal/kg)	猪总可消化养分 Swine TDN (%)
2005—2016	燕麦 Oats, grain		90	11.0	4.0	10.5	0.10	0.35	0.14	4.0	8.8	68		1160	2550		1215	2670	
1980—1989	燕麦，去壳 Oats, groats (dehulled oats)	4-03-331	92.2	16.0	6.0	2.6	0.07	0.45		2.2	11.7	90	2530		3400			3407	84
1990	燕麦，去壳 Oats, groats (dehulled oats)	4-03-331	92.2	16.0	6.0	2.6	0.07	0.45		2.2	11.7	90	2530		3400	3805*		3407	84
1991—1993	燕麦，去壳 Oats, groats (dehulled oats)	4-03-331	92.2	16.0	6.0	2.6	0.07	0.45		2.2	11.7	90	2530		3400	3805		3407	84
1994	燕麦，去壳 Oats, groats (dehulled oats)	4-03-331	92.2	16.0	6.0	2.6	0.07	0.45		2.2	11.7	90		1500	3300		1545	3400	84
1995—1998	燕麦，去壳 Oats, groats (dehulled oats)	4-03-331	92	16.0	6.0	2.6	0.07	0.45		2.2	11.7	90		1500	3300		1545	3400	84
1999—2016	燕麦，去壳 Oats, groats (dehulled oats)		92	16.0	6.0	2.6	0.07	0.45	0.17	2.2	11.7	90		1500	3300		1545	3400	
1984	稻壳 Rice hulls	4-03-943	89.8	11.0	12.0	4.0	0.04	1.4		11.0	9.2	81	2090		3300			3000	86
1985	稻壳 Rice hulls	4-03-943	89.8	11.0	12.0	4.0	0.04	1.4		11.0	9.2	81	2090		3300			3000	86

续表2-5-5

年份	原料名称	国际饲料编号 IFN	干物质 DM (%)	粗蛋白质 CP (%)	粗脂肪 Crude fat(%)	粗纤维 CF (%)	钙 Ca (%)	总磷 Total P(%)	有效磷 Available P(%)	粗灰分 Ash (%)	瘤胃降解蛋白质 RDP (%)	反刍动物总可消化养分 Ruminant TDN(%)	家禽生产能 Poultry PE (kcal/kg)	家禽代谢能 Poultry ME (kcal/kg)		家禽真代谢能 True Poultry ME (kcal/kg)	猪代谢能 Swine ME (kcal/lb)	猪代谢能 Swine ME (kcal/kg)	猪总可消化养分 Swine TDN (%)
1987	稻壳 Rice hulls	4-03-943	89.8	11.0	12.0	4.0	0.04	1.4		11.0	9.2	81	2090		3300			3000	86
1980—1989	黑麦 Rye, grain	4-04-047	88.6	12.6	1.85	2.8	0.08	0.3		1.45	9.5	76	2100		2855			2712	75
1990—1993	黑麦 Rye, grain	4-04-047	88.6	12.6	1.85	2.8	0.08	0.3		1.45	9.5	76	2100		2855	n/a		2712	75
1994—1998	黑麦 Rye, grain	4-04-047	88.6	12.6	1.85	2.8	0.08	0.3		1.45	9.5	76		1230	2710		1230	2710	75
1999—2004	黑麦 Rye, grain		89	12.6	1.85	2.8	0.08	0.3	0.10	1.45	9.5	76		1230	2710		1230	2710	
2005—2016	黑麦 Rye, grain		89	12.6	1.85	2.8	0.08	0.30	0.10	1.45	9.5	76		1230	2710		1230	2710	
1980—1989	Kafir 高粱 Kafir grain sorghum	4-04-428	89.5	11.8	2.9	2.0	0.04	0.33		1.5	7.9	65	2376		3498			2893	80
1990	Kafir 高粱 Kafir grain sorghum	4-04-428	89.5	11.8	2.9	2.0	0.04	0.33		1.5	7.9	65	2376		3498	3355*		2893	80
1991—1993	Kafir 高粱 Kafir grain sorghum	4-04-428	89.5	11.8	2.9	2.0	0.04	0.33		1.5	7.9	65	2376		3498	3355		2893	80
1994	Kafir 高粱 Kafir grain sorghum	4-04-428	89.5	11.8	2.9	2.0	0.04	0.33		1.5	7.9	65		1550	3410		1315	2895	80
1995—1996	Kafir 高粱 Kafir grain sorghum	4-04-428	90	11.8	2.9	2.0	0.04	0.33		1.5	7.9	65		1550	3410		1315	2895	80
1998	Kafir 高粱 Kafir grain sorghum	4-04-428	90	11.8	2.9	2.0	0.04	0.33	—	1.5	7.9	65		1550		3410	1315	2895	
1999—2016	Kafir 高粱 Kafir grain sorghum		90	11.8	2.9	2.0	0.04	0.33	—	1.5	7.9	65		1550	3410		1315	2895	

续表2-5-5

年份	原料名称	国际饲料编号 IFN	干物质 DM (%)	粗蛋白质 CP (%)	粗脂肪 Crude fat(%)	粗纤维 CF (%)	钙 Ca (%)	总磷 Total P(%)	有效磷 Available P(%)	粗灰分 Ash (%)	瘤胃降解蛋白质 RDP (%)	反刍动物总可消化养分 Ruminant TDN(%)	家禽生产能 Poultry PE (kcal/kg)	家禽代谢能 Poultry ME (kcal/kg)		家禽真代谢能 True Poultry ME (kcal/kg)	猪代谢能 Swine ME (kcal/lb)	猪代谢能 Swine ME (kcal/kg)	猪总可消化养分 Swine TDN (%)
1980—1989	高粱(西非) Sorghum, milo, grain	4-04-444	88.8	11.0	2.8	2.0	0.04	0.29		1.7	6.3	71	2420		3256			3229	78
1990—1993	高粱(西非) Sorghum, milo, grain	4-04-444	88.8	11.0	2.8	2.0	0.04	0.29		1.7	6.3	71	2420		3256	n/a		3229	78
1994	高粱(西非) Sorghum, milo, grain	4-04-444	88.8	11.0	2.8	2.0	0.04	0.29		1.7	6.3	71		1505	3310		1470	3230	78
1995—1998	高粱(西非) Sorghum, milo, grain	4-04-444	89	11.0	2.8	2.0	0.04	0.29		1.7	6.3	71		1505	3310		1470	3230	78
1999—2016	高粱(西非) Sorghum, milo, grain		89	11.0	2.8	2.0	0.04	0.29	0.10	1.7	6.3	71		1505	3310		1470	3230	
1980—1989	糖蜜,干甘蔗 Molasses, cane, dried	4-04-695	91.0	7.0	0.5	9.0	1.18	0.9		8.0	5.5	80	1640		2345			2560	65
1990—1993	糖蜜,干甘蔗 Molasses, cane, dried	4-04-695	91.0	7.0	0.5	9.0	1.18	0.9		8.0	5.5	80	1640		2345	n/a		2560	65
1994	糖蜜,干甘蔗 Molasses, cane, dried	4-04-695	91.0	7.0	0.5	9.0	1.18	0.9		8.0	5.5	80		1080	2375		1165	2560	65

续表2-5-5

年份	原料名称	国际饲料编号 IFN	干物质 DM (%)	粗蛋白质 CP (%)	粗脂肪 Crude fat(%)	粗纤维 CF (%)	钙 Ca (%)	总磷 Total P(%)	有效磷 Available P(%)	粗灰分 Ash (%)	瘤胃降解蛋白质 RDP (%)	反刍动物总可消化养分 Ruminant TDN(%)	家禽生产能 Poultry PE (kcal/kg)	家禽代谢能 Poultry ME (kcal/kg)		家禽真代谢能 True Poultry ME (kcal/kg)	猪代谢能 Swine ME (kcal/lb)	猪代谢能 Swine ME (kcal/kg)	猪总可消化养分 Swine TDN (%)
1995—1998	糖蜜,干甘蔗 Molasses, cane, dried	4-04-695	91	7.0	0.5	9.0	1.18	0.9		8.0	5.5	80		1080	2375		1165	2560	65
1999—2016	糖蜜,干甘蔗 Molasses, cane, dried		91	7.0	0.5	9.0	1.18	0.9	—	8.0	5.5	80		1080	2375		1165	2560	
1980—1989	糖蜜,甘蔗 Molasses, cane	4-04-696	73.5	2.9	0	0	0.82	0.08		8.1	1.8	54	1560		1958			2343	54
1990—1993	糖蜜,甘蔗 Molasses, cane	4-04-696	73.5	2.9	0	0	0.82	0.08		8.1	1.8	54	1560		1958	n/a		2343	54
1994	糖蜜,甘蔗 Molasses, cane	4-04-696	73.5	2.9	0.0	0.0	0.82	0.08		8.1	1.8	54		900	1980		1065	2345	54
1995—1998	糖蜜,甘蔗 Molasses, cane	4-04-696	74	2.9	0.0	0.0	0.82	0.08		8.1	1.8	54		900	1980		1065	2345	54
1999—2016	糖蜜,甘蔗 Molasses, cane		74	2.9	0.0	0.0	0.82	0.08	—	8.1	1.8	54		900	1980		1065	2345	
1980	植物油脂 Fat, vegetable	4-05-077	99.5	0.0	99.4	—	—	—		—	—	—	6600		8800			n/a	195*
1981—1989	植物油脂 Fat, vegetable	4-05-077	99.5	0.0	99.4	—	—	—		—	—	—	6600		8800			n/a	195
1990—1993	植物油脂 Fat, vegetable	4-05-077	99.5	0.0	99.4	—	—	—		—	—	—	6600		8800	n/a		n/a	195

续表2-5-5

年份	原料名称	国际饲料编号 IFN	干物质 DM (%)	粗蛋白质 CP (%)	粗脂肪 Crude fat(%)	粗纤维 CF (%)	钙 Ca (%)	总磷 Total P(%)	有效磷 Available P(%)	粗灰分 Ash (%)	瘤胃降解蛋白质 RDP (%)	反刍动物总可消化养分 Ruminant TDN(%)	家禽生产能 Poultry PE (kcal/kg)	家禽代谢能 Poultry ME (kcal/kg)		家禽真代谢能 True Poultry ME (kcal/kg)	猪代谢能 Swine ME (kcal/lb)	猪代谢能 Swine ME (kcal/kg)	猪总可消化养分 Swine TDN (%)
1994	植物油脂 Fat, vegetable	4-05-077	99.5	0.0	99.4	—	—	—		—	—	—		4000	8800		3955	8700	195
1995—1998	植物油脂 Fat, vegetable	4-05-077	100	0.0	99.4	—	—	—		—	—	—		4000	8800		3955	8700	195
1999—2016	植物油脂 Fat, vegetable		99	0.0	99.0	—	—	—	—	—	—	—		4000	8800		3955	8700	
1980—1989	木糖蜜 Molasses, Wood	4-05-502	66.0	0.7	0.3	0.7	0.52	0.05		4.0	0.3	50	n/a		n/a			2286	54
1990—1993	木糖蜜 Molasses, Wood	4-05-502	66.0	0.7	0.3	0.7	0.52	0.05		4.0	0.3	50	n/a		n/a	n/a		2286	54
1994	木糖蜜 Molasses, Wood	4-05-502	66.0	0.7	0.3	0.7	0.52	0.05		4.0	0.3	50		n/a	n/a		1040	2285	54
1995—1998	木糖蜜 Molasses, Wood	4-05-502	66	0.7	0.3	0.7	0.52	0.05		4.0	0.3	50		n/a	n/a		1040	2285	54
1999—2011	木糖蜜 Molasses, Wood		66	0.7	0.3	0.7	0.52	0.05	—	4.0	0.3	50		n/a	n/a		1040	2285	
1980—1989	大麦，太平洋沿岸 Barley, grain, Pacific coast	4-07-939	88.0	10.0	2.2	6.0	0.06	0.4		2.5	6.4	73	1718		2332			2940	71
1990	大麦，太平洋沿岸 Barley, grain, Pacific coast	4-07-939	88.0	10.0	2.2	6.0	0.06	0.4		2.5	6.4	73	1718		2332	2805*		2940	71
1991—1993	大麦，太平洋沿岸 Barley, grain, Pacific coast	4-07-939	88.0	10.0	2.2	6.0	0.06	0.4		2.5	6.4	73	1718		2332	2805		2940	71

续表2-5-5

年份	原料名称	国际饲料编号 IFN	干物质 DM(%)	粗蛋白质 CP(%)	粗脂肪 Crude fat(%)	粗纤维 CF(%)	钙 Ca(%)	总磷 Total P(%)	有效磷 Available P(%)	粗灰分 Ash(%)	瘤胃降解蛋白质 RDP(%)	反刍动物总可消化养分 Ruminant TDN(%)	家禽生产能 Poultry PE (kcal/kg)	家禽代谢能 Poultry ME (kcal/kg)		家禽真代谢能 True Poultry ME (kcal/kg)	猪代谢能 Swine ME (kcal/lb)	猪代谢能 Swine ME (kcal/kg)	猪总可消化养分 Swine TDN(%)
1994	大麦,太平洋沿岸 Barley, grain, Pacific coast	4-07-939	88.0	10.0	2.2	6.0	0.06	0.4		2.5	6.4	73		1255	2760		1315	2900	71
1995—1998	大麦,西部产 Barley, grain, Western	4-07-939	91	10.6	2.2	6.3	0.04	0.35		2.7	6.4	73		1255	2760		1315	2900	71
1999—2016	大麦,西部产 Barley, grain, Western		91	10.6	2.2	6.3	0.04	0.35	0.12	2.7	6.4	73		1255	2760		1315	2900	
1980—1989	燕麦,太平洋沿岸 Oats, grain, Pacific coast	4-07-999	90.0	9.8	4.5	10.5	0.09	0.33		4.0	6.9	70	1760		2600			2870	67
1990	燕麦,太平洋沿岸 Oats, grain, Pacific coast	4-07-999	90.0	9.8	4.5	10.5	0.09	0.33		4.0	6.9	70	1760		2600	3465*		2870	67
1991—1993	燕麦,太平洋沿岸 Oats, grain, Pacific coast	4-07-999	90.0	9.8	4.5	10.5	0.09	0.33		4.0	6.9	70	1760		2600	3465		2870	67
1994	燕麦,太平洋沿岸 Oats, grain, Pacific coast	4-07-999	90.0	9.8	4.5	10.5	0.09	0.33		4.0	6.9	70		1185	2610		1305	2870	67
1995—1998	燕麦,太平洋沿岸 Oats, grain, Pacific coast	4-07-999	90	9.8	4.5	10.5	0.09	0.33		4.0	6.9	70		1185	2610		1305	2870	67

续表2-5-5

年份	原料名称	国际饲料编号 IFN	干物质 DM (%)	粗蛋白质 CP (%)	粗脂肪 Crude fat(%)	粗纤维 CF (%)	钙 Ca (%)	总磷 Total P(%)	有效磷 Available P(%)	粗灰分 Ash (%)	瘤胃降解蛋白质 RDP (%)	反刍动物总可消化养分 Ruminant TDN(%)	家禽生产能 Poultry PE (kcal/kg)	家禽代谢能 Poultry ME (kcal/kg)		家禽真代谢能 True Poultry ME (kcal/kg)	猪代谢能 Swine ME (kcal/lb)	猪代谢能 Swine ME (kcal/kg)	猪总可消化养分 Swine TDN (%)
1999—2016	燕麦，太平洋沿岸 Oats, grain, Pacific coast		90	9.8	4.5	10.5	0.09	0.33	0.13	4.0	6.9	70		1185	2610		1305	2870	
1980—1989	糖蜜，玉米淀粉 Molasses, starch, corn	4-08-037	73.0	0.05	—	—	0.1	0.6		8.0	—	65.0	n/a		n/a			n/a	n/a
1990—1993	糖蜜，玉米淀粉 Molasses, starch, corn	4-08-037	73.0	0.05	—	—	0.1	0.6		8.0	—	65	n/a		n/a	n/a		n/a	n/a
1994	糖蜜，玉米淀粉 Molasses, starch, corn	4-08-037	73.0	0.05	—	—	0.1	0.6		8.0	—	65		n/a	n/a		n/a	n/a	n/a
1995—1998	糖蜜，玉米淀粉 Molasses, starch, corn	4-08-037	73	0.05	—	—	0.1	0.6		8.0	—	65		n/a	n/a		n/a	n/a	n/a
1999—2016	糖蜜，玉米淀粉 Molasses, starch, corn		73	0.05	—	—	0.1	0.6	—	8.0	—	65		n/a	n/a		n/a	n/a	
1980	木薯粉 Cassava meal	4-09-598	87.3	2.4	0.3	7.6	0.15	0.08		3.0	—	68.0	n/a		n/a			3317	78
1981—1982	木薯块茎粉 Cassava tubers, meal	4-09-598	87.3	2.4	0.3	7.6	0.15	0.08		3.0	—	68	n/a		n/a			3317	78
1983	木薯粉 Cassava meal	4-09-598	87.3	2.4	0.3	7.6	0.15	0.08		3.0	—	68	n/a		n/a			3317	78

续表2-5-5

年份	原料名称	国际饲料编号 IFN	干物质 DM (%)	粗蛋白质 CP (%)	粗脂肪 Crude fat(%)	粗纤维 CF (%)	钙 Ca (%)	总磷 Total P(%)	有效磷 Available P(%)	粗灰分 Ash (%)	瘤胃降解蛋白质 RDP (%)	反刍动物总可消化养分 Ruminant TDN(%)	家禽生产能 Poultry PE (kcal/kg)	家禽代谢能 Poultry ME (kcal/kg)		家禽真代谢能 True Poultry ME (kcal/kg)	猪代谢能 Swine ME (kcal/lb)	猪代谢能 Swine ME (kcal/kg)	猪总可消化养分 Swine TDN (%)
1984—1989	木薯块茎粉 Cassava tubers, meal	4-09-598	87.3	2.4	0.3	7.6	0.15	0.08		3.0	—	68	n/a		n/a			3317	78
1990—1993	木薯块茎粉 Cassava tubers, meal	4-09-598	87.3	2.4	0.3	7.6	0.15	0.08		3.0	—	68	n/a		n/a	n/a		3317	78
1994	木薯块茎粉 Cassava tubers, meal	4-09-598	87.3	2.4	0.3	7.6	0.15	0.08		3.0	—	68		1325	2915		1510	3320	78
1995—1998	木薯块茎粉 Cassava tubers, meal	4-09-598	87	2.4	0.3	7.6	0.15	0.08		3.0	—	68		1325	2915		1510	3320	78
1999—2016	木薯块茎粉 Cassava tubers, meal		87	2.4	0.3	7.6	0.15	0.08	—	3.0	—	68		1325	2915		1510	3320	
1995—1998	黑小麦 Triticale	4-20-362	90	12.5	1.5	n/a	0.05	0.3		n/a	n/a	n/a		1430	3150		1430	3150	n/a
1999—2016	黑小麦 Triticale		90	12.5	1.5	n/a	0.05	0.3	0.10	n/a	n/a	n/a		1430	3150		1430	3150	
1980—1989	黄玉米和玉米芯粉 Corn and cob meal, yellow	4-20-830	87.7	7.5	3.0	10.0	0.04	0.2		1.5	4.3	73	1980		2838			2500	70
2006	亚麻籽 Flaxseed			22.0	34.0	6.5	0.25	0.50	—	—	—	—		1795	3957		n/a	n/a	
2007—2016	亚麻籽 Flaxseed		92	22.0	34.0	6.5	0.25	0.50	—	—	—	—		1795	3957		n/a	n/a	

续表2-5-5

年份	原料名称	国际饲料编号 IFN	干物质 DM (%)	粗蛋白质 CP (%)	粗脂肪 Crude fat(%)	粗纤维 CF (%)	钙 Ca (%)	总磷 Total P(%)	有效磷 Available P(%)	粗灰分 Ash (%)	瘤胃降解蛋白质 RDP (%)	反刍动物总可消化养分 Ruminant TDN(%)	家禽生产能 Poultry PE (kcal/kg)	家禽代谢能 Poultry ME (kcal/kg)		家禽真代谢能 True Poultry ME (kcal/kg)	猪代谢能 Swine ME (kcal/lb)	猪代谢能 Swine ME (kcal/kg)	猪总可消化养分 Swine TDN (%)
1999—2002	玉米麸，螺旋压榨 Hominy feed, corn screw-pressed		89	11.5	6.5	5.0	0.05	0.5	0.17	3.0	8.0	86		1390	3060		1530	3365	
2003—2016	玉米麸，螺旋压榨 Hominy feed, corn screw-pressed		89	11.5	6.5	5.0	0.05	0.50	0.17	3.0	8.0	86		1390	3060		1530	3365	
1999—2016	小麦筛渣，1号 Wheat grain screenings, #1		89	14.8	2.6	6.2	0.18	0.43	0.11	2.1	12.1	50		1265	2780		1090	2400	
1999—2016	小麦筛渣，2号 Wheat grain screenings, #2		92	12.5	3.9	7.6	0.13	0.32	0.09	4.3	12.6	52		1205	2650		955	2100	
1999—2016	小麦次粉 Wheat middlings		89	15.0	3.6	8.5	0.15	0.91	0.28	5.5	12.2	81		950	2090		1000	2200	
1999—2016	小麦废筛渣 Wheat refuse screenings		91	12.4	4.5	13.4	0.23	0.29	0.09	10.3	2.0	60		430	950		695	1530	
1999—2016	碎小麦 Wheat shorts		89	16.0	4.2	6.0	0.11	0.76	0.21	8.2	12.0	77		1150	2530		1320	2910	

注：RDP ＝ Ruminant digestible protein，瘤胃降解蛋白质；n/a 表示 Data not available，数据不可用；“—”处表示含量不显著；“＊”标在 1980—1991 年数字后时，表示与上年数据有所不同；表中所有数据均为饲喂基础；将以“cal/kg”为单位数值除以 2.2，即可换算为以“cal/lb”为单位数值；下同。“有效磷”处自 2007 年开始有备注，为鸡(chicks)测定值。此资料的期数和页码不再备注。此资料后表原料英文不再赘述。

2. 氨基酸含量

表 2-5-6 氨基酸含量(%)

年份	原料名称	国际饲料编号 IFN	蛋氨酸 Met	(半)胱氨酸 Cystine (Cysteine)*	赖氨酸 Lys	色氨酸 Trp	苏氨酸 Thr	异亮氨酸 Ile	组氨酸 His	缬氨酸 Val	亮氨酸 Leu	精氨酸 Arg	苯丙氨酸 Phe	甘氨酸 Gly	家禽氨基酸利用率 Poultry AA availability
1980—1998	干面包渣 Bakery product, dried	4-00-466	0.16	0.16	0.3	0.09	0.28	0.36	0.2	0.4	n/a	0.4	0.4	0.9	n/a
1994—1998	干面包渣 Bakery product, dried	4-00-466	0.16	0.16	0.3	0.09	0.28	0.36	0.2	0.4	0.8	0.4	0.4		
1995—1998	干面包渣 Bakery product, dried	4-00-466	0.16 (85)	0.16 (80)	0.3 (64)	0.09	0.28 (72)	0.36 (84)	0.2 (82)	0.4 (81)	0.8 (86)	0.4 (84)	0.4 (86)		
1999—2016	面包粉/面包渣 Bakery meal		0.16 (85)	0.16 (80)	0.3 (64)	0.09	0.28 (72)	0.36 (84)	0.2 (82)	0.4 (81)	0.8 (86)	0.4 (84)	0.4 (86)		
1994—1998	面包渣,低灰分/纤维 Bakery products, low ash/fiber	4-00-466	0.16	0.16	0.3	0.09	0.28	0.36	0.2	0.4	0.8	0.4	0.4		
1999—2004	面包渣,低灰分/纤维 Bakery meal, low ash/fiber		0.16	0.16	0.3	0.09	0.28	0.36	0.2	0.4	0.8	0.4	0.4		
2005—2016	面包渣,低灰分/纤维 Bakery meal, low ash/fiber		0.16	0.16	0.3	0.09	0.28	0.36	0.20	0.10	0.80	0.10	0.10		
1980—1993	大麦 Barley, grain	4-00-549	0.18	0.25	0.53	0.17	0.36	0.42	0.23	0.62	0.8	0.5	0.62	0.36	90
1994	大麦 Barley, grain	4-00-549	0.18	0.25	0.53	0.17	0.36	0.42	0.23	0.62	0.8	0.5	0.62		
1995—1998	大麦 Barley, grain	4-00-549	0.18 (79)	0.25 (81)	0.53 (78)	0.17	0.36 (77)	0.42 (82)	0.23 (87)	0.62 (81)	0.8 (86)	0.5 (85)	0.62 (88)		
1999—2016	大麦 Barley, grain		0.18 (79)	0.25 (81)	0.53 (78)	0.17	0.36 (77)	0.42 (82)	0.23 (87)	0.62 (81)	0.8 (86)	0.5 (85)	0.62 (88)		
1981—1993	脱水大麦芽 Barley, malt, dehy	4-00-578	0.2	n/a	0.5	0.2	0.4	0.6	0.3	0.7	0.7	0.4	0.6	n/a	n/a

续表2-5-6

年份	原料名称	国际饲料编号 IFN	蛋氨酸 Met	(半)胱氨酸 Cystine (Cysteine)*	赖氨酸 Lys	色氨酸 Trp	苏氨酸 Thr	异亮氨酸 Ile	组氨酸 His	缬氨酸 Val	亮氨酸 Leu	精氨酸 Arg	苯丙氨酸 Phe	甘氨酸 Gly	家禽氨基酸利用率 Poultry AA availability
1994—1998	脱水大麦芽 Barley, malt, dehy	4-00-578	0.2	n/a	0.5	0.2	0.4	0.6	0.3	0.7	0.7	0.4	0.6		
1999—2004	脱水大麦芽 Barley, malt, dehy		0.2	n/a	0.5	0.2	0.4	0.6	0.3	0.7	0.7	0.4	0.6		
2005—2016	脱水大麦芽 Barley, malt, dehy		0.2	n/a	0.5	0.2	0.40	0.60	0.30	0.70	0.70	0.40	0.60		
1980—1993	干甜菜渣 Beet pulp, dried	4-00-669	0.01	0.01	0.6	0.1	0.4	0.3	0.2	0.4	0.6	0.3	0.3	n/a	n/a
1994—1998	干甜菜渣 Beet pulp, dried	4-00-669	0.01	0.01	0.6	0.1	0.4	0.3	0.2	0.4	0.6	0.3	0.3		
1999—2004	干甜菜渣 Beet pulp, dried		0.01	0.01	0.6	0.1	0.4	0.3	0.2	0.4	0.6	0.3	0.3		
2005—2016	干甜菜渣 Beet pulp, dried		0.01	0.01	0.6	0.1	0.40	0.30	0.20	0.40	0.60	0.30	0.30		
1980—1993	荞麦 Buckwheat, grain	4-00-994	0.18	0.2	0.6	0.18	0.44	0.35	0.26	0.53	0.53	0.8	0.44	n/a	n/a
1994—1998	荞麦 Buckwheat, grain	4-00-994	0.18	0.2	0.6	0.18	0.44	0.35	0.26	0.53	0.53	0.8	0.44		
1999—2016	荞麦 Buckwheat, grain		0.18	0.2	0.6	0.18	0.44	0.35	0.26	0.53	0.53	0.8	0.44		
1980—1993	乳清粉 Whey, dried	4-01-182	0.2	0.3	1.1	0.2	0.8	0.9	0.2	0.7	1.2	0.4	0.4	n/a	98
1994—1998	乳清粉 Whey, dried	4-01-182	0.2	0.3	1.1	0.2	0.8	0.90	0.2	0.7	1.2	0.4	0.4		
1999—2004	乳清粉 Whey, dried		0.2	0.3	1.1	0.2	0.8	0.90	0.2	0.7	1.2	0.4	0.4		
2005—2016	乳清粉 Whey, dried		0.20	0.30	1.10	0.20	0.80	0.90	0.20	0.70	1.20	0.40	0.40		
1980—1993	低乳糖乳清粉 Whey, low lactose, dried	4-01-186	0.57	0.57	1.47	0.36	0.86	1.07	0.33	0.94	1.7	0.59	0.72	1.04	98
1994—1998	低乳糖乳清粉 Whey, low lactose, dried	4-01-186	0.57	0.57	1.47	0.36	0.86	1.07	0.33	0.94	1.7	0.59	0.72		
1999—2004	低乳糖乳清粉 Whey, low lactose, dried		0.57	0.57	1.47	0.36	0.86	1.07	0.33	0.94	1.7	0.59	0.72		
2005—2016	低乳糖乳清粉 Whey, low lactose, dried		0.57	0.57	1.47	0.36	0.86	1.07	0.33	0.94	1.70	0.59	0.72		
1980—1993	干柑橘渣 Citrus pulp, dried	4-01-237	0.08	0.11	0.2	0.06	n/a	n/a	n/a	n/a	n/a	0.28	n/a	n/a	n/a

续表2-5-6

年份	原料名称	国际饲料编号 IFN	蛋氨酸 Met	(半)胱氨酸 Cystine (Cysteine)*	赖氨酸 Lys	色氨酸 Trp	苏氨酸 Thr	异亮氨酸 Ile	组氨酸 His	缬氨酸 Val	亮氨酸 Leu	精氨酸 Arg	苯丙氨酸 Phe	甘氨酸 Gly	家禽氨基酸利用率 Poultry AA availability
1994—1998	干柑橘渣 Citrus pulp, dried	4-01-237	0.08	0.11	0.2	0.06	n/a	n/a	n/a	n/a	n/a	0.28	n/a		
1999—2005	干柑橘渣 Citrus pulp, dried		0.08	0.11	0.2	0.06	n/a	n/a	n/a	n/a	n/a	0.28	n/a		
2006—2016	干柑橘渣 Citrus pulp, dried		0.08	0.11	0.20	0.06	n/a	n/a	n/a	n/a	n/a	0.28	n/a		
1980—1993	压榨玉米麸 Hominy feed, corn expeller	4-02-887	0.22	0.12	0.45	0.12	0.43	0.38	0.36	0.59	0.9	0.6	0.4	0.28	95
1994—1998	压榨玉米麸 Hominy feed, corn expeller	4-02-887	0.22	0.12	0.45	0.12	0.43	0.38	0.36	0.59	0.9	0.6	0.4		
1980—1993	玉米发酵提取浓缩物 Corn, fermented extracts cond.	4-02-890	0.5	0.8	0.87	0.05	0.96	0.76	0.72	1.26	2.0	1.12	0.88	1.07	98
1994—2001	玉米发酵提取浓缩物 Corn, fermented extracts cond.	4-02-890	0.5	0.8	0.87	0.05	0.96	0.76	0.72	1.26	2.0	1.12	0.88		
1980—1993	粟(谷子)Millet, grain	4-03-098	0.28	0.2	0.23	0.17	0.36	0.45	0.18	0.54	1.1	0.33	0.54	0.3	n/a
1994—1998	粟(谷子)Millet, grain	4-03-098	0.28	0.2	0.23	0.17	0.36	0.45	0.18	0.54	1.1	0.33	0.54		
1999—2004	粟(谷子)Millet, grain		0.28	0.20	0.23	0.17	0.36	0.45	0.18	0.54	1.1	0.33	0.54		
2005—2016	珍珠粟 Millet, Pearl grain		0.28	0.24	0.35	0.20	0.44	0.52	0.30	0.70	1.30	0.55	0.62		
1980—1993	燕麦 Oats, grain	4-03-309	0.2	0.21	0.4	0.18	0.28	0.53	0.18	0.62	0.9	0.8	0.62	0.54	70
1994—1998	燕麦 Oats, grain	4-03-309	0.2 (86)	0.21 (84)	0.4 (87)	0.18	0.28 (85)	0.53 (89)	0.18 (93)	0.62 (88)	0.9 (92)	0.8 (94)	0.62 (94)		
1999—2016	燕麦 Oats, grain		0.2 (86)	0.21 (84)	0.4 (87)	0.18	0.28 (85)	0.53 (89)	0.18 (93)	0.62 (88)	0.9 (92)	0.8 (94)	0.62 (94)		
1980—1993	燕麦,去壳 Oats, groats (dehulled oats)	4-03-331	0.2	0.26	0.45	0.18	0.5	0.5	0.25	0.65	1.0	0.9	0.65	0.6	n/a

续表2-5-6

年份	原料名称	国际饲料编号 IFN	蛋氨酸 Met	(半)胱氨酸 Cystine (Cysteine)*	赖氨酸 Lys	色氨酸 Trp	苏氨酸 Thr	异亮氨酸 Ile	组氨酸 His	缬氨酸 Val	亮氨酸 Leu	精氨酸 Arg	苯丙氨酸 Phe	甘氨酸 Gly	家禽氨基酸利用率 Poultry AA availability
1994—1998	燕麦，去壳 Oats，groats (dehulled oats)	4-03-331	0.2 (90)	0.26 (84)	0.45 (80)	0.18	0.5 (83)	0.5 (88)	0.25 (91)	0.65 (88)	1.0 (88)	0.9 (92)	0.65 (92)		
1999—2016	燕麦，去壳 Oats，groats (dehulled oats)		0.2 (90)	0.26 (84)	0.45 (80)	0.18	0.5 (83)	0.5 (88)	0.25 (91)	0.65 (88)	1.0 (88)	0.9 (92)	0.65 (92)		
1984—1985	稻壳 Rice hulls*	4-03-943	0.18	0.1	0.49	0.14	0.34	0.33	0.19	0.68	1.1	0.59	0.35	0.68	85
1987	稻壳 Rice hulls	4-03-943	0.18	0.1	0.49	0.14	0.34	0.33	0.19	0.68	1.1	0.59	0.35	0.68	85
1980—1993	黑麦 Rye，grain	4-04-047	0.16	0.2	0.4	0.14	0.36	0.53	0.27	0.62	0.7	0.5	0.62	n/a	n/a
1994—1998	黑麦 Rye，grain	4-04-047	0.16	0.2	0.4	0.14	0.36	0.53	0.27	0.62	0.7	0.50	0.62		
1999—2016	黑麦 Rye，grain		0.16	0.2	0.4	0.14	0.36	0.53	0.27	0.62	0.7	0.50	0.62		
1980—1993	Kafir 高粱 Kafir grain sorghum	4-04-428	0.18	0.14	0.27	0.18	0.45	0.54	0.27	0.63	1.6	0.35	0.63	0.3	n/a
1994—1998	Kafir 高粱 Kafir grain sorghum	4-04-428	0.18	0.14	0.27	0.18	0.45	0.54	0.27	0.63	1.6	0.35	0.63		
1999—2016	Kafir 高粱 Kafir grain sorghum		0.18	0.14	0.27	0.18	0.45	0.54	0.27	0.63	1.6	0.35	0.63		
1980—1993	高粱粒（西非）Sorghum，milo，grain	4-04-444	0.1	0.2	0.27	0.09	0.27	0.6	0.27	0.53	1.4	0.4	0.45	0.3	83
1994—1998	高粱粒（西非）Sorghum，milo，grain	4-04-444	0.1 (89)	0.2 (83)	0.27 (78)	0.09	0.27 (82)	0.6 (88)	0.27 (87)	0.53 (87)	1.4 (94)	0.4 (74)	0.45 (91)		
1999—2016	高粱粒（西非）Sorghum，milo，grain		0.1 (89)	0.2 (83)	0.27 (78)	0.09	0.27 (82)	0.6 (88)	0.27 (87)	0.53 (87)	1.4 (94)	0.4 (74)	0.45 (91)		
1980—1993	大麦，太平洋沿岸 Barley，grain，Pacific coast	4-07-939	0.18	0.22	0.39	0.15	0.29	0.40	0.20	0.46	0.6	0.45	0.47	0.3	85
1994—1998	大麦，太平洋沿岸 Barley，grain，Pacific coast	4-07-939	0.18	0.22	0.39	0.15	0.29	0.4	0.2	0.46	0.6	0.45	0.47		
1999—2004	大麦，西部产 Barley，grain，Western		0.18	0.22	0.39	0.15	0.29	0.4	0.3	0.46	0.7	0.45	0.47		

续表2-5-6

年份	原料名称	国际饲料编号 IFN	蛋氨酸 Met	(半)胱氨酸 Cystine (Cysteine)*	赖氨酸 Lys	色氨酸 Trp	苏氨酸 Thr	异亮氨酸 Ile	组氨酸 His	缬氨酸 Val	亮氨酸 Leu	精氨酸 Arg	苯丙氨酸 Phe	甘氨酸 Gly	家禽氨基酸利用率 Poultry AA availability
2005—2016	大麦,西部产 Barley, grain, Western		0.18	0.22	0.39	0.15	0.29	0.40	0.30	0.46	0.70	0.45	0.47		
1980—1993	燕麦,太平洋沿岸 Oats, grain, Pacific coast	4-07-999	0.14	0.18	0.38	0.12	0.28	0.37	0.15	0.48	0.7	0.6	0.42	0.4	70
1994—1998	燕麦,太平洋沿岸 Oats, grain, Pacific coast	4-07-999	0.14	0.18	0.38	0.12	0.28	0.37	0.15	0.48	0.7	0.6	0.42		
1999—2004	燕麦,太平洋沿岸 Oats, grain, Pacific coast		0.14	0.18	0.38	0.12	0.28	0.37	0.15	0.48	0.7	0.6	0.42		
2005—2016	燕麦,太平洋沿岸 Oats, grain, Pacific coast		0.14	0.18	0.38	0.12	0.28	0.37	0.15	0.48	0.70	0.60	0.42		
1995—1998	黑小麦 Triticale	4-20-362	0.26	0.26	0.39	0.14	0.36	0.76	0.39	0.51	0.39	0.48	0.49		
1999—2016	黑小麦 Triticale		0.26	0.26	0.39	0.14	0.36	0.76	0.39	0.51	0.39	0.48	0.49		
1980—1983	黄玉米和玉米芯粉 Corn and cob meal, yellow	4-20-830	0.14	0.13	0.16	0.05	n/a	n/a	n/a	n/a	1.0	0.3	n/a	0.28	n/a
2006—2016	亚麻籽 Flaxseed		0.35	0.42	0.92	0.22	0.77	0.95	0.44	1.17	1.25	2.05	0.97		
1999—2004	玉米麸,螺旋压榨 Hominy feed, corn screw-pressed		0.22	0.12	0.45	0.12	0.43	0.38	0.36	0.59	0.9	0.6	0.4		
2005—2016	玉米麸,螺旋压榨 Hominy feed, corn screw-pressed		0.22	0.12	0.45	0.12	0.43	0.38	0.36	0.59	0.90	0.60	0.40		
1999—2004	小麦筛渣,1号 Wheat grain screenings, #1		0.17	0.2	0.4	0.1	0.3	0.47	0.2	0.54	0.8	0.6	0.7		
2005—2016	小麦筛渣,1号 Wheat grain screenings, #1		0.17	0.20	0.40	0.10	0.30	0.47	0.20	0.54	0.80	0.60	0.70		
1999—2004	小麦筛渣,2号 Wheat grain screenings, #2		0.12	0.1	0.48	0.1	0.3	0.42	0.26	0.52	0.6	0.82	0.4		
2005—2016	小麦筛渣,2号 Wheat grain screenings, #2		0.12	0.10	0.48	0.10	0.30	0.42	0.26	0.52	0.60	0.82	0.40		

续表2-5-6

年份	原料名称	国际饲料编号 IFN	蛋氨酸 Met	(半)胱氨酸 Cystine (Cysteine)*	赖氨酸 Lys	色氨酸 Trp	苏氨酸 Thr	异亮氨酸 Ile	组氨酸 His	缬氨酸 Val	亮氨酸 Leu	精氨酸 Arg	苯丙氨酸 Phe	甘氨酸 Gly	家禽氨基酸利用率 Poultry AA availability
1999—2004	小麦次粉 Wheat middlings		0.12	0.19	0.7	0.2	0.5	0.7	0.4	0.8	1.1	1.0	0.5		
2005—2016	小麦次粉 Wheat middlings		0.12	0.19	0.70	0.20	0.50	0.70	0.40	0.80	1.10	1.00	0.50		
1999—2004	小麦废筛渣 Wheat refuse screenings		0.15	n/a	0.3	n/a	0.4	0.4	0.2	0.58	1.0	0.6	0.5		
2005—2016	小麦废筛渣 Wheat refuse screenings		0.15	n/a	0.30	n/a	0.40	0.40	0.20	0.58	1.00	0.60	0.50		
1999—2016	碎小麦 Wheat shorts		0.18 (80)	0.25 (69)	0.78 (81)	0.23	0.5 (79)	0.7 (82)	0.32 (84)	0.77 (82)	1.0 (84)	0.95 (86)	0.70 (85)		

注：* 1980—2005 年为 Cystine(胱氨酸)，2006—2016 年为 Cysteine(半胱氨酸)。括号内数字为利用率，其中 2009—2010 年注释为可利用氨基酸换算系数(amino acid availability coefficients)，为鸡(chickens)测定值；2011—2016 年注释为真可利用氨基酸换算系数(true amino acid availability coefficients)，为去盲肠公鸡(caecectomized roosters)测定值。

3. 维生素含量

表 2-5-7 维生素含量

年份	原料名称	国际饲料编号 IFN	胡萝卜素 Carotene (mg/kg)*	维生素 A (IU/g)*	维生素 E (mg/kg)**	维生素 B_1 Thiamin (mg/kg)	维生素 B_2 Riboflavin (mg/kg)	泛酸 Pantothenic acid(mg/kg)	生物素 Biotin (μg/kg)	叶酸 Folic acid (μg/kg)	胆碱 Choline (mg/kg)	维生素 B_{12} (μg/kg)	烟酸 Niacin (mg/kg)
1980—1982	动物脂肪 Fat，animal	4-00-409		—	7.9		—	—	—	—	—	—	—
1983	动物脂肪 Fat，animal	4-00-409	—*	—	7.9	—	—	—	—	—	—	—	—
1984—1998	动物脂肪 Fat，animal	4-00-409	—	—	7.9	—	—	—	—	—	—	—	—
1999—2016	动物脂肪 Fat，animal		—	—	7.9	—	—	—	—	—	—	—	—
1980	干面包渣 Bakery product，dried	4-00-466		—	25.0	—	1.5	14.5	n/a	150	1230	n/a	18.0
1995—1998	干面包渣 Bakery product，dried	4-00-466	5	3.9	25	1.5	1.5	14.5	n/a	150	1230	n/a[1]	18.0

续表2-5-7

年份	原料名称	国际饲料编号 IFN	胡萝卜素 Carotene (mg/kg)*	维生素 A (IU/g)*	维生素 E (mg/kg)**	维生素 B_1 Thiamin (mg/kg)	维生素 B_2 Riboflavin (mg/kg)	泛酸 Pantothenic acid(mg/kg)	生物素 Biotin (μg/kg)	叶酸 Folic acid (μg/kg)	胆碱 Choline (mg/kg)	维生素 B_{12} (μg/kg)	烟酸 Niacin (mg/kg)
1981—1982	干面包渣 Bakery product, dried	4-00-466		3.9*	25.0	1.5*	1.5	14.5	n/a	150	1230	n/a	18.0
1983	干面包渣 Bakery product, dried	4-00-466	4.6	3.9*	25.0	1.5*	1.5	14.5	n/a	150	1230	n/a	18.0
1984—1987	干面包渣 Bakery product, dried	4-00-466	4.6	3.9	25.0	1.5	1.5	14.5	n/a	150	1230	n/a	18.0
1989	干面包渣 Bakery product, dried	4-00-466	5	3.9	25.0	1.5	1.5	14.5	n/a	150	1230	n/a	18.0
1990	干面包渣 Bakery product, dried	4-00-466	4.6	3.9	25.0	1.5	1.5	14.5	n/a	150	1230	n/a	18.0
1991—1994	干面包渣 Bakery product, dried	4-00-466	5	3.9	25	1.5	1.5	14.5	n/a	150	1230	n/a	18.0
1999—2005	面包粉/面包渣 Bakery meal		5	3.9	25	1.5	1.5	14.5	n/a	150	1230	n/a	18.0
2006—2016	面包粉/面包渣 Bakery meal		5	3.9	25.0	1.50	1.50	14.5	n/a	150	1230	n/a	18.0
1994—1998	面包渣,低灰分/纤维 Bakery products, low ash/fiber	4-00-466	5	3.9	25	1.5	1.5	14.5	n/a	150	1230	n/a	18.0
1999—2005	面包渣,低灰分/纤维 Bakery meal, low ash/fiber		5	3.9	25	1.5	1.5	14.5	n/a	150	1230	n/a	18.0
2006—2016	面包渣,低灰分/纤维 Bakery meal, low ash/fiber		5	3.9	25.0	1.50	1.50	14.5	n/a	150	1230	n/a	18.0
1980—1982	大麦 Barley, grain	4-00-549		—	36	5.0	2.0	6.4	200	397	1027	—	57.2
1983	大麦 Barley, grain	4-00-549	—*	—	36	5.0	2.0	6.4	200	397	1027	—	57.2
1984—1998	大麦 Barley, grain	4-00-549	—	—	36	5.0	2.0	6.4	200	397	1027	—	57.2
1999—2002	大麦 Barley, grain		—	—	36	5.0	2.0	6.4	200	397	1027	—	57.2
2003—2004	大麦 Barley, grain		—	—	36	5.0	2	6.4	200	397	1027	—	57.2
2005—2016	大麦 Barley, grain		—	—	36	5.0	2.0	6.4	200	397	1027	—	57.2

续表2-5-7

年份	原料名称	国际饲料编号 IFN	胡萝卜素 Carotene (mg/kg)*	维生素 A (IU/g)*	维生素 E (mg/kg)**	维生素 B_1 Thiamin (mg/kg)	维生素 B_2 Riboflavin (mg/kg)	泛酸 Pantothenic acid(mg/kg)	生物素 Biotin (μg/kg)	叶酸 Folic acid (μg/kg)	胆碱 Choline (mg/kg)	维生素 B_{12} (μg/kg)	烟酸 Niacin (mg/kg)
1981—1982	脱水大麦芽 Barley, malt, dehy	4-00-578		n/a	n/a	4.0	2.9	7.9	n/a	n/a	895	n/a	56.7
1983	脱水大麦芽 Barley, malt, dehy	4-00-578	—*	—*	n/a	4.0	2.9	7.9	n/a	n/a	895	n/a	56.7
1984—1998	脱水大麦芽 Barley, malt, dehy	4-00-578	—	—	n/a	4.0	2.9	7.9	n/a	n/a	895	n/a	56.7
1999—2002	脱水大麦芽 Barley, malt, dehy		—	—	n/a	4.0	2.9	7.9	n/a	n/a	895	n/a	56.7
2003—2004	脱水大麦芽 Barley, malt, dehy		—	—	n/a	4	2.9	7.9	n/a	n/a	895	n/a	56.7
2005	脱水大麦芽 Barley, malt, dehy		—	—	n/a	4.0	2.9	7.9	n/a	n/a	895	n/a	56.7
2006—2016	脱水大麦芽 Barley, malt, dehy		—	—	n/a	4.00	2.90	7.9	n/a	n/a	895	n/a	56.7
1980—1982	甜菜糖蜜 Molasses, beet	4-00-668		—	—	n/a	2.4	4.6	n/a	—	n/a	—	48.0
1983—1987	甜菜糖蜜 Molasses, beet	4-00-668	—*	—	—	n/a	2.4	4.6	n/a	—	n/a	—	48.0
1984—1998	甜菜糖蜜 Molasses, beet	4-00-668	—	—	—	n/a	2.4	4.6	n/a	—	n/a	—	48.0
1999—2004	甜菜糖蜜 Molasses, beet		—	—	—	n/a	2.4	4.6	n/a	—	n/a	—	48.0
2005	甜菜糖蜜 Molasses, beet		—	—	—	n/a	2.4	4.6	n/a	—	n/a	—	48
2006—2016	甜菜糖蜜 Molasses, beet		—	—	—	n/a	2.40	4.6	n/a	—	n/a	—	48.0
1980—1982	干甜菜渣 Beet pulp, dried	4-00-669		0.4	—	0.22	1.1	0.8	n/a	n/a	800	—	19.8
1983—1985	干甜菜渣 Beet pulp, dried	4-00-669	0.2*	0.4	—	0.22	1.1	0.8	n/a	n/a	800	—	19.8
1984—1998	干甜菜渣 Beet pulp, dried	4-00-669	0.2	0.4	—	0.22	1.1	0.8	n/a	n/a	800	—	19.8
1999—2005	干甜菜渣 Beet pulp, dried		0.2	0.4	—	0.22	1.1	0.8	n/a	n/a	800	—	19.8
2006—2016	干甜菜渣 Beet pulp, dried		0	0.4	—	0.22	1.10	0.8	n/a	n/a	800	—	19.8
1980—1982	荞麦 Buckwheat, grain	4-00-994		—	—	3.3	10.6	11.0	n/a	n/a	440	—	18.0

续表2-5-7

年份	原料名称	国际饲料编号 IFN	胡萝卜素 Carotene (mg/kg)*	维生素A (IU/g)*	维生素E (mg/kg)**	维生素 B_1 Thiamin (mg/kg)	维生素 B_2 Riboflavin (mg/kg)	泛酸 Pantothenic acid(mg/kg)	生物素 Biotin (μg/kg)	叶酸 Folic acid (μg/kg)	胆碱 Choline (mg/kg)	维生素 B_{12} (μg/kg)	烟酸 Niacin (mg/kg)
1983	荞麦 Buckwheat，grain	4-00-994	—*	—	—	3.3	10.6	11.0	n/a	n/a	440	—	18.0
1984—1998	荞麦 Buckwheat，grain	4-00-994	—	—	—	3.3	10.6	11.0	n/a	n/a	440	—	18.0
1999—2005	荞麦 Buckwheat，grain		—	—	—	3.3	10.6	11.0	n/a	n/a	440	—	18.0
2006—2016	荞麦 Buckwheat，grain		—	—	—	3.30	10.60	11.0	n/a	n/a	440	—	18.0
1980—1982	乳清粉 Whey，dried	4-01-182		—	—	3.7	29.9	47.7	400	900	1980	15	11.2
1983	乳清粉 Whey，dried	4-01-182	—*	—	—	3.7	29.9	47.7	400	900	1980	15	11.2
1984—1998	乳清粉 Whey，dried	4-01-182	—	—	—	3.7	29.9	47.7	400	900	1980	15	11.2
1999—2005	乳清粉 Whey，dried		—	—	—	3.7	29.9	47.7	400	900	1980	15	11.2
2006—2016	乳清粉 Whey，dried		—	—	—	3.70	29.90	47.7	400	900	1980	15.00	11.2
1980—1982	低乳糖乳清粉 Whey，low lactose，dried	4-01-186		—	—	5.5	24.2	77.0	616	1320	4400	15	18.7
1983	低乳糖乳清粉 Whey，low lactose，dried	4-01-186	—*	—	—	5.5	24.2	77.0	616	1320	4400	15	18.7
1984—1998	低乳糖乳清粉 Whey，low lactose，dried	4-01-186	—	—	—	5.5	24.2	77.0	616	1320	4400	15	18.7
1999—2005	低乳糖乳清粉 Whey，low lactose，dried		—	—	—	5.5	24.2	77.0	616	1320	4400	15	18.7
2006—2016	低乳糖乳清粉 Whey，low lactose，dried		—	—	—	5.50	21.20	77.0	616	1320	4400	15.00	18.7
1980—1982	干柑橘渣 Citrus pulp，dried	4-01-237		0.3	—	1.32	2.2	14.0	n/a	n/a	748	—	22.5
1983	干柑橘渣 Citrus pulp，dried	4-01-237	—*	—*	—	1.32	2.2	14.0	n/a	n/a	748	—	22.5
1984—1985	干柑橘渣 Citrus pulp，dried	4-01-237	—	—*	—	1.32	2.2	14.0	n/a	n/a	748	—	22.5
1987—1998	干柑橘渣 Citrus pulp，dried	4-01-237	—	—	—	1.32	2.2	14.0	n/a	n/a	748	—	22.5
1999—2005	干柑橘渣 Citrus pulp，dried		—	—	—	1.32	2.2	14.0	n/a	n/a	748	—	22.5
2006—2016	干柑橘渣 Citrus pulp，dried		—	—	—	1.32	2.20	14.0	n/a	n/a	748	—	22.5
1980—1982	柑橘糖蜜 Molasses，citrus	4-01-241		—	—	—	6.4	13.1	—	—	—	—	27.8

续表2-5-7

年份	原料名称	国际饲料编号 IFN	胡萝卜素 Carotene (mg/kg)*	维生素 A (IU/g)*	维生素 E (mg/kg)**	维生素 B_1 Thiamin (mg/kg)	维生素 B_2 Riboflavin (mg/kg)	泛酸 Pantothenic acid(mg/kg)	生物素 Biotin (μg/kg)	叶酸 Folic acid (μg/kg)	胆碱 Choline (mg/kg)	维生素 B_{12} (μg/kg)	烟酸 Niacin (mg/kg)
1983	柑橘糖蜜 Molasses，citrus	4-01-241	—*	—	—	—	6.4	13.1	—	—	—	—	27.8
1984—1998	柑橘糖蜜 Molasses，citrus	4-01-241	—	—	—	—	6.4	13.1	—	—	—	—	27.8
1999—2005	柑橘糖蜜 Molasses，citrus		—	—	—	6.4	13.1	—	—	—	—	27.8	0.27
2006—2016	柑橘糖蜜 Molasses，citrus		—	—	—	6.40	13.10	—	—	—	—	27.80	0.3
1980—1982	压榨玉米麸 Hominy feed，corn expeller	4-02-887		15.3	—	8.3	2.2	7.7	130	330	1500	—	49.7
1983	压榨玉米麸 Hominy feed，corn expeller	4-02-887	9.1*	15.3	—	8.3	2.2	7.7	130	330	1500	—	49.7
1984—1990	压榨玉米麸 Hominy feed，corn expeller	4-02-887	9.1	15.3	—	8.3	2.2	7.7	130	330	1500	—	49.7
1991—1998	压榨玉米麸 Hominy feed，corn expeller	4-02-887	9	15.3	—	8.3	2.2	7.7	130	330	1500	—	49.7
1980—1982	玉米发酵提取浓缩物 Corn，fermented extracts cond.	4-02-890		—	—	2.8	5.9	14.0	330	n/a	2794	—	80.0
1983	玉米发酵提取浓缩物 Corn，fermented extracts cond.	4-02-890	—*	—	—	2.8	5.9	14.0	330	n/a	2794	—	80.0
1984—2001	玉米发酵提取浓缩物 Corn，fermented extracts cond.	4-02-890	—	—	—	2.8	5.9	14.0	330	n/a	2794	—	80.0
1980—1982	粟(谷子)Millet，grain	4-03-098		—	n/a	6.6	1.6	7.4	n/a	n/a	789	—	52.6
1983	粟(谷子)Millet，grain	4-03-098	—*	—	n/a	6.6	1.6	7.4	n/a	n/a	789	—	52.6
1984—1998	粟(谷子)Millet，grain	4-03-098	—	—	n/a	6.6	1.6	7.4	n/a	n/a	789	—	52.6
1999—2004	粟(谷子)Millet，grain		—	—	n/a	6.6	1.6	7.4	n/a	n/a	789	—	52.6
2005—2016	珍珠粟 Millet，Pearl grain		—	—	n/a	6.6	1.6	7.4	n/a	n/a	789	—	52.6
1980—1982	燕麦 Oats，grain	4-03-309		—	20	6.4	1.6	14.9	300	400	1070	—	18.0
1983	燕麦 Oats，grain	4-03-309	—*	—	20	6.4	1.6	14.9	300	400	1070	—	18.0
1984—1998	燕麦 Oats，grain	4-03-309	—	—	20	6.4	1.6	14.9	300	400	1070	—	18.0

续表2-5-7

年份	原料名称	国际饲料编号 IFN	胡萝卜素 Carotene (mg/kg)*	维生素 A (IU/g)*	维生素 E (mg/kg)**	维生素 B_1 Thiamin (mg/kg)	维生素 B_2 Riboflavin (mg/kg)	泛酸 Pantothenic acid(mg/kg)	生物素 Biotin (μg/kg)	叶酸 Folic acid (μg/kg)	胆碱 Choline (mg/kg)	维生素 B_{12} (μg/kg)	烟酸 Niacin (mg/kg)
1999—2005	燕麦 Oats, grain		—	—	20	6.4	1.6	14.9	300	400	1070	—	18.0
2006—2016	燕麦 Oats, grain		—	—	20.0	6.40	1.60	14.9	300	400	1070	—	18.0
1980—1982	燕麦，去壳 Oats, groats (dehulled oats)	4-03-331		—	15.0	6.8	1.3	11.0	200	300	1232	—	18.0
1983—1990	燕麦，去壳 Oats, groats (dehulled oats)	4-03-331	—*	—	15.0	6.8	1.3	11.0	200	300	1232	—	18.0
1991—1998	燕麦，去壳 Oats, groats (dehulled oats)	4-03-331	—	—	15	6.8	1.3	11.0	200	300	1232	—	18.0
1999—2005	燕麦，去壳 Oats, groats (dehulled oats)		—	—	15	6.8	1.3	11.0	200	300	1232	—	18.0
2006—2016	燕麦，去壳 Oats, groats (dehulled oats)		—	—	15.0	6.80	1.30	11.0	200	300	1232	—	18.0
1984—1985	稻壳 Rice hulls*	4-03-943	—	—	89.5	19.3	2.0	13.0	620	n/a	1010	—	715.0
1987	稻壳 Rice hulls	4-03-943	—	—	89.5	19.3	2.0	13.0	620	n/a	1010	—	715.0
1980—1982	黑麦 Rye, grain	4-04-047		—	15.0	4.4	1.5	9.2	60	600	n/a	—	15.6
1983	黑麦 Rye, grain	4-04-047	—*	—	15.0	4.4	1.5	9.2	60	600	n/a	—	15.6
1984—1990	黑麦 Rye, grain	4-04-047	—	—	15.0	4.4	1.5	9.2	60	600	n/a	—	15.6
1991—1998	黑麦 Rye, grain	4-04-047	—	—	15	4.4	1.5	9.2	60	600	n/a	—	15.6
1999—2005	黑麦 Rye, grain		—	—	15	4.4	1.5	9.2	60	600	n/a	—	15.6
2006—2016	黑麦 Rye, grain		—	—	15.0	4.40	1.50	9.2	60	600	n/a	—	15.6
1980—1982	Kafir 高粱 Kafir grain sorghum	4-04-428		0.6	—	3.8	1.4	12.2	n/a	n/a	n/a	—	36.6
1983—1984	Kafir 高粱 Kafir grain sorghum	4-04-428	—*	0.6	—	3.8	1.4	12.2	n/a	n/a	n/a	—	36.6
1985—1998	Kafir 高粱 Kafir grain sorghum	4-04-428	—	0.6	—	3.8	1.4	12.2	n/a	n/a	n/a	—	36.6

续表2-5-7

年份	原料名称	国际饲料编号 IFN	胡萝卜素 Carotene (mg/kg)*	维生素 A (IU/g)*	维生素 E (mg/kg)**	维生素 B_1 Thiamin (mg/kg)	维生素 B_2 Riboflavin (mg/kg)	泛酸 Pantothenic acid(mg/kg)	生物素 Biotin (μg/kg)	叶酸 Folic acid (μg/kg)	胆碱 Choline (mg/kg)	维生素 B_{12} (μg/kg)	烟酸 Niacin (mg/kg)
1999—2005	Kafir 高粱 Kafir grain sorghum		—	0.6	—	3.8	1.4	12.2	n/a	n/a	n/a	—	36.6
2006—2016	Kafir 高粱 Kafir grain sorghum		—	0.6	—	3.80	1.40	12.2	n/a	n/a	n/a	—	36.6
1980—1982	高粱粒（西非）Sorghum, milo, grain	4-04-444		—	12.2	3.9	1.2	11.0	180	200	678	—	42.7
1983—1985	高粱粒（西非）Sorghum, milo, grain	4-04-444	—*	—	12.2	3.9	1.2	11.0	180	200	678	—	42.7
1984—1998	高粱粒（西非）Sorghum, milo, grain	4-04-444	—	—	12.2	3.9	1.2	11.0	180	200	678	—	42.7
1999—2005	高粱粒（西非）Sorghum, milo, grain		—	—	12.2	3.9	1.2	11.0	180	200	678	—	42.7
2006—2016	高粱粒（西非）Sorghum, milo, grain		—	—	12.2	3.90	1.20	11.0	180	200	678	—	42.7
1980—1982	糖蜜，干甘蔗 Molasses, cane, dried	4-04-695		—	5.4	n/a	n/a	n/a	n/a	n/a	n/a	—	n/a
1983	糖蜜，干甘蔗 Molasses, cane, dried	4-04-695	—*	—	5.4	n/a	n/a	n/a	n/a	n/a	n/a	—	n/a
1984—1998	糖蜜，干甘蔗 Molasses, canc, dricd	4-04-695	—	—	5.4	n/a	n/a	n/a	n/a	n/a	n/a	—	n/a
1999—2016	糖蜜，干甘蔗 Molasses, cane, dried		—	—	5.4	n/a	n/a	n/a	n/a	n/a	n/a	—	n/a
1980—1982	糖蜜，甘蔗 Molasses, cane	4-04-696		—	4.4	0.9	2.3	39.0	700	—	660	—	45.0
1983	糖蜜，甘蔗 Molasses, cane	4-04-696	—*	—	4.4	0.9	2.3	39.0	700	—	660	—	45.0
1984—1998	糖蜜，甘蔗 Molasses, cane	4-04-696	—	—	4.4	0.9	2.3	39.0	700	—	660	—	45.0
1999—2005	糖蜜，甘蔗 Molasses, cane		—	—	4.4	0.9	2.3	39.0	700	—	660	—	45.0

续表2-5-7

年份	原料名称	国际饲料编号 IFN	胡萝卜素 Carotene (mg/kg)*	维生素A (IU/g)*	维生素E (mg/kg)**	维生素 B_1 Thiamin (mg/kg)	维生素 B_2 Riboflavin (mg/kg)	泛酸 Pantothenic acid(mg/kg)	生物素 Biotin (μg/kg)	叶酸 Folic acid (μg/kg)	胆碱 Choline (mg/kg)	维生素 B_{12} (μg/kg)	烟酸 Niacin (mg/kg)
2006—2016	糖蜜,甘蔗 Molasses, cane		—	—	4.4	0.90	2.30	39.0	700	—	660	—	45.0
1980—1982	植物油脂 Fat, vegetable	4-05-077		—	56.8	—	—	—	—	—	—	—	—
1983	植物油脂 Fat, vegetable	4-05-077	—*	—	56.8	—	—	—	—	—	—	—	—
1984—1998	植物油脂 Fat, vegetable	4-05-077	—	—	56.8	—	—	—	—	—	—	—	—
1999—2016	植物油脂 Fat, vegetable		—	—	56.8	—	—	—	—	—	—	—	—
1980—1982	大麦,太平洋沿岸 Barley, grain, Pacific coast	4-07-939		—	36	4.0	1.3	7.3	150	300	930	—	44.0
1983	大麦,太平洋沿岸 Barley, grain, Pacific coast	4-07-939	—*	—	36	4.0	1.3	7.3	150	300	930	—	44.0
1984—1994	大麦,太平洋沿岸 Barley, grain, Pacific coast	4-07-939	—	—	36	4.0	1.3	7.3	150	300	930	—	44.0
1995—1998	大麦,西部产 Barley, grain, Western	4-07-939	—	—	36	4.0	1.3	7.3	150	300	930	—	44.0
1999—2002	大麦,西部产 Barley, grain, Western		—	—	36	4.0	1.3	7.3	150	300	930	—	44.0
2003—2004	大麦,西部产 Barley, grain, Western		—	—	36	4	1.3	7.3	150	300	930	—	44.0
2005—2016	大麦,西部产 Barley, grain, Western		—	—	36	4.0	1.3	7.3	150	300	930	—	44.0
1980—1982	燕麦,太平洋沿岸 Oats, grain, Pacific coast	4-07-999		—	20	n/a	1.3	10.0	n/a	n/a	900	—	14.3
1983	燕麦,太平洋沿岸 Oats, grain, Pacific coast	4-07-999	—*	—	20	n/a	1.3	10.0	n/a	n/a	900	—	14.3
1984—1998	燕麦,太平洋沿岸 Oats, grain, Pacific coast	4-07-999	—	—	20	n/a	1.3	10.0	n/a	n/a	900	—	14.3

续表2-5-7

年份	原料名称	国际饲料编号 IFN	胡萝卜素 Carotene (mg/kg)*	维生素 A (IU/g)*	维生素 E (mg/kg)**	维生素 B_1 Thiamin (mg/kg)	维生素 B_2 Riboflavin (mg/kg)	泛酸 Pantothenic acid(mg/kg)	生物素 Biotin (μg/kg)	叶酸 Folic acid (μg/kg)	胆碱 Choline (mg/kg)	维生素 B_{12} (μg/kg)	烟酸 Niacin (mg/kg)
1999—2005	燕麦,太平洋沿岸 Oats, grain, Pacific coast		—	—	20	n/a	1.3	10.0	n/a	n/a	900	—	14.3
2006—2016	燕麦,太平洋沿岸 Oats, grain, Pacific coast		—	—	20.0	n/a	1.30	10.0	n/a	n/a	900	—	14.3
1995—1998	黑小麦 Triticale	4-20-362	—	—	—	—	0.4	—	—	—	460	—	—
1999—2005	黑小麦 Triticale		—	—	—	—	0.4	—	—	—	460	—	—
2006—2016	黑小麦 Triticale		—	—	—	—	0.40	—	—	—	460	—	—
1980—1982	黄玉米和玉米芯粉 Corn and cob meal, yellow	4-20-830		2.0	—	—	0.8	4.4	n/a	n/a	350	—	15.8
1983	黄玉米和玉米芯粉 Corn and cob meal, yellow	4-20-830	1.6*	2.0	—	—	0.8	4.4	n/a	n/a	350	—	15.8
2006—2016	亚麻籽 Flaxseed		—	—	18.9	7.00	4.50	—	—	—	3150	—	41.0
1999—2005	玉米麸,螺旋压榨 Hominy feed, corn screw-pressed		9	15.3	—	8.3	2.2	7.7	130	330	1500	—	49.7
2006—2016	玉米麸,螺旋压榨 Hominy feed, corn screw-pressed		9	15.3	—	8.30	2.20	7.7	130	330	1500	—	49.7
1999—2005	小麦筛渣,1 号 Wheat grain screenings, #1		—	—	—	0.6	1.4	12.8	n/a	n/a	n/a	—	69.0
2006—2016	小麦筛渣,1 号 Wheat grain screenings, #1		—	—	—	0.60	1.40	12.8	n/a	n/a	n/a	—	69.0
1999—2005	小麦筛渣,2 号 Wheat grain screenings, #2		—	—		0.3	1.2	10.9	n/a	n/a	n/a		40.0
2006—2016	小麦筛渣,2 号 Wheat grain screenings, #2		—	—	—	0.30	1.20	10.9	n/a	n/a	n/a	—	40.0

续表2-5-7

年份	原料名称	国际饲料编号 IFN	胡萝卜素 Carotene (mg/kg)*	维生素 A (IU/g)*	维生素 E (mg/kg)**	维生素 B_1 Thiamin (mg/kg)	维生素 B_2 Riboflavin (mg/kg)	泛酸 Pantothenic acid(mg/kg)	生物素 Biotin (μg/kg)	叶酸 Folic acid (μg/kg)	胆碱 Choline (mg/kg)	维生素 B_{12} (μg/kg)	烟酸 Niacin (mg/kg)
1999—2005	小麦次粉 Wheat middlings		3	5.2	57.6	18.9	1.5	13.6	110	560	1100	—	52.6
2006—2016	小麦次粉 Wheat middlings		3	5.2	57.6	18.90	1.50	13.6	110	560	1100	—	52.6
1999—2005	小麦废筛渣 Wheat refuse screenings		—	—	—	0.5	0.7	23.2	n/a	n/a	n/a	—	47.8
2006—2016	小麦废筛渣 Wheat refuse screenings		—	—	—	0.50	0.70	23.2	n/a	n/a	n/a	—	47.8
1999—2005	碎小麦 Wheat shorts		3	5.2	29.9	19.9	2.0	17.6	n/a	1420	930	—	100
2006—2016	碎小麦 Wheat shorts		3	5.2	29.9	19.90	2.00	17.6	n/a	1420	930	—	100.0

注:* 1980—1993 年注释为:假设胡萝卜素可全部转化为维生素 A,实际大多数动物的转化率为 20%～30%,家禽的转化率为 30%～70%。** 1980—1993 年注释为:1 IU 维生素 E 等于 1 mg *DL*-α-tocopheryl acetate(醋酸生育酚)。

4. 矿物质含量

表 2-5-8 矿物质含量

年份	原料名称	国际饲料编号 IFN	钠 Na (%)	钾 K (%)	氯 Cl (%)	镁 Mg (%)	硫 S (%)	锰 Mn (ppm)	铁 Fe (ppm)	铜 Cu (ppm)	锌 Zn (ppm)	硒 Se (ppm)
1980	干面包渣 Bakery product, dried	4-00-466	0.8	0.1		n/a	n/a	35	n/a	n/a	15	n/a
1981—1983	干面包渣 Bakery product, dried	4-00-466	0.8	0.1		0.32*	0.02*	35	60*	n/a	15	n/a
1984	干面包渣 Bakery product, dried	4-00-466	1.14*	0.1		0.32	0.02	35	60	n/a	15	n/a
1985—1994	干面包渣 Bakery product, dried	4-00-466	1.14	0.1		0.32	0.02	35	60	n/a	15	n/a
1995	干面包渣 Bakery product, dried	4-00-466	1.14	0.1		0.32	0.02	60	50	5	15	0.4
1996—1998	干面包渣 Bakery product, dried	4-00-466	1.14	0.1	1.25	0.32	0.02	60	50	5	15	0.4
1999—2004	面包粉/面包渣 Bakery meal		1.14	0.1	1.25	0.32	0.02	60	50	5	15	0.4
2005	面包粉/面包渣 Bakery meal		1.14	0.1	1.25	0.32	0.02	60	50	5.0	15.0	0.40
2006—2016	面包粉/面包渣 Bakery meal		1.14	0.10	1.25	0.32	0.02	60.0	50.0	5.0	15.0	0.40
1994	面包渣,低灰分/纤维 Bakery products, low ash/fiber	4-00-466	1.14	0.1		0.32	0.02	35	60	n/a	15	n/a

续表2-5-8

年份	原料名称	国际饲料编号 IFN	钠 Na (%)	钾 K (%)	氯 Cl (%)	镁 Mg (%)	硫 S (%)	锰 Mn (ppm)	铁 Fe (ppm)	铜 Cu (ppm)	锌 Zn (ppm)	硒 Se (ppm)
1995	面包渣,低灰分/纤维 Bakery products, low ash/fiber	4-00-466	1.14	0.1		0.32	0.02	60	50	5	15	0.4
1996—1998	面包渣,低灰分/纤维 Bakery products, low ash/fiber	4-00-466	1.14	0.1	1.25	0.32	0.02	60	50	5	15	0.4
1999—2004	面包渣,低灰分/纤维 Bakery meal, low ash/fiber		1.14	0.1	1.25	0.32	0.02	60	50	5	15	0.4
2005	面包渣,低灰分/纤维 Bakery meal, low ash/fiber		1.14	0.1	1.25	0.32	0.02	60	50	5.0	15.0	0.40
2006—2016	面包渣,低灰分/纤维 Bakery meal, low ash/fiber		1.14	0.10	1.25	0.32	0.02	60.0	50.0	5.0	15.0	0.40
1980—1983	大麦 Barley, grain	4-00-549	0.02	0.56		0.12	0.15	16.3	50	7.6	15.3	0.35
1984	大麦 Barley, grain	4-00-549	0.03*	0.56		0.12	0.15	16.3	50	7.6	15.3	0.35
1985—1994	大麦 Barley, grain	4-00-549	0.03	0.56		0.12	0.15	16.3	50	7.6	15.3	0.35
1995	大麦 Barley, grain	4-00-549	0.03	0.56		0.12	0.15	16	80	8	30	0.2
1996—1998	大麦 Barley, grain	4-00-549	0.03	0.56	0.14	0.12	0.15	16	80	8	30	0.2
1999—2004	大麦 Barley, grain		0.03	0.56	0.14	0.12	0.15	16	80	8	30	0.2
2005	脱水大麦芽 Barley, malt, dehy		0.03	0.56	0.14	0.12	0.15	16	80	8.0	30.0	0.20
2006—2016	脱水大麦芽 Barley, malt, dehy		0.03	0.56	0.14	0.12	0.15	16.0	80.0	8.0	30.0	0.20
1981—1994	脱水大麦芽 Barley, malt, dehy	4-00-578	0.08	0.43		0.18	n/a	18.5	60	5.5	n/a	n/a
1995—1998	脱水大麦芽 Barley, malt, dehy	4-00-578	0.08	0.43		0.18	n/a	19	60	6	40	n/a
1999—2004	脱水大麦芽 Barley, malt, dehy		0.08	0.43	n/a	0.18	n/a	19	60	6	40	n/a
2005	脱水大麦芽 Barley, malt, dehy		0.08	0.43	n/a	0.18	n/a	19	60	6.0	40.0	n/a
2006—2016	脱水大麦芽 Barley, malt, dehy		0.08	0.43	n/a	0.18	n/a	19.0	60.0	6.0	40.0	n/a
1980—1995	甜菜糖蜜 Molasses, beet	4-00-668	1.17	4.77		0.23	0.47	4.6	100	17.6	—	n/a
1996—1998	甜菜糖蜜 Molasses, beet	4-00-668	1.17	4.77	1.30	0.23	0.47	4.6	100	17.6	—	n/a
1999—2005	甜菜糖蜜 Molasses, beet		1.17	4.77	1.30	0.23	0.47	4.6	100	17.6	—	n/a
2006—2016	甜菜糖蜜 Molasses, beet		1.17	4.77	1.30	0.23	0.47	4.6	100.0	17.6	—	n/a
1980—1983	甜菜糖蜜 Molasses, beet	4-00-669	0.32	0.21		0.27	0.2	35	300	12.5	0.7	n/a
1984	甜菜糖蜜 Molasses, beet	4-00-669	0.19*	0.21		0.27	0.2	35	300	12.5	0.7	n/a
1985—1994	干甜菜渣 Beet pulp, dried	4-00-669	0.19	0.21		0.27	0.2	35	300	12.5	0.7	n/a

续表2-5-8

年份	原料名称	国际饲料编号 IFN	钠 Na (%)	钾 K (%)	氯 Cl (%)	镁 Mg (%)	硫 S (%)	锰 Mn (ppm)	铁 Fe (ppm)	铜 Cu (ppm)	锌 Zn (ppm)	硒 Se (ppm)
1995	干甜菜渣 Beet pulp, dried	4-00-669	0.19	0.21		0.27	0.2	35	300	13	1	n/a
1996—1998	干甜菜渣 Beet pulp, dried	4-00-669	0.19	0.21	n/a	0.27	0.2	35	300	13	1	n/a
1999—2004	干甜菜渣 Beet pulp, dried		0.19	0.21	n/a	0.27	0.2	35	300	13	1	n/a
2005	干甜菜渣 Beet pulp, dried		0.19	0.21	n/a	0.27	0.20	35	300	13.0	1.0	n/a
2006—2016	干甜菜渣 Beet pulp, dried		0.19	0.21	n/a	0.27	0.20	35.0	300.0	13.0	1.0	n/a
1980—1983	荞麦 Buckwheat, grain	4-00-994	n/a	0.45		n/a	—	33.7	n/a	9.5	8.7	n/a
1984—1990	荞麦 Buckwheat, grain	4-00-994	0.05*	0.45		n/a	—	33.7	n/a	9.5	8.7	n/a
1991—1994	荞麦 Buckwheat, grain	4-00-994	n/a	0.45		n/a	—	33.7	n/a	9.5	8.7	n/a
1995	荞麦 Buckwheat, grain	4-00-994	0.05	0.45		0.1	—	34	44	10	9	n/a
1996—1998	荞麦 Buckwheat, grain	4-00-994	0.05	0.45	0.04	0.1	—	34	44	10	9	n/a
1999—2004	荞麦 Buckwheat, grain		0.05	0.45	0.04	0.1	—	34	44	10	9	n/a
2005	荞麦 Buckwheat, grain		0.05	0.45	0.04	0.10	—	34	44	10.0	9.0	n/a
2006—2016	荞麦 Buckwheat, grain		0.05	0.45	0.04	0.10	—	34.0	44.0	10.0	9.0	n/a
1980—1987	乳清粉 Whey, dried	4-01-182	2.5	1.2		0.13	1.04	4.6	160	43.1	n/a	0.06
1989	乳清粉 Whey, dried	4-01-182	2.50	1.2		0.13	1.04	4.6	160	43.1	n/a	0.06
1990	乳清粉 Whey, dried	4-01-182	2.5	1.2		0.13	1.04	4.6	160	43.1	n/a	0.06
1991—1994	乳清粉 Whey, dried	4-01-182	2.50	1.2		0.13	1.04	4.6	160	43.1	n/a	0.06
1995	乳清粉 Whey, dried	4-01-182	1.3	1.2		0.13	1.04	7	160	43.1	3	0.06
1996—1998	乳清粉 Whey, dried	4-01-182	1.3	1.2	1.50	0.13	1.04	7	160	43.1	3	0.06
1999—2004	乳清粉 Whey, dried		1.3	1.2	1.50	0.13	1.04	7	160	43.1	3	0.06
2005	乳清粉 Whey, dried		1.30	1.20	1.50	0.13	1.04	7	160	43.1	3	0.06
2006—2016	乳清粉 Whey, dried		1.30	1.20	1.50	0.13	1.04	7.0	160.0	43.1	3.0	0.06
1980—1987	低乳糖乳清粉 Whey, low lactose, dried	4-01-186	1.8	3.5		n/a	n/a	14	n/a	n/a	n/a	0.06
1989	低乳糖乳清粉 Whey, low lactose, dried	4-01-186	1.80	3.5		n/a	n/a	14	n/a	n/a	n/a	0.06
1990	低乳糖乳清粉 Whey, low lactose, dried	4-01-186	1.8	3.5		n/a	n/a	14	n/a	n/a	n/a	0.06
1991—1994	低乳糖乳清粉 Whey, low lactose, dried	4-01-186	1.80	3.5		n/a	n/a	14	n/a	n/a	n/a	0.06
1995	低乳糖乳清粉 Whey, low lactose, dried	4-01-186	1.6	3.5		0.3	1.1	12	240	10	7	0.06

续表2-5-8

年份	原料名称	国际饲料编号 IFN	钠 Na (%)	钾 K (%)	氯 Cl (%)	镁 Mg (%)	硫 S (%)	锰 Mn (ppm)	铁 Fe (ppm)	铜 Cu (ppm)	锌 Zn (ppm)	硒 Se (ppm)
1996—1998	低乳糖乳清粉 Whey，low lactose，dried	4-01-186	1.6	3.5	1.05	0.3	1.1	12	240	10	7	0.06
1999—2004	低乳糖乳清粉 Whey，low lactose，dried		1.6	3.5	1.05	0.3	1.1	12	240	10	7	0.06
2005	低乳糖乳清粉 Whey，low lactose，dried		1.60	3.50	1.05	0.30	1.10	12	240	10	7	0.06
2006—2016	低乳糖乳清粉 Whey，low lactose，dried		1.60	3.50	1.05	0.30	1.10	12.0	240.0	10.0	7.0	0.06
1980—1994	干柑橘渣 Citrus pulp，dried	4-01-237	0.1	1.0		0.12	0.07	5.7	100	6.2	9.9	n/a
1995	干柑橘渣 Citrus pulp，dried	4-01-237	0.10	1.0		0.12	0.07	6	100	6	10	n/a
1996—1998	干柑橘渣 Citrus pulp，dried	4-01-237	0.10	1.0	n/a	0.12	0.07	6	100	6	10	n/a
1999—2004	干柑橘渣 Citrus pulp，dried		0.10	1.0	n/a	0.12	0.07	6	100	6	10	n/a
2005	干柑橘渣 Citrus pulp，dried		0.10	1.0	n/a	0.12	0.07	6	100	6.0	10.0	n/a
2006—2016	干柑橘渣 Citrus pulp，dried		0.10	1.00	n/a	0.12	0.07	6.0	100.0	6.0	10.0	n/a
1980—1993	柑橘糖蜜 Molasses，citrus	4-01-241	0.27	0.09		0.14	—	26.1	340	73.1	92.8	n/a
1994—1995	柑橘糖蜜 Molasses，citrus	4-01-241	0.09	0.14		—	26.1	340	73.1	92.8	n/a	
1996—1998	柑橘糖蜜 Molasses，citrus	4-01-241	0.09	0.14	n/a	—	26.1	340	73.1	92.8	n/a	
1999—2004	柑橘糖蜜 Molasses，citrus		0.09	0.14	n/a	—	26.1	340	73.1	92.8	n/a	
2005	柑橘糖蜜 Molasses，citrus		0.09	0.14	n/a	—	26.10	340	73.1	92.8	n/a	—
2006—2016	柑橘糖蜜 Molasses，citrus		0.09	0.14	n/a	—	26.10	340.0	73.1	92.8	n/a	—
1980—1994	压榨玉米麸 Hominy feed，corn expeller	4-02-887	n/a	0.67		0.24	0.03	14.5	60	14.5	n/a	0.15
1995	压榨玉米麸 Hominy feed，corn expeller	4-02-887	0.10	0.67		0.24	—	15	65	15	3	0.15
1996—1998	压榨玉米麸 Hominy feed，corn expeller	4-02-887	0.10	0.67	0.05	0.24	—	15	65	15	3	0.15
1980—1984	玉米发酵提取浓缩物 Corn，fermented extracts cond.	4-02-890	0.1	2.3		1.0	0.55	24	110	15	66	0.35
1985	玉米发酵提取浓缩物 Corn，fermented extracts cond.	4-02-890	0.10	2.3		1.0	0.55	24	110	15	66	0.35
1987	玉米发酵提取浓缩物 Corn，fermented extracts cond.	4 02 890	0.1	2.3		1.0	0.55	24	110	15	66	0.35
1989	玉米发酵提取浓缩物 Corn，fermented extracts cond.	4-02-890	0.10	2.3		1.0	0.55	24	110	15	66	0.35

续表2-5-8

年份	原料名称	国际饲料编号 IFN	钠 Na (%)	钾 K (%)	氯 Cl (%)	镁 Mg (%)	硫 S (%)	锰 Mn (ppm)	铁 Fe (ppm)	铜 Cu (ppm)	锌 Zn (ppm)	硒 Se (ppm)
1990	玉米发酵提取浓缩物 Corn, fermented extracts cond.	4-02-890	0.1	2.3		1.0	0.55	24	110	15	66	0.35
1991—1995	玉米发酵提取浓缩物 Corn, fermented extracts cond.	4-02-890	0.10	2.3		1.0	0.55	24	110	15	66	0.35
1996—2001	玉米发酵提取浓缩物 Corn, fermented extracts cond.	4-02-890	0.10	2.3	n/a	1.0	0.55	24	110	15	66	0.35
1980—1995	粟(谷子)Millet, grain	4-03-098	0.04	0.43		0.16	0.13	29	40	21.6	13.9	n/a
1996—1998	粟(谷子)Millet, grain	4-03-098	0.04	0.43	0.64	0.16	0.13	29	40	21.6	13.9	n/a
1999—2005	粟(谷子)Millet, grain		0.04	0.43	0.64	0.16	0.13	29	40	21.6	13.9	n/a
2006—2016	珍珠粟 Millet, Pearl grain		0.04	0.43	0.64	0.16	0.13	29.0	40.0	21.6	13.9	n/a
1980—1983	燕麦 Oats, grain	4-03-309	0.6	0.37		0.17	0.21	38.2	70	5.9	n/a	0.3
1984	燕麦 Oats, grain	4-03-309	0.07*	0.37		0.17	0.21	38.2	70	5.9	n/a	0.3
1985—1995	燕麦 Oats, grain	4-03-309	0.07	0.37		0.17	0.21	38.2	70	5.9	n/a	0.3
1996—1998	燕麦 Oats, grain	4-03-309	0.07	0.37	0.12	0.17	0.21	38.2	70	5.9	38	0.3
1999—2005	燕麦 Oats, grain		0.07	0.37	0.12	0.17	0.21	38.2	70	5.9	38	0.3
2006—2016	燕麦,去壳 Oats, groats (dehulled oats)		0.07	0.37	0.12	0.17	0.21	38.2	70.0	5.9	38.0	0.30
1980—1995	燕麦,去壳 Oats, groats (dehulled oats)	4-03-331	0.05	0.34		0.09	0.2	28.6	35	6.4	n/a	n/a
1996—2004	燕麦,去壳 Oats, groats (dehulled oats)	4-03-331	0.05	0.34	n/a	0.09	0.2	28.6	35	6.4	n/a	n/a
2005—2016	燕麦,去壳 Oats, groats (dehulled oats)		0.05	0.34	n/a	0.09	0.20	28.6	35.0	6.4	n/a	n/a
1984—1985	稻壳 Rice hulls*	4-03-943	0.11	1.17		0.65	0.17	n/a	160	n/a	n/a	n/a
1987	稻壳 Rice hulls	4-03-943	0.11	1.17		0.65	0.17	n/a	160	n/a	n/a	n/a
1980—1994	黑麦 Rye, grain	4-04-047	0.02	0.46		0.12	0.15	66.9	100	7.8	30.5	n/a
1995	黑麦 Rye, grain	4-04-047	0.02	0.46		0.12	0.15	60	80	7.8	30.5	0.4
1996—1998	黑麦 Rye, grain	4-04-047	0.02	0.46	0.06	0.12	0.15	60	80	7.8	30.5	0.4
1999—2005	黑麦 Rye, grain		0.02	0.46	0.06	0.12	0.15	60	80	7.8	30.5	0.4
2006—2016	黑麦 Rye, grain		0.02	0.46	0.06	0.12	0.15	60.0	80.0	7.8	30.5	0.40
1980—1994	Kafir 高粱 Kafir grain sorghum	4-04-428	n/a	0.34		0.15	0.16	15.8	100	6.3	n/a	0.5~1.0

续表2-5-8

年份	原料名称	国际饲料编号 IFN	钠 Na (%)	钾 K (%)	氯 Cl (%)	镁 Mg (%)	硫 S (%)	锰 Mn (ppm)	铁 Fe (ppm)	铜 Cu (ppm)	锌 Zn (ppm)	硒 Se (ppm)
1995	Kafir 高粱 Kafir grain sorghum	4-04-428	n/a	0.34		0.15	0.16	16	100	6	n/a	0.5～1.0
1996—1998	Kafir 高粱 Kafir grain sorghum	4-04-428	n/a	0.34	n/a	0.15	0.16	16	100	6	n/a	0.5～1.0
1999—2005	Kafir 高粱 Kafir grain sorghum		n/a	0.34	n/a	0.15	0.16	16	100	6	n/a	0.5～1.0
2006—2016	Kafir 高粱 Kafir grain sorghum		n/a	0.34	n/a	0.15	0.16	16.0	100.0	6.0	n/a	0.5～1.0
1980—1983	高粱粒(西非)Sorghum, milo, grain	4-04-444	0.01	0.34		0.2	0.09	12.9	52	14.1	13.7	n/a
1984	高粱粒(西非)Sorghum, milo, grain	4-04-444	0.03*	0.34		0.2	0.09	12.9	52	14.1	13.7	n/a
1985—1995	高粱粒(西非)Sorghum, milo, grain	4-04-444	0.03	0.34		0.2	0.09	12.9	52	14.1	13.7	n/a
1996—1998	高粱粒(西非)Sorghum, milo, grain	4-04-444	0.03	0.34	0.09	0.2	0.09	12.9	52	14.1	13.7	n/a
1999—2004	高粱粒(西非)Sorghum, milo, grain		0.03	0.34	0.09	0.2	0.09	12.9	52	14.1	13.7	n/a
2005	高粱粒(西非)Sorghum, milo, grain		0.03	0.34	0.09	0.20	0.09	12.9	52	14.1	13.7	n/a
2006—2016	高粱粒(西非)Sorghum, milo, grain		0.03	0.34	0.09	0.20	0.09	12.9	52.0	14.1	13.7	n/a
1980—1995	糖蜜，干甘蔗 Molasses, cane, dried	4-04-695	n/a	n/a		n/a	n/a	n/a	n/a	n/a	n/a	n/a
1996—1998	糖蜜，干甘蔗 Molasses, cane, dried	4-04-695	n/a	n/a	n/a	n/a	n/a	n/a	n/a	n/a	n/a	n/a
1999—2016	糖蜜，干甘蔗 Molasses, cane, dried		n/a	n/a	n/a	n/a	n/a	n/a	n/a	n/a	n/a	n/a
1980—1983	糖蜜，甘蔗 Molasses, cane	4-04-696	0.9	2.38		0.35	0.35	42.2	200	59.6	—	n/a
1984	糖蜜，甘蔗 Molasses, cane	4-04-696	0.16*	2.38		0.35	0.35	42.2	200	59.6	—	n/a
1985—1995	糖蜜，甘蔗 Molasses, cane	4-04-696	0.16	2.38		0.35	0.35	42.2	200	59.6	—	n/a
1996—1998	糖蜜，甘蔗 Molasses, cane	4-04-696	0.16	2.38	2.80	0.35	0.35	42.2	200	59.6	—	n/a
1999—2005	糖蜜，甘蔗 Molasses, cane		0.16	2.38	2.80	0.35	0.35	42.2	200	59.6	—	n/a
2006—2016	糖蜜，甘蔗 Molasses, cane		0.16	2.38	2.80	0.35	0.35	42.2	200.0	59.6	—	n/a
1980—1995	木糖蜜 Molasses, wood	4-05-502	—	0.04		0.07	—	13.4	—	—	—	—
1996—1998	木糖蜜 Molasses, wood	4-05-502	—	0.04	n/a	0.07	—	13.4	—	—	—	—
1999—2011	木糖蜜 Molasses, wood		—	0.04	n/a	0.07	—	13.4	—	—	—	—
1980—1994	大麦，太平洋沿岸 Barley, grain, Pacific coast	4-07-939	0.02	0.56		0.12	0.15	16.3	50	7.6	15.3	0.1
1995	大麦，西部产 Barley, grain, western	4-07-939	0.02	0.56		0.12	0.15	16	80	8	20	0.1
1996—1998	大麦，西部产 Barley, grain, western	4-07-939	0.02	0.56	0.14	0.12	0.15	16	80	8	20	0.1
1999—2004	大麦，西部产 Barley, grain, western		0.02	0.56	0.14	0.12	0.15	16	80	8	20	0.1

续表2-5-8

年份	原料名称	国际饲料编号 IFN	钠 Na (%)	钾 K (%)	氯 Cl (%)	镁 Mg (%)	硫 S (%)	锰 Mn (ppm)	铁 Fe (ppm)	铜 Cu (ppm)	锌 Zn (ppm)	硒 Se (ppm)
2005	大麦,西部产 Barley, grain, western		0.02	0.56	0.14	0.12	0.15	16	80	8.0	20.0	0.10
2006—2016	大麦,西部产 Barley, grain, western		0.02	0.56	0.14	0.12	0.15	16.0	80.0	8.0	20.0	0.10
1980—1994	燕麦,太平洋沿岸 Oats, grain, Pacific coast	4-07-999	n/a	0.4		n/a	0.21	n/a	70	n/a	n/a	0.075
1995	燕麦,太平洋沿岸 Oats, grain, Pacific coast	4-07-999	0.1	0.4		0.2	0.21	40	70	n/a	n/a	0.1
1996—2005	燕麦,太平洋沿岸 Oats, grain, Pacific coast	4-07-999	0.1	0.4	0.12	0.2	0.21	40	70	n/a	n/a	0.1
2006—2016	燕麦,太平洋沿岸 Oats, grain, Pacific coast		0.10	0.40	0.12	0.20	0.21	40.0	70.0	n/a	n/a	0.10
1980—1995	糖蜜,玉米淀粉 Molasses, starch, corn	4-08-037	2.5	0.2		—	1.0	—	—	—	—	—
1996—1998	糖蜜,玉米淀粉 Molasses, starch, corn	4-08-037	2.50	0.2	n/a	—	1.0	—	—	—	—	—
1999—2004	糖蜜,玉米淀粉 Molasses, starch, corn		2.50	0.2	n/a	—	1.0	—	—	—	—	—
2005—2016	糖蜜,玉米淀粉 Molasses, starch, corn		2.50	0.20	n/a	—	1.00	—	—	—	—	—
1980	木薯 Cassava meal	4-09-598	n/a	0.23		n/a	n/a	n/a	n/a	n/a	n/a	n/a
1981—1982	木薯块茎粉 Cassava tubers, meal	4-09-598	n/a	0.23		n/a	n/a	n/a	n/a	n/a	n/a	n/a
1983	木薯 Cassava meal	4-09-598	n/a	0.23		n/a	n/a	n/a	n/a	n/a	n/a	n/a
1984—1995	木薯块茎粉 Cassava tubers, meal	4-09-598	n/a	0.23		n/a	n/a	n/a	n/a	n/a	n/a	n/a
1996—1998	木薯块茎粉 Cassava tubers, meal	4-09-598	n/a	0.23	n/a	n/a	n/a	n/a	n/a	n/a	n/a	n/a
1999—2016	木薯块茎粉 Cassava tubers, meal		n/a	0.23	n/a	n/a	n/a	n/a	n/a	n/a	n/a	n/a
1995	黑小麦 Triticale	4-20-362	—	—		—	0.2	43	44	8	32	—
1996—1998	黑小麦 Triticale	4-20-362	—	—	0.07	—	0.2	43	44	8	32	—
1999—2004	黑小麦 Triticale		—	—	0.07	—	0.2	43	44	8	32	—
2005	黑小麦 Triticale		—	—	0.07	—	0.20	43	44	8	32	—
2006—2016	黑小麦 Triticale		—	—	0.07	—	0.20	43.0	44.0	8.0	32.0	—
1980—1983	黄玉米和玉米芯粉 Corn and cob meal, yellow	4-20-830	n/a	0.53		0.13	0.19	n/a	n/a	n/a	n/a	0.075
2006—2016	亚麻籽 Flaxseed		0.08	1.50	—	0.50	—	—	236.0	22.0	91.0	—
1999—2005	玉米麸,螺旋压榨 Hominy feed, corn screw-pressed		0.10	0.67	0.05	0.24	—	15	65	15	3	0.15
2006—2016	玉米麸,螺旋压榨 Hominy feed, corn screw-pressed		0.10	0.67	0.05	0.24	—	15.0	65.0	15.0	3.0	0.15
1999—2005	小麦筛渣,1号 Wheat grain screenings, #1		0.06	n/a	0.07	0.18	n/a	28	35	7.3	30.7	0.9
2006—2016	小麦筛渣,1号 Wheat grain screenings, #1		0.06	n/a	0.07	0.18	n/a	28.0	35.0	7.3	30.7	0.90

续表2-5-8

年份	原料名称	国际饲料编号 IFN	钠 Na (%)	钾 K (%)	氯 Cl (%)	镁 Mg (%)	硫 S (%)	锰 Mn (ppm)	铁 Fe (ppm)	铜 Cu (ppm)	锌 Zn (ppm)	硒 Se (ppm)
1999—2005	小麦筛渣,2 号 Wheat grain screenings, #2		0.06	n/a	0.07	0.22	n/a	28	35	3.9	22.7	0.38
2006—2016	小麦筛渣,2 号 Wheat grain screenings, #2		0.06	n/a	0.07	0.22	n/a	28.0	35.0	3.9	22.7	0.38
1999—2004	小麦次粉 Wheat middlings		0.06	0.6	0.07	0.29	0.16	100	60	8	100	0.6
2005	小麦次粉 Wheat middlings		0.06	0.60	0.07	0.29	0.16	100	60	8.0	100	0.6
2006—2016	小麦次粉 Wheat middlings		0.06	0.60	0.07	0.29	0.16	100.0	60.0	8.0	100.0	0.60
1999—2016	小麦废筛渣 Wheat refuse screenings		0.06	n/a	0.07	n/a	n/a	n/a	n/a	n/a	n/a	0.70
1999—2005	碎小麦 Wheat shorts		0.07	0.88	0.08	0.26	0.23	100	100	12.1	105.5	0.6
2006—2016	碎小麦 Wheat shorts		0.07	0.88	0.08	0.26	0.23	100.0	100.0	12.1	105.5	0.60

2.5.3 National Research Council(美国国家科学研究委员会). Nutrition Requirement(营养需要)

2.5.3.1 Nutrient Requirements of Poultry(家禽营养需要). 1994[17]

表 2-5-9 常规成分和营养价值

国际饲料编号	饲料名称	干物质 DM	氮校正代谢能 MEn	氮校正真代谢能 TMEn	粗蛋白质 CP	粗脂肪 EE	亚油酸 Linoleic acid	粗纤维 CF	钙 Ca	总磷 Total P	非植酸磷 Non-phytate P
		%	kcal/kg	kcal/kg	%	%	%	%	%	%	%
4-00-466	面包房副产品,脱水 Bakery waste, dehydrated (dried bakery product)	92	3862	3696	10.5	11.7	—	1.2	0.13	0.24	—
4-00-549	大麦 Barley *Hordeum vulgare* grain	89	2640	2900	11.0	1.8	0.83	5.5	0.03	0.36	0.17
4-07-939	大麦,太平洋沿岸 Barley *Hordeum vulgare* grain, pacific coast	89	2620	—	9.2	2.0	0.85	6.4	0.05	0.32	—
4-00-994	荞麦,普通品种 Buckwheat, common *Fagopyrum sagittatum* grain	88	2660	2755	10.8	2.5	—	10.5	0.09	0.32	0.12
4-03-011	玉米糁 Corn, Dent Yellow *Zea mays* indentata grits by-product (hominy feed)	90	2896	3269	10.4	8.0	3.28	5.0	0.05	0.52	—
4-03-118	珍珠粟(御谷)Millet Pearl *Pennisetum glaucum* grain	91	2675	3367	14.0	4.3	0.84	3.0	0.05	0.32	0.12

续表2-5-9

国际饲料编号	饲料名称	干物质 DM	氮校正代谢能 MEn	氮校正真代谢能 TMEn	粗蛋白质 CP	粗脂肪 EE	亚油酸 Linoleic acid	粗纤维 CF	钙 Ca	总磷 Total P	非植酸磷 Non-phytate P
		%	kcal/kg	kcal/kg	%	%	%	%	%	%	%
4-03-120	黍(小米/糜子/稷) Millet, Proso *Panicum miliaceum* grain	90	2898	—	11.6	3.5	—	6.1	0.03	0.30	0.14
4-03-309	燕麦 Oats *Avena sativa* grain	89	2550	2625	11.4	4.2	1.47	10.8	0.06	0.27	0.05
4-07-99	燕麦,太平洋沿岸 Oats *Avena sativa* grain, pacific coast	91	2610	—	9.0	5.0	—	11.0	0.08	0.30	—
4-04-047	黑麦 Rye *Secale cereale* grain	88	2626	2931	12.1	1.5	—	2.2	0.06	0.32	0.06
4-20-893	高粱,8%~10%粗蛋白质 Sorghum *Sorghum bicolor* grain, 8%~10% protein	87	3288	3376	8.8	2.9	1.13	2.3	0.04	0.30	—
4-20-894	高粱,10%以上粗蛋白质 Sorghum *Sorghum bicolor* grain, more than 10% protein	88	3212	—	11.0	2.6	0.82	2.3	0.04	0.32	—
4-20-362	黑小麦 Triticale *Triticale hexaploide* grain	90	3163	3144	14.0	1.5	—	4.0	0.05	0.30	0.10
4-05-203	面粉加工副产品,粗纤维<4%(饲用小麦粉/小麦细麸) Wheat *Triticum aestivum* flour by-product, less than 4% fiber (wheat red dog)	88	2568	—	15.3	3.3	—	2.6	0.04	0.49	0.14
4-05-205	面粉加工副产品,粗纤维<9.5%(小麦细麸/小麦次粉/细小麦麸) Wheat *Triticum aestivum* flour by-product, less than 9.5% fiber (wheat middings)	88	2000	2708	15.0	3.0	1.87	7.5	0.12	0.85	0.30
4-05-201	面粉加工副产品,粗纤维<7%(小麦次粉/小麦粗粉) Wheat *Triticum aestivum* flour by-product, less than 7% fiber (wheat shorts)	88	2162	2061	16.5	4.6	—	6.8	0.09	0.81	—
4-01-182	乳清粉 Whey *Bos taurus* dehydrated	93	1900	693	13.0	0.8	0.01	0.2	0.97	0.76	—
4-01-186	低乳糖乳清粉 Whey *Bos taurus* low lactose, dehydrated (dried whey product)	91	2090	—	16.0	1.0	0.01	0.3	1.95	0.98	—

注:此资料后面表格中的饲料编号及名称与此表相同,故之后仅保留饲料中文名称。

表 2-5-10 矿物质含量

饲料名称	钾 K	氯 Cl	铁 Fe	镁 Mg	锰 Mn	钠 Na	硫 S	铜 Cu	硒 Se	锌 Zn
	%	%	mg/kg	%	mg/kg	%	%	mg/kg	mg/kg	mg/kg
面包房副产品，脱水 Bakery waste, dehydrated (dried bakery product)	0.35	1.23	28	0.24	65	1.14	0.02	5	—	15
大麦 Barley *Hordeum vulgare* grain	0.48	0.15	78	0.14	18	0.04	0.15	10	0.10	30
大麦，太平洋沿岸 Barley *Hordeum vulgare* grain, Pacific coast	0.53	0.15	110	0.12	16	0.02	0.15	8	0.10	15
荞麦，普通品种 Buckwheat, common *Fagopyrum sagittatum* grain	0.40	0.04	44	0.09	34	0.05	0.14	10	—	9
玉米糁 Corn, Dent Yellow *Zea mays* indentata grits by-product (hominy feed)	0.59	0.05	67	0.24	15	0.08	0.03	13	0.10	3
珍珠粟(御谷) Millet Pearl *Pennisetum glaucum* grain	0.43	0.14	25	0.16	31	0.04	0.13	22	—	13
黍(小米/糜子/稷) Millet, Proso *Panicum miliaceum* grain	0.43	—	71	0.16	—	—	—	—	—	—
燕麦 Oats *Avena sativa* grain	0.45	0.11	85	0.16	43	0.08	0.21	8	0.30	38
燕麦，太平洋沿岸 Oats *Avena sativa* grain, Pacific coast	0.37	0.12	73	0.17	38	0.06	0.20	—	0.07	—
黑麦 Rye *Secale cereale* grain	0.46	0.03	60	0.12	58	0.02	0.15	7	0.38	31
高粱，8%～10%粗蛋白质 Sorghum *Sorghum bicolor* grain, 8%～10% protein	0.35	0.09	45	0.15	15	0.01	0.08	10	0.20	15
高粱，10%以上粗蛋白质 Sorghum *Sorghum bicolor* grain, more than 10% protein	0.33	0.09	—	0.12	—	0.01	0.11	—	—	—
黑小麦 Triticale *Triticale hexaploide* grain	0.36	—	44	—	43	—	0.15	8	—	32
面粉加工副产品，粗纤维<4% (饲用小麦粉/小麦细麸) Wheat *Triticum aestivum* flour by-product, less than 4% fiber (wheat red dog)	0.51	0.14	46	0.16	55	0.04	0.24	6	0.30	65
面粉加工副产品，粗纤维<9.5% (小麦细麸/小麦次粉/细小麦麸) Wheat *Triticum aestivum* flour by-product, less than 9.5% fiber (wheat middings)	0.99	0.03	50	0.16	118	0.12	0.26	18	0.80	100
面粉加工副产品，粗纤维<7% (小麦次粉/小麦粗粉) Wheat *Triticum aestivum* flour by-product, less than 7% fiber (wheat shorts)	0.93	0.07	73	0.25	117	0.02	0.20	12	0.43	109
乳清粉 Whey *Bos taurus* dehydrated	1.05	1.5	130	0.13	6	1.3	1.04	46	0.08	3
低乳糖乳清粉 Whey *Bos taurus* low lactose, dehydrated (dried whey product)	3.0	1.03	238	0.25	8	1.50	1.05	7	0.10	7

表 2-5-11 维生素含量

饲料名称	生物素 Biotin	胆碱 Choline	叶酸 Folacin	烟酸 Niacin	泛酸 Pantothenic acid	维生素 B_6 Pyridoxine	维生素 B_2 Riboflavin	维生素 B_1 Thiamin	维生素 B_{12}	维生素 E
	mg/kg	mg/kg	mg/kg	mg/kg	mg/kg	mg/kg	mg/kg	mg/kg	μg/kg	mg/kg
面包房副产品,脱水 Bakery waste,dehydrated (dried bakery product)	0.07	923	0.2	26	8.3	4.3	1.4	2.9	—	41
大麦 Barley *Hordeum vulgare* grain	0.15	990	0.07	55	8.0	3.0	1.8	1.9	—	20
大麦,太平洋沿岸 Barley *Hordeum vulgare* grain, Pacific coast	0.15	1034	0.05	48	7.0	2.9	1.6	4.0	—	20
荞麦,普通品种 Buckwheat, common *Fagopyrum sagittatum* grain	—	440	—	19	12.0	—	5.5	4.0	—	—
玉米糁 Corn, Dent Yellow *Zea mays* indentata grits by-product (hominy feed)	0.13	1155	0.3	47	8.2	11.0	2.1	8.1	—	—
珍珠粟(御谷)Millet Pearl *Pennisetum glaucum* grain	—	793	—	53	7.8	—	1.6	6.7	—	—
黍(小米/糜子/稷) Millet, Proso *Panicum miliaceum* grain	—	440	—	23	11.0	—	3.8	7.3	—	—
燕麦 Oats *Avena sativa* grain	0.27	946	0.3	12	7.8	1.0	1.1	6.0	—	20
燕麦,太平洋沿岸 Oats *Avena sativa* grain, Pacific coast	0.22	959	0.3	14	13.0	1.3	1.1	0.6	—	—
黑麦 Rye *Secale cereale* grain	0.06	419	0.6	19	8.0	2.6	1.6	3.6	—	15
高粱,8%～10%粗蛋白质 Sorghum *Sorghum bicolor* grain, 8%～10% protein	0.26	668	0.2	41	12.4	5.2	1.3	3.0	—	7
高粱,10%以上粗蛋白质 Sorghum *Sorghum bicolor* grain,more than 10% protein	—	—	—	—	—	—	1.1	—	—	—
黑小麦 Triticale *Triticale hexaploide* grain	—	462	—	—	—	—	0.4	—	—	—
面粉加工副产品,粗纤维<4%(饲用小麦粉/小麦细麸) Wheat *Triticum aestivum* flour by-product, less than 4% fiber (wheat red dog)	0.11	1534	0.8	42	13.3	4.6	2.2	22.8	—	33
面粉加工副产品,粗纤维<9.5%(小麦细麸/小麦次粉/细小麦麸)Wheat *Triticum aestivum* flour by-product, less than 9.5% fiber (wheat middings)	0.37	1439	0.8	98	13.0	9.0	2.2	16.5	—	40

续表2-5-11

饲料名称	生物素 Biotin	胆碱 Choline	叶酸 Folacin	烟酸 Niacin	泛酸 Pantothenic acid	维生素 B_6 Pyridoxine	维生素 B_2 Riboflavin	维生素 B_1 Thiamin	维生素 B_{12}	维生素 E
	mg/kg	mg/kg	mg/kg	mg/kg	mg/kg	mg/kg	mg/kg	mg/kg	μg/kg	mg/kg
面粉加工副产品，粗纤维<7%（小麦次粉/小麦粗粉） Wheat *Triticum aestivum* flour by-product, less than 7% fiber (wheat shorts)	—	1813	1.7	107	22.3	7.2	4.2	19.1	—	54
乳清粉 Whey *Bos taurus* dehydrated	0.34	1369	0.08	10	44.0	4.0	27.1	4.1	23	0.2
低乳糖乳清粉 Whey *Bos taurus* low lactose, dehydrated (dried whey product)	0.64	4392	1.4	19	69.0	4.0	45.8	5.7	23	—

表 2-5-12 氨基酸含量 %

饲料名称	干物质 DM	粗蛋白质 CP	精氨酸 Arg	甘氨酸 Gly	丝氨酸 Ser	组氨酸 His	异亮氨酸 Ile	亮氨酸 Leu	赖氨酸 Lys	蛋氨酸 Met	胱氨酸 Cys	苯丙氨酸 Phe	酪氨酸 Tyr	苏氨酸 Thr	色氨酸 Trp	缬氨酸 Val
面包房副产品，脱水 Bakery waste, dehydrated (dried bakery product)	92.0	9.8	0.47	0.82	0.65	0.13	0.45	0.73	0.31	0.17	0.17	0.40	0.41	0.49	0.10	0.42
大麦 Barley *Hordeum vulgare* grain	89.0	11.0	0.52	0.44	0.46	0.27	0.37	0.76	0.40	0.18	0.24	0.56	0.35	0.37	0.14	0.52
大麦，太平洋沿岸 Barley *Hordeum vulgare* grain, Pacific coast	89.0	9.0	0.48	0.36	0.32	0.21	0.40	0.60	0.29	0.13	0.18	0.48	0.31	0.30	0.12	0.46
荞麦，普通品种 Buckwheat, common *Fagopyrum sagittatum* grain	88.0	18.0	1.02	0.71	0.41	0.26	0.37	0.56	0.61	0.20	0.20	0.44	0.21	0.46	0.19	0.54
玉米糁 Corn, Dent Yellow *Zea mays* indentata grits by-product (hominy feed)	90.0	10.0	0.47	0.40	0.50	0.20	0.40	0.84	0.40	0.13	0.13	0.35	0.49	0.40	0.10	0.49
珍珠粟(御谷) Millet Pearl *Pennisetum glaucum* grain	90.0	15.7	0.74	0.47	0.74	0.31	0.37	1.14	0.45	0.25	0.24	0.56	0.35	0.48	0.08	0.49
黍(小米/糜子/稷) Millet, Proso *Panicum miliaceum* grain	87.5	9.1	0.35	0.31	0.40	0.22	0.35	1.14	0.21	0.16	0.17	0.47	0.34	0.29	0.08	0.44
燕麦 Oats *Avena sativa* grain	89.0	11.4	0.79	0.50	0.40	0.24	0.52	0.89	0.50	0.18	0.22	0.59	0.53	0.43	0.16	0.68
燕麦，太平洋沿岸 Oats *Avena sativa* grain, Pacific coast	91.0	9.0	0.60	0.40	0.30	0.10	0.40	0.30	0.40	0.13	0.17	0.44	0.20	0.20	0.12	0.51

续表2-5-12

饲料名称	干物质 DM	粗蛋白质 CP	精氨酸 Arg	甘氨酸 Gly	丝氨酸 Ser	组氨酸 His	异亮氨酸 Ile	亮氨酸 Leu	赖氨酸 Lys	蛋氨酸 Met	胱氨酸 Cys	苯丙氨酸 Phe	酪氨酸 Tyr	苏氨酸 Thr	色氨酸 Trp	缬氨酸 Val
黑麦 Rye *Secale cereale* grain	88.0	12.1	0.53	0.49	0.52	0.26	0.47	0.70	0.42	0.17	0.19	0.56	0.26	0.36	0.11	0.56
高粱,8%～10%粗蛋白质 Sorghum *Sorghum bicolor* grain,8%～10% protein	87.5	9.1	0.35	0.31	0.40	0.22	0.35	1.14	0.21	0.16	0.17	0.47	0.34	0.29	0.08	0.44
高粱,10%以上粗蛋白质 Sorghum *Sorghum bicolor* grain,more than 10% protein	88.0	10.0	0.35	0.32	0.45	0.23	0.43	1.37	0.22	0.15	0.11	0.52	0.17	0.33	0.09	0.54
黑小麦 Triticale *Triticale hexaploide* grain	88.0	11.8	0.57	0.48	0.52	0.26	0.39	0.76	0.39	0.26	0.26	0.49	0.32	0.36	0.14	0.51
面粉加工副产品,粗纤维<4%(饲用小麦粉/小麦细麸)Wheat *Triticum aestivum* flour by-product, less than 4% fiber (wheat red dog)	88.0	15.3	0.96	0.74	0.75	0.41	0.55	1.06	0.59	0.23	0.37	0.66	0.46	0.50	0.10	0.72
面粉加工副产品,粗纤维<9.5%(小麦细麸/小麦次粉/细小麦麸)Wheat *Triticum aestivum* flour by-product, less than 9.5% fiber (wheat middings)	88.0	16.0	1.15	0.63	0.75	0.37	0.58	1.07	0.69	0.21	0.32	0.64	0.45	0.49	0.20	0.71
面粉加工副产品,粗纤维<7%(小麦次粉/小麦粗粉)Wheat *Triticum aestivum* flour by-product, less than 7% fiber (wheat shorts)	88.0	16.5	1.18	0.96	0.77	0.45	0.58	1.09	0.79	0.27	0.36	0.67	0.47	0.60	0.21	0.83
乳清粉 Whey *Bos taurus* dehydrated	93.0	12.0	0.34	0.30	0.32	0.18	0.82	1.19	0.97	0.19	0.30	0.33	0.25	0.89	0.19	0.68
低乳糖乳清粉 Whey *Bos taurus* low lactose, dehydrated(dried whey product)	91.0	15.5	0.67	1.04	0.76	0.25	0.90	1.35	1.47	0.57	0.57	0.50	0.35	0.85	0.23	0.83

表 2-5-13 真氨基酸消化率 %

名称及粗蛋白质含量	样本数	赖氨酸 Lys		蛋氨酸 Met		胱氨酸 Cys		精氨酸 Arg		苏氨酸 Thr		缬氨酸 Val		异亮氨酸 Ile		亮氨酸 Leu		组氨酸 His		苯丙氨酸 Phe	
	n	*X*	*SD*	*X*	*SD*	*X*	*SD*	*X*	*SD*	*X*	*SD*	*X*	*SD*	*X*	*SD*	*X*	*SD*	*X*	*SD*	*X*	*SD*
面包房副产品(粗蛋白质 10%) Bakery waste (10%)	11	64	19	85	8	80	14	84	13	72	18	81	13	84	10	86	9	82	10	86	8
大麦(粗蛋白质 10%)Barley, grain (10%)	24	78	5	79	11	81	9	85	4	77	5	81	4	82	5	86	3	87	4	88	3

续表2-5-13

名称及粗蛋白质含量	样本数	赖氨酸 Lys		蛋氨酸 Met		胱氨酸 Cys		精氨酸 Arg		苏氨酸 Thr		缬氨酸 Val		异亮氨酸 Ile		亮氨酸 Leu		组氨酸 His		苯丙氨酸 Phe	
	n	*X*	*SD*	*X*	*SD*	*X*	*SD*	*X*	*SD*	*X*	*SD*	*X*	*SD*	*X*	*SD*	*X*	*SD*	*X*	*SD*	*X*	*SD*
燕麦(粗蛋白质 11%)Oats, grain (11%)	11	87	4	86	5	84	10	94	4	85	5	88	4	89	4	92	3	93	5	94	3
去壳燕麦(粗蛋白质 16%)Oat groats (16%)	4	80	4	90	2	84	11	92	2	83	6	88	3	88	3	88	3	91	3	92	2
高粱(粗蛋白质 8.8%)Sorghum, grain (8.8%)	19	78	8	89	5	83	10	74	11	82	7	87	6	88	5	94	3	87	6	91	4
小麦次粉(粗蛋白质 17%)Wheat, shorts (17%)	15	81	6	80	3	69	8	86	4	79	4	82	4	82	4	84	3	84	4	85	3

注:*X* 为平均值;*SD* 为标准差。

表 2-5-14 脂肪酸组成

%

饲料名称	干物质 DM	粗脂肪 EE	脂肪酸(占饲料中百分比)							
			C12:0	C14:0	C16:0	C16:1	C18:0	C18:1	C18:2	C18:3
大麦 Barley,grain	89	1.08	0.01	—	0.49	0.02	0.03	0.37	0.78	0.08
玉米糁 Corn,dent yellow,grits by-product(hominy feed)	90	6.9	—	—	0.97	—	0.14	1.94	3.75	0.10
燕麦 Oats,grain	89	4.2	—	0.05	0.93	0.04	0.05	1.60	1.47	0.09
高粱(西非)Sorghum,milo,grain	89	2.8	—	—	0.56	0.15	0.03	0.89	1.13	0.06
小麦细麸 Wheat,middings	88	3.0	—	—	0.61	—	—	0.58	1.70	0.12

注:"—"表示无可用的数据。脂肪酸数据来源于 Edwards (1964)。

表 2-5-15 饲料中各种脂肪来源和部分碳水化合物的组成特性与代谢能

MIU[a] (%)	游离脂肪酸 Fatty acids (% free)	部分脂肪酸和总脂肪酸的百分比 Selected fatty acids, percentage of total fatty acids						样品类型	能值"饲喂基础" Energy content "as fed"		参考文献
		C16:0	C16:1	C18:0	C18:1	C18:2	C18:3		kcal ME/kg	方法[b]	
动物油脂 Animal Tallows											
2.2	4.8	26.9	3.3	17.4	41.5	7.5	0.1	商业油脂 Commercial	6020-7690	MEn 雏鸡 chicks 10%～20%	Sibbald et al.,1961
—	—	35.4	2.7	36.5	24.5	0.9	—	牛油 Beef	7268 7780	MEn 家禽 poults 10%	Whitehead and Fisher, 1975
—	—	22.9	2.8	24.2	40.9	0.6	1.1	商业油脂 Commercial	7601	MEn 雏鸡 chicks 3%～10%	Guirguis,1976

续表2-5-15

MIU[a] (%)	游离脂肪酸 Fatty acids (% free)	部分脂肪酸和总脂肪酸的百分比 Selected fatty acids, percentage of total fatty acids						样品类型	能值"饲喂基础" Energy content "as fed"		参考文献
		C16:0	C16:1	C18:0	C18:1	C18:2	C18:3		kcal ME/kg	方法[b]	
—	—	25.7	4.2	22.7	37.0	2.5	0.3	牛油 Beef	7920	TME 15%	Sibbald, 1978b
—		26.2	2.4	25.1	39.6	3.2	0.5	商业油脂 Commercial	8460-10640	MEn-TME 回归 regression	Muztar et al., 1981
1.7	9.6	25.2	4.4	19.7	39.3	8.9	—	商业油脂 Commercial	8083-8387	MEn-TME 雏鸡 chick, 7%	Lessire et al., 1982
0.3	4.3	26.1	5.1	25.2	37.4	1.9	—	牛油 Beef	6683-6916		
0.5	2.4	25.8	3.7	18.1	42.1	4.6	—	商业油脂 Commercial	6808-8551	MEn 家禽 2~8 周 poults 2~8 weeks	Sell et al., 1986b
2.9	19.1	25.5	4.0	19.3	40.0	4.9	<0.1	商业油脂 Commercial	6633-9353	MEn 雏鸡 chicks 2%~6%	Wiseman et al., 1986
4.0	15.5	22.0	3.6	13.1	49.6	8.4	1.7	商业油脂 A Commercial A	6258	MEn 雏鸡 chicks 9%	Huyghebaert et al., 1988
3.6	16.5	22.5	3.0	16.0	47.9	7.0	1.6	商业油脂 B Commercial B	6709		
4.1	6.0	19.9	1.5	14.0	47.2	12.7	1.7	商业油脂 C Commercial C	6060		
3.5	1.6	22.0	2.7	15.8	47.6	8.7	1.9	商业油脂 D Commercial D	7628		
3.0	10.2	21.2	5.9	15.5	45.4	9.6	1.2	商业油脂 E Commercial E	7148		
5.9	65.1	36.2	0.9	9.6	44.1	8.2	—	皂脚 Soap stocks	4900		
动物-植物混合油脂 Animal-Vegetable Blends											
0.9	2.6	19.0	1.7	10.7	34.3	27.8	3.8	牛油-大豆毛油 Tallow-crude soy	8110-8820	MEn 雏鸡 chicks 10%	Sibbald et al., 1961
0.8	13.6	19.8	1.6	10.3	34.4	29.9	6.3	牛油-大豆毛油 Tallow-crude soy	7660	MEn 雏鸡 chicks 10%	Sibbald et al., 1962
0.7	13.8	19.4	1.5	10.3	34.8	29.5	6.4	牛油-精炼大豆油 Tallow-refined soy	7830		

续表2-5-15

MIU[a] (%)	游离脂肪酸 Fatty acids (% free)	部分脂肪酸和总脂肪酸的百分比 Selected fatty acids, percentage of total fatty acids						样品类型	能值"饲喂基础" Energy content "as fed"		参考文献
		C16:0	C16:1	C18:0	C18:1	C18:2	C18:3		kcal ME/kg	方法[b]	
1.5	49.2	24.7	2.3	9.6	34.6	21.9	0.5	牛油-大豆毛油 Tallow-soap stocks	8490		
—	—	25.9	4.1	13.4	42.7	8.4	0.5	商业油脂-饲料级 Commercial-feed grade	9340	TME 15%	Sibbald and Kramer, 1977
—	—	21.1	2.1	16.2	41.3	10.3	0.6	商业油脂-食品级 Commercial-edible	9360		
—	—	16.8	2.2	10.3	47.6	12.1	4.6	牛油-卡诺拉菜籽粕毛油 Tallow-crude canola	8710		
—	—	20.8	2.1	11.1	31.7	27.8	3.3	牛油-大豆毛油 Tallow-crude soy	9700		
—	—	20.9	2.1	10.4	32.2	30.5	0.4	牛油-精炼玉米油 Tallow-refined corn	9570		
—	—	29.5	2.1	13.7	37.3	10.6	1.1	牛油-皂脚 Tallow-soap stocks	8850		
—	—	17.2	1.3	9.5	51.1	13.7	3.2	猪油-卡诺拉菜籽粕毛油 Lard-crude canola	10000		
—	—	15.9	1.6	13.5	50.2	9.9	3.2	牛油-卡诺拉菜籽粕毛油 Tallow-crude canola	9140		
3.6	61.0	21.0	1.4	6.0	25.4	38.6	4.2	商业油脂 Commercial	7114-8924	MEn 家禽 2～8 周 poults 2～8 weeks	Sell et al., 1986b
0.9	36.3	17.7	1.0	12.5	34.5	31.2	3.9	牛油-A-大豆毛油 Beef-A-crude soy	7571	MEn 雏鸡 chicks 9%	Huyghebaert et al., 1988
0.8	36.2	16.0	3.1	12.2	32.4	31.0	3.9	牛油-B-大豆毛油 Beef-B-crude soy	7788		

续表2-5-15

MIU[a] (%)	游离脂肪酸 Fatty acids (% free)	部分脂肪酸和总脂肪酸的百分比 Selected fatty acids, percentage of total fatty acids						样品类型	能值"饲喂基础" Energy content "as fed"		参考文献
		C16:0	C16:1	C18:0	C18:1	C18:2	C18:3		kcal ME/kg	方法[b]	
1.7	68.7	23.9	0.5	6.9	34.1	32.6		动物皂脚-大豆油;皂脚 Animal soap stock-soy; soap stock	5834		
卡诺拉菜籽油 Canola Oil											
—	—	4.9	0.4	1.9	61.0	18.8	7.7	毛油 Crude oil	9210	TME 15%	Sibbald and Kramer, 1977
—	—	9.9	0.4	4.8	52.4	22.4	7.5	皂脚 Soap stock	7780-8930	MEn-TME 回归 regression	Muztar et al., 1981
椰子油 Coconut Oil											
—	—	8.2	0.4	3.0	5.7	1.8	—	24(编者:未查到原文,推测椰子油的比例为24%),中链脂肪酸(MCFA)=57% 24 oils, MCFA = 57%	—	—	Weihrauch et al., 1977
—	—	12.8	—	2.9	13.7	23.1	—	未定义,中链脂肪酸(MCFA)c=34%Undefined, MCFAc = 34%	8812	MEn 雏鸡 chicks 9%	Veen et al., 1974
玉米油 Corn Oil											
—	—	12.2	0.5	0.7	24.7	60.5	1.4	精炼 Refined	9639-10811	MEn 家禽 poults 10%	Whitehead and Fisher, 1975
—	—	8~19	<0.5	0.5~4.0	19~50	34~62	<2.0	商业油脂 Commercial range	—	—	Spencer et al., 1976
—	—	12.4	0.1	1.9	26.9	57.0	0.7	精炼 Refined	9870	TME 15%	Sibbald and Kramer, 1977
—	—	—	—	—	—	—	—	精炼 Refined	9660-9210	TME 15%	Dale and Fuller, 1981
棉籽油 Cottonseed Oil											
8.2	78	30.1	0.2	4.1	29.8	29.5	3.0	皂脚 A Soap stock A	—	—	Waldroup and Tollett, 1972
6.5	67	25.8	0.4	2.2	19.8	47.1	3.0	皂脚 B Soap stock B	—	—	
9.0	70	25.4	0.4	2.9	19.3	47.8	3.3	皂脚 C Soap stock C	—	—	

续表2-5-15

MIU[a] (%)	游离脂肪酸 Fatty acids (% free)	部分脂肪酸和总脂肪酸的百分比 Selected fatty acids, percentage of total fatty acids						样品类型	能值"饲喂基础" Energy content "as fed"		参考文献
		C16:0	C16:1	C18:0	C18:1	C18:2	C18:3		kcal ME/kg	方法[b]	
14.1	83	23.4	0.3	1.8	21.3	47.3	5.1	皂脚 D Soap stock D	—	—	
32.1	21	23.7	0.3	2.6	20.3	49.1	3.0	皂脚 E Soap stock E	—	—	
—	—	17～29	0.5～1.5	1.0～4.0	13～44	33～58	0.1～2.1	商业油脂系列 Commercial range	—	—	Spencer et al., 1976
鱼油 Fish Oil											
—	—	—	—	—	—	—	—	大西洋油鲱 Menhaden	8450	MEn 雏鸡 chicks 4%～12%	Cuppett and Soares, 1972
—	—	18.6	5.8	4.8	18.5	24.1	1.3	氢化 Hydrogenated	6800	MEn 雏鸡 chicks 9%	Veen et al., 1974
—	—	19～24	11～18	2～3	10～23	0.9～1.7	0.4～1.7	大西洋油鲱系列 Menhaden range	—	—	Stansby, 1981
—	—	10～19	6～12	0.7～2.1	9～26	0.1～2.9	0～1.1	鲱鱼系列 Herring range	—	—	
—	—	17	13	3	10	1	—	生鳀鱼 Raw anchovy	—	—	De Koning et al., 1986
猪油 Lard											
—	—	28.7	2.1	19.6	40.9	8.7	—	食品级 Edible	9114-9854	MEn 家禽 poults 10%	Whitehead and Fisher, 1975
—	—	24.4	3.4	14.2	40.2	0.4	—	食品级 Edible	9060	TME 15%	Sibbald, 1978
—	—	20～32	1.7～5.0	5～24	35～62	3～16	<1.5	商业油脂系列 Commercial range	—	—	Spencer et al., 1976
—	—	28.9	2.2	16.9	38.0	9.7	0.2	食品级 Edible	9390	TME 15%	Sibbald and Kramer, 1977
0.2	0.1	26.6	3.1	15.8	42.4	9.1	<0.1	食品级 Edible	9926-10236	MEn 雏鸡 chicks 2%～6%	Wiseman et al., 1986
1.1	0.2	22.4	2.1	17.7	46.1	8.0	2.1	食品级 A Edible A	7337	MEn 雏鸡 chicks 9%	Huyghebaert et al., 1988
0.7	0.1	21.2	5.3	17.0	44.8	9.3	1.1	食品级 B Edible B	7356		
棕榈油 Palm Oil											
—	—	27.3	0.5	6.1	58.5	11.4	1.3	*E. guineenis* 品种	—	—	Clegg, 1973

续表2-5-15

MIU[a] (%)	游离脂肪酸 Fatty acids (% free)	部分脂肪酸和总脂肪酸的百分比 Selected fatty acids, percentage of total fatty acids						样品类型	能值"饲喂基础" Energy content "as fed"		参考文献
		C16:0	C16:1	C18:0	C18:1	C18:2	C18:3		kcal ME/kg	方法[b]	
—	100	46.4	0.2	5.0	38.7	6.9	0.1	脂肪酸复合物 Fatty acid composite	7710	TME 15%	Sibbald and Kramer, 1977
1.8	0.2	40.7	0.3	5.2	41.6	11.4	—	精炼 Refined oil	5800	MEn 雏鸡 chicks 9%	Huyghebaert et al., 1988
1.8	1.0	38.0	1.5	5.5	44.3	9.0	—	厨余油 Used in cooking	5302	—	
花生油 Peanut Oil											
—	—	6~16	<1.0	1.3~6.5	36~72	13~45	<1.0	商业油脂系列 Commercial range	—	—	Spencer et al., 1976
								家禽脂肪 Poultry fat			
5.2	18.0	—	—	—	—	—	—	商业油脂 Commercial	10186	MEn 雏鸡 chicks 14%	Cullen et al., 1962
0.7	0.7	21.6	4.8	7.2	42.3	23.0	—	商业油脂 A Commercial A	8625-8916	MEn-TME 雏鸡 chick, 7%	Lessire et al., 1982
3.9	0.5	18.1	5.9	4.6	46.2	23.3	1.1	商业油脂 B Commercial B	9360	TME 7%	
红花油 Safflower Oil											
—	—	2~10	<0.5	1~10	7~42	55~81	<1.0	商业油脂系列 Commercial range	—	—	Spencer et al., 1976
大豆油 Soybean Oil											
1.4	0.6	11.3	0.3	3.9	27.2	49.8	7.5	毛油 Crude	8650-8020	MEn 雏鸡 chicks 10%~20%	Sibbald et al., 1961
0.3	0.7	11.3	0.1	4.9	28.2	50.2	5.6	毛油 Crude	8370	MEn 雏鸡 chicks 20%	Sibbald et al., 1962
1.3	12.2	21.0	0.3	4.5	17.1	45.9	1.8	干胶 Dried gums	6440		
0.8	13.5	20.1	0.8	4.4	17.0	40.6	0.9	卵磷脂 Lecithins	—	—	
—	—	7~12	<0.5	2.0~5.5	19~30	48~58	4~10	商业油脂系列 Commercial range	—	—	Spencer et al., 1976
		12.2	0.1	3.2	26.0	51.6	6.3	毛油 Crude	9510	TME 15%	Sibbald and Kramer, 1977

续表2-5-15

MIU[a] (%)	游离脂肪酸 Fatty acids (% free)	部分脂肪酸和总脂肪酸的百分比 Selected fatty acids, percentage of total fatty acids						样品类型	能值“饲喂基础” Energy content “as fed”		参考文献
		C16:0	C16:1	C18:0	C18:1	C18:2	C18:3		kcal ME/kg	方法[b]	
2.0	1.3	10.6	<0.1	3.9	25.1	52.1	7.0	精炼 Refined	9687-10212	MEn 雏鸡 chicks 2%~6%	Wiseman et al. ,1986
1.8	0.1	11.6	—	3.9	19.8	57.9	6.8	精炼 Refined	8375	MEn 雏鸡 chick 9%	Huyghebaert et al. , 1988
3.6	1.5	9.8	—	3.7	24.3	55.0	7.2	毛油 Crude	8795	—	
4.2	72.3	7.9	—	4.1	24.0	56.9	7.1	皂脚 Soap stocks	6111	—	
4.0	1.1	28.5	—	5.0	35.8	28.0	2.7	厨余油 Used in cooking	6309	—	
葵花籽油 Sunflower Oil											
—	—	3~10	<1.0	1~10	14~65	20~75	<0.7	商业油脂系列 Commercial range	—	—	Spencer et al. ,1976
—	—	6.7	0.1	4.3	27.4	57.1	3.7	精炼 Refined	9659	MEn 雏鸡 chick 2%~8%	Guirguis,1976
—	—	2~4	—	3~5	80~87	4~9	—	高 18:1 品种 High 18:1 cultivars	—	—	Purdy,1986
碳水化合物 Carbohydrates											
—	—	—	—	—	—	—	—	淀粉 Starch	4070	MEn	Naber and Touchburn, 1969
—	—	—	—	—	—	—	—	蔗糖 Sucrose	3900	?	Janssen et al. ,1972
—	—	—	—	—	—	—	—	葡萄糖 Glucose	3730	TME	Sibbald,1977
—	—	—	—	—	—	—	—	葡萄糖 Glucose	2831-3327	MEn 母鸡 0~9% 脂肪	Mateos and Sell,1980
—	—	—	—	—	—	—	—	果糖 Fructose	2809-3305		
—	—	—	—	—	—	—	—	葡萄糖：果糖(50：50) Glucose：fructose (50：50)	2798-3209	—	
—	—	—			—	—	—	麦芽糖 Maltose	2868-3326	—	
—	—	—	—	—	—	—	—	淀粉 Starch	2918-3396	—	
—	—	—	—	—	—	—	—	蔗糖 Sucrose	2512-3063	—	

注:“—”表示无可用数据。[a] 水分、乙醚不溶物和不皂化物含量占脂肪的百分比。[b] MEn 是氮校正后的表观代谢能;TME 是真代谢能,除非特别注明,均指由公鸡(rooster)测得,试验日粮的脂肪水平。有些代谢能(ME)并没有做氮沉积校正,尤其是 1970 年以前的研究。[c] 中链脂肪酸(C8:0 + C10:0 + C12:0)的占比。

2.5.3.2 Nutrient Requirements of Swine(猪的营养需要).1998[18]

表 2-5-16 营养成分及营养价值[a] %

国际饲料编号[b]	饲料名称	干物质 DM	消化能 DE	代谢能 ME	净能 NE	粗蛋白质 CP	粗脂肪 EE	亚油酸 Linoleic acid	中性洗涤纤维 NDF	酸性洗涤纤维 ADF	钙 Ca	磷 P	有效磷 Bioavailability of P[c]
		%	kcal/kg	kcal/kg	kcal/kg	%	%	%	%	%	%	%	%
4-00-466	干燥面包废料 Bakery Waste dried bakery product	91	3940	3700	2415d	10.8	11.3	5.70	2.0	1.3	0.13	0.25	—
4-00-572	大麦,两列生 Barley grain, two row	89	3050	2910	2340	11.3	1.9	0.88	18.0	6.2	0.06	0.35	—
4-00-574	大麦,六列生 Barley grain, six row	89	3050	2910	2310	10.5	1.9	0.91	18.6	7.0	0.06	0.36	30
4-00-552	脱壳大麦 Barley grain, hulless	88	3360	3320	2650	14.9	2.1	1.14	10.1	2.2	0.04	0.45	—
4-00-669	干燥甜菜渣 Beet, Sugar pulp, dried	91	2865	2495	1860	8.6	0.8	—	42.4	24.3	0.70	0.10	—
4-00-994	荞麦,普通籽实 Buckwheat,common grain	88	2825	2640	1620	11.1	2.4	0.53	17.8	14.3	0.09	0.31	—
4-01-152	木薯粉,脱水 Cassava (Tapioca or Manioc) meal, dehydrated	88	3385	3330	2330	3.3	0.5	—	7.7	4.6	0.22	0.13	—
4-03-011	玉米粗粉副产物 Corn yellow grits by-product (Hominy Feed)	90	3355	3210	2260	10.3	6.7	2.97	28.5	8.1	0.05	0.43	14
4-03-120	黍(小米)Millet (Proso) grain	90	3020	2950	2095	11.1	3.5	1.92	15.8	13.8	0.03	0.31	—
4-03-309	燕麦 Oat grain	89	2770	2710	1760	11.5	4.7	1.62	27.0	13.5	0.07	0.31	22
4-25-101	稞燕麦 Oat grain,naked	86	3480	3410	2160[d]	17.1	6.5	2.52	9.9	3.7	0.08	0.38	—
4-03-331	去壳燕麦 Oat groat	90	3690	3465	2310	13.9	6.2	2.40	—	—	0.08	0.41	13
4-04-047	黑麦 Rye grain	88	3270	3065	2300	11.8	1.6	0.76	12.3	4.6	0.06	0.33	—
4-20-803	高粱 Sorghum grain	89	3380	3340	2255	9.2	2.9	1.13	18.0	8.3	0.03	0.29	20
4-20-362	小黑麦 Triticale grain	90	3320	3180	2420	12.5	1.8	0.71	12.7	3.8	0.05	0.33	46
4-05-205	小麦次粉,纤维<9.5%Wheat middings,<9.5% fiber	89	3075	3025	1560	15.9	4.2	1.74	35.6	10.7	0.12	0.93	41
4-05-203	饲用小麦粉,纤维<4%Wheat red dog,<4% fiber	88	3140	2925	2090	15.3	3.3	—	18.7	4.3	0.07	0.57	—
4-05-201	小麦粗粉,纤维<7%Wheat shorts,<7% fiber	88	2985	2820	2120	16.0	4.6	1.90	28.4	8.6	0.09	0.84	—
4-01-182	乳清粉,干燥 Whey dried	96	3335	3190	2215	12.1	0.9	0.01	—	—	0.75	0.72	97
4-01-186	乳清粉,低乳糖含量,干燥 Whey low lactose,dried	96	3045	2910	2030	17.6	1.1	0.04	—	—	2.00	1.37	—
—	乳清粉,渗透脱水干燥 Whey permeate,dried	96	3435	3300	2260[d]	3.8	0.2	—	—	—	0.86	0.66	—

注:[a]"—"表示无数据。[b]第一个数字表示饲料分类:4 表示能量饲料,其他 5 位数字表示国际饲料编号。[c]估计的磷生物可利用率,相对于磷酸二氢钠或磷酸二氢钙的磷生物学效价。[d]根据原料的化学成分使用原书第一章中方程 1-12 计算。

表 2-5-17 矿物元素含量[a]

国际饲料编号[b]	饲料名称	干物质 DM	钙 Ca	磷 P	钠 Na	氯 Cl	钾 K	镁 Mg	硫 S	铜 Cu	铁 Fe	锰 Mn	硒[c] Se	锌 Zn
		%	%	%	%	%	%	%	%	mg/kg	mg/kg	mg/kg	mg/kg	mg/kg
4-00-466	干燥面包废料 Bakery waste dried bakery product	91	0.13	0.25	1.14	1.48	0.39	0.24	0.02	5	28	65	—	15
4-00-572	大麦，两列生 Barley grain, two row	89	0.06	0.35	0.04	0.12	0.45	0.14	0.15	7	78	18	0.19	25
4-00-574	大麦，六列生 Barley grain, six row	89	0.06	0.36	0.02	0.15	0.47	0.12	0.15	8	88	16	0.10	15
4-00-552	脱壳大麦 Barley grain, hulless	88	0.04	0.45	0.02	0.10	0.44	0.12	0.12	5	56	16	—	27
4-00-669	干燥甜菜渣 Beet, sugar pulp, dried	91	0.70	0.10	0.20	0.10	0.61	0.22	0.31	11	411	46	0.09	12
4-00-994	荞麦，普通籽实 Buckwheat, common grain	88	0.09	0.31	0.05	0.05	0.41	0.09	0.14	10	44	34	0.18	9
4-01-152	木薯粉，脱水 Cassava (Tapioca or Manioc) meal, dehydrated	88	0.22	0.13	0.03	0.07	0.49	0.11	0.50	4	18	28	0.10	10
4-03-011	玉米粗粉副产物 Corn Yellow grits by-product (Hominy Feed)	90	0.05	0.43	0.08	0.07	0.61	0.24	0.03	13	67	15	0.10	30
4-03-120	黍(小米)Millet (Proso) grain	90	0.03	0.31	0.04	0.03	0.43	0.16	0.14	26	71	30	0.70	18
4-03-309	燕麦 Oat grain	89	0.07	0.31	0.08	0.10	0.42	0.16	0.21	6	85	43	0.30	38
4-25-101	裸燕麦 Oat grain, naked	86	0.08	0.38	0.02	0.11	0.36	0.12	0.14	4	58	37	0.09	34
4-03-331	去壳燕麦 Oat groat	90	0.08	0.41	0.05	0.09	0.38	0.11	0.20	6	49	32	—	—
4-04-047	黑麦 Rye grain	88	0.06	0.33	0.02	0.03	0.48	0.12	0.15	7	60	58	0.38	31
4-20-893	高粱 Sorghum grain	89	0.03	0.29	0.01	0.09	0.35	0.15	0.08	5	45	15	0.20	15
4-20-362	小黑麦 Triticale grain	90	0.05	0.33	0.03	0.03	0.46	0.10	0.15	8	31	43	—	32
4-05-205	小麦次粉，纤维<9.5% Wheat middings<9.5% fiber	89	0.12	0.93	0.05	0.04	1.06	0.41	0.17	10	84	100	0.72	92
4-05-203	饲用小麦粉，纤维<4% Wheat red dog<4% fiber	88	0.07	0.57	0.04	0.10	0.63	0.16	0.24	6	46	55	0.30	65
4-05-201	小麦粗粉，纤维<7% Wheat shorts<7% fiber	88	0.09	0.84	0.02	0.04	1.06	0.25	0.20	12	100	89	0.75	100
4-01-182	乳清粉，干燥 Whey dried	96	0.75	0.72	0.94	1.40	1.96	0.13	0.72	13	130	3	0.12	10
4-01-186	乳清粉，低乳糖含量，干燥 Whey low lactose, dried	96	2.00	1.37	1.85	3.43	4.68	0.25	1.59	3	85	8	0.06	11
—	乳清粉，渗透脱水干燥 Whey permeate, dried	96	0.86	0.66	1.00	2.23	2.10	—	—	—	—	—	—	—

注：[a] 破折号表示无数据。[b] 第一个数字表示饲料分类：4 表示能量饲料，其他 5 位数字表示国际饲料编号。[c] 原料中硒的含量取决于土壤硒状况，有些原料硒的含量可能与本表所给的数据有很大的差异。

表 2-5-18[a]

国际饲料编号[b]	饲料名称	干物质 DM	生物素 Biotin	胆碱 Choline	叶酸 Folacin	烟酸 Niacin[c]	泛酸 Pantothenic acid	维生素 B_2 Riboflavin	维生素 B_1 Thiamin	维生素 B_6 Vitamin B_6	维生素 B_{12} Vitamin B_{12}	维生素 E VitaminE[d]	β-胡萝卜素 Beta-Carotene[e]
		%	mg/kg	mg/kg	mg/kg	mg/kg	mg/kg	mg/kg	mg/kg	mg/kg	μg/kg	mg/kg	mg/kg
4-00-466	干燥面包废料 Bakery waste dried bakery product	91	0.07	923	0.20	26	8.3	1.4	2.9	4.3	0	—	4.2
4-00-572	大麦，两列生 Barley grain, two row	89	0.14	1034	0.31	55	8.0	1.8	4.5	5.0	0	7.4	4.1
4-00-574	大麦，六列生 Barley grain, six row	89	0.15	1034	0.40	48	7.0	1.6	4.0	2.9	0	7.4	4.1
4-00-552	脱壳大麦 Barley grain, hulless	88	0.07	—	0.62	48	6.8	1.8	4.3	5.6	0	6.0	—
4-00-669	干燥甜菜渣 Beet, Sugar pulp, dried	91	—	818	—	18	1.3	0.7	0.4	1.9	0	13.2	10.6
4-00-994	荞麦，普通籽实 Buckwheat, common grain	88	0.06	440	0.64	19	12.0	5.5	4.0	3.0	0	—	—
4-01-152	木薯粉，脱水 Cassava (tapioca or manioc) meal, dehydrated	88	0.05	—	—	3	0.3	0.8	1.6	0.7	0	0.2	—
4-03-011	玉米粗粉副产物 Corn yellow grits by-product (hominy Feed)	90	0.13	1155	0.21	47	8.2	2.1	8.1	11.0	0	6.5	9.0
4-03-120	黍(小米)Millet (Proso) grain	90	0.16	440	0.23	23	11.0	3.8	7.3	5.8	0	—	—
4-03-309	燕麦 Oat grain	89	0.24	946	0.30	19[c]	13.0	1.7	6.0	2.0	0	7.8	3.7
4-25-101	稞燕麦 Oat grain, naked	86	0.12	1240	0.50	20[c]	7.1	1.3	5.2	9.6	0	2.0	—
4-03-331	去壳燕麦 Oat groat	90	0.20	1139	0.50	14	13.4	1.5	6.5	1.1	0	—	—
4-04-047	黑麦 Rye grain	88	0.08	419	0.60	19	8.0	1.6	3.6	2.6	0	9.0	—
4-20-893	高粱 Sorghum grain	89	0.26	668	0.17	41[c]	12.4	1.3	3.0	5.2	0	5.0	—

续表 2-5-18

国际饲料编号[b]	饲料名称	干物质 DM	生物素 Biotin	胆碱 Choline	叶酸 Folacin	烟酸 Niacin[c]	泛酸 Pantothenic acid	维生素 B_2 Riboflavin	维生素 B_1 Thiamin	维生素 B_6 Vitamin B_6	维生素 B_{12} Vitamin B_{12}	维生素 E VitaminE[d]	β-胡萝卜素 Beta-Carotene[e]
		%	mg/kg	mg/kg	mg/kg	mg/kg	mg/kg	mg/kg	mg/kg	mg/kg	μg/kg	mg/kg	mg/kg
4-20-362	小黑麦 Triticale grain	90	—	462	—	—	—	0.4	—	—	—	1.7	—
4-05-205	小麦次粉，纤维＜9.5% Wheat middings，＜9.5% fiber	89	0.33	1187	0.76	72	15.6	1.8	16.5	9.0	0	20.1	3.0
4-05-203	饲用小麦粉，纤维＜4% Wheat red dog，＜4% fiber	88	0.11	1534	0.80	42	13.3	2.2	22.8	4.6	—	—	—
4-05-201	小麦粗粉，纤维＜7% Wheat shorts，＜7% fiber	88	0.24	1170	1.40	107	22.3	3.3	18.1	7.2	0	—	—
4-01-182	乳清粉，干燥 Whey dried	96	0.27	1820	0.85	10	47.0	27.1	4.1	4.0	23	0.3	—
4-01-186	乳清粉，低乳糖含量，干燥 Whey low lactose，dried	96	0.27	3571	0.69	19	69.0	37.2	5.7	4.4	25	0.3	—

注：a“—”表示无数据。[b] 第一个数字表示饲料分类：4 表示能量饲料，其他 5 位数字表示国际饲料编号。[c] 燕麦、高粱等谷物中的烟酸无生物学活性。这些谷物的加工副产品中的烟酸生物学活性也非常低。[d] 为 α-生育酚(a-tocopherol)。[e] 1 mg 的全反式 β-胡萝卜素(all-trans beta-carotene)= 267 IU 的维生素 A 或 80 μg 视黄醇(retinol)或 92μg 视黄醇乙酸酯(retinyl acetate)。

表 2-5-19 氨基酸含量(%)[a]

国际饲料编号[b]	饲料名称	干物质 DM	粗蛋白质 CP	精氨酸 Arg	组氨酸 His	异亮氨酸 Ile	亮氨酸 Leu	赖氨酸 Lys	蛋氨酸 Met	胱氨酸 Cys	苯丙氨酸 Phe	酪氨酸 Tyr	苏氨酸 Thr	色氨酸 Trp	缬氨酸 Val
4-00-466	干燥面包废料 Bakery waste dried bakery product	91	10.8	0.46	0.24	0.38	0.80	0.27	0.18	0.23	0.50	0.36	0.33	0.10	0.46
4-00-572	大麦，两列生 Barley grain, two row	89	11.3	0.54	0.25	0.39	0.77	0.41	0.20	0.28	0.55	0.29	0.35	0.11	0.52
4-00-574	大麦，六列生 Barley grain, six row	89	10.5	0.48	0.22	0.37	0.68	0.36	0.17	0.20	0.49	0.32	0.34	0.13	0.49
4-00-552	脱壳大麦 Barley grain, hulless	88	14.9	0.56	0.23	0.41	0.77	0.44	0.16	0.24	0.61	0.40	0.40	0.13	0.55
4-00-669	干燥甜菜渣 Beet, sugar pulp, dried	91	8.6	0.32	0.23	0.31	0.53	0.52	0.07	0.06	0.30	0.40	0.38	0.10	0.45
4-00-994	荞麦，普通籽实 Buckwheat, common grain	88	11.1	0.92	0.25	0.40	0.64	0.57	0.19	0.23	0.45	0.31	0.41	0.17	0.56
4-01-152	木薯粉，脱水 Cassava (Tapioca or Manioc) meal, dehydrated	88	3.3	0.18	0.08	0.11	0.19	0.12	0.04	0.05	0.15	0.04	0.11	0.04	0.14
4-03-011	玉米粗粉副产物 Corn yellow grits by-product (hominy feed)	90	10.3	0.56	0.28	0.36	0.98	0.38	0.18	0.18	0.43	0.40	0.40	0.10	0.52
4-03-120	黍(小米)Millet (Proso) grain	90	11.1	0.41	0.20	0.46	1.24	0.23	0.31	0.18	0.56	0.31	0.40	0.16	0.57
4-03-309	燕麦 Oat grain	89	11.5	0.87	0.31	0.48	0.92	0.40	0.22	0.36	0.65	0.41	0.44	0.14	0.66
4-25-101	稞燕麦 Oat grain, naked	86	17.1	0.77	0.26	0.48	0.86	0.47	0.19	0.32	0.60	0.42	0.40	0.16	0.63
4-03-331	去壳燕麦 Oat groat	90	13.9	0.85	0.24	0.55	0.98	0.48	0.20	0.22	0.66	0.51	0.44	0.18	0.72
4-04-047	黑麦 Rye grain	88	11.8	0.50	0.24	0.37	0.64	0.38	0.17	0.19	0.50	0.26	0.32	0.12	0.51
4-20-893	高粱 Sorghum grain	88	9.2	0.38	0.23	0.37	1.21	0.22	0.17	0.17	0.49	0.35	0.31	0.10	0.46
4-20-362	小黑麦 Triticale grain	90	12.5	0.57	0.26	0.39	0.76	0.39	0.20	0.26	0.49	0.32	0.36	0.14	0.51
4-05-205	小麦次粉，纤维<9.5% Wheat middlings, <9.5% fiber	89	15.9	0.97	0.44	0.53	1.06	0.57	0.26	0.32	0.70	0.29	0.51	0.20	0.75
4-05-203	饲用小麦粉，纤维<4% Wheat red dog, <4% fiber	88	15.3	0.96	0.41	0.55	1.06	0.59	0.23	0.37	0.66	0.46	0.50	0.10	0.72
4-05-201	小麦粗粉，纤维<7% Wheat shorts, <7% fiber	88	16.0	1.07	0.43	0.58	1.02	0.70	0.25	0.28	0.70	0.51	0.57	0.22	0.87
4-01-182	乳清粉，干燥 Whey dried	96	12.1	0.26	0.23	0.62	1.08	0.90	0.17	0.25	0.36	0.25	0.72	0.18	0.60
4-01-186	乳清粉，低乳糖含量，干燥 Whey low lactose, dried	96	17.6	0.53	0.33	1.16	1.61	1.51	0.39	0.46	0.63	0.52	1.17	0.31	1.15
—	乳清粉，渗透脱水干燥 Whey permeate, dried	96	3.8	0.06	0.05	0.17	0.22	0.18	0.03	0.04	0.06	—	0.14	0.03	0.13

注：[a]“—”表示无数据。[b]第一个数字表示饲料分类：4 表示能量饲料，其他 5 位数字表示国际饲料编号。

表 2-5-20 回肠末端表观氨基酸消化率[a] %

国际饲料编号[b]	饲料名称	干物质 DM	粗蛋白质 CP	精氨酸 Arg	组氨酸 His	异亮氨酸 Ile	亮氨酸 Leu	赖氨酸 Lys	蛋氨酸 Met	胱氨酸 Cys	苯丙氨酸 Phe	酪氨酸 Tyr	苏氨酸 Thr	色氨酸 Trp	缬氨酸 Val
4-00-466	干燥面包废料 Bakery waste dried bakery product	91	10.8	84	84	84	84	62	84	87	88	—	72	77	81
4-00-572	大麦，两列生 Barley grain，two row	89	11.3	78	77	75	78	68	80	76	80	78	66	70	73
4-03-120	黍(小米)Millet (Proso) grain	90	11.1	82	85	83	87	74	72	82	85	—	75	84	81
4-03-309	燕麦 Oat grain	89	10.8	85	81	74	78	70	79	69	81	76	59	72	73
4-25-101	稞燕麦 Oat grain，naked	86	17.1	—	—	—	—	—	—	—	—	—	—	—	—
4-03-331	去壳燕麦 Oat groat	90	13.9	86	83	83	83	79	85	80	86	82	76	80	82
4-04-047	黑麦 Rye grain	88	11.8	73	71	68	71	64	76	74	76	65	59	67	67
4-20-893	高粱 Sorghum grain	88	9.2	78	73	80	86	62	81	79	81	83	68	75	78
4-20-362	小黑麦 Triticale grain	90	12.5	85	84	80	82	76	85	83	84	81	69	74	79
4-05-205	小麦次粉，纤维＜9.5% Wheat middings，＜9.5% fiber	89	15.9	88	76	77	78	75	82	82	83	83	69	77	76
4-05-203	饲用小麦粉，纤维＜4%Wheat red dog，＜4% fiber	88	15.3	—	—	—	—	—	—	—	—	—	—	—	—
4-05-201	小麦粗粉，纤维＜7%Wheat shorts，＜7% fiber	88	16.0	86	82	77	80	73	81	66	82	78	72	77	76
4-01-182	乳清粉，干燥 Whey dried	96	12.1	86	91	85	89	82	84	86	80	71	79	78	81
4-01-186	乳清粉，低乳糖含量，干燥 Whey low lactose，dried	96	17.6	83	92	90	94	85	92	92	92	92	87	92	89
	乳清粉，渗透脱水干燥 Whey permeate，dried	96	3.8	—	—	—	—	—	—	—	—	—	—	—	—

注：[a]"—"表示无数据。[b]第一个数字表示饲料分类：4 表示能量饲料，其他 5 位数字表示国际饲料编号。数据源自 Southern (1991)，Rhone-Poulenc (1993)，Jondreville 等(1995)和 Heartland Lysine (1995)。

表 2-5-21 回肠末端真氨基酸消化率[a]

%

国际饲料编号[b]	饲料名称	干物质 DM	粗蛋白质 CP	精氨酸 Arg	组氨酸 His	异亮氨酸 Ile	亮氨酸 Leu	赖氨酸 Lys	蛋氨酸 Met	胱氨酸 Cys	苯丙氨酸 Phe	酪氨酸 Tyr	苏氨酸 Thr	色氨酸 Trp	缬氨酸 Val
4-00-572	大麦，两列生 Barley grain，two row	89	11.3	86	86	84	86	79	86	86	88	87	81	80	82
4-00-669	干燥甜菜渣 Beet，Sugar pulp，dried	91	8.6	57	61	60	59	51	64	21	54	51	30	41	42
4-01-152	木薯粉，脱水 Cassava（Tapioca or Manioc）meal，dehydrated	88	3.3	91	76	29	75	64	82	62	76	66	69	—	74
4-03-309	燕麦 Oat grain	89	10.8	89	85	80	83	76	84	75	86	82	71	78	79
4-03-331	去壳燕麦 Oat groat	90	13.9	86	82	83	83	79	86	85	84	84	80	82	81
4-04-047	黑麦 Rye grain	88	11.8	79	78	77	79	73	81	83	82	76	73	75	75
4-20-893	高粱 Sorghum grain	88	9.2	87	81	87	90	81	89	83	88	87	84	83	87
4-20-362	小黑麦 Triticale grain	90	12.5	88	84	84	86	81	89	87	85	83	76	88	84
4-05-205	小麦次粉，纤维<9.5%Wheat middings，<9.5% fiber	89	15.9	95	94	92	93	89	93	91	95	92	88	91	90
4-05-201	小麦粗粉，纤维<7%Wheat shorts，<7% fiber	88	16.0	80	81	81	84	77	85	80	86	83	78	83	81
4-01-182	乳清粉，干燥 Whey dried	96	12.1	48	89	83	87	87	81	85	83	77	79	79	77
4-01-186	乳清粉，低乳糖含量，干燥 Whey low lactose，dried	96	17.6	88	95	92	96	87	95	96	96	95	89	95	92
—	乳清粉，渗透脱水干燥 Whey permeate，dried	96	3.8	—	—	—	—	—	—	—	—	—	—	—	—

注：[a]“—”表示无数据。[b]第一个数字表示饲料分类：4 表示能量饲料，其他 5 位数字表示国际饲料编号。数据源自 Southern (1991)，Rhone-Poulenc (1993)和 Jondreville 等(1995)。

编者注：回肠末端真氨基酸消化率原文为 True Ileal Digestibility of Amino Acids。

表 2-5-22 用原料粗蛋白质含量预测其氨基酸的系数[a,b]

饲料名称	干物质 DM（%）	粗蛋白质 CP（%）	回归因子	赖氨酸 Lys	色氨酸 Trp	苏氨酸 Thr	蛋氨酸 Met	蛋氨酸＋胱氨酸 Met＋Cys
干燥面包废料 Bakery waste	88	10.6	*a*	−0.0310	0.0110	−0.0150	−0.0310	+0.0500
			b	0.0284	0.0093	0.0311	0.0179	0.0404
			r	0.90	0.98	0.97	0.94	0.97
大麦 Barley	88	10.6	*a*	0.1330	0.0230	0.0440	0.0190	0.1010
			b	0.0235	0.0095	0.0299	0.0152	0.0301
			r	0.83	0.88	0.96	0.92	0.89
燕麦 Oats	88	10.6	*a*	0.0780	−0.0170	0.0210	−0.0140	0.0390
			b	0.0358	0.0135	0.0329	0.0182	0.0424
			r	0.94	0.92	0.98	0.96	0.96
黑麦 Rye	88	10.6	*a*	—	0.0420	0.0740	−0.0130	−0.0240
			b	—	0.0054	0.0281	0.0194	0.0460
			r	—	0.61	0.67	0.76	0.77
高粱 Sorghum grain	88	10.6	*a*	0.0910	0.0170	0.0320	0.039	0.0980
			b	0.0138	0.0090	0.0302	0.014	0.0261
			r	0.76	0.94	0.98	0.86	0.87
小黑麦 Triticale	88	10.6	*a*	0.2050	0.0260	0.1390	0.055	0.1310
			b	0.0183	0.0081	0.0214	0.0131	0.0309
			r	0.61	0.83	0.71	0.78	0.75
小麦次粉 Wheat middlings	88	10.6	*a*	0.3230	—	0.1300	0.069	−0.0250
			b	0.0158	—	0.0240	0.0123	0.0387
			r	0.41	—	0.96	0.73	0.88
			b	0.0304	0.0134	0.0361	0.0247	0.0411
			r	0.86	0.92	0.95	0.93	0.94

注：[a] 采用公式 $y=a+bx$ 估测氨基酸含量，y 为样品中氨基酸含量的百分比，x 为样品中粗蛋白质含量的百分比，a 为截距，b 为回归系数。r 为两个变量之间的相关系数。需要指出的是，此表中的粗蛋白质含量和干物质含量与之前表格中数值不同，原因是它们来自不同的数据。[b] 破折号表示无数据。源自：Fickler 等(1995)。

表 2-5-23 各种不同来源油脂的特性和能值[a,b]

国际饲料编号[c]	油脂类型	选择的脂肪酸含量(占总脂肪酸的%)									
		<C10	C12:0	C14:0	C16:0	C16:1	C18:0	C18:1	C18:2	C18:3	>C20
动物脂肪 Animal Fats											
4-08-127	牛油 Beef tallow	0.0	0.9	2.7	24.9	4.2	18.9	36.0	3.1	0.6	0.3
—	精炼动物白脂 Choice white grease	0.2	0.2	1.9	21.5	5.7	14.9	41.1	11.6	0.4	1.8
4-04-790	猪油 Lard	0.1	0.2	1.3	23.8	2.7	13.5	41.2	10.2	1.0	1.0
4-09-319	家禽脂肪 Poultry fat	0.0	0.1	0.9	21.6	5.7	6.0	37.3	19.5	1.0	1.2
—	餐馆弃油 Restaurant grease	—	—	1.9	16.2	2.5	10.5	47.5	17.5	1.9	1.0
鱼油 Fish Oils											
—	鱼油 Anchovy	—	—	7.4	17.4	10.5	4.0	11.6	1.2	0.8	30.3
7-08-048	鲱鱼油 Herring	—	0.2	7.1	11.7	9.6	0.8	11.9	1.1	0.8	45.6
7-08-049	饲用鲱鱼油 Menhaden	—	—	8.0	15.1	10.5	3.8	14.5	2.1	1.5	29.5
植物油 Vegetable Oils											
4-06-144	菜籽油,Canola 品种 Canola (Rapeseed)	0.0	0.0	0.0	4.0	0.2	1.8	56.1	20.3	9.3	3.6
4-09-320	椰子油 Coconut	14.1	44.6	16.8	8.2	0.0	2.8	5.8	1.8	0.0	—
4-07-882	玉米油 Corn	0.0	0.0	0.0	10.9	0.0	1.8	24.2	59.0	0.7	—
4-20-836	棉籽油 Cottonseed	0.0	0.0	0.8	22.7	0.8	2.3	17.0	51.5	0.2	0.1
—	橄榄油 Olive	0.0	0.0	0.0	11.0	0.8	2.2	72.5	7.9	0.6	0.3
—	棕榈油 Palm	0.0	0.1	1.0	43.5	0.3	4.3	36.6	9.1	0.2	0.1
4-03-658	花生油 Peanut	0.0	0.0	0.1	9.5	0.1	2.2	44.8	32.0	—	6.4
4-20-526	红花油 Safflower	0.0	0.0	0.1	6.2	0.4	2.3	11.7	74.1	0.4	—
—	芝麻油 Sesame	0.0	0.0	0.0	8.9	0.2	4.8	39.3	41.3	0.3	0.2
4-07-983	大豆油 Soybean	0.0	0.0	0.1	10.3	0.2	3.8	22.8	51.0	6.8	0.2
4-20-833	葵花油 Sunflower	0.0	0.0	0.0	5.4	0.2	3.5	45.3	39.8	0.2	—

续表 2-5-23

油脂类型	总饱和脂肪酸比例 Total sat.	总非饱和脂肪酸比例 Total unsat.	非饱和与饱和脂肪酸比例 U:S[d] ratio	碘价 Iodine value	总 *n*-6 脂肪酸比例	总 *n*-3 脂肪酸比例	能值 Energy content (kcal/kg)		
							DE[d]	ME[e]	NE[f]
动物脂肪 Animal fats									
牛油 Beef fallow	52.1	47.9	0.92	44	3.1	0.6	8000	7680	4925
精炼动物白脂 Choice white grease	40.8	59.2	1.45	60	11.6	0.4	8290	7955	5095
猪油 Lard	41.1	58.9	1.44	64	10.2	1.0	8285	7950	5100
家禽脂肪 Poultry fat	31.2	68.8	2.20	78	19.5	1.0	8520	8180	5230
餐馆弃油 Restaurant grease	29.9	70.1	2.34	75	17.5	1.9	8550	8205	5245
鱼油 Fish oils									
鱼油 Anchovy	34.6	65.4	1.89	—	1.3	31.2	8445	8105	5185
鲱鱼油 Herring	22.8	77.2	3.39	—	1.4	17.8	8680	8330	5320
饲用鲱鱼油 Menhaden	33.3	66.7	2.00	—	1.5	25.1	8475	8135	5200
植物油 Vegetable oils									
菜籽油,Canola 品种 Canola (Rapeseed)	7.4	92.6	12.46	118	20.3	9.3	8760	8410	5365
椰子油 Coconut	91.9	8.1	0.09	10	1.8	0.0	8405[g]	8070	5160
玉米油 Corn	13.3	86.7	6.53	125	58.0	0.7	8755	8405	5360
棉籽油 Cottonseed	27.1	72.9	2.69	105	51.5	0.2	8605	8260	5275
橄榄油 Olive	14.1	85.9	6.08	86	7.9	0.6	8750	8400	5360
棕榈油 Palm	51.6	48.4	0.94	50	9.1	0.2	8010	7690	4935
花生油 Peanut	17.8	82.2	4.63	92	32.0	0.0	8735	8385	5350
红花油 Safflower	9.5	90.5	9.52	140	74.1	0.4	8760	8410	5365
芝麻油 Sesame	14.8	85.2	5.73	110	41.3	0.3	8750	8400	5360
大豆油 Soybean	15.1	84.9	5.64	130	51.0	6.8	8750	8400	5360
葵花油 Sunflower	10.6	89.4	8.47	133	39.8	0.2	8760	8410	5365

注:"—"表示无数据。[b] 脂肪酸的数据来源于脂肪和蛋白质研究会的 Pearl(1995)和 USDA"食品成分执行标准 11(1997)"。脂肪酸含量的总和不总是 100%,但代表利用气相-液相色谱分析的各种脂肪酸含量的相应平均值。[c] 第一个数字表示饲料分类:4 表示能量饲料,其他 5 位数字表示国际饲料编号。[d] 消化能(DE)是通过 Powles 等 1995 年所建立的回归公式计算得来的;DE(kcal/kg) = $[36.898-(0.005\times FFA)-7.330\times e^{-906\times U:S}]/4.184$;FFA 表示每千克油脂中游离脂肪酸的克数;U:S 表示不饱和脂肪酸与饱和脂肪酸的比例;在计算 DE 时,所有油脂中游离脂肪酸的含量都按 50g/kg(或 5%)计算。[e] 以代谢能(ME)等于消化能的 96%计算。[f] 净能(NE)按原书第一章中的公式 1-12 计算而来。[g] 椰子油的消化能值超出了用于建立脚注 d 关系式的数值的范围,此处椰子油的消化能值是根据 Cera 等(1989)报道的猪 3 周龄断奶后 2～4 周椰子油的消化率(89.42)计算而来的。

表 2-5-24 一些猪研究中常用的纯合饲料原料的组成成分表(饲喂基础)[a]

国际饲料编号[b]	饲料名称	干物质 Dry matter	消化能 DE	代谢能 ME	净能 NE	粗蛋白质 CP	粗脂肪 Crude fat	亚油酸 Linoleic acid	钙	磷	赖氨酸 Lysine[c]
		(%)	(kcal/kg)	(kcal/kg)	(kcal/kg)	(%)	(%)	(%)	(%)	(%)	
4-02-889	玉米淀粉 Corn starch	99	4000	3985	2505	0.3	0.22	—	0.00	0.03	—
4-02-125	葡萄糖,1 个结晶水 Glucose monohydrate	90	3360	3260	1940	0.3	—	—	—	—	—
4-07-881	乳糖 Lactose	96	3525	3435	2370[d]	0.3	—	—	—	—	—
4-04-701	蔗糖 Sucrose	99	3795	3635	2730	0.0	0.00	—	0.04	0.01	—

注:[a]"—"表示无数据。[b] 第一个数字表示饲料分类:4 表示能量饲料,其他 5 位数字表示国际饲料编号。[c] 酪蛋白的氨基酸组成列于原书表 11-4 中。[d] 由原书中第一章中方程 1-12 计算而来。

2.5.3.3 Nutrient Requirements of Swine(猪的营养需要).2012[19]

表 2-5-25 概略养分及有效能值

国际饲料编号	饲料名称	干物质 DM	粗蛋白质 CP	粗纤维 CF	粗脂肪 EE	酸乙醚浸出物 AEE	粗灰分 Ash	总能 GE	消化能 DE	代谢能 ME	净能 NE
		%	%	%	%	%	%	kcal/kg	kcal/kg	kcal/kg	kcal/kg
4-00-466	面包渣 Bakery meal	90.8	12.30		8.05			4558	3940	3856	2981
		(*n*=1)	(*n*=1)								
4-00-572	大麦 Barley	89.90	11.33	3.90	2.11	2.10	2.38	3939	3150	3073	2327
		(*n*=52, *SD*=2.65)	(*n*=76, *SD*=1.54)	(*n*=12, *SD*=0.70)	(*n*=33, *SD*=0.65)	(*n*=4, *SD*=0.48)	(*n*=38, *SD*=0.42)	(*n*=24, *SD*=87)	(*n*=8, *SD*=350)		
4-00-552	裸大麦 Barley, hulless	89.58	12.77	1.1	3.17		1.94	3959	3266	3179	2464
		(*n*=13, *SD*=1.80)	(*n*=20, *SD*=0.91)	(*n*=1)	(*n*=9, *SD*=0.59)		(*n*=3, *SD*=0.39)	(*n*=571)			
	全脂双低菜籽 Canola, full fat	94.57	22.06	6.10	43.61		3.71	6371	5234	5084	4059
		(*n*=5, *SD*=1.56)	(*n*=6, *SD*=4.67)	(*n*=2, *SD*=0.13)	(*n*=5, *SD*=3.51)		(*n*=2, *SD*=0.06)	(*n*=1)			
4-01-152	木薯粉 Casava meal	88.09	2.88	4.18	0.94		5.70	3451	3407	3387	2647
		(*n*=7, *SD*=1.03)	(*n*=7, *SD*=0.75)	(*n*=6, *SD*=1.08)	(*n*=7, *SD*=0.20)		(*n*=7, *SD*=0.75)	(*n*=5, *SD*=83)	(*n*=1)		

续表2-5-25

国际饲料编号	饲料名称	干物质 DM	粗蛋白质 CP	粗纤维 CF	粗脂肪 EE	酸乙醚浸出物 AEE	粗灰分 Ash	总能 GE	消化能 DE	代谢能 ME	净能 NE
		%	%	%	%	%	%	kcal/kg	kcal/kg	kcal/kg	kcal/kg
4-01-237	柑橘渣 Citrus pulp	90.9	6.64		2.49		7.73	3828	2773	2728	1757
		(n=2, SD=1.7)	(n=3, SD=1.29)		(n=3, SD=0.42)		(n=1)	(n=1)			
4-02-841	玉米麸 Corn bran	88.50	9.53	6.61	8.52		2.53	4652	2649	2584	1977
		(n=2, SD=1.41)	(n=2, SD=0.19)	(n=2, SD=0.35)	(n=2, SD=1.36)		(n=2, SD=0.03)		(n=3, SD=55)		
	玉米胚芽 Corn germ	90.87	14.79		19.74	17.6	5.54	4919	3670	3569	2807
		(n=7, SD=2.97)	(n=8, SD=1.03)		(n=6, SD=2.41)	(n=1)	(n=5, SD=1.30)	(n=1)	(n=1)		
4-03-011	玉米糁，玉米渣 Corn grits, hominy feed	87.47	9.12	3.19	7.40		2.34	4145	3355	3293	2574
		(n=6, SD=0.98)	(n=6, SD=0.91)	(n=5, SD=0.52)	(n=6, SD=3.34)		(n=5, SD=0.58)	(n=5, SD=179)			
	乳糖(来源于牛奶) Milk, lactose	95.00	0.00		0.00			4143	3525	3525	2923
	低蛋白乳清粉，乳糖 80% Milk, whey permeate, 80% lactose	96.00	3.50		0.20			3426	3177	3153	2579
								(n=1)	(n=1)		
	低蛋白乳清粉，乳糖 85% Milk, whey permeate, 85% lactose	98.00	3.00		0.20			3657	3626	3606	2922
								(n=1)	(n=1)		
4-01-182	乳清粉 Milk, whey powder	97.15	11.55	0.08	0.83		8.00	3647	3494	3415	2704
		(n=4, SD=0.82)	(n=6, SD=0.93)	(n=2, SD=0.05)	(n=3, SD=0.79)		(n=2, SD=0.44)	(n=1)	(n=1)		

续表2-5-25

国际饲料编号	饲料名称	干物质 DM	粗蛋白质 CP	粗纤维 CF	粗脂肪 EE	酸乙醚浸出物 AEE	粗灰分 Ash	总能 GE	消化能 DE	代谢能 ME	净能 NE
		%	%	%	%	%	%	kcal/kg	kcal/kg	kcal/kg	kcal/kg
4-03-120	黍 Millet	88.50	11.90		4.25			4472	3020	2939	2218
		(n=1)	(n=5, SD=2.85)		(n=1)						
4-30-289	甜菜糖蜜 Molasses, sugar beets	72.2	10.00		0.16			3045	2366	2298	1795
4-13-251	甘蔗糖蜜 Molasses, sugar cane	74.10	4.80		0.15			4223	2366	2333	1842
	去壳燕麦 Oat groats	87.10	13.90		5.90		2.40	4576	3690	3595	2720
		(n=1)	(n=1)		(n=1)		(n=1)				
4-03-309	燕麦 Oats	89.88	11.16		5.42	4.20	2.64	4272	2627	2551	1893
		(n=5, SD=1.75)	(n=5, SD=1.44)		(n=4, SD=0.84)	(n=1)	(n=4, SD=1.15)	(n=1)			
4-25-101	裸燕麦 Oats, naked	91.80	14.70	2.20	10.65	7.20	1.73	4422	4126	4026	3164
		(n=3, SD=0.26)	(n=3, SD=3.48)	(n=2, SD=0.14)	(n=2, SD=1.34)	(n=1)	(n=3)	(n=2, SD=34)	(n=2, SD=69)		
	去壳压片燕麦 Oats, rolled, dehulled	91.10	12.94		8.29						
		(n=1)	(n=1)		(n=1)						
	压榨棕榈仁 Palm kernel expelled	92.00	16.64	16.71	11.24		3.82	3981	3176	3063	1941
		(n=2, SD=3.39)	(n=2, SD=0.22)	(n=2, SD=1.46)	(n=2, SD=3.49)		(n=2, SD=0.08)	(n=3, SD=206)	(n=3, SD=107)		
	棕榈仁粕 Palm kernel meal		14.39					3640	2970	2868	1641
			(n=3, SD=0.51)					(n=1)			

续表2-5-25

国际饲料编号	饲料名称	干物质 DM	粗蛋白质 CP	粗纤维 CF	粗脂肪 EE	酸乙醚浸出物 AEE	粗灰分 Ash	总能 GE	消化能 DE	代谢能 ME	净能 NE
		%	%	%	%	%	%	kcal/kg	kcal/kg	kcal/kg	kcal/kg
4-04-047	黑麦 Rye	89.40	11.66	2.71	1.98		1.78	4350	3270	3191	2460
		(*n*=1)	(*n*=3, *SD*=2.67)	(*n*=2, *SD*=1.12)	(*n*=2, *SD*=0.74)		(*n*=1)				
4-04-379	高粱 Sorghum	89.39	9.36	2.14	3.42	2.12	1.64	3881	3596	3532	2780
		(*n*=26, *SD*=2.63)	(*n*=29, *SD*=1.10)	(*n*=4, *SD*=0.16)	(*n*=6, *SD*=0.43)	(*n*=3, *SD*=1.18)	(*n*=17, *SD*=0.34)	(*n*=4, *SD*=49)	(*n*=3, *SD*=17)		
4 00-669	甜菜渣 Sugar beet pulp	87.60	9.10		0.97		6.70	4039	2865	2803	1734
		(*n*=1)	(*n*=1)				(*n*=1)				
4-20-362	黑小麦 Triticale	88.48	13.60	2.54	1.77		2.95	4316	3320	3228	2507
		(*n*=5, *SD*=1.69)	(*n*=8, *SD*=1.89)	(*n*=2, *SD*=0.22)	(*n*=2, *SD*=0.47)		(*n*=2, *SD*=1.49)				
4-05-205	小麦细麸 Wheat middlings	89.10	15.76	5.15	3.15	2.35	2.05	3901	3075	2968	2113
		(*n*=22, *SD*=1.51)	(*n*=22, *SD*=1.36)	(*n*=3, *SD*=3.90)	(*n*=6, *SD*=1.01)	(*n*=1)	(*n*=4, *SD*=0.85)	(*n*=2, *SD*=106)			
4-05-216	小麦加工筛下物 Wheat screenings	89.88	14.91		5.73						
		(*n*=15, *SD*=1.05)	(*n*=15, *SD*−0.70)		(*n*=15, *SD*−1.63)						
4-05-201	小麦次粉 Wheat shorts	87.90	16.76		4.60			4505	2985	2871	2074
			(*n*=1)								
			(*n*−1)					(*n*=2, *SD*=1698)	(*n*=2, *SD*=128)		

注：*n* 为样本数，*SD* 为标准差，下同。此资料后面表格中的饲料编号及名称与此表相同，故之后仅保留饲料中文名称。

表 2-5-26 矿物元素含量

饲料名称	钙 Ca	氯 Cl	钾 K	镁 Mg	钠 Na	磷 P	硫 S	铜 Cu	铁 Fe	锰 Mn	硒 Se	锌 Zn	植酸磷 Phytate P	磷全消化道表观消化率 ATTD of P	磷全消化道标准消化率 STTD of P
	%	%	%	%	%	%	%	mg/kg	mg/kg	mg/kg	mg/kg	mg/kg	%	%	%
面包渣	0.13	1.48	0.39	0.24	1.14	0.25	0.02	5.00	28.00	65.00		15.00			
大麦	0.06	0.12	0.38	0.14	0.02	0.35	0.13	5.43	75.70	16.29	0.10	28.09	0.22	39	45
	(*n*=32, *SD*=0.02)		(*n*=3, *SD*=0.17)	(*n*=5, *SD*=0.01)	(*n*=1)	(*n*=39, *SD*=0.04)	(*n*=3, *SD*=0.05)	(*n*=4, *SD*=1.94)	(*n*=2, *SD*=19.80)	(*n*=3, *SD*=0.77)	(*n*=1)	(*n*=4, *SD*=6.95)	(*n*=17, *SD*=0.04)	(*n*=11, *SD*=5.31)	(*n*=11, *SD*=5.84)
裸大麦	0.06	0.10	0.44	0.12	0.02	0.36		5	56	16		27	0.26	31	36
	(*n*=5, *SD*=0.03)					(*n*=9, *SD*=0.06)							(*n*=3, *SD*=0.03)	(*n*=1)	(*n*=1)
全脂双低菜籽	0.36		1.02	0.19		0.70		2.50	51.60	38.10		27.23	0.79	28	32
	(*n*=3, *SD*=0.05)		(*n*=1)	(*n*=1)		(*n*=3, *SD*=0.14)		(*n*=1)	(*n*=1)	(*n*=1)		(*n*=1)	(*n*=1)		
木薯粉	0.28	0.07	0.49	0.11	0.03	0.12	0.50	4	18	28	0.10	10	0.04	10	24
	(*n*=1)					(*n*=2, *SD*=0.03)							(*n*=1)	(*n*=1)	(*n*=1)
柑橘渣	1.71		0.74	0.11	0.52	0.09	0.07	2.69	76.87	8.53		30.59	0.04		
	(*n*=3, *SD*=0.41)		(*n*=1)	(*n*=1)	(*n*=1)	(*n*=3, *SD*=0.01)	(*n*=1)	(*n*=1)	(*n*=1)	(*n*=1)		(*n*=1)	(*n*=1)		
玉米麸	0.47					0.29								20	27
玉米胚芽	0.02		1.53	0.52	0.01	1.27	0.17	5.30	96.7	22.30		83.70	1.07	33	37
	(*n*=4, *SD*=0.01)		(*n*=1)	(*n*=1)	(*n*=1)	(*n*=5, *SD*=0.13)	(*n*=1)	(*n*=1)	(*n*=1)	(*n*=1)		(*n*=1)	(*n*=1)	(*n*=2, *SD*=6.15)	(*n*=2, *SD*=4.95)
玉米糁,玉米渣	0.29	0.07	0.61	0.24	0.08	0.73	0.03	13.00	67	15.00	0.10	30.00	0.49	26	34
	(*n*=1)					(*n*=1)							(*n*=1)		

续表2-5-26

饲料名称	钙 Ca	氯 Cl	钾 K	镁 Mg	钠 Na	磷 P	硫 S	铜 Cu	铁 Fe	锰 Mn	硒 Se	锌 Zn	植酸磷 Phytate P	磷全消化道表观消化率 ATTD of P	磷全消化道标准消化率 STTD of P
	%	%	%	%	%	%	%	mg/kg	mg/kg	mg/kg	mg/kg	mg/kg	%	%	%
乳糖(来源于牛奶)								0.00	5.80	0.00		0.20			
								(n=1)	(n=1)	(n=1)		(n=1)			
低蛋白乳清粉，乳糖85%	0.27					0.34								82	92
	(n=2, SD=0.22)					(n=2, SD=0.33)									
乳清粉	0.62	1.40	1.96	0.13	0.94	0.69	0.72	6.60	57	3.00	0.12	9.90		82	92
	(n=2, SD=0.18)					(n=4, SD=0.04)		(n=1)	(n−1)			(n=1)		(n=4, SD=1.80)	(n=4, SD=1.56)
黍	0.03	0.03	0.43	0.16	0.04	0.31	0.14	26.00	71	30.00	0.70	18.00			
甜菜糖蜜	0.25					0.16								50	63
甘蔗糖蜜	0.82					0.08							0.01	50	63
	(n=2, SD=0.11)					(n=2, SD=0.02)									
去壳燕麦	0.08	0.09	0.38	0.11	0.05	0.41	0.20	6.00	49	32.00					
燕麦	0.03	0.10	0.42	0.16	0.08	0.35	0.21	6.00	85	43.00	0.30	38.00	0.09	33	39
	(n−1)					(n=2, SD=0.04)							(n=2, SD=0)	(n=3 SD=3.10)	(n=3 SD−3.53)
裸燕麦	0.08	0.11	0.36	0.12	0.02	0.38	0.14	4.00	58	37.00	0.09	34.00			
压榨棕榈仁	0.31					0.52							0.37	39	49
	(n−2, SD=0.07)					(n=2, SD=0.01)							(n=2, SD=0.02)	(n=2, SD=0.64)	(n=2, SD=0.50)
棕榈仁粕	0.20					0.54							0.31	49	58
	(n=1)					(n=1)							(n=1)	(n=1)	(n=1)

续表2-5-26

饲料名称	钙 Ca	氯 Cl	钾 K	镁 Mg	钠 Na	磷 P	硫 S	铜 Cu	铁 Fe	锰 Mn	硒 Se	锌 Zn	植酸磷 Phytate P	磷全消化道表观消化率 ATTD of P	磷全消化道标准消化率 STTD of P
	%	%	%	%	%	%	%	mg/kg	mg/kg	mg/kg	mg/kg	mg/kg	%	%	%
黑麦	0.08	0.03	0.48	0.12	0.02	0.30	0.15	7	60	58	0.38	31	0.2	43	50
高粱	0.02	0.09	0.35	0.15	0.01	0.27	0.08	5.00	45	15.00	0.20	15.00	0.18	30	40
	(n=9, SD=0.01)					(n=10, SD=0.06)							(n=2, SD=0.05)	(n=4, SD=7.24)	(n=4, SD=7.33)
甜菜渣	0.81	0.10	0.61	0.22	0.20	0.09	0.31	11.00	411	46.00	0.09	12.00		50	63
	(n=2, SD=0.27)					(n=1)									
黑小麦	0.04	0.03	0.46	0.10	0.03	0.33	0.15	8.00	31.00	43.00		32.00	0.21	50	56
	(n=9, SD=0.01)					(n=10, SD=0.05)							(n=5, SD=0.02)	(n=6, SD=3.52)	(n=6, SD=3.50)
小麦细麸	0.11	0.04	1.06	0.41	0.05	0.98	0.17	10.00	84	100	0.53	92.00	0.61	46	56
	(n=19, SD=0.02)					(n=20, SD=0.17)					(n=12, SD=0.25)		(n=1)		
小麦次粉	0.08	0.04	1.06	0.25	0.02	0.93	0.20	12.00	100	89.00	0.75	100		46	56
	(n=1)					(n=1)									

表 2-5-27 维生素含量

饲料名称	β-胡萝卜素 β-Carotene	维生素 E	维生素 B_6	维生素 B_{12}	生物素 Biotin	叶酸 Folacin	烟酸 Niacin	泛酸 Pantothenic acid	维生素 B_2 Riboflavin	维生素 B_1 Thiamin	胆碱 Choline
	mg/kg	mg/kg	mg/kg	μg/kg	mg/kg	mg/kg	mg/kg	mg/kg	mg/kg	mg/kg	mg/kg
面包渣	4.2		4.3	0	0.07	0.20	26	8.3	1.4	2.9	923
大麦	4.1	7.4	5.0	0	0.14	0.31	55	8.0	1.8	4.5	1034
裸大麦		6.0	5.6	0	0.07	0.62	48	6.8	1.8	4.3	

续表2-5-27

饲料名称	β-胡萝卜素 β-Carotene	维生素 E	维生素 B_6	维生素 B_{12}	生物素 Biotin	叶酸 Folacin	烟酸 Niacin	泛酸 Pantothenic acid	维生素 B_2 Riboflavin	维生素 B_1 Thiamin	胆碱 Choline
	mg/kg	mg/kg	mg/kg	μg/kg	mg/kg	mg/kg	mg/kg	mg/kg	mg/kg	mg/kg	mg/kg
木薯粉		0.2	0.7	0	0.05		3	0.3	0.8	1.6	
玉米糁,玉米渣	9.0	6.5	11.0	0	0.13	0.21	47	8.2	2.1	8.1	1155
乳清粉		0.3	4.0	23	0.27	0.85	10	47.0	27.1	4.1	1820
黍			5.8	0	0.16	0.23	23	11.0	3.8	7.3	440
去壳燕麦			1.1	0	0.20	0.50	14	13.4	1.5	6.5	1139
燕麦	3.7	7.8	2.0	0	0.24	0.30	19	13.0	1.7	6.0	946
裸燕麦		2.0	9.6	0	0.12	0.50	20	7.1	1.3	5.2	1240
黑麦		9.0	2.6	0	0.08	0.60	19	8.0	1.6	3.6	419
高粱		5.0	5.2	0	0.26	0.17	41	12.4	1.3	3.0	668
甜菜渣	10.6	13.2	1.9	0			18	1.3	0.7	0.4	1734
黑小麦		1.7							0.4		462
小麦细麸	3.0	20.1	9.0	0	0.33	0.76	72	15.6	1.8	16.5	1187
小麦次粉			7.2	0	0.24	1.40	107	22.3	3.3	18.1	1170

表 2-5-28 氨基酸含量 %

饲料名称	粗蛋白质 CP	精氨酸 Arg	组氨酸 His	异亮氨酸 Ile	亮氨酸 Leu	赖氨酸 Lys	蛋氨酸 Met	苯丙氨酸 Phe	苏氨酸 Thr	色氨酸 Trp	缬氨酸 Val	丙氨酸 Ala	天冬氨酸 Asp	半胱氨酸 Cys	谷氨酸 Glu	甘氨酸 Gly	脯氨酸 Pro	丝氨酸 Ser	酪氨酸 Tyr
面包渣	12.30	0.58	0.22	0.51	0.88	0.41	0.19	0.50	0.42	0.15	0.53	0.52	0.45	0.18	1.92	0.78	0.98	0.56	0.55
	(n=1)	(n=1)	(n=1)	(n=1)	(n=1)	(n=1)	(n=1)	(n=1)	(n=1)	(n=1)	(n=1)	(n=1)	(n=1)	(n=1)	(n=1)	(n=1)	(n=1)	(n-1)	(n-1)
大麦	11.33	0.53	0.27	0.37	0.72	0.40	0.20	0.53	0.36	0.13	0.52	0.44	0.65	0.26	2.50	0.45	1.11	0.45	0.28
	(n=76, SD=1.54)	(n=31, SD=0.09)	(n=28, SD=0.07)	(n=37, SD=0.07)	(n=30, SD=0.11)	(n=38, SD=0.05)	(n=35, SD=0.03)	(n=28, SD=0.11)	(n=37, SD=0.05)	(n=23, SD=0.02)	(n=37, SD=0.08)	(n=25, SD=0.06)	(n=25, SD=0.10)	(n=34, SD=0.06)	(n=25, SD=0.60)	(n=27, SD=0.07)	(n=23, SD=0.32)	(n=27, SD=0.08)	(n=28, SD=0.06)

续表2-5-28

饲料名称	粗蛋白质 CP	精氨酸 Arg	组氨酸 His	异亮氨酸 Ile	亮氨酸 Leu	赖氨酸 Lys	蛋氨酸 Met	苯丙氨酸 Phe	苏氨酸 Thr	色氨酸 Trp	缬氨酸 Val	丙氨酸 Ala	天冬氨酸 Asp	半胱氨酸 Cys	谷氨酸 Glu	甘氨酸 Gly	脯氨酸 Pro	丝氨酸 Ser	酪氨酸 Tyr
裸大麦	12.77 (n=20, SD=0.91)	0.68 (n=15, SD=0.22)	0.40 (n=14, SD=0.14)	0.35 (n=16, SD=0.12)	0.74 (n=15, SD=0.16)	0.51 (n=16, SD=0.14)	0.20 (n=14, SD=0.03)	0.54 (n=14, SD=0.14)	0.37 (n=16, SD=0.05)	0.13 (n=2, SD=0.03)	0.55 (n=14, SD=0.08)	0.58 (n=14, SD=0.15)	0.64 (n=14, SD=0.15)	0.23 (n=14, SD=0.06)	3.61 (n=14, SD=1.04)	0.71 (n=14, SD=0.38)	0.97 (n=10, SD=0.54)	0.63 (n=14, SD=0.14)	0.25 (n=14, SD=0.12)
全脂双低菜籽	22.06 (n=6, SD=4.67)	1.00 (n=3, SD=0.06)	0.60 (n=3, SD=0.06)	0.60 (n=3, SD=0.12)	1.14 (n=3, SD=0.06)	1.01 (n=3, SD=0.05)	0.38 (n=3, SD=0.04)	0.73 (n=3, SD=0.10)	0.83 (n=3, SD=0.07)	0.23 (n=2, SD=0.01)	0.83 (n=3, SD=0.17)	0.84 (n=1)	1.48 (n=1)	0.46 (n=3, SD=0.02)	3.66 (n=1)	0.74 (n=1)	0.60	0.85 (n=1)	0.55 (n=1)
木薯粉	2.88 (n=7, SD=0.75)	0.18	0.08	0.11	0.19	0.12	0.04	0.15	0.11	0.04	0.14			0.05					0.04
柑橘渣	6.64 (n=3, SD=1.29)	0.26	0.12	0.18	0.32	0.19	0.07	0.24	0.18	0.05	0.24	0.25	0.60	0.08	0.52	0.24	0.53	0.23	0.16
玉米麸	9.53 (n=2, SD=0.19)	0.56	0.29	0.30	0.97	0.35	0.19	0.37	0.35	0.08	0.46	0.67	0.65	0.20	1.49	0.41	0.76	0.43	0.30
玉米胚芽	14.79 (n=8, SD=1.03)	1.11 (n=3, SD=0.03)	0.42 (n=3, SD=0.01)	0.43 (n=3, SD=0.03)	1.05 (n=3, SD=0.07)	0.78 (n=3, SD=0.02)	0.26 (n=3, SD=0.01)	0.57 (n=3, SD=0.03)	0.52 (n=3, SD=0.01)	0.10 (n=3, SD=0.02)	0.72 (n=3, SD=0.02)	0.91 (n=2, SD=0)	1.10 (n=2, SD=0.06)	0.32 (n=3, SD=0.03)	1.94 (n=2, SD=0.16)	0.77 (n=2, SD=0.01)	0.95 (n=2, SD=0.04)	0.59 (n=2, SD=0.04)	0.41 (n=3, SD=0.02)
玉米糁，玉米渣	9.12 (n=6, SD=0.91)	0.56	0.28	0.36	0.98	0.38	0.18	0.43	0.40	0.10	0.52			0.18					0.40
乳清粉	11.55 (n=6, SD=0.93)	0.26 (n=7, SD=0.02)	0.21 (n=6, SD=0.04)	0.64 (n=8, SD=0.04)	1.11 (n=7, SD=0.08)	0.88 (n=8, SD=0.09)	0.17 (n=8, SD=0.00)	0.35 (n=7, SD=0.03)	0.71 (n=8, SD=0.04)	0.20 (n=7, SD=0.03)	0.61 (n=8, SD=0.03)	0.54 (n=3, SD=0.07)	1.16 (n=3, SD=0.10)	0.26 (n=6, SD=0.03)	1.95 (n=3, SD=0.14)	0.20 (n=3, SD=0.04)	0.66 (n=2, SD=0.07)	0.54 (n=3, SD=0.06)	0.27 (n=5, SD=0.02)

续表2-5-28

饲料名称	粗蛋白质 CP	精氨酸 Arg	组氨酸 His	异亮氨酸 Ile	亮氨酸 Leu	赖氨酸 Lys	蛋氨酸 Met	苯丙氨酸 Phe	苏氨酸 Thr	色氨酸 Trp	缬氨酸 Val	丙氨酸 Ala	天冬氨酸 Asp	半胱氨酸 Cys	谷氨酸 Glu	甘氨酸 Gly	脯氨酸 Pro	丝氨酸 Ser	酪氨酸 Tyr
黍	11.90	0.57	0.29	0.49	1.22	0.37	0.28	0.55	0.45	0.17	0.66	1.07	1.09	0.32	2.84	0.42	0.80	0.64	0.58
	(*n*=5, *SD*=2.85)	(*n*=4, *SD*=0.09)	(*n*=4, *SD*=0.05)	(*n*=4, *SD*=0.08)	(*n*=4, *SD*=0.20)	(*n*=4, *SD*=0.05)	(*n*=4, *SD*=0.05)	(*n*=4, *SD*=0.05)	(*n*=4, *SD*=0.07)	(*n*=4, *SD*=0.06)	(*n*=4, *SD*=0.10)	(*n*=1)	(*n*=1)	(*n*=1)	(*n*=1)	(*n*=1)		(*n*=1)	(*n*=1)
甜菜糖蜜	10.00	0.06	0.04	0.24	0.24	0.10	0.03	0.06	0.08	0.05	0.15	0.23	0.62	0.05	4.75	0.20	0.10	0.21	0.24
甘蔗糖蜜	4.80	0.02	0.01	0.04	0.06	0.02	0.02	0.03	0.05	0.01	0.11	0.20	0.89	0.04	0.41	0.07	0.05	0.07	0.03
去壳燕麦	13.90	0.85	0.24	0.55	0.98	0.48	0.20	0.66	0.44	0.18	0.72	0.60	1.04	0.22	2.59	0.64	0.69	0.62	0.51
	(*n*=1)																		
燕麦	11.16	0.73	0.24	0.41	0.79	0.49	0.68	0.52	0.42	0.14	0.63	0.46	0.81	0.36	2.14	0.48	0.54	0.47	0.41
	(*n*=5, *SD*=1.44)	(*n*=2, *SD*=0.12)	(*n*=2, *SD*=0.04)	(*n*=2, *SD*=0.11)	(*n*=2, *SD*=0.16)	(*n*=2, *SD*=0.06)	(*n*=2, *SD*=0.01)	(*n*=2, *SD*=0.12)	(*n*=2, *SD*=0.03)		(*n*=2, *SD*=0.13)								
裸燕麦	14.70	0.89	0.27	0.54	0.96	0.56	0.22	0.65	0.48	0.15	0.70	0.65	1.09	0.41	3.02	0.63	0.65	0.70	0.32
	(*n*=3, *SD*=3.48)	(*n*=2, *SD*=0.23)	(*n*=2, *SD*=0.08)	(*n*=2, *SD*=0.16)	(*n*=2, *SD*=0.25)	(*n*=2, *SD*=0.11)	(*n*=2, *SD*=0.05)	(*n*=2, *SD*=0.19)	(*n*=2, *SD*=0.12)		(*n*=2, *SD*=0.20)	(*n*=2, *SD*=0.15)	(*n*=2, *SD*=0.31)	(*n*=2, *SD*=0.06)	(*n*=2, *SD*=0.84)	(*n*=2, *SD*=0.13)	(*n*=2, *SD*=0.16)	(*n*=2, *SD*=0.18)	(*n*=2, *SD*=0.10)
棕榈仁粕	14.39	1.41	0.26	0.55	0.90	0.36	0.19	0.56	0.47	0.11	0.83	0.60	1.22	0.18	2.69	0.65	0.39	0.85	0.34
	(*n*=3, *SD*=0.51)	(*n*=3, *SD*=0.31)	(*n*=3, *SD*=0.02)	(*n*=3, *SD*=0.03)	(*n*=3, *SD*=0.04)	(*n*=3, *SD*=0.08)	(*n*=3, *SD*=0.04)	(*n*=3, *SD*=0.03)	(*n*=3, *SD*=0.04)	(*n*=3, *SD*=0.03)	(*n*=3, *SD*=0.03)	(*n*=3, *SD*=0.03)	(*n*=3, *SD*=0.10)	(*n*=3, *SD*=0.06)	(*n*=3, *SD*=0.11)	(*n*=3, *SD*=0.04)	(*n*=3, *SD*=0.04)	(*n*=3, *SD*=0.32)	(*n*=3, *SD*=0.02)
黑麦	11.66	0.70	0.25	0.34	0.70	0.43	0.16	0.50	0.37	0.10	0.49	0.44	0.77	0.19	2.63	0.48	1.57	0.44	0.25
	(*n*=3, *SD*=2.67)	(*n*=2, *SD*=0.27)	(*n*=2, *SD*=0.08)	(*n*=2, *SD*=0.07)	(*n*=2, *SD*=0.26)	(*n*=2, *SD*=0.10)	(*n*=2, *SD*=0.00)	(*n*=2, *SD*=0.16)	(*n*=2, *SD*=0.12)	(*n*=1)	(*n*=2, *SD*=0.13)	(*n*=2, *SD*=0.05)	(*n*=2, *SD*=0.13)	(*n*=2, *SD*=0.01)	(*n*=2, *SD*=0.74)	(*n*=2, *SD*=0.11)	(*n*=1)	(*n*=2, *SD*=0.08)	(*n*=2, *SD*=0.10)
高粱	9.36	0.36	0.21	0.36	1.21	0.20	0.16	0.48	0.30	0.07	0.46	0.84	0.60	0.18	1.84	0.31	0.74	0.39	0.32
	(*n*=29, *SD*=1.10)	(*n*=22, *SD*=0.05)	(*n*=21, *SD*=0.03)	(*n*=22, *SD*=0.05)	(*n*=22, *SD*=0.15)	(*n*=22, *SD*=0.05)	(*n*=20, *SD*=0.03)	(*n*=19, *SD*=0.06)	(*n*=22, *SD*=0.04)	(*n*=18, *SD*=0.02)	(*n*=22, *SD*=0.06)	(*n*=20, *SD*=0.10)	(*n*=20, *SD*=0.10)	(*n*=20, *SD*=0.02)	(*n*=20, *SD*=0.27)	(*n*=20, *SD*=0.04)	(*n*=19, *SD*=0.10)	(*n*=20, *SD*=0.05)	(*n*=19, *SD*=0.05)
甜菜渣	9.10	0.32	0.23	0.31	0.53	0.52	0.07	0.30	0.38	0.10	0.45	0.43	0.73	0.06	0.89	0.38	0.41	0.44	0.40
	(*n*=1)																		

续表2-5-28

饲料名称	粗蛋白质 CP	精氨酸 Arg	组氨酸 His	异亮氨酸 Ile	亮氨酸 Leu	赖氨酸 Lys	蛋氨酸 Met	苯丙氨酸 Phe	苏氨酸 Thr	色氨酸 Trp	缬氨酸 Val	丙氨酸 Ala	天冬氨酸 Asp	半胱氨酸 Cys	谷氨酸 Glu	甘氨酸 Gly	脯氨酸 Pro	丝氨酸 Ser	酪氨酸 Tyr
黑小麦	13.60	0.73	0.31	0.45	0.86	0.46	0.24	0.52	0.41	0.16	0.59	0.54	0.80	0.29	3.75	0.56	1.06	0.64	0.39
	(n=8, SD=1.89)	(n=4, SD=0.20)	(n=4, SD=0.05)	(n=4, SD=0.09)	(n=4, SD=0.20)	(n=4, SD=0.05)	(n=4, SD=0..05)	(n=4, SD=0.19)	(n=4, SD=0.09)	(n=3, SD=0.03)	(n=4, SD=0.13)	(n=4, SD=0.10)	(n=4, SD=0.13)	(n=4, SD=0.09)	(n=4, SD=0.82)	(n=4, SD=0.11)	(n=1)	(n=4, SD=0.12)	(n=4, SD=0.11)
小麦细麸	15.76	1.10	0.44	0.51	1.03	0.65	0.25	0.64	0.53	0.19	0.72	0.60	1.04	0.35	3.10	0.69	1.72	0.81	0.29
	(n=22, SD=1.36)	(n=17, SD=0.13)	(n=17, SD=0.04)	(n=18, SD=0.04)	(n=17, SD=0.07)	(n=18, SD=0.05)	(n=18, SD=0.02)	(n=17, SD=0.06)	(n=18, SD=0.03)	(n=16, SD=0.01)	(n=18, SD=0.06)	(n=2, SD=0.03)		(n=17, SD=0.03)		(n=2, SD=0.03)	(n=2, SD=0.21)	(n=2, SD=0.05)	
小麦次粉	16.76	1.07	0.42	0.53	0.97	0.59	0.27	0.62	0.51	0.22	0.76	0.91	1.11	0.43	3.07	0.83		0.63	0.26
	(n=1)	(n=1)	(n=1)	(n=1)	(n=1)	(n=1)	(n=1)	(n=1)	(n=1)		(n=1)	(n=1)	(n=1)	(n=1)	(n=1)	(n=1)		(n=1)	(n=1)

表 2-5-29 回肠末端表观氨基酸消化率 %

饲料名称	粗蛋白质 CP	精氨酸 Arg	组氨酸 His	异亮氨酸 Ile	亮氨酸 Leu	赖氨酸 Lys	蛋氨酸 Met	苯丙氨酸 Phe	苏氨酸 Thr	色氨酸 Trp	缬氨酸 Val	丙氨酸 Ala	天冬氨酸 Asp	半胱氨酸 Cys	谷氨酸 Glu	甘氨酸 Gly	脯氨酸 Pro	丝氨酸 Ser	酪氨酸 Tyr
大麦	66	75	73	72	74	66	76	76	60	73	71	60	63	73	82	53	60	68	68
	(n=20, SD=7.41)	(n=22, SD=6.13)	(n=21, SD=7.14)	(n=22, SD=5.37)	(n=22, SD=4.90)	(n=21, SD=8.77)	(n=19, SD=5.69)	(n=21, SD=5.71)	(n=22, SD=9.43)	(n=8, SD=6.98)	(n=22, SD=6.88)	(n=21, SD=9.09)	(n=21, SD=9.97)	(n=17, SD=7.77)	(n=21, SD=8.77)	(n=21, SD=15.62)	(n=16, SD=19.77)	(n=21, SD=8.71)	(n=18, SD=14.54)
裸大麦	63	68	71	65	68	56	68	70	56		66	54	58	64	77	47	67	63	65
	(n=9, SD=3.25)	(n=10, SD=6.72)	(n=9, SD=7.11)	(n=10, SD=7.32)	(n=10, SD=5.99)	(n=10, SD=5.01)	(n=8, SD=4.39)	(n=9, SD=5.11)	(n=10, SD=4.15)		(n=10, SD=6.95)	(n=10, SD=7.65)	(n=10, SD=4.81)	(n=8, SD=6.17)	(n=10, SD=4.33)	(n=10, SD=8.43)	(n=6, SD=6.86)	(n=10, SD=5.98)	(n=9, SD=8.61)
全脂双低菜籽	66	81	77	73	73	70	78	73	64	66	66	70	66	66	77	62	70	69	70
															(n=1)	(n=1)			
玉米麸	63			70	80	59	82	74	55	54	69	74	62	64	73	50	65	68	76
玉米胚芽	33	79	65	51	61	56	67	57	42	50	57	53	47	58	63	14	34	48	51
	(n=1)	(n=2, SD=0.73)	(n=2, SD=7.55)	(n=2, SD=9.46)	(n=2, SD=3.93)	(n=2, SD=12.76)	(n=2, SD=8.24)	(n=2, SD=5.96)	(n=2, SD=11.41)	(n=2, SD=4.69)	(n=2, SD=11.16)	(n=1)	(n=1)	(n=2, SD=8.06)	(n=1)	(n=1)	(n=1)	(n=1)	(n=2, SD=7.52)

续表2-5-29

饲料名称	粗蛋白质 CP	精氨酸 Arg	组氨酸 His	异亮氨酸 Ile	亮氨酸 Leu	赖氨酸 Lys	蛋氨酸 Met	苯丙氨酸 Phe	苏氨酸 Thr	色氨酸 Trp	缬氨酸 Val	丙氨酸 Ala	天冬氨酸 Asp	半胱氨酸 Cys	谷氨酸 Glu	甘氨酸 Gly	脯氨酸 Pro	丝氨酸 Ser	酪氨酸 Tyr
乳清粉	87	83	90	94	94	94	95	78	85	78	91	81	83	86	85	55	74	78	86
	(n=1)	(n=2, SD=13.57)	(n=2, SD=3.80)	(n=2, SD=3.26)	(n=2, SD=2.82)	(n=2, SD=2.61)	(n=2, SD=6.26)	(n=2, SD=13.65)	(n=2, SD=2.35)	(n=, SD=)	(n=2, SD=5.27)				(n=2, SD=10.91)				(n=1)
黍	79	82	85	83	87	74	72	85	75	84	81	85	79	82	89	55	81	81	81
	(n=1)	(n=1)	(n=1)	(n=1)	(n=1)	(n=1)	(n=1)	(n=1)	(n=1)	(n=1)	(n=1)	(n=1)	(n=1)	(n=1)	(n=1)			(n=1)	(n=1)
甜菜糖蜜	86			79	74	37	68	46	32	44	59	79	84	44	92	58		66	81
甘蔗糖蜜	77			29	25		52				51	72	88	40	69				
去壳燕麦		86	83	83	83	79	85	86	76	80	82			80					82
燕麦	62	85	81	73	75	70	79	81	59	59	72	67	67	69	78	61	68	69	76
	(n=1)	(n=1)		(n=1)	(n=1)					(n=1)	(n=1)								
裸燕麦	73	89	84	83	85	86	83	87	78	75	85	75	75	76	90	68	77	77	82
		(n=2, SD=0.00)	(n=2, SD=0.00)	(n=2, SD=1.41)	(n=2, SD=0.00)	(n=2, SD=4.95)	(n=2, SD=2.83)	(n=2, SD=0.00)	(n=2, SD=0.71)		(n=2, SD=0.00)			(n=2, SD=2.83)	(n=2, SD=0.00)	(n=2, SD=2.83)			(n=2, SD=0.71)
棕榈仁粕	51	80	58	57	67	35	63	69	56	48	63	57	59	33	63	53	45	55	49
	(n=2, SD=7.24)	(n=2, SD=4.62)	(n=2, SD=7.23)	(n=2, SD=4.37)	(n=2, SD=4.88)	(n=2, SD=11.65)	(n=2, SD=3.70)	(n=2, SD=2.81)	(n=2, SD=5.40)		(n=2, SD=8.04)	(n=2, SD=4.08)		(n=2, SD=10.63)	(n=2, SD=4.22)				(n=2, SD=1.44)
黑麦	69	73	71	68	71	64	76	76	59	67	67	60	68	74	89	60	86	73	65
	(n=4, SD=6.87)														(n=2, SD=0.21)		(n=1)		
高粱	63	68	64	69	78	53	74	76	54	65	66	73	66	56	74	34	46	66	69
	(n=16, SD=6.96)	(n=16, SD=10.02)	(n=15, SD=8.32)	(n=16, SD=6.19)	(n=16, SD=4.77)	(n=16, SD=11.87)	(n=16, SD=6.99)	(n=15, SD=5.51)	(n=16, SD=9.35)	(n=14, SD=8.88)	(n=16, SD=7.08)	(n=16, SD=5.02)	(n=16, SD=6.43)	(n=16, SD=9.26)	(n=16, SD=15.45)	(n=16, SD=17.67)	(n=15, SD=22.86)	(n=16, SD=6.02)	(n=15, SD=6.56)
甜菜渣	34	44	46	41	44	48	52	38	16	36	32	36	16	31	46	24	21	20	46

续表2-5-29

饲料名称	粗蛋白质 CP	精氨酸 Arg	组氨酸 His	异亮氨酸 Ile	亮氨酸 Leu	赖氨酸 Lys	蛋氨酸 Met	苯丙氨酸 Phe	苏氨酸 Thr	色氨酸 Trp	缬氨酸 Val	丙氨酸 Ala	天冬氨酸 Asp	半胱氨酸 Cys	谷氨酸 Glu	甘氨酸 Gly	脯氨酸 Pro	丝氨酸 Ser	酪氨酸 Tyr
黑小麦	79	81	80	79	81	74	83	81	64	76	77	72	75	80	89	67	82	77	79
	(*n*=6, *SD*=4.45)	(*n*=8, *SD*=5.26)	(*n*=7, *SD*=6.48)	(*n*=8, *SD*=5.66)	(*n*=8, *SD*=4.42)	(*n*=8, *SD*=7.13)	(*n*=8, *SD*=4.19)	(*n*=7, *SD*=6.51)	(*n*=8, *SD*=11.62)	(*n*=3, *SD*=9.43)	(*n*=8, *SD*=5.68)	(*n*=7, *SD*=4.70)	(*n*=7, *SD*=5.21)	(*n*=7, *SD*=7.67)	(*n*=7, *SD*=4.89)	(*n*=7, *SD*=9.53)	(*n*=4, *SD*=4.34)	(*n*=7, *SD*=6.47)	(*n*=6, *SD*=6.39)
小麦细麸		87	80	77	75	73	78	79	62	76	74	71	73	71	87	65	79	75	77
小麦次粉	53	86	82	77	72	62	81	82	72	77	76	67	66	60	85	62		67	78
	(*n*=1)				(*n*=1)	(*n*=1)						(*n*=1)	(*n*=1)	(*n*=1)	(*n*=1)	(*n*=1)		(*n*=1)	

表 2-5-30 回肠末端标准氨基酸消化率 %

饲料名称	粗蛋白质 CP	精氨酸 Arg	组氨酸 His	异亮氨酸 Ile	亮氨酸 Leu	赖氨酸 Lys	蛋氨酸 Met	苯丙氨酸 Phe	苏氨酸 Thr	色氨酸 Trp	缬氨酸 Val	丙氨酸 Ala	天冬氨酸 Asp	半胱氨酸 Cys	谷氨酸 Glu	甘氨酸 Gly	脯氨酸 Pro	丝氨酸 Ser	酪氨酸 Tyr
面包渣				94	90	77	90		69	91	93			91					
大麦	79	85	81	79	81	75	82	81	76	82	80	73	75	81	87	82	88	80	78
	(*n*=18, *SD*=6.03)	(*n*=22, *SD*=5.92)	(*n*=21, *SD*=4.89)	(*n*=22, *SD*=9.00)	(*n*=22, *SD*=4.71)	(*n*=21, *SD*=8.70)	(*n*=19, *SD*=5.62)	(*n*=21, *SD*=5.31)	(*n*=22, *SD*=9.56)	(*n*=8, *SD*=7.03)	(*n*=22, *SD*=7.16)	(*n*=21, *SD*=8.36)	(*n*=21, *SD*=9.78)	(*n*=17, *SD*=7.54)	(*n*=21, *SD*=5.64)	(*n*=21, *SD*=15.75)	(*n*=16, *SD*=29.25)	(*n*=20, *SD*=8.38)	(*n*=17, *SD*=12.65)
裸大麦	69	77	77	75	75	65	73	75	70		75	66	70	72	80	77	112	73	74
	(*n*=10, *SD*=20.64)	(*n*=10, *SD*=7.79)	(*n*=9, *SD*=8.81)	(*n*=10, *SD*=5.36)	(*n*=10, *SD*=5.27)	(*n*=10, *SD*=5.48)	(*n*=8, *SD*=4.21)	(*n*=9, *SD*=5.21)	(*n*=10, *SD*=5.13)		(*n*=10, *SD*=6.51)	(*n*=10, *SD*=8.81)	(*n*=10, *SD*=5.57)	(*n*=8, *SD*=6.06)	(*n*=10, *SD*=4.56)	(*n*=10, *SD*=15.25)	(*n*=6, *SD*=18.91)	(*n*=10, *SD*=7.42)	(*n*=9, *SD*=9.17)
全脂双低菜籽	64	84	80	74	76	73	81	77	70	71	71	73	71	70	84	73	79	76	75
	(*n*=1)											(*n*=1)							
木薯粉		90	80	81	79	71	84	80	73	77	76			68					76
柑橘渣		89	84	81	83	77	85	84	76	77	78			73					86
玉米麸		89	83	81	84	74	86	83	74	75	79	80	73	73	80	70	77	81	85
玉米胚芽	56	87	72	61	69	64	72	66	57	63	67	64	60	66	72	76	84	65	61
	(*n*=1)	(*n*=2, *SD*=5.02)	(*n*=2, *SD*=4.03)	(*n*=2, *SD*=6.22)	(*n*=2, *SD*=0.64)	(*n*=2, *SD*=8.63)	(*n*=2, *SD*=6.15)	(*n*=2, *SD*=2.47)	(*n*=2, *SD*=5.16)	(*n*=2, *SD*=6.01)	(*n*=2, *SD*=6.93)	(*n*=1)	(*n*=1)	(*n*=3, *SD*=3.25)	(*n*=1)	(*n*=1)	(*n*=1)	(*n*=1)	(*n*=2, *SD*=3.11)

续表2-5-30

饲料名称	粗蛋白质 CP	精氨酸 Arg	组氨酸 His	异亮氨酸 Ile	亮氨酸 Leu	赖氨酸 Lys	蛋氨酸 Met	苯丙氨酸 Phe	苏氨酸 Thr	色氨酸 Trp	缬氨酸 Val	丙氨酸 Ala	天冬氨酸 Asp	半胱氨酸 Cys	谷氨酸 Glu	甘氨酸 Gly	脯氨酸 Pro	丝氨酸 Ser	酪氨酸 Tyr
玉米糁，玉米渣		87	80	81	86	71	87	86	73	68	80			74					88
乳清粉	102	98	96	96	98	97	98	90	89	97	96	90	91	93	90	99	100	85	97
	(n=1)																		(n=1)
黍	88	89	90	89	91	83	75	91	86	97	87	91	86	88	92	84	95	90	86
	(n=1)		(n=1)	(n=1)	(n=1)	(n=1)	(n=1)	(n=1)			(n=1)	(n=1)	(n=1)		(n=1)				
甜菜糖蜜		92	90	88	89	86	90	90	86	86	87	95	95	84	95	95	95	95	91
甘蔗糖蜜		92	90	88	89	86	90	90	86	86	87	95	95	84	95	95	95	95	91
去壳燕麦		86	83	83	83	79	86	86	80	82	82			85					84
燕麦		90	85	81	83	76	83	84	71	75	80	76	76	75	84	77	86	81	82
				(n=1)							(n=1)								
裸燕麦	81	95	93	89	91	90	89	92	85	83	90	82	82	81	90	83	92	88	91
		(n=2, SD=1.68)			(n=2, SD=1.50)			(n=2, SD=1.59)						(n=2, SD=3.45)				(n=2, SD=1.28)	
棕榈仁粕	63	84	65	63	73	48	70	75	68	58	70	68	65	46	67	65	65	65	57
	(n=2, SD=7.78)	(n=2, SD=4.24)	(n=2, SD=7.07)	(n=2, SD=4.24)	(n=2, SD=4.95)	(n=2, SD=9.90)	(n=2, SD=2.12)	(n=2, SD=2.83)	(n=2, SD=6.36)		(n=2, SD=7.78)	(n=2, SD=4.24)		(n=2, SD=5.66)	(n=2, SD=4.24)	(n=2, SD=7.78)			(n=2, SD=1.41)
黑麦	83	79	79	78	79	74	81	82	74	76	77	70	79	83	93	79	98	84	76
	(n=4, SD=9.58)														(n=2, SD=0.25)				
高粱	77	80	74	78	83	74	79	83	75	74	77	79	79	67	81	67	74	81	75
	(n=16, SD=7.29)	(n=16, SD=10.39)	(n=15, SD=8.19)	(n=16, SD=6.15)	(n=16, SD=5.06)	(n=16, SD=12.44)	(n=16, SD=7.16)	(n=15, SD=6.14)	(n=16, SD=8.48)	(n=2, SD=24.75)	(n=16, SD=7.38)	(n=16, SD=5.07)	(n=16, SD=7.08)	(n=16, SD=9.06)	(n=16, SD=8.70)	(n=16, SD=19.01)	(n=15, SD=29.54)	(n=16, SD=6.23)	(n=15, SD=7.71)
甜菜渣		54	56	55	54	54	61	49	29	47	42	47	26	46	59	46	46	34	52

续表2-5-30

饲料名称	粗蛋白质 CP	精氨酸 Arg	组氨酸 His	异亮氨酸 Ile	亮氨酸 Leu	赖氨酸 Lys	蛋氨酸 Met	苯丙氨酸 Phe	苏氨酸 Thr	色氨酸 Trp	缬氨酸 Val	丙氨酸 Ala	天冬氨酸 Asp	半胱氨酸 Cys	谷氨酸 Glu	甘氨酸 Gly	脯氨酸 Pro	丝氨酸 Ser	酪氨酸 Tyr
黑小麦	87	85	82	83	85	78	89	85	70	82	82	78	80	83	91	83	104	82	82
	(n=5, SD=3.27)	(n=6, SD=6.61)	(n=7, SD=7.18)	(n=8, SD=6.83)	(n=8, SD=5.50)	(n=8, SD=9.33)		(n=7, SD=7.75)	(n=8, SD=14.66)		(n=8, SD=6.98)	(n=7, SD=6.47)	(n=7, SD=4.45)	(n=7, SD=5.45)	(n=7, SD=4.53)	(n=7, SD=15.61)	(n=5, SD=22.43)	(n=7, SD=7.52)	(n=6, SD=7.00)
小麦细麸		91	84	79	80	78	82	84	73	81	81	77	79	76	91	75	89	84	83
小麦次粉	62	88	84	81	83	76	84	84	76	84	81	74	73	82	89	80		75	84
	(n=1)											(n=1)	(n=1)		(n=1)	(n=1)		(n=1)	

表 2-5-31　碳水化合物含量　　%

饲料名称	乳糖 Lactose	蔗糖 Sucrose	棉籽糖 Raffinose	水苏糖 Stachyose	毛蕊花糖 Verbascose	寡糖 Oligosaccharides	淀粉 Starch	中性洗涤纤维 NDF	酸性洗涤纤维 ADF	半纤维素 Hemicellulose	酸性洗涤木质素 Acid detergent lignin	总膳食纤维 Total dietary fiber	不溶性膳食纤维 Insoluble dietary fiber	可溶性膳食纤维 Soluble dietary fiber
面包渣							52.80	2.00	5.51					
大麦							50.21	18.29	5.78	14.1	2.28	15.35		
							(n=17, SD=5.20)	(n=32, SD=3.38)	(n=33, SD=1.32)	(n=1)	(n=9, SD=0.67)	(n=1)		
裸大麦							54.56	12.55	2.18					
							(n=2, SD=1.73)	(n=11, SD=1.84)	(n=3, SD=0.55)					
全脂双低菜籽							0.70	16.71	12.57	1.46	5.40			
								(n=5, SD=3.07)	(n=5, SD=0.94)	(n=2, SD=0.60)	(n=2, SD=0.33)			

续表2-5-31

饲料名称	乳糖 Lactose	蔗糖 Sucrose	棉籽糖 Raffinose	水苏糖 Stachyose	毛蕊花糖 Verbascose	寡糖 Oligosaccharides	淀粉 Starch	中性洗涤纤维 NDF	酸性洗涤纤维 ADF	半纤维素 Hemice-llulose	酸性洗涤木质素 Acid detergent lignin	总膳食纤维 Total dietary fiber	不溶性膳食纤维 Insoluble dietary fiber	可溶性膳食纤维 Soluble dietary fiber
木薯粉	0.00	0.00	0.00	0.00	0.00		67.85	6.55	5.99					
	(n=5, SD=0.00)	(n=5, SD=0.00)	(n=5, SD=0.00)	(n=5, SD=0.00)	(n=5, SD=0.00)		(n=4, SD=4.90)	(n=3, SD=1.21)	(n=5, SD=1.95)					
柑橘渣							2.53	21.23	20.2					
							(n=2, SD=0.66)	(n=2, SD=2.11)	(n=2, SD=3.57)					
玉米麸	0.00	0.00	0.00	0.00	0.00		31.73	32.96	9.23					
	(n=2, SD=0.00)	(n=2, SD=0.00)	(n=2, SD=0.00)	(n=2, SD=0.00)	(n=2, SD=0.00)		(n=1)	(n=1)	(n=1)					
玉米胚芽	0.00	0.00	0.00	0.00	0.00		23.51	18.27	6.67		2.37			
	(n=3, SD=0.00)	(n=3, SD=0.00)	(n=3, SD=0.00)	(n=3, SD=0.00)	(n=3, SD=0.00)		(n=4, SD=2.58)	(n=5, SD=4.33)	(n=4, SD=2.11)		(n=1)			
玉米糁，玉米渣	0.00	0.00	0.00	0.00	0.00		47.58	14.30	4.51			10.11		
	(n=5, SD=0.00)	(n=5, SD=0.00)	(n=5, SD=0.00)	(n=5, SD=0.00)	(n=5, SD=0.00)		(n=5, SD=7.96)	(n=4, SD=0.22)	(n=4, SD=0.34)			(n=1)		
乳糖(来源十牛奶)	95.00								0.00					
低蛋白乳清粉，乳糖80%	80.00								0.00					
低蛋白乳清粉，乳糖85%	85.00								0.00					
乳清粉	72.88						0		0		0.00			

续表2-5-31

饲料名称	乳糖 Lactose	蔗糖 Sucrose	棉籽糖 Raffinose	水苏糖 Stachyose	毛蕊花糖 Verbascose	寡糖 Oligosaccharides	淀粉 Starch	中性洗涤纤维 NDF	酸性洗涤纤维 ADF	半纤维素 Hemicellulose	酸性洗涤木质素 Acid detergent lignin	总膳食纤维 Total dietary fiber	不溶性膳食纤维 Insoluble dietary fiber	可溶性膳食纤维 Soluble dietary fiber
黍							54.95	15.80	13.80			4.78		
												($n=1$)		
甜菜糖蜜		47.50					0		0.08					
甘蔗糖蜜		47.50									0.15			
去壳燕麦							46.80	9.70	6.50					
							($n=1$)	($n=1$)						
燕麦							39.06	25.30	13.73			33.93		
							($n=1$)	($n=1$)	($n=4$, $SD=1.21$)			($n=1$)		
裸燕麦							56.35	11.07	3.70					
								($n=3$, $SD=2.73$)						
去壳压片燕麦							51.02					9.11		
							($n=1$)					($n=1$)		
压榨棕榈仁	0.00	0.00	0.00	0.00	0.00		2.58	56.48	37.31					
	($n=2$, $SD=0.00$)	($n=2$, $SD=0.00$)	($n=2$, $SD=0.00$)	($n=2$, $SD=0.00$)	($n=2$, $SD=0.00$)		($n=2$, $SD=0.49$)	($n=2$, $SD=9.04$)	($n=2$, $SD=4.24$)					
棕榈仁粕											35.0			
黑麦	0.00	0.00	0.00	0.00	0.00		59.34	12.26	4.60		0.77			
	($n=1$, $SD=0.00$)	($n=1$, $SD=0.00$)	($n=1$, $SD=0.00$)	($n=1$, $SD=0.00$)	($n=1$, $SD=0.00$)		($n=2$, $SD=1.36$)	($n=1$)			($n=1$)			

续表2-5-31

饲料名称	乳糖 Lactose	蔗糖 Sucrose	棉籽糖 Raffinose	水苏糖 Stachyose	毛蕊花糖 Verbascose	寡糖 Oligosaccharides	淀粉 Starch	中性洗涤纤维 NDF	酸性洗涤纤维 ADF	半纤维素 Hemicellulose	酸性洗涤木质素 Acid detergent lignin	总膳食纤维 Total dietary fiber	不溶性膳食纤维 Insoluble dietary fiber	可溶性膳食纤维 Soluble dietary fiber
高粱	0.00	0.00	0.00	0.00	0.00		70.05	10.63	4.93		0.44	4.35		
	(*n*=4, *SD*=0.00)	(*n*=4, *SD*=0.00)	(*n*=4, *SD*=0.00)	(*n*=4, *SD*=0.00)	(*n*=4, *SD*=0.00)		(*n*=5, *SD*=8.71)	(*n*=16, *SD*=3.28)	(*n*=16, *SD*=1.48)		(*n*=1)	(*n*=1)		
甜菜渣							0.00	44.90	23.50					
								(*n*=1)	(*n*=1)					
黑小麦	0.00	0.00	0.00	0.00	0.00		64.31	10.28	3.45		0.77			
	(*n*=1)	(*n*=1)	(*n*=1)	(*n*=1)	(*n*=1)		(*n*=2, *SD*=3.80)	(*n*=5, *SD*=0.96)	(*n*=5, *SD*=0.39)		(*n*=1)			
小麦细麸	0.00	0.00	0.00	0.00	0.00		21.83	34.97	5.98					
	(*n*=2, *SD*=0.00)	(*n*=2, *SD*=0.00)	(*n*=2, *SD*=0.00)	(*n*=2, *SD*=0.00)	(*n*=2, *SD*=0.00)			(*n*=17, *SD*=8.52)	(*n*=4, *SD*=2.91)					
小麦加工筛下物		1.69					46.91					19.22		
		(*n*=15, *SD*=0.43)					(*n*=15, *SD*=5.12)					(*n*=5, *SD*=1.27)		
小麦次粉							28.60	29.50	8.60					
								(*n*=1)						

表 2-5-32 脂肪酸含量(占粗脂肪百分比) %

饲料名称	粗脂肪 EE	C12:0	C14:0	C16:0	C16:1	C18:0	C18:1	C18:2	C18:3	C18:4	C20:0	C20:1	C20:4	C20:5	C22:0	C22:1	C22:5	C22:6	C24:0	饱和脂肪酸 SFA	单不饱和脂肪酸 MUFA	多不饱和脂肪酸 PUFA	碘价 IV	碘价物 IVP
大麦	1.60	0.25	0.50	17.08	0.25	0.76	10.50	43.44	4.81		0.00	0.00								19.38	10.75	48.25	101.46	16.23
全脂双低菜籽	42.00	0.00	0.10	3.99	0.38	1.71	55.10	19.48	9.31	0.00	0.00	0.00	0.00	0.00	0.00	0.00	0.00	0.00	0.00	5.80	55.48	28.79	110.59	464.49
木薯粉	0.70	3.12	1.36	25.52	0.56	2.32	28.16	13.12	6.08	0.00	0.00	0.00	0.00	0.00	0.00	0.00	0.00	0.00	0.00	32.80	28.72	19.20	66.23	4.64

续表2-5-32

饲料名称	粗脂肪 EE	C12:0	C14:0	C16:0	C16:1	C18:0	C18:1	C18:2	C18:3	C18:4	C20:0	C20:1	C20:4	C20:5	C22:0	C22:1	C22:5	C22:6	C24:0	饱和脂肪酸 SFA	单不饱和脂肪酸 MUFA	多不饱和脂肪酸 PUFA	碘价 IV	碘价物 IVP
柑橘渣	2.20	0.48	0.42	15.54	0.00	2.88	15.54	21.54	3.84	0.00	0.00	0.00	0.00	0.00	0.00	0.00	0.00	0.00	0.00	19.32	15.54	25.38	63.45	13.96
玉米麸	0.92	0.00	0.00	12.07	0.11	1.63	26.41	44.35	1.41		0.00	0.00								13.70	26.52	45.76	107.97	9.93
玉米糁,玉米渣	1.20	0.08	0.08	11.25	0.33	1.50	24.67	41.83	1.25		0.00	0.00								12.92	25.00	43.08	101.63	12.20
乳清粉	1.07	1.12	9.72	30.47	3.08	9.07	23.46	2.34	0.84		0.00	0.00								52.06	26.54	3.18	30.68	3.28
黍	4.22	0.07	0.00	12.51	0.33	3.65	17.51	47.75	2.80		0.00	0.47								16.23	18.32	50.55	110.52	46.64
甘蔗糖蜜	0.10	0.00	0.00	18.00	0.00	2.00	32.00	50.00	0.00		0.00	0.00								20.00	32.00	50.00	119.25	1.19
燕麦	6.90	0.35	0.22	14.99	0.19	0.94	31.38	35.13	1.61		0.00	0.00								16.49	31.57	36.74	96.36	66.49
压榨棕榈仁	8.50	42.21	14.13	7.65	0.00	2.34	13.41	1.98	0.36	0.00	0.00	0.00	0.00	0.00	0.00	0.00	0.00	0.00	0.00	73.35	13.41	2.34	16.62	14.12
黑麦	2.50	0.00	0.12	10.84	0.40	0.36	11.20	38.32	6.28		0.00	0.52								11.32	12.12	44.60	97.42	24.35
高粱	3.30	0.21	0.27	12.33	0.88	1.06	29.21	39.55	1.97		0.00	0.00								13.88	30.09	41.52	104.08	34.35
黑小麦	2.09	0.67	0.43	13.11	0.86	1.48	8.52	40.81	2.92		0.00	0.72								15.69	10.10	43.73	90.95	19.01
小麦细麸	3.60	0.00	0.08	14.24	0.32	0.64	12.16	45.12	4.72		0.00	1.04	0.00	0.00	0.00	0.00	0.00	0.00	0.00	14.96	13.52	49.84	106.66	38.40
小麦次粉	3.50	0.00	0.08	14.24	0.32	0.64	12.16	45.12	4.72		0.00	1.04	0.00	0.00	0.00	0.00	0.00	0.00	0.00	14.96	13.52	49.84	106.66	37.33

2.5.3.4 Nutrient Requirements of Beef Cattle(肉牛营养需要).2000[20]

表 2-5-33(1) 肉牛用营养成分及营养价值

国际饲料编号及中英文名称	数值说明	于维持水平摄入时测定			生长牛净能值	
		可消化总养分 TDN	消化能 DE	代谢能 ME	维持净能 NEm	增重净能 NEg
		%	Mcal/kg		Mcal/kg	
4-00-549 大麦 Barley(*Hordeum vulgare*)grain	平均数	88	3.84	3.03	2.06	1.40
	样本数	—	—	—	—	—
	标准差	—	—	—	—	—
4-00-669 甜菜渣,脱水 Beet Sugar(*Beta vulgaris altissima*)Pulp,dehydrated	平均数	74	3.26	2.68	1.76	1.14
	样本数	—	—	—	—	—
	标准差	—	—	—	—	—

续表2-5-33(1)

国际饲料编号及中英文名称	数值说明	于维持水平摄入时测定			生长牛净能值	
		可消化总养分 TDN	消化能 DE	代谢能 ME	维持净能 NEm	增重净能 NEg
		%	Mcal/kg		Mcal/kg	
4-01-237 柑橘渣，无细小纤维，脱水 Citrus(*Citrus* spp.)Pomace without fines,dehydrated	平均数	82	3.62	2.96	2.00	1.35
	样本数	—	—	—	—	—
	标准差	—	—	—	—	—
4-00-376 动物脂肪，水解 Fat,animal,hydrolyzed	平均数	177	7.30	7.30	6.00	4.50
	样本数	—	—	—	—	—
	标准差	—	—	—	—	—
4-05-077 植物油 Oil,vegetable	平均数	177	7.80	6.40	4.75	3.51
	样本数	—	—	—	—	—
	标准差	—	—	—	—	—
4-00-668 甜菜糖蜜，>48%转化糖，白利糖度值>79.5 Beet sugar molasses,>48% invert sugar,>79.5 degrees brix	平均数	75	3.31	2.71	1.79	1.16
	样本数	—	—	—	—	—
	标准差	—	—	—	—	—
4-04-696 甜菜糖蜜，>46%转化糖，白利糖度值>79.5(黑糖蜜)Sugarcane,molasses,>46% invert sugar,>79.5 degrees brix(black-strap)	平均数	72	3.17	2.60	1.70	1.08
	样本数	—	—	—	—	—
	标准差	—	—	—	—	—
4-03-309 燕麦 Oats(*Avena sativa*)grain	平均数	77	3.40	2.78	1.85	1.22
	样本数	—	—	—	—	—
	标准差	—	—	—	—	—
4-04-383 高粱 Sorghum(*Sorghium bicolor*)grain	平均数	82	3.62	2.96	2.00	1.35
	样本数	—	—	—	—	—
	标准差	—	—	—	—	—
4-05-205 小麦面粉加工副产品，粗纤维<9.5% Wheat(*Triticum aestivum*)flour by-product,less than 9.5% fiber	平均数	69	3.04	2.50	1.6	1.00
	样本数	—	—	—	—	—
	标准差	—	—	—	—	—

表 2-5-33(2)　肉牛用营养成分及营养价值

国际饲料编号及中英文名称	数值说明	干物质 DM	粗蛋白质 CP	过瘤胃率 RD	粗脂肪 EE	纤维 Fiber	中性洗涤纤维 NDF	酸性洗涤纤维 ADF	粗灰分 Ash	钙 Ca	磷 P	镁 Mg	钾 K	钠 Na	硫 S	铜 Cu	碘 I	铁 Fe	锰 Mn	硒 Se	锌 Zn	钴 Co	钼 Mo
		%														mg/kg							
4-00-549 大麦 Barley (*Hordeum vulgare*) grain	平均数	88.1	13.20	27	2.2	3.37	18.1	5.77	2.4	0.05	0.35	0.12	0.57	0.01	0.15	5.3	—	59.5	18.3	—	13.0	0.35	1.16
	样本数	1743	1884	16	8	6	1216	1399	1153	1395	1906	1409	257	1408	63	1408	—	1408	1408	—	1408	16	196
	标准差	0.86	1.50	10	0.44	1.6	4.8	2.2	0.18	0.03	0.05	0.02	0.18	0.01	0.02	2.8	—	56.3	8.5	—	5.03	0.28	0.55
4-00-669 甜菜渣，脱水 Beet sugar (*Beta vulgaris altissima*) pulp, dehydrated	平均数	91.00	9.8	45	0.6	20.0	44.6	27.5	5.3	0.68	0.10	0.28	0.22	0.20	0.22	13.8	—	293	37.6	0.12	1.0	—	0.08
	样本数	47	31	4	25	29	2	5	22	18	23	21	12	8	9	5	—	13	10	1	3	—	3
	标准差	1.37	1.04	14	0.15	2.40	20.4	6.79	1.29	0.07	0.01	0.05	0.07	0.07	0.01	0.07	—	62.8	1.3	—	0.03	—	0.04
4-01-237 柑橘渣，无细小纤维，脱水 Citrus (*Citrus* spp.) pomace without fines, dehydrated	平均数	91.1	6.7	30	3.7	12.8	23.0	23.0	6.6	1.88	0.13	0.17	0.77	0.08	0.08	6.14	—	360	7	—	15	—	0.19
	样本数	275	365	—	260	314	1	1	335	20	16	9	14	5	6	6	—	11	8	—	6	—	3
	标准差	1.52	0.40	—	0.86	1.19	—	—	0.80	0.42	0.02	0.02	0.17	0.02	0.04	0.42	—	335	0.7	—	2.6	—	0.10
4-00-376 动物脂肪，水解 Fat, animal, hydrolyzed	平均数	99.2	—	—	99.2	—	—	—															
	样本数	5	—	—	3	—	—	—															
	标准差	0.20			1.04			—	—	—	—	—	—	—	—	—	—	—	—	—	—	—	—
4-05-077 植物油 Oil, vegetable	平均数	99.8	—	—	99.9	—	—	—															
	样本数	5	—	—	6	—	—	—															
	标准差	0.29	—	—	0.11	—	—	—															
4-00-668 甜菜糖蜜，>48%转化糖，白利糖度值>79.5 Beet sugar molasses, >48% invert sugar, >79.5 degrees brix	平均数	77.9	8.5	20	0.2	0.0	0.0	0.0	11.4	0.15	0.03	0.29	6.06	1.48	0.60	21.6	—	87	6	—	18	—	0.46
	样本数	21	21	—	3	—	—	—	9	13	11	10	10	8	9	7	—	8	7	1	5	—	—
	标准差	1.71	1.11	—	0.105	—	—	—	1.34	0.054	0.01	0.01	0.29	0.08	0.05	1.3	—	25.2	0.3	—	0.032	—	—

续表2-5-33(2)

国际饲料编号及中英文名称	数值说明	干物质 DM	粗蛋白质 CP	过瘤胃率 RD	粗脂肪 EE	纤维 Fiber	中性洗涤纤维 NDF	酸性洗涤纤维 ADF	粗灰分 Ash	钙 Ca	磷 P	镁 Mg	钾 K	钠 Na	硫 S	铜 Cu	碘 I	铁 Fe	锰 Mn	硒 Se	锌 Zn	钴 Co	钼 Mo
		%														mg/kg							
4-04-696 甜菜糖蜜，>46%转化糖，白利糖度值>79.5(黑糖蜜) Sugarcane, molasses, >46% invert sugar, >79.5 degrees brix (black-strap)	平均数	74.3	5.8	20	0.2	0.5	—	0.4	13.3	1.00	0.10	0.42	4.01	0.22	0.47	65.7	2.10	263	59	—	21	—	1.59
	样本数	84	64	—	6	1	—	1	52	32	31	12	16	9	9	8	1	11	11	—	5	—	4
	标准差	3.27	2.03	—	0.240	—	—	—	2.34	0.182	0.02	0.10	0.88	0.02	0.02	26.0	—	34.4	6.4	—	6.0	—	0.75
4-03-309 燕麦 Oats (*Avena sativa*) Grain	平均数	89.2	13.6	17	5.2	12.0	29.3	14.0	3.3	0.01	0.41	0.16	0.51	0.02	0.21	8.6	—	94.1	40.3	0.24	40.8	0.06	1.70
	样本数	97	229	4	125	108	54	111	94	168	175	152	151	49	22	131	—	132	141	32	144	8	104
	标准差	1.80	1.59	3	0.97	1.40	7.03	4.45	0.50	0.03	0.05	0.02	0.09	0.02	0.02	4.1	—	50.0	15.1	0.15	9.5	0.02	0.76
4-04-383 高粱 Sorghum (*Sorghium bicolor*) train	平均数	90.0	12.6	57	3.03	2.76	16.10	6.38	1.87	0.04	0.34	0.17	0.44	0.01	0.14	4.7	—	80.8	15.4	0.46	0.99	—	—
	样本数	226	230	8	68	45	7	10	62	40	39	37	28	27	4	26	—	36	34	3	13	—	—
	标准差	2.29	1.99	8	0.66	0.95	3.36	0.56	0.43	0.04	0.07	0.04	0.11	0.01	0.03	1.9	—	45.1	4.6	0.58	0.64	—	—
4-05-205 小麦面粉加工副产品，粗纤维<9.5% Wheat (*Triticum aestivum*) flour by-product, less than 9.5% fiber	平均数	89.3	18.7	21	4.7	8.5	35.9	11.7	5.0	0.17	1.01	0.40	1.81	0.02	0.19	12.6	—	170	124	—	102	—	2.1
	样本数	96	59	3	94	66	26	38	30	69	70	55	56	44	18	50	—	51	49	—	45	—	39
	标准差	1.49	1.15	2	0.85	1.00	6.81	0.93	0.99	0.15	0.13	0.09	0.14	0.06	0.04	3.13	—	118	23	—	35	—	37

注：RD为Ruminal Undegradability，过瘤胃率。

表 2-5-34(1) 肉牛用原料能值、营养成分,蛋白质、碳水化合物组成及其消化率

国际饲料编号	饲料名称	精料所占日粮比例 Conc.(%DM)	粗料所占日粮比例 Forage(%DM)	干物质 DM(%AF)	中性洗涤纤维 NDF(%DM)	木质素占NDF比例 Lignin(%NDF)	有效中性洗涤纤维占NDF比例 eNDF(%NDF)	可消化总养分 TDN(%DM)	代谢能 ME(Mcal/kg)	维持净能 NEm(Mcal/kg)	增重净能 NEg(Mcal/kg)	粗蛋白质 CP(%DM)	降解食入蛋白质占粗蛋白质比例 DIP(%CP)	可溶性粗蛋白质占粗蛋白质比例 solCP(%CP)	非蛋白氮占可溶性粗蛋白质比例 NPN(%SolCP)
4-00-545	大麦芽 Barley malt, sprouts w/hulls	100	0	93.0	46.00	6.52	34	71.0	2.57	1.66	1.05	28.10	64.2	48.0	83.00
4-00-549	大麦,重(编者推测为密度较大) Barley grain, heavy	100	0	88.0	18.10	10.53	34	84.0	3.04	2.06	1.40	13.20	66.9	17.0	29.00
	大麦,轻(编者推测为密度较小) Barley grain, light	100	0	88.0	28.00	10.36	34	77.0	2.78	1.85	1.22	14.00	66.9	17.0	29.00
4-02-887	玉米粥 Corn, hominy	100	0	90.0	23.00	3.64	9	91.0	3.29	2.27	1.57	11.50	47.5	18.0	78.00
4-00-668	甜菜糖蜜 Molasses, beet	100	0	77.9	0.00	0.00	0	75.0	2.71	1.79	1.16	8.50	100.0	100.0	100.00
4-04-696	甘蔗糖蜜 Molasses, cane	100	0	74.3	0.00	0.00	0	72.0	2.60	1.70	1.08	5.80	100.0	100.0	100.00
4-03-318	燕麦,32 lb/bu(磅/蒲式耳) Oats, 32 lb/bu	100	0	91.0	42.00	9.52	34	73.0	2.64	1.73	1.11	13.60	76.6	53.0	19.00
4-03-309	燕麦,38 lb/bu(磅/蒲式耳) Oats, 38 lb/bu	100	0	89.0	29.30	9.38	34	77.0	2.78	1.85	1.22	13.60	83.0	53.0	19.00
4-04-047	黑麦 Rye, grain	100	0	88.0	19.00	5.30	34	84.0	3.04	2.06	1.40	13.80	79.0	53.0	19.00
4-04-383	高粱,干 Sorghum, dry grain	100	0	89.0	23.00	6.09	34	76.0	2.75	1.82	1.19	12.40	50.8	12.0	33.00
4-04-383	压片高粱 Sorghum, rolled grain	100	0	90.0	23.00	6.09	34	82.0	2.96	2.00	1.35	12.60	43.0	12.0	33.00

续表2-5-34(1)

国际饲料编号	饲料名称	精料所占日粮比例 Conc.(%DM)	粗料所占日粮比例 Forage(%DM)	干物质 DM(%AF)	中性洗涤纤维 NDF(%DM)	木质素占NDF比例 Lignin(%NDF)	有效中性洗涤纤维占NDF比例 eNDF(%NDF)	可消化总养分 TDN(%DM)	代谢能 ME(Mcal/kg)	维持净能 NEm(Mcal/kg)	增重净能 NEg(Mcal/kg)	粗蛋白质 CP(%DM)	降解食入蛋白质占粗蛋白质比例 DIP(%CP)	可溶性粗蛋白质占粗蛋白质比例 solCP(%CP)	非蛋白氮占可溶性粗蛋白质比例 NPN(%SolCP)
	蒸汽压片高粱 Sorghum,steam flaked	100	0	70.0	23.00	6.09	34	88.0	3.18	2.18	1.50	12.00	56.4	8.0	80.00
	木薯 Tapioca	100	0	89.0	8.00	0.00	0	84.0	3.04	2.06	1.40	3.10	56.1	25.0	45.00
4-05-205	小麦次粉 Wheat, middlings	100	0	89.0	35.00	5.95	2	83.0	3.00	2.03	1.37	18.40	77.2	40.0	75.00
4-00-424	苹果渣 Apple,pomace	0	100	22.0	41.00	2.00	34	68.9	2.49	1.60	1.00	5.40	48.0	11.0	100.00
4-00-466	面包废弃物 Baker,waste	100	0	92.0	18.00	5.56	0	89.0	3.22	2.21	1.52	9.00	75.6	40.0	75.00
4-00-675	甜菜渣,经过滤 Beet pulp, + steffen's filt	100	0	91.0	42.00	4.76	33	66.0	2.39	1.51	0.91	10.00	42.5	26.5	96.00
4-00-669	甜菜渣,脱水 Beet pulp,dehydrated	100	0	91.0	44.60	3.70	33	74.0	2.68	1.76	1.14	9.80	42.6	27.0	96.00
4-01-237	柑橘渣,脱水 Citrus pulp,dehydrated	100	0	91.0	23.00	13.04	33	82.0	2.96	2.00	1.35	6.70	41.6	27.0	96.00
4-00-376	牛油 Tallow	100	0	99.0	0.00	0.00	0	177.0	6.40	4.75	3.51	0.00	100.0	0.0	0.00
4-08-134	酸乳清 Whey,acid	100	0	7.0	0.00	0.00	0	78.0	2.82	1.88	1.24	14.20	100.0	100.0	8.00
4-01-186	无乳糖乳清 Whey, delact.	100	0	93.0	0.00	0.00	0	71.0	2.57	1.66	1.05	17.90	100	100	8.00

表 2-5-34(2) 肉牛用原料能值、营养成分,蛋白质、碳水化合物组成及其消化率

国际饲料编号	饲料名称	中性洗涤剂不溶蛋白质 NDFIP (%CP)	酸性洗涤剂不溶蛋白质 ADFIP (%CP)	淀粉占非结构性碳水化合物比例 Starch (%NSC)	脂肪 Fat (%DM)	粗灰分 Ash (%DM)	碳水化合物消化率 Carbohydrate kd (%/h)			蛋白质消化率 Protein kd (%/h)		
							糖 A	淀粉 B1	可利用纤维 B2	快速降解蛋白质 B1	中速降解蛋白质 B2	慢速降解蛋白质 B3
4-00-545	大麦芽 Barley malt, sprouts w/hulls	27.00	4.00	85	1.40	7.00	250	30	6.0	135	11	0.09
4-00-549	大麦,重(编者推测为密度较大)Barley grain, heavy	8.00	5.00	90	2.20	2.40	300	30	5.0	300	12	0.35
	大麦,轻(编者推测为密度较小)Barley grain, light	8.00	5.00	90	2.30	4.00	300	30	5.0	300	12	0.35
4-02-887	玉米粥 Corn, hominy	8.00	5.00	90	7.30	1.71	150	20	5.0	150	4	0.09
4-00-668	甜菜糖蜜 Molasses, beet	0.00	0.00	0	0.00	11.40	500	30	3.0	300	11	0.25
4-04-696	甘蔗糖蜜 Molasses, cane	0.00	0.00	0	0.00	13.30	500	30	20.0	350	11	0.25
4-03-318	燕麦,32 lb/bu(磅/蒲式耳)Oats, 32 lb/bu	11.00	5.00	90	4.90	5.00	300	35	5.0	325	12	0.35
4-03-309	燕麦,38 lb/bu(磅/蒲式耳)Oats, 38 lb/bu	11.00	5.00	90	5.20	3.30	300	35	5.0	325	12	0.35
4-04-047	黑麦 Rye, grain	7.00	4.00	90	1.70	2.00	300	40	8.0	300	12	0.35
4-04-383	高粱,干 Sorghum, dry grain	10.00	5.00	90	3.10	2.00	150	10	5.0	135	6	0.12
4-04-383	压片高粱 Sorghum, rolled grain	10.00	5.00	90	3.03	1.87	200	10	5.0	135	6	0.12
	蒸汽压片高粱 Sorghum, steam flaked	10.00	5.00	100	3.10	2.00	250	15	5.0	160	8	0.15

续表2-5-34(2)

国际饲料编号	饲料名称	中性洗涤剂不溶蛋白质 NDFIP (%CP)	酸性洗涤剂不溶蛋白质 ADFIP (%CP)	淀粉占非结构性碳水化合物比例 Starch (%NSC)	脂肪 Fat (%DM)	粗灰分 Ash (%DM)	碳水化合物消化率 Carbohydrate kd (%/h) 糖 A	淀粉 B1	可利用纤维 B2	蛋白质消化率 Protein kd (%/h) 快速降解蛋白质 B1	中速降解蛋白质 B2	慢速降解蛋白质 B3
	木薯 Tapioca	30.00	5.00	80	0.80	3.00	300	40	8.0	300	12	0.35
4-05-205	小麦次粉 Wheat,middlings	4.00	3.00	90	3.20	2.87	300	70	6.0	250	6	0.35
4-00-424	苹果渣 Apple,pomace	32.00	31.50	100	4.70	5.00	350	50	5.0	350	11	0.25
4-00-466	面包废弃物 Baker,waste	6.00	3.00	85	12.70	5.00	300	16	7.0	100	12	0.35
4-00-675	甜菜渣,经过滤 Beet pulp,+steffen's filt	53.00	11.00	90	0.40	6.00	300	40	8.0	300	12	0.35
4-00-669	甜菜渣,脱水 Beet pulp,dehydrated	53.00	11.00	90	0.60	5.30	300	40	8.0	300	12	0.35
4-01-237	柑橘渣,脱水 Citrus pulp,dehydrated	53.00	11.00	90	3.70	6.60	350	50	9.0	350	11	0.25
4-00-376	牛油 Tallow	0.00	0.00	0	99.00	1.00	0	0	0.0	0	0	0.00
4-08-134	酸乳清 Whey,acid	0.00	0.00	0	0.70	10.00	350	0	0.0	350	0	0.00
4-01-186	无乳糖乳清 Whey,delact.	0.00	0.00	0	1.10	17.00	350	0	0.0	350	0	0.00

注:eNDF=effective neutral detergent fiber,有效中性洗涤纤维;DIP=degraded intake protein,降解食入蛋白质;solCP=soluble CP,可溶蛋白质;NDFIP=neutral detergent insoluble protein,中性洗涤剂不溶蛋白质;ADFIP=acid detergent insoluble protein,酸性洗涤剂不溶蛋白质;NSC=nonstructural carbohydrate,非结构性碳水化合物;kd,降解率;h,小时。编者注:《国内外饲料成分及营养价值史料汇编》(第一辑)(2016)将 NDFIP 和 ADFIP 分别误写为"NDIP"和"ADIP",特此致歉。

表 2-5-35(1) 肉牛用原料氨基酸、矿物质和维生素含量

国际饲料编号	饲料名称	氨基酸 Amino acids									
		蛋氨酸 Met	赖氨酸 Lys	精氨酸 Arg	苏氨酸 Thr	亮氨酸 Leu	异亮氨酸 Ile	缬氨酸 Val	组氨酸 His	苯丙氨酸 Phe	色氨酸 Trp
		%UIP									
4-00-545	大麦芽 Barley malt, sprouts w/hulls	1.17	3.50	11.70	2.83	6.67	3.67	4.50	2.17	5.17	1.00
4-00-549	大麦,重(编者推测为密度较大)Barley grain, heavy	0.81	3.07	4.83	3.15	6.83	3.92	4.88	2.29	5.60	1.26
	大麦,轻(编者推测为密度较小)Barley grain, light	0.81	3.07	4.83	3.15	6.83	3.92	4.88	2.29	5.60	1.26
4-02-887	玉米粥 Corn, hominy	1.11	3.20	5.42	3.67	10.83	3.91	5.19	2.87	4.88	0.11
4-00-668	甜菜糖蜜 Molasses, beet	0.00	0.00	0.00	0.00	0.00	0.00	0.00	0.00	0.00	0.00
4-04-696	甘蔗糖蜜 Molasses, cane	0.00	0.00	0.00	0.00	0.00	0.00	0.00	0.00	0.00	0.00
4-03-318	燕麦,32 lb/bu(磅/蒲式耳)Oats, 32 lb/bu	2.12	2.02	4.38	2.16	7.70	3.84	0.00	1.80	5.86	1.28
4-03-309	燕麦,38 lb/bu(磅/蒲式耳)Oats, 38 lb/bu	2.12	2.02	4.38	2.16	7.70	3.84	0.00	1.80	5.86	1.28
4-04-047	黑麦 Rye, grain	1.38	3.47	4.42	2.97	5.80	3.84	4.64	2.10	4.64	0.94
4-04-383	高粱,干 Sorghum, dry grain	0.75	3.61	7.07	2.26	4.29	3.01	2.78	1.35	2.78	0.75
4-04-383	压片高粱 Sorghum, rolled grain	0.75	3.61	7.07	2.26	4.29	3.01	2.78	1.35	2.78	0.75
	蒸汽压片高粱 Sorghum, steam flaked	0.75	3.61	7.07	2.26	4.29	3.01	2.78	1.35	2.78	0.75
	木薯 Tapioca	1.33	3.33	4.67	2.67	4.67	3.00	3.67	3.00	1.00	0.67
4-05-205	小麦次粉 Wheat, middlings	1.02	3.77	6.96	3.67	7.37	4.09	5.79	2.41	4.74	1.20
4-00-424	苹果渣 Apple, pomace	0.67	2.83	2.83	2.83	5.49	2.83	3.83	1.00	3.50	4.50
4-00-466	面包废弃物 Baker, waste	1.77	3.17	4.77	4.95	7.47	4.57	4.30	1.30	4.10	1.00
4-00-675	甜菜渣,经过滤 Beet pulp, +steffen's filt	0.65	3.00	4.43	3.17	4.61	2.69	4.50	1.87	2.80	1.10
4-00-669	甜菜渣,脱水 Beet pulp, dehydrated	0.65	3.00	4.43	3.17	4.61	2.69	4.50	1.87	2.80	1.10
4-01-237	柑橘渣,脱水 Citrus pulp, dehydrated	0.65	3.00	4.43	3.17	4.61	2.69	4.50	1.87	2.80	1.10
4-00-376	牛油 Tallow	0.00	0.00	0.00	0.00	0.00	0.00	0.00	0.00	0.00	0.00
4-08-134	酸乳清 Whey, acid	0.00	0.00	0.00	0.00	0.00	0.00	0.00	0.00	0.00	0.00
4-01-186	乳清,Whey, delact.	0.00	0.00	0.00	0.00	0.00	0.00	0.00	0.00	0.00	0.00

表 2-5-35(2) 肉牛用原料氨基酸、矿物质和维生素含量

国际饲料编号	中英文名称	矿物质 Minerals														维生素 Vitamins		
		钙 Ca	磷 P	镁 Mg	氯 Cl	钾 K	钠 Na	硫 S	钴 Co	铜 Cu	碘 I	铁 Fe	锰 Mn	硒 Se	锌 Zn	维生素 A	维生素 D	维生素 E
		%DM							mg/kg							×10³ IU/kg		IU/kg
4-00-545	大麦芽 Barley malt, sprouts w/hulls	0.19	0.68	0.18	0.39	0.27	0.95	0.85	0.00	6.30	0.00	200.00	31.70	0.45	60.70	0.00	0.00	4.00
4-00-549	大麦，重(编者推测为密度较大)Barley grain, heavy	0.05	0.35	0.12	0.13	0.57	0.01	0.15	0.35	5.30	0.05	59.50	18.30	0.18	13.00	3.80	0.00	26.20
	大麦，轻(编者推测为密度较小)Barley grain, light	0.06	0.39	0.15	0.13	0.52	0.03	0.17	0.19	8.60	0.05	90.00	18.10	0.18	44.40	3.80	0.00	26.20
4-02-887	玉米粥 Corn, hominy	0.05	0.57	0.26	0.06	0.65	0.09	0.03	0.06	15.10	0.00	80.00	16.10	0.00	0.00	0.00	0.00	0.00
4-00-668	甜菜糖蜜 Molasses, beet	0.15	0.03	0.29	1.64	6.06	1.48	0.60	0.47	21.60	0.00	87.00	6.00	0.00	18.00	0.00	0.00	0.00
4-04-696	甘蔗糖蜜 Molasses, cane	1.00	0.10	0.42	3.04	4.01	0.22	0.47	1.59	65.70	2.10	263.00	59.00	0.00	21.00	0.00	0.00	7.00
4-03-318	燕麦，32 lb/bu(磅/蒲式耳) Oats, 32 lb/bu	0.07	0.30	0.16	0.10	0.45	0.06	0.23	0.06	6.70	0.13	80.00	40.10	0.24	39.20	0.20	0.00	15.00
4-03-309	燕麦，38 lb/bu(磅/蒲式耳) Oats, 38 lb/bu	0.01	0.41	0.16	0.10	0.51	0.02	0.21	0.06	8.60	0.13	94.10	40.30	0.24	40.80	0.20	0.00	15.00
4-04-047	黑麦 Rye, grain	0.07	0.36	0.14	0.03	0.52	0.03	0.17	0.00	8.60	0.00	80.00	82.30	0.44	32.20	0.20	0.00	16.60
4-04-383	高粱，干 Sorghum, dry grain	0.05	0.34	0.14	0.09	0.47	0.04	0.12	0.53	4.90	0.07	60.00	17.90	0.23	19.10	0.05	0.00	12.00
4-04-383	压片高粱 Sorghum, rolled grain	0.04	0.34	0.17	0.09	0.44	0.01	0.14	0.53	4.70	0.07	80.80	15.40	0.46	16.00	0.05	0.00	12.00
	蒸汽压片高粱 Sorghum, steam flaked	0.05	0.34	0.14	0.09	0.35	0.04	0.12	0.53	4.90	0.07	60.00	17.90	0.23	19.10	0.05	0.00	12.00
	木薯 Tapioca	0.00	0.00	0.00	0.00	0.00	0.00	0.00	0.00	0.00	0.00	0.00	0.00	0.00	0.00	0.00	0.00	0.00
4-05-205	小麦次粉 Wheat, middlings	0.15	1.00	0.38	0.04	1.10	0.01	0.19	0.11	11.00	0.12	110.00	128.30	0.83	109.10	5.80	0.00	26.90
4-00-424	苹果渣 Apple, pomace	0.23	0.11	0.00	0.00	0.53.	0.00	0.11	0.00	0.00	0.00	0.00	0.00	0.00	0.00	0.00	0.00	0.00
4-00-466	面包废弃物 Baker, waste	0.15	0.24	0.18	1.61	0.43	1.12	0.02	1.31	12.10	0.00	180.00	71.20	0.00	19.50	7.70	0.00	44.90
4-00-675	甜菜渣，经过滤 Beet pulp, + steffen's filt	0.70	0.10	0.28	0.04	0.20	0.21	0.20	0.08	13.70	0.00	300.00	37.70	0.00	0.08	0.40	1.00	0.00

续表2-5-35(2)

国际饲料编号	中英文名称	矿物质 Minerals														维生素 Vitamins		
		钙 Ca	磷 P	镁 Mg	氯 Cl	钾 K	钠 Na	硫 S	钴 Co	铜 Cu	碘 I	铁 Fe	锰 Mn	硒 Se	锌 Zn	维生素 A	维生素 D	维生素 E
		%DM							mg/kg							×10³ IU/kg		IU/kg
4-00-669	甜菜渣,脱水 Beet pulp, dehydrated	0.68	0.10	0.28	0.04	0.22	0.20	0.22	0.08	13.80	0.00	293.00	37.70	0.12	1.00	0.40	0.60	0.00
4-01-237	柑橘渣,脱水 Citrus pulp, dehydrated	1.88	0.13	0.17	0.00	0.77	0.08	0.08	0.19	6.15	0.00	360.00	7.00	0.00	15.00	0.00	0.00	0.00
4-00-376	牛油 Tallow	0.57	0.06	0.06	0.00	0.32	0.01	0.00	0.57	15.00	0.68	482.00	47.00	0.00	42.00	0.00	0.00	0.00
4-08-134	酸乳清 Whey,acid	0.81	0.71	0.00	0.00	2.75	0.00	0.00	0.00	0.00	0.00	290.00	3.20	0.00	0.00	0.00	0.00	0.00
4-01-186	无乳糖乳清 Whey,delact.	1.60	1.18	0.23	1.10	3.16	1.54	1.15	0.00	7.50	10.55	270.00	8.60	0.06	8.40	0.00	0.00	0.00

注:UIP 为 undegraded intake protein,非降解摄入蛋白质。

2.5.3.5 Nutrient Requirements of Beef Cattle(肉牛营养需要).2016[21]

表 2-5-36(1) 肉牛饲粮中常用饲料原料的营养成分平均值和标准差[a,b]

饲料名称	DM (%AF)	Ash (%DM)	TDN (%DM)	DE (Mcal/kg)	ME (Mcal/kg)	NEm (Mcal/kg)	NEg (Mcal/kg)	Sugar (%DM)	Starch (%DM)	Fat (%DM)
苹果渣 Apple pomace	18.49±4.76 (122)	3.14±1.65 (36)	70.9±6.56 (123)	3.13±0.27 (123)	2.56	1.66	1.05		3.98±4.90 (41)	6.10±2.47 (36)
面包房副产品 Bakery products	88.86±4.24 (2338)	4.08±1.27 (1394)	91.9±4.10 (874)	4.05±0.20 (948)	3.32	2.29	1.59	6.32±8.71 (23)	37.61±11.60 (670)	10.04±3.48 (2059)
大麦籽粒 Barley grain	89.69±2.40 (4038)	2.77±0.65 (1825)	84.1±2.13 (1755)	3.71±0.09 (1746)	3.04	2.06	1.4	10.65±0.07 (2)	56.74±4.54 (2283)	2.20±0.39 (2126)
蒸汽压片大麦 Barley grain,steam flaked	81.12±4.60 (160)	2.87±0.94 (63)	84.0		3.04	2.06	1.40		59.27±2.91 (65)	2.05±0.55 (15)
干甜菜渣 Beet pulp,dry	91.49±1.56 (1189)	6.84±2.09 (526)	66.6±3.08 (856)	2.94±0.13 (850)	2.41	1.52	0.93	8.55±5.05 (4)	0.93±0.72 (444)	1.14±0.35 (515)

续表2-5-36(1)

饲料名称	DM (%AF)	Ash (%DM)	TDN (%DM)	DE (Mcal/kg)	ME (Mcal/kg)	NEm (Mcal/kg)	NEg (Mcal/kg)	Sugar (%DM)	Starch (%DM)	Fat (%DM)
湿甜菜渣 Beet pulp,wet	21.95±3.65 (901)	8.59±3.86 (187)	66.6±3.43 (517)	2.94±0.14 (442)	2.41	1.52	0.93	23.21±27.46 (26)	1.65±2.04 (163)	0.86±0.30 (167)
干柑橘渣 Citrus pulp,dry	87.69±1.94 (561)	7.42±1.17 (176)	70.0±2.75 (422)	3.09±0.11 (422)	2.53	1.63-	1.03		1.00±1.06 (127)	2.44±0.64 (202)
湿柑橘渣 Citrus pulp,wet	19.41±6.64 (177)	6.78±1.85 (75)	70.2±3.76 (146)	3.10±0.15 (145)	2.54	1.64	1.03	0.90	1.70±0.82 (57)	3.17±1.68 (83)
干碾压玉米 Corn grain, dry rolled	87.22±3.25 (31123)	1.44±0.29 (7166)	87.6±1.83 (6452)	3.86±0.07 (5967)	3.17	2.17	1.49	1.81±1.11 (20)	72.07±3.18 (14066)	3.81±0.52 (15057)
高湿玉米 Corn grain, high moisture	70.54±4.79 (25343)	1.53±0.26 (14152)	90.4±1.23 (14617)	3.98±0.05 (14421)	3.27	2.25	1.56	2.16±0.67 (5)	71.30±2.98 (15103)	3.93±0.58 (14699)
蒸汽压片玉米 Corn grain,steamed flaked	80.70±3.21 (53435)	1.26±0.34 (1108)	95.0±1.15 (539)	4.19±0.05 (540)	3.43	2.38	1.67		76.24±2.43 (51310)	3.19±0.92 (1355)
青刈玉米 Corn greenchop	34.29±5.85 (61863)	4.04±1.08 (56953)	67.3±2.33 (60687)	2.97±0.10 (60634)	2.43	1.55	0.95		33.44±7.34 (59234)	2.87±0.47 (57027)
玉米筛下物(筛漏)Corn screenings	86.15±1.78 (538)	1.87±0.76 (132)	72.8±2.92 (50)		2.63	1.72	1.10	2.80	67.74±4.50 (297)	3.32±0.43 (187)
低蛋白豌豆 Field peas,low CP	89.86±1.70 (40)		59.0		2.13	1.28	0.71		46.28±2.35 (4)	1.90
甘油 Glycerin	80.25±9.84 (121)	6.69±1.06 (20)	69.0±8.72 (7)		2.49	1.60	1.00	1.40(2)	0.35	6.24±8.17 (34)
高粱籽实 Grain sorghum,grain	88.70±1.40 (3703)	2.09±0.48 (1482)	86.0±1.86 (1213)	3.79±0.09 (1002)	3.11	2.12	1.45	0.10	71.16±5.55 (2651)	3.50±0.45 (2195)

续表2-5-36(1)

饲料名称	DM (%AF)	Ash (%DM)	TDN (%DM)	DE (Mcal/kg)	ME (Mcal/kg)	NEm (Mcal/kg)	NEg (Mcal/kg)	Sugar (%DM)	Starch (%DM)	Fat (%DM)
蒸汽压片高粱 Grain sorghum, Steam flaked	81.02±5.02 (1356)	1.36±0.73 (7)	93.0		3.36	2.33	1.62		75.18±2.73 (1327)	2.62±0.47 (46)
高湿高粱 Grain sorghum, high moisture	69.91±8.31 (286)	2.70±1.41 (2)	86.0		3.11.	2.12	1.45		72.89±3.30 (60)	3.45±0.35 (4)
玉米次粉饲料 Hominy	88.74±1.62 (1725)	2.64±0.73 (321)	87.2±2.60 (820)	3.85±0.10 (791)	3.15	2.16	1.48	1.10±1.13 (2)	56.77±9.54 (689)	7.15±2.12 (999)
谷子籽实 Millet grain	86.70±6.40 (85)	5.34±2.72 (58)	76.2±7.07 (39)	3.36±0.32 (39)	2.75	1.83	1.20		49.24±9.92 (34)	3.46±1.10 (62)
甜菜糖蜜 Molasses, beet		27.20	75.0		2.71	1.79	1.16	70.62±6.39 (222)		
甘蔗糖蜜 Molasses, cane	66.04±15.09 (55)	12.20±5.34 (82)	72.0		2.60	1.70	1.08	60.04±8.86 (551)	11.98±12.45 (5)	1.86±1.58 (15)
燕麦籽粒 Oat grain	89.86±1.86 (1638)	3.06±0.82 (845)	83.0±4.23 (1029)	3.66±0.18 (995)	3.00	2.03	1.37		44.09±7.94 (782)	6.16±1.57 (942)
低压膨化玉米 Popcorn grain	87.81±1.67 (155)		72.7±0.85 (2)		2.63	1.72	1.10		65.50±1.10 (3)	3.50±0.42 (2)
干马铃薯副产品 Potato by-product, dry	90.90±3.80 (121)	5.71±4.16 (76)	79.2±9.90 (91)	3.49±0.62 (97)	2.86	1.92	1.28		44.34±23.79 (57)	3.87±6.99 (85)
湿马铃薯副产品 Potato by-product, wet	23.38±9.54 (394)	7.69±5.47 (199)	79.1±8.73 (308)	3.49±0.43 (330)	2.86	1.91	1.27		44.27±19.34 (223)	7.95±8.82 (240)
马铃薯皮 Potato peels	43.37±36.74 (62)	6.55±2.19 (2)	78.0		2.82	1.88	1.24			0.55±0.35 (2)

续表2-5-36(1)

饲料名称	DM (%AF)	Ash (%DM)	TDN (%DM)	DE (Mcal/kg)	ME (Mcal/kg)	NEm (Mcal/kg)	NEg (Mcal/kg)	Sugar (%DM)	Starch (%DM)	Fat (%DM)
马铃薯 Potatoes	23.54±7.57 (233)	6.30±2.96 (55)	76.7±3.65 (106)	3.38±0.16 (97)	2.77	1.84	1.21		60.87±9.55 (141)	7.52±7.45 (111)
稻谷糠 Rice bran	91.76±1.74 (1371)	12.17±4.68 (315)	83.4±12.21 (409)	3.68±0.57 (442)	3.01	2.04	1.38		20.17±8.85 (199)	17.64±5.29 (637)
稻谷 Rice grain	88.81±1.98 (211)	3.19±3.04 (87)	82.7±5.83 (142)	3.65±0.24 (137)	2.99	2.02	1.37		77.19±9.95 (112)	1.84±0.92 (81)
黑麦谷物 Rye, grain	89.90±3.05 (57)	1.77±0.28 (16)	80.8±4.43 (28)	3.56±0.19 (28)	2.92	1.97	1.32		58.25±5.35 (16)	1.44±0.36 (17)
向日葵筛下物 Sunflower screenings	89.33±3.01 (82)	6.12±2.64 (14)	56.5±4.88 (2)		2.04	1.19	0.63		3.00	20.99±9.15 (37)
向日葵籽 Sunflowers	94.05±2.69 (495)	3.76±1.02 (140)	71.7±17.79 (15)	3.16±0.41 (137)	2.59	1.69	1.07		0.83±0.79 (29)	33.75±8.19 (382)
小黑麦籽粒 Triticale grain	88.84±1.83 (450)	1.96±0.50 (325)	82.7±1.23 (383)	3.65±0.05 (384)	2.99	2.02	1.37		61.04±4.39 (357)	1.65±0.37 (334)
小麦麸 Wheat bran	90.10±1.25 (208)	5.48±0.80 (97)	71.9±2.76 (182)	3.17±0.12 (182)	2.60	1.69	1.08		21.17±6.84 (115)	4.32±0.79 (117)
小麦籽实 Wheat grain	88.94±1.88 (4031)	2.27±0.93 (1684)	86.8±1.83 (1708)	3.83±0.09 (1712)	3.14	2.15	1.47	8.55±0.35 (2)	62.42±5.10 (1884)	1.89±0.43 (1993)
小麦次粉 Wheat middlings	88.85±1.32 (5382)	5.37±0.78 (1010)	72.9±1.96 (1396)	3.22±0.09 (1370)	2.64	1.73	1.11		25.56±5.67 (1144)	4.14±0.63 (1288)
湿乳清 Whey, wet	16.60±13.33 (951)	12.72±5.37 (917)	80.9±6.75 (664)	3.578±0.43 (690)	2.92	1.97	1.32	50.60±16.27 (568)	3.28±4.86 (43)	3.98±4.18 (651)
干乳清 Whey, dry	93.84±2.99 (70)	12.69±1.92 (134)	82.3±2.63 (50)	3.63±0.52 (51)	2.98	2.01	1.36	56.09±2.16 (108)	1.28±1.39 (10)	1.96±1.94 (37)

表 2-5-36(2) 肉牛饲粮中常用饲料原料的营养成分平均值和标准差[a,b]

饲料名称	NDF(%DM)	ADF(%DM)	Lignin(%DM)	CP(%DM)	RDP(%CP)	RUP(%CP)	SolubleCP(%CP)	ADICP(%DM)
苹果渣 Apple pomace	45.56±8.60 (122)	38.72±8.27 (111)	14.85±5.23 (22)	6.37±1.68 (123)	43.07±7.98 (6)	56.76±7.83 (6)	20.18±8.15 (73)	10.63±3.14 (12)
面包房副产品 Bakery products	13.87±7.29 (999)	7.37±4.89 (925)	1.99±1.24 (115)	13.14±2.31 (2230)	66.36±9.91 (22)	33.42±9.81 (22)	23.23±8.96 (444)	5.74±3.41 (70)
大麦籽粒 Barley grain	18.29±3.96 (1778)	7.09±2.11 (1846)	1.75±0.54 (1281)	12.78±2.83 (3877)	49.14±8.62 (1160)	50.77±8.59 (1160)	27.58±8.16 (1368)	2.21±1.24 (1129)
蒸汽压片大麦 Barley grain, steam flaked	26.30	8.38±1.06 (27)		12.53±1.29 (121)				
干甜菜渣 Beet pulp, dry	41.33±4.58 (872)	26.35±3.43 (855)	3.94±2.08 (338)	9.07±1.31 (1002)	46.71±8.73 (54)	53.15±8.72 (54)	21.89±10.95 (588)	7.04±3.83 (282)
湿甜菜渣 Beet pulp, wet	48.23±7.14 (679)	28.06±3.19 (755)	4.37±2.63 (72)	9.55±1.25 (862)	44.11±8.95 (26)	55.66±8.99 (26)	20.78±10.20 (292)	4.53±2.40 (49)
干柑橘渣 Citrus pulp, dry	24.02±3.09 (426)	20.43±3.33 (383)	2.45±1.41 (75)	6.91±0.91 (529)	59.49±10.25 (5)	40.31±10.20 (5)	41.06±10.34 (149)	5.63±2.00 (52)
湿柑橘渣 Citrus pulp, wet	26.29±4.32 (148)	23.16±5.08 (163)	3.21±2.25 (35)	8.58±1.57 (167)	61.64	38.06	56.65±9.00 (82)	4.48±2.52 (18)
干碾压玉米 Corn grain, dry rolled	9.72±1.83 (6999)	3.56±0.88 (7582)	1.18±0.29 (4633)	8.79±0.97 (22868)	34.60±5.25 (4253)	65.31±5.29 (4254)	21.08±5.17 (4967)	3.09±1.30 (4953)
高湿玉米 Corn grain, high moisture	9.86±1.76 (14639)	3.69±0.86 (15957)	1.15±0.50 (13715)	8.75±0.77 (23493)	44.62±11.36 (13719)	55.30±11.37 (13719)	29.98±10.99 (16551)	2.52±0.80 (12637)
蒸汽压片玉米 Corn grain, steamed flaked	8.97±1.41 (605)	3.59±0.77 (600)	1.25±0.35 (450)	8.48±0.62 (10737)	29.50±6.15 (337)	70.36±6.18 (337)	8.20±4.32 (690)	4.11±1.44 (394)
青刈玉米 Corn green-chop	42.07±5.83 (62114)	24.21±4.03 (61341)	3.36±0.67 (58129)	7.82±0.97 (58015)	59.27±8.35 (56859)	40.68±8.34 (56860)	33.58±7.74 (57638)	3.84±0.79 (53292)

续表2-5-36(2)

饲料名称	NDF(%DM)	ADF(%DM)	Lignin(%DM)	CP(%DM)	RDP(%CP)	RUP(%CP)	SolubleCP(%CP)	ADICP(%DM)
玉米筛下物(筛漏)Corn screenings	14.76±2.83 (110)	5.32±1.36 (242)		8.84±0.97 (500)			3.10 (2)	7.03±3.20 (4)
低蛋白豌豆 Field peas, low CP		41.30±14.22 (3)		14.66±2.66 (31)				
甘油 Glycerin	0.30	0.15±0.08 (8)		0.84±0.84 (39)			100.0	
高粱籽实 Grain sorghum, grain	7.20±3.58 (1224)	4.57±1.81 (1379)	1.15±0.43 (967)	11.64±1.83 (2961)	28.61±4.25 (855)	71.11±4.27 (856)	19.50±5.12 (978)	8.66±2.17 (1172)
蒸汽压片高粱 Grain sorghum, steam flaked	9.70	6.26±0.62 (9)		10.09±1.12 (1007)				82.19±94.97 (6)
高湿高粱 Grain sorghum, high moisture	9.28±0.31 (4)	5.52±1.55 (64)		10.41±1.83 (224)			3.50±0.71 (2)	9.25±3.17 (5)
玉米次粉饲料 Hominy	16.79±5.60 (874)	5.62±1.87 (1036)	1.48±0.55 (985)	10.27±1.46 (1587)	33.40±7.81 (43)	66.54±7.87 (43	28.02±7.55 (374)	3.25±1.66 (83)
谷子籽实 Millet grain	21.61±6.33 (36)	13.88±5.13 (40)	3.21±1.15 (19)	11.27±2.04 (80)	28.59±11.41 (2)	71.42±11.41 (2)	19.87±8.82 (24)	18.45±5.31 (21)
甜菜糖蜜 Molasses, beet				10.86±2.92 (410)				
甘蔗糖蜜 Molasses, cane				8.59±3.54 (820)				
燕麦籽粒 Oat grain	26.65±8.62 (1004)	13.30±4.77 (1109)	3.00±0.77 (576)	12.55±1.89 (1493)	43.54±6.21 (470)	56.47±5.90 (467)	27.35±6.08 (537)	4.27±1.95 (439)
低压膨化玉米 Popcorn grain		4.50±0.59 (9)		11.39±0.99 (12)				
干马铃薯副产品 Potato by-product, dry	18.38±12.02 (95)	13.31±11.11 (96)	3.20±2.34 (54)	8.13±4.20 (98)	51.47±21.48 (13)	48.38±21.24 (13)	50.12±20.48 (69)	4.49±3.69 (44)
湿马铃薯副产品 Potato by-product, wet	21.66±11.84 (329)	15.46±9.57 (319)	3.25±2.03 (87)	12.08±6.80 (381)	46.48±13.14 (50)	53.32±13.16 (50)	40.64±19.11 (207)	6.22±5.52 (57)

续表2-5-36(2)

饲料名称	NDF(%DM)	ADF(%DM)	Lignin(%DM)	CP(%DM)	RDP(%CP)	RUP(%CP)	SolubleCP(%CP)	ADICP(%DM)
马铃薯皮 Potato peels	16.00	10.00		13.80±4.38 (2)				
马铃薯 Potatoes	11.19±7.25 (110)	7.32±5.11 (123)	1.10±1.14 (28)	10.11±3.27 (142)	37.60±1.96 (3)	62.40±1.96 (3)	64.71±19.46 (58)	1.77±0.73 (6)
稻谷糠 Rice bran	26.62±11.39 (448)	15.51±8.74 (468)	5.34±2.52 (116)	14.72±2.99 (797)	55.30±18.69 (8)	44.70±18.69 (8)	25.79±12.18 (184)	5.04±2.24 (63)
稻谷 Rice grain	8.17±7.63 (136)	5.90±5.47 (141)	1.88±1.78 (66)	8.37±1.65 (161)	40.31±14.66 (9)	59.58±14.94 (9)	19.29±10.62 (83)	2.62±1.24 (48)
黑麦谷物 Rye,grain	15.39±4.50 (26)	7.53±7.51 (32)	1.57±0.71 (14)	11.32±1.68 (41)	77.10±5.80 (11)	22.53±5.74 (11)	46.49±13.72 (20)	1.39±0.61 (9)
向日葵筛下物 Sunflower screenings	47.24±10.94 (11)	33.98±9.68 (65)		15.41±2.45 (77)				22.50
向日葵籽 Sunflowers	37.38±9.72 (164)	30.78±10.62 (93)	8.54±6.27 (12)	20.08±3.64 (256)	77.88±9.65 (6)	22.13±9.65 (6)	42.93±15.07 (20)	6.80±2.39 (8)
小黑麦籽粒 Triticale grain	14.10±2.61 (386)	4.49±1.05 (386)	1.81±0.50 (323)	12.13±2.20 (425)	67.30±8.32 (320)	32.56±8.28 (320)	30.21±9.18 (333)	2.46±1.68 (271)
小麦麸 Wheat bran	40.09±6.26 (182)	13.72±2.75 (185)	4.15±1.03 (81)	17.48±1.77 (202)	64.35±3.56 (13)	35.65±3.56 (13)	39.81±6.06 (118)	3.20±1.20 (73)
小麦籽实 Wheat grain	12.36±2.92 (1712)	4.15±1.46 (1802)	1.52±0.53 (1390)	13.79±2.46 (3922)	64.22±8.06 (1253)	35.58±8.08 (1254)	29.32±6.90 (1440)	2.40±2.06 (1105)
小麦次粉 Wheat middlings	38.33±4.65 (1463)	13.23±2.16 (1491)	3.66±1.14 (135)	18.56±1.47 (5083)	68.19±7.32 (11)	31.62±7.38 (11)	40.48±6.50 (350)	3.43±1.34 (135)
湿乳清 Whey,wet	1.66±1.20 (8)	4.23±0.10 (4)	0.60±0.59 (4)	6.30±4.26 (1961)	96.52±6.38 (4)	6.97±8.58 (2)	81.38±8.04 (520)	2.81±2.42 (4)
干乳清 Whey,dry	0.55±0.07 (2)	0.40	0.10	13.91±18.41 (165)	80.08±33.18 (7)	23.24±35.05 (6)	85.59±27.61 (32)	

表 2-5-36(3) 肉牛饲粮中常用饲料原料的营养成分平均值和标准差[a,b]

饲料名称	Ca(%DM)	P(%DM)	Mg(%DM)	K(%DM)	Na(%DM)	Cl(%DM)	S(%DM)	Co(mg/kg)
苹果渣 Apple pomace	0.15±0.05 (83)	0.14±0.04 (84)	0.09±0.03 (85)	0.83±0.29 (88)	0.02±0.02 (65)	0.04±0.03 (13)	0.08±0.03 (67)	
面包房副产品 Bakery products	0.26±0.26 (718)	0.39±0.18 (720)	0.15±0.09 (583)	0.53±0.26 (533)	0.59±0.26 (757)	0.80±0.31 (238)	0.16±0.04 (454)	
大麦籽粒 Barley grain	0.08±0.05 (1636)	0.38±0.07 (1734)	0.13±0.02 (1604)	0.53±0.09 (1583)	0.02±0.02 (483)	0.17±0.05 (156)	0.14±0.03 (1288)	
蒸汽压片大麦 Barley grain, steam flaked	0.11±0.03 (17)	0.35±0.04 (44)	0.15±0.01 (17)	0.56±0.09 (17)	0.03 (3)		0.14±0.01 (36)	
干甜菜渣 Beet pulp, dry	0.96±0.29 (733)	0.08±0.02 (688)	0.23±0.05 (686)	0.71±0.50 (686)	0.19±0.20 (612)	0.12 ± 0.14 (261)	0.30±0.12 (558)	0.99±0.31 (9)
湿甜菜渣 Beet pulp, wet	0.99±0.37 (620)	0.10±0.03 (602)	0.25±0.05 (531)	0.57±0.25 (531)	0.10±0.08 (309)	0.09±0.07 (71)	0.20±0.11 (454)	
干柑橘渣 Citrus pulp, dry	1.84±0.45 (237)	0.11±0.02 (215)	0.13±0.02 (204)	0.98±0.15 (217)	0.05±0.04 (204)	0.12±0.05 (49)	0.11±0.04 (135)	
湿柑橘渣 Citrus pulp, wet	1.28±0.65 (147)	0.16±0.04 (116)	0.13±0.03 (115)	1.22±0.33 (124)	0.04±0.04 (97)	0.11±0.06 (27)	0.11±0.03 (93)	
干碾压玉米 Corn grain, dry rolled	0.03±0.06 (6655)	0.29±0.05 (10980)	0.11±0.02 (8130)	0.37±0.05 (8362)	0.03±0.03 (910)	0.15±0.65 (274)	0.11±0.12 (8171)	0.51±0.35 (4)
高湿玉米 Corn grain, high moisture	0.02±0.02 (15433)	0.30±0.03 (19015)	0.12±0.02 (16106)	0.39±0.04 (16525)	0.02±0.01 (381)	0.08±0.03 (126)	0.10±0.01 (13531)	
蒸汽压片玉米 Corn grain, steamed flaked	0.02±0.02 (713)	0.25±0.05 (2048)	0.09±0.02 (616)	0.33±0.06 (625)	0.01±0.00 (66)	0.08±0.02 (97)	0.10±0.01 (738)	
青刈玉米 Corn green-chop	0.20±0.05 (56200)	0.22±0.03 (56422)	0.15±0.03 (55583)	1.05±0.24 (57514)	0.01±0.01 (1606)	0.27±0.11 (49157)	0.09±0.01 (54045)	0.73±0.51 (10)
玉米筛下物(筛漏)Corn screenings	0.06±0.08 (249)	0.25±0.04 (284)	0.12±0.02 (101)	0.39±0.11 (114)	0.03±0.02 (3)	0.15±0.04 (2)	0.10±0.02 (35)	

续表2-5-36(3)

饲料名称	Ca(%DM)	P(%DM)	Mg(%DM)	K(%DM)	Na(%DM)	Cl(%DM)	S(%DM)	Co(mg/kg)
低蛋白豌豆 Field peas, low CP	0.44±0.12 (3)	0.26±0.19 (3)	0.28±0.03 (3)	0.95±0.44 (3)				
甘油 Glycerin	0.08±0.13 (24)	0.19±0.16 (44)	0.07±0.10 (7)	0.53±1.96 (36)	2.48±0.66 (23)	4.49±0.79 (26)	1.18±0.78 (53)	
高粱籽实 Grain sorghum, grain	0.06±0.05 (1579)	0.34±0.05 (1613)	0.15±0.02 (1187)	0.39±0.07 (1226)	0.12±0.54 (102)	0.32±0.64 (87)	0.11±0.01 (1508)	0.65
蒸汽压片高粱 Grain sorghum, steam flaked	0.03±0.03 (10)	0.26±0.04 (20)	0.12±0.01 (7)	0.38±014 (7)		0.46	0.11	
高湿高粱 Grain sorghum, high moisture	0.04±0.04 (105)	0.31±0.05 (108)	014±0.02 (37)	0.41±0.22 (48)	0.06(2)	0.08	0.10±0.02 (22)	
玉米次粉饲料 Hominy	0.04±0.03 (894)	0.54±0.15 (1108)	0.20±0.07 (615)	0.62±0.18 (628)	0.02±0.02 (304)	0.11±0.03 (55)	0.12±0.02 (667)	
谷子籽实 Millet grain	0.68±0.78 (41)	0.30±0.07 (37)	0.15±0.04 (37)	0.38±0.18 (40)	0.03±0.03 (24)	0.09±0.04 (21)	0.35±0.23 (30)	
甜菜糖蜜 Molasses, beet	0.11±0.13 (155)	0.14±0.24 (39)	0.09±0.16 (29)	3.45±0.68 (229)	1.03±0.50 (6)	1.09±1.87 (32)	0.41±0.11 (166)	
甘蔗糖蜜 Molasses, cane	0.88±0.29 (382)	0.22±0.33 (197)	0.40±0.17 (295)	4.46±1.52 (415)	1.04±0.92 (50)	2.21±1.07 (64)	0.68±0.29 (342)	
燕麦籽粒 Oat grain	0.10±0.05 (876)	0.38±0.09 (894)	0.14±0.03 (821)	0.50±0.11 (822)	0.02±0.01 (317)	0.14±0.05 (83)	0.17±0.05 (530)	0.52±0.30 (29)
低压膨化玉米 Popcorn grain	0.04±0.02 (3)	0.27±0.04 (5)	0.13±0.03 (3)	0.25±0.07 (4)		1.27±1.58 (2)	0.11	
干马铃薯副产品 Potato by-product, dry	0.17±0.17 (88)	0.22±0.17 (90)	0.13±0.10 (87)	1.39±0.76 (100)	0.12±0.18 (84)	0.17±0.15 (40)	0.12±0.10 (70)	9.74
湿马铃薯副产品 Potato by-product, wet	0.41±0.38 (207)	0.35±0.24 (206)	0.13±0.09 (199)	1.19±1.01 (216)	0.09±0.11 (196)	0.17±0.10 (69)	0.16±0.11 (144)	

续表2-5-36(3)

饲料名称	Ca(%DM)	P(%DM)	Mg(%DM)	K(%DM)	Na(%DM)	Cl(%DM)	S(%DM)	Co(mg/kg)
马铃薯皮 Potato peels	0.29±0.07 (60)	0.23±0.05 (2)	0.20±0.05 (59)	1.85			0.15	
马铃薯 Potatoes	0.14±0.14 (88)	0.27±0.09 (91)	0.11±0.04 (73)	1.88±0.81 (93)	0.04±0.03 (51)	0.26±0.16 (11)	0.14±0.05 (52)	0.57±0.52 (2)
稻谷糠 Rice bran	2.04±1.45 (881)	1.61±0.71 (407)	0.73±0.33 (333)	1.28±0.49 (373)	0.06±0.06 (269)	0.13±0.07 (64)	0.16±0.05 (236)	1.09±1.45 (6)
稻谷 Rice grain	0.03±0.03 (87)	0.25±0.10 (90)	0.10±0.06 (89)	0.27±0.12 (91)	0.01±0.10 (46)	0.08±0.04 (39)	0.10±0.02 (74)	
黑麦谷物 Rye,grain	0.09±0.13 (28)	0.36±0.04 (26)	0.14±0.05 (25)	0.53±0.05 (24)	0.03±0.04 (10)	0.13±0.05 (2)	0.13±0.04 (15)	
向日葵筛下物 Sunflower screenings	0.73±0.28 (69)	0.42±0.10 (68)	0.44±0.14 (48)	1.61±0.42 (54)	0.03±0.02 (3)		0.23±0.04 (22)	
向日葵籽 Sunflowers	0.42±0.31 (92)	0.59±0.19 (94)	0.37±0.09 (69)	1.14±0.37 (75)	0.02±0.01 (16)	0.10±0.02 (9)	0.23±0.04 (47)	
小黑麦籽粒 Triticale grain	0.07±0.06 (328)	0.36±0.06 (336)	0.13±0.02 (333)	0.49±0.08 (331)	0.01±0.01 (39)	0.12±0.03 (41)	0.15±0.04 (292)	
小麦麸 Wheat bran	0.13±0.09 (156)	1.04±0.25 (167)	0.42±0.10 (146)	1.20±0.27 (158)	0.03±0.06 (123)	0.10±0.02 (61)	0.19±0.02 (120)	
小麦籽实 Wheat grain	0.08±0.06 (1794)	0.36±0.07 (1824)	0.13±0.02 (1647)	0.43±0.07 (1650)	0.02±0.01 (278)	0.23±0.03 (165)	0.15±0.03 (1417)	
小麦次粉 Wheat middlings	0.12±0.04 (1211)	1.08±0.17 (1327)	0.43±0.09 (858)	1.15±0.17 (943)	0.05±0.13 (538)	0.14±0.16 (76)	0.20±0.02 (514)	0.56±0.10 (9)
湿乳清 Whey,wet	0.99±0.54 (1735)	1.01±0.51 (1714)	0.18±0.05 (1443)	2.99±1.23 (1576)	1.04±0.66 (1558)	3.53±1.92 (203)	0.13±0.07 (1359)	
干乳清 Whey,dry	0.61±0.29 (35)	0.77±0.39 (35)	0.14±0.07 (27)	1.76±0.96 (36)	1.13±0.45 (45)	1.36±0.73 (8)	0.21±0.15 (28)	

表 2-5-36(4) 肉牛饲粮中常用饲料原料的营养成分平均值和标准差[a,b]

饲料名称	Cu(mg/kg)	I(mg/kg)	Fe(mg/kg)	Mn(mg/kg)	Mo(mg/kg)	Se(mg/kg)	Zn(mg/kg)
苹果渣 Apple pomace	8.36±2.30(49)		105.61±97.91(48)	10.79±5.14(19)			7.84±3.74(50)
面包房副产品 Bakery products	6.75±4.18(312)		192.36±133.20(296)	44.41±20.85(312)			43.06±19.68(313)
大麦籽粒 Barley grain	6.12±2.00(254)		99.40±68.29(219)	21.85±10.81(256)	1.37±0.26(4)	1.00	30.64±10.17(256)
蒸汽压片大麦 Barley grain,steam flaked	5.43±0.48(4)			14.67±1.53(3)	0.51±0.09(3)		31.20±2.89(4)
干甜菜渣 Beet pulp,dry	8.40±3.47(243)		640.72±333.11(249)	61.59±16.70(243)		0.12	29.91±59.71(249)
湿甜菜渣 Beet pulp,wet	8.79±3.89(132)		748.18±462.69(117)	60.79±21.76(130)			22.56±7.23(133)
干柑橘渣 Citrus pulp,dry	6.40±2.63(99)		124.58±121.22(94)	9.92±4.40(97)			12.09±13.48(98)
湿柑橘渣 Citrus pulp,wet	5.48±2.11(67)		120.95±97.85(62)	11.89±8.01(62)			12.11±4.18(67)
干碾压玉米 Corn grain,dry rolled	2.63±2.07(3004)		49.97±38.22(689)	7.58±6.86(3111)	0.17±0.15(110)	0.61±0.47(8)	20.49±8.21(3110)
高湿玉米 Corn grain,high moisture	2.22±0.74(818)		49.47±23.94(359)	6.31±2.55(833)	0.30±0.17(29)		19.44±3.46(846)
蒸汽压片玉米 Corn grain,steamed flaked	2.69±0.94(121)		33.76±13.45(69)	7.14±3.37(120)			19.76±5.77(121)
青刈玉米 Corn greenchop	6.23±1.81(1370)		144.28±90.85(1344)	31.04±17.56(1369)		0.08	2606±7.96(1380)
玉米筛下物(筛漏) Corn screenings	3.08±0.97(16)			13.94±2.92(16)			24.41±4.96(16)
低蛋白豌豆 Field peas,low CP							

续表2-5-36(4)

饲料名称	Cu(mg/kg)	I(mg/kg)	Fe(mg/kg)	Mn(mg/kg)	Mo(mg/kg)	Se(mg/kg)	Zn(mg/kg)
甘油 Glycerin	5.08±2.78(4)			22.25±13.67(4)			7.22±8.61(16)
高粱籽实 Grain sorghum, grain	4.95±8.66(546)		42.94±16.73(704)	20.11±11.98(542)	0.65		19.90±6.84(1133)
蒸汽压片高粱 Grain sorghum, steam flaked	3.00			18.00			19.00
高湿高粱 Grain sorghum, high moisture	8.23±6.93(3)			28.67±19.63(3)	0.44		38.40±16.17(3)
玉米次粉饲料 Hominy	3.83±1.29(237)		65.26±22.52(199)	10.65±3.64(232)	0.45±0.14(26)		37.51±9.82(240)
谷子籽实 Millet grain	10.26±5.78(9)		116.31±80.73(9)	20.36±4.88(9)		0.55	39.39±13.52(9)
甜菜糖蜜 Molasses, beet	3.00			3.00±1.00(3)			14.00±6.71(5)
甘蔗糖蜜 Molasses, cane	6.55±4.44(34)			23.19±22.45(36)	1.36	5.33	17.36±10.62(43)
燕麦籽粒 Oat grain	6.18±2.30(209)		105.03±57.06(205)	50.29±14.40(207)	1,70	0.28	31.07±9.12(211)
低压膨化玉米 Popcorn grain							
干马铃薯副产品 Potato by-product, dry	11.44±14.68(43)		339.54±488.56(39)	23.39±30.57(42)			20.23±12.55(43)
湿马铃薯副产品 Potato by-product, wet	9.48±7.09(90)		1,234.00±1801.00(95)	31.50±32.99(88)		0.04	37.86±35.76(85)
马铃薯皮 Potato peels	10.31±3.29(59)			45.00			2497±754(59)
马铃薯 Potatoes	5.97±2.02(36)		134.46±155.68(33)	12.13±10.11(34)		0.01	15.03±4.81(35)

续表2-5-36(4)

饲料名称	Cu(mg/kg)	I(mg/kg)	Fe(mg/kg)	Mn(mg/kg)	Mo(mg/kg)	Se(mg/kg)	Zn(mg/kg)
稻谷糠 Rice bran	9.53±3.88(163)		222.41±175.78(145)	186.55±67.42(169)	1.09(2)	0.08	66.73±29.55(167)
稻谷 Rice grain	5.46±2.92(47)		144.14±161.86(55)	66.33±46.25(58)			23.85±7.62(58)
黑麦谷物 Rye,grain	6.99±2.04(6)		185.27±157.94(6)	41.90±28.92(6)			37.42±3.05(6)
向日葵筛下物 Sunflower screenings	14.33±1.53(3)			40.00±4.58(3)			36.33±1002(3)
向日葵籽 Sunflowers	20.88±4.13(22)		88.97±64.86(18)	28.02±9.62(22)		1.00	56.79±13.19(22)
小黑麦籽粒 Triticale grain	5.97±1.16(39)		52.38±14.46(33)	45.70±12.66(39)	0.70		35.60±10.83(39)
小麦麸 Wheat bran	12.43±3.11(60)		165.14±59.37(57)	130.59±38.99(60)			79.45±21.10(60)
小麦籽实 Wheat grain	5.44±1.55(483)		60.28±28.53(239)	42.96±10.61(483)	0.65±0.17(8)		29.25±8.35(483)
小麦次粉 Wheat middlings	12.85±5.68(463)		144.23±33.93(330)	136.62±28.35(465)	1.66±0.20(26)	0.10	87.85±20.53(465)
湿乳清 Whey,wet	11.12±14.06(223)		75.43±122.70(249)	2.76±4.56(209)			
干乳清 Whey,dry	2.17±1.20(5)		44.15±76.06(7)	2.31±1.87(7)			

注:

[a]若样本量为1,则无 *SD* 和 *n* 值。ME、NEm 和 NEg 值是通过 TDN 值利用原书第 19 章的方法计算的。

[b]营养指标英文所对应的中文名称:DM=干物质(%);Ash=粗灰分(%DM);TDN=总可消化养分(%DM);DE=消化能(Mcal/kg);ME=代谢能(Mcal/kg);NEm=维持净能(Mcal/kg);NEg=增重净能(Mcal/kg);Sugar=糖(%DM;Starch=淀粉(%DM);Fat=脂肪(%DM);NDF=中性洗涤纤维(%DM);ADF=酸性洗涤纤维(%DM);Lignin=木质素(%DM);CP=粗蛋白质(%DM);RDP=瘤胃降解蛋白(%CP);RUP=瘤胃非降解蛋白(%CP);Soluble CP=可溶性蛋白(%CP);ADICP=酸性洗涤不溶蛋白(%DM);Ca=钙(%DM);P=磷(%DM);Mg=镁(%DM);K=钾(%DM);Na=钠(%DM);C1=氯(%DM);S=硫(%DM);Co=钴(mg/kg);Cu=铜(mg/kg);I=碘(mg/kg);Fe=铁(mg/kg);Mn=锰(mg/kg);Mo=钼(mg/kg);Se=硒(mg/kg);Zn=锌(mg/kg)。

编者注:表格内数字格式为:平均值±标准差(样本数)。由于本资料在《国内外饲料成分及营养价值史料汇编》(第一辑)(2016)中未纳入,因此本期包括了所有应纳入的能量类原料。

2.5.3.6 Nutrient Requirements of Dairy Cattle(奶牛营养需要).2001[22]

表 2-5-37 奶牛常用饲料原料的营养成分及其变异范围(干物质基础)

饲料名称与说明	国际饲料编号 IFN	总可消化养分(1 倍维持) TDN-1X (%)	总可消化养分方程式要求类别 TDN equation class	加工校正系数 PAF	消化能(1 倍维持) DE-1X Mcal/kg	代谢能(3 倍维持) ME-3X Mcal/kg	产奶净能(3 倍维持) NEL-3X Mcal/kg	产奶净能(4 倍维持) NEL-4X Mcal/kg	维持净能(3 倍维持) NEM-3X Mcal/kg	增重净能(3 倍维持) NEG-3X Mcal/kg	干物质 DM (%)	粗蛋白质 CP (%)	中性洗涤剂不溶粗蛋白质 NDICP (%)	酸性洗涤剂不溶粗蛋白质 ADICP (%)	粗脂肪 EE (%)	中性洗涤纤维 NDF (%)	酸性洗涤纤维 ADF (%)	木质素 Lignin (%)	粗灰分 Ash (%)
杏皮 Almond hulls	4-00-359	58.4	精饲料	1.00	2.53	1.89	1.14	1.07	1.22	0.65	86.9	6.5	2.3	1.8	2.9	36.8	28.7	14.9	6.1
	n										23	32	4	3	23	30	30	11	16
	SD										5.6	2.5	0.3	0.4	2.0	11.2	8.5	3.0	0.5
苹果渣(湿) Apple pomace, wet	4-25-450	57.1	精饲料	1.00	2.48	1.86	1.12	1.06	1.18	0.62	35.9	7.7	3.7	3.1	5.0	52.5	43.2	15.4	2.6
	n										65	65	3	4	22	65	65	5	16
	SD										29.4	3.8	0.9	0.7	1.9	9.5	6.6	2.6	1.1
面包房下脚料(面包粉) Bakery by-product meal	4-00-466	93.5	精饲料	1.04	4.09	3.37	2.21	2.09	2.32	1.61	84.7	12.5	2.3	1.1	9.5	13.9	6.5	1.6	3.8
	n										192	188	5	3	136	133	132	6	71
	SD										10.7	3.6	1.1	0.6	6.2	10.7	6.5	0.4	1.6
面包房下脚料(面包废料) Bakery by-product bread, waste	4-00-466	89.3	精饲料	1.04	3.99	3.25	2.09	1.98	2.21	1.52	68.3	15.0	0.6	0.5	2.2	8.9	3.1	0.1	2.8
	n										72	70	1	2	2	66	66	1	10
	SD										10.7	2.7				10.5	4.3		1.4
面包房下脚料(谷物原料副产品) Bakery by-product cereal byproduct	4-00-466	87.6	精饲料	1.04	3.79	3.07	1.97	1.88	2.12	1.45	88.5	9.1	3.2	1.2	3.5	10.0	3.9	2.6	3.2
	n										61	61	5	6	36	53	56	5	21
	SD										10.2	2.1	1.4	0.7	2.9	6.5	3.1	2.1	1.3
面包房下脚料(饼干下脚料) Bakery by-product cookie byproduct	4-24-852	95.0	精饲料	1.04	4.11	3.40	2.24	2.12	2.33	1.63	90.1	9.7	1.9	0.5	10.6	12.7	6.5	2.6	3.0
	n										37	36	4	4	25	33	33	4	5
	SD										4.3	3.1	1.0	0.3	4.5	8.9	5.3	2.1	1.1
大麦(干压片) Barley grain, rolled	4-00-528	82.7	精饲料	1.04	3.64	2.92	1.86	1.76	2.02	1.36	91.0	12.4	1.8	0.5	2.2	20.8	7.2	1.9	2.9
	n										823	795	60	61	247	331	727	69	257
	SD										3.5	2.1	1.1	0.4	0.6	8.6	2.8	1.1	0.8

续表2-5-37

饲料名称与说明	国际饲料编号 IFN	总可消化养分(1倍维持) TDN-1X (%)	总可消化养分方程式要求类别 TDN equation class	加工校正系数 PAF	消化能(1倍维持) DE-1X Mcal/kg	代谢能(3倍维持) ME-3X Mcal/kg	产奶净能(3倍维持) NEL-3X Mcal/kg	产奶净能(4倍维持) NEL-4X Mcal/kg	维持净能(3倍维持) NEM-3X Mcal/kg	增重净能(3倍维持) NEG-3X Mcal/kg	干物质 DM (%)	粗蛋白质 CP (%)	中性洗涤剂不溶粗蛋白质 NDICP (%)	酸性洗涤剂不溶粗蛋白质 ADICP (%)	粗脂肪 EE (%)	中性洗涤纤维 NDF (%)	酸性洗涤纤维 ADF (%)	木质素 Lignin (%)	粗灰分 Ash (%)
甜菜渣(糖用甜菜,脱水) Beet, sugar pulp, dried	4-00-669	69.1	精饲料	1.00	3.03	2.36	1.47	1.38	1.60	0.99	88.3	10.0	5.5	0.6	1.1	45.8	23.1	1.6	7.3
	n										198	181	18	5	122	151	161	11	54
	SD										9.4	1.1	1.3	0.3	0.4	6.6	3.6	0.9	1.9
巧克力下脚料 Chocolate by-product		102.7	精饲料	1.04	4.46	3.77	2.56	2.43	2.56	1.81	95.2	11.9	0	0	20.5	23.8	15.7	3.2	2.1
	n										21	21	1		16	19	19	1	15
	SD										3.1	7.2			8.8	15.8	12.6		2.0
柑橘渣(干) Citrus pulp dried	4-01-237	79.8	精饲料	1.00	3.44	2.76	1.76	1.66	1.89	1.25	85.8	6.9	0.4	0.3	4.9	24.2	22.2	0.9	7.2
	n										380	469	3	3	39	99	99	7	35
	SD										8.5	0.6	0.3	0.1	1.3	3.5	4.5	0.1	4.2
黄玉米麸 Corn, yellow hominy	4-02-887	83.1	精饲料	1.00	3.64	2.94	1.88	1.78	2.02	1.37	88.5	11.9	1.5	0.5	4.2	21.1	6.2	1.7	2.7
	n										364	358	15	20	228	315	309	15	118
	SD										1.5	2.4	0.5	0.2	2.0	5.5	1.8	0.5	1.1
钙皂 Calcium soaps	IFN	163.5	脂肪	1.00	6.83	6.27	5.02	4.8	5.02	3.45	95.3	0	0	0	84.5	0	0	0	15.5
	n																		
	SD																		
水解牛油脂肪酸 Hydrolyzed tallow fatty acids	IFN	176.3	脂肪	1.00	7.37	6.76	5.41	5.17	5.41	3.72	99.8	0	0	0	99.2	NA	NA	NA	0
	n																		
	SD																		
部分氢化的牛脂 Partially hydrogenated tallow	IFN	96.6	脂肪	1.00	4.05	3.72	2.97	2.84	2.97	2.04	100.0	0	0	0	99.5	NA	NA	NA	0
	n																		
	SD																		
牛油 Tallow	IFN	147.4	脂肪	1.00	6.17	5.66	4.53	4.33	4.53	3.12	99.8	0	0	0	99.8	NA	NA	NA	0
	n																		
	SD																		

续表2-5-37

饲料名称与说明	国际饲料编号 IFN	总可消化养分(1倍维持) TDN-1X (%)	总可消化养分方程式要求类别 TDN equation class	加工校正系数 PAF	消化能(1倍维持) DE-1X Mcal/kg	代谢能(3倍维持) ME-3X Mcal/kg	产奶净能(3倍维持) NEL-3X Mcal/kg	产奶净能(4倍维持) NEL-4X Mcal/kg	维持净能(3倍维持) NEM-3X Mcal/kg	增重净能(3倍维持) NEG-3X Mcal/kg	干物质 DM (%)	粗蛋白质 CP (%)	中性洗涤剂不溶粗蛋白质 NDICP (%)	酸性洗涤剂不溶粗蛋白质 ADICP (%)	粗脂肪 EE (%)	中性洗涤纤维 NDF (%)	酸性洗涤纤维 ADF (%)	木质素 Lignin (%)	粗灰分 Ash (%)
植物油 Vegetable oil	4-05-077	184.0	脂肪	1.00	7.70	7.07	5.65	5.41	5.65	3.89	100.0	0	0	0	99.9	0	0	0	0
	n																		
	SD																		
甜菜糖蜜(糖用甜菜) Molasses Beet	4-00-668	82.9	精饲料	1.04	3.60	2.88	1.84	1.73	1.99	1.33	77.9	8.5	0.0	0.0	0.2	0.1	0.1	0.0	11.4
	n										21	12			3	3	3		9
	SD										1.7	1.1			0.1				1.3
甘蔗糖蜜 Molasses sugarcane	4-04-696	81.0	精饲料	1.04	3.48	2.78	1.76	1.66	1.91	1.28	74.3	5.8	0.0	0.0	0.2	0.4	0.2	0.0	13.3
	n										84	64			6	1	1		52
	SD										3.3	2.1			0.2				2.3
燕麦(籽实,干压片) Oats grain,rolled	4-03-309	78.5	精饲料	1.04	3.47	2.78	1.77	1.67	1.90	1.26	90.0	13.2	1.8	0.3	5.1	30.0	14.6	4.9	3.3
	n										176	308		2	145	120	173	6	104
	SD										2.0	1.8			0.9	10.5	5.6	2.5	0.5
马铃薯下脚料 POTATO By-product meal	4-03-775	80.7	精饲料	1.00	3.51	2.84	1.85	1.75	1.94	1.30	35.4	10.5	5.2	2.3	10.8	22.1	16.5	2.3	12.8
	n										79	79	2	2	28	79	79	2	22
	SD										23.1	8.4			7.8	14.3	11.0		7.4
高粱(籽实用高粱,干压片)Sorghum,grain type grain,dry rolled	4-04-380	80.6	精饲料	0.92	3.53	2.83	1.80	1.70	1.95	1.30	88.6	11.6	2.8	1.0	3.1	10.9	5.9	1.1	2.0
	n										438	437	2	2	90	61	62	2	74
	SD										3.4	1.8			0.8	5.0	2.7		0.6
高粱(籽实用高粱)(蒸汽压片) Sorghum,grain typegrain,steam-flaked	4-04-380	89.4	精饲料	1.04	3.91	3.17	2.04	1.93	2.20	1.51	88.6	11.6	2.8	1.0	3.1	10.9	5.9	1.1	2.0
牛乳乳清(湿) Whey wet,cattle	4-08-134	80.3	动物性饲料	1.00	3.63	2.92	1.86	1.76	1.96	1.41	20.8	14.6	NA	NA	0.7	NA	NA	NA	9.8
	n										73	68			62				16
	SD										26.2	14.1			0.9				2.7

注:*n* 为样本数,*SD* 为标准差;NDICP=neutral detergent insoluble crude protein(N×6.25),中性洗涤剂不溶粗蛋白质;PAF=processing adjustment factor,加工校正系数;ADICP=acid detergent insoluble crude protein(N×6.25),酸性洗涤剂不溶粗蛋白质;下同。

表 2-5-38(1) 饲料原料的氮组分、瘤胃非降解蛋白质的消化率及氨基酸含量

饲料名称与说明	国际饲料编号	饲料类型	粗蛋白质 CP(%)	中性洗涤剂不溶粗蛋白质 NDICP(%)	酸性洗涤剂不溶粗蛋白质 ADICP(%)	N 组分 N Fractions (%CP)			潜在降解组分 B 的降解速度 kd of B (%/h)	瘤胃非降解蛋白质 Example RUP(%CP)		瘤胃非降解蛋白质消化率 RUP Digest (%)
						可溶解组分 A	潜在降解组分 B	非降解组分 C		DMI 占体重 2.0%;粗料占 DMI 25%	DMI 占体重 4.0%;粗料占 DMI 50%	
杏皮 Almond hulls(N fractions and kd from canola hulls)	4-00-359	精饲料	6.5	2.3	1.8	29.6	35.4	35.0	5.3	50.6	55.7	50
	n		32	4	3							
	SD		2.5	0.3	0.4							
苹果渣(湿)Apple pomace, wet (N fractions and kd from citrus pulp, dried)	4-25-450	精饲料	7.7	3.7	3.1	41.7	53.3	5.0	7.4	24.2	31.7	80
	n		65	3	4							
	SD		3.8	0.9	0.7							
面包房下脚料,面包粉 Bakery by-product meal (N fractions and kd from wheat middlings)	4-00-466	精饲料	12.5	2.3	1.1	40.3	53.6	6.1	15.2	17.7	23.7	90
	n		188	5	3							
	SD		3.6	1.1	0.6							
面包房下脚料,面包废料 Bakery by-product bread, waste (N fractions and kd from wheat middlings; amino acids from bakery by-product meal)	4-00-466	精饲料	15.0	0.6	0.5	40.3	53.6	6.1	15.2	17.7	23.7	90
	n		70	1	2							
	SD		2.7									
面包房下脚料,谷物原料副产品 Bakery by-product, cereal by-product (N fractions, kd, and amino acids from wheat bran)	4-00-466	精饲料	9.1	3.2	1.2	33.7	62.5	3.8	20	14.6	20.7	75
	n		61	5	6							
	SD		2.1	1.4	0.7							
面包房下脚料,饼干下脚料 Bakery by-product, cookie by-product (N fractions and kd from wheat middlings)	4-24-852	精饲料	9.7	1.9	0.5	40.3	53.6	6.1	15.2	17.7	23.7	90
	n		36	4	4							
	SD		3.1	1.0	0.3							

续表2-5-38(1)

饲料名称与说明	国际饲料编号	饲料类型	粗蛋白质CP(%)	中性洗涤剂不溶粗蛋白质NDICP(%)	酸性洗涤剂不溶粗蛋白质ADICP(%)	N组分 N Fractions (%CP)			潜在降解组分B的降解速度 kd of B (%/h)	瘤胃非降解蛋白质 Example RUP(%CP)		瘤胃非降解蛋白质消化率 RUP Digest (%)
						可溶解组分A	潜在降解组分B	非降解组分C		DMI占体重2.0%;粗料占DMI 25%	DMI占体重4.0%;粗料占DMI 50%	
大麦(干压片)Barley grain, rolled	4-00-528	精饲料	12.4	1.8	0.5	30.2	61.2	8.6	22.7	18.1	23.7	85
	n		795	60	61	37	37	37	37			
	SD		2.1	1.1	0.4	13.5	13.9	4.6	8.9			
甜菜渣(糖用甜菜,脱水)Beet, sugar pulp, dried	4-00-669	精饲料	10.0	5.5	0.6	4.5	90.5	5.0	2.0	66.2	76.3	80
	n		181	18	5	2	2	1	2			
	SD		1.1	1.3	0.3	4.6	4.6		1.8			
巧克力下脚料 Chocolate by-product(N fractions and kd from molasses, beet sugar)		精饲料	11.9	0	0	74.1	25.9	0.0	3.2	14.7	18.1	90
	n		21	1								
	SD		7.2									
柑橘渣(干)Citrus pulp dried	4-01-237	精饲料	6.9	0.4	0.3	41.7	53.3	5.0	7.4	24.2	31.7	80
	n		469	3	3	1	1	1	1			
	SD		0.6	0.3	0.1							
黄玉米麸 Corn, yellow hominy	4-02-887	精饲料	11.9	1.5	0.5	45.0	49.0	6.0	7.0	24.3	31.2	90
	n		358	15	20	1	1	1	1			
	SD		2.4	0.49	0.2							
甜菜糖蜜(糖用甜菜)Molasses beet sugar (Amino acids from molasses, sugarcane)	4-00-668	精饲料	8.5	0	0	74.1	25.9	0.0	3.2	14.7	18.1	100
	n		12			2	2	2	2			
	SD		1.1			20.4	20.3		3.2			
甘蔗糖蜜 Molasses sugar cane (N fractions and kd from molasses, beet sugar)	4-04-696	精饲料	5.8	0	0	74.1	25.9	0.0	3.2	14.7	18.1	100
			64									
			2.0									

续表2-5-38(1)

饲料名称与说明	国际饲料编号	饲料类型	粗蛋白质CP(%)	中性洗涤剂不溶粗蛋白质NDICP(%)	酸性洗涤剂不溶粗蛋白质ADICP(%)	N组分 N Fractions (%CP)			潜在降解组分B的降解速度kd of B (%/h)	瘤胃非降解蛋白质Example RUP(%CP)		瘤胃非降解蛋白质消化率RUP Digest (%)
						可溶解组分A	潜在降解组分B	非降解组分C		DMI 占体重 2.0%;粗料占 DMI 25%	DMI 占体重 4.0%;粗料占 DMI 50%	
燕麦(籽实,干压片)Oats grain,rolled	4-03-309	精饲料	13.2	1.8	0.3	65.2	28.8	6.0	17.4	11.6	14.6	75
	n		308		2	4	4	2	4			
	SD		1.8			27.3	28.3	2.4	14.8			
马铃薯下脚料 Potato by-product meal (N fractions and kd from beet pulp)	4-03-775	精饲料	10.5	5.2	2.3	4.5	90.5	5.0	2.0	66.2	76.3	90
	n		79	2	2							
	SD		8.4									
高粱(籽实用高粱,干压片)Sorghum,grain type grain,dry rolled	4-04-380	精饲料	11.6	2.8	1.0	18.9	79.4	1.7	5.5	36.0	47.3	85
	n		437	2	2	2	2	1	2			
	SD		1.8			6.4	7.6		0.7			
高粱(籽实用高粱)(蒸汽压片) Sorghum, grain type grain,steam-flaked (Amino acid data from sorghum grain)	4-04-380	精饲料	11.6	2.8	1.0	33.2	21.9	44.9	2.5	58.6	61.3	85
小麦次粉 Wheat middlings	4-05-205	精饲料	18.5	2.8	0.5	40.3	53.6	6.1	15.2	17.7	23.7	90
	n		245	26	30	4	4	3	4			
	SD		2.1	0.4	0.1	23	25.3	3.1	3.4			
牛乳乳清(湿)Whey wet,cattle (N fractions and kd estimated)	4-08-134	精饲料	14.6	NA	NA	90.0	10.0	0.0	5.0	4.6	6.0	95
	n		68									
	SD		14.1									

表 2-5-38(2) 饲料原料的氮组分、瘤胃非降解蛋白质的消化率及氨基酸含量

饲料名称与说明	国际饲料编号	精氨酸 Arg	组氨酸 His	异亮氨酸 Ile	亮氨酸 Leu	赖氨酸 Lys	蛋氨酸 Met	半胱氨酸 Cys	苯丙氨酸 Phe	苏氨酸 Thr	色氨酸 Trp	缬氨酸 Val	总必需氨基酸 TEAA	赖氨酸 Lys	蛋氨酸 Met
		%CP	%CP	%CP	%CP	%CP	%CP	%CP	%CP	%CP	%CP	%CP	%CP	%EAA	%EAA
杏皮 Almond hulls(N fractions and kd from canola hulls)	4-00-359	2.23	0.86	2.35	4.05	2.74	0.90	0.71	2.80	2.70	1.00	3.53	23.16	11.83	3.89
	n	7	7	7	7	7	7	7	7	7		7			
	SD	0.28	0.06	0.29	0.32	0.32	0.26	0.08	0.33	0.34		0.38			
苹果渣(湿)Apple pomace, wet (N fractions and kd from citrus pulp, dried)	4-25-450	4.52	1.86	3.13	5.58	3.93	1.38	1.18	3.31	3.04	0.88	4.11	31.74	12.38	4.35
	n	3	3	3	3	3	3	3	3	3	3	3			
	SD	0.03	0.10	0.03	0.05	0.01	0.04	0.04	0.06	0.06	0.04	0.04			
面包房下脚料,面包粉 Bakery by-product, byproduct meal (N fractions and kd from wheat middlings)	4-00-466	4.74	2.61	4.00	7.77	2.91	1.73	2.14	5.44	3.36	1.15	4.42	38.12	7.63	4.54
	n	104	104	104	104	104	104	104	104	104	104	104			
	SD	0.52	0.24	0.25	0.38	0.38	0.16	0.22	0.11	0.19	0.06	0.28			
面包房下脚料,面包废料 Bakery by-product bread, waste (N fractions and kd from wheat middlings; amino acids from bakery by-product meal)	4-00-466	4.74	2.61	4.00	7.77	2.91	1.73	2.14	5.44	3.36	1.15	4.42	38.12	7.63	4.54
	n														
	SD														
面包房下脚料,谷物原料副产品 Bakery by-product, cereal by-product (N fractions, kd, and amino acids from wheat bran)	4-00-466	6.84	2.82	3.15	6.16	4.05	1.57	2.10	3.97	3.26	1.37	4.50	37.88	10.75	4.17
	n														
	SD														
面包房下脚料,饼干下脚料 Bakery by-product cookie by-product(N fractions and kd from wheat middlings)	4-24-852	4.19	1.77	3.12	7.12	1.71	1.83	1.94	4.78	3.14	0.88	4.58	33.12	5.16	5.53
	n	2	2	2	2	2	2	2	2	2	2	2			
	SD	0.74	0.24	0.16	0.93	0.28	0.45	0.30	0.37	0.32	0.32	0.23			
大麦(干压片)Barley grain, rolled	4-00-528	5.07	2.30	3.47	6.97	3.63	1.70	2.28	5.11	3.42	1.17	4.90	37.74	9.62	4.50
	n	116	116	116	116	116	116	116	116	116	116	116			
	SD	0.27	0.21	0.14	0.25	0.25	0.09	0.17	0.23	0.13	0.07	0.24			

续表2-5-38(2)

饲料名称与说明	国际饲料编号	精氨酸 Arg	组氨酸 His	异亮氨酸 Ile	亮氨酸 Leu	赖氨酸 Lys	蛋氨酸 Met	半胱氨酸 Cys	苯丙氨酸 Phe	苏氨酸 Thr	色氨酸 Trp	缬氨酸 Val	总必需氨基酸 TEAA	赖氨酸 Lys	蛋氨酸 Met
		%CP	%CP	%CP	%CP	%CP	%CP	%CP	%CP	%CP	%CP	%CP	%CP	%EAA	%EAA
甜菜渣(糖用甜菜,脱水) Beet,sugar pulp,dried	4-00-669	3.23	2.54	3.18	5.10	4.35	1.24	1.10	2.93	3.38	0.81	4.70	31.46	13.83	3.94
	n	11	11	11	11	11	11	11	11	11	11	11			
	SD	0.96	0.36	0.24	0.46	0.59	0.19	0.19	0.20	0.39	0.09	0.50			
巧克力下脚料 Chocolate by-product(N fractions and kd from molasses, beet sugar)		2.25	1.57	3.60	6.52	2.25	1.57	0.90	3.82	3.82	0.67	5.84	31.91	7.05	4.92
	n	1	1	1	1	1	1	1	1	1	1	1			
	SD														
柑橘渣(干) Citrus pulp dried	4-01-237	3.39	1.88	2.79	5.01	2.56	1.03	1.38	3.63	2.91	0.76	3.78	27.74	9.23	3.71
	n	15	15	15	15	15	15	15	15	15	15	15			
	SD	0.29	0.41	0.18	0.22	0.28	0.09	0.27	0.38	0.11	0.10	0.37			
黄玉米麸 Corn, yellow hominy	4-02-887	5.44	2.72	3.50	9.51	3.69	1.75	1.75	4.17	3.88	0.97	5.05	40.68	9.07	4.30
	n														
	SD														
甜菜糖蜜(糖用甜菜)Molasses beet sugar (Amino acids from molasses, sugar-cane)	4-00-668	4.91	1.59	4.44	3.59	1.00	0.22	0.83	2.71	1.57	0.45	3.36	23.84	4.19	0.92
	n														
	SD														
甘蔗糖蜜 Molasses sugar-cane (N fractions and kd from molasses, beet sugar)	4-04-696	4.91	1.59	4.44	3.59	1.00	0.22	0.83	2.71	1.57	0.45	3.36	23.84	4.19	0.92
		10	10	10	10	10	10	10	10	10	10	10			
		2.91	0.51	0.08	1.21	0.40	0.05	0.18	1.25	0.33	0.07	0.83			
燕麦(籽实,干压片)Oats grain, rolled	4-03-309	6.82	2.44	3.75	7.30	4.18	1.71	2.85	5.16	3.46	1.19	5.19	41.20	10.15	4.15
	n	18	18	18	18	18	18	18	18	18	18	18			
	SD	0.44	0.25	0.22	0.34	0.25	0.09	0.18	0.22	0.13	0.09	0.41			

续表2-5-38(2)

饲料名称与说明	国际饲料编号	精氨酸 Arg	组氨酸 His	异亮氨酸 Ile	亮氨酸 Leu	赖氨酸 Lys	蛋氨酸 Met	半胱氨酸 Cys	苯丙氨酸 Phe	苏氨酸 Thr	色氨酸 Trp	缬氨酸 Val	总必需氨基酸 TEAA	赖氨酸 Lys	蛋氨酸 Met
		%CP	%CP	%CP	%CP	%CP	%CP	%CP	%CP	%CP	%CP	%CP	%CP	%EAA	%EAA
马铃薯下脚料 Potato by-product meal (N fractions and kd from beet pulp)	4-03-775	2.47	1.84	3.14	5.34	4.21	0.95	1.34	3.62	3.11	0.67	4.40	29.75	14.15	3.19
	n	3	3	3	3	3	3	3	3	3	3	3			
	SD	0.30	0.20	0.13	0.25	0.73	0.08	0.19	0.14	0.26	0.04	0.19			
高粱(籽实用高粱,干压片) Sorghum,grain type grain,dry rolled	4-04-380	4.09	2.44	3.94	13.06	2.38	1.81	1.88	5.25	3.37	1.09	4.95	42.38	5.62	4.27
	n	115	115	115	115	115	115	115	115	115	115	115			
	SD	0.32	0.17	0.19	0.69	0.24	0.15	0.18	0.32	0.12	0.06	0.27			
高粱(籽实用高粱)(蒸汽压片) Sorghum, grain type grain, steam-flaked (Amino acid data from sorghum grain)	4-04-380	4.09	2.44	3.94	13.06	2.38	1.81	1.88	5.25	3.37	1.09	4.95	42.38	5.62	4.27
小麦次粉 Wheat middlings	4-05-205	5.86	2.75	3.44	6.65	3.63	1.60	2.04	4.43	3.11	1.28	4.63	37.38	9.71	4.28
	n	120	120	120	120	120	120	120	120	120	120	120			
	SD	0.44	0.10	0.14	0.23	0.31	0.09	0.11	0.23	0.09	0.12	0.16			
牛乳乳清(湿) Whey wet, cattle (N fractions and kd estimated)	4-08-134	2.09	1.89	5.12	8.95	7.42	1.41	2.04	2.94	5.94	1.48	4.92	42.16	17.60	3.34
	n	13	13	13	13	13	13	13	13	13	13	13			
	SD	0.12	0.17	0.24	0.39	0.45	0.10	0.21	0.47	0.28	0.13	0.30			

注:DMI=Dry matter intake,干物质采食量。粗蛋白质的组成(N fraction)和中速降解粗蛋白质的消化速度(kd)数据是已公开发表资料的综合。瘤胃非降解蛋白质的数据由文中有关章节的方程式计算得来。大部分的氨基酸数据来自 Degussa 公司提供的大量取自 The Amino Acid Composition of Feedstuffs(Fickler et al.,1996)一书的资料。此外,玉米麸的氨基酸数据引自 NRC,1998。翻译参考孟庆翔主译《奶牛营养需要》(第七次修订版、中国农业大学出版社)。

表 2-5-39(1) 奶牛不常用饲料的氮组分与氨基酸组成(表中数据引自文献,但未包括在原文的表 15-2a 中)

饲料名称与说明	样本数与标准差	饲料类型	粗蛋白质 CP(%)	N 组分 N Fractions(% CP)			潜在降解组分 B 的降解速度 Kd of B(%/h)	瘤胃非降解 CP 消化率 RUP Digest (%)
				可溶解组分 A	潜在降解组分 B	非降解组分 C		
大麦籽实(去皮,干,His 和 Phe 数据引自压片大麦)Barley grain, dry, hulless(His and Phe from barley grain, rolled)		精饲料	12.8	31.8	62.6	5.6	24.6	90
	n		2	8	8	8	8	
	SD		0.4	7.6	8	0.9	5.8	
大麦籽实(热处理,AA 数据引自压片大麦)Barley grain, heat treated(Amino acids from barley grain, rolled)		精饲料	12.1	27	60.7	12.3	7	85
	n		3	3	3	3	3	
	SD		1.3	15.5	31.3	15.8	3.4	
大麦籽实(高水分,AA 数据引自压片大麦)Barley grain, high moisture(Amino acids from barley grain, rolled)		精饲料	13.1	25.6	65.6	8.8	15	85
	n		2	4	4	4	4	
	SD		0.6	21.9	22.6	9.1	10.2	
大麦籽实(高水分,氨化,AA 数据引自压片大麦)Barley grain, high moisture, ammoniated (Amino acids from barley grain, rolled)		精饲料	15.4	33.8	52.4	13.8	20.7	85
	n		5	5	5	5	5	
	SD		1.6	18.2	13	5.3	11.9	
大麦籽实(去皮,适度压片,AA 数据引自去皮大麦)Barley grain, temper-rolled, hulless (Amino acids from barley grain, hulless)		精饲料	12.5	11.8	81.2	7	14.5	85
	n		5	5	5	5	5	
	SD		0.4	3.2	3.6	1.2	2.1	
黑麦籽实 Rye grain		精饲料	10.9					80
	n		14					
	SD		1.5					
高粱(籽实用高粱,挤压膨化,AA 数据引自干压片高粱)Sorghum, grain type grain, extruded (Amino acids from grain, dry rolled)		精饲料	8.3	33.2	21.9	44.9	2.5	85
	n		1	1	1	1	1	
	SD							
小黑麦(粉碎)Triticale grain, ground		精饲料	14.5	51.3	45.9	2.8	43	90
	n		1					
	SD							

表 2-5-39(2) 奶牛不常用饲料的氮组分与氨基酸组成(表中数据引自文献,但未包括在原文的表 15-2a 中)

饲料名称与说明	样本数与标准差	精氨酸 Arg	组氨酸 His	异亮氨酸 Ile	亮氨酸 Leu	赖氨酸 Lys	蛋氨酸 Met	半胱氨酸 Cys	苯丙氨酸 Phe	苏氨酸 Thr	色氨酸 Trp	缬氨酸 Val	总必需氨基酸 TEAA	赖氨酸 Lys	蛋氨酸 Met
		%CP	%CP	%CP	%CP	%CP	%CP	%CP	%CP	%CP	%CP	%CP	%CP	%EAA	%EAA
大麦籽实(去皮,干,His 和 Phe 数据引自压片大麦) Barley grain, dry, hulless(His and Phe from barley grain, rolled)		4.26	2.30	3.04	5.99	3.07	1.53	2.04	5.11	2.94	1.18	4.55	36.00	8.53	4.25
	n	42		42	42	42	42	42		42	14	42	42	42	42
	SD	0.21		0.12	0.70	0.26	0.12	0.20		0.16	0.10	0.49			
大麦籽实(热处理,AA 数据引自压片大麦) Barley grain, heat treated (Amino acids from barley grain, rolled)		4.82	2.30	3.44	6.96	3.33	1.66	2.28	5.11	3.32	1.12	4.73	36.80	9.05	4.51
	n														
	SD														
大麦籽实(高水分,AA 数据引自压片大麦) Barley grain, high moisture (Amino acids from barley grain, rolled)		4.82	2.30	3.44	6.96	3.33	1.66	2.28	5.11	3.32	1.12	4.73	36.80	9.05	4.51
	n														
	SD														
大麦籽实(高水分,氨化,AA 数据引自压片大麦) Barley grain, high moisture, ammoniated (Amino acids from barley grain, rolled)		4.82	2.30	3.44	6.96	3.33	1.66	2.28	5.11	3.32	1.12	4.73	36.80	9.05	4.51
	n														
	SD														
大麦籽实(去皮,适度压片,AA 数据引自去皮大麦) Barley grain, temper-rolled, hulless(Amino acids from barley grain, hulless)		4.26	2.30	3.04	5.99	3.07	1.53	2.04	5.11	2.94	1.18	4.55	36.00	8.53	4.25
	n														
	SD														
黑麦籽实 Rye grain		5.4	2.59	3.57	6.54	4.05	1.81	2.55	4.89	3.58	0.99	5.08	38.50	10.52	4.70
	n	14	14	14	14	14	14	14	14	14	14	14			
	SD	0.38	0.21	0.28	0.37	0.36	0.13	0.19	0.31	0.24	0.06	0.36			
高粱(籽实用高粱,挤压膨化,AA 数据引自干压片高粱) Sorghum, grain type grain, extruded(Amino acids from grain, dry rolled)		4.09	2.44	3.94	13.06	2.38	1.81	1.88	5.25	3.37	1.09	4.95	42.38	5.62	4.27
	n														
	SD														
小黑麦(粉碎) Triticale grain, ground		5.29	2.53	3.59	6.82	3.62	1.79	2.45	4.78	3.35	1.04	4.78	37.59	9.63	4.76
	n	31	31	31	31	31	31	31	31	31	31	31	31	31	31
	SD	0.28	0.51	0.66	0.74	0.46	0.20	0.35	0.80	0.40	0.12	0.65			

注:此表对应为原文的表 15-2b。氨基酸数据由 Degussa 公司提供。

表 2-5-40 奶牛常用饲料原料的矿物质成分(干物质基础)

饲料名称与说明	国际饲料编号	粗灰分 Ash	钙 Ca	磷 P	镁 Mg	钾 K	钠 Na	氯 Cl	硫 S	钴 Co	铜 Cu	碘 I	铁 Fe	锰 Mn	硒 Se	锌 Zn	钼 Mo
		%	%	%	%	%	%	%	%	mg/kg	mg/kg	mg/kg	mg/kg	mg/kg	mg/kg	mg/kg	mg/kg
甜菜糖蜜(糖用甜菜) Molasses beet sugar	4-00-668	11.4	0.15	0.03	0.29	6.06	1.48		0.60		22		87	66		18	0.5
	n	9	13	11	10	10	8		9		7		8	7		5	1
	SD	1.3	0.05	0.01	0.01	0.29	0.08		0.05		1		25	12		0	
甘蔗糖蜜 Molasses sugarcane	4-04-696	13.3	1.00	0.10	0.42	4.01	0.22		0.47		66		263	59		21	1.6
	n	52	32	31	12	16	9		9		8		11	11		5	4
	SD	2.3	0.18	0.02	0.10	0.88	0.02		0.02		26		34	6		6	0.7
燕麦(籽实,干压片) Oats grain, rolled	4-03-309	3.3	0.11	0.40	0.16	0.52	0.03		0.19	0.06	8		106	43	0.48	41	1.7
	n	104	221	228	205	204	101		30	8	182		184	193	68	196	156
	SD	0.5	0.05	0.06	0.24	0.09	0.07		0.02	0.02	4		62	16	0.30	10	0.7
杏皮 Almond hulls	4-00-359	6.1	0.28	0.13	0.13	2.62	0.02	0.03	0.04		7		247	22	0.07	22	1.0
	n	16	30	30	30	30	30	9	14		30		16	30	7	30	23
	SD	0.5	0.11	0.08	0.05	0.52	0.01	0.03	0.01		4		11	18	0.02	15	0.6
苹果渣(湿) Apple pomace, wet	4-25-450	2.6	0.20	0.14	0.09	0.73	0.04	0.03	0.07		11		185	17		14	0.7
	n	16	54	54	54	54	54	3	18		54		54	54		54	54
	SD	1.1	0.11	0.03	0.03	0.25	0.04		0.01		5		190	18		10	0.5
面包房下脚料,面包粉 Bakery by-product, by-product meal	4-00-466	3.8	0.20	0.36	0.13	0.42	0.72	1.20	0.14	1.05	5		273	30	0.29	46	1.1
	n	71	168	168	168	168	168	13	41	1	168		168	168	5	168	168
	SD	1.6	0.20	0.24	0.10	0.26	0.50	0.73	0.05		4		330	27	0.21	50	0.7
面包房下脚料,面包废料 Bakery by-product Bread, waste	4-00-466	2.8	0.14	0.20	0.05	0.23	0.85	0.94	0.17		4		140	10		16	0.6
	n	10	57	57	57	57	57	5	21		57		57	57		57	57
	SD	1.4	0.10	0.06	0.06	0.06	0.33	0.41	0.03		8		170	3		6	0.6
面包房下脚料,谷物原料副产品 Bakery by-product cereal byproduct	4-00-466	3.2	0.17	0.29	0.10	0.33	0.59	0.69	0.10		4		252	26		80	1
	n	21	48	48	48	48	48	5	24		48		48	48		48	48
	SD	1.3	0.27	0.16	0.05	0.16	0.27	0.39	0.03		1		164	16		47	0.5
面包房下脚料,饼干下脚料 Bakery by-product cookie byproduct	4-24-852	3.0	0.23	0.29	0.13	0.46	0.68	1.20	0.13		5		235	27		38	1.0
	n	5	29	29	29	29	29	1	20		29		29	29		29	29
	SD		0.28	0.16	0.13	0.17	0.46		0.08		5		288	20		31	0.7

续表2-5-40

饲料名称与说明	国际饲料编号	粗灰分 Ash	钙 Ca	磷 P	镁 Mg	钾 K	钠 Na	氯 Cl	硫 S	钴 Co	铜 Cu	碘 I	铁 Fe	锰 Mn	硒 Se	锌 Zn	钼 Mo
		%	%	%	%	%	%	%	%	mg/kg	mg/kg	mg/kg	mg/kg	mg/kg	mg/kg	mg/kg	mg/kg
大麦(干压片)Barley grain,rolled	4-00-528	2.9	0.06	0.39	0.14	0.56	0.02	0.13	0.12	0.35	6		70	22	0.11	38	1.1
	n	257	319	321	287	287	229	31	139	16	241		253	241	519	241	237
	SD	0.8	0.02	0.06	0.02	0.12	0.02	0.07	0.01	0.28	3		60	12	0.09	30	0.6
甜菜渣(糖用甜菜,脱水)Beet, sugar pulp,dried	4-00-669	7.3	0.91	0.09	0.23	0.96	0.31	0.18	0.30		11		642	62	0.14	22	1.5
	n	54	170	152	152	152	152	16	55		152		152	152	10	152	143
	SD	1.9	0.27	0.03	0.05	0.50	0.28	0.25	0.11		6		269	30	0.09	9	0.7
巧克力下脚料 Choco-late by-product		2.1	0.22	0.30	0.22	1.18	0.07		0.11		15		461	31		40	1.6
	n	15	14	14	14	14	14		5		14		14	14		14	14
	SD	2.0	0.12	0.20	0.22	1.20	0.03		0.02		19		800	32		28	1.6
柑橘渣(干)Citrus pulp dried	4-01-237	7.2	1.92	0.12	0.12	1.10	0.06	0.08	0.10		8		151	9		11	0.9
	n	35	90	90	90	90	90	18	47		90		90	90		57	90
	SD	4.2	0.53	0.03	0.01	0.16	0.06	0.05	0.03		3		145	3		3	0.5
黄玉米麸 Corn, yellow hominy	4-02-887	2.7	0.03	0.65	0.26	0.82	0.01	0.10	0.12		3		87	14		49	1.2
	n	118	287	287	287	287	287	58	141		287		287	287		287	287
	SD	1.1	0.03	0.29	0.12	0.34	0.01	0.08	0.02		1		77	9		21	0.6
钙皂 Fats and oils calcium soaps	IFn	15.5	12.00	0	0	0	0	0	0	0	0	0	0	0	0	0	0
	n																
	SD																
高粱(籽实用高粱,干压片)Sorghum, grain type grain, dry rolled	4-04-380	2	0.07	0.35	0.17	0.47	0.01	0.6	0.11		6		89	21	0.46	25	1.0
	n	74	78	77	75	66	38	7	20		64		74	72	3	51	38
	SD	0.6	0.04	0.07	0.05	0.16	0.01	0.02	0.03		2		61	4	0.58	4	0.7
马铃薯下脚料 Potato by-product meal	4-03-775	12.8	0.49	0.29	0.11	1.04	0.26	0.19	0.11		11		1006	26		25	1.6
	n	22	72	72	72	64	64	5	33		72		72	72		72	64
	SD	7.4	0.77	0.32	0.05	0.84	0.34	0.21	0.08		10		608	20		10	1.2

续表2-5-40

饲料名称与说明	国际饲料编号	粗灰分 Ash	钙 Ca	磷 P	镁 Mg	钾 K	钠 Na	氯 Cl	硫 S	钴 Co	铜 Cu	碘 I	铁 Fe	锰 Mn	硒 Se	锌 Zn	钼 Mo
		%	%	%	%	%	%	%	%	mg/kg	mg/kg	mg/kg	mg/kg	mg/kg	mg/kg	mg/kg	mg/kg
高粱(籽实用高粱,蒸汽压片数据来自) Sorghum, grain type grain, steam-flaked (Data from dry-rolled sorghum)	4-04-380	2	0.07	0.35	0.17	0.47	0.01	0.06	0.11		6		89	21	0.46	25	1.0
小麦次粉 Wheat middlings	4-05-205	5	0.16	1.02	0.42	1.38	0.03	0.10	0.18		10		158	125	0.46	91	2.5
	n	54	195	196	181	182	170	16	58		176		177	175	9	171	165
	SD	0.8	0.15	0.20	0.11	0.18	0.03	0.02	0.05		4		80	27	0.42	24	0.8
牛乳乳清(湿)Whey wet, cattle	4-08-134	3.1	1.37	1.04	0.22	3.32	1.40	2.41	1.15		2		131	4	0.06	16	1.3
	n	16	58	58	58	58	58	16	18		58		58	58	11	33	9
	SD	2.7	1.20	0.70	0.13	0.84	2.55	3.70	1.42		7		195	5	0.06	24	2.7

2.5.3.7 Nutrient Requirements of Dogs and Cats(犬猫营养需要).2006(中文版,2010)[23]

表 2-5-41 选定饲料成分的初步分析(饲喂基础)[a]

名称/性状描述	国际饲料编号 IFN	干物质 DM(%)	粗蛋白质 CP(%)	粗脂肪 Fat(%)	总膳食纤维 TDF(%)	粗纤维 CF(%)	粗灰分 Ash(%)	犬代谢能 ME(kcal/g)	猫代谢能 ME(kcal/g)
动物源性成分									
乳清,粉状	4-01-182	93.50	12.50	0.80		0.10	9.70	3.65	3.64
	n	2	2	2		2	1		
植物源性成分									
大麦,籽粒	4-00-549	90.20	12.30	2.20	17.30	5.30	2.30	3.81	3.80
	n	9	14	8	1	2	15		
甜菜(糖),干甜菜渣	4-00-669	88.30	8.80	1.00		21.00	6.40	2.95	2.95
	n	200	183	124		1	55		

续表2-5-41

名称/性状描述	国际饲料编号 IFN	干物质 DM(%)	粗蛋白质 CP(%)	粗脂肪 Fat(%)	总膳食纤维 TDF(%)	粗纤维 CF(%)	粗灰分 Ash(%)	犬代谢能 ME(kcal/g)	猫代谢能 ME(kcal/g)
谷类副产品	4-00-466	88.50	8.10	3.30		1.50	2.90	3.99	3.97
	n	62	62	37		1	22		
黄色玉米,玉米麸		95.30	8.40	0.90	85.50		0.40	3.84	3.84
	n	6	6	6	1		6		
黄色玉米,玉米渣		90.00	8.80	1.20	1.60		0.40	3.64	3.64
	n	157	156	156	1		156		
黄色玉米,玉米粒	4-02-935	89.30	9.10	4.40		2.10	1.20	4.09	4.07
	n	12	9	6		2	5		
黄色玉米,脱胚玉米粉		88.40	8.50	1.70	7.40		0.60	3.59	3.59
	n	513	127	128	1		127		
黄色玉米,整粒玉米粉		89.70	8.10	3.60	7.30		1.10	3.72	3.71
	n	10	7	7	1		7		
黄色玉米,淀粉		91.70	0.30	0.10	0.90		0.10	3.67	3.67
	n	5	5	3	1		4		
黄色玉米,黑色玉米浆		77.20	0.00	0.00	0.00		4.00	3.06	3.06
	n	5	1	5	1		4		
糖蜜,甜菜,蔗糖	4-00-668	78.00	6.70	0.10		0.00	9.00	3.64	3.64
	n	22	13	4		1	10		
燕麦,籽粒	4-03-309	90.00	11.90	4.60		10.80	3.00	3.68	3.66
	n	177	309	146		1	104		
燕麦,(燕)麦片	4-03-331	92.00	16.00	6.00		2.60	2.20	4.11	4.08
	n	1	1	1		1	1		
大米麸	4-03-928	90.60	14.00	13.80		11.40	9.40	3.86	3.79
	n	73	87	78		1	69		

续表2-5-41

名称/性状描述	国际饲料编号 IFN	干物质 DM(%)	粗蛋白质 CP(%)	粗脂肪 Fat(%)	总膳食纤维 TDF(%)	粗纤维 CF(%)	粗灰分 Ash(%)	犬代谢能 ME(kcal/g)	猫代谢能 ME(kcal/g)
大米酒糟(碎的)	4-03-932	89.00	8.70	0.70		9.80			
	n	1	1	1		1			
大米,棕色,中间的籽粒		87.60	7.50	2.70	3.40		1.30	3.59	3.57
	n	4	7	5	1		4		
大米,棕色米粉		88.00	7.20	2.80	4.60		1.50	3.60	3.58
	n	3	3	3	1		3		
大米,白色米粉		88.10	6.00	1.40	2.40		0.60	3.57	3.56
	n	2	2	2	1		2		
高粱籽粒	4-20-893	87.00	8.80	2.90		2.30			
	n	1	1	1		1			
糖,颗粒		100.00	0.00	0.00	0.00		0.00	4.00	4.00
	n	9	1	3	1		6		
糖,棕色		98.40	0.00	0.00	0.00		0.90	3.89	3.89
	n	5	1	1	1		5		
小麦粉		89.70	13.70	1.90	12.20		1.60	3.62	3.61
	n	15	16	10	1		14		
小麦,未浓缩的白色面粉		88.10	10.30	1.00	2.70		0.50	3.55	3.55
	n	72	61	29	1		61		
小麦,粗面粉	4-05-205	89.50	16.60	4.00		7.50	4.50	3.72	3.70
	n	294	246	212		1	87		
小麦,脱皮下脚料		90.0	15.50	4.10		8.30	5.30	3.66	3.64
	n	1	1	1		1	1		

注:[a] 每种日粮成分给出2组数据:第1组数据表示每种成分在日粮中所占的百分比;第2组数据表示样本量(*n*)。

表 2-5-42 犬猫日粮中一些常见成分的碳水化合物和木质素的浓度(DM 基础)[a]

常用名		样品数量(n)	属/种	分子质量相对小的糖类								水溶性非纤维多糖							
				单糖	蔗糖	棉籽糖	水苏糖	总糖	淀粉	同质多糖体	β-葡萄糖	总S-NCP[b]	鼠李糖	阿拉伯糖	木糖	甘露糖	半乳糖	葡萄糖	糖醛酸
大麦	皮大麦	10	裸大麦	4	12	5	1	21	587	4	42	56	0	6	6	2	1	39	2
	裸大麦	6		n. m.[e]	n. m.[e]	n. m.[e]	n. m.[e]	n. m.[e]	645	n. m.[e]	42	50	0	3	4	1	1	41	1
	脱壳大麦	1		2	7	4	1	15	654	5	44	50	0	4	7	1	2	34	1
	带壳大麦粕	1		4	17	10	2	32	174	7	16	20	0	3	0	0	1	13	3
玉米	筛选饲用细粉	2	玉米	6	29	4	1	40	566	2	1	10	0	1	2	1	1	0	4
	玉米淀粉渣	2		6	25	5	2	41	282	2	2	34	0	7	7	0	3	2	15
	玉米粉	2		4	6	1	0	10	902	2	1	8	0	3	3	1	1	0	1
	玉米麸	2		5	21	4	1	32	376	4	2	32	0	6	5	1	2	6	12
小麦	小麦粉	2	小麦	1	8	3	3	17	820	16	4	16	0	3	7	0	2	2	2
	麸皮	3		7	30	12	4	53	222	20	24	29	0	7	10	1	2	8	2
	粗面粉	1		4	20	9	3	36	575	23	26	71	0	21	31	2	3	11	3
燕麦	脱壳	3	燕麦	2	11	3	2	17	468	3	28	40	0	3	2	2	2	28	3
	裸燕麦	4		n. m.[e]	n. m.[e]	n. m.[e]	n. m.[e]	n. m.[e]	557	n. m.[e]	41	54	0	3	2	1	2	45	2
	筛选饲用细粉	2		2	12	2	2	17	623	2	42	42	0	2	1	2	2	33	2
	燕麦片	1		2	12	3	2	19	646	1	42	48	0	4	2	0	2	38	2
	带壳粗粉	1		4	7	2	1	14	213	2	14	13	0	2	0	1	0	8	1

续表 2-5-42

常用名		水溶性纤维多糖									碳水化合物和木质素				
		总 I-NCP[c]	鼠李糖	阿拉伯糖	木糖	甘露糖	半乳糖	葡萄糖	糖醛酸	纤维素	总 NSP[d]	硫酸盐木素	日粮纤维	分析	核算
大麦	皮大麦	88	0	22	50	2	2	8	4	43	186	35	221	834	823
	裸大麦	64	0	17	24	3	2	17	1	10	124	9	133	n. m.[e]	n. m.[e]
	脱壳大麦	58	0	17	29	2	0	8	2	19	127	19	146	819	834
	带壳大麦粕	267	0	48	184	3	5	12	15	192	478	115	594	806	786
玉米	筛选饲用细粉	114	0	32	46	1	8	10	16	33	156	18	174	783	774
	玉米淀粉渣	242	0	61	97	4	15	14	51	75	351	32	383	708	710
	玉米粉	13	0	3	3	0	0	5	2	0	21	4	25	940	904
	玉米麸	240	0	66	111	3	18	10	32	83	354	25	379	791	775
小麦	小麦粉	17	0	6	8	1	0	4	0	3	35	0	35	887	864
	麸皮	273	0	83	138	4	7	27	13	72	374	75	449	704	707
	粗面粉	101	0	27	36	6	4	21	7	19	190	11	201	836	809
燕麦	脱壳	110	0	15	78	1	5	5	7	82	232	66	298	787	770
	裸燕麦	49	0	10	21	2	2	11	3	14	116	32	148	n. m.[e]	n. m.[e]
	筛选饲用细粉	39	0	8	15	1	1	10	3	8	89	19	108	749	748
	燕麦片	37	0	6	11	2	1	13	3	6	91	15	106	772	766
	带壳粗粉	295	0	26	212	1	9	12	35	196	505	148	653	882	855

注:[a] 改编自 Bach-Knudsen,1997。[b] 水溶性非纤维多糖。[c] 不可溶性非纤维多糖。[d] 非淀粉多糖。[e] 未测量。

表 2-5-43 选定饲料成分中总脂肪浓度和脂肪酸组成

成分		总脂肪(%)	脂肪酸的百分比																	
			C10:0	C12:0	C13:0	C13:1	C14:0	C14:1	C15:0	C16:0	C16:(n-7)	C17:0	C17:1	C18:0	C18:(n-9)	C18:(n-7)	C18:(2n-6)	C18:(3n-6)	C18:(3n-3)	C20:0
小麦麸		4.93	0.00	0.00	0.00	0.00	0.12	0.00	0.13	16.63	0.15	0.12	0.00	1.11	17.30	1.04	56.11	0.00	4.40	0.23
$n=4$	*SD*	0.38	0.00	0.00	0.00	0.00	0.04	0.00	0.00	0.79	0.02	0.01	0.00	0.05	0.18	0.10	0.84	0.00	0.11	0.02
小麦粉		3.41	0.00	0.00	0.00	0.00	0.16	0.00	0.14	17.26	0.09	0.12	0.00	1.73	14.10	1.25	58.34	0.00	3.41	0.31
$n=6$	*SD*	0.58	0.00	0.00	0.00	0.00	0.12	0.00	0.07	1.14	0.07	0.04	0.00	0.88	1.92	0.36	0.87	0.00	0.60	0.17
麦粒		2.98	0.00	0.00	0.00	0.00	0.08	0.00	0.10	17.39	0.16	0.10	0.04	1.13	13.79	1.29	58.97	0.00	3.98	0.18
$n=4$	*SD*	0.17	0.00	0.00	0.00	0.00	0.01	0.00	0.00	0.28	0.01	0.03	0.05	0.09	0.29	0.12	0.96	0.00	0.11	0.03
全脂米糠		4.15	0.00	0.02	0.00	0.00	0.45	0.01	0.04	16.70	0.22	0.03	0.00	2.00	40.26	2.34	31.93	0.00	1.25	0.73
$n=8$	*SD*	0.50	0.00	0.01	0.00	0.00	0.34	0.15	0.23	0.42	0.37	0.43	0.07	2.53	2.75	0.79	4.66	0.15	0.04	0.13
大米麸		5.15	0.00	0.00	0.00	0.00	0.84	0.00	0.05	29.84	0.11	0.00	0.00	2.83	26.01	1.23	33.30	0.00	0.91	0.61
$n=2$	*SD*	0.05	0.00	0.00	0.00	0.00	0.02	0.00	0.00	0.62	0.03	0.00	0.00	0.06	0.16	0.22	0.19	0.00	0.04	0.01
大米(整粒)		1.90	0.00	0.00	0.00	0.00	0.79	0.00	0.02	19.14	0.15	0.00	0.00	4.11	34.67	1.26	34.61	0.00	1.30	0.65
$n=8$	*SD*	0.70	0.00	0.00	0.00	0.00	0.16	0.00	0.02	1.46	0.06	0.03	0.00	1.74	2.10	0.44	2.49	0.00	0.25	0.07
干甜菜渣		1.70	0.00	0.00	0.00	0.00	0.35	0.00	0.40	20.16	0.45	0.07	0.06	1.46	14.66	1.14	47.34	0.11	3.78	0.09
$n=2$	*SD*	0.10	0.00	0.00	0.00	0.00	0.05	0.00	0.06	0.03	0.07	0.07	0.06	0.48	0.57	0.02	0.25	0.00	0.20	0.00

续表 2-5-43　**选定饲料成分中总脂肪浓度和脂肪酸组成**

成分		脂肪酸的百分比																	
		C20:(n-9)	C20:(2n-6)	C20:(3n-9)	C20:(3n-6)(5°11°14)	C20:(3n-6)(8°11°14)	C20:(3n-3)	C20:(4n-6)	C20:(5n-3)	C22:0	C22:1(n-9)	C22:(2n-6)	C23:0	C22:(4n-6)	C22:(5n-6)	C22:(5n-3)	C24:0	C22:(6n-3)	C24:1
小麦麸		0.91	0.12	0.00	0.00	0.00	0.00	0.00	0.00	0.25	0.12	0.01	0.00	0.04	0.00	0.00	0.28	0.00	0.13
n=4	*SD*	0.09	0.03	0.00	0.00	0.00	0.00	0.00	0.00	0.01	0.01	0.03	0.00	0.05	0.00	0.00	0.02	0.00	0.02
小麦粉		0.82	0.12	0.00	0.00	0.00	0.00	0.00	0.00	0.26	0.18	0.00	0.00	0.02	0.00	0.00	0.42	0.00	0.15
n=6	*SD*	0.19	0.03	0.00	0.00	0.00	0.00	0.00	0.00	0.01	0.05	0.00	0.00	0.03	0.00	0.00	0.08	0.00	0.07
麦粒		0.95	0.12	0.00	0.00	0.00	0.00	0.00	0.00	0.27	0.16	0.00	0.00	0.04	0.00	0.00	0.37	0.00	0.13
n=4	*SD*	0.07	0.01	0.00	0.00	0.00	0.00	0.00	0.00	0.03	0.05	0.00	0.00	0.08	0.00	0.00	0.03	0.00	0.03
全脂米糠		0.44	0.11	0.00	0.00	0.00	0.00	0.00	0.00	0.82	0.00	0.17	0.00	0.14	0.00	0.00	2.08	0.00	0.00
n=8	*SD*	0.11	0.21	0.00	0.00	0.23	0.21	0.00	0.05	0.11	0.17	0.10	0.00	0.07	0.00	0.00	0.37	0.33	0.23
大米麸		0.17	0.09	0.00	0.00	0.00	0.00	0.00	0.00	0.35	0.00	0.00	0.00	0.00	0.00	0.00	1.01	0.00	0.00
n=2	*SD*	0.04	0.09	0.00	0.00	0.00	0.00	0.00	0.00	0.04	0.00	0.00	0.00	0.00	0.00	0.00	0.06	0.00	0.00
大米(整粒)		0.42	0.00	0.00	0.00	0.00	0.00	0.00	0.00	0.34	0.00	0.11	0.00	0.04	0.00	0.00	0.75	0.00	0.00
n=8	*SD*	0.04	0.04	0.00	0.00	0.00	0.00	0.00	0.00	0.03	0.00	0.07	0.00	0.03	0.00	0.00	0.04	0.00	0.00
干甜菜渣		0.48	1.19	0.37	0.00	0.00	0.00	0.10	0.00	0.77	0.20	0.08	0.00	1.65	0.43	0.06	0.06	0.00	0.18
n=2	*SD*	0.00	0.06	0.02	0.00	0.00	0.00	0.00	0.00	0.00	0.01	0.00	0.00	0.05	0.01	0.01	0.01	0.00	0.01

表 2-5-44 选定脂肪和油中的脂肪酸组成[a]

液体	IFN[b]	选定脂肪酸占总脂肪酸的百分比																	总 S[c] (%)	总 PUFA[d] (%)	PUFA[d]:S[e] 比率	碘值	总 n-6	总 n-3
		<C10	C12:0	C14:0	C16:0	C1:1	C18:0	C18:1	C18:(2n-6)	C18:(3n-3)	C18:(4n-3)	C20:1	C20:(4n-6)	C20:(5n-3)	C22:1	C22:(5n-3)	C22:(6n-3)	>C20						
动物脂肪																								
牛脂	4-08-127	0	0.9	2.7	24.9	4.2	18.9	36.0	3.1	0.6								0.3	47.4	3.7	0.08	44.0	3.1	0.6
精选白脂膏		0.2	0.2	1.9	21.5	5.7	14.9	41.1	11.6	0.4								1.8	38.7	12.0	0.31	60.0	11.6	0.4
猪脂	4-04-790	0.1	0.2	1.3	23.8	2.7	13.5	41.2	10.2	1.0								1.0	38.9	11.2	0.29	64.0	10.2	1.0
家禽脂肪	4-09-319	0.0	0.1	0.9	21.6	5.7	6.0	37.3	19.5	1.0								1.2	28.6	20.5	0.71	78.0	19.5	1.0
废弃油脂				1.9	16.2	2.5	10.5	47.5	17.5	1.9								1.0	28.6	19.4	0.68	75.0	17.5	1.9
鱼油																								
鲚鱼				7.4	17.4	10.5	4.0	11.6	1.2	0.8	3.0	1.6	0.1	17.0	1.2	1.6	8.8		28.8	35.3	1.23		1.3	31.2
鲱鱼	7-08-048		0.2	6.4	12.7	8.8	0.9	12.7	1.1	0.6	1.7	14.1	0.3	8.4	20.8	0.8	4.9		20.2	52.7	2.61		1.4	17.8
油鲱	7-08-049			7.3	19.0	9	4.2	13.2	1.3	0.3	2.8	2.0	0.2	11	0.6	1.9	9.1		30.5	29.2	0.95		1.5	25.1
毛鳞鱼	7-16-709			7.9	11.1	11.1	1.0	17.0	1.7	0.4	2.1	18.9	0.1	4.6	14.7	0.3	3.0		20.0	45.8	2.29		1.8	10.4
深海鳕鱼肝	7-01-994			3.2	13.5	9.8	2.7	23.7	1.4	0.6	0.9	7.4	1.6	11.2	5.1	1.7	12.6		19.4	42.5	2.19		3.0	27.0
鲑				4.9	13.2	13.2	2.2	13.3	0.9	0.5	1.1	17.2	0.3	8.0	18.9	0.6	8.9		20.3	56.4	2.78		1.2	19.1
鲑鱼(海中)				3.7	10.2	8.7	4.7	18.6	1.2	0.6	2.1	8.4	0.9	12.0	5.5	2.9	13.8		18.6	47.4	2.55		2.1	31.4
植物油																								
巴西棕榈树		11.1	42.4	16.8	9.3		3.5	14.2	2.4									0.1	83.1	2.4	0.03	15.0	2.4	
玻璃苣		0.0	0.0	0.0	11.5		4.9	19.5	40.3															
芸薹(油菜籽)	4-06-144	0.0	0.0	0.0	4.0	0.2	1.8	56.1	20.3	9.3								3.6	5.8	29.6	5.10	118.0	20.3	9.3

续表2-5-44

液体	IFN[b]	选定脂肪酸占总脂肪酸的百分比																	总S[c](%)	总PUFA[d](%)	PUFA[d]:S[e]比率	碘值	总n-6	总n-3
		<C10	C12:0	C14:0	C16:0	C1:1	C18:0	C18:1	C18:(2n-6)	C18:(3n-3)	C18:(4n-3)	C20:1	C20:(4n-6)	C20:(5n-3)	C22:1	C22:(5n-3)	C22:(6n-3)	>C20						
椰子	4-09-320	14.1	44.6	16.8	8.2	0.0	2.8	5.8	1.8	0.0								86.5	1.8	0.02	10.0	1.8	0.0	
玉米	4-07-882	0.0	0.0	0.0	10.9	0.0	1.8	24.2	59.0	0.7								12.7	59.7	4.7	125.0	59.0	0.7	
亚麻籽	4-14-502	0.0	0.0	0.0	5.3	0.0	4.1	20.2	12.7	53.3								9.4	66.0	7.02		12.7	53.3	
棉籽	4-20-836	0.0	0.0	0.8	22.7	0.8	2.3	17	51.5	0.2								0.1	25.8	51.7	2.0	105.0	51.5	0.2
橄榄油		0.0	0.0	0.0	11.0	0.8	2.2	72.5	7.9	0.6								0.3	13.2	8.5	0.64	86.0	7.9	0.6
棕榈		0.0	0.1	1.0	43.5	0.3	4.3	36.6	9.1	0.2								0.1	48.9	9.3	0.19	15.0	9.1	0.2
棕榈果		6.7	48.2	16.2	8.4		2.5	15.3	2.3									0.2	82.0	2.3	0.03	50.0	2.3	
花生	4-03-658	0.0	0.0	0.1	9.5	0.1	2.2	44.8	32.0									6.4	11.8	32	2.71	92.0	32.0	
红花	4-20-526	0.0	0.0	0.1	6.2	0.4	2.3	11.7	74.1	0.4									8.6	74.5	8.66	140.0	74.1	0.4
红花(高油)				0.1	6.8	0.1	2.3	12.0	77.7	0.4		0.1						0.5	9.2	78.2	8.5	140.0	77.7	0.4
芝麻		0.0	0.0	0.0	8.9	0.2	4.8	39.3	41.3	0.3								0.2	13.7	41.6	3.04	110.0	41.3	0.3
大豆	4-07-983	0.0	0.0	0.1	10.3	0.2	3.8	22.8	51.0	6.8								0.2	14.2	57.8	4.07	130.0	51.0	6.8
向日葵(高油)					3.7	0.1	5.4	81.3	9.0									0.4	9.1	9.0	0.99	85.0	9.0	
向日葵	4-20-833	0.0	0.0	0.0	5.4	0.2	3.5	45.3	39.8	0.2									8.9	40.0	4.49	133.0	39.8	0.2

注:[a] 某些脂肪和油中含有的一些重要脂肪酸显著高于上表中列出的数值,如下所示。
黄油:C4:0,3.65%;C6:0,2.2%;C15:0,2.1%;C14:1,0.8%
花生油:C24:0,1.5%。
油菜籽(高芥酸菜籽油):C24:0,1.0%;C22:1,41.1%;C20:2,0.7%。
芸薹(低芥酸菜籽油):C24:0,0.2%;C22:1,0.7%;C20:2,0.0%。
玻璃苣籽油:C16:0,11.5%;C18:0,4.9%;C18:(n-9),19.5%;C18:(2n-6),40.3%;C18:(3n-6),22.1%。
月见草油:C16:0,6.5%;C18:0,1.8%;C18:(n-9),8.6%;C18:(2n-6),73.5%;C18:(3n-6),8.7%。
黑加仑籽油:C16:0,6.7%;C18:0,1.6%;C18:(n-9),11.3%;C18:(2n-6),47.1%;C18:(3n-6),15.3%;C18:(3n-3),13.1%。
[b] 国际饲料号。
[c] 饱和脂肪酸。
[d] 多不饱和脂肪酸。
[e] 单不饱和脂肪酸不在此统计范围之内。

表 2-5-45 选定饲料成分中的氨基酸组成(%)

名称/性状描述	国际饲料编号 IFN	干物质 DM	粗蛋白质 CP	精氨酸 Arg	组氨酸 His	异亮氨酸 Ile	亮氨酸 Leu	赖氨酸 Lys	蛋氨酸 Met	胱氨酸 Cys	苯丙氨酸 Phe	酪氨酸 Tyr	苏氨酸 Thr	色氨酸 Trp	牛磺酸 Tau	缬氨酸 Val
动物源性成分																
乳清,粉状	4-01-182	93.50	12.50	0.37	0.19	0.86	1.20	1.04	0.20	0.30	0.37	0.25	0.85	0.20	0.066	0.69
	n	2	2	2	2	2	2	2	2	2	2	1	2	2	1	2
植物源性成分																
大麦籽粒	4-00-549	90.20	12.30	0.62	0.28	0.45	0.85	0.47	0.24	0.27	0.70	0.36	0.42	0.20		0.61
	n	9	14	62	62	62	62	67	63	40	62	59	62	30		62
甜菜(糖),干甜菜渣	4-00-669	88.30	8.80	0.29	0.22	0.28	0.47	0.41	0.10	0.09	0.27	0.40	0.31	0.08		0.42
	n	200	183	13	13	13	13	13	13	13	13	1	13	13		13
谷类副产品	4-00-466	88.50	8.10	0.40	0.20	0.36	0.80	0.30	0.16	0.16	0.40		0.28	0.09		0.40
	n	62	62	1	1	1	1	1	1	1	1		1	1		1
黄色玉米,玉米麸		95.30	8.40													
	n	6	6													
黄色玉米,玉米渣		90.00	8.80	0.44	0.27	0.31	1.08	0.25	0.18	0.16	0.43	0.36	0.33	0.06		0.44
	n	157	156	1	1	1	1	1	1	1	1	1	1	1		1
黄色玉米粒	4-02-935	89.30	9.10	0.47	0.28	0.33	1.15	0.26	0.20	0.17	0.46	0.37	0.35	0.07		0.47
	n	12	9	33	21	37	37	103	36	32	37	36	37	18		36
黄色玉米,脱胚玉米粉		88.40	8.50													
	n	513	127													
黄色玉米,整粒玉米粉		89.70	8.10	0.41	0.25	0.29	1.00	0.23	0.17	0.15	0.40	0.33	0.31	0.06		0.41
	n	10	7	1	1	1	1	1	1	1	1	1	1	1		1
黄色玉米,淀粉		91.70	0.30	0.01	0.01	0.01	0.04	0.01	0.01	0.01	0.01	0.01	0.01	0.00		0.01
	n	5	5	11	11	11	11	68	10	10	11	11	11	76		10
黄色玉米,黑色玉米浆		77.20	0.00													
	n	5	1													
糖蜜,甜菜,蔗糖	4-00-668	78.00	6.70	3.25	1.05	2.94	2.38		0.15	0.55	1.79		1.04	0.30		2.22
	n	22	13	1	1	1	1		1	1	1		1	1		1

续表 2-5-45

名称/性状描述	国际饲料编号 IFN	干物质 DM	粗蛋白质 CP	精氨酸 Arg	组氨酸 His	异亮氨酸 Ile	亮氨酸 Leu	赖氨酸 Lys	蛋氨酸 Met	胱氨酸 Cys	Phe	Tyr	苏氨酸 Thr	色氨酸 Trp	牛磺酸 Tau	缬氨酸 Val
燕麦籽粒	4-03-309	90.00	11.90	0.81	0.29	0.45	0.87	0.50	0.20	0.33	0.61	0.53	0.41	0.14		0.62
	n	177	309	19	19	19	19	19	19	19	19	1	19	19		19
燕麦(燕),麦片	4-03-331	92.00	16.00	0.90	0.25	0.50	1.00	0.45	0.20	0.26	0.65		0.50	0.18		0.65
	n	1	1	1	1	1	1	1	1	1	1		1	1		1
大米麸	4-03-928	90.60	14.00	1.09	0.39	0.48	0.99	0.65	0.29	0.31	0.66	0.42	0.54	0.16		0.73
	n	73	87	15	15	15	15	15	15	15	15	1	15	15		15
大米酒糟(碎的)	4-03-932	89.00	8.70	0.74	0.26	0.37	0.74	0.43	0.22	0.21	0.48	0.33	0.36	0.10		0.54
	n	1	1	1	1	1	1	1	1	1	1	1	1	1		1
大米,棕色,中间的籽粒		87.60	7.50	0.57	0.19	0.32	0.62	0.29	0.17	0.09	0.39	0.28	0.28	0.10		0.44
	n	4	7	1	1	1	1	1	1	1	1	1	1	1		1
大米,棕色米粉		88.00	7.20													
	n	3	3													
大米,白色米粉		88.10	6.00	0.52	0.15	0.24	0.49	0.21	0.14	0.11	0.32	0.31	0.21	0.07		0.35
	n	2	2	30	30	30	30	31	19	27	29	29	30	20		30
高粱籽粒	4-20-893	87.00	8.80	0.35	0.22	0.35	1.14	0.21	0.16	0.17	0.47	0.34	0.29	0.08		0.44
	n	1	1	1	1	1	1	1	1	1	1	1	1	1		1
糖,颗粒		100.00	0.00													
	n	9	1													
糖,棕色		98.40	0.00													
	n	5	1													
小麦粉,整个的		89.70	13.70	0.64	0.32	0.51	0.93	0.38	0.21	0.32	0.65	0.40	0.40	0.21		0.62
	n	15	16	26	26	25	25	26	26	20	25	24	25	12		25
小麦未浓缩的白色面粉		88.10	10.30	0.42	0.23	0.36	0.71	0.23	0.18	0.22	0.52	0.31	0.28	0.13		0.42
	n	72	61	51	51	68	68	69	67	63	58	56	67	39		58
小麦粗面粉	4-05-205	89.50	16.60	0.97	0.45	0.57	1.10	0.60	0.26	0.34	0.73	0.45	0.51	0.21		0.77
	N	294	246	121	121	121	121	121	121	121	121	1	121	121		121
小麦脱皮下脚料		90.00	15.50													
	n	1	1													
	n	1	1	1	1	1	1	1	1	1	1		1	1		1

注:[a] 每种日粮成分给出 2 组数据;第 1 组数据表示每种氨基酸在该种成分中所占的百分比;第 2 组数据表示样本量(*n*)。

表 2-5-46 选定饲料成分中的矿物质含量(饲喂基础)[a]

名称/性状描述	IFN[b]	DM[c] (%)	Ca (%)	P (%)	有效P(%)	Mg (%)	K (%)	Na (%)	Cl (%)	S (%)	Cu (mg/kg)	Fe (mg/kg)	Mn (mg/kg)	Se (mg/kg)	Zn (mg/kg)
动物源性成分															
乳清,粉状	4-01-182	93.50	0.92	0.78	0.79	0.13	1.13	1.30	1.50	1.04	44.55	145.00	7.00	0.07	3.00
	n	2	2	2	1	2	2	2	2	2	2	2	2	2	2
植物源性成分															
大麦籽粒	4-00-549	90.20	0.04	0.29	0.15	0.13	0.46	0.01	0.15	0.15	5.28	40.00	19.00	0.15	28.00
	n	9	18	11	1	18	18	17	2	2	27	21	23	2	30
甜菜(糖),干甜菜渣	4-00-669	88.30	0.80	0.08		0.20	0.84	0.27	0.15	0.26	9.74	564.00	55.00	0.12	19.00
	n	200	172	154		154	154	154	18	57	154	154	154	11	154
谷类副产品	4-00-466	88.50	0.15	0.26	0.18	0.09	0.29	0.53	0.72	0.09	3.57	219.00	24.00	0.40	70.00
	n	62	49	49	1	49	49	49	6	25	49	49	49	1	49
黄色玉米,玉米麸		95.30	0.04	0.07		0.06	0.04	0.01			2.48	28.00	1.00	0.17	16.00
	n	6	5	4		5	5	5			5	3	2	1	5
黄色玉米,玉米渣		90.00	0.00	0.07		0.03	0.14	0.00			0.75	10.00	1.00	0.17	4.00
	n	157	1	1		1	22	154			4	1	4	1	4
黄色玉米,玉米粒	4-02-935	89.30	0.01	0.23	0.09	0.11	0.30	0.03	0.04	0.08	3.11	29.00	6.00	0.13	21.00
	n	12	6	7	1	3	3	3	2	2	8	8	5	7	7
黄色玉米,脱胚玉米粉		88.40	0.01	0.08		0.04	0.16	0.00			0.78	11.00	1.00	0.08	7.00
	n	513	8	8		8	24	114			23	1	3	13	27
黄色玉米,整粒玉米粉		89.70	0.01	0.24		0.13	0.29	0.04			1.93	35.00	5.00	0.16	18.00
	n	10	9	3		6	6	6			6	9	3	1	6
黄色玉米,淀粉		91.70	0.00	0.01		0.00	0.00	0.01			0.50	5.00	1.00	0.03	1.00
	n	5	7	3		7	7	4			2	6	3	8	6
黄色玉米,黑色玉米浆		77.20	0.02	0.01		0.01	0.04	0.16			0.53	4.00	1.00	0.01	0.00
	n	5	1	1		1	1	2			5	1	5	1	5
糖蜜,甜菜,蔗糖	4-00-668	78	0.12	0.02		0.23	4.73	1.15	1.30	0.47	17.20	71.00	46.00		14.00
	n	22	14	12		11	11	9	1	10	8	9	8		5
燕麦,籽粒	4-03-309	90.00	0.10	0.36		0.14	0.47	0.03	0.11	0.17	7.20	95.00	39.00	0.43	37.00
	n	177	222	229		206	205	102	1	31	184	185	194	69	197

续表2-5-46

名称/性状描述	IFN[b]	DM[c] (%)	Ca (%)	P (%)	有效P(%)	Mg (%)	K (%)	Na (%)	Cl (%)	S (%)	Cu (mg/kg)	Fe (mg/kg)	Mn (mg/kg)	Se (mg/kg)	Zn (mg/kg)
燕麦，(燕)麦片	4-03-331	92.00	0.07	0.45	0.17	0.09	0.34	0.05		0.20	6.40	35.00	29.00		
	n	1	1	1	1	1	1	1		1	1	1	1		
大米麸	4-03-928	90.60	0.06	1.61		0.74	1.43	0.03	0.08	0.17	9.13	216.00	172.00	0.18	64.00
	n	73	70	70		62	67	55	3	27	58	58	24	9	56
大米酒糟(碎的)	4-03-932	89.00	0.08	0.08		0.11	0.13	0.07	0.08	0.06			18.00	0.27	17.00
	n	1	1	1		1	1	1	1	1			1	1	1
大米，棕色的，中间的籽粒		87.60	0.03	0.26		0.14	0.27	0.00			2.77	18.00	37.00		20.00
	n	4	1	3		1	4	1			1	5	1		1
大米，棕色米粉		88.00	0.01	0.34		0.11	0.29	0.01			2.30	20.00	40.00		25.00
	n	3	3	3		3	3	3			2	2	3		3
大米，白色米粉		88.10	0.01	0.10		0.04	0.08	0.00			1.30	4.00	12.00	0.15	8.00
	n	2	2	2		2	2	2			2	2	2	2	2
高粱籽粒	4-20-893	87.00	0.04	0.30		0.15	0.35	0.01	0.09	0.08	10.00	45.00	15.00	0.20	15.00
	n	1	1	1		1	1	1	1	1	1	1	1	1	1
糖，颗粒状的		100.00	0.00	0.00		0.00	0.00	0.00			0.43	1.00	0.00	0.01	0.00
	n	9	19	12		24	21	12			16	23	18	2	17
糖，棕色		98.40	0.09	0.02		0.03	0.35	0.04			2.98	19.00	3.00	0.01	2.00
	n	5	6	4		6	6	6			6	6	7	4	6
小麦粉		89.70	0.03	0.00		0.14	0.41	0.01			3.82	30.00	38.00	0.71	29.00
	n	15	8	8		6	7	7			11	8	10	3	11
小麦，未浓缩的白色面粉		88.10	0.02	0.11		0.02	0.11	0.00			1.44	12.00	7.00	0.34	7.00
	n	72	113	47		129	94	82			49	1	48	46	136
小麦，粗面粉	4-05-205	89.50	0.14	0.91		0.37	1.23	0.03	0.09	0.16	9.00	141.00	112.00	0.45	82.00
	N	294	196	197		182	183	171	17	59	176	178	176	10	172
小麦，脱皮下脚料		90.0	0.10	1.02		0.47									
	n	1	1	1		1									
	n	1	1	1	1	1	1	1	1	1	1	1	1	1	1

注：[a] 每种日粮成分给出 2 组数据；第 1 组数据表示每种矿物质在该种成分中所占的百分比；第 2 组数据(*n*)表示样本量。[b] 国际饲料号。[c] 干物质。

表 2-5-47 选定饲料成分中的维生素含量(饲喂基础)[a](mg/kg)

名称/性状描述	IFN[b]	生物素	胆碱	叶酸酯	烟酸	泛酸	核黄素	硫胺素	维生素 B_6	维生素 B_{12}	胡萝卜素	维生素 E
动物源性成分												
乳清,粉状	4-01-182	0.37	1675.00	0.90	11.00	45.90	28.50	3.90	4.00	0.02		0.20
	n	2	2	1	2	2	2	2	1	2		1
植物源性成分												
大麦籽粒	4-00-549	0.18	1009.00	0.20	53.00	5.70	2.40	5.00	3.10	0.00		20.70
	n	2	2	8	3	3	4	4	4	1		3
甜菜(糖),干甜菜渣	4-00-669		809.00		19.00	1.10	0.90	0.30	1.90	0.00	5.00	13.20
	n		2		2	2	2	2	1	1	2	1
谷类副产品	4-00-466		1230.00	0.15	18.00	14.50	1.50	1.50			5.00	25.00
	n		1	1	1	1	1	1			1	1
黄色玉米,玉米麸				0.04	27.00	6.40	1.00	0.10	1.50	0.00		23.20
	n			4	4	4	6	5	4	1		1
黄色玉米,玉米渣				0.05	12.00	4.90	0.40	1.30	1.50	0.00		2.60
	n			3	1	1	1	1	1	1		1
黄色玉米,玉米粒	4-02-935	0.07	860.00	0.24	27.00	4.00	1.40	3.30	6.50	0.00	2.00	17.20
	n	2	2	3	3	3	3	3	3	1	1	3
黄色玉米,脱胚玉米粉				0.48	10.00	3.10	0.50	1.40	2.60	0.00		3.30
	n			23	1	25	1	1	5	1		1
黄色玉米,整粒玉米粉				0.25	36.00	4.30	2.00	3.90	3.00	0.00		6.70
	n			1	8	6	9	8	3	1		1
黄色玉米,淀粉				0.00		0.00	0.00	0.00	0.00	0.00		0.00
	n			1	1	1	1	1	1	1		1
黄色玉米,黑色玉米浆				0.00	0.00	0.20	0.10	0.10	0.10	0.00		0.00
	n			2	2	2	2	2	2	1		1
糖蜜,甜菜,蔗糖	4-00-608(编者注:前表为 4-00-668,疑为输入错误)				48.00	4.60	2.40					
	n				1	1	1					
燕麦,籽粒	4-03-309	0.27	946.00	0.30	12.00	7.80	1.10	6.00	1.00			20.00
	n	1	1	1	1	1	1	1	1			1

续表2-5-47

名称/性状描述	IFN[b]	生物素	胆碱	叶酸酯	烟酸	泛酸	核黄素	硫胺素	维生素 B_6	维生素 B_{12}	胡萝卜素	维生素 E
燕麦,(燕)麦片	4-03-331	0.20	1232.00	0.30	18.00	11.00	1.30	6.80				15.00
	n	1	1	1	1	1	1	1				1
大米麸	4-03-928	0.42	1135.00	2.20	293.00	23.00	2.50	22.50	14.00			60.00
	n	1	1	1	1	1	1	1	1			1
大米酒糟(碎的)	4-03-932	0.08	800.00	0.20	30.00	8.00	0.70	1.40	28.00			14.00
	n	1	1	1	1	1	1	1	1			1
大米,棕色的,中间的籽粒				0.20	43.00	14.90	0.40	4.10	5.10	0.00		6.60
	n			1	5	1	5	5	1	1		1
大米,棕色米粉				0.16	63.00	15.90	0.80	4.40	7.40	0.00		7.20
	n			6	3	3	3	3	3	1		1
大米,白色米粉				0.04	26.00	8.20	0.20	1.40	4.40	0.00		1.30
	n			2	2	2	2	2	2	1		1
高粱籽粒	4-20-893	0.26	668.00	0.20	41.00	12.40	1.30	3.00	5.20			7.00
	n	1	1	1	1	1	1	1	1			1
糖,颗粒状的				0.00	0.00	0.00	0.20	0.00	0.00	0.00		0.00
	n			3	3	3	3	1	3	1		1
糖,棕色				0.01	1.00	1.10	0.10	0.10	0.30	0.00		0.00
	n			2	5	5	4	5	5	1		1
小麦粉				0.44	64.00	10.10	2.20	1.20	3.40	0.00		12.30
	n			7	8	2	20	20	3	1		1
小麦,未浓缩的白色面粉				0.26	13.00	4.40	0.40	1.20	0.40	0.00		0.60
	n			15	1	10	1	1	45	1		1
小麦,粗面粉	4-05-205	0.37	1439.00	0.80	98.00	13.00	2.20	16.50	9.00			40.00
	n	1	1	1	1	1	1	1	1			1

注:[a] 每种日粮成分给出 2 组数据;第 1 组数据表示每种维生素在该种成分中所占的百分比;第 2 组数据表示样本量(*n*)。[b] 国际饲料编号。

2.5.3.8 Nutrient Requirements of Fish and Shrimp(鱼类与甲壳类营养需要).2011(中文版,2015)[24]

表 2-5-48 水产动物饲料中常用天然和化学成分确定原料的典型干物质含量及常规组成(以饲料重为基础)[a]

原料	国际饲料编号[b]	典型干物质含量(%)	常规成分(%)			
			粗蛋白质	粗脂肪	粗纤维	粗灰分
全大麦粉(带壳)	4-00-526	92	11.5	1.9	5.0	2.5
普通黄玉米(粒状)	4-02-935	88	8.5	3.6	2.3	1.3
玉米粉		88	10.2	4.8	2.8	1.6
糊化玉米淀粉	4-02-889	90	0.4	0.4	0.1	0.1
干海带粉		91	8.9	1.6	3.9	17.3
干甘蔗糖蜜	4-04-695	94	9.6	0.8	6.2	12.5
燕麦	4-03-309	90	11.2	5.4	10.6	2.6
脱壳燕麦	4-03-331	90	15.5	6.1	2.5	2
米糠(带胚,溶剂提取)	4-03-930	91	15.7	1.7	13.7	16.7
米糠	4-03-928	91	13	7.4	17.9	24.7
大米抛光次粉(原中文版为米糠,英文版为 rice polishings)	4-03-943	90	13.6	14.5	4.2	8.3
大米(打磨破碎,酿酒米)	4-03-932	91	7.4	0.6	0.4	0.7
高粱(粒状)	4-04-444	89	9.9	2.8	2.3	1.8
硬红冬麦(粒状)	4-05-268	88	14.8	1.8	2.5	2.1
软白麦(粒状)	4-05-336	86	10.8	1.7	2.8	2
小麦麸	4-05-190	89	14.8	4	9.9	5.3
小麦粉	4-05-199	88	11.7	1.2	1.3	0.4
小麦次粉	4-05-205	89	16.6	4	7.5	4.5
干燥乳清蛋白(低乳糖)	4-01-182	93	16.7	0.7	0.2	9.8

注:[a]“—”表示无相关数据。[b]美国饲料管理协会(AAFCO,2009)有相关的编号和规定。

表 2-5-49 饲料原料的氨基酸组成(以饲料重为基础,%)[a]

原料	国际饲料编号	干物质	典型粗蛋白质	精氨酸	组氨酸	异亮氨酸	亮氨酸	赖氨酸	蛋氨酸	胱氨酸	苯丙氨酸	酪氨酸	苏氨酸	色氨酸	缬氨酸
全大麦粉(带壳)	4-00-526	92	11.50	0.50	0.23	0.42	0.80	0.53	0.18	0.25	0.62	—	0.36	0.17	0.62
玉米粉		88	10.20	0.40	0.25	0.29	1.00	0.26	0.18	0.19	0.42	—	0.30	0.07	0.42
普通黄玉米(粒状)	4-02-935	88	8.50	0.40	0.25	0.29	1.00	0.24	0.18	0.18	0.42	—	0.29	0.07	0.42
干海带粉		91	8.90	0.10	—	—	0.09	0.04	0.10	—	—	—	0.03	—	—
脱壳燕麦	4-03-331	90	15.50	0.90	0.25	0.50	1.00	0.18	0.20	0.26	0.65	—	0.50	0.18	0.65
燕麦	4-03-309	90	11.20	0.70	0.18	0.43	0.81	0.39	0.17	0.19	0.52	0.46	0.36	0.15	0.56
米糠	4-03-928	91	13.0	1.00	0.34	0.44	0.92	0.57	0.26	0.27	0.56	0.40	0.48	0.14	0.68
米糠(带胚,溶剂提取)	4-03-930	91	15.70	0.85	0.29	0.51	1.01	0.54	0.21	0.20	0.56	0.54	0.45	0.21	0.65
米糠	4-03-943	90	13.60	0.82	0.28	0.43	0.82	0.58	0.23	0.22	0.49	0.44	0.44	0.13	0.75
大米(打破破碎,酿酒米)	4-03-932	91	7.37	0.55	0.18	0.36	0.64	0.27	0.18	0.13	0.36	—	0.27	0.09	0.46
高粱(粒状)	4-04-444	89	9.90	0.40	0.27	0.40	1.30	0.27	0.10	0.20	0.45	0.30	0.27	0.09	0.53
麦麸	4-05-190	89	14.80	0.64	0.30	0.51	0.89	0.36	0.21	0.27	0.63	0.43	0.37	0.17	0.59
小麦粉	4-05-199	88	11.70	0.86	0.39	0.51	0.92	0.58	0.19	0.26	0.55	0.38	0.46	0.25	0.69
小麦次粉	4-05-205	89	16.60	0.97	0.44	0.70	1.10	0.70	0.12	0.19	0.50	0.29	0.51	0.20	0.75
硬红冬麦(粒状)	4-05-268	88	14.80	0.60	0.17	0.69	1.00	0.40	0.25	0.30	0.78	—	0.69	0.18	0.69
软白麦(粒状)	4-05-336	86	10.80	0.40	0.20	0.43	0.60	0.12	0.14	0.20	0.49	—	0.28	0.12	0.48
干燥乳清蛋白(低乳糖)	4-01-182	93	16.70	0.60	0.27	0.96	1.54	1.40	0.41	0.43	0.55	0.46	0.95	0.27	0.87

表 2-5-50 水产动物饲料常用原料的矿物质组成(以饲料重为基础)[a]

原料	国际饲料编号[b]	典型干物质(%)	钙(%)	磷(%)	钠(%)	氯(%)	钾(%)	镁(%)	硫(%)	铜(mg/kg)	铁(mg/kg)	锰(mg/kg)	硒(mg/kg)	锌(mg/kg)
全大麦粉(带壳)	4-00-526	92	0.08	0.42	0.03	0.14	0.56	0.12	0.15	8.00	80.0	16.00	0.20	30.0
普通黄玉米(粒状)	4-02-935	88	0.03	0.28	0.01	0.05	0.33	0.11	0.11	3.50	33.0	5.70	0.07	19.0
干海带粉		91	1.20	0.16	2.40	—	2.30	0.85	0.73	5.00	566.0	62.00	0.40	46.0
米糠	4-03-928	91	0.25	0.66	0.69	0.28	0.28	0.20	1.47	6.40	74.0	12.50	0.82	68.0
大米抛光次粉(原中文版为米糠,英文版为 Rice polishings)	4-03-943	91	0.11	1.37	0.10	0.07	1.48	0.95	0.18	13.00	187.0	232.20	—	30.0
大米(打磨破碎,酿酒米)	4-03-932	90	0.08	0.13	0.06	0.04	0.15	0.02	0.15	3.30	12.2	12.30	—	2.1
高粱(粒状)	4-04-444	89	0.34	0.76	0.05	—	0.75	0.34	0.13	9.90	497.0	18.20	—	41.00
硬红冬麦(粒状)	4-05-268	88	0.04	0.37	0.02	0.05	0.43	0.12	0.14	5.10	35.0	30.40	0.29	35.00
软白麦(粒状)	4-05-336	86	0.05	0.30	0.06	0.07	0.40	0.10	0.10	9.70	43.0	30.00	0.10	28.00
麦麸	4-05-190	89	0.13	1.16	0.05	0.05	1.22	0.57	0.21	11.00	145.0	115.00	0.64	95.00
小麦次粉	4-05-205	89	0.13	0.89	0.12	0.04	0.98	0.34	0.17	15.90	60.0	114.10	0.74	97.00
干燥乳清蛋白(低乳糖)	4-01-182	93	0.75	0.72	0.94	1.40	1.96	0.13	0.72	13.00	130.0	3.00	0.12	10.00

表 2-5-51 水产动物饲料常用原料的维生素组成(以饲料重为基础)[a]

原料	国际饲料编号	生物素(mg/kg)	胆碱(mg/kg)	叶酸(%)	烟酸(mg/kg)	泛酸(mg/kg)	吡哆醇(维生素 B_6)(mg/kg)	核黄素(mg/kg)	硫胺素(mg/kg)	维生素 A(mg/kg)	维生素 D(mg/kg)	维生素 B_{12}(mg/kg)	维生素 E(mg/kg)	维生素 K(mg/kg)
全大麦粉(带壳)	4-00-526	0.20	1027	0.40	57.2	6.4	—	2.0	5.00	—	—	—	36.0	—
普通黄玉米(粒状)	4-02-935	0.07	504	0.30	23.0	5.1	4.69	1.1	3.70	—	—	—	20.9	0.22

续表2-5-51

原料	国际饲料编号	生物素(mg/kg)	胆碱(mg/kg)	叶酸(%)	烟酸(mg/kg)	泛酸(mg/kg)	吡哆醇(维生素 B_6)(mg/kg)	核黄素(mg/kg)	硫胺素(mg/kg)	维生素 A(mg/kg)	维生素 D(mg/kg)	维生素 B_{12}(mg/kg)	维生素 E(mg/kg)	维生素 K(mg/kg)
干海带粉		0.10	275	0.10	23.0	7.0	—	5.0	1.00	66.00	—	0.0	150.0	—
甘蔗糖蜜	4-04-696	0.11	1922	0.50	53.0	4.9	4.60	5.3	0.20	—	—	91.0	1.0	—
干甘蔗糖蜜	4-04-695	0.14	2136	0.50	51.0	4.4	8.74	4.5	0.20	—	—	217.0	1.1	—
脱壳燕麦	4-03-331	0.20	900	—	14.3	10.0	—	1.3	—	—	—	—	20.0	—
燕麦	4-03-309	0.28	992	0.40	14.0	7.8	2.50	1.5	6.30	—	—	—	15.0	—
米糠	4-03-928	0.04	895	0.22	21.0	8.9	2.98	2.0	0.10	—	—	83.3	—	—
大米抛光次粉(原中文版为米糠，英文版为Rice polishings)	4-03-943	0.42	1128	2.20	284.0	23.0	29.12	2.9	22.60	—	—	—	60.7	—
高粱(粒状)	4-04-444	1.43	816	0.40	11.0	37.3	—	2.0	—	—	—	—	0.9	—
硬红冬麦(粒状)	4-05-268	0.11	1004	0.40	53.0	10.1	3.00	1.3	4.50	—	—	—	11.1	—
软白麦(粒状)	原文是"4-05-268"，结合前文可能是4-05-336		920	0.40	52.0	9.0	3.20	1.5	4.50	—	—	—	16.0	—
麦麸	4-05-190	0.38	1232	1.80	197.0	28.0	8.50	3.6	8.40	—	—	—	14.3	—
小麦次粉	4-05-205	0.24	1247	1.20	95.0	17.8	8.00	2.0	14.20	—	—	—	23.9	—
干燥乳清蛋白(低乳糖)	4-01-182	0.27	1820	0.85	10.0	47.0	4.00	27.1	4.10	—	—	23.0	0.3	—

表 2-5-52 常用动物脂肪、鱼油和植物油脂的脂肪酸组成（%总脂肪酸）和胆固醇含量（以饲料重为基础）[a,b]

脂肪来源	国际饲料编号	Sat≤C12	C14:0	C16:0	C18:0	总Sat	C16:1	C18:1	C20:1	C22:1	总Mono	C18:(2n-6)	C18:(3n-6)	C20:(4n-6)	C18:(3n-3)	C18:(4n-3)	C20:(5n-3)	C22:(5n-3)	C22:(6n-3)	(n-3):(n-6)	总n-3LC-PUFA	U:S	碘值	维生素A (mg/kg)	维生素D (mg/kg)	维生素E活性 (mg α-TE)	胆固醇 (mg/kg)	能值 (kcal/kg) DE[c]
动物脂肪																												
牛脂	4-08-127	0.9	3.7	24.9	18.9	52.1	4.2	36.0	0.3	—	40.5	3.1	—	—	0.6	—	—	—	—	0.2	—	0.9	44	—	—	27	1000	8000
猪油	4-04-790	0.3	1.3	23.8	13.5	41.1	2.7	41.2	1.0	—	44.9	10.2	—	—	1.0	—	—	—	—	0.1	—	1.4	64	90	—	15	950	8285
家禽油	4-09-319	0.1	0.9	21.6	6.0	31.2	5.7	37.3	0.1	—	43.1	19.5	—	—	1.0	1.1	—	—	—	0.1	—	2.2	78	—	—	27	770	8520
黄油脂		—	1.9	16.2	10.5	29.9	2.5	47.5	—	—	50.0	17.5	—	—	1.9	—	—	—	—	0.1	—	2.3	75	—	—	—	—	8550
鱼油																												
鳀鱼	7-01-994	—	7.4	17.4	4.0	34.6	10.5	11.6	1.6	1.2	24.9	1.2	0.1	0.1	0.8	3.0	17.0	1.6	8.8	24.0	27.4	1.9	183	—	—	—	—	8445
毛磷鱼		—	7.9	11.1	1.0	20.0	11.1	17.0	18.9	14.7	61.7	1.7	t	0.1	0.4	2.1	4.6	0.3	3.0	6.8	7.9	4.0	145	—	—	—	—	
斑点叉尾鮰(养殖)		—	1.4	17.4	6.1	24.9	2.9	49.1	1.4	—	53.4	10.5	—	0.3	1.0	0.2	0.4	0.3	1.3	0.3	2.0	3.0	—	—	—	—	—	—
鳕鱼肝	7-16-709	—	3.2	13.5	2.7	19.4	9.8	23.7	7.4	5.1	46.0	1.4	—	1.6	0.6	0.9	11.2	1.7	12.6	9.0	25.5	4.2	—	300	2500	220	5700	—
桡足类		—	10.6	14.5	1.7	26.8	4.3	10.3	7.0	11.4	33.8	3.3	—	0.4	2.5	11.8	7.6	0.6	9.0	8.5	17.2	2.7	—	—	—	—	—	—
大西洋鲱鱼	7-08-048	0.2	6.4	12.7	0.9	22.8	8.8	12.7	14.1	20.8	56.4	1.1	0.2	0.3	0.6	1.7	8.4	0.8	4.9	12.7	14.1	3.4	110	—	—	92		8680
太平洋鲱鱼		—	5.7	16.6	1.8	24.1	7.6	22.7	10.7	12.0	53.0	0.6	0.1	0.4	0.4	1.6	8.1	0.8	4.8	15.7	13.7	3.1	140		—	—	7660	—

续表2-5-52

脂肪来源	国际饲料编号	Sat≤C12	C14:0	C16:0	C18:0	总Sat	C16:1	C18:1	C20:1	C22:1	总Mono	C18:(2n-6)	C18:(3n-6)	C20:(4n-6)	C18:(3n-3)	C18:(4n-3)	C20:(5n-3)	C22:(5n-3)	C22:(6n-3)	(n-3):(n-6率	总n-3LC-PUFA	U:S	碘值	维生素A (mg/kg)	维生素D (mg/kg)	维生素E活性 (mg α-TE)	胆固醇 (mg/kg)	能值 (kcal/kg) DE[c]
磷虾		—	9.8	21.3	1.1	32.9	4.6	16.8	1.1	0.5	23.4	2.1	0.2	0.3	2.4	6.5	17.4	0.5	11.4	14.4	30.1	2.0	—	—	—	—	—	—
鲭鱼		0.1	7.8	15.9	1.7	27.5	8.2	12.9	12.0	13.9	48.9	1.3	0.1	0.4	1.0	2.5	7.6	0.6	7.7	10.8	15.9	2.6	147	—	—	—	—	—
鲱鱼	7-08-049	—	7.3	19.0	4.2	33.3	9.0	13.2	2.0	0.6	24.8	1.3	t	0.2	0.3	2.8	11.0	1.9	9.1	16.7	22.0	2.0	175	—	—	75	5210	8475
鳕鱼		—	4.0	13.3	2.5	20.1	6.8	22.7	7.2	4.9	42.5	0.9	—	0.4	0.7	2.4	12.6	1.3	9.7	12.2	24.2	4.0	—	—	—	—	—	—
野生鲑鱼		—	3.7	10.2	4.7	18.6	8.7	18.6	8.4	5.5	41.2	1.2	—	0.9	0.6	2.1	12.0	2.9	13.8	15.0	28.7	4.4	—	—	—	—	4850	—
养殖鲑鱼副产品		—	5.0	14.0	3.8	23.6	6.9	21.5	7.2	6.6	42.7	6.0	0.1	0.7	1.6	1.7	7.7	3.2	9.8	3.7	22.1	3.2	145	—	—	—	—	—
沙丁鱼(太平洋加州)		—	7.6	16.2	3.5	28.6	9.2	11.4	3.2	3.6	27.4	1.3	—	1.6	0.9	2.0	16.9	2.5	12.9	12.1	32.3	2.5	162	—	—	—	710	—
鱿鱼		—	4.9	15.5	3.0	24.3	6.7	15.6	7.2	5.0	34.5	2.8	—	t	—	3.0	14.1	1.1	17.0	12.9	33.1	3.1	190	—	—	—	13000	—
金枪鱼(眼脂)		—	2.9	17.2	4.9	24.4	5.2	15.3	t	1.4	25.7	8.0	—	1.6	1.2	1.0	6.6	1.4	23.5	3.1	31.4	3.1	—	—	—	—	—	—
白鲑		—	—	—	—	—	—	—	—	—	—	—	—	—	—	—	—	—	—	—	—	—	—	—	—	—	—	—
植物油																												
油菜籽	4-06-144	—	—	3.1	1.5	7.4	—	60.0	1.3	1.0	62.3	20.2	—	—	12.0	—	—	—	—	0.6	—	12.5	118	—	—	215	t	8760
椰子	4-09-320	58.7	16.8	8.2	2.8	91.9	—	5.8	—	—	5.8	1.8	—	—	—	—	—	—	—	0.0	—	0.1	10	—	—	7	t	8405
玉米	4-07-882	—	—	10.9	1.8	13.3	—	24.2	—	—	24.2	58.0	—	—	0.7	—	—	—	—	0.0	—	6.5	125	—	—	198	t	8755
棉籽	4-20-836	—	0.8	22.7	2.3	27.1	0.8	17.0	—	—	17.8	51.5	—	—	0.2	—	—	—	—	0.0	—	2.7	105	—	—	428	t	8605
蓝蓟		—	—	7.0	4.0	11.0	t	16.0	t	t	16.0	15.0	11.0	—	32.0	14.0	—		—	1.8	—	8.1	198	—	—	—	t	—

续表2-5-52

脂肪来源	国际饲料编号	Sat≤C12	C14:0	C16:0	C18:0	总Sat	C16:1	C18:1	C20:1	C22:1	总Mono	C18:(2n-6)	C18:(3n-6)	C20:(4n-6)	C18:(3n-3)	C18:(4n-3)	C20:(5n-3)	C22:(5n-3)	C22:(6n-3)	(n-3):(n-6)比	总n-3LC-PUFA	U:S	碘值	维生素A(mg/kg)	维生素D(mg/kg)	维生素E活性(mg α-TE)	胆固醇(mg/kg)	能值(kcal/kg) DE[c]
亚麻籽	4-14-502	—	—	5.3	4.1	9.4	—	20.2	—	—	20.2	12.7	—	—	53.3	—	—	—	—	4.2	—	9.6	185	—	—	18	t	—
橄榄		—	0.0	11.0	2.2	14.1	0.8	72.5	t	—	73.3	7.9	—	—	0.6	—	—	—	—	<0.1	—	6.1	86	—	—	120	t	8750
棕榈		—	1.0	43.5	4.3	51.6	0.3	36.6	0.1	—	37.0	9.1	—	—	0.2	—	—	—	—	0.0	—	0.9	50	—	—	335	t	8010
棕榈仁		56.4	16.0	8.2	2.2	82.8	—	15.5	—	—	15.5	2.2	—	—	—	—	—	—	—	0.0	—	0.2	18	—	—	62	t	—
花生	4-03-658	—	0.1	9.5	2.2	17.8	0.1	44.8	1.3	—	46.2	32.0	—	—	—	—		—	—	0.0	—	4.6	92	—	—	152	t	8735
红花	4-20-526	—	0.1	6.2	2.2	9.5	0.4	11.7	—	—	12.1	74.1	—	—	0.4	—	—	—	—	0.0	—	9.5	140	—	—	349	—	8760
大豆	4-07-983	—	0.1	10.3	3.8	15.1	0.2	22.8	0.2	—	23.2	51.0	—	—	6.8	—		—	—	0.1	—	5.6	130	—	—	171	t	8750
向日葵	4-20-833	—	—	5.9	4.5	10.6	—	19.5	—	—	19.5	65.7	—	—	—	—		—	—	0.0	—	8.5	133	22	—	492	t	8760

[a]"—"表示无可用数据。t 表示痕量。

[b]脂肪酸数据来源如下:Pearl(1995)of the Fats and Protein Research Foundation; USDA Food Composition Standard Release 11(1997); Rossell, B., ed. 2009. Fish Oils. Oils and Fats Handbook, Volume 4. Oxford, UK: Leatherhead Food International, Leatherhead and Wiley-Blackwell; Padley, F. B., F D. Gunstone, and J. L. Harwood. 1986. Occurrence and characteristics of oils and fats. Pp. 49−170 in The Lipid Handbook, T. D. Gunstone, J. L. Harwood, and F. B. Padley, eds. London, UK: Chapman Hall; Padley, F. B., F. D. Gunstone, and J. L. Harwood. 1994. Occurrence and characteristics of oils and fats. Pp. 47−223 in The Lipid Handbook, 2nd Edition, F. D. Gunstone, J. L. Harwood, and F. B. Padley, eds. London, UK: Chapman Hall; Gunstone, F. D., and J. L. Harwood. 2007. Occurrence and characteristics of oils and fats. Pp. 37−141 in *The Lipid Handbook*, 3rd Edition, F. D. Gunstone, J. L. Harwood, and A. J. Dijkstra, eds. London, UK: Chapman Hall. 脂肪酸含量为不同来源脂肪的平均数据(气液色谱分析法),因此脂肪酸总和并非全部为100%。

[c]按如下公式计算(Powles et al., 1995): $DE(kcal/kg) = 36.898 - (0.005\ FFA) - (7.330 \times e^{-0.906 \times U:S})/4.184$。其中,FFA 为游离脂肪酸含量(g/kg);U: S 为不饱和脂肪酸和饱和脂肪酸的比值。在计算 DE 过程中,所有动物脂肪的游离脂肪酸含量被设定为5%(50 g/kg)。

编者注:Sat 为饱和脂肪酸,Mono 为单不饱和脂肪酸,LC-PUFA 为长链高度不饱和脂肪酸。

表 2-5-53 水产动物营养研究中常用纯化饲料原料的化学成分(以饲料重为基础)[a]

原料	国际饲料编号	干物质(%)	消化能(kcal/kg)	粗蛋白质(%)	粗脂肪(%)	钙(%)	磷(%)	赖氨酸(%)
玉米淀粉	4-02-889	90	4000	0.4	0.4	0.00	0.03	—
葡萄糖水合物	4-02-125	90	3360	0.3	—	—	—	—
乳糖	4-07-881	96	3525	0.3	—	—	—	—
蔗糖	4-04-701	99	3795	0.0	0.0	0.04	0.01	—

注:[a]"—"表示无相关数据。

2.6 美国和加拿大资料[25]

2.6.1 National Research Council. 1982. United States-Canadian Tables of Feed Composition(美国-加拿大饲料成分表)*

1. 饲料原料的组成(能值,概略养分,植物细胞壁成分和酸性洗涤纤维)

表 2-6-1(1) 饲料原料的组成、能值、概略养分、植物细胞壁成分和酸性洗涤纤维(饲喂基础或干物质基础)

饲料名称及描述	国际饲料编号 IFN	干物质 DM(%)	反刍动物 Ruminants					奶牛产奶净能 Dairy Cattle NE_l (Mcal/kg)	鸡 Chickens			马 Horses		
			总可消化养分 TDN (%)	消化能 DE (Mcal/kg)	代谢能 ME (Mcal/kg)	维持净能 NE_m (Mcal/kg)	增重净能 NE_g (Mcal/kg)		氮校正代谢能 ME_n (kcal/kg)	真代谢能 TME (kcal/kg)	生产净能 NE_p (kcal/kg)	总可消化养分 TDN (%)	消化能 DE (Mcal/kg)	代谢能 ME (Mcal/kg)
杏仁皮 Almond *Prunus amygdalus* hulls	4-00-359	90.0	54.0	2.38	2.00	1.18	0.59	1.21	—	—	—	—	—	—
		100.0	60.0	2.65	2.22	1.31	0.65	1.35	—	—	—	—	—	—
苹果渣,加燕麦皮,脱水 Apples *Malus* spp. pomace, oat hulls added, dehy	4-28-096	89.0	60.0	2.67	2.30	1.36	0.81	1.38	—	1746.0	—	—	—	—
		100.0	68.0	3.00	2.58	1.52	0.91	1.55	—	1960.0	—	—	—	—
面包废弃物,脱水 Bakery waste, dehy (dried bakery product)	4-00-466	92.0	82.0	3.61	3.23	1.98	1.35	1.89	3862.0	—	2879.0	—	—	—
		100.0	89.0	3.92	3.51	2.15	1.47	2.06	4203.0	—	3133.0	—	—	—
大麦籽实 Barley *Hordeum vulgare* grain	4-00-549	88.0	74.0	3.27	2.90	1.76	1.19	1.71	2508.0	3011.0	1803.0	72.0	—	—
		100.0	84.0	3.70	3.29	2.00	1.35	1.94	2843.0	3413.0	2044.0	82.0	—	—

编者注:此资料有些数值饲喂基础与干物质基础相同,可能为四舍五入小数点位数较小所致,也可能为计算错误导致。

续表 2-6-1(1)

饲料名称及描述	国际饲料编号 IFN	干物质 DM(%)	反刍动物 Ruminants					奶牛产奶净能 Dairy Cattle NE_l (Mcal/kg)	鸡 Chickens			马 Horses		
			总可消化养分 TDN (%)	消化能 DE (Mcal/kg)	代谢能 ME (Mcal/kg)	维持净能 NE_m (Mcal/kg)	增重净能 NE_g (Mcal/kg)		氮校正代谢能 ME_n (kcal/kg)	真代谢能 TME (kcal/kg)	生产净能 NE_p (kcal/kg)	总可消化养分 TDN (%)	消化能 DE (Mcal/kg)	代谢能 ME (Mcal/kg)
大麦籽实,Barley *Hordeum vulgare* grain,轻于 46.3 kg/hl(<36 lb/bushel)(hl:百升,lb/bushel:磅/蒲式耳)	4-00-566	89.0	69.0	3.02	2.65	1.59	1.04	1.57	—	—	—	—	—	—
		100.0	77.0	3.40	2.98	1.79	1.17	1.77	—	—	—	—	—	—
大麦籽实,太平洋沿岸 Barley *Hordeum vulgare* grain,Pacific Coast	4-07-939	89.0	77.0	3.38	3.01	1.84	1.25	1.77	2598.0	3083.0	1809.0	—	—	—
		100.0	86.0	3.79	3.38	2.06	1.40	1.99	2914.0	3457.0	2029.0	—	—	—
大麦籽实筛下物 Barley *Hordeum vulgare* grain screenings	4-00-542	89.0	71.0	3.14	2.77	1.67	1.11	1.64	1797.0	1796.0	—	—	—	—
		100.0	80.0	3.53	3.11	1.88	1.24	1.84	2021.0	2020.0	—	—	—	—
甜菜根,新鲜 Beet,mangels beta *vulgaris macrorhiza* roots,fresh	4-00-637	11.0	9.0	0.39	0.34	0.21	0.14	0.20	—	—	—	—	—	—
		100.0	80.0	3.53	3.11	1.88	1.24	1.84	—	—	—	—	—	—
甜菜渣,脱水 Beet,mangels beta *Vulgaris macrorhiza* pulp,dehy	4-00-669	91.0	67.0	2.96	2.58	1.54	0.98	1.54	646.0	—	438.0	—	—	—
		100.0	74.0	3.26	2.85	1.70	1.08	1.69	713.0	—	483.0	—	—	—
甜菜渣,湿 Beet,mangels beta *Vulgaris macrorhiza* pulp,wet	4-00-671	11.0	9.0	0.38	0.33	0.20	0.13	0.20	—	—	—	—	—	—
		100.0	78.0	3.44	3.02	1.82	1.19	1.79	—	—	—	—	—	—
甜菜渣,含糖蜜,脱水 Beet,mangels beta *Vulgaris macrorhiza* pulp with molasses,dehy	4-00-672	92.0	70.0	3.07	2.69	1.61	1.04	1.60	659.0	2141.0	440.0	—	—	—
		100.0	76.0	3.35	2.93	1.76	1.14	1.74	719.0	2334.0	479.0	—	—	—
甜菜渣,包含 steffens 滤液 Beet,mangels beta *Vulgaris macrorhiza* pulp with steffens filtrate,dehy(dried beet product)	4-00-675	92.0	61.0	2.66	2.28	1.34	0.78	1.37	—	—	—	—	—	—
		100.0	66.0	2.91	2.49	1.47	0.85	1.50	—	—	—	—	—	—

续表2-6-1(1)

饲料名称及描述	国际饲料编号 IFN	干物质 DM(%)	反刍动物 Ruminants					奶牛产奶净能 Dairy Cattle NE_l (Mcal/kg)	鸡 Chickens			马 Horses		
			总可消化养分 TDN (%)	消化能 DE (Mcal/kg)	代谢能 ME (Mcal/kg)	维持净能 NE_m (Mcal/kg)	增重净能 NE_g (Mcal/kg)		氮校正代谢能 ME_n (kcal/kg)	真代谢能 TME (kcal/kg)	生产净能 NE_p (kcal/kg)	总可消化养分 TDN (%)	消化能 DE (Mcal/kg)	代谢能 ME (Mcal/kg)
荞麦籽实 Buckwheat, common *Fagopyrum sagittatum* grain	4-00-994	88.0	63.0	2.79	2.42	1.44	0.90	1.44	2647.0	2703.0	1801.0	62.0	—	—
		100.0	72.0	3.17	2.76	1.64	1.03	1.64	3016.0	3081.0	2053.0	71.0	—	—
胡萝卜,新鲜 Carrot *Daucus* spp. roots, fresh	4-01-145	12.0	10.0	0.44	0.39	0.24	0.16	0.23	471.0	—	442.0	9.0	—	—
		100.0	84.0	3.70	3.29	2.00	1.35	1.94	3979.0	—	3737.0	77.0	—	—
木薯块茎,脱水 Cassava, common *Manihot esculenta* tubers, dehy	4-09-598	88.0	74.0	3.29	2.93	1.78	1.20	1.72	—	—	—	—	—	—
		100.0	85.0	3.75	3.34	2.03	1.37	1.96	—	—	—	—	—	—
木薯块茎,新鲜 Cassava, common *manihot esculenta* tubers, fresh	4-09-599	37.0	30.0	1.31	1.15	0.70	0.46	0.68	—	—	—	—	—	—
		100.0	80.0	3.53	3.11	1.88	1.24	1.84	—	—	—	—	—	—
谷物筛下物 Cereals screenings	4-02-156	90.0	61.0	2.69	2.32	1.37	0.82	1.39	1833.0	3447.0	1524.0	—	—	—
		100.0	68.0	3.00	2.58	1.52	0.91	1.55	2042.0	3840.0	1698.0	—	—	—
谷物筛渣 Cereals screenings refuse	4-02-151	91.0	54.0	2.40	2.02	1.19	0.59	1.23	—	—	—	—	—	—
		100.0	60.0	2.65	2.22	1.31	0.65	1.35	—	—	—	—	—	—
谷物筛下物,未清理 Cereals screenings uncleaned	4-02-153	92.0	60.0	2.64	2.25	1.33	0.75	1.35	—	—	—	—	—	—
		100.0	65.0	2.87	2.45	1.44	0.82	1.47	—	—	—	—	—	—
柑橘渣细粉 Citrus Citrus spp. pulp fines (Dried citrus meal)	4-01-235	91.0	73.0	3.21	2.83	1.71	1.13	1.67	1325.0	—	921.0	—	—	—
		100.0	80.0	3.53	3.11	1.88	1.24	1.84	1456.0	—	1012.0	—	—	—
柑橘渣,未细粉 Citrus *Citrus* spp. pulp without fines, dehy (Dried *citrus* pulp.)	4-01-237	91.0	75.0	3.30	2.92	1.77	1.18	1.72	1337.0	—	943.0	—	—	—
		100.0	82.0	3.62	3.20	1.94	1.30	1.89	1467.0	—	1035.0	—	—	—
黄玉米穗粉 Corn, dent yellow *Zea mays* indentata ears, ground (Corn and cob meal)	4-28-238	87.0	72.0	3.17	2.81	1.70	1.14	1.66	2730.0	—	1968.0	—	—	—
		100.0	83.0	3.66	3.25	1.97	1.32	1.91	3155.0	—	2274.0	—	—	—

续表2-6-1(1)

饲料名称及描述	国际饲料编号 IFN	干物质 DM(%)	反刍动物 Ruminants					奶牛产奶净能 Dairy Cattle NE_l (Mcal/kg)	鸡 Chickens			马 Horses		
			总可消化养分 TDN (%)	消化能 DE (Mcal/kg)	代谢能 ME (Mcal/kg)	维持净能 NE_m (Mcal/kg)	增重净能 NE_g (Mcal/kg)		氮校正代谢能 ME_n (kcal/kg)	真代谢能 TME (kcal/kg)	生产净能 NE_p (kcal/kg)	总可消化养分 TDN (%)	消化能 DE (Mcal/kg)	代谢能 ME (Mcal/kg)
黄玉米糁 Corn, dent yellow *Zea mays* indentata grits (Hominy grits)	4-03-010	88.0	81.0	3.54	3.18	1.96	1.34	1.86	—	—	—	—	—	—
		100.0	91.0	4.01	3.60	2.22	1.52	2.11	—	—	—	—	—	—
黄玉米麸(玉米粗粉副产物)Corn, dent yellow *Zea mays* indentata grits by-product(Hominy feed)	4-03-011	90.0	85.0	3.74	3.37	2.09	1.43	1.97	2896.0	—	1879.0	—	—	—
		100.0	94.0	4.14	3.74	2.31	1.59	2.18	3208.0	—	2082.0	—	—	—
二粒小麦籽实 Emmer *Triticum dicoccum* grain	4-01-830	91.0	72.0	3.20	2.83	1.71	1.13	1.67	—	—	—	—	—	—
		100.0	80.0	3.53	3.11	1.88	1.24	1.84	—	—	—	—	—	—
动物脂肪,水解 Fats and oils fat, animal, hydrolyzed	4-00-376	99.0	223.0	9.84	9.49	6.55	4.19	5.35	8164.0	—	5317.0	—	—	—
		100.0	225.0	9.92	9.57	6.61	4.23	5.39	8232.0	—	5362.0	—	—	—
禽油 Fats and oils fat, animal, poultry	4-00-409	99.0	188.0	8.31	7.94	5.04	3.89	4.50	7680.0	—	6197.0	—	—	—
		100.0	190.0	8.38	8.01	5.08	3.92	4.54	7745.0	—	6250.0	—	—	—
猪油 Fats and oils fat, swine (lard)	4-04-790	99.0	189.0	8.31	7.95	5.05	3.89	4.50	8658.0	9161.0	—	—	—	—
		100.0	190.0	8.38	8.01	5.08	3.92	4.54	8723.0	9230.0	—	—	—	—
大豆油 Fats and oils oil, soybean	4-07-983	99.0	194.0	8.54	8.18	5.22	3.99	4.63	8609.0	9457.0	—	—	—	—
		100.0	195.0	8.60	8.23	5.25	4.02	4.66	8667.0	9520.0	—	—	—	—
植物油 Fats and oils oil, vegetable	4-05-077	100.0	195.0	8.58	8.21	5.24	4.01	4.65	8112.0	—	6012.0	—	—	—
		100.0	195.0	8.60	8.23	5.25	4.02	4.66	8132.0	—	6027.0	—	—	—
亚麻籽筛下物 Flax *Linum usitatissimum* seed screenings	4-02-056	91.0	58.0	2.57	2.19	1.29	0.72	1.32						
		100.0	64.0	2.82	2.40	1.41	0.78	1.45	—	—	—	—	—	—

续表2-6-1(1)

饲料名称及描述	国际饲料编号 IFN	干物质 DM(%)	反刍动物 Ruminants					奶牛产奶净能 Dairy Cattle NE_l (Mcal/kg)	鸡 Chickens			马 Horses		
			总可消化养分 TDN (%)	消化能 DE (Mcal/kg)	代谢能 ME (Mcal/kg)	维持净能 NE_m (Mcal/kg)	增重净能 NE_g (Mcal/kg)		氮校正代谢能 ME_n (kcal/kg)	真代谢能 TME (kcal/kg)	生产净能 NE_p (kcal/kg)	总可消化养分 TDN (%)	消化能 DE (Mcal/kg)	代谢能 ME (Mcal/kg)
半纤维素提取物 Hemicellulose extract(masonex)	4-08-030	76.0	46.0	2.02	1.70	1.00	0.50	1.03	1506.0	—	1214.0	—	—	—
		100.0	60.0	2.65	2.22	1.31	0.65	1.35	1973.0	—	1591.0	—	—	—
粟(谷子)籽实 Millet, foxtail *Setaria italica* grain	4-03-102	89.0	76.0	3.34	2.98	1.81	1.22	1.75	—	—	—	—	—	—
		100.0	85.0	3.75	3.34	2.03	1.37	1.96	—	—	—	—	—	—
黍(稷)Millet, proso *Panicum miliaceum* grain	4-03-120	90.0	75.0	3.33	2.96	1.80	1.21	1.74	2898.0	—	—	—	—	—
		100.0	84.0	3.70	3.29	2.00	1.35	1.94	3222.0	—	—	—	—	—
甜菜糖蜜,>48%转化糖,白利糖度值>79.5 molasses and syrup beet, sugar, molasses, more than 48% invert sugar more than 79.5 degrees brix	4-00-668	78.0	61.0	2.71	2.38	1.44	0.95	1.41	1925.0	—	1568.0	—	—	—
		100.0	79.0	3.48	3.07	1.85	1.22	1.82	2477.0	—	2018.0	—	—	—
柑橘糖蜜 Molasses and syrup citrus, syrup(*Citrus molasses*)	4-01-241	68.0	51.0	2.24	1.96	1.17	0.75	1.16	—	—	—	—	—	—
		100.0	75.0	3.31	2.89	1.73	1.11	1.72	—	—	—	—	—	—
甘蔗糖蜜,脱水 Molasses and syrup sugarcane, molasses, dehy	4-04-695	94.0	66.0	2.91	2.52	1.49	0.91	1.51	2706.0	—	—	—	—	—
		100.0	70.0	3.09	2.67	1.58	0.97	1.60	2866.0	—	—	—	—	—
甜菜糖蜜,>46%转化糖,白利糖度值>79.5(黑糖蜜)Molasses and syrup sugarcane, molasses, more than 46% invert sugar more than 79.5 degrees brix (black strap)	4-04-696	72.0	54.0	2.37	2.05	1.22	0.77	1.23	1927.0	—	1563.0	—	—	—
		100.0	72.0	3.17	2.76	1.64	1.03	1.64	2585.0	—	2098.0	—	—	—

续表2-6-1(1)

饲料名称及描述	国际饲料编号 IFN	干物质 DM(%)	反刍动物 Ruminants 总可消化养分 TDN(%)	反刍动物 消化能 DE (Mcal/kg)	反刍动物 代谢能 ME (Mcal/kg)	反刍动物 维持净能 NE_m (Mcal/kg)	反刍动物 增重净能 NE_g (Mcal/kg)	奶牛产奶净能 Dairy Cattle NE_l (Mcal/kg)	鸡 Chickens 氮校正代谢能 ME_n (kcal/kg)	鸡 真代谢能 TME (kcal/kg)	鸡 生产净能 NE_p (kcal/kg)	马 Horses 总可消化养分 TDN(%)	马 消化能 DE (Mcal/kg)	马 代谢能 ME (Mcal/kg)
早餐燕麦片副产品,纤维<4% OATS *Avena sativa* breakfast cereal by-product, less than 4% fiber (feeding oat meal)(oat middlings)	4-03-303	91.0	86.0	3.80	3.43	2.12	1.46	2.00	3158.0	3800.0	2536.0	—	—	—
		100.0	95.0	4.19	3.78	2.34	1.61	2.21	3483.0	4191.0	2796.0	—	—	—
燕麦籽实 Oats *Avena sativa* grain	4-03-309	89.0	68.0	3.02	2.65	1.59	1.04	1.57	2543.0	3264.0	1735.0	66.0	—	—
		100.0	77.0	3.40	2.98	1.79	1.17	1.77	2862.0	3674.0	1953.0	74.0	—	—
燕麦籽实,Oats avena sativa grain,轻于34.7 kg/hl(<27 lb/bushel)(hl:百升,lb/bushel:磅/蒲式耳)	4-03-318	91.0	59.0	2.64	2.26	1.33	0.77	1.36	—	—	—	—	—	—
		100.0	66.0	2.91	2.49	1.47	0.85	1.50	—	—	—	—	—	—
燕麦籽实,大西洋沿岸 Oats *Avena sativa* grain, Pacific Coast	4-07-999	91.0	71.0	3.13	2.75	1.65	1.08	1.63	2645.0	3469.0	1767.0	—	—	—
		100.0	78.0	3.44	3.02	1.82	1.19	1.79	2909.0	3816.0	1944.0	—	—	—
去壳燕麦 Oats *Avena sativa* groats	4-03-331	90.0	85.0	3.71	3.35	2.07	1.42	1.96	3251.0	—	2523.0	—	—	—
		100.0	94.0	4.14	3.74	2.31	1.59	2.18	3630.0	—	2817.0	—	—	—
橘子渣,脱水 Orange *Citrus sinensis* pulp without fines, dehy(orange pulp, dried)	4 01 254	88.0	72.0	3.19	2.82	1.71	1.14	1.67	—	—	—	—	—	—
		100.0	82.0	3.62	3.20	1.94	1.30	1.89	—	—	—	—	—	—
菠萝渣,脱水 Pineapple *Ananas comosus* process residue, dehy(pineapple bran)	4-03-722	87.0	59.0	2.61	2.25	1.33	0.79	1.35	—	—	—	—	—	—
		100.0	68.0	3.00	2.58	1.52	0.91	1.55	—	—	—	—	—	—
马铃薯渣 Potato *Solanum tuberosum* process residue, dehy	4-03-775	89.0	79.0	3.52	3.16	1.94	1.33	1.85	—	—	—	—	—	—
		100.0	90.0	3.97	3.56	2.19	1.49	2.09	—	—	—	—	—	—

续表2-6-1(1)

饲料名称及描述	国际饲料编号 IFN	干物质 DM(%)	反刍动物 Ruminants					奶牛产奶净能 Dairy Cattle NE_l (Mcal/kg)	鸡 Chickens			马 Horses		
			总可消化养分 TDN (%)	消化能 DE (Mcal/kg)	代谢能 ME (Mcal/kg)	维持净能 NE_m (Mcal/kg)	增重净能 NE_g (Mcal/kg)		氮校正代谢能 ME_n (kcal/kg)	真代谢能 TME (kcal/kg)	生产净能 NE_p (kcal/kg)	总可消化养分 TDN (%)	消化能 DE (Mcal/kg)	代谢能 ME (Mcal/kg)
马铃薯块茎,脱水 Potato *Solanum tuberosum* tubers, dehy	4-07-850	91.0	74.0	3.26	2.88	1.74	1.16	1.70	2825.0	—	1988.0	—	—	—
		100.0	81.0	3.57	3.16	1.91	1.27	1.87	3098.0	—	2180.0	—	—	—
马铃薯块茎,新鲜 Potato *Solanum tuberosum* tubers, fresh	4-03-787	23.0	19.0	0.84	0.74	0.45	0.30	0.44	—	—	—	—	—	—
		100.0	81.0	3.57	3.16	1.91	1.27	1.87	—	—	—	—	—	—
马铃薯块茎,青贮 Potato *Solanum tuberosum* tubers, silage	4-03-768	25.0	20.0	0.89	0.79	0.48	0.32	0.47	—	—	—	—	—	—
		100.0	82.0	3.62	3.20	1.94	1.30	1.89	—	—	—	—	—	—
马铃薯块茎,煮熟青贮 Potato *Solanum tuberosum* tubers, boiled silage	4-03-767	23.0	18.0	0.77	0.68	0.40	0.26	0.40	—	—	—	—	—	—
		100.0	75.0	3.31	2.89	1.73	1.11	1.72	—	—	—	—	—	—
黑麦籽实 Rye secale cereale grain	4-04-047	88.0	73.0	3.24	2.88	1.75	1.18	1.70	2626.0	3185.0	2074.0	—	—	—
		100.0	84.0	3.70	3.29	2.00	1.35	1.94	3001.0	3640.0	2370.0	—	—	—
黑麦次粉,粗纤维<4.5% Rye *Secale cereale* flour by-product, less than 4.5% fiber(Rye middlings)	4-04-032	89.0	61.0	2.70	2.33	1.38	0.83	1.39	—	—	—	—	—	—
		100.0	69.0	3.04	2.62	1.55	0.94	1.57	—	—	—	—	—	—
黑麦次粉,粗纤维<8.5% Rye *Secale cereale* flour by-product, less than 8.5% fiber(Rye middlings)	4-04-031	89.0	73.0	3.23	2.86	1.73	1.16	1.69	—	—	—	—	—	—
		100.0	82.0	3.62	3.20	1.94	1.30	1.89	—	—	—	—	—	—
黑麦粉渣,粗纤维<9.5% Rye *Secale cereale* mill run, less than 9.5% fiber(Rye feed)	4-04-034	90.0	68.0	2.98	2.61	1.56	1.00	1.55	—	—	—	—	—	—
		100.0	75.0	3.31	2.89	1.73	1.11	1.72	—	—	—	—	—	—

续表2-6-1(1)

饲料名称及描述	国际饲料编号 IFN	干物质 DM(%)	反刍动物 Ruminants					奶牛产奶净能 Dairy Cattle NE_l (Mcal/kg)	鸡 Chickens			马 Horses		
			总可消化养分 TDN (%)	消化能 DE (Mcal/kg)	代谢能 ME (Mcal/kg)	维持净能 NE_m (Mcal/kg)	增重净能 NE_g (Mcal/kg)		氮校正代谢能 ME_n (kcal/kg)	真代谢能 TME (kcal/kg)	生产净能 NE_p (kcal/kg)	总可消化养分 TDN (%)	消化能 DE (Mcal/kg)	代谢能 ME (Mcal/kg)
红花籽 Safflower *Carthamus tinctorius* seeds	4-07-958	94.0	83.0	3.68	3.29	2.02	1.38	1.93	—	—	—	—	—	—
		100.0	89.0	3.92	3.51	2.15	1.47	2.06	—	—	—	—	—	—
海藻粉，脱水 Seaweed, kelp laminariales (order)-Fucales (order) whole, dehy	4-08-073	91.0	20.0	1.29	0.89	0.73	—	0.61	—	—	—	—	—	—
		100.0	32.0	1.41	0.98	0.80	—	0.66	—	—	—	—	—	—
高粱籽实 Sorghum *Sorghum bicolor* grain	4-04-383	90.0	78.0	3.40	3.03	1.85	1.25	1.78	3311.0	3359.0	2564.0	—	—	—
		100.0	86.0	3.79	3.38	2.06	1.40	1.99	3691.0	3745.0	2858.0	—	—	—
高粱籽实，粗蛋白质<8% Sorghum *Sorghum bicolor* grain, less than 8% protein	4-20-892	88.0	82.0	3.61	3.25	2.01	1.38	1.90	—	—	—	—	—	—
		100.0	93.0	4.10	3.69	2.28	1.57	2.16	—	—	—	—	—	—
高粱籽实，粗蛋白质 8%～10% Sorghum *Sorghum bicolor* grain, 8%～10% protein	4-20-893	87.0	80.0	3.52	3.17	1.95	1.34	1.85	3288.0	—	—	—	—	—
		100.0	92.0	4.06	3.65	2.25	1.54	2.13	3786.0	—	—	—	—	—
高粱籽实，粗蛋白质>10% Sorghum *Sorghum bicolor* grain, more than 10% protein	4-20-894	88.0	80.0	3.53	3.17	1.95	1.34	1.86	—	—	—	—	—	—
		100.0	91.0	4.01	3.60	2.22	1.52	2.11	—	—	—	—	—	—
大豆粉副产品 Sorbean *Glycine max* flour by-product, (Soybean mill feed)	4-04-594	90.0	46.0	2.01	1.63	0.98	0.28	1.01	774.0	—	466.0	—	—	—
		100.0	51.0	2.25	1.82	1.10	0.32	1.13	865.0	—	521.0	—	—	—
斯佩尔特小麦籽实 Spelt *Triticum spelta* grain	4-04-651	90.0	67.0	2.97	2.60	1.55	1.00	1.54			—	—	—	—
		100.0	75.0	3.31	2.89	1.73	1.11	1.72	—	—	—	—	—	—
蔗糖 Sugarcane *Saccharum officinarum* sugar	4-04-701	100.0	98.0	4.30	3.90	2.43	1.68	2.27	3715.0	—	2794.0	—	—	—
		100.0	98.0	4.32	3.91	2.44	1.68	2.28	3729.0	—	2805.0	—	—	—

续表2-6-1(1)

饲料名称及描述	国际饲料编号 IFN	干物质 DM(%)	反刍动物 Ruminants					奶牛	鸡 Chickens			马 Horses		
			总可消化养分 TDN (%)	消化能 DE (Mcal/kg)	代谢能 ME (Mcal/kg)	维持净能 NE_m (Mcal/kg)	增重净能 NE_g (Mcal/kg)	产奶净能 Dairy Cattle NE_l (Mcal/kg)	氮校正代谢能 ME_n (kcal/kg)	真代谢能 TME (kcal/kg)	生产净能 NE_p (kcal/kg)	总可消化养分 TDN (%)	消化能 DE (Mcal/kg)	代谢能 ME (Mcal/kg)
黑小麦籽实 Triticale *Triticale hexaploide* grain	4-20-362	90.0	76.0	3.33	2.96	1.80	1.21	1.74	3163.0	3256.0	2200.0	—	—	—
		100.0	84.0	3.70	3.29	2.00	1.35	1.94	3521.0	3625.0	2450.0	—	—	—
芜菁根,新鲜 Turnip *Brassica rapa* roots,fresh	4-05-067	9.0	8.0	0.35	0.31	0.19	0.13	0.18	—	—	—	—	—	—
		100.0	85.0	3.75	3.34	2.03	1.37	1.96	—	—	—	—	—	—
小麦面包,脱水 Wheat *Triticum aestivum* bread,dehy	4-07-944	95.0	82.0	3.61	3.22	1.96	1.33	1.89	3268.0	—	—	—	—	—
		100.0	86.0	3.79	3.38	2.06	1.40	1.99	3429.0	—	—	—	—	—
小麦面粉,硬红春小麦,粗纤维<1.5% Wheat *Triticum aestivum* flour,hard red spring,less than 1.5% fiber	4-08-113	88.0	77.0	3.39	3.03	1.85	1.26	1.78	—	—	1940.0	—	—	—
		100.0	87.0	3.84	3.42	2.09	1.42	2.01	—	—	2192.0	—	—	—
小麦面粉,粗纤维<1.5% Wheat *Triticum aestivum* flour,less than 1.5% fiber (wheat feed flour)	4-05-199	88.0	77.0	3.40	3.04	1.86	1.26	1.78	2954.0	—	1949.0	—	—	—
		100.0	88.0	3.88	3.47	2.12	1.45	2.04	3375.0	—	2227.0	—	—	—
小麦面粉,粗纤维<2% Wheat *Triticum aestivum* flour, less than 2% fiber(feed flour)	4-28-221	88.0	76.0	3.34	2.97	1.81	1.23	1.75	—	1954.0	—	—	—	—
		100.0	86.0	3.79	3.38	2.06	1.40	1.99	—	2220.0	—	—	—	—
小麦面粉加工副产品,粗纤维<4%(饲用小麦粉) Wheat *Triticum aestivum* flour by-product, less than 4% fiber(wheat red dog)	4-05-203	88.0	72.0	3.18	2.82	1.71	1.14	1.66	2568.0	—	1774.0	—	—	—
		100.0	82.0	3.62	3.20	1.94	1.30	1.89	2916.0	—	2015.0	—	—	—
小麦面粉加工副产品,粗纤维<4.5%(小麦细麸) Wheat *Triticum aestivum* flour by-product, less than 4.5% fiber(middlings)	4-28-220	88.0	73.0	3.22	2.86	1.73	1.16	1.68	2543.0	—	1751.0	—	—	—
		100.0	83.0	3.66	3.25	1.97	1.32	1.91	2890.0	—	1990.0	—	—	—

续表2-6-1(1)

饲料名称及描述	国际饲料编号 IFN	干物质 DM(%)	反刍动物 Ruminants					奶牛产奶净能 Dairy Cattle NE_l (Mcal/kg)	鸡 Chickens			马 Horses		
			总可消化养分 TDN (%)	消化能 DE (Mcal/kg)	代谢能 ME (Mcal/kg)	维持净能 NE_m (Mcal/kg)	增重净能 NE_g (Mcal/kg)		氮校正代谢能 ME_n (kcal/kg)	真代谢能 TME (kcal/kg)	生产净能 NE_p (kcal/kg)	总可消化养分 TDN (%)	消化能 DE (Mcal/kg)	代谢能 ME (Mcal/kg)
小麦面粉加工副产品,粗纤维<7%(小麦次粉) Wheat *Triticum aestivum* flour by-product, less than 7% fiber (wheat shorts)	4-05-201	88.0	65.0	2.85	2.48	1.48	0.93	1.48	2162.0	2544.0	1417.0	—	—	—
		100.0	73.0	3.22	2.80	1.67	1.06	1.67	2446.0	2877.0	1602.0	—	—	—
小麦面粉加工副产品,粗纤维<8%(小麦次粉) Wheat *Triticum aestivum* flour by-product, less than 8% fiber(shorts)	4-28-219	88.0	63.0	2.79	2.43	1.44	0.90	1.45	2121.0	2499.0	1399.0	—	—	—
		100.0	72.0	3.17	2.76	1.64	1.03	1.64	2410.0	2840.0	1590.0	—	—	—
小麦面粉加工副产品,粗纤维<9.5%(小麦细麸) Wheat *Triticum aestivum* flour by-product, less than 9.5% fiber (wheat middlings)	4-05-205	89.0	61.0	2.70	2.33	1.38	0.83	1.40	2115.0	—	1496.0	—	—	—
		100.0	69.0	3.04	2.62	1.55	0.94	1.57	2380.0	—	1684.0	—	—	—
小麦加工筛下物 Wheat *Triticum aestivum* grain screenings	4-05-216	89.0	63.0	2.79	2.42	1.44	0.89	1.45	2825.0	—	2063.0	—	—	—
		100.0	71.0	3.13	2.71	1.61	1.00	1.61	3165.0	—	2312.0	—	—	—
小麦粗粉 Wheat *Triticum aestivum* grits	4-07-852	90.0	79.0	3.48	3.11	1.91	1.30	1.83	—	—	—	—	—	—
		100.0	88.0	3.88	3.47	2.12	1.45	2.04	—	—	—	—	—	—
小麦粉渣,粗纤维<9.5% Wheat *Triticum aestivum* mill run, less than 9.5% fiber	4-05-206	90.0	71.0	3.13	2.76	1.66	1.10	1.63	1771.0	—	1262.0	49.0	—	—
		100.0	79.0	3.48	3.07	1.85	1.22	1.82	1971.0	—	1404.0	54.0	—	—
乳清粉,脱水(牛) Whey dehy(cattle)	4-01-182	93.0	75.0	3.33	2.95	1.78	1.19	1.74	1949.0	1662.0	1548.0	—	—	—
		100.0	81.0	3.57	3.16	1.91	1.27	1.87	2087.0	1780.0	1659.0	—	—	—
乳清粉,新鲜(牛) Whey fresh(cattle)	4-08-134	7.0	7.0	0.29	0.26	0.16	0.11	0.15	—	—	—	—	—	—
		100.0	94.0	4.14	3.74	2.31	1.59	2.18	—	—	—	—	—	—
乳清粉,低蛋白,脱水(牛) Whey low lactose, dehy (dried whey product)(cattle)	4-01-186	93.0	74.0	3.25	2.87	1.72	1.14	1.70	2053.0	—	1532.0	—	—	—
		100.0	79.0	3.48	3.07	1.85	1.22	1.82	2199.0	—	1641.0	—	—	—

表 2-6-1(2) 饲料原料的组成、能值、概略养分、植物细胞壁成分和酸性洗涤纤维(饲喂基础或干物质基础)

饲料名称及描述	干物质 DM (%)	猪 Swine			粗蛋白质 CP (%)	植物细胞壁成分 Plant cell wall constituents(%)						粗脂肪 EE(%)	粗灰分 Ash(%)
		总可消化养分 TDN (%)	消化能 DE (kcal/kg)	代谢能 ME (kcal/kg)		细胞壁 Cell walls	纤维素 Cellulose	半纤维素 Hemicellulose	木质素 Lignin	酸性洗涤纤维 ADF	粗纤维 CF		
杏仁皮 Almond *Prunus amygdalus* hulls	90.0	68.0	2986.0	2838.0	1.9	29.0	—	—	8.0	25.0	13.5	2.7	5.8
	100.0	75.0	3323.0	3158.0	2.1	32.0	—	—	9.0	28.0	15.0	3.0	6.5
苹果渣,加燕麦皮,脱水 Apples *Malus* spp. pomace,oat hulls added,dehy	89.0	63.0	2778.0	2638.0	4.6	—	—	—	12.0	40.0	17.8	4.7	3.1
	100.0	71.0	3118.0	2961.0	5.1	—	—	—	14.0	45.0	20.0	5.2	3.5
面包废弃物,脱水 Bakery waste,dehy (dried bakery product)	92.0	90.0	3983.0	3738.0	9.8	—	—	—	—	—	1.2	11.7	4.0
	100.0	98.0	4335.0	4068.0	10.7	—	—	—	—	—	1.3	12.7	4.4
大麦籽实 Barley *Hordeum vulgare* grain	88.0	70.0	3108.0	2910.0	11.9	17.0	4.0	—	2.0	6.0	5.0	1.9	2.3
	100.0	79.0	3523.0	3299.0	13.5	19.0	5.0	—	2.0	7.0	5.7	2.1	2.6
大麦籽实,轻于 46.3 kg/hl(<36 lb/bushel)(hl:百升,lb/bushel:磅/蒲式耳)Barley *Hordeum vulgare* grain,light 46.3 kg/hl(Less than 36 lb/bushel)	89.0	71.0	3116.0	2903.0	12.4	—	—	—	—	—	7.7	1.9	3.3
	100.0	79.0	3498.0	3259.0	14.0	—	—	—	—	—	8.6	2.2	3.7
大麦籽实,太平洋沿岸 Barley *Hordeum vulgare* grain,Pacific Coast	89.0	71.0	3127.0	2937.0	9.6	19.0	—	—	—	8.0	6.3	1.8	2.7
	100.0	80.0	3507.0	3293.0	10.8	21.0	—	—	—	9.0	7.1	2.0	3.1
大麦籽实筛下物 Barley *Hordeum vulgare* grain screenings	89.0	70.0	3092.0	2330.0	11.7	—	—	—	—	—	8.6	2.3	3.1
	100.0	79.0	3478.0	2621.0	13.1	—	—	—	—	—	9.6	2.6	3.4
甜菜根,新鲜 Beet,mangels *Beta vulgaris macrorhiza* roots,fresh	11.0	9.0	399.0	374.0	1.3	—	—	—	—	—	0.8	0.1	1.1
	100.0	83.0	3642.0	3410.0	11.8	—	—	—	—	—	7.4	0.7	9.6
甜菜渣,脱水 Beet,mangels *Beta vulgaris macrorhiza* pulp,dehy	91.0	67.0	2932.0	2693.0	8.8	49.0	—	—	2.0	30.0	18.0	0.5	4.9
	100.0	73.0	3235.0	2971.0	9.7	54.0	—	—	2.0	33.0	19.8	0.6	5.4
甜菜渣,湿 Beet,mangels *Beta vulgaris macrorhiza* pulp,wet	11.0	—	—	—	1.2	—	—	—	—	—	3.1	0.2	0.5
	100.0	—	—	—	11.2	—	—	—	—	—	28.1	2.1	4.7

续表2-6-1(2)

饲料名称及描述	干物质 DM (%)	猪 Swine 总可消化养分 TDN (%)	猪 Swine 消化能 DE (kcal/kg)	猪 Swine 代谢能 ME (kcal/kg)	粗蛋白质 CP (%)	植物细胞壁成分 Plant cell wall constituents(%) 细胞壁 Cell walls	纤维素 Cellulose	半纤维素 Hemicellulose	木质素 Lignin	酸性洗涤纤维 ADF	粗纤维 CF	粗脂肪 EE(%)	粗灰分 Ash(%)
甜菜渣,含糖蜜,脱水 Beet, mangels *Beta vulgaris macrorhiza* pulp with molasses, dehy	92.0	70.0	3066.0	2880.0	9.3	40.0	—	—	3.0	23.0	15.1	0.6	5.6
	100.0	76.0	3342.0	3139.0	10.1	44.0	—	—	3.0	25.0	16.5	0.6	6.1
甜菜渣,包含 steffens 滤液 Beet, mangels *Beta vulgaris macrorhiza* pulp with steffens filtrate, dehy(dried beet product)	92.0	58.0	2570.0	2404.0	16.5	38.0	—	—	2.0	19.0	15.2	0.3	5.6
	100.0	64.0	2808.0	2626.0	18.0	42.0	—	—	2.0	21.0	16.6	0.4	6.1
荞麦籽实 Buckwheat, common *Fagopyrum sagittatum* grain	88.0	68.0	2982.0	2861.0	11.0	—	—	—	—	—	10.4	2.5	2.1
	100.0	77.0	3399.0	3261.0	12.5	—	—	—	—	—	11.8	2.8	2.3
胡萝卜,新鲜 Carrot *Daucus* spp. roots, fresh	12.0	11.0	471.0	442.0	1.2	1.0	1.0	—	0.0	1.0	1.2	0.2	1.0
	100.0	90.0	3979.0	3737.0	9.9	9.0	7.0	—	0.0	8.0	9.7	1.4	8.2
木薯块茎,脱水 Cassava, common *Manihot esculenta* tubers, dehy	88.0	78.0	3457.0	3334.0	2.3	—	—	—	—	—	4.6	0.7	2.9
	100.0	89.0	3939.0	3800.0	2.6	—	—	—	—	—	5.2	0.8	3.3
木薯块茎,新鲜 Cassava, common *Manihot esculenta* tubers, fresh	37.0	—	—	—	1.3	—	—	—	—	—	1.7	0.4	1.4
	100.0	—	—	—	3.6	—	—	—	—	—	4.6	1.0	3.9
谷物筛下物 Cereals screenings	90.0	55.0	3331.0	3107.0	12.1	—	—	—	—	—	12.0	3.7	5.4
	100.0	61.0	3710.0	3461.0	13.4	—	—	—	—	—	13.4	4.1	6.0
谷物筛渣 Cereals screenings refuse	91.0	47.0	2069.0	1927.0	12.8	—	—	—	—	—	17.0	4.5	8.9
	100.0	52.0	2276.0	2120.0	14.1	—	—	—	—	—	18.7	4.9	9.8
谷物筛下物,未清理 Cereals screenings uncleaned	92.0	49.0	2163.0	2011.0	13.9	—	—	—	—	—	17.1	5.4	8.6
	100.0	53.0	2352.0	2186.0	15.1	—	—	—	—	—	18.6	5.9	9.3
柑橘渣细粉 Citrus *Citrus* spp. pulp fines(dried citrus meal)	91.0	76.0	3333.0	3181.0	6.5	—	—	—	—	—	13.1	3.3	6.3
	100.0	83.0	3662.0	3496.0	7.1	—	—	—	—	—	14.4	3.6	6.9

续表2-6-1(2)

饲料名称及描述	干物质 DM (%)	猪 Swine			粗蛋白质 CP (%)	植物细胞壁成分 Plant cell wall constituents(%)						粗脂肪 EE(%)	粗灰分 Ash(%)
		总可消化养分 TDN (%)	消化能 DE (kcal/kg)	代谢能 ME (kcal/kg)		细胞壁 Cell walls	纤维素 Cellulose	半纤维素 Hemicellulose	木质素 Lignin	酸性洗涤纤维 ADF	粗纤维 CF		
柑橘渣,未细粉 Citrus *Citrus* spp. pulp without fines,dehy(dried citrus pulp)	91.0	46.0	2286.0	2163.0	6.1	21.0	—	—	3.0	20.0	11.6	3.4	6.0
	100.0	50.0	2508.0	2374.0	6.7	23.0	—	—	3.0	22.0	12.7	3.7	6.6
黄玉米穗粉 Corn, dent yellow *Zea mays* indentata ears,ground(corn and cob meal)	87.0	69.0	3109.0	2779.0	7.8	—	—	—	—	—	8.2	3.2	1.7
	100.0	79.0	3593.0	3212.0	9.0	—	—	—	—	—	9.4	3.7	1.9
黄玉米糁 Corn,dent yellow *Zea mays* indentata grits(Hominy grits)	88.0	79.0	3466.0	3260.0	8.5	—	—	—	—	—	0.5	0.7	0.4
	100.0	89.0	3927.0	3694.0	9.6	—	—	—	—	—	0.6	0.8	0.5
黄玉米麸(玉米粗粉副产物)Corn,dent yellow *Zea mays* indentata grits by-product(Hominy feed)	90.0	82.0	3625.0	3382.0	10.4	50.0	9.0	—	2.0	12.0	6.0	6.9	2.8
	100.0	91.0	4017.0	3748.0	11.5	55.0	10.0	—	2.0	13.0	6.7	7.7	3.1
二粒小麦籽实 Emmer *Triticum dicoccum* grain	91.0	70.0	3088.0	2884.0	11.7	—	—	—	—	—	9.6	2.0	3.5
	100.0	77.0	3401.0	3176.0	12.9	—	—	—	—	—	10.6	2.2	3.9
动物脂肪,水解 Fats and oils fat,animal,hydrolyzed	99.0	209.0	9272.0	8274.0	—	—	—	—	—	—	—	98.7	—
	100.0	211.0	9350.0	8343.0	—	—	—	—	—	—	—	99.5	—
禽油 Fats and oils fat,animal,poultry	99.0	196.0	9635.0	7976.0	—	—	—	—	—	—	—	99.1	—
	100.0	198.0	8708.0	8044.0	—	—	—	—	—	—	—	100.0	—
猪油 Fats and oils fat,swine(lard)	99.0	—	7986.0	7791.0	—	—	—	—	—	—	—	99.6	—
	100.0	—	8046.0	7850.0	—	—	—	—	—	—	—	100.3	—
大豆油 Fats and oils oil,soybean	99.0	—	7512.0	7234.0	1.4	—	—	—	—	—	—	95.4	0.3
	100.0	—	7562.0	7283.0	1.4	—	—	—	—	—	—	96.0	0.3
植物油 Fats and oils oil,vegetable	100.0	206.0	8841.0	8027.0	—	—	—	—	—	—	—	99.7	—
	100.0	206.0	8863.0	8047.0	—	—	—	—	—	—	—	99.9	—

续表2-6-1(2)

饲料名称及描述	干物质 DM (%)	猪 Swine 总可消化养分 TDN (%)	猪 Swine 消化能 DE (kcal/kg)	猪 Swine 代谢能 ME (kcal/kg)	粗蛋白质 CP (%)	植物细胞壁成分 Plant cell wall constituents(%) 细胞壁 Cell walls	纤维素 Cellulose	半纤维素 Hemicellulose	木质素 Lignin	酸性洗涤纤维 ADF	粗纤维 CF	粗脂肪 EE(%)	粗灰分 Ash(%)
亚麻籽筛下物 Flax *Linum usitatissimum* seed screenings	91.0	68.0	3006.0	2776.0	16.6	—	—	—	—	—	12.1	9.3	6.2
	100.0	75.0	3297.0	3044.0	18.2	—	—	—	—	—	13.2	10.2	6.8
半纤维素提取物 Hemicellulose extract (Masonex)	76.0	—	—	—	0.6	—	—	—	—	—	0.8	0.3	3.1
	100.0	—	—	—	0.7	—	—	—	—	—	1.0	0.4	4.1
粟(谷子)籽实 Millet, foxtail *Setaria italica* grain	89.0	70.0	3101.0	2892.0	12.1	—	—	—	—	—	8.3	4.1	3.6
	100.0	79.0	3475.0	3241.0	13.5	—	—	—	—	—	9.3	4.6	4.0
黍(稷)Millet, proso *Panicum miliaceum* grain	90.0	74.0	3273.0	3057.0	11.6	—	—	—	3.0	15.0	6.1	3.5	2.6
	100.0	83.0	3639.0	3399.0	12.9	—	—	—	4.0	17.0	6.8	3.9	2.9
甜菜糖蜜,>48%转化糖,白利糖度值>79.5 Molasses and syrup beet, sugar, molasses, more than 48% invert sugar more than 79.5 degrees brix	78.0	57.0	2513.0	2333.0	6.6	—	—	—	—	—	—	0.2	8.8
	100.0	73.0	3233.0	3002.0	8.5	—	—	—	—	—	—	0.2	11.3
柑橘糖蜜 Molasses and syrup citrus, syrup(*Citrus molasses*)	68.0	54.0	2379.0	2262.0	5.5	—	—	—	—	—	—	0.2	5.3
	100.0	80.0	3517.0	3344.0	8.2	—	—	—	—	—	—	0.3	7.9
甘蔗糖蜜,脱水 Molasses and syrup sugarcane, molasses, dehy	94.0	70.0	3079.0	2485.0	9.7	—	—	—	—	—	6.3	0.9	12.5
	100.0	74.0	3261.0	2632.0	10.3	—	—	—	—	—	6.7	0.9	13.3
甜菜糖蜜,>46%转化糖,白利糖度值>79.5(黑糖蜜) Molasses and syrup sugarcane, molasses, more than 46% invert sugar more than 79.5 degrees brix(black strap)	72.0	56.0	2507.0	2199.0	4.4	—	—	—	—	—	—	0.1	9.8
	100.0	76.0	3364.0	2951.0	5.8	—	—	—	—	—	—	0.1	13.1
早餐燕麦片副产品,纤维<4% Oats *Avena sativa* breakfast cereal by-product, less than 4% fiber (Feeding oat meal)(oat middlings)	91.0	79.0	3480.0	3427.0	14.8	—	—	—	—	—	3.5	6.4	2.3
	100.0	87.0	3838.0	3779.0	16.4	—	—	—	—	—	3.9	7.0	2.5

续表2-6-1(2)

饲料名称及描述	干物质 DM (%)	猪 Swine			粗蛋白质 CP (%)	植物细胞壁成分 Plant cell wall constituents(%)						粗脂肪 EE(%)	粗灰分 Ash(%)
		总可消化养分 TDN (%)	消化能 DE (kcal/kg)	代谢能 ME (kcal/kg)		细胞壁 Cell walls	纤维素 Cellulose	半纤维素 Hemicellulose	木质素 Lignin	酸性洗涤纤维 ADF	粗纤维 CF		
燕麦籽实 Oats *Avena sativa* grain	89.0	64.0	2825.0	2676.0	11.8	28.0	10.0	13.0	2.0	14.0	10.8	4.8	3.1
	100.0	72.0	3180.0	3012.0	13.3	32.0	11.0	15.0	3.0	16.0	12.1	5.4	3.4
燕麦籽实,轻于34.7 kg/hl(<27 lb/bushel)(hl:百升,lb/bushel:磅/蒲式耳) Oats *Avena sativa* grain, light less than 34.7 kg/hl(Less than 27 lb/bushel)	91.0	61.0	2696.0	2517.0	11.9	—	—	—	—	—	14.4	4.5	4.2
	100.0	67.0	2973.0	2776.0	13.1	—	—	—	—	—	15.9	4.9	4.6
燕麦籽实,大西洋沿岸 Oats *Avena sativa* grain, Pacific Coast	91.0	69.0	3030.0	2623.0	9.1	—	—	—	—	—	11.2	5.0	3.8
	100.0	76.0	3333.0	2886.0	10.0	—	—	—	—	—	12.3	5.5	4.2
去壳燕麦 Oats *Avena sativa* groats	90.0	84.0	3718.0	2928.0	15.8	—	—	—	—	—	2.5	6.2	2.1
	100.0	94.0	4152.0	3269.0	17.7	—	—	—	—	—	2.8	6.9	2.4
橘子渣,脱水 Orange *Citrus sinensis* pulp without fines, dehy(Orange pulp, dried)	88.0	72.0	3154.0	2974.0	7.5	19.0	—	—	—	—	8.4	1.7	3.7
	100.0	81.0	3578.0	3374.0	8.5	21.0	—	—	—	—	9.6	1.9	4.2
菠萝渣,脱水 Pineapple *Ananas comosus* process residue, dehy (Pineapple bran)	87.0	60.0	2667.0	2536.0	4.0	64.0	—	—	6.0	32.0	18.2	1.3	3.0
	100.0	69.0	3063.0	2913.0	4.6	73.0	—	—	7.0	37.0	20.9	1.5	3.5
马铃薯渣 Potato *Solanum tuberosum* process residue, dehy	89.0	76.0	3367.0	3175.0	7.4	—	—	—	—	—	6.5	0.3	3.0
	100.0	86.0	3791.0	3575.0	8.4	—	—	—	—	—	7.3	0.4	3.4
马铃薯块茎,脱水 Potato *Solanum tuberosum* tubers, dehy	91.0	75.0	3301.0	3265.0	8.1	—	—	—	—	—	2.1	0.5	7.9
	100.0	82.0	3620.0	3581.0	8.9	—	—	—	—	—	2.3	0.5	8.7
马铃薯块茎,新鲜 Potato *Solanum tuberosum* tubers, fresh	23.0	20.0	870.0	825.0	2.2			—	—	—	0.6	0.1	1.1
	100.0	85.0	3737.0	3516.0	9.5	—	—	—	—	—	2.4	0.4	4.8

续表2-6-1(2)

饲料名称及描述	干物质 DM (%)	猪 Swine			粗蛋白质 CP (%)	植物细胞壁成分 Plant cell wall constituents(%)						粗脂肪 EE(%)	粗灰分 Ash(%)
		总可消化养分 TDN (%)	消化能 DE (kcal/kg)	代谢能 ME (kcal/kg)		细胞壁 Cell walls	纤维素 Cellulose	半纤维素 Hemicellulose	木质素 Lignin	酸性洗涤纤维 ADF	粗纤维 CF		
马铃薯块茎,青贮 Potato *Solanum tuberosum* tubers,silage	25.0	22.0	963.0	910.0	1.9	—	—	—	—	—	1.0	0.1	1.4
	100.0	89.0	3902.0	3686.0	7.6	—	—	—	—	—	4.0	0.4	5.5
马铃薯块茎,煮熟青贮 Potato *Solanum tuberosum* tubers,boiled silage	23.0	21.0	917.0	865.0	1.9	—	—	—	—	—	0.7	0.1	1.5
	100.0	89.0	3915.0	3694.0	8.2	—	—	—	—	—	3.2	0.4	6.5
黑麦籽实 Rye *Secale cereale* grain	88.0	75.0	3251.0	2911.0	12.1	—	—	—	—	—	2.2	1.5	1.6
	100.0	86.0	3716.0	3327.0	13.8	—	—	—	—	—	2.5	1.7	1.9
黑麦次粉,粗纤维<4.5% Rye secale cereale flour by-product, less than 4.5% fiber(rye middlings)	89.0	57.0	2497.0	2338.0	10.4	—	—	—	—	—	16.5	2.6	3.2
	100.0	64.0	2813.0	2634.0	11.8	—	—	—	—	—	18.6	3.0	3.6
黑麦次粉,粗纤维<8.5% Rye secale cereale flour by-product, less than 8.5% fiber(rye middlings)	89.0	73.0	3220.0	2972.0	16.2	—	—	—	—	—	4.8	3.2	3.7
	100.0	82.0	3610.0	3332.0	18.2	—	—	—	—	—	5.4	3.6	4.2
黑麦粉渣,粗纤维<9.5% Rye secale cereale mill run,less than 9.5% fiber (rye feed)	90.0	74.0	3273.0	3019.0	16.7	—	—	—	—	—	4.6	3.4	3.8
	100.0	82.0	3630.0	3349.0	18.5	—	—	—	—	—	5.1	3.7	4.2
红花籽 Safflower carthamus tinctorius seeds	94.0	—	—	—	16.3	—	—	—	—	—	26.8	32.8	2.9
	100.0	—	—	—	17.4	—	—	—	—	—	28.6	35.1	3.1
海藻粉,脱水 Seaweed,kelp Laminariales(order)-Fucales(order)whole,dehy	91.0	—	—	—	6.5	—	—	—	—	—	6.5	0.5	35.2
	100.0	—	—	—	7.1	—	—	—	—	—	7.1	0.5	38.6
高粱籽实 Sorghum *Sorghum bicolor* grain	90.0	78.0	3431.0	3216.0	11.1	21.0	3.0	18.0	—	5.0	2.4	2.8	1.8
	100.0	87.0	3824.0	3585.0	12.4	23.0	3.0	16.0	—	5.0	2.6	3.1	2.0
高粱籽实,粗蛋白质<8% Sorghum *Sorghum bicolor* grain, less than 8% protein	88.0	—	—	—	6.8	—	—	—	—	—	—	—	—
	100.0	—	—	—	7.7	—	—	—	—	—	—	—	—

续表2-6-1(2)

饲料名称及描述	干物质 DM (%)	猪 Swine			粗蛋白质 CP (%)	植物细胞壁成分 Plant cell wall constituents(%)						粗脂肪 EE(%)	粗灰分 Ash(%)
		总可消化养分 TDN (%)	消化能 DE (kcal/kg)	代谢能 ME (kcal/kg)		细胞壁 Cell walls	纤维素 Cellulose	半纤维素 Hemicellulose	木质素 Lignin	酸性洗涤纤维 ADF	粗纤维 CF		
高粱籽实,粗蛋白质 8%～10% Sorghum *Sorghum bicolor* grain, 8%～10% protein	87.0	74.0	3270.0	3199.0	8.8	—	—	—	—	—	2.3	2.9	1.8
	100.0	85.0	2766.0	3684.0	10.1	—	—	—	—	—	2.6	3.4	2.1
高粱籽实,粗蛋白质＞10% Sorghum *Sorghum bicolor* grain, more than 10% protein	88.0	—	—	—	11.0	—	—	—	—	—	—	—	—
	100.0	—	—	—	12.5	—	—	—	—	—	—	—	—
大豆粉副产品 Soybean *Glycine max* flour by-product(soybean mill feed)	90.0	26.0	1167.0	925.0	12.6	—	—	—	—	—	34.1	1.8	4.9
	100.0	30.0	1303.0	1032.0	14.0	—	—	—	—	—	38.1	2.0	5.5
斯佩尔特小麦籽实 Spelt *Triticum spelta* grain	90.0	70.0	3070.0	2865.0	12.0	—	—	—	—	—	9.1	1.9	3.5
	100.0	77.0	3416.0	3187.0	13.3	—	—	—	—	—	10.2	2.1	3.9
蔗糖 Sugarcane *Saccharum officinarum* sugar	100.0	98.0	3741.0	3659.0	—	—	—	—	—	—	—	—	0.1
	100.0	99.0	3755.0	3673.0	—	—	—	—	—	—	—	—	0.1
黑小麦籽实 Triticale *Triticale hexaploide* grain	90.0	75.0	3299.0	3050.0	15.8	—	—	—	—	—	4.0	1.5	1.8
	100.0	83.0	3073.0	3390.0	17.0				—	—	4.4	1.7	2.0
芜菁根,新鲜 Turnip *Brassica rapa* rapa roots, fresh	9.0	7.0	327.0	306.0	1.1	4.0	—	—	1.0	3.0	1.1	0.2	0.8
	100.0	80.0	3514.0	3289.0	11.8	44.0	—	—	10.0	34.0	11.5	1.9	8.9
小麦面包,脱水 Wheat *Triticum aestivum* bread, dehy	95.0	82.0	3602.0	3363.0	12.4	—	—	—	—	—	0.3	2.3	2.3
	100.0	86.0	3779.0	3529.0	13.0	—	—	—	—	—	0.3	2.4	2.4
小麦面粉,硬红春小麦,粗纤维＜1.5% Wheat *Triticum aestivum* flour, hard red spring, less than 1.5% fiber	88.0	77.0	3406.0	3177.0	12.0	—	—	—	—	—	1.8	1.3	0.4
	100.0	87.0	3850.0	3591.0	13.5	—	—	—	—	—	2.0	1.4	0.5
小麦面粉,粗纤维＜1.5% Wheat *Triticum aestivum* flour, less than 1.5% fiber (Wheat feed flour)	88.0	76.0	3633.0	3389.0	11.7				—	—	1.3	1.2	0.5
	100.0	87.0	4151.0	3873.0	13.4	—	—	—	—	—	1.5	1.4	0.5

续表2-6-1(2)

饲料名称及描述	干物质 DM (%)	猪 Swine 总可消化养分 TDN (%)	猪 Swine 消化能 DE (kcal/kg)	猪 Swine 代谢能 ME (kcal/kg)	粗蛋白质 CP (%)	植物细胞壁成分 Plant cell wall constituents(%) 细胞壁 Cell walls	纤维素 Cellulose	半纤维素 Hemicellulose	木质素 Lignin	酸性洗涤纤维 ADF	粗纤维 CF	粗脂肪 EE(%)	粗灰分 Ash(%)
小麦面粉,粗纤维<2% Wheat *Triticum aestivum* flour, less than 2% fiber (feed flour)	88.0	75.0	3388.0	3256.0	11.0	—	—	—	—	—	1.8	1.2	0.4
	100.0	85.0	3850.0	3700.0	12.5	—	—	—	—	—	2.0	1.4	0.5
小麦面粉加工副产品,粗纤维<4%(饲用小麦粉) Wheat *Triticum aestivum* flour by-product, less than 4% fiber(wheat red dog)	88.0	72.0	3144.0	2872.0	15.3	—	—	—	—	—	2.6	3.3	2.2
	100.0	82.0	3570.0	3261.0	17.4	—	—	—	—	—	2.9	3.8	2.5
小麦面粉加工副产品,粗纤维<4.5%(小麦细麸) Wheat *Triticum aestivum* flour by-product, less than 4.5% fiber (middlings)	88.0	71.0	3080.0	2860.0	15.1	—	—	—	—	—	2.6	3.2	2.4
	100.0	81.0	3500.0	3250.0	17.2	—	—	—	—	—	3.0	3.6	2.7
小麦面粉加工副产品,粗纤维<7%(小麦次粉) Wheat *Triticum aestivum* flour by-product, less than 7% fiber (wheat shorts)	88.0	71.0	3136.0	2870.0	16.5	—	—	—	—	—	6.8	4.6	4.3
	100.0	80.0	3547.0	3246.0	18.6	—	—	—	—	—	7.7	5.2	4.9
小麦面粉加工副产品,粗纤维<8%(小麦次粉) Wheat *Triticum aestivum* flour by-product, less than 8% fiber (shorts)	88.0	70.0	3115.0	2834.0	16.0	—	—	—	—	—	6.0	4.3	4.7
	100.0	79.0	3540.0	3220.0	18.2	—	—	—	—	—	6.8	4.9	5.1
小麦面粉加工副产品,粗纤维<9.5%(小麦细麸) Wheat *Triticum aestivum* flour by-product, less than 9.5% fiber (wheat middlings)	89.0	68.0	2914.0	2728.0	16.4	—	—	—	—	—	7.3	4.3	4.7
	100.0	77.0	3279.0	3070.0	18.4	—	—	—	—	—	8.2	4.9	5.2
小麦加工筛下物 Wheat *Triticum aestivum* grain screenings	89.0	63.0	2761.0	2354.0	14.1	—	5.0	—	7.0	—	6.9	3.4	5.5
	100.0	70.0	3094.0	2638.0	15.8	—	6.0	—	8.0	—	7.7	3.9	6.1

续表2-6-1(2)

饲料名称及描述	干物质 DM (%)	猪 Swine			粗蛋白质 CP (%)	植物细胞壁成分 Plant cell wall constituents(%)						粗脂肪 EE(%)	粗灰分 Ash(%)
		总可消化养分 TDN (%)	消化能 DE (kcal/kg)	代谢能 ME (kcal/kg)		细胞壁 Cell walls	纤维素 Cellulose	半纤维素 Hemicellulose	木质素 Lignin	酸性洗涤纤维 ADF	粗纤维 CF		
小麦粗粉 Wheat *Triticum aestivum* grits	90.0	79.0	3471.0	3243.0	11.4	—	—	—	—	—	0.4	0.9	0.4
	100.0	88.0	3870.0	3616.0	12.7	—	—	—	—	—	0.4	1.0	0.4
小麦粉渣,粗纤维<9.5% Wheat *Triticum aestivum* mill run,less than 9.5% fiber	90.0	72.0	3171.0	2765.0	15.4	—	—	—	—	—	8.2	4.1	5.3
	100.0	80.0	3527.0	3076.0	17.2	—	—	—	—	—	9.2	4.6	5.9
乳清粉,脱水(牛)Whey dehy(cattle)	93.0	77.0	3188.0	3115.0	13.3	0.0	—	0.0	—	0.0	0.2	0.7	9.2
	100.0	83.0	3415.0	3337.0	14.2	0.0	—	0.0	—	0.0	0.2	0.7	9.8
乳清粉,新鲜(牛)Whey fresh(cattle)	7.0	—	—	—	0.9	—	—	—	—	—	—	0.3	0.6
	100.0	—	—	—	13.0	—	—	—	—	—	—	4.3	8.7
乳清粉,低蛋白,脱水(牛)Whey low lactose, dehy (dried whey product) (cattle)	93.0	75.0	2738.0	2722.0	16.7	—	—	—	—	—	0.2	1.0	15.4
	100.0	80.0	2932.0	2915.0	17.9	—	—	—	—	—	0.2	1.1	16.5

2. 饲料原料的矿物质

表 2-6-2 饲料原料的矿物质含量(饲喂基础或干物质基础)

饲料名称及描述	国际饲料编号 IFN	干物质 DM (%)	钙 Ca (%)	氯 Cl (%)	镁 Mg (%)	磷 P (%)	钾 K (%)	钠 Na (%)	硫 S (%)	钴 Co (mg/kg)	铜 Cu (mg/kg)	碘 I (mg/kg)	铁 Fe (mg/kg)	锰 Mn (mg/kg)	硒 Se (mg/kg)	锌 Zn (mg/kg)
杏仁皮	4-00-359	90.0	0.21	—	—	0.10	0.47	—	0.10	—	—	—	—	—	—	—
		100.0	0.23	—	—	0.11	0.53	—	0.11	—	—	—	—	—	—	—
苹果渣,加燕麦皮,脱水	4-28-096	89.0	0.11	—	0.06	0.10	0.43	0.12	0.22	—	—	—	266.0	7.0	—	—
		100.0	0.13	—	0.07	0.12	0.49	0.14	0.22	—	—	—	299.0	8,0	—	—

续表2-6-2

饲料名称及描述	国际饲料编号 IFN	干物质 DM (%)	钙 Ca (%)	氯 Cl (%)	镁 Mg (%)	磷 P (%)	钾 K (%)	钠 Na (%)	硫 S (%)	钴 Co (mg/kg)	铜 Cu (mg/kg)	碘 I (mg/kg)	铁 Fe (mg/kg)	锰 Mn (mg/kg)	硒 Se (mg/kg)	锌 Zn (mg/kg)
面包废弃物,脱水	4-00-466	92.0	0.13	1.48	0.24	0.24	0.49	1.14	0.02	0.97	5.0	—	28.0	65.0	—	15.0
		100.0	0.14	1.61	0.26	0.26	0.53	1.24	0.02	1.05	5.0	—	31.0	71.0	—	16.0
大麦籽实	4-00-549	88.0	0.04	0.16	0.14	0.34	0.41	0.03	0.15	0.09	8.0	0.04	75.0	16.0	0.19	17.0
		100.0	0.05	0.18	0.15	0.38	0.47	0.03	0.17	0.10	9.0	0.05	85.0	18.0	0.22	19.0
大麦籽实,太平洋沿岸	4-07-939	89.0	0.05	0.15	0.12	0.32	0.51	0.02	0.14	0.09	8.0	—	87.0	16.0	0.10	15.0
		100.0	0.06	0.17	0.14	0.39	0.58	0.02	0.16	0.10	9.0	—	97.0	18.0	0.11	17.0
大麦籽实筛下物	4-00-542	89.0	0.29	—	0.12	0.29	0.66	0.02	0.13	—	—	—	53.0	—	—	—
		100.0	0.34	—	0.14	0.33	0.75	0.02	0.15	—	—	—	60.0	—	—	—
甜菜根,新鲜	4-00-637	11.0	0.02	0.16	0.02	0.02	0.25	0.07	0.02	—	1.0	—	17.0	—	—	—
		100.0	0.18	1.41	0.20	0.22	2.30	0.63	0.20	—	6.0	—	154.0	—	—	—
甜菜渣,脱水	4-00-669	91.0	0.63	0.04	0.24	0.09	0.18	0.19	0.20	0.07	12.0	—	299.0	35.0	—	1.0
		100.0	0.69	0.04	0.27	0.10	0.20	0.21	0.22	0.08	14.0	—	329.0	38.0	—	1.0
甜菜渣,湿	4-00-671	11.0	0.10	—	0.02	0.01	0.02	0.02	0.02	—	—	—	36.0	—	—	0.0
		100.0	0.87	—	0.22	0.10	0.19	0.19	0.22	—	—	—	330.0	—	—	1.0
甜菜渣,含糖蜜,脱水	4-00-672	92.0	0.56	—	0.14	0.09	1.63	0.48	0.39	0.21	15.0	—	190.0	24.0	—	1.0
		100.0	0.61	—	0.16	0.10	1.78	0.53	0.42	0.23	16.0	—	207.0	27.0	—	2.0
荞麦籽实	4-00-994	88.0	0.10	0.04	0.10	0.33	0.45	0.05	0.14	0.05	9.0	—	44.0	34.0	—	9.0
		100.0	0.11	0.05	0.12	0.37	0.51	0.06	0.16	0.06	11.0	—	50.0	38.0	—	10.0
胡萝卜,新鲜	4-01-145	12.0	0.05	0.06	0.02	0.04	0.33	0.12	0.02	—	1.0	—	14.0	4.0	—	—
		100.0	0.40	0.50	0.20	0.35	2.80	1.04	0.17	—	10.0	—	120.0	31.0	—	—
木薯块茎,脱水	4-09-598	88.0	0.25	—	—	0.17	0.23	—	—	—	—	—	8.0	18.0	—	—
		100.0	0.28	—	—	0.19	0.26	—	—	—	—	—	9.0	20.0	—	—
谷物筛下物	4-02-156	90.0	0.33	—	0.12	0.35	0.30	0.40	—	—	—	—	—	44.0	—	—
		100.0	0.37	—	0.14	0.39	0.34	0.45	—	—	—	—	—	49.0	—	—

续表2-6-2

饲料名称及描述	国际饲料编号 IFN	干物质 DM (%)	钙 Ca (%)	氯 Cl (%)	镁 Mg (%)	磷 P (%)	钾 K (%)	钠 Na (%)	硫 S (%)	钴 Co (mg/kg)	铜 Cu (mg/kg)	碘 I (mg/kg)	铁 Fe (mg/kg)	锰 Mn (mg/kg)	硒 Se (mg/kg)	锌 Zn (mg/kg)
谷物筛渣	4-02-151	91.0	0.29	—	0.22	0.34	0.18	0.25	0.30	—	—	—	245.0	—	0.65	—
		100.0	0.32	—	0.24	0.37	0.20	0.28	0.33	—	—	—	270.0	—	0.72	—
谷物筛下物,未清理	4-02-153	92.0	0.37	—	0.21	0.41	0.18	0.26	0.30	—	5.0	—	248.0	—	0.80	34.0
		100.0	0.40	—	0.23	0.45	0.20	0.28	0.33	—	5.0	—	270.0	—	0.87	37.0
柑橘渣细粉	4-01-235	91.0	1.98	—	0.16	0.11	0.62	0.10	—	—	6.0	—	164.0	7.0	—	15.0
		100.0	2.17	—	0.18	0.12	0.68	0.11	—	—	7.0	—	180.0	8.0	—	16.0
柑橘渣,未细粉	4-01-237	91.0	1.67	—	0.16	0.11	0.72	0.08	0.08	0.14	6.0	—	345.0	7.0	—	14.0
		100.0	1.84	—	0.17	0.12	0.79	0.09	0.08	0.16	6.0	—	378.0	7.0	—	15.0
黄玉米穗粉	4-28-238	87.0	0.06	0.04	0.12	0.24	0.46	0.14	0.14	0.27	7.0	0.02	79.0	12.0	0.07	12.0
		100.0	0.07	0.05	0.14	0.27	0.53	0.16	0.16	0.31	8.0	0.03	91.0	14.0	0.09	14.0
玉米糁	4-03-010	88.0	0.01	0.05	0.02	0.09	0.08	0.01	0.17	—	—	—	15.0	—	—	—
		100.0	0.01	0.06	0.02	0.10	0.09	0.01	0.19	—	—	—	17.0	—	—	—
黄玉米麸(玉米粗粉副产物)	4-03-011	90.0	0.05	0.05	0.24	0.52	0.59	0.08	0.03	0.05	14.0	—	67.0	15.0	0.10	3.0
		100.0	0.05	0.06	0.26	0.57	0.65	0.09	0.03	0.06	15.0	—	75.0	16.0	0.11	3.0
白玉米麸(玉米粗粉副产物)	4-02-990	90.0	0.03		0.23	0.69	0.64	0.07	0.03	0.02	13.0		71.0	14.0	—	—
		100.0	0.04	—	0.26	0.77	0.71	0.08	0.03	0.02	15.0	—	79.0	15.0	—	—
二粒小麦籽实	4-01-830	91.0	0.05	—	—	0.36	0.47	—	—	—	31.0	—	54.0	78.0	—	—
		100.0	0.06	—	—	0.40	0.52	—	—	—	35.0	—	60.0	86.0	—	—
亚麻籽筛下物	4-02-056	91.0	0.34	—	0.39	0.43	0.77	—	0.23	—	—	—	91.0	—	—	—
		100.0	0.37	—	0.43	0.47	0.84	—	0.25	—	—	—	100.0	—	—	—
半纤维素提取物	4-08-030	76.0	0.79	—	—	0.07	—	—	—	—	—	—	—	—	—	—
		100.0	1.03			0.09							—	—	—	—

续表2-6-2

饲料名称及描述	国际饲料编号 IFN	干物质 DM (%)	钙 Ca (%)	氯 Cl (%)	镁 Mg (%)	磷 P (%)	钾 K (%)	钠 Na (%)	硫 S (%)	钴 Co (mg/kg)	铜 Cu (mg/kg)	碘 I (mg/kg)	铁 Fe (mg/kg)	锰 Mn (mg/kg)	硒 Se (mg/kg)	锌 Zn (mg/kg)
黍(稷)	4-03-120	90.0	0.03	—	0.16	0.30	0.43	—	—	—	—	—	71.0	—	—	—
		100.0	0.03	—	0.18	0.34	0.48	—	—	—	—	—	79.0	—	—	—
甜菜糖蜜,>48%转化糖,白利糖度值>79.5	4-00-668	78.0	0.13	1.28	0.23	0.03	4.72	1.15	0.46	0.36	17.0	—	68.0	4.0	—	14.0
		100.0	0.17	1.64	0.29	0.03	6.07	1.48	0.60	0.46	22.0	—	87.0	6.0	—	18.0
柑橘糖蜜	4-01-241	68.0	1.16	0.07	0.14	0.09	0.09	0.28	0.16	0.11	73.0	—	344.0	26.0	—	93.0
		100.0	1.72	0.11	0.21	0.13	0.14	0.41	0.23	0.16	108.0	—	508.0	38.0	—	137.0
甘蔗糖蜜,脱水	4-04-695	94.0	1.04	—	0.44	0.14	3.40	0.19	0.43	1.15	75.0	1.98	236.0	54.0	—	31.0
		100.0	1.10	—	0.47	0.15	3.60	0.20	0.46	1.21	79.0	2.10	250.0	57.0	—	33.0
甜菜糖蜜,>46%转化糖,白利糖度值>79.5(黑糖蜜)	4-04-696	75.0	0.75	2.31	0.32	0.08	2.86	0.16	0.35	0.90	59.0	1.57	186.0	42.0	—	22.0
		100.0	1.00	3.10	0.43	0.11	3.84	0.22	0.47	1.21	79.0	2.10	250.0	56.0	—	30.0
木糖蜜 Molasses and syrup wood,molasses	4-05-502	63.0	1.34	0.12	0.07	0.04	0.04	0.03	0.03	—	—	—	—	13.0	—	—
		100.0	2.15	0.20	0.11	0.06	0.06	0.05	0.05	—	—	—	—	20.0	—	—
早餐燕麦片副产品,纤维<4%	4-03-303	91.0	0.07	0.05	0.14	0.44	0.50	0.09	0.22	0.05	4.0	—	382.0	44.0	—	139.0
		100.0	0.08	0.06	0.16	0.49	0.55	0.10	0.24	0.05	5.0	—	421.0	48.0	—	154.0
燕麦籽实	4-03-309	89.0	0.07	0.09	0.13	0.33	0.39	0.07	0.21	0.06	6.0	0.10	76.0	37.0	0.23	37.0
		100.0	0.07	0.11	0.14	0.38	0.44	0.08	0.23	0.06	7.0	0.11	85.0	42.0	0.26	41.0
燕麦籽实,大西洋沿岸	4-07-999	91.0	0.10	0.12	0.17	0.31	0.38	0.06	0.20	—	—	—	73.0	38.0	0.08	—
		100.0	0.11	0.13	0.19	0.34	0.42	0.07	0.22	—	—	—	80.0	42.0	0.08	—
去壳燕麦	4-03-331	90.0	0.08	0.08	0.11	0.43	0.35	0.05	0.20	—	6.0	0.11	73.0	28.0	—	0.0
		100.0	0.08	0.09	0.13	0.48	0.39	0.06	0.22	—	7.0	0.12	82.0	31.0	—	0.0
橘子渣,脱水	4-01-254	88.0	0.62	—	—	0.10	—	—	—	—	—	—	—	—	—	—
		100.0	0.71	—	—	0.11	—	—	—	—	—	—	—	—	—	—
菠萝渣,脱水	4-03-722	87.0	0.20	—	—	0.11	—	—	—	—	—	—	489.0	—	—	—
		100.0	0.23	—	—	0.13	—	—	—	—	—	—	561.0	—	—	—

续表2-6-2

饲料名称及描述	国际饲料编号 IFN	干物质 DM (%)	钙 Ca (%)	氯 Cl (%)	镁 Mg (%)	磷 P (%)	钾 K (%)	钠 Na (%)	硫 S (%)	钴 Co (mg/kg)	铜 Cu (mg/kg)	碘 I (mg/kg)	铁 Fe (mg/kg)	锰 Mn (mg/kg)	硒 Se (mg/kg)	锌 Zn (mg/kg)
马铃薯渣	4-03-775	89.0	0.14	—	—	0.23	—	—	—	—	—	—	—	—	—	—
		100.0	0.16	—	—	0.25	—	—	—	—	—	—	—	—	—	—
马铃薯块茎,脱水	4-07-850	91.0	0.07	0.36	0.11	0.20	1.96	0.01	0.08	—	—	—	—	2.0	—	2.0
		100.0	0.08	0.40	0.12	0.22	2.15	0.01	0.09	—	—	—	—	2.0	—	2.0
马铃薯块茎,新鲜	4-03-787	23.0	0.01	0.07	0.03	0.06	0.51	0.02	0.02	—	7.0	—	18.0	10.0	—	—
		100.0	0.04	0.28	0.14	0.24	2.17	0.09	0.09	—	28.0	—	78.0	42.0	—	—
马铃薯块茎,青贮	4-03-768	25.0	0.01	—	0.04	0.06	0.53	0.02	0.06	—	—	—	22.0	—	—	—
		100.0	0.04	—	0.14	0.23	2.13	0.09	0.23	—	—	—	90.0	—	—	—
黑麦籽实	4-04-047	88.0	0.06	0.03	0.12	0.32	0.46	0.02	0.15	—	7.0	—	60.0	58.0	0.38	31.0
		100.0	0.07	0.03	0.14	0.37	0.52	0.03	0.17	—	8.0	—	69.0	66.0	0.44	36.0
黑麦次粉,粗纤维<4.5%	4-04-032	89.0	0.36	—	0.27	0.10	1.10	0.02	—	—	—	—	178.0	—	—	—
		100.0	0.40	—	0.30	0.11	1.24	0.02	—	—	—	—	200.0	—	—	—
黑麦次粉,粗纤维<8.5%	4-04-031	89.0	0.06	—	—	0.62	0.62	—	—	—	—	—	—	44.0	—	—
		100.0	0.07	—	—	0.70	0.70	—	—	—	—	—	—	49.0	—	—
黑麦粉渣,粗纤维<9.5%	4-04-034	90.0	0.08	—	0.23	0.64	0.83	—	0.04	—	—	—	—	—	—	—
		100.0	0.08	—	0.26	0.71	0.92	—	0.04	—	—	—	—	—	—	—
红花籽	4-07-958	94.0	0.24	—	0.34	0.63	0.74	0.06	—	—	10.0	—	468.0	19.0	—	—
		100.0	0.26	—	0.36	0.67	0.79	0.06	—	—	11.0	—	500.0	20.0	—	44.0
海藻粉,脱水	4-08-073	91.0	2.48	—	0.85	0.28	—	—	—	—	—	—	—	—	—	—
		100.0	2.72	—	0.93	0.31	—	—	—	—	—	—	—	—	—	—
高粱籽实	4-04-383	90.0	0.03	0.09	0.16	0.29	0.35	0.03	0.13	0.16	10.0	0.04	45.0	16.0	0.44	17.0
		100.0	0.04	0.10	0.18	0.33	0.39	0.03	0.15	0.18	11.0	0.04	51.0	18.0	0.50	19.0
大豆粉副产品	4-04-594	90.0	0.44	—	0.32	0.16	1.51	0.25	0.06	—	—	—	—	29.0	—	—
		100.0	0.40	—	0.36	0.18	1.69	0.28	0.07	—	—	—	—	32.0	—	—

续表2-6-2

饲料名称及描述	国际饲料编号 IFN	干物质 DM (%)	钙 Ca (%)	氯 Cl (%)	镁 Mg (%)	磷 P (%)	钾 K (%)	钠 Na (%)	硫 S (%)	钴 Co (mg/kg)	铜 Cu (mg/kg)	碘 I (mg/kg)	铁 Fe (mg/kg)	锰 Mn (mg/kg)	硒 Se (mg/kg)	锌 Zn (mg/kg)
斯佩尔特小麦籽实	4-04-651	90.0	0.12	—	—	0.38	—	—	—	—	—	—	—	—	—	—
		100.0	0.13	—	—	0.42	—	—	—	—	—	—	—	—	—	—
黑小麦籽实	4-20-362	90.0	0.05	—	—	0.30	0.36	—	0.15	—	—	—	—	—	—	—
		100.0	0.06	—	—	0.33	0.40	—	0.17	—	—	—	—	—	—	—
芜菁根,新鲜	4-05-067	9.0	0.05	0.06	0.02	0.02	0.28	0.10	0.04	—	2.0	—	11.0	4.0	—	—
		100.0	0.59	0.65	0.22	0.26	2.99	1.05	0.43	—	21.0	—	118.0	43.0	—	—
小麦面包,脱水	4-07-944	95.0	0.06	—	—	0.11	—	—	—	—	—	—	—	—	—	—
		100.0	0.07	—	—	0.11	—	—	—	—	—	—	—	—	—	—
小麦面粉,硬红春小麦,粗纤维<1.5%	4-08-113	88.0	0.04	0.10	0.09	0.25	0.21	0.01	0.22	0.06	1.0	0.09	4.0	4.0	0.30	6.0
		100.0	0.04	0.11	0.11	0.28	0.23	0.01	0.25	0.07	1.0	0.10	4.0	4.0	0.34	7.0
小麦面粉,粗纤维<1.5%	4-05-199	88.0	0.03	0.09	0.05	0.18	0.14	0.01	0.21	0.06	1.0	0.09	5.0	3.0	0.15	6.0
		100.0	0.03	0.10	0.06	0.20	0.16	0.01	0.24	0.07	1.0	0.10	6.0	4.0	0.17	7.0
小麦面粉加工副产品,粗纤维<4%(饲用小麦粉)	4-05-203	88.0	0.04	0.14	0.16	0.49	0.51	0.04	0.24	0.12	6.0	—	46.0	55.0	0.30	65.0
		100.0	0.05	0.16	0.18	0.56	0.58	0.05	0.27	0.13	7.0	—	52.0	62.0	0.35	74.0
小麦面粉加工副产品,粗纤维<7%(小麦次粉)	4-05-201	88.0	0.09	0.07	0.25	0.81	0.93	0.02	0.20	0.10	12.0	—	73.0	117.0	0.43	109.0
		100.0	0.10	0.08	0.28	0.91	1.06	0.03	0.22	0.12	13.0	—	82.0	132.0	0.49	124.0
小麦面粉加工副产品,粗纤维<9.5%(小麦细麸)	4-05-205	89.0	0.11	0.04	0.36	0.88	1.00	0.17	0.17	0.09	19.0	0.11	83.0	112.0	0.74	103.0
		100.0	0.13	0.04	0.40	0.99	1.13	0.19	0.20	0.10	22.0	0.12	93.0	126.0	0.83	116.0
小麦粉渣,粗纤维<9.5% WHEAT Triticum aestivum mill run,less than 9.5% fiber	4-05-206	90.0	0.10	—	0.47	1.02	1.19	0.22	0.30	0.21	18.0	—	95.0	104.0	—	—
		100.0	0.11	—	0.52	1.13	1.33	0.24	0.34	0.23	21.0	—	105.0	116.0	—	
小麦加工筛下物	4-05-216	89.0	0.13	—	0.16	0.35	0.52	0.09	0.20	—	—	—	54.0	29.0	29.00	—
		100.0	0.15	—	0.18	0.39	0.58	0.10	0.22	—	—	—	60.0	33.0	33.00	—

续表2-6-2

饲料名称及描述	国际饲料编号 IFN	干物质 DM (%)	钙 Ca (%)	氯 Cl (%)	镁 Mg (%)	磷 P (%)	钾 K (%)	钠 Na (%)	硫 S (%)	钴 Co (mg/kg)	铜 Cu (mg/kg)	碘 I (mg/kg)	铁 Fe (mg/kg)	锰 Mn (mg/kg)	硒 Se (mg/kg)	锌 Zn (mg/kg)
小麦粗粉	4-07-852	90.0	0.03	—	—	0.11	0.08	0.00	—	—	—	—	15.0	—	—	—
		100.0	0.03	—	—	0.12	0.09	0.00	—	—	—	—	17.0	—	—	—
乳清粉,脱水(牛)	4-01-182	93.0	0.86	0.07	0.13	0.76	1.15	0.65	1.04	0.11	47.0	—	169.0	6.0	—	3.0
		100.0	0.92	0.08	0.14	0.82	1.23	0.70	1.12	0.12	50.0	—	181.0	6.0	—	3.0
乳清粉,低蛋白,脱水(牛)	4-01-186	93.0	1.59	1.03	0.21	1.05	2.95	1.44	1.07	—	7.0	9.85	245.0	8.0	0.05	8.0
		100.0	1.71	1.10	0.23	1.12	3.16	1.54	1.15	—	8.0	10.55	262.0	9.0	0.06	8.0

3. 饲料原料的维生素

表 2-6-3 饲料原料的维生素含量(饲喂基础或干物质基础)

饲料名称及描述	国际饲料编号 IFN	干物质 DM (%)	脂溶性维生素 Fat-soluble vitamins					水溶性维生素 Water-soluble vitamins									
			胡萝卜素 Carotene (维生素A原) (Provitamin A) (mg/kg)	维生素A (IU/g)	维生素 D_2 (IU/kg)	维生素E (mg/kg)	维生素K (mg/kg)	生物素 Biotin (mg/kg)	胆碱 Choline (mg/kg)	叶酸 Folic acid	烟酸 Niacin (mg/kg)	泛酸 Pantothenic acid (mg/kg)	维生素 B_2 Riboflavin (mg/kg)	维生素 B_1 Thiamine (mg/kg)	维生素 B_6 (mg/kg)	维生素 B_{12} (μg/kg)	叶黄素 Xanthophylls (mg/kg)
面包废弃物,脱水	4-00-466	92.0	4.0	6.5	—	41.0	—	0.07	923.0	0.2	26.0	8.3	1.4	2.9	4.3	—	2.0
		100.0	5.0	7.0	—	45.0	—	0.07	1005.0	0.2	28.0	9.0	1.5	3.2	4.7	—	2.0
大麦籽实	4-00-549	88.0	2.0	—	—	22.0	0.2	0.15	1039.0	0.6	83.0	8.1	1.6	4.4	6.4	—	—
		100.0	2.0	—	—	25.0	0.2	0.17	1177.0	0.6	94.0	9.1	1.8	5.0	7.3	—	—
大麦籽实,太平洋沿岸	4-07-939	89.0	—	—	—	26.0	—	0.15	982.0	0.5	47.0	7.1	1.5	4.2	2.9	—	—
		100.0	—	—	—	30.0	—	0.17	1102.0	0.6	53.0	8.0	1.7	4.7	3.3	—	—
甜菜根,新鲜	4-00-637	11.0	0.0	—	—	—	—	—	—	0.2	3.0	1.0	0.4	0.3	0.4	—	—
		100.0	1.0	—	—	—	—	—	—	1.6	31.0	9.4	3.9	2.4	3.9		

续表2-6-3

饲料名称及描述	国际饲料编号 IFN	干物质 DM (%)	脂溶性维生素 Fat-soluble vitamins					水溶性维生素 Water-soluble vitamins									
			胡萝卜素 Carotene (维生素 A 原) (Provitamin A) (mg/kg)	维生素 A (IU/g)	维生素 D_2 (IU/kg)	维生素 E (mg/kg)	维生素 K (mg/kg)	生物素 Biotin (mg/kg)	胆碱 Choline (mg/kg)	叶酸 Folic acid	烟酸 Niacin (mg/kg)	泛酸 Pantothenic acid (mg/kg)	维生素 B_2 Riboflavin (mg/kg)	维生素 B_1 Thiamine (mg/kg)	维生素 B_6 (mg/kg)	维生素 B_{12} (μg/kg)	叶黄素 Xanthophylls (mg/kg)
甜菜渣，脱水	4-00-669	91.0	0.0	—	577.0	—	—	—	818.0	—	17.0	1.3	0.7	0.4	—	—	—
		100.0	0.0	—	637.0	—	—	—	902.0	—	18.0	1.5	0.8	0.4	—	—	—
荞麦籽实	4-00-994	88.0	—	—	—	—	—	—	439.0	—	18.0	11.5	4.7	3.7	—	—	—
		100.0	—	—	—	—	—	—	501.0	—	21.0	13.1	5.4	4.2	—	—	—
胡萝卜，新鲜	4-01-145	12.0	80.0	—	—	7.0	—	0.01	—	0.1	7.0	3.6	0.6	0.7	1.4	—	—
		100.0	678.0	—	—	60.0	—	0.07	—	1.2	58.0	30.1	4.9	5.8	12.0	—	—
谷物筛下物	4-02-156	90.0	—	—	—	—	—	—	1044.0	1.1	10.0	12.8	1.8	—	—	—	—
		100.0	—	—	—	—	—	—	1163.0	1.2	12.0	14.3	2.0	—	—	—	—
谷物筛渣	4-02-151	91.0	—	—	—	—	—	—	—	—	47.0	23.0	0.7	0.5	2.4	—	—
		100.0	—	—	—	—	—	—	—	—	52.0	25.3	0.7	0.5	2.6	—	—
谷物筛下物，未清理	4-02-153	92.0	—	—	—	—	—	—	—	—	72.0	21.2	0.6	0.6	2.2	—	—
		100.0	—	—	—	—	—	—	—	—	79.0	23.1	0.7	0.6	2.4	—	—
柑橘渣细粉	4-01-235	91.0	—	—	—	—	—	—	—	—	21.0	13.0	2.4	1.3	—	—	—
		100.0	—	—	—	—	—	—	—	—	23.0	14.3	2.7	1.4	—	—	—
柑橘渣，未细粉	4-01-237	91.0	0.0	—	—	—	—	—	790.0	—	22.0	14.0	2.3	1.5	—	—	—
		100.0	0.0	—	—	—	—	—	867.0	—	24.0	15.4	2.5	1.6	—	—	—
黄玉米穗粉	4-28-238	87.0	3.0	—	—	18.0	—	0.03	357.0	0.2	17.0	4.2	0.9	2.9	6.0	—	11.0
		100.0	4.0	—	—	20.0	—	0.04	412.0	0.3	20.0	4.8	1.0	3.3	6.9	—	13.0
黄玉米糁	4-03-010	88.0	3.0	—	—	—	—	0.02	—	—	11.0	2.2	0.6	1.4	2.6	—	—
		100.0	3.0	—	—	—	—	0.03	—	—	12.0	2.5	0.7	1.6	3.0	—	—
黄玉米麸(玉米粗粉副产物)	4-03-011	90.0	9.0	—	—	—	—	0.13	1155.0	0.3	47.0	8.2	2.1	8.1	11.0	—	4.0
		100.0	10.0	—	—	—	—	0.15	1280.0	0.3	52.0	9.1	2.3	8.9	12.1	—	4.0

续表2-6-3

饲料名称及描述	国际饲料编号 IFN	干物质 DM (%)	脂溶性维生素 Fat-soluble vitamins					水溶性维生素 Water-soluble vitamins									
			胡萝卜素 Carotene (维生素A原) (Provitamin A) (mg/kg)	维生素 A (IU/g)	维生素 D_2 (IU/kg)	维生素 E (mg/kg)	维生素 K (mg/kg)	生物素 Biotin (mg/kg)	胆碱 Choline (mg/kg)	叶酸 Folic acid	烟酸 Niacin (mg/kg)	泛酸 Pantothenic acid (mg/kg)	维生素 B_2 Riboflavin (mg/kg)	维生素 B_1 Thiamine (mg/kg)	维生素 B_6 (mg/kg)	维生素 B_{12} (μg/kg)	叶黄素 Xanthophylls (mg/kg)
黍(稷)	4-03-120	90.0	—	—	—	—	—	—	440.0	—	23.0	11.0	3.8	7.3	—	—	—
		100.0	—	—	—	—	—	—	489.0	—	26.0	12.2	4.2	8.1	—	—	—
甜菜糖蜜,>48%转化糖,白利糖度值>79.5	4-00-668	78.0	—	—	—	4.0	—	—	826.0	—	41.0	4.5	2.3	—	—	—	—
		100.0	—	—	—	5.0	—	—	1063.0	—	53.0	5.8	2.9	—	—	—	—
柑橘糖蜜	4-01-241	68.0	—	—	—	—	—	—	—	—	27.0	12.7	6.2	—	—	—	—
		100.0	—	—	—	—	—	—	—	—	40.0	18.8	9.2	—	—	—	—
甜菜糖蜜,>46%转化糖,白利糖度值>79.5(黑糖蜜)	4-04-696	75.0	—	—	—	5.0	—	0.69	754.0	0.1	37.0	37.5	2.8	0.9	4.2		
		100.0	—	—	—	7.0	—	0.92	1012.0	0.1	49.0	50.3	3.8	1.2	5.7		
早餐燕麦片副产品,纤维<4%	4-03-303	91.0	—	—	—	24.0	—	0.22	1149.0	0.5	22.0	16.9	1.7	7.0	—	—	—
		100.0	—	—	—	26.0	—	0.24	1267.0	0.5	25.0	18.6	1.9	7.7	—	—	—
燕麦籽实	4-03-309	89.0	—	—	—	14.0	—	0.28	992.0	0.4	14.0	7.8	1.5	6.3	2.5	—	—
		100.0	—	—	—	15.0	—	0.31	1116.0	0.4	16.0	8.8	1.7	7.1	2.8	—	—
燕麦籽实,大西洋沿岸	4-07-999	91.0	—	—	—	20.0	—	—	917.0	—	14.0	11.7	1.2	—	—	—	—
		100.0	—	—	—	22.0	—	—	1009.0	—	16.0	12.8	1.3	—	—	—	—
去壳燕麦	4-03-331	90.0	—	—	—	15.0	—	—	1132.0	0.5	10.0	13.8	1.2	6.5	1.1	—	—
		100.0	—	—	—	16.0	—	—	1264.0	0.6	11.0	15.4	1.3	7.2	1.2	—	—
小黑麦籽实 Triticale *Triticale hexaploide* grain	4-20-362	90.0	—	—	—	—	—	—	462.0	—	—	—	0.4	—	—	—	—
		100.0	—	—	—	—	—	—	514.0	—	—	—	0.5	—	—	—	—

续表2-6-3

饲料名称及描述	国际饲料编号 IFN	干物质 DM (%)	脂溶性维生素 Fat-soluble vitamins 胡萝卜素 Carotene (维生素A原) (Provitamin A) (mg/kg)	维生素 A (IU/g)	维生素 D_2 (IU/kg)	维生素 E (mg/kg)	维生素 K (mg/kg)	水溶性维生素 Water-soluble vitamins 生物素 Biotin (mg/kg)	胆碱 Choline (mg/kg)	叶酸 Folic acid	烟酸 Niacin (mg/kg)	泛酸 Pantothenic acid (mg/kg)	维生素 B_2 Riboflavin (mg/kg)	维生素 B_1 Thiamine (mg/kg)	维生素 B_6 (mg/kg)	维生素 B_{12} (μg/kg)	叶黄素 Xanthophylls (mg/kg)
菠萝渣,脱水	4-03-722	87.0	47.0	—	—	—	—	—	—	—	—	—	—	—	—	—	—
		100.0	54.0	—	—	—	—	—	—	—	—	—	—	—	—	—	—
马铃薯块茎,脱水	4-07-850	91.0	—	—	—	—	—	0.1	2626.0	0.6	33.0	20.1	1.0	—	14.1	—	—
		100.0	—	—	—	—	—	0.11	2879.0	0.7	37.0	22.0	1.1	—	15.5	—	—
黑麦次粉,粗纤维<8.5%	4-04-031	89.0	—	—	—	—	—	—	—	—	17.0	22.9	2.4	3.3	—	—	—
		100.0	—	—	—	—	—	—	—	—	19.0	25.7	2.7	3.7	—	—	—
黑麦籽实	4-04-047	88.0	0.0	—	—	15.0	—	0.06	419.0	0.6	19.0	8.0	1.6	3.6	2.6	—	—
		100.0	0.0	—	—	17.0	—	0.06	479.0	0.7	21.0	9.1	1.9	4.2	2.9	—	—
海藻粉,脱水	4-08-073	91.0	—	—	—	—	—	—	—	—	—	—	—	—	—	—	350.0
		100.0	—	—	—	—	—	—	—	—	—	—	—	—	—	—	383.0
高粱籽实	4-04-383	90.0	1.0	—	26.0	10.0	0.2	0.38	661.0	0.2	39.0	11.2	1.2	4.2	4.5	—	—
		100.0	1.0	—	29.0	12.0	0.2	0.42	737.0	0.2	43.0	12.5	1.4	4.7	5.0	—	—
高粱籽实,粗蛋白质8%~10%	4-20-893	87.0	—	—	—	7.0	—	0.26	668.0	0.2	41.0	12.4	1.3	3.9	5.2	—	—
		100.0	—	—	—	8.0	—	0.30	769.0	0.3	48.0	14.3	1.5	4.5	6.0	—	—
大豆粉副产品	4-04-594	90.0	—	—	—	—	—	0.22	492.0	0.2	24.0	13.2	3.5	2.2	2.2	—	—
		100.0	—	—	—	—	—	0.25	549.0	0.3	27.0	14.7	3.9	2.5	2.5	—	—
芜菁根,新鲜	4-05-067	9.0	—	—	—	—	—	—	—	0.3	7.0	1.8	0.6	0.7	—	—	—
		100.0	—	—	—	—	—	—	—	2.8	72.0	19.0	6.5	7.1	—	—	—
小麦面粉,硬红春小麦,粗纤维<1.5%	4-08-113	88.0	—	—	—	2.0	—	—	952.0	0.1	13.0	6.8	0.6	1.9	0.8	—	—
		100.0	—	—	—	3.0	—	—	1076.0	0.1	14.0	7.7	0.6	2.1	0.9	—	—

续表2-6-3

饲料名称及描述	国际饲料编号 IFN	干物质 DM (%)	脂溶性维生素 Fat-soluble vitamins					水溶性维生素 Water-soluble vitamins									
			胡萝卜素 Carotene (维生素A原) (Provitamin A) (mg/kg)	维生素A (IU/g)	维生素D_2 (IU/kg)	维生素E (mg/kg)	维生素K (mg/kg)	生物素 Biotin (mg/kg)	胆碱 Choline (mg/kg)	叶酸 Folic acid	烟酸 Niacin (mg/kg)	泛酸 Pantothenic acid (mg/kg)	维生素B_2 Riboflavin (mg/kg)	维生素B_1 Thiamine (mg/kg)	维生素B_6 (mg/kg)	维生素B_{12} (μg/kg)	叶黄素 Xanthophylls (mg/kg)
小麦面粉,粗纤维<1.5%	4-05-199	88.0	—	—	—	2.0	—	—	829.0	0.1	12.0	6.1	0.5	1.8	0.9	—	—
		100.0	—	—	—	3.0	—	—	947.0	0.1	14.0	7.0	0.6	2.1	1.0	—	—
小麦面粉加工副产品,粗纤维<4%(饲用小麦粉)	4-05-203	88.0	—	—	—	33.0	—	0.11	1534.0	0.8	42.0	13.3	2.2	22.8	4.6	—	—
		100.0	—	—	—	37.0	—	0.12	1742.0	0.9	48.0	15.1	2.5	25.9	5.2	—	—
小麦面粉加工副产品,粗纤维<7%(小麦次粉)	4-05-201	88.0	—	—	—	54.0	—	—	1813.0	1.7	107.0	22.3	4.2	19.1	7.2	—	—
		100.0	—	—	—	61.0	—	—	2050.0	1.9	121.0	25.3	4.7	21.7	8.2	—	—
乳清粉,脱水(牛)	4-01-182	93.0	—	0.5	—	0.0	—	0.35	1793.0	0.9	11.0	46.3	27.5	4.0	3.3	19.0	—
		100.0	—	0.5	—	0.0	—	0.38	1921.0	0.9	11.0	49.6	29.4	4.3	3.6	20.0	—
乳清粉,低蛋白,脱水(牛)	4-01-186	93.0	—	—	—	—	—	0.50	3859.0	0.7	18.0	75.0	48.6	5.0	4.9	35.0	—
		100.0	—	—	—	—	—	0.54	4133.0	0.8	19.0	80.3	52.1	5.4	5.3	38.0	—

4. 饲料原料的氨基酸

表 2-6-4 饲料原料的氨基酸(饲喂基础或干物质基础,%)

饲料名称及描述	国际饲料编号 IFN	干物质 DM	粗蛋白质 CP	精氨酸 Arg	甘氨酸 Gly	组氨酸 His	异亮氨酸 Ile	亮氨酸 Leu	赖氨酸 Lys	蛋氨酸 Met	胱氨酸 Cys	苯丙氨酸 Phe	酪氨酸 Tyr	丝氨酸 Ser	苏氨酸 Thr	色氨酸 Trp	缬氨酸 Val
面包废弃物,脱水	4-00-466	92.0	9.8	0.5	0.8	0.1	0.5	0.73	0.31	0.17	0.17	0.40	0.41	—	0.49	0.10	0.42
		100.0	10.7	0.5	0.9	0.1	0.5	0.80	0.34	0.19	0.18	0.44	0.45	—	0.53	0.11	0.46
大麦籽实	4-00-549	88.0	11.9	0.5	0.4	0.2	0.5	0.75	0.39	0.15	0.21	0.58	0.34	0.43	0.37	0.15	0.57
		100.0	13.5	0.6	0.4	0.3	0.5	0.85	0.44	0.17	0.24	0.66	0.38	0.49	0.42	0.17	0.64

续表2-6-4

饲料名称及描述	国际饲料编号 IFN	干物质 DM	粗蛋白质 CP	精氨酸 Arg	甘氨酸 Gly	组氨酸 His	异亮氨酸 Ile	亮氨酸 Leu	赖氨酸 Lys	蛋氨酸 Met	胱氨酸 Cys	苯丙氨酸 Phe	酪氨酸 Tyr	丝氨酸 Ser	苏氨酸 Thr	色氨酸 Trp	缬氨酸 Val
大麦籽实,太平洋沿岸	4-07-939	89.0	9.6	0.4	0.3	0.2	0.4	0.60	0.26	0.14	0.20	0.48	0.31	0.32	0.31	0.12	0.46
		100.0	10.8	0.5	0.3	0.2	0.5	0.67	0.30	0.16	0.22	0.53	0.34	0.36	0.35	0.14	0.52
大麦籽实筛下物	4-00-542	89.0	11.7	—	—	—	—	—	—	—	—	—	—	—	0.36	—	—
		100.0	13.1	—	—	—	—	—	—	—	—	—	—	—	0.40	—	—
甜菜渣,脱水	4-00-669	91.0	8.8	0.3	—	0.2	0.3	0.60	0.60	0.01	0.01	0.30	0.40	—	0.40	0.10	0.40
		100.0	9.7	0.3	—	0.2	0.3	0.66	0.66	0.01	0.01	0.33	0.44	—	0.44	0.11	0.44
甜菜渣,含糖蜜,脱水	4-00-672	92.0	9.3	0.3	—	—	—	—	0.60	0.01	—	—	—	—	0.25	0.09	—
		100.0	10.1	0.3	—	—	—	—	0.65	0.01	—	—	—	—	0.27	0.10	—
荞麦籽实	4-00-994	88.0	11.0	0.98	0.71	0.26	0.36	0.55	0.61	0.19	0.20	0.44	—	—	0.45	0.18	0.53
		100.0	12.5	1.12	0.81	0.30	0.41	0.63	0.70	0.22	0.23	0.50	—	—	0.51	0.21	0.61
胡萝卜,新鲜	4-01-145	12.0	1.2	0.15	—	0.03	0.17	0.25	0.15	0.07	—	0.23	—	—	—	0.05	0.20
		900.0	9.9	1.27	—	0.25	1.14	2.12	1.27	0.59	—	1.95	—	—	—	0.42	1.70
木薯块茎,脱水	4-09-598	88.0	2.3	0.29	0.01	0.07	0.03	0.31	0.07	0.03	0.01	0.03	0.01	0.04	0.03	—	0.04
		100.0	2.6	0.33	0.01	0.08	0.03	0.35	0.08	0.03	0.01	0.03	0.01	0.05	0.03	—	0.05
谷物筛下物	4-02-156	90.0	12.1	0.95	0.40	0.30	0.50	1.11	0.36	0.16	0.14	0.71	0.71	—	0.50	0.20	0.70
		100.0	13.4	1.06	0.44	0.34	0.56	1.24	0.40	0.18	0.16	0.79	0.79	—	0.56	0.22	0.79
谷物筛渣	4-02-151	91.0	12.8	0.68	0.59	0.30	0.52	0.98	0.48	0.15	—	0.64	0.32	0.57	0.46	—	0.63
		100.0	14.1	0.75	0.65	0.33	0.58	1.08	0.53	0.16	—	0.71	0.35	0.63	0.51	—	0.70
谷物筛下物,未清理	4-02-153	92.0	13.9	0.67	0.61	0.30	0.45	0.90	0.42	0.19	—	0.58	0.58	0.67	0.44	—	0.58
		100.0	15.1	0.73	0.66	0.33	0.49	0.98	0.46	0.21	—	0.63	0.63	0.73	0.48	—	0.63
柑橘渣细粉	4-01-235	91.0	6.5	0.28	—	—	—	—	0.20	0.08	0.11	—	—	—	—	0.06	—
		100.0	7.1	0.31	—	—	—	—	0.22	0.09	0.12	—	—	—	—	0.07	—
柑橘渣,未细粉	4-01-237	91.0	6.1	0.24	—	—	—	—	0.20	0.09	0.11	—	—	—	—	0.06	—
		100.0	6.7	0.27	—	—	—	—	0.22	0.10	0.12	—	—	—	—	0.07	—

续表2-6-4

饲料名称及描述	国际饲料编号 IFN	干物质 DM	粗蛋白质 CP	精氨酸 Arg	甘氨酸 Gly	组氨酸 His	异亮氨酸 Ile	亮氨酸 Leu	赖氨酸 Lys	蛋氨酸 Met	胱氨酸 Cys	苯丙氨酸 Phe	酪氨酸 Tyr	丝氨酸 Ser	苏氨酸 Thr	色氨酸 Trp	缬氨酸 Val
黄玉米穗粉	4-28-238	87.0	7.8	0.36	0.31	0.16	0.35	0.86	0.17	0.14	0.12	0.39	0.32	—	0.28	0.07	0.31
		100.0	9.0	0.42	0.36	0.19	0.40	1.00	0.20	0.16	0.14	0.45	0.38	—	0.33	0.08	0.36
黄玉米麸(玉米粗粉副产物)	4-03-011	90.0	10.4	0.47	0.34	0.19	0.39	0.85	0.38	0.16	0.15	0.33	0.50	—	0.39	0.11	0.49
		100.0	11.5	0.52	0.38	0.22	0.43	0.94	0.42	0.18	0.16	0.36	0.55	—	0.44	0.12	0.55
白玉米麸(玉米粗粉副产物)	4-02-990	90.0	10.6	0.43	0.27	0.19	0.34	0.82	0.36	0.12	0.11	0.34	0.40	—	0.34	0.11	0.44
		100.0	11.8	0.48	0.30	0.21	0.37	0.91	0.40	0.13	0.12	0.37	0.44	—	0.37	0.12	0.48
二粒小麦籽实	4-01-830	91.0	11.7	0.46	—	0.20	0.42	0.67	0.29	0.16	—	0.46	—	—	0.38	0.12	0.47
		100.0	12.9	0.51	—	0.22	0.46	0.74	0.32	0.18	—	0.51	—	—	0.42	0.13	0.52
黍(稷)	4-03-120	90.0	11.6	0.36	—	0.21	0.45	1.15	0.26	0.29	—	0.57	—	—	0.40	0.17	0.58
		100.0	12.9	0.39	—	0.23	0.50	1.28	0.29	0.32	—	0.63	—	—	0.44	0.19	0.64
早餐燕麦片副产品,纤维<4%	4-03-303	91.0	14.8	0.83	0.62	0.30	0.54	1.06	0.54	0.21	0.25	0.69	0.72	0.70	0.48	0.20	0.73
		100.0	16.4	0.92	0.69	0.33	0.60	1.17	0.59	0.23	0.28	0.76	0.79	0.77	0.53	0.22	0.80
燕麦籽实	4-03-309	89.0	11.8	0.70	0.46	0.18	0.43	0.81	0.39	0.17	0.19	0.52	0.46	0.44	0.36	0.15	0.56
		100.0	13.3	0.79	0.52	0.21	0.49	0.91	0.44	0.19	0.22	0.58	0.52	0.50	0.40	0.17	0.63
燕麦籽实,大西洋沿岸	4-07-999	91.0	9.1	0.58	0.40	0.17	0.38	0.70	0.33	0.13	0.17	0.43	0.70	0.40	0.30	0.12	0.49
		100.0	10.0	0.63	0.44	0.18	0.42	0.77	0.37	0.14	0.18	0.47	0.77	0.44	0.33	0.13	0.54
去壳燕麦	4-03-331	90.0	15.8	0.86	0.60	0.25	0.55	1.04	0.53	0.20	0.20	0.67	0.57	—	0.45	0.19	0.76
		100.0	17.7	0.96	0.67	0.28	0.61	1.16	0.59	0.23	0.23	0.75	0.64	—	0.50	0.21	0.84
马铃薯块茎,脱水	4-07-850	91.0	8.1	0.26	—	0.15	0.25	0.60	0.41	0.10	0.07	0.40	—	—	0.47	0.14	0.36
		100.0	8.9	0.28	—	0.17	0.28	0.66	0.45	0.11	0.08	0.44	—	—	0.52	0.15	0.40
黑麦籽实	4-04-047	88.0	12.1	0.53	0.49	0.26	0.47	0.70	0.42	0.17	0.19	0.56	0.26	0.52	0.36	0.11	0.56
		100.0	13.8	0.61	0.56	0.29	0.53	0.80	0.48	0.19	0.21	0.64	0.30	0.60	0.41	0.13	0.64
高粱籽实	4-04-383	90.0	11.1	0.39	0.34	0.23	0.45	1.44	0.25	0.13	0.20	0.56	0.41	0.50	0.36	0.11	0.52
		100.0	12.4	0.43	0.38	0.26	0.50	1.60	0.28	0.15	0.22	0.62	0.46	0.55	0.40	0.12	0.58

续表2-6-4

饲料名称及描述	国际饲料编号 IFN	干物质 DM	粗蛋白质 CP	精氨酸 Arg	甘氨酸 Gly	组氨酸 His	异亮氨酸 Ile	亮氨酸 Leu	赖氨酸 Lys	蛋氨酸 Met	胱氨酸 Cys	苯丙氨酸 Phe	酪氨酸 Tyr	丝氨酸 Ser	苏氨酸 Thr	色氨酸 Trp	缬氨酸 Val
高粱籽实，粗蛋白质<8%	4-20-892	88.0	6.8	0.24	0.26	0.15	0.23	0.74	0.18	0.08	0.08	0.32	0.15	0.30	0.22	—	0.35
		100.0	7.7	0.27	0.30	0.17	0.26	0.84	0.20	0.09	0.09	0.36	0.17	0.34	0.25	—	0.40
高粱籽实，粗蛋白质 8%~10%	4-20-893	87.0	8.8	0.34	0.35	0.19	0.42	1.18	0.21	0.16	0.16	0.42	0.38	—	0.29	0.10	0.53
		100.0	10.1	0.39	0.41	0.22	0.49	1.35	0.24	0.18	0.19	0.48	0.44	—	0.33	0.12	0.61
大豆粉副产品	4-20-894	88.0	11.0	0.35	0.32	0.23	0.43	1.37	0.22	0.15	0.11	0.52	0.17	—	0.33	—	0.54
		100.0	12.5	0.40	0.36	0.26	0.49	1.56	0.25	0.17	0.12	0.59	0.19	—	0.38	—	0.61
大豆粉副产品	4-04-594	90.0	12.6	0.75	0.48	0.18	0.41	0.58	0.65	0.13	0.14	0.38	0.23	—	0.30	0.13	0.38
		100.0	14.0	0.84	0.53	0.20	0.45	0.64	0.72	0.14	0.16	0.42	0.26	—	0.34	0.14	0.42
斯佩尔特小麦籽实	4-04-651	90.0	12.0	0.45	—	0.18	0.36	0.63	0.27	0.18	—	0.45	—	—	0.36	0.09	0.45
		100.0	13.3	0.50	—	0.20	0.40	0.70	0.30	0.20	—	0.50	—	—	0.40	0.10	0.50
黑小麦籽实	4-20-362	90.0	15.8	0.86	0.70	0.40	0.61	1.18	0.52	0.21	0.29	0.80	0.51	0.76	0.57	0.18	0.84
		100.0	17.6	0.95	0.78	0.44	0.68	1.31	0.58	0.24	0.32	0.90	0.57	0.85	0.64	0.20	0.94
小麦面包，脱水	4-07-944	95.0	12.4	—	—	—	—	—	0.21	0.18	0.18	—	—	—	—	—	—
		100.0	13.0	—	—	—	—	—	0.22	0.19	0.19	—	—	—	—	—	—
小麦籽实加工粉尘	4-30-185	90.0	9.5	0.13	0.41	0.15	0.18	0.56	0.30	0.10	—	0.26	0.19	0.38	0.31	—	0.23
		100.0	10.6	0.14	0.45	0.17	0.20	0.62	0.33	0.11	—	0.29	0.21	0.42	0.34	—	0.26
小麦面粉，硬红春小麦，粗纤维<1.5%	4-08-113	88.0	12.0	0.45	0.48	0.23	0.49	0.86	0.28	0.22	0.32	0.66	0.39	0.64	0.36	0.17	0.51
		100.0	13.5	0.50	0.54	0.26	0.55	0.97	0.31	0.24	0.36	0.74	0.44	0.72	0.41	0.19	0.58
小麦面粉，粗纤维<1.5%	4-05-199	88.0	11.7	0.43	0.44	0.25	0.47	0.87	0.25	0.18	0.30	0.60	0.34	0.59	0.33	0.12	0.50
		100.0	13.4	0.49	0.51	0.28	0.53	0.99	0.28	0.21	0.35	0.69	0.39	0.68	0.37	0.14	0.57
小麦面粉，粗纤维<2%	4-28-221	88.0	11.0	0.41	0.43	0.23	0.44	0.85	0.23	0.17	0.29	0.59	0.33	0.58	0.31	0.11	0.48
		100.0	12.5	0.46	0.49	0.26	0.50	0.97	0.26	0.19	0.33	0.67	0.37	0.66	0.35	0.12	0.55

续表2-6-4

饲料名称及描述	国际饲料编号 IFN	干物质 DM	粗蛋白质 CP	精氨酸 Arg	甘氨酸 Gly	组氨酸 His	异亮氨酸 Ile	亮氨酸 Leu	赖氨酸 Lys	蛋氨酸 Met	胱氨酸 Cys	苯丙氨酸 Phe	酪氨酸 Tyr	丝氨酸 Ser	苏氨酸 Thr	色氨酸 Trp	缬氨酸 Val
小麦面粉加工副产品，粗纤维＜4%(饲用小麦粉)	4-05-203	88.0	15.3	0.96	0.74	0.41	0.55	1.06	0.59	0.23	0.37	0.66	0.46	0.75	0.50	0.19	0.72
		100.0	17.4	1.09	0.84	0.46	0.62	1.20	0.67	0.26	0.42	0.65	0.52	0.85	0.57	0.22	0.82
小麦面粉加工副产品，粗纤维＜4.5%(小麦细麸)	4-28-220	88.0	15.1	—	—	—	—	—	—	—	—	—	—	—	—	—	—
		100.0	17.2	—	—	—	—	—	—	—	—	—	—	—	—	—	—
小麦面粉加工副产品，粗纤维＜7%(小麦次粉)	4-05-201	88.0	16.5	1.18	0.96	0.45	0.58	1.09	0.79	0.27	0.36	0.67	0.47	0.77	0.60	0.21	0.83
		100.0	18.6	1.34	1.09	0.51	0.66	1.23	0.89	0.31	0.41	0.76	0.53	0.87	0.68	0.24	0.93
小麦面粉加工副产品，粗纤维＜8%(小麦次粉)	4-28-219	88.0	16.0	—	—	—	—	—	—	—	—	—	—	—	—	—	—
		100.0	18.2	—	—	—	—	—	—	—	—	—	—	—	—	—	—
小麦面粉加工副产品，粗纤维＜9.5%(小麦细麸)	4-05-205	89.0	16.4	0.92	0.51	0.38	0.67	1.08	0.67	0.18	0.22	0.64	0.40	0.73	0.54	0.20	0.75
		100.0	18.4	1.03	0.57	0.43	0.75	1.21	0.76	0.20	0.24	0.72	0.45	0.82	0.61	0.22	0.85
小麦加工筛下物	4-05-216	89.0	14.1	0.40	0.83	0.30	0.46	0.74	0.38	0.15	0.13	0.49	0.23	0.40	0.34	0.13	0.55
		100.0	15.8	0.44	0.93	0.34	0.52	0.83	0.43	0.17	0.14	0.55	0.26	0.45	0.38	0.14	0.62
小麦粉渣，粗纤维＜9.5%	4-05-206	90.0	15.4	0.94	0.53	0.40	0.70	1.20	0.57	0.33	0.23	—	0.50	—	0.50	0.21	0.80
		100.0	17.2	1.04	0.59	0.44	0.78	1.33	0.64	0.37	0.26	—	0.56	—	0.56	0.23	0.89
乳清粉，脱水(牛)	4-01-182	93.0	13.3	0.34	0.49	0.17	0.79	1.18	0.94	0.19	0.30	0.35	0.25	0.47	0.90	0.18	0.68
		100.0	14.2	0.36	0.53	0.18	0.84	1.26	1.00	0.20	0.32	0.37	0.26	0.50	0.96	0.19	0.73
乳清粉，低蛋白，脱水(牛)	4-01-186	93.0	16.7	0.60	0.72	0.27	0.96	1.54	1.40	0.41	0.43	0.55	0.46	0.59	0.95	0.27	0.87
		100.0	17.9	0.64	0.77	0.29	1.03	1.65	1.50	0.43	0.46	0.59	0.49	0.63	1.01	0.29	0.93

5. 饲料原料的脂肪和脂肪酸

表 2-6-5 饲料原料的脂肪和脂肪酸含量(饲喂基础和干物质基础,%)[a]

饲料名称及描述	国际饲料编号 IFN	干物质 DM	粗脂肪 EE	饱和脂肪酸 Saturated fat[b]	不饱和脂肪酸 Unsaturated fat[b]	亚油酸 Linoleic acid	花生四烯酸 Arachidonic acid[c]
大麦籽实	4-00-549	89.0	1.8	0.5	1.3	0.24	—
		100.0	2.1	0.6	1.4	0.27	—
黄玉米麸(玉米粗粉副产物)	4-03-011	90.0	6.5	1.0	5.5	3.34	—
		100.0	7.2	1.2	6.1	3.71	—
米糠油 Fats and oils bran oil,rice	4-14-504	100.0	100.0	18.5	81.1	36.50	—
猪油	4-04-790	100.0	100.0	35.9	64.1	18.30	0.3-1.0
家禽下脚油 Fats and oils fat,offal,poultry	4-09-319	100.0	100.0	39.1	60.9	22.30	0.5-1.0
椰子油 Fats and oils oil,coconut	4-09-320	100.0	100.0	90.3	9.7	1.10	—
玉米油 Fats and oils oil,corn	4-07-882	100.0	100.0	12.3	87.7	55.40	—
大鲱鱼油 Fats and oils oil,fish,menhaden	7-08-049	100.0	100.0	40.0	60.0	2.70	20.0-25.0
亚麻籽油 Fats and oils oil,flax,common(linseed oil)	4-14-502	100.0	100.0	8.2	91.8	13.90	—
美国山核桃油 Fats and oils oil,pecan	4-20-525	100.0	100.0	6.9	93.1	30.60	—
红花油 Fats and oils oil,safflower	4-20-526	100.0	100.0	10.5	89.5	72.70	—
牛油 Fats and oils tallow,animal	4-08-127	100.0	100.0	47.6	52.4	4.30	0.0-0.2
燕麦籽实	4-03-309	89.0	4.5	1.10	3.50	1.49	—
		100.0	5.1	1.20	3.90	1.67	—
高粱籽实	4-04-383	90.0	2.9	0.60	2.30	1.08	—
		100.0	3.2	0.70	2.50	1.20	—
大豆粉副产品	4-04-594	90.0	6.0	1.20	4.90	2.96	—
		100.0	6.8	1.30	5.40	3.29	—
小麦面粉加工副产品,粗纤维<9.5%(小麦细麸)	4-05-205	89.0	4.6	0.90	3.70	2.48	—
		100.0	5.2	1.00	4.10	2.79	—
乳清粉,脱水(牛)	4-01-182	93.0	0.8	0.50	0.30	0.01	—
		100.0	0.9	0.60	0.30	0.01	—

注:[a] 除花生四烯酸外,其他数据都来源于 Edwards(1964);[b] 由假设粗脂肪全部为甘油三酯计算得来,因此,饱和脂肪酸和不饱和脂肪酸含量由两者所占比例分别乘以粗脂肪;[c] 数据都来源于 Hid-itch and Williams(1964)。

2.7 日本资料

2.7.1 农业·食品产业技术综合研究机构.2009.日本标准饲料成分表[26]

1. 牛饲料营养组成、消化率及营养价值

表 2-7-1 牛饲料营养组成、消化率及营养价值(上段数字为饲喂基础,下段为数字为干物质基础,括号内数字为标准差)

饲料编号	饲料名称	组成 Composition								牛 Cattle								
										消化率 Digestibility				营养价值 Nutritive values				
		水分(%)	CP(%)	EE(%)	NFE(%)	CF(%)	ADF(%)	NDF(%)	CA(%)	CP(%)	EE(%)	NFE(%)	CF(%)	TDN(%)	DE(Mcal/kg)	DE(MJ/kg)	ME(Mcal/kg)	ME(MJ/kg)
2200	白桦树叶 White birch leaves	60.1	5.3	3.3	24.0	5.6	—	—	1.7	61	64	66	53	26.8	1.18	4.94	1.00	4.19
		(3.6)	(0.8)	(1.4)	(1.5)	(1.1)			(0.1)									
			13.3	8.3	60.2	14.0	—	—	4.3					67.2	2.96	12.39	2.51	10.49
2210	野生樱桃树叶 Wild cherry tree leaves	66.4	4.0	2.8	20.8	3.4	—	—	2.6	71	54	85	40	25.3	1.11	4.66	0.96	4.01
		(3.5)	(0.8)	(0.2)	(0.3)	(0.2)			(0.5)									
			11.9	8.3	61.9	10.1	—	—	7.7					75.2	3.32	13.88	2.85	11.92
2220	乌桕树叶 Chinese tallow tree leaves	62.8	6.3	3.0	20.6	3.6	—	—	3.7	74	59	84	44	27.5	1.21	5.08	1.04	4.35
			16.9	8.1	55.4	9.7	—	—	9.9					74.0	3.26	13.66	2.80	11,70
2230	西伯利亚榛树叶 Siberian hazel leaves	64.7	4.7	2.3	20.2	5.5	—	—	2.6	—	—	—	—	—	—	—	—	—
			13.3	6.5	57.2	15.6	—	—	7.4					—	—	—	—	—
3521	多花黑麦草干草(一茬,营养后期)Italian ryegrass(cut 1, late vegetative)	15.7	16.4	3.9	40.8	15.1	17.4	37.5	8.1	69	57	75	73	57.9	2.56	10.69	2.17	9.08
		(3.8)	(4.5)	(0.6)	(5.0)	(4.3)			(1.9)									
			19.5	4.6	48.4	17.9	20.6	44.5	9.6					68.7	3.03	12.68	2.57	10.77
3571	狗牙根干草(二茬,初花期) Bermuda grass(cut 2, early bloom)	13.1	13.2	1.8	50.1	11.8	10.8	33.6	10.0	75	51	52	64	45.6	2.01	8.41	1.64	6.86
			15.2	2.1	57.7	13.6	12.4	38.7	11.5					52.4	2.31	9.68	1.89	7.89

续表2-7-1

饲料编号	饲料名称	组成 Composition 水分(%)	CP(%)	EE(%)	NFE(%)	CF(%)	ADF(%)	NDF(%)	CA(%)	牛 Cattle 消化率 Digestibility CP(%)	EE(%)	NFE(%)	CF(%)	营养价值 Nutritive values TDN(%)	DE(Mcal/kg)	DE(MJ/kg)	ME(Mcal/kg)	ME(MJ/kg)
5511	高粱籽实 Grain sorghum	13.5	8.8	3.1	71.3	1.9	5.7	8.7	1.4	78	77	91	58	78.1	3.45	14.42	3.02	12.62
		(1.2)	(1.3)	(0.4)	(2.6)	(0.9)	(0.4)	(0.4)	(0.3)									
			10.1	3.6	82.5	2.2	6.6	10.0	1.7					90.4	3.99	16.68	3.49	14.60
5531	饲用小麦粉 Wheat feed flour	13.3	15.5	2.6	66.0	1.0	—	—	1.6	92	87	99	50	85.2	3.76	15.72	3.31	13.86
		(1.5)	(2.8)	(1.2)	(5.2)	(0.9)			(0.8)									
			17.9	3.0	76.1	1.2	—	—	1.8					98.3	4.33	18.13	3.82	15.99
5532	饲用小麦粉(等外品)Wheat feed flour(off grade)	12.6	17.2	3.9	60.6	3.0	—	—	2.7	84	85	85	60	75.2	3.32	13.88	2.89	12.09
		(1.6)	(1.1)	(1.0)	(2.7)	(1.2)			(0.6)									
			19.7	4.5	69.3	3.4	—	—	3.1					86.1	3.80	15.88	3.31	13.83
5541	大麦 Barley	11.5	10.6	2.1	69.0	4.4	5.9	20.1	2.3	72	82	89	32	74.4	3.28	13.73	2.85	11.93
		(1.6)	(1.1)	(0.4)	(2.3)	(0.9)	(1.0)	(6.5)	(0.5)									
			12.0	2.4	78.0	5.0	6.7	22.7	2.6					84.0	3.71	15.50	3.22	13.47
5551	去壳大麦 Dehulled barley	13.2	10.7	2.2	69.8	2.3	—	—	1.8	72	82	90	28	75.2	3.32	13.88	2.89	12.10
		(1.4)	(1.0)	(0.3)	(1.3)	(0.8)			(0.2)									
			12.3	2.5	80.4	2.6	—	—	2.1					86.7	3.82	15.99	3.33	13.94
5561	裸大麦 Naked barley	12.3	10.3	1.9	71.8	1.7	—	—	2.0	84	81	91	35	78.0	3.44	14.40	3.01	12.59
		(0.9)	(1.3)	(0.2)	(1.6)	(0.4)			(0.4)									
			11.7	2.2	81.9	1.9	—	—	2.3					89.0	3.92	16.42	3.43	14.35
5571	黑麦 Rye	12.0	10.0	1.6	72.7	1.8	3.4	13.6	1.7	79	53	90	45	76.2	3.36	14.05	2.93	12.25
		(1.1)	(1.0)	(0.3)		(0.5)			(0.2)									
			11.4	1.8	82.7	2.1	3.8	15.4	2.0					86.6	3.82	15.97	3.33	13.92

续表2-7-1

饲料编号	饲料名称	组成 Composition								牛 Cattle								
										消化率 Digestibility				营养价值 Nutritive values				
		水分(%)	CP(%)	EE(%)	NFE(%)	CF(%)	ADF(%)	NDF(%)	CA(%)	CP(%)	EE(%)	NFE(%)	CF(%)	TDN(%)	DE(Mcal/kg)	DE(MJ/kg)	ME(Mcal/kg)	ME(MJ/kg)
5581	燕麦 Oats	11.3	9.8	4.9	61.0	10.3	13.4	29.3	2.7	78	87	81	42	71.0	3.13	13.11	2.71	11.33
		(1.9)	(1.3)	(1.4)		(1.6)	(1.7)	(3.9)	(0.4)									
			11.0	5.6	68.8	11.6	15.1	33.0	3.0					80.1	3.53	14.78	3.05	12.78
5582	燕麦(澳大利亚产) Oats(product of Australia)	9.9	8.6	6.4	62.3	10.2	12.5	27.5	2.6	78	87	81	42	74.0	3.26	13.65	2.83	11.83
		(0.9)	(0.4)	(0.7)	(1.2)	(1.5)			(0.4)									
			9.5	7.1	69.1	11.3	13.9	30.5	2.9					82.1	3.62	15.15	3.14	13.13
5621	粟(谷子、小米)Foxtail millet	12.7	10.7	3.9	64.9	5.4	—	—	2.4	72	72	90	41	74.6	3.29	13.77	2.87	11.99
		(1.4)	(1.4)	(0.3)	(4.0)	(3.2)			(1.1)									
			12.3	4.5	74.3	6.2	—	—	2.7					85.5	3.77	15.78	3.28	13.73
5631	黍 Common millet	12.6	10.3	3.8	64.6	6.7	—	—	2.0	72	75	88	35	73.0	3.22	13.47	2.80	11.70
			11.8	4.3	73.9	7.7	—	—	2.3					83.5	3.68	15.42	3.20	13.39
5641	日本粟 Japanese millet	13.0	9.3	5.0	61.9	7.6	—	—	3.2	75	91	84	29	71.4	3.15	13.18	2.73	11.42
		(1.1)	(2.1)	(0.7)	(5.1)	(4.0)			(1.6)									
			10.7	5.7	71.1	8.7	—	—	3.7					82.1	3.62	15.15	3.14	13.13
5951	甘薯块茎(干) Sweet potato tubers(dry)	12.3	5.5	1.1	75.8	2.0	—	—	3.3	14	74	90	37	71.6	3.16	13.20	2.73	11.44
		(3.0)	(1.5)	(0.4)	(3.2)	(0.5)			(1.4)									
			6.3	1.3	86.4	2.3	—	—	3.8					81.6	3.60	15.05	3.12	13.04
5961	木薯粉 Cassava meal	12.0	2.5	0.6	75.3	4.2	6.5	8.5	5.4	50	50	89	50	71.0	3.13	13.11	2.71	11.34
		(1.0)	(0.4)	(0.2)		(1.0)			(1.1)									
			2.8	0.7	85.5	4.8	7.4	9.7	6.2					80.7	3.56	14.89	3.08	12.89

续表2-7-1

饲料编号	饲料名称	组成 Composition 水分(%)	组成 Composition CP(%)	组成 Composition EE(%)	组成 Composition NFE(%)	组成 Composition CF(%)	组成 Composition ADF(%)	组成 Composition NDF(%)	组成 Composition CA(%)	牛 Cattle 消化率 Digestibility CP(%)	牛 Cattle 消化率 Digestibility EE(%)	牛 Cattle 消化率 Digestibility NFE(%)	牛 Cattle 消化率 Digestibility CF(%)	牛 Cattle 营养价值 Nutritive values TDN(%)	牛 Cattle 营养价值 Nutritive values DE(Mcal/kg)	牛 Cattle 营养价值 Nutritive values DE(MJ/kg)	牛 Cattle 营养价值 Nutritive values ME(Mcal/kg)	牛 Cattle 营养价值 Nutritive values ME(MJ/kg)
5971	玉米淀粉 Corn starch	14.5	0.1	0.1	85.1	0.0	—	—	0.2	0	0	99	—	84.2	3.53	14.77	3.46	14.47
		(1.4)	(0.3)	(0.1)	(4.7)	(0.0)			(0.1)									
			0.1	0.1	99.5	0.0	—	—	0.2					98.5	4.13	17.27	4.05	16.93
5981	马铃薯淀粉 Potato starch	18.0	0.1	0.1	81.6	0.0	—	—	0.2	0	0	99	—	80.8	3.39	14.16	3.32	13.88
			0.1	0.1	99.5	0.0	—	—	0.2					98.5	4.13	17.27	4.05	16.93
5991	糊精 Dextrin	7.0	0.4	0.2	92.1	0.2	—	—	0.2	0	0	99	0	91.2	3.76	15.74	3.69	15.42
		(1.0)	(0.2)	(0.2)	(1.2)	(0.2)			(0.1)									
			0.4	0.2	99.0	0.2	—	—	0.2					98.0	4.04	16.92	3.96	16.58
6002	面包屑和不新鲜的面包 Bread crumbs and stale bread (dry)	10.8	13.0	4.3	68.9	0.6	1.4	9.8	2.4	92	87	99	50	89.0	3.92	16.42	3.47	14.50
		(4.5)	(0.9)	(1.4)	(3.8)	(0.6)	(0.7)	(7.1)	(0.6)									
			14.6	4.9	77.2	0.6	1.6	11.0	2.7					99.7	4.40	18.40	3.88	16.25
6201	带壳和含抛光粉的大麦麸皮 Barley bran with hull and polish	10.1	12.2	5.2	54.2	13.2	17.2	43.0	5.1	65	82	65	40	58.0	2.56	10.71	2.16	9.02
		(0.9)	(2.9)	(1.4)	(4.3)	(3.6)			(0.9)									
			13.6	5.8	60.3	14.7	19.1	47.8	5.7					64.6	2.85	11.91	2.40	10.03
6211	含抛光粉的大麦麸皮 Barley bran with polish	12.0	14.8	3.9	65.0	1.6	2.1	5.3	2.7	70	82	86	33	74.0	3.26	13.65	2.84	11.86
		(1.4)	(2.1)	(1.3)	(3.6)	(0.8)			(0.7)									
			16.8	4.4	73.9	1.8	2.4	6.0	3.1					84.1	3.71	15.51	3.22	13.48
6231	带壳和含抛光粉的裸大麦麸皮 Naked barley bran with hull and polish	11.0	15.0	5.5	59.7	4.5	5.9	14.8	4.3	70	82	86	33	73.5	3.24	13.56	2.81	11.76
		(1.2)	(1.0)	(1.2)	(4.1)	(1.7)			(0.9)									
			16.9	6.2	67.1	5.1	6.6	16.6	4.8					85.6	3.64	15.23	3.16	13.23

续表2-7-1

饲料编号	饲料名称	组成 Composition								牛 Cattle								
										消化率 Digestibility				营养价值 Nutritive values				
		水分(%)	CP(%)	EE(%)	NFE(%)	CF(%)	ADF(%)	NDF(%)	CA(%)	CP(%)	EE(%)	NFE(%)	CF(%)	TDN(%)	DE(Mcal/kg)	DE(MJ/kg)	ME(Mcal/kg)	ME(MJ/kg)
6241	含抛光粉的裸大麦麸皮 Naked barley bran with polish	11.9	15.7	5.9	59.9	2.2	2.9	7.3	4.4	70	82	86	33	74.1	3.27	13.68	2.84	11.88
		(1.2)	(1.0)	(0.9)	(2.9)	(0.6)			(1.0)									
			17.8	6.7	68.0	2.5	3.3	8.3	5.0					84.1	3.71	15.52	3.22	13.49
6261	玉米糁 Hominy feed	13.4	9.0	6.7	65.9	3.0	4.6	15.2	2.1	70	88	93	52	82.4	3.63	15.20	3.19	13.36
		(0.9)	(0.6)	(1.3)	(2.6)	(0.7)	(0.9)	(3.0)	(0.4)									
			10.4	7.7	76.1	3.4	5.3	17.6	2.4					95.1	4.19	17.54	3.69	15.42
6341	甘薯渣(湿)Sweet potato pulp(wet)	90.6	0.2	0.1	7.2	1.6	—	—	0.3	0	55	90	30	7.1	0.31	1.31	0.27	1.12
		(3.1)	(0.0)	(0.1)	(0.4)	(0.2)			(0.1)									
			2.1	1.1	76.6	17.0	—	—	3.2					75.4	3.32	13.90	2.85	11.94
6351	马铃薯渣(湿)Potato pulp(wet)	83.7	1.0	0.1	12.1	2.7	—	—	0.4	15	10	85	29	11.2	0.50	2.07	0.42	1.76
		(1.5)	(0.1)	(0.0)	(0.3)	(0.1)			(0.1)									
			6.1	0.6	74.2	16.6	—	—	2.5					69.0	3.04	12.72	2.58	10.81
6352	马铃薯渣(干)Potato pulp(dry)	13.4	5.5	0.4	64.9	13.8	—	—	2.0	15	10	85	29	60.1	2.65	11.09	2.25	9.42
		(2.7)	(1.6)	(0.3)	(2.3)	(2.5)			(0.2)									
			6.4	0.5	74.9	15.9	—	—	2.3					69.4	3.06	12.80	2.60	10.88
6574	糖蜜酒糟(湿)Molasses distillers solubles(wet)	49.3	6.5	0.2	32.6	0.0	—	—	11.4	33	0	75	0	22.6	1.17	4.91	0.96	4.00
		(1.3)	(1.0)	(0.1)	(1.7)	(0.0)			(0.9)									
			12.8	0.4	64.3	0.0	—	—	22.5					52.5	2.31	9.68	1.89	7.89
6951	柑橘渣(蜜橘,湿)Orange juice pulp(Mandarin orange, wet)	81.5	1.4	0.2	14.2	2.2	1.9	2.4	0.5	—	—	—	—	—	—	—	—	—
		(3.3)	(1.5)	(0.4)	(3.8)	(1.8)			(0.4)									
			7.6	1.1	76.8	11.9	10.3	13.0	2.7					—	—	—	—	—

续表2-7-1

饲料编号	饲料名称	组成 Composition								牛 Cattle								
										消化率 Digestibility				营养价值 Nutritive values				
		水分 (%)	CP (%)	EE (%)	NFE (%)	CF (%)	ADF (%)	NDF (%)	CA (%)	CP (%)	EE (%)	NFE (%)	CF (%)	TDN (%)	DE (Mcal/kg)	DE (MJ/kg)	ME (Mcal/kg)	ME (MJ/kg)
6952	柑橘渣（蜜橘，干）Orange juice pulp(Mandarin orange, dry)	9.7	6.1	1.5	66.6	10.0	8.4	10.9	6.1	53	65	88	77	71.7	3.16	13.24	2.73	11.43
		(3.7)	(0.6)	(0.6)	(2.8)	(2.7)			(1.5)									
			6.8	1.7	73.8	11.1	9.3	12.1	6.8					79.4	3.50	14.66	3.03	12.66
6961	苹果渣（湿）Apple juice pulp (wet)	85.1	1.0	0.8	10.2	2.6	4.7	5.6	0.4	22	42	89	70	11.8	0.52	2.18	0.45	1.89
		(4.8)	(0.4)	(0.5)	(3.5)	(1.2)	(1.9)	(2.7)	(0.1)									
			6.4	5.3	68.5	17.2	31.3	37.5	2.5					79.5	3.51	14.67	3.03	12.67
6962	苹果渣（干）Apple juice pulp (dry)	13.5	5.7	4.9	59.5	14.2	30.7	37.2	2.3	—	—	—	—	—	—	—	—	—
		(2.4)	(1.0)	(1.0)	(2.5)	(1.9)	(3.6)	(6.2)	(0.4)									
			6.6	5.7	68.7	16.4	35.5	43.0	2.6					—	—	—	—	—
7271	玉米胚芽 Corn germ	4.9	10.6	51.7	25.6	6.3	—	—	0.8	86	47	71	7	82.5	3.64	15.22	3.17	13.27
		(1.0)	(1.6)	(2.7)	(2.8)	(1.6)			(0.2)									
			11.2	54.4	26.9	6.7	—	—	0.8					86.7	3.83	16.01	3.33	13.95
7291	小麦筛渣颗粒 Wheat screening pellets	10.7	12.3	7.6	47.5	13.7	—	—	8.2	73	78	71	41	61.7	2.72	11.38	2.31	9.67
		(1.0)	(0.8)	(1.6)	(3.5)	(1.6)			(1.8)									
			13.8	8.5	53.2	15.3	—	—	9.2					69	3.04	12.74	2.59	10.82
7581	棕榈仁粕 Palm kernel meal	11.5	15.7	1.1	56.4	11.5	—	—	3.8	82	80	88	50	70.2	3.10	12.96	2.68	11.19
		(1.0)	(1.3)	(0.7)	(1.7)	(1.5)			(0.3)									
			17.7	1.2	63.7	13.0	—	—	4.3					79.4	3.50	14.64	3.02	12.65
7601	乳木果仁粕 Shea nut meal	11.3	13.2	3.5	56.5	8.9	—	—	6.6	12	84	54	17	40.2	1.77	7.42	1.41	5.89
		(1.2)	(1.1)	(0.9)	(1.5)	(1.0)			(0.5)									
			14.9	3.9	63.7	10.0	—	—	7.4					45.3	2.00	8.37	1.59	6.63

续表2-7-1

饲料编号	饲料名称	组成 Composition								牛 Cattle								
										消化率 Digestibility				营养价值 Nutritive values				
		水分(%)	CP(%)	EE(%)	NFE(%)	CF(%)	ADF(%)	NDF(%)	CA(%)	CP(%)	EE(%)	NFE(%)	CF(%)	TDN(%)	DE(Mcal/kg)	DE(MJ/kg)	ME(Mcal/kg)	ME(MJ/kg)
8422	乳清粉 Dried whey	3.4	12.0	0.7	76.0	0.1	—	—	7.8	89	99	96	0	85.2	3.76	15.72	3.28	13.72
		(2.4)	(1.2)	(0.6)		(0.1)			(2.1)									
			12.4	0.7	78.6	0.1	—	—	8.1					88.1	3.89	16.26	3.39	14.20
8950	动物油 Animal fat	1.0	0.0	99.0	0.0	0.0	—	—	0.0	—	97	—	—	216.1	9.50	39.76	8.78	36.73
			0.0	100.0	0.0	0.0	—	—	0.0					218.3	9.60	40.17	8.87	37.10
8980	烹饪植物油 Vegetable cooking oil	0.7	0.0	99.3	0.0	0.0	—	—	0.0	—	97	—	—	216.7	9.56	39.99	8.83	36.94
			0.0	100.0	0.0	0.0	—	—	0.0					218.3	9.62	40.27	8.89	37.20
9001	植物油胶 Vegetable oil gum	0.0	0.0	100.0	0.0	0.0	—	—	0.0	—	76	—	—	171.0	7.54	31.55	6.89	28.85
			0.0	100.0	0.0	0.0	—	—	0.0					171.0	7.54	31.55	6.89	28.85
9022	植物油钙皂 Vegetable oil calcium soap	4.3	0.0	83.3	0.0	0.0	—	—	24.2	—	94	—	—	176.3	7.77	32.52	7.13	29.84
		(1.1)		(1.7)					(0.6)									
			0.0	87.1	0.0	0.0	—	—	25.3					184.1	8.12	33.98	7.45	31.17
9023	植物油钙皂 Vegetable oil calcium soap	2.8	0.0	85.0	0.0	0.0	—	—	13.6	—	92	—	—	175.9	7.76	32.46	7.11	29.75
		(0.4)		(0.4)					(0.1)									
			0.0	87.4	0.0	0.0	—	—	14.0					181.0	7.98	33.39	7.32	30.61
9024	植物油钙皂 Vegetable oil calcium soap	2.8	—	84.5	—	—	—	—	11.7	—	87	—	—	165.5	7.30	30.53	6.67	27.91
		(0.7)		(0.9)					(0.4)									
			—	86.9	—	—	—	—	12.0					170.2	7.51	31.40	6.86	28.70

续表2-7-1

饲料编号	饲料名称	组成 Composition								牛 Cattle								
										消化率 Digestibility				营养价值 Nutritive values				
		水分(%)	CP(%)	EE(%)	NFE(%)	CF(%)	ADF(%)	NDF(%)	CA(%)	CP(%)	EE(%)	NFE(%)	CF(%)	TDN(%)	DE(Mcal/kg)	DE(MJ/kg)	ME(Mcal/kg)	ME(MJ/kg)
9026	植物油钙皂 Vegetable oil calcium soap	3.5	0.0	84.2	0.0	0.0	—	—	22.8	—	96	—	—	181.9	8.02	33.57	7.37	30.83
		(0.2)		(0.8)					(0.3)									
			0.0	87.3	0.0	0.0	—	—	23.6					188.5	8.31	34.78	7.63	31.94
9081	糖 Sugar	0.8	0.0	0.0	99.2	0.0	—	—	0.0	—	—	99	—	98.2	3.88	16.23	3.80	15.91
			0.0	0.0	100.0	0.0	—	—	0.0					99.0	3.91	16.36	3.83	16.03
9082	葡萄糖 Glucose	9.0	0.0	0.0	91.0	0.0	—	—	0.0	—	—	100	—	91.0	3.37	14.09	3.30	13.81
			0.0	0.0	100.0	0.0	—	—	0.0					100.0	3.70	15.48	3.63	15.17
9083	乳糖 Lactose	0.2	0.0	0.0	99.8	0.0	—	—	0.0	—	—	100	—	99.8	3.91	16.37	3.83	16.04
			0.0	0.0	100.0	0.0	—	—	0.0					100.0	3.92	16.40	3.84	16.07
9084	果糖 Fructose	0.3	0.0	0.0	99.7	0.0	—	—	0.0	—	—	100	—	99.7	3.69	15.43	3.62	15.13
			0.0	0.0	100.0	0.0	—	—	0.0					100.0	3.70	15.48	3.63	15.17
9091	*L*-乳酸 *L*-lactic acid	19.5	0.0	0.0	80.0	0.0	—	—	0.5	—	—	100	—	80.0	3.12	13.05	2.72	11.39
		(0.2)			(0.2)				(0.1)									
			0.0	0.0	99.3	0.0	—	—	0.7					99.3	3.88	16.22	3.38	14.16
9331	柑橘皮 Orange peelings	11.6	5.8	1.2	63.8	9.8	—	—	7.8	53	65	94	77	72.3	3.19	13.35	2.76	11.57
		(2.7)	(0.6)	(0.5)	(2.6)	(1.8)			(1.6)									
			6.6	1.4	72.2	11.1	—	—	8.8					81.8	3.61	15.10	3.13	13.09

续表2-7-1

饲料编号	饲料名称	组成 Composition								牛 Cattle								
										消化率 Digestibility				营养价值 Nutritive values				
		水分(%)	CP(%)	EE(%)	NFE(%)	CF(%)	ADF(%)	NDF(%)	CA(%)	CP(%)	EE(%)	NFE(%)	CF(%)	TDN(%)	DE(Mcal/kg)	DE(MJ/kg)	ME(Mcal/kg)	ME(MJ/kg)
9431	甘蔗糖蜜(进口) Cane molasses(imported)	27.3	3.1	0.5	60.8	0.0	—	—	8.3	30	0	98	—	60.5	2.67	11.17	2.32	9.69
		(3.4)	(1.1)	(0.7)	(1.6)	(0.0)			(1.1)									
			4.3	0.7	83.6	0.0	—	—	11.4					83.2	3.67	15.36	3.19	13.33
9432	甘蔗糖蜜(国产) Cane molasses(domestic)	26.8	9.6	0.1	49.8	0.1	—	—	13.6	30	0	98	0	51.7	2.28	9.54	1.94	8.13
		(3.6)	(0.5)	(0.1)	(1.4)	(0.0)			(1.2)									
			13.1	0.1	68.0	0.1	—	—	18.6					70.6	3.11	13.03	2.65	11.10
9441	甜菜糖蜜(Steffens 过滤法) Beet molasses(Steffens)	18.6	10.8	0.0	64.4	0.0	—	—	6.2	87	—	99	—	73.2	3.23	13.50	2.82	11.81
			13.3	0.0	79.1	0.0	—	—	7.6					89.9	3.96	16.58	3.47	14.50
9442	甜菜糖蜜(离子交换法) Beet molasses(ion exchange)	21.8	13.9	0.0	64.0	0.0	—	—	0.3	85	—	99	—	75.2	3.32	13.87	2.92	12.21
			17.8	0.0	81.8	0.0	—	—	0.4					96.1	4.24	17.74	3.73	15.61
9491	蚕粪 Silkworm manure	19.5	11.8	3.2	34.7	11.7	—	—	19.1	32	4	58	67	32.0	1.41	5.91	1.09	4.55
		(15.9)	(2.0)	(0.6)	(5.6)	(1.2)			(5.9)									
			14.7	4.0	43.1	14.5	—	—	23.7					39.8	1.75	7.34	1.35	5.65
9621	面包废弃物 Bakery waste	7.8	7.6	15.8	65.9	1.2	—	—	1.7	83	96	95	50	103.6	4.57	19.12	4.07	17.05
		(1.8)	(2.2)	(4.7)	(5.8)	(1.4)			(1.1)									
			8.2	17.1	71.5	1.3	—	—	1.8					112.4	4.96	20.74	4.42	18.49

注:CP=粗蛋白质,EE=粗脂肪,NFE=无氮浸出物,CF=粗纤维,ADF=酸性洗涤纤维,NDF=中性洗涤纤维,CA=粗灰分,TDN=总可消化养分,DE=消化能,ME=代谢能,下同。

2. 猪、鸡饲料营养组成、消化率及营养价值

表 2-7-2(1) 猪、鸡饲料营养组成、消化率及营养价值(上段数字为饲喂基础,下段为数字为干物质基础,括号内数字为标准差)

饲料编号	饲料名称	组成 Composition									
		水分(%)	CP(%)	EE(%)	NFE(%)	CF(%)	ADF(%)	NDF(%)	CA(%)	总能 GE	
										(Mcal/kg)	(MJ/kg)
5511	高粱籽实 Grain sorghum	13.5	8.8	3.1	71.3	1.9	5.7	8.7	1.4	3.85	16.11
		(1.2)	(1.3)	(0.4)	(2.6)	(0.9)	(0.4)	(0.4)	(0.3)		
			10.1	3.6	82.5	2.2	6.6	10.0	1.7	4.45	18.64
5531	饲用小麦粉 Wheat feed flour	13.3	15.5	2.6	66.0	1.0	—	—	1.6	3.98	16.67
		(1.5)	(2.8)	(1.2)	(5.2)	(0.9)			(0.8)		
			17.9	3.0	76.1	1.2	—	—	1.8	4.60	19.23
5532	饲用小麦粉(等外品) Wheat feed flour(off grade)	12.6	17.2	3.9	60.6	3.0	—	—	2.7	4.08	17.05
		(1.6)	(1.1)	(1.0)	(2.7)	(1.2)			(0.6)		
			19.7	4.5	69.3	3.4	—	—	3.1	4.66	19.51
5541	大麦 Barley	11.5	10.6	2.1	69.0	4.4	5.9	20.1	2.3	4.04	16.91
		(1.6)	(1.1)	(0.4)	(2.3)	(0.9)	(1.0)	(6.5)	(0.5)		
			12.0	2.4	78.0	5.0	6.7	22.7	2.6	4.57	19.11
5551	去壳大麦 Dehulled barley	13.2	10.7	2.2	69.8	2.3	—	—	1.8	3.90	16.31
		(1.4)	(1.0)	(0.3)	(1.3)	(0.8)			(0.2)		
			12.3	2.5	80.4	2.6	—	—	2.1	4.49	18.79
5561	裸大麦 Naked barley	12.3	10.3	1.9	71.8	1.7	—	—	2.0	3.90	16.33
		(0.9)	(1.3)	(0.2)	(1.6)	(0.4)			(0.4)		
			11.7	2.2	81.9	1.9	—	—	2.3	4.45	18.62

续表2-7-2(1)

饲料编号	饲料名称	组成 Composition									
		水分(%)	CP(%)	EE(%)	NFE(%)	CF(%)	ADF(%)	NDF(%)	CA(%)	总能 GE (Mcal/kg)	总能 GE (MJ/kg)
5571	黑麦 Rye	12.0	10.0	1.6	72.7	1.8	3.4	13.6	1.7	3.91	16.35
		(1.1)	(1.0)	(0.3)		(0.5)			(0.2)		
			11.4	1.8	82.7	2.1	3.8	15.4	2.0	4.44	18.59
5581	燕麦 Oats	11.3	9.8	4.9	61.0	10.3	13.4	29.3	2.7	4.13	17.28
		(1.9)	(1.3)	(1.4)		(1.6)	(1.7)	(3.9)	(0.4)		
			11.0	5.6	68.8	11.6	15.1	33.0	3.0	4.66	19.48
5582	燕麦(澳大利亚产) Oats(product of Australia)	9.9	8.6	6.4	62.3	10.2	12.5	27.5	2.6	4.25	17.80
		(0.9)	(0.4)	(0.7)	(1.2)	(1.5)			(0.4)		
			9.5	7.1	69.1	11.3	13.9	30.5	2.9	4.72	19.76
5621	粟(谷子、小米)Foxtail millet	12.7	10.7	3.9	64.9	5.4	—	—	2.4	4.01	16.79
		(1.4)	(1.4)	(0.3)	(4.0)	(3.2)			(1.1)		
			12.3	4.5	74.3	6.2	—	—	2.7	4.59	19.21
5641	日本粟 Japanese millet	13.0	9.3	5.0	61.9	7.6	—	—	3.2	4.01	16.80
		(1.1)	(2.1)	(0.7)	(5.1)	(4.0)			(1.6)		
			10.7	5.7	71.1	8.7	—	—	3.7	4.61	19.30
5951	甘薯块茎(干) Sweet potato tubers(dry)	12.3	5.5	1.1	75.8	2.0	—	—	3.3	3.74	15.64
		(3.0)	(1.5)	(0.4)	(3.2)	(0.5)			(1.4)		
			6.3	1.3	86.4	2.3	—	—	3.8	4.26	17.83

续表2-7-2(1)

饲料编号	饲料名称	组成 Composition									
		水分(%)	CP(%)	EE(%)	NFE(%)	CF(%)	ADF(%)	NDF(%)	CA(%)	总能 GE (Mcal/kg)	总能 GE (MJ/kg)
5961	木薯粉 Cassava meal	12.0	2.5	0.6	75.3	4.2	6.5	8.5	5.4	3.61	15.09
		(1.0)	(0.4)	(0.2)		(1.0)			(1.1)		
			2.8	0.7	85.5	4.8	7.4	9.7	6.2	4.10	17.14
5971	玉米淀粉 Corn starch	14.5	0.1	0.1	85.1	0.0	—	—	0.2	3.57	14.92
		(1.4)	(0.3)	(0.1)	(4.7)	(0.0)			(0.1)		
			0.1	0.1	99.5	0.0	—	—	0.2	4.17	17.45
5981	马铃薯淀粉 Potato starch	18.0	0.1	0.1	81.6	0.0	—	—	0.2	3.42	14.31
			0.1	0.1	99.5	0.0	—	—	0.2	4.17	17.45
5991	糊精 Dextrin	7.0	0.4	0.2	92.1	0.2	—	—	0.2	3.80	15.89
		(1.0)	(0.2)	(0.2)	(1.2)	(0.2)			(0.1)		
			0.4	0.2	99.0	0.2	—	—	0.2	4.08	17.09
6002	面包屑和不新鲜的面包 Bread crumbs and stale bread (dry)	10.8	13.0	4.3	68.9	0.6	1.4	9.8	2.4	—	—
		(4.5)	(0.9)	(1.4)	(3.8)	(0.6)	(0.7)	(7.1)	(0.6)		
			14.6	4.9	77.2	0.6	1.6	11.0	2.7	—	—
6201	带壳和含抛光粉的大麦麸皮 Barley bran with hull and polish	10.1	12.2	5.2	54.2	13.2	17.2	43.0	5.1	4.15	17.37
		(0.9)	(2.9)	(1.4)	(4.3)	(3.6)			(0.9)		
			13.6	5.8	60.3	14.7	19.1	47.8	5.7	4.61	19.29

续表2-7-2(1)

饲料编号	饲料名称	组成 Composition									
		水分(%)	CP(%)	EE(%)	NFE(%)	CF(%)	ADF(%)	NDF(%)	CA(%)	总能 GE	
										(Mcal/kg)	(MJ/kg)
6211	含抛光粉的大麦麸皮 Barley bran with polish	12.0	14.8	3.9	65.0	1.6	2.1	5.3	2.7	4.06	16.99
		(1.4)	(2.1)	(1.3)	(3.6)	(0.8)			(0.7)		
			16.8	4.4	73.9	1.8	2.4	6.0	3.1	4.61	19.30
6221	含抛光粉的大麦麸皮 Barley bran with hull	10.4	7.9	3.0	51.2	21.3	27.6	69.0	6.1	3.97	16.62
		(1.4)	(2.2)	(1.6)	(3.5)	(4.3)			(1.1)		
			8.8	3.4	57.1	23.8	31.1	77.7	6.9	4.42	18.50
6231	带壳和含抛光粉的裸大麦麸皮 Naked barley bran with hull and polish	11.0	15.0	5.5	59.7	4.5	5.9	14.8	4.3	4.14	17.33
		(1.2)	(1.0)	(1.2)	(4.1)	(1.7)			(0.9)		
			16.9	6.2	67.1	5.1	6.6	16.6	4.8	4.65	19.46
6241	含抛光粉的裸大麦麸皮 Naked barley bran with polish	11.9	15.7	5.9	59.9	2.2	2.9	7.3	4.4	4.11	17.20
		(1.2)	(1.0)	(0.9)	(2.9)	(0.6)			(1.0)		
			17.8	6.7	68.0	2.5	3.3	8.3	5.0	4.67	19.55
6261	玉米糁 Hominy feed	13.1	9.0	6.7	65.9	3.0	4.6	15.2	2.1	4.10	17.16
		(0.9)	(0.6)	(1.3)	(2.6)	(0.7)	(0.9)	(3.0)	(0.4)		
			10.4	7.7	76.1	3.4	5.3	17.6	2.4	4.74	19.84
6341	甘薯渣(湿) Sweet potato pulp(wet)	90.6	0.2	0.1	7.2	1.6	—	—	0.3	—	
		(3.1)	(0.0)	(0.1)	(0.4)	(0.2)			(0.1)		
			2.1	1.1	76.6	17.0	—	—	3.2	—	

续表2-7-2(1)

饲料编号	饲料名称	组成 Composition								总能 GE	
		水分(%)	CP(%)	EE(%)	NFE(%)	CF(%)	ADF(%)	NDF(%)	CA(%)	(Mcal/kg)	(MJ/kg)
6342	甘薯渣(干) Sweet potato pulp(dry)	17.8	1.6	0.6	59.8	15.0	—	—	5.2	3.43	14.36
		(4.2)	(0.3)	(0.4)	(4.5)	(2.3)			(3.0)		
			1.9	0.7	72.7	18.2	—	—	6.3	4.17	17.46
6351	马铃薯渣(湿) Potato pulp (wet)	83.7	1.0	0.1	12.1	2.7	—	—	0.4	—	
		(1.5)	(0.1)	(0.0)	(0.3)	(0.1)			(0.1)		
			6.1	0.6	74.2	16.6	—	—	2.5	—	
6352	马铃薯渣(干) Potato pulp (dry)	13.4	5.5	0.4	64.9	13.8	—	—	2.0	3.79	15.84
		(2.7)	(1.6)	(0.3)	(2.3)	(2.5)			(0.2)		
			6.4	0.5	74.9	15.9	—	—	2.3	4.37	18.29
6362	木薯渣(干) Cassava pulp (dry)	13.9	1.2	0.3	71.7	11.0	—	—	1.9	3.56	14.89
		(0.6)	(0.2)	(0.1)	(2.6)	(2.5)			(0.8)	(0.04)	
			1.4	0.3	83.3	12.8	—	—	2.2	4.13	17.29
6952	柑橘渣(蜜橘,干) Orange juice pulp(Mandarin orange, dry)	9.7	6.1	1.5	66.6	10.0	8.4	10.9	6.1	3.81	15.95
		(3.7)	(0.6)	(0.6)	(2.8)	(2.7)			(1.5)		
			6.8	1.7	73.8	11.1	9.3	12.1	6.8	4.22	17.66
7022	椰汁渣 Coconut milk residue (dry)	4.6	6.7	46.2	31.0	9.9	—	—	1.6	6.31	26.41
		(0.8)	(0.1)	(1.6)	(1.4)	(0.7)			(0.1)	(0.09)	
			7.0	48.5	32.5	10.3	—	—	1.7	6.6	27.63

续表2-7-2(1)

饲料编号	饲料名称	组成 Composition									
		水分(%)	CP(%)	EE(%)	NFE(%)	CF(%)	ADF(%)	NDF(%)	CA(%)	总能 GE	
										(Mcal/kg)	(MJ/kg)
7271	玉米胚芽 Corn germ	4.9	10.6	51.7	25.6	6.3	—	—	0.8	7.03	29.43
		(1.0)	(1.6)	(2.7)	(2.8)	(1.6)			(0.2)		
			11.2	54.4	26.9	6.7	—	—	0.8	7.39	30.93
7291	小麦筛渣颗粒 Wheat screening pellets	10.7	12.3	7.6	47.5	13.7	—	—	8.2	4.12	17.25
		(1.0)	(0.8)	(1.6)	(3.5)	(1.6)			(1.8)		
			13.8	8.5	53.2	15.3	—	—	9.2	4.62	19.34
6574	糖蜜酒糟(湿) Molasses distillers solubles (wet)	49.3	6.5	0.2	32.6	0.0	—	—	11.4	1.77	7.41
		(1.3)	(1.0)	(0.1)	(1.7)	(0.0)			(0.9)		
			12.8	0.4	64.3	0.0	—	—	22.5	3.50	14.65
7581	棕榈仁粕 Palm kernel meal	11.5	15.7	1.1	56.4	11.5	—	—	3.8	3.96	16.58
		(1.0)	(1.3)	(0.7)	(1.7)	(1.5)			(0.3)		
			17.7	1.2	63.7	13.0	—	—	4.3	4.47	18.71
7601	乳木果仁粕 Shea nut meal	11.3	13.2	3.5	56.5	8.9	—	—	6.6	3.92	16.42
		(1.2)	(1.1)	(0.9)	(1.5)	(1.0)			(0.5)		
			14.9	3.9	63.7	10.0	—	—	7.4	4.42	18.50
8422	乳清粉 Dried whey	3.4	12.0	0.7	76.0	0.1	—	—	7.8	3.98	16.66
		(2.4)	(1.2)	(0.6)		(0.1)			(2.1)		
			12.4	0.7	78.6	0.1	—	—	8.1	4.12	12.24

续表2-7-2(1)

饲料编号	饲料名称	水分(%)	CP(%)	EE(%)	NFE(%)	CF(%)	ADF(%)	NDF(%)	CA(%)	总能 GE (Mcal/kg)	总能 GE (MJ/kg)
8950	动物油 Animal fat	1.0	0.0	99.0	0.0	0.0	—	—	0.0	9.50	39.76
			0.0	100.0	0.0	0.0	—	—	0.0	9.60	40.17
8960	精炼鱼油 Refined fish oil	0.0	0.0	100.0	0.0	0.0	—	—	0.0	9.54	39.92
			0.0	100.0	0.0	0.0	—	—	0.0	9.54	39.92
8971	鱼油酯 Fish oil ester	0.0	0.0	100.0	0.0	0.0	—	—	0.0	9.68	40.50
			0.0	100.0	0.0	0.0	—	—	0.0	9.68	40.50
8980	烹饪植物油 Vegetable cooking oil		0.0	99.3	0.0	0.0	—	—	0.0	9.61	40.22
			0.0	100.0	0.0	0.0	—	—	0.0	9.68	40.50
9001	植物油胶 Vegetable oil gum		0.0	100.0	0.0	0.0	—	—	0.0	9.68	40.50
			0.0	100.0	0.0	0.0	—	—	0.0	9.68	40.50
9011	菜籽油精炼渣 Rapeseed oil refining residue	9.6	0.6	75.5	0.7	0.1	—	—	13.4	7.36	30.78
		(4.4)	(0.1)	(3.8)	(0.9)	(0.1)			(1.1)	(0.38)	
			0.7	83.5	0.8	0.2	—	—	14.9	8.14	34.06

续表2-7-2(1)

饲料编号	饲料名称	组成 Composition								总能 GE	
		水分(%)	CP(%)	EE(%)	NFE(%)	CF(%)	ADF(%)	NDF(%)	CA(%)	(Mcal/kg)	(MJ/kg)
9021	亚麻籽油钙皂 Linseed oil calcium soap	14.2	0.0	83.8	0.0	0.0	—	—	15.1	6.87	28.74
		(1.2)		(2.6)					(0.3)	(0.16)	
			0.0	97.7	0.0	0.0	—	—	17.6	8.01	33.50
9022	植物油钙皂 Vegetable oil calcium soap	4.3	0.0	83.3	0.0	0.0	—	—	24.2	8.17	34.17
		(1.1)		(1.7)					(0.6)	(0.11)	
			0.0	87.1	0.0	0.0	—	—	25.3	8.53	35.70
9025	植物油钙皂 Vegetable oil calcium soap	3.5	0.0	84.7	0.0	0.0	—	—	22.4	8.24	34.46
		(0.3)		(0.9)					(0.6)	(0.07)	
			0.0	87.8	0.0	0.0	—	—	23.2	8.53	35.70
9081	糖 Sugar	0.8	0.0	0.0	99.2	0.0	—	—	0.0	3.92	16.39
			0.0	0.0	100.0	0.0	—	—	0.0	3.95	16.53
9082	葡萄糖 Glucose	9.0	0.0	0.0	91.0	0.0	—	—	0.0	3.37	14.09
			0.0	0.0	100.0	0.0	—	—	0.0	3.70	15.48
9083	乳糖 Lactose	0.2	0.0	0.0	99.8	0.0	—	—	0.0	3.91	16.37
			0.0	0.0	100.0	0.0	—	—	0.0	3.92	16.40

续表2-7-2(1)

饲料编号	饲料名称	组成 Composition								总能 GE	
		水分(%)	CP(%)	EE(%)	NFE(%)	CF(%)	ADF(%)	NDF(%)	CA(%)	(Mcal/kg)	(MJ/kg)
9084	果糖 Fructose	0.3	0.0	0.0	99.7	0.0	—	—	0.0	3.69	15.43
			0.0	0.0	100.0	0.0	—	—	0.0	3.70	15.48
9091	*L*-乳酸 *L*-lactic acid	19.5	0.0	0.0	80.0	0.0	—	—	0.5	3.12	13.05
		(0.2)			(0.2)				(0.1)		
			0.0.	0.0	99.3	0.0	—	—	0.7	3.88	16.22
9331	柑橘皮 Orange peelings	11.6	5.8	1.2	63.8	9.8	—	—	7.8	3.64	15.22
		(2.7)	(0.6)	(0.5)	(2.6)	(1.8)			(1.6)		
			6.6	1.4	72.2	11.1	—	—	8.8	4.11	17.21
9431	甘蔗糖蜜(进口) Cane molasses(imported)	27.3	3.1	0.5	60.8	0.0	—	—	8.3	2.81	11.75
		(3.4)	(1.1)	(0.7)	(1.6)	(0.0)			(1.1)		
			4.3	0.7	83.6	0.0	—	—	11.4	3.86	16.16
9432	甘蔗糖蜜(国产) Cane molasses(domestic)	26.8	9.6	0.1	49.8	0.1	—	—	13.6	2.68	11.19
		(3.6)	(0.5)	(0.1)	(1.4)	(0.0)			(1.2)		
			13.1	0.1	68.0	0.1	—	—	18.6	3.65	15.29
9441	甜菜糖蜜(Steffens 过滤法) Beet molasses(steffens)	18.6	10.8	0.0	64.4	0.0	—	—	6.2	—	—
			13.3	0.0	79.1	0.0	—	—	7.6	—	—

续表2-7-2(1)

饲料编号	饲料名称	组成 Composition									
		水分(%)	CP(%)	EE(%)	NFE(%)	CF(%)	ADF(%)	NDF(%)	CA(%)	总能 GE	
										(Mcal/kg)	(MJ/kg)
9442	甜菜糖蜜(离子交换法) Beet molasses(ion exchange)	21.8	13.9	0.0	64.0	0.0	—	—	0.3	—	—
			17.8	0.0	81.8	0.0	—	—	0.4	—	—
9621	面包下脚料 Bakery waste	7.8	7.6	15.8	65.9	1.2	—	—	1.7	—	—
		(1.8)	(2.2)	(4.7)	(5.8)	(1.4)			(1.1)		
			8.2	17.1	71.5	1.3	—	—	1.8	—	—
9631	甜面包下脚料 Sweetened bun waste	8.0	11.8	9.4	68.6	0.4	—	—	1.8	4.46	18.66
		(1.1)	(0.6)	(1.1)	(1.3)	(0.2)			(0.1)	(0.08)	
			12.8	10.2	74.6	0.4	—	—	2.0	4.85	20.28
9641	面条下脚料 Noodle waste	5.9	8.6	16.7	63.8	0.5	—	—	4.5	4.76	19.90
		(0.4)	(0.1)	(0.3)	(0.4)	(0.2)			(0.1)	(0.03)	
			9.2	17.8	67.8	0.5	—	—	4.8	5.05	21.15
9752	食品副产物 Dried leftover	10.3	8.6	3.8	72.4	1.9	—	—	3.0	4.11	17.21
		(1.7)	(0.5)	(1.4)	(2.8)	(1.7)			(0.6)	(0.12)	
			9.6	4.2	80.8	2.1	—	—	3.3	4.58	19.18
4811	桑树叶粉 Mulberry leaf meal	10.7	14.8	3.1	45.1	15.6	—	—	10.8	3.78	15.82
		(0.3)	(1.4)	(0.2)	(0.7)	(1.9)			0.3	(0.08)	
			16.5	3.4	50.5	17.4	—	—	12.1	4.23	17.71

表 2-7-2(2) 猪、鸡饲料营养组成、消化率及营养价值(上段数字为饲喂基础,下段为数字为干物质基础,括号内数字为标准差)

饲料编号	饲料名称	猪 Swine							鸡 Chickens							
		消化率 Digestibility				营养价值 Nutritive values			消化率 Digestibility				代谢率*	营养价值 Nutritive values		
		CP	EE	NFE	CF	TDN	DE		CP	EE	NFE	CF	ME/GE	TDN	ME	
		%	%	%	%	%	Mcal/kg	MJ/kg	%	%	%	%	%	%	Mcal/kg	MJ/kg
5511	高粱籽实 Grain sorghum	74	75	95	59	80.5	3.55	14.86	78	73	90	18	83.2	76.4	3.21	13.41
						93.1	4.11	17.19						88.4	3.71	15.51
5531	饲用小麦粉 Wheat feed flour	94	93	98	30	85.0	3.75	15.68	82	79	84	9	74.9	72.9	2.98	12.48
						98.0	4.32	18.09						84.0	3.44	14.40
5532	饲用小麦粉(等外品)Wheat feed flour(off grade)	81	84	89	27	76.0	3.35	14.03	80	85	80	0	70.1	69.7	2.86	11.96
						87.0	3.84	16.05						79.7	3.27	13.68
5541	大麦 Barley	76	63	85	20	70.6	3.11	13.03	75	78	81	10	68.7	68.0	2.78	11.63
						79.8	3.52	14.72						76.8	3.14	13.13
5551	去壳大麦 Dehulled barley	82	63	91	35	76.2	3.36	14.06	75	78	83	10	73.5	70.1	2.87	11.99
						87.8	3.87	16.20						80.7	3.30	13.81
5561	裸大麦 Naked barley	83	70	92	36	78.2	3.45	14.43	72	65	78	10	69.5	66.4	2.71	11.35
						89.2	3.93	16.45						75.7	3.09	12.95
5571	黑麦 Rye	85	38	93	38	78.3	3.45	14.44	67	68	80	10	69.9	67.6	2.73	11.42
						89.0	3.92	16.42						76.8	3.10	12.98

续表2-7-2(2)

饲料编号	饲料名称	猪 Swine							鸡 Chickens							
		消化率 Digestibility				营养价值 Nutritive values			消化率 Digestibility				代谢率*	营养价值 Nutritive values		
		CP	EE	NFE	CF	TDN	DE		CP	EE	NFE	CF	ME/GE	TDN	ME	
		%	%	%	%	%	Mcal/kg	MJ/kg	%	%	%	%	%	%	Mcal/kg	MJ/kg
5581	燕麦 Oats	76	81	82	26	69.1	3.05	12.76	73	82	81	13	66.4	67.0	2.74	11.47
						78.0	3.44	14.38						75.6	3.09	12.94
5582	燕麦(澳大利亚产) Oats(product of Australia)	76	81	82	26	71.9	3.17	13.27	73	82	81	13	67.3	69.9	2.86	11.94
						79.8	3.52	14.73						77.6	3.18	13.29
5621	粟(谷子、小米) Foxtail millet	75	74	83	36	70.3	3.10	12.98	76	82	89	0	74.7	73.1	2.99	12.52
						80.6	3.55	14.86						83.7	3.43	14.34
5641	日本粟 Japanese millet	75	91	84	29	71.4	3.15	13.18	70	80	80	0	66.4	65.0	2.66	11.15
						82.1	3.62	15.15						74.7	3.06	12.82
5951	甘薯块茎(干)Sweet potato tubers(dry)	24	33	98	65	77.7	3.43	14.34	16	45	87	0	75.3	67.9	2.82	11.78
						88.6	3.91	16.35						77.4	3.21	13.43
5961	木薯粉 Cassava meal	68	23	99	76	79.7	3.52	14.71	22	89	89	20	78.7	69.6	2.84	11.88
						90.6	4.00	16.72						79.1	3.23	13.50
5971	玉米淀粉 Corn starch	0	0	99	—	84.2	3.53	14.77	0	0	98	—	98.1	83.4	3.50	14.63
						98.5	4.13	17.27						97.5	4.09	17.11

续表2-7-2(2)

饲料编号	饲料名称	猪 Swine							鸡 Chickens							
		消化率 Digestibility				营养价值 Nutritive values			消化率 Digestibility				代谢率*	营养价值 Nutritive values		
		CP	EE	NFE	CF	TDN	DE		CP	EE	NFE	CF	ME/GE	TDN	ME	
		%	%	%	%	%	Mcal/kg	MJ/kg	%	%	%	%	%	%	Mcal/kg	MJ/kg
5981	马铃薯淀粉 Potato starch	0	0	99	—	80.8	3.39	14.16	0	0	98	—	98.3	80.0	3.36	14.07
						98.5	4.13	17.27						97.5	4.10	17.15
5991	糊精 Dextrin	0	0	99	0	91.2	3.76	15.74	0	0	99	0	97.9	91.2	3.72	15.57
						98.0	4.04	16.92						98.0	4.00	16.74
6002	面包屑和不新鲜的面包 Bread crumbs and stale bread(dry)	93	89	97	54	88.0	3.88	16.23	—	—	—	—	—	—	—	—
						98.6	4.35	18.19						—	—	—
6201	带壳和含抛光粉的大麦麸皮 Barley bran with hull and polish	67	63	70	20	56.1	2.48	10.36	65	76	53	10	47.5	46.9	1.97	8.23
						62.4	2.75	11.52						52.1	2.19	9.16
6211	含抛光粉的大麦麸皮 Barley bran with polish	70	63	75	40	65.3	2.88	12.04	70	82	71	10	64.5	63.9	2.62	10.95
						74.2	3.27	13.69						72.6	2.97	12.44
6221	含抛光粉的大麦麸皮 Barley bran with hull	57	63	53	10	38.1	1.68	7.03	65	70	53	0	38.3	37.1	1.52	6.36
						42.5	1.87	7.84						41.4	1.70	7.10
6231	带壳和含抛光粉的裸大麦麸皮 Naked barley bran with hull and polish	65	66	65	20	57.6	2.54	10.63	65	70	55	10	51.2	51.7	2.12	8.87
						64.7	2.86	11.95						58.1	2.38	9.97

续表2-7-2(2)

饲料编号	饲料名称	猪 Swine							鸡 Chickens							
		消化率 Digestibility				营养价值 Nutritive values			消化率 Digestibility				代谢率*	营养价值 Nutritive values		
		CP	EE	NFE	CF	TDN	DE		CP	EE	NFE	CF	ME/GE	TDN	ME	
		%	%	%	%	%	Mcal/kg	MJ/kg	%	%	%	%	%	%	Mcal/kg	MJ/kg
6241	含抛光粉的裸大麦麸皮 Naked barley bran with polish	70	82	75	40	67.7	2.98	12.49	70	82	71	10	64.4	64.6	2.65	11.09
						76.8	3.39	14.17						73.4	3.01	12.59
6261	玉米糁 Hominy feed	70	74	87	32	75.7	3.34	13.97	80	80	80	30	76.7	72.9	3.15	13.17
						87.4	3.85	16.13						84.1	3.63	15.21
6341	甘薯渣(湿)Sweet potato pulp(wet)	27	0	80	63	6.8	0.30	1.26	—	—	—	—	—	—	—	—
						72.6	3.20	13.39						—	—	—
6342	甘薯渣(干)Sweet potato pulp(dry)	27	0	80	63	57.7	2.55	10.65	0	30	80	0	57.5	48.2	1.97	8.24
						70.2	3.10	12.96						58.7	2.40	10.02
6351	马铃薯渣(湿)Potato pulp (wet)	27	0	80	63	11.7	0.51	2.15	—	—	—	—	—	—	—	—
						71.5	3.15	13.19						—	—	—
6352	马铃薯渣(干)Potato pulp (dry)	27	0	80	63	62.1	2.74	11.46	40	30	80	0	58.7	54.4	2.22	9.29
						71.7	3.16	13.23						62.8	2.56	10.73
6362	木薯渣(干)Cassava pulp (dry)	17	0	95	67	75.7	3.34	13.97	—	—	—	—	—	—	—	—
						87.9	3.88	16.22						—	—	—

续表2-7-2(2)

饲料编号	饲料名称	猪 Swine							鸡 Chickens							
		消化率 Digestibility				营养价值 Nutritive values			消化率 Digestibility				代谢率*	营养价值 Nutritive values		
		CP	EE	NFE	CF	TDN	DE		CP	EE	NFE	CF	ME/GE	TDN	ME	
		%	%	%	%	%	Mcal/kg	MJ/kg	%	%	%	%	%	%	Mcal/kg	MJ/kg
6952	柑橘渣(蜜橘,干) Orange juice pulp (Mandarin orange,dry)	44	71	80	52	63.6	2.80	11.73	14	28	47	1	35.6	33.2	1.36	5.67
						70.4	3.10	12.99						36.8	1.50	6.28
7022	椰汁渣 Coconut milk residue(dry)	—	—	—	—	—	—	—	—	—	—	—	61.7	—	3.90	16.30
						—	—	—						—	4.09	17.09
7271	玉米胚芽 Corn germ	67	55	79	91	97.2	4.29	17.93	—	—	—	—	46.8	—	3.29	13.77
						102.2	4.51	18.85						—	3.46	14.47
7291	小麦筛渣颗粒 Wheat screening pellets	64	66	58	12	48.4	2.13	8.92	75	70	53	0	46.3	46.4	1.91	7.98
						54.1	2.39	9.99						51.9	2.14	8.94
6574	糖蜜酒糟(湿) Molasses distillers solubles (wet)	18	0	62	0	21.4	0.94	3.95	35	90	35	0	32.5	14.1	0.58	2.41
						42.2	1.85	7.78						27.8	1.14	4.76
7581	棕榈仁粕 Palm kernel meal	65	52	77	48	60.4	2.67	11.15	90	95	30	0	34.7	33.4	1.37	5.74
						68.3	3.01	12.60						37.7	1.55	6.49
7601	乳木果仁粕 Shea nut meal	12	84	54	17	40.2	1.77	7.42	12	84	30	0	26.3	25.1	1.03	4.32
						45.3	2.00	8.37						28.4	1.16	4.87

续表2-7-2(2)

饲料编号	饲料名称	猪 Swine							鸡 Chickens							
		消化率 Digestibility				营养价值 Nutritive values			消化率 Digestibility				代谢率*	营养价值 Nutritive values		
		CP	EE	NFE	CF	TDN	DE		CP	EE	NFE	CF	ME/GE	TDN	ME	
		%	%	%	%	%	Mcal/kg	MJ/kg	%	%	%	%	%	%	Mcal/kg	MJ/kg
8422	乳清粉 Dried whey	78	81	95	0	82.8	3.65	15.28	81	86	81	0	74.5	72.6	2.97	12.42
						85.7	3.78	15.81						75.1	3.07	12.85
8950	动物油 Animal fat	—	96	—	—	213.8	9.43	39.46	—	90	—	—	88.0	200.5	8.37	35.01
						216.0	9.53	39.86						202.5	8.45	35.36
8960	精炼鱼油 Refined fish oil	—	—	—	—	—	—	—	—	—	—	—	95.7	—	9.13	38.20
						—	—	—						—	9.13	38.20
8971	鱼油酯 Fish oil ester	—	—	—	—	—	—	—	—	90	—	—	85.7	202.5	8.30	34.73
						—	—	—						202.5	8.30	34.73
8980	烹饪植物油 Vegetable cooking oil	—	97	—	—	216.7	9.56	39.99	—	98	—	—	94.2	219.0	9.06	37.89
						218.3	9.62	40.27						220.5	9.12	37.16
9001	植物油胶 Vegetable oil gum	—	76	—	—	171.0	7.54	31.55	—	70	—	—	66.5	157.5	6.44	26.94
						171.0	7.54	31.55						157.5	6.44	26.94
9011	菜籽油精炼渣 Rapeseed oil refining residue	—	—	—	—	—	—	—	—	—	—	—	93.2	—	6.86	28.70
						—	—	—						—	7.59	31.76

续表2-7-2(2)

饲料编号	饲料名称	猪 Swine							鸡 Chickens							
		消化率 Digestibility				营养价值 Nutritive values			消化率 Digestibility				代谢率*	营养价值 Nutritive values		
		CP	EE	NFE	CF	TDN	DE		CP	EE	NFE	CF	ME/GE	TDN	ME	
		%	%	%	%	%	Mcal/kg	MJ/kg	%	%	%	%	%	%	Mcal/kg	MJ/kg
9021	亚麻籽油钙皂 Linseed oil calcium soap	—	—	—	—	—	—	—	—	—	—	—	86.1	—	5.91	24.73
						—	—	—						—	6.89	28.83
9022	植物油钙皂 Vegetable oil calcium soap	—	—	—	—	—	—	—	—	—	—	—	92.2	—	7.53	31.51
						—	—	—						—	7.87	32.91
9025	植物油钙皂 Vegetable oil calcium soap	—	89	—	—	169.7	7.48	31.31	—	—	—	—	93.2	—	7.68	32.13
						175.8	7.75	32.43						—	7.96	33.29
9081	糖 Sugar	—	—	99	—	98.2	3.88	16.23	—	—	98	—	98.0	97.2	3.84	16.06
						99.0	3.91	16.36						98.0	3.87	16.19
9082	葡萄糖 Glucose	—	—	100	—	91.0	3.37	14.09	—	—	100	—	98.4	91.0	3.31	13.86
						100.0	3.70	15.48						100.0	3.64	15.23
9083	乳糖 Lactose	—	—	100	—	99.8	3.91	16.37	—	—	—	—	—	—	—	—
						100.0	3.92	16.40						—	—	—
9084	果糖 Fructose	—	—	100	—	99.7	3.69	15.43	—	—	—	—	98.4	—	3.63	15.19
						100.0	3.70	15.48						—	3.64	15.23

续表2-7-2(2)

饲料编号	饲料名称	猪 Swine							鸡 Chickens							
		消化率 Digestibility				营养价值 Nutritive values			消化率 Digestibility				代谢率*	营养价值 Nutritive values		
		CP	EE	NFE	CF	TDN	DE		CP	EE	NFE	CF	ME/GE	TDN	ME	
		%	%	%	%	%	Mcal/kg	MJ/kg	%	%	%	%	%	%	Mcal/kg	MJ/kg
9091	*L*-乳酸 *L*-lactic acid	—	—	100	—	80.0	3.12	13.05	—	—	—	—	89.1	—	2.78	11.63
						99.3	3.88	16.22						—	3.45	14.45
9331	柑橘皮 Orange peelings	44	61	70	46	53.4	2.35	9.85	14	28	47	1	35.5	31.7	1.29	5.41
						60.4	2.66	11.14						35.8	1.46	6.12
9431	甘蔗糖蜜(进口) Cane molasses(imported)	41	0	95	—	59.0	2.60	10.89	24	0	90	—	80.6	55.5	2.26	9.47
						81.2	3.58	14.98						76.3	3.11	13.03
9432	甘蔗糖蜜(国产) Cane molasses(domestic)	41	0	95	0	51.2	2.26	9.46	24	0	90	0	71.9	47.1	1.92	8.05
						70.0	3.09	12.92						64.4	2.63	11.00
9441	甜菜糖蜜(Steffens 过滤法) Beet molasses(Steffens)	30	—	97	—	65.7	2.90	12.12	—	—	—	—	—	—	—	—
						80.7	3.56	14.89						—	—	—
9442	甜菜糖蜜(离子交换法) Beet molasses(ionexchange)	28	—	96	—	65.3	2.88	12.05	—	—	—	—	—	—	—	—
						83.5	3.68	15.42						—	—	—
9621	面包下脚料 Bakery waste	83	96	95	85	104.0	4.59	19.20	—	—	—	—	—	—	—	—
						112.9	4.98	20.83						—	—	—

续表2-7-2(2)

饲料编号	饲料名称	猪 Swine 消化率 Digestibility CP %	EE %	NFE %	CF %	猪 Swine 营养价值 Nutritive values TDN %	DE Mcal/kg	DE MJ/kg	鸡 Chickens 消化率 Digestibility CP %	EE %	NFE %	CF %	代谢率* ME/GE %	鸡 Chickens 营养价值 Nutritive values TDN %	ME Mcal/kg	ME MJ/kg
9631	甜面包下脚料 Sweetened bun waste	—	—	—	—	—	—	—	—	—	—	—	84.1	—	3.75	15.69
						—	—	—						—	4.08	17.06
9641	面条下脚料 Noodle waste	93	95	95	37	104.5	4.61	19.28	—	—	—	—	80.7	—	3.84	16.07
						111.0	4.90	20.49						—	4.08	17.07
9752	食品副产物 Dried leftover	71	70	97	0	82.3	3.63	15.19	—	—	—	—	88.5	—	3.64	15.23
						91.8	4.05	16.94						—	4.06	16.98
4811	桑树叶粉 Mulberry leaf meal	—	—	—	—	—	—	—	—	—	—	—	10.6	—	0.40	1.67
						—	—	—						—	0.45	1.87

注：* 代谢率(ME/GE)为代谢能占总能比率。

3. 无机物含量

表 2-7-3 无机物含量(干物质基础,括号内数字为标准差)

饲料编号	饲料名称	干物质 DM (%)	钙 Ca (%)	磷 P (%)	镁 Mg (%)	钾 K (%)	钠 Na (%)	氯 Cl (%)	硫 S (%)	铁 Fe (mg/kg)	铜 Cu (mg/kg)	钴 Co (mg/kg)	锌 Zn (mg/kg)	锰 Mn (mg/kg)	氟 F (mg/kg)	钼 Mo (mg/kg)	碘 I (mg/kg)
2230	西伯利亚榛树叶	35.3	1.95	0.24	0.38	1.01	0.18	—	—	160	—	—	19	288	—	—	—
2240	Mizunara 橡树叶	36.8	0.80	0.47	0.26	1.18	0.15	—	—	120	—	—	53	212	—	—	—
5511	高粱籽实	86.5	0.04 (0.03)	0.31 (0.03)	0.14 (0.02)	0.40	0.01 (0.02)	—	—	72 (44)	2.5	—	20 (4)	15 (3)	—	—	0.12

续表2-7-3

饲料编号	饲料名称	干物质 DM (%)	钙 Ca (%)	磷 P (%)	镁 Mg (%)	钾 K (%)	钠 Na (%)	氯 Cl (%)	硫 S (%)	铁 Fe (mg/kg)	铜 Cu (mg/kg)	钴 Co (mg/kg)	锌 Zn (mg/kg)	锰 Mn (mg/kg)	氟 F (mg/kg)	钼 Mo (mg/kg)	碘 I (mg/kg)
5531	饲用小麦粉	86.7	0.05	0.38	0.14	0.36	0.02 (0.02)	—	—	55 (12)	6.1 (1.1)	—	32 (10)	48 (20)	—	—	—
5532	饲用小麦粉 (等外品)	87.4	0.07 (0.04)	0.61	0.26 (0.07)	0.54	0.02 (0.02)	—	—	110 (32)	7.8	—	59	64	—	—	1.16
5541	大麦	88.5	0.06 (0.03)	0.37 (0.05)	0.14 (0.03)	0.51 (0.11)		(0.02)	—	78 (32)	7.2	—	26 (10)	16 (4)	—	—	0.00
5551	去壳大麦		0.05	0.38	—	—	—	—	—	—	—	—	—	—	—	—	—
5561	裸大麦	87.7	0.04	0.39	0.14	0.51	—	—	—	35	—	—	—	—	—	—	—
5571	黑麦	88.0	0.05 (0.01)	0.31 (0.05)	0.10 (0.01)	0.51 (0.03)	0.01 (0.02)	—	—	77 (78)	4.5 (1.5)	—	32 (1.5)	34 (1.5)	—	—	—
5581	燕麦	88.7	0.07 (0.03)	0.31 (0.06)	0.13 (0.03)	0.44 (0.07)	0.04 (0.02)	0.11	0.23	71 (22)	3.8 (0.6)	0.07	25 (6)	51 (10)	1	0.4	0.11
5582	燕麦(澳大利亚产)	90.1	0.07 (0.02)	0.27 (0.03)	0.13 (0.01)	0.43 (0.07)	—	—	—	71	3.1	—	22	58	—	—	—
5621	燕麦(澳大利亚产)	87.3	0.05	0.30	0.18	0.48	0.02	0.16	0.14	100	24.5	—	15	30	—	—	—
5631	粟(谷子、小米)	87.4	0.05	0.32	0.17	0.42	0.03	0.05	—	100	1.7	0.04	22	35	—	—	—
5641	日本粟	87.0	0.02	0.40	0.17	0.39	—	—	—	40	—	—	—	—	—	—	—
5951	甘薯块茎(干)	87.7	0.16 (0.04)	0.12 (0.06)	—	—	—	—	—	571 (395)	6.3 (0.6)	—	8 (1)	23 (9)	—	—	—
5961	木薯粉	88.0	0.27 (0.14)	0.11 (0.04)	0.05	1.86	0.03	0.49	—	740 (400)	3.1 (400)	—	11 (400)	42 (12)	—	0.5	—
6002	面包屑和不新鲜的面包	89.2	0.07 (0.03)	0.14 (0.03)	0.04 (0.02)	0.16 (0.03)	0.89	0.92	—	55	2.9	—	11	3	—	—	—
6201	带壳和含抛光粉的大麦麸皮	89.9	0.10	0.54	0.17	—	—	—	—	300	8.7	—	28	44	—	—	—
6211	含抛光粉的大麦麸皮	88.0	0.10	0.54	—	—	—	—	—	—	—	—	—	—	—	—	—

续表2-7-3

饲料编号	饲料名称	干物质 DM (%)	钙 Ca (%)	磷 P (%)	镁 Mg (%)	钾 K (%)	钠 Na (%)	氯 Cl (%)	硫 S (%)	铁 Fe (mg/kg)	铜 Cu (mg/kg)	钴 Co (mg/kg)	锌 Zn (mg/kg)	锰 Mn (mg/kg)	氟 F (mg/kg)	钼 Mo (mg/kg)	碘 I (mg/kg)
6221	带壳大麦	89.6	0.15	0.18	—	0.51	0.03	—	—	330	5.6	—	35	27	—	—	—
6231	带壳和含抛光粉的裸大麦麸皮	89.0	0.16	1.16	—	—	—	—	—	—	—	—	—	—	—	—	—
6241	含抛光粉的裸大麦麸皮	88.1	0.13	1.05	—	—	—	—	—	—	—	—	—	—	—	—	—
6251	谷糠	89.4	0.06	0.22	—	—	—	—	—	—	—	—	—	—	—	—	—
6261	玉米糁	86.6	0.02	0.53	0.21 (0.05)	0.66 (0.14)	0.00 (0.00)	0.07	0.25	60	3.8	0.07	37	17	—	—	0.07
6352	马铃薯渣(干)	86.6	0.16	0.10	0.10	0.93	0.04	—	—	400	17.1	—	—	35	—	—	—
6574	糖蜜酒糟(湿)	50.7	2.14	0.28	0.50	8.23	—	—	—	—	29.8	—	11	100	—	—	—
6952	柑橘渣(蜜橘,干)	90.3	1.73 (0.28)	0.13 (0.03)	0.19	0.91	0.03	—	—	177 (0.28)	4.0 (3.4)	—	8 (3)	13 (6)	—	—	—
6961	苹果渣(湿)	14.9	0.15 (0.08)	0.15 (0.03)	0.09 (0.03)	1.10 (0.28)	0.05	—	—	—	—	—	—	—	—	—	—
6962	苹果渣(干)	86.5	0.17 (0.04)	0.11 (0.02)	0.09 (0.02)	0.69 (0.14)	—	—	—	—	10.9 (4.7)	—	10 (1)	15 (4)	—	—	—
6991	甜菜渣(湿)	18.1	0.59 (0.15)	0.11 (0.02)	0.23 (0.03)	0.71 (0.28)	0.37 (0.42)	0.05 (0.05)	0.11 (0.04)	330 (87)	6.0 (2.1)	0.48 (0.23)	16 (3)	89 (27)	—	—	—
6992	甜菜渣(干)	88.5	0.83 (0.37)	0.09 (0.02)	0.25 (0.05)	0.62 (0.42)	0.45 (0.42)	0.10 (0.12)	0.26 (0.17)	435 (259)	6.9 (2.7)	0.52 (0.36)	16	86 (28)	6	0.4	—
7291	小麦筛渣颗粒	89.3	0.43	0.37	0.26	0.85	0.03	—	—	1200	4.9	0.40	38	69	—	—	0.11
7581	棕榈仁粕	88.5	0.26	0.44	0.24	—	—	—	—	280	49.8	—	51	311	—	—	—
7601	乳木果仁粕	88.7	0.52	0.21	0.22	2.33	—	—	—	1130	—	—	—		—	—	—
8422	乳清粉	96.6	0.53 (0.10)	0.67 (0.11)	0.13	2.49 (0.35)	1.05 (0.39)	1.88	—	46	1.7 (1.4)	0.19	3	5	—	—	6.07
9331	柑橘皮	88.4	2.02	0.11	0.09	—	—	—	—	400	6.1	—	17	10	—	—	—

续表2-7-3

饲料编号	饲料名称	干物质 DM (%)	钙 Ca (%)	磷 P (%)	镁 Mg (%)	钾 K (%)	钠 Na (%)	氯 Cl (%)	硫 S (%)	铁 Fe (mg/kg)	铜 Cu (mg/kg)	钴 Co (mg/kg)	锌 Zn (mg/kg)	锰 Mn (mg/kg)	氟 F (mg/kg)	钼 Mo (mg/kg)	碘 I (mg/kg)
9431	甘蔗糖蜜(进口)	72.7	1.19	0.11	0.47	3.17	0.37	—	—	300	79.4	—	43	56	—	—	0.13
9621	面包废弃物	92.2	0.05	0.16	0.09	0.41	0.39	0.65	—	200	4.3	0.20	15	20	—	—	—

4. 氨基酸含量

表 2-7-4　氨基酸含量(%,上段数字为干物质基础下百分含量,下段数字为该氨基酸占粗蛋白质百分比)

饲料编号	饲料名称	干物质 DM	粗蛋白质 CP	精氨酸 Arg	甘氨酸 Gly	组氨酸 His	异亮氨酸 Ile	亮氨酸 Leu	赖氨酸 Lys	蛋氨酸 Met	胱氨酸 Cys	苯丙氨酸 Phe	酪氨酸 Tyr	苏氨酸 Thr	色氨酸 Trp	缬氨酸 Val	丝氨酸 Ser	脯氨酸 Pro	丙氨酸 Ala	天冬氨酸 Asp	谷氨酸 Glu
5531	饲用小麦粉	86.7	17.9	0.89	0.74	0.40	0.59	1.19	0.53	0.27	0.42	0.81	0.44	0.53	0.22	0.78	0.81	1.62	0.68	0.92	4.69
				5.00	4.11	2.26	3.29	6.63	2.97	1.54	2.34	4.53	2.46	2.99	1.23	4.35	4.50	9.08	3.79	5.14	26.23
5532	饲用小麦粉(等外品)	87.4	19.7	1.33	0.93	0.49	0.67	1.27	0.79	0.28	0.39	0.85	0.56	0.62	0.23	0.94	0.86	1.40	0.93	1.22	4.29
				6.78	4.70	2.49	3.42	6.46	4.02	1.43	1.99	4.33	2.84	3.15	1.14	4.78	4.35	7.11	4.74	6.20	21.78
5541	大麦	88.5	12.0	0.59	0.48	0.26	0.40	0.86	0.46	0.18	0.29	0.62	0.28	0.41	0.16	0.60	0.50	1.22	0.49	0.70	2.65
				4.88	4.01	2.16	3.29	7.19	3.82	1.46	2.41	5.18	2.34	3.39	1.34	4.95	4.18	10.17	4.10	5.84	22.01
5561	裸大麦	87.7	11.7	0.58	0.46	0.25	0.39	0.80	0.44	0.18	—	0.59	0.37	0.41	—	0.57	0.48	—	—	—	—
				4.98	3.95	2.11	3.34	6.85	3.71	1.56	—	4.99	3.15	3.48	—	4.84	4.05	—	—	—	—
5571	黑麦	88.0	11.4	0.58	0.49	0.26	0.38	0.72	0.44	0.16	0.24	0.52	0.26	0.38	0.15	0.55	0.48	1.07	0.50	0.81	2.52
				5.05	4.29	2.27	3.32	6.27	3.82	1.39	2.13	4.55	2.30	3.33	1.27	4.81	418	9.41	4.34	7.07	22.12
5581	燕麦	88.7	11.0	0.69	0.50	0.26	0.38	0.76	0.50	0.19	0.37	0.52	0.36	0.35	0.12	0.52	0.49	0.59	0.51	0.83	2.13
				6.28	4.57	2.33	3.45	6.91	4.54	1.71	3.32	4.70	3.24	3.21	1.06	4.71	4.49	5.31	4.60	7.50	19.33
5582	燕麦(澳大利亚产)	90.1	9.5	0.61	0.42	0.20	0.35	0.66	0.42	0.16	0.34	0.42	0.31	0.30	0.14	050	0.42	0.52	0.46	0.70	1.73
				6.36	4.41	2.04	3.65	6.97	4.39	1.68	3.57	4.39	3.20	3.14	1.43	5.26	4.38	5.47	4.83	7.37	18.16
5951	甘薯块茎(干)	87.7	6.3	0.31	0.30	0.10	0.21	0.36	0.24	0.12	0.04	0.42	0.22	0.33	0.07	0.34	0.40	—	—	—	—
				5.00	4.76	1.67	3.33	5.71	3.81	1.90	0.71	6.67	3.57	5.24	1.19	5.48	6.43	—	—	—	—
5961	木薯粉	88.0	2.8	0.14	0.10	0.05	0.09	0.14	0.14	0.04	0.04	0.08	0.04	0.09	0.03	0.10	0.10	0.11	0.14	0.20	0.36
				4.98	3.38	1.71	3.03	5.03	5.00	1.43	1.41	2.76	1.56	3.19	1.01	3.42	3.54	4.06	5.08	6.98	12.68
6002	面包屑和不新鲜的面包	89.2	14.6	0.48	0.50	0.28	0.51	0.94	0.29	0.23	0.29	0.68	0.42	0.38	0.17	0.58	0.65	1.53	0.42	0.63	3.83
				3.26	3.40	1.90	3.51	6.44	2.01	1.59	1.97	4.67	2.88	2.59	1.14	3.97	4.47	10.49	2.89	4.34	26.22

续表2-7-4

饲料编号	饲料名称	干物质 DM	粗蛋白质 CP	精氨酸 Arg	甘氨酸 Gly	组氨酸 His	异亮氨酸 Ile	亮氨酸 Leu	赖氨酸 Lys	蛋氨酸 Met	胱氨酸 Cys	苯丙氨酸 Phe	酪氨酸 Tyr	苏氨酸 Thr	色氨酸 Trp	缬氨酸 Val	丝氨酸 Ser	脯氨酸 Pro	丙氨酸 Ala	天冬氨酸 Asp	谷氨酸 Glu
6201	带壳和含抛光粉的大麦麸皮	89.9	13.6	0.74	0.61	0.30	0.43	0.88	0.50	0.16	0.21	0.64	0.50	0.43	0.14	0.68	0.57	—	—	—	—
				5.42	4.52	2.22	3.20	6.49	3.70	1.15	1.56	4.68	3.70	3.20	1.07	5.01	4.19	—	—	—	—
6211	含抛光粉的大麦麸皮	88.0	16.8	1.08	0.84	0.39	0.55	1.08	0.77	0.30	0.30	0.69	0.45	0.64	0.16	0.93	0.39	—	—	—	—
				6.43	4.97	2.29	3.25	6.43	4.59	1.78	1.78	4.08	2.68	3.82	0.96	5.54	2.29	—	—	—	—
6221	带壳大麦麸	89.6	8.8	0.47	0.48	0.16	0.29	0.50	0.37	0.16	0.22	0.32	0.22	0.33	0.10	0.42	0.38	—	—	—	—
				5.29	5.43	1.81	3.34	5.71	4.18	1.81	2.51	3.62	2.51	3.76	1.11	4.74	4.32	—	—	—	—
6231	带壳和含抛光粉的裸大麦麸皮	89.0	16.9	1.00	0.78	0.38	0.54	1.05	0.65	0.20	0.26	0.78	0.46	0.73	0.21	0.84	0.70	—	—	—	—
				5.92	4.64	2.24	3.20	6.24	3.84	1.19	1.52	4.64	2.72	4.32	1.22	4.96	4.16	—	—	—	—
6261	玉米糁	86.6	10.4	0.59	0.45	0.32	0.29	0.92	0.50	0.22	0.35	0.42	0.32	0.36	0.09	0.43	0.46	0.74	0.67	0.69	1.62
				5.65	4.29	3.07	2.78	8.86	4.77	2.10	3.39	4.05	3.10	3.44	0.87	4.11	4.45	7.08	6.38	6.65	15.48
6992	甜菜渣(干)	88.5	9.6	0.37	0.39	0.37	0.31	0.52	0.63	0.16	0.18	0.31	0.40	0.40	0.07	0.46	0.44	0.43	0.42	0.67	1.23
				3.86	4.04	3.85	3.26	5.49	6.64	1.66	1.93	3.25	4.20	4.18	0.77	4.85	4.62	4.51	4.40	7.05	12.92
7291	小麦筛渣颗粒	89.3	13.8	0.66	—	—	0.43	0.90	0.58	0.17	0.18	0.48	—	0.46	—	0.57	—	—	—	—	—
				4.81	—	—	3.10	6.51	4.22	1.26	1.34	3.49	—	3.33	—	4.11	—	—	—	—	—
7581	棕榈仁粕	88.5	17.7	2.23	0.81	0.38	0.63	1.14	0.65	0.35	0.29	0.75	0.45	0.56	0.16	0.87	0.74	0.58	0.74	1.44	3.42
				12.55	4.55	2.12	3.56	6.45	3.67	1.99	1.63	4.21	2.51	3.17	0.92	4.89	4.16	3.25	4.18	8.11	19.30
7601	乳木果仁粕	88.7	14.9	1.16	0.67	0.42	0.67	1.07	0.59	0.42	0.27	0.57	0.47	0.57	0.17	0.86	0.65	—	—	—	—
				7.80	4.50	2.82	4.50	7.19	3.97	2.82	1.81	3.83	3.16	3.83	1.14	5.78	4.37	—	—	—	—
8422	乳清粉	96.6	12.4	0.26	0.22	0.21	0.62	1.07	0.90	0.17	0.27	0.35	0.26	0.73	0.20	0.60	0.52	0.66	0.52	1.12	1.87
				2.07	1.80	1.73	5.00	8.64	7.25	1.36	2.15	2.83	2.08	5.89	1.61	4.80	4.19	5.34	4.16	9.02	15.02
9331	柑橘皮	88.4	6.6	0.12	—	—	0.18	0.37	0.26	—	—	0.22	—	0.23	—	0.26	—	—	—	—	—
				1.88	—	—	2.81	2.63	3.91	—	—	3.28	—	3.44	—	3.91	—	—	—	—	—
9431	甘蔗糖蜜(进口)	72.7	4.3	0.01	0.04	0.01	0.03	0.04	0.01	0.01	00.02	0.02	0.01	0.03	0.02	0.06	—	—	—	—	—
				0.17	0.85	0.17	0.68	0.85	0.17	0.17	0.51	0.51	0.34	0.68	0.51	1.36	—	—	—	—	—
9621	面包废弃物	92.2	8.2	0.41	0.34	0.20	0.38	0.68	0.28	0.13	0.14	0.52	0.27	0.29	0.12	0.46	0.44	—	—	—	—
				4.94	4.10	2.41	4.58	8.19	3.37	1.57	1.69	6.27	3.25	3.49	1.45	5.54	5.30	—	—	—	—

注:《国内外饲料成分及营养价值史料汇编》(第一辑)(2016)中,错将上段数字注释为"饲喂基础下百分含量",实际应为"干物质基础下百分含量"。特此致歉。

5. 维生素含量

表 2-7-5 维生素含量(干物质基础)

饲料编号	饲料名称	干物质 DM(%)	总胡萝卜素 Total carotene (mg/kg)	维生素 A (IU/kg)	维生素 D (IU/kg)	维生素 E (mg/kg)	维生素 K (mg/kg)	维生素 B_1 Thiamin (mg/kg)	维生素 B_2 Riboflavin (mg/kg)	泛酸 Pantoth-enic acid (mg/kg)	烟酸 Niacin (mg/kg)	维生素 B_6 Pyridoxine (mg/kg)	生物素 Biotin (mg/kg)	叶酸 Folic acid (mg/kg)	胆碱 Choline (mg/kg)	维生素 B_{12} (mg/kg)
1170	甘薯块茎	27.9	0	0	—	—	—	3.1	1.6	—	25	—	—	—	—	—
5511	高粱籽实	86.5	—	—	—	7	—	4.4	1.3	12.8	48	4.6	0.20	0.27	800	—
5531	饲用小麦粉	86.7	—	0	—	61	—	9.1	0.9	13.3	41	8.1	0.14	0.16	700	0.01
5532	饲用小麦粉(等外品)	87.4	—	—	—	65	—	21.2	1.7	15.3	59	12.4	0.42	1.24	1200	—
5541	大麦	88.5	—	0	—	7	—	5.7	1.1	7.3	65	3.3	0.22	0.56	1200	—
5561	裸大麦	87.7	—	—	—	48	—	4.1	1.4	—	87	19.3	—	—	—	—
5571	黑麦	88.0	—	0	—	17	—	4.4	1.8	7.8	1	—	0.07	0.67	—	—
5581	燕麦	88.7	—	0	—	7	—	7.0	1.8	14.5	18	1.4	0.34	0.45	1200	0.01
5582	燕麦(澳大利亚产)	90.1	—	0	—	—	—	4.3	0.7	—	—	—	—	—	—	—
5621	粟(谷子、小米)	87.3	—	—	—	—	—	7.3	1.8	8.2	58	—	—	—	900	—
5631	黍	87.4	—	—	—	—	—	4.6	1.1	—	46	—	—	—	—	—
5641	日本粟	87.0	—	—	—	—	—	4.6	1.1	—	46	—	—	—	—	—
6002	面包屑和不新鲜的面包	89.2	—	—	—	0	—	1.0	1.2	9.6	—	1.9	—	0.15	500	0.06
6261	玉米糁	86.6	—	—	—	—	—	8.9	2.3	9.1	52	12.1	0.15	0.30	1300	—
6574	糖蜜酒糟(湿)	50.7	—	—	—	—	—	1.5	5.0	13.0	65	17.0	1.00	45.00	800	—
6992	甜菜渣(干)	88.5	0	—	700	—	—	0.4	0.8	1.6	18	—	—	—	900	—
7291	小麦筛渣颗粒	89.3	—	—	—	—	—	—	3.5	—	—	—	—	—	—	—
7581	棕榈仁粕	88.5	—	—	—	—	—	—	14.2	—	—	—	—	—	—	—
8422	乳清粉	96.6	—	500	—	—	—	3.9	31.8	50.7	12	2.7	0.43	0.96	20	0.02
9331	柑橘皮	88.4	—	—	—	—	—	—	3.7	—	—		—	—	—	—
9431	甘蔗糖蜜(进口)	72.7	—	—	—	110	—	1.2	4.4	51.1	46	17.5	1.14	0.03	1200	0.03
9621	面包废弃物	92.2	—	—	—	—	—	0.5	1.3	5.0	7	0.0	0.06	0.10	2900	0.00

6.饲料粗蛋白质瘤胃降解参数

表 2-7-6 饲料粗蛋白质瘤胃降解参数

饲料编号	饲料名称	分解			分解性粗蛋白质 CPd(CP 中%)	非分解性粗蛋白质 CPu(CP 中%)
		a(CP 中%)	b(CP 中%)	kd(%/h) *		
5511	高粱籽实	20	62	4	55	45
5541	大麦	30	64	24	85	15
5571	黑麦	53	43	11	86	14
5581	燕麦	65	30	24	91	9
6181	小麦细麸	37	56	15	82	18
6261	玉米糁	32	63	5	70	30
6350	马铃薯渣	11	80	5	56	44
6940	柑橘渣	38	60	7	77	23
6960	苹果渣	22	67	7	67	33
6990	甜菜渣	19	76	5	64	36
7581	棕榈仁粕	15	79	3	53	47
8420	乳清粉	100	0	0	100	0
9420	糖蜜	91	9	1	93	7

注:a 为可溶解组分,b 为潜在降解组分,kd 为潜在降解组分 b 的降解速度。* 原文为“kd(%/时间)”,编者推测应为“kd(%/h),h 为小时”。

7.非结构性碳水化合物(NCWFE)及其他纤维含量

表 2-7-7 NCWFE(Nitrogen cell wall free extracts,非结构性碳水化合物)及其他纤维含量(干物质基础,%)

饲料编号	饲料名称	非结构性碳水化合物 NCWFE	中性洗涤纤维 NDF	酸性洗涤纤维 ADF	粗纤维
3521	多花黑麦草干草(一茬,营养后期)	25.0	44.5	20.6	17.9
5511	高粱籽实	73.6	8.0	7.4	2.2
5541	大麦	66.5	16.4	6.3	5.0
5581	燕麦	48.1	31.4	14.3	11.6
5961	木薯粉	82.9	9.3	5.6	4.8
6992	甜菜渣(干)	19.3	50.0	26.3	19.6

8. 酵素法划分纤维及中性纤维、酸性洗涤纤维含量

表 2-7-8 酵素法划分纤维及中性纤维、酸性洗涤纤维含量(干物质基础,括号内为标准差,%)

饲料编号	饲料名称	OCW	Oa	Ob	NDF	ADF
5511	高粱籽实	11.1	1.9	9.2	8.6	5.0
5530	饲用小麦粉	9.7	2.4	7.3	7.9	3.5
5541	大麦	15.9(0.4)	5.5	10.4(0.5)	18.1(6.6)	5.2(0.1)
5581	燕麦	29.9(3.2)	2.6	27.4(2.2)	31.4	14.7(1.1)
6002	面包屑和不新鲜的面包	2.6	2.1	0.5	4.4	2.1
6221	带壳大麦麸	47.2	2.6	44.6	46.9	20.3
6950	柑橘渣	19.3(3.4)	13.5	5.8(1.9)	12.7(2.7)	10.6(2.3)
6960	苹果渣	35.1(12.5)	21.1	14.0(10.0)	30.2(10.8)	23.7(9.9)
6992	甜菜渣(干)	65.5(4.7)	21.7	43.9(11.0)	49.6(6.4)	26.3(2.2)
7010	番茄渣	64.9	18.4	46.5	74.1	62.9

注:OCW 为 Organic cell wall,总纤维,细胞壁物质;Oa 为 High digestible fiber,Organic a fraction,高消化性纤维;Ob 为 Low digestible fiber,Organic b fraction,低消化性纤维;OCW=Oa+Ob;NDF(中性洗涤纤维)和 ADF(酸性洗涤纤维)为实测值。

9. 硒含量

表 2-7-9 硒含量(干物质基础,mg/kg)

饲料编号	饲料名称	样本数	平均值	标准偏差	最小值	最大值
5580	燕麦	10	0.04	0.03	0.01	0.11
6350	马铃薯渣	24	0.01	0.00	0.00	0.02
6960	苹果渣	3	0.77		0.07	1.21
6990	甜菜渣	14	0.08	0.06	0.02	0.20

10. 非植酸磷含量

表 2-7-10 非植酸磷含量(干物质基础,%)

饲料编号	饲料名称	总磷	总磷中非植酸磷含量	饲料中非植酸磷含量
5511	高粱籽实	0.31	29	0.09
5541	大麦	0.37	35	0.13
5581	燕麦	0.31	44	0.14
5631	黍	0.32	47	0.15

11. 猪回肠末端真氨基酸消化率

表 2-7-11 猪回肠末端真氨基酸消化率(%)

饲料编号	饲料名称	精氨酸 Arg	甘氨酸 Gly	组氨酸 His	异亮氨酸 Ile	亮氨酸 Leu	赖氨酸 Lys	蛋氨酸 Met	蛋氨酸+胱氨酸 Met+Cys	苯丙氨酸 Phe	酪氨酸 Tyr	苏氨酸 Thr	色氨酸 Trp	缬氨酸 Val	丝氨酸 Ser	丙氨酸 Ala	天冬氨酸 Asp	谷氨酸 Glu
5511	高粱籽实	93	53	88	96	94	90	93	93	98	78	94	98	94	81	85	84	85
5541	大麦	84	44	83	82	82	76	82	81	84	88	80	77	81	79	77	75	94
5561	裸大麦	85	59	90	87	85	89	87	—	90	85	87	—	87	82	81	82	91
5571	黑麦	79	—	79	78	79	76	81	82	82	—	75	76	78	—	—	—	—
5581	燕麦	90	—	88	82	84	81	84	78	86	—	75	77	82	—	—	—	—
5651	黑小麦	87	—	87	88	88	83	89	90	88	—	79	80	88	—	—	—	—
5961	木薯粉	46	—	49	43	45	44	52	35	44	—	36	39	40	—	—	—	—
6181	小麦细麸	91	—	91	91	90	84	90	89	90	—	86	88	89	—	—	—	—
6992	甜菜渣(干)	53	—	53	52	52	55	59	53	49	—	28	50	42	—	—	—	—
8422	乳清粉	100	—	92	86	86	92	88	89	89	—	91	89	89	—	—	—	—

12. 鸡饲料氨基酸真消化率

表 2-7-12 鸡饲料氨基酸真消化率(TME 法测定,%)

饲料编号	饲料名称	精氨酸 Arg	甘氨酸 Gly	组氨酸 His	异亮氨酸 Ile	亮氨酸 Leu	赖氨酸 Lys	蛋氨酸 Met	蛋氨酸+胱氨酸 Met+Cys	苯丙氨酸 Phe	酪氨酸 Tyr	苏氨酸 Thr	色氨酸 Trp	缬氨酸 Val	丝氨酸 Ser	丙氨酸 Ala	天冬氨酸 Asp	谷氨酸 Glu
5511	高粱籽实	89	87	89	86	93	78	85	78	92	88	80	87	87	86	91	92	86
5531	饲用小麦粉	97	92	93	92	92	90	94	90	94	96	91	91	99	93	95	87	90
5541	大麦	86	81	87	79	84	79	72	78	81	81	76	81	81	81	88	78	78
5561	裸大麦	84	81	86	78	83	78	79	79	81	80	75	82	80	79	89	77	76
5961	木薯粉	90	83	83	83	82	79	89	81	87	86	80	—	74	85	89	70	84
5531	饲用小麦粉	97	92	93	92	92	90	94	90	94	96	91	91	99	93	95	87	90

13. 亚油酸含量

表 2-7-13 亚油酸含量(干物质基础,%)

饲料编号	饲料名称	饲料中亚油酸含量
5511	高粱籽实	1.44
5541	大麦	1.02
5581	燕麦	2.31
5582	燕麦(澳大利亚产)	2.49
6261	玉米糁	4.59
8422	乳清粉	0.01
8951	牛脂	3
8952	猪脂	18
8953	鸡脂	20
8961	鱼油	3
8981	玉米油	58
8982	棉籽油	52
8983	菜籽油	33
8984	大豆油	51
8985	米糠油	37
8986	葵花籽油	66
8987	花生油	32
8988	红花油	74
8989	棕榈油	9
8990	亚麻油	14
8991	椰子油	22

14. 叶黄素含量

表 2-7-14 叶黄素含量(干物质基础,%)

饲料编号	饲料名称	叶黄素含量(mg/kg)
6002	面包屑和陈面包	2
6261	玉米糁	4

2.8 韩国资料

2.8.1 IN K. Han, et al. 1982. Korean Tables of Feed Composition(韩国饲料成分表)[27]

1. 常规成分及有效能值

表 2-8-1 常规成分及有效能值

饲料名称及描述	国际饲料编号 IFN	常规成分						可消化粗蛋白质				牛有效能值						山羊有效能值			绵羊有效能值			猪有效能			鸡有效能		
		干物质 DM	粗脂肪 EE	无氮浸出物 NFE	粗纤维 CF	粗灰分 Ash	粗蛋白质 CP	牛	山羊	绵羊	猪	消化能 DE	代谢能 ME	维持净能 NE_m	增重净能 NE_g	产奶净能 NE_l	总可消化养分 TDN	消化能 DE	代谢能 ME	总可消化养分 TDN	消化能 DE	代谢能 ME	总可消化养分 TDN	消化能 DE	代谢能 ME	总可消化养分 TDN	氮校正代谢能 MEn	生产净能 NEp	真代谢能 TME
		%	%	%	%	%	%	%	%	%	%	Mcal/kg					%	Mcal/kg		%	Mcal/kg		%	kcal/kg		%	kcal/kg		
马铃薯块茎,脱水 Potato, tubers, dehydrated	4-07-850	88	1.0	70.8	2.4	4.4	9.1	4.9*	5.9*	5.9*	—	2.99*	2.63*	1.56*	1.08*	1.56*	68*	3.29#	2.93#	75#	3.29*	2.93*	75*	3254*	3056*	74*	2790+	1910+	—
		100	1.1	80.8	2.7	5.0	10.4	5.5*	6.7*	6.7*	—	3.41*	3.00*	1.86*	1.23*	1.78*	77*	3.76#	3.34#	85#	3.76*	3.34*	85*	3715*	3489*	84*	3186+	2180+	—
马铃薯块茎,新鲜 Potato, tubers, fresh	4-03-787	21	0.2	16.0	0.7	1.0	2.6	1.5*	1.8*	1.5	—	0.69*	0.61*	-0.39	0.25*	0.36*	16*	0.77#	0.69#	17#	0.77*	0.69*	17	753*	704*	17*	—	—	—
		100	1.1	78.0	3.6	5.0	12.4	7.4*	8.6*	7.3	—	3.37*	2.96*	1.83*	1.20*	1.75*	76*	3.74#	3.33#	85#	3.74*	3.33*	85	3662*	3424*	83*	—	—	—
马铃薯淀粉 Potato, starch	4-03-783	89	0.5	73.6	2.6	3.0	8.9	4.6*	5.7*	5.7*	—	3.03*	2.67*	1.59*	1.09*	1.58*	69*	3.38#	3.01#	77#	3.38*	3.01*	77*	3378*	3174*	77*	—	—	—
		100	0.6	83.0	2.9	3.4	10.0	5.2*	6.4*	6.4*	—	3.42*	3.01*	1.87*	1.23*	1.78*	78*	3.81#	3.40#	86#	3.81*	3.40*	86*	3810*	3581*	86*			
马铃薯淀粉加工下脚料,脱水 Potato, starch process residue, dehydrated	4-03-778	90	0.4	72.6	5.9	3.5	7.3	3.1*	4.2*	4.2*	—	2.99*	2.62*	1.56*	1.06*	1.56*	68*	3.27#	2.90#	74#	3.27*	2.90*	74*	3397*	3205*	77*	—	—	—
		100	0.4	80.9	6.6	3.9	8.1	3.5*	4.7*	4.7*	—	3.34*	2.92*	1.81*	1.18*	1.74*	76*	3.64#	3.23#	83#	3.64*	3.23*	83*	3787*	3573*	86*	—	—	—

续表2-8-1

饲料名称及描述	国际饲料编号 IFN	常规成分						可消化粗蛋白质				牛有效能值						山羊有效能值			绵羊有效能值			猪有效能			鸡有效能		
		干物质 DM	粗脂肪 EE	无氮浸出物 NFE	粗纤维 CF	粗灰分 Ash	粗蛋白质 CP	牛	山羊	绵羊	猪	消化能 DE	代谢能 ME	维持净能 NE_m	增重净能 NE_g	产奶净能 NE_l	总可消化养分 TDN	消化能 DE	代谢能 ME	总可消化养分 TDN	消化能 DE	代谢能 ME	总可消化养分 TDN	消化能 DE	代谢能 ME	总可消化养分 TDN	氮校正代谢能 MEn	生产净能 NEp	真代谢能 TME
		%	%	%	%	%	%	%	%	%	%	Mcal/kg					%	Mcal/kg		%	Mcal/kg		%	kcal/kg		%	kcal/kg		
马铃薯淀粉加工下脚料，湿 Potato, starch process residue, wet	4-24-807	24	0.3	19.2	2.3	0.6	1.2	0.2*	0.4*	0.4*	—	0.79*	0.69*	-0.29*	0.28*	0.41*	18*	0.85#	0.75#	19#	0.85*	0.75*	19*	903*	857*	20*	—	—	—
		100	1.3	81.4	9.7	2.5	5.1	0.7*	1.9*	1.9*	—	3.34*	2.93*	1.81*	1.19*	1.74*	76*	3.59#	3.18#	82#	3.59*	3.18*	82*	3826*	3633*	87*	—	—	—
甘薯块茎，脱水 Sweetpotato, tubers, dehydrated	4-23-980	90	1.2	75.1	4.1	4.2	5.1	1.1*	2.2*	0.9	—	3.08*	2.70*	1.63*	1.11*	1.60*	70*	2.97#	2.59#	67#	2.97*	2.59*	67	3401*	3226*	77*	—	—	—
		100	1.3	83.7	4.6	4.7	5.7	1.2*	2.4*	1.0	—	3.43*	3.01*	1.88*	1.24*	1.79*	78*	3.31#	2.89#	75#	3.31*	2.89*	75	3791*	3596*	86*	—	—	—
甘薯块茎，新鲜 Sweetpotato, tubers, fresh	4-04-788	27	0.5	22.0	1.1	1.3	1.6	0.4*	0.8*	0.9	—	0.92*	0.81*	-0.16*	0.33*	0.48*	21*	0.88#	0.77#	20#	0.88*	0.77*	20	995*	943*	23*	—	—	—
		100	1.9	82.8	4.3	4.9	6.1	1.6*	2.8*	3.5	—	3.45*	3.03*	1.89*	1.25*	1.79*	78*	3.30#	2.88#	75#	3.30*	2.88*	75	3737*	3542*	85*	—	—	—
甘薯块茎，压片脱水 Sweetpotato, tubers, flaked dehydrated	4-23-957	88	0.9	76.1	3.8	2.7	4.5	0.6*	1.7*	1.7*	—	3.04*	2.68*	1.60*	1.11*	1.56*	69*	3.36#	2.99#	76#	3.36*	2.99*	76*	3440*	3267*	78*	—	—	—
		100	1.0	86.5	4.3	3.1	5.1	0.7*	1.9*	1.9*	—	3.46*	3.04*	1.90*	1.26*	1.80*	78*	3.81#	3.40#	87#	3.81*	3.40*	87*	3909*	3712*	89*	—	—	—
甘薯淀粉 Sweetpotato, starch	4-25-656	89	0.9	78.9	2.4	2.5	3.8	-0.0*	1.0*	1.0*	—	3.11*	2.74*	1.65*	1.14*	1.62*	70*	3.46#	3.09#	78#	3.46*	3.09*	78*	3481*	3311*	79*	—	—	—
		100	1.0	89.2	2.7	2.8	4.3	-0.0*	1.2*	1.2*	—	3.51*	3.10*	1.93*	1.29*	1.83*	80*	3.90#	3.49#	89#	3.90*	3.49*	89*	3933*	3742*	89*	—	—	—
甘薯淀粉加工下脚料，脱水 Sweetpotato, starch process residue, dehydrated	4-08-535	88	1.5	68.8	7.6	5.1	5.2	1.3*	2.3*	2.3*	1.8	2.93*	2.56*	1.52*	1.03*	1.52*	66*	3.10#	2.73#	70#	3.10*	2.73*	70*	27510*	2607*	62	—	—	—
		100	1.7	78.0	8.6	5.8	5.9	1.4*	2.7*	2.7*	2.0	3.32*	2.90*	1.80*	1.17*	1.72*	75*	3.51#	3.10#	80#	3.51*	3.10*	80*	3115*	2954*	71	—	—	—
甘薯淀粉加工下脚料，湿 Sweetpotato, starch process residue, wet	4-06-743	22	0.5	14.9	2.4	1.4	2.9	1.8*	2.0*	2.0*	—	0.71*	0.62*	-0.37*	0.24*	0.37*	16*	0.74#	0.64#	17#	0.74*	0.64*	17*	714*	666*	16*	—	—	—
		100	2.3	67.4	10.9	6.3	13.1	8.1*	9.3*	9.3*	—	3.20*	2.78*	1.71*	1.10*	1.66*	73*	3.32#	2.91#	75#	3.32*	2.91*	75*	3229*	3015*	73*	—	—	—
甘薯酒糟，脱水 Sweetpotato, distillers residue, dehydrated	4-06-741	91	11.0	42.1	13.4	5.9	19.0	13.8*	14.9*	14.9*	—	3.07*	2.69*	1.62*	1.09*	1.60*	70*	2.93#	2.54#	66#	2.93*	2.54*	66*	3011*	2764*	68*	2042	—	—
		100	12.0	46.1	14.6	6.5	20.8	15.1*	16.3*	16.3*	—	3.36*	2.94*	1.83*	1.20*	1.75*	76*	3.20#	2.78#	73#	3.20*	2.78*	73*	3295*	3025*	75*	2235	—	—

续表2-8-1

饲料名称及描述	国际饲料编号 IFN	常规成分						可消化粗蛋白质				牛有效能值						山羊有效能值			绵羊有效能值			猪有效能			鸡有效能		
		干物质 DM	粗脂肪 EE	无氮浸出物 NFE	粗纤维 CF	粗灰分 Ash	粗蛋白质 CP	牛	山羊	绵羊	猪	消化能 DE	代谢能 ME	维持净能 NE_m	增重净能 NE_g	产奶净能 NE_l	总可消化养分 TDN	消化能 DE	代谢能 ME	总可消化养分 TDN	消化能 DE	代谢能 ME	总可消化养分 TDN	消化能 DE	代谢能 ME	总可消化养分 TDN	氮校正代谢能 MEn	生产净能 NEp	真代谢能 TME
		%	%	%	%	%	%	%	%	%	%	Mcal/kg					%	Mcal/kg		%	Mcal/kg		%	kcal/kg		%	kcal/kg		
甘薯酒糟，湿 Sweetpotato, distillers residue, dehydrated, wet	4-06-742	13	0.6	5.8	3.3	0.7	2.9	2.1*	2.3*	2.3*	—	0.38*	0.33*	-0.71*	0.12*	0.20*	9*	0.36#	0.30#	8#	0.36*	0.30*	8*	192*	176*	4*	—	—	—
		100	4.5	43.8	24.7	5.4	21.6	15.8*	17.0*	17.0*	—	2.87*	2.45*	1.48*	0.89*	1.47*	65*	2.68#	2.26#	61#	2.68*	2.26*	61*	1440*	1320*	33*	—	—	—
燕麦籽实 Oats, grain	4-03-309	88	4.7	51.8	11.3	6.5	14.2	9.5*	10.6*	10.6*	9.7+	2.84*	2.47*	1.45*	0.98*	1.47*	64*	2.84#	2.47#	64#	2.84*	2.47*	64*	2695*	2499*	61*	2549+	1711+	3209+
		100	5.3	58.5	12.8	7.3	16.0	10.8*	11.9*	11.9*	11.0+	3.21*	2.79*	1.72*	1.10*	1.66*	73*	3.21#	2.79#	73#	3.21*	2.79*	73*	3046*	2825*	69*	2882+	1934+	3627+
蚕桑，粪便和桑叶，晒干 Silkworm-mulberry, manure and leaves, sun-cured	4-06-732	87	3.9	39.4	13.1	12.3	18.3	13.3*	14.4*	11.5	—	2.56*	2.20*	1.24*	0.82*	1.32*	58*	2.34#	1.97#	53#	2.34*	1.97*	53	1933*	1774*	44*	—	—	—
		100	4.5	45.3	15.1	14.1	21.0	15.3*	16.5*	13.3	—	2.95*	2.53*	1.54*	0.94*	1.52*	67*	2.69#	2.26#	61#	2.69*	2.26*	61	2222*	2039*	50*	—	—	—
洋蓟，根，新鲜 Artichoke, globe, roots, fresh	4-08-341	17	0.2	12.7	1.0	1.5	1.5	0.7*	0.9*	0.8	—	0.55*	0.48*	-0.53*	0.19*	0.29*	13*	0.59#	0.52#	13#	0.59*	0.52*	13	586*	552*	13*	—	—	—
		100	1.4	75.1	5.7	9.2	8.7	4.0*	5.2*	4.9	—	3.29*	2.87*	1.78*	1.15*	1.71*	75*	3.50#	3.09#	79#	3.50*	3.09*	79	3479*	3279*	79*	—	—	—
紫苏籽 Perilla, common, seeds	4-25-231	87	32.8	8.4	20.4	4.5	21.2	16.0*	17.0*	17.0*	—	3.49*	3.13*	1.92*	1.37*	1.83*	79*	3.49*	3.13*	79*	3.49*	3.13*	79*	1608*	1464*	36*	—	—	—
		100	37.6	9.6	23.4	5.2	24.3	18.3*	19.5*	19.5*	—	4.00*	3.59*	2.26*	1.56*	2.10*	91*	4.00*	3.59*	91*	4.00*	3.59*	91*	1841*	1677*	42*	—	—	—
面条，含油和废料 Noodles, fat added waste	4-07-067	90	16.5	61.0	1.5	3.3	8.0	3.7*	4.8*	4.8*	—	3.66*	3.30*	2.03*	1.44*	1.93*	83*	3.70#	3.33#	84#	3.70*	3.33*	84*	3811*	3590*	86*	—	—	—
		100	18.3	67.6	1.6	3.7	8.9	4.2*	5.4*	5.4*	—	4.06*	3.65*	2.30*	1.60*	2.14*	92*	4.10#	3.69#	93#	4.10*	3.69*	93*	4223*	3978*	96*	—	—	—
荞麦籽实，普通 Buckwheat, common, grain	4-00-994	85	2.7	60.7	6.0	5.3	10.5	6.2*	7.2*	0.3	7.7+	2.84*	2.49*	1.45*	1.01*	1.48*	64*	2.78#	2.43#	63#	2.78*	2.43*	63	2963*	2771*	67*	2362	1748+	2623+
		100	3.2	71.3	7.1	6.2	12.3	7.3*	8.5*	0.4	9.1+	3.34*	2.92*	1.81*	1.18*	1.73*	76*	3.27#	2.85#	74#	3.27*	2.85*	74	3480*	3254*	79*	2774	2053+	3081+
红萝卜根，脱水 Radish, garden, roots, dehydrated	4-07-115	89	2.2	37.4	11.9	18.7	18.3	13.3*	14.3*	14.3*	—	2.47*	2.10*	1.18*	0.74*	1.27*	56*	2.24#	1.87#	51#	2.24*	1.87*	51*	1560*	1433*	35*	—	—	—
		100	2.5	42.3	13.4	21.1	20.7	15.0*	16.2*	16.2*	—	2.79*	2.37*	1.42*	0.84*	1.43*	63*	2.54#	2.11#	58#	2.54*	2.11*	58*	1763*	1619*	40*	—	—	—

续表2-8-1

饲料名称及描述	国际饲料编号 IFN	常规成分						可消化粗蛋白质				牛有效能值						山羊有效能值			绵羊有效能值			猪有效能			鸡有效能		
		干物质 DM	粗脂肪 EE	无氮浸出物 NFE	粗纤维 CF	粗灰分 Ash	粗蛋白质 CP	牛	山羊	绵羊	猪	消化能 DE	代谢能 ME	维持净能 NE_m	增重净能 NE_g	产奶净能 NE_l	总可消化养分 TDN	消化能 DE	代谢能 ME	总可消化养分 TDN	消化能 DE	代谢能 ME	总可消化养分 TDN	消化能 DE	代谢能 ME	总可消化养分 TDN	氮校正代谢能 MEn	生产净能 NEp	真代谢能 TME
		%	%	%	%	%	%	%	%	%	%	Mcal/kg					%	Mcal/kg		%	Mcal/kg		%	kcal/kg		%	kcal/kg		
红萝卜根,新鲜 Radish, garden, roots,fresh	4-03-850	9	0.2	4.1	1.1	1.3	2.0	1.5*	1.6*	1.6*	—	0.25*	0.21*	−0.84*	0.08*	0.13*	6*	0.24#	0.20#	5#	0.24*	0.20*	5*	182*	116*	4*	—	—	—
		100	1.8	47.6	12.8	14.7	23.0	17.2*	18.3*	18.3*	—	2.88*	2.46*	1.48*	0.89*	1.48*	65*	2.79#	2.37#	63#	2.79*	2.37*	63*	2113*	1930*	48*	—	—	—
小麦面粉,粗纤维<4% Wheat, flour, less than 4% fiber	4-27-528	88	3.2	65.9	2.7	1.9	14.5	9.8*	10.9*	9.4	9.4	3.07*	2.71*	1.62*	1.12*	1.60*	70*	3.10#	2.73#	70#	3.10*	2.73*	70	3051*	2827*	69	—	—	—
		100	3.7	74.7	3.1	2.1	16.5	11.1*	12.3*	10.7	10.7	3.49*	3.07*	1.92*	1.27*	1.82*	79*	3.51#	3.10#	80#	3.51*	3.10*	80	3459*	3206*	78	—	—	—
小麦筛下物 Wheat,grain screenings	4-05-216	88	2.0	66.3	4.2	2.8	12.7	8.1*	9.2*	10.8	10.8	2.98*	2.62*	1.56*	1.07*	1.55*	68*	2.96#	2.59#	67#	2.96*	2.59*	67	2957*	2753*	67	2781+	2031+	—
		100	2.2	75.5	4.7	3.1	14.4	9.3*	10.5*	12.3	12.3	3.40*	2.98*	1.85*	1.22*	1.77*	77*	3.37#	2.95#	76#	3.37*	2.95*	76	3365*	3133*	76	3165+	2312+	—
小麦面粉副产品,粗纤维<3.5% Wheat,flour by-product, less than 3.5% fiber	4-21-997	88	2.4	67.1	2.3	2.1	13.5	8.9*	10.0*	10.0*	—	3.04*	2.67*	1.60*	1.11*	1.58*	69*	3.36	3.00#	76#	3.36*	3.00*	76*	3287*	3053*	75*	—	—	—
		100	2.8	76.7	2.7	2.4	15.5	10.2*	11.4*	11.4*	—	3.47*	3.05*	1.90*	1.26*	1.81*	79*	3.84	3.43#	87#	3.84*	3.43*	87*	3754*	3487*	85*	—	—	—
小麦面粉副产品,粗纤维<5% Wheat, flour by-product, less than 5% fiber	4-22-381	87	3.4	62.0	4.3	3.0	14.8	10.1*	11.1*	11.1*	—	2.99*	2.62*	1.56*	1.08*	1.56*	68*	3.23	2.87#	73#	3.23*	2.87*	73*	3214*	2976*	73*	—	—	—
		100	3.9	71.0	4.9	3.4	16.9	11.5*	12.7*	12.7*	—	3.42*	3.00*	1.87*	1.23*	1.78*	78*	3.70	3.28#	84#	3.70*	3.28*	84*	3678*	3405*	83*	—	—	—
小麦面粉副产品,粗纤维<7%(次粉)Wheat,flour by-product,less than 7% fiber (wheat shorts)	4-05-201	88	3.9	59.0	6.3	3.7	15.4	10.6*	11.7*	11.5	11.7	2.97*	2.60*	1.55*	1.06*	1.54*	67*	2.97	2.60#	67#	2.97*	2.60*	67	3007*	2780*	68	2159+	1557+	2512+
		100	4.4	66.9	7.1	4.2	17.4	12.0*	13.2*	13.1	13.3	3.36*	2.95*	1.83*	1.20*	1.75*	76*	3.36	2.95#	76#	3.36*	2.95*	76	3407*	3150*	77	2446+	1764+	2846+

续表2-8-1

饲料名称及描述	国际饲料编号 IFN	常规成分						可消化粗蛋白质				牛有效能值						山羊有效能值			绵羊有效能值			猪有效能			鸡有效能		
		干物质 DM	粗脂肪 EE	无氮浸出物 NFE	粗纤维 CF	粗灰分 Ash	粗蛋白质 CP	牛	山羊	绵羊	猪	消化能 DE	代谢能 ME	维持净能 NE_m	增重净能 NE_g	产奶净能 NE_l	总可消化养分 TDN	消化能 DE	代谢能 ME	总可消化养分 TDN	消化能 DE	代谢能 ME	总可消化养分 TDN	消化能 DE	代谢能 ME	总可消化养分 TDN	氮校正代谢能 MEn	生产净能 NEp	真代谢能 TME
		%	%	%	%	%	%	%	%	%	%	Mcal/kg					%	Mcal/kg		%	Mcal/kg		%	kcal/kg		%	kcal/kg		
小麦面粉副产品，粗纤维<9.5%（小麦细麸）Wheat, flour by-product, less than 9.5% fiber (wheat middlings)	4-05-205	88	3.8	55.6	8.7	4.4	15.2	10.6	11.5*	9.3	10.6	2.51*	2.14*	1.21*	0.78*	1.29*	57	2.49#	2.12#	56#	2.49*	2.12*	56	2578*	2385*	58	2073+	1475+	—
		100	4.3	63.4	9.9	5.1	17.3	12.1	13.1*	10.6	12.1	2.87*	2.45*	1.48*	0.89*	1.47*	65	2.84#	2.42#	64#	2.84*	2.42*	64	2943*	2722*	67	2366+	1684+	—
小麦面粉副产品，粗纤维<12% Wheat, flour by-product, less than 12% fiber	4-06-749	88	3.3	54.2	10.7	4.8	15.4	10.6*	11.6*	11.6*	—	2.82*	2.45*	1.44*	0.96*	1.46*	64*	2.90#	2.53#	66#	2.90*	2.53*	66*	2752*	2545*	62*	—	—	—
		100	3.7	61.4	12.1	5.4	17.4	12.0*	13.2*	13.2*	—	3.19*	2.77*	1.71*	1.09*	1.65*	72*	3.28#	2.86#	74#	3.28*	2.86*	74*	3118*	2883*	71*	—	—	—
小麦面粉副产品，粗纤维<15% Wheat, flour by-product, less than 15% fiber	4-06-753	88	2.8	54.9	13.5	5.7	11.0	6.6*	7.7*	7.7*	—	2.74*	2.37*	1.38*	0.92*	1.42*	62*	2.75#	2.38#	62#	2.75*	2.38*	62*	2532*	2366*	57*	—	—	—
		100	3.1	62.5	15.4	6.4	12.6	7.5*	8.7*	8.7*	—	3.12*	2.70*	1.66*	1.05*	1.61*	71*	3.13#	2.71#	71#	3.13*	2.71*	71*	2881*	2693*	65*	—	—	—
小麦面粉副产品，粗纤维<15% Wheat, flour by-product, more than 15% fiber	4-06-752	87	3.3	51.3	16.2	4.3	12.0	7.5*	8.5*	8.5*	—	2.68*	2.31*	1.34*	0.89*	1.38*	61*	2.65#	2.28#	60#	2.65*	2.28*	60*	2293*	2137*	52*	—	—	—
		100	3.7	59.0	18.6	4.9	13.7	8.6*	9.8*	9.8*	—	3.08*	2.66*	1.63*	1.02*	1.59*	70*	3.04#	2.62#	69#	3.04*	2.62*	69*	2634*	2455*	60*	—	—	—
大米筛下物 Rice, grain screenings	4-08-085	86	2.9	51.8	2.1	18.5	10.8	6.5*	7.5*	3.2	—	3.07*	2.72*	1.62*	1.27*	1.60*	70*	3.07#	2.72#	70#	3.07*	2.72*	70*	2681*	2506*	61*	—	—	
		100	3.4	60.2	2.4	21.5	12.5	7.5*	8.7*	3.8	—	3.57*	3.16*	1.97*	1.48*	1.86*	81*	3.57#	3.16#	81#	3.57*	3.16*	81*	3113*	2910*	71*	—	—	
大米籽实，精米和碎米（酿酒大米）Rice, grain, polished and broken (brewers rice)	4-03-932	87	6.4	65.2	2.0	3.2	9.9	5.6*	6.7*	6.7*	8.4	3.16*	2.80*	1.69*	1.19*	1.65*	72*	3.38#	3.02#	77#	3.38*	3.02*	77*	3449*	3231*	78	3027+	2447+	—
		100	7.3	75.3	2.3	3.7	11.4	6.5*	7.7*	7.7*	9.7	3.65*	3.24*	2.03*	1.37*	1.91*	83*	3.90#	3.49#	88#	3.90*	3.49*	88*	3980*	3729*	90	3493+	2824+	—

续表2-8-1

饲料名称及描述	国际饲料编号 IFN	常规成分						可消化粗蛋白质				牛有效能值						山羊有效能值			绵羊有效能值			猪有效能			鸡有效能		
		干物质 DM	粗脂肪 EE	无氮浸出物 NFE	粗纤维 CF	粗灰分 Ash	粗蛋白质 CP	牛	山羊	绵羊	猪	消化能 DE	代谢能 ME	维持净能 NE_m	增重净能 NE_g	产奶净能 NE_l	总可消化养分 TDN	消化能 DE	代谢能 ME	总可消化养分 TDN	消化能 DE	代谢能 ME	总可消化养分 TDN	消化能 DE	代谢能 ME	总可消化养分 TDN	氮校正代谢能 MEn	生产净能 NEp	真代谢能 TME
		%	%	%	%	%	%	%	%	%	%	Mcal/kg					%	Mcal/kg		%	Mcal/kg		%	kcal/kg		%	kcal/kg		
大麦麸 Barley, bran	4-00-515	89	3.9	54.8	10.8	4.8	14.2	9.5*	10.6*	10.6*	—	2.86*	2.49*	1.47*	0.99*	1.48*	65*	2.92#	2.55#	66#	2.92*	2.55*	66*	2804*	2601*	64*	—	—	—
		100	4.4	61.9	12.2	5.4	16.0	10.7*	11.9*	11.9*	—	3.23*	2.81*	1.74*	1.11*	1.67*	73*	3.30#	2.88#	75#	3.30*	2.88*	75*	3168*	2938*	72*	—	—	—
大麦麸,粗纤维<11% Barley, bran, less than 11% fiber	4-06-635	88	4.7	57.7	5.9	5.2	14.9	10.1*	11.2*	10.0	12.2	2.99*	2.62*	1.56*	1.07*	1.55*	68*	2.41#	2.04#	55#	2.41*	2.04*	55	2892*	2678*	66	—	—	—
		100	5.3	65.3	6.7	5.9	16.8	11.5*	12.7*	11.3	13.8	3.38*	2.96*	1.84*	1.21*	1.76*	77*	2.73#	2.31#	62#	2.73*	2.31*	62	3272*	3030*	74	—	—	—
大麦麸,粗纤维<14% Barley, bran, less than 14% fiber	4-06-636	89	4.7	52.7	12.4	5.5	13.9	9.2*	10.2*	10.2*	—	2.86*	2.49*	1.47*	0.98*	1.48*	65*	2.86#	2.49#	65#	2.86*	2.49*	65*	2693*	2501*	61*	1456	—	—
		100	5.3	59.0	13.9	6.2	15.5	10.3*	11.5*	11.5*	—	3.21*	2.79*	1.72*	1.10*	1.66*	73*	3.21#	2.79#	73#	3.21*	2.79*	73*	3019*	2804*	68*	1633	—	—
大麦麸,粗纤维<19% Barley, bran, less than 19% fiber	4 00 037	89	4.7	50.8	15.4	6.0	12.3	7.7*	8.8*	8.8*	—	2.79*	2.42*	1.42*	0.94*	1.44*	63*	2.72#	2.35#	62#	2.72*	2.35*	62*	[illegible]	[illegible]	54*		—	—
		100	5.3	57.0	17.2	6.8	13.8	8.7*	9.8*	9.9*	—	3.13*	2.71*	1.66*	1.05*	1.62*	71*	3.05#	2.63#	69#	3.05*	2.63*	69*	2689*	2507*	61*	—	—	—
大麦筛下物 Barley, grain screenings	4-00-542	88	3.5	63.6	3.8	3.6	13.9	9.2*	10.2*	12.5	—	3.04*	2.67*	1.60*	1.10*	1.58*	69*	2.83#	2.46#	64#	2.83*	2.46*	64	3248*	3015*	74*	1786+	—	1786+
		100	4.0	71.9	4.4	4.1	15.7	10.4*	11.6*	14.1	—	3.44*	3.02*	1.88*	1.24*	1.79*	78*	3.20#	2.78#	73#	3.20*	2.78*	73	3674*	3410*	83*	2021+	—	2020+
去壳大麦麸 Barley, hull-less, bran	4-06-640	89	2.3	48.8	16.0	7.4	14.1	9.4*	10.5*	10.5*	—	2.63*	2.26*	1.30*	0.84*	1.35*	60*	2.56#	2.19#	58#	2.56*	2.19*	58*	2034*	1887*	46*	—	—	—
		100	2.6	55.1	18.1	8.4	15.9	10.6*	11.8*	11.8*	—	2.97*	2.55*	1.55*	0.95*	1.53*	67*	2.89#	2.47#	66#	2.89*	2.47*	66*	2295*	2130*	52*	—	—	—
大麦籽实 Barley, grain	4-00-549	88	2.1	65.7	4.7	3.4	12.0	8.5	8.6*	7.1	9.0	2.84*	2.47*	1.45*	0.98*	1.47*	64	3.16#	2.80#	72#	3.16*	2.80*	72	3321*	3096*	75	2588+	1799+	3003+
		100	2.4	74.6	5.4	3.9	13.7	9.7	9.8*	8.1	10.2	3.23*	2.81*	1.73*	1.11*	1.67*	73	3.59#	3.18#	81#	3.59*	3.18*	81	3774*	3519*	86	2941+	2044+	3413+

续表2-8-1

饲料名称及描述	国际饲料编号 IFN	常规成分						可消化粗蛋白质				牛有效能值						山羊有效能值			绵羊有效能值			猪有效能			鸡有效能		
		干物质 DM	粗脂肪 EE	无氮浸出物 NFE	粗纤维 CF	粗灰分 Ash	粗蛋白质 CP	牛	山羊	绵羊	猪	消化能 DE	代谢能 ME	维持净能 NE_m	增重净能 NE_g	产奶净能 NE_l	总可消化养分 TDN	消化能 DE	代谢能 ME	总可消化养分 TDN	消化能 DE	代谢能 ME	总可消化养分 TDN	消化能 DE	代谢能 ME	总可消化养分 TDN	氮校正代谢能 MEn	生产净能 NEp	真代谢能 TME
		%	%	%	%	%	%	%	%	%	%	Mcal/kg					%	Mcal/kg		%	Mcal/kg		%	kcal/kg		%	kcal/kg		
去壳大麦麸 Barley,groats	4-00-543	87	2.6	63.2	4.2	3.8	13.6	9.0*	10.1*	10.1*	9.9	2.96*	2.60*	1.54*	1.06*	1.54*	67*	3.20#	2.84#	73#	3.20*	2.84*	73*	2944	2734*	74	—	—	—
		100	3.0	72.2	4.8	4.4	15.6	10.3*	11.5*	11.5*	11.4	3.39*	2.97*	1.85*	1.21*	1.76*	77*	3.66#	3.25#	83#	3.66*	3.25*	83*	3367	3126*	85	—	—	—
大麦麦芽，脱水 Barley, malt, dehydrated	4-00-578	90	16.8	28.7	3.3	9.2	31.6	25.4*	26.5*	26.5*	—	3.26*	2.89*	1.76*	1.22*	1.71*	74*	3.12#	2.75#	71#	3.12*	2.75*	71*	4194*	3728*	95*	—	—	—
		100	18.8	32.0	3.7	10.3	35.3	28.4*	29.5*	29.5*	—	3.64*	3.23*	2.02*	1.36*	1.90*	83*	3.49#	3.07#	79#	3.49*	3.07*	79*	4681*	4161*	106*	—	—	—
高粱籽实，西非 Sorghum, milo, grain	4-04-444	87	2.7	70.8	2.3	2.0	9.1	4.9*	6.0*	6.0*	7.0+	3.07*	2.71*	1.62*	1.13*	1.60*	70*	3.39#	3.03#	77#	3.39*	3.03*	77*	3272*	3072*	74*	3171+	2564+	3356+
		100	3.1	81.5	2.6	2.3	10.5	5.7*	6.9*	6.9*	8.0+	3.53*	3.12*	1.94*	1.30*	1.84*	80*	3.90#	3.49#	88#	3.90*	3.49*	88*	3767*	3537*	85*	3651+	2952+	3864+
高粱籽实 Sorghum,grain	4-04-383	87	3.7	68.4	2.6	2.3	9.9	5.7*	6.7*	3.9	7.1	3.08*	2.72*	1.63*	1.14*	1.61*	70*	3.23#	2.87#	73#	3.23*	2.87*	73	3033	2842*	76	3041	—	3153+
		100	4.3	78.6	3.0	2.7	11.4	6.5*	7.7*	4.5	8.2	3.55*	3.13*	1.96*	1.31*	1.85*	80*	3.71#	3.30#	84#	3.71*	3.30*	84	3488	3268*	88	3497	—	3625+
高粱籽实，粉碎 Sorghum, grain, ground	4-04-379	86	3.2	71.0	1.6	1.5	9.3	5.1*	6.1*	6.1*	—	3.10*	2.74*	1.64*	1.15*	1.62*	70*	3.43#	3.07#	78#	3.43*	3.07*	78*	3263*	3062*	74*	—	—	—
		100	3.7	82.1	1.8	1.7	10.7	5.8*	7.0*	7.0*	—	3.58*	3.17*	1.98*	1.33*	1.87*	81*	3.96#	3.55#	90#	3.96*	3.55*	90*	3775*	3542*	86*	—	—	—
玉米粉 Maize, flour	4-08-024	96	0.6	73.7	4.5	3.3	13.8	8.9*	10.0*	10.0*	—	3.20*	2.80*	1.71*	1.13*	1.66*	73*	3.53#	3.14#	80#	3.53*	3.14*	80*	3503*	3262*	79*	—	—	—
		100	0.6	76.9	4.7	3.4	14.4	9.2*	10.4*	10.4*	—	3.34*	2.92*	1.81*	1.18*	1.73*	76*	3.69#	3.27#	84#	3.69*	3.27*	84*	3653*	3401*	83*	—	—	—
玉米麸 Maize,bran	4-02-841	89	3.8	62.6	12.6	1.2	8.8	4.5*	5.6*	4.1	4.8	2.95*	2.58*	1.54*	1.04*	1.53*	67*	2.76#	2.39#	63#	2.76*	2.39*	63	1860*	1749*	42	—	—	—
		100	4.3	70.4	14.1	1.3	9.9	5.1*	6.3*	4.6	5.4	3.31*	2.90*	1.79*	1.17*	1.72*	75*	3.11#	2.69#	70#	3.11*	2.69*	70	2091*	1965*	47	—	—	—
玉米淀粉加工下脚料，脱水 Marize, starch process residue,dehydrated	4-25-384	91	2.9	64.5	9.8	2.1	11.6	7.0*	8.1*	9.7	—	3.01*	2.63*	1.58*	1.06*	1.57*	68*	3.18#	2.80#	72#	3.18*	2.80*	72	3174*	2965*	72*	—	—	—
		100	3.2	71.0	10.8	2.3	12.7	7.7*	8.9*	10.7	—	3.31*	2.90*	1.79*	1.17*	1.72*	75*	3.50#	3.08#	79#	3.50*	3.08*	79	3491*	3262*	79*	—	—	—

续表2-8-1

饲料名称及描述	国际饲料编号 IFN	常规成分						可消化粗蛋白质				牛有效能值						山羊有效能值			绵羊有效能值			猪有效能			鸡有效能		
		干物质 DM	粗脂肪 EE	无氮浸出物 NFE	粗纤维 CF	粗灰分 Ash	粗蛋白质 CP	牛	山羊	绵羊	猪	消化能 DE	代谢能 ME	维持净能 NE_m	增重净能 NE_g	产奶净能 NE_l	总可消化养分 TDN	消化能 DE	代谢能 ME	总可消化养分 TDN	消化能 DE	代谢能 ME	总可消化养分 TDN	消化能 DE	代谢能 ME	总可消化养分 TDN	氮校正代谢能 MEn	生产净能 NEp	真代谢能 TME
		%	%	%	%	%	%	%	%	%	%	Mcal/kg					%	Mcal/kg		%	Mcal/kg		%	kcal/kg		%	kcal/kg		
玉米淀粉加工下脚料，细粉 Marize, starch process residue, fine	4-26-372	88	1.7	64.6	7.7	3.7	9.8	5.5*	6.6*	6.6*	—	2.89*	2.52*	1.49*	1.01*	1.50*	65*	3.08#	2.71#	70#	3.08*	2.71*	70*	3089*	2896*	70*	—	—	—
		100	1.9	73.8	8.8	4.2	11.2	6.3*	7.5*	7.5*	—	3.30*	2.88*	1.78*	1.16*	1.71*	75*	3.52#	3.10#	80#	3.52*	3.10*	80*	3530*	3309*	80*	—	—	—
玉米淀粉加工下脚料，湿 Marize, starch process residue, wet	4-07-113	34	1.4	23.5	2.8	1.3	4.8	3.0*	3.4*	3.4*	3.9	1.14*	1.00*	0.05*	0.41*	0.59*	26*	1.20#	1.06#	27#	1.20*	1.06*	27*	1192*	1110*	27*	—	—	—
		100	4.2	69.5	8.3	3.9	14.1	9.0*	10.2*	10.2*	11.6	3.36*	2.95*	1.83*	1.20*	1.75*	76*	3.55#	3.14#	81#	3.55*	3.14*	81*	3523*	3282*	80*	—	—	—
玉米面粉加工副产品，粗纤维＜7% Marize, flour by-product, less than 7% fiber	4-25-310	85	1.5	58.3	7.4	2.4	15.8	11.1*	12.1*	12.1*	—	2.77*	2.42*	1.40*	0.96*	1.44*	63*	2.99#	2.64#	68#	2.99*	2.64*	68*	2910*	2685*	66*	—	—	—
		100	1.8	68.3	8.7	2.8	18.5	13.0*	14.2*	14.2*	—	3.25*	2.83*	1.75*	1.13*	1.69*	74*	3.51#	3.09#	80#	3.51*	3.09*	80*	3100*	3144*	77*	—	—	—
薏苡种籽（薏米）Jobstears, seeds	4-08-448	87	5.8	51.9	7.2	9.1	12.8	8.3*	9.4*	9.4*	9.4	2.88*	2.52*	1.48*	1.02*	1.50*	65*	2.88#	2.52#	65#	2.88*	2.52*	65*	2546*	2368*	58	—	—	—
		100	6.7	59.7	8.2	10.5	14.8	9.6*	10.8*	10.8*	10.8	3.32*	2.90*	1.80*	1.17*	1.73*	75*	3.32#	2.90#	75#	3.32*	2.90*	75*	2931*	2726*	66	—	—	—
面包房饼干屑 Bakery, cookies residue	4-24-852	91	4.0	74.4	1.5	1.8	9.5	5.1*	6.1*	6.1*	—	3.29*	2.91*	1.78*	1.23*	1.72*	75*	3.62#	3.25#	82#	3.62*	3.25*	82*	3421*	3213*	78*	—	—	—
		100	4.4	81.5	1.7	2.0	10.4	5.5*	6.7*	6.7*	—	3.61*	3.19*	2.00*	1.34*	1.88*	82*	3.97#	3.56#	90#	3.97*	3.56*	90*	3747*	3519*	85*	—	—	—
谷子(小米、粟)麸 Millet, bran	4-23-565	90	2.3	41.8	31.8	8.7	5.0	1.1*	2.1*	2.1*	—	2.34*	1.96*	1.07*	0.64*	1.19*	53*	1.93#	1.55#	44#	1.93*	1.55*	44*	123*	117*	3*	—	—	—
		100	2.6	46.6	35.5	9.7	5.6	1.2*	2.4*	2.4*	—	2.61*	2.19*	1.28*	0.71*	1.33*	59*	2.15#	1.73#	49#	2.15*	1.73*	49*	137*	130*	3*	—	—	—
谷子（小米、粟）Millet, grain	4-03-098	87	3.9	68.4	3.2	2.2	9.7	5.4*	6.4*	6.4*	8.6+	3.10*	2.74*	1.64*	1.14*	1.62*	70*	3.37#	3.01#	76#	3.37*	3.01*	76*	3259*	3056*	74*	3091+	2378+	—
		100	4.5	78.3	3.7	2.5	11.0	6.2*	7.4*	7.4*	9.8+	3.54*	3.13*	1.95*	1.31*	1.86*	80*	3.85#	3.44#	87#	3.85*	3.44*	87*	3727*	3495*	85*	3535+	2719+	—

续表2-8-1

饲料名称及描述	国际饲料编号 IFN	常规成分						可消化粗蛋白质				牛有效能值						山羊有效能值			绵羊有效能值			猪有效能			鸡有效能		
		干物质 DM	粗脂肪 EE	无氮浸出物 NFE	粗纤维 CF	粗灰分 Ash	粗蛋白质 CP	牛	山羊	绵羊	猪	消化能 DE	代谢能 ME	维持净能 NE_m	增重净能 NE_g	产奶净能 NE_l	总可消化养分 TDN	消化能 DE	代谢能 ME	总可消化养分 TDN	消化能 DE	代谢能 ME	总可消化养分 TDN	消化能 DE	代谢能 ME	总可消化养分 TDN	氮校正代谢能 MEn	生产净能 NEp	真代谢能 TME
		%	%	%	%	%	%	%	%	%	%	Mcal/kg					%	Mcal/kg		%	Mcal/kg		%	kcal/kg		%	kcal/kg		
咖啡渣,即冲型,脱水 Coffee, instant beverage residue, dehydrated	4-06 651	90	5.7	43.8	23.3	6.3	10.6	6.2*	7.3*	7.3*	—	2.66*	2.28*	1.32*	0.85*	1.37*	60*	2.40#	2.02#	55#	2.40*	2.02*	55*	1482*	1387*	34*	—	—	—
		100	6.4	48.8	25.9	7.0	11.8	6.9*	8.1*	8.1*	—	2.96*	2.54*	1.54*	0.95*	1.53*	67*	2.68#	2.26#	61#	2.68*	2.26*	61*	1653*	1547*	37*	—		—
咖啡籽饼,机械压榨 Coffee, seeds, mechanical extracted caked	4-11-748	74	4.6	37.7	21.5	0.7	9.2	5.5*	6.4*	6.4*	—	2.20*	1.89*	0.96*	0.71*	1.14*	50*	2.04#	1.73#	46#	2.04*	1.73*	46*	1258*	1176*	29*	—	—	—
		100	6.2	51.2	29.2	1.0	12.5	7.5*	8.7*	8.7*	—	2.99*	2.57*	1.56*	0.96*	1.54*	68*	2.77#	2.35#	63#	2.77*	2.35*	63*	1707*	1596*	39*	—	—	—
蓖麻籽 Castor-bean, seeds	4-25-218	88	45.9	1.9	16.8	5.1	17.8	12.9*	13.9*	13.9*	—	4.05*	3.70*	2.29*	1.66*	2.15*	92*	4.05#	3.70#	92#	4.05*	3.70*	92*	3204*	2944*	73*	—	—	—
		100	52.5	2.2	19.2	5.8	20.3	14.7*	15.9*	15.9*	—	4.63*	4.23*	2.67*	1.90*	2.45*	105*	4.63#	4.23#	105#	4.63*	4.23*	105*	3662*	3365*	83*	—	—	—
黑麦籽实 Rye, grain	4-04-047	87	1.8	67.8	2.9	2.9	11.4	7.0*	8.1*	6.3	9.6	2.99*	2.62*	1.56*	1.08*	1.56*	68*	3.45#	3.10#	78#	3.45*	3.10*	78	3306*	3086*	78	2716+	2061+	3165+
		100	2.1	78.0	3.4	3.4	13.1	8.1*	9.3*	7.2	11.0	3.43*	3.02*	1.88*	1.24*	1.79*	78*	3.97#	3.56#	90#	3.97*	3.56*	90	3802*	3549*	90	3124+	2370+	3640+
南瓜,新鲜 Pumpkin, fruit, fresh	4-03-815	9	0.5	5.1	0.8	1.1	1.3	0.8*	0.9*	0.9	1.3	0.28*	0.25*	−0.81*	0.10*	0.15*	6*	0.31#	0.27#	7#	0.31*	0.27*	7	300*	279*	7	—	—	—
		100	5.5	58.3	8.6	12.8	14.8	9.6*	10.8*	10.8	14.8	3.23*	2.81*	1.74*	1.12*	1.67*	73*	3.51#	3.09#	80#	3.51*	3.09*	80	3446*	3206*	78	—	—	—

注：* 表示没有试验数据，采用回归公式计算；+ 表示没有韩国数据，以美国和加拿大数据补充；ε 表示美国和加拿大计算值；# 表示数据没有山羊的数据，以绵羊数据补充。此表的数字及小数点遵照原文格式，小数点后无数字者可将其视为精确到个位，小数点前无数字者应视为小数点前数字为 0。下同。

2. 细胞壁成分及矿物质含量

表 2-8-2 细胞壁成分及矿物质含量

名称及描述	国际饲料编号	干物质 DM	细胞壁 CW	纤维素 Cellulose	半纤维素 Hemicellulose	木质素 Lignin	酸性洗涤纤维 ADF	钙 Ca	氯 Cl	镁 Mg	磷 P	钾 K	钠 Na	硫 S	钴 Co	铜 Cu	碘 I	铁 Fe	锰 Mn	硅 Si	钨 W	硒 Se	锌 Zn
		%														mg/kg							
马铃薯块茎,脱水 Potato, tubers, dehydrated	4-07-850	88	—	—	—	—	3^{+}	0.04	0.35^{+}	0.09	0.24	1.88^{+}	0.31	0.08^{+}	—	11	—	106	12	—	—	—	95
		100	—	—	—	—	3^{+}	0.05	0.39^{+}	0.10	0.28	2.15^{+}	0.36	0.09^{+}	—	12	—	121	13	—	—	—	108
马铃薯块茎,新鲜 Potato, tubers, fresh	4-03-787	21	—	—	—	—	—	0.01^{+}	0.06^{+}	0.03^{+}	0.05^{+}	0.46^{+}	0.02^{+}	0.02^{+}	—	6^{+}	—	19^{+}	9^{+}	—	—	—	—
		100	—	—	—	—	—	0.03^{+}	0.28^{+}	0.14^{+}	0.23^{+}	2.22^{+}	0.09^{+}	0.09^{+}	—	28^{+}	—	92^{+}	42^{+}	—	—	—	—
甘薯块茎,脱水 Sweetpotato, tubers, dehydrated	4-23-980	90	—	—	—	—	—	0.12	—	0.08	0.10	1.16	0.25	—	—	—	—	466	—	—	—	—	24
		100	—	—	—	—	—	0.14	—	0.09	0.11	1.30	0.28	—	—	—	—	520	—	—	—	—	27
甘薯块茎,新鲜 Sweetpotato, tubers, fresh	4-04-788	27	—	—	—	—	2^{+}	0.07	0.02^{+}	0.04^{+}	0.03	0.28^{+}	0.01^{+}	0.03^{+}	—	1^{+}	—	13^{+}	3^{+}	—	—	—	—
		100	—	—	—	—	8^{+}	0.26	0.06^{+}	0.16^{+}	0.13	1.07^{+}	0.05^{+}	0.13^{+}	—	4^{+}	—	48^{+}	11^{+}	—	—	—	—
甘薯块茎,压片脱水 Sweetpotato, tubers, flaked dehydrated	4-23-957	88	—	—	—	—	—	0.29	—	—	0.14	—	—	—	—	—	—	—	—	—	—	—	—
		100	—	—	—	—	—	0.33	—	—	0.16	—	—	—	—	—	—	—	—	—	—	—	—
甘薯淀粉加工下脚料,脱水 Sweetpotato, starch process residue, dehydrated	4-08-535	88	—	—	—	—	—	0.89	—	—	0.18	—	—	—	—	—	—	—	—	—	—	—	—
		100	—	—	—	—	—	1.01	—	—	0.20	—	—	—	—	—	—	—	—	—	—	—	—

续表2-8-2

名称及描述	国际饲料编号	干物质 DM	细胞壁 CW	纤维素 Cellulose	半纤维素 Hemicellulose	木质素 Lignin	酸性洗涤纤维 ADF	钙 Ca	氯 Cl	镁 Mg	磷 P	钾 K	钠 Na	硫 S	钴 Co	铜 Cu	碘 I	铁 Fe	锰 Mn	硅 Si	钨 W	硒 Se	锌 Zn
		%														mg/kg							
甘薯酒糟，脱水 Sweetpotato, distillers residue dehydrated	4-06-741	91	—	—	—	—	—	0.90	—	—	—	—	—	—	—	—	—	—	—	—	—	—	—
		100	—	—	—	—	—	0.99	—	—	—	—	—	—	—	—	—	—	—	—	—	—	—
燕麦籽实 Oats, grain	4-03-309	88	26^{+}	—	—	2.3^{+}	13^{+}	0.10	0.09^{+}	0.17	0.38	0.65	0.09	0.21^{+}	0.06^{+}	3	0.11^{+}	9	38	—	—	0.21^{+}	35
		100	29^{+}	—	—	2.6^{+}	15^{+}	0.11	0.10^{+}	0.19	0.44	0.73	0.11	0.23^{+}	0.06^{+}	3	0.13^{+}	11	43	—	—	0.24^{+}	40
面条，含油和废料 Noodles, fat added waste	4-07-067	90	—	—	—	—	—	0.12	—	0.08	0.35	—	0.22	—	—	—	—	967	26	—	—	—	47
		100	—	—	—	—	—	0.13	—	0.09	0.38	—	0.24	—	—	—	—	1071	29	—	—	—	53
荞麦籽实，普通 Buckwheat, common, grain	4-00-994	85	—	—	—	—	14^{+}	0.05	0.04^{+}	0.13	0.33	0.24	0.03	0.14^{+}	0.05^{+}	11	—	389	38	—	—	—	44
		100	—	—	—	—	17^{+}	0.06	0.05^{+}	0.16	0.39	0.28	0.03	0.16^{+}	0.06^{+}	12	—	457	44	—	—	—	52
红萝卜根，新鲜 Radish, garden, roots, fresh	4-03-850	9	—	—	—	—	—	0.06^{+}	—	0.02^{+}	0.05^{+}	0.46^{+}	—	—	—	—	—	—	—	—	—	—	3^{+}
		100	—	—	—	—	—	0.66^{+}	—	0.25^{+}	0.55^{+}	5.31^{+}	—	—	—	—	—	—	—	—	—	—	37^{+}
小麦面粉，粗纤维＜4% Wheat, flour, less than 4% fiber	4-27-528	88	—	—	—	—	—	0.04	—	0.12	0.21	0.76	0.01	—	—	18	—	200	20	—	—	—	21
		100	—	—	—		—	0.05	—	0.14	0.24	0.86	0.01	—	—	21	—	227	23	—	—	—	24
小麦筛下物 Wheat, bran screenings	4-05-216	88	—	—	—	—	—	0.14	—	0.16	0.31	0.96	0.05^{+}	0.19^{+}	1.24^{+}	2^{+}	—	98	29^{+}	—	—	0.60^{+}	39^{+}
		100	—	—	—	—	—	0.16	—	0.18	0.35	1.09	0.05^{+}	0.22^{+}	1.41^{+}	3^{+}	—	111	33^{+}	—	—	0.68^{+}	44^{+}

续表2-8-2

名称及描述	国际饲料编号	干物质 DM	细胞壁 CW	纤维素 Cellulose	半纤维素 Hemicellulose	木质素 Lignin	酸性洗涤纤维 ADF	钙 Ca	氯 Cl	镁 Mg	磷 P	钾 K	钠 Na	硫 S	钴 Co	铜 Cu	碘 I	铁 Fe	锰 Mn	硅 Si	钨 W	硒 Se	锌 Zn
		%														mg/kg							
小麦面粉副产品，粗纤维<5% Wheat, flour, by-product, less than 5% fiber	4-22-381	87	—	—	—	—	—	0.09	—	0.22	0.48	1.13	0.02	—	—	26	—	277	119	—	—	—	91
		100	—	—	—	—	—	0.11	—	0.25	0.55	1.30	0.02	—	—	29	—	317	136	—	—	—	104
小麦面粉副产品，粗纤维<7%（次粉）Wheat, flour, by-product, less than 7% fiber(wheat shorts)	4-05-201	88	—	—	—	—	—	0.05	0.07^{+}	0.38	0.55	0.43	0.01	0.20^{+}	0.10^{+}	34	—	110	128	—	—	0.47^{+}	79
		100	—	—	—	—	—	0.06	0.08^{+}	0.43	0.62	0.49	0.02	0.22^{+}	0.12^{+}	39	—	124	145	—	—	0.54^{+}	90
小麦面粉副产品，粗纤维<9.5%(小麦细麸) Wheat, flour, by-product, less than 9.5% fiber (wheat middlings)	4-05-205	88	—	—	—	—	10^{+}	0.12	0.04^{+}	0.45	0.84	0.93	0.03	0.17^{+}	0.54^{+}	41	0.11^{+}	171	120	—	—	0.73^{+}	102
		100	—	—	—	—	11^{+}	0.14	0.04^{+}	0.52	0.96	1.06	0.04	0.20^{+}	0.61^{+}	47	0.12^{+}	195	137	—	—	0.83^{+}	117
小麦面粉副产品，粗纤维<12% Wheat, flour, by-product, less than 12% fiber	4-06-749	88	—	—	—	—	—	0.25	—	—	0.42	—	—	—	—	—	—	—	—	—	—	—	—
		100	—	—	—		—	0.28	—	—	0.47	—	—	—	—	—	—	—	—	—	—	—	—
大麦粉 Barley, flour	4 00 522	92^{+}	—	—	—	—	—	0.6^{+}	—	0.18^{+}	0.45^{+}	0.42^{+}	0.08^{+}	—	—	—	—	—	—	—	—	—	—
		100^{+}	—	—	—	—	—	0.6^{+}	—	0.19^{+}	0.48^{+}	0.45^{+}	0.08^{+}	—	—	—	—	—	—	—	—	—	—

续表2-8-2

名称及描述	国际饲料编号	干物质 DM	细胞壁 CW	纤维素 Cellulose	半纤维素 Hemicellulose	木质素 Lignin	酸性洗涤纤维 ADF	钙 Ca	氯 Cl	镁 Mg	磷 P	钾 K	钠 Na	硫 S	钴 Co	铜 Cu	碘 I	铁 Fe	锰 Mn	硅 Si	钨 W	硒 Se	锌 Zn
		%														mg/kg							
大麦麸 Barley,bran	4-00-515	89	—	—	—	—	—	0.15	—	—	0.50	—	—	—	—	—	—	—	—	—	—	—	—
		100	—	—	—	—	—	0.17	—	—	0.57	—	—	—	—	—	—	—	—	—	—	—	—
大麦麸，粗纤维 < 11% Barley, bran, less than 11% fiber	4-06-635	88	—	—	—	—	—	0.14	—	0.18	0.32	0.56	0.06	—	—	—	—	183	24	—	—	—	11
		100	—	—	—	—	—	0.16		0.20	0.37	0.63	0.07	—	—	—	—	207	27	—	—	—	13
大麦麸，粗纤维 < 14% Barley,bran, less than 14% fiber	4-06-636	89	—	—	—	—	—	0.14	—	—	0.45	—	—	—	—	—	—	—	—	—	—	—	—
		100	—	—	—	—	—	0.15	—	—	0.51	—	—	—	—	—	—	—	—	—	—	—	—
大麦麸，粗纤维 < 19% Barley,bran, less than 19% fiber	4-06-637	89	—	—	—	—	—	0.16	—	0.17	0.35	1.16	0.01	—	—	—	—	202	26	—	—	—	—
		100	—	—	—	—	—	0.18	—	0.19	0.39	1.30	0.01	—	—	—	—	227	29	—	—	—	—
大麦筛下物 Barley, grain screenings	4-00-542	88	—	—	—	—	10^{+}	0.32^{+}	—	0.12^{+}	0.29^{+}	0.80^{+}	0.02^{+}	0.13^{+}	—	—	—	53^{+}	—	—	—	—	—
		100	—	—	—	—	11^{+}	0.36^{+}	—	0.14^{+}	0.33^{+}	0.90^{+}	0.02^{+}	0.15^{+}	—	—	—	60^{+}	—	—	—	—	—
大麦籽实 Barley,grain	4-00-549	88	—	—	—	1.4^{+}	12^{+}	0.16	0.12^{+}	0.13	0.39	0.45	0.02	0.15^{+}	0.17^{+}	13	0.04^{+}	183	22	—	—	0.15^{+}	39
		100	—	—	—	1.6^{+}	13^{+}	0.19	0.13^{+}	0.15	0.44	0.51	0.03	0.17^{+}	0.19^{+}	15	0.05^{+}	207	25	—	—	0.17^{+}	45
去壳大麦麸 Barley,groats	4-00-543	87	—	—	—	—	—	0.09	—	0.20	0.45	0.43	0.03	—	—	14	—	150	38	—	—	—	55
		100	—	—	—	—	—	0.10	—	0.23	0.52	0.49	0.04	—	—	17	—	171	44	—	—	—	63

续表2-8-2

名称及描述	国际饲料编号	干物质 DM	细胞壁 CW	纤维素 Cellulose	半纤维素 Hemicellulose	木质素 Lignin	酸性洗涤纤维 ADF	钙 Ca	氯 Cl	镁 Mg	磷 P	钾 K	钠 Na	硫 S	钴 Co	铜 Cu	碘 I	铁 Fe	锰 Mn	硅 Si	钨 W	硒 Se	锌 Zn
		%														mg/kg							
大麦麦芽,脱水 Barley, malt, dehydrated	4-00-578	90	—	—	—	—	—	0.06$^+$	—	0.18$^+$	0.45$^+$	0.42$^+$	0.08$^+$	—	0.05$^+$	5$^+$	—	59$^+$	18$^+$	—	—	—	—
		100	—	—	—	—	—	0.07$^+$	—	0.20$^+$	0.51$^+$	0.47$^+$	0.09$^+$	—	0.06$^+$	6$^+$	—	66$^+$	20$^+$	—	—	—	—
高粱籽实,西非 Sorghum, milo, grain	4-04-444	87	20$^+$	3$^+$	15$^+$	—	5$^+$	0.04$^+$	0.08$^+$	0.12$^+$	0.30$^+$	0.13$^+$	0.04$^+$	0.11$^+$	0.46$^+$	4$^+$	0.06$^+$	47$^+$	15$^+$	—	—	0.20$^+$	17$^+$
		100	23$^+$	3$^+$	18$^+$	—	5$^+$	0.05$^+$	0.09$^+$	0.14$^+$	0.34$^+$	0.35$^+$	0.04$^+$	0.12$^+$	0.53$^+$	5$^+$	0.07$^+$	54$^+$	18$^+$	—	—	0.23$^+$	19$^+$
高粱籽实 Sorghum, grain	4-04-383	87	—	—	—	—	—	0.04	0.08$^+$	0.16	0.33	0.45	0.04	0.15$^+$	0.27$^+$	12	—	112	16	—	—	—	17
		100	—	—	—	—	—	0.04	0.09$^+$	0.18	0.38	0.51	0.05	0.17$^+$	0.30$^+$	14	—	129	19	—	—	—	20
高粱籽实,粉碎 Sorghum, grain, ground	4-04-379	86	—	—	—	—	—	0.03	—	0.18	0.38	0.36	0.05	—	—	12	—	115	16	—	—	—	14
		100	—	—	—	—	—	0.03	—	0.20	0.43	0.41	0.05	—	—	13	—	132	18	—	—	—	16
玉米麸 Maize, bran	4-02-841	89	55$^+$	—	—	—	14$^+$	0.18	0.05$^+$	0.12	0.11	0.59	0.04	0.07$^+$	—	—	—	272	19	—	—	—	4
		100	62$^+$	—	—	—	16$^+$	0.21	0.06$^+$	0.13	0.13	0.66	0.05	0.08$^+$	—	—	—	306	22	—	—	—	5
玉米筛下物 Maize, grain screenings	4-20-687	89	—	—	—	—	—	0.04	—	—	0.02	—	—	—	—	—	—	—	—	—	—	—	—
		100	—	—	—	—	—	0.05	—	—	0.02	—	—	—	—	—	—	—	—	—	—	—	—
玉米糖浆下脚料 Maize, syrup process residue	4-02-893	79	—	—	—	—	—	0.05	—	—	0.11	—	—	—	—	—	—	—	—	—	—	—	—
		100	—	—	—	—	—	0.07	—	—	0.14	—	—	—	—	—	—	—	—	—	—	—	—
玉米粕,溶剂浸提 Maize, grain, meal solvent extracted	4-13-332	93	—	—	—	—	—	0.09	—	—	0.16	—	—	—	—	—	—	—	—	—	—	—	—
		100		—	—	—	—	0.10	—	—	0.17	—	—	—	—	—	—	—	—	—	—	—	—

续表2-8-2

名称及描述	国际饲料编号	干物质 DM	细胞壁 CW	纤维素 Cellulose	半纤维素 Hemicel-lulose	木质素 Lignin	酸性洗涤纤维 ADF	钙 Ca	氯 Cl	镁 Mg	磷 P	钾 K	钠 Na	硫 S	钴 Co	铜 Cu	碘 I	铁 Fe	锰 Mn	硅 Si	钨 W	硒 Se	锌 Zn
		%														mg/kg							
玉米淀粉 Maize, grain starch	4-02-889	88	—	—	—	—	—	0.31	—	—	0.29	—	0.06+	—	—	2+	1.12+	6+	—	—	—	0.02+	3+
		100	—	—	—	—	—	0.35	—	—	0.33	—	0.07+	—	—	3+	1.27+	7+	—	—	—	0.02+	3+
玉米淀粉加工下脚料，脱水 Maize, starch process residue, dehydrated	4-25-384	91	—	—	—	—	—	0.08	—	0.19	0.51	0.09	0.05	—	—	—	—	396	47	—	—	—	41
		100	—	—	—	—	—	0.09	—	0.21	0.56	0.10	0.05	—	—	—	—	436	51	—	—	—	45
玉米淀粉加工下脚料，细粉 Maize, starch process residue, fine	4-26-372	88	—	—	—	—	—	0.24	—	—	0.07	—	—	—	—	—	—	—	—	—	—	—	—
		100	—	—	—	—	—	0.27	—	—	0.08	—	—	—	—	—	—	—	—	—	—	—	—
玉米面粉加工副产品，粗纤维<7% Maize, flour by-product, less than 7% fiber	4-25-310	85	—	—	—	—	—	0.58	—	—	0.17	—	—	—	—	—	—	—	—	—	—	—	—
		100	—	—		—	—	0.68	—	—	0.20	—	—	—	—	—	—	—	—	—	—	—	—
薏苡种籽（薏米） Jobstears, seeds	4-08-448	87	—	—	—	—	—	0.12	—	0.05	1.24	—	0.08	—	—		—	254	8	—	—	—	24
		100	—	—	—	—	—	0.14	—	0.06	1.42	—	0.09	—	—	—	—	292	9	—	—	—	28
面包房饼干屑 Bakery, cookies residue	4-24-852	91	—	—	—	—	—	0.15	—	—	0.15	—	—	—	—	—	—	—		—	—	—	—
		100	—	—	—	—	—	0.16	—	—	0.17	—	—	—	—	—	—	—	—	—	—	—	—
谷子（小米、粟）麸 Millet, bran	4-23-565	90	—	—	—	—	—	0.04	—	0.21	0.14	0.76	0.02	—	—	59	—	399	15	—	—	—	53
		100	—	—	—	—	—	0.05	—	0.23	0.16	0.85	0.02	—	—	66	—	445	17	—	—	—	59

续表2-8-2

名称及描述	国际饲料编号	干物质 DM	细胞壁 CW	纤维素 Cellulose	半纤维素 Hemicellulose	木质素 Lignin	酸性洗涤纤维 ADF	钙 Ca	氯 Cl	镁 Mg	磷 P	钾 K	钠 Na	硫 S	钴 Co	铜 Cu	碘 I	铁 Fe	锰 Mn	硅 Si	钨 W	硒 Se	锌 Zn
		%														mg/kg							
谷子(小米、粟) Millet,grain	4-03-098	87	—	—	—	—	—	0.35	0.14^{+}	0.18	0.29	0.87	0.28	0.12^{+}	0.04^{+}	17	—	296	44	—	—	—	32
		100	—	—	—	—	—	0.40	0.16^{+}	0.21	0.33	1.00	0.33	0.14^{+}	0.05^{+}	19	—	339	50	—	—	—	37
咖啡渣,即冲型,脱水 Coffee,instant beverage residue,dehydrated	4-06-651	90	—	—	—	—	—	0.49	—	0.06	0.07	0.16	0.07	—	—	65	—	23	58	—	—	—	65
		100	—	—	—	—	—	0.55	—	0.07	0.08	0.18	0.08	—	—	72	—	26	65	—	—	—	72
咖啡籽饼,机械压榨 Coffee,seeds,mechanical extracted caked	4-11-748	74	—	—	—	—	—	0.15	—	—	0.09	—	—	—	—	—	—	—	—	—	—	—	—
		100	—	—	—	—	—	0.20	—	—	0.12				—	—	—	—	—	—	—	—	—
黑麦籽实 Rye,grain	4-04-047	87	—	—	—	—	—	0.16	0.03^{+}	0.11	0.25	0.43	0.03	0.15^{+}	—	5	—	230	43	—	—	68.43	56
		100	—	—	—	—	—	0.19	0.03^{+}	0.13	0.29	0.50	0.04	0.17^{+}	—	5	—	265	49	—	—	78.70	64
南瓜,新鲜 Pumpkin,fruit,fresh	4-03-815	9	—	—	—	—	—	—	—	—	0.03^{+}	0.23^{+}	—	—	—	—	—	—	—	—	—	—	—
		100	—	—		—	—	—	—	—	0.39^{+}	2.60^{+}	—	—	—	—	—	—	—	—	—	—	—

3. 维生素含量

表 2-8-3 维生素含量

饲料名称及描述	国际饲料编号	干物质 DM	胡萝卜素 Carotene	维生素 A	维生素 D_2	维生素 E	维生素 K	生物素 Biotin	胆碱 Choline	叶酸 Folic acid	烟酸 Niacin	泛酸 Pantothenic acid	维生素 B_2	维生素 B_1	维生素 B_6	维生素 B_{12}	叶黄素 Xanthophylls
		%	mg/kg	IU/g	IU/kg	mg/kg	mg/kg	mg/kg	mg/kg	mg/kg	mg/kg	mg/kg	mg/kg	mg/kg	mg/kg	μg/kg	mg/kg
马铃薯块茎，脱水 Potato，tubers，dehydrated	4-07-850	88	—	—	—	—	—	2.76	—	—	32^+	19.2^+	1.5	—	—	—	—
		100	—	—	—	—	—	3.15	—	—	37^+	21.9^+	1.8	—	—	—	—
甘薯块茎，脱水 Sweetpotato，tubers，dehydrated	4-23-980	90	—	—	—	—	—	1.73	—	—	—	—	1.5	—	—	—	—
		100	—	—	—	—	—	1.93	—	—	—	—	1.6	—	—	—	—
甘薯块茎，新鲜 Sweetpotato，tubers，fresh	4-04-788	27	115^+	—	—	—	—	—	—	—	5^+	—	0.5^+	0.9^+	—	—	—
		100	431^+	—	—	—	—	—	—	—	20^+	—	2.0^+	3.4^+	—	—	—
燕麦籽实 Oats，grain	4-03-309	88	—	—	—	14^+	—	0.26^+	959^+	0.39^+	14^+	9.8^+	1.4^+	6.0^+	2.6^+	—	—
		100	—	—	—	16^+	—	0.30^+	1084^+	0.44^+	16^+	11.1^+	1.5^+	6.8^+	3.0^+	—	—
荞麦籽实，普通 Buckwheat，common，grain	4-00-994	85	—	—	—	—	—	—	426^+	—	18^+	11.2^+	4.6^+	3.6^+	—	—	—
		100	—	—	—	—	—	—	501^+	—	21^+	13.1^+	5.4^+	4.2^+	—	—	—
小麦面粉，粗纤维<4% Wheat，flour，less than 4% fiber	4-27-528	88	—	—	—	—	—	3.04	—	—	—	—	0.9	—	—	—	—
		100	—	—	—	—	—	3.45	—	—	—	—	1.0	—	—	—	—
含胚芽小麦麸 Wheat，bran with germs	4-09-651	88	—	—	—	—	—	4.07	—		—	—	1.6	—	—	—	—
		100	—	—	—	—	—	4.63	—	—	—	—	1.8	—			—
小麦筛下物 Wheat，grain screenings	4-05-216	88	—	—	—	—	—	—	861^+	0.43^+	57^+	11.2^+	0.9^+	6.3^+	—	—	—
		100	—	—	—	—	—	—	980^+	0.49^+	65^+	12.7^+	1.0^+	7.2^+	—	—	—

续表2-8-3

饲料名称及描述	国际饲料编号	干物质 DM	胡萝卜素 Carotene	维生素 A	维生素 D_2	维生素 E	维生素 K	生物素 Biotin	胆碱 Choline	叶酸 Folic acid	烟酸 Niacin	泛酸 Pantothenic acid	维生素 B_2	维生素 B_1	维生素 B_6	维生素 B_{12}	叶黄素 Xanthophylls
		%	mg/kg	IU/g	IU/kg	mg/kg	mg/kg	mg/kg	mg/kg	mg/kg	mg/kg	mg/kg	mg/kg	mg/kg	mg/kg	μg/kg	mg/kg
小麦面粉副产品，粗纤维<5% Wheat, flour by-product, less than 5% fiber	4-22-381	87	—	—	—	—	—	5.99	—	—	70	—	1.2	—	—	—	—
		100	—	—	—	—	—	6.86	—	—	80	—	1.3	—	—	—	—
小麦面粉副产品，粗纤维<7%(次粉) Wheat, flour by-product, less than 7% fiber (wheat shorts)	4-05-201	88	—	—	—	44+	—	—	1573+	1.69+	105+	22.0+	3.9+	18.8+	—	—	—
		100	—	—	—	49+	—	—	1782+	1.91+	119+	24.9+	4.4+	21.3+	—	—	—
小麦面粉副产品，粗纤维<9.5%(小麦细麸) Wheat, flour by-product, less than 9.5% fiber (wheat middlings)	4-05-205	88	—	0.4	—	23+	—	8.72	1235+	0.94+	90+	17.0+	3.2	15.0+	8.7+	—	—
		100	—	0.5	—	26+	—	9.95	1409+	1.08+	103+	10.4+	3.6	17.1+	9.9+	—	—
大麦粉 Barley, flour	4-00-522	92+	—	—	—	23+	—	0.13+	870+	—	55+	7.7+	2.8+	3.8+	6.8+	—	—
		100+	—	—	—	25+	—	0.14+	944+	—	60+	8.4+	3.0+	4.2+	7.4+	—	—
大麦筛下物 Barley, grain screenings	4-00-542	88	—	—	—	—	—	—	—	—	—	7.8+	1.1+	—	—	—	—
		100	—	—	—	—	—	—	—	—	—	8.9+	1.2+	—	—	—	—
大麦籽实 Barley, grain	4-00-549	88	—	0.7	—	23+	0.2+	4.99	514	0.56+	34	7.8+	1.9	4.4+	6.0+	—	—
		100	—	0.8	—	26+	0.2+	5.67	584	0.64+	38	8.9+	2.2	5.0+	6.8+	—	—

续表2-8-3

饲料名称及描述	国际饲料编号	干物质 DM	胡萝卜素 Carotene	维生素 A	维生素 D_2	维生素 E	维生素 K	生物素 Biotin	胆碱 Choline	叶酸 Folic acid	烟酸 Niacin	泛酸 Pantothenic acid	维生素 B_2	维生素 B_1	维生素 B_6	维生素 B_{12}	叶黄素 Xanthophylls
		%	mg/kg	IU/g	IU/kg	mg/kg	mg/kg	mg/kg	mg/kg	mg/kg	mg/kg	mg/kg	mg/kg	mg/kg	mg/kg	μg/kg	mg/kg
去壳大麦麸 Barley, groats	4-00-543	87	—	—	—	—	—	10.62	—	—	—	—	3.8	—	—	—	—
		100	—	—	—	—	—	12.15	—	—	—	—	4.4	—	—	—	—
大麦麦芽，脱水 Barley, malt, dehydrated	4-00-578	90	—	—	—	—	—	—	881^{+}	—	56^{+}	7.8^{+}	2.8^{+}	3.9^{+}	6.9^{+}	—	—
		100	—	—	—	—	—	—	984^{+}	—	62^{+}	8.7^{+}	3.1^{+}	4.4^{+}	7.8^{+}	—	—
高粱籽实，西非 Sorghum, milo, grain	4-04-444	87	—	—	25^{+}	11^{+}	0.2^{+}	0.70^{+}	625^{+}	0.20^{+}	36^{+}	10.8^{+}	1.1^{+}	4.1^{+}	3.5^{+}	—	—
		100	—	—	29^{+}	13^{+}	0.2^{+}	0.81^{+}	720^{+}	0.23^{+}	42^{+}	12.4^{+}	1.3^{+}	4.7^{+}	4.0^{+}	—	—
高粱籽实 Sorghum, grain	4-04-383	87	—	0.7	—	—	—	3.51	910^{+}	0.21^{+}	26^{+}	8.0^{+}	1.3	4.0^{+}	3.6^{+}	—	—
		100	—	0.8	—	—	—	4.03	1046^{+}	0.24^{+}	30^{+}	9.2^{+}	1.5	4.6^{+}	4.2^{+}	—	—
玉米麸 Maize, bran	4-02-841	89	—	—	—	—	—	0.09^{+}	—	—	41^{+}	5.2^{+}	1.5^{+}	4.6^{+}	—	—	—
		100	—	—	—	—	—	0.10^{+}	—	—	47^{+}	5.9^{+}	1.7^{+}	5.2^{+}	—	—	—
玉米淀粉 Maize, grain, starch	4-02-889	88	—	—	—	—	—	—	—	—	—	—	0.2^{+}	0.9^{+}	—	—	—
		100	—	—	—	—	—	—	—	—	—	—	0.3^{+}	1.0^{+}	—	—	—
谷子（小米、粟） Millet, grain	1-03-098	87	—	—	—	—	—	—	719^{+}	0.21^{+}	47^{+}	8.8^{+}	1.4^{+}	6.4^{+}	—	—	—
		100	—	—	—	—	—	—	822^{+}	0.25^{+}	54^{+}	10.1^{+}	1.6^{+}	7.3^{+}	—	—	—
黑麦籽实 Rye, grain	4-04-047	87	—	—	—	14^{+}	—	0.06^{+}	416^{+}	0.62^{+}	14^{+}	7.4^{+}	1.7^{+}	4.1^{+}		—	—
		100	—	—	—	17^{+}	—	0.06^{+}	479^{+}	0.71^{+}	16^{+}	8.5^{+}	1.9^{+}	4.7^{+}	—	—	—

4. 氨基酸含量

表 2-8-4 氨基酸含量(%)

名称及描述	国际饲料编号	干物质 DM	粗蛋白质 CP	精氨酸 Arg	甘氨酸 Gly	组氨酸 His	异亮氨酸 Ile	亮氨酸 Leu	赖氨酸 Lys	蛋氨酸 Met	胱氨酸 Cystine	苯丙氨酸 Phe	酪氨酸 Tyr	丝氨酸 Ser	苏氨酸 Thr	色氨酸 Trp	缬氨酸 Val	丙氨酸 Ala	天冬氨酸 Asp	半胱氨酸 Cysteine	谷氨酸 Glu	羟(基)脯氨酸 Hydroxyproline	脯氨酸 Pro	生物价值 Biological Value	龙葵素,茄碱 Solanine
马铃薯块茎,脱水 Potato, tubers, dehydrated	4-07-850	88	9.1	0.25$^+$	—	0.14$^+$	0.24$^+$	0.58$^+$	0.39$^+$	0.10$^+$	0.07$^+$	0.39$^+$	—	—	0.45$^+$	0.14$^+$	0.35$^+$	—	—	—	—	—	—	—	—
		100	10.4	0.28$^+$	—	0.17$^+$	0.28$^+$	0.66$^+$	0.45$^+$	0.11$^+$	0.08$^+$	0.44$^+$	—	—	0.52$^+$	0.15$^+$	0.40$^+$	—	—	—	—	—	—	—	—
甘薯块茎,脱水 Sweetpotato, tubers, dehydrated	4-23-980	90	5.1	0.06	0.06	0.03	0.09	0.14	0.07	0.03	—	0.09	0.06	0.09	0.07	0.06	0.07	0.08	0.38	—	0.18	—	0.09	—	—
		100	5.7.	0.07	0.06	0.03	0.10	0.15	0.08	0.03	—	0.09	0.07	0.11	0.08	0.07	0.07	0.09	0.43	—	0.20	—	0.10	—	—
燕麦籽实 Oats, grain	4-03-309	88	14.2	0.72$^+$	0.51$^+$	0.17$^+$	0.50$^+$	0.88$^+$	0.40$^+$	0.18$^+$	0.19$^+$	0.58$^+$	0.54$^+$	0.50$^+$	0.38$^+$	0.15$^+$	0.62$^+$	—	—	—	—	—	0.50$^+$	—	—
		100	16.0	0.81$^+$	0.58$^+$	0.19$^+$	0.56$^+$	1.00$^+$	0.45$^+$	0.20$^+$	0.21$^+$	0.65$^+$	0.61$^+$	0.56$^+$	0.43$^+$	0.17$^+$	0.70$^+$	—	—	—	—	—	0.56$^+$	—	—
荞麦籽实,普通 Buckwheat, common, grain	4-00-994	85	10.5	0.88	0.55	0.24	0.39	0.68	0.56	0.18	0.16$^+$	0.47	0.28	0.50	0.35	0.24	0.54	0.46	0.92	0.44	1.76	—	0.38	—	—
		100	12.3	1.04	0.65	0.28	0.45	0.80	0.66	0.22	0.19$^+$	0.55	0.33	0.58	0.41	0.28	0.63	0.54	1.08	0.52	2.06	—	0.45		—
小麦面粉,粗纤维 < 4% Wheat, flour, less than 4% fiber	4-27-528	88	14.5	0.05	0.37	0.39	0.43	0.98	0.50	0.07	0.14	—	—	—	0.16	—	0.62	—	—	—	—	—	—	—	—
		100	16.5	0.06	0.42	0.45	0.49	1.11	0.57	0.08	0.16	—	—	—	0.18	—	0.70	—	—	—	—	—	—	—	—
含胚芽小麦麸 Wheat, bran with germs	4-09-651	88	14.1	1.72	0.75	0.64	0.44	0.95	1.05	0.22	0.32	0.55	—	—	0.52	—	0.67	—	—	—	—	—	—	—	—
		100	16.1	1.95	0.85	0.73	0.50	1.08	1.19	0.25	0.36	0.63	—	—	0.60	—	0.76	—	—	—	—	—	—	—	—
小麦筛下物 Wheat, grain screenings	4-05-216	88	12.7	0.06	0.62	0.30$^+$	0.45	1.02	0.41	0.89	0.08	0.89	0.23$^+$	0.40$^+$	0.45	0.13$^+$	0.61	0.46$^+$	0.71$^+$	—	2.69$^+$	—	0.78$^+$	—	—
		100	14.4	0.07	0.70	0.34$^+$	0.51	1.16	0.47	1.01	0.09	1.01	0.26$^+$	0.45$^+$	0.51	0.14$^+$	0.69	0.53$^+$	0.80$^+$	—	3.06$^+$	—	0.89$^+$	—	—

续表2-8-4

名称及描述	国际饲料编号	干物质 DM	粗蛋白质 CP	精氨酸 Arg	甘氨酸 Gly	组氨酸 His	异亮氨酸 Ile	亮氨酸 Leu	赖氨酸 Lys	蛋氨酸 Met	胱氨酸 Cystine	苯丙氨酸 Phe	酪氨酸 Tyr	丝氨酸 Ser	苏氨酸 Thr	色氨酸 Trp	缬氨酸 Val	丙氨酸 Ala	天冬氨酸 Asp	半胱氨酸 Cysteine	谷氨酸 Glu	羟(基)脯氨酸 Hydroxyproline	脯氨酸 Pro	生物价值 Biological Value	龙葵素，茄碱 Solanine
小麦面粉副产品，粗纤维＜5% Wheat，flour by-product，less than 5% fiber	4-22-381	87	14.8	0.93	0.78	0.42	0.49	0.52	0.77	0.27	0.28	0.59	0.41	0.46	0.44	—	0.69	0.16	1.11	0.67	4.42	—	1.02	—	—
		100	16.9	1.06	0.90	0.48	0.56	0.60	0.89	0.31	0.32	0.68	0.47	0.52	0.50	—	0.79	0.19	1.27	0.76	5.06	—	1.17	—	—
小麦面粉副产品，粗纤维＜7%（次粉）Wheat，flour by-product，less than 7% fiber（wheat shorts）	4-05-201	88	15.4	0.84	0.79	0.34	0.46	0.89	0.63	0.27	0.29	0.56	0.41	0.64	0.50	0.21^{+}	0.64	0.67	1.24	—	4.01	—	0.38	—	—
		100	17.4	0.96	0.90	0.39	0.52	1.00	0.72	0.31	0.33	0.64	0.47	0.73	0.57	0.24^{+}	0.73	0.76	1.40	—	4.54	—	0.43	—	—
小麦面粉副产品，粗纤维＜9.5%（小麦细麸）Wheat，flour by-product，less than 9.5% fiber（wheat middlings）	4-05-205	88	15.2	0.86	0.65	0.32	2.64	1.08	0.55	0.22	0.32	0.54	0.39	0.51	0.45	0.19^{+}	0.68	0.61	0.97	—	2.92	—	0.84	—	—
		100	17.3	0.98	0.75	0.37	3.01	1.23	0.62	0.25	0.36	0.62	0.44	0.58	0.52	0.22^{+}	0.78	0.69	1.11	—	3.34	—	0.96	—	—
小麦面粉副产品，粗纤维＜15% Wheat，flour by-product，less than 15% fiber	4-06-753	88	11.0	0.96	0.82	0.34	0.44	0.90	0.59	0.25	0.32	0.55	0.42	0.68	0.50	—	0.62	—	1.17	0.74	2.56	—	0.38	—	—
		100	12.6	1.10	0.93	0.39	0.50	1.02	0.67	0.28	0.36	0.62	0.48	0.77	0.57	—	0.70	—	1.34	0.84	2.92	—	0.43	—	—

续表2-8-4

名称及描述	国际饲料编号	干物质 DM	粗蛋白质 CP	精氨酸 Arg	甘氨酸 Gly	组氨酸 His	异亮氨酸 Ile	亮氨酸 Leu	赖氨酸 Lys	蛋氨酸 Met	胱氨酸 Cystine	苯丙氨酸 Phe	酪氨酸 Tyr	丝氨酸 Ser	苏氨酸 Thr	色氨酸 Trp	缬氨酸 Val	丙氨酸 Ala	天冬氨酸 Asp	半胱氨酸 Cysteine	谷氨酸 Glu	羟(基)脯氨酸 Hydroxyproline	脯氨酸 Pro	生物价值 Biological Value	龙葵素,茄碱 Solanine
大麦粉 Barley,flour	4-00-522	92$^+$	13.3$^+$	0.39$^+$	0.44$^+$	0.29$^+$	0.58$^+$	0.68$^+$	0.49$^+$	0.19$^+$	0.19$^+$	0.58$^+$	0.10$^+$	—	0.39$^+$	0.19$^+$	0.68$^+$	—	—	—	—	—	—	—	—
		100$^+$	14.4$^+$	0.42$^+$	0.47$^+$	0.32$^+$	0.63$^+$	0.74$^+$	0.53$^+$	0.21$^+$	0.21$^+$	0.63$^+$	0.11$^+$	—	0.42$^+$	0.21$^+$	0.74$^+$	—	—	—	—	—	—	—	—
大麦麸,粗纤维<11% Barley, bran, less than 11% fiber	4-06-635	88	14.9	0.73	0.62	0.32	0.44	0.96	0.53	0.19	—	0.61	0.33	0.57	0.44	—	0.69	0.68	0.88	—	3.62	—	1.31	—	—
		100	16.8	0.82	0.70	0.36	0.50	1.08	0.60	0.22	—	0.69	0.37	0.64	0.50	—	0.78	0.77	0.99	—	4.09	—	1.48	—	—
大麦麸,粗纤维<19% Barley, bran, less than 19% fiber	4-06-637	89	12.3	0.14	0.38	—	0.37	0.74	0.50	0.16	0.10	0.41	—	—	0.17	—	0.48	—	—	—	—	—	—	—	—
		100	13.8	0.16	0.43	—	0.42	0.83	0.56	0.18	0.11	0.46	—	—	0.19	—	0.54	—	—	—	—	—	—	—	—
大麦籽实 Barley,grain	4-00-549	88	12.0	0.51	0.35	0.21	0.32	0.75	0.39	0.14	0.15	0.53	0.28	0.37	0.31	0.22	0.43	0.43	0.58	—	2.68	—	1.53	—	—
		100	13.7	0.58	0.39	0.24	0.36	0.85	0.44	0.16	0.17	0.60	0.31	0.42	0.35	0.25	0.48	0.49	0.66	—	3.05	—	1.74	—	—
去壳大麦麸 Barley,groats	4-00-543	87	13.6	0.66	0.50	0.32	0.43	0.84	0.46	0.25	0.17	0.66	0.22	0.53	0.44	0.67	0.59	0.52	0.73	—	3.38	—	—	—	—
		100	15.6	0.76	0.57	0.37	0.49	0.96	0.53	0.29	0.20	0.76	0.25	0.61	0.51	0.77	0.68	0.60	0.84	—	3.87	—	—	—	—
大麦麦芽,脱水 Barley,malt, dehydrated	4-00-578	90	31.6	0.51$^+$	—	0.29$^+$	0.54$^+$	0.73$^+$	0.48$^+$	0.18$^+$	—	0.59$^+$	0.10$^+$	0.49$^+$	0.40$^+$	0.20$^+$	0.68$^+$	—	—	—	2.56$^+$	—	—	—	—
		100	35.3	0.57$^+$	—	0.32$^+$	0.61$^+$	0.82$^+$	0.54$^+$	0.21$^+$	—	0.66$^+$	0.11$^+$	0.55$^+$	0.45$^+$	0.23$^+$	0.76$^+$	—	—	—	2.86$^+$	—	—	—	—
高粱籽实,西非 Sorghum, milo,grain	4-04-444	87	9.1	0.36$^+$	0.34$^+$	0.23$^+$	0.42$^+$	1.27$^+$	0.22$^+$	0.15$^+$	0.13$^+$	0.47$^+$	0.35$^+$	0.47$^+$	0.34$^+$	0.10$^+$	0.51$^+$	0.86$^+$	0.66$^+$	—	2.06$^+$	—	0.87$^+$	—	—
		100	10.5	0.42$^+$	0.39$^+$	0.26$^+$	0.49$^+$	1.46$^+$	0.26$^+$	0.18$^+$	0.15$^+$	0.55$^+$	0.40$^+$	0.54$^+$	0.39$^+$	0.11$^+$	0.59$^+$	0.99$^+$	0.76$^+$	—	2.37$^+$	—	1.01$^+$	—	—
高粱籽实 Sorghum,grain	4-04-383	87	9.9	0.32	0.31	0.19	0.36	1.11	0.19	0.14	0.12	0.43	0.30	0.34	0.27	0.09$^+$	0.41	0.74	0.53	—	1.97	—	0.73		
		100	11.4	0.37	0.36	0.22	0.41	1.28	0.22	0.17	0.14	0.49	0.34	0.39	0.31	0.10$^+$	0.47	0.85	0.61	—	2.27	—	0.84		

续表2-8-4

名称及描述	国际饲料编号	干物质 DM	粗蛋白质 CP	精氨酸 Arg	甘氨酸 Gly	组氨酸 His	异亮氨酸 Ile	亮氨酸 Leu	赖氨酸 Lys	蛋氨酸 Met	胱氨酸 Cystine	苯丙氨酸 Phe	酪氨酸 Tyr	丝氨酸 Ser	苏氨酸 Thr	色氨酸 Trp	缬氨酸 Val	丙氨酸 Ala	天冬氨酸 Asp	半胱氨酸 Cysteine	谷氨酸 Glu	羟(基)脯氨酸 Hydroxyproline	脯氨酸 Pro	生物价值 Biological Value	龙葵素，茄碱 Solanine
高粱籽实，粉碎 Sorghum，grain，ground	4-04-379	86	9.3	0.46^{+}	0.36^{+}	0.26^{+}	0.43^{+}	1.36^{+}	0.27^{+}	0.13^{+}	0.24^{+}	0.55^{+}	0.43^{+}	0.51^{+}	0.38^{+}	—	0.53^{+}	0.96^{+}	0.82^{+}	—	2.57^{+}	—	0.87^{+}		
		100	10.7	0.53^{+}	0.42^{+}	0.30^{+}	0.50^{+}	1.58^{+}	0.31^{+}	0.16^{+}	0.28^{+}	0.64^{+}	0.50^{+}	0.60^{+}	0.44^{+}	—	0.62^{+}	1.11^{+}	0.95^{+}	—	2.97^{+}	—	1.01^{+}		
玉米糖浆下脚料 Maize，syrup process residue	4-02-893	79	10.7	2.05	1.56	1.10	2.13	8.68	1.10	1.26	0.82	3.50	2.73	2.06	1.69	—	2.50	4.46	3.07	—	13.91	—	6.39	—	—
		100	13.5	2.58	1.96	1.39	2.68	10.93	1.38	1.59	1.04	4.41	3.43	2.60	2.13	—	3.14	5.62	3.87	—	17.52	—	8.05	—	—
薏米麸 Jobstears，bran	4-28-260	87	9.9	0.43	0.32	0.18	0.32	0.84	0.24	0.17	0.14	0.37	0.21	0.38	0.26	—	0.42	0.65	0.55	—	1.67	—	0.61	—	—
		100	11.4	0.49	0.37	0.21	0.37	0.96	0.28	0.20	0.16	0.42	0.24	0.44	0.30	—	0.48	0.75	0.63	—	1.91	—	0.70	—	—
薏苡种籽（薏米）Jobstears，seeds	4-08-448	87	12.8	0.37	0.24	0.39	0.49	1.61	0.13	0.23	0.09	—	0.34	0.47	0.31	—	0.63	1.13	0.68	—	2.87	—	2.12	—	—
		100	14.8	0.43	0.28	0.45	0.57	1.85	0.15	0.27	0.10	—	0.39	0.54	0.36	—	0.73	1.30	0.79	—	3.31	—	2.44	—	—
谷子（小米、粟）Millet，grain	4-03-098	87	9.7	0.33	0.31	0.16	0.45	1.21	0.18	0.30	0.12	0.51	0.28	0.52	0.40	0.12^{+}	0.32	0.85	0.75	0.85	1.80	—	0.85	—	—
		100	11.0	0.38	0.35	0.18	0.51	1.38	0.21	0.35	0.14	0.59	0.32	0.60	0.46	0.14^{+}	0.37	0.98	0.86	0.97	2.06	—	0.97	—	—
咖啡渣，即冲型，脱水 Coffee，instant beverage residue，dehydrated	4-06-651	90	10.6	0.04	0.40	0.19	0.36	0.86	0.31	0.07	—	0.52	0.21	0.13	0.17	—	0.52	0.40	0.27	—	0.97	—	0.43	—	—
		100	11.8	0.04	0.45	0.21	0.40	0.96	0.34	0.08	—	0.58	0.23	0.15	0.19	—	0.58	0.45	0.30	—	1.08	—	0.48	—	—
黑麦籽实 Rye，grain	4-04-047	87	11.4	0.47	0.41	0.22	0.33	0.60	0.31	0.16	0.23	0.43	0.22	0.45	0.35	0.12^{+}	0.42	0.41	0.65	0.36	2.20	—	1.11	—	—
		100	13.1	0.54	0.47	0.25	0.38	0.69	0.36	0.19	0.27	0.49	0.25	0.51	0.40	0.13^{+}	0.48	0.47	0.75	0.42	2.52	—	1.27	—	—

2.8.2 薛东摄,等.1988.Composition of Korean Feedstuffs(韩国标准饲料成分表)[28]

1.反刍动物(牛、羊)化学成分、消化率及营养价值

表 2-8-5 反刍动物(牛、羊)化学成分、消化率及营养价值

编号	饲料名称及描述	化学成分						样本数	消化率(牛、羊)				营养价值						
		干物质 DM	粗蛋白质 CP	粗脂肪 EE	无氮浸出物 NFE	粗纤维 CF	粗灰分 Ash		粗蛋白质 CP	粗脂肪 EE	无氮浸出物 NFE	粗纤维 CF	可消化粗蛋白质 DCP	总可消化养分 TDN	消化能 DE	代谢能 ME	维持净能 NEm	增重净能 NEg	产奶净能 NEl
		%	%	%	%	%	%		%	%	%	%	%	%	Mcal/kg	Mcal/kg	Mcal/kg	Mcal/kg	Mcal/kg
26	大麦 Barley	87.70	10.98	1.95	67.67	4.53	2.58	92	64.20	72.90	89.90	66.70	7.05	74.41	3.28	2.69	1.77	1.15	1.70
27	大麦 Milyang 6	89.37	10.02	1.61	71.77	3.78	2.19	1					6.43	76.11	3.36	2.75	1.82	1.19	1.78
28	大麦 Gang	88.56	10.44	1.88	70.48	3.54	2.22	2					6.70	75.50	3.33	2.73	1.80	1.18	1.77
29	大麦 All	87.71	11.36	1.99	68.04	4.13	2.19	5					7.29	74.47	3.28	2.69	1.77	1.15	1.74
30	大麦 Suweon 18	87.55	10.99	2.31	67.69	3.97	2.59	8					7.06	74.34	3.28	2.69	1.77	1.15	1.74
31	大麦 Jechon 5	88.80	11.80	2.10	66.70	5.20	3.00	1					7.58	74.44	3.28	2.69	1.77	1.15	1.74
32	大麦 Buhung	87.06	10.99	2.02	68.61	3.55	1.89	6					7.06	74.41	3.28	2.69	1.77	1.15	1.74
33	大麦 Jeju 1	88.97	9.71	2.08	70.90	3.99	2.29	1					6.23	76.04	3.35	2.75	1.82	1.19	1.78
34	大麦 Dong 1	88.38	12.13	2.17	68.10	3.01	2.97	1					7.79	74.57	3.29	2.70	1.78	1.15	1.74
35	大麦 Dong 3	86.42	11.30	2.12	68.01	3.01	1.98	1					7.25	74.20	3.27	2.68	1.77	1.14	1.74
36	大麦 Chilbo	88.04	10.02	1.76	70.32	3.96	1.98	1					6.43	75.46	3.33	2.73	1.80	1.18	1.77
37	大麦 Sugye 175	87.80	10.91	1.42	71.34	2.24	1.89	1					7.00	75.19	3.31	2.72	1.80	1.17	1.76
38	大麦 Jogang	87.97	10.18	2.12	68.41	4.84	2.42	1					6.54	75.08	3.31	2.71	1.79	1.17	1.76
39	Duru 大麦 Duru barley	87.20	11.23	2.13	66.97	4.53	2.34	1	64.20	72.90	89.90	66.70	7.21	74.27	3.27	2.69	1.77	1.14	1.74
40	大麦 A1	88.62	9.80	2.03	69.32	5.22	2.25	1					6.29	75.74	3.34	2.74	1.81	1.18	1.77
41	大麦 Yeogi	88.14	11.32	1.77	69.58	3.13	2.34	1					7.27	75.09	3.31	2.71	1.79	1.17	1.76
42	大麦 Bunong	89.05	11.43	1.92	68.94	4.29	2.47	1					7.34	75.63	3.33	2.73	1.81	1.18	1.77
43	大麦 Hyang mi	86.91	9.05	2.02	70.32	3.17	2.35	1					5.81	74.77	3.30	2.70	1.78	1.16	1.75
44	大麦 Jong hak	88.84	9.46	1.41	71.92	3.51	2.54	1					6.07	75.61	3.33	2.73	1.81	1.18	1.77

续表2-8-5

编号	饲料名称及描述	化学成分						样本数	消化率(牛、羊)				营养价值						
		干物质 DM	粗蛋白质 CP	粗脂肪 EE	无氮浸出物 NFE	粗纤维 CF	粗灰分 Ash		粗蛋白质 CP	粗脂肪 EE	无氮浸出物 NFE	粗纤维 CF	可消化粗蛋白质 DCP	总可消化养分 TDN	消化能 DE	代谢能 ME	维持净能 NEm	增重净能 NEg	产奶净能 NEl
		%	%	%	%	%	%		%	%	%	%	%	%	Mcal/kg	Mcal/kg	Mcal/kg	Mcal/kg	Mcal/kg
45	发芽大麦 Malting barley	88.07	13.19	1.74	65.56	5.33	2.25	3					8.47	74.09	3.27	2.68	1.76	1.14	1.73
46	大麦,三级 Barley,3rd grade	90.90	10.20	1.60	69.20	7.00	2.90	1					6.55	76.05	3.35	2.75	1.82	1.19	1.78
47	大麦,样品级 Sample grade	90.11	9.32	1.39	56.56	14.79	8.05	2					5.98	68.97	3.04	2.49	1.60	1.00	1.60
48	大麦,蒸汽压片 Steam flaked	86.80	11.60	2.60	66.10	4.10	2.40	1	92.00	84.00	83.00	0.00	10.67	70.45	3.11	2.55	1.65	1.04	1.64
49	大麦粉 Milled barley	87.62	10.90	1.55	71.87	1.84	1.46	13	79.40	100	97.60	100	8.65	84.13	3.71	3.04	2.07	1.40	1.98
50	大麦粉 Buhung	87.90	10.50	1.80	74.30	0.50	0.80	1	79.40	100	97.60	100	8.34	85.40	3.77	3.09	2.10	1.43	2.02
51	大麦粉 Suweon 18	88.67	10.52	1.61	73.41	1.70	1.43	3					8.35	85.32	3.76	3.08	2.10	1.43	2.01
52	大麦粉 Jechon 5	86.90	11.54	2.03	65.35	5.08	2.90	2	79.40	100	97.60	100	9.16	82.59	3.64	2.99	2.02	1.36	1.94
53	碎大麦 Broken barley	87.87	15.08	3.49	60.43	4.46	4.41	21	66.90	83.90	88.70	42.30	10.09	72.16	3.18	2.61	1.70	1.09	1.68
54	裸大麦 Naked barley	87.43	11.04	2.15	70.10	2.11	2.03	34	73.10	74.80	90.00	27.00	8.03	75.35	3.33	2.73	1.81	1.18	1.77
55	裸大麦 Back dong	86.96	10.59	2.64	70.51	1.63	1.59	11					7.74	76.08	3.35	2.75	1.82	1.19	1.78
56	裸大麦 Bangsa 6	87.89	11.17	2.06	71.49	1.82	1.35	1					8.17	76.46	3.37	2.76	1.83	1.20	1.79
57	裸大麦 Kwang sung	87.24	11.14	2.41	70.59	1.53	1.57	1					8.14	76.14	3.36	2.75	1.82	1.20	1.78
58	裸大麦 Bang Ju	87.62	9.60	1.63	74.16	0.90	1.33	3					7.02	76.75	3.38	2.77	1.84	1.21	1.80

续表2-8-5

编号	饲料名称及描述	化学成分						样本数	消化率(牛、羊)				营养价值						
		干物质 DM	粗蛋白质 CP	粗脂肪 EE	无氮浸出物 NFE	粗纤维 CF	粗灰分 Ash		粗蛋白质 CP	粗脂肪 EE	无氮浸出物 NFE	粗纤维 CF	可消化粗蛋白质 DCP	总可消化养分 TDN	消化能 DE	代谢能 ME	维持净能 NEm	增重净能 NEg	产奶净能 NEl
		%	%	%	%	%	%		%	%	%	%	%	%	Mcal/kg	Mcal/kg	Mcal/kg	Mcal/kg	Mcal/kg
59	裸大麦 Young san	88.66	10.07	2.59	72.87	1.40	1.73	1					7.46	77.78	3.43	2.81	1.87	1.24	1.82
60	新裸大麦 New naked	87.44	11.91	1.31	70.11	2.23	1.88	1					8.83	74.73	3.29	2.70	1.78	1.16	1.75
61	裸大麦粉 Naked milled barley	87.60	9.10	1.50	75.40	0.50	1.10	2	68.90	100	95.00	100	6.27	81.77	3.61	2.96	2.00	1.34	1.92
62	碎裸大麦粉 Naked broken milled barley	86.50	12.60	2.00	66.20	3.50	2.20	5	68.90	100	95.00	100	8.68	79.57	3.51	2.88	1.93	1.29	1.87
63	高粱籽实(进口) Sorghum grains (imported)	86.35	8.51	3.06	71.43	1.73	1.62	19	72.00	75.00	88.00	35.00	6.13	74.76	3.30	2.70	1.78	1.16	1.71
64	高粱籽实(泰国)Thailand	86.43	7.61	2.62	73.10	1.72	1.38	2					5.48	74.83	3.30	2.71	1.78	1.16	1.75
65	高粱籽实(中国)China	86.22	8.54	3.20	71.16	1.73	1.60	13	72.00	75.00	88.00	35.00	6.15	74.78	3.30	2.70	1.78	1.16	1.75
66	高粱籽实(韩国国产) Sorghum grains (domestic)	87.37	9.34	4.12	69.57	2.28	2.06	31					6.72	75.70	3.34	2.74	1.81	1.18	1.77
88	小麦面粉 Wheat flour	86.94	14.25	2.94	65.53	2.88	1.34	18	87.30	76.50	90.80	25.00	12.44	77.72	3.43	2.81	1.87	1.24	1.82
89	小麦面粉 1 级 1st grade	85.68	9.45	0.42	75.37	0.06	0.38	2					8.25	77.42	3.41	2.80	1.86	1.23	1.82
90	小麦面粉 2 级 2nd grade	86.63	11.05	1.66	72.47	0.69	0.76	3					9.65	78.48	3.46	2.84	1.90	1.26	1.84
91	小麦面粉 3 级 3rd grade	88.76	13.67	3.03	68.92	1.39	1.75	11	87.30	76.50	90.80	25.00	11.93	80.08	3.53	2.90	1.94	1.30	1.88

续表2-8-5

编号	饲料名称及描述	化学成分						样本数	消化率(牛、羊)				营养价值						
		干物质 DM	粗蛋白质 CP	粗脂肪 EE	无氮浸出物 NFE	粗纤维 CF	粗灰分 Ash		粗蛋白质 CP	粗脂肪 EE	无氮浸出物 NFE	粗纤维 CF	可消化粗蛋白质 DCP	总可消化养分 TDN	消化能 DE	代谢能 ME	维持净能 NEm	增重净能 NEg	产奶净能 NEl
		%	%	%	%	%	%		%	%	%	%	%	%	Mcal/kg	Mcal/kg	Mcal/kg	Mcal/kg	Mcal/kg
92	小麦面粉 样品级 Sample grade	87.80	14.79	3.70	62.84	3.37	3.10	53					12.91	77.18	3.40	2.79	1.86	1.22	1.81
109	黑麦籽实(进口) Rye grain (imported)	86.03	9.46	1.06	71.67	1.50	2.34	1	73.40	32.20	84.00	0	6.94	67.91	2.99	2.46	1.57	0.97	1.58
110	黑麦籽实(国产) Rye grain (domestic)	87.23	11.67	1.57	68.50	3.16	2.37	11					8.57	67.24	2.96	2.43	1.55	0.95	1.56
111	燕麦籽实 Oat grain	88.90	9.69	1.52	71.28	2.83	3.58	1	70.90	90.20	91.40	12.70	6.87	75.46	3.33	2.73	1.80	1.18	1.77
112	荞麦 Buck wheat	86.73	10.20	2.62	59.89	8.19	5.83	7	72.00	80.00	73.00	45.00	7.34	59.47	2.62	2.15	1.29	0.72	1.37
113	谷子(粟、小米) Foxtail millet	88.45	10.04	3.66	66.75	4.17	2.83	15	58.50	83.10	89.20	41.00	5.87	73.97	3.26	2.67	1.76	1.14	1.73
114	薏米 Jobstear	88.48	11.84	4.37	49.15	11.05	11.07	5											
115	去壳薏米 Excl hull	88.04	14.95	3.52	67.43	0.85	1.29	2											
145	小麦面粉副产品 Wheat flour by-products	87.50	15.22	4.26	58.76	5.44	3.82	44	80.10	79.70	80.70	42.00	12.19	69.53	3.07	2.51	1.62	1.01	1.62
146	小麦面粉副产品,2%粗纤维 2%fiber	88.05	15.06	4.72	61.64	2.04	4.59	10	80.60	83.40	87.90	42.50	12.14	76.04	3.35	2.75	1.82	1.19	1.78
147	小麦面粉副产品,5%粗纤维 5%fiber	87.48	14.94	3.99	60.47	4.55	3.53	19	81.00	87.00	95.00	43.00	12.10	79.31	3.50	2.87	1.92	1.28	1.86

续表2-8-5

编号	饲料名称及描述	化学成分						样本数	消化率(牛、羊)				营养价值						
		干物质DM	粗蛋白质CP	粗脂肪EE	无氮浸出物NFE	粗纤维CF	粗灰分Ash		粗蛋白质CP	粗脂肪EE	无氮浸出物NFE	粗纤维CF	可消化粗蛋白质DCP	总可消化养分TDN	消化能DE	代谢能ME	维持净能NEm	增重净能NEg	产奶净能NEl
		%	%	%	%	%	%		%	%	%	%	%	%	Mcal/kg	Mcal/kg	Mcal/kg	Mcal/kg	Mcal/kg
148	小麦面粉副产品,7%粗纤维 7%fiber	87.22	15.67	4.44	55.56	7.64	3.91	15	80.10	79.70	80.70	42.00	12.55	68.56	3.02	2.48	1.59	0.99	1.59
149	大麦麸 Barley bran	88.59	11.69	5.08	50.80	14.01	7.01	357	70.70	80.50	59.80	43.60	8.26	53.95	2.38	1.95	1.11	0.55	1.23
150	大麦麸,6%粗纤维 6%fiber	88.73	15.07	6.02	55.66	5.78	6.20	65	69.76	81.66	77.73	59.00	10.51	68.25	3.01	2.47	1.58	0.98	1.59
151	大麦麸,13%粗纤维 13% fiber	88.34	12.35	5.12	50.82	12.64	7.41	145	59.79	67.17	52.89	56.26	7.38	49.11	2.17	1.78	0.94	0.39	1.11
154	裸大麦麸 Naked barley bran	87.05	14.92	4.38	57.91	5.06	4.78	7	69.00	55.30	69.10	39.70	10.29	57.77	2.55	2.09	1.24	0.67	1.32
157	玉米皮(新鲜) Corn hull(fresh)	39.28	4.63	0.62	29.19	4.44	0.40	4	54.50	0.80	75.00	67.50	2.52	27.42	1.21	0.99	0.11		0.57
158	玉米皮(干) Corn hull(dry)	87.88	8.93	5.58	59.64	11.28	2.45	89	47.10	66.60	74.33	44.20	4.21	61.88	2.73	2.24	1.37	0.79	1.43
159	玉米麸 Corn bran	92.80	12.30	8.50	60.20	9.70	2.10	4					5.79	67.55	2.98	2.44	1.56	0.96	1.57
160	高粱麸 Sorghum bran	88.50	12.40	6.10	57.70	6.70	5.60	6					4.70	67.60	2.95	2.42	1.54	0.94	1.56
164	薏米麸 Jobstear bran	87.22	9.82	6.67	43.89	15.31	11.53	1											
165	小麦皮 Wheat hull	88.59	9.19	3.36	60.62	12.31	3.10	3											
202	玉米胚芽粉(机械压榨) Corn germ meal (mech-extd)	95.39	16.15	8.89	57.69	7.92	4.74	194	61.70	97.30	85.70	90.50	9.96	86.03	3.79	3.11	2.12	1.45	2.03

续表2-8-5

编号	饲料名称及描述	化学成分						样本数	消化率(牛、羊)				营养价值						
		干物质DM	粗蛋白质CP	粗脂肪EE	无氮浸出物NFE	粗纤维CF	粗灰分Ash		粗蛋白质CP	粗脂肪EE	无氮浸出物NFE	粗纤维CF	可消化粗蛋白质DCP	总可消化养分TDN	消化能DE	代谢能ME	维持净能NEm	增重净能NEg	产奶净能NEl
		%	%	%	%	%	%		%	%	%	%	%	%	Mcal/kg	Mcal/kg	Mcal/kg	Mcal/kg	Mcal/kg
207	玉米淀粉副产品(新鲜)Starch-by-product (corn,fresh)	23.44	3.48	0.97	15.96	2.35	0.68	2	84.00	84.10	87.10	16.20	2.92	19.04	0.84	0.69	0.46	0.31	0.45
208	玉米淀粉副产品(干)Starch-by-product (Corn dry)	88.48	11.65	3.37	59.10	11.01	3.35	10	67.20	46.70	84.10	14.00	7.83	62.61	2.76	2.26	1.40	0.81	1.45
209	甘薯淀粉副产品(新鲜)(Sweet potato, fresh)	18.32	1.73	0.26	13.14	2.31	0.88	2	72.20	66.40	87.30	22.60	1.25	13.63	0.60	0.49	0.32	0.21	0.32
210	甘薯淀粉副产品(干)(Sweet potato,dry)	86.34	3.31	0.95	67.34	10.95	3.79	14	56.80	71.80	100	15.30	1.88	72.43	3.19	2.62	1.71	1.09	1.69
211	马铃薯淀粉副产品(新鲜)(Potato,fresh)	11.32	0.66	0.06	8.60	1.75	0.25	1	15.00	10.00	85.00	29.00	0.10	7.93	0.35	0.29	0.19	0.12	0.19
212	马铃薯淀粉副产品(干)(Potato,dry)	89.69	7.26	0.45	62.59	5.89	13.50	1					1.09	56.10	2.47	2.03	1.18	0.62	1.25
216	甘薯酒糟,干(Sweet potato, dry)	88.41	17.00	4.19	48.33	14.47	4.42	9					12.87	54.89	2.42	1.98	1.14	0.58	1.25
217	高粱酒糟,干(Sorghum,dry)	90.34	17.84	10.59	45.05	10.48	6.38	60	85.00	84.00	87.90	72.00	37.24	78.16	3.45	2.83	1.89	1.25	1.83

续表2-8-5

编号	饲料名称及描述	化学成分						样本数	消化率(牛、羊)				营养价值						
		干物质 DM	粗蛋白质 CP	粗脂肪 EE	无氮浸出物 NFE	粗纤维 CF	粗灰分 Ash		粗蛋白质 CP	粗脂肪 EE	无氮浸出物 NFE	粗纤维 CF	可消化粗蛋白质 DCP	总可消化养分 TDN	消化能 DE	代谢能 ME	维持净能 NEm	增重净能 NEg	产奶净能 NEl
		%	%	%	%	%	%		%	%	%	%	%	%	Mcal/kg	Mcal/kg	Mcal/kg	Mcal/kg	Mcal/kg
227	大米酒糟(未精制的酒)(Rice, unrefined wine)	89.00	9.30	2.24	74.88	1.96	0.62	1											
239	玉米胚芽 Corn germ	90.80	13.70	40.60	24.80	9.40	2.30	4	61.70	97.30	85.70	90.50	8.45	127.10	5.60	4.60	3.28	2.38	3.06
245	玉米糁 Hominy feed	85.05	11.21	9.48	53.45	7.51	3.40	1	77.40	79.62	91.54	99.26	8.68	82.04	3.73	2.97	2.01	1.35	1.93
254	韩国速食面副产品 Ramyon by-products	89.22	8.02	10.09	65.66	2.07	3.38	30											
257	麦芽糖副产品(小麦,干) Maltose by products (Wheat, dry)	88.18	9.83	8.85	52.42	6.26	10.82	4	67.50	54.10	97.30	63.00	6.64	72.36	3.19	2.62	1.71	1.09	1.69
261	荞麦粉 Buckwheat meal	87.52	6.53	2.75	55.47	14.55	8.22	2											
262	柑橘渣 Orange pulp	85.36	8.25	3.78	59.34	10.82	3.17	2	79.00	49.00	95.00	84.00	6.52	76.15	3.36	2.75	1.82	1.20	1.78
264	面包渣 Bakery powder	90.67	8.12	11.35	63.24	1.00	6.96	7											
265	面包房副产品 Bakery by-product	85.31	12.66	3.87	66.15	0.51	2.12	3											

续表2-8-5

编号	饲料名称及描述	化学成分						样本数	消化率(牛、羊)				营养价值						
		干物质 DM	粗蛋白质 CP	粗脂肪 EE	无氮浸出物 NFE	粗纤维 CF	粗灰分 Ash		粗蛋白质 CP	粗脂肪 EE	无氮浸出物 NFE	粗纤维 CF	可消化粗蛋白质 DCP	总可消化养分 TDN	消化能 DE	代谢能 ME	维持净能 NEm	增重净能 NEg	产奶净能 NEl
		%	%	%	%	%	%		%	%	%	%	%	%	Mcal/kg	Mcal/kg	Mcal/kg	Mcal/kg	Mcal/kg
269	板栗内皮 Chestnut inner layer	86.65	7.45	0.56	72.58	4.64	1.42	1											
270	柑橘皮(新鲜) Orange peel (fresh)	22.35	1.67	0.48	16.85	2.55	0.80	2	53.00	65.00	88.00	77.00	0.89	18.38	0.81	0.66	0.45	0.30	0.43
271	柑橘皮(干) Orange peel(dry)	92.48	6.93	1.99	69.58	10.70	3.28	2											
272	苹果汁副产品(新鲜) Apple juice by-product(fresh)	20.20	1.10	1.20	13.70	3.40	0.80	1	0	45.00	84.00	64.00	0	14.90	0.66	0.54	0.35	0.23	0.35
273	苹果汁副产品(干) Apple juice by-product(dry)	89.00	4.40	4.80	62.70	14.80	2.30	1	0	35.00	82.00	54.00	0	64.19	2.79	2.28	1.41	0.83	1.46
288	乳清粉 Whey	88.40	10.26	1.30	68.90	0.14	7.80	2	89.00	99.00	96.00	0	9.13	78.17	3.45	2.83	1.89	1.25	1.83
296	蟹粉 Carb meal	76.80	6.10	1.00	2.80	3.90	83.00	4					—	28.70	1.26	1.04	0.73	0.64	0.64
299	牛油 Tallow	98.60	1.60	96.90	0	0	0.10	—	0	98.00	0	0	0	213.7	9.42	7.73	6.07	4.56	5.22
300	甘薯(新鲜) Sweet potato (fresh)	25.22	1.53	0.33	21.06	1.41	0.89	19	44.70	20.80	80.40	8.00	0.68	17.88	0.79	0.65	0.42	0.26	0.42
301	甘薯(干) Sweet potato (dry)	87.77	5.10	0.84	75.52	2.95	3.36	7	29.90	0	90.50	3.40	1.52	69.97	3.09	2.53	1.63	1.03	1.63

续表2-8-5

编号	饲料名称及描述	化学成分						样本数	消化率(牛、羊)				营养价值						
		干物质 DM	粗蛋白质 CP	粗脂肪 EE	无氮浸出物 NFE	粗纤维 CF	粗灰分 Ash		粗蛋白质 CP	粗脂肪 EE	无氮浸出物 NFE	粗纤维 CF	可消化粗蛋白质 DCP	总可消化养分 TDN	消化能 DE	代谢能 ME	维持净能 NEm	增重净能 NEg	产奶净能 NEl
		%	%	%	%	%	%		%	%	%	%	%	%	Mcal/kg	Mcal/kg	Mcal/kg	Mcal/kg	Mcal/kg
302	马铃薯(新鲜) Potato(fresh)	21.58	2.70	0.22	16.81	0.80	1.03	19	58.90	0	96.10	1.90	1.59	17.76	0.78	0.64	0.43	0.29	0.42
303	马铃薯(干) Potato(dry)	87.56	9.17	0.67	69.56	3.72	4.44	24					5.40	72.96	3.22	2.64	1.73	1.11	1.70
304	朝鲜蓟(新鲜) Artichoke (fresh)	15.89	1.30	0.19	12.16	0.78	1.46	6	50.00	0	89.00	1	0.65	11.47	0.51	0.41	0.27	0.17	0.27
305	朝鲜蓟(干) Artichoke(dry)	77.93	7.77	0.53	58.43	4.62	6.58	1					3.89	55.89	2.46	2.02	1.17	0.61	1.28
307	萝卜(干) Radish(dry)(原文为:Raddish,疑为笔误)	87.65	14.35	2.20	47.90	11.78	11.42	1					10.19	69.94	3.08	2.53	1.63	1.02	1.63
308	胡萝卜(新鲜) Carrot(fresh)	12.00	1.04	0.48	8.00	1.13	1.29	1	50.00	77.00	95.00	84.00	0.52	9.96	0.44	0.36	0.24	0.16	0.23
309	胡萝卜(干) Carrot(dry)	89.13	7.73	3.60	59.78	8.43	9.59	1					3.87	73.97	3.26	2.67	1.75	1.13	1.73
310	南瓜(新鲜) Pumpkin(fresh)	8.33	1.62	0.62	3.35	0.84	1.90	8	73.40	92.00	91.50	68.00	1.19	6.11	0.27	0.22	0.14	0.09	0.14
312	木薯(干) Tapioca(dry)	87.34	2.71	0.76	77.00	2.63	4.24	7	0	51.00	90.00	53.00	0	71.57	3.16	2.59	1.68	1.07	1.67
313	卷心菜(新鲜) Cabbages(fresh)	8.00	1.32	0.26	5.17	0.68	0.57	1											

续表2-8-5

编号	饲料名称及描述	化学成分						样本数	消化率(牛、羊)				营养价值						
		干物质 DM	粗蛋白质 CP	粗脂肪 EE	无氮浸出物 NFE	粗纤维 CF	粗灰分 Ash		粗蛋白质 CP	粗脂肪 EE	无氮浸出物 NFE	粗纤维 CF	可消化粗蛋白质 DCP	总可消化养分 TDN	消化能 DE	代谢能 ME	维持净能 NEm	增重净能 NEg	产奶净能 NEl
		%	%	%	%	%	%		%	%	%	%	%	%	Mcal/kg	Mcal/kg	Mcal/kg	Mcal/kg	Mcal/kg
314	卷心菜(干) Cabbages(dry)	86.53	14.19	2.84	56.03	7.33	6.14	1											
315	甜菜(根) Beet(root)	86.65	6.16	0.35	70.82	5.29	4.03	10											
316	甜菜(叶) Beet (leaf，原文为teaf，疑为笔误)	86.91	15.12	2.40	48.11	8.90	12.38	10											
362	大豆叶(新鲜) Soybean leaves (fresh)	26.72	4.47	1.70	16.19	2.44	1.92	1	61.00	39.03	77.31	43.91	2.73	17.81	0.79	0.64	0.41	0.25	0.33
363	大豆叶(干) Soybean leaves (dry)	88.43	14.01	4.95	47.00	15.48	6.99	4											
368	矮菜豆荚 Bush bean hull	88.00	16.09	3.39	48.82	14.69	5.01	1											
388	人参叶(干) Jinseng leaves (dry)	88.30	15.40	3.10	54.50	10.00	5.30	1											
870	昆布(编者注：一种海藻) Ecklonia Kurome	88.00	12.11	1.39	45.60	4.81	24.09	3											
871	石莼(青海苔) Green laver	88.92	12.79	0.90	40.72	5.33	29.18	3											
873	马尾藻 Gulfweed	86.30	12.06	1.16	34.00	7.54	31.54	4											

续表2-8-5

编号	饲料名称及描述	化学成分						样本数	消化率(牛、羊)				营养价值						
		干物质 DM	粗蛋白质 CP	粗脂肪 EE	无氮浸出物 NFE	粗纤维 CF	粗灰分 Ash		粗蛋白质 CP	粗脂肪 EE	无氮浸出物 NFE	粗纤维 CF	可消化粗蛋白质 DCP	总可消化养分 TDN	消化能 DE	代谢能 ME	维持净能 NEm	增重净能 NEg	产奶净能 NEl
		%	%	%	%	%	%		%	%	%	%	%	%	Mcal/kg	Mcal/kg	Mcal/kg	Mcal/kg	Mcal/kg
874	黑昆布(干)(编者注:一种海藻) Tangle (dried)	89.16	7.90	2.96	50.74	3.97	23.59	2											
875	洋菜(编者注:一种海藻) Agar-Agar	86.37	16.22	1.54	44.17	8.83	15.61	2											
877	Chung kack (청각)(推测为一种海藻) Chung kack	88.00	8.46	1.98	19.84	3.72	54.00	1											
878	羊栖菜(推测为一种海藻) Tod(톳)Tod	87.41	8.98	0.95	42.41	5.84	29.23	2											
879	混合海藻 Mixed sea weeds	87.02	11.21	1.71	43.14	7.28	23.68	20											
880	듬북(推测为一种海藻)	87.02	10.65	1.42	51.70	5.67	17.58	3											
894	苹果树叶 Apple tree leaves	87.60	15.30	4.10	54.40	11.50	2.30	1	48.40	52.50	52.10	33.60	7.41	44.45	1.96	1.61	0.77	0.23	0.99
901	杨树叶(意大利,干)Popular (Italian,dry)	86.50	12.42	5.23	48.03	14.99	5.83	1					7.15	60.88	2.68	2.20	1.34	0.76	1.40
902	杨树叶(韩国,新鲜)(Korean,fresh)	22.81	4.10	1.23	13.98	2.89	0.61	1					2.36	16.61	0.73	0.60	0.39	0.25	0.38

续表2-8-5

编号	饲料名称及描述	化学成分						样本数	消化率(牛、羊)				营养价值						
		干物质 DM	粗蛋白质 CP	粗脂肪 EE	无氮浸出物 NFE	粗纤维 CF	粗灰分 Ash		粗蛋白质 CP	粗脂肪 EE	无氮浸出物 NFE	粗纤维 CF	可消化粗蛋白质 DCP	总可消化养分 TDN	消化能 DE	代谢能 ME	维持净能 NEm	增重净能 NEg	产奶净能 NEl
		%	%	%	%	%	%		%	%	%	%	%	%	Mcal/kg	Mcal/kg	Mcal/kg	Mcal/kg	Mcal/kg
909	榛树叶(新鲜) Filbert leaves (fresh)	66.09	7.84	3.90	40.22	10.67	3.46	2											
917	木通树叶(新鲜) Akebia quinata Leaves (fresh) (编者注:原文为 quinats,疑为笔误)	40.60	4.79	3.08	22.63	5.83	4.27	1											
918	木通树叶(干) Akebia quinata Leaves (dry) (编者注:原文为 quinats,疑为笔误)	85.50	10.09	6.49	47.65	12.28	8.99	1											
919	山梨猕猴桃(新鲜) Actinidia rufa leaves (fresh)	38.59	5.98	3.04	20.34	4.75	4.48	1											
920	山梨猕猴桃(干) Actinidia rufa leaves(dry)	82.37	11.83	5.50	45.72	10.09	9.23	2											
921	葛藟葡萄叶(新鲜) Vitis flexuosa(fresh)	36.23	6.21	2.48	19.09	4.25	4.20	1											
922	葛藟葡萄叶(干) Vitis flexuosa(dry)	81.76	13.28	6.68	44.42	8.38	9.00	2											

续表2-8-5

编号	饲料名称及描述	化学成分						样本数	消化率(牛、羊)				营养价值						
		干物质 DM	粗蛋白质 CP	粗脂肪 EE	无氮浸出物 NFE	粗纤维 CF	粗灰分 Ash		粗蛋白质 CP	粗脂肪 EE	无氮浸出物 NFE	粗纤维 CF	可消化粗蛋白质 DCP	总可消化养分 TDN	消化能 DE	代谢能 ME	维持净能 NEm	增重净能 NEg	产奶净能 NEl
		%	%	%	%	%	%		%	%	%	%	%	%	Mcal/kg	Mcal/kg	Mcal/kg	Mcal/kg	Mcal/kg
923	山葡萄叶 Vitis amurensis	86.43	7.90	6.82	52.27	8.77	10.67	1											
924	软枣猕猴桃叶(新鲜)Actinidia arguta leaves (fresh)(编者注:原文为 Actinidib,疑为笔误)	28.34	4.50	3.06	13.74	3.00	4.04	1											
925	软枣猕猴桃叶(干)Actinidia arguta leaves (dry)(编者注:原文为 Actinidib,疑为笔误)	86.17	13.04	8.41	45.14	8.81	10.77	5											
930	木槿叶 Hibiscus syriacus	87.40	17.27	5.11	47.21	12.79	5.02	1											
932	桑蚕废料 Silk worm wastes	86.90	11.80	1.80	45.30	12.30	15.70	15	56.60	33.30	77.50	60.80	6.68	550.61	2.23	1.83	0.99	0.44	1.15
933	桑蚕废料 Silk worm wastes	88.00	13.90	2.80	44.50	13.10	13.70	3	82.50	62.40	86.70	52.50	11.47	60.86	2.68	2.20	1.34	0.76	1.40
940	猪粪 Hog feces	85.10	16.10	1.40	21.60	14.10	31.90	1	55.00	0	23.30	58.30	8.90	22.10	0.97	0.80	0.58	—	0.45

编者注:原文有100%干物质基础对应数据,读者可自行计算得到;原文部分数据有注释,由于较为繁杂,恕未列出,部分数据请读者谨慎判断,如消化率100%、0%等。下同。

2. 非反刍动物(猪、鸡)化学成分、消化率及营养价值

表 2-8-6 非反刍动物(猪、鸡)化学成分、消化率及营养价值

编号	饲料名称及描述	化学成分						样本数	消化率(猪)				营养价值(猪)				营养价值(鸡)	
		干物质 DM	粗蛋白质 CP	粗脂肪 EE	无氮浸出物 NFE	粗纤维 CF	粗灰分 Ash		粗蛋白质 CP	粗脂肪 EE	无氮浸出物 NFE	粗纤维 CF	可消化粗蛋白质 DCP	总可消化养分 TDN	消化能 DE	代谢能 ME	代谢能 ME	真代谢能 TME
		%	%	%	%	%	%		%	%	%	%	%	%	Mcal/kg	Mcal/kg	Mcal/kg	Mcal/kg
26	大麦 Barley	87.70	10.98	1.95	67.67	4.53	2.58	92	74.40	53.20	84.90	28.10	8.17	69.23	3.05	2.86	2.67	2.83
27	大麦 Milyang 6	89.37	10.02	1.61	71.77	3.78	2.19	1					7.45	71.38	3.14	2.95	2.70	
28	大麦 Gang Barley	88.56	10.44	1.88	70.48	3.54	2.22	2					7.77	70.85	3.12	2.93		
29	大麦 All Barley	87.71	11.36	1.99	68.04	4.13	2.19	5					8.45	69.76	3.07	2.88		
30	大麦粉 Suweon 18	87.55	10.99	2.31	67.69	3.97	2.59	8					8.18	69.53	3.06	2.87		
31	大麦粉 Jecheon 5	88.80	11.80	2.10	66.70	5.20	3.00	1					8.78	69.38	3.05	2.86		
32	大麦粉 Buhung	87.06	10.99	2.02	68.61	3.55	1.89	6					8.18	69.84	3.07	2.88		
33	大麦 Jeju 1	88.97	9.71	2.08	70.90	3.99	2.29	1					7.22	71.03	3.13	2.94		
34	大麦 Dong Barley	88.38	12.13	2.17	68.10	3.01	2.97	1					9.02	70.28	3.09	2.89		
35	大麦 Dong Barley 2	86.42	11.30	2.12	68.01	3.01	1.98	1					8.41	69.53	3.06	2.87		
36	大麦 Chilbo	88.04	10.02	1.76	70.32	3.96	1.98	1					7.45	70.38	3.10	2.91		
37	大麦 Sugye 175	87.80	10.91	1.42	71.34	2.24	1.89	1					8.12	71.01	3.12	2.93		
38	大麦 Jogang Barley	87.97	10.18	2.12	68.41	4.84	2.42	1					7.57	69.55	3.06	2.87		
39	Duru 大麦 Duru barley	87.20	11.23	2.13	66.97	4.53	2.34	1	74.40	53.20	84.90	28.10	8.36	69.04	3.04	2.85		
40	大麦 All Barley	88.62	9.80	2.03	69.32	5.22	2.25	1					7.29	70.04	3.08	2.90		
41	大麦 Yeogi	88.14	11.32	1.77	69.58	3.13	2.34	1					8.42	70.49	3.10	2.91		
42	大麦 Bunong	89.05	11.43	1.92	68.94	4.29	2.47	1					8.50	70.54	3.10	2.91		
43	大麦 Hyang mi	86.91	9.05	2.02	70.32	3.17	2.35	1					6.73	69.74	3.07	2.89		

续表2-8-6

编号	饲料名称及描述	化学成分						样本数	消化率(猪)				营养价值(猪)				营养价值(鸡)	
		干物质 DM	粗蛋白质 CP	粗脂肪 EE	无氮浸出物 NFE	粗纤维 CF	粗灰分 Ash		粗蛋白质 CP	粗脂肪 EE	无氮浸出物 NFE	粗纤维 CF	可消化粗蛋白质 DCP	总可消化养分 TDN	消化能 DE	代谢能 ME	代谢能 ME	真代谢能 TME
		%	%	%	%	%	%		%	%	%	%	%	%	Mcal/kg	Mcal/kg	Mcal/kg	Mcal/kg
44	大麦 Jong hak	88.84	9.46	1.41	71.92	3.51	2.54	1					7.04	70.77	3.11	2.93		
45	发芽大麦 Malting barley	88.07	13.19	1.74	65.56	5.33	2.25	3					9.81	69.05	3.04	2.84		
46	大麦,三级 3rd grade	90.90	10.20	1.60	69.20	7.00	2.90	1					7.59	70.22	3.09	2.90		
47	大麦,样品级 Sample grade	90.11	9.32	1.39	56.56	14.79	8.05	2					6.93	60.77	2.67	2.52		
48	大麦蒸汽压片 Steam flaked	86.80	11.60	2.60	66.10	4.10	2.40	1					8.63	69.01	3.04	2.84		
49	大麦粉 Milled barley	87.62	10.90	1.55	71.87	1.84	1.46	13	82.00	63.00	61.00	35.00	8.94	77.18	3.40	3.19	2.90	2.65
50	大麦粉 Buhung	87.90	10.50	1.80	74.30	0.50	0.80	1					8.61	78.95	3.47	3.26		
51	大麦粉 Suweon 18	88.67	10.52	1.61	73.41	1.70	1.43	3					8.63	78.31	3.45	3.23		
52	大麦粉 Jecheon 5	86.90	11.54	2.03	65.35	5.08	2.90	2	82.00	63.00	91.00	35.00	9.46	73.59	3.24	3.03		
53	碎大麦 Broken barley	87.87	15.08	3.49	60.43	4.46	4.41	21	70.20	66.60	87.10	40.10	10.59	70.24	3.09	2.87	2.63	
54	裸大麦 Naked barley	87.43	11.04	2.15	70.10	2.11	2.03	34	83.10	65.40	93.00	47.20	9.17	78.53	3.46	3.24	2.83	
55	裸大麦 Back Dong	86.96	10.59	2.64	70.51	1.63	1.59	11					8.80	79.03	3.48	3.26		
56	裸大麦 Bangsa 6	87.89	11.17	2.06	71.49	1.82	1.35	1					9.28	79.66	3.50	3.29		
57	裸大麦 Kwangseong	87.24	11.14	2.41	70.59	1.53	1.57	1					9.26	79.17	3.48	3.27		

续表2-8-6

编号	饲料名称及描述	化学成分						样本数	消化率(猪)				营养价值(猪)				营养价值(鸡)	
		干物质 DM	粗蛋白质 CP	粗脂肪 EE	无氮浸出物 NFE	粗纤维 CF	粗灰分 Ash		粗蛋白质 CP	粗脂肪 EE	无氮浸出物 NFE	粗纤维 CF	可消化粗蛋白质 DCP	总可消化养分 TDN	消化能 DE	代谢能 ME	代谢能 ME	真代谢能 TME
		%	%	%	%	%	%		%	%	%	%	%	%	Mcal/kg	Mcal/kg	Mcal/kg	Mcal/kg
58	裸大麦 Bang Ju	87.62	9.60	1.63	74.16	0.90	1.33	3					7.98	79.77	3.51	3.30		
59	裸大麦 Young san	88.66	10.07	2.59	72.87	1.40	1.73	1					8.37	80.61	3.55	3.33		
60	新裸大麦 New naked	87.44	11.91	1.31	70.11	2.23	1.88	1					9.90	78.08	3.44	3.22		
61	裸大麦粉 Naked milled barley	87.60	9.10	1.50	75.40	0.50	1.10	2	83.40	47.40	93.60	37.30	7.59	79.95	3.52	3.31	2.89	
62	碎裸大麦粉 Naked broken milled barley	86.50	12.60	2.00	66.20	3.50	2.20	5	83.40	47.40	93.60	37.30	10.51	75.91	3.34	3.12		
63	高粱籽实(进口) Sorghum (imported)	86.35	8.51	3.06	71.43	1.73	1.62	19	71.50	72.20	91.80	48.50	6.08	77.47	3.41	3.21	3.27	
64	高粱籽实(泰国) Thailand	86.43	7.61	2.62	73.10	1.72	1.38	2					5.44	77.64	3.42	3.23		
65	高粱籽实(中国) China	86.22	8.54	3.20	71.16	1.73	1.59	13	71.50	72.20	91.80	48.50	6.11	77.47	3.41	3.21		
66	高粱籽实(韩国国产) Sorghum (domestic)	87.37	9.34	4.12	69.57	2.28	2.06	31	76.70	79.90	92.60	34.40	7.16	79.78	3.51	3.30		
70	菜籽粕(加拿大进口,溶剂浸提) Canada	86.92	13.23	1.59	68.06	2.03	2.01	2					11.09	80.56	3.54	3.31		
71	高粱籽实(中国) China	86.10	12.44	1.47	67.35	2.12	2.72	2					10.42	78.99	3.48	3.25		

续表2-8-6

编号	饲料名称及描述	化学成分						样本数	消化率(猪)				营养价值(猪)				营养价值(鸡)	
		干物质 DM	粗蛋白质 CP	粗脂肪 EE	无氮浸出物 NFE	粗纤维 CF	粗灰分 Ash		粗蛋白质 CP	粗脂肪 EE	无氮浸出物 NFE	粗纤维 CF	可消化粗蛋白质 DCP	总可消化养分 TDN	消化能 DE	代谢能 ME	代谢能 ME	真代谢能 TME
		%	%	%	%	%	%		%	%	%	%	%	%	Mcal/kg	Mcal/kg	Mcal/kg	Mcal/kg
88	小麦面粉 Wheat flour	86.94	14.25	2.94	65.53	2.88	1.34	18	92.50	69.30	97.10	30.00	13.18	82.26	3.62	3.37	3.28	
89	小麦面粉 1 级 1st grade	85.68	9.45	0.42	75.37	0.06	0.38	2					8.74	82.60	3.63	3.42	3.14	
90	小麦面粉 2 级 2nd grade	86.63	11.05	1.66	72.47	0.69	0.76	3					10.22	83.38	3.67	3.44	3.09	
91	小麦面粉 3 级 3rd grade	88.76	13.67	3.03	68.92	1.39	1.75	11	92.50	69.30	97.10	30.00	12.64	84.71	3.73	3.48		
92	小麦面粉样品级 Sample grade	87.80	14.79	3.70	62.84	3.37	3.10	53					13.68	81.48	3.59	3.33	1.67	
109	黑麦籽实(进口) Rye grain (imported)	86.03	9.46	1.06	71.67	1.50	2.34	1	78.50	90.80	92.40	48.50	7.43	76.54	3.37	3.17	2.55	
110	黑麦籽实(国产) Rye grain (domestic)	87.33	11.07	1.57	68.50	3.16	2.37	11					9.16	77.20	3.40	3.18	2.17	
111	燕麦籽实 Oat	88.90	9.69	1.52	71.28	2.83	3.58	1	81.00	79.00	76.00	0.00	7.85	64.72	2.85	2.68	2.50	
112	荞麦 Buck wheat	86.73	10.20	2.62	59.89	8.19	5.83	7	97.30	88.20	100.00	18.90	9.92	76.56	3.37	3.16	2.56	
113	谷子(粟、小米) Foxtail millet	88.45	10.04	3.66	66.75	4.17	2.83	15	68.60	56.40	96.80	0.00	6.89	76.15	3.35	3.15	2.84	
114	薏米 Jobstear	88.48	11.84	4.37	49.15	11.05	11.07	5	73.20	73.70	73.00	0.00	8.67	51.79	2.28	2.13		
115	去壳薏米 Jobstear(excl.hull)	88.04	14.95	3.52	67.43	0.85	1.29	2					10.94	66.00	2.90	2.70		
145	小麦面粉副产品 Wheat flour by-products	87.50	15.22	4.26	58.76	5.44	3.82	44	75.70	55.90	84.80	21.20	11.52	67.86	2.99	2.77	1.80	

续表2-8-6

编号	饲料名称及描述	化学成分						样本数	消化率(猪)				营养价值(猪)				营养价值(鸡)	
		干物质 DM	粗蛋白质 CP	粗脂肪 EE	无氮浸出物 NFE	粗纤维 CF	粗灰分 Ash		粗蛋白质 CP	粗脂肪 EE	无氮浸出物 NFE	粗纤维 CF	可消化粗蛋白质 DCP	总可消化养分 TDN	消化能 DE	代谢能 ME	代谢能 ME	真代谢能 TME
		%	%	%	%	%	%		%	%	%	%	%	%	Mcal/kg	Mcal/kg	Mcal/kg	Mcal/kg
146	小麦面粉副产品，2%粗纤维 2%fiber	88.05	15.06	4.72	61.64	2.04	4.59	10					11.40	70.04	3.08	2.86		
147	小麦面粉副产品，5%粗纤维 5%fiber	87.48	14.94	3.99	60.47	4.55	3.53	19					11.31	68.57	3.02	2.81		
148	小麦面粉副产品，7%粗纤维 7%fiber	87.22	15.67	4.44	55.56	7.64	3.91	15					11.86	66.18	2.91	2.70	2.26	
149	大麦麸 Barley bran	88.59	11.69	5.08	50.80	14.01	7.01	357	72.27	55.95	69.32	14.97	8.45	52.16	2.29	2.15		
150	大麦麸，6%粗纤维 6%fiber	88.73	15.07	6.02	55.66	5.78	6.20	65	82.70	71.34	85.28	19.20	12.46	70.70	3.11	2.89	1.53	
151	大麦麸，13%粗纤维 13%fiber	88.34	12.35	5.12	50.82	12.64	7.41	145	72.27	55.95	69.32	14.97	8.93	52.49	2.31	2.16	2.31	
154	裸大麦麸 Naked barley bran	87.05	14.92	4.38	57.91	5.06	4.78	7					10.78	57.20	2.52	2.34		
157	玉米皮(新鲜) Corn hull(fresh)	89.28	4.63	0.52	29.19	4.44	0.40	4	55.18	63.17	47.38	5.40	2.55	17.51	0.77	0.73		
158	玉米皮(干) Corn hull(dry)	87.88	8.93	5.58	59.64	11.28	2.45	89					4.93	41.73	1.84	1.73	2.14	
159	玉米麸 Corn bran	92.80	12.30	8.50	60.20	9.70	2.10	4						62.1	2.74	2.58		
160	高粱麸 Sorghum bran	88.50	12.40	6.10	57.70	6.70	5.60	6										
164	薏米麸 Jobstear bran	87.22	9.82	6.67	43.89	15.31	11.53	1										

续表2-8-6

编号	饲料名称及描述	化学成分						样本数	消化率(猪)				营养价值(猪)				营养价值(鸡)	
		干物质 DM	粗蛋白质 CP	粗脂肪 EE	无氮浸出物 NFE	粗纤维 CF	粗灰分 Ash		粗蛋白质 CP	粗脂肪 EE	无氮浸出物 NFE	粗纤维 CF	可消化粗蛋白质 DCP	总可消化养分 TDN	消化能 DE	代谢能 ME	代谢能 ME	真代谢能 TME
		%	%	%	%	%	%		%	%	%	%	%	%	Mcal/kg	Mcal/kg	Mcal/kg	Mcal/kg
165	小麦皮 Wheat hull	88.59	9.19	3.36	60.62	12.32	3.10	3										
202	玉米胚芽粉(机械压榨) Corn germ meal(mech-extd)	95.39	16.15	8.89	57.69	7.92	4.74	194					13.89	81.31	3.58	3.32	2.29	
206	玉米淀粉残渣(新鲜) Corn starch residues(fresh)	23.44	3.48	0.97	15.96	2.35	0.68	2	82.20	77.80	67.60	0	2.86	15.35	0.68	0.64		
207	玉米淀粉残渣(干) Corn starch residues(dry)	88.48	11.65	3.37	59.10	11.01	3.35	10					9.58	55.43	2.44	2.28		
208	甘薯淀粉残渣(新鲜) Sweet potato starch residues(fresh)	18.32	1.73	0.26	13.14	2.31	0.88	2	34.40	35.70	58.80	11.10	0.60	8.79	0.30	0.37		
209	甘薯淀粉残渣(干) Sweet potato starch residues (dry)	86.34	3.31	0.95	67.34	10.95	3.79	14					1.14	42.71	1.88	1.79		
210	马铃薯加工副产品(新鲜) Potato starch by-product(fresh)	11.32	0.66	0.06	8.60	1.75	0.25	1	27.00	0.00	98.00	85.00	0.18	10.09	0.44	0.43		
211	马铃薯加工副产品(干) Potato starch by-product(dry)	89.69	7.26	0.45	62.59	5.89	13.50	1					1.96	68.30	3.01	2.84		

续表2-8-6

编号	饲料名称及描述	化学成分 干物质 DM %	粗蛋白质 CP %	粗脂肪 EE %	无氮浸出物 NFE %	粗纤维 CF %	粗灰分 Ash %	样本数	消化率(猪) 粗蛋白质 CP %	粗脂肪 EE %	无氮浸出物 NFE %	粗纤维 CF %	营养价值(猪) 可消化粗蛋白质 DCP %	总可消化养分 TDN %	消化能 DE Mcal/kg	代谢能 ME Mcal/kg	营养价值(鸡) 代谢能 ME Mcal/kg	真代谢能 TME Mcal/kg
215	甘薯酒糟(干)(Sweet potato, dry)	88.41	17.00	4.19	48.33	14.47	4.42	9										
216	高粱酒糟(干)(Sorghum, dry)	90.34	17.84	10.59	45.05	10.48	6.38	60	65.00	49.00	70.00	40.00	11.60	59.00	2.60	2.40		
226	大米酒糟(未精制的酒)(Rice, unrefined wine)	89.00	9.30	2.24	74.88	1.96	0.62	1					6.42	35.19	1.55	1.46		
238	玉米胚芽 Corn germ	90.80	13.70	40.60	24.80	9.40	2.30	4	90.60	50.70	91.40	72.10	12.41	88.17	3.88	3.62	3.84	
252	韩国速食面副产品 Ramyon by-product	89.22	8.02	10.09	65.66	2.07	3.38	30										
255	麦芽糖副产品(小麦,干)Maltose by product (dry)	88.18	9.83	8.85	52.42	6.26	10.82	4										
259	荞麦粉 Buck wheat jelly meal	87.52	6.53	2.75	55.47	14.55	8.22	2										
260	柑橘渣 Orange pulp	85.36	8.25	3.78	59.34	10.82	3.17	2	44.00	71.00	80.00	52.00	3.63	62.77	2.76	2.61		
262	面包渣 Bakery powder	90.67	8.12	11.35	63.24	1.00	6.96	7										
263	面包房副产品 Bakery by-product	85.31	12.66	3.87	66.15	0.51	2.12	3										

续表2-8-6

编号	饲料名称及描述	化学成分						样本数	消化率(猪)				营养价值(猪)				营养价值(鸡)	
		干物质 DM	粗蛋白质 CP	粗脂肪 EE	无氮浸出物 NFE	粗纤维 CF	粗灰分 Ash		粗蛋白质 CP	粗脂肪 EE	无氮浸出物 NFE	粗纤维 CF	可消化粗蛋白质 DCP	总可消化养分 TDN	消化能 DE	代谢能 ME	代谢能 ME	真代谢能 TME
		%	%	%	%	%	%		%	%	%	%	%	%	Mcal/kg	Mcal/kg	Mcal/kg	Mcal/kg
267	板栗内皮 Chestnut inner peel	86.65	7.45	0.56	72.58	4.64	1.42	1										
268	柑橘皮(新鲜) Orange peel (fresh)	22.35	1.67	0.48	16.85	2.55	0.80	2	44.00	71.00	80.00	52.00	0.73	16.31	0.72	0.69		
269	柑橘皮(干) Orange peel(dry)	92.48	6.93	1.99	69.58	10.70	3.28	2										
270	苹果汁副产品(新鲜) Apple juice by-product (fresh)	20.20	1.10	1.20	13.70	3.40	0.80	1	0*	45.00	84.00	64.00	0	14.90	0.66	0.63		
271	苹果汁副产品(干) Apple juice by-product(dry)	89.00	4.40	4.80	62.70	14.80	2.30	1	0*	35.00	80.00*	54.00*	0	61.93	2.73	2.59		
311	乳清粉 Whey	88.40	10.26	1.30	68.90	0.14	7.80	2	90.00	81.00	95.00	48.00	9.23	77.13	3.39	3.19	1.90	
319	蟹粉 Carb meal	76.80	6.10	1.00	2.80	3.90	83.00	4										
323	甘薯(新鲜) Sweet potato(fresh)	25.22	1.53	0.33	21.06	1.41	0.89	19	0	100	85.20	78.10	0	19.79	0.87	0.83		
324	甘薯(干) Sweet potato(dry)	87.77	5.10	0.84	75.52	2.95	3.36	7	24.00	0	92.00	65.00	1.22	72.62	3.20	3.03	2.53	
325	马铃薯(新鲜) Potato(fresh)	21.56	2.70	0.22	16.81	0.80	1.03	19	33.00	0	96.00	79.00	0.89	17.66	0.78	0.74		
326	马铃薯(干) Potato(dry)	87.56	9.17	0.67	69.56	3.72	4.44	24					3.03	72.74	3.20	3.01		

续表2-8-6

编号	饲料名称及描述	化学成分						样本数	消化率(猪)				营养价值(猪)				营养价值(鸡)	
		干物质 DM	粗蛋白质 CP	粗脂肪 EE	无氮浸出物 NFE	粗纤维 CF	粗灰分 Ash		粗蛋白质 CP	粗脂肪 EE	无氮浸出物 NFE	粗纤维 CF	可消化粗蛋白质 DCP	总可消化养分 TDN	消化能 DE	代谢能 ME	代谢能 ME	真代谢能 TME
		%	%	%	%	%	%		%	%	%	%	%	%	Mcal/kg	Mcal/kg	Mcal/kg	Mcal/kg
327	朝鲜蓟(新鲜) Artichoke (fresh)	15.89	1.30	0.19	12.16	0.78	1.46	6	33.90	0	87.40	97.00	0.44	11.88	0.52	0.50		
328	朝鲜蓟(干) Artichoke(dry)	77.93	7.77	0.53	58.43	4.62	6.58	1										
330	萝卜(干) Raddish(dry)	87.65	14.35	2.20	47.90	11.78	11.42	1										
331	胡萝卜(新鲜) Carrot(fresh)	12.00	1.04	0.48	8.06	1.13	1.29	1										
332	胡萝卜(干) Carrot(dry)	89.13	7.73	3.60	59.78	8.43	9.59	1										
333	南瓜(新鲜) Pumpkin(fresh)	8.33	1.62	0.62	3.35	0.84	1.90	8	67.90	0	87.40	34.90	1.10	4.32	0.19	0.18		
335	木薯(干) Tapiocca(dry)	87.34	2.71	0.76	77.00	2.63	4.24	7	61.50	0	96.40	0	1.67	75.89	3.34	3.19	2.93	2.77
336	卷心菜(新鲜) Cabbage(fresh)	8.00	1.32	0.26	5.17	0.68	0.57	1										
337	卷心菜(干) Cabbage(dry)	86.53	14.19	2.84	56.03	7.33	6.14	1										
338	甜菜(根) Beet(root)	86.65	6.16	0.35	70.82	5.29	4.03	10										
339	甜菜(叶) Beet(leave)	86.91	15.12	2.40	48.11	8.90	12.38	10										

3. 矿物质含量

表 2-8-7 矿物质含量

编号	名称及描述	干物质 DM(%)	钙 Ca (%)	磷 P (%)	钾 K (%)	钠 Na (%)	镁 Mg (%)	氯 Cl (%)	硫 S (%)	铁 Fe (mg/kg)	锰 Mn (mg/kg)	钴 Co (mg/kg)	锌 Zn (mg/kg)	铜 Cu (mg/kg)	氟 F (mg/kg)	样本数
21	大麦 Barley	87.95	0.08	0.38	0.53	0.02	0.13	0.15	0.15	141	32	—	52	11	—	31
23	大麦 Gang	87.11	0.07	0.36	0.52	0.01	0.13	—	—	144	23	—	30	7	—	3
24	大麦 All	87.62	0.05	0.38	0.47	0.02	0.14	—	—	70	21	—	32	4	—	3
25	大麦 Suweon 18	87.29	0.12	0.30	0.72	0.06	0.13	—	—	162	41	—	175	43	—	2
26	大麦 Jechon 5	89.20	0.03	0.25	0.37	0.03	0.11	—	—	153	21	—	50	15	—	1
27	大麦 Buhung	86.70	0.17	0.35	0.40	0.02	0.20	—	—	130	91	—	130	9	—	2
28	Duru 大麦 Duru barley	87.20	0.03	0.29	0.35	0.02	0.10	—	—	131	17	—	38	4	—	1
29	大麦 Yeogi	95.14	0.03	0.29	0.42	0.01	0.11	—	—	76	18	—	30	4	—	1
30	大麦 Bunong	89.05	0.19	0.23	1.48	0.01	0.21	—	—	396	110	—	61	28	—	1
31	大麦 Hyang mi	87.93	0.09	0.29	0.45	0.02	0.14	—	—	121	20	—	35	15	—	2
32	大麦 Dongbori 1	88.38	0.02	0.32	0.40	0.03	0.11	—	—	408	20	—	47	6	—	1
33	大麦 Dongbori 2	86.42	0.03	0.29	0.39	0.01	0.10	—	—	64	18	—	28	4	—	1
35	大麦 Je Ju 1	88.97	0.07	0.35	0.50	0.01	0.17	—	—	150	27	—	25	4	—	1
37	发芽大麦 Malting barley	88.70	0.13	0.23	0.52	0.05	0.11	—	—	24	28	—	80	—	—	1
38	大麦粉 Milled barley	89.0	0.05	0.32	0.35	0.02	0.09	—	—	171	28	—	75	8	—	5
39	大麦粉 Buhung	88.86	0.04	0.25	0.20	0.02	0.07	—	—	128	22	—	57	7	—	8
40	大麦粉 Seweon 18	88.50	0.02	0.14	0.17	0.01	0.05	—	—	56	14	—	22	6	—	1
41	大麦粉 Jechon 5	89.50	0.02	0.17	0.17	0.02	0.05	—	—	56	12	—	37	5	—	1
42	碎大麦 Broken barley	88.77	0.09	0.43	0.56	0.03	0.20	—	—	163	41	—	41	10	—	6
43	裸大麦 Naked barley	87.65	0.05	0.35	0.42	0.02	0.11	—	—	92	21	—	34	19	—	17
44	裸大麦 Back Dong	87.24	0.05	0.36	0.44	0.02	0.12	—		55	24	—	36	12	—	6
45	裸大麦 Bang Ju	87.20	0.04	0.32	0.40	0.02	0.10	—	—	100	16	—	37	6	—	1

续表2-8-7

编号	名称及描述	干物质 DM(%)	钙 Ca (%)	磷 P (%)	钾 K (%)	钠 Na (%)	镁 Mg (%)	氯 Cl (%)	硫 S (%)	铁 Fe (mg/kg)	锰 Mn (mg/kg)	钴 Co (mg/kg)	锌 Zn (mg/kg)	铜 Cu (mg/kg)	氟 F (mg/kg)	样本数
47	裸大麦 Jong hak bori	87.50	0.05	0.42	0.57	0.02	0.17	—	—	133	27	—	45	5	—	1
48	裸大麦粉 Naked milled barley	87.52	0.05	0.30	0.39	0.01	0.13	—	—	102	17	—	37	6	—	2
49	高粱籽实(进口) Sorghum grain(imported)	86.54	0.05	0.38	0.74	0.05	0.17	—	—	106	21	—	62	7	—	12
50	高粱籽实(中国)China	85.51	0.03	0.31	0.53	0.01	0.11	—	—	64	22	—	21	—	—	2
51	菜籽粕(加拿大进口,溶剂浸提)Canada	87.38	0.08	0.28	0.40	0.29	0.12	—	—	97	13	—	346	3	—	1
52	菜籽粕(国产) domesticated	86.33	0.04	0.29	0.88	0.03	0.30	—	—	204	36	—	60	9	—	3
70	小麦面粉 Wheat flour	87.36	0.04	0.26	0.31	0.02	0.07	—	—	53	25	—	46	25	—	9
71	小麦面粉 1 级 1st grade	86.11	0.03	0.07	0.17	0.02	0.02	—	—	49	8	—	20	23	—	2
72	小麦面粉 2 级 2nd grade	86.79	0.03	0.12	0.24	0.02	0.09	—	—	50	13	—	22	15	—	3
73	小麦面粉 3 级 3rd grade	88.00	0.04	0.44	0.60	0.01	0.15	—	—	129	68	—	55	12	—	4
74	小麦面粉 样品级 Sample grade	90.80	0.07	0.13	0.26	0.02	0.08	—		5	24	—	2	7	—	3
87	黑麦籽实(进口) Rye grain(imported)	87.58	0.05	0.29	0.27	0.02	0.11	—	—	225	33	—	48	5	—	2
88	黑麦籽实(国产) Rye grain(domestic)	86.79	0.05	0.26	0.53	0.03	0.26	—	—	127	27	—	48	30	—	5
89	燕麦籽实 Oat	88.43	0.19	0.39	0.42	0.07	0.18	—	0.11	123	35	—	45	3	—	5
90	荞麦 Buck wheat	88.10	0.07	0.37	0.40	0.01	0.13	—	—	217	40	—	25	10	—	5
91	谷子(粟、小米) Foxtail millet	88.30	0.35	0.30	1.53	0.45	0.16	0.16	0.14	341	35	—	41	16	—	3
92	薏米 Jobstear seed	87.20	0.12	1.24	—	0.08	0.05	—	—	255	8	—	24	—	—	1

续表2-8-7

编号	名称及描述	干物质 DM(%)	钙 Ca (%)	磷 P (%)	钾 K (%)	钠 Na (%)	镁 Mg (%)	氯 Cl (%)	硫 S (%)	铁 Fe (mg/kg)	锰 Mn (mg/kg)	钴 Co (mg/kg)	锌 Zn (mg/kg)	铜 Cu (mg/kg)	氟 F (mg/kg)	样本数
110	大麦麸 Barley bran low-fiber	87.27	0.07	0.49	0.82	0.06	0.24	—	—	108	35	—	64	7	—	6
113	裸大麦麸 Naked barley bran	84.63	0.07	1.19	0.69	0.03	0.26	—	—	170	108	—	66	3	—	2
117	玉米皮 Corn hull	88.16	0.08	0.11	0.54	0.02	0.05		—	149	80	—	30	4	—	10
118	玉米麸 Corn bran	87.34	0.07	0.18	0.73	—	0.27		0.07	—	19	—	—	—	—	3
121	小麦皮 Wheat hull	86.92	0.16	0.45	0.65	0.01	0.21		—	268	87	—	43	4	—	1
143	玉米胚芽粉(机械压榨) Corn germ meal (mech-extd)	91.60	0.04	0.12	0.09	0.01	0.04	—	—	200	13	—	32	8	—	2
147	玉米淀粉副产品(新鲜) Starch by-product (Corn, fresh)	29.80	0.01	0.08	0.03	0.003	0.05	—	—	88	20	—	18	41	—	1
148	玉米淀粉副产品(干) Starch by-product (Corn, dry)	91.79	0.08	0.53	0.09	0.05	0.18	—	—	427	45	—	40	121	—	4
149	甘薯淀粉副产品(新鲜)(Sweet potato, fresh)	22.1	0.03	0.08	—	0.02	0.06	—	—	25	3	—	23	84	—	1
150	甘薯淀粉副产品(干)(Sweet potato, dry)	84.0	0.30	0.25	0.18	0.08	0.13	—	—	560	65	—	40	320	—	2
151	马铃薯淀粉副产品(干)(Potato, dry)	87.78	0.22	0.10	0.35	0.05	0.08	—	—	141	25	—	118	—	—	1
154	甘薯酒糟(劣质)(Sweet potato, coarse)	93.03	0.85	0.29	1.93	0.69	0.27	—	—	3,829	108	—	63	25	—	2
155	甘薯酒糟,新鲜(Sweet potato, fine)	94.05	1.08	0.44	1.66	0.34	0.32	—	—	7,448	178	—	137	100	—	1
166	大米酒糟(未精制)(Rice, unrefined wine)	94.00	0.07	0.05	0.49	0.13	0.01	—	—	244	10	—	32	—	—	1

续表2-8-7

编号	名称及描述	干物质 DM(%)	钙 Ca (%)	磷 P (%)	钾 K (%)	钠 Na (%)	镁 Mg (%)	氯 Cl (%)	硫 S (%)	铁 Fe (mg/kg)	锰 Mn (mg/kg)	钴 Co (mg/kg)	锌 Zn (mg/kg)	铜 Cu (mg/kg)	氟 F (mg/kg)	样本数
170	玉米胚芽 Corn germ	91.46	0.06	0.20	0.07	0.07	0.11	—	—	173	63	—	49	9	—	3
183	韩国速食面副产品 Ramyon by-product	91.92	0.07	0.11	1.50	0.10	0.29	—	—	200	78	—	27	—	—	1
185	小麦麦芽糖副产品(干) Wheat maltose by-product(dry)	86.90	0.11	0.09	0.05	0.02	—	—	—	120	10	—	—	—	—	1
187	柑橘渣 Orange Pulp	83.33	0.07	0.30	0.57	0.02	0.18	—	—	94	44	—	36	—	—	1
189	面包房副产品 Bakery by-product	85.31	0.04	0.11	0.46	0.42	0.03	—	—	48	1	—	14	2	—	3
192	柑橘皮(新鲜) Orange peel(fresh)	18.71	0.08	0.02	0.26	0.01	0.01	—	—	35	22	—	81	0.6	—	1
193	柑橘皮(干)Orange peel (dry)	92.48	0.43	0.05	1.21	0.05	0.08	—	—	165	107	—	391	2	—	2
194	苹果汁副产品(新鲜) Apple juice by-product	93.60	0.14	0.18	1.29	0.02	0.08	—	—	100	40	—	32	62	—	1
218	乳清粉 Whey	93.20	0.91	0.76	0.90	2.79	0.13	—	1.04	130	43	—	—	48	—	1
229	甘薯(新鲜) Sweet potato(fresh)	23.98	0.04	0.04	0.42	0.08	0.02	—	—	17	07	—	1	7	—	2
230	甘薯(干) Sweet potato(dry)	89.13	0.10	0.13	1.47	0.27	0.08	—	—	60	3	—	4	32	—	3
231	马铃薯(新鲜)Potato (fresh)	21.60	0.01	0.06	—	0.08	0.02	—	—	26	3	—	23	3	—	1
232	马铃薯(干)Potato(dry)	87.60	0.04	0.24	—	0.31	0.09	—	—	106	12	—	95	11	—	1
233	朝鲜蓟(干) Artichoke(dry)	89.60	0.61	0.30	1.94	—	0.12	—	—	93	35	—	36	6	—	1
234	胡萝卜(新鲜) Carrot(fresh)	12.00	0.03	0.17	0.61	0.08	0.02	—	—	29	0.4	—	3	—	—	1
235	胡萝卜(干)Carrot(dry)	89.13	0.23	1.24	4.55	0.61	0.15	—	—	214	3	—	17	—	—	1

续表2-8-7

编号	名称及描述	干物质 DM(%)	钙 Ca (%)	磷 P (%)	钾 K (%)	钠 Na (%)	镁 Mg (%)	氯 Cl (%)	硫 S (%)	铁 Fe (mg/kg)	锰 Mn (mg/kg)	钴 Co (mg/kg)	锌 Zn (mg/kg)	铜 Cu (mg/kg)	氟 F (mg/kg)	样本数
236	南瓜(新鲜) Pumpkin(fresh)	5.46	0.03	0.06	0.41	0.01	0.01	—	—	2.68	0.6	—	8	—	—	1
238	木薯(干)Tapioca(dry)	87.72	0.09	0.17	1.41	0.03	0.13	—	—	271	72	—	54	6	—	5
239	卷心菜(新鲜) Cabbages(fresh)	8.00	0.03	0.03	0.21	0.03	0.02	—	—	12	1	—	3	—	—	1
240	卷心菜(干) Cabbages(dry)	86.50	0.37	0.30	2.27	0.29	0.20	—	—	129	11	—	28	—	—	1
265	大豆叶(新鲜) Soybean leaves(fresh)	26.72	0.38	0.22	0.52	0.01	0.07	—	—	58	157	—	89	2	—	1
266	大豆叶(干) Soybean leaves(dry)	90.50	1.30	0.76	1.75	0.04	0.23	—	—	197	533	—	300	8	—	1
267	大豆叶(新鲜) Soybean leaves	87.89	2.05	0.72	4.29	0.07	0.41	—	—	1,576	147	—	58	8	—	1
332	朝鲜蓟茎(6.5 刈割) Artichoke stem cut(6.5 예취)	12.17	0.14	0.03	0.40	0.01	0.07	—	—	7	1	—	2	1	—	1
352	甘薯(新鲜) Sweet potato	28.00	0.06	0.12	—	—	—	—	—	—	—	—	—	—	—	1
354	萝卜叶 Raddish leaves	23.45	0.27	0.26	1.04	0.07	0.19	—	—	906	156	—	50	2	—	1
491	野生韩国芹菜,40cm 高(干草)Dystonia takesimana(原文为 Dystaenia take simana,推测为笔误) 40cm height(hay)	89.30	1.83	0.28	—	0.09	0.22	—	—	340	240	—	54	—	—	1
492	野生韩国芹菜,60cm 高(干草)Dystonia takesimana(原文为 Dystaenia take simana,推测为笔误) 60cm height(hay)	87.30	1.61	0.32	—	0.09	0.17	—	—	480	200	—	51	—	—	1

续表2-8-7

编号	名称及描述	干物质 DM(%)	钙 Ca (%)	磷 P (%)	钾 K (%)	钠 Na (%)	镁 Mg (%)	氯 Cl (%)	硫 S (%)	铁 Fe (mg/kg)	锰 Mn (mg/kg)	钴 Co (mg/kg)	锌 Zn (mg/kg)	铜 Cu (mg/kg)	氟 F (mg/kg)	样本数
493	野生韩国芹菜，80cm 高(干草)Dystonia takesimana(原文为 Dystaenia take simana，推测为笔误) 80cm height(hay)	88.40	1.08	0.36	—	0.07	0.12	—	—	720	200	—	54	—	—	1
560	昆布(编者注：一种海藻)Ecklonia Kurome	87.30	0.51	0.12	4.46	4.05	0.61	—	—	125	—	—	21	6	—	1
561	石莼(青海苔) Green laver	90.80	—	0.40	4.75	3.75	0.52	—	—	120	15	—	31	11	—	1
563	马尾藻 Gulfweed	84.21	0.43	0.10	4.30	5.47	0.64	—	—	307	30	—	78	20	—	1
564	黑昆布(干)(编者注：一种海藻)Tangle(dried)	93.70	0.44	0.24	8.29	7.60	0.44	—	—	350	14	—	27	9	—	1
565	Chung kack(청각)(推测为一种海藻) Chung kack	82.00	0.67	0.10	1.31	7.14	0.53	—	—	335	84	—	54	28	—	1
566	羊栖菜(推测为一种海藻)Tod(톳)Tod Tod	89.30	0.56	0.12	10.29	3.09	0.54	—	—	342	12	—	53	6	—	1
569	混合海藻 Mixed sea weeds	84.00	2.00	0.32	2.77	6.80	0.80	—	—	60	5	—	30	—	—	1
583	苹果树叶 Apple tree leaves	85.90	1.52	0.26	1.20	0.05	0.34	—	—	390	390	—	30	10	—	1
593	榛树叶(新鲜) Filbert leaves(fresh)	42.07	0.25	0.18	0.33	0.01	0.12	—	—	113	529	—	—	6	—	1
598	木通树叶(干)Akebia quinafa Leaves(dry)	85.50	2.37	0.16	1.33	0.01	0.31	—	-	25	28	—	31	—	—	1
599	山梨猕猴桃(干)Actina rufa leaves(dry)	82.38	1.52	0.15	3.02	0.01	0.27	—	—	23	15	—	17	—	—	2
601	软枣猕猴桃叶(干)Actinidia arquta leaves(dry)	86.17	1.53	0.18	1.64	0.01	0.32	—	—	21	18	—	2	—	—	5

4. 氨基酸含量

表 2-8-8 氨基酸含量(%)

编号	名称及描述	干物质 DM	粗蛋白质 CP	胱氨酸 Cys	蛋氨酸 Met	天冬氨酸 Asp	苏氨酸 Thr	丝氨酸 Ser	谷氨酸 Glu	脯氨酸 Pro	甘氨酸 Gly	丙氨酸 Ala	缬氨酸 Val	异亮氨酸 Ile	亮氨酸 Leu	酪氨酸 Tyr	苯丙氨酸 Phe	赖氨酸 Lys	组氨酸 His	精氨酸 Arg	色氨酸 Trp	样本数
11	大麦 Barley	87.70	12.02	0.178	0.143	0.617	0.333	0.428	2.569	1.475	0.427	0.419	0.443	0.330	0.647	0.340	0.479	0.348	0.257	0.455	0.120	10
12	大麦 Gang	88.56	10.44	0.184	0.150	0.512	0.314	0.366	2.314	1.102	0.371	0.387	0.508	0.335	0.657	0.263	0.451	0.434	0.256	0.420	—	1
13	大麦 All	87.71	11.36	0.169	0.138	0.546	0.320	0.391	2.427	1.219	0.382	0.401	0.555	0.369	0.710	0.306	0.524	0.421	0.221	0.506	—	1
14	大麦 Suweon 18	87.55	10.79	0.186	0.142	0.588	0.312	0.454	2.670	2.314	0.398	0.434	0.294	0.218	0.588	0.298	0.470	0.259	0.162	0.386	—	1
15	大麦 Chilbo	88.04	10.02	0.176	0.132	0.496	0.240	0.355	1.745	1.313	0.334	0.326	0.172	0.146	0.431	0.188	0.310	0.241	0.123	0.305	—	1
16	发芽大麦 Malting barley	88.07	11.42	0.082	0.128	0.710	0.369	0.421	3.108	0.829	0.462	0.454	0.590	0.442	0.788	0.330	0.460	0.409	0.229	0.440	—	2
17	碎大麦 Broken barley	87.87	16.57	0.174	0.250	0.732	0.436	0.529	3.368	1.675	0.500	0.518	0.595	0.431	0.836	0.217	0.662	0.465	0.322	0.659	—	1
18	裸大麦 Naked barley	87.43	12.14	0.198	0.149	0.594	0.343	0.414	3.139	1.308	0.436	0.414	0.507	0.406	0.766	0.316	0.587	0.343	0.253	0.501	—	3
19	裸大麦 Back dong	86.96	10.59	0.235	0.190	0.514	0.288	0.353	3.482	1.181	0.332	0.367	0.496	0.359	0.680	0.305	0.492	0.420	0.229	0.559	—	1
20	高粱籽实(进口) Sorghum (imported)	86.35	8.58	0.143	0.183	0.614	0.281	0.380	1.872	0.725	0.301	0.782	0.420	0.336	1.059	0.306	0.441	0.208	0.287	0.308	—	16
21	高粱籽实(加拿大进口) Sorghum (Canada, imported)	87.27	8.64	0.151	0.158	0.547	0.268	0.363	1.896	0.857	0.305	0.729	0.412	0.323	0.118	0.215	0.408	0.208	0.213	0.351	—	1
22	高粱籽实(中国进口) Sorghum (China, imported)	86.22	8.51	0.136	0.201	0.605	0.278	0.378	1.838	0.530	0.301	0.785	0.416	0.336	1.120	0.315	0.449	0.213	0.314	0.327	—	13

续表2-8-8

编号	名称及描述	干物质 DM	粗蛋白质 CP	胱氨酸 Cys	蛋氨酸 Met	天冬氨酸 Asp	苏氨酸 Thr	丝氨酸 Ser	谷氨酸 Glu	脯氨酸 Pro	甘氨酸 Gly	丙氨酸 Ala	缬氨酸 Val	异亮氨酸 Ile	亮氨酸 Leu	酪氨酸 Tyr	苯丙氨酸 Phe	赖氨酸 Lys	组氨酸 His	精氨酸 Arg	色氨酸 Trp	样本数
23	高粱(国产)Sorghum(domestic)	87.37	11.17	0.118	0.174	0.646	0.307	0.379	1.897	0.646	0.340	0.803	0.477	0.372	1.141	0.304	0.474	0.252	0.215	0.388	—	5
31	小麦面粉 Wheat flour	86.94	14.25	0.244	0.221	0.527	0.292	0.463	3.833	1.251	0.409	0.376	0.528	0.389	0.756	0.306	0.531	0.321	0.222	0.476	—	6
32	小麦面粉 1 级 1st grade	85.68	9.45	0.265	0.157	0.370	0.235	0.371	3.211	1.117	0.312	0.271	0.394	0.330	0.635	0.305	0.432	0.131	0.088	0.248	—	1
33	小麦面粉 2 级 2nd grade	86.63	11.05	0.259	0.233	0.395	0.227	0.398	3.610	1.181	0.342	0.297	0.424	0.365	0.676	0.258	0.484	0.225	0.168	0.370	—	2
34	小麦面粉 3 级 3rd grade	88.76	13.67	0.360	0.247	0.771	0.415	0.579	3.907	1.338	0.551	0.560	0.846	0.505	0.949	0.384	0.653	0.690	0.316	0.787	—	1
54	黑麦籽实(进口) Rye grain (imported)	86.03	10.15	0.334	0.189	0.634	0.332	0.385	2.294	1.091	0.394	0.382	0.441	0.328	0.585	0.212	0.434	0.292	0.255	0.423	—	4
55	燕麦(进口)Oat (imported)	88.90	13.90	0.207	0.207	0.809	0.298	0.408	1.608	0.722	0.544	0.549	0.781	0.501	0.862	0.388	0.650	0.389	0.174	0.692	—	2
56	荞麦 Buck wheat	88.70	10.50	—	0.310	0.858	0.358	0.508	1.579	0.399	0.580	0.433	0.496	0.370	0.651	0.276	0.457	0.522	0.227	0.805	—	1
57	谷子(粟、小米) Foxtail millet	88.00	9.37	0.118	0.305	0.750	0.399	0.525	1.797	0.854	0.311	0.853	0.322	0.448	1.214	0.276	0.515	0.180	0.164	0.326	—	1
58	薏米 Jobstear	88.48	13.45	0.086	0.229	0.682	0.313	0.475	2.858	2.114	0.245	1.121	0.633	0.489	1.597	0.423	0.610	0.127	0.167	0.372	—	1
83	小麦面粉副产品 Wheat flour by-product	87.50	15.24	0.306	0.237	1.113	0.458	0.543	3.552	1.103	0.767	0.609	0.710	0.497	0.727	0.392	0.593	0.678	0.430	0.985	—	6
84	大麦麸(优质) Barley bran(fine)	88.73	13.31	0.236	0.186	0.772	0.346	0.435	2.028	0.799	0.516	0.490	0.506	0.365	0.701	0.308	0.443.	0.487	0.234	0.630	—	3
85	大麦麸(混合) Barley bran(Mixture)	88.34	17.59	0.296	0.203	1.024	0.451	0.556	3.591	1.840	0.595	0.583	0.739	0.532	1.010	0.392	0.668	0.504	0.295	0.682	0.140	1

续表2-8-8

编号	名称及描述	干物质 DM	粗蛋白质 CP	胱氨酸 Cys	蛋氨酸 Met	天冬氨酸 Asp	苏氨酸 Thr	丝氨酸 Ser	谷氨酸 Glu	脯氨酸 Pro	甘氨酸 Gly	丙氨酸 Ala	缬氨酸 Val	异亮氨酸 Ile	亮氨酸 Leu	酪氨酸 Tyr	苯丙氨酸 Phe	赖氨酸 Lys	组氨酸 His	精氨酸 Arg	色氨酸 Trp	样本数
86	裸大麦麸 Naked barley bran	87.05	12.81	0.273	0.192	0.669	0.337	0.474	2.995	1.152	0.395	0.470	0.533	0.389	0.712	0.253	0.419	0.351	0.239	0.575	—	1
89	小麦皮 Wheat hull(fine)	86.80	13.60	0.283	0.250	0.811	0.392	0.578	3.448	1.529	0.631	0.550	0.599	0.417	0.804	0.300	0.530	0.403	0.277	0.750	—	1
90	小麦皮 Wheat hull(coarse)	87.30	9.80	0.130	0.120	0.480	0.220	0.310	1.180	0.790	0.320	0.310	0.260	0.190	0.390	0.140	0.230	0.290	0.140	0.340	—	1
91	玉米皮 Corn hull	87.88	9.63	0.133	0.130	0.603	0.334	0.358	1.375	0.755	0.379	0.650	0.386	0.258	0.820	0.215	0.346	0.261	0.209	0.402	—	4
92	薏米麸 Jobstear bran	87.20	9.82	0.142	0.174	0.551	0.260	0.382	1.677	0.606	0.320	0.650	0.424	0.320	0.840	0.210	0.371	0.240	0.180	0.430	—	1
129	淀粉加工副产品(马铃薯)Starch by-product (potato)	89.69	5.08	0.115	0.076	0.0467	0.230	0.227	0.413	0.231	0.226	0.200	0.228	0.218	0.355	0.154	0.213	0.278	0.072	0.128	—	1
132	甘薯酒糟(优质)(Sweet potato, fine)	89.28	22.31	0.282	0.393	2.330	0.964	1.016	2.166	0.874	0.960	1.152	1.379	0.977	1.577	0.761	1.143	0.804	0.432	0.729	—	3
133	甘薯酒糟(劣质)(Sweet potato, coarse)	89.31	12.64	0.196	0.235	1.499	0.550	0.570	1.303	0.489	0.874	0.661	0.785	0.560	0.913	0.319	0.664	0.424	0.275	0.365	—	1
146	玉米糁 Hominy feed	87.86	11.21	0.247	0.268	0.702	0.434	0.506	1.518	0.605	0.557	0.690	0.510	0.791	0.810	0.334	0.436	0.565	0.323	0.709	—	1
155	韩国速食面副产品 Ramyon by-product	89.22	8.65	0.152	0.140	0.301	0.194	0.468	2.845	1.129	0.262	0.234	0.249	0.208	0.486	0.221	0.353	0.117	0.083	0.145	—	1
156	面包渣 Bakery powder	90.67	8.87	0.059	0.103	0.492	0.231	0.361	2.793	0.628	0.348	0.344	0.421	0.355	0.631	0.247	0.431	0.183	0.309	0.273	—	3

续表2-8-8

编号	名称及描述	干物质 DM	粗蛋白质 CP	胱氨酸 Cys	蛋氨酸 Met	天冬氨酸 Asp	苏氨酸 Thr	丝氨酸 Ser	谷氨酸 Glu	脯氨酸 Pro	甘氨酸 Gly	丙氨酸 Ala	缬氨酸 Val	异亮氨酸 Ile	亮氨酸 Leu	酪氨酸 Tyr	苯丙氨酸 Phe	赖氨酸 Lys	组氨酸 His	精氨酸 Arg	色氨酸 Trp	样本数
157	面包房副产品 Bakery by-product	85.31	13.22	0.373	0.227	0.355	0.298	0.365	3.756	1.289	0.347	0.377	0.386	0.405	0.839	0.309	0.747	0.280	0.311	0.464	—	2
160	板栗内皮 Chestnut inner layer	86.65	7.42	0.013	0.130	0.975	0.194	0.226	0.900	0.351	0.299	0.371	0.281	0.235	0.396	0.144	0.228	0.412	0.131	0.440	—	1
161	柑橘皮 Orange peel	92.48	8.26	0.075	0.099	0.850	0.241	0.282	0.624	0.583	0.280	0.300	0.253	0.205	0.397	0.215	0.304	0.250	0.206	0.256	—	3
187	木薯 Tapioca	87.34	2.37	0.023	0.020	0.168	0.070	0.083	0.369	0.138	0.088	0.124	0.104	0.074	0.124	0.041	0.075	0.083	0.024	0.110	—	10
205	谷子(粟、小米) Foxtail millet	87.49	20.12	0.027	0.021	1.400	0.494	0.486	1.668	0.813	0.723	1.227	0.906	0.634	1.238	0.216	0.716	0.835	0.282	0.672		1
256	马尾藻 Gulfweed	88.47	9.10	0.046	0.098	0.933	0.230	0.230	1.641	0.267	0.277	0.340	0.321	0.242	0.409	0.114	0.268	0.258	0.087	0.220		1
271	谷物筛渣 Grain screening products	86.47	11.74	0.166	0.224	0.973	0.437	0.518	2.133	0.764	0.643	0.637	0.613	0.498	0.898	0.342	0.576	0.579	0.240	0.726		5
279	猪粪(长白,生长猪) Swine feces (Landlace, growing)	88.20	16.80	0.170	0.360	1.270	0.630	0.580	1.910	0.640	0.790	1.050	0.780	0.650	1.040	0.490	0.610	0.890	0.260	0.640		1
280	猪粪(巴克夏,成年猪) Swine feces (Birkshire, mature)	87.60	13.90	0.180	0.210	0.980	0.480	0.440	1.380	0.510	0.620	0.700	0.600	0.480	0.800	0.360	0.480	0.740	0.190	0.500		1

5. 维生素含量

表 2-8-9　维生素含量

编号	名称及描述	干物质 DM	胡萝卜素 Carotin	维生素 A	维生素 E	维生素 B_1	维生素 B_2	泛酸 Pantothenic	烟酸 Niacin	维生素 B_6	生物素 Biotin	叶酸 Folic acid	胆碱 Choline	维生素 B_{12}
		%	mg/kg	mg/kg	mg/kg	mg/kg	mg/kg	mg/kg	mg/kg	mg/kg	mg/kg	mg/kg	mg/kg	mg/kg
11	大麦 Barley grain	88.03	—	—	—	6.11	0.72							
12	大麦 Gang	88.40	—	—	6.90	6.71	0.71	8.10	52.90	3.26	0.22	0.56	988	
13	大麦 All	88.20	—	—	—	5.48	0.74							
14	大麦 Jonghak	87.50	—	—	—	6.13	0.72							
15	碎大麦 Broken barley	87.90	—	—	—	10.64	3.88							
16	裸大麦 Naked barley(Back Dong)	88.20	—	—	4.80	6.03	0.68							
17	高粱籽实(进口)Sorghum grains(imported)	86.40	—	—	12.00	3.34	0.58	12.80	48.00	4.61	0.25	0.22	762	
18	高粱籽实(韩国国产) Sorghum grains(domestic)	86.80	—	—	—	2.58	1.24							
25	小麦面粉 1 级 Wheat flour 1st grade	86.1	—	—	—	0.88	0.13							
26	小麦面粉 2 级 2nd grade	87.4	—	—	—	2.81	0.37							
27	小麦面粉 3 级 3rd grade	89.0	—	—	—	3.70	0.69							
39	黑麦籽实(国产)Rye grain (domestic)	86.40	—	—	—	6.21	0.73							
40	燕麦(进口) Oat(imported)	88.70	—	—	—	2.40	11.20							
42	小麦面粉副产品 Wheat flour by-product	87.20	—	—	44.0	7.02	1.59	13.20	44.30	12.36	0.42	0.75	1560	
43	大麦麸混合物 Barley bran mixture	88.42	—	—	—	6.20	1.87							

续表2-8-9

编号	名称及描述	干物质 DM	胡萝卜素 Carotin	维生素 A	维生素 E	维生素 B_1	维生素 B_2	泛酸 Pantothenic	烟酸 Niacin	维生素 B_6	生物素 Biotin	叶酸 Folic acid	胆碱 Choline	维生素 B_{12}
		%	mg/kg	mg/kg	mg/kg	mg/kg	mg/kg	mg/kg	mg/kg	mg/kg	mg/kg	mg/kg	mg/kg	mg/kg
44	裸大麦麸 Naked barley bran	88.43	—	—	—	5.87	1.03							
62	甘薯酒糟(劣质) (Sweet potato, coarse)	89.31	—	—	—	0.52	0.40							
63	甘薯酒糟(优质) (Sweet potato, fine)	89.28	—	—	—	0.23	2.10							
74	柑橘皮 Orange peel	92.60	—	—	—	2.90	0.50							
85	乳清粉 Whey	93.20	—	500	—	4.30	26.80	44	9.60	3.96	0.37	0.88	1684	0.02
86	胡萝卜 Carrot	89.93	—	—	—	—	0.75							
88	木薯 Tapioca	87.70	—	—	—	2.02	1.39							

2.9 澳大利亚资料

2.9.1 Standing Committee on Agriculture, Pig Subcommittee. 1987. Feeding Standards for Australian Livestock(Pigs)(澳大利亚猪饲养标准)[29]

1. 饲料常规成分

表 2-9-1 饲料常规成分(风干基础,以 90%干物质计,%)[1]

饲料原料	粗蛋白质 CP	粗纤维 CF	粗脂肪 EE	粗灰分 Ash	无氮浸出物 NFE
乳清粉 Whey powder	13.0	—	1.1	9.6	—
大麦,二棱 Barley, 2-row	10.7	5.0	1.8	2.2	70.3
大麦,六棱 Barley, 6-row	10.6	5.3	2.3	2.2	69.7
日本粟(日本稷子)Millet, Japanese	11.7	9.5	5.8	4.5	58.6
燕麦 Oats	9.5	12.9	6.5	3.2	58.1

续表2-9-1

饲料原料	粗蛋白质 CP	粗纤维 CF	粗脂肪 EE	粗灰分 Ash	无氮浸出物 NFE
燕麦(去壳)Oats(dehulled)	10.8	2.7	8.1	1.6	66.8
高粱 Sorghum	9.8	2.2	3.1	1.7	73.3
黑小麦 Triticale	12.2	3.2	2.1	1.9	70.6
水稻细麸 Rice pollard	13.1	9.0	15.4	8.3	44.3
小麦细麸 Wheat pollard	15.8	7.6	4.1	3.7	58.8
糖蜜 Molasses	5.9	—	—	15.4	—

注:[1] 引自 The Australian Stockfeed Reference Book(Richard Milne Pty Limited,1981)。

2. 饲料中粗蛋白质和总氨基酸含量

表 2-9-2 饲料中粗蛋白质和总氨基酸含量[1](风干基础,干物质以 90%计,括号内为标准误差,g/kg)

饲料原料	粗蛋白质范围	粗蛋白质平均值±标准误差	天冬氨酸 Asp	苏氨酸 Thr	丝氨酸 Ser	谷氨酸 Glu	甘氨酸 Gly	丙氨酸 Ala	缬氨酸 Val	蛋氨酸 Met	异亮氨酸 Ile	亮氨酸 Leu	酪氨酸 Tyr	苯丙氨酸 Phe	组氨酸 His	赖氨酸 Lys	精氨酸 Arg	胱氨酸 Cys	样品数	胱氨酸遗失数
大麦 Barley	89.0-150.0	113.4 (16.6)	6.3 (1.9)	3.7 (1.2)	4.2 (1.4)	28.0 (5.3)	4.5 (0.9)	4.1 (1.1)	5.9 (1.6)	1.6 (0.5)	4.1 (0.9)	7.5 (1.2)	3.4 (0.9)	5.5 (1.2)	2.2 (0.6)	3.8 (0.8)	5.5 (1.0)	1.6 (0.9)	24	3
谷物碎渣 Hominy meal	104.0-113.0	107.7 (4.7)	7.0 (0.0)	3.3 (0.6)	4.3 (0.6)	16.0 (1.0)	4.3 (0.6)	7.3 (0.6)	5.3 (0.6)	1.0 (0.0)	3.3 (0.6)	9.7 (0.6)	3.0 (0.0)	4.0 (0.0)	2.0 (0.0)	3.7 (0.6)	5.3 (0.6)	1.0 (0.0)	3	1
粟(谷子) Millet	120.0	120.0	6.2	3.2	6.1	23.0	2.4	10.0	4.8	1.4	3.8	11.0	2.5	5.4	3.0	3.0	4.0	2.0	1	
燕麦 Oats	83.0-109.0	93.0 (9.2)	6.2 (1.6)	2.9 (0.6)	3.8 (1.4)	18.5 (2.7)	4.5 (0.8)	3.6 (1.0)	4.7 (0.9)	1.3 (0.5)	3.3 (0.7)	6.9 (0.8)	3.3 (0.6)	4.5 (0.5)	1.7 (0.5)	3.8 (0.6)	5.9 (0.8)	2.3 (1.7)	10	1
去壳燕麦 Groats	90.0-125.0	115.4 (14.4)	9.0 (2.2)	4.1 (0.8)	5.8 (2.0)	23.6 (3.6)	6.1 (1.1)	5.5 (1.5)	5.6 (1.2)	2.1 (0.6)	4.3 (1.0)	8.3 (1.5)	4.1 (0.5)	5.7 (0.8)	2.4 (0.4)	4.9 (1.2)	6.8 (1.6)	3.3 (0.6)	5	
高粱 Sorghum	61.0-80.0	77.1 (6.2)	4.0 (0.6)	1.9 (0.3)	2.8 (0.7)	14.6 (2.6)	2.6 (0.5)	5.7 (0.9)	3.4 (0.6)	0.9 (0.2)	2.8 (0.4)	9.3 (1.4)	2.7 (0.5)	3.6 (0.6)	1.4 (0.5)	1.8 (0.4)	3.0 (0.0)	1.0 (0.1)	9	6
高粱 Sorghum	82.0-115.0	96.6 (10.7)	5.9 (1.4)	2.7 (0.7)	4.0 (1.2)	19.4 (3.3)	3.0 (0.9)	8.0 (1.8)	4.5 (0.9)	1.2 (0.4)	3.5 (0.6)	12.0 (2.1)	3.3 (0.7)	4.6 (0.9)	1.8 (0.6)	2.0 (0.5)	3.6 (0.8)	1.4 (0.5)	31	15

续表2-9-2

饲料原料	粗蛋白质范围	粗蛋白质平均值±标准误差	天冬氨酸 Asp	苏氨酸 Thr	丝氨酸 Ser	谷氨酸 Glu	甘氨酸 Gly	丙氨酸 Ala	缬氨酸 Val	蛋氨酸 Met	异亮氨酸 Ile	亮氨酸 Leu	酪氨酸 Tyr	苯丙氨酸 Phe	组氨酸 His	赖氨酸 Lys	精氨酸 Arg	胱氨酸 Cys	样品数	胱氨酸遗失数
高粱 Sorghum	116.0-133.0	120.6 (4.7)	7.7 (1.8)	3.6 (0.7)	5.3 (1.0)	24.5 (3.1)	3.5 (0.5)	10.0 (1.5)	5.9 (1.2)	1.5 (0.5)	4.4 (0.8)	14.4 (1.9)	4.1 (1.0)	5.8 (1.0)	2.3 (0.4)	2.5 (0.7)	4.2 (0.8)	1.9 (0.6)	25	9
黑小麦 Triticale	98.0-165.0	129.3 (21.7)	7.8 (1.1)	4.2 (0.8)	6.5 (1.7)	33.3 (8.5)	5.9 (2.3)	5.4 (1.0)	6.4 (0.8)	2.0 (0.6)	4.8 (0.7)	8.7 (1.4)	3.7 (0.6)	5.9 (1.1)	2.7 (0.7)	4.4 (0.8)	6.7 (1.4)	2.6 (0.7)	12	1
小麦面粉 Wheat flour	88.0	88.0	4.6	2.9	5.3	30.0	3.5	3.3	4.2	1.8	3.1	6.4	2.6	4.4	1.9	2.5	4.4	2.3	1	
小麦细麸 Wheat pollard	129.0-168.0	150.3 (13.1)	9.2 (1.7)	4.5 (0.9)	5.4 (1.3)	33.7 (4.3)	8.1 (0.9)	6.3 (0.9)	7.1 (1.0)	1.9 (0.3)	4.5 (0.7)	9.9 (1.2)	4.2 (0.8)	6.1 (1.0)	3.7 (0.6)	5.9 (1.3)	9.5 (1.1)	1.5 (0.5)	15	

注：[1] 引自 Poultry Husbandry Research Foundation，University of Sydney。

3. 饲料中粗蛋白质和色氨酸含量

表 2-9-3 饲料中粗蛋白质和色氨酸含量(风干基础，以 90%干物质计)[1]

饲料原料	粗蛋白质 CP(g/kg)	色氨酸 Trp	
		(g/16g N)	(g/kg)
大麦 Barley	123	0.98	1.2
高粱 Sorghum	77	0.91	0.7
高粱 Sorghum	103	0.87	0.9
高粱 Sorghum	112	0.98	1.1
黑小麦 Triticale	134	0.82	1.1
黑小麦 Triticale	196	0.71	1.4

注：[1] 引自 Batterham et al.(1983)。

4. 饲料中赖氨酸可利用率

表 2-9-4 饲料中由斜率法计算及回肠末端消化率法测定的赖氨酸可利用率及其推荐值(%)

饲料原料	斜率推测的赖氨酸消化率平均值及范围 Slope-ration value Mean(Range)	赖氨酸回肠消化率平均值及范围 Ileal digestibility value Mean(Range)	赖氨酸消化率推荐值 Recommended value
大麦 Barley	—	0.78[F.H]	0.78
		(0.75-0.84)	
黑麦 Rye	—	0.71[J]	0.71
高粱 Sorghum	—	0.88[F]	0.88
黑小麦 Triticale	—	0.85[F.J]	0.85
		(0.83-0.88)	

注:[F]引自 Taverner et al. (1981);[H]引自 Taverner et al. (1982);[J]引自 M. R. Taverner(personal communication)。

5. 澳大利亚饲料原料消化能(风干基础,以 90%干物质计)

表 2-9-5 澳大利亚饲料原料消化能(风干基础,以 90%干物质计)

饲料原料	消化能 DE(MJ/kg)		样本数	文献出处
	平均值	范围		
大麦 Barley	12.7	11.5-13.7	16	B,M,P,Q
高粱 Sorghum	14.2	13.8-14.6	6	I,J,P,R
小麦加工副产品 Wheat Mill-run	11.9	11.5-12.3	2	B
小麦细麸 Wheat Pollard	13.1	12.0-14.1	3	B
谷物碎渣 Hominy meal	14.1	—	1	P
水稻细麸 Rice pollard	15.2	—	1	E

注:B 引自 Batterham et al. (1980a);E 引自 E. S. Batterham(pers. comm);J 引自 Farrell et al. (1983);L 引自 Taverner and Karunajeewa. (1980);M 引自 Taverner and Farrell. (1981);P 引自 M. R. Taverner. (pers. comm);Q 引自 Taverner et al. (1982)。

6.猪饲料中常用原料矿物质含量

表 2-9-6 猪饲料中常用原料矿物质含量(风干基础,以90%干物质计,mg/kg)[1]

饲料原料	钙 Ca	磷 P	镁 Mg	钾 K	钠 Na	铁 Fe	铜 Cu	锰 Mn	锌 Zn	硒 Se[2]
	g/kg					mg/kg				
大麦籽实 Barley(grain)	0.7	3.3	1.1	4.3	0.3	90	6	26	29	0.21
牛乳清粉(脱水)Cattle(whey,dehy)	24.2	10.9	2.2	27.9	12.4	120	6	5	7	—
粟(谷子)Millet(grain)	1.7	3.1	3.4	—	—	—	—	—	—	—
燕麦(籽实)Oats(grain)	1.0	3.3	1.1	3.8	0.4	80	12	60	23	—
水稻细麸 Rice pollard	0.7	15.6	6.3	12.9	0.4	100	7	222	44	—
高粱(籽实)Sorghum(grain)	1.6	3.1	1.4	3.5	0.5	50	7	15	27	0.05
小麦细麸 Wheat pollard	1.5	7.2	5.2	8.1	0.2	140	11	138	70	—

注:[1] Australian Feed Information Centre, CSIRO, Blacktown, N. S. W., 2148; [2] J. A. Nell, Poultry Research Foundation, University of Sydney, Camden, N. S. W., 2570。

7.猪饲料中常用原料维生素含量

表 2-9-7 猪饲料中常用原料维生素含量(风干基础,以90%干物质计,mg/kg)[1]

饲料原料	维生素 H(生物素) Biotin	胆碱 Choline	叶酸 Folacin	烟酸 Niacin	维生素 B_5(泛酸) Pantothenic acid	维生素 B_6(吡哆醇) Pyridoxine	维生素 B_2(核黄素) Riboflavin	维生素 B_1(硫胺) Thiamin	维生素 B_{12} Vitamin B_{12}	维生素 E Vitamin E[2]
大麦 Barley	0.08	990	0.5	63	9.2	3.0	1.2	4.0	—	36
糖蜜(甘蔗)Molasses(cane)	0.70	660	—	45	39.0	—	2.3	0.9	—	4.4
燕麦 Oats	0.30	1100	0.4	15	29.2	1.0	1.1	6.0	—	20.0
去壳燕麦 Oat groats(dehulled oats)	0.20	1232	0.3	18	11.0	—	1.3	6.8	—	15.0
高粱籽实(西非)Sorghum grain(Milo)	0.09	678	0.2	41	12.0	3.2	1.1	4.0	—	12.0
小麦细麸 Wheat pollard	0.10	1100	0.6	53	13.0	9.0	2.2	18.9	—	—
乳清粉 Whey(dried)	0.34	1980	0.8	10	44.0	4.0	27.1	4.1	0.015	0.2

注:[1] National Research Council(1979);[2] i. u. /kg。

2.10 巴西资料

2.10.1 Horacio Santiago Rostagno, et al. 2011. Brazilian Tables for Poultry and Swine: Composition of Feedstuffs and Nutritional Requirements(巴西家禽与猪饲料成分及营养需要)[30]

1. 家禽和猪用饲料原料化学成分、消化率和能值

表 2-10-1 家禽和猪用饲料原料化学成分、消化率和能值(饲喂基础)

饲料名称	干物质 DM	粗蛋白质 CP	家禽粗蛋白质消化率 Coef. Dig. CP Poultry	家禽可消化粗蛋白质 Dig. CP Poultry	猪粗蛋白质消化率 Coef. Dig. CP Swine	猪可消化粗蛋白质 Dig. CP Swine	粗脂肪 Fat	家禽粗脂肪消化率 Coef. Dig. Fat Poultry[1]	家禽可消化粗脂肪 Dig. Fat Poultry	猪粗脂肪消化率 Coef. Dig. Fat Swine[1]	猪可消化粗脂肪 Dig. Fat Swine	亚油酸 Linoleic acid	亚麻酸 Linolenic acid	淀粉 Starch	粗纤维 CF	猪粗纤维消化率 Coef. Dig. CF Swine	中性洗涤纤维 NDF	猪中性洗涤纤维消化率 Coef. Dig. NDF Swine
巴巴苏淀粉(巴西棕榈淀粉)Babassu starch meal	86.27	1.91	—	—	—	—	0.29	—	—	—	—	—	—	—	9.69	—	37.09	—
饼干屑 Bakery cookie-cracker res	91.95	8.45	81.30	6.87	85.00	7.18	9.20	96.00	8.83	90.00	8.28	1.60	—	46.50	1.70	—	4.35	—
面包渣 Bakery residue	87.00	12.50	90.00	11.25	90.00	11.00	1.57	—	—	—	—	—	—	—	1.02	—	6.13	—
稻子豆粕 Carob meal	90.67	8.79	—	—	43.57	3.83	0.52	—	—	—	—	—	—	—	—	—	17.68	—
干燥带皮木薯 Cassava with hulls dried	87.67	2.47	46.00	1.14	35.00	0.87	0.59	20.00	0.12	42.50	0.25	0.08	—	67.85	5.42	64.60	11.75	59.00
柑橘渣 Citrus pulp	88.44	6.37	27.70	1.76	55.00	3.50	2.02	—	—	55.00	1.11	0.45	0.08	—	12.70	—	—	—
玉米胚芽 Corn germ	89.71	10.38	86.00	8.92	74.00	7.68	9.60	81.00	7.78	80.00	6.68	5.04	0.07	48.56	4.48	—	27.80	—
椰子油 Fat coconut	99.30	—	—	—	—	—	99.30	—	—	—	—	1.79	—	—	—	—		—
猪油 Fat lard	99.55	—	—	—	—	—	99.30	—	—		—	9.63	0.94	—	—	—	—	—
家禽脂肪 Fat poultry	99.60	—	—	—	—	—	99.00	94.40	93.40	91.50	90.59	20.47	1.29	—	—	—	—	—
牛油 Fat tallow	99.39	—	—	—	—	—	99.39	80.00	79.51	87.10	86.57	3.08	0.60	—	—	—	—	—

续表2-10-1

饲料名称	干物质 DM	粗蛋白质 CP	家禽粗蛋白质消化率 Coef. Dig. CP Poultry	家禽可消化粗蛋白质 Dig. CP Poultry	猪粗蛋白质消化率 Coef. Dig. CP Swine	猪可消化粗蛋白质 Dig. CP Swine	粗脂肪 Fat	家禽粗脂肪消化率 Coef. Dig. Fat Poultry[1]	家禽可消化粗脂肪 Dig. Fat Poultry	猪粗脂肪消化率 Coef. Dig. Fat Swine[1]	猪可消化粗脂肪 Dig. Fat Swine	亚油酸 Linoleic acid	亚麻酸 Linolenic acid	淀粉 Starch	粗纤维 CF	猪粗纤维消化率 Coef. Dig. CF Swine	中性洗涤纤维 NDF	猪中性洗涤纤维消化率 Coef. Dig. NDF Swine
葡萄糖 Glucose	90.37	—	—	—	—	—	—	—	—	—	—	—	—	—	—	—	—	—
甘油 Glycerine(87%)	90.00	0.23	—	—	—	—	—	—	—	—	—	—	—	—	—	—	—	—
乳糖 Lactose	97.80	0.23	—	—	—	—	—	—	—	—	—	—	—	—	—	—	—	—
卵磷脂 Lecithin	99.36	—	—	—	—	—	92.76	—	—	—	—	—	—	—	—	—	—	—
粟(谷子)Millet	89.30	12.71	91.00	11.57	91.00	11.57	3.95	75.00	2.96	75.00	2.96	1.63	—	63.20	3.48	—	20.30	—
乳清粉 Milk whey dried	95.40	12.07	93.00	11.21	92.00	11.09	0.90	—	—	95.00	0.86	0.02	—	—	—	—	—	—
低蛋白乳清粉 Milk whey permeate dried	94.50	3.00	—	—	—	—	0.20	—	—	—	—	—	—	—	—	—	—	—
卡诺拉菜籽油 Oil canola	99.50	—	—	—	—	—	99.50	95.00	94.53	91.80	91.34	18.73	9.50	—	—	—	—	—
玉米油 Oil corn	99.25	—	—	—	—	—	99.00	95.10	94.15	91.80	90.88	51.93	0.69	—	—	—	—	—
棕榈油 Oil palm	99.50	—	—	—	—	—	99.40	—	—	—	—	10.25	—	—	—	—	—	—
大豆油 Oil soybean	99.60	—	—	—	—	—	99.60	95.00	94.62	91.50	91.13	52.57	6.94	—	—	—	—	—
干百香果渣 Passion fruit pulp dried	90.69	12.42	81.44	10.12	—	—	6.04	—	—	—	—	—	—	—	34.85	—	68.04	—
意大利面下脚料 Pasta-spaghetti residue	88.40	12.30	90.00	11.07	88.60	10.90	1.17	—	—	—	—	0.46	—	—	1.90	—	1.10	—
高丹宁高粱 Sorghum high tannin	85.88	8.94	68.00	6.08	73.30	6.55	2.35	83.00	1.95	75.00	1.76	1.13	—	56.80	2.78	—	9.80	—

续表2-10-1

饲料名称	干物质 DM	粗蛋白质 CP	家禽粗蛋白质消化率 Coef. Dig. CP Poultry	家禽可消化粗蛋白质 Dig. CP Poultry	猪粗蛋白质消化率 Coef. Dig. CP Swine	猪可消化粗蛋白质 Dig. CP Swine	粗脂肪 Fat	家禽粗脂肪消化率 Coef. Dig. Fat Poultry[1]	家禽可消化粗脂肪 Dig. Fat Poultry	猪粗脂肪消化率 Coef. Dig. Fat Swine[1]	猪可消化粗脂肪 Dig. Fat Swine	亚油酸 Linoleic acid	亚麻酸 Linolenic acid	淀粉 Starch	粗纤维 CF	猪粗纤维消化率 Coef. Dig. CF Swine	中性洗涤纤维 NDF	猪中性洗涤纤维消化率 Coef. Dig. NDF Swine
低丹宁高粱 Sorghum low tannin	87.90	8.97	88.00	7.89	85.00	7.62	2.96	85.00	2.52	80.00	2.37	1.05	—	63.24	2.30	75.49	10.03	73.21
淀粉 Starch	88.50	—	—	—	—	—	—	—	—	—	—	—	—	87.70	—	—	—	—
糖 Sugar	99.00	—	—	—	—	—	—	—	—	—	—	—	—	—	—	—	—	—
甘蔗汁 Sugarcane juice	18.55	0.30	—	—	—	—	—	—	—	—	—	—	—	—	0.05	—	—	—
甘蔗糖蜜 Sugarcane molasses	73.98	3.66	—	—	—	—	0.10	—	—	—	—	—	—	—	2.46	—	—	—
干甘蔗糖蜜 Sugarcance molasses dried	93.26	2.44	—	—	—	—	—	—	—	—	—	—	—	—	6.20	—	—	—
甘薯干 Sweet potato dried	88.72	3.87	—	—	30.00	1.16	0.91	—	—	70.00	0.63	—	—	62.90	2.69	—	8.80	—
黑小麦 Triticale	88.23	12.23	86.60	10.59	85.00	10.39	1.51	67.00	1.01	70.00	1.06	0.54	—	55.25	2.61	—	12.45	—
小麦面粉 Wheat flour	87.00	12.26	93.40	11.45	93.00	11.40	1.70	87.00	1.48	—	—	0.54	—	76.50	—	—	2.65	—
小麦筛下物 Wheat screenings	88.17	13.61	86.00	11.70	82.00	11.16	2.11	60.00	1.26	70.00	1.47	0.79	—	—	6.55	—	18.71	—
小麦次粉 Wheat shorts	88.19	17.52	84	14.72	78	13.67	2.63	87.00	2.28	80.00	2.10	1.46	—	27.74	7.59	—	31.48	—

表 2-10-1(2) 家禽和猪用饲料原料化学成分、消化率和能值(饲喂基础)

饲料名称	酸性洗涤纤维 ADF	猪酸性洗涤纤维消化率 Coef. Dig. ADF Swine	无氮浸出物 NFE	家禽无氮浸出物消化率 Coef. Dig. NFE Poultry[1]	家禽可消化无氮浸出物 Dig. NFE Poultry	家禽不可消化的无氮浸出物和粗纤维 Non Dig. NFE+CF Poultry	有机物 OM	猪有机物消化率 Coef. Dig. OM Swine[1]	猪可消化有机物 Dig. OM Swine	猪不可消化有机物 Non Dig. OM Swine	粗灰分 Ash	钾 K	钠 Na	氯 Cl	总能 GE	家禽代谢能 ME Poultry	母鸡代谢能 ME Hens	家禽真代谢能 TME Poultry	猪消化能 DE Swine	母猪消化能 DE Sows	猪代谢能 ME Swine	母猪代谢能 ME Sows	猪净能 NE Swine[1]
	%	%	%	%	%	%	%	%	%	%	%	%	%	%	kcal/kg	kcal/kg	kcal/kg	kcal/kg	kcal/kg	kcal/kg	kcal/kg	kcal/kg	kcal/kg
巴巴苏淀粉(巴西棕榈淀粉)Babassu starch meal	15.09	—	71.88	—	—	—	—	—	—	—	2.50	—	—	—	3687	1731	—	—	—	—	—	—	—
饼干屑 Bakery cookie-cracker res	1.60	—	71.38	98.00	69.95	3.13	90.73	79.50	72.13	18.60	1.50	0.17	0.19	0.30	4402	4010	4019	4217	3551	3737	3480	3620	2760
面包渣 Bakery residue	0.79	—	68.15	—	—	—	84.40	—	—	—	2.56	—	—	—	3926	3352	—	—	3812	—	3660	—	—
稻子豆粕 Carob meal	—	—	77.91	-	—	—	87.22	59.43	51.84	—	3.45	0.91	—	—	4501	1520	—	1807	2675	—	2432	—	1723
干燥带皮木薯 Cassava with hulls dried	4.27	—	75.59	93.00	70.30	10.71	84.07	86.80	72.97	11.10	3.60	0.52	0.03	0.05	3621	2973	3005	3192	3048	3159	3020	3103	2394
柑橘渣 Citrus pulp	—	—	61.10	—	—	—	82.19	83.50	68.62	13.57	6.26	0.75	0.07	0.05	3701	1100	—	—	2956	3092	2863	2965	1951
玉米胚芽 Corn germ	7.90	—	61.55	80.00	49.24	16.79	86.01	80.00	68.81	17.20	3.70	0.62	0.02	0.08	4250	3144	3194	—	3355	3527	3260	3389	2572

续表2-10-1(2)

饲料名称	酸性洗涤纤维 ADF	猪酸性洗涤纤维消化率 Coef. Dig. ADF Swine	无氮浸出物 NFE	家禽无氮浸出物消化率 Coef. Dig. NFE Poultry[1]	家禽可消化无氮浸出物 Dig. NFE Poultry	家禽不可消化的无氮浸出物和粗纤维 Non Dig. NFE+CF Poultry	有机物 OM	猪有机物消化率 Coef. Dig. OM Swine[1]	猪可消化有机物 Dig. OM Swine	猪不可消化有机物 Non Dig. OM Swine	粗灰分 Ash	钾 K	钠 Na	氯 Cl	总能 GE	家禽代谢能 ME Poultry	母鸡代谢能 ME Hens	家禽真代谢能 TME Poultry	猪消化能 DE Swine	母猪消化能 DE Sows	猪代谢能 ME Swine	母猪代谢能 ME Sows	猪净能 NE Swine[1]
	%	%	%	%	%	%	%	%	%	%	%	%	%	%	kcal/kg	kcal/kg	kcal/kg	kcal/kg	kcal/kg	kcal/kg	kcal/kg	kcal/kg	kcal/kg
椰子油 Fat coconut	—	—	—	—	—	—	99.30	92.80	92.15	—	—	—	—	—	9229	7924	—	—	8565	—	8262	—	7096
猪油 Fat lard	—	—	—	—	—	—	99.55	87.30	86.92	—	—	—	—	—	9369	8080	—	—	8180	—	7939	—	7096
家禽脂肪 Fat poultry	—	—	—	—	—	—	99.60	92.22	91.85	—	—	—	—	—	9282	8681	—	9159	8560	—	8228	—	7303
牛油 Fat tallow	—	—	—	—	—	—	99.39	81.10	80.61	—	—	—	—	—	9408	7401	—	8116	8193	—	7886	—	7061
葡萄糖 Glucose	—	—	90.37	—	—	—	90.37	—	—	—	—	—	—	—	4017	3393	—	—	3340		3334	—	2434
甘油 Glycerine(87%)	—	—	—	—	—	—	—	—	—	—	—	—	—	—	3696	3510		—	3652	—	3579	—	2611
乳糖 Lactose	—	—	—	—	—	—	97.63	90.00	87.87	—	0.17	—	—	—	3908	—	—		3604	—	3511	—	2561
卵磷脂 Lecithin	—	—	0.49	—	—	—	93.25	80.79	75.34	—	6.11	—	—	—	8188	6036	—	6240	6615	—	6375	—	5869
粟(谷子) Millet	8.58		67.64	85.50	57.83	13.29	87.78	74.00	64.96	22.82	1.52	0.34	0.01	0.03	3930	3165	3205	3354	3036	3264	2940	3111	2313

续表2-10-1(2)

饲料名称	酸性洗涤纤维 ADF	猪酸性洗涤纤维消化率 Coef. Dig. ADF Swine	无氮浸出物 NFE	家禽无氮浸出物消化率 Coef. Dig. NFE Poultry[1]	家禽可消化无氮浸出物 Dig. NFE Poultry	家禽不可消化的无氮浸出物和粗纤维 Non Dig. NFE+CF Poultry	有机物 OM	猪有机物消化率 Coef. Dig. OM Swine[1]	猪可消化有机物 Dig. OM Swine	猪不可消化有机物 Non Dig. OM Swine	粗灰分 Ash	钾 K	钠 Na	氯 Cl	总能 GE	家禽代谢能 ME Poultry	母鸡代谢能 ME Hens	家禽真代谢能 TME Poultry	猪消化能 DE Swine	母猪消化能 DE Sows	猪代谢能 ME Swine	母猪代谢能 ME Sows	猪净能 NE Swine[1]
	%	%	%	%	%	%	%	%	%	%	%	%	%	%	kcal/kg	kcal/kg	kcal/kg	kcal/kg	kcal/kg	kcal/kg	kcal/kg	kcal/kg	kcal/kg
乳清粉 Milk whey dried	—	—	73.98	—	—	—	86.95	90.00	78.26	—	8.45	2.08	0.79	1.34	3703	—	—	—	3486	—	3371	—	2392
低蛋白乳清粉 Milk whey permeate dried	—	—	85.60	—	—	—	88.80	96.00	85.24	—	5.70	2.10	1.00	2.00	3446	—	—	—	3311	—	3225	—	—
卡诺拉菜籽油 Oil canola	—	—	—	—	—	—	99.50	91.80	91.34	—	—	—	—	—	9399	8784	—	9130	8630	—	8455	—	7476
玉米油 Oil corn	—	—	—	—	—	—	99.25	90.00	89.33	—	—	—	—	—	9350	8773	—	9250	8580	—	8280	—	7341
棕榈油 Oil palm	—	—	—	—	—	—	99.50	85.21	84.79	—	—	—	—	—	9400	8817	—	—	8010	—	7690	—	6916
大豆油 Oil soybean	—	—	—	—	—	—	99.60	92.15	91.78	—	—	—	—	—	9333	8790	—	9200	8600	—	8300	—	7364
干百香果渣 Passion fruit pulp dried	64.92	—	36.24	—	—	—	89.55	—	—	—	1.14	—	—	—	5435	3284	—	—	—	—	—	—	—

续表2-10-1(2)

饲料名称	酸性洗涤纤维 ADF	猪酸性洗涤纤维消化率 Coef. Dig. ADF Swine	无氮浸出物 NFE	家禽无氮浸出物消化率 Coef. Dig. NFE Poultry[1]	家禽可消化无氮浸出物 Dig. NFE Poultry	家禽不可消化的无氮浸出物和粗纤维 Non Dig. NFE+CF Poultry	有机物 OM	猪有机物消化率 Coef. Dig. OM Swine[1]	猪可消化有机物 Dig. OM Swine	猪不可消化有机物 Non Dig. OM Swine	粗灰分 Ash	钾 K	钠 Na	氯 Cl	总能 GE	家禽代谢能 ME Poultry	母鸡代谢能 ME Hens	家禽真代谢能 TME Poultry	猪消化能 DE Swine	母猪消化能 DE Sows	猪代谢能 ME Swine	母猪代谢能 ME Sows	猪净能 NE Swine[1]
	%	%	%	%	%	%	%	%	%	%	%	%	%	%	kcal/kg	kcal/kg	kcal/kg	kcal/kg	kcal/kg	kcal/kg	kcal/kg	kcal/kg	kcal/kg
意大利面下脚料 Pasta-spaghetti residue	0.60	—	72.03	—	—	—	87.40	95.44	83.41	3.99	1.00	0.18	0.01	—	3861	3494	—	—	3685	3725	3538	3568	—
高丹宁高粱 Sorghum high tannin	4.60	—	69.95	86.50	60.51	—	84.02	83.00	69.74	—	1.86	0.31	0.01	0.01	3860	2956	3012	3037	3081	3224	2984	3091	2318
低丹宁高粱 Sorghum low tannin	5.90	85.40	72.26	87.40	63.16	11.40	87.30	86.50	75.53	11.77	1.41	0.34	0.02	0.05	3912	3189	3223	3407	3383	3501	3315	3403	2610
淀粉 Starch	—	—	87.70	97.10	85.16	2.54	87.70	98.00	85.95	1.75	—	—	—	—	3737	3528	3536	—	3594	3612	3546	3559	2913
糖 Sugar	—	—	98.86	97.00	95.89	2.97	98.86	98.00	96.88	1.98	0.14	—	—	—	4008	3831	3840	3887	3873	3893	3737	3752	2729
甘蔗汁 Sugarcane juice	—	—	17.90	—	—	—	18.25	93.39	17.04	—	0.30	—	—	—	757	—	—	—	707	—	675	—	490
甘蔗糖蜜 Sugarcane molasses	—	—	59.02	—	—	—	65.23	—	—	—	8.75	3.25	0.58	1.38	2850	1880	—	2230	2403	—	2345	—	1665

续表2-10-1(2)

饲料名称	酸性洗涤纤维 ADF	猪酸性洗涤纤维消化率 Coef. Dig. ADF Swine	无氮浸出物 NFE	家禽无氮浸出物消化率 Coef. Dig. NFE Poultry[1]	家禽可消化无氮浸出物 Dig. NFE Poultry	家禽不可消化的无氮浸出物和粗纤维 Non Dig. NFE+CF Poultry	有机物 OM	猪有机物消化率 Coef. Dig. OM Swine[1]	猪可消化有机物 Dig. OM Swine	猪不可消化有机物 Non Dig. OM Swine	粗灰分 Ash	钾 K	钠 Na	氯 Cl	总能 GE	家禽代谢能 ME Poultry	母鸡代谢能 ME Hens	家禽真代谢能 TME Poultry	猪消化能 DE Swine	母猪消化能 DE Sows	猪代谢能 ME Swine	母猪代谢能 ME Sows	猪净能 NE Swine[1]
	%	%	%	%	%	%	%	%	%	%	%	%	%	%	kcal/kg	kcal/kg	kcal/kg	kcal/kg	kcal/kg	kcal/kg	kcal/kg	kcal/kg	kcal/kg
干甘蔗糖蜜 Sugarcane molasses dried	—	—	68.32	—	—	—	76.96	—	—	—	16.30	2.19	0.15	—	3170	2153	—	2480	2616	—	2495	—	1745
甘薯干 Sweet potato dried	3.60	-	78.26	—	—	—	85.72	91.50	78.43	—	3.00	0.65	0.15	0.09	3875	2706	—	2519	3305	—	3284	—	2590
黑小麦 Triticale	3.95	—	70.24	85.30	59.91	12.94	86.59	85.00	73.60	12.99	1.64	0.44	0.02	0.03	3853	3031	3070	3165	3278	3408	3181	3278	2439
小麦面粉 Wheat flour	—	—	72.51	95.60	69.31	3.20	86.47	95.00	82.15	4.32	0.47	0.11	0.01	—	3775	3503	3513	3551	3588	3631	3388	3420	2696
小麦筛下物 Wheat screenings	8.85	—	63.15	82.60	52.16	18.54	85.41	81.80	69.87	15.54	2.76	0.43	0.02		3875	2783	2839	—	3141	3296	3027	3144	2083
小麦次粉 Wheat shorts	9.57	—	56.35	63.2	35.61	28.33	84.08	72.5	60.96	23.12	4.11	1.00	0.03	0.04	3798	2321	2406	—	2848	3079	2740	2913	1946

注：[1] 为计算值或估计值。Dig. = Digestible，可消化。

2. 油脂的脂肪酸含量

表 2-10-2 油脂的脂肪酸含量(%,饲喂基础)

饲料名称	脂肪酸 Fatty acids(%)										
	≤10	月桂酸 Lauric C12:0	肉豆蔻酸 Myristic C14:0	棕榈酸 Palmitic C16:0	软脂酸 Palmitoleic C16:1	硬脂酸 Stearic C18:0	亚油酸 Oleic C18:1	亚麻油酸 Linoleic C18:2	亚麻酸 Linolenic C18:(3*n*-6)	花生四烯酸 Arachidonic C20:(4*n*-6)	≥20
脂 Fats											
椰子油 Coconut	14.10	44.60	16.80	8.20	—	2.80	5.80	1.80	—	—	—
鱼油 Fish	—	0.20	6.11	14.34	10.00	3.04	15.08	1.36	0.74	0.73	56.52
猪油 Lard	0.10	0.15	1.35	24.06	2.80	13.95	41.84	9.70	0.95	1.70	1.30
鸡油 Poultry	—	0.10	1.00	20.74	5.40	6.74	42.68	20.68	1.30	0.10	1.63
牛油 Tallow	0.20	0.15	3.00	23.90	4.43	19.05	38.20	3.10	0.60	0.20	1.80
油 Oils											
菜籽油 Canola	—	0.20	0.10	3.94	0.17	1.76	60.00	18.82	9.55	—	4.07
玉米油 Corn	—	—	—	10.85	0.11	1.69	36.38	52.45	0.70	—	2.05
棉籽油 Cottonseed	—	—	0.80	20.72	0.80	2.45	17.56	54.08	0.20	—	0.91
大豆油 Soybeans	—	—	0.10	9.76	0.20	3.77	23.32	52.78	6.97	—	2.13
葵花籽油 Sunflower	—	0.20	0.17	5.41	0.30	3.60	32.19	51.98	0.25	—	3.15
棕榈油 Palm	—	—	0.20	10.92	0.45	4.35	36.85	9.50	0.25	—	0.50

3. 猪和家禽用饲料原料氨基酸含量

表 2-10-3 猪和家禽用饲料原料氨基酸含量(%,饲喂基础)

饲料名称	粗蛋白质 CP	赖氨酸 Lys	蛋氨酸 Met	蛋氨酸+胱氨酸 Met +Cys	苏氨酸 Thr	色氨酸 Trp	精氨酸 Arg	甘氨酸+丝氨酸 Gly +Ser	缬氨酸 Val	异亮氨酸 Ile	亮氨酸 Leu	组氨酸 His	苯丙氨酸 Phe	苯丙氨酸+酪氨酸 Phe+Tyr
巴巴苏淀粉(巴西棕榈淀粉) Babassu starch meal	1.91	0.10	0.03	0.08	0.11	—	0.11	0.26	0.11	0.08	0.16	0.05	0.10	0.17
饼干屑 Bakery cookie cracker residue	8.45	0.21	0.13	0.30	0.26	0.10	0.34	0.74	0.36	0.29	0.58	0.19	0.38	0.57

续表2-10-3

饲料名称	粗蛋白质 CP	赖氨酸 Lys	蛋氨酸 Met	蛋氨酸+胱氨酸 Met +Cys	苏氨酸 Thr	色氨酸 Trp	精氨酸 Arg	甘氨酸+丝氨酸 Gly +Ser	缬氨酸 Val	异亮氨酸 Ile	亮氨酸 Leu	组氨酸 His	苯丙氨酸 Phe	苯丙氨酸+酪氨酸 Phe+Tyr
面包渣 Bakery residue	12.50	0.25	0.17	0.43	0.34	0.11	0.47	0.93	0.48	0.39	0.78	0.24	0.53	0.87
干燥带皮木薯 Cassava with hulls dried	2.47	0.09	0.03	0.07	0.07	0.02	0.15	0.16	0.11	0.09	0.12	0.08	0.08	0.16
稻子豆粕 Carob meal	8.79	0.28	0.07	—	0.27	0.05	0.43	—	0.54	0.26	0.59	0.12	0.20	0.47
柑橘渣 Citrus pulp	6.37	0.17	0.07	0.16	0.18	0.05	0.24	0.47	0.25	0.19	0.32	0.17	0.25	0.41
玉米胚芽 Corn germ	10.38	0.45	0.19	0.41	0.39	0.11	0.65	0.97	0.50	0.33	0.90	0.31	0.43	0.71
乳清粉 Milk whey dried	12.07	0.98	0.22	0.47	0.75	0.18	0.38	1.15	0.68	0.67	1.12	0.27	0.42	0.64
低蛋白乳清粉 Milk whey permeate dried	3.00	0.14	0.02	0.06	0.11	0.02	0.05	—	0.10	0.13	0.17	0.04	0.05	0.07
粟(谷子)Millet	12.71	0.36	0.26	0.47	0.48	0.15	0.51	1.07	0.64	0.63	1.22	0.30	0.59	0.86
干百香果渣 Passion fruit pulp dried	12.42	0.26	0.30	0.50	0.33	—	1.50	1.10	0.43	0.31	0.65	0.25	0.85	1.05
意大利面下脚料 Pasta spaghetti residue	12.30	0.25	0.19	0.47	0.34	0.13	0.47	0.99	0.50	0.42	0.82	0.27	0.56	0.85
高丹宁高粱 Sorghum high tannin	8.94	0.20	0.15	0.32	0.31	0.09	0.35	0.71	0.47	0.37	1.20	0.21	0.51	0.96
低丹宁高粱 Sorghum low tannin	8.97	0.20	0.15	0.30	0.29	0.10	0.35	0.68	0.45	0.36	1.19	0.20	0.47	0.79
甘薯干 Sweet potato dried	3.87	0.11	0.05	0.09	0.12	0.05	0.11	0.56	0.14	0.12	0.17	0.15	0.14	0.21
黑小麦 Triticale	12.23	0.41	0.20	0.49	0.37	0.14	0.61	1.13	0.46	0.43	0.80	0.31	0.56	0.86
小麦面粉 Wheat flour	12.26	0.30	0.20	0.49	0.35	0.14	0.52	1.04	0.50	0.48	0.85	0.28	0.60	0.88

续表2-10-3

饲料名称	粗蛋白质 CP	赖氨酸 Lys	蛋氨酸 Met	蛋氨酸+胱氨酸 Met +Cys	苏氨酸 Thr	色氨酸 Trp	精氨酸 Arg	甘氨酸+丝氨酸 Gly +Ser	缬氨酸 Val	异亮氨酸 Ile	亮氨酸 Leu	组氨酸 His	苯丙氨酸 Phe	苯丙氨酸+酪氨酸 Phe+Tyr
小麦次粉 Wheat shorts	17.52	0.73	0.27	0.61	0.58	0.2	1.22	0.94	0.81	0.56	1.08	0.46	0.69	1.09
小麦筛下物 Wheat screenings	13.61	0.46	0.21	0.50	0.42	0.17	0.67	1.22	0.60	0.48	0.89	0.32	0.55	0.89

4.家禽用饲料原料的真可消化氨基酸

表 2-10-4 家禽用饲料原料真可消化氨基酸含量及消化率(%,饲喂基础)

饲料名称	含量及消化率	赖氨酸 Lys	蛋氨酸 Met	蛋氨酸+胱氨酸 Met+Cys	苏氨酸 Thr	色氨酸 Trp	精氨酸 Arg	甘氨酸+丝氨酸 Gly+Ser	缬氨酸 Val	异亮氨酸 Ile	亮氨酸 Leu	组氨酸 His	苯丙氨酸 Phe	苯丙氨酸+酪氨酸 Phe+Tyr
饼干屑 Bakery cookie Cracker residue	Value [1]	0.15	0.11	0.25	0.16	0.08	0.29	0.58	0.28	0.25	0.50	0.15	0.34	0.49
	Coef. [2]	72.1	83.3	83.6	61.4	78.9	85.7	77.8	77.6	83.8	87.2	78.0	89.6	86.1
面包渣 Bakery residue	Value [1]	0.21	0.15	0.37	0.27	0.09	0.42	0.82	0.44	0.37	0.75	0.22	0.50	0.82
	Coef. [2]	85.0	89.5	86.0	80.0	84.0	90.2	88.0	92.7	93.5	95.5	92.3	95.2	94.8
玉米胚芽 Corn germ	Value [1]	0.38	0.17	0.35	0.30	0.09	0.62	0.84	0.43	0.29	0.82	0.28	0.39	0.65
	Coef. [2]	85.1	88.3	84.3	76.5	87.3	95.3	86.2	85.2	85.8	91.0	91.0	89.5	91.6
粟(谷子)Millet	Value [1]	0.33	0.24	0.43	0.41	0.14	0.50	0.91	0.59	0.58	1.15	0.29	0.56	0.81
	Coef. [2]	90.6	92.6	90.0	85.7	92.9	96.8	85.2	90.8	92.1	94.9	96.1	94.7	93.6
干百香果渣 Passion fruit pulp dried	Value [1]	0.18	0.27	0.28	0.20	—	1.41	—	0.33	0.24	0.53	0.20	0.78	0.92
	Coef. [2]	71.9	89.5	56.5	59.2	—	93.9	—	75.8	78.2	82.4	80.0	91.6	88.0
意大利面下脚料 Pasta spaghetti residue	Value [1]	0.22	0.18	0.43	0.26	0.12	0.45	0.88	0.45	0.39	0.75	0.24	0.54	0.80
	Coef. [2]	86.1	91.5	92.7	78.8	92.3	95.4	89.6	88.9	92.2	90.8	88.8	95.4	93.8
高丹宁高粱 Sorghum high tannin	Value [1]	0.14	0.11	0.22	0.21	0.06	0.26	—	0.35	0.27	0.68	0.12	0.39	0.72
	Coef. [2]	72.7	75.0	69.7	69.7	66.7	73.7	—	73.6	74.4	56.7	59.1	77.1	74.7

续表2-10-4

饲料名称	含量及消化率	赖氨酸 Lys	蛋氨酸 Met	蛋氨酸+胱氨酸 Met+Cys	苏氨酸 Thr	色氨酸 Trp	精氨酸 Arg	甘氨酸+丝氨酸 Gly+Ser	缬氨酸 Val	异亮氨酸 Ile	亮氨酸 Leu	组氨酸 His	苯丙氨酸 Phe	苯丙氨酸+酪氨酸 Phe+Tyr
低丹宁高粱 Sorghum low tannin	Value [1]	0.17	0.13	0.26	0.25	0.09	0.31	0.57	0.41	0.33	1.12	1.18	0.45	0.76
黑小麦 Triticale	Value [1]	0.34	0.18	0.40	0.31	0.13	0.56	0.98	0.39	0.38	0.70	0.28	0.50	0.73
小麦面粉 Wheat flour	Value [1]	0.28	0.19	0.46	0.30	0.13	0.50	0.97	0.46	0.46	0.80	0.26	0.56	0.81
	Coef. [2]	93.2	95.2	93.6	87.1	92.9	96.4	93.0	92.8	95.0	94.3	94.2	93.3	92.4
小麦次粉 Wheat shorts	Value [1]	0.60	0.22	0.50	0.46	0.17	1.12	—	0.66	0.46	0.92	0.40	0.61	0.94
小麦筛下物 Wheat screenings	Value [1]	0.38	0.18	0.45	0.38	0.15	0.66	1.05	0.52	0.43	0.81	0.26	0.52	0.84
	Coef. [2]	83.5	86.9	89.8	90.4	90.5	98.5	86.0	87.3	90.4	91.2	80.6	94.5	94.6
	Coef. [2]	72.5	60.7	49.0	53.4	58.7	74.5	64.4	63.0	65.0	67.9	67.8	70.3	70.3

注：[1] 真可消化氨基酸含量 True Digestible Amino Acid Content；[2] 消化率 Digestibility Coefficient。下同。

5. 猪用饲料原料真可消化氨基酸

表 2-10-5 猪用饲料原料真可消化氨基酸含量及消化率(%，饲喂基础)

饲料名称	含量及消化率	赖氨酸 Lys	蛋氨酸 Met	蛋氨酸+胱氨酸 Met+Cys	苏氨酸 Thr	色氨酸 Trp	精氨酸 Arg	缬氨酸 Val	异亮氨酸 Ile	亮氨酸 Leu	组氨酸 His	苯丙氨酸 Phe	苯丙氨酸+酪氨酸 Phe+Tyr
饼干屑 Bakery cookie cracker residue	Value [1]	0.17	0.11	0.26	0.22	0.08	0.28	0.32	0.26	0.48	0.16	0.32	0.48
	Coef. [2]	84.0	86.7	86.1	83.5	78.9	83.5	87.8	88.2	83.5	83.5	83.5	83.5
面包渣 Bakery residue	Value [1]	0.20	0.15	0.40	0.27	0.09	0.42	0.41	0.35	0.71	0.21	0.50	0.81
	Coef. [2]	80.0	90.0	92.0	78.0	83.0	90.0	87.0	90.0	91.0	90.0	94.0	93.0
乳清粉 Milk whey dried	Value [1]	0.89	0.20	0.42	0.64	0.15	0.35	0.59	0.60	1.03	0.24	0.38	0.58
	Coef. [2]	90.8	90.9	90.3	85.8	84.4	90.9	87.1	89.1	92.1	91.5	90.4	89.8
粟(谷子)Millet	Value [1]	0.29	0.24	0.43	0.38	0.13	0.49	0.57	0.55	1.09	0.28	0.53	0.77
	Coef. [2]	81.8	92.6	91.3	80.3	85.7	94.8	88.0	87.3	89.8	94.6	90.0	89.6
高丹宁高粱 Sorghum high tannin	Value [1]	0.14	0.12	0.23	0.23	0.07	0.24	0.37	0.30	1.02	0.17	0.42	0.80
	Coef. [2]	72.7	81.3	72.7	75.8	77.8	68.4	79.2	81.4	85.1	81.8	83.3	83.5

续表2-10-5

饲料名称	含量及消化率	赖氨酸 Lys	蛋氨酸 Met	蛋氨酸+胱氨酸 Met+Cys	苏氨酸 Thr	色氨酸 Trp	精氨酸 Arg	缬氨酸 Val	异亮氨酸 Ile	亮氨酸 Leu	组氨酸 His	苯丙氨酸 Phe	苯丙氨酸+酪氨酸 Phe+Tyr
低丹宁高粱 Sorghum low tannin	Value [1]	0.16	0.13	0.25	0.24	0.08	0.30	0.38	0.32	1.05	0.17	0.42	0.70
甘薯干 Sweet potato dried	Value [1]	0.06	0.03	0.05	0.05	0.03	—	0.08	0.06	—	—	—	—
	Coef. [2]	58.3	60.0	54.5	45.5	50.0	—	53.8	53.8	—	—	—	—
黑小麦 Triticale	Value [1]	0.33	0.18	0.43	0.30	0.11	0.54	0.39	0.38	0.70	0.26	0.50	0.75
小麦面粉 Wheat flour	Value [1]	0.28	0.19	0.46	0.32	0.13	0.50	0.46	0.45	0.81	0.27	0.58	0.84
	Coef. [2]	92.0	95.0	93.0	90.0	91.0	96.0	92.0	94.0	95.0	96.0	96.0	95.0
小麦次粉 Wheat shorts	Value [1]	0.54	0.22	0.45	0.41	0.15	1.04	0.62	0.43	0.86	0.37	0.56	0.86
	Coef. [2]	73.6	80.0	74.1	71.7	75	85.7	77.2	77.8	80.0	81.4	81.4	79.6

6. 钙磷含量

表 2-10-6 钙磷含量(%,饲喂基础)

饲料原料	钙 Ca	总磷 PT	植酸磷 P_{phy}	有效磷 P_{av}	磷真消化率 P true digestibility			
					鸡 Poultry		猪 Swine	
					值 Value	消化率 Coef	值 Value	消化率 Coef
饼干屑 Bakery cookie cracker residue	0.06	0.17	0.11	0.06	0.05	28.0	0.05	28.0
面包渣 Bakery residue	0.19	0.32	0.21	0.11	0.09	28.0	0.09	28.0
卡诺拉菜籽粕 Canola meal	0.56	0.81	0.54	0.27	0.35	43.1	0.29	35.2
干燥带皮木薯 Cassava with hulls dried	0.20	0.09	0.06	0.03	0.03	38.0	0.03	38.0
柑橘渣 Citrus pulp	1.57	0.20	0.13	0.07	—	—	0.07	33.0
玉米胚芽 Corn germ	0.04	0.51	0.32	0.19	0.15	30.0	0.13	25.0
卵磷脂 Lecithin	—	1.60	—	1.60	—	—	—	—
乳清粉 Milk whey dried	0.75	0.68	—	0.68	—	—	0.61	90.0
低蛋白乳清粉 Milk whey permeate dried	0.86	0.66	—	0.66	—	—	0.59	90.0

续表2-10-6

饲料原料	钙 Ca	总磷 PT	植酸磷 P_{phy}	有效磷 P_{av}	磷真消化率 P true digestibility			
					鸡 Poultry		猪 Swine	
					值 Value	消化率 Coef	值 Value	消化率 Coef
粟(谷子)Millet	0.04	0.31	0.21	0.10	0.12	38.0	0.12	38.0
意大利面下脚料 Pasta-spaghetti residue	0.08	0.14	0.09	0.05	0.04	28.0	0.04	28.0
低丹宁高粱 Sorghum low tannin	0.03	0.26	0.18	0.08	0.09	36.0	0.09	36.0
甘蔗汁 Sugarcane juice	0.01	0.02	0.01	0.01	—	—	0.01	32.0
甘蔗糖蜜 Sugarcane molasses	0.76	0.06	0.04	0.02	—	—	0.02	32.0
干甘蔗糖蜜 Sugarcane molas. dried	6.21	0.21	0.14	0.07	—	—	0.07	32.0
甘薯干 Sweet potato dried	0.10	0.16	0.11	0.05	—	—	—	—
黑小麦 Triticale	0.04	0.29	0.20	0.09	0.14(0.10)	50(34)	0.14(0.10)	50(34)
小麦面粉 Wheat flour	0.11	0.08	0.05	0.03	0.02	28.0	0.02	28.0
小麦筛下物 Wheat screenings	0.12	0.43	0.29	0.14	0.21(0.15)	50(35)	0.21(0.15)	49(34)
小麦次粉 Wheat shorts	0.14	0.90	0.60	0.30	0.25	28.0	0.25	28.0

注:PT=Total Phosphorus,总磷;P_{phy}=Phytic Phosphorus,植酸磷;P_{av}=PT−P_{phy}=Available phosphorus(有效磷)。括号中的数值是用于颗粒饲料。

7. 微量元素含量

表 2-10-7 微量元素含量(饲喂基础)

饲料原料	镁 Mg	锰 Mn	铁 Fe	铜 Cu	锌 Zn	硒 Se	硫 S
	(%)	mg/kg	mg/kg	mg/kg	mg/kg	mg/kg	g/kg
饼干屑 Bakery cookie cracker residue	0.04	13.4	125.1	3.2	61.5	—	—
干燥带皮木薯 Cassava with hulls,dried	0.09	23.9	92.6	4.5	11.1	0.15	—
玉米胚芽 Corn germ	0.31	19.6	116.4	10.0	45.9	0.10	2.20
低蛋白乳清粉 Milk whey permeate,dried	0.11	3.0	12.3	16.5	114.6	0.21	3.00
粟(谷子)Millet	0.13	17.79	96.8	17.6	29.03	0.06	1.40
意大利面下脚料 Pasta-spaghetti,residue	0.05	9.4	195.8	3.4	35.6	—	—
低丹宁高粱 Sorghum low tannin	0.11	10.9	59.7	7.6	18.6	0.25	1.00

续表2-10-7

饲料原料	镁 Mg	锰 Mn	铁 Fe	铜 Cu	锌 Zn	硒 Se	硫 S
	(%)	mg/kg	mg/kg	mg/kg	mg/kg	mg/kg	g/kg
甘蔗糖蜜 Sugarcane molasses	0.35	43.9	200	55.0	33.1	—	
干甘蔗糖蜜 Sugarcane molasses dried	0.19	76.4	238.5	19.4	21	—	—
黑小麦 Triticale	0.10	38.3	44.9	6.4	32.7	0.31	1.40
小麦筛下物 Wheat screenings	0.17	44.6	156.4	21.8	64.1	—	—
小麦次粉 Wheat, shorts	0.31	103.5	162.8	14.1	141.0	—	—
小麦面粉 Wheat, flour	0.03	6.8	29.3	3.01	22.0	—	—

8. 肉鸡和蛋鸡日粮中饲料原料的常用(Pr)和最大(Max)添加比例(占日粮的百分比)

表 2-10-8 肉鸡和蛋鸡日粮中饲料原料的常用(Pr)和最大(Max)添加比例(占日粮的百分比)

饲料名称	肉鸡 Broilers				蛋鸡 Layers	
	雏鸡 Starter		生长鸡 Grower			
	常用 Pr	最大 Max	常用 Pr	最大 Max	常用 Pr	最大 Max
饼干屑 Bakery cracker-cookie residue	5	10	8	15	8	15
面包渣 Bakery, residue	10	20	15	25	15	25
稻子豆粕 Carob, meal	3	5	4	8	5	10
干燥带皮木薯 Cassava, with hulls dried	5	20	10	20	10	20
玉米胚芽 Corn, germ	5	15	10	20	10	20
家禽脂肪,椰子粕,猪油 Fat, poultry, coconut, lard	3	6	3	7	3	7
牛油 Fat, tallow	2	4	3	6	3	6
甘油 Glycerin(87%)	5	8	7	10	7	10
粟(谷子)Millet	15	40	20	45	20	45
意大利面下脚料 Pasta-spaguetti, residue	10	15	12	20	12	20
高丹宁高粱 Sorghum high tannin	15	30	20	30	20	30

续表2-10-8

饲料名称	肉鸡 Broilers				蛋鸡 Layers	
	雏鸡 Starter		生长鸡 Grower			
	常用 Pr	最大 Max	常用 Pr	最大 Max	常用 Pr	最大 Max
低丹宁高粱 Sorghum low tannin	30	65	30	65	30	65
糖 Sugar	—	5	—	10	—	15
甘蔗糖蜜 Sugarcane molasses	1	1	1	3	1	3
干甘蔗糖蜜 Sugarcane molas. dried	1	2	1	3	1	3
植物油 Vegetable oil	3	6	3	7	3	7
小麦筛下物 Wheat screenings	10	20	12	25	15	30
小麦面粉 Wheat flour	20	40	20	40	20	40
小麦胚芽 Wheat germ	5	15	8	15	8	15
小麦次粉 Wheat shorts	6	15	8	15	8	20
黑小麦 Triticale	10	20	15	25	15	30

9. 商品猪和母猪日粮中饲料原料的常用(Pr)和最大(Max)添加比例(占日粮的百分比)

表 2-10-9 商品猪和母猪日粮中饲料原料的常用(Pr)和最大(Max)添加比例(占日粮的百分比)

饲料名称	商品猪 Growing pigs						母猪 Sows			
	断奶仔猪 Starter		生长猪 Grower		育肥猪 Finisher		妊娠母猪 Gestation		泌乳母猪 Lactation	
	常用 Pr	最大 Max	常用 Pr	最大 Max	常用 Pr	最大 Max	常用 Pr	最大 Max	常用 Pr	最大 Max
面包渣 Bakery residue	12	20	20	40	20	40	25	40	25	40
饼干屑 Bakery-cracker cookie	8	15	10	20	15	30	10	20	10	20
稻子豆粕 Carob meal	3	6	5	8	7	10	7	10	5	8
干燥带皮木薯 Cassava, hulls dried	10	20	15	30	15	30	15	30	15	30
柑橘渣 Citrus pulp	—	2	3	5	4	6	5	8	2	5

续表2-10-9

饲料名称	商品猪 Growing pigs						母猪 Sows			
	断奶仔猪 Starter		生长猪 Grower		育肥猪 Finisher		妊娠母猪 Gestation		泌乳母猪 Lactation	
	常用 Pr	最大 Max	常用 Pr	最大 Max	常用 Pr	最大 Max	常用 Pr	最大 Max	常用 Pr	最大 Max
玉米胚芽 Corn germ	10	15	20	30	30	40	30	40	20	30
家禽脂肪 Fat,poul,coco,lard	2	5	2	5	2	5	—	4	2	5
牛油 Fat,tallow	2	4	2	5	2	5	—	4	2	5
甘油 Glycerin(87%)	5	8	7	10	7	10	7	10	7	10
粟(谷子)Millet	20	40	30	50	40	60	40	60	30	50
植物油 Oil vegetable	2	5	2	5	2	5	—	4	2	5
意大利面下脚料 Pasta-spaghetti,resid	10	15	15	25	20	30	20	30	20	30
高丹宁高粱 Sorghum high Tannin	15	30	20	35	20	35	20	35	20	35
低丹宁高粱 Sorghum low Tannin	30	60	35	65	35	70	35	65	35	70
糖 Sugar	2	10	—	10	—	10	—	10	2	10
甘蔗糖蜜 Sugar. molasses	2	3	2	5	2	5	2	5	2	5
干甘蔗糖蜜 Sugar. molas. Dried	1	2	2	3	2	3	2	3	2	3
甘薯干 Sweet potato dried	2	5	5	10	6	12	6	12	5	8
黑小麦 Triticale	10	25	20	35	20	35	20	35	20	35
小麦面粉 Wheat flour	20	40	20	40	20	40	20	40	20	40
小麦筛下物 Wheat screenings	10	20	15	30	15	30	15	30	15	30
小麦次粉 Wheat shorts	8	15	15	30	15	30	20	40	15	35

10. 饲料原料中粗蛋白质、钙、磷的含量变异范围

表 2-10-10 饲料原料中粗蛋白质、钙、磷的含量变异范围(饲喂基础)

饲料原料	粗蛋白质 CP			钙 Ca			磷 P		
	平均值(%)	标准差 *SD*(%)	样本数 *n*	平均值(%)	标准差 *SD*(%)	样本数 *n*	平均值(%)	标准差 *SD*(%)	样本数 *n*
高粱 Sorghum	9.23	1.35	355	0.03	0.045	43	0.26	0.060	55

注:数据来源于 Brazilian Tables,2005.

11. 饲料原料中赖氨酸、蛋氨酸+胱氨酸、苏氨酸的含量变异范围

表 2-10-11 饲料原料中赖氨酸、蛋氨酸+胱氨酸、苏氨酸的含量变异范围(饲喂基础)

饲料原料	赖氨酸 Lys			蛋氨酸+胱氨酸 Met+Cys			苏氨酸 Thr		
	平均值(%)	标准差 *SD*(%)	样本数 *n*	平均值(%)	标准差 *SD*(%)	样本数 *n*	平均值(%)	标准差 *SD*(%)	样本数 *n*
高粱 Sorghum	0.20	0.036	271	0.32	0.033	265	0.31	0.048	271

注:数据来源于 Brazilian Tables,2005.

参考文献

[1]中国饲料数据库情报网中心. 1990—2018. 中国饲料成分及营养价值表第 1～29 版[J]. 中国饲料.

[2]杜伦,滕久有,戎易,等. 1958. 华北区饲料的营养价值[J]. 中国畜牧学杂志,3:162-170.

[3]中国农业科学院畜牧研究所. 1959. 国产饲料营养成分含量表(第一册)[M]. 北京:农业出版社.

[4]中国农业科学院畜牧研究所,中国动物营养研究会. 1985. 中国饲料成分及营养价值表[M]. 北京:农业出版社.

[5]中国农业科学院畜牧研究所. 1989. 科研档案. 75-5-5-1 饲料标准及其监测技术,75-5-5-5 中国饲料数据库.

[6]郑长义. 1983. 饲料图鉴与品质管制[M]. 台北:华香园出版社.

[7](德国)Oskar Johann Kellner(凯尔纳). 1908. 农畜饲养学[M]. 刘运筹,崔廷璜,译(1935). 上海:商务印书馆.

[8](德国)M. Beyer,A. Chudy,habil. L. Hoffmann,et al. 2003. 德国罗斯托克饲料评价体系[M]. 赵广永,译(2008). 北京:中国农业大学出版社.

[9](法国)Daniel Sauvant,Jean-Marc Perez,Gilles Tran. 2002. 饲料成分与营养价值表[M]. 谯仕彦,王旭,王德辉,译(2005). 北京:中国农业大学出版社.

[10](法国-日本)AFZ,Ajinomoto Eurolysine,Aventis Animal Nutrition,et al. 2000. AmiPig,Ileal standardised digestibility of amino acids in feedstuffs for pigs. Paris: French Association for Animal Production.

[11](法国)EvaPig Version 1. 4. 0. 1. 2019. http://www. evapig. com/

[12](荷兰)CVB Table Pigs. 2007. Chemical composition,nutritional value of feedstuffs and feeding standards. CVB series no 36,The Hague,The Netherlands.

[13](苏联)M. Ф. 托迈,O. И. 克沙福浦罗,H. M. 赛迈陀夫斯卡娅,等. 1953. 饲料消化性[M]. 马承融,耿宁芬,濮成德,等译(1960). 南京:江苏人民出版社.

[14](苏联)A. П. 克拉什尼科夫,等. 1985. 苏联家畜饲养标准和日粮[M]. 颜礼复,译(1990). 北京:中国农业科技出版社.

[15](美国)Burch Hart Schneider. 1947. Feeds of the World—Their Digestibility and Composition[M]. Morgantown: West Virginia University.

[16](美国)Feedstuffs Ingredient Analysis Table[J]. Feedstuffs 1980—2016 Edition(无 1985、1986、1988、1996).

[17](美国)National Research Council. 1994. Nutrient Requirements of Poultry[M]. Washington,D. C. : National Academy Press.

[18](美国)National Research Council. 1998. Nutrient Requirements of Swine[M]. Washington,D. C. : National Academy Press.

[19](美国)National Research Council. 2012. Nutrient Requirements of Swine[M]. Washington,D. C. : National Academy Press.

[20](美国)National Research Council. 2000. Nutrient Requirements of Beef Cattle. [M]. Washington,D. C. : National Academy Press.

[21](美国)National Research Council. 2016. Nutrient Requirements of Beef Cattle[M]. Washington,D. C. : National Academy Press.
[22](美国)National Research Council. 2001. Nutrient Requirements of Dairy Cattle[M]. Washington,D. C. : National Academy Press.
[23](美国)National Research Council. 2006. Nutrient Requirements of Dogs and Cats[M]. Washington,D. C. : National Academy Press.
[24](美国)National Research Council. 2011. Nutrient Requirements of Fish and Shrimp[M]. Washington,D. C. : National Academy Press.
[25](美国-加拿大)National Research Council. 1982. United States-Canadian Tables of Feed Composition[M]. Washington,D. C. : National Academy Press.
[26](日本)日本农业・食品产业技术综合研究机构. 2009. 日本标准饲料成分表[M]. 东京:中央畜产会.
[27](韩国)IN K. Han,YUN H. Chiang,L. E. Harris,et al. 1982. Korean Tables of Feed Composition[M]. Logan: International Feedstuffs Institute.
[28](韩国)薛东摄,姜泰洪. 1988. 韩国标准饲料成分表(Composition of Korean Feedstuffs)[M]. 农村振兴厅畜产试验场.
[29](澳大利亚)Standing Committee on Agriculture,Pig Subcommittee. 1987,Feeding standards for Australian livestock(Pigs)[M]. East Melbourne: CSIRO Publications.
[30](巴西)Horacio Santiago Rostagno,Luiz Fernando Teixeira Albino,Juarez Lopes Donzele,et al.. 2011. Brazilian Tables for Poultry and Swine: Composition of Feedstuffs and Nutritional Requirements 3rd Edition[M]. Bettina Gertum Becker,译. Viçosa: UFV-DZO.

以上部分资料可供互联网下载的网址:

[1]中国饲料数据库情报网中心. 1990—2018. 中国饲料成分及营养价值表第 1～29 版.
http://www.chinafeeddata.org.cn/
[10](法国-日本)AFZ,Ajinomoto Eurolysine,Aventis Animal Nutrition,INRA,ITCF,2000. AmiPig,Ileal standardised digestibility of amino acids in feedstuffs for pigs. Paris: French Association for Animal Production.
http://www.feedbase.com/downloads/amipeng.pdf
[11](法国)EvaPig 软件自带数据库,Version 1.4.0.1(2019).
http://www.evapig.com
[16](美国)Feedstuffs Ingredient Analysis Table. Feedstuffs 2016 Edition.
http://feedstuffs.com/mdfm/Feeess50/author/427/2015/11/Feedstuffs_RIBG_Ingredient_Analysis_Table_2016.pdf
[17](美国)National Research Council. 1994. Nutrient Requirements of Poultry[M]. Washington,D. C. : National Academy Press.
http://www.nap.edu/catalog/2114.html(注册后可免费下载)
[19](美国)National Research Council. 2000. Nutrient Requirements of Beef Cattle. Update 2000[M]. Washington,D. C. : National Academy Press.
http://www.nap.edu/catalog/9791.html(注册后可免费下载)
[20](美国)National Research Council. 2001. Nutrient Requirements of Dairy Cattle[M]. Washington,D. C. : National Academy Press.
http://www.nap.edu/catalog/9825.html(注册后可免费下载)

[25](美国-加拿大)National Research Council. 1982. United States-Canadian Tables of Feed Composition[M]. Washington, D. C.: National Academy Press.
http://www.nap.edu/catalog/1713.html(注册后可免费下载)
[30](巴西)Horacio Santiago Rostagno, Luiz Fernando Teixeira Albino, Juarez Lopes Donzele, et al. Brazilian Tables for Poultry and Swine: Composition of Feedstuffs and Nutritional Requirements 3rd Edition[M]. Bettina Gertum Becker, 译. 2011. Viçosa: UFV-DZO.
http://www.lisina.com.br/arquivos/Geral%20English.pdf

部分可补充阅读参考及下载的资料所在网站：

[1]饲料数据库(中国农业科学院北京畜牧兽医研究所，中国饲料数据库情报网中心)
http://www.chinafeeddata.org.cn
[2]美国国家科学院出版社
http://www.nap.edu/

其他部分参考书目(顺序不分先后)：

[1]张子仪. 2000. 中国饲料学[M]. 北京：中国农业出版社.
[2]李德发. 2003. 猪的营养[M]. 北京：中国农业科学技术出版社.
[3]张宏福，张子仪. 1998. 动物营养参数与饲养标准[M]. 北京：中国农业出版社.
[4]熊本海. 2013. 国际反刍动物饲料成分及营养价值表[M]. 北京：中国农业科学技术出版社.
[5]美国国家科学院科学研究委员会. 1998. 猪营养需要[M]. 10 版. 谯仕彦，郑春田，蒋建阳，等译. 北京：中国农业大学出版社.
[6]美国国家科学院科学研究委员会 2002. 奶牛营养需要[M]. 7 版. 孟庆祥，主译. 北京：中国农业大学出版社.
[7]美国国家科学院科学研究委员会. 2014. 猪营养需要[M]. 11 版. 印遇龙，阳成波，敖志刚，主译. 北京：科学出版社.
[8]美国国家科学院科学研究委员会 2015. 鱼类与甲壳类营养需要[M]. 麦康森，李鹏，赵建民，主译. 北京：科学出版社.
[9]冯仰廉，陆治年. 2007. 奶牛营养需要和饲料成分[M]. 北京：中国农业出版社.
[10]吴常信，闫汉平. 2006. 英汉畜牧词典[M]. 北京：中国农业出版社.
[11]《英汉农业大词典》编纂委员会. 1998. 英汉农业大词典[M]. 北京：中国农业出版社.
[12]余也凡. 2002. 英汉汉英饲料词典[M]. 北京：中国农业出版社.
[13]美国国家科学院科学研究委员会. 2016. 肉牛营养需要[M]. 8 版. 孟庆翔，周振明，吴浩，主译(2018). 北京：科学出版社.
[14]Fonnesbeck P V, Lloyd H, Obray R, et al. 1984. IFI tables of feed composition[M]. Logan, Utah: International Feedstuffs Institute, Utah Agricultural Experiment Station, Utah State University.